岩溶水文地质与地貌学

Karst Hydrogeology and Geomorphology

德里克·福特（加拿大麦克马斯特大学）
保罗·威廉姆斯（新西兰奥克兰大学） 著

王团乐　薛果夫　陈又华　柳景华　等译

图书在版编目(CIP)数据

岩溶水文地质与地貌学/[加]福特,[新西兰]威廉姆斯著;王团乐等译. —武汉:中国地质大学出版社,2015.12
ISBN 978-7-5625-3784-7

Ⅰ.①岩…
Ⅱ.①福…②威…③王…
Ⅲ.①岩溶水-水文地质学②岩溶地貌-地貌学
Ⅳ.①P641.134②P931.5

中国版本图书馆 CIP 数据核字(2015)第 293770 号

Translation from the English language edition:
Karst hydrogeology and geomorphology / Derek Ford and Paul Williams.
Copyright © 2007 John Wiley & Sons Ltd, The Atrium, Southern Gate, Chichester, West Sussex PO19 8SQ, England.
All Rights Reserved.

岩溶水文地质与地貌学	[加]德里克·福特　[新西兰]保罗·威廉姆斯　著
	王团乐　薛果夫　陈又华　柳景华　等译

责任编辑:王　荣	责任校对:周　旭
出版发行:中国地质大学出版社(武汉市洪山区鲁磨路388号)	邮编:430074
电　　话:(027)67883511　　　传　　真:(027)67883580	E-mail:cbb@cug.edu.cn
经　　销:全国新华书店	Http://www.cugp.cug.edu.cn
开本:880mm×1 230mm　1/16	字数:1 172千字　印张:37
版次:2015年12月第1版	印次:2015年12月第1次印刷
印刷:武汉市籍缘印刷厂	印数:1—2 000册
ISBN 978-7-5625-3784-7	定价:65.00元

如有印装质量问题请与印刷厂联系调换

著者序

Derek Ford (MA, DPhil., FRSC) was raised in the World Heritage limestone city of Bath in the southwest of England. As a schoolboy he became an enthusiastic explorer of caves in the nearby Mendip Hills, progressed to mapping them, and then studying their genesis for his doctoral thesis (Oxford University, 1963). He and his wife, Margaret, emigrated to Canada in 1959, where he taught in the Geography and Geology departments at McMaster University (Ontario) for more than forty years. He conducted his own research and directed students over a wide range of karst and allied subjects but maintained a focus in three principal areas: (i) speleogenesis (the development of solutional caves); (ii) the interactions of karst processes and landforms with glaciations and under periglacial conditions; (iii) with Henry Schwarcz (isotope geochemistry colleague at McMaster), U series dating, stable isotope and other pioneering paleo-environmental studies of calcite and aragonite speleothems. He has supervised or co-supervised fifty MSc and PhD students to completion and has been privileged to host more than thirty post-doctoral fellows and visiting scientists from other nations, including Xue Guofu, Zhang Zhigan, Zhu Xuewen and Han Baoping from China. He is an elected Academician (Fellow of the Royal Society of Canada), and recipient of other fellowships and awards from Canada and ten other nations. He seithved as Vice-President, then President, of the International Union of Speleology during the 1980s and is a member of the Board of Governors of the International Center for Research on Karst, Guilin. Since the 1960s Derek Ford has been much concerned with improving the conservation and interpretation of geomorphic landscapes in the national and provincial parks in Canada, and the creation of new parks where desirable: after 1980 this became enlarged advising proponent nations and IUCN/UNESCO on candidate natural sites for the World Heritage program.

Paul Williams (BA, MA, PhD, ScD) also grew up in southwest England, in the city of Bristol which has a deep limestone gorge and is near the Mendip Hills where, as a schoolboy, he too began caving. His interest in caves was well established by the time he was a teenager and developed into a broader scientific interest in karst in his university years, when he took the opportunity to research karst plateau in central France for his undergraduate dissertation. Then, as a doctoral student at Cambridge, he developed his karst research experience by measuring limestone dissolution processes and investigating karst hydrology in a glaciated karst area in western Ireland. His first professional appointment was to the academic staff of Trinity College, University of Dublin, where he taught geography and geology students. Around that time he became aware of the ground-breaking research of Prof. Joe Jennings on tropical karst in the Southern Hemisphere. This interest led subsequently to a move to a new position in the Australian National University, and to the opportunity to research karst in tropical Australia and Papua New Guinea. Then in 1972 he was appointed to a Chair at the University of Auckland, New Zealand, where he has remained, and has since investigated karst in the Pacific islands. Paul Williams' first opportunity to study the great karst of China occurred in October 1976 when he was a guest of the Chinese Academy of Sciences. He has returned to China, and particularly to Guizhou, many times since, particularly in connection with efforts to make a successful nomination of South China Karst for UNESCO World Heritage recognition. Although Paul Williams has investigated karst throughout his professional life, he has also undertaken and published research on coastal processes, catchment management, urban hydrology and Quaternary paleoclimate. He was elected Fellow of the International Association of Geomorphologists in 2009. He is currently completing for publication a book on the geomorphology of New Zealand. Over the last few decades he has given more time to landscape conservation and to World Heritage, including as a field mission evaluator representing IUCN/UNESCO.

Derek Ford and Paul Williams were the first PhD students of Dr Marjorie Sweeting, an internationally renowned karst scholar. Their very similar backgrounds in education and early experience, coupled with Ford's particular expertise in cave genesis and the cold regions balanced by Williams's particular expertise in surface morphometry and tropical karst, led them to accept a science publisher's invitation to prepare a comprehensive textbook for advanced students and professionals. It was designed to differ from earlier books on karst geomorphology by extending systematic descriptions of the nature of the karst rocks and the solution processes in early chapters to new chapters stressing the distinctive properties of karst aquifers when compared with ordinary granular or fracture aquifers, describing methods of measuring them where they remain inaccessible 'black boxes', the progressive development of solution caves within them that become big enough for humans to explore, and the earth history that can be recovered from analysis of the sediments and precipitates that can accumulate in these caves. Only in the ninth and tenth chapters would the reader be introduced to karren, dolines, poljes, tower karst, etc. —the suites of distinctive landforms on the surface of the Earth that the word "karst" itself is taken to summarize. A first edition of this book, "Karst Geomorphology and Hydrology", was published in 1989 and received very good reviews. Here, the volume translated into the Chinese language is a second, up-dated and enlarged, edition entitled "Karst Hydrogeology and Geomorphology", published by John Wiley and Sons, Ltd. in 2007.

The last 50 years has seen enormous development of our understanding of karst landforms, caves and karst hydrogeology. We two have been extremely lucky to have been able to participate actively in this and to have been buoyed along and stimulated by equally enthusiastic colleagues and students from many countries, who have shown us their caves and karst, explained their research and shared their concerns about management and conservation issues. The development of karst research in China since the mid 1970s has been particularly notable, as has been the increased pace and success of karst conservation. We very much admire the contributions made to both pure and applied karst science by colleagues at the Academy of Sciences in Beijing, the Karst Research Institute in Guilin, and Guizhou Normal University. At a personal level we also value their long-standing friendship very highly and hope to have many more years of fruitful cooperation. We are deeply honoured to have had our book considered worthy of translation into Chinese. We know the huge amount of effort it took to write it, and cannot imagine the immense determination and perseverance that was required to translate it, not to mention the high level specialist language skills required. Therefore to Wang Tuanle and Xue Guofu, the translators, we offer our sincerest thanks and congratulations for their success in completing this large undertaking.

2016. 7. 14

译者序

《岩溶水文地质与地貌学（*Karst Hydrogeology and Geomorphology*）》是当代两位顶级岩溶学者 Derek Ford（德里克·福特）与 Paul Williams（保罗·威廉姆斯）毕生研究成果的结晶，1989 年初版，2007 年作了大幅度增补和修订。本书对世界岩溶研究影响深远，被誉为岩溶学界的"圣经"。

Derek Ford 为加拿大皇家学会会员（院士），20 世纪 80 年代，先后担任国际喀斯特洞穴学会和加拿大地理学会主席，被加拿大和其他十个国家授予各种学术荣誉。他在岩溶学领域的造诣，得益于他的天赋、执着的科学精神和在业内特有的人格魅力。学童时期他就迷上了溶洞探险，正是对故乡溶洞起源的研究成就了他在牛津大学的博士学位。20 世纪 50 年代末，他从教于加拿大麦克马斯特大学，开始了全球性岩溶研究的旅程，从赤道一带的印度尼西亚及加勒比海岛国，到四季冰封的加拿大北部永久冻土带，从欧美到亚洲，不断发现、研究各种岩溶地貌，探索过的溶洞数以千计。他的学术贡献特别在于三个领域：岩溶洞穴成因学；冰川边沿地带岩溶与冰川活动的相互作用；与 Henry Schwarcz（亨利·施瓦兹）教授合作，创立洞穴堆积物中方解石和文石的铀系测年法、稳定同位素测定及其他古环境的研究方法。

Derek Ford 与中国有着特殊的渊源，20 世纪 70 年代，与我国自然地理学与海岸学家任美锷院士开始交往；他指导的世界各国 30 多位博士后研究员或访问学者中，包括中国的薛果夫、张之淦、朱学稳和韩宝平，还与中国岩溶学者袁道先院士、卢耀如院士及宋林华教授有长期交流合作。他多次来中国，实地考察过三峡及清江、乌江流域，讨论研究过金沙江乌东德水电站的岩溶问题。

当 Derek Ford 在牛津大学学成之时，Paul Williams 也获得剑桥大学博士学位。不久，出于对热带岩溶的浓厚兴趣，他远渡重洋到澳大利亚国立大学任教，开展澳大利亚和巴布亚新几内亚热带地区岩溶的研究，1972 年，他获新西兰奥克兰大学教授职位，研究地域扩展到众多的太平洋岛屿。1976 年，Paul Williams 受中国科学院邀请，第一次参与研究中国岩溶，此后他多次访问中国，并为中国南部岩溶提名通过联合国教科文组织世界遗产认定作出了积极贡献。岩溶之外，他的研究领域还包括海岸再造作用、流域管理、城市水文学和第四纪古气候。2009 年，他当选国际地貌学家协会理事，目前是世界自然保护联盟和联合国教科文组织的评审专家。

长江三峡勘测研究院有限公司（武汉）是我国水利水电勘测劲旅，担负着长江三峡工程、葛洲坝工程和清江隔河岩、水布垭、高坝洲水电站，金沙江乌东德水电站及滇中调水等巨型和大型工程的地质勘察研究任务，在岩溶方面有着丰富的实践经验。在建中的乌东德巨型水电站地处大西南，地质环境复杂，岩溶问题奇特。面对这些问题，译者作为地质工程师倍感压力。当译者见到此书时，立即认真研读，在岩溶和水文地质方面大有感悟。本书指导译者不断克服乌东德水电站的岩溶问题中的难点，并取得最终突破。水电站数十千米地下硐室开挖已经充分验证，前期勘察中岩溶研究成果是正确的。这项工作的经历激发了译者将此书翻译出版，介绍给国内同行的念头。长江三峡勘测研究院领导当即给予支持，启动翻译工作。历经五年，译书终于在2015年11月定稿付梓。

该书应用系统理论的方法，从可溶岩岩石矿物组构、溶解的化学和反应动力学特性、岩溶剥蚀速率等基本原理入手，系统论述了地下水在可溶岩中的运移规律，全面阐述了不同气候带地下洞穴系统的形成过程和洞穴沉积物的成因及特征，特别对前人研究鲜有涉及的干旱寒冷环境下的岩溶地貌，人类活动对岩溶岩石环境的影响等作了深入的研究，在此基础上，提出了岩溶地区水资源管理保护、岩溶地区生态可持续利用与恢复发展等先进理念。本书理论丰富、取材广泛、论述系统，研究方法具有开创性，研究范围涵盖了广阔的四大洲不同气候带，案例典型生动、实践与理论结合紧密。本书不仅是岩溶专业科研人员和学生的教科书，也是工程勘察与设计人员的理论工具书，也可作为旅行探险家、工程建设专家、人文艺术学者等人的实践参考书，特别是对当前中国企业参与世界范围内的基础设施建设项目竞争而言，会有所裨益。

参加本书翻译的还有：覃振华、曾立、董立、许琦、白伟、叶圣生、赵长军、向家菠、刘冲平、吴和平、肖云华、王吉亮、郝文忠、曹伟轩、李志、翁金望、倪凯军、贾建红、谭朝爽、杨雪洲、苏亚军等。本书校核工作由王团乐、薛果夫和许琦完成。在本书译著过程中得到了长江三峡勘测研究院领导的帮助与指导，在此表示衷心感谢！

因英语水平和专业知识的不足，书中难免有一些不足之处，诚望读者批评指正。

译 者

2015年11月20日于武汉光谷

前　言

　　本书对1989年出版的岩溶地貌学和水文学一书作了大量修改，保存了第1版书中系统研究方法的部分内容及水文学与地貌学部分内容。第1章中不再重复或不再引用第1版中已有的一些材料及部分文献。

　　第2章叙述了可溶岩石的特征及其地质结构；第3章和第4章全面描述了可溶岩溶解的物理化学过程及全球溶解速率比较。在过去二三十年间，有关水文学的研究和地下水方面的研究已成为学术界和实践应用方面的重要组成部分。第5章和第6章详细论述了岩溶水文系统，这两章及后面各章，着重考虑了大气降水通过溶解岩石从而使洞穴变大，进而论述了地下水在可溶岩石中运移的规律及特点。第7章讨论了过去20年有关地下洞穴系统成因认识的成果（通过广泛的国际会议及计算机硬件的升级为手段所取得）。第8章主要论述了洞穴沉积物相关的内容，地下洞穴系统中的沉积物保留了有关地表土壤、植物的变化信息及它们相互作用变化的证据，以及该流域中自然环境变化的证据。越来越多的人认识到洞穴是重要的自然遗迹，其中保存了有关大陆和海洋气候变化及变化速度的相关信息。近年来人们越来越关注全球气候变暖的问题，因此，对这些沉积物的研究越来越深入，第8章全面论述了这方面最新的研究成果。第9章和第10章主要论述了湿润温带、热带环境和干旱寒冷环境下的岩溶发育过程中产生的溶蚀和沉积地貌，并总结了岩溶研究实际应用的总体框架及前几章所论述的内容。岩溶水资源越来越受到全球的关注，这是第11章的重点，本章也论述了有关岩溶水资源供应的管理，以及公路、铁路和管道沿线上分布的大量危险物质的污染问题（其推进速度相当可怕）。第12章总结了由人类活动和岩溶作用共同引发的地质灾害，岩溶作用可能危害工程建筑及其他人类经济活动，反过来，人类活动也会危害脆弱的岩溶生态系统、岩溶含水层和岩溶地貌特征；本章对环境恢复、可持续开发利用及保护也作了总结。

　　在过去的25年里，由于各种原因，地球科学家、环境科学家、土木工程师甚至一些法律界的人士对各方面岩溶研究也有着强烈的兴趣，从而导致与岩溶相关的出版物的数量剧增。仅用英文发表的相关出版物，我们在一年内也不可能读完，而要读完那些用其他语言文字发表的许多高质量的出版物更是不可想象的。在本书中我们尽量以国际视野的角度选择案例和相关文献。我们为了让该书价格合理，压缩了字行间距，因此有些引用的资料没有标注引用号，在此对这些同仁表示歉意。

致 谢

将本书献给从学生时代到职业生涯一直给予支持的我们的妻子玛格丽特·福特和格温妮丝·威廉姆斯。

——德里克·福特　保罗·威廉姆斯

目前国际上众多岩溶研究学者知识丰富,且充满活力与激情。非常感谢给予我们研究、写作支持的、在野外考查时陪伴的同事、同行们。我的已故导师 Joe Jennings(澳大利亚)和 Marjorie Sweeting(英国),他们的热情、科学诚信为我们树立了榜样,在职业生涯中时刻激励着我。我们是站在他们的肩膀上继续前进。

我深情怀念已故的 Jim Quinlan(美国)和宋林华(中国),感谢他们对我的教导。尤其感谢与我在洞穴研究共同合作有 40 年的 Henry Schwarcz,30 年来给现场考查提供技术支持的 Peter Crossly,感谢 Steve Worthington 对地下水水文学章节的严格校审,同时也感谢在岩溶研究方面给予我帮助的同仁,他们的研究成果让我受益匪浅,并大大丰富了我在岩溶方面的经验。在此我要感谢:

Slava Andreichouk	Stein-Erik Lauritzen
Tim Atkinson	Joyce Lundberg
Michel Bakalowicz	Richard Maire
Pavel Bosak	Alain Mangin
袁道先	Andrej Mihevc
Wolfgang Dreybrod	Petar Milanović
Victor and Yuri Dubljansky	John Mylroie

Ralph Ewers
Paolo Forti
Amos Frumkin
Franci Gabrovšek
Ivan Gams
John Gunn
Zupan Hajna
Russell Harmon
Carol Hill
Julia James
Sasha Klimchouk
Andrej Krancj
Wieslawa Krawczyk

Jean Nicod
Bogdan Onac
Art and Peggy Palmer
Jean-Noel Salomon
Jacques Schroeder
Yavor Shopov
Chris and Peter Smart
Tony Waltham
Bette and Will White
朱学稳和娜佳
卢耀如
Laszlo Zambo

目 录

1 岩溶概述 ⋯⋯⋯⋯⋯⋯⋯⋯⋯⋯⋯⋯⋯⋯⋯⋯⋯⋯⋯⋯⋯⋯⋯⋯⋯⋯⋯⋯⋯⋯⋯⋯⋯⋯⋯⋯ (1)
  1.1 定义 ⋯⋯⋯⋯⋯⋯⋯⋯⋯⋯⋯⋯⋯⋯⋯⋯⋯⋯⋯⋯⋯⋯⋯⋯⋯⋯⋯⋯⋯⋯⋯⋯⋯⋯⋯ (2)
  1.2 地貌学和水文地质学与岩溶的关系 ⋯⋯⋯⋯⋯⋯⋯⋯⋯⋯⋯⋯⋯⋯⋯⋯⋯⋯⋯⋯⋯ (4)
  1.3 可溶岩的全球分布 ⋯⋯⋯⋯⋯⋯⋯⋯⋯⋯⋯⋯⋯⋯⋯⋯⋯⋯⋯⋯⋯⋯⋯⋯⋯⋯⋯⋯ (5)
  1.4 岩溶研究的发展 ⋯⋯⋯⋯⋯⋯⋯⋯⋯⋯⋯⋯⋯⋯⋯⋯⋯⋯⋯⋯⋯⋯⋯⋯⋯⋯⋯⋯⋯ (5)
  1.5 本书的目的 ⋯⋯⋯⋯⋯⋯⋯⋯⋯⋯⋯⋯⋯⋯⋯⋯⋯⋯⋯⋯⋯⋯⋯⋯⋯⋯⋯⋯⋯⋯⋯ (7)
  1.6 岩溶术语 ⋯⋯⋯⋯⋯⋯⋯⋯⋯⋯⋯⋯⋯⋯⋯⋯⋯⋯⋯⋯⋯⋯⋯⋯⋯⋯⋯⋯⋯⋯⋯⋯ (8)

2 可溶岩 ⋯⋯⋯⋯⋯⋯⋯⋯⋯⋯⋯⋯⋯⋯⋯⋯⋯⋯⋯⋯⋯⋯⋯⋯⋯⋯⋯⋯⋯⋯⋯⋯⋯⋯⋯⋯⋯⋯ (9)
  2.1 碳酸盐岩及矿物 ⋯⋯⋯⋯⋯⋯⋯⋯⋯⋯⋯⋯⋯⋯⋯⋯⋯⋯⋯⋯⋯⋯⋯⋯⋯⋯⋯⋯⋯ (9)
  2.2 灰岩组成及沉积相 ⋯⋯⋯⋯⋯⋯⋯⋯⋯⋯⋯⋯⋯⋯⋯⋯⋯⋯⋯⋯⋯⋯⋯⋯⋯⋯⋯⋯ (13)
  2.3 石灰岩成因及白云岩的成因 ⋯⋯⋯⋯⋯⋯⋯⋯⋯⋯⋯⋯⋯⋯⋯⋯⋯⋯⋯⋯⋯⋯⋯⋯ (18)
  2.4 蒸发岩 ⋯⋯⋯⋯⋯⋯⋯⋯⋯⋯⋯⋯⋯⋯⋯⋯⋯⋯⋯⋯⋯⋯⋯⋯⋯⋯⋯⋯⋯⋯⋯⋯⋯ (24)
  2.5 石英岩和硅质砂岩 ⋯⋯⋯⋯⋯⋯⋯⋯⋯⋯⋯⋯⋯⋯⋯⋯⋯⋯⋯⋯⋯⋯⋯⋯⋯⋯⋯⋯ (27)
  2.6 地层岩性特征影响岩溶发育 ⋯⋯⋯⋯⋯⋯⋯⋯⋯⋯⋯⋯⋯⋯⋯⋯⋯⋯⋯⋯⋯⋯⋯⋯ (28)
  2.7 夹层碎屑岩 ⋯⋯⋯⋯⋯⋯⋯⋯⋯⋯⋯⋯⋯⋯⋯⋯⋯⋯⋯⋯⋯⋯⋯⋯⋯⋯⋯⋯⋯⋯⋯ (31)
  2.8 层面、节理、断层和破裂面 ⋯⋯⋯⋯⋯⋯⋯⋯⋯⋯⋯⋯⋯⋯⋯⋯⋯⋯⋯⋯⋯⋯⋯⋯⋯ (31)
  2.9 褶皱地貌 ⋯⋯⋯⋯⋯⋯⋯⋯⋯⋯⋯⋯⋯⋯⋯⋯⋯⋯⋯⋯⋯⋯⋯⋯⋯⋯⋯⋯⋯⋯⋯⋯ (36)
  2.10 古溶蚀面 ⋯⋯⋯⋯⋯⋯⋯⋯⋯⋯⋯⋯⋯⋯⋯⋯⋯⋯⋯⋯⋯⋯⋯⋯⋯⋯⋯⋯⋯⋯⋯ (37)

3 可溶岩溶解:化学和反应动力学特性 ⋯⋯⋯⋯⋯⋯⋯⋯⋯⋯⋯⋯⋯⋯⋯⋯⋯⋯⋯⋯⋯⋯ (40)
  3.1 概述 ⋯⋯⋯⋯⋯⋯⋯⋯⋯⋯⋯⋯⋯⋯⋯⋯⋯⋯⋯⋯⋯⋯⋯⋯⋯⋯⋯⋯⋯⋯⋯⋯⋯⋯ (40)
  3.2 水溶液和化学平衡 ⋯⋯⋯⋯⋯⋯⋯⋯⋯⋯⋯⋯⋯⋯⋯⋯⋯⋯⋯⋯⋯⋯⋯⋯⋯⋯⋯⋯ (43)
  3.3 硬石膏、石膏和盐的溶解 ⋯⋯⋯⋯⋯⋯⋯⋯⋯⋯⋯⋯⋯⋯⋯⋯⋯⋯⋯⋯⋯⋯⋯⋯⋯ (47)
  3.4 二氧化硅的溶解 ⋯⋯⋯⋯⋯⋯⋯⋯⋯⋯⋯⋯⋯⋯⋯⋯⋯⋯⋯⋯⋯⋯⋯⋯⋯⋯⋯⋯⋯ (48)
  3.5 重碳酸盐平衡和碳酸盐岩在普通大气水中的溶解 ⋯⋯⋯⋯⋯⋯⋯⋯⋯⋯⋯⋯⋯⋯⋯ (48)
  3.6 S—O—H系统和碳酸盐岩石的溶解 ⋯⋯⋯⋯⋯⋯⋯⋯⋯⋯⋯⋯⋯⋯⋯⋯⋯⋯⋯⋯ (56)
  3.7 碳酸盐溶解中的化学作用 ⋯⋯⋯⋯⋯⋯⋯⋯⋯⋯⋯⋯⋯⋯⋯⋯⋯⋯⋯⋯⋯⋯⋯⋯⋯ (60)
  3.8 生物岩溶过程 ⋯⋯⋯⋯⋯⋯⋯⋯⋯⋯⋯⋯⋯⋯⋯⋯⋯⋯⋯⋯⋯⋯⋯⋯⋯⋯⋯⋯⋯⋯ (64)
  3.9 野外和室内测定:计算机程序 ⋯⋯⋯⋯⋯⋯⋯⋯⋯⋯⋯⋯⋯⋯⋯⋯⋯⋯⋯⋯⋯⋯⋯⋯ (66)
  3.10 岩溶岩的溶解和析出的反应动力学特性 ⋯⋯⋯⋯⋯⋯⋯⋯⋯⋯⋯⋯⋯⋯⋯⋯⋯⋯ (69)

4 岩溶剥蚀的分布和速率 ⋯⋯⋯⋯⋯⋯⋯⋯⋯⋯⋯⋯⋯⋯⋯⋯⋯⋯⋯⋯⋯⋯⋯⋯⋯⋯⋯⋯⋯ (81)
  4.1 全球碳酸盐地区溶解性剥蚀的差异性 ⋯⋯⋯⋯⋯⋯⋯⋯⋯⋯⋯⋯⋯⋯⋯⋯⋯⋯⋯⋯ (81)
  4.2 溶解剥蚀速率的测定和计算 ⋯⋯⋯⋯⋯⋯⋯⋯⋯⋯⋯⋯⋯⋯⋯⋯⋯⋯⋯⋯⋯⋯⋯⋯ (86)
  4.3 石膏、岩盐以及其他非碳酸盐岩石的溶解速率 ⋯⋯⋯⋯⋯⋯⋯⋯⋯⋯⋯⋯⋯⋯⋯⋯ (94)

    4.4 测定成果的解译 …………………………………………………………………… (97)
5 岩溶水文学 ………………………………………………………………………… (106)
    5.1 基本水文地质概念、术语、定义 ………………………………………………… (106)
    5.2 岩溶水文系统发育的控制因素 …………………………………………………… (119)
    5.3 能量补给及流网发育 ……………………………………………………………… (126)
    5.4 水位和潜水带的发育 ……………………………………………………………… (132)
    5.5 包气带的发育 ……………………………………………………………………… (134)
    5.6 岩溶含水层的分类及特征 ………………………………………………………… (138)
    5.7 达西定律在岩溶中的应用 ………………………………………………………… (141)
    5.8 淡水与咸水分界面 ………………………………………………………………… (143)
6 岩溶排水系统分析 ………………………………………………………………… (147)
    6.1 岩溶的"灰箱"特征 ………………………………………………………………… (147)
    6.2 地表勘查及调查技术 ……………………………………………………………… (147)
    6.3 包气带中地下水的补给、径流、排泄 …………………………………………… (154)
    6.4 钻孔分析 …………………………………………………………………………… (164)
    6.5 泉水水文过程线分析 ……………………………………………………………… (173)
    6.6 坡立谷水文分析 …………………………………………………………………… (180)
    6.7 泉水水质分析 ……………………………………………………………………… (182)
    6.8 不同水文过程状态下地下水储存量及径流路线 ………………………………… (188)
    6.9 岩溶含水层结构解译 ……………………………………………………………… (189)
    6.10 示踪试验技术 ……………………………………………………………………… (191)
    6.11 岩溶含水层计算模型 ……………………………………………………………… (202)
7 洞穴系统的形成过程 ……………………………………………………………… (209)
    7.1 洞穴系统分类 ……………………………………………………………………… (209)
    7.2 非承压型洞穴平面模式建构 ……………………………………………………… (214)
    7.3 非承压型洞穴的发育 ……………………………………………………………… (222)
    7.4 单级洞穴的系统改变 ……………………………………………………………… (230)
    7.5 多级洞穴系统 ……………………………………………………………………… (233)
    7.6 承压水循环或基底注入水的岩层中发育含大气水的洞穴 ……………………… (236)
    7.7 深成洞穴：主要与CO_2有关的热水深成洞穴 ………………………………… (241)
    7.8 深成洞穴：含硫化氢水流形成的洞穴 …………………………………………… (245)
    7.9 海岸早期成岩洞穴 ………………………………………………………………… (248)
    7.10 溶洞断面及侵蚀地貌的局部特征 ………………………………………………… (250)
    7.11 洞穴中的冷凝作用、冷凝侵蚀和风化作用 ……………………………………… (262)
    7.12 洞穴垮塌 …………………………………………………………………………… (266)
8 洞穴沉积 …………………………………………………………………………… (271)
    8.1 概述 ………………………………………………………………………………… (271)
    8.2 碎屑沉积 …………………………………………………………………………… (273)
    8.3 方解石、文石及其他碳酸盐沉积 ………………………………………………… (282)
    8.4 其他洞穴矿物 ……………………………………………………………………… (293)
    8.5 冰 洞 ……………………………………………………………………………… (296)

8.6 方解石堆积物和其他洞穴沉积物测年 ………………………………………………………… (299)
8.7 方解石洞穴沉积物的古环境分析 ………………………………………………………… (307)
8.8 洞穴系统的质量流量:西弗吉利亚州 Friar 洞穴的例子 ………………………………… (319)

9 湿润地区岩溶地貌演化 …………………………………………………………………… (321)
9.1 水文与地球化学系统的耦合 ………………………………………………………… (321)
9.2 小型溶蚀、刻蚀——微型溶痕和溶痕(微型溶蚀地貌和溶蚀地貌) ……………………… (321)
9.3 岩溶漏斗——代表性的岩溶地貌? …………………………………………………… (338)
9.4 岩溶漏斗的起源和发展 ……………………………………………………………… (340)
9.5 崩陷洼地的起源与发育 ……………………………………………………………… (345)
9.6 网格状漏斗 …………………………………………………………………………… (349)
9.7 溶蚀漏斗的地形测量分析 …………………………………………………………… (351)
9.8 与异源补给相关的地貌:接触岩溶 …………………………………………………… (356)
9.9 岩溶坡立谷 …………………………………………………………………………… (360)
9.10 侵蚀平原和基准面变化 ……………………………………………………………… (362)
9.11 岩溶平原上的峰林 …………………………………………………………………… (367)
9.12 岩溶的沉积和构造特征 ……………………………………………………………… (373)
9.13 蒸发岩地区的特点 …………………………………………………………………… (379)
9.14 石英及其他岩石的岩溶特征 ………………………………………………………… (385)
9.15 潮湿地带碳酸盐岩岩溶地貌的演变顺序 …………………………………………… (387)
9.16 岩溶地形进化的电脑模型 …………………………………………………………… (392)

10 气候与气候变化及其他环境因素对岩溶发育的影响 ………………………………… (396)
10.1 气候地貌学理论 ……………………………………………………………………… (396)
10.2 极端干热气候条件 …………………………………………………………………… (396)
10.3 极端寒冷气候:冰川地区的岩溶作用 ………………………………………………… (406)
10.4 极端寒冷气候:冻土地区的岩溶作用 ………………………………………………… (419)
10.5 海平面变化及大地构造运动对沿海岩溶作用的影响 ………………………………… (426)
10.6 多期旋回、多成因的剥露岩溶特征 ………………………………………………… (432)

11 岩溶水资源管理 ……………………………………………………………………… (439)
11.1 水资源和可持续收益 ………………………………………………………………… (439)
11.2 确定可用的水资源 …………………………………………………………………… (440)
11.3 岩溶水文地质测绘 …………………………………………………………………… (442)
11.4 人类对岩溶水的影响 ………………………………………………………………… (445)
11.5 地下水的脆弱性、保护及风险评估 ………………………………………………… (458)
11.6 建坝、水库渗漏、失事及影响 ………………………………………………………… (461)

12 人类影响及环境自我修复 ……………………………………………………………… (467)
12.1 岩溶系统固有的脆弱性 ……………………………………………………………… (467)
12.2 森林采伐和农业影响及石漠化 ……………………………………………………… (468)
12.3 岩溶地区水位下降、负荷过重、溶解采矿及其他活动诱发的落水洞 …………… (474)
12.4 可溶岩建设过程中的问题——预期会出现意外情况 ……………………………… (480)
12.5 可溶岩及矿物的工业开采 …………………………………………………………… (484)
12.6 岩溶地的恢复和灰岩采石场的修复 ………………………………………………… (490)

12.7 岩溶的可持续管理 …………………………………………………………………（494）
12.8 岩溶区的科研、文化价值 …………………………………………………………（498）

参考文献 ……………………………………………………………………………………（501）

索　引 ……………………………………………………………………………………（564）

1 岩溶概述

岩溶是用来描述可溶岩(如灰岩、大理岩和石膏)及其中发育的洞穴和地下水系统组合的特殊地貌总称。大面积的无冰区存在碳酸盐岩发育的岩溶地貌,全球 20%～25% 的人生活在碳酸盐岩地区(图 1-1),大多以岩溶地下水作为生产、生活用水,开采岩溶地下水遇到的问题也越来越多。因此,岩溶水的保护和管理受到越来越多的重视。本书论述了地表水及岩溶地下水系统(水文地质学)与岩溶地貌(地貌学)之间的关系,并在水文地质学和地貌学范畴内进行了深入的讨论。

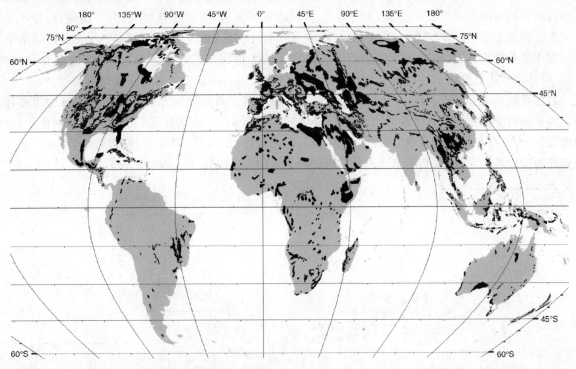

图 1-1 全球碳酸盐岩分布图。各图投影分辨率不同,各碳酸盐岩地区的岩性和出露情况有差别[使用区域地图在 GIS 采用 Eckert Ⅳ 投影法,许多区域地图引自 Gunn(2000a)]

很多水文地质学家错误地认为,地表岩溶不发育或不明显,则地下水系统中不存在岩溶水。这种认识上的错误会误导地下水管理及误判环境影响。在地表岩溶不发育的情况下也会产生岩溶水循环。在碳酸盐岩地区就可以默认存在岩溶问题。

《岩溶水文地质与地貌学》第 1 版(Ford,Williams,1989)用系统的观点研究岩溶水文地质与化学反应过程的成果显著。因此,本版将继续采用系统分析方法对岩溶进行研究。岩溶可看作是由两个子系统,即作用于岩体上的密切相关的水文地质子系统与水化学子系统组成的开放系统,地表及地下的岩溶

限于版面,本书图、表引用文献的格式均为"作者,年份",在参考文献中均列出。——编者注

地貌是这两个子系统相互作用的产物。

1.1 定义

"Karst"一词源于原始印欧语中(Gams,1973a,1991a,2003;Kranjc,2001a),它起源于"karra/gara",意为岩石,在欧洲和中东地区发现与之对应的衍生词汇。最早研究岩溶的地方是迪纳拉(Dinaric)岩溶,2/3位于斯洛文尼亚境内,1/3位于意大利境内。斯洛文尼亚语中这个词经历了由kars到kras,再到kar(r)a的演化过程。这个词还有石头和裸露岩石的意思,同时也将里雅斯特(Trieste)内陆地区称为岩溶。罗马时期这个地区则称为Carsus和Carso,奥匈帝国时期,这个地区就叫Karst。维也纳地理地质学院对这一国际性科学术语的应用具有决定性的作用,该词始应用于18世纪晚期,19世纪中期被固定下来。Kras(或Karst)地区的独特地貌成为岩溶地貌的代名词。

岩溶是次生孔隙(裂隙)发育的可溶岩所具有的独特水文特点与地表形态的总称。岩溶地区以发育地下暗河、洞穴、溶蚀洼地、溶沟及大流量泉水为特征,但岩石具强溶蚀性是不足以发育岩溶地貌的,岩石结构和岩性对岩溶的发育也非常重要。在致密块状质纯灰岩(裂隙发育)中岩溶作用强烈,原生孔隙非常发育的岩石(孔隙率30%~50%)通常岩溶不发育。但是,原生孔隙不发育的岩石(孔隙率小于1%)而次生孔隙发育时,可能产生强岩溶。岩溶发育的关键因素是地下水循环,这是岩溶发育的"引擎"。自然水沿构造裂隙运移过程中溶解岩石,从而产生了独特的岩溶地貌形态和地下结构。

岩溶系统的主要特点见图1-2。岩溶地貌基本上可划分为侵蚀区和沉积区。在溶解作用或作为触发因素的溶解作用同其他因素共同作用下,侵蚀区为净搬运,该区也会发生短暂的再沉积作用(沉淀的形式)。近海或陆地边缘的净沉积区会产生新的可溶岩石,在沉积区中也有短暂溶解的现象。本书重点研究净侵蚀区,而沉积区则属于沉积学家研究的领域(Alsharhan,Kendall,2003)。

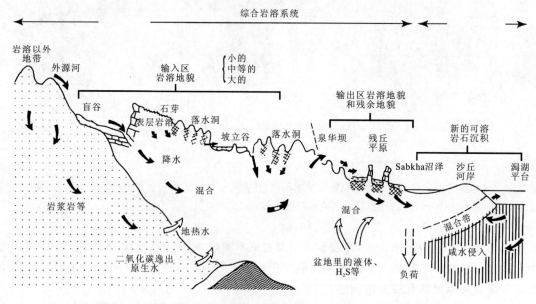

图1-2 岩溶系统主要岩溶特征综合性说明(引自Ford,Williams,1989)

在净侵蚀区,地下水运移过程中主要产生溶解作用。岩溶系统中的地下水大部分来源于大气降水,其表现为地下水浅部循环且地下滞留时间短;向岩溶系统补给的深部循环热水或岩浆岩(或沉降盆地)中的热水在岩溶水系统中所占比例很少,但这种现象很常见;近海一带,海水与淡水混合,溶解速度加快。

侵蚀区大部分溶解作用发生在地表或近地表,地表岩溶地貌形态显著。根据岩溶发育的规模将岩溶地貌分为3种类型,发育形态尺寸小于10m的岩溶为小型岩溶,10～1 000m的为中型岩溶,大于1 000m的为大型岩溶。根据地下水的补给、径流、排泄,将岩溶系统分为输入区、径流区和排泄区三部分,其中输入区的岩溶地貌占主导地位。输入区地表水入渗地下,岩溶形态与冲积作用及冰积作用形成的地貌形态差异显著。径流区内,独特的峡谷以及底部平坦洼地构成坡立谷(poljes,即岩溶平原),是地表可溶岩带(有时亦为非可溶岩)输送地表水、地下水的通道。排泄区地下岩溶水向地表排泄形成岩溶泉,在岩溶泉附近形成侵蚀峡谷地貌、沉积或堆积地貌(如边石坝等)。地下水水位下降或河流下切过程中,冲积平原上常见高陡溶蚀残丘发育。

有些古老的岩溶被后期固结的岩石覆盖之后,岩溶停止发育,与当代岩溶系统的水文地质环境不同,称为古岩溶。这些古岩溶经历了构造运动(沉降)及碎屑物沉积固结成岩的过程,碎屑岩与下伏古岩溶呈不整合接触关系。有时上覆盖层被侵蚀,古岩溶重新成为现代岩溶系统的一部分,中断了千万年的岩溶得以重新发展。在现代岩溶的作用下,古岩溶的遗迹发生变化。就像过去是冲积平原,而现在变成了河流阶地一样,古岩溶遗迹表明排泄基准面发生了重大变化,如残余山丘的侵蚀面远高于现今水位;又例如海岸带海水下的岩溶洞穴,多层洞穴系统中的上层洞穴成为地下水的排泄通道,也是这类岩溶地貌的主要类型。

尽管在地球上像石膏、硬石膏和盐之类的易溶岩广泛发育,但因上覆不溶岩或难溶岩石覆盖,在侵蚀区地表很少出露(图1-3)。这些易溶岩上部尽管有隔水层保护,即使埋深达1 000m,仍会受到地下水循环侵蚀,也会被大面积搬运,这种现象称为层间岩溶。层间岩溶会导致地表或上覆岩石塌陷或沉降。在碳酸盐岩中也会发生层间岩溶,但这种作用不明显。在可溶岩地层中的特定层位或特定层组中优先溶解,也可产生层间岩溶(如白云岩地层中的石膏层)。

欧洲文献将岩溶分为表层岩溶、地下岩溶和覆盖岩溶3种类型。表层岩溶是指地表岩溶地貌组合,地下岩溶是地下发育的岩溶地貌组合。其中地下岩溶又可分为大气降水岩溶(hyperkarst)和原生水岩溶(hypokarst)两种类型,前者指大气降水入渗地下水循环,溶蚀岩石而产生的岩溶现象,而岩石中的初生水和原生水溶解岩石称为原生水岩溶(图1-2)。一些俄罗斯学者把原生水岩溶进一步细化为两种,一种是深部地下水上升溶蚀可溶岩,另一种是可溶岩中的原生水在压力作用下溶蚀岩石。覆盖岩溶是指在透水的覆盖层(如土壤、冰碛物、冰川堆积物和残积物等)下伏的可溶岩石中发育的岩溶。孤立岩溶(karst barré)是指碳酸盐岩被周围隔水层围限的孤立岩溶现象,而条带状岩溶是孤立岩溶的亚类,如灰岩中发育碎屑岩夹层,其地层出露特征表现为地层产状陡倾或近垂直。近来重点研究接触岩溶,这类岩溶指来自相邻非可溶岩地区的水流沿可溶岩与非可溶岩接触带产生的大规模岩溶现象(Kranjc,2001b)。

图1-3 蒸发岩全球分布图
(据Klimchouk,Andrejchuk,1996)

有些类岩溶地貌并不是溶蚀或侵蚀塌陷作用形成的,这种地貌称为假岩溶。如冰川中的洞穴(冰中的洞穴是相变产生,而非溶蚀产生),热"岩溶"是冻融作用产生的洼地形态,火山"岩溶"是在熔岩中发育的管状洞穴及洞顶产生的机械坍塌的组合地貌,管涌是碎石、土壤和黄土中因冲刷产生的管道及与之相关的坍塌地貌的组合。另一方面,像溶沟这种地貌形态(见9.2节)在石英岩、花岗岩和玄武岩的露头上也发育,尽管在这种岩性的地层中发生了溶蚀,但与典型可溶岩石相比其可溶性相当低。

除碳酸盐岩和蒸发岩之外的其他岩性岩石中的岩溶发育程度大部分取决于特定环境中其他作用与溶解作用共同竞争的结果。当有足够的时间和足够的温度时,由单一矿物构成的岩石中就会发育小规模的溶蚀形态,如溶沟、溶槽和溶坑等,即使在可溶性很低的花岗岩和玄武岩等多矿物构成的岩石中也会发生溶蚀。石英岩和致密硅质砂岩可看作是岩溶地貌和冲积地貌之间的过渡类型,在热水中其可溶性可达到碳酸盐岩的溶解性,并可形成洞穴。在正常温度和压力环境中如果时间足够,当大气降水进入这类岩石,并沿裂隙和层面溶蚀,在水力梯度足够高的情况下,地下水紊流的机械侵蚀和化学溶蚀共同作用下掏蚀岩石颗粒,并扩大管道。因此,在有石英岩出露地区的陡崖或峡谷近岸地段(水力梯度高)会发育流水洞穴,同样也会在由砂质或泥质灰岩构成的陡崖地段形成这样的洞穴。潜水带(即地下水储量丰富以及洞穴中一直充水)一般不属此列。硅质岩的这种地貌形态和地下水的补给、径流、排泄特征可看作是冲蚀-岩溶地貌,其地表形态和地下水文特征是流水化学溶蚀和机械掏蚀共同作用的结果。

1.2 地貌学和水文地质学与岩溶的关系

地貌学是关于地形形成、地形塑造过程和发育历史的科学。碳酸盐岩和蒸发岩的面积约占大陆(无冰川覆盖)总面积的20%,地球上各个高程和纬度均有分布。世界各地的可溶岩经受了所有地质营力作用,即风力、海洋、冰川、物理化学风化等作用。为了更好地研究岩溶地貌,必须考虑其他作用,如板块构造和气候变化等,对非可溶岩和地貌形态的影响。同时我们也要认识到溶蚀对于其他非可溶岩而言所起的作用相对较小,而在岩溶发育过程中则作用相当大。

可溶岩的化学溶蚀作用形成的独特岩溶地貌组合,反映了溶蚀及其诱发作用(如坍塌)对岩溶发育所起的作用更大。相对于其他作用过程,在极端气候条件下的融冻崩解作用,可使溶蚀效应不明显。因此,高山地区的冰川作用、冰缘作用和块体运动都是改变地貌形态的主要动力。如埃佛勒斯峰(Mount Everest,即珠穆朗玛峰)地区的岩石主要是碳酸盐岩,但表层岩溶不发育,尽管有可能发育地下岩溶。

只有当高处与河谷建立了地下水联系时,岩溶地下水才会循环,否则仍以地表径流的方式循环。当岩石含孔隙时(如砂岩),地表水可以入渗到地下,并在相互连接的孔隙进行运移,然后在地表以泉水的形式排泄。裂隙(或孔隙)水的流态为层流,化学溶蚀对非可溶岩的储水能力和地下水的运移没有多大影响,长期的水循环对地下水系统的最终运移能力或储存能力没有影响。尽管可溶岩中驱动地下水循环的作用力同非可溶岩的作用机理是一样,但是可溶岩中的地下水运移则表现为另外一种情况。这是因为可溶岩中溶蚀起了很重要的作用。地下水循环的溶蚀导致可溶岩孔隙(裂隙)空间变大,岩石的渗透性也随之增大。可溶岩中初始地下水流为层流,但最后地下水的流态变成紊流。随着时间的推移,岩溶地下水系统与其他非可溶岩中的地下水系统明显不同。用来描述典型的多孔介质含水层中层流的公式不再适合于地下大型岩溶管道中的紊流。

岩溶地下水网本身的演化以及紊流条件的变化都与岩溶地貌演化有关。尽管可溶岩中发育有原生孔隙和次生孔隙,但大多数地下水通过岩溶管道运移。该地下水系统通过集中补给(如溶蚀洼地、岩溶漏斗、落水洞等)输入到地下暗河。因此,当地表和地下管道系统一起演化就会出现特有的岩溶环境。正因如此,想理解岩溶水文地质学就必须对岩溶地貌学有更深刻的理解,反之亦然。这就决定了本书的结构和内容。

1.3 可溶岩的全球分布

主要可溶岩分布见图1-1和图1-3,可溶岩出露面积约占全球陆地面积的20%。上述两图是一种概化,随收集数据的变化而变化(出露面积小的可溶岩甚至出露面积大的可溶岩在上述两图中有可能没有标出)。从图1-1中可以看出,俄罗斯碳酸盐岩分布广泛,但地表露头不连续;北半球碳酸盐岩相当丰富;除冈瓦纳古陆边缘一带有碳酸盐岩出露外,其余地方则出露相对较少,如在冈瓦纳古陆边缘一带的澳大利亚纳拉伯(Nullarbor)平原,发育有白垩系或更新的碳酸盐岩(超级古陆破裂后形成)。由于可溶岩不纯且不溶物堵塞孔隙,阻止岩溶发育,所以不是所有的碳酸盐岩都发育岩溶地貌和(或)岩溶地下水系统。发育岩溶的碳酸盐岩占全球大陆面积的10%~15%。

地球上石膏、硬石膏和盐的分布见图1-3。蒸发岩大多数下伏于碳酸盐岩和碎屑岩之下,如在安第斯山脉,受溶蚀作用部分蒸发岩发生迁移,或者受褶皱和断层作用,蒸发岩深埋于地下。图1-3中所标志的超过90%的硬石膏/石膏和超过99%的盐在地表没有出露,不过石膏和盐分布面积约占陆地面积的25%。石膏和盐的岩溶化程度远比碳酸盐岩要小,但是在地下蒸发岩和碳酸盐岩的岩溶发育程度相当。受岩溶作用的蒸发岩的面积与碳酸盐岩岩溶的面积相当。

1.4 岩溶研究的发展

地中海盆地是岩溶研究的摇篮,古亚述王朝(Assyrian Kings)公元前1100—公元前852年期间首次记录了底格里斯河(Tigris)的河谷洞穴(雕刻)。古希腊和古罗马的哲学家对岩溶的认识做出了贡献(同时这些哲学家对神学也做出了贡献,他们认为冥河神居住在这些岩溶洞穴中)。Pfeiffer(1963)认为从公元前600—公元前400年到20世纪早期,关于岩溶地下水的认识经历了5个阶段:第一个阶段是由Thales(公元前624—公元前548?)、Aristotle(公元前385—公元前322)和Lucretius(公元前96—公元前45)建立了水循环的概念;第二个阶段是1世纪的Flavius第一次试图对约旦河盆地中的岩溶水进行追踪(Milanović,1981);第三个阶段是2世纪的希腊旅行者和地理学者Pausanias的试验证明了Stymphalia湖的落水洞与Erasinos泉之间的联系(Burdon,Papakis,1963);第四个阶段是希腊和罗马学者建立的水文学概念,并作为这个学科的基础一直持续到17世纪;第五个阶段是Perrault(1608—1670)、Mariotte(1620—1684)和Halley(1656—1742)开始将这门学科转变成量化的科学,这些学者将水的蒸发、渗流和径流的关系进行了量化研究,17世纪中国的地理学家徐霞客(Yuan,1981;Cai et al,1993)和斯洛文尼亚的学者Valvasor(Milanović,1981;Shaw,1992)对岩溶洞穴的理解有新的认识。

18世纪末,对碳酸在灰岩溶蚀中所起的作用有了一定的认识(Hutton,1795),在随后的几十年中进行了有关碳酸溶解试验(Rose,1837),1854年Bischof计算了莱茵河中碳酸钙的浓度,Goodchild(1875)对英格兰北部的灰岩墓石表面风化速率进行了观测研究,这些研究成果大大地提高了化学剥蚀的认识。1883年,Spring和Prost在比利时默兹(Meuse)河盆地建立了第一个现代溶蚀模型。

19世纪中晚期是岩溶研究取得重大进展的一个时期,在英国,Prestwich(1854)和Miall(1870)调查了燕子洞的成因;欧洲大陆的学者如Heim(1877)、Chaix(1895)和Eckert(1895)等对溶沟的研究取得了很大的进步;真正取得杰出成就的是Jovan Cvijić,他在1893年出版的 *Das Karstphänomen* 一书为岩溶地貌学打下了坚实的基础,研究内容涉及溶沟、坡立谷等各种规模的岩溶形态。Sweeting(1981)认为Jovan Cvijić对于岩溶漏斗的认识具有里程碑的重要意义,是他第一次从地貌学的角度对这些岩溶地貌进行了形态测量,他所得出的岩溶漏斗为溶蚀成因这一结论经受住了历史的检验。

Cvijić后期论文的主题是讨论岩性对岩溶的作用。1925年他发表论文介绍全岩溶(holokarst)和半岩溶(merokarst)的概念，全岩溶是不受其他岩石影响的纯岩溶，主要发育在厚层灰岩中并且延伸到基准面以下很远，其涉及所有岩溶形态[以迪纳拉地区的岩溶为例]。半岩溶(merokarst)主要发育在含夹层的薄层灰岩或不纯灰岩中，这种地貌形态是冲蚀作用和岩溶作用共同作用的结果，猛犸洞-肯塔基的落水洞平原(Sinkhole Plain)的岩溶就是很好的例子。Cvijić也认识到存在介于这两类岩溶之间的过渡类型，如法国科斯地区(Causses)广泛发育岩溶的厚层灰岩地层上覆非可溶岩。从21世纪科学认知角度来看，大多数岩溶属于Cvijić所说的过渡类型，因此有关岩溶的三分法没有特别的实际意义。当碳酸盐岩地层层厚越薄，或者碳酸盐岩上覆隔水层或灰岩中发育非可溶岩夹层，溶蚀和冲蚀作用共同作用形成大多数的岩溶地貌，Roglić(1960)称为冲蚀岩溶地貌，Sweeting(1972)、Roglić(1972)和Jennings(1985)对这些结论进行了充分讨论。Cvijić的大部分论文被Stevanović和Mijatović(2005)译成英文，Cvijić的一些用法语发表的论文也成为岩溶研究的重要文献。

19世纪中期也是对地下水流的研究取得重要进展的时期，尽管当时的Hagen(1839)、Poiseuille(1846)和Darcy(1856)的试验研究与岩溶没有直接关系，但是这些研究成果为后来岩溶地下水的量化研究提供了理论基础。1874年由Beyer、Tietze和Pilar等在克罗地亚缺水地区进行水文调查，这是第一次在岩溶地区进行水文地质调查。Herak和Stringfield(1972)认为在20世纪早期的研究成果具有前瞻性，尤其是有关独立管道流与整体区域流之间孰重孰轻的想法更具前瞻性。

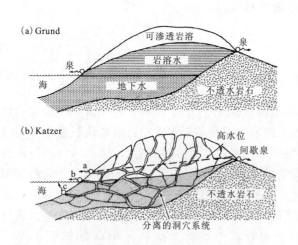

图1-4 (a)岩溶地下水系统的基本特征[根据Grund(1903)的观点]，他设想了一个在海平面以下静止不动的水的完整循环；(b)Katzer(1909)的地下水循环观点，他着重强调了基本独立的地下河流网络系统

1903年Grund的研究成果认为，从区域上来看，岩溶地区的地下水受海平面控制[图1-4(a)]。他假定岩溶地层中发育饱水带，饱水带的顶面在近海岸与海平面一致，而在远离海洋的内陆地区则地下水面上升(现在我们把这个水面称为水位)。只有当内陆处的地下水水位高于海平面时饱水带的地下水水位才会运动，这个水称为岩溶地下水(karstwasser)，而水位高程在海平面以下的地下水则假定其是静止不动的，这个地下水称为地下水(grundwasser)。岩溶地下水(karstwasser)持续向下运移受到下伏隔水层的阻隔后则不再向下运动。Grund认为岩溶含水层呈动态变化状态，并认为水位面随着大气降水入渗补给而抬升。当地下水的补给量特别大时，则饱水带抬升并且在地表溢出，引起低洼地带洪水泛滥，这种理论很好地解释了坡立谷地下水入侵这一现象。

然而，野外调查发现同一高程的两个相邻坡立谷被地下水的淹没出现不同步的现象，这一现象就成了反对Grund理论的依据。Katzer(1909)观测到不同高程泉水并不总是高高程的泉水先干涸，同时他也注意到地下水的间歇流出对降雨补给的反应不灵敏，有些泉水对降雨敏感而有些泉水对降雨没有反应。而对于坡立谷出现内涝不同步现象，他认为即使在地形很陡的坡立谷中，洪水可能会流向邻近的落水洞中而造成相邻两坡立谷内涝不同步。因此，认为岩溶地下水水位的抬升是造成溶蚀洼地被洪水淹没的原因不成立。Katzer不接受将地下水分为岩溶地下水(karstwasser)和地下水(grundwasser)的提法，他认为岩溶地下水可分为浅部地下水和深部地下水两种类型。对于前者而言岩溶向下延伸至隔水层，而对于后者则岩溶在整个碳酸盐岩地层中均有展布，很明显这一观点受到捷克洞穴专家和地理学家Schmidl(1854)与法国洞穴探险家Martel(1894)的影响(这些学者提供了大量有关地下暗河特性的信息)。Katzer认为深部岩溶中水循环是相对于地表河流网络独立进行的[图1-4(b)]。地下水循环仅与水位和地下水补给有关。因此他的著作的重要性在于将地下水文学和洞穴学有机地结合起来进行研究。

在上述这种自相矛盾的假说和Grund(1914)的论文(有关岩溶大尺度侵蚀循环超结论)的刺激下,Cvijić发表了一篇著名的论文,在这篇论文中他将自己成熟的地下水文思想及地表岩溶地貌学的认识有机地结合起来。尽管暗示他接受了所能理解的地下水流的某些观点,但他不接受将地下水划分成喀斯特地下水(karstwasser)和地下水(grundwasser)两种类型的观点。他认为岩性和地质构造控制地下水水位,提出了岩溶分带的三分法观点,即无水带、过渡带和饱水带。他坚持认为这3个带随着时间会发生变化,上面的带随着岩溶的发育向下部扩展,这就是岩溶地下水系统动态演化的思想。水的循环会增大岩体的透水性,并会持续改造地下水系统。现在我们认识到这个特点是岩溶所独有的基本特征。20世纪的后几十年里Cvijić(图1-5)为现代岩溶的认识奠定了理论基础,用他那深邃的洞察力总结了同时代的研究成果,使他成为这个研究领域的杰出代表,并成为当之无愧的现代岩溶研究之父。

图1-5 Jovan Cvijić(1865—1927)毕业于贝尔格莱德大学,在维也纳师从Penck A攻读研究生,1893年到1918年发表的有关岩溶地貌学和水文学的论文,其思想深刻、内容丰富并且富有远见,使他成为现代岩溶之父[照片由波斯托伊纳(Postojna)岩溶研究机构提供]

1.5 本书的目的

岩溶通常被认为是孤立的、难以理解的,或者认为是水文地质学和地貌学的一个小分支学科。因此,本书目的是揭秘岩溶,同时也是说明岩溶在水文地质学、地貌学和环境科学中所占的位置及其所做的贡献。我们通过适用于其他地形和水文地质学研究的自然定律及有关术语对岩溶进行说明(尽管在溶液中溶蚀对岩溶的形成起了非常重要的作用)。我们特别强调理解岩溶形成的过程并将地表与地下岩溶作为一个框架整体联系在一起,目的是将"正常的"水文地质学和岩溶水文地质学联系起来,并说明在何种条件可采用传统的分析方法研究岩溶含水层。然而,本书的研究重点是论述岩溶科学,而不是研究岩溶资源开发和管理的技术手段,关于这方面的内容将在其他专业书籍中进行查阅(Milanović,2004;Waltham et al,2005)。

当今一些研究成果,尤其是那些非英语语言发表的论文成果没有编入本书,对此我们表示歉意。我们也可能由于不熟悉那些非英语国家基础性工作,因而可能没有收集到这方面的研究资料。同时关于岩溶的认识仍有许多地方需要改进,我们的工作也存在一定的局限性。

过去几十年来对岩溶的研究有了很大的进步,并且发表了许多有关岩溶的文章。一个人不可能只阅读英语撰写的论文而不研究非英语撰写的论文。Yuan和Liu(1998)编撰的世界各地岩溶的论文集、中国地区岩溶研究(Yuan et al,1991;Sweeting,1995)以及Siberia(Tsykin,1990)和Slovenia(Gams,2003)的研究进一步丰富了国际岩溶研究的内容。

1.6 岩溶术语

岩溶资源在人类发展历史中相当重要,在有文字记载之前,尤其是常年有水的岩溶泉、用于居住的洞穴及洞穴矿物等是相当重要的。因此,在世界各地的不同语言中关于岩溶(如岩溶漏斗)有不同的说法,且新的文献中会引进新的术语,因此国际上岩溶术语非常混乱。最新的词典试图简明扼要地定义岩溶特征和作用过程,也列出了一些重要术语(Kósa,1995,1996;Panoš,2001;Lowe,Waltham,2002)。美国环境保护机构(EPA)发表的词典中定义了有关岩溶术语(Field,1999)。

2 可溶岩

2.1 碳酸盐岩及矿物

碳酸盐岩出露面积约占大陆面积的10%,而地下所占比例更大,其厚度可达几千米,体积达数千立方千米。显生宇沉积岩中碳酸盐岩约占20%。在热带和温带海洋中可生成碳酸盐岩,而最早形成的碳酸盐岩地层年龄高达3.5Ga。这些岩石中石油和天然气的储量约占已知储量的50%,同时富含铝土矿、银、铅、锌及其他重要经济矿藏,甚至含有黄金和金刚石;碳酸盐岩是农用石灰、硅酸盐水泥、建筑材料的原料,在许多地区成为工程建筑的主要骨料料源。因此,需从各个方面对碳酸盐岩进行研究。描述碳酸盐岩的术语众多,碳酸盐岩分类的方案也有多种。

图2-1所示为碳酸盐岩分类的基本方法,在碳酸盐岩中碳酸盐矿物的含量大于50%,其中有两类常见纯矿物,即灰岩(由方解石或文石组成)和白云岩(由白云石组成)。

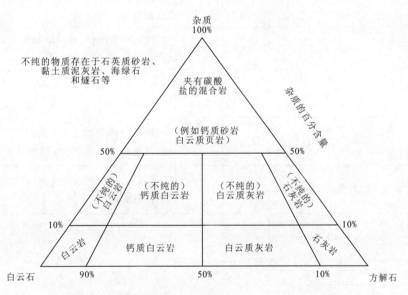

图2-1 碳酸盐岩的总成分分类(引自Leighton,Pendexter,1962)

碳酸盐岩的生成高度依赖有机物的活动,成岩后易发生置换作用,因此,碳酸盐岩同其他岩石相比更加独特。大陆上的碳酸盐岩大部分在近海浅水区(水深不足1m)、潮间和潮上带的浅海台地(深度小于30m)中形成,有95%的现代碳酸盐岩是在海坡和海底中形成,最大深度可达4km,深度大于溶跃面时方解石溶解速度加快,浅海台地中沉积速度最快。

当今沉积生成的碳酸盐岩主要是由方解石和文石、少量原生白云石构成,固结成岩的碳酸盐岩中文石的含量很少,如第三系(古近系+新近系)碳酸盐岩中的文石全部转换为方解石。总体而言,白垩系碳酸盐岩中的方解石与白云石比例为 80∶1,下古生界碳酸盐岩中的方解石与白云石比例为 3∶1,元古宇碳酸盐岩中的方解石与白云石比例为 1∶3,太古宇碳酸盐岩的比例为 1∶1。

方解石、文石和白云石

重要的岩溶矿物特性见表 2-1,在自然界中存在的纯方解石(或文石)、白云石及这 3 种矿物的过渡类型。白云石和菱镁矿之间没有过渡类型的矿物,白云石中的铁富集形成铁白云石[$Ca_2FeMg(CO_3)_4$],铁白云石、菱镁矿、铁碳酸盐岩(菱铁矿)等在自然界中非常罕见。目前已知自然界中有 150 多种纯碳酸盐岩(Railsback,1999)。

表 2-1 主要可溶性岩石矿物的性质

类型	矿物	化学组成	相对密度	硬度	描述
碳酸盐岩	方解石	$CaCO_3$	2.71	3	三方晶系,菱面体晶胞,矿物结晶形态:块状、偏三角面体、斜方六面体、双晶罕见,已有 2 000 多个晶体种类,无色或有多种颜色,遇冷的稀盐酸剧烈起泡
	文石	$CaCO_3$	2.95	3.5~4	斜方晶系,双棱锥体,矿物结晶形态:针状、柱状或板状,常见双晶,亚稳状态,与方解石同质多象,无色、白色或黄色,遇酸起泡
	白云石	$CaMg(CO_3)_2$	2.85	3.5~4	六方晶系,菱形体,矿物结晶形态:菱形体、块状、糖状(蔗糖状)或粉末状,无色、白色或褐色,通常见紫色浸染,遇稀酸轻微起泡
	菱镁矿	$MgCO_3$	3.0~3.2	3.5~5	六方晶系,菱形体,矿物结晶形态:常呈块状,白色、黄色或灰色,遇热盐酸起泡
蒸发岩	硬石膏	$CaSO_4$	2.9~3.0	3~3.5	斜方晶系,矿物形态:晶体罕见,常呈块状,板状解理块体,白色、粉色、褐色或蓝色,遇水轻微溶解
	石膏	$CaSO_4 \cdot 2H_2O$	2.32	2	单斜晶系,矿物形态:针状、纤维状、粒状或块状,无色、白色或纤维状,灰色,遇水轻微溶解
	杂卤石	$K_2Ca_2Mg(SO_4)_4 \cdot 2H_2O$	2.78	3~3.5	三斜晶系,矿物形态:粒状、纤维状或片状,白色、灰色、粉色或红色,味苦
卤化物	石盐	$NaCl$			立方自形晶体,矿物形态:常呈块状或粗粒状,无色或白色,遇水易溶
	钾盐	KCl			立方晶系,矿物形态:立方体或八面体晶体或块状,无色或白色,遇水易溶
	光卤石	$KCl \cdot MgCl_2 \cdot 6H_2O$			斜方晶系,矿物形态:块状或粒状,白色,味苦
二氧化硅	石英	SiO_2	2.65	7	三角晶系,矿物形态:含六方晶体的斜方晶体,块状或粒状,无色、黄色、粉色、褐色或黑色,透明
	蛋白石	SiO_2	2~2.25	5.5~6	微晶,矿物形态:近无定形结构到 α-方石英,痕量元素的原因使矿物颜色多样,透明或半透明

CO_3^{2-} 离子中可以看作是由 3 个重叠的氧原子将 1 个碳原子紧紧围在中间。对于纯方解石，CO_3^{2-} 离子与钙离子呈层状排列（图 2-2），1 个 Ca^{2+} 离子和 6 个 CO_3^{2-} 离子组成的八面体配位构成了六方晶体。比 Ca^{2+} 离子小的二价阳离子可自由替换阳离子，而较大的阳离子如 Sr^{2+} 可在八面体晶体格架中替换 Ca^{2+} 离子，但有一定的难度（表 2-2）。方解石晶体的基本形态有菱形六面体、偏三角面体、菱形体、轴面体和双棱锥体（图 2-2、图 2-3）。这些晶形的不同组合以及不同浓度的痕量元素和溶解中的杂质离子可形成高达 2 000 个变种（如 Huizing et al,2003）。方解石有时也是非晶体。

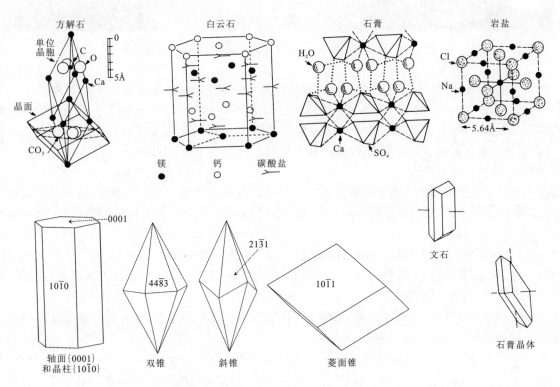

图 2-2 方解石、白云石、石膏和石盐的晶胞形态（晶胞指晶体的基本形态，如一个 Ca^{2+} 离子和 CO_3^{2-} 离子组合在一起形成方解石或文石。方解石晶胞有 5 种形态，即轴面、柱状、双锥状、斜锥和菱面体，用 Miller indices 来测量晶面的方向 a、b、c 轴，在纯晶体及组合晶体中可形成双锥、斜锥和菱面体晶形，轴面和晶柱的两端是开放式的，因此可与其他晶形组合，这些基本晶形的组合可创造多达 2 000 种不同的方解石矿物形态。）

表 2-2 阳离子半径（$1Å = 1 \times 10^{-10}$ m）

离子种类	离子半径（Å）	晶体结构
Ba^{2+}	1.34	斜方晶系结构
K^+	1.33	
Pb^{2+}	1.20	
Sr^{2+}	1.12	
Ca^{2+}	0.99	
Na^+	0.97	菱形晶系结构
Mn^{2+}	0.80	
Fe^{2+}	0.74	
Zn^{2+}	0.74	
Mg^{2+}	0.66	

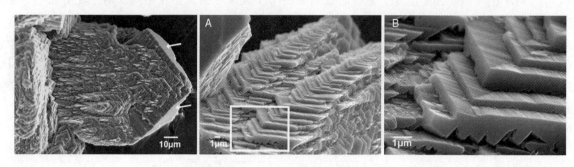

图 2-3 得克萨斯州 Gorman 洞中的方解石电子显微扫描图像

文石中的 Ca 原子和 O 原子形成斜方晶系结构晶胞单元,文石晶体结构中不接受离子半径大于 Ca^{2+} 的其他离子。最常见的相对重要的替代原子是 Sr 和 U。在自然界文石不稳定,在水中其发生溶解并重新沉淀生成方解石,文石晶体的体积比方解石晶体小 8%,因此向方解石转换通常会使孔隙率降低,文石晶体一般呈针状、柱状、扁平状,并常呈双晶形态。

理想的(或严格化学当量计算)白云石(图 2-2)等摩尔 Ca^{2+} 和等摩尔的 Mg^{2+} 离子在 CO_3^{2-} 离子的平面上交替排列。但实际上是离子间排列更为复杂,有些 Ca 原子进入 Mg 原子层,同时有些痕量元素如 Zn、Fe、Mn、Na 和 Sr 原子也可能会进入 Ca 原子或 Mg 原子层中。大多数白云石中 Ca 离子含量稍多,则其分子式可写成 $Ca_{(1+x)}Mg_{(1-x)}(CO_3)_2$。另外因为 Fe^{2+} 的大小适中而被 Ca 离子或 Mg 离子层接纳,所以白云石中铁离子的含量比方解石的含量高,当白云石风化时 Fe^{2+} 氧化成 Fe^{3+} 后风化土呈浅红色或浅黄色,过去把这种色变的白云石称为"原白云石"或"假白云石",这些术语现在已经过时,但白云石色变就会增加岩石的可溶性。

白云石晶体呈块状、粉末状或糖状(蔗糖或糖状结构),晶体呈菱形且透明,白云石中浸染的橘红色是区别方解石的典型颜色(Adams et al,1984)。

晶体中 Ca^{2+} 和 Mg^{2+} 的含量在纯方解石和纯白云石两个端元之间变化,同时少量的 Fe 和 Sr 替代 Ca^{2+} 和 Mg^{2+}。从较大尺度上讲,相邻晶体之间或较大岩块间 Ca^{2+} 和 Mg^{2+} 的含量也会变化。后者变化说明了古老岩石的初始沉积条件,因此对 Ca^{2+} 和 Mg^{2+} 的含量要进行详细分类,方解石中 $MgCO_3$ 为零就是纯方解石,当 Mg^{2+} 的含量在 0~4% 为低镁方解石,当 Mg^{2+} 的含量在 4%~25% 为高镁方解石。而高镁方解石不稳定(类似于文石),因此更容易在成岩过程中发生重结晶。代表性碳酸盐岩化学成分见表 2-3。

表 2-3 代表性方解石和白云石主要化学成分

氧化物	成分								
	1	2	3	4	5	6	7	8	9
CaO	56.0	55.2	40.6	42.6	37.2	54.5	30.4	29.7	34.0
MgO	—	0.2	4.5	7.9	8.6	1.7	21.9	20.3	19.0
Fe,Al 氧化物	—	—	2.5	0.5	1.6	—	—	0.2	0.2
SiO_2	—	0.2	14.0	5.2	8.1	0.2	—	1.5	—
CO_2	44.0	44.0	35.6	41.6	43.0	41.8	47.7	46.8	46.8

注:1.理想纯方解石;2.全新世珊瑚,百慕大群岛;3.500 个建筑石块的平均值;4.选自 Clarke(1924)的 345 个样品平均值;5.宾夕法尼亚州奥陶系 Hostler 灰岩;7.理想化的纯白云石;8.志留系 Niagaran 白云石;9.Budapest 三叠系白云石(水热作用生成)。

2.2 灰岩组成及沉积相

灰岩是标志性可溶岩,其成岩后的纯度、结构、层厚和其他性质等均由沉积时的环境所控制,这就是本节研究的内容。

碳酸盐的生成环境广泛,在高山陡崖中、在极地土壤甚至流动冰川中、在温暖潮湿土壤中、在干旱土壤中、在沙漠中、在有些湖盆中都可生成碳酸盐岩。北极浅海水域和暖水区域的海水中可沉淀生成碳酸钙,而在热带海洋中深达 4 000m 的深海中也能生成碳酸钙。然而,这些保留下来的古老碳酸盐岩均为热带温暖浅海环境中生成的,尤其在海洋台地和大洋斜坡一带保存完好。碳酸盐岩形成背景见图 2-4(a)。图 2-4(b)为碳酸盐岩理想化的生成模型,该模型包括了潮上带的盐泽地、潟湖、暗礁和大陆架直到深海环境,碳酸盐岩和卤化物在这个环境中同样可以生成,据研究认为灰岩的沉积相比所有其他沉积岩相总和还要多,这就导致了水文地质学和地貌学性质的轻微差异。

大多数灰岩由文石或方解石组成,主要为海洋动物生成贝壳和骨架以及藻类植物组织中的排泄物

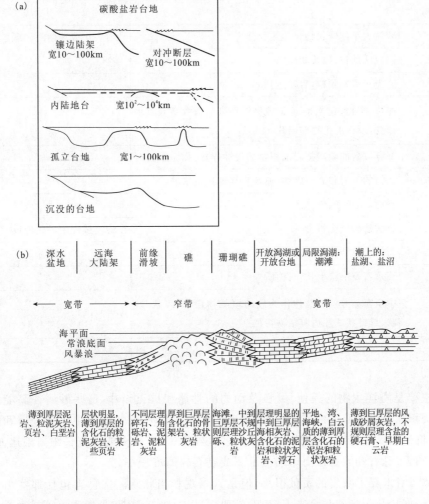

图 2-4 (a)碳酸盐岩台地类型(据 Tucker,Wright,1990);(b)海相模型来阐明灰岩的沉积、在大陆架边缘和沼泽中早期白云岩和蒸发岩形成,这是一个概化图,在这个剖面图中并不能将所有的沉积相表示出来,狭窄条带宽度一般在数米到数千米,而宽带的宽为数百米至 100km(据 Wilson,1974)

沉淀生成灰岩。有些文石在海洋表面以均质沉淀的方式(白垩粉,见3.8节)或浮游微生物累积生成,由上述几种方式生成灰岩的速率为 $500\sim1\,000\,gm^2 \cdot a^{-1}$,而在海洋台地一带形成的速度会更大。当灰岩上升到海平面,就会在灰岩渗流区中发生硬化结壳并在海岸一带形成海滩岩。在成岩过程中的胶结和重结晶会使方解石晶体变大,灰岩的这些主要成分总结于表2-4,更详细的说明见 Tucker 和 Wright(1990)和 Carozzi 等(1996)。

碳酸盐泥(或微晶灰岩)是灰岩最重要的组分,其可以单独构成整个岩层或地层,或者作为基质或填隙物成为碳酸盐岩的重要组成部分。其大多为海藻生成的文石,而有些是由磨蚀、生物扰动、动物排泄物等产生的细粒碎屑直接沉积生成。

表2-4 灰岩基本组成

结构类型	描述	成因
微晶	直径为 $0.5\sim5\mu m$ 的石灰渣和粉土颗粒,其是大多数灰岩的主要组成	黏粒和粉粒大小的海洋颗粒
球粒	粪球,微鲕粒,直 $30\sim100\mu m$,为大颗粒的最重要组成物	海泥
鲕粒	砂粒大小的球状物	砂粒大小或原生海洋颗粒、骨架及生长物
团块或葡萄石	团块状球粒、团块状鲕粒	
核形石	藻类积聚物颗粒,直径达到8cm	
骨骼	海藻、植物、壳类等,原地或搬迁而来的海藻茎及其他植物,及以上生物的碎片	
内碎屑	部分成岩的碳酸盐岩沉积物的侵蚀碎片,如海岸岩石	
碎石	固结的灰岩和其他碎片,通常为异地搬运来的	
骨架	礁等,如丘礁、生物礁等	
渗流粉土	碳酸盐岩风化粉土	在渗流过程中风化形成
豆石	大鲕粒或结核等,如钙质结核、穴珠等	
钟乳石	滴水石及层状生长物、钙质壳	
亮晶	中至粗晶方解石晶体作为胶结填隙物,具晶簇状、块状、纤维状或环边胶结物特征	成岩胶结物
微亮晶	$5\sim20\mu m$ 的颗粒替代微晶	

碳酸砂屑主要是海洋生物的粪便、鲕粒及动物的骨骼和贝壳碎片,这些砂屑在高能环境(浅滩、沙洲、三角洲)中聚积并形成砂粒波痕或沙丘,而更多的砂屑分散在碳酸盐泥中。内碎屑和碎屑是磨蚀颗粒,前者是波浪将海床局部打碎后沉积形成,而后者是经海岸、三角洲或浊流长距离搬运而形成,其包括较大的颗粒,如卵石、砾石和漂石或海岸崩塌堆积或礁石碎屑堆积等。

生物礁的体积对世界上灰岩的贡献很小,但是其景观相当壮观。生物礁包括那些由珊瑚或海藻构成的完整骨架(高度从几十米到几百米不等)的骨架岩,以及含有珊瑚、骨架和海藻或微生物群落的碳酸砂屑、粉屑或泥晶组成的岩石。现代珊瑚生长在北纬30°至南纬25°之间的透光区域中(在海水上部可发生光合作用)。珊瑚长到海平面附近并在低潮时露出水面。珊瑚环礁的生长速度通常为 $1\sim7\,mm \cdot a^{-1}$(或 $1\sim3\,kg \cdot m^{-2}$)。藻群落(叠层石)的生长环境范围较大,主要在潮上带生长。生物礁可以沿海洋台地边缘连续生长，也可以在台地和潟湖中以条状、分散、孤丘方式生成规模较小的点礁，规模较大时为丘礁、生物岩礁或尖礁(Riding,2003)。层状生物礁是珊瑚和海藻呈水平、板状延伸的生物礁。极少量的珊瑚生长在孤立的深海中。

含有大量有机质的碳酸盐岩沉积物埋藏或成岩时，这些有机质会迅速解体。现代固结灰岩中约有1%的有机质，而古灰岩中有机质仅为0.2%。

大多数初始沉积的灰岩含有一些不可溶的杂质，这些杂质为侵蚀地带(可远可近)的物质经搬运而沉积成岩。这些杂质的类型和含量随环境的不同而变化。沉积在海底软泥中的火山灰及其他灰尘约占灰岩体积的0.1%；另一个极端情况是河流黏土、砂和砾石在三角洲和河口一带沉积，且沉积的速度超过局部碳酸盐的生长速度时就会产生钙质页岩、钙质砂岩等(图2-1)。

2.2.1 灰岩的岩石学分类

灰岩的沉积学分类是以颗粒的大小、组成和沉积相为基础进行分类，Grabau(1913)提出以颗粒大小进行分类的方案至今仍广泛应用，在欧洲应用更为广泛，这个分类方案对后期其他分类方案具有指导意义。该方案将灰岩分为三类：碳酸盐泥岩、碳酸盐砂岩和碳酸盐砾岩，后来又补充了碳酸盐粉砂岩。Dunham(1962)对这个分类原则作了修订，他首次将碳酸盐岩分为保存沉积结构和沉积结构已遭破坏两种类型。其中后者是结晶灰岩或结晶白云质灰岩，而前者进一步细分为有机质胶结和松散沉积两种类型，在这个方案的基础上进一步补充后得到目前广泛应用的方案[图2-5(a)]。这个方案中除了原有的结晶灰岩外，又增加了9种原生结构类型的灰岩。有些学者以主要颗粒的类型进行命名，如球状粒泥灰岩、内碎屑砾状灰岩等。

另一个流行的分类方案是Folk在1962年提出的[图2-5(b)]。在图中的两个端元分别是生物岩类(珊瑚和藻类岩)和微晶灰岩(与扰动泥晶灰岩)(纯碳酸盐泥或动物扰动碳酸盐泥)。在这两类之间，根据泥屑和后期亮晶胶结物的不同含量及不同成因(如局部地带的波浪或洋流的流量不同)进行分类，当底流很弱时，偶尔的异化颗粒分散分布在泥基质中，这就是生物灰岩及鲕粒泥晶灰岩，当洋流的能量较强时，生物骨架碎片中的泥部分或全部被冲洗，成岩过程中会在球状颗粒或内碎屑颗粒骨架的空隙中充填方解石亮晶。生物灰岩、泥晶灰岩和内碎屑灰岩、泥粒灰岩、粒状灰岩和砾屑灰岩等分类与Dunham的分类大致接近，但这种分类方法没有指明颗粒的类型，而这一点对于岩石来说是重要的。大量岩样切片彩色显微照片可详细显示碳酸盐岩的组织结构，见Adamst等(1984)、Adams和Mackenzie(1998)，以及Society of Economic Paleontologists and Mineralogists(SEPM) Photo CD-Series 1,2,7,8(Scholle,James,1995,1996)。图2-6列举了一些样品的结构照片。

2.2.2 地层层序

当碳酸碎屑累积时，海底平台和斜坡发生沉降，在大陆边缘沉降速度一般$0.05\sim2.5\text{m}\cdot\text{Ma}^{-1}$，如果局部的积累速度超过沉降速度时，则水体变浅，沉积顶面在垂向上逐渐变浅，反之亦然。从全球尺度来看，中长期海盆构造运动变形和冰期海退使海平面起起落落[图2-4(b)]。洪水产生入侵超覆，而当海退时就产生浅水相退覆。这是研究地层层序的基础，也是解读地震记录和重建古环境的手段。Moore(2001)对此作了全面的回顾。

许多灰岩和白云岩表现出强烈的循环特征，图2-7描述了通常所见的3个沉积层序。在每一个沉积循环中，其岩性、水文地质及岩溶特征变化相当大。在下一次循环周期开始时，潮上坪的两个端元可能会发育具有溶蚀特征的侵蚀面，或者出现灰质结砾岩硬化和薄层黏土状的古土壤。再次埋藏后，这样的面通常变成明显的层面或表现为轻微不整合，不整合面成了未来海水和大气降水径流的优势路线，同时这个面也易被侵蚀剥蚀(如冰川作用)。当沉积暂时放缓或停止时，在海底出现了方解石的溶解和沉

(a)

异地石灰岩 原始组分在沉积过程中没有被机物质黏结					原地石灰岩 原始组分在沉积过程中被有机质黏结			
>2mm的组分<10%			>2mm的组分>10%		生物黏结并起障积作用	生物黏结并包壳	生物黏结并建立坚固骨架	沉积结构未知
含灰泥（<0.03mm）		无灰泥						
灰泥支撑的		颗粒支撑的	灰泥支撑的	>2mm的组分支撑				
颗粒（2~0.03mm）<10%	颗粒>10%							
灰泥石灰岩	粒泥石灰岩	泥粒石灰岩	颗粒石灰岩	漂砾石灰岩	障积岩	黏结岩	骨架岩	结晶岩

(b)

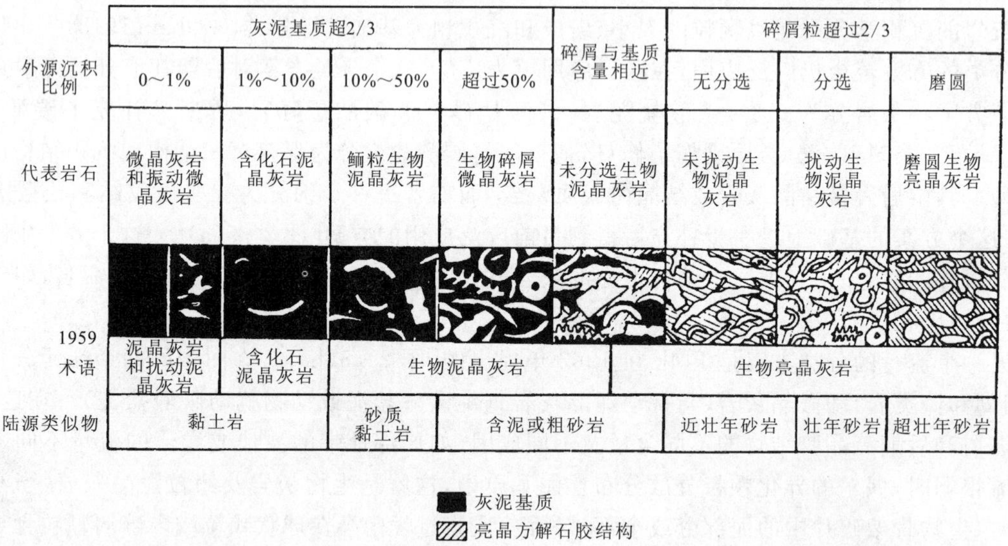

	灰泥基质超2/3				碎屑与基质含量相近	碎屑粒超过2/3		
外源沉积比例	0~1%	1%~10%	10%~50%	超过50%		无分选	分选	磨圆
代表岩石	微晶灰岩和振动微晶灰岩	含化石泥晶灰岩	鲕粒生物泥晶灰岩	生物碎屑微晶灰岩	未分选生物泥晶灰岩	未扰动生物泥晶灰岩	扰动生物泥晶灰岩	磨圆生物亮晶灰岩
1959术语	泥晶灰岩和扰动泥晶灰岩	含化石泥晶灰岩	生物泥晶灰岩			生物亮晶灰岩		
陆源类似物	黏土岩	砂质黏土岩	含泥或粗砂岩			近壮年砂岩	壮年砂岩	超壮年砂岩

■ 灰泥基质
▨ 亮晶方解石胶结构

图2-5　(a)邓哈姆(Dunham,1962)碳酸盐岩分类(据Embry,Klovan,1971修改);(b)碳酸盐岩结构(据Folk,1962)

淀，海底地面顶部出现几厘米的硬壳，这就是海底硬地。这也为后来岩溶化和剥蚀提供了优势径流路线。

2.2.3　陆地碳酸盐岩

如上所述，有些碳酸盐岩可在几乎所有的陆地环境中沉积生成，在陆地上最广泛分布的是有机石灰华(tufa)和地表石灰华(travertine)，这两个术语易引起混淆。有些学者把所有地表沉积均称为有机石灰华，而把洞穴中的碳酸盐岩沉积称为地表石灰华。本书把颗粒状的碳酸盐岩沉积物与在泉边、河边、湖边及溶洞进口等处的藻类、植物的干茎和树根共同生长组合称为含有机质石灰华(tufa)，其通常是一种骨架岩，其结构以颜色暗黑并含有泥质为典型特征，当其中的植物骨架腐烂后其孔隙率变得很高。相对而言，石灰华(travertine)是一种晶体，以致密方解石具有成层性和有光泽及不含植物骨架为特征。地下或热泉处形成的石灰华大部分或全部不含有机质。其他地表石灰华(travertines)可能同微生物一起沉淀生成(Chafetz,Folk,1984)，并通常与有机石灰华(tufa)混合，这些沉积厚度可达数十米到数百米，沉积面积达几平方千米。Francaise de Karstologie(1981)，Pentecost(1995)，Ford和Pedley(1996)进行了详细的总结，在第8章和第9章中将进一步详细介绍这方面的内容。

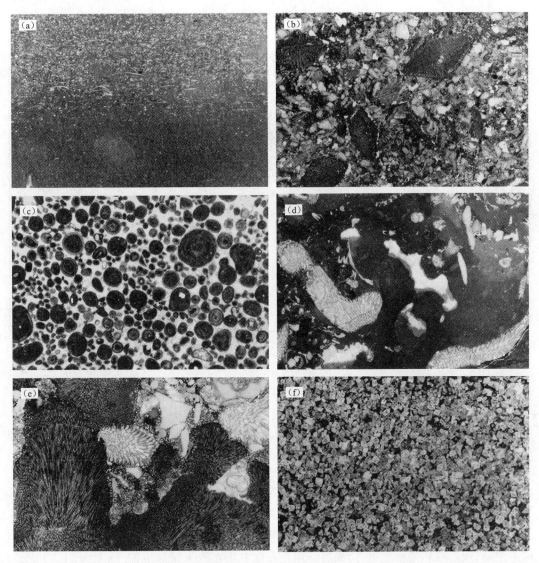

图 2-6 灰岩和白云岩切片特征:(a)魁北克奥陶系灰泥石灰岩(Dunham,1962)或泥晶灰岩(Folk,1962)向上变粗成微生物碎屑粒泥石灰岩(Dunham)或生物泥晶灰岩(Folk),照片宽1cm;(b)阿拉伯联合酋长国下白垩统含化石泥粒灰岩(Dunham)或含化石微晶灰岩(Folk)(由有孔虫、苔藓虫组成,照片宽1.5cm);(c)美国路易斯安那州侏罗系鲕粒颗粒石灰岩(Dunham)或鲕粒亮晶灰岩(Folk),照片宽0.8cm;(d)魁北克中奥陶统不规则洞穴中后期充填的示顶底的泥和方解石晶斑,照片宽1.5cm;(e)珊瑚黏结岩(Dunham)、骨架岩(Embry,Klovan)或生物灰岩(Folk),注意大化石之间为缝合线(压溶)接触,照片宽2cm;(f)南澳大利亚中新统白云岩(自形晶体几乎全部置换白云石),照片宽5.2mm[照片和描述由加拿大皇后大学(Queen's University)James N P教授提供]

碳酸盐岩可在淡水湖和咸水湖(如死海)中沉积,淡水沉积的碳酸盐岩为富含硅质的层状微晶灰岩,称为泥灰岩,通常在温暖区域生成,但厚度一般不大。在大盐湖、乍得湖(Chad)和其他许多小的盐湖沿岸局部形成碳酸盐砂屑,其厚度一般达3m,而且会出现硫化物和卤化物置换碳酸盐的现象。藻类在碳酸盐岩中发育良好。石膏和文石同时在死海的水面沉淀生成,泥晶灰岩中的方解石(其与文石共生而形成的泥晶灰岩)会迅速置换石膏。

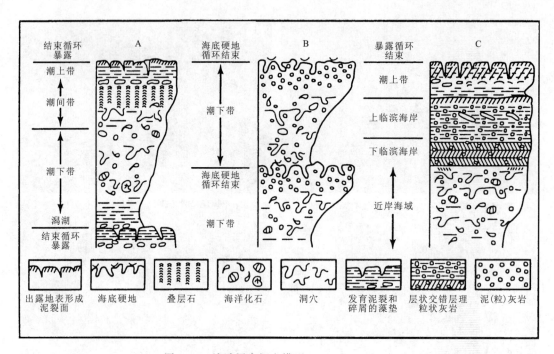

图 2-7 浅滩层序概念模型(引自 Moore,2001)

2.3 石灰岩成因及白云岩的成因

灰岩沉积以非固结的泥质沉积物开始,其孔隙率高达 40%～80%(James,Choquette,1984)。而成岩后的固结岩石孔隙率很少超过 15%,且通常低于 5%。成岩的主要过程是固结、溶解、微生物泥晶化作用、方解石胶结、晶体置换(新生变形作用)和白云岩化作用。成岩环境为浅海至深海的海洋环境中;由于海退或者地壳抬升,成岩作用也可在接受大气降水的包气带或潜水带中发生,由于后期接受新的沉积物、构造变动、水热或热变质作用等,成岩作用也可能发生在地下深部地带(图 2-8)。有很多实例表明这几种成岩环境有相互继承的特点。这些环境中生成的岩石构造或特征会有一定的差别,而在固结的石灰岩中差异相当大(图 2-9)。浅海环境中早期成岩称为原生成岩作用(eogenesis),深埋地下或构造变形时的成岩作用称为成岩阶段成岩作用(mesogenesis),上覆盖层被剥蚀、深埋地下的碳酸盐岩又重新暴露于地表而接受大气降水,在碳酸盐岩中重新发生岩溶地下水循环时的成岩过程称为后期成岩作用(telogenesis)。Scholle 等(1983)和 Purser 等(1994)对石灰岩的成岩有详细的总结。

海底成岩过程相当缓慢且不完美。浅海中的覆盖层增加就会发生压缩固结,当海水排出后文石和方解石晶斑就会沉淀到空隙中。白垩岩是这种环境下生成的石灰岩的典型例子,其暴露于酸性大气降水的水环境中且埋深不大,经历的成岩作用时间短。欧洲西北部白垩岩的孔隙率通常大于 40%,相对密度仅 1.5～2.0,白垩岩呈弱胶结。在淡水环境中,当水排干后,泥灰岩的成岩过程与海底成岩过程类似。

在接受大气降水补给的陆地环境中成岩作用迅速(比海底成岩快几十倍)且广泛。古老灰岩有一半多经历过这样一个或多个陆地成岩事件。当海平面下降,大气降水入侵,盐水分界面按 40∶1 的比例下降时就会发生这种成岩作用(见 5.8 节)。灰岩在海水环境中是稳定的,但是在淡水循环的环境中及淡水与咸水混合的环境中,逐渐排出盐水溶液后海生灰岩就会产生更多的溶解,大多数文石发生溶解、新的方解石晶斑形成(表 2-4)。缓慢的溶解和沉淀(晶体胞)是选择性组构,并保存文石的遗迹,这就是

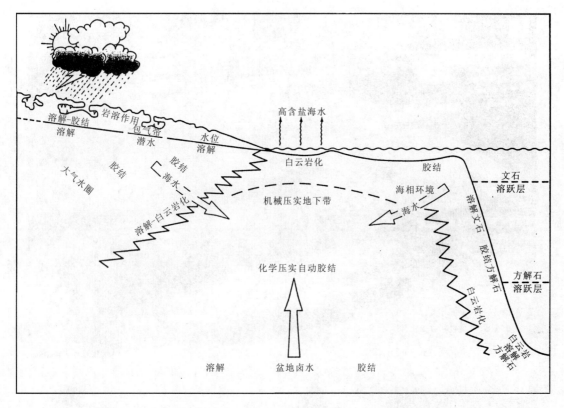

图2-8 主要成岩环境、钙质碳酸盐岩胶结及白云石化（引自Moore，2001）

发生方解石置换后的遗迹。快速溶解岩体中文石，取而代之的是一种新的、更粗大的方解石晶斑。在包气带中沿岩层层面产生透镜状空隙，并在空隙中充填包气带粉土，很像叠层石生物灰岩。如果发生强烈的蒸发时（如在半干旱海岸一带），渗流豆粒、石灰华团块和硬壳（钙结层或钙质结砾岩）就置换最上层的灰岩。Alsharhan和Kendall（2003）对此作了全面的总结，详见第9章。巴哈马群岛圣萨尔瓦多岛是新生成岩作用的典型案例，在最后一个间冰期（仅120 000～13 000年前）生成的碳酸盐砂屑丘变成胶结良好的风积岩，在这种岩体中发育大量的岩溶地貌和洞穴（Mylroie，Carew，2000）。

2.3.1 白云岩的生成

白云岩与灰岩一样分布广泛，但其形成机制直到现在仍是学术界广泛研究的课题（Warren，2000）。溶质Mg^{2+}强烈水化，Mg^{2+}与H_2O分子的静电结合力比Ca^{2+}与H_2O分子结合力强20%。当Mg^{2+}要进入晶体格架必须要打破这种静电结合力。当溶液中Mg∶Ca的比例高，且含有丰富的CO_3^{2-}时，这种情况就会发生。因为高镁方解石的析出，标准海水才接近这种条件，但是还达不到这种条件。海水表面接受蒸发，在形成方解石或石膏的过程中损失一些Ca^{2+}，原生白云岩沉淀生成（如盐湖，1990）。然而，大多数白云岩是白云石交代早期沉淀生成的方解石和文石而形成的，这是一种次生沉淀。

次生白云岩化的形成模式见图2-10。在退潮模式中，潟湖中的海水通过蒸发首先浓缩到高盐浓度水平（密度更大），然后流经潟湖、海礁或潮上带中的石灰沉积物与其发生离子交换，这种白云岩是同生白云岩，其形成于成岩阶段的早期。这个模式常来解释潮上盐坪相含石膏白云岩。

混合模式为淡水与咸水混合后，在混合水中方解石不饱和而白云石达到饱和，同时Mg∶Ca比例也达到了产生白云岩的条件。Hanshaw和Back（1979）提出的区域尺度上白云岩化模型的假说在现今佛罗里达州淡水咸水混合区下伏地层中已得到确认。

图2-9 典型灰岩和白云岩露头:(a)台地相张性节理发育的厚层微晶灰岩;(b)板状灰岩(沿张性节理发育溶沟);(c)典型浅海平台沉积的厚层与薄层互层白云岩,照片中所拍摄的岩石完全白云化;(d)白云岩溶蚀角砾岩,潮上盐坪相的白云岩和石膏层溶蚀形成的角砾岩,现在由于胶结坚实而成为抗蚀岩体

成岩阶段盆地中的水排出,压缩岩石能否达到区域白云岩化,关于这一点目前仍有争议。这可以解释为什么孤立的透水地层中更易发生白云岩化。在年代较新但埋深较大的碳酸盐岩构成的海岸之下[如巴哈马群岛(Bahamas)],高Mg原生水向上运移时(原生白云岩形成条件;Wilson et al,2001)地热在白云岩化中也起重要的作用。Morrow(1998)认为不透水碎屑岩下伏的碳酸盐岩中可以形成蜂窝状的对流系统(成岩交代白云岩条件),浓缩原生水,循环长达数千千米。有些白云岩毫无疑问是热水作用形成的,这是热水沿断层或溶蚀管道发育的白云岩。在温度为300℃、Ca∶Mg摩尔比高达10∶1的热水作用下也会产生白云岩化。在许多情况下白云岩曾经历过一次或多次连续的白云岩化(Ghazban et al,1992b)。

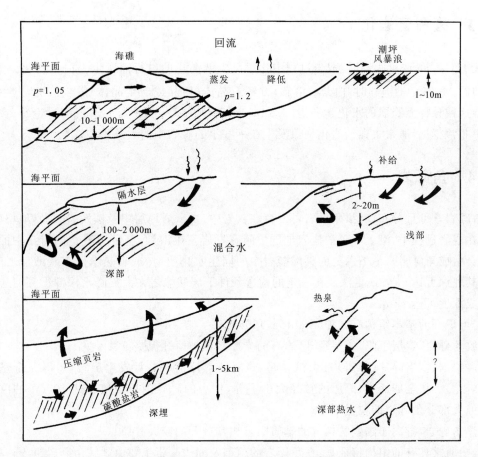

图 2-10 白云岩化模式（不同环境、不同盐水密度下的不同深度可能进行的白云岩化作用）

必须理解不同模式白云岩化的交代作用，由于固结的白云岩相对灰岩而言不易溶解，作用于局部或区域性的地下水循环相当复杂，所以灰岩中白云岩化的规模、程度和方式变化大，形成的岩溶地貌也很复杂。

2.3.2 白云岩组成

通常认为晶粒粒径小于 $10\mu m$ 的微晶白云岩是早期成岩阶段交代文石形成的；大多数标准意义上的白云岩为中晶或者糖粒状，粒径为 $10\sim100\mu m$；白色亮晶—巨晶（粒径为厘米级）白云岩通常与铅-锌矿及其他矿物共生，说明亮晶—巨晶白云岩可能经历过多次白云岩化。

白云岩化完成后，假化石及其他异化粒或骨架保存完好。在欧美国家早期（1960 年前）将白云岩分为 3 类：原生白云岩、次生白云岩和热水白云岩。其中原生白云岩是保存原生沉积结构的白云岩，次生白云岩是这些原生沉积结构完全被破坏（图 2-9）。其他类型的白云岩如热水白云岩一般与现代白色亮晶白云岩等同，但是这类白云岩并不都是热水成因。

当灰岩发生白云岩化且当白云岩化程度达到 $5\%\sim75\%$ 时，岩石孔隙率逐渐降低。而后，当灰岩中的大部分或全部方解石被白云石交代后，岩石中的孔隙率会变大（由于白云石菱形晶体比方解石晶体小，则岩石中晶簇孔隙率会增加）。初期阶段的礁与早期成岩阶段相比其孔隙率高（归功于骨架），使之易发生白云岩化，白云岩化使岩石的孔隙率进一步增大。在石油勘探中首要工作是对埋藏的礁进行勘探。

2.3.3 去白云岩化

当溶液中 Ca^{2+} 的浓度很高时,成岩过程中化学反应就会逆向进行而发生去白云岩化。溶液中 $CaCO_3$ 超饱和而 $MgCO_3$ 不饱和时,白云石溶解,方解石晶体(假晶或新生晶体)发生沉淀,发生去白云岩化需要保持这种独特而脆弱的水化学平衡(Ayora,1998;详见3.5节中有关溶解的讨论)。去白云岩化在自然界中非常少见,通常去白云岩化现象发生在一些小的礁岩中的大晶簇中。

2.3.4 角砾岩

溶蚀角砾岩常见且分布广泛,角砾岩可发育在灰岩中、白云岩地层中及蒸发岩-灰岩地层中(蒸发岩被溶蚀)。在成岩过程中,潮上坪碳酸盐岩地层中的蒸发岩发生溶蚀,坚硬碳酸盐砂屑丘中的洞穴发生坍塌时,就会生成角砾岩。地下深处的碳酸盐岩中的同生水排出时,或者热水侵入碳酸盐岩时,也可生成角砾岩,其埋深可达5km或更深。在一定的构造条件下碳酸盐岩在大气降水深部循环时也会产生角砾岩,其形成深度可达2km。

角砾岩可识别的基本组构有3种(Stanton,1966):

(1)裂纹角砾岩,岩层下陷,岩层裂开,岩石的支撑部位被溶蚀但是位移小。

(2)碎屑角砾岩,当碎片(碎屑)累积在一起,碎屑通常掉下来并且发生旋转,角砾完全呈无序分布(无序角砾岩化)。从全球而言,碎屑的粒径大小不等,从小的砾石到单个体积达 $100m^3$ 的巨石角砾岩均有发育,但大部分角砾岩的粒径不大。

(3)漂浮角砾岩,游离于细颗粒构成的基质中且相互分开的较大碎屑。

角砾岩中通常具有的组构特征是:在角砾岩的顶部及周边一带主要由裂纹角砾岩组成,在角砾岩内部或厚层岩石中的角砾岩一般为碎屑角砾岩,而漂浮角砾岩一般发育在底部或在薄层地层中,如密西西比峡谷类型(MVT型)的铅锌矿下伏于不可溶的残积碎屑层之下[Sangster,1988;Dżulynski,Sass-Gutkiewicz,1989;图7-29(a)]。角砾岩一般部分或全部胶结,胶结物通常是方解石或白云石晶斑。马洛卡(Mallorca)胶结角砾岩在地表出露宽度达50km。溶蚀角砾岩将在第7章和第9章进行详细讨论。

碳酸盐岩中也会发育机械破碎角砾岩,这些角砾岩发育在海洋前缘斜坡地带、礁脚倒石堆或滑坡堆积物中,或者地表山麓堆积,通常具层间胶结。墨西哥尤卡坦半岛杂乱堆积的角砾岩和伯利兹城附近的角砾岩有可能是由著名的希克苏鲁伯(Chicxulub)陨石撞击形成的。

2.3.5 缝合线

缝合线是压溶线,显示在灰岩和白云岩中具有成层性特征。所有成岩环境中都可发育缝合线,但在埋深约500m的环境中最为常见,其形成与上覆盖层的压力有关。缝合线大多与层面平行,横向缝合线也比较常见。在一定压力作用下,在相邻晶体、化石或体积较大的岩块顶底部一带的碳酸盐岩发生溶解也会形成缝合线。缝合线发育不规则,均质泥岩中锯齿状缝合线起伏度一般是数毫米,而非均质岩石,如颗粒石灰岩和骨架岩中缝合线的起伏度可达数厘米(Andrews,Railsback,1997)。由非可溶的矿物残余组成的缝合线颜色呈黑色,有机物质沿缝合线浓缩,因此在岩石表面缝合线呈外凸状(图2-6;Moore,2001),有些碳酸盐岩缝合线处的物质受压缩,40%的物质发生溶解和迁移,这些溶解和迁移的物质在其他地方再次发生沉淀析出。

缝合线处的非可溶残余物使岩体透水性变小,但压力释放时缝合线破裂,岩石的有效密度增加,从而使地下水优先沿缝合线运移,这就是灰岩和白云岩表面发育溶沟的原因(图2-8)。泥质灰岩中沿缝合线易发生球状风化,这些残余物在灰岩的表面表现不明显,但在溶洞常见到突出于洞壁的细岩脉。

2.3.6 燧石

灰泥沉积物中富集一些硅质矿物,其主要为从其他地方迁移而来的石英或者硅质海绵类、放射虫和硅藻类,在强碱条件下灰泥成岩时发生溶解,然后再以加积的燧石结核或燧石透镜体的形式再次沉淀,沿层面富集而成结核,或在层面上聚结成连续的层状硅质岩。已知燧石结核最大直径达1m,而硅质岩层厚一般不超过10cm,通常层状硅质岩出现穿孔或破裂而不具隔水作用。然而,层状硅质岩的局部阻水作用会形成局部滞水或局部地下水富集,且具有强抗侵蚀风化能力,阻止地表岩溶发育。古老的灰岩和白云岩中燧石较丰富。

2.3.7 大理岩及其他变质碳酸盐岩

在压力和热液作用下灰岩或白云岩发生变质就形成大理岩,发生变质时的压力一般在100~1 000 MPa之间,温度一般在200~1 000℃之间。低等变质与岩石埋藏深度有关而与温度关系不大(温度<350℃)。小颗粒及大颗粒晶体外侧退热冷却发生重结晶时形成晶斑,变质程度低的大理岩中化石类型、地层结构等保存完好。中等变质程度(绿片岩相,350~500℃)的晶体部分发生熔融或全部发生交代作用,在围压作用下产生新的矿物颗粒并重新排列(如片状),原有的化石和层面完全破坏,形成坚硬、致密、糖状等粒结晶的大理岩(是理想的雕刻材料),其晶体颗粒呈不规则的弯曲状或锯齿状。当温度高于400℃时,部分CO_2挥发后,白云岩可能变成方镁石大理岩,方镁石(MgO)镶嵌到呈正八面体的$CaCO_3$晶体中(不可溶)。富含硅质(如燧石)及其他杂质的碳酸盐岩发生化学反应生成硅灰石($CaSiO_3$,大理岩中常见大的、具有光泽的白色不可溶晶体)、绿泥石$[(Mg,Fe,Al)_6(OH)_6(Si,Al)_4O_{10}]$、石榴石[如钙铝榴石($Ca_3Al_2Si_3O_{12}$)]及滑石$[Mg_6(Si_8O_{20})(OH)_4]$等。大理岩的孔隙率很低,其透水性通常忽略不计,岩溶水很难在大理岩中进行循环。但是大理岩出露地表易形成棱角分明、溶蚀度高的岩溶地貌,如巴塔哥尼亚(Patagonia)的Ultima Esperanza神奇的岩溶就是典型例证(见9.2节;Maire,1999)。

变质程度最高的角闪岩相(500~700℃)和麻粒岩相(>700℃),常与岩浆岩入侵有关,在变质过程中析出碳酸盐岩、重新生成低溶解性的片岩或片麻岩混合物(矽卡岩),这种岩石为非可溶岩石。但是总有例外,如在斯洛伐克的Rudohorie山脉一带富Mg溶液中由于区域变质作用产生含有菱镁石($MgCO_3$)透镜体白云岩,其厚度可达数百米并发育小的洞穴(Zenis,Gaal,1986),在塔斯马尼亚(Tasmania)西部和在贝加尔湖(Baikal Lake)西岸等地方的麻粒变质碳酸盐岩中发育数米厚的花岗岩透镜体,在内华达州的卡林特伦德地区(Carlin Trend),由于沥出物重新沉淀生成含金的方解石脉、岩墙和溶蚀角砾岩。变质程度高的岩石延伸长度一般不超过500m。岩浆入侵导致岩石发生变质,但变质程度一般较低。

2.3.8 火成碳酸岩

火成碳酸岩是一种过碱性岩浆岩,由60%~90%的碳酸盐矿物(主要为方解石)组成,其一般与由辉石和角闪石等组成侵入岩的形成有关,也有喷出岩如凝灰岩和火山砾石发育。这种岩石分布很少(约占火成岩露头的1%),目前已知有350个地方出露这种岩石,其出露面积1.0~20km²不等,富集稀土族和贱金属,这表明其可能来自上地幔部分熔融物。

方解石含量很高的火成碳酸岩的岩溶相当发育。Sandvik和Erdosh(1977)描述了侵入碳酸岩中含有高达17%的磷灰石$[Ca_5(PO_4)_3(F,Cl,OH)]$,在其中发育的岩溶漏斗中,风化残余物中富集磷酸盐岩。

2.3.9 砾岩

卵石、中砾和（或）漂石等（在河流或冰川搬运过程中具磨圆状和次圆状）构成的碎石堆或堆积扇的孔隙中充填黏土或细粒物质，方解石或硅质胶结成岩，称为砾岩。在碳酸盐岩地区砾岩中原岩是灰岩或白云岩，这是其所具有的共性。原岩从陡峭山上滚落下来，被搬运到海洋三角洲沉积，或者搬运至冲积扇，堆积于低地盆地中，后淹没于水下而形成砾。当砾岩中部分或全部砾为碳酸盐岩，胶结物为方解石时，则砾岩和其他纯碳酸盐岩一样为可溶岩。例如英格兰门迪普山(Mendip)的白云质砾岩，白云质砾岩中的砾达到漂石级别，是下石炭统台地灰岩构成的陡崖，在侵蚀剥蚀作用下发生坍塌跌落于江水中于二叠纪时形成扇积砾岩。作为旅游景点的伍基溶洞(Wookey)，溶蚀形成的地下管道管壁光滑（发育于未扰动的石炭系灰岩和二叠纪砾岩），意大利阿尔卑斯山的 Montello 堆积扇为厚度近 2 000m 的灰岩、砾岩，其形成时期为中新世麦西那海岸盐分危机地质学事件时期("Messinian Salinity Crisis")，当时地中海处于干涸期。尽管该砾岩中卵石粒径小，基质中黏土的含量较高，强度没有门迪普丘陵岩石高，然而，岩溶漏斗中堆积物充填紧密，从而使洞穴形态保存完好(Ferrarese et al,1997)。

2.4 蒸发岩

蒸发岩的分布面积约占大陆表面的 25%（图 1-3），但与碳酸盐岩相比，其出露面积较小。中国、乌克兰和美国等地石膏岩溶相当发育，世界上多个国家发现有规模较小的蒸发岩。盐岩岩溶地貌仅发育在干旱沙漠地区。无论蒸发岩是否出露地表，层间溶蚀都分布广泛且作用重大(Klimchouk et al,1996)。

在海洋、湖泊或滞流水体中，当部分水被蒸发，就会产生均匀或非均匀的沉淀物，或水完全蒸发后的残留物形成了蒸发岩。海水是蒸发岩最重要的来源，如潟湖、潮间坪和潮上坪[称为萨巴哈(Sabkha,阿拉伯语)，图 2-4(b)]是主要的沉积环境。图 2-11 所示的灰岩、白云岩、石膏和卤盐沉积层序就是一个

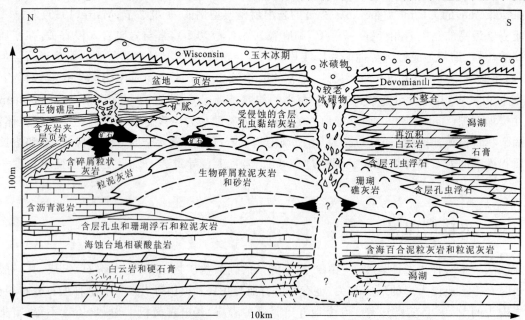

图 2-11 加拿大西北地区派恩波因特(Pine Point)Presqu'ile 礁示意剖面图。该图描绘了中泥盆统灰岩、白云岩、石膏和硬石膏地层的横向与垂直方向的变化，展示了古岩溶洞穴，洞穴中填充了含有锌铅矿的硫化物，第四纪该落水洞重新复活，最后一次冰期冰川堆积物入侵填充该落水洞（据 Rhodes et al,1984,绘制）

很好的例子。在干旱的盐湖、丘间洼地和半干旱环境是区域上蒸发岩生成的重要环境。相对潮湿的环境中也会形成石膏和盐,如西班牙的埃布罗谷地大量的石膏和盐的沉积物(Sanchez et al,1998)。

图2-12(a)表示了生成石膏、硬石膏和卤盐的沉淀浓度。卤水是指达到或超过标准海水浓度($33\,000 \times 10^{-6}$)的任何水体,图2-12(b)综合概括了卤水类型、沉淀方式、生成蒸发岩以及蒸发开始阶段水中不同溶质的化学浓度的相关性。在温暖的标准海水中就可以沉淀生成方解石(上文中的白垩粉),有少许蒸发就可以沉淀生成白云石,当浓度达到海水浓度的3倍才能沉淀生成石膏,而要沉淀生成盐则要海水的浓度达到标准海水的11倍。因此,石膏是一种广泛分布的蒸发岩,这是因为潟湖、潮下带和潮间带中的卤水在达到沉淀盐的浓度之前发生水交换而不易达到其他蒸发岩生成的浓度。其他蒸发矿物如杂卤石、钾盐、光卤石等(表2-1)堆积厚度很薄或堆积的规模很小,因此,在这类盐岩中岩溶不发育。相对碳酸盐岩而言,这些蒸发岩全部由无机质矿物组成(Alsop et al,1996;Sarg,2001)。

蒸发浓缩和沉淀是产生蒸发岩最有力的作用过程,表2-5给出了一般碎屑岩、碳酸盐岩和蒸发岩沉积相的生成速率,从表中可以看出石膏和盐的沉淀形成比其他盐岩至少快10倍,其沉淀厚度很快超过1 000m。晚中新世的麦西那海岸盐分危机地质学事件(5.5Ma)时期,由于北非板块与西班牙板块的构造碰撞,地中海与大西洋暂时隔开,许多地质学家认为当时地中海几乎干涸,这个时期沉积形成了厚达1 000~2 000m的浅海相石膏和盐,目前该盐层比现代海平面低约2 000m,沉积时间不到50万年。死海(其中水面低于海平面约400m,水底高程低于现今海平面约730m)是目前最深的内陆盐水封闭湖盆,方解石和石膏在水面一带沉淀生成,而在底部一带沉淀生成盐。

表2-5 不同沉积环境中的沉积速度对比表(引自Warren,1989)

沉积物类型	沉积速度(m·Ma^{-1})
深海黏土	1
深海碳酸盐泥浆	1
大陆架碳酸盐和泥(无礁岩)	10~30
碎屑斜坡	40
深海浊流岩	100~1 000
高产海相硅藻土	400~1 000
浅海灰岩礁	1 000~3 000
潮上滩蒸发岩	在1km范围内形成1m厚的时间是1 000a
水中石膏	10 000~40 000
水中石盐	10 000~100 000
底辟侵入生成(伊朗扎格罗斯山脉)	150 000~200 000

2.4.1 石膏及硬石膏

石膏(表2-1)通常是最先沉淀生成的矿物,而原生硬石膏很稀有。当上覆盖层厚200~300m时石膏脱水转换成硬石膏(尽管在地下3 000m处有硬石膏的报道),如果上覆盖层剥蚀,就会重新发生水化作用形成石膏,在不同温度和压力环境及反复脱水与水化循环作用下,大多数出露于地表的石膏发育岩溶。因此,石膏地层岩性变化相当大,原始的沉积环境很难辨别。

有极少量的石膏以独立的晶体或晶簇与碳酸盐岩共生,其主要发育在薄层至中厚层的白云岩、黏土

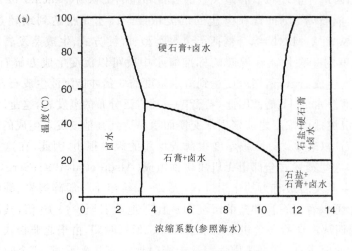

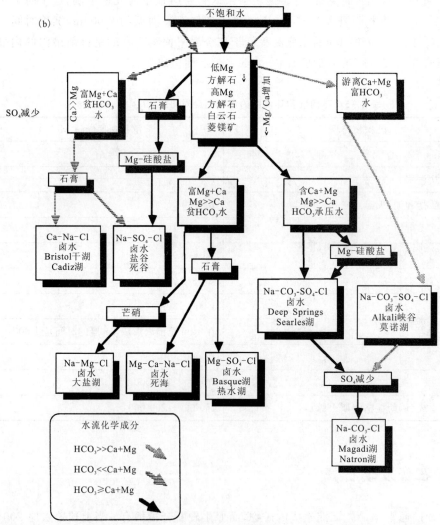

图2-12 (a)海水蒸发时的沉淀层序与温度的关系;(b)大陆封闭湖泊中水体的化学成分、卤水类型和蒸发沉淀相互关系图(引自Eugster,1978)

或页岩夹层中,但这类石膏相当少见,通常以脉状、底辟穿入及其他侵入的方式存在于其他岩体中。

石膏矿物多呈粗晶(等轴、弯曲、棱柱状或圆柱状)、粒状或无定形,块状纯石膏矿物颜色通常呈半透明(透石膏),白色(雪花石膏)或淡褐色、灰色、黄色或粉红色,单层厚10～40m,总厚度超过200m。地表石膏发育岩溶的主要地层为层间石膏层。

石膏去水生成硬石膏的压力为$(18\sim75)\times10^{-5}$Pa,脱水后的体积减少近38%(Warren,1989)。硬石膏的孔隙率在野外很难测量,裂隙和层面重新结合,并常以底辟侵入的方式发生流动。由于下伏硫酸盐岩受压缩,体积减少,造成上覆地层(如白云岩)破碎成角砾岩。

曾有报道称在埋深达2 000m的地下发生硬石膏水化,但是大多发生在近地表100m范围内,绝大多数发生在近地表数十米范围内。Pechorkin(1986)强调指出,硬石膏的水化沿重新张开的节理或新出现的裂隙进行,在新近坍塌的石膏陡崖上常见片状分布的硬石膏,但分布面积小。而Quinlan(1978)认为水化作用包括迅速沉淀后随之发生溶解。硬石膏的抗压强度为$20kg\cdot cm^{-2}$。地下150～200m可能会出现流体(其体积不增大)(Gorbunova,1977),在此之上则矿物的体积增加30%～67%,而在深部产生流体侵入。近地表产生脆性破裂,并使岩体的孔隙比增大。而在地表则出现紧闭褶皱(波状起伏)或小规模的断块地貌,或者出现泡状隆起(见9.13节)。硬石膏中不存在地下水。

2.4.2 盐岩

盐岩和石膏的生成模式一样,盐岩在碳酸盐岩、硫酸盐岩或页岩中分散存在,或者以薄夹层状产出,或者发育层厚近1 000m的盐岩。盐岩地层中通常发育一些硬石膏或页岩层理,其通常是有经济价值的钾盐矿[光卤石、钾岩、钾石岩($KNaCl_2$)]。成岩过程中岩体(如白云岩)中的盐岩发生溶解,在岩体中会形成空隙、角砾或不整合面,块状盐岩中所有的节理和其他开裂在岩石静压力作用下会愈合。由于盐岩不透水,底辟侵入时易形成一些小的构造,上覆或下伏含水层发生破裂使地下水到达深部盐岩时就会发生溶解,或者在盐岩接触含水层带部位发生溶解。尽管在盐岩中没有地下水流,但是其出露于地表时地下水在包气带渗流会形成洞穴(见9.13节)。

2.5 石英岩和硅质砂岩

硅质胶结的硅质砂和砾(硅质砂岩、硅质砾岩)及其变质岩石英可发育中小规模的溶蚀地貌(Mainguet,1972)。是因为像灰岩和蒸发岩一样,这些岩石的组分几乎全为单矿物,形成的范围和水文地质学特性变化不大。石英在大气降水中溶解度很低,但是石英的抗风化能力强于其他岩石矿物,无定形硅(砂岩的胶结物)在水中易溶解,当水温高于50℃时所有硅质岩的溶解度都会大大增加(见3.4节)。

陡坡地段地表水水力坡度大,石英岩构成的陡崖及单面坡在地表水冲刷下会形成岩溶地貌。在巴西和委内瑞拉,前寒武系罗赖马组(Roraima)块状石英岩构成的陡崖具有岩溶地貌特点,石英岩地层中发育地下廊道,深部洞穴延伸达数千米(见9.14节;Galan,1995;Correa Neto,2000)。西班牙Montserrat岛及其他地方的石英岩和硅质砂岩中发育塔状岩溶,其规模有限,其中以溶沟是最为常见(形状主要为坑状、锅状及小沟形状,见9.2节)。形成石英溶蚀地貌需要以下3个基本条件:①石英岩纯度高,非溶铝硅酸盐颗粒(主要出现在砂岩中)不会填充或堵塞最初溶蚀形成的地表小坑或地下溶蚀小洞;②厚层至块状石英岩中贯穿性结构面互相切割且间距较大;③没有其他地质营力作用(如冻融作用或波浪冲刷作用)影响才会形成石英溶蚀地貌。

2.6 地层岩性特征影响岩溶发育

本章主要讨论了岩石对岩溶水文地质和地貌成因的控制作用。相对于水文地质学者和地貌学者而言,研究岩溶的学者所关注的岩石类型范围很小,但研究岩溶的学者需要调查研究各种岩石的特性,地层岩性和构造对岩溶发育影响很大。本章讨论了影响岩溶发育的一些重要控制因素,另外影响相对较小的因素将在后面章节中进行讨论。上面各节已从单个晶体的尺度来研究岩石的重要特性,本节将着重从手标本这样的尺度来研究岩体的特性,后面各节将从区域的尺度来研究岩体的特性。

2.6.1 岩石的纯度

黏土矿物和硅质矿物是碳酸盐岩中最常见的不溶物,当灰岩中的黏土或粉土含量达到20%~30%时(泥灰岩)一般不发育岩溶,Annable(2003)研究发现,中等粒径的粉土颗粒堵塞岩石中的原生管道,从而抑制岩溶发育。当这些单个颗粒为更小粒径的粉土和黏土却不会堵塞管道,但是当这些颗粒聚积在一起时会产生中等粒径级别的效果。但有关砂的含量与原生管道堵塞相关性不大。硅质含量超过20%~30%的碳酸盐岩地区通常不发育大型且多元化组合的岩溶地貌。但是在某些钙质砂岩中普遍发育浅漏斗和形状完好的小洞穴等岩溶地貌。

强可岩溶岩是纯碳酸盐岩含量大于70%的岩石,许多国家学者开展过有关灰岩和白云岩溶蚀的研究,并进行了有关溶蚀试验(即碳酸盐岩在含碳酸水中溶蚀速率),表明碳酸盐岩的溶蚀速率相差5倍。当碳酸盐岩中非溶物的含量为0时或非溶物含量高达14%时,溶解速度最快,调查发现CaO的含量与溶蚀速率成明显的正相关关系。通常情况下纯白云岩溶蚀速率最小,但是仅以岩体的纯度不能完全解释其他岩石的溶蚀变化情况。如Rauch和White(1970)在美国宾西法尼亚开展了大量的研究工作,发现当MgO含量为1%~3%并且在岩石中发育泥质条带时,碳酸盐岩的溶解度最大,是由于泥质条带增加了溶解面的粗糙度(增加了接触面积),这就是岩石的结构效应。James和Choquette(1984)提出高Mg方解石通常最易发生溶解(因为方解石晶格扭曲变形),然后依次是文石、低Mg方解石、纯方解石和白云岩。

对于石膏、硬石膏和岩盐而言,纯度和溶解度之间具有简单的正相关关系。

2.6.2 颗粒大小与结构

由于溶蚀速率与颗粒接触面积的大小有关,因此当颗粒越小则岩石越易溶解。研究发现微晶或生物微晶灰岩最易溶解,晶斑(粗晶)所占体积在40%~50%时,则溶解度降低(Sweeting,Sweeting,1969;Maire,1990)。在密苏里(Missouri)发育溶洞的灰岩和白云岩中取10组岩样进行纯度、颗粒大小、结构和孔隙度与溶蚀关系的研究,Dreiss(1982)发现颗粒大小对岩溶影响最大,颗粒越小则岩石越易溶解,然而,颗粒最小的灰岩有时也是最不易溶解的,这是因为颗粒大小和基质分布均匀,颗粒表面光滑,颗粒的接触面积减小,这样的岩石结构称为瓷质类型或隐晶质,而在英格兰Gaping Ghyll洞穴(Glover,1974)的隐晶质条带是一种典型的、极细微晶颗粒,可阻止洞穴的生成,在较粗的微晶灰岩之间呈夹心饼状。

样本中颗粒大小的不均匀性越大,溶解面的粗糙度就越大,则溶解度增大。生物细晶灰岩比纯隐晶灰岩更易溶解,因为微小的化石碎片也增加了岩石溶解面的粗糙度。

岩石的结构对溶沟发育的影响特别大,结构均一的岩石发育的溶沟类型也多,独特的溶沟类型展示了岩溶发育的规律。在各向同性的岩体,如礁石和砾岩中,槽状溶沟不发育;细颗粒且结构均一的岩石中易发育溶蚀小坑(圆形)和线状溶沟(线状);在隐晶质岩石中主要发育小型圆坑,这些地貌特征将在9.2节中进行详细的讨论。

2.6.3 岩石的孔隙

造成碳酸盐岩侵蚀特性差异的主要原因是岩石中孔隙的特性、规模和分布的差异。这个具有重要意义的专业术语称为岩石的孔隙性。有关岩石孔隙有不同的术语和分类,Moore(2001)对其进行了归纳总结。

沉积学家将岩石沉积过程中产生的孔隙定义为原生孔隙(如首次生成),而将成岩过程中产生的裂隙定义为次生孔隙。而对于水文地质学意义而言,上述这些类型的孔隙都为原生孔隙,岩石中的断裂(或裂隙)和渠道(或管道)可看作是次生孔隙和再生孔隙。在本书中我们采用这种简单的孔隙分类方法,见5.2节。

图2-13所示为目前广泛接受的孔隙分类方法,对那些与岩相有关的孔隙和与岩相无关的孔隙进行了区分。一般而言岩溶水文地质学和地貌学大部分关注大尺度的、相互连接的、不受岩相控制的孔隙(地下水可沿层面和断裂、溶蚀管道及图2-13所示的洞穴运移)。岩石中由岩相控制的孔隙率低(<15%),因为岩石中水压力梯度低,没有足够的动力使液体在相互连通性很差的孔隙之间流动。而在石油勘探中则存在与上述情况相反的例子,在高压力环境下许多裂隙呈紧闭状态,但原生孔隙却保存完好。有关大尺度的岩溶孔隙率的问题将在5.1节及以后章节中作进一步讨论。

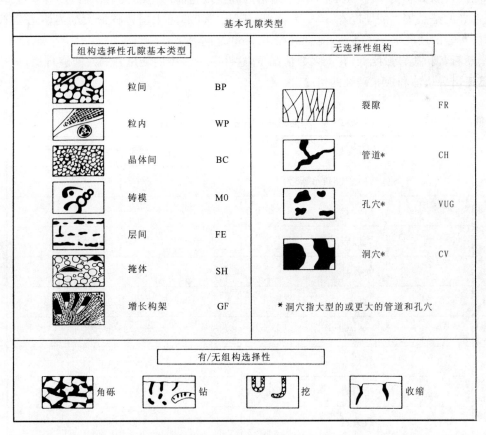

图2-13 沉积碳酸盐岩孔隙分类(引自Choquette,Pray,1970)

组构选择性孔隙度对早期成岩具有重要的意义,成岩后岩体中组构选择性孔隙度决定了溶坑及溶沟的生成形式、规模和分布以及钟乳石的分布等。灰岩或白云岩中组构选择性孔隙与岩体中的颗粒大小和结构的均一性成正相关,隐晶质灰岩的原生孔隙率一般小于 2%,而亮晶灰岩一般为 5%~10%,大多数情况下灰岩受白云岩化作用,则原生孔隙率增加 5%~15%,大多数大理岩的原生孔隙率小于 1%。

硬石膏和盐岩的孔隙率可忽略不计,水化形成的石膏,则可以产生晶体间孔隙和角砾孔隙。

2.6.4 力学强度

从小尺度角度讲,岩石强度是岩石颗粒间结合的函数,这种强度可通过室内压缩试验、剪切或回弹试验确定,从大尺度上讲,沉积岩的强度很明显是裂隙的密度如节理或层面的函数,而这种强度不能用试验的方法测定。

抗压强度可能是室内试验最重要的力学指标(表 2-6)。这个指数可说明如果在陡崖坡脚或在洞穴结合部位没有支墩支护时,在该处的岩体就承受额外的荷载,软岩沿未支护的坡面产生片状破裂,这决定了陡崖或洞壁的安全高度等,并可能导致大范围的块体失稳。大多数碳酸盐岩具有较高的强度可使陡崖和地下洞穴长期稳定,除非岩体呈薄层状或岩体高度破碎。有些白垩岩石及一些胶结差的灰岩(如更新世的风成岩或鲕状岩)由于强度太低而不能使陡崖或洞穴(人可进入)自稳。

施密特锤是一种用于现场测量混凝土硬度(度数为 10~100)的工具,可在野外测得岩石的硬度,实测值与岩体的抗压强度具有很好的相关性。加勒比地区白云质灰岩的平均施密特硬度 R 为 40~41,而隐晶和亮晶灰岩的 R 值为 34~35,这个值与地形的起伏度也有一定的关系(Day,1983)。美国和加拿大等地区较古老的结晶灰岩的硬度在 35~70 之间;Tang(2002)对中国桂林最大的岩溶塔型石山处的厚层至巨厚层灰岩的硬度进行了实测,测量值在 40~60 之间。

石膏、硬石膏和盐岩强度低,在大多数情况下,这些蒸发岩中的陡崖和洞穴能够自稳,但是由于机械破坏,会迅速出现块体和板状破裂的情况。

表 2-6 一般岩石的抗压强度(据 Jennings,1985)

岩石类型	单轴抗压强度($\times 10^5$ Pa)
灰岩(不包括白垩岩和角砾岩)	340~3 450
白云岩	620~3 600
大理岩	460~3 400
硬石膏	220~800
页岩	300~2 300
砂岩	120~2 400
玄武岩	800~3 600
花岗岩	1 600~3 000
石英岩	1 500~6 300

2.7 夹层碎屑岩

我们从地质单元、段、组的尺度上考虑岩体的可溶性,碳酸盐岩、硫酸盐岩和盐岩地层厚度达数十米、数百米或上千米,并且不发育碎屑岩夹层,这些地层中岩溶通常非常发育。在可溶岩地层之间常夹有许多黏土层、页岩、砂岩或珊瑚等,这些灰岩中的碎屑岩达到页岩级别时,则这些地层的地貌和水文地质系统由可溶岩性变成非可溶岩性。

有时很难概括一些岩石的岩溶发育特征。当地层中页岩夹层的数量增加时,则泥质灰岩中岩溶不发育(也并不总是这样)。灰岩和页岩接触面与灰岩中的层面和节理面相比,则地下水更易沿前者进入地下,这样在"夹心饼状"灰岩中的那些小的、独立的或连接性差的地层中就发育溶蚀管道系统。对于石膏也是如此,当可溶岩出露于地表时就会发育溶沟,也可能发育小的岩溶漏斗,而灰岩中发育石膏夹层时则主要发生坍塌。

2.8 层面、节理、断层和破裂面

几乎所有的地下溶蚀管道网络都沿层面、节理和断层发育,因此这些结构面对于岩溶的发育具有非常重要的作用。岩石中的这些破裂可能成为地下水的循环通道并且受其改造(以溶蚀或沉淀),岩体中结构面的发育形式及规模决定了岩溶系统的特征。在水文地质学中习惯将所有这些结构面看作是断裂,这些断裂带中含丰富地下水。严格地说,很多溶蚀层面是沿沉积层面发育。但结构工程师在研究边坡稳定时将上述结构面均看作影响边坡稳定的贯穿性结构面。

2.8.1 层面和接触带

沉积岩中的层面或分界面是由于沉积过程中的某些变化或者出现短暂的沉积间断形成的,这种改变可能很小,如较小的碳酸盐岩颗粒变成较大的颗粒,或更常见的是由于风暴或洪水引起的层理,在连续沉积的碳酸盐岩地层中会保留像纸一样厚或稍厚的黏土构成的分界面。沉积间断通常是在开始固结成岩或者滩岩被海水重新淹没之前出现的一个短暂侵蚀的海洋事件。在碳酸盐颗粒组成的海岸一带受洋流冲刷作用会产生近平行的假层面,这在风化基岩露头上会出现片状剥蚀。

近地表未完全成岩地层中的不整合面在成岩过程中会消失,因为这些不整合面会成为矿物最易填充的地方或者是因压溶缝合而消失。明显的沉积间断是小型地质结构面,这些结构面通常是细划地层(段或更小的地层单位)的标志。有许多学者则以接触面细分地层。碳酸盐岩沉积物中的层状沉积物与丘状堆积物接触面(如礁)是另外一种类型的接触面,其通常成为地下水循环的优势结构面。

从水文地质角度讲,在自然水压力梯度下当层面张开足够宽时(水能在其中渗流),这些层面是具有重要作用的,但这种层面仅占少数。但在岩溶地貌学中,这些层面是岩溶发育最重要的面。地下水不能进入的面在应力作用下发生机械破坏(如在洞顶坍塌)后也能成为地下水渗流的路径,因此这种层面也是很重要的。表2-7为岩层层厚的一个分类标准,而在有关岩溶的著作中将连续地层之间的分界面称为层面,这个前提条件是地下水沿这些层面能够运移。

具有透水性的层面分布面积变化相当大,对于薄至极薄层地层而言,面积仅有数平方米,而对于中厚层至厚层地层而言,分布面积可达 $10^3 \sim 10^6 \text{m}^2$ 或更大,真正的主要面可能沿层面展布,其延伸长度有时可达数百千米,这种地层中的层面及接触面认为是连续的,溶蚀洞穴沿层面发育,当透水节理和断层随机发育时(会在相对较短的距离内消失)。这种层面对于洞穴的生成具有重要的作用(Ford,1971a)。Lowe(2000)将这种现象称为初始水平层。

表 2-7 岩层层厚和节理间距术语

层厚(cm)	描述	节理间距(cm)	描述
100～1 000	巨厚层或块状	>300	极宽
30～100	厚层	100～300	宽
10～30	中厚层	30～100	中宽
3～10	薄层	5～30	紧密
1～3	极薄层	<5	极密
<1.0	页理		

透水结构面本身可以看作是由两个波状起伏接触的岩面组成，由于砂痕、坚硬的蚀损斑等原因，在结构面中形成相互咬合的突起或凹面。位于浅表的孔隙形状不规则，孔隙通过一些裂隙使之贯通。地下水沿结构面运移，结构面包括沉积不整合面、页岩面理或与黄铁矿有关的层面、含层状或结核燧石的层面。而那些受构造运动影响的结构面，即位移只有数厘米，产生的擦痕和角砾岩使结构面的宽度增大。单斜地层和发育褶皱的地层中的层面具有差异滑移的特征(Šebela,2003)。

已广泛认同大规模岩溶地貌主要发育在中厚层至厚层碳酸盐岩地层中。则在薄层碳酸盐岩地层中水的溶蚀力下降，同时薄层岩石的强度在大多数情况下不足以形成大型洞穴。

目前已知猛犸洞（美国肯塔基州）和 Holloch 洞（瑞士）是世界上发育于灰岩中最大的两个洞穴系统，这两个岩溶洞穴大致顺层面发育。联合国教科文组织批准斯洛文尼亚 Skocjanske Jama 洞穴为世界遗产。Knez(1996)认为厚层至巨厚层灰岩中有 62 类结构面，只有沿 3 类结构面中发育岩溶洞穴。

2.8.2 节理和剪切破裂带、节理系

节理是前期固结（或部分固结）的岩石因拉张破裂形成的小断层，剪切破裂有侧向和垂向位移，但位移量小，不易在手标本中发现(Barton,Stephansson,1990)。节理是在成岩、后期构造运动及侵蚀加载和卸荷过程中，岩体受张应力和剪应力作用破裂形成。

规则的层状岩石，其大多数节理与层面垂直，有时也与层面斜交。在平面上大多数节理呈直线，而在礁岩中波状弯曲的节理占主导，这种弯曲的节理在其他岩石中也普遍发育。平行节理构成一组节理，两组或多组节理以一定的角度相交就组成节理系。由拉张应力和剪应力形成的节理系分别以直角和 60°/120°相交最为常见（图 2-9）。弧形节理组通常发育在礁岩中。穿过几个层面或多个层的节理称为主节理，并在另一组主节理相交时尖灭。横断节理限制在一个层理或几个层面之间，并在主节理中尖灭。发育在厚层至巨厚层岩石中的主节理延伸长度可以达到数百米，甚至可以达到数千米，如加拿大魁北克安蒂科斯蒂岛(Anticosti)奥陶系厚层灰岩中发育一组主节理，延伸长度达 200km，该主节理与前寒武系地层中发育的板块构造缝合线平行。

表 2-7 给出了节理间距的大小，节理间距与岩层的厚度成一定的比例，但是其相互关系不是很明确。单个岩层中可能包含一组节理或一个节理系，或包含不同时期生成的几个节理系。在一个层序中几个连续的岩层中通常表现为不同形式的节理，且密度不同。

节理张开宽度太小时肉眼观测不到，或者可看到张开很小的节理但不透水，张开较大但是由于后期充填方解石或石英而不透水。大多数叠加了横张节理的主节理在近地表具透水性。最初节理呈羽状，在破裂点处尖灭，并在节理面上发育擦痕，但是这些细小的构造痕迹很快会因溶解作用而破坏。在岩石

静压力作用下节理一般紧闭,相对于层面而言其透水性很差,因此在深部岩溶中节理所起的作用不明显。

在岩溶地貌中由于侵蚀作用会产生一些节理,这是由于上覆岩体被侵蚀,下伏岩体卸荷造成的。对于层面或大多数断层而言则不是这样的。一些规模稍大的拉张节理平行于陡坡坡面发育,在高原的边缘或礁岩的边缘一带尤为发育。崖脚和洞穴边脚一带会形成小的压张节理。

对于层状岩石而言,大的岩溶洞穴主要发育在节理间距非常大的地层中,洞穴多呈矩形并严格按节理发育模式展布。这种洞穴包括乌克兰奥普蒂米斯特洞(Optimist),发育在石膏层中,是世界上已知的第二大洞穴(见图 7-26)。

2.8.3 断层及断裂迹线

断层是指岩块之间上下和(或)水平位移时产生的破裂,当位移小于 1cm 时的断层归类到剪切带或节理类别中。断层的最大垂直位移可达数千千米,而水平位移可达 $10^2 \sim 10^3$ km。

正断层是由于拉张作用形成的,因此其张开宽度较大(可达几厘米),断层带中充填角砾岩和方解石等。逆断层和横移断层或平移断层以压应力为主,因此呈紧闭状态。然而,由于角砾岩或擦痕使断层张开,断层产生位移时可将凹面结合在一起使断层带变宽。推覆断层是缓倾角的逆断层,由于逆冲断层出露面积大(近垂直的断层则小),所以通常显得特别重要,沿断层和沿强透水层面一样都可以发育贯通性溶蚀管道。在中等构造活动地区常见推覆断层沿层面滑移,以曲线的形式穿过几个层面后,在第二个扰动的层面一带倾角变陡后尖灭。

只有一个破裂面的大断层是罕见的,主断层扭旋,沿主断层发育羽状小断层,这些羽状小断层与主断层锐角相交。剪切破裂沿羽状小断层近平行延伸。

断裂迹线(或线状构造)在高空卫片上表现为狭窄的线状痕迹,大多数岩溶地形沿断层分布(图 2-14),而在地面上则表现为沿着间距紧密的高倾角断层带(位移量小)和羽状小断裂分布。

断层和断裂痕迹的水文地质学作用及成洞作用因断层的类型、规模和断层形成后的成岩作用的不同而不同。一种极端的情况是盆地中的地下水沿断层运移(这就相当于地表水在河道中径流一样),或者沿断层发育落水洞。大的正断层和逆断层通常透水性差,这是由于断层带中充填碾磨致碎的粉土质充填物(糜棱岩),或者方解石后期胶结,从而阻隔地下水运移形成隔水层。然而,羽状破裂带具有较高的透水性。研究发现岩溶洼地大部分沿羽状断层发育,在两条断层痕迹相交的地方形成溶蚀洼地的中心。Dublyansky 和 Kiknadze(1983)总结溶洞围岩是碳酸盐岩的水文地质资料,研究成果表明大多数岩溶水进水口位于羽状断裂带中,在断层下降盘中尤为明显。在白云岩地区断裂带钻孔,通常地下水丰富。尽管洞穴总体沿断层发育,但是仅部分洞段直接受断层控制。大多数的洞穴系统位于断层带之间及远离断层带,有时在断层的局部地段发育洞穴管道,有时断层阻止洞穴发育,或者使洞穴系统的发育方向远离断层。比利时和意大利(图 2-15;Vandycke,Quinif,1998)有关岩溶洞穴的文献中,活动断层使地下洞穴系统的横截面发生变形。在死海附近盐岩中的洞穴发育正断层(Frumkin,1996)。Šusteršic(2000)发现斯洛文尼亚波斯托伊纳附近的洞穴系统和地表岩溶受活动平移断层错开(但没有破坏)。

墨西哥尤卡坦半岛西北部的半圆形竖井(有水并呈井状的落水洞)认为是沿希克苏鲁伯多环陨石坑产生的环状断层发育而成,称之为"天文岩溶"(Perry et al,1996)。

2.8.4 断层张开度

张开断层的物理性质复杂且难以测量,在新鲜采石场岩壁上才能看到断层真正张开状态。在量化模型中,通常假定断裂带为一条裂隙,该裂隙两个面平行且两面之间距离为定值。而实际情况是除在地表沿节理发育的岩溶会出现这种情况外,其他条件下则永远不会出现这种情况。地下水从水力梯度较

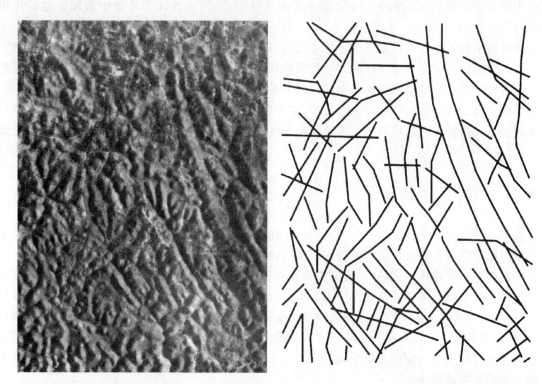

图 2-14 岩溶地区的线性构造（左）印度尼西亚 Genung Sewu 迷宫-锥状岩溶卫星照片及（右）卫星照片中解译的线性构造图（引自 Haryono,Day,2004）

图 2-15 意大利伦巴第的 Grotta del Frassino 的潜水（水位之下）溶蚀管道，受到沿层面产生的断层滑移（正断层）使管道发生错位（Yves Quinif 摄）

高的断层(形状不规则、宽度较大的裂隙)向水力梯度低的断层运移时,局部地段因裂隙变窄而出现地下水运移受阻,这一点从水文地质学的角度是很好理解的。有效过水缝隙的尺寸呈对数正态分布(Chernyshev,1983)。Van Beynen 等(2001)通过测量世界各地溶洞洞顶细小裂纹中地下水滴出生成钟乳石和石笋中的细粒有机质时发现,这些细小的送水通道不小于 $0.1\mu m$,裂隙的有效溶解尺寸最小不低于 $10\mu m$,很多模型假定有效溶解尺寸是 $100\mu m$ 或更大。Hanna 和 Rajaram(1998)利用随机离散的裂隙进行模拟,得到特别重要的成果是:平均缝隙宽度的标准偏差约是 50% 时会生成节理溶穴,偏差为 100% 或更大表示沿层面和低倾角的推覆面上会发育管道系统(图 2-16)。

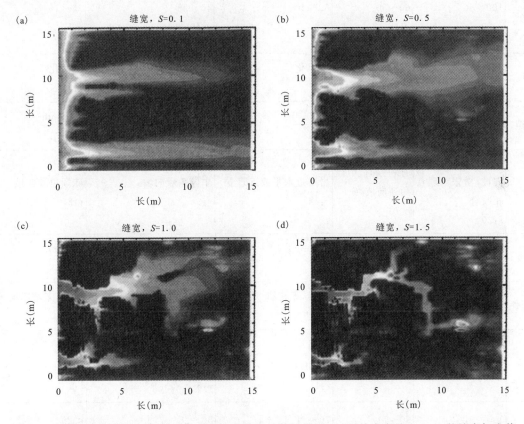

图 2-16 随机模式下不同的裂隙张开度下的溶蚀计算机模型:(a)平均宽度是 400mm 的缝宽标准偏差只有 10%;(b)偏差达 50%;(c)偏差是 100%;(d)偏差是 150%。(a)(b)图片代表了沿裂隙和断层发育的典型溶蚀,(c)(d)图片代表了沿层面溶蚀,在 7.2 节将有更详细的介绍(引自 Hanna,Rajaram,1998)

2.8.5 地貌学岩石强度分类

除了考虑岩石的组分、结构、抗压强度、层面、节理和断层外,Selby(1980)提出地貌上的岩体强度分类和分级,对基本岩溶地貌(这些地貌包括洞穴系统、岩溶漏斗、溶沟田、溶蚀残山和溶蚀塔)的岩石强度分级具有指导意义。此分类可对斜坡岩体的强度进行分级,然而,这个分类方法是从掘矿工程应用的基础上发展而来(Beniawski,1976;Brady,Brown,1985),因此,也与洞穴顶板的稳定性有关,如落水洞的灾难性塌陷相似等。

Selby 分类见表 2-8,但这个分类方案没有广泛应用于岩溶地区。发育很好的地形可能属于强—弱的中间范畴。Moon(1985)将这个分类方法应用到南非,在石英或页岩组成的山坡上进行分类,他认为对斜坡岩体进行分类还应考虑各种结构面(如层面、节理和断层)的粗糙度等参数。这在岩溶地区是特别复杂的一个参数,因为裂隙面的粗糙度(互锁)随着溶蚀作用会逐渐降低,许多地区的灰岩和白云岩的顺向坡是大型滑坡最易发生的地方(由于溶蚀作用使结构面的粗糙度降低)(见12.4节)。

表2-8 地貌学岩体强度分类与分级(r为参数分级)(据Selby,1980修改)

参数	1 极强	2 强	3 中强	4 弱	5 极弱
非扰动岩石强度(N型回弹仪"R")	100～60 r:20	60～50 r:18	50～40 r:14	40～35 r:10	35～10 r:5
风化程度	未风化 r:10	微风化 r:9	弱风化 r:7	强风化 r:5	全风化 r:3
裂隙间距	>3m r:30	3～1m r:28	1～0.3m r:21	300～50mm r:15	<50mm r:8
裂隙方向	非常有利,陡倾逆向坡,横张节理互相咬合 r:20	有利方向,中倾角逆向坡 r:18	岩层近水平或近直立 r:14	中倾角顺向坡 r:9	陡倾角顺向坡 r:2
裂隙宽度	<0.1mm r:7	0.1～1mm r:6	1～5mm r:5	5～20mm r:4	>20mm r:2
裂隙连续性	不连续 r:7	仅部分连续 r:6	连续,无充填 r:5	连续,充填物细 r:4	连续,充填厚度大 r:2
地下水	无 r:6	有迹象 r:5	轻微 <25L·min^{-1}·10m^{-2} r:4	中等 25～125L·min^{-1}·10m^{-2} r:3	大 >125L·min^{-1}·10m^{-2} r:1
总评分	100～91	90～71	70～51	50～26	<25

2.9 褶皱地貌

世界上岩溶地貌涵盖了几乎每一种类型的地质结构,如水平或近水平地层构成的平原或高原,陡倾和缓倾的单斜坡,一个或多个褶皱构成的地形、推覆构造、底辟、穹隆构造等。图2-17所示的两种不同的地质构造形成不同类型的岩溶地貌,而在地下形成不同的水文地质单元。

褶皱使得地下深处形成很高的岩石静压力,从而产生塑性变形。碳酸盐岩中的褶皱通常在白垩系或更老的地层中发育,尽管在巴布亚新几内亚发育有一些规模巨大的褶皱,但在第三系或第四系的灰岩中很少看到规模较大的褶皱。各种年龄的石膏、硬石膏和盐岩也会发生变形、褶皱和流动(甚至在埋深相当浅的地方)。

褶皱的规模从数厘米到数千米不等,褶皱可以沿轴向展布上百千米。褶皱的核部在拉张应力作用下产生与层面平行的主节理组,而在两翼上层面的差异滑动对岩溶的发育通常具有重要意义。地下洞

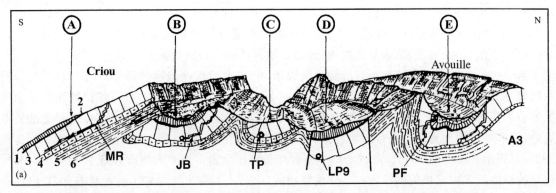

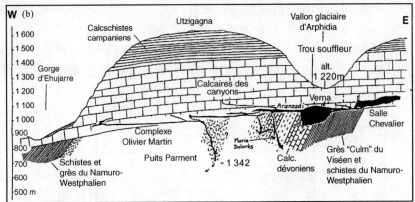

图2-17 复杂地质结构中岩溶发育实例(法国):(a)Samoens地区的阿尔卑斯褶皱,数字所标示的是地层的段数,从下向上依次是白垩系(6)到中白垩统(1);第3段,Urgonian段灰岩,字母标示的是单个单斜和向斜构造,Réseau Mirolda(MR)和Réseau Jean Bernard(JB)是世界上已探查最深的两个洞穴系统(图7-1)。TP、LP9、PF和A3是几个主要的泉水点或洞穴系统。(b)Réseau Pierre圣马丁是在法国比利牛斯(Pyrenees)与西班牙国界线处的阿尔卑斯地区发育的另一个深洞穴系统。该洞穴系统发育在白垩系厚层缓倾灰岩地层中,白垩系灰岩与下伏的泥盆系和石炭系呈不整合接触,洞穴系统呈网状并沿着不整合面发育展布,Salle Verna是已知最大的洞室(引自Maire,1990)

穴系统延伸并穿过一个或多个背/向斜,通常会发现洞穴主要发育在向斜核部一带,然而,也有相反的情况出现,即岩溶洞穴主管道发育在倾伏背斜的核部一带。

当岩溶地层中夹有硅质碎屑岩层时,岩层发生倾斜或褶皱通常会产生承压自流的条件,进入可溶岩体中的大气降水被限制在隔水层下面,其渗流很慢并在相距很远的地方以泉水的形式排泄。目前已知世界上最长的岩溶地下水系统是在这种地质条件下形成的,伦敦盆地、巴黎盆地、澳大利亚的Eucla和Wasa盆地、美国西部的盆地山脉区中都具有这样的地质条件。在落基山脉及其东部山麓一带补给地下水,在碳酸盐岩中运移的距离超过1 000km(加拿大大草原的盐岩、砂岩、黏土岩和页岩地层构成上覆隔水层),在地下滞留的时间可能长达30 000a。

2.10 古溶蚀面

图2-17所示的是在不整合面一带形成的具有现代岩溶特征的古岩溶,碳酸盐岩地层中发现常见古岩溶,或者在不整合面处古岩溶终止(不整合面就是岩溶溶蚀面或溶穴停止发育形成的接触面)(见1.1节)。有些不整合面是在地下深部形成的,当向上运移的地下水溶解碳酸盐岩层内或层间溶解洞穴

时,通常会产生坍塌形成角砾岩,角砾岩部分或全部被方解石胶结[见 Spörli 等(1992)南极洲的例子]。更多常见且发育广泛的不整合面将在第9章和第10章中进行分述。这些地表岩溶经后期固结岩石覆盖后,在其下的岩溶地下水循环系统发育变慢,岩溶发育也变慢。后期上覆岩石可以是任何类型的沉积物(如碎屑岩、碳酸盐岩、蒸发岩、煤等有机物)或者是侵入的熔岩或火山凝灰岩等。

埋藏岩溶包括各种循环型的地下岩溶和地表岩溶,前者主要指在剥蚀过程、地层沉积过程、海侵及暴露在地表过程中形成的浅表部的早期成岩岩溶(图2-7),而后者是经过上百万年侵蚀达数十米至上千米的地表岩溶(图2-18)。正如我们所想象的那样,早期成岩岩溶、假整合面或不整合面的地质遗迹保存完好,很多地层中发育多个平行不整合面,或者稍呈起伏的不整合面,这些不整合面本身就是地层间的分界面(Wright et al,1991)。最古老的不整合面发育于太古宙加拿大地盾岩石中(>2 500Ma),不整合面处的溶蚀洞穴中充填的砂粒现在已变成坚硬的砂岩,太古宙大气中 CO_2 的含量丰富,岩溶活动活跃。澳大利亚、加拿大、美国、中国和俄罗斯等国的古元古界地层中(>1 000Ma)的早期成岩岩溶常见(Bosak et al,1989),新元古界的地层中也有地表古岩溶。古生界、中生界和新生界的灰岩和白云岩地层中的古溶蚀面广泛发育,因为这些地层广泛分布并且出露面积较大(Bosak,1989)。在相关的文献中对几千个这样的古岩溶现象进行了叙述。比渐新世还要年轻的时代形成的埋藏岩溶岩石不坚硬,化学作用不强烈,这种古岩溶应是在松散或弱固结岩石下发育的隐岩溶。

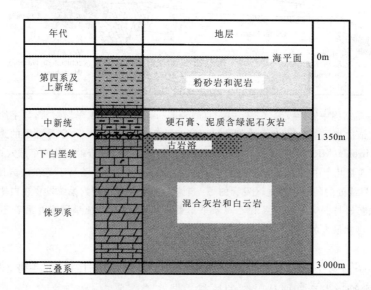

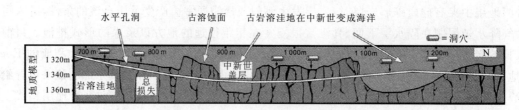

图 2-18 Rospo Mare 油田古岩溶解译图。意大利亚得里亚海产 10 亿桶原油的油田,在下白垩统与中新统地层之间的沉积间断时间约 70Ma,溶沟、岩溶漏斗和溶蚀管道组成的地下岩溶面局部地形起伏 10~40m,下伏 100m 的包气带和浅潜水带洞穴带[该图得到 Soudet,Sorriaux,Rolando 的允许(1994)]

在北美洲有两个古溶蚀面,这两个古溶蚀面就是次大陆的剥蚀面。在剥蚀过后是一段沉积岩积累过程("Sauk"-Sloss,1963),距今约 480Ma 发生的海退使大面积的地台及潮间碳酸盐岩暴露于地表长达几百万年,在此发育了成熟的岩溶地形,局部剥蚀 10~60m,地下岩溶深度达 200m 或更深。在早阿巴拉契亚造山运动(太康造山运动)之后发生海侵又淹没于海水之下,重新接受沉积,这就是"Post-Sauk"

古溶蚀面,在加拿大东部和美国东南部仍有残留,并且该古溶蚀面向西延伸到密西西比河以西。美国东南部的Knox含水层,俄亥俄州和俄克拉何马州油田,以及田纳西州的铅锌矿都与这个古溶蚀面有关。另一次海退发生在约325Ma前,这次海退发育了"Post-Kaskaskia"古岩溶,在北美表现为石炭系地层分成密西西比组(早)和宾夕法尼亚组(晚),在美国西部古岩溶本身出露最好,尤其是在南达科他的Jewel洞和Wind热液洞穴出露最好,这些洞穴的上层部分溶洞至少剥蚀到"Post-Kaskaskia"古岩溶或者使古岩溶重新复活。

3 可溶岩溶解:化学和反应动力学特性

3.1 概述

当岩石溶解时,它所含的各种矿物(或者是部分矿物)就会分解到溶液中形成单个的离子或者分子。因此,溶解性研究是针对特定的矿物而不是岩石。本章着重研究矿物的溶解度。因为主要可溶岩几乎全是纯的单矿物聚集体,所以方解石和灰岩的溶解度没有什么差别。

当矿物中所有成分一起完全溶解时,这种溶解称为谐溶。表 3-1 列举出一系列谐溶矿物的溶解反应及溶解度。当部分成分溶解时,称之为不谐溶。铝矽酸盐矿物就是不谐溶的最好例子,其在水中溶解反应生成 Na^+、Ka^+、HCO_3^- 等离子,但是大多数原子仍保留在高岭石、蛭石、蒙脱石这样的固体物质中。白云岩的不谐溶问题(伴随出现方解石沉淀)将在后节详述。

表 3-1 在 25℃,压强为 10^5 Pa 下,代表性矿物在水中谐溶时的溶解反应化学式与溶解度
(据 Freeze,Cherry,1979,修正)

矿物	溶解反应	溶解度 (mg·L^{-1})	水中丰度范围 (mg·L^{-1})
三水铝石	$Al(OH)_3 + H_2O \longrightarrow 2Al^{3+} + 6OH^-$	0.001	痕量
石英	$SiO_2 + H_2O \longrightarrow H_4SiO_4$	12	1~12
无定形硅	$SiO_2 + H_2O \longrightarrow H_4SiO_4$	120	1~65
方解石	$CaCO_3 + H_2O + CO_2 \rightleftharpoons Ca^{2+} + 2HCO_3^-$	60*,400#	10~350
白云石	$CaMg(CO_3)_2 + 2H_2O + 2CO_2 \rightleftharpoons Ca^{2+} + Mg^{2+} + 4HCO_3^-$	50*,300#	10~300
石膏	$CaSO_4 \cdot 2H_2O \longrightarrow Ca^{2+} + SO_4^{2-} + 2H_2O$	2 400	0~1 500
钾盐	$KCl + H_2O \longrightarrow K^+ + Cl^- + H^+ + OH^-$	264 000	0~10 000
芒硝	$NaSO_4 \cdot 10H_2O + H_2O \longrightarrow Na^+ + SO_4^{2-} + H^+ + OH^-$	280 000	0~10 000
石盐	$NaCl + H_2O \longrightarrow Na^+ + Cl^- + H^+ + OH^-$	360 000	0~10 000

注:* $P_{CO_2} = 100$ Pa,# $P_{CO_2} = 10^4$ Pa。

表 3-1 中给出的谐溶矿物包含地壳岩石中除 Fe 以外的其他所有常见元素,并提供了大部分无机物溶解的形式。可以看出溶解度的跨度是非常大的。铝土矿在任何情况下都不能溶解;即使是在地球表面最有利的环境中,明显溶解破坏之前,先发生物理作用,使岩石解体,然后以胶体状或颗粒状被搬运至其他地方。盐岩(石盐)非常易溶解,除了干旱地区外,在其他地方出露时就很快被破坏,互层岩溶作用中,它扮演着很重要的角色。在地表很少见到钾盐和芒硝,而且从不形成大块,在洞穴矿物中有时可见到(见 8.4 节)。石膏在地表露头中常见,由于其溶解度相对较大,所以其能很快形成岩溶地貌。

灰岩和白云岩出露广泛,其最大溶解度因环境不同而不同,但都远小于石膏。石英岩和石英砂岩也同样大范围出露,就其在水中的溶解度和一般的溶质丰度而言,其与碳酸盐岩岩石的溶解度有时相同。然而,通常认为硅质岩是不可溶岩。这就引出一个问题,要发育成为岩溶,岩石溶解度的下限是多少。尽管大多数岩溶专家不认可,实际上岩石溶解度有一个过渡范围。第1章中所定义的各种岩溶形态在硅质岩中均有发育,在特定的溶解度很小的矿物构成的岩石中也会发育小型岩溶形态。然而,在全球范围内,很少会考虑硅质岩形成的岩溶地貌,且认为不重要。在砂岩中取水样,大多数样品中 SiO_2 的浓度不到 $30 mg \cdot L^{-1}$,而在碳酸盐岩地区水样中方解石的浓度大多大于 $40 mg \cdot L^{-1}$。因此在碳酸盐岩地区岩溶很发育。

表3-2列出水的基本化学分类。大陆上的水的溶解能力强于海水是很少见的,有这种现象时则大部分存在于蒸发量大的湖水中或长期赋存于盆地深部的地下水中(通过钻深孔可以取出)。在大部分的石膏岩溶中,$CaSO_4$ 浓度很少能达到 $2\,000 mg \cdot L^{-1}$。在碳酸盐岩地区,当溶解性总固体(TDS)浓度超过 $450 mg \cdot L^{-1}$ 时,该地区的硫酸盐或者氯化物和硝酸盐(当水质被污染时)较为丰富。大部分岩溶水中仅含有几十或者几百毫克每升的溶解固体。因此,从化学上讲,它们都是很稀的溶液。

表3-2 水的化学分类

类型	溶解性总固体($mg \cdot L^{-1}$)
软水	<60
硬水	>120
半咸水	1 000~10 000
盐水	10 000~100 000
(海水)	(35 000)
卤水	>100 000
适合人类饮用的水	<1 000 或 <2 000*
适合家畜饮用的水	<5 000

注:饮用水中的溶解性总固体假定只有重碳酸盐、硫酸盐和氯化物及其在本章中所提及的相关矿物;* 表示在两个极值范围内变化。

3.1.1 浓度单位的定义

在工程与地貌学的相关文献中,水样中溶解固体的浓度通常记为毫克每升。按照重量,相当于每百万单位的溶液中含有若干单位的溶质,也等价于克每立方米。

在国际单位制中,水溶液中的离子表达为摩尔单位(物质的量浓度)。一种溶液中含有 1mol 的钙(原子量为 40.08)意味着 1L 溶液中包含 40.08g 钙。在自然水溶液系统中,这是个很大的单位。因此,对于小数点后面有许多零的浓度通常记为毫摩尔每升($mmol \cdot L^{-1}$ 或 mM),甚至微摩尔每升($\mu mol \cdot L^{-1}$)。与 $mg \cdot L^{-1}$ 的换算关系:

$$mol \cdot L^{-1} = \frac{mg \cdot L^{-1}}{1\,000 \cdot A}$$

A 表示原子或分子量。因为 1mmol 的 $CaCO_3$ 分子量等于 100.1mg,$1mmol \cdot L^{-1}$ 的 Ca^{2+} 相当于溶解了 $100.1 mg \cdot L^{-1}$ 的 $CaCO_3$。

化学反应都是以相当的单位来计算的,从而使正负离子电荷数守恒:单位是 $eq \cdot L^{-1}$,$meq \cdot L^{-1}$ 和 $\mu eq \cdot L^{-1}$。

$$\text{meq} \cdot \text{L}^{-1} = \frac{\text{mg} \cdot \text{L}^{-1}}{1\,000 \cdot E}$$

E 相当于原子量或分子量除以电荷;如果离子只带一个电荷(如 Na^+、K^+、Cl^-),则 $E=A$。对于带有 2 个电荷的离子(如 Ca^{2+}、SO_4^{2-}),其等于分子量除以 2。表 3-3 给出了将 $\text{mmol} \cdot \text{L}^{-1}$ 和 $\text{meq} \cdot \text{L}^{-1}$(化学家常用的单位)转化为 $\text{mg} \cdot \text{L}^{-1}$ 的系数。

表 3-3 岩溶水中常见离子和分子的分子量及等效重量

分子式	分子量	等效重量
Ca^{2+}	40.08	20.04
Cl^-	35.46	35.46
CO_3^{2-}	60.01	30.00
F^-	19.00	19.00
Fe^{2+}	55.85	27.93
Fe^{3+}	55.85	18.62
HCO_3^-	61.02	61.02
K^+	39.1	39.1
Mg^{2+}	24.32	12.16
Na^+	22.99	22.99
NH_4^+	18.04	18.04
NO_3^-	62.01	62.01
PO_4^{3-}	94.98	31.66
SO_4^{2-}	96.06	48.03

$CaCO_3$ 浓度有 $\text{mg} \cdot \text{L}^{-1}$ 表示 Ca^{2+} 或者 $\text{mg} \cdot \text{L}^{-1}$ 表示 $CaCO_3$。总硬度(溶解的阴离子为重碳酸根、碳酸根、硫酸根、氯离子等的钙盐和镁盐)可以表示为 $\text{mmol} \cdot \text{L}^{-1}$、$\text{meq} \cdot \text{L}^{-1}$、$\text{mg} \cdot \text{L}^{-1}$ 的 $CaCO_3$,或者是使用国家单位。一个单位的"英国硬度"等于 $14.3\text{mg} \cdot \text{L}^{-1} CaCO_3$,一个单位的"法国硬度"等于 $10.0\text{mg} \cdot \text{L}^{-1} CaCO_3$,而一个单位的"德国硬度"等于 $17.8\text{mg} \cdot \text{L}^{-1} CaCO_3$(Krawczyk,1996)。例如一种溶液中含有 $250\text{mg} \cdot \text{L}^{-1} CaCO_3$。那么这种溶液含有:

$100\text{mg} \cdot \text{L}^{-1} Ca^{2+} = 2.5\text{mmol} \cdot \text{L}^{-1}$ 或 $10^{-2.60} \text{mol} \cdot \text{L}^{-1}$

$150\text{mg} \cdot \text{L}^{-1} CO_3^{2-} = 2.5\text{mmol} \cdot \text{L}^{-1}$ 或 $10^{-2.60} \text{mol} \cdot \text{L}^{-1}$

离子强度 I 定义为水中所有离子的摩尔浓度与其所带电荷数平方的乘积之和:

$$I = \frac{1}{2} \sum m_i z_i^2$$

式中,m_i 为离子 i 的摩尔浓度;z_i 为离子 i 所带的电荷数。在大多数岩溶水中,只有 7 种成分的浓度比较显著:

$I = \frac{1}{2}([Na^+]+[K^+]+4[Ca^{2+}]+4[Mg^{2+}]+[HCO_3^-]+[Cl^-]+4[SO_4^{2-}]+[NO_3^-])$

在灰岩和白云岩地区,Na^+、K^+、Cl^-、SO_4^{2-} 和 NO_3^- 的浓度通常很低,因此也同样可以忽略。不过这需要通过测定来证实,而不是假定的。

根据经验,一般咸水的离子强度约为 0.1,淡水的离子强度大于 0.01。

3.1.2 负对数的应用

因为岩溶水浓度通常很低,所以数量值特别小而不方便计算。为了减少因小数点引起的计算错误,通常使用负对数进行计算。

负对数的符号是一个小写字母 p,引用上文中举的例子,$100\text{mg} \cdot \text{L}^{-1}\text{Ca}^{2+} = 0.0025\text{mol} \cdot \text{L}^{-1}$。即 $\lg 10^{-2.6} = -2.6$,因此 $p\text{Ca}^{2+} = 2.6$。

3.1.3 参考书籍

在本书中,我们使用热力学平衡方法和饱和指数来测定矿物的溶解问题。这是一种综合性的研究方法。岩溶泉水取样后,利用这种方法就可以分析地表水进入地下之前到以岩溶泉排泄的全过程中地下水水化学变化的信息。研究结果的精度取决于pH值测定的精度,但过去在野外很难测定。因此,许多岩溶工作者常用定量分析方法而不常用热力学平衡的方法。这样研究深度不够,但不易出错。

"经典"的教科书是 Garrels 和 Christ(1965)编著的《溶液、矿物和平衡》一书。后期学者沿用了这些作者的格式和习惯。Stumm 和 Morgan(1996)对水化学研究进行了全面总结,并编著《水化学》(第三版)。另外还有 Dreybrodt(1988)、Appelo 和 Postma(1994)、Langmuir(1996)、Berner 和 Berner(1996)、Bland 和 Rolls(1998)、Domenico 和 Schwartz(1998)等在这方面也做了大量的工作。

3.2 水溶液和化学平衡

3.2.1 物质的形成、分解、水化和质量作用定律

除了固液接触面上发生溶解与沉淀外,岩溶研究还要考虑水中形成的物质,以及溶质离子和分子结合或者分裂,或者气液相变过程。近年来,氧化还原反应越来越受到关注,这种化学反应也就是各物质分别获得或者失去电子的过程,这部分内容将在后面进行讨论。

因为水具有极性,所以其本身就是一种很有效的导体。与水接触后,固相阴阳离子键消弱,正常的热运动足以使一些离子分离进入水溶液。如石盐:

$$\text{NaCl} \xrightleftharpoons{\text{H}_2\text{O}} \text{Na}^+ + \text{Cl}^- \tag{3-1}$$

这里的 $\xrightleftharpoons{\text{H}_2\text{O}}$ 指"在水的作用下",溶液中这种简单的过程称为电离。它很好地描述了岩盐和石膏的电离过程。

更为复杂的溶解就是部分或者全部阴阳离子的电荷中和过程,当电荷不平衡时,就需要进一步电离(或者相当于逆析出反应)来恢复平衡。

纯净水本身也会发生电离:

$$\text{H}_2\text{O} \xrightleftharpoons{\text{H}_2\text{O}} \text{H}^+ + \text{OH}^- \tag{3-2}$$

CaCO_3 的电离程度比较小,但是当自由的 H^+ 离子接近固体时,可写出反应过程如下:

$$\text{CaCO}_3 \rightleftharpoons \text{Ca}^{2+} + \text{CO}_3^{2-} \tag{3-3}$$

$$\text{Ca}^{2+} + \text{CO}_3^{2-} + \text{H}^+ \rightleftharpoons \text{Ca}^{2+} + \text{HCO}_3^- \tag{3-4}$$

CO_3^{2-} 离子逐渐被水化。除非 OH^- 出现在这些固液接触面上,且距离不超过几纳米时,电荷就不

平衡了,然后需要进一步的电离出 CO_3^{2-} 去恢复平衡。这就是酸的电离过程。它决定着碳酸盐矿物的溶解。

这些反应的正反应速率与反应物的浓度成正比。生成物的浓度会不断增加,直到正反应速率与逆反应速率相等。这时,系统就在给定的物理条件下(温度、压强),达到了一个动态的平衡。系统中任何条件的改变都可以导致各种反应物和生成物浓度发生变化直至达到新的平衡。

质量作用定律,可以写成:

$$aA+bB \rightleftharpoons cC+dD \quad (3-5)$$

bB 等于 b 摩尔(或毫摩尔)乘以反应物 B,dD 等于 d 摩尔(或毫摩尔)乘以生成物 D。在动态平衡时,这种关系就成了:

$$K_{eq}=\frac{[C]^c[D]^d}{[A]^a[B]^b} \quad (3-6)$$

式中,K_{eq} 是一个系数,称为热力学平衡常数(有学者称之为溶度积,或是稳定性常数,或是电离常数)。例如:

$$H_2O \quad \frac{[H^+][OH^-]}{[H_2O]}=K_w \quad (3-7)$$

按照惯例,水的浓度被定为1,因此等式(3-7)可以简写成:

$$K_w=[H^+] \cdot [OH^-] \quad (3-8)$$

K_w 是水的热力学平衡常数或者离子积常数,其在 25℃、10^5 Pa 的条件下,为 10^{-14};而在 0℃时,则为 $10^{-14.9}$。

当生成物的势能低于反应物的势能时,这些反应会自发进行。两者势能之差为反应的吉布斯自由能,其取决于热力学平衡常数,即:

$$\Delta G^\circ = -2.303 \cdot RT \cdot \lg K \quad (3-9)$$

式中,R 是气体常数,值为 8.313 J·mol^{-1}·K^{-1};T 是系统的热力学温标。

处于最低吉布斯自由能的生成物是最稳定的。在地表的温度和压强下经常能发现有很多物质处于亚稳定状态,尽管这个状态可能持续很久。图 3-1 描绘了这个概念。

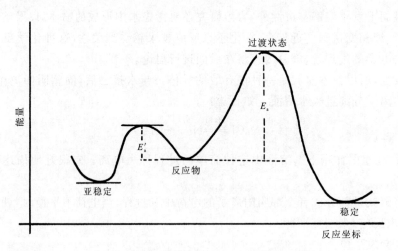

图 3-1 化学反应过程中能量变化概念模型

反应物必须克服活化能才能产生生成物。有些例子中,生成亚稳定状态的物质比生成稳定的物质所要克服的活化能 E_a' 小。在岩溶研究中,最重要的亚稳定状态的例子就是文石:在各种不同的实验中表明,其转化为方解石所要克服的活化能介于 184~444 kJ·mol^{-1} 之间。在低温低压下,文石在被转化成方解石前可以存在数百万年;而在 360℃时,仅 16 小时(White,1997a)就全部被转化了。另一个极端例子是碳酸分子($H_2CO_3^0$，由 H_2O+CO_2 形成，下文将会讨论)，仅只能存在几分之一秒便被转化成 H^+ 和 HCO_3^-。在 Stumm 和 Morgan(1996)及本书所引用的其他文献资料中对吉布斯自由能概念作了完整的论述，也对岩溶研究中重要化合物进行了论述。

3.2.2 活度

含有离子的水是一种弱电解质。溶液中，一些具有相反电荷的离子会组合在一起形成带较少电荷或者零电荷的离子对。因此，对于一种给定的物质(比如 Ca^{2+})，溶液中具有潜在反应活性离子摩尔数总是要比溶液中离子的摩尔总和稍微少一些。潜在反应(自由)离子所占的比例通常表示为物质的"活度"。当离子强度(I)从 0 增加到 0.1 时，活度降低。这反应离子结合在一起的机会增加了。对于许多物质而言，当离子强度(I)在 0.1~1.0 之间时，活度又会重新增强。

确定活度对正确计算溶质平衡状态至关重要。在大多数文献里，活度通常表示为"a"。使用标准小括号()来表示物质的活度；方括号[ ]表示该物质的物质的量浓度，而{ }则表示质量摩尔浓度。

活度系数 γ 定义为：

$$\gamma_i = \frac{(a_i)}{[c_i]} \tag{3-10}$$

式中，c 为浓度，$\gamma_i \to 1$ 当 $c_i \to 0$。

图 3-2 列举了大多数岩溶中常见的溶解物质的活度系数的近似值。通常不直接从图中读取，而是运用德拜-休克尔极限公式通过大量的计算得出溶解物质的平衡状态。这个标准方程的扩展形式对于研究普通岩溶水的结果是令人满意的。Plummer 和 Busenberg(1996)给出的下列公式可达到更高的精度要求。

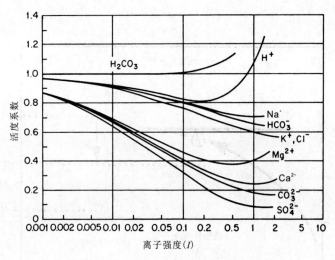

图 3-2 岩溶水中普通组分的活度系数和离子强度(引自 Freeze,Cherry,1979)

当 $I<0.1$，标准形式是：

$$\lg\gamma_i = \frac{-Az_i^2 \cdot (I)^{\frac{1}{2}}}{1+B \cdot r_i \cdot (I)^{\frac{1}{2}}} \tag{3-11}$$

式中，z 为离子的化学价；A 和 B 为有关温度和压力的常数($A=0.4883+8.074\times10^{-4}\times T$；$B=0.3241+1.6\times10^{-4}\times T$，$T$ 的单位为℃)；r_i 为第 i 个离子的水化半径。表 3-4 中给出了相关的离子半径。

表 3-4 岩溶水中最常见离子的半径

离子	r_i ($\times 10^{-8}$ m)
NH_4^+	2.5
K^+, Cl^-, NO_3^-	3.0
OH^-, HS^-	3.5
Na^+, HCO_3^-	4.0~4.5
CO_3^{2-}	4.5
Sr^{2+}, Ba^{2+}, S^{2-}	5.0
Ca^{2+}, Fe^{2+}, Mn^{2+}	6.0
Mg^{2+}	8.0
H^+, Al^{3+}, Fe^{3+}	9.0

当 $0.1 < I < 0.5$ 时, Stumm 和 Morgan(1996)推荐使用 Davies 的变种方程式(1962):

$$\lg\gamma_i = -Az_i^2\left[\frac{(I)^{\frac{1}{2}}}{1+(I)^{\frac{1}{2}}} - 0.21\right] \quad (3-12)$$

对于更浓的溶液(如盐水),则通常用 Pitzer 公式来代替(Nordstrom, 2004)。

3.2.3 饱和指数

含有某种给定矿物的溶液将会处在以下 3 种状态中的一种:

(1)正反应占主导,矿物溶解,这种溶液称为该矿物的"不饱和溶液"或对矿物具有侵蚀性。

(2)处于动态平衡状态时,溶液对于该矿物来说是"饱和的"。

(3)逆反应占主导时,可能会析出矿物,这时溶液称为"过饱和"。

很少有水样正处在平衡状态。饱和指数用以测定物质偏离饱和状态的程度,即不饱和或过饱和程度。测得的离子活度积与电离常数进行比较。饱和指数(SI)的标准形式即为(Langmuir,1971):

$$SI = \lg K_{IAP}/K_{eq} \quad (3-13)$$

K_{IAP} 为离子活度积,如果溶液处于平衡状态,该值就为 0,不饱和溶液为负值(图 3-3)。偶尔也使用另外一种指数,饱和比(SR),这是一种简单的非对数形式,当平衡时,SR 的值为 1.0。我们主张使用 SI,因为结果更方便比较。

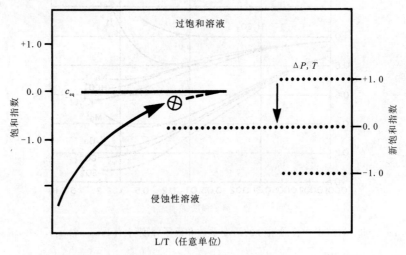

图 3-3 水样 X 从非饱和向饱和的平衡状态变化路线,c_{eq} 为饱和溶液的浓度,其 SI=0.0,边界条件的改变将会改变 SI 的范围

图 3-3 说明了最重要的一点是岩溶研究中常见的物质,当温度等边界条件一定时,系统接近动态平衡时(SI=0.0),饱和指数无限接近于 0。理想的平衡状态是很难或者不可能达到的,地下水流经岩石的时间较长或流经的距离较长时,在溶液中就会反映出特定离子的浓度会变大。在岩溶中,几乎所有过饱和水都能证明边界条件发生过重大的变化。图 3-3 中用 ΔP 和 T 反映条件的改变。

3.3 硬石膏、石膏和盐的溶解

硬石膏可以直接溶解在水中。但在野外环境下,它通常先吸水成为石膏,然后溶解在水里。

$$CaSO_4 \cdot 2H_2O \rightleftharpoons Ca^{2+} + SO_4^{2-} + 2H_2O \qquad (3-14)$$

固体、石膏和水都有个统一值。因此,平衡常数为:

$$K_g = \frac{[Ca^{2+}][SO_4^{2-}]}{[CaSO_4]_s} \qquad (3-15)$$

K_g 为石膏的平衡常数,在 25℃时为 $10^{-4.61}$,在 0℃时降到了 $10^{-4.65}$。同样石盐的表达式为:

$$K_h = \frac{[Na^+][Cl^-]}{[NaCl]} \qquad (3-16)$$

$$K_h = [Na^+] \cdot [Cl^-]$$

K_h 在 25℃时为 $10^{-1.52}$,在 0℃时降到了 $10^{-1.58}$。

石膏的饱和指数表达式为:

$$SI_g = \lg \frac{(Ca^{2+})(SO_4^{2-})}{K_g} \qquad (3-17)$$

或

$$SI_g = \lg(Ca^{2+}) + \lg(SO_4^{2-}) + pK_g \qquad (3-18)$$

岩盐的表达形式也是一样的,尽管它的溶解度非常大,甚至大多数情况下岩盐水溶液具有强的腐蚀性,盐的指数对岩溶研究来说价值不大。

环境对石膏和石盐溶解的速率和数量的控制可能归纳得很简单,和其他大多数的电离反应一样,与压力和温度成正相关。尽管,压力的改变对反应的影响可以忽略,即使是地下水循环到几千米深的地方。温度对它的影响也大致如此,大气水温度在地表环境中变化一般为 0~30℃,这对岩盐溶解的影响基本上可以忽略,而对于石膏(图 3-4),随着温度的升高,它的溶解度增长近 20%。但对形成和发育岩溶地貌来说,这并没有被证明是一个很大的增长。关于热混合作用见 Cigna(1986)的有关文献。溶解速率和浓度主要由与这些矿物接触的水量控制,在小范围内则由水的补给方式决定,即如层流、紊流或者雨水和浪花的冲击。

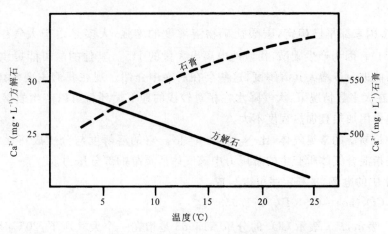

图 3-4 在标准大气压下,从 2℃到 25℃,方解石和石膏在水中的溶解度

3.4 二氧化硅的溶解

纯的二氧化硅，如致密结晶物(alpha)石英(相对密度为 2.65)，具有很好的防水性，但其确实能水解形成硅酸，见下面化学反应：

$$SiO_2(石英) + 2H_2O \longrightarrow H_4SiO_4(aq); K_q = 1.1 \times 10^{-4} \tag{3-19}$$

也可用 $Si(OH)_4(aq)$ 替代，硅酸晶体结构看起来由 4 个 OH 离子被硅原子吸引在四周。它不是特别容易起反应。在标准温度下，石英的溶解度仅为 $6 \sim 10 mg \cdot L^{-1}$，而随着水温的增加它的溶解度也迅速地增大(如 100℃时，其溶解度约为 $60 mg \cdot L^{-1}$)。

如果在碱性十分强的条件下(pH>9.0)，硅酸可分 4 次电离(4 步)，直到所有的 H^+ 都被拆分出，如：

$$H_4SiO_4 \longrightarrow H_3SiO_4^- + H^+; K_1 = 10^{-9.7} \tag{3-20}$$

$$H_3SiO_4^- \longrightarrow H_2SiO_4^{2-} + H^+; K_2 = 10^{-13.3} \tag{3-21}$$

大大地增加了石英溶解的量。然而，石英和硅质砂岩地区一般不会有如此强的碱性条件，一般略显酸性。

如果 pH 值降低，例如由于 CO_2 加入到水中后(下一节会进行讨论)，二氧化硅的溶解度就可能会降低，无定形(或水合的)硅的($SiO_2 \cdot nH_2O$)就会析出。这在许多干燥的土壤中很常见，水分慢慢地被分离出并形成蛋白石，比石英的结构松(蛋白石的密度为 2.1)。无定形硅易溶($K=10^{-2.7}$)，在一般岩溶水中，其溶解度大于 $100 mg \cdot L^{-1}$，而在强碱性或者热水中，浓度会超过 $300 mg \cdot L^{-1}$。

3.5 重碳酸盐平衡和碳酸盐岩在普通大气水中的溶解

3.5.1 重碳酸水

方解石和白云石在纯的去离子水中溶解度很低，在 25℃时，它的溶解度仅为 $14 mg \cdot L^{-1}$。比石英的溶解度高不了多少。

通过调查，很多国家都早已确定，碳酸盐矿物溶解度的增强，大多是由于大气中 CO_2 水化的缘故(Roques，1962，1964)。因为产生碳酸，相应地电离出大量的 H^+。其他的酸可能提供更多的 H^+，而且其他复杂的作用可能进一步增大其溶解度，这些会在后文中介绍。现在我们主要考虑大气中和土壤气体中 CO_2 的作用，在大多数情况下，大气降水在相对较浅的地下循环就可以产生岩溶地貌，而这些大气降水还没有被地热作用加热且加热程度不大。

CO_2 是大气中最易溶的常见气体，比 N_2 易溶 64 倍。它的溶解度与分压成正比(亨利定律)，与温度成反比。分压是指混合气体所产生的总压力中该气体所贡献的部分压力。

对于 CO_2 在水中的电离，亨利定律可以写成：

$$CO_2(aq) = C_{ab} \times P_{CO_2} \times 1.963 \tag{3-22}$$

CO_2 用 $g \cdot L^{-1}$ 表示，P_{CO_2} 表示 CO_2 的分压。1.963 是指在一个大气压下，20℃时每升 CO_2 的质量(单位为 g)。C_{ab} 是指与温度相关的吸收系数(表 3-5)。

在标准大气压下，CO_2 的分压在海平面处的平均值约为 0.038% 或者 0.000 38 个大气压(380×10^{-6})或略高。这相当于每升空气中约含 0.6mg 的 CO_2。随着海拔的升高，CO_2 的分压有非常轻微的减小,例如,张(1997)测得在青藏高原海拔 5 000m 处其仅为$(120\sim150)\times10^{-6}$大气压,而在海拔 4 000m 处增加至$(200\sim300)\times10^{-6}$大气压。在森林中(被吸收)和新鲜的雪上空也可能会减小一些。然而,这些减小带来的影响微乎其微。

最重要的是由于植物根系地区有机物的释放,导致土壤中 CO_2 分压增大。原则上,在那里 CO_2 可以完全代替 O_2 存在,即 CO_2 分压增加到 21%。后面章节会详细讨论土壤 CO_2。

表 3-5 CO_2 的溶解度(引自 Bögli,1980)

(a)CO_2 的吸收系数				
温度(℃)	0	10	20	30
C_{ab}吸收系数	1.713	1.194	0.878	0.665

(b)CO_2 的平衡溶解度($mg \cdot L^{-1}$)				
P_{CO_2}(atm)	温度(℃)			
	0	10	20	30
0.000 3	1.01	0.7	0.52	0.39
0.001	3.36	2.34	1.72	1.31
0.003	10.10	7.01	5.21	3.88
0.01	33.6	23.5	17.2	13.1
0.05	168	117	86	65.3
0.10	336	235	172	131
0.20	673	469	342	261

注:1atm=101.325kPa。

二氧化碳的作用如图 3-5 所示。溶解和随之而来的电离如下:

$$CO_2(g) \rightleftharpoons CO_2(aq) \tag{3-23}$$

$$CO_2(aq) + H_2O \rightleftharpoons H_2CO_3^0(碳酸) \tag{3-24}$$

碳酸电离得很迅速,然而,这些反应通常被合并为一个平衡表达式:

$$K_{CO_2} = \frac{H_2CO_3^0}{P_{CO_2}} \tag{3-25}$$

碳酸电离

$$H_2CO_3^0 \rightleftharpoons H^+ + HCO_3^- \tag{3-26}$$

第一级电离常数:

$$K_1 = \frac{[HCO_3^-][H^+]}{[H_2CO_3^0]} \tag{3-27}$$

重碳酸离子可以接着电离成碳酸:

$$HCO_3^- \rightleftharpoons H^+ + CO_3^{2-} \tag{3-28}$$

第二级电离常数是

$$K_2 = \frac{[H^+][CO_3^{2-}]}{[HCO_3^-]} \tag{3-29}$$

暴露在大气中的所有普通淡水都将包含这些溶解的无机碳物质(DIC),无论流域中是否有碳酸盐岩。

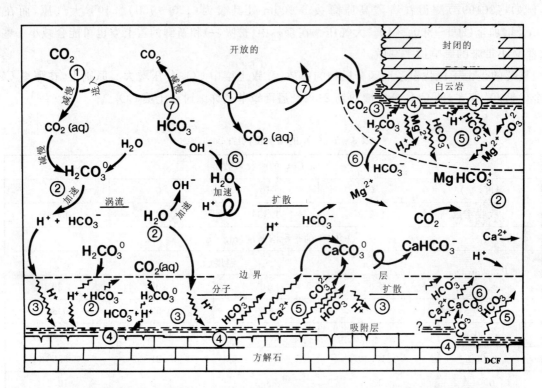

图 3-5 该示意图描绘了溶解物质,以及在开放和封闭条件下,方解石和白云岩溶解所涉及的反应的相对速率。与岩石接触的分子扩散边界层和吸附亚层都非常地薄,在 3.10 节中将详细地解释它们的意义

3.5.2 方解石和白云岩的溶解

在灰岩和白云岩地区水的 pH 值一般介于 6.5~8.9 之间。在这个范围内,HCO_3^- 是占主导地位的物质,而 CO_3^{2-}(aq)在 pH 值低于 8.3 时就显得微不足道了。因此,把方程(3-27)改写成它的逆方程更合适。这就需要引进矿物质:

$$CaCO_3(s) \longrightarrow Ca^{2+} + CO_3^{2-} \tag{3-30}$$

$CaCO_3$ 是固体方解石:

$$K_{方解石或文石} = [Ca^{2+}][CO_3^{2-}] \tag{3-31}$$

则,

$$CaCO_3(s) + H^+ \rightleftharpoons Ca^{2+} + HCO_3^- \tag{3-32}$$

Plummer 等(1978)的室内试验认为方解石溶解是由 3 个步骤加起来的,反应式(3-32)加上与之直接反应的碳酸:

$$CaCO_3(s) + H_2CO_3(aq) \rightleftharpoons Ca^{2+} + 2HCO_3^- \tag{3-33}$$

和在水中的电离(双倍电离):

$$CaCO_3(s) + H_2O \rightleftharpoons Ca^{2+} + HCO_3^- + OH^- \tag{3-34}$$

整个序列的反应往往被归纳为:

$$CaCO_3 + CO_2 + H_2O \rightleftharpoons Ca^{2+} + 2HCO_3^- \tag{3-35}$$

对于白云岩,电离反应就是:

$$CaMg(CO_3)_2 \rightleftharpoons Ca^{2+} + Mg^{2+} + 2CO_3^{2-} \tag{3-36}$$

溶解常数为:

$$K_d = \frac{[Ca^{2+}][Mg^{2+}][CO_3^{2-}]^2}{[CaMg(CO_3)_2]} \tag{3-37}$$

总结为：

$$CaMg(CO_3)_2 + 2CO_2 + 2H_2O \rightleftharpoons Ca^{2+} + Mg^{2+} + 4HCO_3^- \tag{3-38}$$

在一定温度范围内，这些反应的平衡常数在表 3-6 中给出。

表 3-6 在 1 个大气压、不同温度时碳酸盐溶液、石膏和石盐的平衡常数

[据 Garrels 和 Christ(1965)，Langmuir(1971)，Plummer 和 Busenberg(1982)归纳]

温度(℃)	pK_{CO_2}	pK_1	pK_2	$pK_{方解石}$	$pK_{文石}$	$pK_{白云石}$	$pK_{石膏}$	$pK_{石盐}$
0	1.12	6.58	10.63	8.38	8.22	16.56	4.65	1.52
5	1.19	6.52	10.56	8.39	8.24	16.63	—	—
10	1.27	6.46	10.49	8.41	8.26*	16.71		
15	1.34	6.42	10.43	8.42	8.28	16.49		
20	1.41	6.38	10.38	8.45	8.31	16.89		
25	1.47	6.35	10.33	8.49	8.34	17.0	4.61	1.58
30	1.52	6.33	10.29	8.52*	8.37*	17.9		
50	1.72	6.29	10.17	8.66	8.54*			
70	1.85	6.32*	10.15	8.85*	8.73*			
90	1.92*	6.38*	10.14	9.36	9.02			
100	1.97	6.42	10.14	—	—			

注：$pK_1 = 356.3094 + 0.06091964T - 21834.37/T + 126.8339\lg T + 1684915/T^2$。

$pK_2 = 107.8871 + 0.03252849T - 5151.79/T - 38.92561\lg T + 563713.9/T^2$。

$pK_c = 171.9065 + 0.077993T - 2839.319/T - 71.595\lg T$。

在 25℃，$\lg K_{CaHCO_3^-} = 1.11$，$\lg K_{MgHCO_3^-} = -0.95$℃，$\lg K_{CaCO_3^0} = 3.22$。

当单独考虑方解石或者文石时（如果先不考虑图 3-5 中出现的 $CaHCO_3^+$ 和 $CaCO_3^0$），水中包含 6 种溶解物质：Ca^{2+}、H^+、$H_2CO_3^0$、CO_3^{2-}、HCO_3^-、OH^-，这些在方程(3-2)、(3-22)、(3-27)、(3-29)和(3-31)中都被定义了。在一定条件下，当平衡时，再增加一个方程通过求解便可计算出这些物质的摩尔数。增加的方程主要是为了使电荷平衡：

$$m_i z_i (阳离子) = m_i z_i (阴离子) \tag{3-39}$$

对于碳酸钙溶液，方程为：

$$2m_{Ca^{2+}} + 2m_{H^+} = 2m_{CO_3^{2-}} + m_{HCO_3^-} + m_{OH^-} \tag{3-40}$$

一个更全面的电荷守恒方程（几乎任何岩溶地区的自然水溶液都适用）：

$$2m_{Ca^{2+}} + 2m_{Mg^{2+}} + m_{Na^+} + m_{K^+} + 2m_{H^+}$$
$$= 2m_{CO_3^{2-}} + 2m_{SO_4^{2-}} + m_{HCO_3^-} + m_{Cl^-} + m_{NO_3^-} + m_{OH^-} \tag{3-41}$$

通过迭代逼近法获得方程的解。图 3-6 中列出了 6 种物质在开放系统中和在封闭系统（下面章节将给出定义）中的近似解。

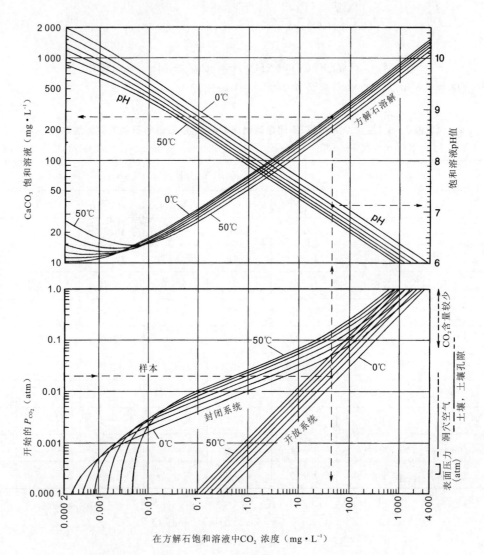

图 3-6 在开放系统和封闭系统下以及不同二氧化碳分压下,水中方解石溶解的饱和指数变化图(据 Palmer,1984)

3.5.3 饱和指数

方解石的饱和指数表达式为:

$$SI_c = \lg \frac{(Ca^{2+})(CO_3^{2-})}{K_c} \tag{3-42}$$

文石也是同样的。在 pH 值低于 8.4 时,CO_3^{2-} 含量是非常少的,其并不好被测定;因此可替换成这样的形式:

$$SI_c = \lg \frac{(Ca^{2+})(HCO_3^-)K_2}{(H^+)(K_c)} \tag{3-43}$$

或者

$$SI_c = \lg(Ca^{2+}) + \lg(HCO_3^-) + pH - pK_2 + pK_c \tag{3-44}$$

对于白云岩,饱和指数则为:

$$SI_d = \lg(Ca^{2+}) + \lg(Mg^{2+}) + 2\lg(HCO_3^-) + 2pH - 2pK_2 + pK_d \tag{3-45}$$

对于一个可能达到平衡的水样来说，P_{CO_2}是一个非常重要的参数（因为能揭示很多关于岩溶水的起源或者历史的信息）。可以表达为：

$$P_{CO_2} = \frac{(HCO_3^-)(H^+)}{K_1 \cdot K_{CO_2}} \tag{3-46}$$

或者

$$\lg P_{CO_2} = \lg(HCO_3^-) - pH + pK_{CO_2} + pK_1 \tag{3-47}$$

图 3-7 中举了一个很好的例子，用 SI_c 与 P_{CO_2} 指数解释了寒冷地区灰岩地表和地下水化学地质特性在岩溶发育期内的变化。

3.5.4 土壤二氧化碳

在全球范围内，毫无疑问土壤 CO_2 是使碳酸盐岩岩石溶解度增大的最大因素。一般土壤中的孔隙率大于 40%，但是有一部分被结合水占据。在黏土中可供气体储藏和流通的容积为 17%，在砂土中为 31%（Drake，1984）。土壤中产生的气体会积累起来，因为颗粒间通道的摩擦系数高而且曲折，使得快速传播途径变得缓慢。

绿色植物通过气孔呼出了地面大气中近 40% 的 CO_2，植物的根是 CO_2 的泵。然而，更多的 CO_2 被土壤生物呼出，微动物和微植物，主要是细菌、放线菌和真菌。在植物根系区或其上的区域，土壤生物的密度相当大，通过它们，气体就被扩散到地面（氧气就扩散进来了）和土壤中及土壤下面的地层中。

植物的根和土壤细菌产生 CO_2 的速率随温度的升高而增大。对于不同的物种，最合适的温度从 20℃到 65℃不等（Miotke，1974）。在近期中国南方亚热带岩溶地区的研究中，例如袁道先于 2001 年测得地下 50cm 处（根部的中心地带），CO_2 的月平均产量在干旱、寒冷的冬天约为 500×10^{-6}，而在季风雨的鼎盛期，6、7、8 月份则为 $(26\,000 \sim 40\,000) \times 10^{-6}$（$P_{CO_2} = 2.6\% \sim 4.0\%$）。适冷菌在 -5℃ 时还能继续呼吸，Cowell 和 Ford（1980）记录了发生在加拿大中部冬天的第一次霜冻以后一次土壤中 P_{CO_2} 的剧降。

土壤田间持水量为当水自由排出以后，停留在土壤中的水量。土壤 CO_2 的产量最多相当于土壤持水量的 50%~80%，但是在干燥的土中，却只有 5%。CO_2 的产量和持有量最大时是在吸水膨胀的黏土等细颗粒土壤中。例如，在德国西部，Miotke（1974）发现在生长季节，干旱时，P_{CO_2} 稳定在 0.3% 个大气压，雨后，区域 B 中的 P_{CO_2} 迅速达到了 4%，可能是因为区域 A 中水的通道被封住了。

这个发现指出了土壤 CO_2 产生的形式是多种多样的。它们因土壤类别、质地和范围、深度、排水和光照、植被类型、土壤微植物和土壤微动物、季节性和短期性的变暖及潮湿的不同而不同。在热带地区土壤 P_{CO_2} 的范围一般为 0.2%~11.0%（Smith，Atkinson，1976），而最大可超过 17.5%，怀疑可能有误差。在温带地区，一

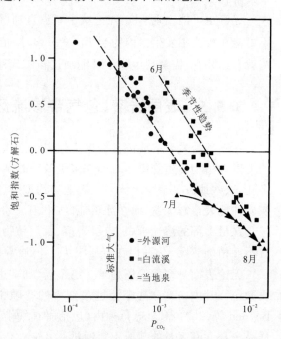

图 3-7 SI_c 和 P_{CO_2} 参数的用途图解，分析了一些在 6—8 月之间取于加拿大魁北克安提科斯提岛的灰岩盆地中单一的碳酸钙水样。外源河带走富含石灰的冰冻土壤，在到达灰岩地沉入地下之前把它们冲到数千米远的地方。自流式小溪将本地类似的土壤带走几百米并沉积起来。在当地的泉，这两种水加上直接经过底层土壤的渗流，联合后流走。在夏天，土壤中 CO_2 的作用越来越大，并成为水演变的主导因素（Roberge，1979）

一般为 0.1%~3.5%，偶尔达到 10%。在北极冻原地区，在短暂的解冻期内，被报道的范围为 0.2%~1.0%。在高山冻土带，消融季节的范围一般都比较相似，为 0.04%~1.0%，而在树木生长线以下时达到顶峰，超过 3%。

如图 3-7 所示，土壤 CO_2 带来的影响可通过对流过土壤的地下水平衡时的 P_{CO_2} 进行逆运算来研究。用这种方法，Drake 和 Wigley(1975) 调查出加拿大和美国的灰岩及白云岩地区的泉水正好是饱和的，即对于碳酸钙来说刚好达到平衡。调查范围从亚北极到得克萨斯州，年平均温度相差 20℃。他们得到了这样一个线性关系：

$$\lg P_{CO_2} = -2 + 0.04T \tag{3-48}$$

T 为调查点的年平均气温(℃)。这标志着温度发挥正作用时，土壤的富集作用是标准大气中的 5 倍。

因为温度-补给-生成-季节关系具有很强的季节性变化特点，使用年平均气温计算 P_{CO_2} 不够精确(Bakalowicz, 1976)。Brook 等(1983)根据北极到热带的地区土壤中 CO_2 的现场数据，大致证实了方程(3-47)是可行的。我们发现虽然用年平均降雨量来预测 P_{CO_2} 的误差较大，但是这个值与实际土壤水分蒸发蒸腾损失总量之间成对数关系，而实际土壤水分蒸发蒸腾损失总量与生长季节的跨度有关，在这期间所产生的土壤 CO_2 可用下式进行计算：

$$\lg P_{CO_2} = -3.47 + 2.09(1 - e^{-0.00172\text{AET}}) \tag{3-49}$$

AET 指计算出来的某地区实际年平均土壤水分蒸发蒸腾损失总量。有人总结出土壤中约 50% 的 P_{CO_2} 变化量可以由温度来解释，20% 的变化量由降雨量来解释，剩下的由季节性的水供应量、生长和抑制因子来解释。

尽管也可能出现 CO_2 在土壤中累积直到所有 O_2 都被置换(即高达 $P_{CO_2} = 21\%$，按体积计)，但这个不可能在现实中发生。因为当 $P_{CO_2} = 6\%$ 时，植物根系的呼吸就停止了，而且浓度再略高时，需氧型细菌就开始死亡，需氧型生物不可能加快新陈代谢以维持二氧化碳的生产；因此这个过程会被自我抑制。

3.5.5 表层岩溶、包气带渗流区和洞穴中的二氧化碳

在碳酸盐岩岩溶地区常会出现地表大面积没有土壤覆盖。因此，岩石经常是裸露的或者仅被地衣、藻类以及植物腐殖物覆盖。如许多更新世时期的地层构成的热带岛屿，因为地层形成年代较新且岩石多孔，这些地方就缺少土壤。在农业集约型地区如地中海沿岸，因为过度砍伐与过度放牧造成较古老的灰岩在地表暴露无遗，而在冰川地区，由于被冰侵蚀，都不同程度地被切割形成了坑和槽(溶沟)。

在最上部的溶蚀带中，表层岩溶、腐烂植物以及残积土形成树根、灌木以及细菌活动的富集区。尽管不能精确测定 P_{CO_2}，但在岩屑中 P_{CO_2} 值通常高达几个百分点，而这个值可能更大。

无论表面是裸露的还是被土壤覆盖，那些进入渗流区裂隙中的物质经过腐烂形成了较细小的有机质微粒。其中一部分甚至流进最细小的孔隙中，并流到下层洞穴中的石钟乳和石笋中去。根据 Van Beynen 等(2001)对全球范围内(包括所有气候，热带到寒带，潮湿到干旱)石笋的调查分析，发现所有的样品中都含有大量的甚至不能通过 $0.07\mu m$ 空隙的有机质碎屑。在渗流区(需氧)这些物质通过细菌氧化作用产生 CO_2。例如，在巴哈马群岛，在裸露的岩溶下面的钻孔中，Whitaker 和 Smart(1994) 计算出 CO_2 的浓度为 $(1.6 \pm 0.8)\%$，都是原地氧化的结果。

由于 CO_2 本身是一种较重的气体，因此土壤中的 CO_2 会在重力作用下向下伏洞穴或者裂隙运移。由于重力的作用，CO_2 气体又没有其他排出的途径，在坑底部 CO_2 就越积越多，甚至能达到致命的水平。这已经被很多人研究过了。

综上所述，Renault(1979)、Ek 和 Gewelt(1985)综述了全世界范围内上千种洞穴中 CO_2 的测定方法。洞穴空气压强相比标准大气一般高 2~20 倍，记录到 P_{CO_2} 最高达 6%。在空气循环最差的地方(例如在狭窄的空气可进入的裂隙中)，或者离覆盖的土层最近的地方，P_{CO_2} 的浓度会变得更高。

北半球 CO_2 的浓度最高时是在 7—9 月份，这时 CO_2 的浓度可能是冬天的 2～4 倍。Bakalowicz 等 (1985) 在报告中提到比利牛斯山脉大 Grotte de Bedeilhac 洞穴中地表面的 CO_2 的流通率在夏天达到 4～16 kg·m^{-2}·d^{-1}。CO_2 气体源于由于其本身的重力以及饱和渗流水的脱气作用。

洞穴里的水流，特别是洪水，会吸收过量的 CO_2 来增加它们的溶解能力。在温暖潮湿地区发育地下暗河的洞穴中，很多植物残屑被带进洞穴中，对洞穴的侵蚀有明显增加。

3.5.6 开放系统和封闭系统

在本书中，当 3 种状态，固态、液态、气态能在一起相互作用的时候，系统是开放的。当这种状态能一直维持到热力学平衡时，这就是一个理想的开放系统。在给定条件下，只有 2 种状态能相互作用时，系统则是封闭系统。

图 3-5、图 3-6 和图 3-8 已经描绘了碳酸盐溶液的应用。在理想的开放系统下，当与 $CaCO_3$ 反应时，H^+ 和 $H_2CO_3^0$ 被转化成重碳酸盐，空气中更多的 CO_2 可以被溶解，从而来补充 H_2CO_3，直到平衡。在灰岩上的露天水池就是这样的一个系统。当温度为 25℃，P_{CO_2} 为 0.036%，溶解的 $CaCO_3$ 浓度为 55 mg·L^{-1} 时，从而达到平衡状态（图 3-9）。

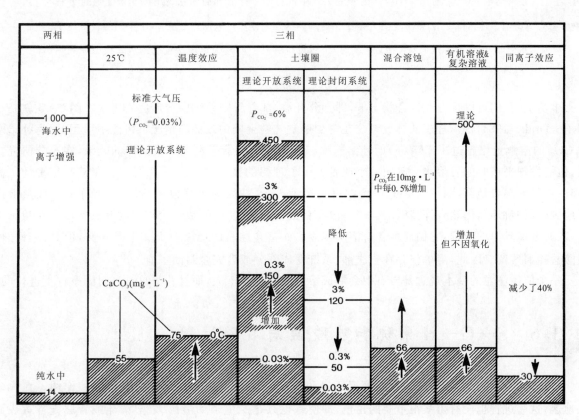

图 3-8 对碳酸盐溶解化学中的主要影响因素。所标的数值是指在指定作用下，系统接近平衡时 $CaCO_3$ 的浓度 (mg·L^{-1})（Ford, James J M 绘制）

在理想的封闭系统中，水和气单独反应，直到当溶解的 CO_2 加上衍生的 H_2CO_3 和 HCO_3^- 达到饱和。然后水从有空气的地方流到了没有空气的地方，如被水充满的裂隙或者裂缝中，然后第一次接触碳酸盐矿物。H^+ 和 $H_2CO_3^0$ 由于被 $CaCO_3$ 消耗，所以不再充足。在 25℃，$P_{CO_2}=0.036\%$ 时，溶液达到平衡，这时的 $CaCO_3$ 浓度仅为 25 mg·L^{-1}，仅为开放系统中的 40%。

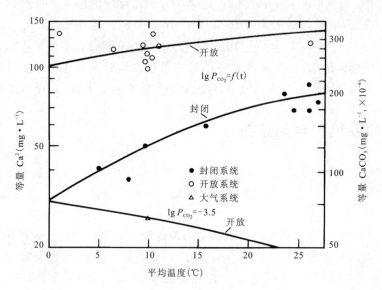

图3-9 在理想开放系统中、土壤和土壤以下的完全封闭系统中方解石溶解的全球模型,以及在平均水平(P_{CO_2} 约 $350×10^{-6}$)的开放大气中的模型。开放和封闭系统下的函数是通过方程(3-47)计算得出的,考虑了高 P_{CO_2} 下某些细菌的抑制作用。数据点是从20个不同的岩溶地下水样(水中方解石处于或者接近平衡时)中测定得到的。取样的地理位置范围从北极高原到热带(据Drake,1984)

事实上,我们可以预料在混合状态下,即部分开放、部分封闭系统中会形成岩溶水。图3-5就是个例子。Drake(1984)认为理想的开放系统在含少量空气的土壤中或低温情况下可能不适用,因为补给水中 CO_2 的溶解速率超过了 $CO_2(g)$ 的补给速率。非常高的补给率也会产生同样的效果,在充分研究之后,他们发现平衡时的岩溶水会趋向一个或者另一个理想的极端,如图3-9所示。在某些年平均气温为5~12℃的温带地区,测得的 CO_2 平均浓度高得惊人,这是因为土壤很新,而且在冰冻地区或热液碎屑地区(例如耕地),仍然有许多碳酸盐碎屑散布在根部地区,从而形成一个理想的开放条件。在热带地区,灰岩上覆较厚的土壤,它们通常含有溶解残渣。而富含黏土的地层中 P_{CO_2} 通常很高,但是没有任何碳酸盐碎屑残留。因此,溶解仅存在于底部,系统变成部分或者完全封闭了。

一个值得注意的基本观念是岩石中会形成溶解的管道并扩大,而且几乎总是在封闭条件下进行的。

3.6 S—O—H系统和碳酸盐岩石的溶解

过去的30年,人们越来越关注能溶解灰岩和白云岩的 H_2S 在水地球化学过程中的作用。在大多数地区,这些进程也没有扮演很重要的角色,即使有也只是产生了如溶沟、岩溶漏斗或者坡立谷等表面岩溶地貌。然而,它们通常可能对早期溶解性管道的畅通起着很重要的作用。可以更肯定的是,这似乎是一类产生和扩大洞穴的很少但很特别的过程,称为深层分支系统(Palmer,1991:见7.8节),其中以美国的卡尔斯巴德(Carlsbad)和龙舌兰(Lechuguilla),意大利的弗拉萨斯(Frasassi),格鲁吉亚州的Novaya Afonskaya等巨大而且宏伟的洞穴为代表。此外,这一过程也与碳酸盐岩岩石中大部分硫矿矿体的形成有关,被称为"Mississippi Valley Type"(MVT)沉积。这使得许多学者认为在岩溶研究中 S—O—H系统有其特殊的意义,而不仅是使 CO_2—H_2O 系统变得复杂(见下一节)。

在全世界许多普通的洞穴中可以看到一个简单的化学反应过程,就是黄铁矿(FeS_2)以及在灰岩和白云岩的页岩夹层中经常出现的铁的其他化合物的氧化过程。对于页岩中的黄铁矿来说：

$$2FeS_2 + \frac{15}{2}O_2 + 4H_2O \longrightarrow Fe_2O_3 + 8H^+ + 4SO_4^{2-} \qquad (3-50)$$

H^+使溶液变酸，对方解石和白云岩的溶解增强[反应式(3-32)]。反应式(3-50)可能会，也可能不会被细菌缓解。

氧气的溶解度很低，因此它们对潜水环境(无氧)中的作用是很有限的，只有一种情况除外，下面将会提到。在包气带洞穴中(即充有空气)，物理作用很明显。灰岩中的页岩夹层含有一些黄铁矿，水从灰岩层间渗流出，能在其渗流路径上刻出一些溶解的微槽。洪水将富氧的水带到这些面上，可以补充当主洞流消退时的酸度。

在许多火山地区H_2S被释放出，以气态进入岩浆或大气水中。更重要的是，当沉积物受到压缩或变形，沉积盆地中流出的液体会产生还原反应，从而也可以生成H_2S。特别是从泥岩和泥灰岩中大量的有机物分解中产生，第一步，在温度小于50℃时，被还原成油页岩，然后当温度上升到120℃时，变成石油和天然气。泥岩和泥灰岩通常沉淀在碳酸盐岩(相当于流体中的搬运者)，以及硫酸盐岩和盐岩中。图3-10显示出了形成过程，BSR是指细菌作用下硫酸盐的还原反应，TSR指热化学作用下硫酸盐的还原反应。在沉积盆地中，地热梯度一般为20~40℃·km^{-1}，因此，此过程一般发生在深度为1.5~5km范围内。

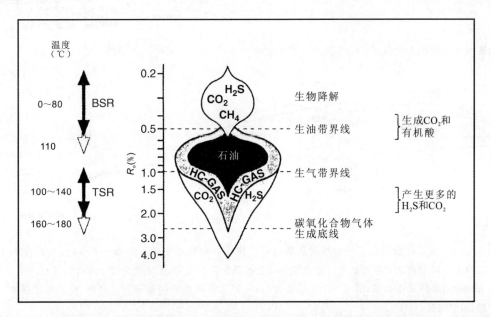

图3-10 石油和天然气的生成过程，并在地壳岩石释放出酸。经常伴有硫的还原反应。HC为烃类。镜质体反射率R_o是一种用于测定油田是否成熟的工业标准(引自Tucker,Wright,1990)

热化学还原反应将会在后文中提到。我们根据Hill(1995)的细菌还原反应模式，举个相对较简单的例子，得克萨斯州和新墨西哥州的特拉华盆地(Delaware)油田，以及毗邻的瓜达鲁普山脉(Guadalupe)中，包括了许多有名的洞穴，如卡尔斯巴德、龙舌兰等。图3-11中描绘出了这种模式，图3-11(a)中归纳了可能发生反应的复杂次序。不是所有这些反应都会出现在任何H_2S岩溶中；在某些地方，以目前对其的认知很难判断其中是否包含了所有拟定的成分，因此，图中描绘的应该说仅有这些可能性，而不是被证明过的事实。

此过程以CH_4(甲烷，大多数商用液化气的主要成分)为代表的碳氢化合物的流动为开始[Hill (1995)的第1阶段以及图3-11(b)]中经过储油岩层比如白云岩或者砂岩，一直到不透水的硬石膏覆盖层底部：

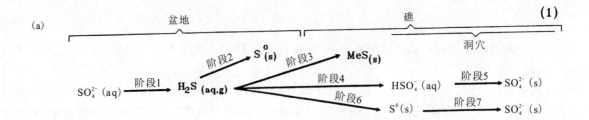
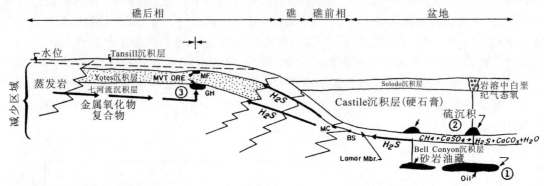
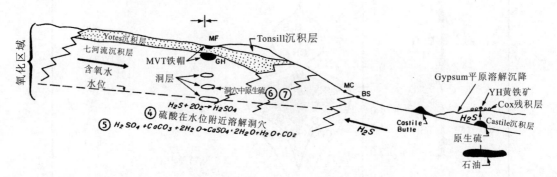

图 3-11 (a)关于在新墨西哥州—得克萨斯州的特拉华沉积盆地中发生的 S—O—H 反应次序的 Hill (1995)模型;(b)当盆地和毗邻的瓜达鲁普礁体完全被新的岩石覆盖,模型处于第 1、2、3 阶段;(c)当变形、抬升和侵蚀将礁体暴露出来,形成一个瓜达鲁普山脉,而且将盆地中许多蒸发岩移除,模型处于第 4、5、6 和 7 阶段(据 Hill,1995)

$$Ca^{2+}+2SO_4^{2-}+2CH_4+2H^+\longrightarrow 2H_2S(aq)+CaCO_3+3H_2O+CO_2 \qquad (3-51)$$

反应发生在很深的地方,但是温度低于 80℃。在特拉华盆地,它们发生于渐新世—中新世。它们由厌氧型硫还原细菌,脱硫弧菌催化。注意,方解石可能被析出,即它代替了硬石膏。通过将周围的石膏移除,在被新近的第三纪—第四纪的溶解作用揭露的特拉华盆地硫酸盐岩中形成了抗溶的堆积体,形成了低矮的小山,叫作 Castiles[图 3-11(c)]。

生成的 H_2S 浓度一般约为 $1mg\cdot L^{-1}$,但也有可能更高。H_2S 在水中溶解后呈弱酸性,可以呈两步电离:

$$H_2S \rightleftharpoons HS^- + H^+ \qquad (3-52)$$

$$HS^- \rightleftharpoons H^+ + S^{2-} \qquad (3-53)$$

在 25℃时,这些反应的电离常数分别为 10^{-7} 和 10^{-13},方解石或者白云岩可能会被分解[反应式

(3-32)]。

含氧的大气水流向深部含承压水的含水层中运移,可能会接触到溶解的H_2S,在潜水区内可以产生氧化还原反应界面。

$$H_2S+\frac{1}{2}O_2 \longrightarrow S^0+H_2O \quad (pH<6\sim 7) \quad (3-54)$$

或者

$$2HS^-+O_2+2H^+ \longrightarrow 2S^0+2H_2O \quad (7<pH<9) \quad (3-55)$$

S^0是纯的(或者说是自然的)硫。在特拉华盆地深处,有经济效益的硫沉淀物在第2阶段形成[图3-11(b)],然而更小却显著的一堆沉淀物在通风的洞穴中形成,此过程发生在阶段6[图3-11(c)]。此过程由氧化细菌催化,这种氧化细菌将硫元素当作一种食物和能量,溶液中的自然硫在潜水中很少出现,因为氧气在水中的溶解度太小(*Thiobacillus* spp.,硫杆菌未定种)。

在阶段3,H_2S的饱和水从盆地流到邻近的碳酸盐礁石和礁后石,并与富含金属氯化物的水相混合,一般从某些邻近的潟湖蒸发岩中排出。在低于某些氧化还原接触面的还原区域,灰岩的溶解能伴随着白云岩和大量的硫酸盐岩析出并填进产生的孔隙中。这个复杂的反应可以表示为:

$$H_2S+CO_2+MeCl^++Mg^{2+}+2CaCO_3+H_2O$$
$$=\!=\!= MeS+Ca^{2+}+CaMg(CO_3)_2+HCO_3^-+Cl^-+3H^+ \quad (3-56)$$

其中Me代表重金属,主要是Fe、Zn和Pb。以原始状态参与产生甲烷的反应,被认为是碳酸盐岩岩石中形成MVT硫化物沉淀的基本反应(如Anderson,1991)。

H_2S可以移到水位线处或水位线以下,环境条件提供了非常有效的氧化作用,形成硫酸:

$$H_2S+2O_2 \longrightarrow H_2SO_4 \quad (3-57)$$

与灰岩反应

$$H_2SO_4+CaCO_3 \longrightarrow Ca^{2+}+SO_4^{2-}+CO_2+H_2O \quad (3-58)$$

这是一种强酸,在水位线附近,能快速溶蚀形成很大的地下洞穴。如果在空气中或者水中有很高浓度的P_{CO_2},在平衡状态时,方解石的溶解浓度能达到600mg·L^{-1}或更高(见Palmer,1991,图22)。这个过程由*Thiobacillus* spp.催化。这是产生洞穴的最强大机制;例如,Galdenzi与Menicheti(1990)研究表明其是Grotta Grande del Vento(弗拉萨斯)变形的主要原因,而Korshunov与Semikolennyh(1994)认为土库曼斯坦的Kugitangtau大洞穴就是被其扩大的。中国河北省的白云洞,虽是小洞,但是一个发育在煤炭盆地边缘而不是石油盆地的例子。

Hill(1987)计算出卡尔斯巴德大洞穴(见图7-33)的H_2S产生量低于邻近的新墨西哥气田天然气年产量的10%,因此,这种机制从数量上是可行的。在Hill模型中它代表着阶段4,由于瓜达鲁普山脉在第三纪晚期被抬升,灰岩中的水位线也降低了[图3-11(c)]。

从反应式(3-58)中可以看出,Ca^{2+}和SO_4^{2-}离子对结合,以石膏的形式析出,并运移到水位线附近透水区中。所有低于和高于水位线的灰岩洞壁上附有石膏,后者归咎于蒸发冷凝。同样的,这个反应也是被氧化生物催化形成的。

Wyoming、Stern等(2002)在Lower Kane洞内测定空气中H_2S含量为1.3×10^{-6};由于蒸发浓缩,pH值约为5.3,由于细菌作用,被降低到3.0,而在某些水滴中pH值甚至低至1.7。在卡尔斯巴德大洞室中,水池底部的石膏厚度达4m,墙壁表面的硬壳厚达0.5~1.0m。在Hill模型中,这属于阶段5。在最后一个阶段7中,描绘了在卡尔斯巴德和其他大洞穴中的一种较小的作用,当水滴聚集成自然硫沉淀时,就形成了石膏外壳:

$$S^0+Ca^{2+}+2O_2+2H_2O \longrightarrow CaSO_4\cdot 2H_2O \quad (3-59)$$

在进一步作用中,硫化氢反应在数量上是很多的。现代海岸上,不同成因的洞穴都因为冰期后海平面上升而被海水充满,较薄的淡水层就浮在较重的盐水上了。开放的洞口,淹没的洞穴及洞穴崩塌物将地表有机物汇集于地下。在盐水深部,硫-还原型有机物通过从盐跃层(淡水-盐水的接触面)周围的厌氧型和需氧型氧化剂产生的海洋硫酸中和残渣中还原产生 H_2S；许多潜水员告诉我们这些狭窄区域以多孔为特征且岩壁到处发育溶孔（见 Wilson 和 Morris,1994,图 1）。

3.7 碳酸盐溶解中的化学作用

本节也可以以"辅助剂和抑制剂"作为标题。在特殊的条件和作用下，碳酸盐矿物的溶解度能明显增大或者减小。有一些因素对石膏的溶解度也有影响，不过石膏的溶解度非常大，相比之下，这些对石膏的影响也显得不明显了。大多数的分析报告都关注过方解石的溶解度，事实上，在大多数情况下，文石和白云岩也会受到同样的影响。图 3-8 归纳出了主要的影响因素。

本节开头已经描述了关于碳酸盐溶液的影响因素，接下来考虑外来酸、离子和分子的介入对溶液造成的影响。

3.7.1 温度和压力的作用——深岩溶

从图 3-8 和亨利定律中可以知道，在标准大气压（$P_{CO_2}=0.03\%$）和 25℃ 的情况下，碳酸钙在水中的溶解度是 $55mg \cdot L^{-1}$，而在 0℃ 时，却增大到 $75mg \cdot L^{-1}$。

当水在地面以下流动时，水温通常比较低，这就增强了它的溶解能力，当水中含有 $240mg \cdot L^{-1}$ 的 $CaCO_3$ 而达到饱和时，温度从 20℃ 降到 10℃，Bögli(1980) 证实 $CaCO_3$ 的浓度可以增大 $17.7mg \cdot L^{-1}$。

静水压力的增大对溶解物质的影响可以忽略不计，包括气体。然而，如果 CO_2 气泡在压力下能被带进水中，那么 CO_2 的溶解度会随着深度的增加而增大，水温为 25℃ 的情况下，深度大约每增加 100m，CO_2 的溶解度约增加 $6mg \cdot L^{-1}$，这种规律一直持续到深 400m 处。而对于更深的水域，深度每增加 100m，CO_2 的溶解度约增大 $0.3mg \cdot L^{-1}$。

当洞穴有急速的流水时，很多空气都被俘获进去从而使压力达到几个大气压。Bögli(1980) 和其他的一些人认为这可以解释半管状洞壁顶板的形成，因为气泡会在顶板处溶解于水。更重要的是，我们认为当处于活跃的火山或者构造区域中，由于压力和降温的联合作用，地壳中喷出的 CO_2 加入（初始为气泡状）深的水循环中，从而形成岩溶温泉（Yoshimura et al,2004）。

加入的 CO_2 很大地提升了深处热水的溶解能力，从而形成深岩溶。随着地下水向上运移，压力变小，气体以气泡的形式释放出。地下水会变为碳酸钙的过饱和溶液，或者是降温作用占据了主导，从而，气体将会重新溶解于水中并形成第二个溶解能力增强区。例如：在科罗拉多州 Winds 洞穴附近的钻孔揭露地下水碳酸盐浓度很高，而且 $CaCO_3$ 并不饱和，只有 $200mg \cdot L^{-1}$。许多热水洞中形成有析出 $CaCO_3$ 的侵蚀孔洞，可以由降温与释放气体的交替作用来解释[见 3.10 节，Ford 等(1993) 以南达科他州的 Wind 洞穴为例]。

在温度大于 50℃ 以及相当压力时，在以碳酸盐为载体的石油和气田中深部溶解与二次沉淀会很多。在温度超过 75℃ 时，方解石简单的水化作用很显著，会产生出 CO_2[反应式(3-4)]。黏土矿物与碳酸盐之间复杂的反应可以溶解白云岩，析出方解石，而每消耗 1mol 的白云岩则会产生出 1mol 的 CO_2。在主要的"生油窗"，温度介于 80~120℃ 时，某些硫化物的热化学还原反应会产生出 H_2S。而去碳酸作用（脂肪酸的分解）产生出 CO_2。其他的油页岩经过催化分解产生出脂肪酸，RCOOH（例如：醋酸 CH_3COOH）比碳酸更易溶，而且化学活性相近。

韩(1998) 研究中国渤海区的任丘古岩溶油气沉积物的累积效应，是一个很好的例证。温度为 80℃，气压为 300atm，$P_{CO_2}=20atm$ 时，在 14 个水样中，总溶解固体的浓度范围为 3 750~10 000mg·L^{-1}，其中 10 个水样中的 SI_c 为负值（-1.5~-0.5）。使用油田钻孔岩芯中的岩样，在开放和封闭系统中，经过 6

小时的试验,通过一系列的温度和气压值来测定其溶解度。当 T 为 60℃,P_{CO_2} 从 1atm 增加到 5atm 时,溶解度增长得非常迅速。而当 P_{CO_2} 进一步增加到 25atm 时,溶解度增加得就很缓慢了。当 P_{CO_2} = 20atm 时,温度为 50℃时,溶解度达到顶峰,为 55mg·cm^{-3},而且随着温度上升,溶解度呈线性下降,当温度达到上限 120℃时,溶解度降至 20mg·cm^{-3}。物理作用很明显,从而形成早期成岩孔洞坍塌和新的侵蚀坑。

3.7.2 外来无机酸的作用

现在我们分析由其他矿物反应产生的酸。图 3-12 中描述了以 HCl 为代表的所有外来酸对方解石溶解度的作用。

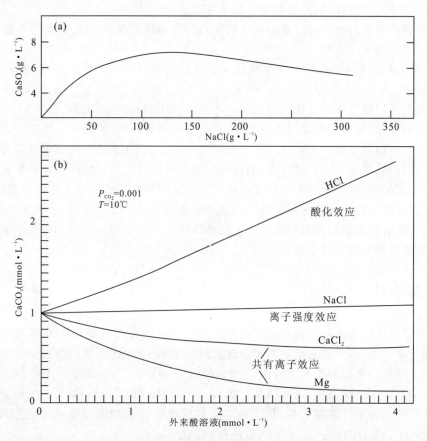

图 3-12 图示共有离子、外来离子和离子强度作用。(a)添加 NaCl 后石膏的溶解度增大;(b)10℃时,离子强度和共有离子对碳酸钙溶解度的作用(据 Piknett,Bray,Stenner,1976)

自然条件下的稀盐酸溶液会发生如下反应:
$$CaCO_3 + HCl \longrightarrow Ca^{2+} + HCO_3^- + Cl^- \qquad (3-60)$$
大多数的外加物质涉及到氧化反应,在洞穴水中浓度很低时非常普遍,如:
$$Mn^{2+} + \frac{1}{2}O_2 + H_2O \longrightarrow MnO_2 + 2H^+ \qquad (3-61)$$
以菱铁矿为例($FeCO_3$,在许多灰岩和白云岩表面多呈薄层状和瘤状),一些反应可以加强酸性,如:
$$2FeCO_3 + \frac{1}{2}O_2 + 5H_2O \longrightarrow 2Fe(OH)_3 + 2HCO_3^- + 2H^+ \qquad (3-62)$$
或

$$FeCO_3 + H^+ \longrightarrow Fe^{2+} + HCO_3^- \tag{3-63}$$

$$Fe^{2+} \longrightarrow Fe^{3+} + e^- \tag{3-64}$$

$$2Fe^{3+} + 6H_2O \longrightarrow 2Fe(OH)_3 + 6H^+ \tag{3-65}$$

$Fe(OH)_3$ 是一种水合沉淀物。

灰岩中其他金属的碳酸盐也可以与其发生类似的反应,上面已经归纳了硫酸盐产生 H_2S 的反应。从硅质碎屑岩中流出的水流经灰岩时,通常含有这些酸,但是,大多数情况下其量很小。

3.7.3 "酸雨"

普通雨水的 pH 值一般介于 5.6~6.4 之间。而在工业化地区以及其顺风向数百千米的地区,雨水的 pH 值通常都低于 4.5,在斯匹次卑尔根群岛(Spitsbergen)远离工厂的地区甚至有记录低于 3.5(Krawczyk et al,2002)。酸性的增加主要来自两个方面:

(1)大气中富硫矿物燃料的燃烧以及对硫化物矿石的提炼所产生的 SO_2 在大气中被氧化从而形成 H_2SO_4。

(2) HNO_3,大气中的氮气在内燃机中被氧化并通过排气管以废气的形式排出,或者是产生于无机肥料的制造中。

在欧洲,酸雨对灰岩建筑物的侵蚀已经长达 150 多年。H_2SO_4 的作用[反应式(3-58)]是最受关注的,因为酸雨涉及的地方,岩石表面都会产生剥落,这个过程通常叫作"硫酸化"(见 12.6 节)。世界上许多地方,伴随雨水降落的氮元素每年多达 $10kg \cdot hm^{-2}$。现在人们注意力主要集中在它对没有碳酸盐岩岩石去缓冲酸性的森林、河流、湖泊地区的影响,例如,瑞典中部的大部分地区或者加拿大地盾东部。根据我们现在所了解到的情况,酸雨并不曾在碳酸盐岩岩石地区产生了任何值得注意的岩溶(与其对建筑物的作用正好相反),但是研究岩溶水平衡与溶蚀速率方面的学者一定会在水样中分析它的潜在作用。理论上 pH 值为 4.0 的酸雨落在裸露的岩石上,其对 $CaCO_3$ 的溶解是 pH 值为 6.0 的普通降雨的 100 倍,尽管这还没有在现场实际研究中被证实。

3.7.4 离子对

图 3-5 列举了重碳酸盐溶液中通常出现的离子对。溶液中存在微弱结合的阴阳离子对和自由离子。当离子键强度增大时,离子结对就会增多。这就减小了离子的活度,从而增大了矿物的溶解度。

氯离子结对不明显。在岩溶水和富含盐的水中的离子对是由 Ca^{2+}、Mg^{2+}、K^+、Na^+ 和 H^+ 这些阳离子与 CO_3^{2-}、HCO_3^-、OH^- 和 SO_4^{2-} 这些阴离子结对。例如,$H_2CO_3^0$(碳酸)就是一个离子对。更复杂的离子对,如 $Ca(HCO_3)_2^0$ 也是可能存在的,但是很少。在重碳酸盐和硫酸盐溶液中,主要的离子对一般是:$CaHCO_3^+$、$CaCO_3^0$、$MgHCO_3^+$、$MgCO_3^0$、$CaSO_4^0$ 和 $MgSO_4^0$。

例如,Wigley(1971)早期在加拿大的一个石膏和碳酸盐盆地中研究泉水,总溶解固体为 $1700mg \cdot L^{-1}$。他发现有 70.6% 的 Ca^{2+} 处于游离态,26.7% 的与 SO_4^{2-} 结对,1.7% 的与 HCO_3^- 结对。Mg^{2+} 结对的情况与 Ca^{2+} 几乎一样。

尽管离子配对有可能会将碳酸盐和石膏的溶解度提高一些(总体来说小于 10%),但是更重要的是它对计算饱和指数的影响。如果不考虑离子配对,那么计算出的饱和指数就会偏大,溶液就会比实际更饱和。上面提及的权威计算机程序(PHREEQC,WATEQ4F 等)计算出了所有可能出现的离子对。当总溶解固体的浓度超过了 $100mg \cdot L^{-1}$ 时,离子配对就显得很重要。

3.7.5 共有离子

共有离子作用的原则是如果某种离子从其他来源获得了,那么水溶液中能电离出这种离子的矿物的溶解度就会变小。比如,方解石、文石和白云岩,是Ca^{2+}或者Mg^{2+}的主要来源,其他的碳酸盐和含镁矿物很少。因此,常见离子效应主要出现在Ca^{2+}由石膏或钙长石(少得多)提供。

添加的来自石膏的Ca^{2+}减小了活度,但是大大增加了生成物的物质的量。因此,在平衡达到前,能溶解的方解石变少了。在10℃时,所增加的来自石膏的$100mg \cdot L^{-1} Ca^{2+}$将方解石的溶解度,从$100mg \cdot L^{-1} CaCO_3$降到$66mg \cdot L^{-1}$。当总离子强度远小于0.1时,如果水已经与石膏充分接触了,那么在水中方解石和白云岩的溶解度将会变小很多,这是脱白云作用造成的,即矿物的溶解与方解石补偿性沉淀的不协调。

3.7.6 大气水中的混合侵蚀

淡水中的混合侵蚀,Bögli(1964;见 Bögli,1980:35-37)将这个重要的概念引进到了岩溶的研究中。正如他所定义的,这是由两种虽然来源不同,但都是碳酸钙的饱和岩溶水机械性混合后产生的效果。总的来说,在这样的混合条件下,如果一种或者多种这样的水中所含的$CaCO_3$浓度小于$250mg \cdot L^{-1}$,那么所生成的混合物将会有一定的腐蚀性。同样的作用也适用于两种来源上有本质区别的H_2S水。

图3-13中的例子说明了这个原理。当溶解的$CaCO_3$浓度介于$0\sim350mg \cdot L^{-1}$之间时,在大多数岩溶水中发现平衡时P_{CO_2}或H_2S与碳酸钙浓度不呈线性关系。地下水A是饱和的,P_{CO_2}为自然大气中的水平(或一种很低的H_2S环境),地下水B处于富含土壤CO_2的大气环境中。将它们沿着直线AB混合,如果混合的两种水的体积相等时(混合比为1:1,图中C点所示),混合生成物中溶解的$CaCO_3$是不饱和的。富余的H^+可以与方解石或白云岩反应直到D点处,平衡被再次建立。直线C—D与水平线的夹角取决于混合比例;A:B=1:1=45°;A:B=2:1=60°等。

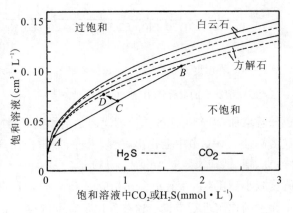

图3-13 在CO_2或H_2S系统下,饱和溶液中混合侵蚀的原理图(据Palmer,1991)

Bögli 的理论已经被很多人计算证实了。他认为重碳酸盐溶蚀对于灰岩和白云岩地区洞穴的成洞过程是至关重要的,因为在沿着主裂隙前进数米之前,它们就已经达到饱和了。后来证明,当某种溶质变为80%~90%饱和时(见3.10节),就开始适用更高级别的反应动力学原理了,这就大大减小了这种争论的意义。然而,或者类似的作用能很好地解释洞墙和洞顶为什么出现在那些透水节理与主通道交叉的灰岩潜水洞中。在计算机模型中,Gabrovšek 和 Dreybrodt(2000)展示了它可以迁移原始洞穴通道的发育方向,并可以加快它的速度。

3.7.7 离子强度作用和海水混合作用

这种作用有时候也称外来离子作用。在向重碳酸盐溶液中加入大量的外来离子如Na^+、K^+、Cl^-后,就减小了Ca^{2+}、HCO_3^-等离子的活度而增大了方解石和白云岩的溶解度(图3-12)。

离子强度作用主要与加入的盐有关。石膏在海水中的溶解度是在淡水中的3倍[图3-12(a)]。

在低浓度的普通灰岩淡水中[图3-12(b)],这个作用不是很大。加入接近$250mg \cdot L^{-1}$的NaCl浓度能让$CaCO_3$的溶解度增大$10mg \cdot L^{-1}$。当含几千毫克每升的NaCl盐水被加入其中,那么其产生的作用将会相当大。图3-14描述了在25℃下,Plummer(1975)对海水混合的分析。在P_{CO_2}很高的情况下,

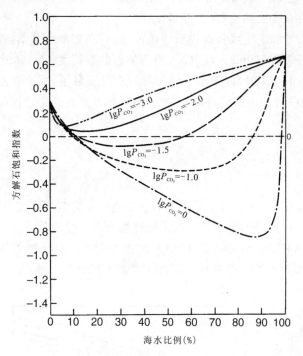

图 3-14 在温度为 25℃，P_{CO_2} 一定的情况下，海水-淡水对碳酸钙溶解度的混合作用（据 Plummer，1975）

碳酸钙的溶解度将会增加到约 $1\,000\,mg \cdot L^{-1}$。

在灰岩海岸，存在一种介于淡水和海水的混合地下水区域（见 5.8 节），在那里的溶解、析出以及置换反应可能十分普遍而且数量很多；这个就是当前紧张勘察的目的（Martin et al，2002）。例如，Back 等（1984）描述了在墨西哥尤卡坦半岛的一个年轻的具渗透性的灰岩平原地区的地下水特性。深达 100km 的地下渗流水中，在碳酸钙的饱和浓度大约为 $250\,mg \cdot L^{-1}$。而在离海仅 1km 处，由于与海水混合而产生的离子强度作用使 $CaCO_3$ 的饱和浓度增大了 $120\,mg \cdot L^{-1}$。

3.7.8 微量元素的作用

灰岩中的微量元素或来自水中其他物质中的微量元素对碳酸钙的室内溶解度试验有很大的影响。这方面主要是 Terjese 等（1961）研究出的，并在后来的一些工作中得到了证实。仅存在微量的（$<1\,mmol \cdot L^{-1}$）某些金属，就能降低碳酸钙的溶解度。随着微量元素含量的增加，这种抑制作用也随着增加，而产生这种作用的原因是金属离子对碳酸钙晶体表面混乱离子的吸收作用，否则这些就会被溶解，在 3.10 节中会作出解释。按照抑制作用递减的顺序，发现的重要金属依次是：钪、铅、铜、金、锌、锰、镍、钡和镁。如 $6\,mg \cdot L^{-1}$ 的 Cu^{2+} 或 $1\,mg \cdot L^{-1}$ 的 Pb^{2+} 能将碳酸钙在 P_{CO_2} 为 1 个大气压时的溶解度减小到 1/3。没有更多在相应的 P_{CO_2} 水平下的研究资料。在饱和指数计算过程中，没有对这些微量元素的作用进行定量。这些作用很有可能在大部分水中显得微不足道。

大多数的方解石中都含有一定的镁元素。不同含量的镁对固体溶解的影响在 3.8 节和第 2 章中讨论。磷酸根离子也可能是一种强的抑制剂，锰离子在浓度大于 $0.5\,\mu mol \cdot L^{-1}$ 时也是。一些有机化合物也是抑制剂，例如麻林酸和酒石酸。

3.8 生物岩溶过程

生物岩溶地形是指碳酸钙或者是其他岩溶矿物在很大程度上直接由生物侵蚀和（或）沉淀而形成的岩溶地形（Viles，1984）。在地球大陆表面，生物对岩溶的作用毫无疑问是在土壤中产生了 CO_2，上文中已经归纳；一旦溶解了，CO_2 产生的作用就比下面将提到的其他过程的总和还要多。然而，CO_2 的作用不是直接的，因为碳酸的溶解过程本身是无机的，而且，通常物理上是远离 CO_2 产生的源头的。土壤中植物的根系扩张，也可以物理性地破坏基岩，扩大地表裸露的面积，因而加速溶解速度。尽管由植物根系分泌的腐殖酸和富啡酸，可以影响少量的溶解过程，但在对于洞穴堆积物的研究中，它们显得更为重要，见 8.7 节。

3.8.1 植物岩溶作用

植物岩溶地貌发生在那些暴露阳光下（或某些商用洞穴中的人工照明）仅被植被覆盖着的岩石上

面,由植物纤维为主要破坏原因的岩石溶解产生(Folk et al,1973)。主要的植物是微小的蓝—绿藻(蓝细菌)、红藻(红藻类)或者硅藻(硅藻类)。它们由光合作用形成,如:

$$6CO_2 + 6H_2O \longrightarrow C_6H_{12}O_6 + 6O_2 \qquad (3-66)$$

贴在岩石上的植物纤维细胞中分泌的水和二氧化碳对下面的岩石产生了侵蚀,而且纤维会产生向下的钻进作用(深达数毫米)。

这些过程对灰岩和白云岩的作用尤为明显,对石膏也有一定作用。在温带和更暖和的地区,藻类经常覆盖在裸露的岩石上,有时甚至完全覆盖。对海岸的影响最大,因为那里的藻类是最多的,而且是多种多样的,也给吃草时会咀嚼、磨碎岩石的软体动物提供了食物,加速了岩石的溶解。例如,Tudhope 和 Risk(1985)估计在澳大利亚 Davies 礁石的潟湖面中,由于这些过程所导致的侵蚀速率为 $350g \cdot m^{-2} \cdot a^{-1} CaCO_3$。主要的溶解特征是产生小的溶蚀坑,经常密集地出现在一起或者重叠,而且形式各种各样,见 9.2 节。

3.8.2 地下生物岩溶作用,细菌的积极作用

很多种动物,从中等大小的哺乳类动物到亚毫米级的等足类动物和节肢动物,都能在洞穴中生活,其次在裂隙和孔隙中,水位线以下也含有微小的深根植物。通常它们的数量会因为营养的缺失而受到限制。因此,除个别地方,它们对溶解和其他侵蚀的作用似乎较少。有些超前的观点如 Caumartin(1963)认为深根植物消耗 O_2,呼出 CO_2,会令碳酸盐的溶解量增大 10%,但是这一看法还未得到实地研究的证实。

现代人们将研究对象放在了微生物的作用上,主要是细菌,那些原始的靠电子转移(氧化还原反应)获得能量的单细胞生物。异养型生物消耗了那些从地球表面搬运下来的物质。化能无机营养型生物减少了岩石中的氧化物,主要为 S、N、Fe、Mn 以及 H 的氧化物。化学自养型细菌寄生在其他生物上。对于其他生物的生活环境中,这些生物都处于食物链的底端。厌氧型细菌可以在气温高达 100℃,压强大于 $1 \times 10^5 kPa$ 的环境下生存并繁殖。Northup 和 Lavoie(2001)作了一个全面的论述。

细菌性活动发生在 3 种不同的地下岩溶环境中。第一种,也是最重要的就是在无氧条件下,即在水位线以及上文提到的极限压力和极限温度以下。硫化物通过脱硫弧菌被还原(在 3.6 节中讨论过),这种还原作用似乎是导致碳酸盐溶解的酸的最重要细菌性来源,很有可能远超过其他形式的量的总和。其他化学无机营养型生物给酸溶解贡献出 CO_2、NH_4^+ 和 H^+,显得更有局限性(例如 James,1994)。

第二种截然不同的环境是在水位线附近,包括河流洞穴中的地下暗河、水位涨幅区及次级裂隙等。在这里溶解的氧气和其他异养型能源更为充足,导致氧化和还原性物种的密度增大。它们会催化 $FeCO_3$ 等的反应,增大 CO_2 和 H^+ 的含量。大多数洞穴地下暗河中 Mn^{2+} 的氧化反应效果是明显的,产生水钠锰矿和其他有棕色或黑色锰质外衣的卵石(尤其是石英岩)或者出现在通道的墙壁上;尚未发现有细菌参与此反应(Ehrlich,1981)。

第三种环境是死亡型洞穴。流水不再侵蚀它的洞墙,而且洞内的碎屑状沉积物也不会移动。酸性细菌的生物膜可以附在洞壁上侵蚀它们,并加速选择性风化,可以深达几厘米(Jones,2001;Zupan Hajna,2003),尤其是当它们被渗流或冷凝水浸湿时。当洞的入口区域随着洞顶坍塌等变得越来越明亮,海藻的作用可能与细菌作用相当,朝着光线侵蚀的斑点状植物代替了细菌的作用。土壤中的渗流水携带了不同数量的氨到洞中;在细颗粒、排水性好的洞穴沉积物中,硝化细菌将在 2 个步骤内转化为硝酸盐(硝酸钾为火药中的成分):

$$2NH_3 + 3O_2 \longrightarrow 2NO_2^- + 2H^+ + 2H_2O \qquad (3-67)$$

$$2NO_2^- + O_2 \longrightarrow 2NO_3^- \qquad (3-68)$$

尽管大多数的调查都着眼于碳酸盐岩岩溶地区的细菌作用,然而,在石膏洞穴中它也很重要。在过

去50年中,由于作为开挖的目的,乌克兰的Zoloushka("Cinderella")洞穴存在以上提到的全部3种环境。在一项杰出的研究中,Andrejchouk和Klimchouk(2001)在岩石和沉淀物中鉴别出7种不同的氧化和还原性生物。尽管仍然无氧,但石膏洞顶可以被细菌催化变成灰岩和自然硫[反应式(3-50)、反应式(3-53)]。在排水洞穴中,需氧型生物作用十分迅速。例如,在空气中,由于外来反应N_2在大气中的标准浓度从约79%略增长到超过83%:

$$5S+6KNO_3+4NaHCO_3 \longrightarrow 3K_2SO_4+2Na_2SO_4+4CO_2+3N_2+2H_2O \quad (3-69)$$

3.8.3 藻类、细菌和碳酸钙沉积物

藻类和细菌对产生和加速溶解过程的作用可能有局限性,对它们在促进表面和洞中方解石与文石沉淀中所起的作用有了更进一步的研究(石灰华和钙华)。它们可以作为惰性细胞在表面沉淀下来,或者可以作为有促进作用的催化剂来诱导沉淀。无论细菌是活的还是死的,被动矿化作用都发生在那些被阴离子覆盖的细菌的细胞壁、鞘细胞等上。主动矿化作用发生在当细菌产生酶或者其他诱导沉淀的化学物质时。生物控制的矿化作用主要在那些建立方解石结构的藻类和原生生物上,如颗石藻。而细菌似乎对于很多种月奶石的形成来说是必不可少的(Northup,Lavoie,2001)。

3.9 野外和室内测定:计算机程序

大多数国家把测定总硬度、钙离子硬度、重碳酸盐、硫酸盐和氯化物的浓度作为他们水质监测项目的一部分,所以制订了标准测定手册。这里我们只概述关于其在岩溶方面的一些实际应用,以及其他的一些有用的资料。

3.9.1 温度与特定的电导率

测定特定水样的电导率(SpC)是一个迅速而又简单的过程,能很好地给出溶解物质的初步近似值,因为在I较低的情况下,电导率与总离子浓度的变化成正比。现代固相电子电导率测定计功能强大、体积小、轻便而且便宜。可以在线性刻度上测量很大量程的导电率。但结果必须校正成在标准温度(一般为25℃)下的值。该仪器装有能精确到0.5℃或更精确的温度探针,这足以满足大多数的应用,而且也含有饱和指数的计算功能。

图3-15展示了SpC与纯方解石(或文石)以及白云岩溶解之间的理论上的关系,用mg·L^{-1} $CaCO_3$来表示。包括近期在世界范围内的不同碳酸盐岩溶地区大于2 300个水样的全离子分析结果(Krawczyk,Ford,2006)。当SpC<600μS·cm^{-1},关于实际关系的最佳拟合线为:

$$SpC=1.86·TH+31.5 \quad R^2=0.93 \quad (3-70)$$

TH为总硬度。分别取自于不同地区的水样表现出近似理论上的关系($R^2>0.995$),意味着溶液中除Ca^{2+}、Mg^{2+}以及HCO_3^-离子以外的离子很少。相反,从被农业或工业大量污染的地区取来的水样,有时候其相互关系会低于$R^2=0.8$。当总硬度超过约250mg·$L^{-1}$$CaCO_3$当量时,最佳拟合线开始明显偏离理论值。在大多数情况下,偏离可以被解释为硫酸盐岩岩石或者岩盐数量也同样很少并加入了其他离子。然而,对最佳拟合线估计的标准误差范围很小:对于SpC=200μS·cm^{-1}时,它给出的为$TH=98\pm2$mg·L^{-1};而SpC=400μS·cm^{-1}时,为$TH=193\pm2$mg·L^{-1}。

极少量SpC>600μS·cm^{-1}的样品是纯方解石或白云岩溶液,如此高的电导率可以由蒸发浓缩或者是在富含二氧化碳的深部获得。除硫酸盐和氯化物之外,某些最大的偏离是硝酸盐的污染造成的。

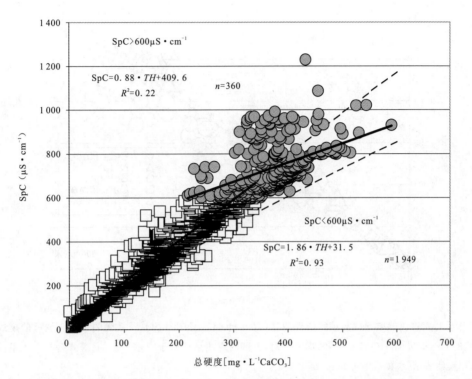

图 3-15 特定的电导率与总硬度之间的关系(以 mg·L^{-1}CaCO$_3$ 表示)。取自世界上 20 个不同碳酸盐岩岩溶地区近期公布的 2 300 个独立结果,绘制在本图中。较低的虚线为 SpC 与纯 Ca+CO$_2$+HCO$_3$ 溶液之间理论上的关系,是适用于离子对的,上部的虚线是针对摩尔平衡的。白云岩的关系与之非常相似。实线为当 SpC>600μS·cm^{-1} 的最佳拟合线。对于 SpC<600μS·cm^{-1} 的数据在本图中没有列出。等式是关于两条拟合线的(据 Krawczyk,Ford,2006)

图 3-16 表达石膏岩溶地区中的水具有同样的关系,数据基于从欧洲和北美洲的 5 个不同地方所取样品进行的 140 个全离子分析,这里的总溶解固体用 meq·L^{-1}Ca^{2+}+SO$_4^{2-}$ 表示。最佳拟合关系表达为多项式:

$$\text{SpC} = 65.7 \cdot \text{Ca}^{2+} + 132.9 \quad R^2 = 0.90 \tag{3-71}$$

可以看到,当溶解固体大于 10meq·L^{-1} 时,纯石膏与理论关系的偏离变得很明显,相当于约 680meq·L^{-1} 的 Ca^{2+}+SO$_4^{2-}$。关于石膏,当接近饱和时(30~35meq·L^{-1} 或 2 100~2 400mg·L^{-1}),大多数情况下,最佳拟合值将再次大于理论值,主要是因为碳酸盐和氯化物中离子的存在。

电导率计可以连续记录。已经确定了一个关于导电率和溶解物质之间的精确关系,因此,就可以连续估算出溶解物质的多少。

3.9.2 现场测定 pH 值

我们认为,精确测定水样的 pH 值是碳酸盐平衡中最难的问题。然而,现代固相的电子 pH 测定计很小,功能强大,价格不昂贵,有些甚至可以潜入水中。使用一个联合(玻璃制品)电极,缓冲液由制造商提供,现场测定精确到±0.05pH 或更高。但仍然存在一个问题,在测定之前需要将缓冲液的温度调适到与水样温度相同,在气候寒冷时会觉得难以等待。

pH 值应该被迅速的测定,因而将仪器搬运到取样现场是很不实际的(例如深的洞穴中)。Ek(1973)研究出对于一些岩溶水,其现场测定的 pH 值与实验室测得的值之间有一个非常好的线性关

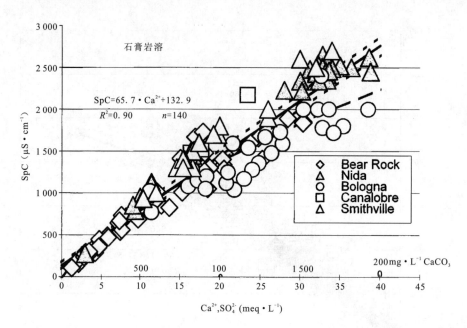

图 3-16 特定物质的电导率与溶解的硫酸盐(以 meq·L^{-1}Ca^{2+}+SO$_4^{2-}$)之间的关系。较低的虚线是针对于纯的 Ca+SO$_4$+H$_2$O 体系的,考虑离子对,上部的虚线是针对于摩尔平衡的;等式是针对于最佳拟合线的,用实线表示(据 Krawczyk,Ford,2006)

系,因此,前者就能被代替。在某些研究领域这个暂定的线性关系还需要被证实,而不能假定它是成立的。

3.9.3 特定的溶解物质的测定

理想地,所有的变量都应该在取样点测定以避免系统受扰动,如避免在搬运和储存过程中 CO$_2$ 的损失。实际上,在背包中或者一个小型野外实验室中装配一些便携的仪器所测定的结果是非常可靠的。

总硬度(Ca^{2+} 和 Mg^{2+})以及 Ca^{2+} 浓度的测定采用 EDTA-Na 络合滴定法。注意,结果的误差在 ±1.0mg·L^{-1} 内。

用稀盐酸(HCl)和商用指示剂或者溴甲酚绿和甲基红指示剂,碳酸盐的碱度(HCO$_3^-$ 加少量的 CO$_3^{2-}$)也能通过滴定法测定。最好用电位测定法,用 0.01N 或 0.02N(1N 的当量浓度相当于 1L 溶液中含 1mol 的物质)的 HCl 和野外用 pH 计,滴定终点 pH 值为 4.5。

氯化物最好用离子选择电极来测定。在野外条件下准确地测定硫酸盐更为复杂。常用的方法是比浊法,即通过测定加入钡盐时产生的硫酸盐沉淀来测定;应准备一组标准的浑浊液(Krawczyk,1996)。在许多岩溶地区可能存在自然来源的硝酸盐。在当今世界,硝酸盐可能大量来自于牲畜、化肥或酸雨。这些物质会出现在 SpC 的测定中,并且打破原有的离子平衡(见下文)。因此,应该测定它们的含量,标准的方法是使用离子选择电极来测定。

3.9.4 试验室方法

以上所有方法都可以在一个全装备的试验室里完成。然而,如果在商业水质分析实验室,对阳离子使用 AAS(原子吸收光谱法)和 ICP-AES(感应耦合等离子-原子发射光谱法)或者对所有阳离子和阴离子使用 IC(离子色谱法)能更精确和快速地获得一大批样品的试验结果。在进行阳离子分析时,应该对样品进行酸化处理,这样可以溶解一些悬浮的碳酸钙。过滤也是很重要的,它可以打乱碳酸钙沉淀的平衡。溶解的石英可以在一个波长为816nm的分光光度计上用还原蓝色络合物的方法来测定。

3.9.5 分析的精度

水样分析的完整度或精度由计算离子平衡误差来核定:

$$IBE(\%) = 100 \frac{\sum 阳离子 - \sum 阴离子}{\sum 阳离子 + \sum 阴离子} \tag{3-72}$$

所有的离子浓度单位都是 $meq \cdot L^{-1}$。

在野外研究中,我们发现误差达到3‰~5‰都是可以接受的。若误差比这更大,则要么是测定中出现了错误,要么是其中还有一种或者多种离子尚未被测定。

由于野外存在诸多的困难,方解石、文石和白云岩的饱和指数误差一般都在±(0.01~0.03)内。

3.9.6 计算机程序

在北美,目前使用的计算机程序至少有 4 种:PHREEQC、WATEQ4F、MINTEQA2 和 SOLMINEQ-GW。它们都是大型的通用程序,包含30种或者更多的矿物、溶质类别、热力学特性以及在地下水中的平衡等详细数据。这些程序都已经被改良了好几代,而且可以通过 Excel 等来使用。PHREEQC(Parkhurst, Appelo, 1999)可能是被使用得最广泛的程序。

3.10 岩溶岩的溶解和析出的反应动力学特性

溶液的反应动力学特性指溶解的动态性。当溶液远未达到平衡时,系统是最活跃的。正反应是矿物的溶解,而逆反应是矿物的析出,由于条件相同,因此可以一并考虑。研究溶液反应动力学特性的核心问题是在特定条件下确定决定反应速率的控制因素。对于这个问题,岩溶专家们设计出了数值模型来评估诸如原洞穴扩张的速率,或者是石笋发育的速率。大多数与之相关的反应动力学研究都以方解石为主,因此这里也着重讨论方解石,简单论述文石、白云岩、石膏和岩盐。

当只涉及一种状态时,反应都是同相的,如 $CO_2(aq) + H_2O \longrightarrow H_2CO_3^0$。当涉及到两种状态时就是异相反应,所有岩石表面的溶解反应都是异相的,所以所有的岩溶沉淀都是异相反应。

在静态液体中,溶解物质的离子和分子从浓度高的区域移动到浓度低的区域,这个过程叫作分子扩散。如果液体在流动或者被波浪或水流干扰,溶解的物质就会以涡动扩散的形式分散,这比分子扩散快了几个数量级。

在大多数岩溶条件下,水是运动的,因此涡动扩散占主导。尽管在固-液接触面上,假定存在一个扩散边界层(DBL),此处水是静态的,因为有摩擦力,而且会有分子扩散作用。对于某种矿物来说,它的边界层将会是饱和的,或者近似饱和。它非常地薄,在不同的条件下厚度$1\mu m \sim 1mm$,其平均厚度约为$30\mu m$,这个值经常被实验者采用。其厚度取决于接触面的粗糙程度、散装液体的黏度和流速。Plummer 等(1979)认定那里有一个更进一步的溶质离子和分子的"吸收层",其位置离固体表面没有一个严格的界线。这个亚层只有几个分子那么厚。

图3-5所示的平衡图,包含了这些概念。DBL 可以被视为有溶解能力的液体与可溶性固体之间薄弱的屏障。

以碳酸氢钙溶解-平衡-析出的次序为例,在开放性系统中对速率的控制通常可以分为4个步骤:

(1)CO_2溶解在水中,或者由于脱气作用重新返回大气中。

(2)在液体中,或者在 DBL 中的一个有限的范围内形成溶质。

(3)潜在的有腐蚀性的物质[H^+、$H_2CO_3^0$、$CO_2(aq)$]利用分子扩散越过 DBL,而且反应产物因此而扩散。

(4)反应发生在固液接触面上:一个 Ca^{2+} 或者 CO_3^{2-} 离子从晶体表面电离出来,或者 H^+ 与一个 CO_3^{2-} 结合后将其挤出。

溶解速度将由这 4 个步骤中最慢的步骤决定。当系统是封闭性的时候,步骤(1)将不再适用。

研究者在室内实验中已经着手处理这些溶解问题。一般来说,方解石粉末或者冰洲石(瑕疵较少的)在酸溶液中溶解,有时会十分剧烈。pH 常数由 CO_2 的气泡来维持(pH 静电实验法)或者 pH 值可以随着溶解的进行而改变(pH 趋势)。在 DBL 中测定浓度的变化是不可行的,因为它本身太薄了,因此反应动力学进程和速率由液体的浓度变化来估算。后来的实验中加入了由光亮的晶体或者灰岩等制成的旋转碟片。在层流状态下,碟片旋转得越快,DBL 就越薄;理论上,紊流开始以后,DBL 将维持一个不变的厚度,因此 DBL 中的扩散速率就可以被估算。在近 10 年内,原子力学显微镜(AFM)或者光学干涉测量法的应用可以观察发生在分子尺寸(0.2~0.5nm)的固液接触面(即水合的)上的溶解(Hillner et al,1992)。原子力学显微镜可以进行实时观测,但是时间很短。而光学干涉测量法依赖于测量表面连续静态的快照的变化来进行。不管怎样,可以显现有说服力的关于碳酸钙溶解的速率控制因子的图片,Morse 和 Arvidson(2002)对此给出详细的论述。

现不知道 CO_2 的溶解和脱气速率。在大气和流水中物质扩散得很快,因此在接触面上厘米级范围内的条件变化也很快。Roques(1969)发现在钟乳石尖端形成水滴后,在第 1 秒内损失了 10% 的 CO_2,90s 内损失了 30%,15min 损失了 70% 的 CO_2。CO_2 的溶解或脱气作用在大多数情况下,不会成为速率控制因子。

生成反应都是同相的,大多数反应很快就能进行,但是 CO_2 在 25℃时条件下的水化反应时间近 30s。一些权威专家(见下文)认为,如果发生在边界层内,那么这个缓慢反应现在就很重要了。Roques(1969)揭露了流体中所有的平衡都在 5min 内达到。这比 CO_2 的溶解或脱气作用要快,因此它不能控制速率。

Fick 第一定律描述了物质分子在边界层内的扩散:

$$F = \frac{-D(c_{eq} - c_{bulk})}{X} \tag{3-73}$$

式中,F 为质量流量($M \cdot L^{-3} \cdot T^{-1}$);$D$ 是一个扩散系数($L^2 \cdot T^{-1}$);c_{eq} 是溶质的平衡浓度(可以假定为固液面处的浓度);c_{bulk} 为其在液体中的实际浓度;X 为 DBL 的厚度。对于在岩溶研究中常见的物质,在 25℃时,D 值$(1~2) \times 10^{-5} cm^2 \cdot s^{-1}$,但在 0℃时跌到了这个数量的一半。不同的离子强度(I)对它没有什么效果,在 25℃时,CO_2 在静止空气的扩散系数约为 $1 cm^2 \cdot s^{-1}$,在 0℃时为 $0.14 cm^2 \cdot s^{-1}$。在水中涡动扩散率介于 $10^{-3} \sim 10^{-1} cm^2 \cdot s^{-1}$ 之间。

我们可以看到,扩散过程如果是可以控制速率的,那么一定是发生在液体边界层的,可能被固液接触面的条件影响。这个被研究了很长时间,后来采用了图 3-17 中的模型。这意味着在很多的地方,H^+ 从液体中向 DBL 的扩散将会是控制因子。随着液体中溶质浓度的增大,这就会变成一个更复杂的过渡状态,随后出现一个与 H^+ 无关的非常接近饱和的状态。

为了了解固体表面发生的反应,最好想象成一个"阶、结和孔"模型[图 3-18(a)]。碳酸钙的原子和分子等都有序地排列着。最顶层的孤立原子有最高的自由能,因为很可能仅有一个化学键将它们与层相连。在台阶上的原子很可能有 2 个化学键连着,而结点上的化学键是 3 个或者 4 个,在孔上的为 5 个或者更多。这里将会是容易溶解和析出的地方。一个 H^+ 扩散到晶体表面将会穿过它,直到在某处遇到 CO_3^{2-},从而形成了 HCO_3^- 并扩散出去,仅留下电离出的 Ca^{2+},循环电离。研究中使用 AFM 和干涉测量法发现在最陡的表面即一个分子高和宽的阶梯处的溶解速率最大。因此,从一个原子层面到相邻

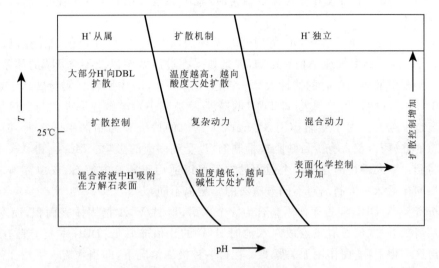

图 3-17　方解石溶解速率控制机理示意图（据 Morse, Arvidson, 2002）

的层面的破坏，很像连续地解开编织的线一样。在含有 H^+ 的环境中，测得的移动速率范围为 $0.5\sim 3.5\mathrm{nm}\cdot\mathrm{s}^{-1}$。孔被扩大成溶蚀小坑，此过程的形成与组合都很快，例如 30min 内能侵蚀至 800nm 深。如图 3-18(a)所示，顶层的原子核有多种化学键，对于方解石来说，它在析出过程中的作用比溶解过程中更为重要，因为它们会从溶液中吸引离子。

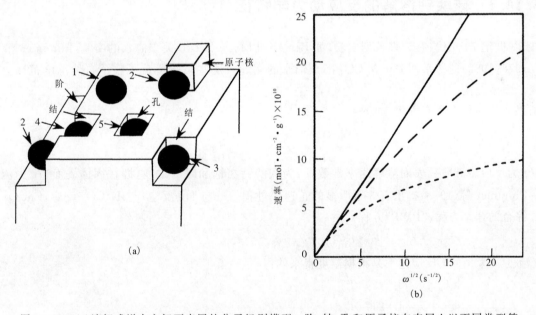

图 3-18　(a)溶解或增大方解石表层的分子级别模型。阶、结、孔和原子核在表层上以不同类型符号标示，并标注了其最有可能呈现出的化学键。被吸附的离子用黑色表示；(b)以一个旋转方解石片的溶解速率试验为例；$\omega'=$方解石片的旋转速率。直线代表在速率完全由搬运控制时的理论函数。长虚线代表冰洲石(有些不完美的)的函数，短虚线代表 Carrera 大理岩(许多错位)。本图中表层控制的作用变得非常明显（据 Morse, Arvidson, 2002; Rickard, 1983）

大多数独立的晶体(以及所有较大的晶体聚集体)都有缺陷，小断层(称为螺旋错位)切断如图 3-18(a)所示的整齐叠加的晶体，使所有层都断错。溶解中快速瓦解的陡面也是如此。

现在我们可以体会到微量元素对溶解的抑制作用，如镍、铜等前文已涉及到的微量元素。在侵蚀中,当某个原子附近出现一个结或者螺旋错位结构时,就不会电离或者与H^+合并,那个别结点处的侵蚀性剥落等就会停止。

使用透射电子显微镜(TEM),Schott等(1989)发现表面有瑕疵时(如错位、结、孔以及发现的抑制剂),其密度对含H^+体系的溶解速率稍有影响,但是如果在过渡状态以及不含H^+的体系中,这种作用就变得比之前基于改变液体浓度时的估计大2~3倍。图3-18(b)中旋转片实验展示了这种作用。在一个过渡状态中,随着旋转速率的增大(即DBL的厚度X被减小),溶解速率曲线与预测的纯搬运系统速率曲线的偏离越来越大。由于变质作用,Carrara大理岩的瑕疵和抑制剂密度很大,偏离量非常大。冰洲石接近理想的方解石,仅含有少量缺陷或抑制剂,没受到多大的影响。Morse和Arvidson(2002)发现这些现象后写到:"令人难过的是没一个通用的方程可以适用于所有方解石,仅单一地适用于表面区域和溶质沉淀!同样意味着抑制剂对不同方解石的影响也不同。"

在许多分析资料中,DBL和表面作用整合为一个术语,即A/V,A指固体表面积,而V是溶液的体积。在一种极端情况下,方解石屑斑点放在水池时A/V的比值非常低:DBL本质上是有无限厚度的,因此涡流扩散与这不相干,表面作用无关紧要。在另一种极端情况下,即当水流入平均孔径很小而且表面粗糙的层面或者节理面时,A/V的比值很大并能使DBL变薄,因此涡流扩散起着很重要的作用。这就引进了"突破"这个重要的概念,本书会在以后章节中讨论。受到雨水冲刷而裸露的灰岩表面,是一种中间状态的例子,是活跃的、非常复杂的,因为A/V比值会随着降雨强度和片流波动的改变而迅速变化。

弄清这些概念,现在就可以估定方解石的溶解度了。

3.10.1 碳酸钙溶解的反应动力学特征

在20世纪70年代,有许多系列实验,如Bemer和Morse(1974)关于海水的实验,Plummer和Wigley等(1978,1982)的一系列关于含CO_2的蒸馏水的实验。这些实验覆盖了整个自然温度范围以及很大的离子强度范围。

结果表达为标准速率方程,如下:

$$\frac{dc}{dt} = \frac{k_c A}{V(c_{eq}-c)^n} \tag{3-74}$$

式中,k_c为反应中碳酸钙表面溶解速率常数;c_{eq}为碳酸钙在饱和时的浓度(即在固体表面);c为流体的浓度。Plummer等(1978)提出有3个明显的正速率过程——与H^+反应,与$H_2CO_3^0$反应,$CaCO_3$单独电离。综合的速率方程("PWP"方程)是:

$$r = k_1 \cdot a_{H^+} + k_2 \cdot a_{H_2CO_3^0} + k_3 \cdot a_{H_2O} - k_4 \cdot a_{Ca^{2+}} \cdot a_{HCO_3^-} \tag{3-75}$$

a代表活度。这3个正反应速率是根据温度得来的:

$$\lg k_1 = 0.98 - 444/T$$
$$\lg k_2 = 2.84 - 217/T$$
$$\lg k_3 = -5.86 - 317/T$$

其中T是开尔文度数;最后一个是关于逆反应的,k_4的来源很复杂,但是与下文碳酸钙析出的标准反应速率近似。

图3-19(a)比较了PWP理论速率模型与实际溶解性实验的结果以及AFM表面测定方法。溶解速率单位为$mol \cdot cm^2 \cdot s^{-1}$。注意到pH值的范围要比任何区域岩溶水中的pH值范围大得多。可以看出,函数前段与实测接近一致,但是pH值在5~8.9范围内则与大多数岩溶地区实测的结果不一致,大约相差1个数量级。AFM结果与PWP理论在后半段中符合得较好,但是这些相对于实际速率都会有一些出入。

图3-19(b)中给出了两种比选的观点,数据是从同样的或者相似的实验中获得的,只是一种为标准化的速率,另一种为原始(最快的)速率,关于方解石溶解的饱和度(即计算出的饱和度曲率,1.00时为平衡状态)。曲线1是关于海水中方解石的溶解速率曲线,曲线2是白云岩的。曲线3~7是纯净的H_2O+CO_2溶液中的方解石溶解速率曲线,可以看出它们都很相似,显示出在复合边界条件下达到100%饱和,因为速率变得太慢而难以测定。曲线3~7中的细微差别可以归因为步骤不同加上不确定的表面作用。

方程(3-74)中的k_1,描述了H^+从DBL中扩散到固体表面的过程,而且这在依赖H^+的溶液中是速率控制因子。通常这比大多数岩溶地区的酸性更强;当含酸性矿物的地下水或者酸雨,或者有可能是从泥炭沼泽中流出的有机酸流到灰岩表面上时作用最大。它可能发生在一些通过细菌催化而形成硫酸的洞穴中,例如墨西哥Cueva de Villa Luz,(Hose et al,2000)。

似乎大多数的灰岩溶解都发生在过渡体系的复杂化学反应中(图3-17);而PWP反应中k_1、k_2、k_3的过程都是发生在扩散进出中,表面作用因量的不同而不同,每个点都不一样,在有些情况下,对给定点的作用随时间的变化而变化。速率与饱和度曲线图[图3-19(b)],给出了最好的说明:$SI_c<0.1$至$SI_c>0.8$,跨度超过整个范围。

在无H^+系统中,溶液接近饱和。少量游离H^+保留,pH值因此而接近环境条件的上限。逆反应(PWP方程中的k_4)有助于减缓净溶解过程。表层缺陷的密度成为占据主导的控制因子,这让不同的实验学者们将其求2~11次方,以选择最适合的。这大致上支持了Dreybrodt和Buhmann(1991)的观点,即在DBL层中残留$CO_2(aq)$水合的速度相对比较慢,这成了控制正反应速率的一个重要因素。

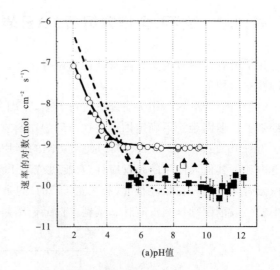

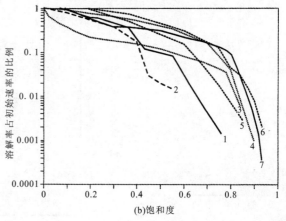

图3-19 (a)理论与实验中方解石的溶解速率。虚线段为PWP模型;短虚线为Chou(1989)的模型。空心圆、正方形和三角形是用粉末实验结果,有误差的黑心方块是AFM结果(引自Morse,Arvidson,2002);(b)方解石和白云石溶解饱和实验方法。曲线1为海水中方解石溶解曲线(据Berner,Morse,1974);其他曲线为蒸馏水加上CO_2。曲线2为白云岩的(Herman,White,1985);曲线3、4为冰洲石的(Plummer,Wigley,1976);曲线5、6也是冰洲石的(Svensonn,Dreybrodt,1992);曲线7为石灰石的(Eisenlohr et al,1997)(本图由Worthington S·R H绘制;引自Morse,Arvidson,2002)

海水中SI_c通常大于0.7,而且它的pH值仅比热力学动态平衡时低0.2。因此方解石溶解通常发生在过渡系统的最高端,或者发生在无H^+系统中。只有磷酸盐的作用是主要的抑制因子。在含游离磷酸盐的海水中,通过复杂的空隙几何结构对方解石进行海洋试验,得出因碳酸钙粉末的不同而反应速率从2次方到4.5次方变化(Morse,Arvidson,2002)。

3.10.2 文石、含镁方解石、白云岩和石英溶解的反应动力学特性

几乎没有开展有关文石溶解特性的调查工作。Busenberg 和 Plummer(1986)发现其与方解石的溶解特性非常相似。

对于白云岩溶解的相关研究进行得不多,是因为反应速率太慢、结构多样化,而且与重碳酸盐混合,这带来了许多困难。不确定因子往往与理想白云岩的溶解度可以相差达 10 倍。

Busenberg 和 Plummer(1982)使用切割的碎片与固定的无漂移 pH 实验,发现其不能比 $SI_d = -3$ 时更饱和。其他人使用的是反应柱,自旋盘或者干涉测量扫描法。图 3-20 展示了样品的调查结果,发现白云岩与方解石在酸性很大(有大量 H^+ 的)的条件下溶解特性很相似。而对于 pH=5.0~8.9(岩溶水中的一般范围)时,则没有什么资料。白云岩溶解速率要比方解石和文石慢一个数量级以上。

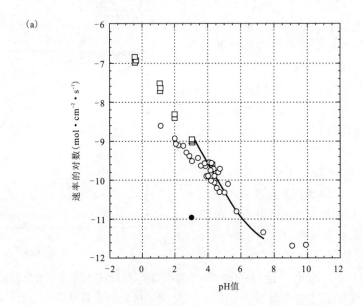

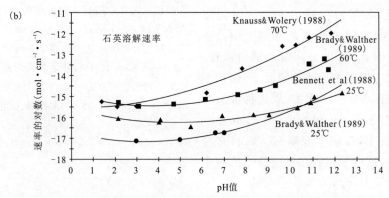

图 3-20　(a)白云岩溶解速率,实曲线是理论模式(Chou et al,1989);空心圆和正方形是选择性混合实验结果;实心圆是垂直扫描干涉法测量结果(引自 Morse,Arvidson,2002);(b)石英溶解速率实验结果(引自 Mecchia,Piccini,1999)

Busenberg 和 Plummer(1982)总结出白云岩溶解分为两步。第一步反应是 $CaCO_3$ 分成 H^+,H_2CO_3 和 H_2O,如方程(3-79)中。第二步是 $MgCO_3$ 的分解,与第一步反应类似,但速率慢很多,这是速率控制性的。随着溶质浓度增大(但是当 SI_d 低于-3 或者 0.1%),HCO_3^- 的逆反应就很明显了。被

吸附到表面带电荷的地方(即 Ca^{2+} 和 Mg^{2+} 的结部位)。这解释了溶解速率为什么会呈指数变慢。综合的反应动力学反应方程与方解石的形式一样：

$$\lambda = k_1 a_{H^+}^n + k_2 a_{H_2CO_3^0}^n + k_3 a_{H_2O}^n - k_4 a_{HCO_3^-} \tag{3-76}$$

当温度低于45℃时，"n"=0.5，即在重碳酸盐溶液中，取活度的算术平方根。

现在我们了解到当白云石和含镁方解石溶解时，其表面发生的反应。理想的(化学当量计算的)白云岩由 $CaCO_3$ 和 $MgCO_3$ 分子层交替组成。$CaCO_3$ 分子层很快就被溶解剥落。而 $MgCO_3$ 结合得更紧密。最外层的 $MgCO_3$ 抵抗着溶解，一些残留的 $CaCO_3$ 加上突起的 $MgCO_3$ 在逆反应中吸引 HCO_3^- 离子。当晶格缺陷的密度增大，因此有机会被接下来的螺旋错位作用攻破 $MgCO_3$ 分子层并"拆散"晶体。

含镁方解石是一种固态混合物。$MgCO_3$ 是四处散落在 $CaCO_3$ 晶格中的，没有常规的交替层。在"低镁方解石"中，抗蚀力更强的 $MgCO_3$ 簇，会在方解石中产生许多阶及结。因此低镁方解石比纯的方解石更易溶解。在"高镁方解石"中，团块的密度变得太大，阶及结产生的作用被 HCO_3^- 吸收到突起部位这个逆反应所掩盖。大多数野外工作者发现高镁方解石没有纯方解石易溶，尽管大多数情况下，它仍然比白云岩易溶。

使用相似的实验设计，发现石英(砂岩和石英岩溶中的主要矿物)的溶解速率要比白云岩低很多，为 $10^{-15} mol \cdot cm^{-2} \cdot s^{-1}$，25℃时则更低[图 3-20(b)；据 Mecchia，Piccini，1999]。处于温泉温度时[例如图 3-20(b)中70℃时]，它的溶解速率就接近白云岩的最低速率了。

3.10.3 岩盐、石膏和硬石膏溶解的反应动力学特性

这些矿物都非常易溶，仅以分子形式分解。溶解速率因此可以认为是运移控制型的，主要是通过扩散出 DBL 层来控制，当接近饱和时有可能会有表层作用的影响。

Alkattan 等(1997)使用自旋碟片实验来研究岩盐的溶解，得到了一个表面速率常数 k_{ss}，在标准速率等式(3-74)中，为 $0.67 mmol \cdot cm^{-2} \cdot s^{-1}$。发现微量元素 Co、Cd、Cr 和 Pb 是良好的抑制剂，而 Fe 和 Zn 不是。在达到天然盐体的纯度情况下，这些抑制剂都可以忽略。如果它们不存在，岩盐的溶解速率就与岩盐在溶液中的浓度成线性关系，即速率方程中的 $n=1$。

在以色列的瑟丹山(Sedom)盐丘的洞穴和岩溶，Frumkin(2000a，2000b)发现洞壁上附着的层流在几分钟内就达到饱和了。当紊流水冲进洞穴时，洞底板上面测得的水流消退速率达到 $0.2 mm \cdot s^{-1}$，与上文中给出的速率常数非常一致(Frumkin，Ford，1995)。

对石膏进行了类似的实验，实验者如 Jeschke 等(2001)发现自然状态的石膏溶解(包括硒晶体，缺陷相对较少)与液体中溶质浓度达到 60% 饱和时有一种近线性关系，因此混合作用变得明显起来。他们获得了一个表面速率常数 k_{sg}，为 $(1.1 \sim 1.3) \times 10^{-4} mmol \cdot cm^{-2} \cdot s^{-1}$。当层流厚约 1mm 时，溶解速率约为 $3 \times 10^{-6} mmol \cdot cm^{-2} \cdot s^{-1}$，表明其为扩散控制型。当实验采用人造石膏时，发现这个线性速率规律恢复平衡。

在饱和度为 94% 或者更饱和的自然石膏溶液中，当表层作用开始主宰这个过程时，溶解速率急剧降低。$n=4.5$，很接近对方解石晶体的实验结果。

硬石膏的溶解速度约是石膏溶解速度的 1/20，主要是因为后者以分子分散的形式在硬石膏表面析出。这可以被认为直到分子层被转换为止，表层控制作用都是适用的，而分子层被转换时，其溶解速率就会达到石膏的速率。关于硬石膏的表面速率常数 $k_{sa}=6 \times 10^{-6} mmol \cdot cm^{-2} \cdot s^{-1}$。

当溶液中有大量的(如 $10 g \cdot L^{-1}$)岩盐时，石膏速率常数会增加许多，这是由于离子强度的作用(图 3-12)。当硬石膏和石膏中夹有岩盐层时，它就是一个重要的辅助剂。

3.10.4 灰岩、白云岩和石膏中的渗透距离与通过时间

第 1 章中强调了岩溶系统的本质是在由溶解性裂隙扩宽形成的地下水渠中的水流(能量)，而不是

排放到地表的那部分水。裂隙的宽度开始非常小,对流水有很大的阻力。因此在溶解特性中有两个重要的问题:一是,在指定时间内,离地下水源多远的裂隙能被明显地扩大?二是,相反的,在地质年代地下裂隙能扩大多远?

早期的渗透会发生在地下水呈层流状态的封闭系统中,从而阻止紊流扩散。从早期的一些实验来看,Weyl(1958)认为当灰岩接近饱和时,Ca^{2+} 扩散出 DBL 层是溶解速率的控制因子。因此,他引进了一个概念,即"L_9 渗透距离"——当含某种矿物的水流达到 90% 饱和度前在毛细管或者裂隙中流过的距离,而不会进一步产生溶解扩大。在大多数的地质环境中,裂隙的原始宽度与酸度一定的条件下,对于许多溶沟来说,渗透距离不超过 1~2m,这看起来阻止了岩溶作用,但大部分区域性岩溶排水系统最小距离也有 1~100km。Weyl 的论点是 Bogli(1964)理论的一个要素,即混合侵蚀效应是淡水中溶剂溶解能力增大的关键辅助剂。

在一系列实验中,成功做出溶解性微导管延长扩展,而且与人造石膏(巴黎石膏模型)中裂隙中的相对比,Ewers(1973,1978,1982)表明当一个或多个管道突破高抗侵蚀段的岩体后,建造洞穴类型这一关键事件就发生了。高抗侵蚀岩体之后的未变化的裂隙与自由排泄点(如泉水点或早期的溶洞)连通。那些管道被迅速扩大而且吸引其他管道中的水流向它们(见 7.2 节)。White(1977a)将水力突进理论与 Berner 和 Morse(1974)以及 Plummer 和 Wigley(1976)在方解石溶解速率控制上的新的调查成果联系起来,颠覆了 Weyl(1958)的观念:当裂隙或者管道充分扩大,允许第二种状况即混合动力学特性在地下水流经的全过程发生作用时就产生了动力学突破,进一步地扩大后紊流通过时导致涡流扩散。

自 1977 年以来,开发了很多关于水流突进和管道发育的计算机模型;Dreybrodt 和 Gabrovšek(2000b,2002)以及 Palmer(1991,2000)总结这些研究成果,其研究成果将会在 7.2 节中进行详细论述。为说明动力学作用对碳酸盐和硫酸盐岩溶系统岩溶发育的重要性,本章仅给出最简单的模型,应用 Dreybrodt 以及他的助手们的最新成果,因为在同类工作中,他们走在了最前列。

举个简单的例子,"平行板"裂缝,即裂隙是直立的但以一定的距离隔开,像一条理想化的基岩节理。图 3-21 中的例子,岩石是纯方解石,裂缝长 1 000m,高或者宽为 1m。它的原始宽度为 200μm,这是模型中常用的值。水头为 50m,水力梯度为 0.05,这个值于许多岩溶来说是相当高的。在流入端,水平衡时 P_{CO_2} 的浓度约为 $10^{-2.5}$(森林土壤中常见的值),而且没有俘获 Ca^{2+}。这个系统是封闭的,此后不会进一步加入 CO_2。

图 3-21(a)展示了在不同时间的溶解性扩宽。在时间 1(曲线 1),水流开始后 100 年,作用可以忽略。在时间 2(约 13 000 年),裂缝的上游段宽 0.5m,但向下游急剧变小,在下游 200m 处不到 1.0mm。在下游端,1 000m 处,宽度增加至约 300μm,但是仍然具有高抗溶性(时间 3)。在时间 4(18 850 年)下游端宽约 550μm,突进特性开始显现。在接下来的 150 年中(到时间 5),宽度增大十倍,而且通过裂缝排出的水流量增大 100 倍。模型一直到 19 150 年(时间 9),此时,裂缝下游端宽 20cm,水流量比开始时增大了 5 个数量级[图 3-21(b)],这已经可以通过大的水流了,即这个系统是完全岩溶化的。图 3-21(c)展示了顺着裂缝岩溶水变得饱和的演化过程[Weyl(1958)的 L_9 渗透距离]。经历时间 4 后,在流过 400m 以后,水中的饱和度已经超过 90%;当突进过程完成以后,1 000m 处的饱和度小于 3%。高抗溶元素在裂缝中保留后,静水头接近不饱和前端的模型。在这种特殊的模型中,突变都发生于 18 850 年至 19 015 年之间,是反应动力学的典型案例。

模型中假定流入端中溶解的 Ca^{2+} 为 0。图 3-21(d)说明如果在水流入裂缝之前,有一些灰岩已经被溶解了对同样条件下模型的影响。在案例 1、2 和 3 中,水在流入端的饱和度分别为 0、50% 和 75%。可以看出无论大量的溶质是否为原先溶解的量,整个过程中它们的变化都是极为相似的。案例 3 在输入端也适用,尽管溶解物质的增长少了很多,但是仍然可以产生强烈的作用。案例 6 中的水饱和度为 97.5%,而案例 8 中则为 99.5%。在 40 000 年以后,案例 6 中的排水量增加到 10^5 倍大;在案例 8 中则不会发育,因为表面侵蚀过程可能在突变作用完成之前搬运岩石。

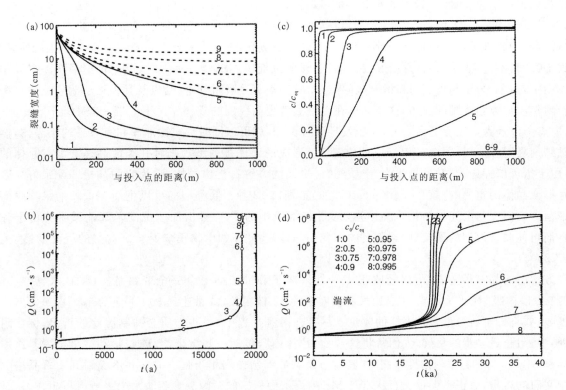

图 3-21 单一的，裂面平行裂缝的溶解性渗透模型。裂缝原始宽约 200mm，高 1m，长 1 000m。水力梯度为 0.05，P_{CO_2} 为 $10^{-2.5}$。(a)曲线代表着在 9 个不同时间时（从模型开始计时起 100 年到 19 150 年）的溶解宽度。溶解突进作用发生在时间 4 和时间 5 处。(b)水始终从裂缝下游端流出的。数字标注了(a)和(c)曲线时间的位置。(c)演化过程与饱和度之间的关系曲线。(d)同样条件下，流入端饱和度不同时的模型。曲线 1 的饱和度为 0，如(a)~(c)；曲线 2 的饱和度为 0.5(50%)等，详见文中（据 Dreybrodt，Gabrovsek，2002）

图 3-21(d)中条件 3 下的演化速率最适用于深循环的地下水，其在开始阶段没有什么差异，但对长时间来说是很重要的。在地表岩溶中，在大多数的天气状况下，在流进地下水之前，许多水流就已经达到 90%饱和；SI_c 一般降至 0.01 以下，水流产生有效溶解。

在白云岩中突变时间会明显变长，而对于石膏来说，这个时间会缩短 10~100 倍。

3.10.5 方解石的析出

方解石是地表及地下生成的钙华和泉华的主要岩溶沉积物。它析出的原因很多而且很复杂，是野外和室内岩溶研究的焦点。

溶液中任何矿物的析出可以用一个基本公式来描述：
$$R=\alpha(c-c_{eq}) \tag{3-77}$$

其中 $c>c_{eq}$，α 是一个由动力学特性控制的速率常数。根据热力学平衡的定义，当溶液处于热力学平衡时，其处在能量的最低阶。因此在析出作用开始之前就必须突破一个能障（核力作用）。因此，当 SI_c 变得大于 0 时，并不会立刻析出方解石。

在均匀液体中同相析出作用下形成分子团。规则或者不规则分子团进一步积累扩大就形成微晶。微晶按一定的规则生长，从而形成晶体并脱离液体。晶体之间的力很大。若要有明显的沉淀，SI_c 值必须超过+1.5，这在有些咸水湖中很容易达到，但在淡水中很少见（Zhong，Mucci，1993）。同相析出在某些泥灰湖中比较重要,但在岩溶研究中不是很重要。

成核作用能导致方解石直接沉淀析出在固体表面(异相沉淀)是非常少见的。因此当 $SI_c=+0.30$[在最有利的条件下甚至更低,Contos 和 James(2001)提到,在澳大利亚 Jenolan 洞穴中,析出沉淀时 SI_c 约为+0.05,不过算是一种特殊情况]就有时明显的沉淀了。$SI_c>+1.0$ 时,沉淀析出最快。在异相成核作用中,离子、分子和离子对扩散到吸附层中,它们被直接吸附到阶、结以及其他格子的错位中。缓慢的吸附作用形成最规则的晶体,这些晶体在二维或者更高级别的成核作用下一层一层的堆积[图3-18(a)中离子位置为2或者更高]。如果蒸发导致过饱和,就可以同时形成微晶簇和有边界的小晶体,然后被黏结剂吸附在底层[图3-18(a)中的位置1],形成的固体排列不规则且孔隙度高。它没有晶体的光泽,用手指可以捏碎,经常被描述为"土质的"。早期的方解石析出最快,因为它的晶格匹配最好。微生物是形成晶体的重要的"核"。Pentecost(1994)鉴别出12种不同类型的可以生活在增长的泉华表面的蓝细菌。它们充当沉淀的结构,而且可以通过将溶液中的 CO_2 排出加速沉淀。其他微生物由于呼吸 CO_2 而可能减缓沉淀的聚集;中国著名的黄龙泉华地貌,硅藻的生物膜减少了约40%的沉淀聚集量(Lu et al,2000)。

方解石的晶格很坚固,可以吸收很多种外来离子和分子而不会完全变错乱。例如,双氧铀离子,UO_2^{2+} 可以被吸附(见8.6节)。腐殖酸和富啡酸(分子链很长,式量达到30 000道尔顿),能被洞穴方解石吸收,并将方解石染上多种多样的颜色。尽管在溶解过程中,一些物质会抑制沉淀的析出,例如附到阶、结中,阻止进一步的集聚,人们常将这些称为"污染",包括一些微生物、磷酸盐和微量金属。作用最大的是 Mg^{2+},当它的摩尔浓度很高时,其对方解石的抑制作用相当强。但它并不吸附到文石晶格上去抑制文石的析出,这正是大量文石从富含 Mg 的海水中析出的原因。某些淡水中之所以析出文石,是因为刚开始石膏的析出使得 Ca^{2+} 被耗尽,从而提高了 Mg^{2+} 的摩尔比例。

Dreybrodt 和其同事做过方解石在淡水中析出的理论及实验研究工作,尤其是关于在渗流洞穴(充满空气的)中的析出;Dreybrodt 和 Buhmann(1991),Baker 等(1998)有详细的见解。修正后的 PWP 方程如下:

$$R=k_1(H^+)+k_2(H_2CO_3^0)+k_3(H_2O)-f \cdot k_4(Ca^{2+})(HCO_3^-) \qquad (3-78)$$

式中,k_4 是逆反应的速率控制因子,因为是指净析出量;f 是一个小于1.0的系数,用于降低逆反应量。改变平衡时(最小量)Ca^{2+} 浓度,使其更高从而改变析出速率控制因子。3个半独立—独立的控制因子如下:

(1)表层作用,在大多数自然晶体表面,取 $f=0.8$,溶液流入细颗粒的多孔材料(如淤泥)时,取 $f=0.5$;

(2)HCO_3^- 和 H^+ 转化成 CO_2 和 H_2O 的过程,因为方解石的析出必须以 CO_2 的释放来平衡,即 V/A 比值很小时(由于它们处于很薄的层流膜内),CO_2 释放速率可被控制;

(3)Ca^{2+}、CO_3^{2-} 以及 HCO_3^- 分子扩散到 DBL 的过程。

图3-22展示了发育模式。图3-22(a)中的模型是方解石从静态水膜中析出的过程。沉淀析出的速率($mm \cdot a^{-1}$)取决于溶液中 Ca^{2+} 浓度($mmol \cdot L^{-1}$)、反应温度(案例2中,标绘的为10℃和20℃)以及水膜的厚度。从下至上,3条实线代表晶体水膜厚度分别为0.05mm、0.1mm 和 0.2mm;圆圈线代表水膜厚度为0.4mm 时的速率曲线。可以看出,随着水膜厚度增至0.2mm,Ca^{2+} 数量达到最大,因为水膜增厚在整个浓度段和温度段内是最重要的控制因子,但是超过这个值以后就不再是了。

图3-22(b)展示出了紊流模式,在洞穴中这是很常见的。$T=10℃$,P_{CO_2} 与图3-22(a)中的值相同。DBL(适用于缓慢的分子扩散)比静态水膜要薄得多,析出速率因此大得多。实线代表 DBL 厚为0.1mm,水流深分别为 0.1cm(1)、1.0cm(2)、10cm(3)以及100cm(4)的情况。虚线 A、B、C、D 与(1)、(2)、(3)、(4)对应,只不过 DBL 厚为0.05mm。在洞穴中,很少遇到水流深为10~100cm,因此图中所采用的0.1~1.0cm 更典型。图3-23展示了一种极端情况,洞穴堆积物中方解石毛细管下方的水滴中

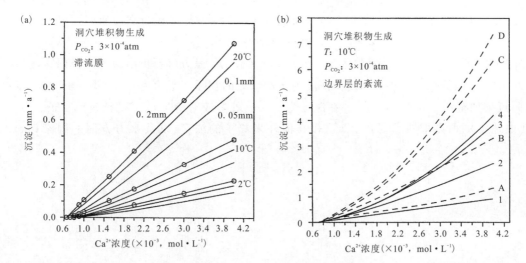

图 3-22 洞穴堆积物上的方解石沉淀速率模型。(a)滞流膜:曲线为处于 3 种不同水膜厚度以及 3 种不同温度下的速率曲线。(b)紊流:实线代表着 4 种不同深度但 DBL 厚度保持为 0.1mm 时的沉淀速率;虚线代表处在相同深度但 DBL 厚度减至 0.05mm 的沉淀速率,详见文中(引自 Dreybrodt,Buhmann,1991)

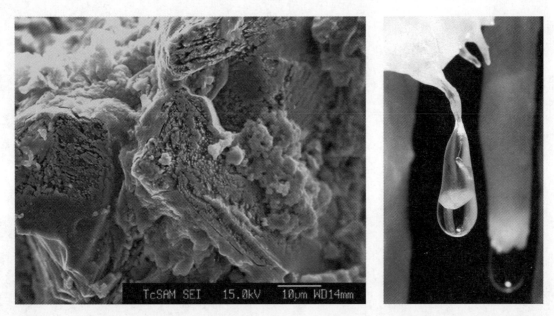

图 3-23 (左)扫描电子显微镜照片显示方解石在实验中溶解时呈斜六面体。10μm 的比例尺(Henry Chafetz 摄)。(右)斜六面体状的方解石开始析出并形成钟乳石的尖端。不规则卷曲石毛细管向其提供物质。小滴的直径约为 5mm(Patrick Cabrol 摄)

正发育斜六面体晶体。

对于这些模型的野外测试正在进行中。对于岩溶来说,真实的静态水膜只是一种概念,但是很接近冷凝水膜或者由于洪水形成的洼地。对于紊流,Baker 和 Smart(1995)发现这个模型把在英格兰西南的两个洞穴中水膜的厚度高估了 2~5 倍,但是 Baker 等(1998)与 Genty 等(2001b)指出,从苏格兰北部到法国南部的实地研究中,R^2 的相关性约为 0.7 或者更高。在不同地方,高估的程度有所降低,甚至有的地方是低估了的。

地下水水位线以下(即潜水区)的方解石沉淀通常更缓慢。被证实有记录的最低速率发生在南达科他州的 Wind 洞中。洞穴是一个暖流系统的死水区,在过去约 50 万年中排水速率平均约为每千年 0.4m。方解石于地下水水位线以下约 70m 深的地方(7 个大气压)开始析出。速率方程为:

$$R = \alpha' \times 10^{-7}(Z - Z_0) \quad [\text{mmol} \cdot \text{cm}^{-2} \cdot \text{s}^{-1}] \tag{3-79}$$

α' 由 DBL 厚度决定(最大估计值为 1×10^{-5} cm·s^{-1}),Z_0 是方解石析出的压力极限深度(这个例子中为 -70m),Z 为任何比 Z_0 小的深度。深度为 -70m 处的实际速率约为 0.000 07mm·a^{-1} 或更小,在水位线附近增加至 0.000 8mm·a^{-1}。在深度为 -70m 处溶液平衡时 Ca^{2+} 的浓度为 2mmol·L^{-1}。除 Z_0 处其他地方的值则取决于温度、Ca^{2+} 和其他外来离子的浓度,以及水力方面的因素(Ford et al,1993)。

4 岩溶剥蚀的分布和速率

4.1 全球碳酸盐地区溶解性剥蚀的差异性

James Hutton(1795)很清楚地指出阿尔卑斯山中灰岩溶解形式,200多年来,他的关于雨水对可溶岩的溶解作用结论一直是被人们认可的。至少从1854年开始,人类对自然溶解速率就已经有了估计,通过特殊的计算,Bischof断言莱茵河每年溶解的碳酸钙质量相当于"3 325.39亿个普通大小的牡蛎"!比利时的Spring和Prost(1883)以及美国的Ewing(1885)被认为是使用现代方法估算溶解作用的先锋。经过366天的取样,Spring和Prost确定每年在比利时烈日市默兹河(Hege)的溶解量为1 081 844t,但根据Ewing的计算,在宾夕法尼亚河盆中的灰岩剥蚀速率相当于9 000年达到1英尺(34mm·a^{-1})。相关地区近期多次估测的结果与这些数字在同一个数量级内。

20世纪50年代,当法国地貌学家Jean Corbel发布了几千个野外样品的分析结果后,这对传统的思维产生了很大的冲击,他总结出:①寒冷的高山为灰岩溶解提供了最有利的环境;②在年降雨量一定的情况下,寒冷地区和炎热地区的溶解速率的差别可以达到10倍,炎热地区的岩溶溶解速率最慢(Corbel,1959)。根据这个结论,他推断控制溶解的主要因素是温度,很有可能对CO_2溶解度起相反作用(见3.4节)。

这个结论完全打破了现状。与所有形态学证据和传统思维相违背——因为总体来说风化过程往往在炎热潮湿的条件下进行得最快。Corbel的调查结论被强烈地质疑并深深地刺激了其他岩溶研究工作。最近200年调查的结果由Priesnitz(1974)综合并发表,他发现关于灰岩溶解速率与径流量之间的重要和明确的关系。这个结论被Pulina(1971)证实,他提出了化学剥蚀和降雨量之间的线性关系,Gams(1972)发现南斯拉夫溶解性剥蚀的速率取决于径流。Bakalowicz(1992)完善了这个理论。

Smith和Atkinson(1976)用了2组数据:一是134个世界上不同地方的溶解剥蚀速率估计值,二是231个关于泉水和河水的平均硬度的报告。这些数据证实了上述结论,并提供了更多的细节和重要的解释。径流很可能导致50%~77%的总溶解速率变化量,剩下的变化量则主要受溶质的浓度影响。Smith和Atkinson支持Corbel的假设,他们发现在高山和寒冷地区的溶解性剥蚀最大,但是他们强调气候的作用远没有Corbel所说得那么明显。当径流一定时,对于热带地区和寒冷的高山地区气候对溶解速率的影响没有增加10倍,而是只有36%。世界上规模最大的灰岩溶解发生在湿润多雨的地区。因此,主要控制因子是降雨量而不是温度。在巴塔哥尼亚(南纬50°)沿海,大理岩地区,降雨量约6 600 mm·a^{-1},Maire(1999)估计溶解性剥蚀速率应该在160mm·ka^{-1}这个数量级,其中的25%~37%的溶解性剥蚀直接导致了基岩面的下降。相比于他早期对巴布亚新几内亚的新不列颠(南纬6°)的5个地区做调查,年降雨量为5 700~12 000mm,而他曾估测那里的溶解性剥蚀速率为270~760mm·ka^{-1}(Maire,1981b)。

调查导致灰岩溶解性剥蚀速率变化的因素,Bakalowicz(1992)总结出,尽管气候很重要(因为它决定着水的剩余量和CO_2的产生量),但并不是最重要的因素。地质与地貌条件也很重要,因为它们可以大量地增加水在可溶岩中的运移(促进表面水流转向地下);区域演化与新构造作用可以极大地改变

CO_2 的分压(如厚的沉积物盖层可以通过限制深处的气体交换来增大 CO_2 的浓度,尽管之前岩溶过程产生的大量空隙可以减少 CO_2 的浓度,因为它可以提供强有力的气体交换)。在某些与气候不相关的进程中,与酸度有关的物质就成了促进地下岩溶发育的主要因素,如 S—O—H 系统(见 3.6 节)。

4.1.1 溶解速率和剥蚀速率的区别

地貌文献中广泛使用"溶解速率"这个术语,是有歧义的。各种矿物在水中的溶解度见表 3-1,在特定条件下,这个值反映了在不限定时间内所能达到的最大浓度。他们描述了一个平衡状态,但是没有告诉我们达到平衡时的速率。溶解速率由溶解的动力学性质和反应动力确定,在溶质浓度随时间的变化曲线图中作为斜率出现(图 3-3)。这就是化学家们所理解的"溶解的速率"的意义,也被地貌学家们放宽地使用,他们也将其理解为年化学剥蚀速率,即溶解性剥蚀速率。后者容易与岩溶剥蚀速率混淆,岩溶剥蚀是化学剥蚀和物理磨损的总和。然而,由于实际上化学剥蚀比物理磨损更容易计算,所以通常只考虑了溶解性剥蚀速率。而被忽略的往往是很大的一部分,不得不承认这是岩溶研究中的一个主要缺憾。

地下岩溶侵蚀与山坡上的一样,是一种与表面积相关的过程,但是在岩溶溶蚀过程中,很难测定出水与岩石真正的接触面积(Lauritzen,1990)。因此剥蚀速率最好以一个体积/体积单位($m^3 \cdot km^{-3} \cdot a^{-1}$)表示,但通常表示为体积/面积单位($m^3 \cdot km^{-2} \cdot a^{-1}$),通过转化成单位时间、单位水平面积内消失的岩石厚度,以便于比较剥蚀速率。用得最多的是毫米每千年($mm \cdot ka^{-1}$),$1mm \cdot ka^{-1}$ 相当于 $1m^3 \cdot km^{-2} \cdot a^{-1}$。然而,将一块地每年的变化速率归纳成每千年的对应速率只适用于在这个时间段内当地的环境状况没有发生大的变化。由于人类对生态系统的影响很大,使之成为一个越来越不准确的假设,但在过去大约 6 000 年内可视为亚稳定状态。

4.1.2 自源、异源和混合侵蚀系统的分类

在解译岩溶侵蚀研究的结果时,必须清楚水的来源和其数量。自源(或原源)系统完全由可溶岩组成,水的来源只有大气降水[图 4-1(a)]。相反,完全的异源(或外来的)系统的水完全来自邻近的非岩溶流域的径流。事实上,许多岩溶系统都是由自源和异源系统组合而成的[图 4-1(c)]。Lauritzen (1990)计算了混合岩性的盆地中自源成分的比例。

异源水流入岩溶地区意味着带入了化学能和机械能两方面的能量。在输出边界,在判别地形发育以及与其他地区的溶解速率进行有效的比较时,自源和异源侵蚀一定要分离。显然,一个小的岩溶区域有一个大的异源水流[正如婆罗州(Borneo)的姆鲁(Mulu)],就会遭受比纯自源系统更多的侵蚀。在新西兰瓦卡(Riwaka),自源溶解速率约为 $79mm \cdot ka^{-1}$,但岩溶仅覆盖了流域的 46.6%。大量的异源水进入增加了 20%的岩溶溶解量(表 4-1)。只有在考虑碳酸盐岩的相对比例时,比较不同地区的溶解剥蚀速率才有意义。Pitty(1968a)和 Bakalowicz(1992)的调查结果在这方面特别具有启发性,并说明了如果盆地中灰岩的比例从 100%减至 50%后,特定的溶解可以增加约 60%(图 4-2),前提是如果盆地上游岸为非岩溶岩,并有一条异源径流。

4.1.3 总溶解量与净溶解量的区别

对岩溶剥蚀的估计,他们的描述并不一致。这是因为溶质可能有不同的来源,一些是非岩溶的(包括污染源),一些是先前在取样点上游已经溶解了的物质再析出的。溶质总排放量是河流排出量 Q 与其相应的溶质浓度 c 的乘积。根据其所占的比例,每种组分都有一个值。

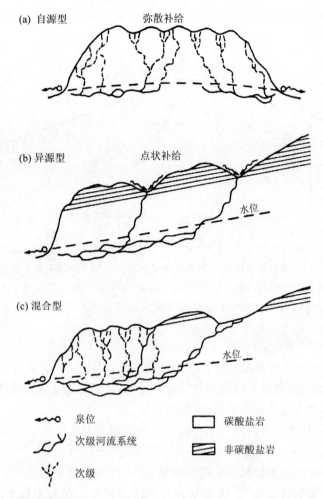

图 4-1 3 种岩溶剥蚀系统：(a)自源系统，(b)异源系统，(c)介于这两种系统之间的自源-异源混合系统，这是最常见的(引自 Ford,Williams,1989)

表 4-1 新西兰瓦卡盆地的溶质来源(引自 Williams,Dowling,1979)

Ca+Mg 的来源	t(a)	百分比(%)	
		岩溶溶解量	总溶质量
自源水溶解的大理岩	1 709*	79.5*	68
异源水溶解的大理岩	440**	20.5*	17.5
净岩溶溶解量	2 149+	100	85.5
非可溶岩溶解量	250	—	9.9
降雨引入量	116	—	4.6
溶质总量	2 515	—	100

注：* 主要地表沉降；** 主要洞穴导管发育；+ 相当于大理岩剥落速率$(100\pm24)m^3 \cdot km^{-2} \cdot a^{-1}$。

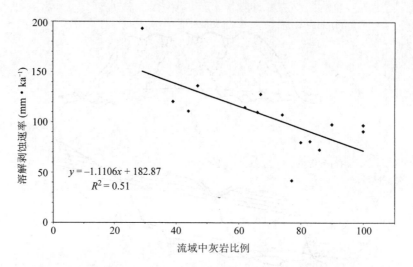

图4-2 溶解剥蚀速率与灰岩在流域中所占比例之间的关系。数据来源于英格兰(Pitty,1968a)和法国(Bakalowicz,1992)。散点是流域中非可溶岩位置,当它们在流域上游时,溶解损失量就会增多

$$Q = (P-E)_{自源} + (P-E)_{异源} \pm \Delta S \tag{4-1}$$

式中,P指降雨量;E指土壤蒸腾蒸发总量;ΔS是储量变化。$(P-E)_{自源}$是可溶岩径流,$(P-E)_{异源}$是非可溶岩溶径流。通过降雨,盐分被带进自源和异源组分中,从而增加了流出物中溶质的量。来源于异源的非可溶岩的径流中的溶质也是有贡献的。因此:

溶质量=(自源的+异源岩溶侵蚀 — 岩溶沉淀)+异源非岩溶侵蚀+降雨、降雪以及大气污染中的溶质量

总岩溶溶解量为自源的加上异源的岩溶溶解量;净岩溶溶解是由自源的加上异源的岩溶溶解减去岩溶沉淀。为估算实际地貌转化速率,需要获得总岩溶溶解量。在大多数寒冷的气候下,再析出不明显,净溶解量接近总溶解量。但是在炎热和温暖气候下,洞穴沉积物和有机石灰华是十分常见的;因此仅凭净溶解量估算的结果就比总溶解量少得多了。如果不扣除来自于降雨和非可溶岩中的溶质,那么溶解剥蚀量就会被过多地估计。在干旱地区由露水和大气中的灰尘所带来的碳酸盐的影响也是很复杂的。

4.1.4 影响全球范围内净自源溶解量变化的因素

在有水的情况下,没有方解石或白云岩溶解的阈值(Ford,1980)。发现溶解剥蚀速率受径流影响,二者呈线性相关。因此可以假设,由于径流值在全球范围内是连续的,所以溶解剥蚀在地域上也是连续的。如果溶质浓度变化微乎其微,这个假设是成立的。但事实并非总是如此,例如在不列颠南部不同岩性的灰岩地区的地下水中有不同的碳酸钙的含量(例如Paterson,1979)。溶质浓度变化的根本原因,需要更加仔细研究。

在3.7节中,我们分析促进和抑制碳酸盐矿物溶解的因素,并强调了"开放系统"和"封闭系统"的重要性。重要的变量叠加在系统条件中,影响了地下水渗流的饱和度值,变量包括土壤中发现的碳酸盐、根系深度、孔隙度、二氧化碳浓度和可用性、水的停留时间。图3-9中的模型,可以很好地解释为什么在某些地区碳酸盐的浓度远高于其他地区。例如:在碳酸盐丰富的冰川直至寒冷的北方地区中的开放性系统说明了尽管有时土壤中的CO_2分压较低,但测得的地下水中碳酸盐的浓度非常高。模型中的变量"孔隙度"包括许多岩石的岩性、矿物特性和结构特征,它可以影响受溶蚀岩石的表面积、溶解度和渗

透时间。在对"孔隙度"做出新的完善定义之前,需要对不同岩性的地下水碳酸盐含量的影响进行研究。3.3节和3.7节从化学理论角度,2.6节、2.7节、2.8节中从地质角度讨论了不同矿物组成对溶解度的影响。

1984年White发现了灰岩溶解性剥蚀中化学和环境因素之间的联系,其理论表达式如下:

$$D_{max} = \frac{100}{\rho(4)^{\frac{1}{3}}} \left(\frac{K_c K_1 K_{CO_2}}{K_2} \right)^{\frac{1}{3}} P_{CO_2}^{\frac{1}{3}} (P-E) \tag{4-2}$$

式中,D_{max}为平衡系统中的溶解剥蚀率($mm \cdot ka^{-1}$);P为降水量($mm \cdot a^{-1}$);E为蒸腾蒸发总量($mm \cdot a^{-1}$);ρ为岩石密度;K为表3-5中的平衡常数。

表达式中的所有参数都能被计算出。它将岩石和平衡因子、重要的气候变化、降雨量与温度都结合在一个单独的表中。该方程表示溶解剥蚀率与径流量($P-E$)之间的线性关系及其随CO_2分压的立方根的变化关系。大气和土壤中CO_2的含量为0.03%~10%或者更多,但正如White(1984)指出的,由于取决于其立方根,CO_2分压变化100倍,溶解剥蚀才变化约5倍,温度对溶解剥蚀率的复杂影响将包含在平衡常数内。White得出结论,温度从25℃降低到5℃时,溶解剥蚀速率增加30%,这与Smith和Atkinson(1976)通过实验得出的结论大致相同。在方程和实验中,温度在气候变化影响因素中所起的作用最小,可以被其他因素抵消。通过实地研究,图4-3中的理论关系在方程(4-2)中得以体现。关于这一点的进一步讨论见White(2000)。

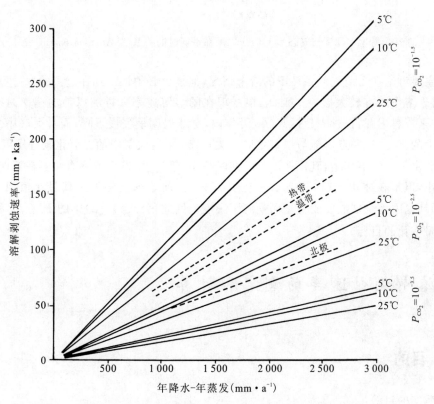

图4-3 White(1984)总结出在一致的条件下灰岩的溶解剥蚀率与水的补给量和有效CO_2之间的理论关系,虚线为Smith和Atkinson(1976)得出的关系(据Ford,Williams,1989)

图4-3观察到的趋势和理论之间的差异可以通过3.7节"促进因子和抑制因子"的含义来解释。首先,如White指出的,理论曲线中水和碳酸盐岩处于平衡,而现实中岩溶水是欠饱和的。更重要的是,该模型所假定的理想的开放性条件往往不会出现。

对于给定的水量,在开放性和自源系统下,只要水不结冰,理论上纬度增加对溶解剥蚀的影响也在增加。海拔的增加也会产生类似的效果,因为在海拔至少 4 000m 以下的高空,随着高度的增加,大气中 CO_2 的含量只是下降少量(Zhang,1997)。然而,树木生长线对土壤中 CO_2 的含量提供了重要边界条件,从而影响地下水中钙离子的浓度(图 4-4)。因此,在径流量一定时,树木生长线以下的溶解剥蚀量会比其以上的大。

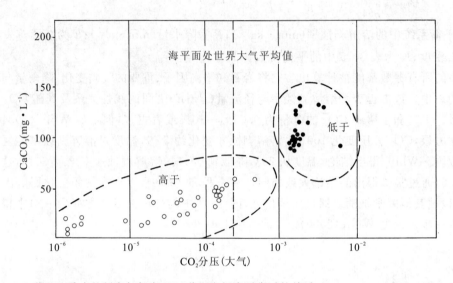

图 4-4　落基山脉水的硬度与气态 CO_2 分压之间在平衡时的关系(据 Atkinson,Smith,1976)

本章我们主要讨论在目前气候条件下的溶解情况,但是也必须认识到在过去的岁月里,环境发生了极大的改变,对岩溶作用有较大影响。因此,根据现在的溶解速率去推测以前的速率是很困难的。例如,化石和同位素资料记载,在过去超过 6 000 万年内,全球温度呈缓慢下降,而且大气中二氧化碳分压值也发生了很大的改变(这两点可能与温室效应有关)。50 年后大气中的二氧化碳分压可能比目前高 4 倍,这与第三纪(由于古岩溶作用,其比侏罗纪晚期时高 10 倍)岩溶发育速率有关。在第四纪,二氧化碳分压值相对较小,但是在冰川期时,其波动达到了 30%,目前地球上接近于其最小值(Edmond,Huh,2003)。水文循环也因为全球温度的变化而受到了影响。因此,公式(4-2)中的 P_{CO_2}、P 和 E 就是我们调查过去溶解量变化的目标。

4.2　溶解剥蚀速率的测定和计算

4.2.1　目的

侵蚀速率测定的目的:
(1)获得一个普遍的侵蚀或地貌改变量;
(2)比较不同环境和不同过程中的侵蚀速率;
(3)更好地理解地貌演化;
(4)理解其自身侵蚀的过程;
(5)估算灰岩溶解时排出的二氧化碳量。
最主要的目的就是获得数据可以与其他岩溶比较,也可和其他气候地区的相比,必须对自源溶解剥蚀速率进行估计(上一节中已经讨论了原因)。当岩溶溶解剥蚀与机械过程的侵蚀相比较时,自源速率也是需要测量的,除非自源水的作用可以被清楚地估定。

研究岩溶剥蚀最好从系统背景着手,岩溶流域盆地作为一个开放系统,有可定义的边界和可识别的输入量、流量、输出量。第二个目的是定义系统的边界(通常为分水岭)与测定溶剂和溶质的流通量。

从1960年开始,对溶解剥蚀的研究已有数百次。研究工作中有一个主要的问题,就是没有区分自源侵蚀速率和混合自源-异源侵蚀速率,气候地貌学者很早就提出来了这个问题:在哪种气候的地区岩溶演变得最快,但到现在还没有明确的答案。大体上潮湿的地区要比干燥地区岩溶演变得快,但是在验证理论推测的时候,野外数据显得太杂乱(见图4-3)。因此,在接下来数年内一个重要的目的就是比较不同环境下的自源速率。同时也有必要认识到高的溶解剥蚀速率并不一定意味着快速的岩溶化,因为它取决于溶解岩石的来源。

如果发生剥蚀的地方都可以采集信息的话,那么剥蚀数据资料的价值就会大大增加。岩溶侵蚀系统是三维的,如果可以获得地貌的改变量,就可以确定地理位置对总剥蚀量的重要影响。然而,想要通过这个系统,定量地了解侵蚀的空间分布情况,则需要一个更先进的实验设计,而不能仅是估计总溶解剥蚀量的实验。

4.2.2 实验设计和野外设备

现在假设我们的目的是测定一个岩溶盆地中净自源溶解剥蚀速率。对描述水文系统最重要的是测定降雨输入量与径流输出量。地形的复杂性决定了雨量计的数量必须满足对盆地降雨量的估计。可以用泰森多边形或等雨量线法估计降雨输入量(Dunne,Leopold,1978)。降雨量记录的特征值是由附近气象站的长期记录总结评定出来的。在最有利的情况下,估计的误差至少为5%。暴风雨时测定个别的误差可能达到30%。

在许多岩溶盆地,一般的排泄点是泉。由于溶质量(或者通量)是流量与浓度的乘积,因此对于这两项都要仔细地测定。在离泉水下游不远处建设平直的水渠来测定流量,但有一点必须确定的是任何来自于地下和溢出的流量都必须包括在内。有关水文方面的文献(例如Ward,Robinson,2000)提供了关于位置选择的标准、恰当的测定技术和联合误差的指导。理想情况下,水渠应避免改变横断面,尽量减少漏水量。当使用不漏水的堰塘或水槽时(图4-5),流量的测定可以达到1%的精度。对比测到的流量数据与附近水文站的水文记录,可以得出代表性的岩溶数据集。

是否需要布置泉水流量的次级测站,取决于研究目的和集水处的自然条件。对自源盆地中,估计年平均溶解剥蚀量仅需要一个位于排水口的主流量测定站。但是在混合自源-异源盆地,就需要次流量测定站来测量异源输入了。当要评估侵蚀的空间分布时,通常是需要布置次流量测定站的,但是如果系统完全在地下,那么它就不可靠了。

图4-5 (a)使用V形缺口围堰测定新西兰Mangapohue洞中的自源Cymru溪的流量(Gunn J摄);(b)中国贵州省普定县实验性岩溶盆地的矩形断面围堰

流量测定站测定的流出量数据应该是连续的。例如:使用数据记录器来描绘阶段性的数据累积曲线(图4-6)。连续测定水质的某些参数(如电导率)是有效的,但是也需要常规手段来检验,尤其是当水流变得浑浊和有碳酸钙析出时。对电导率的连续测定是很有价值的,因为其与钙离子浓度关系十分密切(图3-15)。但是要注意:过于依赖自动化设备而不进行常规的校准检验必然会因为电源或者其他故障导致数据丢失。对于普通的野外取样和实验室分析,校核所记录的数值是很有必要的。Krawczyk(1996)对野外取样和实验室方法进行了说明。

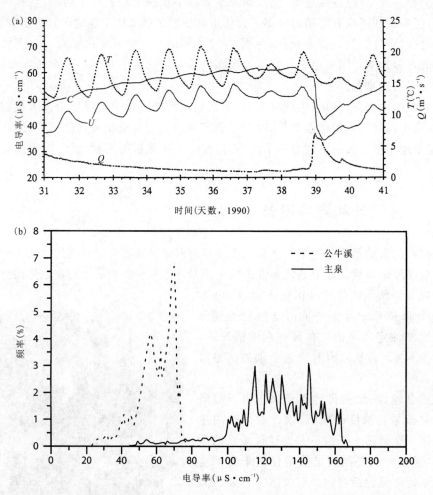

图4-6 (a)排出量Q的连续记录,物质的电导率U,流入新西兰公牛溪(Bullock Creek)落水洞(Taurus Major)水的温度T。可以注意到,每天温度的波动对浓度c进行改变之后,电导率的周期性曲线得到了抑制。(b)在公牛溪的落水洞中电导率记录的频率分布参照在Creek洞的主要回潮中的频率分布。在泉水的地下渠道中,公牛溪异源水流得到了30%的额外的自源排水的补给,有着很高的电导率(引自Crawford,1994)

流量测定的最基本要求是建立溶质浓度与流出量之间的关系(图3-15)。通常建立一个速率曲线来达到这一目的,尽管溶质浓度与流出量的这种关系经常表现出分散性,特别是由于在风暴来临之前出现硬质水(见6.7节)。曲线斜率法的误差同样受测定Ca^{2+}等离子的化学技术精度的影响,也受取样点的具体特征影响(必须涵盖每个季节中很大范围的流量)。估计的标准误差回归分析说明钙离子和流出量是精确的,但是也有个例;因此,就需要很多组水样来解决这个问题。常规时间间隔的取样(比如每周)很少能获得所需的信息,除非取样时间跨度很长,因为大多数测得的径流量都会低于平均流量。尽管连续取样提供了有关水质方面的数据,取样点由于潮水的原因而导致数据出现回落也是可以接受的,因为数据包括洪水前、洪水时和洪水后的整个范围。建立一个可接受的统计速率曲线,必须注意的是总体的关系会一年一年地改变(Douglas,1968),而且它并不在每个季节都同样有效(Hellden,1973),而且会出现明显的年际变化(Bakalowicz,1992),即不能保证稳定性。因此,经过几个水文年的连续测定成果才可用于中期计算。

4.2.3 溶解性剥蚀的计算

溶解剥蚀最有名的计算方程是(Corbel,1956,1957,1959):

$$X = \frac{4ET}{100} \tag{4-3}$$

式中,X 是灰岩的溶解速率值($m^3 \cdot km^{-2} \cdot a^{-1} = mm \cdot ka^{-1}$);$E$ 是径流量(dm);T 是水中碳酸钙的平均含量($mg \cdot L^{-1}$)。这个方程很重要,因为它归纳出了许多早期发表的溶解剥蚀关系的要素,而且是对过去一些方法的认识。这个方程有不足之外,因为:①假定所有的碳酸盐岩石密度为2.5(其密度范围为1.5~2.9);②忽略了碳酸镁(尽管如果 T 是指总硬度,它就会被包括在内)和大气降雨增加的溶质;③忽略了硫酸盐岩石可能对钙离子浓度作出贡献;④以平均值归纳碳酸盐的硬度,因此忽略了径流量的变化。但如果数据有限,其仍是一个合适地估计第一序次溶解剥蚀量的方法(例如 Ellaway et al,1990)。

Drake 和 Ford(1973)指出关于溶质流出量比例 D 的严谨公式应该是:

$$D = \frac{\int c\,Q\,dt}{\int dt} \tag{4-4}$$

式中,$c = c(t)$ 是溶质浓度;$Q = Q(t)$ 是瞬时径流量;t 是时间。可以近似表达为:

$$D = \frac{\sum_{i}^{m} c_i Q_i}{m} \tag{4-5}$$

式中,i 是 c 和 Q 中关于时间间隔的常数;m 是年代数。因为浓度和流量与平均数相差很大,所以 Corbel 公式通常会高估溶解剥蚀率(例如 Drake,Ford,1973;Schmidt,1979)。

盆地中常仅有一部分岩溶岩石,分数是 $1/n$,Corbel 将其合并到方程中,因此:

$$X = \frac{4ETn}{100} \tag{4-6}$$

因为假定 T 是完全来自于碳酸盐岩的,如果有些溶质来源于异源系统则会引起另外的一些误差。采用这个方法,则自源和异源系统的水的剥蚀作用是不可分离的。

Corbel 的方法得到一些学者的修正,不过进步很小,但是将质量-流量比率曲线(图4-7)应用于流量历时曲线(Williams,1970;Smith,Newson,1974;Schmidt,1979),精度上取得了相当大的进步,应用于流量水文图则更好(Drake,Ford,1973;Julian et al,1978;Gunn,1981a)。自动化设备目前可以得到瞬时溶质浓度和流量数据,因此溶质的年变化量可以通过归纳一整年的数据得出。可以确定非岩溶水输入量,从而可以给出净溶解剥蚀速率。Gunn(1981a)发现通过应用质量-流量比率曲线而得到每小时流量数据并对其汇总计算出的年产生量值,比那些从使用平均溶质浓度[相当于方程(4-3)中的 T]的方程中估计的结果低约4%。这是因为输出量中溶质浓度的改变在许多传统的方法中没有得到足够的重视,偶尔相同的数据得出的结果也相差9%。

溶解剥蚀估计中的误差可以来自于许多地方。某个地区某年取样时的水文特征值可以由相关的径流和降雨量数据来估计,后者有着更为长久的记录。然而,即使年降雨总量是相同的,每年季节性降雨量也不一样,这可以引发溶质流量的变化。表4-2中指出 Gunn(1981a)仔细研究得出的潜在误差。他估计净自源灰岩溶解量是 $69 m^3 \cdot km^{-2} \cdot a^{-1}$,定量地评估了潜在的误差,指出其真值介于61~88之间。在应用 Corbel 方法估计溶解剥蚀值时有大量的误差源,导致误差将达到100%或更多。

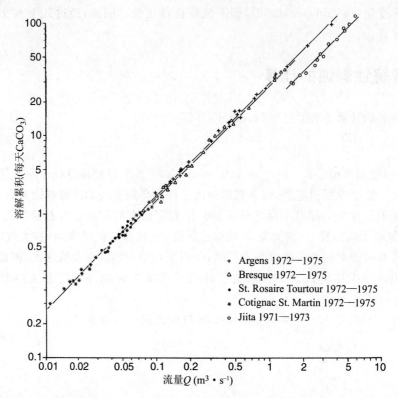

图 4-7 质量流量比率曲线表示了在法国普罗旺斯低地和黎巴嫩的岩溶泉流量与其中的碳酸钙含量的关系,4 个法国流量站的重叠曲线说明了当地碳酸盐溶解的方式(据 Julian,Martin,Nicod,1978)

表 4-2 新西兰的 Cymru 自源盆地的溶解性剥蚀速率中计算所用到的数据(引自 Gunn,1981)

参数	测量值	误差(%)	可能最大值	可能最小值
盆地面积(m^2)	95 350	+5,-2	100 117.5	93 443
年降雨量(mm)	2 366	±7.5	2 544	2 189
年总排泄量($\times 10^3$)	155 455	±5	163 277	147 682
Ca 的平均浓度($mg \cdot L^{-1}$)	48	±3	50	46
Mg 的平均浓度($mg \cdot L^{-1}$)	1.26	±3	1.3	1.2
雨中 Ca 的平均浓度($mg \cdot L^{-1}$)	1.5		1.5	0.5
雨中 Mg 的平均浓度($mg \cdot L^{-1}$)	0.32		0.56	0.32
灰岩的密度($g \cdot cm^{-3}$)	2.66		2.66	2.5

为了减小自然系统的内在复杂性,降低潜在误差源,需要监控整个自流流域。但是地质条件并不总这样,否则自源侵蚀速率就需要通过混合自源-异源系统来推测。我们推荐了一个与 Lauritzen(1990)描述的相似方法。这就涉及到一个线性的混合模型,表面的溶解剥蚀速率可以通过 2 个(或者更多)自源/异源面积比例不同的(岩性要相似)子流域来测定。因此,自源速率 D_{auto} 可以用下式推算出:

$$D_{auto}=\frac{D_2+D_1+D_1 f_2-D_2 f_1}{f_2-f_1} \tag{4-7}$$

式中,D_1 和 D_2 是每个子流域表面的溶解剥蚀速率(即自源加上异源溶解);f_1 和 f_2 是每个子流域中碳酸盐岩石所占的比例。Lauritzen 使用这种方法研究北极圈挪威的子流域,其年降雨量为 2 000~4 000mm,年平均气温为 3~4℃,f 值为 0.1~0.4,测定的自源溶解剥蚀速率为(32.5±10.2)mm·ka^{-1}。

4.2.4 使用标准片测定重量损失

另外一个评估灰岩剥蚀速率的方法是测定标准尺寸和标准岩性的岩片的重量损失。Gams(1981)归纳了一个全球性项目的结果,使用标准尺寸和岩性的灰岩片作用如下:
(1)悬挂灰岩片,测定不同气候的作用;
(2)将灰岩片放置于岩石或者草上,测定裸露灰岩的溶解速率;
(3)将灰岩片埋入不同深度的土中,测定土中的剥蚀速率;
(4)将灰岩片放置于同一区域的不同地方,测定同一个岩溶地区的剥蚀变化。

至少有1 500个灰岩片放置于世界各地。Gams(1981,1985)发表了从9个国家调查的结果。Day(1984a)发表了关于威斯康星州5年内数据的详细分析。Urushibara-Yoshino等(1999)发表了日本不同地点、不同时间暴露之后的重量损失结果,Plan(2005)发表了在奥地利的数据。总结出这些全球性实验的结论:

(1)放置在土壤中灰岩片的重量损失比放置在空气中或在地面上的要大,直接取决于水剩余量($P-E$),而不是温度。
(2)溶解速率表现出明显的气候控制现象,大体上在潮湿炎热的地区,记录的溶解速率较高。
(3)岩性改变所产生的影响通常比气候改变所产生的影响要大。
(4)即使在高溶解速率的地方机械磨损也是很显著的。
(5)在斯洛文尼亚和法国阿尔卑斯山较高高程的地方放置的标准片的溶解量要比较低高程地方的少。
(6)在干旱气候地区,空气中的重量损失通常比在地面的要多,然而潮湿的气候则与之相反。
(7)斯洛文尼亚的实验点中的重量损失要远小于通过盆地径流和溶质数据所计算出的溶解速率。

最后一点被Crowther(1983)发现并进一步补充,对于马来西亚西部的一个实验点,他总结出,从灰岩片的重量损失中得到的结果要比从水的硬度和径流数据计算出的结果小2个数量级。因此,溶解片数据必须小心谨慎地解译。结果倾向于证实我们对这个进程理解的正确性,而不是补充。

4.2.5 灰岩表面短期内微侵蚀的测定

微侵蚀计(MEM)由High和Hanna(1970)开发,并由Coward(1975)和Trudgill等(1981)改进。这个仪器包含一个与测微相连的探针,并将其精确固定在不锈钢螺杆上,置于岩石内。表面上被选中的点能被重复测定侵蚀性沉降。据说结果的精度可以达到10^{-4}毫米级。Spate等(1985)评价了它的用途和局限性,使用导线测量的方式,可以在一个面积为$12\sim200cm^2$的三角区域内测量很大数量的点。

Spate等(1985)在温控室内进行实验,评价在使用导线测量MEM的过程中3个可能的误差来源。他们发现:①不同的仪器有不同的温度修正系数;②随温度增加,岩石和岩石/螺杆接触面具有不同膨缩性,岩石表面就产生了明显的降低现象;③对一个地方点对点的测定,探针可以测定一个相当大的岩石侵蚀范围(达到一个数量级)。存在仪器的磨损问题,尤其是探针尖端,但是没有这方面的可靠数据。对澳大利亚新南威尔士(年降雨量约950mm)古生代灰岩表面的11个实验点超过4年的测定结果修正,得出表面下降速率的范围为$0\sim0.020mm \cdot a^{-1}$,平均值为$0.007mm \cdot a^{-1}$,但平均误差为$\pm0.011$。因为大多数情况下显示的误差都与自然溶解沉降速率在同一个数量级上,对于别的地方发布的实验结果要仔细分析,例如:爱尔兰著名岩溶地区克莱尔郡,英格兰的约克郡(Trudgill et al,1981)的裸露岩石表面特征都与新南威尔士的很像。但Spate等(1985)总结出海边地区的调查结果比内陆地区的更可靠,因为海边的速率要远比内陆地区的高,因而海边的误差就不会那么地显著。Trudgill(1976)和Spencer(1985)测定了在次潮间带和内陆环礁的速率,范围在$0.1\sim1.8mm \cdot a^{-1}$之间,有机底土之下岩石剥蚀速率达 12.5mm·$a^{-1}$。尽管如此,在内陆实验点进行长期的观察应该能减少不确定性,例如通过超过 15 年来对意大利东北部 50 多个实验点的观测,其表面平均剥蚀速率为 0.02mm·a^{-1},范围为 0.01~0.04mm·a^{-1},取决于与其有关的碳酸盐岩石的岩相特性(Cucchi,Forti,1994)。Allred(2004)测得在阿拉斯加东南部(年降雨量 1 752~2 540mm)的值与其相似。裸露岩石的溶解速率范围从原始林处的 0.03mm·a^{-1} 到高山处的 0.04mm·a^{-1},但是从泥炭沼中流出的径流导致溶解速率高达 1.66mm·a^{-1}。

4.2.6 通过测定表面不规则程度来观测裸露岩石表面的长期剥蚀

就像一把雨伞,非碳酸盐砾石盖层保护着灰岩底座不受侵蚀,裸露岩石表面的溶解剥蚀利用灰岩底座推测。这种现象有时被认为是 Karrentische,而且它们在被冰川冲刷的岩石表面上,非碳酸盐砾石就是冰川漂砾[图 4-8(a)]。这个基础高度是上一次冰川期以来表面侵蚀的一个度量。用这种方法,Bogli(1961)估算出瑞士的阿尔卑斯山地区的表面剥蚀速率约为每千年 1.51cm±10%,而 Peterson(1982)测定伊朗西部基础高程为 4 300m 的雪山表面溶解速率似乎比阿尔卑斯山的快 2 倍。在冰雪覆盖的低于树木生长线的地区,剥蚀速度可能更高。他们测定的结果是:英格兰约克郡的西北部为 50cm,而在爱尔兰的利特里姆郡则为 51cm[图 4-8(c)]。尽管如此,近期大量的详细勘察得知,早期实验方法过分地夸大了平均基础的高度,推测可能是因为测定的都是那些较为凸出和明显的部位。因此,在爱尔兰克莱尔郡的 Burren 测定的平均值约为以前估计的 60%(Williams V 个人观点),而在英格兰北部测

图 4-8 (a)冰川漂砾保护着灰岩底座,爱尔兰,Aran 岛的 Inishmore。冰川消退大约在 14 000 年以前。(b)大约在 10 000 年前灰岩底座在伊里安贾雅(Irian Jaya)的热带山脉贾雅山的冰雪覆盖的山谷中形成(Peterson J 摄)。(c)爱尔兰的利特里姆郡,冰川漂砾阻止其下方的灰岩底座受到雨水的溶解剥蚀。底座平均高度为 51cm,说明要么是自从 14 000 年以前冰期消退开始,溶解速率异常的大,要么是该地区无冰,处于全球海洋氧同位素阶段(MIS2),漂石是更早的冰期阶段产生的(MIS4?)。(d)新西兰欧文山(Owen)中,燧石结核突出在大理岩表面。相机提供了比例尺。自 15 000 年前的冰川消退期以来,表面沉降了 10cm

定的平均值仅为以前估计的10%~40%(Goldie,2005)。随着进入冰消期,对那些地区的表面剥蚀速率的估计值大大降低,而且似乎验证了单独使用微侵蚀计所测定的值(表4-3)。

表4-3 通过灰岩底座来推测灰岩表面溶解性剥蚀的近似值,与使用微侵蚀计测量的结果进行对比(引自Ford,Williams,1989)

地区	平均基座高度 (cm)	距冰期时间 (年)	地面下降速度 (mm·ka^{-1})	微侵蚀计测量速度 (mm·ka^{-1})
瑞士 Maren 山	15*	14 000	11	—
爱尔兰西部,巴伦	9+	14 000	6	5++
爱尔兰西部,利特里姆	51‡	14 000?	36	
北英格兰,Pennines 山	5~20§	15 000	3~13	13++
西伊里安岛,Jara 山	30※	9 500	32	
挪威,斯瓦尔特山(Svartisen)	13**	9 000	15	25
巴塔哥尼亚	40~60#	8 000~10 000	40~75	—

注:*Bögli,1961;+Williams 个人观点,2004;‡Williams,1966;§Goldie,2005;※Peterson,1982;**Lauritzen,1990;++Trudgill et al,1981;#Maire et al,1999,使用灰岩岩脉、底座。

灰岩表面因为溶解不一致而出露的石英脉和硅质结核也可以得出类似的信息[图4-8(d)],尽管石英会风化,其出露的数量因此会很少,除非石英脉很宽(Lauritzen,1990)。我们也必须注意到,在某些北极地区和高山地区,强烈的暴风雨夹杂沙粒对石英和碳酸盐岩进行磨蚀,而且冰晶也会不同程度地对其进行磨蚀,使得测定的结果有所偏离。不过,可以获得某些很有趣的数据。通过对斯匹次卑尔根群岛(北纬78°)的白云岩化灰岩表面出现的石英脉的测定,Akerman(1983)估计,随着最后一次冰川期的到来,所在地被均匀地抬升而超过海平面,从那时起当地的表面沉降速率平均为2.5mm·ka^{-1}。他的数据同样也说明了,在4 000~9 000年以前,沉降速率为3.5mm·ka^{-1},而相比之下,2 000~4 000年以前,沉降速率为1.5mm·ka^{-1}。Hellden(1973)估计后者代表着本地区总溶解性剥蚀(11~15mm·ka^{-1})的11%(尽管目前认为当地的化学剥蚀的范围更广)。Maire等(1999)通过使用火成岩和大理岩底座测定的数据估测了巴塔哥尼亚的表面沉降速率,自最后一次冰期以来大约为60mm·ka^{-1},这与1948年出版的一些文献中的证据一致,它描述了在一个石料场内,因为其周围的溶解,使其明显地增高了3mm。这可能是裸露岩石表面已知最大的侵蚀速率,其平均年降雨量约为7 300mm。

利用底座、石英脉和结核的数据,André(1996a)进行了一个有趣的对比,即比较极地、温带以及热带的高山区域的数据。北极的速率小于3mm·ka^{-1},温带高山地区大于8mm·ka^{-1},而在新几内亚的高山地区,速率则大于30mm·ka^{-1}。他总结出速率的增长与降雨量的增加一致。而相比之下非碳酸盐石英质岩石的速率小于1mm·ka^{-1}(André,1996b)。

4.2.7 放射性同位素^{36}Cl 测定方法

自从1990年以来,放射性同位素测年法在地貌学上应用越来越广泛(Nishiikumi,1993;Cockburn,Summerfield,2004;Phillips,2004)。它在高纬度、高海拔的水平岩层表面应用得最多,但是在低纬度和低海拔的地区可以引进修正系数来应用。放射性同位素照射方解石可以使^{40}Ca 衰变成^{36}Cl(Stone et al,1998)。^{36}Cl的总产生速率在表面最大,但是随着深度的增加呈指数级减小,每下降15m会降低2个数量级,达到饱和需要10^5~10^6a。自然剥蚀减小了表面^{36}Cl的浓度,因此这样就建立了^{36}Cl浓度(在任何深度)与表面侵蚀速率的一种关系。Stone 等(1994)对此进行了详细讨论。

Stone 等(1994)通过测定取自澳大利亚和巴布亚新几内亚 5 个地方样品中的 ^{36}Cl 来确定灰岩表面的侵蚀速率。在干旱的纳拉伯平原侵蚀速率小于 $5\mu m \cdot a^{-1}$(相当于 $5mm \cdot ka^{-1}$);在潮湿的澳大利亚西南地区为 $18\sim29\mu m \cdot a^{-1}$;在多雨的巴布亚新几内亚的 Strickland 达到 $184\mu m \cdot a^{-1}$,尽管后来通过重新测定 ^{36}Cl 的产生速率而计算出的结果比这少 20%,相关的误差估计为 ±12%。对新南威尔士州的 Wombeyan(海拔约 650m,年降雨量为 760mm)进行了详细的分析,Stone 等(1998)考虑了表面 ^{36}Cl 浓度和表面以下部位的 ^{36}Cl 浓度阶变梯度以及 15 年前计算出的侵蚀速率为 $23\mu m \cdot a^{-1}$,其目前已经增长到 $100\mu m \cdot a^{-1}$。用放射性同位素测定出的侵蚀速率与先前使用其他方法测定的值为同一数量级,尽管结果不便于比较,因为使用 ^{36}Cl 方法的时间段为 $10^5\sim10^6$ 年。这是一个长期的平均值,事实上在地貌环境中,它比使用普通质量-流量的方法估测的短期值更有用。

4.3 石膏、岩盐以及其他非碳酸盐岩石的溶解速率

4.3.1 石膏和岩盐的溶解速率

石膏岩溶的溶解性剥蚀速率比灰岩岩溶大约快一个数量级。因为,例如在 20℃时,其平衡时的溶解度大约为 $2500mg \cdot L^{-1}$,而方解石为 $60mg \cdot L^{-1}$(石盐为 $360g \cdot L^{-1}$)。然而由于土壤中 P_{CO_2} 值增大等因素的影响,方解石的溶解得到了加强,极大地减少了石膏与方解石溶解度之间的差异。意大利里雅斯特的一个野外实验室内对暴露在大气降水下的石膏和碳酸盐的溶解进行了直接的比较。比较的结果是石膏的平均溶解率约比碳酸盐的大 30~70 倍,Klimchouk 等(1996)发现这与理论预期的大致一致。

然而在纯硫酸盐地区(即不含盐)泉水达到饱和相对较少,而因石膏和硬石膏具有侵蚀性,通常在岩溶地区的地下水在以泉水排泄之前没有达到饱和。例如,乌克兰的大型互层石膏岩溶,Klimchouk 和 Andrejchouk(1986)报道称在正常情况下的包气带和潜水带中都是不饱和的。沿正断层产生深部运移的速度缓慢,地下水可能是饱和的。在大多数情况下,检测到地下水中的硫酸盐已达到饱和,这说明地下水中硫酸根达到饱和是受石盐或者是石盐夹层的存在而产生的(见 3.7 节;Klimchouk,1996)。

limchouk 等(1996)对乌克兰、西班牙和意大利的石膏地区溶解性剥蚀速率的野外证据进行校核,Klimchouk 和 Aksem(2000)更新了乌克兰的试验报告结果。据他们的试验成果,在 53 个地区安装标准岩性和标准大小的石膏片,代表着水与岩石在承压水和非承压水的不同条件下的相互作用,1984—1992 年,共完成了 644 个石膏片重量损失的实验。石膏片暴露在大气降雨中(年降雨量约为 640mm),冷凝区、渗透区的洞穴空气中,以及洞穴或者钻孔中静态或者半静态的水中。我们发现具有侵蚀性的地下水溶解石膏的速率高达 $26mm \cdot a^{-1}$;非承压水的平均溶解速率达到 $11mm \cdot a^{-1}$;承压水的溶解速率约为 $0.1mm \cdot a^{-1}$。

在西班牙西南干旱的索班斯地区(Sorbas)(年降雨量为 250mm),使用标准化的石膏片和使用微侵蚀计(MEM)同时进行测定,有趣的是 MEM 测得的值比用直接暴露在大气降雨中的实验片测得的值要高 1.5 倍。在索班斯地区,Pulido-Bosch(1986)之前就报道过其表面溶解速率为 $260mm \cdot ka^{-1}$,但在法国阿尔卑斯山一个年降雨量大于 1670mm 的地区测定的溶解速率值超过 $1m \cdot ka^{-1}$(Nicod,1976)。其他测定于意大利的实验,显示出了在含石膏的不同岩性的岩石中测得的侵蚀速率不同,发现了溶解损失量与年降雨量具有密切的关系。

分别在西班牙和乌克兰对洞穴空气中冷凝水的溶解作用进行了实验,两个地区从石膏片得来的数据基本上一样(分别为 $0.004mm \cdot a^{-1}$ 和 $0.003mm \cdot a^{-1}$)。不过,由于每天潮湿与干燥的交替作用,热

带海岸的洞口处可以极大地增大冷凝溶解作用。因此,Tarhule-Lips 和 Ford(1998a)测定放置在那些洞口[位于加勒比海的开曼群岛布拉克岛(Cayman Brac)和莫纳岛(Mona)]内的石膏片溶解剥蚀速率为 $0.4\sim0.5\,mm\cdot a^{-1}$。洞穴中的冷凝作用就像一种微气候过程一样,涉及到水汽的转移,de Freitas 和 Schmekal(2003)在新西兰做的实验验证了这个过程。

岩盐岩溶主要存在于那些因降雨量少而导致岩盐露头不会完全被溶解作用剥蚀的酸性地区。尽管岩盐构造一直是很多勘察工作要调查的内容(Jackson et al,1995;Alsop et al,1996)(主要是石油工业中勘察),而对于岩盐岩石溶解速率的资料相对少一些。然而,野外资料显示在岩盐岩石上溶解特征发育得十分迅速,因为它的溶解度相当大。例如,在欧洲由于开采矿物,异源水流流进岩盐丘中,就会在 200~300 年内发育成具有丰富洞穴堆积物的多级洞穴。此外,Davison 等(1996)注意到在也门的 Al Salif diapir 顶上"壮观"的岩溶发育开始于 1930 年,就是随着矿业开发的开始而发育的,尽管年降雨量仅为 80mm。不溶的残留物在表面以"溶解帷幕"的形式出现。在以色列的瑟丹山,$14\,km^2$ 的岩盐底辟,其年降雨量仅为 50mm,Frumkin(1994)估测这里局部岩溶剥蚀速率大约为 $0.50\sim0.75\,mm\cdot a^{-1}$,大多数发生在岩盐块中,而不是在邻近的表面上。十多年来天然渗流的洞穴通道平均下切速率约为 $20\,mm\cdot a^{-1}$(Frumkin,Ford,1995;Frumkin,2000a)。这是本书中最大的底辟抬升速率,在过去的 8000 多年为 $6\sim7\,mm\cdot a^{-1}$(Frumkin,1996)。

4.3.2 石英质岩石的溶解

硅的溶解已经在 3.4 节说明,Krawczyk(1996)用光谱测定法测定电离的石英(SiO_2)。溶解过程对石英岩、石英砂岩以及硅的矿物作用的讨论见 Young 和 Young(1992),Dove 和 Rimstidt(1994),Wray(1997)和 Martini(2000)。Simms(2004)比较了径流对石英和碳酸盐岩石的剥蚀速率的影响(图4-9)。

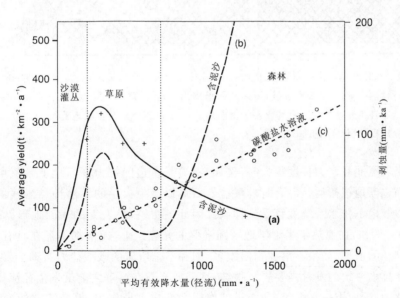

图 4-9 岩溶地区中,有效降水量、硅酸盐岩石露头的年平均沉积量与碳酸盐的年溶解量之间的关系。可以发现,灰岩的剥蚀速率为 $1\,mm\cdot ka^{-1}$,相当于 $2.5\,t\cdot km^{-2}\cdot a^{-1}$。曲线(a)和(b)分别是由 Langbein、Schumm(1958)和 Ohmori(1983)估计的,而碳酸盐数据(c)则是来自于 Atkinson 和 Smith(1976)(引自 Simms,2004)

在普通的地表情况下,石英的溶解速率极其慢,但是在高温和高盐度的条件下,石英的溶解度和溶解速率就会增大很多。野外研究发现,从石英质岩石中排出的水中的二氧化硅浓度平均为 $6\sim7\,mg\cdot$

L^{-1},但是浓度范围为 $1\sim30\mathrm{mg}\cdot L^{-1}$。在委内瑞拉多降雨的热带地区,著名的罗赖马组石英岩中发育的似岩溶地貌中的水含有 $5\sim7\mathrm{mg}\cdot L^{-1}$ 的二氧化硅,因此石英的不饱和度就获得了。在有机酸含量较高的水中,二氧化硅的含量通常较少。从硅酸盐岩石(如花岗岩)中流出的水中二氧化硅的含量较高,尽管有时高含量意味着会被蒸发形成过饱和状态。当地下水变得过饱和时会析出乳白色的二氧化硅。Hill 和 Forti(1997)研究了乳白色的洞穴矿物。

显微镜下观测到石英风化穿透了岩石,而且石英顺着晶体交叉处溶解,逐渐扩大,直至岩石丧失黏结力变成砂(图 4-10;Martini,2000,2004)。在那些水容易到达的节理和层面中首先发生风化,尽管节理本身不一定会被扩大。Tripathi 和 Rajamani(2003)发现印度元古宙石英岩发育风化壳以及似岩溶地形,这是因为有些矿物(如黄铁矿和硅铝酸盐),即硅酸盐分解从而产生含硫酸盐的酸性溶液而发生化学风化。

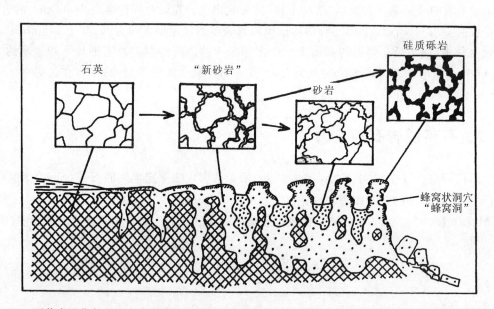

图 4-10　石英岩风化与基岩尖峰剥落的过程图。在晶体边界处溶解生成风化岩石叫作"新砂岩",进一步风化产生砂颗粒,然后主要通过物理侵蚀被运移,从而暴露出基岩尖峰。在季节性干旱的气候中,暴露的表面被乳白色的硅结砾岩在裂隙中胶结使其变硬。由于岩石的较软部分呈颗粒状地瓦解,于是在新砂岩中形成了半球状的风化口袋(风化穴)(引自 Martini,2004)

尽管当节理足够宽而且水力梯度很大时(例如,沿着悬崖边的拉力区),地下紊流可以带走颗粒,某些石英砂因溶解而逐渐地被搬运。但有时硅酸盐岩石可以产生大量的不溶性黏土残留物,尤其是高岭土,阻塞空隙和节理,地下排水系统发育受到抑制。因此,在某些砂岩上的表面地形就看起来像岩溶地形一样(图 4-11)。例如,在亚热带半干旱地区圆锥形的光秃山上,通常都不存在具有明显岩溶特性的地下排水系统。同样的道理,如果不溶性物质太多,则并不是所有的碳酸盐岩石都会发育岩溶。

石英岩中地下排水系统的发育需要岩石很纯,且需要岩石在溶解之前就发生径流侵蚀作用,扩大地下径流通道。因此,对于地下排水系统,即使机械作用会变成主导作用,但是溶解的预处理是起决定性作用的。因为石英的溶解度以及溶解速率都很低,若不考虑气候的作用,要形成明显的岩溶地形则需要漫长的年代,尽管微量的黄铁矿可以加速这个过程。Yanes 和 Briceno(1993)认为似岩溶过程在罗赖马组石英岩地区发育了至少 70Ma。

图4-11 (a)澳大利亚北部阿纳姆地(Arnhem Land)地区寒武系石英砂岩中发育的岩溶地形(Bessie Creek 组)(Nansen G摄)。对于 ruiniform 地貌的讨论见 Jennings(1983)。(b)在澳大利亚北部的阿纳姆地悬崖，底座可以被石英质的 Kombologie 砂岩中相对不易溶的含铁碎屑岩保护着。在这种热带季风气候，表面的沉降主要是由于顺着颗粒边界溶解以后松散颗粒被物理作用移除

4.4 测定成果的解译

用质量-流量方法计算剥蚀速率，容易产生巨大的累计误差，这就需要非常仔细地分析解译结果，以及经过长时间总结才能得出结论。每个样品试验年也是一个重要的问题。Bakalowicz(1992)表明，通过对法国比利牛斯山的 Baget 盆地超过 5 年测定，碳酸盐通量的年际变化量为±25%。他认为部分是因为年降雨量的不同，部分是因为洪水的季节性分布不一样，夏天洪水中含有的矿物质比春天多等造成的。此外，在估计个别通过微侵蚀计测定和实验标准片重量损失测定的实验点很难做出空间上的推演，而且对同区域溶解的估计没有盆地研究可靠。因此，在将某点的值转化为代表某时间和地点的典型值时，岩溶侵蚀数据的有效性是一个问题。不过，有时候可以通过某些方法获得合理的估测数据。因此，Lauritzen(1990)计算出，在挪威北部自源剥蚀的溶质通量为(32.5 ± 10.2) mm·ka^{-1}；计算统计超过 10 年的 MEM 法测定的数据，发现年表面剥蚀率为(0.025 ± 0.0027) mm·a^{-1}，自冰川消退以后的 9 000 年内，表面剥蚀下降(通过对最大的不规则底座和石英脉的高度测定)平均速率分别为 13.3 mm·ka^{-1}、23.3 mm·ka^{-1}。这些结果非常易于比较，并认为挪威 42%～72%的剥蚀发生在表面岩溶上。

4.4.1 溶解的垂直分布

对比潮湿热带地区和温带地区岩溶类型，其差别似乎与溶解剥蚀速率的差异相关不大(Smith, Atkinson,1976)。主要与三维空间上的岩溶侵蚀有关，除非相对侵蚀估计值的误差很大。鉴于此，就很有必要研究在垂直方向和空间上侵蚀发育的特征。下面我们先研究垂直方向的岩溶侵蚀特点。

当水流过或者渗入土壤和下伏基岩时，我们可以通过跟踪水的化学性质演化规律来了解侵蚀的垂直分布。用这种方法，Gams(1962)发现斯洛文尼亚灰岩的侵蚀发生在渗透带顶部 10m 范围内。这个重要的结论适用于大多数研究区域(表 4-4)。Smith 和 Atkinson(1976)，Williams 和 Dowling(1979)，Gunn(1981a)，Crowther(1989)，Zámbó 和 Ford(1997)的数据可用于研究溶解的垂直分布。测得的数据显示，有植被和土壤覆盖的岩溶地区，大多数自源溶解发生在地表上部附近，即在土壤和植被中、土壤和基岩接触面上以及基岩顶部。大约 70%的自源溶解发生在最上层的 10m 内或者是渗透区内，尽管实

际测得数据为50%～90%,这取决于岩性和其他因素:①大多数溶解性剥蚀导致表面下降;②岩溶管道中的溶解活动占的比例较小,尽管其对岩溶地貌的发育很重要。在完全自源系统中,野外证据表明,可进入洞穴的渗流区侵蚀量可以忽略,除了处于偶尔的洪水中(磨蚀作用同样也很重要)。在新西兰怀托莫(Waitomo)的两种系统中,Gunn(1981a)发现流入洞穴的水在大多数情况下是饱和或者过饱和的,这与Miller(1981)研究发现伯利兹岩溶盆地中溶洞中排泄的水也呈饱和状态是一样的。

表4-4 溶解性剥蚀的垂直分布(据Ford,Williams,1989)

地区	体总速率 ($m^3 \cdot km^{-2} \cdot a^{-1}$)	溶解的分布	文献
爱尔兰Fergus河	55	60%在表面,80%在顶部8m内	Williams,1963,1968
英国德比郡	83	绝大多数在表面	Pitty,1968a
英国约克郡西北部	83	50%在表面	Sweeting,1966
侏罗山脉(Jura)	98	33%在裸露岩石上,58%在土壤下,37%在渗透区,5%在管道内	Aubert,1967,1969
澳大利亚新南威尔士州Cooleman平原	24	75%来自于表面和渗透区,20%来自管道和河渠,5%来自于覆盖的岩溶	Jennings,1972a,b
加拿大Somerset岛	2	全部位于永久冻土层之上	Smith,1972
新西兰瓦卡南部	100	80%在顶部10～30m,18%在异源水流管道中	Williams,Dowling,1979
新西兰怀托莫	69	37%在土壤内,剩下的大多数在5～10m内的基岩内	Gunn,1981a
伯利兹洞穴	90	60%在表面和渗透区,40%在管道内(在大型异源河流通道)	Miller,1982
挪威	32.5	42%～47%在表面	Lauritzen,1990

通过底座和岩脉高度得到的地表剥蚀下降速率与推断的MEM值在表4-3进行比较。利用MEM测定英格兰北部和克莱尔-戈尔韦地区,前者比后者多2倍以上,通过对底座平均高度的测定得出的结论也是这样,而且通过MEM和底座测定两种方法估算出来的表面下降速率在同一个数量级。表面下降速率也可以通过测定降雨量和通过基岩露头的径流中溶质的浓度来计算(Miotke,1968;Dunkerley,1983;Maire et al,1999)。

很少见完全裸露岩石,实际上,大多数岩石表面都覆盖着斑片状的细菌、真菌、绿藻、地衣类薄层。动植物对可溶岩作用叫作生物岩溶(Viles,1984,2003)或者植物岩溶(Folk et al,1973;Bull,Laverty,1982),与其相关的过程将会在3.8节中进行讨论。Naylor和Viles(2002)将生物侵蚀作用和生物保护作用的讨论推广至潮间带,研究成果表明,一旦岩石表面被大量的藻类占据,生物侵蚀、生物刻蚀以及化学风化作用就会减小。

研究发现,蓝-绿藻类(如色球藻)可以削弱灰岩表面的晶体结构,从而促进那些被雨滴冲击的小碎块物理脱落。大部分的生物都生活在表面(长在石头上),但是在充满生态压力的环境中,一些蓝藻钻进岩石约1mm深,其他生长在凸出的岩屑或其他微空腔中。钻进去的生物直接产生了小坑(图4-12),但是其他物种可以通过排出有机酸和CO_2来促进这些小坑的产生和扩大。Trudgill(1985)论述了关于有机酸产生的风化作用。尽管Viles和Spencer(1986)以及Vilas(1987)没有将海岸以外的藻类的作用与微岩溶作用联系起来,因此它们发挥的作用仍然不确定。不过,大部分人认为,一旦有了小坑和裂隙,如果真菌、地衣和苔藓能进入其中，并释放出 CO_2，就会很容易被加深，Danin(1983,1993)，Danin 和 Garty(1983)以及 Darabos(2003)发表了关于蓝细菌和地衣对灰岩风化作用的高水平研究。在日本，蓝细菌对岩石风化作用的速率为 $5mm \cdot ka^{-1}$（图 4-13），而且由蓝细菌导致的小坑约 14mm，并对灰岩伴随有剥脱性风化作用(Darabos,2003)。

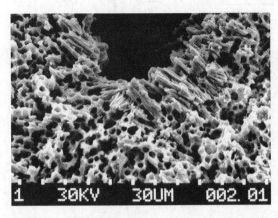

图 4-12 阿尔达不拉环礁的内陆湖中的灰岩表面被蓝细菌钻进的扫描电子显微镜照片（Viles H 摄）

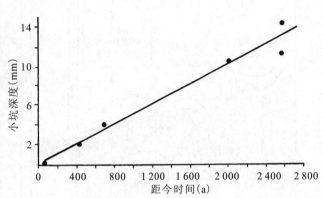

图 4-13 耶路撒冷不同时期的灰岩墙中蓝细菌引起的溶蚀小坑深度（引自 Danin,1983）

当表面布满植被时，生物作用将会在溶解性侵蚀中起到更为明显的作用，尽管如此，植物的作用很容易被低估。在马来西亚半岛的一个自源岩溶溶解过程研究中，Crowther(1989)绘制了一张清晰的关于在植被-土壤-基岩系统中 Ca 和 Mg 浓度、流量的图（图 4-14）。他总结出，在渗流水中 Ca 的浓度近似地反映出了 P_{CO_2}，以及：①溶解性功能集中在灰岩表面，不仅在暴露的岩石上，也在土壤-岩石（以及根系-岩石）接触面上；②在潮湿的热带森林，每年获得的量等于地下水中流失的 Ca 和 Mg 的量。植被的根可以吸收 Ca 和 Mg 来产生溶质，覆盖物能滤掉和打乱分解作用，这些都很重要。在别的地方森林有可能也发挥着同样的作用。在伯利兹的热带森林中，Miller(1982)发现 60% 的灰岩溶解发生在表面和渗流区；然而，在新西兰的温带雨林下，Gunn(1981a)总结出 37% 的溶解发生在土壤中、土壤与岩石接触面上，或者偶尔在灰岩露头中，大多数的残留物集中在风化基岩之下的 5~10m。当大量的有机物在地下被运移进来时，那些细菌催化的氧化作用可以提供 CO_2，从而能在渗流区和潜水区中连续地溶解岩石(Atkinson,1977a;Whitaker,Smart,1994)。

剥蚀的垂直分布取决于两个因素：水流的分布和溶质浓度的分布。后者的作用较大，根据有关数据，推断出溶质浓度在总溶解性剥蚀中占的分量（表 4-1）。插图是根据 Jenning(1972)在澳大利亚新南威尔士州的研究，Atkinson 和 Smith(1976)在英国门迪普山的研究，以及 Williams 和 Dowling(1979)在新西兰的研究绘制的（图 4-15）。Crowther(1989)做出了对渗流区溶质通量的估计（图 4-14），但是仍然需要更多的资料，尤其是表层岩溶溶解的空间差异性，如一些地表岩溶漏斗的形成。迄今最为详细的研究是 Zámbó(2004)及在匈牙利的合作者的成果，他们从 1970 年开始，测定了岩溶漏斗与下伏洞室之间地带的水文及地质化学特性（见下文进一步的阐述）。

4.4.2 溶解的空间分布

溶解性剥蚀速率可从水的流量与溶质浓度的乘积得到。地形上的差异导致径流分布不均，山脉导致径流分散，而溶洞汇集径流。土壤厚度同样在空间上分布不均，洼地要比山顶厚。在岩溶环境中，水的溶解性的空间分布差异是因为降雨径流分布不均，而土壤 CO_2 空间上的变化是由与土壤厚度、湿度

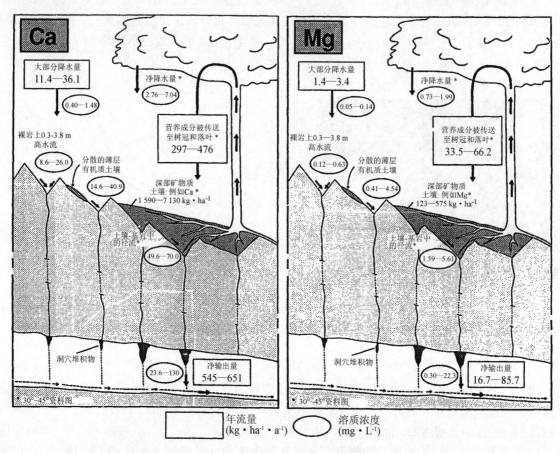

图 4-14 在马来西亚热带潮湿的岩溶植被-土壤-基岩系统中,钙(左)和镁(右)的浓度和流量(引自 Crowther,1989)

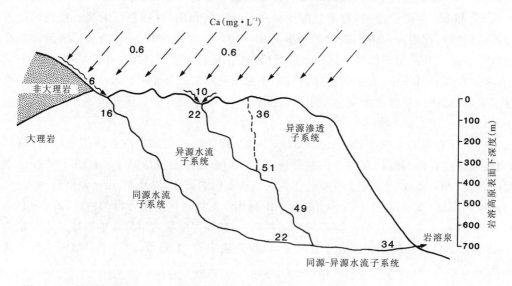

图 4-15 在新西兰 Pikikiruna 岩溶区中溶解钙的浓度(引自 Williams,Dowling,1979)

和位置有关的生物活性的差异造成的。在自源渗流系统中,地下水运移的方式有多种,从非常缓慢的渗漏、淋雨状直至瀑布状均有(在 6.3 节进一步讨论)。地下水的流量可能相差几个数量级,而与之相关的溶质浓度差异不大,可能不超过一个数量级。尽管有文献研究过关于流水经过的时间与钙的硬度之间的直接关系(例如 Pitty,1968b)。少量高矿化浓度的地下水渗流对剥蚀作用不大,但对洞穴堆积物的形成作用明显。近期研究表明,岩溶高度发育的渗流区上部具有很大的储水能力,这个区域地下水排泄不均一,但水向下运移的优势路线是集中管道。因此,在更高效的渗流区之上水流汇聚的地方,可能是溶解最大的地方。渗漏区地下水排泄速率差异大,但地下水的浓度变化不大,在水流聚集区域内的侵蚀速度比水流分散区域大很多倍。通过表层岩溶的渗漏和过滤作用,地表被剥蚀下降,而表层岩溶中地下水分散和汇集的形式会产生地表卸荷。地表侵蚀作用的差异导致地形上的差异(即表面沉降量的差异)越来越大。生物作用很重要,因而阳坡流出的泉水的溶质浓度比阴坡高(Pentecost,1992)。

Zámbó和Ford(1997)在匈牙利的阿格泰列克(Aggtelek)现场测定发现灰岩溶解速度是$3\sim30\text{g}\cdot\text{m}^{-2}\cdot\text{a}^{-1}$,这取决于上覆土壤的厚度和土壤水的差异,在排水良好的地点和土壤很薄的山坡上溶解速率最小,而在暴雨聚集以及土壤覆盖很厚的封闭洼地中溶解速率最大(图4-16)。他们计算出当地平均剥蚀速率约为$0.5\text{cm}\cdot\text{ka}^{-1}$,但是岩溶漏斗顶部为$0.4\text{cm}\cdot\text{ka}^{-1}$或更少,而在岩溶漏斗底部为$0.7\sim1.0\text{cm}\cdot\text{ka}^{-1}$。调查发现岩溶漏斗变深的速率为$0.3\sim0.6\text{cm}\cdot\text{ka}^{-1}$,如果其深度为20m,意味着它从中—上新世就已经开始剥蚀了。Ahnert和Williams(1997)总结出岩溶地形发育中水流扩散和汇集的重要性,Zámbó和Ford(1997)测定溶蚀过程对于任何类型岩溶漏斗地貌的形成都至关重要。

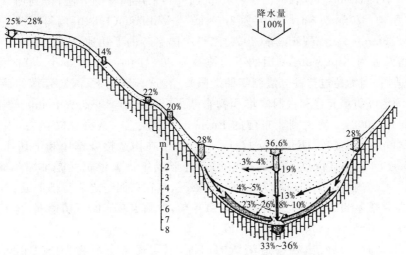

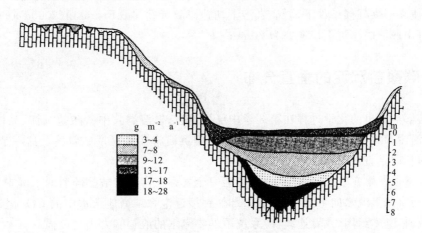

图4-16 匈牙利阿格泰列克的岩溶漏斗中的渗透和溶解速率。(a)2个边坡和3个岩溶漏斗中渗透和旁流的径流量占大气降水的比例。(b)$CaCO_3$的年平均溶解速率,显示出数量级因地点的不同而不同。水流的汇集作用使岩溶漏斗底部的溶解加强了(引自Zámbó,Ford,1997)

4.4.3 剥蚀作用和下切作用的速率

碳酸盐和硅酸盐地貌的剥蚀速率是有效降雨量的一个函数(图 4-9),尽管硅酸盐的剥蚀主要与机械侵蚀作用有关。洞穴水流的侵蚀是化学溶蚀和机械侵蚀共同作用的。其下切速率等于河流侵蚀基准面的降低速率,等于或小于构造的抬升速率。在稳定的高山和克拉通地区,长期剥蚀作用和构造抬升作用会相互平衡,这可以通过洞穴下切速率来估计。

Gascoyne 等(1983)采用活跃的地下水管道之上各高程洞穴沉积物的年龄来估计洞穴的下切速率,Atkinson 和 Rowe(1992)用同样的方法得到了下切速率。我们需要注意,河谷下切导致两岸地下水水位下降,导致水力系数随时间增大。南达科他州的黑山中发育的风洞(Wind Cave)含水层证明了这种情况(Ford et al,1993)。

只有当不被洪水淹没或侵蚀时,才可以形成石笋(见 8.3 节)。因此,地下暗河基岩之上的石笋高度除以石笋形成的年龄就可以得出水流的最大下切速率。在过去 35 万年内,我们使用这种方法得到英格兰约克郡西北部洞穴地下暗河的下切速率为 $20\sim50\text{mm}\cdot\text{ka}^{-1}$,河谷下切(受冰川作用)最大速率为 $50\sim200\text{mm}\cdot\text{ka}^{-1}$(Gascoyne et al,1983)。Ford 等(1981)采用同样的方法,得到加拿大落基山脉河谷的下切速率最小为 $40\sim70\text{mm}\cdot\text{ka}^{-1}$,最大为 $2\text{m}\cdot\text{ka}^{-1}$;Williams(1982b)测得新西兰阿尔卑斯山南部河谷下切速率为 $280\text{mm}\cdot\text{ka}^{-1}$;Wang 等(2004)测得中国秦岭的下切速率为 $190\sim510\text{mm}\cdot\text{ka}^{-1}$;Piccini 等(2003)测得意大利 Alpi Apuane 山的下切速率为 $80\sim1\,040\text{mm}\cdot\text{ka}^{-1}$。有时候下切速率太慢,铀系测年法不再适用(因为超过这种方法测年的上限)。在这种情况下,洞穴管道的最小年龄通常使用地磁地层学方法测定沉积填充物和古洞穴堆积物来获得(Schmidt,1982;Williams et al,1986;Webb et al,1992;Auler et al,2002)。澳大利亚东南的 Buchan 岩溶从上一次磁极转换后,平均下切速率仅为 $0.004\text{m}\cdot\text{ka}^{-1}$(Webb et al,1992;Fabel et al,1996)。即使在构造抬升作用和下切速率都非常大的时候,地磁地层学对于测定垂直深度很大的岩溶洞穴的形成年代来说仍然是非常有效的。Farrant 等(1995)研究发现沙捞越姆鲁的下切速率为 $0.19\text{m}\cdot\text{ka}^{-1}$,其在第四纪之前就已形成(图 4-17)。采用放射性同位素法测定肯塔基州的猛犸洞中卵石的埋藏年龄,以测定基岩的下切速率,自上新世以下平均下切速率小于 $3\sim5\text{m}\cdot\text{Ma}^{-1}$(Granger et al,2001)。

从上面的结果我们可以看出在构造活跃的山区,下切速率一般为 $50\sim1\,000\text{mm}\cdot\text{ka}^{-1}$($50\sim1\,000\text{m}\cdot\text{Ma}^{-1}$),但是在稳定的克拉通地块,速率通常小于 $5\text{m}\cdot\text{Ma}^{-1}$。碳酸盐岩的下切速率很大,但相比较而言,即使在干燥气候条件下,岩盐岩溶下切速率要大得多。Frumkin(2000a)通过长期观测,测得死海附近瑟丹山底辟的渗流下切速率为 $20\text{mm}\cdot\text{a}^{-1}$。

4.4.4 碳酸盐沉淀的垂直分布

方解石的溶解与析出的化学过程在第 3 章中已讨论过;岩溶洞穴中碳酸盐沉淀、晶体成长将在第 8 章中进行研究;河中和湖中的碳酸盐变硬的过程和泉华沉淀将在第 9 章中叙述。这一节着重叙述大气降水条件下碳酸盐的垂直分布特征。

大多数灰岩溶蚀发生在表层岩溶中,也有可能完全发育在富含碳酸盐碎屑的土壤中,比如钙质的冰碛物中。因此,当自源渗流水向下流经过包气带时,钙接近饱和。当地下水中的 CO_2 呈未饱和时,渗流水离开土壤区域时,基本封闭(或者连续性)系统下的渗流水的溶解能力仍是最强。

水从土壤下面渗进与外界大气连通的洞穴中时,洞壁常常析出方解石。洞穴可能是大的山洞,也有可能是小的孔洞,其与外界保持大气交换。洞穴中的 CO_2 分压与外界大气中的 CO_2 分压要大致保持在一个数量级(3.5 节)。渗流水达到平衡时,土壤中的 CO_2 分压高,如果达到明显过饱和时($SI_c >+0.3$),则碳酸盐岩析出。若洞穴中的空气流通很强烈,相对湿度低于 100% 时,洞穴中会发生蒸发,这

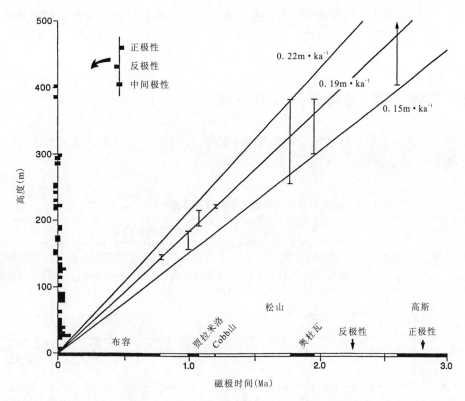

图 4-17 在沙捞越姆鲁的 Clearwater-Blackrock 洞穴系统中,通过使用地磁地层学方法测定不同高程的沉积物,来解译第四纪的抬升速率(引自 Farrant,Smart et al,1995)

加速了方解石的析出,同时也促进不同形态洞穴堆积物的发育。关于方解石析出的反应动力学特征已在 3.10 节中详细论述。

在季节性干燥环境中,由于蒸发作用,碳酸盐(方解石)在土中沉淀。在潮湿环境中,因为对 CO_2 的脱气作用和蒸发作用,碳酸盐析出与溶解近同步发生,从而促进钙质砾岩表面硬化(见 9.12 节)。尽管大多数碳酸盐析出开始发生在土壤表层下面的 CO_2 分压小于土壤大气中的第一个洞穴。在这个区域发育大量的洞穴,洞穴中沉积数米厚的堆积物。在凸起的环礁中,碳酸盐析出物充满了岩石基质中互通的虫孔,就像黄油溶化流进热的吐司中一样;在这种情况下,使岩石中次级(裂隙)孔隙率变小,同时也使岩石中的初级孔隙率变小,表面硬化是早期成岩的一种形式,可以将初级孔隙率降低 10 倍,甚至更多(Mylroie,Vacher,1999)。在波多黎各,Ireland(1979)发现地表硬化层平均厚 2m,但是不同的地方差别可达 10m。Ivanovich 和 Ireland(1984)认为 1m 厚的表面硬化层的形成需要 $1\sim2$ 万年(假定剥蚀速率常数为 $50\sim100mm \cdot ka^{-1}$)。尽管 Mylroie 等(1995)对全球海洋氧同位素阶段 5 的巴哈马群岛风积岩研究时认为,年轻的早期成岩岩石的表面变硬速率要高得多。

渗流地下水过饱和状态消失,碳酸盐沉淀发生。随着深度的增加,渗流区中洞穴堆积物变少。然而,在岩溶发育地区,次级孔隙率所占的比例通常不超过几个百分点;渗流水通常不会遇到充气的渗流洞穴,所以在饱和区可能有机会析出碳酸盐(方解石)。有的地下洞穴部分被水淹没,但与外界有空气的直接交换,碳酸盐在洞壁析出或形成其他形式的晶体。这种沉淀方式相对较少,因为其仅发生于气流运动缓慢的地方。如果地下岩溶管道发生洪水时,洞穴沉积物通常被破坏。

沉淀的垂直分布规律中的这些观点适用于自源岩溶。在其他不同的水文地质和水化学条件下,沉淀也是有可能的。隔水的上覆岩体阻止渗透,因此限制地下暗河中产生沉积物,同时其机械作用也不是很强。在自源系统中的水流中,尽管对于钙而言通常是欠饱和的,所以碳酸盐沉淀不常见。与此形成强烈对比的自源渗流系统,往往沉积物可形成泉华池(或石笋)。

对渗流区中碳酸盐沉积的定量研究工作有限。但有一个基本的认识是温暖湿润的热带地区的岩溶比寒冷地区要发育。这姑且认为是在热带地区中土壤和大气中 CO_2 含量比亚北极和高山地区 CO_2 含量高的原因。

4.4.5 溶解的量、持续时间以及频率

Gunn(1982)总结了溶解固体运移的规模和频率特征。对比 24 个盆地的研究结果,其中有 10 个为岩溶洼地区(表 4-5),结论如下。

表 4-5 溶解的固体运移的大小和频率参数(据 Gunn,1982 简化)

流域		年运移溶质量的百分比			
		水流搬运等于或超过全年的 5%	水流量小于平均排泄量	水流量小于中等排泄量	移除 50% 的溶质所需要时间的百分比
Shannon	(CO_3)	—	32	28	—
Rickford	(CO_3)	5	34	23	24
Langford	(CO_3)	10	48	35	30
Rockies 南部	(CO_3)	13	26	19	20
	(SO_4)	12	35	26	23
瓦卡	(CO_3)	44	33	20	10
Honne	(CO_3)	16	—	26	26
Cymru	(CO_3)	18	34	21	22
Glenfield	(CO_3)	15	33	24	25
Cooleman 平原	(CO_3)	21	55	29	29
德文郡东南部(1)	(TDS)	57	20	7	5
德文郡东南部(2)	(TDS)	29	—	17	15
德文郡东南部(3)	(TDS)	29	46	25	18
Slapton Ley	(TDS)	28	26	12	12
Ei Creek	(TDS)	>25	—	—	10
East Twin GP1	(TDS)	27	—	11	1.5
East Twin GP2	(TDS)	24	—	20	18
新英格兰	(TDS)	50	—	—	5
Creedy	(TDS)	25	—	15	12

(1)高速水流搬运溶质量变化最大,全年高速水流在时间跨度上仅占 5%。在碳酸盐盆地,这些水流搬运所占的比例小于 1/4(除了一种情况下是 44%),相比之下,非碳酸盐盆地为 24%~57%。

(2)全年有 60%~75% 的时间,河流径流流量小于平均排泄量,在这个时间段搬运量占全年的 20%~55%。径流量小于中等排泄量的情况下搬运量不到 1/2。

(3)高速水流在岩溶盆地中搬运溶质的作用没有非岩溶盆地作用大。不过,Gunn 反驳了 Wolman 和 Miller(1960)的意见。很大一部分溶质是在流量小于平均径流量的情况下搬运的。在碳酸盐盆地,

径流量大于平均值时段搬运量占45%~74%。Groves和Meiman(2005)在肯塔基州的一个盆地中开展了为期一年的研究,发现大规模溶质搬运所占时间不到全年的5%,而在这段时间搬运量占全年的38%。

这个证据并不能有效全面地区分自源盆地和异源盆地径流搬运物质的规模和频率的特征。然而,理论上认为自源运移的物质量越大,相对规模大、低频率的物质搬运就越不明显。这是因为在自源盆地中Ca^{2+}与排泄量的相对关系曲线的斜率通常比异源盆地低,即稀释作用较为不显著;在自源盆地中,任何情况下排泄量变化不大,即水流持续曲线展示了一个较窄的变化范围。在"纯"自源岩溶中,溶质的大小和频率关系完全由外径流系统控制。

4.4.6 溶解性剥蚀、岩溶化与继承性

在讨论溶解速率与地貌之间的关系时,Priesnitz(1974)认为年平均侵蚀速率没有体现出岩溶特征。例如,平均表面剥蚀速度与岩溶地形表现出强烈的不一致性。高溶解剥蚀速率的地区不一定发育岩溶。表明岩溶成型的重要因素包括溶解前部的大小和形式,位置,每个点的溶解强度,以及最后的再沉积形式和地点。Priesnitz也建议采用地表下降与表面成型之比作为溶蚀的一个形态效果指标。利用岩溶漏斗的体积来估计表面成型效果,并将这一方法应用到德国Bad Gandersheim附近的石膏和灰岩地区进行研究,他总结出在全新世这两种岩石的98%~100%的溶解仅产生地表剥蚀。近十年来在这方面的研究没有取得进步,关于岩溶与溶解性剥蚀之间的明确关系还需要进行更多的研究。

另一个因素很少被认识到,即在解释剥蚀速率中也没有解决的问题就是剥蚀的继承性。假设有两个地方都是灰岩区,都在侵蚀基准面附近,在各方面两者都一样,一个是已经岩溶化的,而另一个不是。它们被同样地抬升,遭受同样的气候条件。这两个岩溶不同地貌的继承将会对岩溶剥蚀和再析出的数量及分布有何作用?尽管这个问题尚未解决,但是对不同地貌的继承性在岩石的侵蚀过程、地下水的加气与脱气作用,以及对地貌形态发育的作用都很明确。从总体地貌上来看,时间的尺度是如此的大,以至于我们很难去辨识某个地貌形成的初始时间,仅能辨识的只有继承性。在岩溶地区,我们有时能辨识其开始的时间,也许是一个非渗透性盖层第一次被破坏的时间,或者是一个珊瑚礁被抬升出海面的时间。但是在世界上最大的岩溶地区,以中国南方为例,岩溶作用的开始时间太遥远,现代作用过程导致现代地貌的发育,而这必须部分取决于已有的溶蚀产物。

5 岩溶水文学

5.1 基本水文地质概念、术语、定义

可溶岩中地下水具有同其他岩石中地下水所具有的大部分特征。因此,适用于其他岩石中地下水的许多概念、基本原理和技术在岩溶水文学中也同样适用。Freeze 和 Cherry(1979),Domenico 和 Schwartz(1998)编写了教科书,在书中提出一般性的说明有斟酌之处。然而,岩溶地下水系统具有明显不同于其他岩石地下水所具有的一些特点。因此,本章的目的是解释地下水文学的一般原理在何种条件下适用于岩溶环境,更为重要的是在什么条件下这些基本的地下水文学原理不适合岩溶水文学。

5.1.1 含水层

含水层是指那些能够储存、运移并能产生具有经济价值、具有一定数量水的岩层。岩溶含水层和其他含水岩石一样可能是承压或非承压,也有可能是上层滞水(图5-1)。承压含水层就像三明治一样,就是在顶底两个相对隔水层之间所夹持的含水层。相对于含水层而言,那些不能吸水或不能运移(一定数量)地下水的岩石就是不透水层。有些岩石比如黏土和泥岩,可以赋存大量的水,但是当其饱和时地下水不能在其中大规模运移,这种岩层称为滞水层;在相对强透水的岩层中发育相对不透水的岩层称为弱含水层;岩溶化的灰岩地层中发育的钙质砂岩就是这种例证。

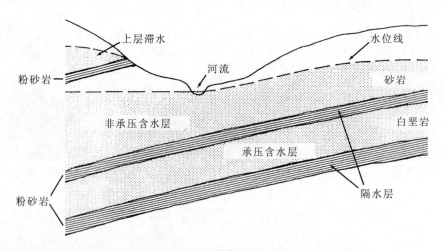

图 5-1 承压水、潜水和上层滞水层(引自 Dunne,Leopold,1978)

含水层的下限一般是下伏的隔水岩层,但是当可溶岩很厚,深部岩石的孔隙率不发育时就可以在岩溶含水层深部形成含水层的下边界,这是因为当岩石暴露地表会出现岩溶化,在深部由于岩石静压力很大导致深部裂隙不发育。在广袤的极地地区,含水层仅限于近地表 0.5~1.0m 的"活动"层,然而在永

久冻土的岩溶岩石中,位于"活动"层之下的不透水层通常由于地下水的运移而使其破裂,称为居间不冻层,并有可能发育深部地下水循环(Ford,1984)。

岩石中的水可存在于不同大小、不同形状和不同成因的孔隙中,岩石的孔隙率 n 和有效孔隙率 n_e 有很大的区别,孔隙率是指孔隙的总体积 V_p 与岩石总体积 V_b 的比值。

因此

$$n = V_p / V_b \tag{5-1}$$

有效孔隙率指那些具有水力联系的孔隙率,对饱和岩石而言,有效孔隙率可表达为可以从岩石中排出重力水的总量 V_a 与岩石总体积 V_b 之比,即

$$n_e = V_a / V_b \tag{5-2}$$

对于潜水层而言,有效孔隙率是指在重力作用下从单位体积含水层中自由流出的水的总量;那些在分子力作用下结合水仍保留在小的孔隙当中的是结合水,Castany(1984b)对结合水的量测技术进行了探讨。

有效孔隙率受孔隙大小的影响。黏土中孔隙率为 $30\% \sim 60\%$,而孔隙大小为 $10^{-2} \sim 10^{-3}$ mm 时,重力作用下几乎不会产生自由水,这是因为黏土中水的吸附力即分子黏结力足以克服重力,但是当相互连接的孔径在 $1 \sim 10^3$ mm 或更大时,储存其中的地下水就能自由流动。

在第 2 章中我们已论述过,当碳酸盐沉积物形成时需要一种选择性组构的孔隙率,其占基质的 $25\% \sim 80\%$。然而,后期的化学成岩过程中会发生溶解、沉淀、白云岩化和由于构造运动发育次生的裂隙,从而导致了原生孔隙率的调整变化。沉积学家定义的原生裂隙是指在沉积过程中产生的孔隙(如首次产生)和后期成岩过程中的次生孔隙。然而对于水文地质学家而言,所有类型的岩体中孔隙率均为主孔隙率(有时指基质孔隙率);只有当地层发生褶皱和断层时产生断裂和裂隙时的孔隙率才认为是次孔隙率;当地下水沿可透水的裂隙循环而发生溶解,产生管道时(管道或洞穴),这称为再生孔隙率;当地下水不断循环时这些孔隙可能持续变大。

平均总孔隙率是与研究岩石体积有关的一个函数,其与研究的尺度有关,如区域尺度(宏观或第一级)、压水试验尺度(中观或第二级)或手标本尺度(微观或第三级)的孔隙率不同。很明显我们在手标本上不会发现洞穴,当然通常也不会在钻孔岩芯上遇见洞穴,当评价孔隙率时,调查比例尺度是一个非常重要的考量(图 5-2)。当然深度也是一个非常重要的考量,这是因为在埋藏过程和早期成岩过程中,岩石静压力和化学固结作用随深度增加而孔隙率呈指数降低。Castany(1984a)以南非为例,在地表以下 60m 处的岩石有效孔隙率为 9%,地表以下 75m 处的孔隙率为 5.5%,地表以下 100m 时为 2.6%,125m 时为 2%,150m 时为 1.3%。然而,根据其反应的过程,孔隙率随深度的变化曲线实际上变化相当大(图 5-3)。

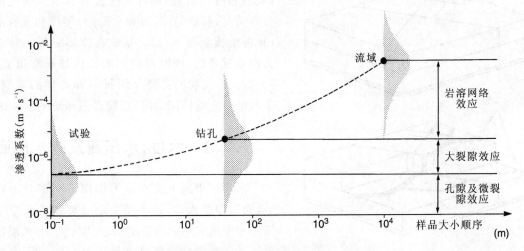

图 5-2 岩溶的渗透系数尺度效应示意图(引自 Kiraly,1975)

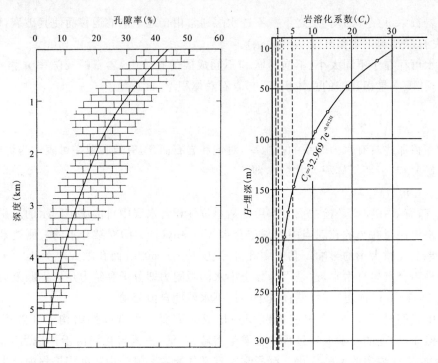

图 5-3 地表以下灰岩中的孔隙率随深度变化图。(左)南佛罗里达盆地浅海中灰岩中孔隙率随深度呈指数递减,有灰岩岩性符号为孔隙率的范围值,这个图列举了埋藏于地下的岩石受静压力作用原生孔隙率的变化情况(据 Halley,1987;引用 Tucker,Wright,1990)。(右)狄那里克岩溶,结晶灰岩岩溶化随埋深减小呈指数增加,这个图反映了次生和第三孔隙率岩溶溶蚀的反应。统计数据来自 146 个钻孔(据 Milanovic,1981,1993,修改)

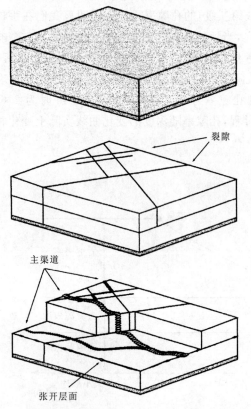

图 5-4 孔隙、裂隙及管道含水层(引自 Worthington,1999)

因此,碳酸盐岩中发育不同成因的孔隙,这些孔隙影响地下水的储存和运移。根据孔隙中地下水的储存运移特征通常可将岩溶含水层分为 3 种类型,分别为粒状(或矩阵)型、裂隙型和管道型(图 5-4)。在实践中,大多数岩溶含水层都由这 3 种类型的含水层组成,这些含水层中发育的管道(管子一样的洞穴)具有重要意义。表 5-1 列举了广泛存在的岩石类型(灰岩和白云岩)的四种碳酸盐岩含水层中孔隙率的分布情况、补给(异源的和自源的)年代和发育成熟度(从古生代至新生代)。基质孔隙率对每一种情况而言都是重要的,同时对储水能力也是非常重要的(表 5-2)。后文我们将要介绍每一种类型的案例,当地下水沿一定线路流动时,则管道主导地下水运移。

5.1.2 水位,水压面及静水压面

潜水层中地下水在重力作用下向下自由移动到"水面",即是水位,这个用来定义裂隙或孔隙中自由流动水所组成的面的英语术语,明确了潜水层饱和带顶面。孔隙中这个面是流体压力与空气压力相等的

一个平衡面。欧洲大陆与此术语等同并被完全接受的术语是水压面,如非承压含水层中由测压计(观测井中)所定义的一个面,但我们注意到Domenico和Schwartz(1998)更愿意用水位这个术语。

表5-1 4种碳酸盐岩含水层中的孔隙率(孔隙、裂隙和管道),在白垩岩中的管道孔隙率等同于Price(1993)等所认为的次生裂隙的孔隙率(引自Worthington,1999)

位置	孔隙率(%)			岩石时代
	孔隙	裂隙	管道	
加拿大安大略州史密斯维尔(Smithville)	6.6	0.02	0.03	志留纪
肯塔基州猛犸洞	2.4	0.03	0.06	密西西比纪
英格兰白垩	30	0.01	0.02	白垩纪
墨西哥尤卡坦半岛 Nohoch Nah Chich	17	0.1	0.5	始新世

注:密西西比纪即是石炭纪早期。

表5-2 4种碳酸盐岩中孔隙、裂隙和管道中储水比率(引自Worthington,Ford,Beddows,2000)

位置	储存水所点比率(%)			岩石时代
	孔隙	裂隙	管道	
加拿大安大略州史密斯维尔	99.7	0.3	0.05	志留纪
肯塔基州猛犸洞	96.4	1.2	2.4	密西西比纪
英格兰白垩	99.9	0.03	0.07	白垩纪
墨西哥尤卡坦半岛 Nohoch Nah Chich	96.6	0.6	2.8	始新世

水位以下一个给定点处的压力为压力水头(水深与水的容重之积)与大气压力之和(图5-5)。当地下水没有流动时,则各个方向上压力相等,这种条件称为静水压力条件。水头h是高程水头与压力水头之和,水头与重力加速度g之积为水力势能φ,这是单位质量水的机械能的表达式。地球近地表的重力加速度基本上是一常数,因此,水头和水力势能密切相关。

当钻孔钻到承压含水层时,压力作用下会出现含水层的水从钻孔中自流而出,并到达含水层以上一定高程,在这样的钻孔中,理论上与水位相一致的面称为静水压面,当水位上升溢出钻孔时,有时也称为自流井,这种自流条件下的水是承压水。

但是在许多文献中混淆了静水压面与水压面的概念,这是因为利用水头数据绘制的这一假想等势面有时会被认为是水压面。关于本书中有关静水压面的应用均采纳了Freeze 和 Cherry(1979)以及 Domenico 和 Schwartz(1998)的建议。

在水位以上的非饱和(或渗流)区,除强降雨时一些孔隙完全被水充填外,岩石只有部分孔隙充水。水在这个区间向下运移经历多个过程,在孔隙和裂隙中会出现空气与

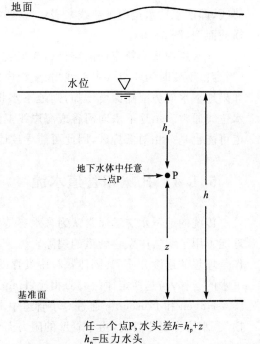

任一个点P,水头差$h=h_p+z$
h_p=压力水头
z=高程水头

图5-5 非承压含水层的液压水头、压力水头和高程水头的定义(引自Ford,Williams,1989)

水共存的情况,气泡甚至可以堵塞毛细管阻止水往下流动,更重要的是地下水在向下运移的过程中会受到隔水层(如灰岩中的页岩或燧石条带)的阻隔后,在这些隔水层之上蓄水产生局部饱水带,其悬挂于主水位之上的局部饱水层称为上层滞水(图5-1)。潜水层饱和带和饱和带的细分层见表5-3,尽管在任一给定的岩溶含水层中可能不会包含所有这些细分层。

表5-3 岩溶水文分区

区	亚区
1 非饱和(渗流)区	1a 土壤
	1b 地表岩溶(地下)区
	1c 自由排水渗流(传输)区
2 半饱和区	水位波动区
3 饱和区	3a 浅区
	3b 深潜流区
	3c 静止区

注:*可以在洞穴流动,永久消失在不饱和区。

5.1.3 流网

水位图或者静水压面图是含水层的二维视图,地下水的运移方向一般垂直于水位等高线并指向水力梯度最陡的方向运移,然而含水层的展布是三维的。因此,通过考虑整个含水层中水力势能的变化可得到一种更全面地表达地下水运移的视图。

含水层中水势能相同的点可用等势面表述,如果在水平面图上用二维表达这些等势面则表现为等势线,即潜水层水位用等势线来表示,这些线如果在垂直平面图上表达二维的等势面,则其为等势面的横截面图(图5-6)。

含水层中水颗粒流动的路径称为流线,其总是与等势面垂直。渗流场中由一组流线与一组等势线(当容重不变时为一组等水头线)相交组成的网格称为流网。众所周知,水从高势能区向低势能区流动,如果地下水的势能随深度增加,则地下水将向地表方向流动(Hubbert,1940)。在垂面上,流网平行于水位线通常表示地下水向河谷或海岸线汇聚;如果在饱和带中存在大的管道(充满水的洞穴)时,这个管道可能也是一相对低势区,因此可能导致地下水向该管道汇集(图5-7)。

5.1.4 孔隙和管道水流

传统的地下水文学通常认为含水层是多孔的层状介质,因此,我们必须要考虑地下水文学的一般原理能否用于灰岩中发育管道的裂隙岩体。基于这方面的考虑,假定地下水通过单个管道或者将岩体看作是理想的连续介质(其固体颗粒中发育的孔隙呈饱和状态的岩石)时,这样能更好地解释可溶岩中地下水的运移,与达西定律(1856)相比,Hagen(1839)和Poiseuille(1846)在这方面开展了创造性的工作。

Hagen和Poiseuille通过对小管道中水流的研究,发现单位过水断面上的水流速度(流速u)与水头损失(水流穿过小管时,由于管壁的阻力而引起的水头损失)成正比。

$$u = \pi r^2 \left(\frac{r^2}{8} \cdot \frac{\rho g}{\mu} \cdot \frac{dh}{dl} \right) = \frac{\pi r^4}{8} \cdot \frac{\rho g}{\mu} \cdot \frac{dh}{dl} \tag{5-3}$$

式中,πr^2为半径r的管道的横断面面积;$r^2/8$为管道的渗透系数;g为重力加速度;μ为动力黏滞系数;ρ为水的密度;dh/dl为沿管道单位长度的降水头(也称为水力梯度)。这个方程式有时特指Poiseuille

5 岩溶水文学

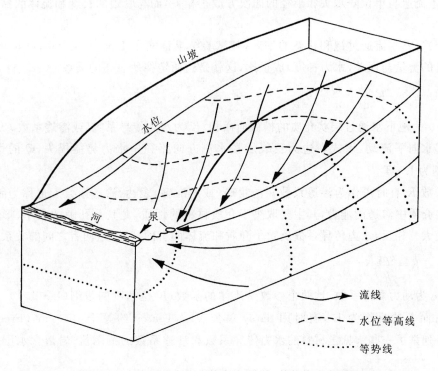

图 5-6　含有理想化孔隙的均匀介质中各水位等高线、流线、等势线和流网图（引自 Ford,Williams,1989）

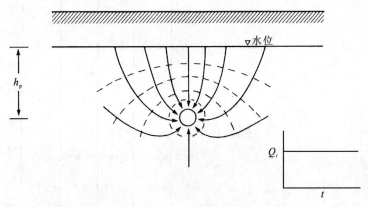

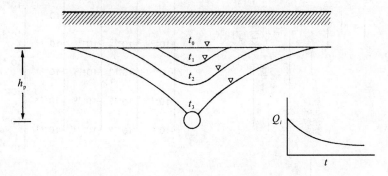

图 5-7　地下水水位呈稳定状态（a）和非稳定状态（b）下含水层中隧洞或洞穴（引自 Freeze,Cherry,1979）

定律，该式表示了流速与单位降水头和半径的四次方成正相关，而与管道的长度和流体的黏滞系数成反比。

Darcy(1856)研究水流通过饱和状态的细砂，其试验结果证实了 Hagen 和 Poiseuille 的发现，水流通过层状介质时的流量与压差（水力梯度）成正比，这就是达西定律所表达的关系。

$$u = -K\frac{dh}{dl} = \frac{Q}{a} \tag{5-4}$$

式中，Q 为流量；a 为地下水通过层状介质的横截面面积；K 为水力传导系数（或渗透系数 k）。因为水力势能的变化引起水向下流动，该式右边为负表示在水流方向路径中水力势能损失，Q 的量纲为 $L^3 \cdot T^{-1}$，流速的量纲为 $L \cdot T^{-1}$。

水力传导系数 K 有时可作为渗透系数 k 的粗略（或不准确）表达，渗透系数 k 也称为固有渗透性，用来表示流体在介质中渗透的能力，其主要取决于介质材料的性质，尤其是孔隙的大小、形状和分布特点对 k 的影响最大。相反，水力传导系数反映了介质和流体两者的特性，这两者之间的关系如下：

$$K = \frac{k\rho g}{\mu} \tag{5-5}$$

式中，ρ 为密度；μ 为动力黏滞系数，这两个参数是流体的函数；K 是速度的量纲（$L \cdot T^{-1}$），其单位通常表示为 $m \cdot s^{-1}$；而 k 的量纲为 L^2，有时用 darcy 单位表示，1darcy 约等于 $10^{-8} cm^2$（Freeze，Cherry，1979）。图 5-8 列举了一些常见土材料的水力传导系数和渗透系数的范围值，岩溶含水层的渗透系数

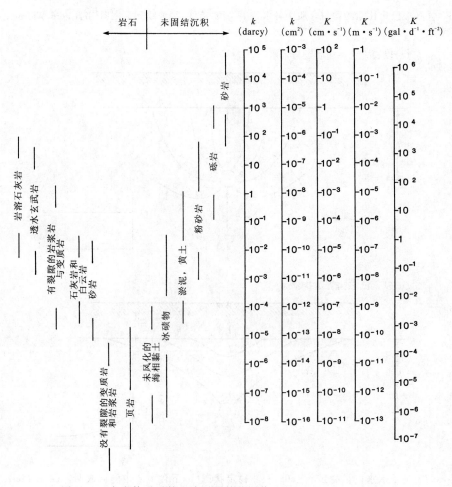

图 5-8 水力传递系数和渗透系数范围值（引自 Freeze，Cherry，1979）

不易测量,这是由于渗透系数随测量尺度的不同而不同,有时会出现渗透系数很高以致压水试验过程中出现不起压的情况(Halihan et al,1999)。

达西定律假定水流为层流,在这种条件下单个水"颗粒"沿水流动的方向平行流动,水流流束彼此不相混杂、运动迹线呈近似平行的流动。这可在图 5-9 所示的直径一致的直圆管中很容易地观测到,这个定律也适合于粒状介质。由于黏滞力的作用,管壁上的流速为 0,在管中心线上流速最大,当管的直径和水流速度增加就会出现波动漩涡并出现水流束相互混杂时称为紊流。在岩溶岩石中发育管道和裂隙时就会出现这种条件,而且地下洞穴系统占主导地位。

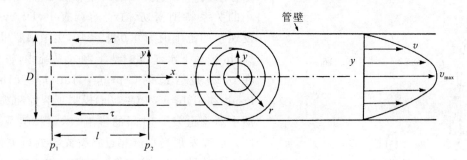

图 5-9 通过圆管的层流(据 Hillel,1982)

根据 Reynold 数判别地下水从层流变成紊流的临界速度,因此可以界定达西定律有效性的上限,Reynold 数的表达式如下:

$$Re = \frac{\rho v d}{\mu} \tag{5-6}$$

式中,v 为通过直径为 d 的圆管的流体平均速度,对多孔或裂隙介质,宏观速度 u 可以替代 v;d 为孔隙的直径或裂隙的宽度。

在层流条件下,通过管道的排水量可以用 Poiseuille 定律[式(5-3)]进行计算,也可用 Hagen-Poiseuille 式进行计算:

$$Q = \frac{\pi d^4 \rho g}{128 \mu} \cdot \frac{\mathrm{d}h}{\mathrm{d}l} \tag{5-7}$$

既然流量与水管直径的四次方成正比,因此较大的毛细管的透水性比小管道大得多,一个直径 2mm 管道的导水能力是直径 0.2mm 管道的 10 000 倍,这个因素主导了地下洞穴的发育过程,这将在第 7 章中进一步介绍,增加速度、管道弯曲度和粗糙度可能会逐渐导致管道中的层流变成紊流,当这种情况发生时,可用 Darcy-Weisbach 定律计算流速(Thrailkill,1968)。

$$u^2 = \frac{2dg}{f} \cdot \frac{\mathrm{d}h}{\mathrm{d}l} = \frac{Q^2}{a^2} \tag{5-8}$$

$$Q = \left(\frac{2dga^2}{f}\right)^{1/2} \cdot \left(\frac{\mathrm{d}h}{\mathrm{d}l}\right)^{1/2} \tag{5-9}$$

式中,f 为摩擦系数。Spring 和 Hutter(1981a,b)对如何确定摩擦系数进行了解释,并对 Darcy-Weisbach 定律和 Manning-Gauckler-Strickler 方法之间的关系进行了讨论。他们认为在紊流管道中管壁摩擦产生的剪应力 τ 与平均剪水流速 v 二次方成正比,用 Darcy-Weisbach 摩擦定律表达如下:

$$\tau = \frac{f \rho_f}{8} \cdot v^2 \tag{5-10}$$

式中,ρ_f 是淡水的密度,可通过对该式进行重新排序来估算摩擦系数,对于流体边界上的相对粗糙度 R_f(如管道壁)可通过管道的半径 r 与渗流长度 e 之比来描述,这个比值代表了粗糙度的特征,如凸起、孔洞和松散颗粒等特征。

挪威 Lauritzen 等(1985)的出色研究揭示了潜水区管道中 f 和 Q 之间的关系[图5-10(a)],从图上可以看出,摩擦系数随着流量的增加而急剧降低后并最终达到一个常量,新西兰 Crawford(1994)通过研究也得出相同的结论[图5-10(b)],摩擦系数受管道的几何条件、管道的尺寸、管壁的粗糙度以及衰变等因素的影响,Lauritzen 等通过研究相对简单的管道发现,摩擦系数 f 与渗流管道的半径和管壁上的扇状坑大小的关系特别密切,在岩溶调查中,Darcy-Weisbach 发现 f 的范围值为 0.039~340,美国佛罗里达地下近 208m 被地下水淹没的地下洞穴系统中,冰穴中 f 值在 0.25 是合适的 (Spring, Hutter, 1981b)。Dreybrodt 和 Gabrovšek(2000a)模拟了裂隙粗糙度对含水层中新管道发育时间的影响(术语称为管道贯穿时间),研究发现当水流穿过管壁光滑的裂隙,粗糙度减少 1 个数量级时,管道贯穿时间增加 4 倍。

5.1.5 裂隙岩体中的水循环

由于岩体中节理、断层和层面的发育而使可溶岩体发育成裂隙化岩体,相互连接的裂隙为地下水运移提供了通道,而组成岩石的颗粒通常阻止地下水的运行而成为相对隔水层。裂隙特征和流体委员会(1996)将当代对地下水在裂隙化岩体中循环运行的认识做了全面的回顾,尽管他们没有特别强调可溶岩石中地下水的循环,但 Domenico 和 Schwartz(1998) 在尝试解释裂隙岩石中地下水的循环时,这两个方法中的一种可用来解释地下水在可溶岩石中循环的问题。

(1)连续方法,这个方法假定裂隙岩体和层状多孔介质在水力特性上是一样的[等同于多孔介质模型(EPM)]。

(2)非连续(离散)方法,这个方法不能将岩石假定为层状介质,认为是单个裂隙或裂隙组中地下水的循环。

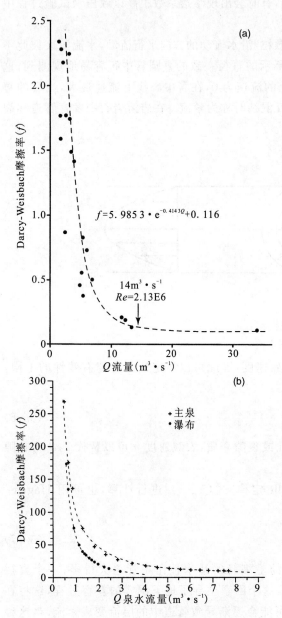

图5-10 (a)挪威活动潜水层中管道的 f 和 Q 之间的相互关系(据 Lauritzen et al,1985);(b)新西兰公牛溪洞穴系统部分管道中 f 和 Q 的关系(据 Crawford,1994)

当连续方法不适合时,则需要得到有关断裂走向、频率(如裂隙密度)、相互连接程度和张开大小及粗糙度等的信息。裂隙岩体中存在层流时,通过单位长度的单个裂隙中的体积流量 Q 可以用两个相互平行、具有固定距离的光滑隔板中的流量来模拟,这个体积流量有时也称为"立方律"。孔隙度与裂隙的宽度 w 成线性关系,但是渗透系数随裂隙体积的增加而增加。

$$Q = \frac{\rho g w^3}{12\mu} \cdot \frac{dh}{dl} \tag{5-11}$$

裂隙的水力传导系数可以用下式计算:

$$K=\frac{\rho g w^2}{12\mu} \tag{5-12}$$

Brady 和 Brown(1985)对温度为 20℃ 的水进行观测发现,当 w 增加一个数量级时(从 0.05mm 增加到 0.5mm),K 增加 3 个数量级($K=1.01\times10^{-7}\sim1.01\times10^{-4}$ m·s^{-1})。不同温度下水的密度、动力黏滞系数和动黏滞度列于表 5-4 中。

表 5-4 一个大气压下(1bar=100kPa)不同水温下水的密度和黏滞系数,动黏度 $v=m=r$(据 Taylor,Francis,2003)

温度(℃)	密度 ρ(g·cm³)	黏度 μ(μPa·s)
0	0.999 84	1 793
10	0.999 70	1 307
20	0.998 21	1 002
30	0.995 65	797.7
40	0.992 22	653.2
50	0.988 03	547.0

对于一组平行的裂隙,水力传导系数和渗透系数分别用下式进行计算:

$$K=\frac{\rho g N w^3}{12\mu} \tag{5-13}$$

$$k=\frac{N w^3}{12} \tag{5-14}$$

式中,N 为单位距离裂隙的个数;Nw 是面状孔隙度。Domenico 和 Schwartz(1998)指出,对于一系列宽度为 1mm,密度是 1 条/m 的裂隙组的水力传导系数为 8.1×10^{-2} cm·s^{-1} 时,则在同一水力梯度下单位裂隙岩体的水量和通过单位面积传统达西定律所适用的多孔介质的水量一样多。

当然自然条件下地下水在岩体中的渗流要复杂得多,部分原因是裂隙的张开度和粗糙度不均一(图 2-15),部分是裂隙发育模式的三维复杂性造成的,Kiraly(2002)模拟了更为复杂的情况:①当渗透性和孔隙度与 3 个方向互相垂直并同等发育的裂隙组[图 5-11(a)];②三维方向同等发育的溶蚀成因的管道[图 5-11(b)]。图上的这些数据来自于瑞士侏罗山脉一带的岩溶地层中野外观测成果,其渗透系数约为 10^{-6} m·s^{-1},有效孔隙度只有 $0.4\%\sim1\%$。因此,他得出结论:仅从裂隙的宽度或管道的直径来解释这些测量的值是不够的;所以,孔隙的几何条件可以决定岩体的有效孔隙度,但不能决定岩体的渗透性,有效孔隙度的值需要裂隙张开(张开 1mm),但是渗透系数显示这些孔隙或裂隙没有贯通,地下水径流的单个管道张开较大,但相互贯通较差。关于地下水在裂隙岩体中的运移可参见 Brush 和 Thomson(2003),Konzuk 和 Keuper(2004)的文献。

表 5-1 列举了不同类型碳酸盐岩岩体渗透系数和地下水流动是如何受基质、裂隙和管道影响的,尤卡坦半岛的第三系和第四系灰岩中发育贯通性很好的孔隙和管道网络,结果导致岩体的水力传导系数特别高,其渗透系数比美国肯塔基州猛犸洞的岩体渗透性高出两个数量级(表 5-5)。不考虑这些岩体的岩性,含水层中 96% 的地下水储存于岩体基质中(表 5-2),但是地下水在基质中运移所占的比例非常小(表 5-6)。几乎所有的例子都说明了地下水的渗流发生在管道网络中,这是可溶岩的特性。

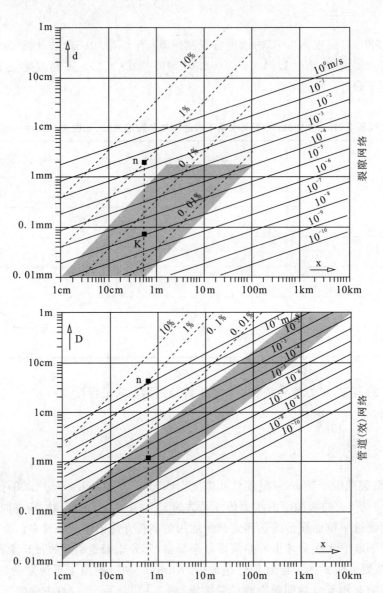

图 5-11 (a)不同裂隙网络的水力传导系数和孔隙度;(b)不同管道网络的水力传导系数和孔隙度(引自 Kiraly,2002)

表 5-5 碳酸盐岩含水层中的基质、裂隙和管道的渗透系数(引自 Worthington,1999)

位置	渗透系数(m·s^{-1})		
	基质	裂隙	管道
加拿大安大略州史密斯维尔	1×10^{-10}	1×10^{-5}	1×10^{-4}
肯塔基州猛犸洞	2×10^{-11}	1×10^{-5}	1×10^{-3}
英格兰白垩	1×10^{-8}	1×10^{-6}	1×10^{-5}
墨西哥尤卡坦半岛 Nohoch Nah Chich	7×10^{50}	1×10^{-3}	1×10^{-1}

表 5-6 地下水在基质中运移比例(引自 Worthington et al,2000)

位置	渗流所占比例(%)		
	基质	裂隙	管道
加拿大安大略州史密斯维尔	0.000 003	3.0	97.0
肯塔基州猛犸洞	0.00	0.3	99.7
英格兰白垩	0.02	6.0	94.0
墨西哥尤卡坦半岛 Nohoch Nah Chich	0.02	0.2	99.7

5.1.6 均质和非均质含水层,各向同性含水层和各向异性含水层

侏罗山脉处的岩溶地层其孔隙度非常复杂,很难进行详细的描述。相对来说,那些分选良好的砂砾石含水层孔隙度和透水性具有一致性。因此,对于相对简单的多孔介质,水力传导系数 K 与含水层中的位置无关,这样的含水层认为是均质的;如果水力传导系数 K 与含水层位置有关,则这样的含水层为非均质含水层。无论从哪个方向测量,如果水力传导系数始终一致,则这个含水层为各向同性含水层;但是当水力传导系数 K 值随方向变化时,则这个含水层为各向异性含水层。岩溶含水层的典型特性就是随着时间的增加,其非均质性和各向异性增强。对于非岩溶含水层中,渗流场中的非均质性为 1~50 之间,而岩溶含水层非均质性的变化范围为 1~1 000 000。Palmer(1999)对碳酸盐岩含水层各向异性做了有益的探索。

岩溶地层中地下水的流动通常具有方向性,这与平行的毛细管模型近似,在这个模型中水力传导系数顺管道的方向最大,而与管道垂直的方向就非常小。尽管只有一个方向的 K 值适用于各向同性含水层,但 K_x、K_y、K_z 可看作是不同方向的水力传导系数。水平方向的水力传导系数(K_x、K_y)对分析潜水带具有特别的意义,而对于包气带则垂直方向的水力传导系数对分析该带地下水的补给特征非常重要。然而,在任何特定方向上的水力传导系数不可能在长距离范围内保持一个常数不变,尤其是垂直方向的水力传导系数在岩溶最发育的岩石之下随深度增加而大大减小,这是因为近地表岩石受溶蚀作用而导致其透水性大大增强。

5.1.7 地下水的赋存与运移

4 种不同时代的碳酸盐岩中孔隙、裂隙和管道所赋存的地下水的比例见表 5-2。并不是所有的地下水在重力作用下都能释放出来,这是因为赋存于非常小的孔隙中的地下水在毛细管引力和分子间作用力的作用下克服了重力作用而不能排出,其在泉水点以下赋存而不溢出(图 5-12)。单位体积饱和岩石中所释放的地下水用单位降水头来测量含水层的储水能力,而对于非承压水称为单位出水量 S_y,对承压含水层则称为单位储水量 S_s(图 5-13),承压含水层的储水量 S 为单位储水量 S_s 与含水层的厚度之乘积。

$$S = S_s b \tag{5-15}$$

图 5-12 指出了确定含水层厚度的替代方法,用导水系数 T 来定义含水层地下水运移的能力,其取决于含水层的厚度及水力传导系数的大小。

$$T = Kb \tag{5-16}$$

很明显,导水系数 T 在各向异性含水层中随方向不同而变化。

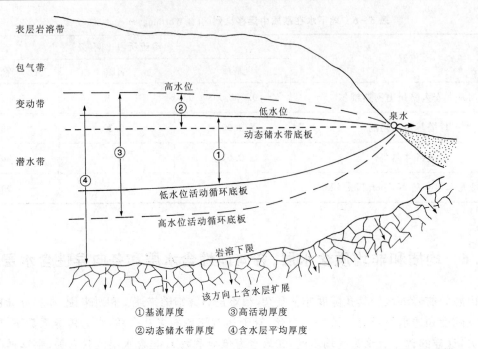

①基流厚度　③高活动厚度
②动态储水带厚度　④含水层平均厚度

图 5-12　确定潜水含水层厚度的替代方法,对地下水的计算、地下水的最大动态体积与带②相关(引自 Ford, Williams, 1989)

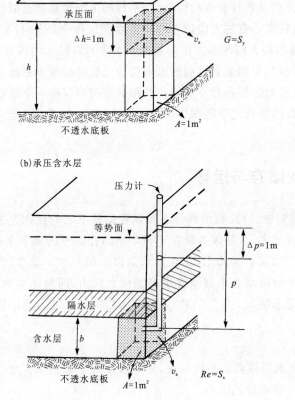

图 5-13　单位储水能力:(a)非承压含水层,(b)承压含水层(引自 Castany, 1984)

一些岩溶灰岩含水层的单位储水量和传导系数值见表5-7。非承压含水层的单位出水量比承压含水层的储水系数要大得多(Freeze,Cherry,1979),对岩溶含水层的传导系数T和单位储水能力S_y可以用泉水流量过程衰减曲线来估算(Atkinson,1977;Sauter,1992;Baedke,Krothe,2001)。

表5-7 一些可溶灰岩含水层的单位储水量和传导系数值(据Castany,1984)

碳酸盐岩	地质时代	位置	S_y(%)	$T(m^2 \cdot s^{-1})$
裂隙化灰岩	土仑阶—森诺曼阶	以色列		$0.1\times10^{-2}\sim1.3\times10^{-1}$
	晚白垩世	突尼斯	0.5~1	1
	侏罗纪	黎巴嫩	0.1~2.4	$0.1\times10^{-2}\sim6\times10^{-2}$
岩溶裂隙化灰岩	早白垩世	Salon(法国)	1~5	10^{-3}
	侏罗纪	Parnassos(希腊)	5	$1\sim2\times10^{-3}$
裂隙化白云岩	侏罗纪	大科斯(Grandes Causses)(法国)		10^{-3}
	早侏罗世	摩洛哥		$10^{-2}\sim10^{-4}$
	侏罗纪	Parnassos(希腊)		3×10^{-5}
		Murcie(西班牙)	7	
裂隙化大理岩		Almeria(西班牙)	10~12	
泥质灰岩	侏罗纪	大科斯(法国)		10^{-3}

传导系数的值随岩石中孔隙、裂隙系统和管道的不同而变化,在可溶岩含水层的不同位置单位储水量也会发生变化。大多数情况下近地表强烈风化带内传导系数最高(地表岩溶,表5-1),由于岩石静压力阻止地下水渗透并阻止次生孔隙发育,T随深度的增加呈指数增长,但是也有例外(图5-3)。

5.2 岩溶水文系统发育的控制因素

5.2.1 边界条件及相关因素

Kiraly(2002)指出地下水的渗流取决于水力参数、边界条件以及其他诸如地质、地貌和气候等因素,这些因素影响地下水的运移。上述因素与含水层物理特性(孔隙度、水力传导系数和储水能力等)的关系如图5-14所示。上述这些因素之间相互作用强烈,同时这些因素存在强烈的物理化学作用。边界条件由地质、地貌、气候和生物来决定,其控制了地下水的补给和排泄的地点与数量(包括地下水补给源的高程、排泄点的高程以及降雨量和渗透速率等)。因此,岩溶水文系统的边界有地下水流补给边界和地下水排泄边界,也有非渗流的边界,如夹持在隔水层之间的含水层或者可溶岩与不透水岩体之间为断层接触的边界条件。

对于给定边界的含水层,可以计算水力梯度和单位排泄量。岩溶水的长期作用会使含水层的有效孔隙度、单位储水量和水力传导系数发生变化,进而降低地下水排泄点的高程而改变地下水的势能。因此,岩溶水循环系统相对于其他含水系统而言,会不断地调整以达到新的平衡。

地形地貌的快速变化通常导致水力边界条件发生剧变,其通常与气候变化相联系,这种剧变会导致地下水的排泄条件发生变化,进而导致水力梯度发生变化。例如,在冰川作用下河谷深切导致地下水循环系统中水力势能增加,或者由于冰期海面上升,将海岸线一带的泉水点淹没于海水之下而使水力势能减小。

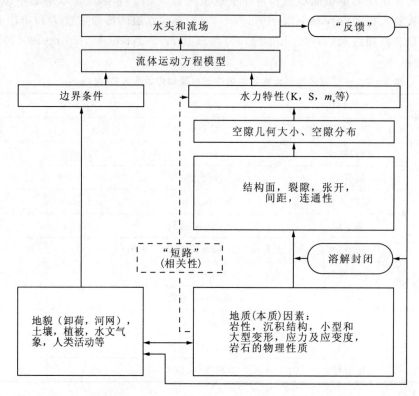

图 5-14 岩溶含水层中地下水渗流场、水力特性和地质因素间相互关系示意图(引自 Kiraly,2002)

影响岩溶含水层的几个地质因素见表 5-8,这些影响因素在第 2 章中已作了详细的介绍,从区域尺度上看,含水层边界的影响因素有含水层露头、厚度、可溶岩的性质及与其他岩性的关系等。构造运动影响地表抬升和剥蚀,因此地质构造影响水力势能,同样区域构造也控制褶皱和断层的发生。

表 5-8　水文地质构造对碳酸盐岩含水层的作用(引自 White,1977)

地质要素	控制
宏观构造(褶皱、断层)	碳酸盐岩相对于其他岩石发生位移
地貌	补给区和排泄区发生变化
地层岩性	含水层的厚度和化学特性
微小构造(节理和裂隙)	地下水径流的方向和水力传导系数
卸荷	决定水力梯度

5.2.2　地下水补给控制因素

岩溶含水层可以看作是一个开放的系统,这个系统的边界由流域界线、地下水的补给、运移、排泄控制。举一个最简单的例子,在流域内只有可溶岩,同时地下水的补给完全来自大气降水,这种地下水的补给称为自源补给[图 4-1(a)]。在更复杂的地质条件下,则地下水的补给有侧向补给,也有上覆非可溶岩中的地下水向下运移补给,这种补给到岩溶含水层的方式称为异源补给[图 4-1(b)]。自源补给源很分散,岩石中的裂隙发育并直接进入岩溶含水层中,但是异源补给通常是以地下暗河的形式集中补给。这两种补给方式中水化学和单位面积的补给量是不同的,后期透水性的发展对地下水补给的规模和分布有相当大的影响。

珊瑚礁是这种简单的自源补给系统的一个天然例子,地下水在空间上的补给是均一的,这是因为岩石露头中的孔隙和裂隙数量很大。当基岩上覆的土层很厚时,则补给条件会发生变化;如果上覆土层的透水性比下伏岩体的透水性差,则土层成为地下水补给的调节器,由于上覆土层的透水能力小,从而降低补给。可溶岩上覆土体的透水性好,则其垂向的饱和水力传导系数作为主要控制因素控制着地下水的入渗。当从上覆透水的岩层向下渗透补给时称为自源补给,当上覆可透水的非可溶岩向岩溶含水层补给时称为异源补给。

自源补给地下水循环系统中相对集中补给仅在岩溶漏斗(碳酸盐岩和硫酸盐岩岩溶)非常发育的情况下才会出现(图5-15,见9.6节和9.13节)。这是因为溶蚀形成的岩溶漏斗反映水力传导系数在垂直空间上分布不均,导致发育渗流优先路径或区域。封闭的溶蚀洼地使雨水集中向地下补给,加速了地下水集中渗透并形成了集中的管道(Williams,1985,1993)。然而,与流域面积内的异源补给相比,这种集中补给地下水的量小得多,原因是这些孤立岩溶漏斗的面积相对于整个流域而言是比较小的。

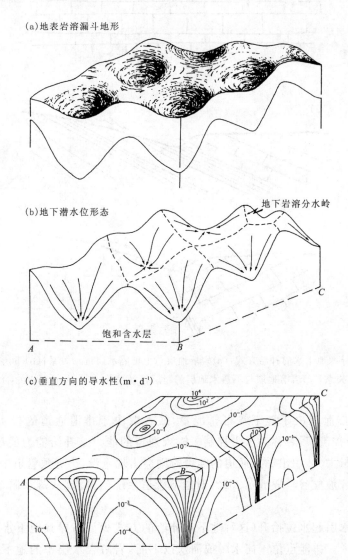

图5-15 (a)地表岩溶漏斗,(b)地下潜水位(地下岩溶)与(c)地下岩溶基底附近的垂直水力传导系数之间的关系

(引自Williams,1985)

自源补给水流经落水洞集中入渗（落水洞英文名 sinkhole,swallow hole,swallets,stream-sink, ponor），其可分为两种类型：贯穿上覆地层形成垂直点状补给和从相邻不透水岩石的侧向点状补给。水流可能来自：①上覆岩石变薄情况；②地层产状斜倾，上为透水岩层，下为不透水岩层；③断层穿过不透水岩石（图 5-16）。不透水岩层中发育的孔洞使水集中进入岩溶地层，除排泄点处的流量可能测量得更准确，洪峰流量可能更大外，其与地表水通过岩溶漏斗进入可溶岩类似。这种类型的补给有利于发育地下大的岩溶洞穴。侧向补给一般表现为流量较大，通常是由于其流域面积较大，并与大的地下暗河系统相联系。迪纳拉岩溶地层中许多落水洞中地下水的流量超过 $10m^3 \cdot s^{-1}$，Biograd-Nevesinjko 坡立谷地下水的流量达 $100m^3 \cdot s^{-1}$（Milanović，1993），当地表水的流量过大，超过落水洞洞口的过水能力时则会出现壅水情况。

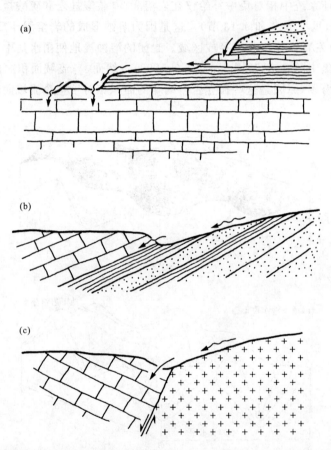

图 5-16　异源地下水的补给方式：（a）岩溶地层与上覆隔水层接触关系；（b）下伏隔水层与岩溶地层接触关系，（c）岩溶地层与不透水地层的断层接触关系（引自 Ford,Williams,1989）

地下管道系统的排泄取决于地下水可排泄量，或者取决于排泄通道的排水能力，Palmer（1984,1991）把前者称为流域控制，后者称为水力控制。输入通道的能力是补给能力的最终调节器。因此，如果地表河流的瞬时流量太大，超出输入通道的能力时则会出现淹没，会导致管道中的水位抬高并淹没地表的渠道或地表盲谷或坡立谷。White（2002）对地下管道系统的排泄（从落水洞至泉水排泄点）能力进行了探讨。

由洪水补给地下水引起水位抬升（这种地下水补给的方式少见），导致地下水排泄管道反过来成为地下水的暂时补给通道。排泄点位于河水中或河水以下时，岩溶含水层中的地下水向河流排泄就会出现这种情况。当上游流域强降雨产生洪水并向一级支流排泄时，泉水点将被淹没更深，并且岩溶含水层中的水力梯度会发生倒转，尤其是当支流中的岩溶流域没有受到洪水的影响时这种情况更为明显。向可溶岩中补给的情况就会发生,造成河岸蓄水,由于地下水的逆流引起地下水入侵。当洪水过后,地下水力梯度就回归正常。这种类型的逆向泉可作为暂时的地下水补给点,称为涌泉(间歇性泉),肯塔基州格林河沿岸发育很多涌泉(Quinlan,1983)。这种逆向补给的例子也很常见,一些落水洞在地下水水位上升时成为暂进泉,这也是间歇性泉。

5.2.3 地下水排泄的控制因素

世界上流量大的泉水大多数是岩溶泉(表5-9),只有少数火山岩中发育的泉水可与岩溶泉媲美。岩溶泉为地下水系统循环的终结,并标志着地表水作用过程变为主导。泉水点垂向上的位置控制着含水层的输出水位,而水力传导系数和径流决定了水位的坡度及不同的排泄条件。

表5-9 世界著名的岩溶泉

泉点	流量($m^3 \cdot s^{-1}$)			流域面积(km^2)	参考文献
	平均	最大	最小		
巴布亚新几内亚 Tobio	85~115	—	—	—	Maire,1981c
巴布亚新几内亚 Matali	90	>240	20	350	Maire,1981b
黑塞哥维那 Trebišnjica	80	—	—	1 140	Milanović,2000
意大利 Bussento	>76	117	76	—	Bakalowicz,1973
土耳其 Dumanli	50	—	25	2 800	Karanjac,Gunay,1980
巴布亚新几内亚 Galowe	40	—	—	—	Maire,1981a
斯洛文尼亚 Ljubljanica	39	132	4.25	1 100	Gospodarič,Habić,1976
叙利亚 Ras-el-Ain	39	—	—	—	Burdon,Safadi,1963
中国 Disu	33	390	4	1 050	Yuan,1981
意大利 Stella	37	—	23	—	Burdon,Safadi,1963
中国 Chingshui	33	390	4	1 040	Yuan,1981
美国佛罗里达州 Spring Creek	33	—	—	>1 500	Smart,Worthington,2004
土耳其 Oluk Köprü	>30	—	—	>1 000	Smart,Worthington,2004
意大利 Timavo	30	138	9	>1 000	Smart,Worthington,2004
墨西哥 Frió	28	515	6	>1 000	Fish,1977
克罗地亚 Ombla	27	110	4	800~900	Bonacci,1995;Bonacci,2001
土耳其 Yedi Miyarlar	>25	—	—	>1 000	Smart,Worthington,2004
格鲁吉亚 Mchishta	25	—	—	—	Smart,Worthington,2004
墨西哥 Coy	24	200	13	>1 000	Fish,1977
黑塞哥维那 Buna	24	—	—	110	Smart,Worthington,2004
中国 Liulongdong	24	75	9	900	Yuan,1981
土耳其 Kirkgozler	24	—	—	—	Smart,Worthington,2004
美国佛罗里达州 Silver	23	37	15	1 900	Faulkner,1976
美国佛罗里达州 Rainbow	22	—	—	>1 500	Smart,Worthington,2004
法国 Vaucluse	21	100	4	1 115	Blavoux et al,1992
南斯拉夫 Sinjac(Piva)	21	—	—	500	Smart,Worthington,2004
黑塞哥维那 Bunica	20	—	—	510	Smart,Worthington,2004
克罗地亚 Grab-Ruda	20	—	—	390	Smart,Worthington,2004
尔根群岛 Trollosen	20	—	—	—	Smart,Worthington,2004

注:Dumawli泉是Manavgat河泉群中最大的,全年平均流量可达125~130$m^3 \cdot s^{-1}$。

泉水和上游水位的高差决定了地下水系统的水头差,这个水力势能可使地下水发生深部循环。因此,在很大程度上泉水控制岩溶地下水的运行,同时泉水的控制作用也是相当大的。这是因为泉水对地形地貌的改变作用很大,比如对冰川地质作用造成海平面波动、河谷冲积及冰川掏蚀峡谷等。

泉水影响含水层排泄地下水,主要取决于地形和泉水点本身的特征,泉水点的分类有几种方法(Sweeting,1972;Bögli,1980;Smart,Worthington,2004),但是当考虑其水文控制功能时,下述的几个方面就相当重要。

1) 自由排泄泉[图 5-17(a)和(b)]

可溶岩边坡向河谷倾斜并位于河谷之上,在这种情况下,地下水在重力作用下自由地向坡外排泄。这个含水系统中地下水全部或主要位于包气带中,因此有时也称为浅表岩溶(Bögli,1980)。当下伏于可溶岩下的不透水层发生褶皱或其接触面呈不规则起伏时,会在局部地段形成地下水富集的潜水带。

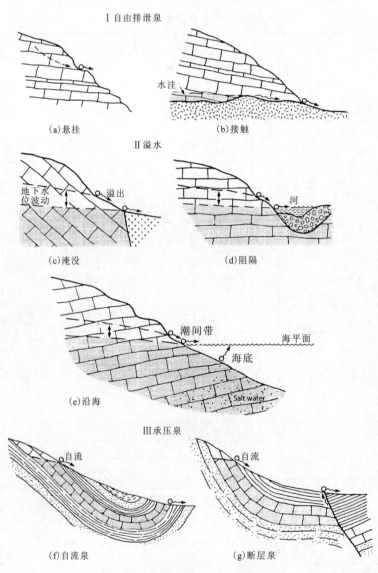

图 5-17　岩溶泉的类型。注意在平面图上可能表现为同一高程上分布的一系列泉水点,尤其是第Ⅱ种类型溢泉
(引自 Ford,Williams,1989)

2) 溢出泉[图 5-17(c～e)]

这是一种常见的岩溶泉,其主要是地下水在径流的过程中受到前面隔水层的阻隔而使地下水溢出

所致。淹没可能是另一种，其可能是由于断层或者是整合接触或者是由于河流的冲积物堆积或冰川堆积物形成的阻隔体。海洋咸水也可以成为地下水径流中的阻隔体。上述情况会形成暂时的溢流泉，这些溢流泉的形成是对高地下水水位的响应。泉水点上游的洞穴类型决定了潜水带中排泄点位于潜水位附近的水平溶洞中，还是岩溶竖井中。因此，溢出岩溶泉水点由一个低水位的泉水点和一个或多个高水位的泉水点组成。Smart(1983a,1983b)将这种类型的溢流泉称为溢流-下降泉。有时地下水会在同一高程的不同部位发育有多个泉水点，Quinlan 和 Ewers(1981)所研究的落水洞平原-猛犸洞穴-格林河系统就是这种案例。

3) 承压泉[图 5-17(f)和(g)]

当岩溶含水层受上覆隔水层的限制时，为地下水的自流创造了条件，断层有时为地下水的排泄提供了路径，或者当含水层上覆的不透水层被侵蚀而使下伏的含水层出露时也会使地下水溢出。在静水压力条件下地下水的出露，通常会出现紊流形态的涌泉，涌泉是这类泉水点的典型特征，尽管溢流泉在特定厚度的含水层中呈半承压性质，在洪水季节时也会产生涌泉。Durozoy 和 Paloc(1973)与 Blavoux 等(1992)研究法国南部的 La Fontaine de Vaucluse 泉水点时，将自流泉称为 Vauclusian 泉(表5-5、表5-9)。

自流泉的排泄能力决定了含水层的测压管水位的高程和含水层的埋深，自流泉的形成也可能与高水位溢流泉有关，很多承压泉由于地下水的深部循环作用在出露时成为温泉。在中国、匈牙利和土耳其等国发现有大量的岩溶温泉(Günay, Şimşek, 2000)，另外 Bögli(1980)以泉水的其他特征对岩溶泉进行了分类，这些特征包括：

(1) 根据流量将岩溶泉分为常年岩溶泉，间歇性岩溶泉，周期性岩溶泉，间断性岩溶泉。

(2) 根据地下水的来源将岩溶泉分为渗出(地下水来源不清)，复活(重新伏流)，自源渗流水。

周期性泉是自然界中非常独特的一种自然现象，这些泉通常是流动的，泉水的流量受虹吸储水系统控制。Trombe(1952)，Mangin(1969)，Gavrilovic(1970)，Bonacci 和 Bojanić(1991)在这方面进行了充分的探讨。

5.2.4 径流控制

从流域尺度上看，地下水径流的方向主要取决于地下水水力梯度的方向，但是在局部地段径流的方向取决于相互联系的裂隙和由孔隙构成的地下水径流通道。孔隙的密度、大小和分布等因素控制着地下水水位势能，因此这些因素对控制岩溶地下水径流、赋存非常重要。背斜构造与向斜构造分别与张应力和压应力有关。因此，节理的类型反映了这些控制因素，在拉张作用下节理是地下水在岩石中径流的最稳定的通道，而背斜构造(穹隆构造)是地下水补给的最重要构造部位；另一方面，向斜轴通常是地下水汇集与富水主要构造部位(Lattman, Parizek, 1964; Parizek, 1976; 图 2-17)，但是钻孔中单位出水量与其相关的裂隙或断层的关系是相当复杂的(Tam et al, 2004)。

在包气带地下水向下渗透过程中，层面连接节理并成为地下水向下径流的主要控制因素，但是在潜水带中层面所起的作用更为重要，这是因为层面在横向上的连续性起到了很重要的作用。当地层陡倾时，张开的层面为地下水的径流提供了重要的补给路径。围限在致密厚层岩石之间层面中的地下水，在横节理没有将层面贯通使地下水发生横向运动之前，可能使地下水向地下深部运移，为自流泉的形成创造了条件。

通常断层在水文学方面所起的作用同裂隙一样。在包气带和潜水带中，断层垂向和横向上的连续性对地下水径流方向的控制起到了非常重要的作用。然而，许多断层面由于具有高压密性或被次生的低孔隙度的方解石充填而阻碍地下水运移。进而言之，断层中有时也可能发育侵入岩脉(这可能是相邻非可溶岩中的正断层或逆断层或沿断层有辉绿岩脉侵入)而阻止地下水运移而成为含水层中的隔水带，其阻止地下水的运移，并阻止含水层进一步发育。

Herold 等(2000)深入研究了瑞士侏罗山脉一带的褶皱和逆冲断层对岩溶地下水径流的影响，完成

3个示踪试验,并对该地区的95个泉水点进行了为期3个月的监测,研究发现沿着褶皱核部轴线及背斜两翼成为地下水运移速度最快的径流路线,这与褶皱同期形成的节理有关。从背斜翼部产生的侧向地下水径流与造山运动前的正断层有关,在后期褶皱发生时会使正断层复活。地下水可通过方解石胶结的断层泥或角砾岩(孔隙度较高)。相对而言,复活的正断层和同生逆断层对地下水的循环没有影响,这个研究成果可用在其他岩溶地区。

孔隙的大小影响孔隙度[式(5-2)],而孔隙度决定单位储水量和储水系数[式(5-14)]。孔隙的大小(直径或宽度)可使地下水运移速度相差7~8个数量级,可达到数十米。透水系数是孔隙的一个函数,其变化范围也相对较大。当孔隙和连续性增加时透水性增加,地下水流动的阻力降低或消失,则水力传导系数就会增加[式(5-5)]。对于给定层厚的含水层其传导系数也会增加[式(5-15)]。

一些年轻的具有高孔隙度的珊瑚岩和钙质胶结的风成岩,在其发生溶蚀之前就是重要的含水层,地下水储存于其中并发生径流。然而另一个极端的例子是变质岩和蒸发岩在没有发生岩溶之前其几乎是隔水层,这类岩石初始孔隙的密度很低,后逐渐发育成大的管道(裂隙储存水和渗流量最小)。相比而言,对于那些发育多孔隙、薄层、裂隙的岩石而言,如果地下水集中补给,则该地层可能成为发育管状流动的含水层。饱和带中地下水仍以渗流方式为主。

次生孔隙的发育对地下水的补给影响相当大,自发和外源地下水补给系统中,地下水的径流条件变化相当大。异源补给地下水系统中,点状补给地下水常是河流状径流;而那些在空间上非点状的自源补给系统可使岩石中的空隙和孔隙增大。因此,对于给定的岩石而言,上述第二种情况的径流可能为层流,也可能为渗流。

随着岩溶发育,次生洞穴(如洞穴系统)在潜水层中也随之发育,在相对流速较快的管状流与围岩介质中的孔隙和裂隙渗流之间,地下水流存在退耦作用(White,1977b)。地下水在管道中流动较快,呈紊流状,围岩基质中地下水流动缓慢,呈层流状。这对分析含水层及其补给的反应带来相当大的难度。因此,一个泉水点对于地下水补给响应速度不是一种简单的地下水流动速度的反应,而是含水层中不同次级系统中不同水流速度的反应。岩石中局部富水并控制局部地下水补给,成为区域上地下水循环的主导(Halihan,Wicks,1998;Halihan et al,1998)。

由于岩体的多孔性、裂隙和差异溶蚀作用使得在某一方向上的渗透性比其他方向要大得多,同时也表现在某些地层中透水性好于其他地层。然而,当地质因素显示哪些地方储水量最大,因为局部卸荷对水力梯度产生影响,通常会对地下水径流的方向产生重要影响,局部卸荷决定了地下水补给源的最高点和地下水排泄的最低点。当地下水补给点与排泄点距离的水平距离最小时,则水力梯度最陡。由于各向同性岩体中的孔隙和裂隙可使地下水向各个方向运移,但最短的径流路线决定了各向同性含水层中地下水的运动方向,这些孔隙和裂隙对径流速度的控制起次要作用。然而强透水的裂隙带会使含水层具有明显的各向异性,最大水力梯度的方向反映地下水流动阻力最小(水力传导系数最大)与最大能量损失速率之间的平衡关系。在讨论灰岩洞穴的成因和形态时,Palmer(1991)表达了一个基本的概念,在包气带中地下水在重力作用下沿最陡的张裂隙或孔隙向下持续运移,而在潜水带中地下水沿水力效率最大(单位排泄降水头最小)的方向流动并将地下水通过泉水排泄。因此,在典型的树枝状的地下洞穴网络系统中,位于包气带则表现为向下急跌状的洞穴,而在潜水带中呈近水平发育的洞穴。

5.3 能量补给及流网发育

5.3.1 能量补给

在岩溶含水层中径流的发育取决于能量补给和空间的分布情况。这主要取决于下述几个方面:

①地下水径流量;②补给区和排泄区间的高差;③补给区的空间分布,如补给区是均匀分布的(以面状自源补给)或集中补给(点状异源补给);④补给水的侵蚀性。

在临近火山地区和一些温泉地区,地热的变化也是相当重要的,其他地方地热的变化程度仅足以将地下水温度提高约 $0.1℃ \cdot a^{-1}$((Bögli,1980),这种效应可忽略不计。

地下水的溶解量与降雨量直接相关(在第 4 章中已作过介绍),同时也与化学能有关。流体能的基本形式分为势能、动能和内能。地下水势能是水在包气带中向下渗流的过程中通过动能来实现的,包气带中的机械能是通过水的流动实现的。流水可看作是一部运输机器,其流动的能量可用 Bagnold(1966)的公式进行计算。

$$\Omega = \rho g Q \theta \tag{5-17}$$

式中,Ω 是流体的总功率;ρ 是流体的密度;g 为重力加速度;Q 为流量;θ 是坡角,河床单位面积可利用能量称为水流单位动率系数,其来源于下式:

$$\omega = \frac{\Omega}{W} = \tau v \tag{5-18}$$

式中,ω 是单位动率系数;W 是水流宽度;τ 为河床处的平均剪应力;v 是河流的平均流速[也可见式(8-1)]。在运移过程中由于克服流体剪切阻力导致能量消耗。因此,只有相对较少的能量在水的运动过程中起到侵蚀和运输的动能。

岩溶含水层和隔水层中地下水的流速变化相当大。在给定含水层和水力梯度的条件下,孔隙水、裂隙水和管道中水的流速可相差几个数量级,如表 5-5 所示的水力传导系数。不同含水层中管道系统不同,地下水的流速变化也很大。通过示踪试验测定地下管道中水流的速度,试验结果表明流速变化相当大[图 5-18(a)]。图 5-18(b)列举了全球 2 877 个地下管道示踪试验结果,从试验结果可以看出,全球管道地下水平均流速为 $0.22 m \cdot s^{-1}$,但是最小流速同最大流速相差达 4 个数量级。Milanović(1981)对迪纳拉岩溶地区进行了 281 个示踪试验,地下管道长 10~15km 或更长,70%的地下管道地下水平均流速小于 $0.05 m \cdot s^{-1}$,流速变化范围在 $0.002~0.5 m \cdot s^{-1}$ 之间。Kruse(1980)研究了加拿大玛琳(Maligne)地下暗河系统,Stanton 和 Smart(1981)对英国的门迪普山地下暗河系统进行了研究。研究成果表明:对于给定的地下管道,流速通常随流量的增加而大幅提高(图 5-19)。

地下水在岩溶系统中的运行速率可用地下水流经的时间和地下水脉冲时间进行测量。前者指示踪剂通过岩溶系统的运动速度,这种测量方法假定示踪剂的密度与地下水一样,其与水分子的运行速度一致,因此,这种测量的时间为地下水流经的时间。然而,由于强降雨造成地下水的脉冲补给,落水洞的水注入含水层,洪水以波的形式在包气带中向下很快运动,其一旦进入饱水带时,就会引起地下水水位抬升,在潜水饱和区的地下管道中产生脉冲压力,泉水点的流量也达到一个峰值。在开敞的渠道中动力波比水本身运动的速度快 30%,每小时的速率可达数十米至数千米,但是当压力脉冲通过洪水淹没的管道时则会立即使这种脉冲放大(可达到声波的速度)。地下水流动的时间对应于地下水水位上升的时间则脉冲时间较长,紊流峰值流速可通过向洪流中注入示踪剂进行估算。压力脉冲的原理和活塞流的原理一样。

内能(岩石和水的温度)是含水层中另一种重要的能量形式。然而,通过增加水的动力黏滞系数来降低机械作用方面,则温度居次要因素(表 5-4),0℃水的黏滞系数比 30℃水的黏滞系数高 2 倍多,温度较高的地下水黏滞系数较低,这有利于地下水在毛细管中流动[泊松定律,式(5-3)],并增加层状孔隙介质的水力传导系数[式(5-5)]。温度对流体的影响有助于解释寒带和热带岩石中岩溶发育的差异,这主要是由于温度的高低差异影响毛细管水的渗透距离,从而影响地下水的化学作用。Dreybrodt 等(1999)研究发现,在其他条件相同的情况下,热带地区岩溶初始阶段岩溶管道的发育时间比寒冷环境岩溶发育速度快 6 倍。Worthington(2001)认为温度是影响地下深部洞穴系统发育的重要因素。

Leutscher 和 Jeannin(2004)对岩溶系统中温度的分布、空气的作用及水流的作用进行了总结和回顾。从矿井和钻孔中测量地热,结果表明岩石的温度随深度增加,远离火山地区标准梯度约 3℃/100m。

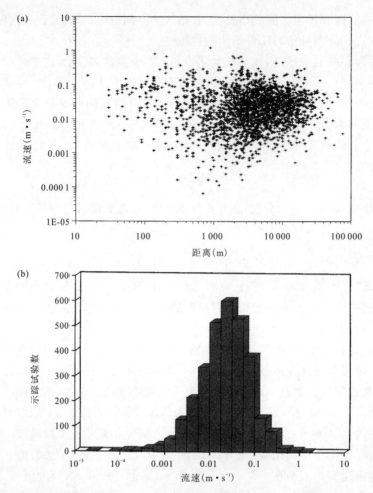

图 5-18 (a)岩溶地下管道系统中地下水的流速(不同地下管道系统中示踪试验所确定的直线距离的函数)(引自 Worthington,1994);(b)2 877 个岩溶管道系统示踪试验的频度统计(引自 Worthington et al,2000)

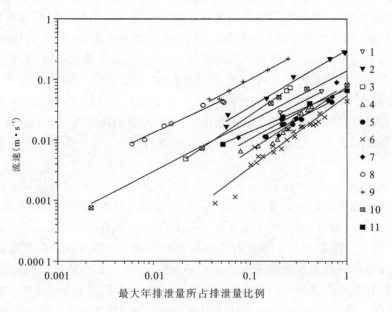

图 5-19 在 11 个不同的地下岩溶系统中管道排泄地下水所占比例(引自 Worthington,1994)

然而，通过测量深部洞穴和岩溶泉的温度，结果表明温度通常接近地表的平均温度。在高透水的包气带中，洞穴空气的循环导致温度梯度类似于湿空气的温度垂直梯度。Leutscher 和 Jeannin(2004)通过大量的野外观测，提出可溶岩热流概念模型(图 5-20)，在近地表 50m 范围内存在的温度变动呈季节性变化(在 7.11 节将进一步讨论)。在包气带较深的部位(其深度可达 2 000m)温度稳定不变。尽管水和岩石的温度总是稍低于空气的温度(约低 0.15℃)，但岩石、空气和水都几乎达到热平衡。尽管位于恒温带顶部地段(通风强)比深部地段(通风差)的温度梯度陡，观测温度梯度的变化通常在 0.4～0.6℃/100m 之间。在岩溶发育的潜水区(从顶部向主要管道网络的底部)温度梯度几乎为 0。Benderitter 等(1993)模拟了热传递的条件，在管道下部或渗透性很差的饱水带中，温度梯度主要受地热的影响(Liedl,Sauter,1998)。

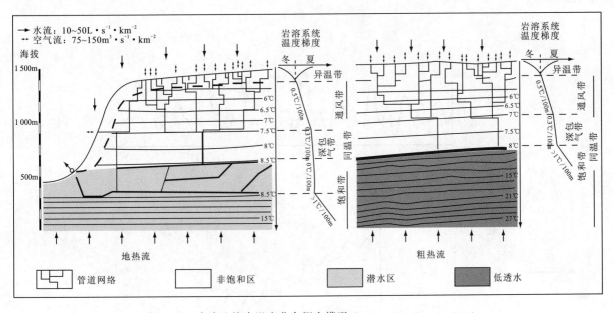

图 5-20 岩溶地块中温度分布概念模型(据 Leutscher,Jeannin,2004)

Lismonde(2002;Leutscher,Jeannin,2004 引用)计算得出，地下水在垂直向下运移过程中，水势能损失 $9.81J \cdot kg^{-1} \cdot m^{-1}$，如果这些能量损失全部转换成热量，则会导致每增加 100m，温度增加 0.234℃。用这种方式，在重力作用下地下水到达恒温带时每年供应的热与年补给量成正比。在厚度 1 000m 的包气带中，地下水的补给量为 $10～50L \cdot s^{-1} \cdot km^{-2}$ 时，则年供应的热量达 $3\times10^9～1.5\times10^{10}$ $kJ \cdot km^{-3}$，在包气带中考虑空气和水对热的传递相对重要性时，Leutscher 和 Jeannin(2004)得出结论认为，尽管水对热传递的相对效果可能随深度增加，而空气循环对热的传递作用降低，但空气循环对热的传递仍起主导作用。热带地区由于气温季节性变动不大，因此，空气流对地热的传递所起的作用有限。Leutscher 和 Jeannin 的模型是基于"烟囱效应"的假定，通过观测阿尔卑斯山洞穴中空气流动，发现大多数空气循环的起源就是"烟囱效应"，尽管大气压的波动在较大洞穴系统中的空气循环也起到重要的促进作用，这种波动在热流传递中增加了空气的影响。典型的例子就是加拿大卡斯尔格德洞穴(Castleguard)系统，该洞穴是一长距离的残留管道，穿过冰川山脉，其热传递为"烟囱效应"和气压波动共同作用，但是在洞穴的中心地带由于地热的作用温度上升约 3℃，而在潜水带管道中水温只增加 0.5～1.0℃(Ford et al,1976)。

温度对溶解化学能有很强的作用，这可将其看作是溶质的体积与侵蚀性共同作用的结果，运动系数是与温度相关的一个系数，其决定溶解速度；而平衡系数决定溶液最终的浓度(在足够的给定时间内可达到)(详见第 3 章)。在管道为主导的地下水系统中，由于地下水的径流速度快，因而没有足够的时间使地下水达到饱和状态。因此，对于给定的排泄运动系数则表达了地下水化学作用的位置和所做功的总量。对于离散的多孔介质层流含水系统,运动系数决定了大多数化学能所消耗的位置(即在包气带的上段);而对于平衡状态下地下水的径流而言,运动系数决定地下水系统中排出化学能的总量。

目前为止,所有的讨论都集中在来源于大气降水和土壤中的 CO_2 生成碳酸,但是值得注意的是来自地下深部含有 H_2S 和 CO_2 的地下热水,有时成为侵蚀性的地下水,促进深部孔隙的发育(图 5-3),并促进地下洞穴系统的发育(Palmer,1991)。

观测到承压自流条件下储存的地下水有时会受地球潮汐的影响,地球钻孔水位每日发生两次波动,波动一般在数厘米范围内(图 5-21)。这与海洋潮汐能的机理一样,地球中(固体)的运动波导致岩石受压或松弛,从而引起岩石中的裂隙闭合或张开。在碳酸盐岩完全达到饱和之前由于地下水渗透的距离短(岩石透水性差),很难产生较强的渗透,这种地球潮汐的"泵"作用在岩溶发育的早期阶段尤为重要(Davis,1966)。

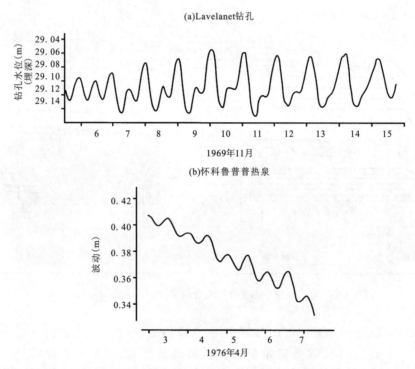

图 5-21 地球潮汐对钻孔水位的影响(a)和自流岩溶泉流量的影响(b)(据 Mangin,1975;Williams,1977)

由于岩溶剥蚀作用使地势降低,区域降雨减少引起地下水的补给减少,降低了地下水有效总能量和循环的深度。古侵蚀平原上的岩溶(只有一小部分的地形)几乎没有能量使地下水进行深部循环,但是在古岩溶洞穴中储存了大量的地下水。

5.3.2 流网的发育

从以上的讨论可以得出结论,在水力势能一定的情况下,地下水补给的方式对地下管道的出现、密度和大小等均有很大的影响(尽管对管道的发展过程不起控制作用)。下述的端元条件发生在流网发育的过程中。

(1)高孔隙率的碳酸盐岩以分散补给的方式接受大气降水补给,如风成砂屑灰岩或上升的珊瑚岩在近地表未成岩(表面硬化)时,岩体中岩溶管道很少发育或不发育,以分散补给的方式接受大气降水补给。

(2)以点状方式(间距大、补给量大)向致密碳酸盐岩中(裂隙发育)补给地下水(如块状灰岩上覆非岩溶化岩体中的补给窗),形成一些直径非常大的管道,这些管道的大小与地下水排泄通道一样。岩溶洞穴的袭夺主要限制在由完整的上覆非岩溶化岩体分开的补给点的下游段。

介于上述两种地下水补给方式之间为漏斗型补给,尽管其地下水的补给方式是集中补给,但是通过一些点状输入来补给地下水(图 5-15)。

补给于岩溶含水层中的地下水,会导致原生孔隙和裂隙溶蚀扩大,从而变成管道网络,在这个过程中消耗上述提及的各种形式的有效能量,这个过程将在第 7 章进行详细的讨论。White(2002)指出,在岩溶管道发育的早期阶段,管道的直径超过 0.01m 时存在 3 个临界点:①临界水动力,该临界水动力允许层流蜕变,紊流开始启动;②临界运动(这个临界值标志着溶解速率变化从四阶运动变为线性运动(见第 3 章);③临界运输(该临界值是使流速大到足以将水中的物质带走并能输送不溶解的碎屑物质)。White 指出这 3 个临界点在裂缝宽为 0.01m 时具有一致性,3 个临界值是裂隙性含水层和管道型含水层的天然分界线。进而言之,这个临界值可区分管道发育初始阶段(管道达到临界宽度)与管道扩大阶段(管道发育成典型洞穴尺寸)。在流出边界条件下原生管道大小发生突变(从最初的渗流发育成泉水点)之后,在整个地下径流中溶解突然加速,然后整个路径快速扩大。通过大气降水补给地下水而形成的地下洞穴系统呈树枝状网络系统(图 5-22),除上述的地下洞穴系统外还可能发育成其他类型的洞穴系统,这主要取决于地下水补给的方式、岩石孔隙的类型以及地下水与孔隙的相互作用等(图5-23)。

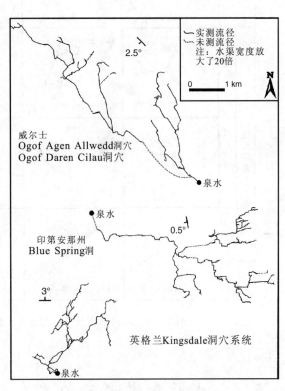

图 5-22 由大气降水形成典型的树枝状流网
(引自 Worthington et al,2000)

因此,岩溶地层中包含补给点和泉水点的管道网络系统,能够有效排除地下水,当河流进入地下成为暗河时,显示地下岩溶管道系统的排水能力很强,但是在岩溶漏斗之下也会发育高效的排水管道系统,岩溶漏斗和管道网络也会同时发育。即使在碳酸盐岩地区,落水洞和岩溶漏斗也不多见,而在欧洲的白垩地区,已知地下洞穴中地下水流态为紊流,并通过钻孔揭露了很多大的溶蚀孔隙(Banks et al,1995;Waters,Banks,1997;Matthews et al,2000)。在法国北部地区的白垩地层中发育长度大于 1km 的地下洞穴(Rodet,1996)和不计其数的小管道(上覆的碎屑岩使地表水以弥散补给的方式向白垩地层中补给,形成小管道)(Crampon et al,1993)。泥灰岩中少见裂隙网络扩大,这主要是因为泥灰岩地层中不溶性物质的堵塞作用。

与地下水循环有关的持续溶解,使网络中孔隙的体积随时间不断增加,因此可提供地下水补给、径流保持不变。这样地下水饱和区的上界面不断降低。我们可以从岩溶的发育机理判断,岩溶中次生孔隙的大小和分布变化相当大。因此,地下水能在这些孔隙中轻易流动,地下水水位一般呈不规则状甚至呈不连续状。

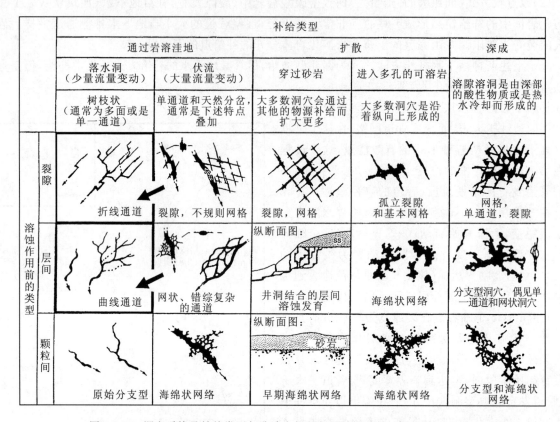

图 5-23 洞穴系统及补给类型与孔隙之间的相互关系总结(引自 Palmer,1991)

5.4 水位和潜水带的发育

5.4.1 水位的变化

岩溶作用导致地下水水位变化,然而,当原生有效孔隙率很高的灰岩中首次有淡水时,就在地表以下形成一个稳定的地下水水位低平的淡水饱和带。以纽埃岛(Niue)为例,该岛为更新世珊瑚礁上升形成的环状珊瑚岛(纽埃岛由纯碳酸盐岩构成)。这个岛中的地下水水位比海平面仅高几米,即使距海岸线 6.5km 的内岛,地下水水位比海平面高仅 1.6m(Williams,1992)。由于构成该岛的地层是强透水层(大于 25%),在内岛中心地段地表以下 60m 处的地下水水位日变幅与海潮涨落仅差几厘米。由于这里的地下水水位已接近海平面,所以地下水水位无进一步下降的余地,地下水的持续循环对孔隙率的增加作用不大(这是因为原生孔隙率已经很高了)。然而,在淡水与咸水界面处的溶解会促进混合区的孔隙率增加,从而使海岸线一带的泉水点的淡水流量增加(图 5-37)。尽管这样的含水层中孔隙率很高,但在古海洋变动范围内的含水层中仍会发育管道。

5.4.2 增加岩溶孔隙率

块状灰岩具有典型的孔隙率低、透水性差的特点,但是随着时间的推移,地下水的循环会增加岩石的孔隙率和透水率。如典型的各向异性岩溶含水层中的地下水的运移假定为层流,可概化成为一些平行排列的毛细管来假定地下水的运移,通过增加毛细管直径的手段来增加孔隙率,从而来影响平行的毛细管方向上的透水率(图5-24)(Smith et al,1976)。而对于次生的裂隙网络而言,由于后期溶蚀会使裂隙网络至少增加一个数量级,水力传导系数则增加10^5。例如,美国猛犸洞地区灰岩地层中原生孔隙的透水系数与次生管道的透水系数相差10^7(表5-5)。因此,岩溶潜水带中具有相当大的储水能力和快速径流的潜力。

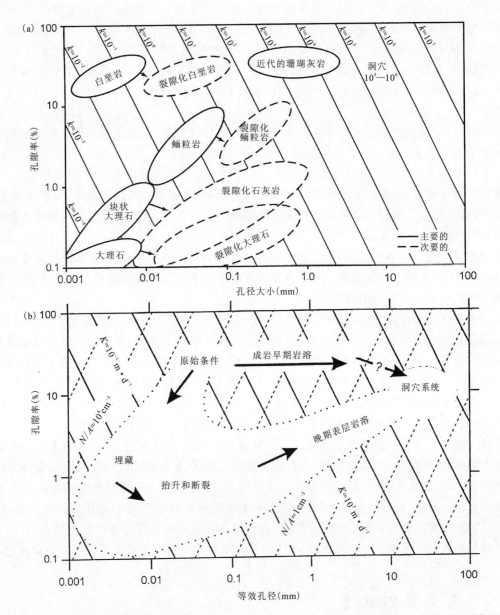

图5-24 (a)可溶岩原生孔隙率与次生孔隙率及孔隙大小和水力传导系数的关系(灰岩可以看作是由直管道组成的多孔介质)(引自Smith,1976)。(b)灰岩再沉积、抬升及暴露于地表接受岩溶化(成岩后期岩溶)的过程中,孔隙率的变化及等效孔隙直径模型,当地质年代较近的灰岩在成岩过程中发生岩溶,这个过程就会缩短(成岩早期岩溶),图中N/A表示每平方厘米的管道数量(引自Vacher,Mylroie,2002)

5.4.3 潜水带的变化

一旦包气带中的地下水向下渗流抵达潜水面时,重力加速度与水头(如水位与泉水点的高差)的乘积决定了潜水的水力势能(单位体积的能量)。这个水力势能与潜水带中的垂直水力传导系数共同作用,决定地下水循环的深度以及潜水带的厚度,水力势能越大则水循环越深,尤其是在厚层陡倾的灰岩地层构成的边坡,朝排泄边界方向时潜水带则深厚。在这种环境下径流路线沿层面流动,仅少量在横张裂隙引导下地下水水位回到较高位。深循环地下管道系统的深度可达水位以下 400m。而另一种极端情况是薄层缓倾灰岩,因裂隙发育而成为裂隙化岩体,这种地层岩性具强透水性,因此水力梯度平缓,地下水循环较浅,潜水带不厚。Worthington(2001,2004)通过数字模拟证明了径流管道的深度与径流路线的长度、地层的倾角及裂隙的各向异性成正比,因此:

$$D = 0.18(L\theta)^{0.79} \tag{5-19}$$

式中,D 为水位以下径流的平均深度(m);θ 为无量纲的倾角(等于倾角的正弦);L 为径流的距离。Ford(2002)对这个公式所表达的关系有不同的看法。

地下水排泄基准面之上的水位变动带部位的次生裂隙进一步发育时就会发生两种情况:①增大水平方向的水力传导系数,会使地下水在潜水带较浅部进行运移,而不进行深部循环;②增加储水能力,降低水力梯度,从而使包气带进一步扩展。潜水带深部循环动力变小,并随着岩溶的持续进行潜水带浅部的水动力持续活跃,导致深部潜水带孔隙溶蚀处于相对停滞状态。排泄基准面的变化也会使潜水带的岩溶化处于停滞状态。海平面上升、河谷沉积或构造沉降等使原活跃的潜水区远低于现今的地下水循环区,这就形成了各种各样的古岩溶。地下古岩溶仅储存地下水或者成为沉积细粒悬浮物的容器,地下 3km 的油井中揭露到这种特征的古岩溶。

关于潜水带厚度的计算则需要计算含水层的导水系数[式(5-10)]和储水系数[式(5-11)]。整个潜水带的底部并不一定就是岩溶化的最底层,这是因为在几个水文年中,潜水带的中上部地下水循环活跃。Atkinson(1977b)通过研究英格兰门迪普山地下水的深循环,该地区潜水带中树枝状管道的高程范围可到伍基泉水,用泉水点来计算潜水带的厚度(是该区域最大的间歇性泉)(图 7-15)。然而,有关这种类型的含水层的有用信息只有当地下水经历了长距离的径流,利用泉水点计算才可采纳,Worthington(2001,2004)的方法可作为估算含水层厚度的另一种可替代的方法[式(5-19)]。

计算整个潜水层导水系数要考虑饱水层的厚度和岩溶化的最低界线。然而,潜水带中的孔隙率和水力传导系数通常随深度的增加而降低,因此该潜水带总的导水系数可以看作是潜水带中不同亚带导水系数的综合反映(图 5-12)。含水层的厚度随空间和时间而变化,在接近泉水点处的地下水的循环深度相对于补给区较小,同时在基流条件下的地下水循环深度要小于洪水条件下的地下水循环深度。当潜水带的岩溶停滞发育时,则该含水层可能具有高透水性和高储水能力的特征,如果没有压力梯度驱动则该含水层的单位出水量为 0。因此,含水层的总厚度是几个水动力特征不同的亚带厚度之和。

5.5 包气带的发育

5.5.1 潜水水位下降使包气带变厚

大多数非岩溶化的结晶碳酸盐岩的原生孔隙率非常低(一般小于 2%)。当这些岩石第一次受到淡水侵入时,岩石中的稳定水位接近地表,但是岩石的孔隙率和透水性随时间会变大。岩石中孔隙空间越大,则岩石储存和运移更多的地下水,结果导致水位下降而包气带变得越来越深。然而,地表在不断剥蚀过程中也在不断地下降,含水层上、下边界相对运动速率的差异导致包气带厚度发生变化(地表侵蚀的下降速度以及地下水水位下降的速度,也可能是由于河谷深切导致地下水对溢流边界的反应)。勘探高加索山脉的洞穴发现岩溶发育的岩石中包气带有时可延伸到地表以下2km处。

不同岩性、构造和地貌会导致包气带演化过程不同。珊瑚礁中相互连接的原生孔隙的孔隙率超过20%。因此,在近海平面高程处的珊瑚礁地下水水位之上存在强透水性的包气带。构造活动活跃的阿尔卑斯地区快速抬升,地面剥蚀以及河谷下切等地质作用会导致上部岩石的快速卸荷,近地表应力场重新分布。这样在近地表产生一系列平行于地表的卸荷裂隙,导致原生节理和断层张开。由于卸荷作用,所有这些原生裂隙在近地表呈张开状,在地下深部则裂隙闭合。早期地下水水位埋深可能深达上百米,而在气候干旱的地区地下水水位埋深更大。随着裂隙系统溶蚀的扩大,孔隙空间向深部逐渐扩展,岩石中饱水区的埋深也在下降,从而使包气带下界变深。

有时强降雨形成洪水,地下水向下流动,流经深部包气带,这个过程打断了正常包气带中管道发育向高处抬升,通过提供短期的水位抬升——洪水入侵效应,使得洪水期包气带的发育与枯水期地下水位下降造成包气带下限的下降效应不同。

5.5.2 表层岩溶带

表层岩溶带(也称为表皮岩溶带)主要位于包气带的顶部(表5-1),其通常位于土壤下面,由灰岩风化带组成,该带向下逐渐过渡到由新鲜岩石构成的包气带(包气带的主体)。典型的表层岩溶带厚度一般是3~10m,但其性状变化非常大。有的地方如在干旱地区和冰川掏蚀地区的表层岩溶带很薄或没有,但是裂隙不发育的块状灰岩的地表岩溶带厚度可达30m以上。Mangin(1975),Williams(1983),Klimchouk(2000a)以及Jones等(2004)对表层岩溶带的研究进行了有益的探索。

由于地表接近CO_2的主要来源,表层碳酸盐岩溶解的化学能消耗最大(见第3章和第4章)。由于应力消除引起近地表发生卸荷,作用于裂隙系统的溶解过程本身也在不断变化。同时,也注意到流域中的溶蚀约有80%发生在近地表10m以内或者在灰岩露头处,并且溶蚀程度随深度逐渐变小(或离CO_2的供应越小则溶蚀程度变小)。地下水通过近地表的裂隙网络向下渗流,并使裂隙溶蚀变宽,但是裂隙的密度和张开度随深度增加而逐渐降低,溶蚀裂隙向深部尖灭,数量逐渐变小,如图5-25所示的灰岩石料场中可清楚地观测到这种特征,同时岩石的透水性也随深度降低(图5-26)。在地表岩溶带中孔

图5-25 美国肯塔基州一石灰岩料场开挖面处的溶蚀裂缝和岩柱,该照片说明了地表岩溶带中裂隙的宽度随深度增加而尖灭

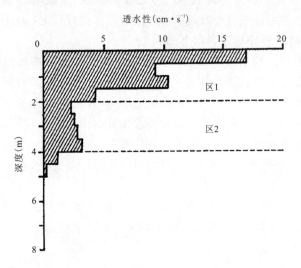

图 5-26 法国 Corconne 地区地表岩溶带透水性随深度的变化特征，Gouisset 基于透水性将地表岩溶带分成两个区间（据 Gouisset,1981；引自 Smart,Friederich,1987）

隙率大于 20%，而在其下的相对新鲜岩石的孔隙率一般小于 2%，这就导致地表岩溶带中的水力传导系数差异较大，地下水在地表岩溶带底部集中（这是因为地下水不能自由地向下渗流）。然而并不是所有的裂隙都闭合，也有少量裂隙张开并成为地下水向下渗流的通道（图 5-27），结果这些裂隙成为包气带地下水向下径流的主通道，这个通道是收集地表岩溶带地下水的主排水流径。这些裂隙是包气带管道分支末端，并且成为分散补给地下水的主要路线，通过这些裂隙将地下水运移到非饱和带并最终进入饱水带。Smart 和 Freiderich(1987)估计英格兰门迪普丘陵的地表岩溶带中高达 77% 的地下水（年补给量）通过孔径大的管道补给地下水，只有约 23% 的地下水是通过透水能力小的渗流方式补给。

地表岩溶带可看作是地下暗沟，Klimchouk(1995)对地表岩溶带底部的集中渗流如何形成地

图 5-27 新西兰 Te Kuiti 地区一灰岩料场揭露的灰岩中裂隙极为发育，图中右边的垂直裂隙是一小断层，该断层成为雨水下渗的优先路径并成为最初的漏斗（据 Williams,2004）

下近水平的洞穴进行了说明,尤其是 Klimchouk 等(1996)通过野外观测,提供了意大利阿尔卑斯山前的 Sette Communi 高原演化过程中地表岩溶带所起的作用的直接证据。这些近垂直的盲井被探洞者们称为竖井,竖井是在地表岩溶带底部向下延伸,最终由于地表岩溶塌陷而成为地下水补给的主要补给路线。

在雨季如果地下水补给的速度大于垂直洞穴排泄的速度时,地下水就会储存于地表岩溶带的孔隙空间中,如储存于张开的裂隙和粒间孔隙中。以这种方式储存地下水的地表岩溶带就构成了含水层,该含水层中的地下水受毛细水的屏障作用而成为上层滞水(图 5-28),随着降雨结束地下水水位缓慢下降,水位下降低至地表岩溶带(溶蚀裂缝)底部后,就进入岩体节理(裂隙)中(图 5-15)。进入旱季后,地表岩溶带中的地下水几乎被排干,只有少量的水由于孔隙张力作用储存下来。地表岩溶带中地下水的过滤和渗流过程将在 6.3 节中进行详细的讨论。

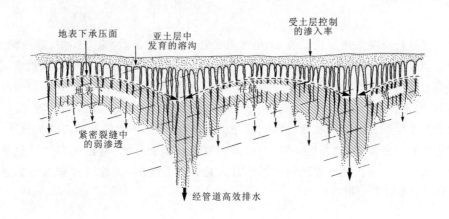

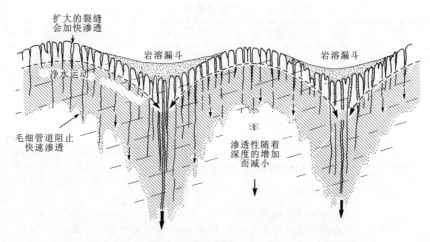

图 5-28 地表岩溶带中向下发育的初始漏斗(引自 Williams,1983)

阿尔卑斯地区的碳酸盐岩受构造应力作用并在上升过程中发生变形,后受到地表的快速侵蚀和河谷深切导致近地表出现卸荷,裂隙加深、变宽。这种地质条件有利于形成深部垂直管道,有利于地表排水并使地表岩溶带的地下水储存能力变小(管道冬季储水能力相当大)。Klimchouk(2000a)同时指出在夏季阿尔卑斯地区凝结补给地下水也很重要,像高海拔的空气进入岩溶地层中并在地表岩溶带中温度降低至零点温度而凝结一样。

5.5.3 表层硬化及包气带孔隙率降低

由于强烈溶蚀作用,由致密结晶灰岩构成的包气带顶部透水性会增强。但是大气降水影响区内原生孔隙率很高的岩石在成岩过程中会降低孔隙率,因此导致岩石透水性降低的现象称为表层硬化(图 5-3)。近地表的方解石溶解后向下运移,并在近地表数米范围内的原生孔隙中再次沉积。这种再沉积作用会在地表形成一种类似于混凝土的钙质胶结硬壳,从而使近地表岩石原生孔隙率降低一个数量级或更多。这种现象在风成钙屑灰岩(碳酸盐岩砂丘)、珊瑚礁和一些白垩质灰岩等孔隙发育的岩石中特别常见,尤其是在强烈的干湿交替作用的温带—热带地区,这种现象更为突出。与外界大气环境连通很好的洞穴中水蒸发并将 CO_2 溢出,就发生碳酸盐岩的再沉积,沉积之后也会再次发生溶解。干湿交替加速了这一进程。有关岩溶的表层硬化将在 9.12 节中作进一步的讨论。

5.6 岩溶含水层的分类及特征

对岩溶含水层进行分类的重要特征有:地下水补给类型、渗流介质、流态类型、管道网络几何形态、地下水的赋存与储存能力、地下水排泄等。根据分类的目的,有些特征在分类中可以忽略不计。

研究含水层重要的着手点是概化地下水的补给和流动形式。Burdon 和 Papakis(1963)首先注意到这个问题,分别将分散补给与集中补给的差别、分散循环与集中循环的差别进行了研究,他们同时指出地下水的补给类型不是饱和区地下水流动形式的先决条件,即使地下水的补给方式为分散补给,地下水的循环可能是集中管道径流,反之亦然。White(1969)将流动类型分为"分散流"和"管道流"两种类型。同时通过现场地质观测可推出地下水的两种循环方式是如何发生的,因此这种碳酸盐岩含水层的分类(表 5-10)对识别含水层类型很有价值。

表 5-10 碳酸盐岩含水层的水文学分类(引自 White,1969)

流动类型	水文地质	相关洞穴类型
分散流	薄层灰岩、结晶白云岩,岩石孔隙率高	洞穴少、规模小、不规则状
自由流	厚层块状可溶岩	管道状岩溶系统
滞水	岩溶系统下伏于隔水层之下	地下暗河,通常有自由空气面
开敞式水	可溶岩顶部没有隔水层覆盖	落水洞、多泥沙沉积荷载、短洞穴
覆盖式	含水层下伏于隔水层之下	垂直落水洞、在隔水层之下则发育水平洞穴,洞穴延伸长度大
深远开放式	岩溶系统发育的深度远低于海平面,可溶岩向地表延伸直达地表	水流通过淹没管道径流,短小、管状废弃洞穴中可能发育洞穴沉积物
覆盖式	含水层下伏于隔水层之下	隔水层之下发育长管道
限制流	受构造和地层控制	
自流式	隔水岩层使地下水在区域性基准面之下流动	三维地下洞穴网络
夹层式	两隔水层之间夹有薄层可溶岩	水平二维地下洞穴网络

不同类型介质[孔隙、裂隙或洞穴(管道)]的含水层中地下水的水化学明显不同,这说明将碳酸盐岩流动介质看作双峰形态的看法过于简单(Bakalowicz,1977)。因此,Atkinson(1985)引用了来自中国(Yuan,1981,1983)的数据进行研究,他建议采用一种更为合适的分类方法对较早的分类方法进行修

订。较早的含水层分类是将含水层分为孔隙含水层、裂隙含水层和管道含水层3类,将这3类含水层看作三角图法中的3个端元[图5-29(a)],流态介质的分类与假定的潜水流动状态有关[图5-29(b)]。Hobbs和Smart(1986)对这个方法进行了详细的说明,认为这个模型中地下水的3个基本特征(地下水的补给、赋存和径流)位于三角图法的两个端元之间。因此,将碳酸盐岩含水层概化绘制成三维模型(图5-30)。

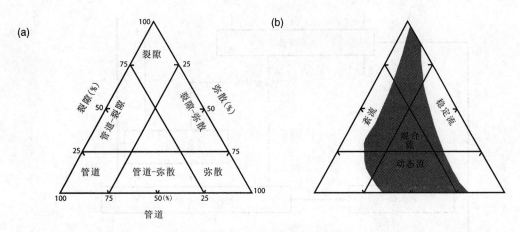

图5-29 (a)岩溶含水层的概化分类,(b)优势流态之间的相互关系(据Atkinson,1985修改)

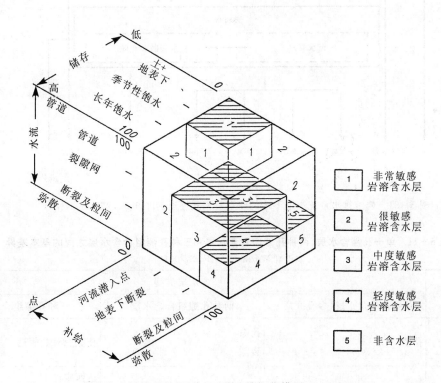

图5-30 岩溶含水层的补给、赋存、运移三维概化模型(引自Hobbs,Smart,1986)

法国Mangin(1975)和Bakalowicz(1977)重视岩溶地下水系统的结构和运移动能的研究。泉水流量过程曲线是对地下水补给的反映,绘制泉水流量过程曲线可研究岩溶含水层的结构特征(Bakalowicz,Mangin,1980)。目前已知有四种岩溶系统,即从地下洞穴网络非常发育的岩溶系统到岩溶不发育的岩溶系统。有些外因也影响泉水流量的变化(如气候、补给量的变化、上覆盖层的补给调节以及溢流分布等),然而在研究中通常没有考虑这些因素。

图 5-31 表示了岩溶地下水系统内可能存在的结构联系,尽管在任何一个系统中不可能包含所有的这些结构特征。关于含水层特征及各个特征之间的相互关系可通过现在的计算机技术进行模拟,这将在 6.11 节中进行讨论。目前可对岩溶含水层介质(即一种孔隙类型、两种孔隙类型组合和三种孔隙类型组合)进行模拟(表 5-11),大多数岩溶含水层的类型是这三种孔隙类型的组合。

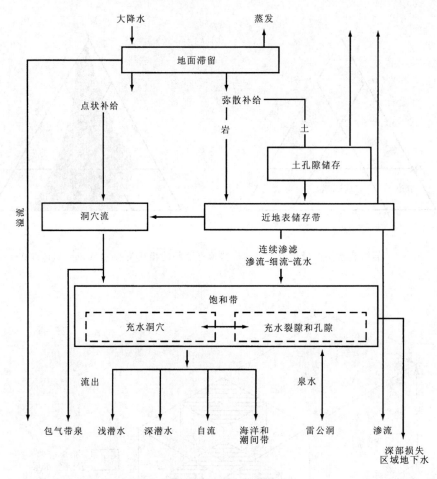

图 5-31　岩溶排水系统中地下水的赋存及相互连通(引自 Ford,Williams,1989)

表 5-11　单一孔隙含水层、两种孔隙组合含水层和三种孔隙组合含水层之间的基本差异
(引自 Worthington,Ford,2001)

参数	含水层类型		
	单一孔隙含水层(多孔介质)	两种孔隙组合含水层	三种孔隙组合含水层
介质类型	孔隙	孔隙 裂隙	孔隙、裂隙、管道
定律	达西定律	达西定律 Hagen-Poiseulle 定律	达西定律 Hagen-Poiseulle 定律 Darcy-Weisbach 定律
流动模式	层流	层流	层流 紊流
流线	平行	大多平行	向管道集中

5.7 达西定律在岩溶中的应用

5.7.1 达西定律应用的条件

能否将岩溶含水层看作是达西定律适用的粒状多孔介质（如等同于单一连续多孔介质），或者将裂隙和孔隙构成的连续介质看作是达西定律适用的多孔介质，这种假定十分重要。达西定律的应用条件是将岩石看作孔隙与固体物质组成的连续体，这个连续体可用宏观参数（如 K）进行定义，这个参数能够代表或者在某种程度上可描述岩体真正的宏观特性。对于可溶岩而言，可用连续介质模型代表发育溶蚀管道的裂隙化岩体，利用这个模型就可以确定岩体的宏观水文地质参数。

达西试验中，饱和介质中用给定断面（a）来测量流量，式（5-4）中 Q/a 表示单位面积的流量，因此其量纲就是速率的量纲，有时可用 u 表示单位流量（渗透速率或达西流）。然而，水流并不是真正通过整个断面，而只是穿过颗粒之间的空隙。通过颗粒之间空隙的真正微观流速一定比平均的宏观流速 u 要大，层流在某个阶段可转换成紊流（图5-32）。Freeze 和 Cherry（1979）指出，当单位流量与水力梯度呈线性关系时，则达西定律普遍适用；当流速达到一定程度时则达西定律不适用。达西定律具有统计特点，而岩溶空隙的分布具有分层性，因此不能将岩溶岩石的空隙看作是随机分布的。实际上，岩溶岩体的透水性是含水层体积的函数。

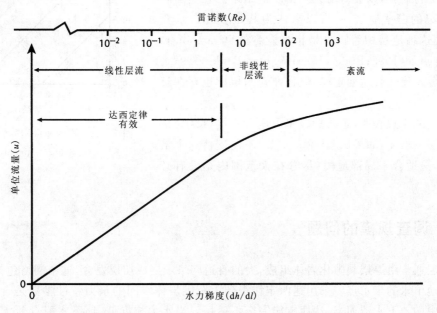

图 5-32 达西定律的适用范围（引自 Freeze,Cherry,1979）

单位流量定义流过介质的水的宏观速度，而平均微观速度 u^* 是考虑了实际断面上孔隙的面积来确定，其取决于岩体中的孔隙率[式(5-1)]：

$$u^* = \frac{Q}{na} \tag{5-20}$$

如果岩体中20%的空隙有地下水流动（$n=0.2$），则 u^* 是达西流的5倍之多。实际上地下水流经的路径蜿蜒曲折，因此实际流速一定比平均流速要大。

Bear（1972）研究结论认为，当 Re 数值在 1~10 时，达西定律有效，而当水流速度很高；Re 数值达到

$10^2 \sim 10^3$ 时才会发生紊流,而在紊流与线性层流之间存在一过渡带,这一过渡带是非线性层流(图 5-32)。同时也要注意到动态黏滞系数 μ 随温度变化明显,寒冷地区的 Re 值是热带地区的一半(表 5-3)。有些条件下,在热带地区发生紊流而在相对较冷的地下水环境中流态呈层流。

Ewers(1972,1982)所进行的一系列综合性试验表明,只有当溶蚀管道的直径大于 1mm,并且延伸到裂隙时,该定律才适用[见图 7-5(a)]。当管道不再延伸且与其他管道相通时,则该定律就不再适用。White(2002)回顾总结最近的研究成果认为:当管道宽度超过 1cm 时,在正常水力梯度下则产生非达西流。流速小于 $1mm \cdot s^{-1}$ 且管道直径小于 0.5m 时管道流态呈层流(图 5-33),Mangin(1975)也认为达西定律适用于可溶岩中地下水渗透时,其条件是相当严格的。只有流速相对低、裂隙相对较小以及水力梯度较低的条件下,达西定律才适用。同时达西定律只适用于各向同性介质中,不适用于各向异性及非均质介质,当然,当体积增加时则介质的各向异性降低。

从表 5-2 中可以看出,即使含水层岩溶化程度高(如猛犸洞),但绝大多数地下水仍储存于岩体孔隙中。尽管该区域中的地下洞穴长达 550km,但是其对岩石孔隙率的贡献不到 0.1%,钻孔遇到溶洞的几率也只有 1.4%(Worthington et al, 2000),大多数钻孔不会遇到溶洞,因此进行试井试验可确定达西定律适合的条件。因为 99.7% 的水流是通过管道系统(表 5-6),所以整个含水层并不全都适合达西定律。在强岩溶化含水层中进行试井试验,在大多数情况下达西定律或多或少是可适用的,但是如果利用达西定律对整个地下水流域的水资源(或染物运移)进行计算,则会得出完全错误的结果。在英国和法国北部白垩纪的白垩地层,一直以来认为其是多孔含水介质,但现在发现这种地层中管道也是相当发育的(Crampon et al,1993;Banks et al,1995;Rodet,1996;Waters,Banks,1997)。含水层中一部分水流适合达西定律,但是在含水层中也存在紊流和非达西流。

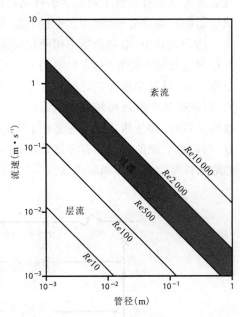

图 5-33　不同速率不同管径下 Re 值
(引自 Smith,Atkinson,1976)

国际上大量的实践表明,碳酸盐岩非承压含水层可认为是岩溶化的含水层。然而,如果试验(见 6.4 节)不能支持这个结论,则达西定律只适合于局部地段(尽管在大范围内是没有必要的)。

5.7.2　调查规模的问题

岩溶含水层通常由厚层裂隙化岩体组成,大的管道网络顺层或切层发育,这个网络包括运移地下水的暗河和排泄地下水的泉水点。采用达西定律得到大范围岩体空间的水力特性参数是合理的,但是对那些独立管道中的地下水流而言,达西定律完全不适用。当水力梯度低、地下水赋存量大时,含水层可简化成连续介质,这实质上是孔隙-裂隙频度和尺度的问题。用岩芯试验和压水试验等常规手段得出的水力学参数不能评价整个流域的水力特性(图 5-2)。Halihan 等(1999)在得克萨斯州岩溶化的爱德华(Edwards)含水层调查渗透系数(k),测量尺度效应,研究发现不同尺度、不同方向的渗透系数相差达 9 个数量级。Worthington 等(2002)收集 6 种碳酸盐岩的水力传导系数(K),这些参数均利用传统的试验方法得到(图 5-34)。从压水试验看,两组古生代碳酸盐岩的 K 值非常低($10^{-11} \sim 10^{-10} m \cdot s^{-1}$),三组中生代含水层的 K 值中等($10^{-8} m \cdot s^{-1}$),一组新生代含水层的 K 值最高($10^{-4} m \cdot s^{-1}$)。当采用大尺度的试验方法(采用压水试验或区域评估法)时岩体的 K 值均较高,K 值范围在 $10^{-4} \sim 10^{-1} m \cdot s^{-1}$ 之间。

5.7.3 其他方法

达西定律是分析含水层的基本手段,以此为基础提出另一种方法来研究非均质各向异性岩溶含水层。这个方法是将岩溶含水层看作是多孔介质中发育相互连接的管道-裂隙系统,这个研究方法与Hagen-Poiseuille定律很接近,用这个方法来考虑单个裂隙和管道中水流的水力性质。用这种方法模拟地下水在岩溶含水层中运移的复杂程度差异很大。例如,黑箱模型(输入-输出模型)检验输入特征(比如降雨补给)与输出反应(如水质和水量变化)之间的关系,其反映了补给与泉水流量过程曲线之间的关系(Atkinson,1977b;Bakalowicz,Mangin,1980),泉水流量过程曲线反映了含水层完整网络中地下水的补给与排泄,地下水的质和量对分析研究地下水系统非常重要。然而,Teutsch和Sauter(1998)指出,由于黑箱模型的非物理特性,这个模型只能描述地下水输入和输出范围内地下水的流

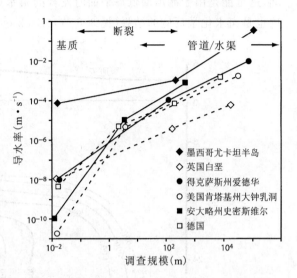

图5-34 新生代(尤卡坦半岛)到古生代(史密斯维尔)的6种碳酸盐岩含水层水力传导系数(引自Worthington et al,2002)

动和运移特性,而缺乏预测功能。相反,分布参数模型将管道和孔隙介质中地下水的流动和运移的物理性质统一起来,这样模型就具有了预测的功能(见6.11节对水文地质模型的进一步讨论)。

在岩溶地层中会遇到各种类型含水层,目的不同则调查的比例就不同。因此,必须选择适当的方法来定量描述和模拟岩溶地下水的流动和运移,选择的方法必须适合岩溶含水层的特性和调查目的,第6章将进一步讨论各种方法的适用范围。达西定律只能适用于单井分析,这种方法不适合于地下水盆地整体,这是因为适用于达西介质的地下水流的许多假定在岩溶系统中都不成立。

5.8 淡水与咸水分界面

本小节将讨论在近海岸遇到的一种非同寻常的现象——地下水水位向临海方向倾斜。从陆地钻孔中不同深度取水样进行水化学分析,水化学试验成果表明淡水在咸水之上,并且在地下深部咸水向含水层渗透。这一有趣的现象是由两位欧洲科学家Ghyben和Herzberg首先发现的,后来用他们的名字命名这种淡水-咸水关系(Reilly,Goodman,1985)。在海平面以下深度Z_s处出现淡水与咸水分界面,这个深度与地下水水位和海平面之间的水位差h_f、淡水密度ρ_f、咸水ρ_s的密度有关。Ghyben-Herzberg定律如下:

$$Z_s = \frac{\rho_f}{\rho_s - \rho_f} \cdot h_f \tag{5-21}$$

如果淡水的密度为1.0,咸水的密度为1.025时,达到静态平衡时咸水与淡水分界面的深度是淡水水位和海平面高程之差的40倍。如果在海岸线一带的含水层中抽水,钻孔中水位下降1m时,则会出现淡水与咸水分界线向上抬升40m。所以,过度抽水将会造成海水污染地下水。Mijatovic(1984a)讨论了海岸迪纳拉岩溶及其他岩溶地层中海水入侵含水层的实例。

图5-35所示的淡水与咸水分界面是一连续的过渡面而不是突变面,从地下水等位线可以看出大多数淡水在近海岸地带通过海床流走。在岩溶地区海底发育泉点是众所周知的一种现象,这种现象在公元前1世纪就已被人们认知(Herak,1972)。这种现象暗示了地下有管状流存在,并且低于现今海平

面,这可能是由于冰川期低海平面时发育的泉水点(见 10.3 节),低于海平面混合区的次生孔隙率较高,这也是卤水化学反应的结果(见 3.6 节)(Back et al,1984)。

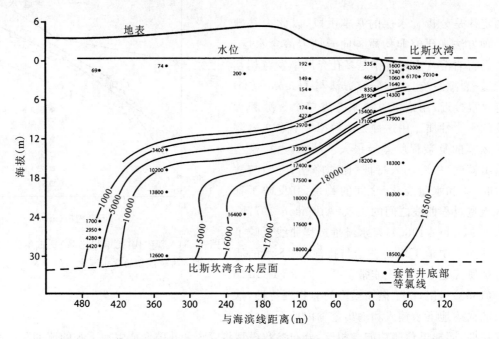

图 5-35　佛罗里达 Biscayne 含水层淡水-盐水混合区(据 Kohout,Klein,1975)

Ghyben-Herzberg 定律所简化的这种关系在自然界中存在,因为这两种流体被看作是不能混合的,并且动态变化。Hubbert(1940)研究表明:动态条件下分界面比静态条件下分界面低,他认为将两种流体结合在一起的分界面,在持续压力作用下两种流体会通过这个分界面交换(图 5-36)。实质上把水平流(Dupuit 近似)结合重力平衡的分析方法称为 Dupuit-Ghyben-Herzberg 分析法(Bear,1972),可用这个方法来确定咸水-淡水分界面的位置。

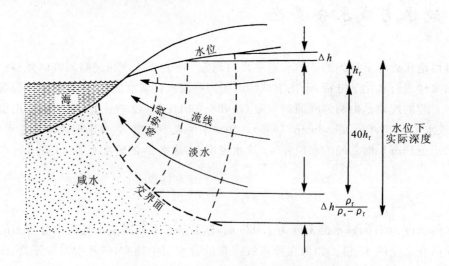

图 5-36　在水力条件下 Ghyben-Herzberg 定律示意图(据 Hubbert,1940)

碳酸盐岩岛(如上升珊瑚礁)中的淡水通常认为是理想的淡水透镜体,Vacher(1988)对这个过程作了权威性的解释,说明了岛中地下水透镜体与理想的透镜体差异的原因,看似简单的碳酸盐岩岛其实复杂程度超出想象,Vacher 和 Quinn(1997)从地质学和水文地质学方面对其作了详细的说明。例如,考虑碳酸盐岩母岩的前礁、主礁和后礁岩相孔隙率和透水性的差异,透镜体的水位面的起伏反映了岩体的不均匀性(图5-37),Elkhatib和Günay(1993)指出,对于各向异性和非均匀的岩溶含水层,淡水-咸水分界面很难预测,认为咸水楔形体的分布主要取决于岩体中的透水性和海岸地区的地质结构。

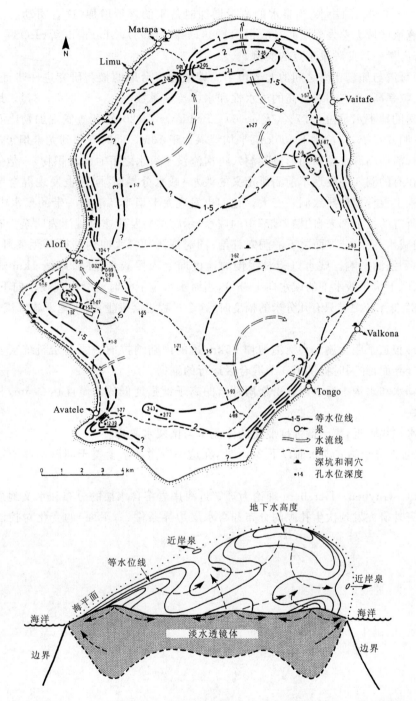

图5-37　太平洋西南处纽埃岛上升珊瑚礁中的淡水透镜体,在海平面以下400m处的火山岩为基座的纯碳酸盐岩海岛,环状珊瑚岛边缘上升近70m而环状珊瑚岛底板高出现代海平面约35m,水位的分布主要反映了潜水带中与珊瑚礁岩相和白云岩化相关的水力传导系数的变化,钻孔中水力传导系数的测量确定海平面以下39m咸水(1000mS)迁移的最深深度(引自Williams,2004)

一般认为淡水向海岸的动态循环造成了下伏咸水呈夹带状展布,其结果导致深部咸水流入,并形成咸水与淡水的混合区,以及沿海岸线排泄微咸水。新西兰的怀科鲁普普泉(Waikoropupu)则提供了这方面的证据(Williams,1977),该泉为自流泉,平均流量15m³·s⁻¹,其位于距潮头2.6km的岛内。主泉点高出海平面6m,其地下水来源于大理岩含水层,该大理岩含水层远低于海平面并沿海岸线连续分布。泉水中含有0.4%~0.6%的盐水,当泉水的流量增加时盐水的含量增加,这表明动态溢流越多则咸水楔形体越大(注意该区域无蒸发岩层)。Drogue(1989,1990,1993),Ghannam等(1998),Arfib等(2002)也提供了地中海海岸一带此种泉水点的实例。

对位于墨西哥湾与加勒比海之间的尤卡坦半岛碳酸盐岩台地的最新研究进一步证明了这个观点,新生界灰岩的孔隙率高,具有相对较高的透水性和水力传导系数(表5-5,图5-34)。地下洞穴系统也特别发育,其输送的地下水量占99.7%(表5-6)。Beddows等(2002)调查发现加勒比海沿岸至少有74个近水平的地下洞穴系统,总长大于400km,平均埋深大于16m。同时观测到尤卡坦半岛洞穴中发育大量的洞穴沉积物(前期高海水位期间形成的洞穴再次淹没于海水之下时的堆积物)。他们潜于水下对混合区进行研究,在有的洞穴中发现了前面所定义的淡水-咸水分界面,同时也发现混合区中的咸水有侵蚀性,即这个高程上混合侵蚀导致洞穴变大。他们也发现尤卡坦半岛沿岸一带的泉水中有75%的水为海水,但并不是所有的咸水都来自"楔形带"中的咸水,示踪试验及流速仪观测表明至少有一些咸水是通过内陆的洞穴向咸水-淡水分界面之下的洞穴补给;同时观测到海水向内陆循环距离可达9km,在这个距离上仍能观测到涨潮影响。咸水以相对缓慢的速度向上入侵淡水,在海岸线1km的范围内上升更快。当海水上涨时下伏于淡水下的咸水向上补给,当海水水位下降时就会出现咸水向下排泄的现象,即使净高海水位与净低水位之差只有几分米的幅度时,这个过程也会发生,其中地下咸水流速度可达2cm·s⁻¹。

James(1992)报道了距大澳大利亚湾海岸25km远的内陆纳拉伯平原上始新统灰岩地下洞穴中明显的淡水-咸水分界面,并同时提供了3个混合区运行的证据。

(1)洞穴中湖水和水沟中近水面处由暴雨补给的离子键强度低的水厚度达2.5m,其下伏为离子键强度低的微咸水。

(2)岩体中水位线附近,离子键强度变化的渗流水与微咸水混合。

(3)盐跃层通常位于洞穴湖水面以下20m处,在这一带微咸水上覆于同海水离子键强度一样的地下水的上面。

结论:Dupuit-Ghyben-Herzberg理论为理解近海岸岩溶含水层的分布和水文地质学提供了一个理论基础,但是野外研究发现次生孔隙的分布和含水层边界条件(海平面)的变化对控制淡水和咸水流也很重要。

6 岩溶排水系统分析

6.1 岩溶的"灰箱"特征

大多数岩溶地层因各向异性、不均一性以及相关信息缺乏,使得在确定岩溶含水层的结构和性质方面会遇到很多问题,在水资源的储量估算、规划和管理时必须要回答以下问题:有多少地下水可以利用?这些水从哪里来?含水层的物理特征如何?能够对这些问题进行预测从而来管理水资源和保护水资源不受污染有着非常重要的意义。但是对岩溶含水层进行概化分析则相当困难,因为含水层的地质结构、储水和径流条件变化相当大,在岩溶地区能进入地下洞穴直接观测的部位只是其中很小一部分。

只能对洞穴、钻孔及地下水的补给和排泄进行直接观测,而含水层的性质只能通过必要的推断来大体获得。有时就是利用降雨-响应(补给-排泄)关系模拟含水层系统,做出一个选择。可将该系统看作是一个"黑箱"(Knisel,1972;Dreiss,1982,1989),但是这个"黑箱"不研究含水层的实际物理性质,而且对有关含水层结构及其如何运行知之甚少。更实际的研究方法是"灰箱"方法,利用有限的信息研究含水系统的结构,这有助于解释含水层的特征。岩溶含水层的模型将在本章进行讨论。尽管每一种岩溶含水层是独特的,不同的含水系统的结构变化也相当大,但是有些结构在不同含水层中普遍存在(图5-31)。

综合分析岩溶排水系统需包括以下几个方面:①系统水平向及垂向上的延伸程度;②边界条件;③补给、排泄及流量;④含水系统内部连接结构和储水结构;⑤储水能力及物理特征;⑥相对重要的径流线路;⑦流速;⑧储水和排泄对补给的响应;⑨不同径流条件下的系统响应。

通常用水平衡估算法、钻孔分析法、泉水过程分析法、地下水示踪法和含水层模拟法来获得地下水的有关信息。传统的水平衡估算法及钻孔分析技术用于调查研究岩溶水资源。而地下水的示踪法和泉水过程分析法适用于建立岩溶含水层结构。含水层模拟广泛应用于地下水水文学方面,但是大多数传统的技术方法不适用于岩溶含水层,这是因为达西定律的多孔介质假定不适用于岩溶含水层。针对岩溶的特点提出的研究方法详见6.11节。

最适合的分析方法主要取决于初始假定的地下水流态和含水层的性质(表6-1),例如这些假设认为含水层是各向同性且地下水流为层流,根据现场结果对工作假设进行适当调整。本章将详细地说明这些要点并对勘查方法、调查方法、数据分析及解译(灰箱的解释)方法进行详细的讨论。

6.2 地表勘查及调查技术

很多学者曾对地下水资源评估的实用方法进行过研究,如 Freeze 和 Cherry(1979),Todd(1980),Castany(1982),UNESCO/IAHS(1983),Hötzl 和 Werner(1992),Domenico 和 Schwartz(1998)。本书将不对这些资料进行重复说明,因为绝大多数的方法不适用于岩溶含水层。然而,Milanović(2000,2004)的《工程地质学》一书对岩溶的研究作出了特别重要的贡献。

表 6-1 岩溶含水层性质的假定及相应的分析研究方法 (据 Ford, Williams, 1989)

流态	边界条件	含水层性质	规模及状态	分析方法
线性层流（弥散达西流） 层流与紊流混合 紊流（管道流）	无限域范围 不透水或透水的上下边界 空间均一/变化的垂直补给 补给量为常量或变量的潜在补给边界 排泄量为常量或变量的排泄边界 固定或变动的潜水分水岭	承压/非承压 含水层厚度不变/变化 均质/非均质 各向同性/各向异性	特定地方 局部 区域 地下水流域 稳定状态 过渡状态	钻孔稀释 注水试验 抽水试验 地下水补给响应 模拟 水量均衡法 泉水水位过程图 泉水化学过程图 含水层模拟

6.2.1 系统界限的定义

具有边界的含水层改变地下水流动条件已在5.2节中做了讨论。例如，对承压水而言，渗透系数仅用于两隔水层夹持的含水层中；对非承压含水层而言，渗透系数用于水位线与岩溶化含水层底界之间。这些因素可用来确定垂直边界。同样重要的是，这些因素限制含水层的水平展布。在这里我们应该区分排泄边界、隔水边界与补给边界。

在非岩溶地区，地下分水岭可以认为与地表地形分水岭一致，地表分水岭可通过地形图、卫星照片等确定。在岩溶地区也可用这种方法来初步假定地下分水岭，但具体情况要根据实际情况确定地下分水岭，因为很多岩溶流域的潜水带和包气带分水岭与地表地形分水岭在平面上的位置不一致。例如位于大西洋与太平洋的大陆分水岭在落基山脉表现出这种形式。由于地下水径流条件的变化，引起潜水带分水岭发生侧向偏移，地下水水位低平时所确定的地下分水岭在水位较高时则失去意义。

在一个简单的岩溶含水层中可能存多个地下水域，这些地下水域之间的水力联系很小，每个地下水域向不同的泉水点（泉群）排泄。对于非承压含水层，每个系统的界线可通过下面的方法进行确定：

(1) 通过绘制潜水面等高线图来建立地下分水岭。
(2) 采用示踪确定地下水流动方向，可以采用荧光素或同位素进行示踪（6.10节）。

Thrailkill(1985)在肯塔基州的研究中发现，可通过示踪方法确定面积不大的地下水域，但不能解释地下水水位等高线的模式。此方法及其他示踪方法的研究发现，用示踪方法能证实那些由地下水水位等高线图所确定的地下分水岭。在承压含水层中，可以通过测压管水位来确定地下分水岭，也可以用示踪法来确定分水岭，但是示踪剂在地下运行时间可能很长，所以具体应用则不太现实。相反，用环境同位素或脉冲分析方法来确定地下水的来源则可能更有效（6.10节）。

在具有隔水性质的盆地中，那些地下水源补给的位置可用传统的地质测绘来确定（即确定分水岭的方法）。然而，那些沿地下暗河发育的落水洞的位置则不易确定，尤其是落水洞规模较小或落水洞位于森林当中则更难确定。在长达几千米的范围内，河水补给地下水，同样也很难确定补给源，尤其那些水流并不是全部消失时尤为困难。现场测绘和流量测量是唯一能够得到准确信息的方法，航片解译也有很大的帮助。

6.2.2 水量均衡法

水资源管理方面第一步重要的工作就是估算含水层中地下水的储存量、补给量和损失量。水均衡计算法可预测含水层储水和储水量在一个数量级范围内的变化情况。水文均衡估算是指在给定时间内定量估算地下水流入量、流出量及储水量的变化情况,尽管这个给定的时间可长可短,但通常是一个水文年。一个水文年指从前一年的旱季到当年的旱季这一段时间,如通常与一个日历年没有对应关系,水文年的开始与结束点地下水储存量是最小的。

关于地表河流,最简单的水均衡方程式如下:

$$Q = P - E \pm \Delta S + e \quad (6-1)$$

式中,Q 是径流量;P 是降水量;E 是蒸发量;$\pm \Delta S$ 代表了地下水的排泄与补给;e 是指误差。蒸发量包括阻截耗损和水面蒸腾蒸发,这是最难估算的一项。准确计算每个流域的降水量也是相当困难的,这是因为雨量计不能提供全流域的代表性降水量。当知道一个流域的面积时,可通过测量 Q 来计算水量盈余($P-E$)从而检查分析降水值。Dunne 和 Leopold(1978)对这个计算方法做了拓展延伸,但是这个观点在地下水中可能不同。因此,美国内政部(1981)建议水文均衡计算用下面的公式:

$$P - E \pm R \pm U = \Delta S \quad (6-2)$$

式中,R 是地下水流出($-$)与流入($+$)之差;U 指深部地下水流出($-$)与流入($+$)之差;ΔS 为土壤含水量和管道及储水层中水量的总和,即地下水总量的变化,地下水组成部分 ΔS_g 可以用下式进行计算:

$$\Delta S_g = G - D \quad (6-3)$$

式中,G 表示地下水的补给量;D 表示排泄量。地下水的补给可用下式进行计算:

$$G = P - (E + Q_s) \quad (6-4)$$

式中,Q_s 为地表径流。

Blavoux 等(1992)对法国西南部著名的泉水镇(Fontaine de Vaucluse)采用水量均衡估算方法计算该流域的地下水储量。该流域最高边界海拔为 1 909m,流域面积 1 115km²,平均海拔高度 870m(根据示踪法和地质条件确定流域的边界)。采用高程分带模型即局部降水量和温度梯度来计算湿度平衡,当海拔每增加 100m 时,降水量增加 55mm,温度下降 0.5℃,实际蒸发损失与海拔变化基本一致。整个流域中的加权有效降雨量($P-E$)为 570mm/a,旱季约占 75%的有效降雨总量发生在高海拔处(比平均海拔高),夏季降雨量小不影响泉水的流量,泉水对强降雨的响应时间是 1~4 天,该流域泉水平均流量为 21m³·s⁻¹(范围值为 3.7~100m³·s⁻¹),这与计算的有效降雨量和流域面积一致。

除上述这个流域所做的研究工作相当深入外,其他岩溶地区的研究不深,基础资料缺乏。在斯洛文尼亚两个岩溶地区开展工作,发现岩溶地区水量均衡计算很难。该区域的地下水向 Vipava 河边的岩溶泉排泄,Trišič(1997)调查该区域并进行了该区域的水量平衡计算。该流域面积约 125.25km²,但是未获得准确的流域面积,这是由岩溶地区的本身性质决定的。年降雨量为 2 024mm,约占年蒸发量的 31%。实测泉水的平均流量为 6.78m³·s⁻¹,根据该流域面积和降水量计算泉水点的流量,发现计算流量值比实测值小。将流域面积增大至 150km² 时进行计算,降水量与泉水流量才匹配,但是调整流域面积的大小则需通过连通试验进行确认(同时假定其他条件对水平衡的影响很小)。Trišič 等(1997)在对尤利安阿尔卑斯山(Julian Alps)的 Bohinj 地区进行水平衡计算时也遇到了同样的问题,在这个山区来计算降水量特别困难,这是因为在这个山区高海拔地区主要为降雪,而在高山上气象观测站数量很少。通过估计水平衡的各要素,发现计算所得的径流量值($P-E$)和气象站雨量计观测到的径流量值不吻合,原来所确定的流域面积为 94km² 不准确,因为通过计算 Bohinjka 流域径流量发现,实测的径流量仅是计算值的 10%。因此需采用连通试验来确定流域的边界。

Bonacci(2001)指出岩溶流域面积小,且在降水量资料有限的情况下,进行水平衡计算对工程实践和水资源管理是有用的,对准确计算区域的有效渗透系数是具有价值的。有效渗透系数是有效降水量与总降水量的比值,利用有足够水文气象测量资料的流域水文资料,对那些没有观测资料的流域进行研究这一方法可行。Bonacci(2001)总结了估算月有效渗透系数和年有效渗透系数的方法,得出的结论是必须要考虑流域的原有条件,以及一年内降雨量分布对渗透系数的重要影响。

在岩溶地区进行水平衡计算时遇到两个问题,一是如何确定有效降水量,二是如何确定流域边界,这是因为岩溶地区的补给面积通常会随着地下水水位的变化而变化。说明选择相对准确的水平衡方程式至关重要(这个方程式中的误差已知并可接受),这个问题将在6.3节分析包气带中地下水的补给和渗透时再次进行讨论。

Bocker(1977)采用水均衡法,调查匈牙利 Transdanubian 山区煤矿和铝土矿排水对环境的影响。研究面积15 000km², 有限元单元模型的单元大小定为4km², 采用15年的现场试验结果综合估算大气降水入渗量,有关地下水的数据采用480个给水设备、93个矿井、270个长观井及155个气象观测站的资料。

6.2.3 遥感多谱技术

以传统的立体航测照片、航片及卫星多谱影像遥感技术作为重要的勘查工具,广泛应用于水文和水资源管理中(Schultz,Engman,2000)及地下水的调查中(Farnsworth et al,1984;Meijerink,2000)。例如,López Chicano 和 Pulido-Bosch(1993)利用航空照片和现场测绘相结合的方法对西班牙的谢拉格达(Sierra Gorda)岩溶地区的裂隙类型进行了详细的调查分析(图6-1),Kresic(1995)利用航空照片和卫星图像对迪纳拉山脉的岩溶构造组构进行了解译,解译发现地下水流动受控于构造组构。Tam 等(2004)在越南调查了线性构造和钻孔中出水量的关系。

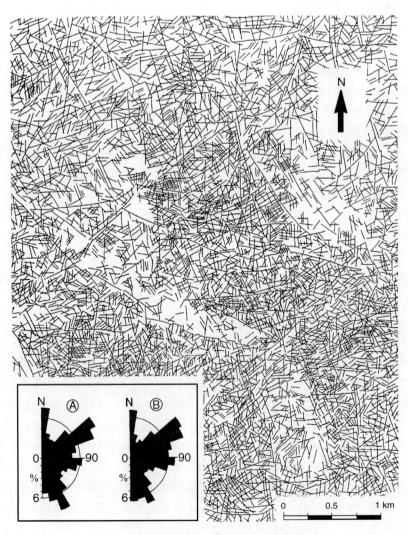

图6-1 西班牙谢拉格达岩溶地区的裂隙模式,2 904条裂隙累计长度为358.6km,裂隙平均长为165m。Ⓐ为裂隙优势方面;Ⓑ累计长度的优势方面(引自 López-Chicano,Pulido-Bosch,1993)

Milanović(1981)对多谱遥感技术在岩溶中的应用进行了全面的总结回顾,LaMoreaux 和 Wilson (1984)证明了热红外影像技术在识别地下水的补给和排泄方面相当重要,这包括海水下的泉水点 (Gandino,Tonelli,1983)。热像检测技术在识别泉水方面具有很大的潜力(但是目前仍未普及),尤其适用冬季的落叶林地区用现代仪器探测深度在几米范围内的溶蚀情况。

6.2.4 电阻率、地面探测雷达及其他物探手段

物探技术在地下水文研究方面已得到了广泛应用。Milanović(1981)、Arandjelovic(1984)、Astier (1984)和 Stierman(2004)等对这些方法在岩溶方面的应用进行了解释。

钻探与三维地震成像技术相结合的勘探方法是深部勘探所采取的典型方法,采用这种勘探方法查明了亚得里亚海底之下的渐新世—中新世沉积物之下(沉积物厚度达 1 200m)的白垩系灰岩中分布古岩溶带的埋深在 1 320～1 360m(Soudet et al,1994)。该古岩溶带厚度 35m,下伏古包气带厚度在 15～45m 之间,古饱和潜水区厚度为 35～79m(在其中发育古溶蚀管道)。岩溶化灰岩中含油层厚度达 140m。

电阻率法对于近地表勘探特别重要,确认岩溶含水层在垂向上的分布尤为重要,因为这种方法能区别致密灰岩、饱水岩溶化灰岩与无水岩溶化灰岩(图 6-2)。直流电通入地下时产生电位差,地表测量电位差生成电阻率成像。无水地下洞穴和无水裂隙的电阻率相对较高,而充水洞穴和裂隙的电阻率则相对较低。电阻率勘探采用网格布置,首先在固定的间距测量电极间的电阻率,然后增大电极间距离并重复测量电阻率。增加电极间的间距以逐渐获得地下深处的信息,最后绘制电阻率剖面图以表示剖面线上垂向和横向上电阻率的变化,Arandjelovic(1966)在波斯尼亚-黑塞哥维亚从事研究工作,解译了 Trebišnjica 峡谷的岩溶下限(图 6-3),这一工作为电阻率勘探方法提供了一个成功的范例。从物探和其他的信息看,Milanović(1981)认为迪纳拉地区的岩溶下限深度不会超过 250m。

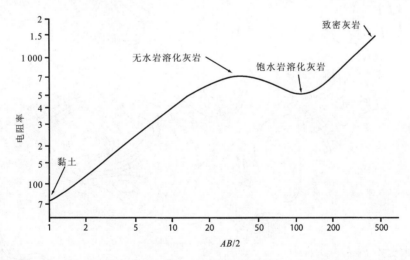

图 6-2　灰岩地区典型电阻率测深图调查岩体的深度随着电极距离 $AB/2$ 的增加而加深(引自 Ford,Williams, 1984;Astier,1984)

电阻率和微重力方法通常用于调查表层岩溶(Patterson et al,1995;Rodriguez,1995;Crawford et al,1999;McGrath et al,2002),近地表岩石密度的差异导致地球重力场发生变化,重力方法就是测量这种地球重力场的变化。洞穴和岩溶洼地导致上覆岩体的重力加速度降低,基岩构成的地形较高地方的微重力比周围松散物质组成的地段要高,然而微重力的变化非常小,因此高精度的仪器和严谨的现场工作是必要的。勘查工作包括建立常规观测点网(点网间距取决于探查洞穴的大小和深度),记录微重力

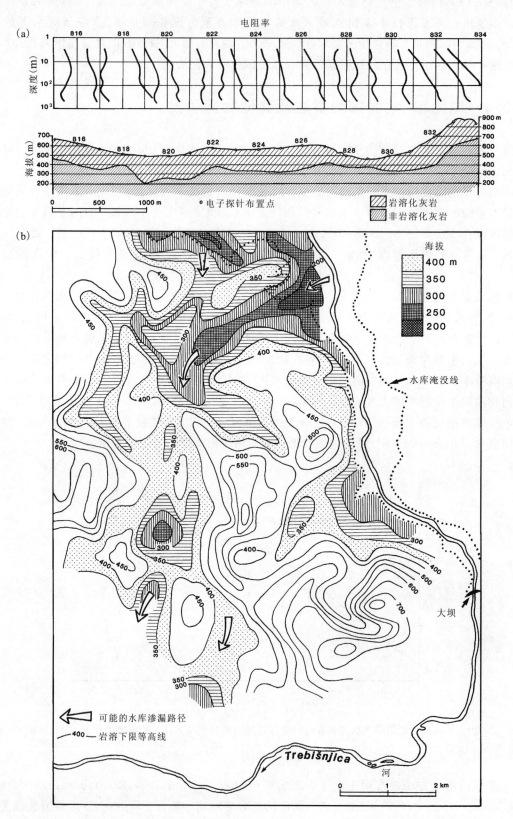

图 6-3 (a)Bileca 水库右坝肩横剖面电阻率勘探部剖面图;(b)克罗地亚/波斯尼亚-黑塞哥维那的 Trebišnjica 峡谷中的岩溶下限等高线图(据 Ford,Williams,1989;Arandjelovic,1966)

数据,最终绘制剩余布格异常图(McGrath et al,2002)。

Rodriguez(1995)描述了综合物探方法,这个方法是将3种物探方法结合起来收集数据,并尽可能使收集的数据准确,但费用昂贵。他建议首先采用微重力法进行勘探,然后沿相同的勘探剖面用电阻率法进行勘探,在此基础上用高分辨率的地震法和微电阻率法结合起来对深部岩溶进行详细的勘查。

英国南威尔士石炭系致密灰岩中发育水下洞穴,对这个洞穴已通过潜水的方式进行了调查,McGrath 等(2002)后来对这个洞穴分别用微重力法和电阻率成像法进行勘查以进行对比分析。在30~50m 的网格内微重力观测点的间距为2.5m,这种距离可探测到地下深度在10m以上、宽度为数米的管道,利用勘查数据生成剩余微重力图,从这个图上可以看到地下岩溶管道的分布。然后用电阻率方法进行勘查,电阻率法勘查剖面垂直于微重力负异常区,50个电极按间距1m进行布置,探测深度7m,勘查结果显示地下2~4m为低电阻率层,这与微重力勘探的结果一致。电阻率剖面所示的深度是洞穴的底限,从微重力勘探的数据可得出地下洞穴系统的高度,这个结果令人信服。这是因为利用物探的方法在该区域探测到的管道系统,与通过潜水的方式获得的探测结果一致。

近年来岩溶的研究主要集中在近地表范围内的勘查上,这主要是因为目前重点关注的是建筑物地基和污染物的泄漏问题。越来越多的人认识到地面探测雷达在这方面有潜在的应用价值。Al-fares 等(2002)对地面探测雷达的应用提供了一个很好的验证。他们在法国南部蒙彼利埃附近的霍图斯岩溶(Hortus)高原某地进行了勘查研究,勘查结果表明地面探测雷达特别适合在近地表30m 深度范围内勘查岩溶的结构,尤其是岩溶管道中充填土时,地面探测雷达信号减少。利用地面探测雷达对形成 Lamalou 泉水近地表的岩溶管道进行勘查,布置6条平行勘探剖面,剖面长120m,间距15m,频率为50MHz。地面探测雷达解译的成果经10个钻孔(孔深32~80.5m)和一个可进入的地下洞穴的竖井验证(图6-4),研究结论是:沉积物的电导性较低时采用低 GPR 频率更有效。通过地面探测雷达可识别岩体中的结构面,如层面、断层和断裂等。对于厚度为8~12m 的强烈溶蚀裂隙来说,地面探测雷达很容易将其与下伏的块状灰岩地层区分开来,也很容易探测到地表以下20m 范围内的洞穴。同时研究结果将该地区的岩溶概括为地中海型岩溶。

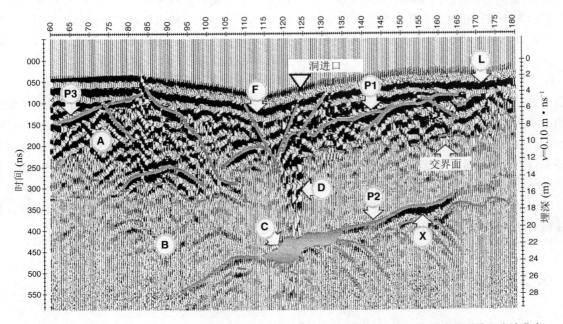

图6-4 法国 Lamalou 试验点地面探测雷达剖面。经邻近的钻孔验证:A.地下岩溶中的裂隙和岩溶化灰岩;B.块状致密灰岩;C. Lamalou 洞;D.洞穴入口;F.断层;L.溶缝;P1、P2、P3为层面;X.洞穴,图中的分界线表示地下岩溶的下限(引自 Al-fares et al,2002)

尽管厚度较大的上覆沉积物会降低 GPR 信号,但用这种方法仍能查明地下岩溶管道。Collins(1994)等在佛罗里达地区进行勘查研究,该处灰岩地层之上的覆盖层为黏土,用 GPR 查明了灰岩中发育的溶蚀管道。1995 年,Mellett 和 Maccarillo 对岩溶化灰岩地区进行勘查研究,该处的灰岩地层上覆厚度较大,研究成果表明 GPR 勘查方法在这种地区尤为适用,勘查地点位于一条重要的高速公路附近,此处地表曾发生过塌陷,这可能是由公路汇集地表径流引起的。在时隔两年之后在同一地点的同一剖面线上进行勘查,勘查结果清楚地表明在上覆盖层中圆柱状的沉陷逐渐向上发展,雷达穿透深度可达6m。

目前唯一已被验证的物探技术——天然电位法,这种方法不仅对液体的存在有反应,而且对液体的流动有响应。Lange 和 Barner(1995)对这个方法的原理进行了解释,在大陆和海洋中会产生 DC 电流,这种电流就会在地表产生天然电压,通过量测地球表面的天然电压,对地下的洞穴进行勘查,产生这种电流有多种原因,其中在孔隙、裂隙和管道中流动的水流就会形成最明显的电动效应。在西太平洋关岛地区就利用了这种方法确认了岩溶管道的位置。对 10 个天然电位(NP)异常处进行钻探,钻孔深度 9~28m,10 个钻孔中有 8 个钻孔揭露到溶洞,溶洞中水深达到 2m。Lange 和 Barner(1995)用这种方法对其他地方也揭示了与洞穴有关的地表天然电位(NP)信号,这种信号识别深度可达 280m。

然而我们必须谨慎应用物探技术,因为物探方法都有缺陷性,尤其洞穴的大小及洞穴位于地下的深度不易查清,在崎岖不平的地方物探方法通常不适应,而电阻率方法则需要电极与土层要有良好的接触,土层的厚度越大则 GPR 信号减少越多。在各种情况下,对于物探结果的认定必须谨慎,只有在采用勘探手段进行有目的地验证之后才可接受。

尽管如此,但必须要说的是在海岸一带的含水层用物探的方法确认了咸水与淡水界面的深度(5.8节),所解决的问题经得起考验。利用 Ghyben-Herzberg 定律[式(5-20)]不能够准确界定咸水与淡水界面的位置,而电阻率调查法(结合钻探)通常能确定地表至咸水-淡水分界面的距离,这种方法特别适合这种情况,这是因为饱和岩体中的密度和孔隙度已确定,而电阻率大部分取决于饱和流体的盐度。利用物探技术对西南太平洋中的纽埃岛和瑙鲁岛(Nauru)进行地下水文调查研究(两个岛屿的面积分别为 $259km^2$ 和 $22km^2$)。这两个岛屿高出海平面 60~70m,主要由坐落在玄武岩基座之上的厚度为 400~500m 的碳酸盐岩构成。在对纽埃岛的调查研究中,Jacobson 和 Hill(1980)用电阻率的方法确定了咸水-淡水分界面的埋深,其一般位置通过深钻孔的电导率剖面得到确认。研究表明地下水中存在一个咸水-淡水过渡区,并且不存在一个突变区,并没有出现理论上的淡水透镜体,而是形成了一个环状的淡水体(图5-37)。Williams(1992)、Wheeler 和 Aharon(1997)在该地也做了详细的研究。Jacobson 等(1997)对瑙鲁岛进行了相同的调查研究,研究表明该岛屿地下水中的淡水层不连续,而是形成两个淡水透镜体,平均厚度 4.7m。地下水水位平均高出海平面仅 0.2m,而下伏的淡咸水混合区的厚度可达 60m,这主要是由于灰岩岩溶形成很多孔隙而具有高透水性,海水通过张开的孔隙可流到岛屿内部,通过钻孔揭露,海平面以下 5m 就揭露到地下洞穴。Ayers 和 Vacher(1986)用地震折射法、电阻率法和盐度剖面图都成功地确定了 Pingelap 环礁中淡水透镜体的底界面。

综上所述,对于岩溶水文学的研究,大多数情况下在埋深几百米的地下岩溶研究中可用物探方法,但钻探对于验证物探解译成果总是必要的。

6.3 包气带中地下水的补给、径流、排泄

6.3.1 自源补给

在 5.2 节中讨论地下水补给时,将岩溶含水层的补给类型分为自源补给和异源补给两种类型(图

4-1)。自源补给特征通常为补给分散且补给速度缓慢(尽管当遇到岩溶漏斗时就变成集中、快速的补给);异源补给通常表现为从邻近的非岩溶地区向岩溶地区集中补给,从而形成地下暗河向岩溶地区快速补给,因此这种补给在空间上具有很大的可变性,由于气候的多变性,时间上也具有很大的可变性。

本节集中讨论自源补给地下水。降雨时落到地面的水由于树林截留,通过树叶和树干蒸发返回大气,部分通过植物蒸发而返回大气[式(6-1)和式(6-2)],只有一部分落到地面的大气降水补给地下水系统;有时出现强降雨时,落到地面的雨水不能全部渗透进地下(由于地表的渗透能力有限或者产生侧向水平运移),这种超过土体渗透能力的部分雨水就形成地表径流或者在土壤中发生侧向运移,以穿透流的形式运移并最终向溪流排泄。除去蒸发或地表径流之后,剩下的水通过土壤或地表岩溶区向下径流,这部分水是本节所重点讨论的,因为这部分水是地下水补给的重要来源。

Sauter(1992)建立如图6-5所示的概念模型来计算自源地下水补给量,该模型认为大气降水在补给下伏灰岩之前部分水赋存于树冠、树干和土壤中。Fowler(2002)曾对计算潜在蒸发水和土壤水平衡的技术进行研究。上覆于岩溶地层之上的土类型不同,则土壤持水量变化亦不同,砾质土的持水量几乎为零,而厚层壤土和黏土的持水量达150mm或更多,因此,对田间持水量的计算要以实际情况为基础进行评估。根据Sauter模型,只有当含水量超过田间持水量时才会补给地下水。在夏季土壤中的持水量较低,但当发生强降雨时,就会观测到地下岩溶洞穴中的钟乳石出现滴水的情况,这说明降雨会直接通过土壤中的粗孔隙和干裂缝直接向下伏的灰岩中补给,在模型中用术语RR来标识。当有效日降雨量达到临界值才会产生向下伏灰岩补给。在德国西南的施瓦本阿尔比(Swabian Alb)岩溶地区,Sauter(1992)认为有效日降雨量的临界值是6mm,其他的参数值见表6-2。该地区上覆于侏罗系灰岩地层之上的土壤厚度为20～80cm,研究区森林覆盖约占60%(其中针叶林约占70%),其余为耕地。

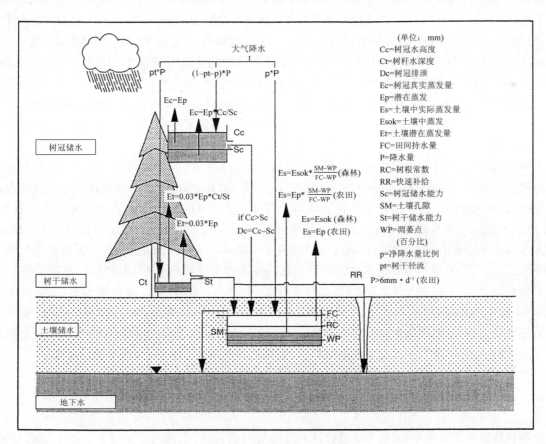

图6-5 自源补给的计算概念模型(引自Sauter,1992)

表 6-2 农田及森林地区地下水补给计算参数表(据 Sauter,1992)

参数	特征描述	值
P	降水量	变量
P	净降水量百分率	25%
Pt	降水径流量百分率	1.6%
Sc	树冠储水量	4.7mm
St	树干储水量	0.014mm
FC	田间持水量	75mm
Ep	潜在蒸发量(草)	变量
Esok	潜在蒸发量(森林)	变量
RC	树根储水量	50mm
WP	凋萎点	10mm
RR	快速补给	森林:无 农田:6mm

假定一个流域的面积已知,则通过测量流出该流域的水量(泉水流量)来验证这个补给模型。验证一个流域的模型是否正确,通常对该区进行一个水文年的水文测量,在一个水文年中两个旱季时的地下储存水量的差别最小是正常的。Sauter(1992)发现差异约为10%,这个误差主要是由估算地下水储存量不准确以及(或者)估算表层岩溶带中和非饱水带中储水量不准确造成的。同时排泄量的测量和大气降水测量不准确也是另一种误差。流域的降水量是一个众所周知的问题,随机布置雨量计,且没有为水平衡目的而进行优化,所以考虑以上各种因素,误差在10%左右是合理的,误差为5%则认为是非常少见的。

在岩溶山区,外界空气进入岩体管道时因冷凝使空气中的水汽变成水而补给地下水,Dublyansky 和 Dublyansky(2000)对这一现象进行了解释,他们对喀尔巴阡山脉和西高加索地区的岩溶地区年露水补给地下水的量进行了计算,露水补给地下水量平均达 54mm(1~149mm)。尽管露水补给地下水的量一般不会超过该地区年降水量的10%,但是露水补给地下水主要发生在干旱的夏季,因此,这种补给在干旱地区特别重要。

另外,计算地下水补给的水均衡方法和水量分析方法也是有用的,尤其当用来计算岛屿中的地下水补给时就更为重要。Jones 和 Banner(2000)关于巴巴多斯岛(Barbados)地下水的研究中对这些方法进行了总结,并对比分析了地下水的氯化物浓度和大气降水中 $\delta^{18}O$ 的值,来准确计算地下水的补给量。Cl 离子比较稳定,当蒸发时 Cl 离子富集在土壤中,但当有水补给地下水时就被带进地下水中。因此,测量地下水与大气降水中 Cl^- 的浓度比值就可以测量大气降水中有多少被蒸发,剩下的就是大气降水补给地下水。对于 $\delta^{18}O$,对比分析地下水中 $\delta^{18}O$ 的值与季节性大气降水 $\delta^{18}O$ 的值发现,地下水中 $\delta^{18}O$ 的值相对较低,即与雨季时大气降水中 $\delta^{18}O$ 的值变化相似(6—12月)。当月降水量大于 195mm 时地下水中 $\delta^{18}O$ 的平均值等于 $\delta^{18}O$ 的加权平均值,巴巴多斯岛的雨季通常在 8—11月,Jones 和 Banner(2000)得出结论认为,氯同位素和氧同位素方法计算地下水的补给量的优点有:①比直接测量补给量更准确;②可以从空间和季节上研究地下水的补给;③相比其他测量方法而言,现场测量次数少。

6.3.2 渗流、渗透和表层岩溶

自源补给渗透面非常复杂,这个面可以是裸露溶沟的基岩面,也可能是上覆有深厚土层的基岩面,即使是在裸露溶沟中通常也会发育碎屑和不可溶的残余物,并充填在张开的溶蚀裂隙中。在 4.4 节中,我们讨论过岩溶溶蚀管道的垂直分布,大多数侵蚀发生在富含 CO_2 的近地表处,测量发现在碳酸盐岩

基岩面近地表10m范围内的CO_2储存量占地下总量的50%～90%。这揭示了在近地表的岩体中次生孔隙率高、渗透性大和表层岩溶储水能力强的特点。

表层岩溶带位于渗流层的顶部（见5.5节）。该带中的地下水流性质的多变性（水力特性）和岩溶化孔隙分布（结构）的特征与下伏包气带的特征不同，有的学者有时也把这个带称为过渡带（Bakalowicz，1995）。对表层岩溶带常见的特征概括如图5-28和图6-4所示，实际上不同地方的表层岩溶带的特征各不相同。原因是每一种类型的岩溶都是独特的地层岩性、地质构造及地貌演化历史和气候的组合。有几个实例可证明在表层岩溶带所遇到的一些因素。

图6-4为法国霍图斯高原，其属于低山地貌，在该区溶槽裸露，并发育有封闭的溶蚀洼地，在地表仅有小块的土壤覆盖基岩，表层岩溶带深度8～12m。这种地貌特征与那些地表裂隙张开的地区形成鲜明的对比。马来西亚沙捞越的阿比山脉（Api），中国云南路南石林，澳大利亚北部金伯利山脉（Kimberley）的大溶沟，马达加斯加的"钦基"（"tsingy"），加拿大国家公园的迷宫式岩溶，巴布亚新几内亚的Kaijende山区的尖塔状岩溶[图6-6(a)]。这些地区张开裂隙深度可达10～100m或更深。因此，这些地

图6-6 (a)巴布亚新几内亚Kaijende山脉的尖塔状岩溶地貌景观，海拔大于3 000m，局部岩溶尖塔高120m；(b)云南石林的张开裂隙下切至地下水水位变动带，表层岩溶带和近地表的潜水带直接接触，岩石上的水平带状显示了水位波动的范围

区表层岩溶带下限非常深。然而,有的地方(如云南石林)表层岩溶带在水位处尖灭(不存在包气带过渡区)[图6-6(b)]。有的地方张开裂隙发育很深,大部分裂隙中充填有风化残积层,如法国南部大科斯地区(比如Montpellier-le-Vieux)发育多孔的白云质砂,在其他地方如肯塔基州落水洞平原的表层岩溶带,上覆深厚的风化残积土和其他沉积物(如冲积、黄土、火山灰等)。而在高纬度地区的岩溶地区,更新世的冰川将地表的土壤剥走并将表层岩溶带剥掉,在有些地区(如在马尼托巴、安大略、西爱尔兰)由于冰川-岩溶作用,地表之上仅有数米厚的覆盖层(图6-7),在阿尔卑斯地区,由于张应力作用产生的断层和陡倾裂隙将包气带中的水排干,因此表层岩溶带中不是没有明显特征的地下水系统,尽管在这些裂隙和断层带中储存雪和冰。

图6-7 (a)位于法国和西班牙之间的比利牛斯山脉中的冰川磨蚀作用形成的灰岩光面;(b)土耳其托罗斯山脉(Taurus)开挖公路揭露的溶蚀灰岩表面

6.3.3 表层岩溶带中地下水的传递与储存

上述所描述的变化特征强烈影响表层岩溶带吸收和储存大气降水的能力,当岩溶地区大部分为裸露岩石时,对大气降水的吸收主要取决于岩石的性质(垂直方向上的透水性),但是当有上覆盖层时,则对大气降水的吸收取决于上覆土壤的特性(其渗透能力)。表层岩溶带的储水能力取决于3个因素:①表层岩溶带的厚度;②平均孔隙率(前两个因素决定了地下水的可能储存空间);③地下水补给和排泄的相对速度。表层岩溶带像一个过滤器,这个容器的持水能力取决于地下水补给与排泄的相对速度,但是当岩体平均孔隙度取决于岩溶岩石中的空隙空间和碎屑充填物的体积大小,空隙空间小于碎屑充填物的体积时,则地下水的排泄速度受下伏包气带水力传递系数控制(图5-15)。这种变化是由于张开裂隙和断层的不均匀性及其渗透性的多变性。因此,有些地区表层岩溶带具有很大的储水能力,但是其排水也很迅速;有些地区的表层岩溶带接受大气降水补给频繁,通常部分呈饱和状态,而且部分地段总被水淹没。

弥散自源补给导致出现包气带渗滤涨落,补给水压产生压力脉冲,刺激地下水运移,这个过程的本质就是使单个水分子在整个系统中运移(Bakalowicz,1995)。在5.3节中,这些效应在地下水补给事件中产生不同的脉冲和流动时间,而后者的时间更长。

研究表层岩溶带和包气带中地下水运移的方法有:通过在补给点处投放自然和人工的示踪剂,然后在洞穴或洞穴出口处进行观测。现在我们认识到地下水的流动变化相当大,既有从毛细管中缓慢的渗流,也有宽敞的地下廊道中的瀑布式径流。Gunn(1978,1981b),Friederich 和 Smart(1982),Smart 和 Friederich(1987)等根据经验对包气带中的水进行分类,他们的研究结论互为补充:①排泄量有大有小,即从流速很小的渗流到流速较快的瀑布流[图6-8(a)];②排泄量的最大值与最小值以及变化量,即从流量极小的渗流到对地下水补给反应迅速的径流[图6-8(b)]。随着测量工具的进步,很容易就确定了地下水的这些特征。举例来说,我们现在知道以渗流的方式补给地下水(如通过洞穴堆积物补给地下水)时也会有泉水流量变化很大的情况出现(Genty,Defladre,1998)。Smart 和 Friederich(1987)研究英格兰门迪普丘陵表层岩溶带中地下水的运移和储存特征(图6-9),认识到当地下水的补给超过一定值后,就会出现流速转换,也就是其他学者所证实的渗流非线性关系(Baker et al,2000;Baker,Brunsdon,2003;Sondag et al,2003)。

水分子通过地下水系统所用的时间是地下水径流的时间,可以通过示踪法对地下水的径流时间进行测量。Friederich 和 Smart(1981)在门迪普丘陵的 GB 溶洞之上的土壤下面选择了几个点投放荧光素,在离荧光素投放点附近的洞穴中观测到了荧光绿。荧光素在表层岩溶带中迅速扩散,在洞穴中多个地方观测到了荧光绿(图6-10),这表明示踪剂发生了侧向运移,在距投放点80m以内的表层岩溶带上部10m的地方观测到荧光绿,13个月后在其他地方也观测到了荧光绿。在缓慢补给、渗流的入口出现荧光绿浓度最高的情况,但是在发生降水后,洞穴水流中又出现荧光绿浓度突增。这表明了大气降水冲洗地表岩溶带中储存地下水的空间。在任何特定的时间相邻两投放点之间出现浓度变化很大的情况,表明地下水补给不均匀,同时也表明荧光素混合不均匀。

Bottrell 和 Atkinson(1992)在英格兰 Pennine 山脉的岩溶地区实施示踪连通试验,在白岩洞穴(White Scar 洞)之上的24个地表水汇入处投放了4种不同的荧光素后,然后对该洞穴进行观测。对7个荧光素投放点实施跟踪,该地区的气候在从极湿润到极干旱的两个极端气候之间变化,示踪剂在包气带中向下运移45~90m,在洞穴中观测到示踪剂,有的甚至在24小时内就观测到。试验发现示踪剂并不是流向离投放点最近的投放点之下的洞穴中,而是在100m远的洞穴中发现示踪剂,从这个观测试验中可以得出结论:在岩溶地区的非饱水带中,地下水是沿孤立的裂隙运移,同时地下水向下运移也取决于介质的水文地质条件,在雨季示踪剂分布范围增大,并且出现地下水侧向运移。投放点处示踪剂的浓度随时间增加而浓度逐渐降低,这与在搅拌槽中所预期的一样。然而,在一次降雨事件后,有些观测点

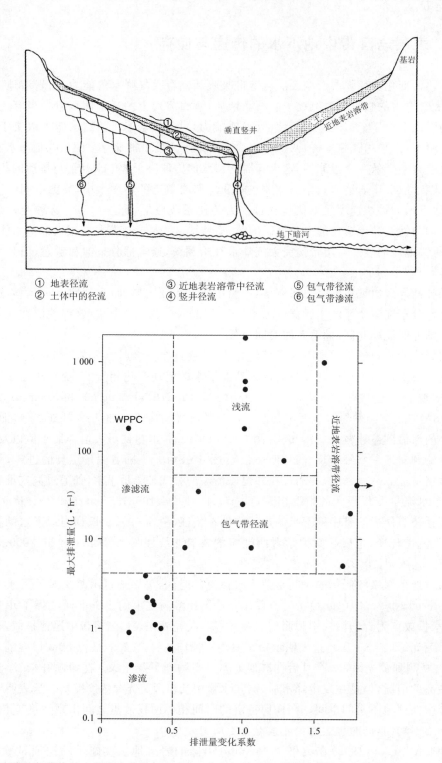

图 6-8 （a）岩溶包气带中的 6 种流动成分（引自 Gunn,1981）；（b）包气带中的流动成分变化（引自 Smart,1987）

则出现浓度再次增加的现象,这表明原来投放的荧光素储存于地下某处,在降雨后地下水将该处的荧光素重新带入到洞穴中,在投放荧光素几个月之后荧光素的浓度呈"锯齿状"衰退的模式,Bottrell 和 Atkinson(1992)认为流体中的荧光素由三部分组成:①第一种为快速直流成分,其在地下滞留时间约 3 天;②第二种为短期储存成分,其在地下滞留时间 30~70 天;③第三种为长期储存于地下,地下滞留时间 160 天或更长。

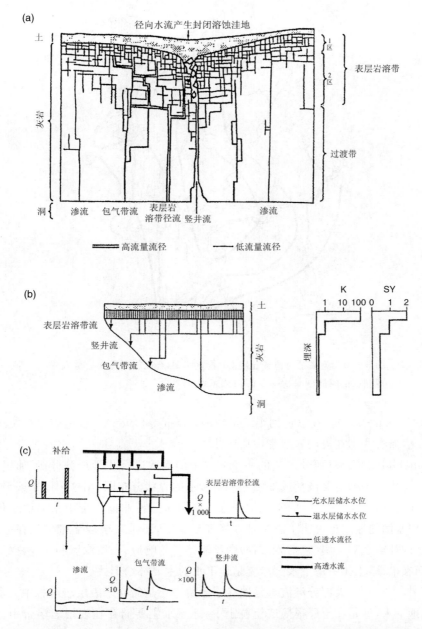

图 6-9 (a)门迪普丘陵非饱和带一般特征示意图;(b)基于不同裂隙类型的非饱和带代表性模型,K 和 SY 分别代表渗透系数和储存系数;(c)类比管道和分开的储水罐概化的非饱和带的功能模型(据 Smart,Friederich,1987)

其中第二种和第三种成分可能储存于空隙中,第二种成分随地下水持续缓慢流动,而第三种类型的荧光素只有在强降雨后流速较快的状态下才会随地下水流动而成为第二种成分。

Kogovsek(1997)在斯洛文尼亚的表层岩溶带中的示踪试验得出了相同的结论,包气带中存在 3 种流速成分:①快速直流成分,速度为 $0.5\sim2\mathrm{cm\cdot s^{-1}}$;②短期储存成分,流速为 $10^{-2}\mathrm{cm\cdot s^{-1}}$;③最慢的速度,小于 $0.001\mathrm{cm\cdot s^{-1}}$。

有时利用天然的示踪剂,如环境同位素来调查表层岩溶带中地下水运移过程,Bakalowicz 和 Jusserand(1987)测试法国南部诺克斯洞穴地区的大气降水和降水 18 天后诺克斯洞穴中渗流水(渗流水流经了 300m 厚的灰岩)的 $\delta^{18}\mathrm{O}$ 值,然后对这两个 $\delta^{18}\mathrm{O}$ 值进行对比分析。Chapman 等(1992)试验得出新墨西哥州卡尔斯巴德(Carlsbad)洞穴之上包气带厚 $250\sim300\mathrm{m}$,地下水穿越包气带的流速为 $7\sim$

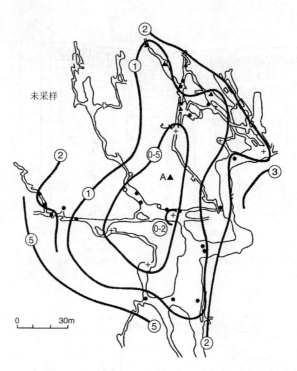

图 6-10 英格兰门迪普丘陵 GB 洞之上 A 点投放荧光素后洞穴中观测到的时间(引自 Smart,Friederich,1987)

$15m \cdot a^{-1}(4.8 \times 10^{-5} cm \cdot s^{-1})$。在以色列半干旱地区,Even 等(1986)发现地表水很快入渗地下,同位素浓度很快均一化,而有些却在表层岩溶带中滞留几十年。

Tooth 和 Fairchild(2003)对西爱尔兰的一个洞穴中的滴水进行化学成分分析,通过对土壤及基岩中水的化学试验,将地下水的运移概括成如图 6-11 所示的管状分布图,用这个图来解释地下水渗流过程中地球化学的演化过程。排泄点处的水化学变化通常用来分析非饱水带中水文地球化学作用过程,水化学变化过程中水滴的速度也说明了滴水是直接来自暴雨,还是表层岩溶带中储存的地下水。他们的结论是,岩溶水的补给是对土壤(包括冰碛物)中渗流路径的响应,土质渗流和连通良好的大孔隙的径流都特别重要;而在旱季,土体中地下水的渗流是地下水的主要补给形式。

这就产生了另一个问题,大部分渗流水是储存于土壤中还是储存于表层岩溶带中。众所周知,厚层土壤能储存大量地下水,但是在土层很薄或粗粒土中,地下水主要储存在表层岩溶带中。例如,在半干旱的新墨西哥卡尔斯巴德洞地区(Williams,1983;Chapman et al,1992)和巴西的几个岩溶地区(Sondag et al,2003)以及阿尔卑斯山缺乏土壤的岩溶地区洞穴中地下水渗流情况说明,大多数的岩溶水储存于土壤和近地表的岩溶带中,且这两种地下水相互混合。

我们在理解表层岩溶带中地下水运移情况时遇到的另一个问题是:用混合含水层或者用一个系统(但是基本上是分开的相邻系统)来描述地下水的运移,但这个证据是自相矛盾的。Tooth 和 Fairchild(2003)对同一洞穴中不同滴水处的水滴进行的水化学试验,试验表明即使有些渗水点的水发生了混合,但是这种混合不充分。在地下水各自独立的流径上可以发生地下水混合,有关这一点可通过连通试验(示踪剂法)进行证明。包气带中各个独立的径流路线有时是斜向下的而不是垂直的,我们也可以看到在雨季,洞穴中一些染色物质可以水平扩散,而在旱季出露的范围更广,这个事实说明了雨季地下水水位上升时,饱和带中染示剂会在有限的范围内发生水平方向的扩散,并在表层岩溶带中混合,也可能在侧向扩散过程中(或流量转变过程中)流向邻近的孔隙。同时其他的证据也表明侧向扩散的范围可能更大,混合更均匀,这一点可通过测量渗流水中稳定同位素而得到证明。Goede 等(1982),Yonge 等

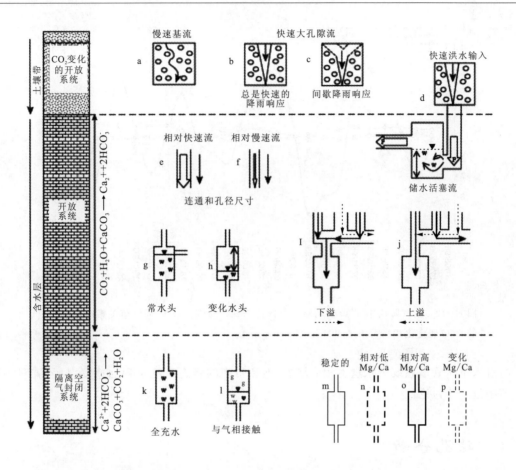

图 6-11 潜在土壤和含水层径流路线和控制岩溶水演化的因素（引自 Tooth, Fairchild, 2003）

(1985)，Even 等(1986)，Williams 和 Fowler(2002)对洞穴顶板中滴水的 $\delta^{18}O$ 值进行测量，不考虑洞穴中取样点的位置，发现每个取样点水中 $\delta^{18}O$ 值与区域大气降水中 $\delta^{18}O$ 的平均值一致。这表明地下水通过地下储存和径流会产生均匀化，并最终运移到地下洞穴中。新西兰一个实例(图 6-12)表明：大气降水中 $\delta^{18}O$ 值变化很大，而洞穴渗水中的 $\delta^{18}O$ 值在两年内变化不大（在误差范围内）。尽管如此，但是水的电导率变化很大，表明在近地表 40~60m 的渗流区存在独立的地球水化学演变过程，同时也表明滴水的速度和对地下水补给的响应变化也是相当大的。

如果大部分的稳定同位素均匀化出现在土壤中或表层岩溶带最上部的多孔地段（沿渗流区孔隙或径流路线通过表层岩溶带最下段之上的地下水），在渗流区中地下水与灰岩接触时大部分水化学反应就发生了，这样上述的明显自相矛盾的证据可得到很好的解决。既然同位素均匀化发生在上覆土壤很薄的表层岩溶带中(Even et al,1986)，即表层岩溶带最上部分是主要的均匀化区。半干旱地区近地表岩溶中地下水储存时间可能是一年甚至十年，而在湿润地区地下水储存时间通常可能更短，地下水储存时间以月计，但有时地下水储存时间可能超过一年。储存于近地表的岩溶地下水的体积不易计算，Smart 和 Friederich(1987)认为门迪普丘陵包气带中储存水占岩溶水总量的 49%，而 Atkinson(1977b)以泉水流量的测量为基础，认为包气带中的水占 11%。Sauter(1992)将德国南部的施瓦本阿尔比近地表带进一步划分为快速子系统和慢速子系统，并对这两个子系统中地下水的储存量进行估算，快速子系统中储存水量（水在裂隙和断裂带中快速流动）估计变化在 0.3~2mm 之间，最大可能达 3mm，储水系数约占 0.1%；但慢速子系统中储存的水量在 20~30mm 之间变化，储水系数约占 1%。

Clemens 等(1999)对表层岩溶带的演化及水向下伏潜水带运移的过程进行了模拟，模拟结果表明饱水带（潜水带）中岩溶管道的发育取决于近地表岩溶地下水补给的分布，随着表层岩溶带快速径流路

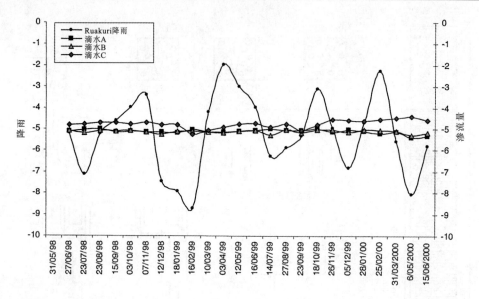

图 6-12 大气降雨中 $\delta^{18}O$ 值与新西兰怀特莫洞穴渗流区水中 $\delta^{18}O$ 值关系图,降雨中的 $\delta^{18}O$ 值变化相当大(引自 Williams,Fowler,2002)

径的扩大,进入下伏管道系统中水量也相应增加,饱和带中的管道系统出现加速发育,径流网络模型将在 6.11 节中进一步讨论。

6.4 钻孔分析

确定含水层性质最基本的方法就是在研究区进行钻探(一个或许多钻孔),并利用钻孔进行各种试验。Freeze 和 Cherry(1979)、Domenico 和 Schwartz(1998)从水文学的角度对传统的钻孔分析技术进行了全面的介绍,Chapellier(1992)对岩芯编录的目的和用处进行了总结,裂隙性质和流体编委会(Committee on Fracture Characterization and Fluid Flow)(1996)讨论了有关钻孔试验技术在水文学和示踪试验方面的应用,以确定岩体的水文学特征。建议读者通过现代技术以获得详细的、权威性的数据,因此,在这里我们就有关岩溶的勘探做一简单的探讨。

岩溶含水层中的钻孔通常很难完全查明含水层的结构和特征(Bakalowicz et al,1995),然而,利用钻孔可分析研究区地层的孔隙度和水力传导系数。当钻孔的数量足够多,钻孔试验能够提供含水层性质方面有价值的信息,尤其是在多孔介质含水层(如礁岩和白垩岩)中。只有极少数钻孔可能钻到现代地下暗河中,这是因为地下洞穴管道通常所占的体积不到含水层体积的 1%,只有极少数岩溶地层中岩溶洞穴所占的体积超过 2.5%(Worthington,1999),但是其作用与泉水的作用一致。大多数钻孔只揭露到小的孔隙,这些孔隙与地下管道没有直接连通或连通性很差。在这种情况下,钻孔中的地下水流动的速度相对于邻近的地下管道来说相当缓慢,然而,钻探获得的信息有:①可溶岩中相对透水区的分布位置;②测试点附近岩体的水力传导系数;③含水层的单位储水量。尽管某个特定的钻孔所揭露的信息对整个地下水系统而言其代表性如何尚不清楚,但是钻探所得到的信息是岩溶地区唯一可利用的水文地质资料。

利用迪纳拉地区 146 个钻孔勘探试验的结果,Milanović(1981)证实了岩溶随深度呈指数减小(图 5-3)。钻孔信息提供岩体透水性指数(用水力传递系数表示),一般而言,地表以下 300m 处岩体的透水性是地表以下 100m 岩体透水性的 1/10,是在地表以下 10m 处岩体透水性的 1/30。

Castany(1984b)总结了岩溶地区确定水力传导系数的几种野外技术,裂隙化岩体的透水性是尺寸和裂隙网络几何参数的函数(图5-2),详细的现场调查是评价岩体透水性最优先的工作。一般发育数组裂隙,有一组、二组或三组。如果能够确定裂隙的空间分布,则可以测量与每一组裂隙相关的透水系数 K_1、K_2、K_3,然后就可以得到研究区岩体的水力传导系数的加权值,斜孔可用来勘测垂直方向的裂隙。

假定裂隙化岩体的平均水力传导系数 K 与流态成线性关系,Castany(1984b)给出如下公式:

$$K = \frac{w}{n} \cdot (K_f + K_m) \tag{6-5}$$

式中,w 为裂隙的张开度;n 为同一组裂隙单位长度上的平均间距;K_f 为一组裂隙的水力传导系数;K_m 为岩块的(非裂隙化岩体)的水力传导系数,对于结晶的岩溶化灰岩,K_m 相对于 K_f 可忽略不计,因此给出下面一个合理的近似公式:

$$K = \frac{w}{n} \cdot K_f \tag{6-6}$$

Snow(1968)认为单位长度一组平行裂隙的 N 条裂隙,裂隙的孔隙度为 $n_f = Nw$,裂隙的水力传导系数可以用下式进行计算:

$$K_f = \frac{\rho g}{\mu} \cdot \frac{Nw^3}{12} \tag{6-7}$$

式(6-7)适用于体积足够大且是达西连续流的岩体中,否则这个公式无效。Snow(1968)得出结论,相似裂隙的空间系统中创造了一个各向同性的网络,孔隙率为 $n_f = 3Nw$,则渗透系数 k 是任何一组裂隙的 2 倍,因此在空间系统中:

$$k = \frac{Nw^3}{6} \tag{6-8}$$

在包括一组裂隙的平行裂隙序列中:

$$k = \frac{Nw^3}{12} \tag{6-9}$$

钻孔水力试验方法有注水试验和抽水试验(或者这两种方法交替应用),在现场通常用压水试验或注水试验来确定岩体的渗透系数(有时也叫吕容试验),根据试验目的和调查精度(Castany,1984b)来决定采取何种试验方法。水头瞬息变化(冲击)试验是当一个井中的水位瞬息发生变化后,测量另一个井中水位变化(Butler,1998)的试验方法。这主要通过向一个井中突然取水或加水来试验,这相当于瞬时抽水试验或注水试验(Barker,Black,1983)。Sauter(1992)认为冲击试验技术在岩溶中的应用很有意义。注水试验和抽水试验均会扭曲初始地下水水位面而形成补给锥或抽水漏斗,而这主要取决于地下水运动的方向,这种流态可以用等势面和垂直于流面的流线网络来代表(图6-13)。水力传导系数也可以通过钻孔示踪稀释试验进行确定(见6.10节)。

6.4.1 钻孔注水试验

利用钻孔确定岩体的渗透系数有 3 种试验方法:压水试验、常水头试验和降水头试验。Castany(1984b)认为这 3 种压水试验通常应用于岩溶地区,这些试验在无套管的钻孔中进行。

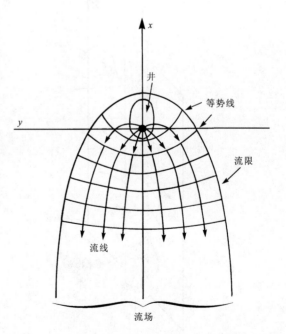

图6-13 钻孔注水试验时形成的等势面和流线
(引自 Castany,1984)

(1) 标准注水(吕容)试验,在不考虑岩石各向异性情况下,获得岩体的水平水力传导系数的平均值(图 6-14)。

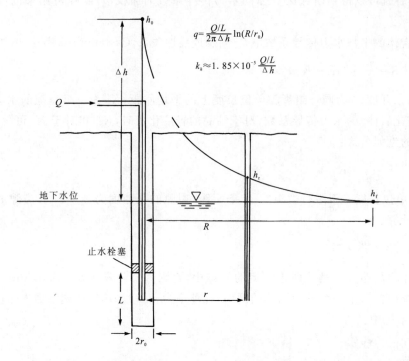

图 6-14 钻孔标准注水试验结果解译(引自 Castany,1984)

(2) 改进注水试验,根据试验钻孔和裂隙系统的相对方向确定不同方向上的水力传导系数(图 6-15)。

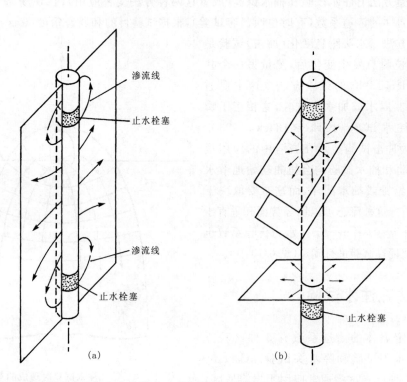

图 6-15 注水试验过程中裂隙方向的影响:(a)裂隙平行钻孔;(b)裂隙与钻孔斜交(引自 Castany,1984)

（3）三层水压钻机试验，这种试验方法可以分别确定不同方向的水力传导系数。

在标准注水（吕容）试验，将水注入到钻孔中形成回灌锥，孔底之上试验段长度 L（图 6-14），压水试验按固定时间间隔进行，钻孔水压开始按一定的阶步增加，比如按 2×10^5Pa、4×10^5Pa、6×10^5Pa、8×10^5Pa 的顺序加压，然后按相反的顺序减压，试验长度一般为 5m，但试验段长度也可降至 1m 来确定高透水区的位置（图 6-16）。可接收的试验是能够产生匹配的可逆转的试验。

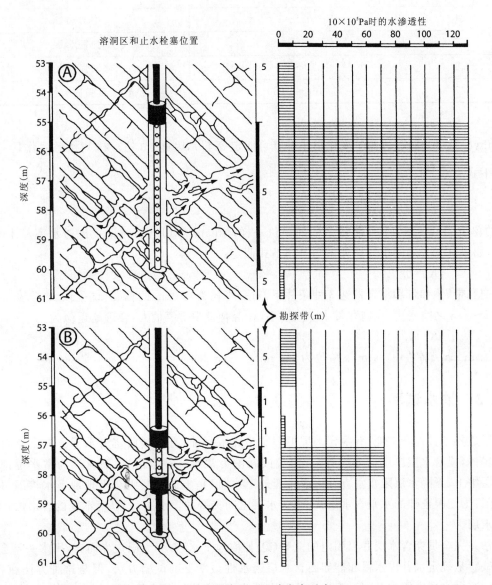

图 6-16　钻孔中不同止水栓塞的应用可以确定高透水区（引自 Milanović,1981）

岩石的透水性通过注入水的压力和水量来确定，可以用比渗透率来定义 1 个水头压力下（10.132 5kPa）单位长度钻孔中一分钟时间内渗入可溶岩的水量，Milanović（1981）将迪纳拉山岩溶岩体的透水性分为 7 类（表 6-3）。

比渗透率 q 可用下式来计算：

$$q=\frac{Q/L}{2\pi\Delta h}\cdot\ln\frac{R}{r_0} \tag{6-10}$$

式中，r_0 为钻孔的直径；Q/L 为单位试验长度的流量；Δh 为试验钻孔水头与影响半径之外自然水位 h_f 之间的水头差（图 6-14）。

表6-3 据岩体的比透水率对岩体进行分类（据 Ford,Williams,1989）

项目	比透水率(L/min)	岩石分类
1	0.001	不透水
2	0.001~0.01	低透水
3	0.01~0.1	透水
4	0.1~1	中透水
5	1~10	强透水
6	10~100	非常强透水
7	100~1 000	极强透水

Castany(1984b)建议，因为$\frac{R}{r_0}$变化很小并且可假定等于7，因此$\ln(\frac{R}{r_0})/2\pi$可大致看作是一个常数，所以可用下式表示：

$$q^* = 1.85 \times 10^{-5} \frac{Q/L}{\Delta h} \tag{6-11}$$

式中，q^*的单位为$\mathrm{m \cdot s^{-1}}$，其与渗透系数的单位一样，Milanović(1981)讨论了比透水率与水力梯度之间的关系，如果这二者之间呈线性关系则可用下式假定：

$$K = jq \tag{6-12}$$

在非饱和带、饱和带和混合带这3种条件下，对一半径为0.02m的钻孔，试验段长度为5m，计算发现j在1.2~2.3之间变化，在饱和带中j值最小，在混合带中j值最大，合理地近似为：

$$K = 1.7 \times 10^{-5} q \tag{6-13}$$

K的单位为$\mathrm{m \cdot s^{-1}}$，q在0.1atm下单位为$\mathrm{L \cdot min^{-1} \cdot m^{-1}}$。

6.4.2 抽水试验

含水层边界条件复杂多变，有些含水层可假定为无限延伸，有些则假定为水平方向上有限延伸（如不透水的岩体，或含水层厚度的变小等）。河流或湖泊为常水位补给边界，而海洋为常水位排泄边界。自流含水层中上、下隔水层阻止垂直补给或排泄地下水，但是半透水层则会出现地下水渗漏，最简单的含水层如下：①无限延伸的水平含水层；②不透水层之间夹持的含水层；③厚度不变的含水层；④均质各向同性含水层。

当一钻井完全贯穿含水层并以固定的流量(Q)抽取地下水，对于无限边界而言，则水头不会降低。

抽水试验是确定水井出水量和砂卵石含水层透水性最常见的试验方法，但是这种方法在各向异性非均质的岩溶含水层应用中具有局限性。从井中抽水产生漏斗，漏斗形状和侧向延伸程度主要取决于含水层的水力特性、抽水的速率和抽水持续的时间（图6-17）。对于这种试验方法一般有两种分析方法：

(1)利用稳态或平衡方法计算导水系数T和储水系数S。

(2)瞬时或非平衡方法（如水头瞬息变化试验）也可以得到储水系数和边界条件有关的信息。

Theis(1935)首先推算出了井中水位下降与含水层性质之间的关系，Castany(1984b)将该关系表示如下：

$$\Delta h = \frac{0.183Q}{T} \cdot \lg \frac{2.25T \cdot t}{r^2 S} \tag{6-14}$$

式中，Δh是观测井中潜水面水位的下降；T是导水系数($\mathrm{m^2 \cdot s^{-1}}$)；$S$是储水系数（无量纲）；$Q$是抽水量

($m^3 \cdot s^{-1}$);t 为抽水所用的时间(s);r 为抽水井与观测井之间的距离,当 $t \geqslant 10r^2 S/4T$ 时认为该式是有效的。

潜水面恢复到初始水位由下式给定:

$$\Delta h = \frac{0.183Q}{T} \cdot \lg\left(\frac{t+t'}{t'}\right) \quad (6-15)$$

式中,t' 是抽水停止后的时间(s)。

在抽水试验(或水位恢复试验)期间,在一定的时间内水位下降值记录如图 6-18 所示。在抽水 1~2 小时后水位下降与时间呈直线关系时则能很好地代表井的特性,斜率 C 可以看作 Jacob 对数的近似值。

$$C = \frac{0.183Q}{T} \quad (6-16)$$

这个式子是指在一定时间段内一个循环内水位下降的变化,在时间轴上插入点进行外推可得到时间 t_0,在时间 $t=0$ 时水位下降量。

对式(6-16)进行简单的排列来计算导水系数,如果含水层的厚度 b 已知,则渗透系数 K 可通过式(5-16)进行计算,另外储水系数可通过下式进行计算:

$$S = \frac{2.25 T t_0}{r^2} \quad (6-17)$$

然而,如前所述的用渗透系数的变化来定义可溶岩性质的一般 K 值可能不是很有意义,我们强调的是所有钻孔的水文试验在多孔介质中发展起来的只适合达西定律的条件,经验表明,在不考虑这些限制条件下,可溶岩中的试验结果有时可接受(图 5-2 和图 6-19)。

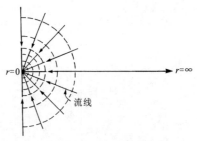
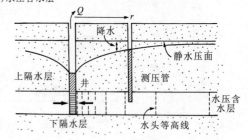
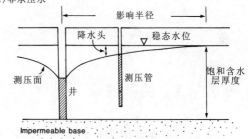

图 6-17 在承压含水层中和非承压含水层中降水漏头和流线的发展(引自 Freeze, Cherry, 1979)

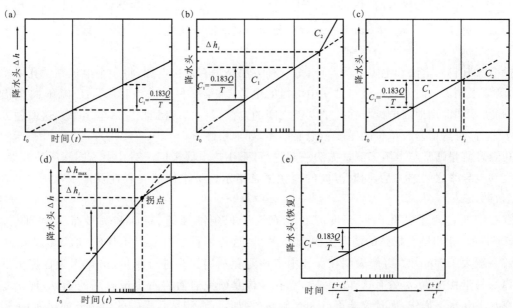

图 6-18 不同边界条件下的承压含水层中抽水及水位恢复试验水位下降与时间的对数坐标图。(a)无限含水层;(b)侧向有阻水层;(c)常补水边界;(d)有越流承压含水层地下水的补给转换随时间滞后;(e)水位恢复直线图,C、C_1、C_2 确定曲线的斜率,抽水试验按一定流量抽水(据 Castany,1984)

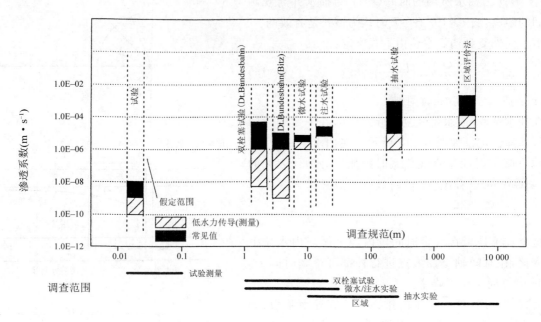

图 6-19　德国南部施瓦本阿尔比岩溶地区渗透系数与调查规模之间的关系(引自 Sauter,1992)

6.4.3　钻孔编录

通过物探、钻探等技术手段可得到有关含水层性质方面的信息,美国内政部(1981),Robinson 和 Oliver(1981),Chapellier(1992)提供了这方面详细的技术手段,Astier(1984)和 Milanović(2004)讨论了在岩溶研究中这些技术手段的应用。

通过对钻孔岩芯的详细编录可得到不同深度岩层的物理化学特性,电阻率法、自然电位法、放射性方法、声波方法、地热、录像及照相技术也可用作编录。钻孔编录是最重要的技术手段,同其他方法一起结合应用效果更佳。Maclay 和 Small(1983)在美国得克萨斯州研究爱德华灰岩时采用了上述各种研究方法(图 6-20)。

物探电法有自然电法和电阻率法两种:第一种方法是没有连接电源,将一个电极在钻孔中按深度逐渐下放,测量不同深度时地表电极与钻孔中电极的电位差;第二种方法是利用人工电源,将电极放入钻孔中,并测量不同深度地表电极与钻孔中电极之间的电位差,然后得到相应的电阻率。这两种方法只能在裸孔中进行,可解译岩石单位的厚度和地层层序,如地层性质。

钻孔温度测量通常与电阻率测量方法一起进行,采用热电偶来记录钻孔中不同深度的温度,这可以得到温度和电导率之间的关系,同时温度的变化通常指示地下水体的关联性及地下水的补给源(Jeannin et al,1997)。

在裸孔中通过测量钻孔不同深度的孔径有助于识别溶蚀缝、层面和需要灌浆的部位。然而,Milanović(1981)指出钻孔揭露的洞穴大于 $10m^3$ 时则这种测量手段效果不佳(在迪纳拉岩溶通常发现这种洞穴一般大于 $10m^3$)。经验表明在裸孔中应该避免利用探头进行测量,这是因为在探头下放过程中岩石掉块易卡住探头,尽管有这样的风险,钻孔录像是研究岩溶岩石中最有用的工具,现代专门的仪器可以在水上和水下操作,而且仪器可以 360°旋转(例如,可观测钻孔揭露的半张开的层面)。通过录像可以观测到岩体条件、地下水优势径流的特性和位置。

利用伽马辐射记录岩体的天然放射性(伽马线测井),其穿入距离为 30cm,采用闪烁计数器测量辐射流量。利用辐射流量的变化可检测岩石单元的边界,因为泥岩和页岩的辐射流量一般是砂岩、灰岩和

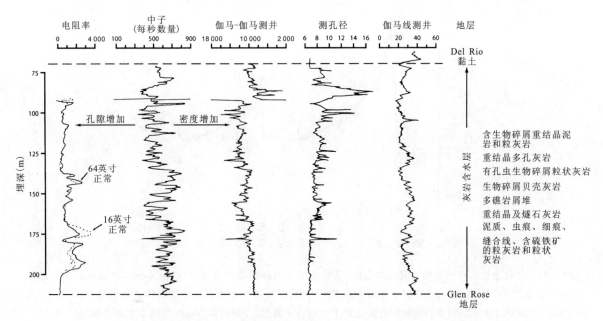

图 6-20 采用钻孔测井技术对得克萨斯州的爱德华含水层进行水文地层学分层(据 Maclay,1983)

白云岩的数倍。伽马-伽马测井技术和中子-伽马测井技术需要人工放射源和探测器,因此这种技术很少应用。Milanović(1981),Maclay 和 Small(1983)利用伽马-伽马测井成功地测到岩石密度随钻孔深度变化(图6-20)。中子-伽马测井是测量土壤水分的标准仪器,但很少应用于钻孔中。这种技术可以测量岩体单位体积中水的丰度,因此,用这种技术就可以测得岩体的水的丰度和孔隙度。

6.4.4 钻孔水位分析

强降雨后钻孔水位通常上升。次生孔隙发育的强岩溶地层中地下水水位快速上涨,具有达西特征的多孔介质含水层中水位上涨慢。同样的原因,强岩溶含水层中地下水的排泄速度与水位下降要比多孔介质快。当没有地下水补给时,钻孔水位过程线下降段呈指数下降直至水位下降至强降雨前的水位。然而,地下水水位过程曲线与地表径流的洪水过程曲线一样,水位过程曲线下降段也会出现径流快速段和径流速度滞后段(Hewlett,Hibbert,1967),因此钻孔水位过程曲线下降段呈现为不同斜率的曲线。Shevenell(1996)在分析岩溶含水层钻孔水位过程曲线时发现有 3 个直线段(图 6-21),她认为最陡的直线段表示较大岩溶管道对排泄起主导作用,较陡段表示互相连通的裂隙对排泄水起主导作用,第三个直线段(斜率小)表示含水层的原生孔隙排水。利用相关数据计算得出的透水率值和给水度与利用瞬时注水试验得到的结果一致。非承压的岩溶含水层中钻孔水位的下降速度变缓,可能是由表层岩溶带中地下水的补给造成的。Shevenell 的研究对地下水水位的变化进行了全面的总结与回顾,并对图 6-21 中 3 个直线段进行了解释,因为 Smart 和 Friederich(1987)认识到近地表带地下水的排泄衰退由 3 部分组成(在 6.5 节中将对钻孔水位衰退的分析做进一步的分析)。

6.4.5 钻孔示踪试验

钻孔示踪稀释方法通常用来确定岩石的径流特性,如岩石的线性孔隙率和分散性,同时又可建立含水层的连通性。这种试验包括钻孔与钻孔之间的连通试验及钻孔与泉水之间的连通试验。利用示踪稀释法可以很好地对层状含水层地下水的水力传导特性进行评估,荧光素示踪法目前是可溶岩以及其他

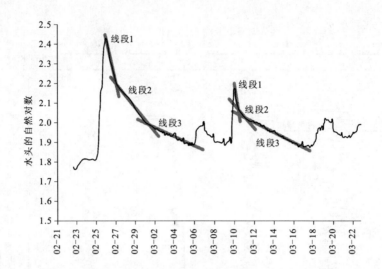

图 6-21 钻孔水位的自然对数与时间曲线图,钻孔位于美国田纳西州橡树岭(Oak Ridge)的元古宇 Maynardville 灰岩地层中,水位过程曲线反映了降雨后地表水下渗,以及在一个地下水补给事件之后的地下水水位下降的过程,曲线中 3 个不同斜率的直线段分别为地下水储存于管道、裂隙和原生孔隙的地下水的排泄过程(据 Shevenell,1996)

岩石连通试验最优先选用的方法,其优点是简单、准确、低毒性(见 6.10 节)。盐稀释法、放射性同位素(利用闪烁计监测钻孔中同位素)也曾用于连通试验((Brown et al,1972;Moser,1998b)。Ward 等(1997)和 Atkinson 等(2000)利用钻孔与钻孔之间、钻孔与泉水之间的联系进行荧光素试验方法,在英国白垩系白垩岩石中进行连通试验,测量到岩石中地下水的径流速度达 $475\mathrm{m}\cdot\mathrm{d}^{-1}$,地下水连通的距离达数千米。

地下水的径流方向和流速可通过向观测井中注入示踪剂或测量给定钻孔中的染色剂稀释速度进行测定。关于示踪剂与运移时间 t、两钻孔距 R、岩石的有效孔隙率 n_e、水力传导系数 K 和水力梯度 $\mathrm{d}h/\mathrm{d}l=i$ 之间的关系可以用下式表达:

$$t=\frac{Rn_e}{Ki} \tag{6-18}$$

Brown 等(1972)建议可溶岩中每 10m 的径流路径注入荧光素量为 2~10g,荧光素的径流时间为观测井中所观测到浓度最高的时间,而不是示踪剂最先到达的时间。

在第 5 章中将符合达西定律条件的地下水的运移用 $u=-K\cdot\mathrm{d}h/\mathrm{d}l=Q/a$[式(5-4)]表示,其可以称为单位流量、宏观流速或渗流速度。通过含水层中孔隙的实际宏观流速 u^* 可通过岩石的有效孔隙率的宏观速度来确定:

$$u^*=\frac{u}{n_e}=\frac{Ki}{n_e} \tag{6-19}$$

Lewis 等(1966)考虑了钻孔中染示剂的稀释速度 u,在均质地下水流和示踪剂分布的稳定条件下可以得到有效的速度值。示踪剂浓度随时间降低主要与地下水的水平流动有关,通过做时间与 c_0/c 的对数图可以得到这个速度,在半对数图上得到斜率后就可确定 u 值:

$$\lg\frac{c_0}{c}=1.106\frac{ut}{2r} \tag{6-20}$$

式中,c_0 是初始浓度;c 是时间 t 时的浓度;r 是钻孔半径。对于具有油井筛管的钻孔而言,Drost 和 Klotz(1983)建议流速用下式计算:

$$u=\frac{\pi r}{2at}\ln\frac{c_0}{c} \tag{6-21}$$

式中，a 为钻孔对流场的扰动系数，其值一般在 0.5～4.0 之间，通常假定 a 值为 2.0。

如果在达西定律适用的情况下，则水力传导系数可用下式计算：

$$K = \frac{u}{i} \tag{6-22}$$

将示踪剂的试验成果与抽水试验结果进行对比，认为示踪剂稀释方法测试的岩体体积较小，Lewis 等（1966）认为用这种方法得出的 K 值与传统的抽水试验从时间、经济及重复性方面比较，其更有利，但是我们认为在强岩溶化含水层则可能不适合。

6.4.6 岩溶条件下的分析试验

Ford 和 Worthington（1995），Worthington（2002）就利用钻孔进行有关试验来确定在钻孔附近是否发育岩溶管道的方法进行了总结，因此，如果含水层是岩溶含水层，则可用下面列举的方法。

（1）钻进过程中掉钻现象：在钻进过程中掉钻现象和钻孔液的损失现象可以识别大的岩溶洞穴，但是对小于 10cm 的孔隙则可能发现不了。

（2）通过钻孔岩芯编录可能识别岩溶孔隙：可采用物探和钻孔录像识别大于 2cm 的孔隙。

（3）钻孔与钻孔间的连通试验：对于较长距离（大于 100m）运移时间较短（几天时间）的管道连通试验效果很好。

（4）压水试验的尺寸效应：如果随着钻孔压水试验段的增长，水力传导系数出现数量级的增加，则表明钻孔可能遇到可透水的裂隙或大的岩溶管道。

（5）钻孔水位过程曲线：钻孔水位衰退曲线的不同斜率反映了含水层的孔隙是双重的还是三重特性的，同时也包括近地表的岩溶带。

（6）抽水试验中速度/水位下降的非线性反应：如果在观测井中发现水位下降的速度与抽水的速度成比例，在降水漏斗范围内达西定律适用，如果水位下降与抽水速度不成比例，则可能抽水井与管道相通。

（7）不规则的降水漏斗：在均质多孔介质的抽水试验中，降水漏斗围绕抽水井呈对称分布，但是当出现不对称的漏斗时就有可能发育岩溶管道。

（8）地下水的水质与水量对补给的快速响应：当钻孔中水位和溶质浓度出现明显的变化时，钻孔中有可能出现管道网络，而水质和水量变化慢则表明管道的连通性很差。

（9）水位中出现凹槽：水位凹槽的出现表明有地下管道发育并且在下游方向以泉水的形式排泄地下水，水力梯度也沿着凹槽向下游方向降低。

（10）地下水年龄的分布：在多孔介质中，随着深度的增加水的年龄也会增加，但是管道系统则快速补给地下水，在地下管道中存在年轻的地下水，而在上覆的岩体裂隙和基质中的地下水年龄则较老。

上述这些试验方法单独使用可能不能证明岩溶管道的存在，如果在碳酸盐岩含水层中这些现象越多，则岩体的岩溶化程度越高。如果含水层的性质与理想的多孔介质或高密度的裂隙介质差距越大，则对于一个给定钻孔越不可能用达西方法进行解释。因此，为研究岩溶含水层，通常的办法是对泉水点给予重点研究而不是钻孔，因为泉水点一定能对这一重要的水文地质条件给予很好的说明。

6.5 泉水水文过程线分析

岩溶泉水文过程线分析很重要，首先，泉水排泄形式是洞察含水层地下水运移特性的渠道；其次，预测泉水流量是水资源管理中最基本的方法，尽管不同形式的泉水流量曲线反映了不同含水层中地下水不同的补给形式。Jeannin 和 Sauter（1998）认为泉水水文过程线分析法并不能完全得到岩溶系统的结构与含水层特征的相互关系,这是因为泉水点的水文过程曲线与降水事件频率的相关性不确定。如果利用一个泉水的长期流量观测成果绘制成一个流量与时间的过程曲线,发现这个曲线在某个时间段出现急剧变化的情况,Urkiewicz 和 Mangin(1993)以罗马尼亚的几个泉水点为例对这种相关情况进行了研究,这个曲线代表了不同时段岩溶系统中不同部位地下水补给的不同形式。同样从流速衰退曲线的形式和衰退速度也能得到同样的信息,这种信息提供了发育泉水点的岩溶含水层的储存和结构特性。基于这个原因,对泉水水文过程曲线下降段的分析可以提供研究岩溶排水系统的本性和地下水运移方面的信息(Bonacci,1993),同时也可以提供有关含水层储水量的信息。如果将泉水流量与水质变化结合起来进行研究其应用更加广泛。Sauter(1992),Jeannin 和 Sauter(1998),Dewandel 等(2003)总结回顾了岩溶泉水文过程曲线与水化学之间的关系。

影响岩溶泉水文过程曲线形状最基本的因素是大气降水,尤其是降雨强度和降雨持续时间成为地下水补给强度和模式的独特信号,这个信号按一定的形式传播,经含水层调节后最后到达泉水点。强降雨的频率、降雨量及含水体系的储水能力决定了进入含水层中的地下水是完全穿过含水层系统,还是在含水层中积累起来。含水层中原来储存的地下水量影响降雨补给地下水和地表径流的比率,也影响降雨事件与泉水响应滞后的反应。泉水点排泄的模式则由流域的性质,如流域的大小,地形平缓还是陡峻,地下水补给的方式,排水网络的密度,地质条件,植被和土壤等进行调节。由于上面这些因素的影响,洪水过程曲线的形式和衰退特性的变化相当大(图 6-22)。包气带中地下暗河的洪峰过程曲线与地表河流一样可能会突然出现洪峰,地下洞穴水流入到潜水带之前就以泉水的形式出现,其水文过程曲线同河水流入湖泊一样,溢流或输出的响应出现滞后,并且与补给呈相互作用,有时排泄的水文过程曲线出现洪峰,而有些表现为细微的波动(Bonacci,Bojanić,1991),而大多数的水文过程曲线表现为幅度宽、峰值较缓的特点,很明显这是 Smart(1983a,1983b)所说的洪水消峰作用,表明该泉水为伏流泉。这个"迷失"的峰值水在高水位时则在同一含水层中以溢流泉的形式排泄(图 6-23)。因此,解释水文过程线就是要知道泉水点是唯一的排泄点还是排泄点的一部分,下面的讨论假定对一个岩溶排水系统中所有的排泄点都进行了监测。

6.5.1 水文衰退曲线

岩溶流域的降水事件补给地下水,排泄泉会表现出重要的排泄响应,特征如下:①响应出现滞后;②泉水流量变大(上升段);③泉水流量变小并趋向前一个降水事件后的流量(下降段);④在衰退过程曲线的两翼出现小的波动或"隆起"。当泉水流量达到峰值时,岩溶系统中储水量也达到最大,经过很长一段时间排泄后,地下水储量降到最低。含水层中储存水量的流出速度通常用降水曲线的斜率来表示,地下水衰退速率特征及其在旱季预测的降水量,对确定含水层中的储水量以及估计开采地下水量是必要的。

Jeannin 和 Sauter(1998)指出岩溶水文系统既不是线性的也不是静态的(尤其当考虑大气降水全部补给地下水,并以泉水的形式全部排泄地下水时),他们也支持 Hobbs 和 Smart(1986)的结论,认为在一个单一的系统当中不会发育两个平行的次级系统(储水和排泄),但是认为至少有 3 个次级系统,每一个次级系统中都有其本身的储水和运移特征(图 5-30)。因此,岩溶系统不像达西多孔介质,岩溶含水系统不能用单一的运移函数进行定义。

关于水文衰退曲线的量化分析方法来自 Boussinesq(1903,1904)和 Maillet(1905)的著作,他们认为泉水的排泄量是储存于地下水的体积函数,Maillet 分析巴黎的一个泉水点的水文过程曲线,并用简单的指数关系对流量衰退曲线进行了描述。

$$Q_t = Q_0 e^{-at} \qquad (6-23)$$

式中,Q_t 为时间 t 时的流量($m^3 \cdot s$);Q_0 是时间 $t=0$ 时的流量;t 为 Q_t 与 Q_0 之间的时间间隔(通常用天

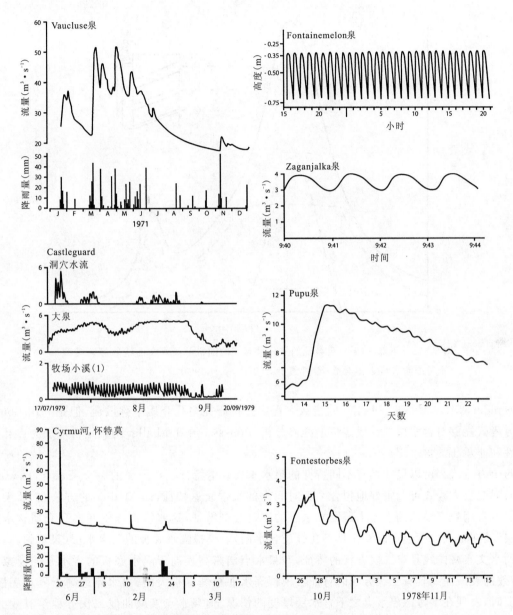

图 6-22 岩溶泉水和河流的几种水文过程曲线（据 Gavrilovic,1970；Mangin,1969b；Durozoy,Paloc,1973；Williams,1977；Gunn,1978；Smart C,1983b；Siegenthaler et al,1984）

数来表示）；e 为自然对数（纳皮尔）的底数；α 为衰退系数，量纲为（T^{-1}），与之相对，Boussinesq 则用下面的二次方程式表示水文衰退曲线：

$$Q_t = \frac{Q_0}{(1+\alpha t)^2} \tag{6-24}$$

其中：

$$Q_0 = \frac{1.724 K h_m^2 l}{L} \tag{6-25}$$

$$\alpha = \frac{1.115 K h_m}{n_e L^2} \tag{6-26}$$

式中，K 为含水层的水力传导系数；n_e 为有效孔隙率；l 为含水层的厚度；L 为含水层的长度；h_m 为初始水头；$K h_m$ 为透水系数。

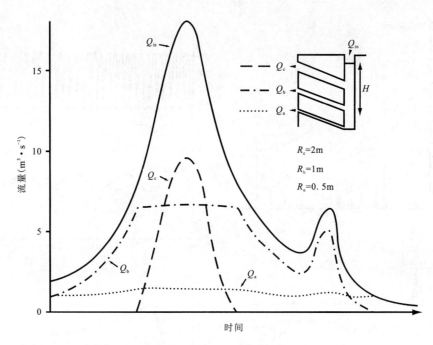

图 6-23 下降泉-溢出泉系统的三分量对应的随机补给水文曲线的静态模型（不考虑储水），Q. 排泄量；R. 管道半径（引自 Smart，1983）

Dewandel 等（2003）指出，Maillet 的指数方程式分析研究多孔介质中弥散流，但是利用 Boussinesq 的二次方程式能够对含水层的性质定量地准确分析，Boussinesq 和 Maillet 均假定含水层为多孔、均质、各向同性和非承压的含水层。

这两个方程式都可以描述具有不同特性的泉水水文衰退特征。在阿曼的一个泉水点，Dewandel 等（2003）发现二次方程式可以很好地拟合 2 天时间内的泉水衰退特征，而 Maillet 的方法在 22 天之内有效。他们也常用数字模拟的方法来研究泉水点的流量衰减特征，这些模拟集中在多孔介质含水层和裂隙含水层（其在很大程度上可以看作是多孔介质含水层）。模拟隔水底板的浅含水层（泉水的高程之上）所显示的水文衰减曲线具有二次方程的特征，对泉水点出露高程高于隔水底板的含水层的模拟分析发现，其有效的衰减曲线具有二次方程的特征。模拟隔水底板埋深很大的（出水点远高于隔水底板）含水层的特征时，发现在不考虑出水点之下含水层厚度的情况下，泉水点衰减曲线二次方程是有效的，所以这也表明了 Boussinesq 公式具有很强的适用性，同样这也可以提供含水层的水动力参数，比如渗透系数和储水系数。然而，Dewandel 等（2003）发现有隔水底板的含水层泉水点为指数衰减，这种衰减形式可用 Maillet 的公式近似模拟，即使参数估计很差的情况下也是如此。他们得出结论认为，当地下水以垂向运动为主时，泉水流量衰减曲线的形式具有指数衰减特征（地下水径流通常在可溶岩中）。这与 Jeannin 和 Sauter（1998）确定的位置有点出入，他们的结论是 Maillet 公式只适宜于描述岩溶系统中低流速的地下水或者弱岩溶化含水层中。然而，这个表达式通常用来分析岩溶泉水点的水文过程曲线，其优点将在以后的章节中进一步讨论。

Maillet 的指数公式表明，水头与流速之间存在一线性关系（一般在岩溶底流中存在），如果用半对数线图，则这个曲线可用斜率为 α 的直线段表示，用对数形式表示如下：

$$\lg Q_t = \lg Q_0 - 0.4343 t\alpha \tag{6-27}$$

其中 α 可用下式进行表达：

$$\alpha = \frac{\lg Q_0 - \lg Q_2}{0.4343(t_2 - t_1)} \tag{6-28}$$

式(6-23)中 $e^{-\alpha}$ 是一常数,有时用衰减常数 β 替代,则该公式可改写如下:

$$Q_t = Q_0 \beta^t \tag{6-29}$$

衰减曲线可用下式计算:

$$\lg\beta = \frac{\lg Q_t - \lg Q_0}{t} \tag{6-30}$$

半流期 $t_{0.5}$ 定义为底流流经一半时所需的时间,则式(6-29)可用下式表示:

$$Q_{t_{0.5}} = 2Q_{t_{0.5}} \beta^{t_{0.5}} \tag{6-31}$$

因此,

$$1/2 = \beta^{t_{0.5}} \tag{6-32}$$

和

$$t_{0.5} = \frac{常数}{\lg\beta} \tag{6-33}$$

参数 $t_{0.5}$ 有如下特点:①其与 Q_0 和 Q_t 及其时间段无相关性;②其变化相当敏感,且值的范围为 0 至无穷大;③这个参数可从式(6-33)得到,并与 β 相关;④它可直接测量衰减速率,因此可作为研究底流指数衰减曲线的手段。

6.5.2 水文衰减曲线的组成

岩溶泉水流量衰减曲线的半对数图通常显示有一段或两段的衰减段,并且至少有一段呈线性(图6-24、图6-25)。在这种情况下用不同衰减线段来表述泉水流量的数据。Jeannin 和 Sauter(1998),Dewandel等(2003)曾尝试概括不同的模型,以便对岩溶排水系统进行解释,用这种方法研究泉水流量衰减过程。

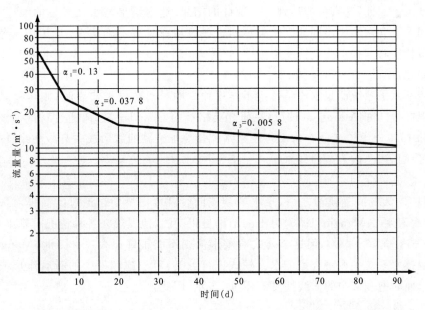

图 6-24 克罗地亚 Ombla 泉的水文衰减曲线,注意这 3 个衰减系数是 3 个不同的数量级

(据 Milanović,1976)

如果由几个相互平行的地下水组成的岩溶系统以泉水的形式排泄地下水,则每一个子系统具有其独立的水文特性,因此两个或更多的直线段组成的复杂衰减曲线能够用多级指数储层模型表示。

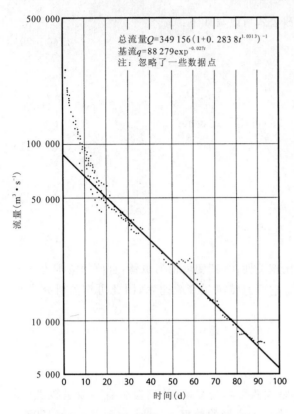

图6-25 英格兰Cheddar泉的流量衰减曲线。注意线性段和非线性段的特点(引自Atkinson,1977)

$$Q_t = Q_{0_1} e^{-\alpha_1 t} + Q_{0_2} e^{-\alpha_2 t} + \cdots + Q_{0_n} e^{-\alpha_n t} \quad (6-34)$$

Torbarov(1976)和Milanović(1976)用这个公式分别对迪纳拉岩溶地区的Bileca泉和Ombla泉进行分析研究,Milanović在对克罗地亚的Ombla泉水流量进行研究时发现其流量反映了3种不同类型的空隙(图6-24),由3个不同数量级的衰减系数来代表这3种不同类型的空隙,他认为系数α_1反映了洞穴或渠道中的快速流,这些管道中的地下水需要7天的时间排泄完,系数α_2反映了强岩溶化裂隙岩体中的地下水系统,排泄裂隙中的地下水需要13天的时间,系数α_3用来反映了细小裂隙和孔隙中地下水的特征,这种类型的地下水包括岩体中、表层岩溶带和地下水水位之上的土体以及洞穴中的冲积物等中的地下水,然而这没有考虑一流域中坡立谷排泄地下水的效果。我们现在知道Trebišnjica河所在的Ombla流域发育3个溢出泉(Bonacci,1995),因此对于水文过程曲线的直线段的特性是不是完全反映了岩溶的水文地质结构特征表示怀疑。简而言之,这样考虑不同地下水类型是不是一个现实的问题(管道、裂隙和孔隙水),比如在洪水条件下,岩溶管道中地下水在压力作用下进入裂隙中,当岩溶管道中水头降低时裂隙中地下水会再次排出。因此,这有可能达到一个统计的结果,这个结果与水文过程曲线直线段比较吻合,在一个流域内同一个含水层中不同地下水类型的直线段特征具有不确定性,尤其是在考虑一个流域的不同河流的岩溶特性时这种不确定性就更为明显(图5-31)。Bonacci(1993)对泉水点水文过程曲线的衰减系数值的变化进行了分析研究。

当不同的地下水子系统的泉水流量过程不能用独立的半对数段来代表时,则可用其他的方法来分析泉水水文过程曲线。如Atkinson(1977)在研究英格兰的Cheddar泉时,通过对这个泉水点所有冬季的衰减曲线段和1969—1970年一个水文年的泉水流量叠加衰减曲线形成主衰减曲线(图6-25)。他发现用下式可很好地描述总的衰减曲线。

$$Q_t = Q_0 (1 + x t^y)^{-1} \quad (6-35)$$

但是在经过25天的高速排泄之后,泉水的衰减曲线就可用早期讨论过的简单对数公式很好地拟合,这个试验再次表明了Mangin(1975)得出的结论是正确的,他发现在各种情况下基本径流可用Maillet表达式准确表达[式(6-23)],但这个公式对洪水流则不能很好地表述。因此,Mangin(1975,1998)认为应该将岩溶排水系统中两种类型的水文模式进行分类,对于饱和带中的滞后流形成的线性基本流用函数Φ_t表示,而非饱和带中的非线性洪流用Ψ_t表示,因此,

$$Q_t = \Phi_t + \Psi_t \quad (6-36)$$

这是一个两级地下水模型(Dewandel et al,2003),通过对比分析地表河流的洪水过程曲线,Ψ_t代表衰减曲线中快速流动的部分,而Φ_t代表基本流部分(Padilla et al,1994)。对于岩溶地下水,Φ_t与非饱和带相关,而Ψ_t代表地表水补给地下水并通过非饱和带形成泉水排泄地下水,这是一个渗透函数,其受潜水带控制,用Maillet的公式[式(6-23)]可以很好地表达函数Φ_t,而Ψ_t是一个经验函数,Mangin认为可以用下式很好地表达:

$$\Psi_t = q_0 \cdot \frac{1-\eta t}{1+\varepsilon t} \tag{6-37}$$

式中，η 为平均渗透速度（当渗透速度很快时这个值接近 1）；q_0 为 $t=0$ 时泉水总流量（Q_0）与基流（Q_{R_0}）之差值（图 6-26），这个函数定义为 $t=0$ 和 $t=1/\eta$ 时的洪水衰减数持续时间，系数 ε 表示洪水衰减曲线凹度，当地表水入渗非常小时其值很小（$\varepsilon<0.01$），而 ε 值很高时代表洪水开始衰减加速，并很快使洪水曲线平坦化，可用下式计算系数 ε：

$$\varepsilon = \frac{q_0 - \Psi_t}{\Psi_t t} - \frac{\eta q_0}{\Psi_t} \tag{6-38}$$

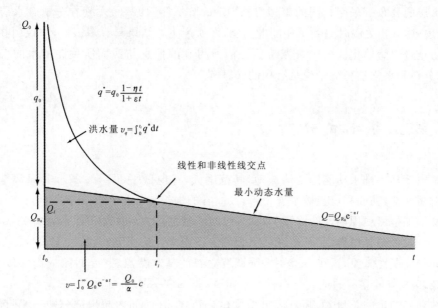

图 6-26 Mangin(1975,1988)方法分析岩溶泉衰退曲线图，阴影面积代表地下水的基流部分；非阴影部分代表洪水径流部分

Mangin 注意到洪水衰减的形式可用下式表达：

$$y = \frac{1-\eta t}{1+\varepsilon t} \tag{6-39}$$

这与地下水排泄无关的表达形式可以对照分析不同的岩溶系统，在洪水衰减之后，初始流消减到 50% 所需的时间可用下式计算：

$$t_{0.5} = (\varepsilon + 2\eta)^{-1} \tag{6-40}$$

对于图 6-26 可用式(6-36)$Q_t = \Phi_t + \Psi_t$，计算洪水衰减的流量，则洪水的整个衰减曲线可用下式表达：

$$Q_t = Q_{R_0} e^{-\alpha t} + Q_0 \left(\frac{1-\eta t}{1+\varepsilon t}\right) \tag{6-41}$$

在实践中基流段首先用式(6-18)进行计算以确定衰减系数，但在直线段上，点 Q_1 和 Q_2 之间的距离应尽可能远一点，准确评价 α 和评估 Q_{R_0}，关键是选择合适的 Q_1 和 Q_2，当洪水衰减假定基本为 0，如 $\Psi_t = 0$ 时，用线性和非线性插入点确定 t_i。

泉水点之上饱和带中储存的地下水的体积（图 5-12）用动态体积 V 表示，而基流条件下可用式(6-18)表达，因此，

$$V = \int_0^\infty Q_{R_0} e^{-\alpha t} dt = c \frac{Q_{R_0}}{\alpha} \tag{6-42}$$

式中，c 是一常量，当 Q_{R_0} 的单位为 $m^3 \cdot s^{-1}$，α 的单位为"天"时，则 c 的值为 86 400，如图 6-24 所示的复杂衰减曲线类型有几个 α 值，则动态体积为各个分体积之和。

在洪水衰减过程中基流量与总的地下水排泄总量之间的差别是洪水量 V_q 不同，这可以把基流部分从总的径流量中分离出来而得到这种差别量，Atkinson(1977b)采用这种方法来研究图 6-25 所示的实例。Mangin(1975)技术是结合式(6-37)进行应用，Padilla 等(1994)对该技术的应用进行了研究。

Eisenlohr 等(1997c)通过有限元模型模拟建立了水文衰减常数，这是一种有价值的工作。研究成果表明不同的指数分量与不同渗透系数的含水层不对应；水文衰减曲线的非指数分量并不总是能得到有关渗透过程的信息，基流的衰减系数不仅取决于低水力传导系数的含水层的水力特性，同时也取决于全球岩溶含水层的分布。采用相同的模拟方法，Eisenlohr 等(1997b)发现在分析含水层特性时即做排泄-排泄和渗透-排泄相关图时遇到了相同的问题，即所产生的结果具有多解性，这说明在研究岩溶泉和钻孔水时应防止过于简单化。关于衰减特性方面所得到的信息与我们所关注的水的来源识别是相关的，这从水质分析和水化学特征来说是有用的(6.7 节)。

6.6　坡立谷水文分析

坡立谷是内部具有排水功能的岩溶洼地，其范围大，谷地低平(图 6-27)，其通常是岩溶地区分布面积最大的封闭盆地，其面积可达数平方千米，坡立谷的地貌特征将在 9.9 节中进行详细讨论。坡立谷最重要的水文特征是出现周期性的淹没。Ristic(1976)根据坡立谷中地下水的补排关系，将其分为 4 个类型：全封闭类型、上游开口类型、下游开口类型和上下游全开口类型；对应的淹没特征是以周期性的湖泊到洪积平原的周期性淹没，这种分类不能强调坡立谷的基本特点，它是封闭的内部排水盆地，水文地质条件更复杂，9.9 节坡立谷的地貌分类被广泛接受(见图 9-34)。

当流入坡立谷的水的总量 Q_i 超过流出总量 Q_0 时，在 Δt 时间内超出部分即 $+\Delta V$ 就储存于坡立谷中；但是当 $Q_i < Q_0$ 时，储存于坡立谷中的水向外排泄，洪水消退，这个过程可用水预算公式表示：

$$Q_i - Q_0 = \pm \frac{\Delta V}{\Delta t} \qquad (6-43)$$

图 6-28 列举的例子是一个坡立谷理想化的洪水过程，图 6-29 表示的是一个更复杂的真实情况的洪水过程图。

流入坡立谷的径流可能来自地表溪流、泉水或者间歇性地下暗河。测量淹没泉的流量和地下暗河的流量非常困难，同时对落水洞总的吞水能力的估算也是一个问题。但是 Zibret 和 Simunic(1976)的研究表明，从坡立谷中一个洪水过程可以得到一个数量级的值，这个减少的补给流量 Q_i 则近乎是一个常量。在坡立谷排出水的阶段，流入总量与单位时间内储存的水量降低值对应落水洞总过水能力 Q_0 (图 6-28)；当水位降低时，水头消失，落水洞排泄的水更少。

落水洞吞水能力随洪水深度的不同而变化，同时也随地下水压力的大小而变化。坡立谷之下的地下水水位愈低，则落水洞满负荷吞水的时间越长。前期降雨条件决定了径流速度和流量(Q_i)的大小，而季节性的变化影响地下水的储存量及水位的高度，其对山麓地带和坡立谷地表分水岭一带的影响尤其大。这些地方季节性的潜水含水层中地下水的储存量是影响坡立谷洪水波动的关键因素(见图 9-34)。

不同地方的坡立谷的洪水具有其独特的特征，如以下所列举的坡立谷例子：波波沃坡立谷(Popovo)(Milanović, 1981)，Cerknisko 坡立谷(Gospodaric, Habic, 1978; Kranjc, 1985)、Planina 坡立谷(Gams, 1980)、Kocevsko 坡立谷(Kranjc, Lovrencak, 1981)和萨法赖阿坡立谷(Zafarraya)(López-Chicano et al, 2002)等。坡立谷洪水淹没与洪水排完的过程对岩溶泉水文过程线有很大的影响，水文衰减过程线可能出现明显的突变，如迪纳拉岩溶地区的 Nevesinjsko 坡立谷中 Buna 泉具有这种典型的特征(Bonacci, 1993)。

图 6-27 (a)斯洛文尼亚典型岩溶 Planinsko 坡立谷,雨季被淹;(b)波斯尼亚 Trebišnjica 河中的迪纳拉岩溶,Trebišnjica 河切割岩体,后面的山为溶蚀残丘;(c)中国桂林的锥状岩溶坡立谷

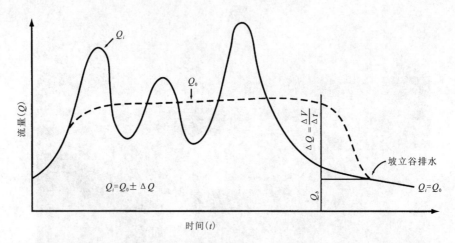

图 6-28 洪水淹没坡立谷时洪水流入量(Q_i)与流出量(Q_0)及储水量(V)变化关系示意图（据 Ristic，1976）

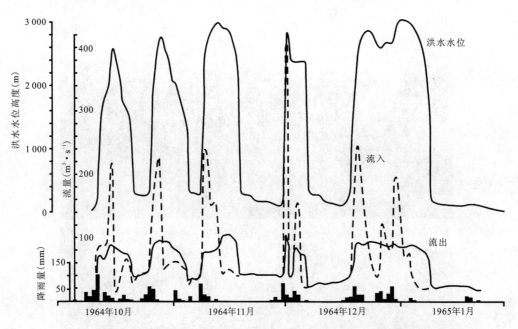

图 6-29 Nevesinjsko 坡立谷中地表水波动过程中降雨量、泉水流量过程及洪水水位关系图
（据 Zibret，Simunic，1976）

坡立谷可以看作一个更宽泛的岩溶排水系统中的一个子系统，一个坡立谷发生水的储存和溢流现象，通常会影响相邻坡立谷的洪水淹没过程特征（图 6-30）。相邻坡立谷的水文相互连通情况可通过连通试验确定（见 6.10 节）。

6.7　泉水水质分析

泉水流量发生变化通常伴随水质的变化，Drake 和 Harmon（1973）以及 Bakalowicz（1979，1984）用统计方法（采用逐步线性判断分析法和泉水主要成分分析法）描述泉水水质变化特征，以此来对泉水进行分类。水质的变化包括离子、电导率、环境同位素、pH 值、悬浮物和温度等的变化，尽管这些参数中有

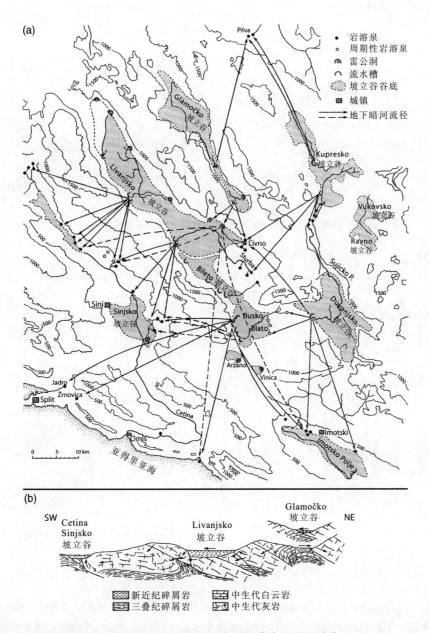

图 6-30 迪纳拉岩溶地区南部坡立谷的水文地质系统,泉水及连通试验(据 Herak,1972)

些是表征物理变化而非化学变化,但是这些表征物理变化的参数可以表征水质与时间关系的变化特征。

Jakucs(1959)研究发现,岩溶泉水化学特征可能随时间发生变化(同样也随泉水流量的大小而变化),他第一个发现泉水对降雨的响应主要取决于地下水的补给形式,即以岩溶裂隙形式弥散补给地下水还是落水洞的形式集中补给地下水,不同的补给形式表现为泉水流量对降雨的不同响应(图6-31)。因此,这个系统中水的转换是以地下水补给形式和径流网络形式为前提条件,对发育成熟的洞穴系统而言,岩溶泉流量与落水洞点状补给之间的关系尤为紧密。这一论点得到了 Worthington 等(1992)的支持,他对 6 个国家 39 个岩溶泉的硬度进行了调查,证明了 75% 岩溶泉的水硬度变化可用地下水的不同补给形式给予合理的解释。

Jakucs(1959)的研究成果也提供了有关管状岩溶泉水与补给形式响应之间的关系,他对一个连通试验进行了详细的叙述,在落水洞投放染色剂后不久就发生了强降雨,将泉水取样分析成果绘制成图

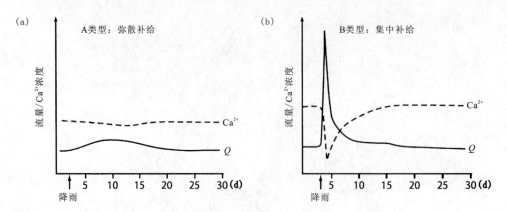

图6-31 岩溶泉的水文过程曲线与水质历时曲线：(a)弥散自源补给，(b)集中异源补给
(引自Jakucs,1959)

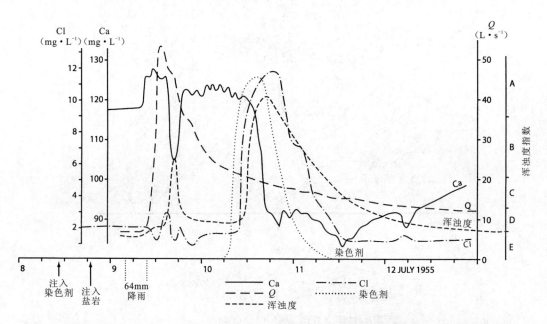

图6-32 匈牙利Komlos泉的水文过程曲线和水质历时曲线(在投放染色剂之后出现强降雨)
尽管在强降雨之前投放染色剂，但是降雨补给脉冲地下水先于染色剂之前到达地下暗河出口；Ca^{2+}离子浓度增加先于洪水稀释；地下水的浑浊高峰晚于流量高峰(据Jakucs,1959)

(图6-32)，从图上可以清楚地看到，强降雨脉冲先于染色剂到达地下暗河出口(尽管染色剂提前投放)。Ashton(1966)对这一现象进行了解释：强降雨通过不同的地点补给地下，脉冲地下水通过潜水层的不同地段而造成这一现象。这是由于深部潜水含水层中滞留时间较长的地下水冲出地下暗河出口，造成洪水初期出现Ca^{2+}离子浓度增加的现象，这一现象与活塞作用过程类似。因此，泉水水质具有时序性，有时也具有脉冲特征(即不同含水空间和支流中不同水质和水量的瞬时补给)，如果将水质和水量数据结合起来进行分析，就有可能得出地表水脉冲补给地下水造成地下含水空间中原来储存的地下水被排出，利用泉水的水文过程线可将不同成分或不同来源的水区分开。

储存在地下洞穴中的"老"水被新补给的水冲出，很多科技工作者证明了这一事实。Bakalowicz和Mangin(1980)研究了3个岩溶泉泉水中$\delta^{18}O$同位素的变化，研究发现一次降水事件可将岩溶系统中不同洞穴中的水冲出并产生混合，导致岩溶泉水中$\delta^{18}O$发生波动。德国Sauter(1997)以及美国Lakey和

Krothe(1996)研究也证明了这一事实:他们研究印第安纳州 Orangeville Rise 岩溶泉后发现,该泉水流量的变化尤其能说明这种冲水效果(图 6-33)。一次洪流同位素水文过程曲线表明在强降雨 4~6 天后,暴雨对泉水流量贡献最大,占泉水总流量的 20%~25%,并在洪峰流量之后 18~24h 之后到达,暴雨之前储存在洞穴中的水有 77%~80% 被冲出。Meiman 和 Ryan(1999)调查了肯塔基州的一个岩溶地下水系统,洪水通过地下系统到达 Green River 河边的 Big 泉滞后暴雨 14h,在这期间约有 1.7×10^7 L 的水通过管道网络发生置换。

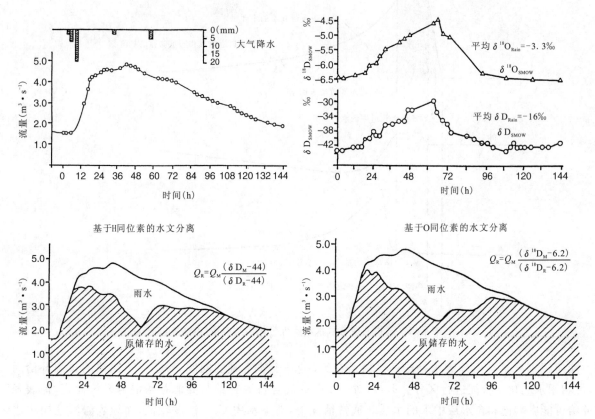

图 6-33 印第安纳州 Orangeville Rise 泉水在 1991 年暴雨事件中降雨量、稳定同位素及泉水流量图,暴雨前泉水中同位素值为 44‰δD 及 6.5‰δ^{18}O,而雨水中同位素值平均为 16‰δD 和 3.3‰δ^{18}O(引自 Lakey,Krothe,1996)

岩溶系统概念模型对于区分岩溶泉的水文过程曲线与水质信息是必要的。在 20 世纪 70 年代,人们还没有认识到表生岩溶可成为地下水的储存空间,而且尚未认识到岩溶系统的多变性和有效性,因此常常忽略包气带中地下水,而认为潜水层中地下水的储量很大。但现在我们通过分析野外观测到的岩溶泉数据,就能识别出来哪些水来自地表补给,有时也能够区分表生补给水[即径流速度快的水(快速事件的水)]和深部裂隙水[即滞后水(慢速事件的水)](Sauter,1997;Pinault et al,2001)。本处所采用的岩溶系统中地下水的储存与径流见图 5-31,理想化的泉水信息分形表示如图 6-34 所示。在现实中每一种分离出来的成分是一个混合物,这是因为混合物是以一种成分为主而并不是只有一种水的来源。Sauter(1992)研究叙述了水的复杂性,因此反对采用过于简单的活塞流模型。

对于任何给定时刻,泉水中各组分的质量平衡可用各个组分的总量及各组分的浓度来表示。
$$Q_r c_r = Q_s c_s + Q_e c_e + Q_p c_p \tag{6-44}$$
式中,Q_r 为泉水的排泄量;Q_s、Q_e 和 Q_p 分别代表地下暗河(外源补给)的水量,表层岩溶中储存的水和潜水层中的水。泉水的浓度参数 c_r、c_s、c_e 和 c_p 是泉水中不同组分的浓度。在实践中,很难得到所有的参数值,尽管有时化学浓度数据相对容易获得。因此,综合应用图形水文分离和计算方法来估计各个补给源所占的比例,如前所述的 Orangeville Rise 泉(图 6-33),Lee 和 Krothe(2003)研究该泉水不同来源水的化学特征,并利用三组分混合模型计算出不同来源水的比例,其中雨水占 16.5%,包气带水占 58.5%,潜水弥散流占 25.0%。

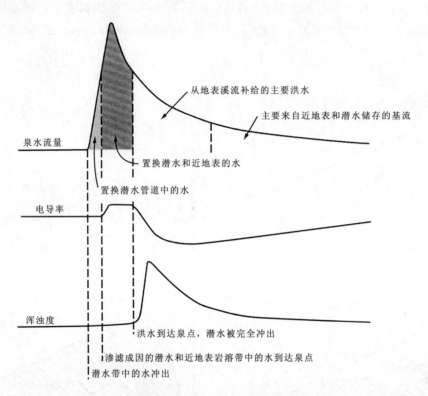

图 6-34　岩溶泉水文过程曲线与泉水水质理想化的解释图(引自 Williams,1983)

如何识别泉水是由地表水补给还是潜水补给,是一个非常难的问题,对于一个简单的自源补给系统,可利用水的化学特征进行区分。但是,对于复杂的混合自源补给与异源补给混合系统而言,地表径流补给可能影响饱和含水层中水的水质。通常情况下,地下水中 Ca^{2+} 浓度较低,而地表岩溶地层中水的 Ca^{2+} 浓度较高。另外,夏季蒸发造成土壤中水的 Cl^- 浓度变大,上层滞水区域迅速变小,发生暴雨时 Cl^- 浓度降低。在这种条件下,土壤水和表层岩溶水的组分可以区分。Lee 和 Krothe(2003)在对印第安纳州一泉水进行研究时发现,可利用 SO_4^{2-} 浓度来区分不同来源水,该地区雨水、岩溶水和潜水中 SO_4^{2-} 浓度分别是 $1.8mg·L^{-1}$、$19mg·L^{-1}$ 和 $210mg·L^{-1}$。Lee 和 Krothe 最早曾试图用 HCO_3^- 和 $\delta^{13}C$ 来区分地表岩溶水和土壤水,但是没有取得成功,这是因为土壤厚度达 10m,储存于地表包气带中水的水质主要受土壤水补给影响。

化学成分复杂的泉水其地下水可能来自不同的含水层,如碳酸盐岩、硫酸盐岩、卤盐岩及地下热水等,这可用下面的方法进行验证,即假定一个泉水有两种"水",即 A 水和 B 水,可能分别来自灰岩和石膏地层中,则两组分混合公式如下:

$$Q_r c_r = Q_A c_A + Q_B c_B \tag{6-45}$$

组分 B 可能是深部的水源,若估算其对泉水补给的贡献量,对式(6-45)两边除以 Q_r 后,可得下式:

$$c_r = Q'_A c_A + Q'_B c_B \tag{6-46}$$

$Q_A + Q_B = 1$,c_A 值可通过测量区域内只含有某一类矿物的浓度而获得,已知这些泉水的水平衡,这也可以获得一个合理的 Q_A 数值,而对于 c_B 的模型组成可通过计算后,在 c_A、c_r 和 Q_r 已知的情况下,再在高态和低态条件下进行试验获得,最后得到可以接受的 c_B 和 Q_A 值。表 6-4 和图 6-35 为这种方法的应用实例。

表 6-4　墨西哥 4 个岩溶泉的洪水稀释混合计算结果（据 Ford,Williams,1989；Fish,1977）

泉点	日期	$Q_{r(max)}(m^3 \cdot s^{-1})$	$(Q_B/Q_{r(max)}) \times 1\,000$	SO_4^{2-} (mg·L^{-1}) 预测值	SO_4^{2-} (mg·L^{-1}) 测量值
Choby	1972-07-07	56	1.16	32	30
	1972-06-15	48	1.35	37	35
Mante	1971-08-17	～28	10.7	220	180
	1972-07-11	～23	13.0	225	240
Frio	1971-12-27	13.2+	4.17	90	92
Coy	1972-06-20	<118	>5.93	>112	25

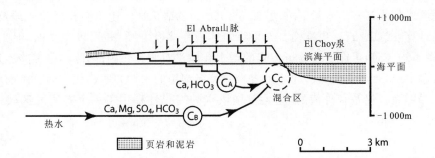

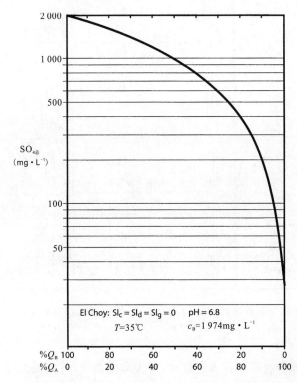

图 6-35　Choy 岩溶泉两个补给源混合模型（引自 Fish,1977）

6.8 不同水文过程状态下地下水储存量及径流路线

我们曾强调可溶岩的孔隙率通常较低,但在不同水文年、不同状态下以及不同水文过程中,可溶岩储存水量变化很大。当观测到迪纳拉岩溶地区有的地方水压面在183天之内的变幅达312m,在24h之内变幅达90m时,就可以想象这变化有多大(Milanović,1993)。因此,我们必须考虑非达西定律条件下计算方法的适宜性问题。在岩溶含水层中有4个基本方法用来计算地下水的储存量和可用水源,最有效的方法取决于当地水文地质条件和以下可用的数据:①水平衡(6.2节);②多钻孔分析(6.4节);③泉水流量衰减法(6.5节);④储存时间-流量计算。

Prestor和Veselic(1993)通过研究阿尔卑斯地区和地中海地区斯洛文尼亚岩溶后得出结论,认为应用时间序列统计分析法,通过两个水文年的大气降水资料来估算泉水流量,估算准确程度就很高了,总的流量和整体动态储量准确性可接近70%(尽管计算结果的准确程度的提高仍需要其他资料互补)。

多钻孔试验(抽水试验)是一种用来计算含水层水量的传统技术方法,这种方法是从一个井中抽水而另一个井中观测水位来计算出水量的方法(图6-17)。多钻孔试验比单钻孔试验所涉及的岩体体积要大,因此,储量计算[式(6-17)]更准确。如果将岩体看作多孔介质,是可以接受的,但是当那些次生孔隙发育,且发育不均一时,可能更多的可溶岩的透水孔隙没有测到。因此,除非是那些连通性好、孔隙发育的碳酸盐岩含水层,否则这个方法计算可溶岩中可能利用的水源并不具代表性。然而,一个钻孔的稳定出水量对于局部而言仍是有价值的,为大范围供水的变化性提供了一个有用的区域性的图像(图6-36所示的西爱尔兰岩溶)。

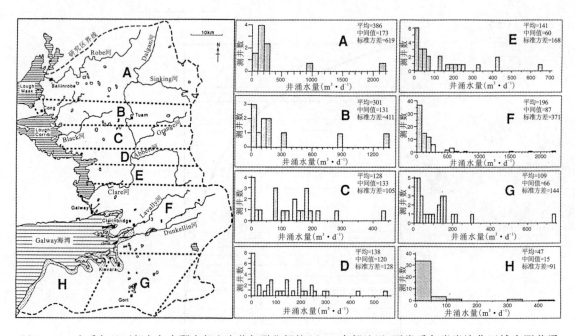

图6-36 在爱尔兰西部戈尔来郡中部和克莱尔群北部的Mayo南部地区,石炭系灰岩岩溶化区域内测井涌水量的区域变化(引自Drew,Daly,1993)

利用泉水流量衰减数据估算含水层地下水储量时,对大范围而言,首先从无数个局部衰退曲线中建立主衰退曲线,然后利用主曲线并结合区域面积计算含水层中地下水的储量。这个结果通常代表地下水储量的动态体积(图5-12)。Atkinson(1977)利用式(6-35)和Maillet公式[式(6-23)]计算英格兰门迪普丘陵地区岩溶含水层中地下水的储量,门迪普含水层的隔水底板埋深很大。

当隔水层底板距泉水点很近时，Dewandel 等（2003）的研究结果表明，利用 Maillet 公式计算含水层的动态体体积小于实际体积，在不考虑排泄点之下含水层厚度的情况下，认为用 Boussinesq 公式[式(6-24)]可能很好地计算含水层的动态储量。

估算地下水储量的第四个方法是测量并计算一年之内通过含水层的平均水量，这个计算结果与水平衡方法得到的结果类似，但是比平衡法得到的结果更为准确，这样就可以得到一个水文年泉水的流量。多年平均流量可以准确地估计含水层地下水的储量，并能知道泉水流量的年际变化情况。然而，一年的平均流量并不能完全说明含水层总的储水量，但用泉水的平均流量与储存时间相乘就可以得到含水层的总储水量。例如，新西兰的怀科鲁普普泉发育在塔卡卡（Takaka）大理岩含水层中，并局部承压，该泉水平均流量为 $15m^3 \cdot s^{-1}$，也就是一年的流量有 $0.37km^3 \cdot a^{-1}$，但是地下水有多个补给源，用氚同位素测得大部分地下水在地下运移的时间为 3~8 年，因此，地下水的储存总量在 $1.4 \sim 3.8 km^3$ 数量级范围内（Williams，1992）。

水文过程曲线中不同阶段代表含水层不同部位地下水相对储量的变化（图 5-31），同样的，地下水运移的基本线路也会发生变化，尤其是在包气带中有的地段地下水会变干。在漫长的干旱季节，地下水供应枯竭（尤其在地表岩溶带中）时，水资源变得尤其重要。深埋地下的潜水含水层的地下水储量丰富，但并不意味着就可以利用这些地下水。利用钻孔开采地下水可能导致泉水干枯，这会带来严重的生态问题。因此，可用的地下水量主要取决于不影响生态的可接受的最小水量。可持续利用水资源并同时要认真地保护水资源，开采地下水不应是唯一的用水途径。但令人伤心的是，世界各地的地下水是没有规划而肆意开采的。

6.9 岩溶含水层结构解译

岩溶系统水力特性首先取决于岩溶作用的起源，即大气降水对地表岩溶的作用、深部热水岩溶水流作用、淡水-咸水混合作用及近海岸海水入侵等作用。本书主要关注的是大气降水起主导作用的岩溶作用的情况。

Bakalowicz 和 Mangin（1980）研究结果指出，尽管岩溶含水层表现为非均质的特点，但并不是不同类型的空隙随机排列，而是根据一定的层次结构，沿地下水运移轴线有序分布。主排水线路接受支线、表层岩溶带，以及古洪水孔隙及裂隙网络中的地下水的补给。因此，岩溶盆地中含水层可以看作是有排水系统的结构，这是重要的假设。

（1）随着含水层结构的发育，岩溶地下水排水系统结构也越来越发育。具有弥散流系统的孔隙或裂隙含水层是岩溶排水系统发育的起始点，终点则以地下水基本上在管道中流动为特征。岩溶含水层可包含所有地下水类型组合及排水系统演化的各个阶段。

（2）由于特定排水系统结构的存在，解决与含水层相关的任何问题时，研究的尺度必须准确。比如，在含水层中发育规模为 $1 \sim 100 m^3$ 的洞穴，在几米范围内一个钻孔就可以穿过一个岩溶洞穴，也可能遇不到这个洞穴。另一方面，从岩溶地块的尺度而言可以识别其中发育的排水系统。因此，在某个尺度上含水层排水系统表现为随机性，而在另一尺度上则排水系统具有特定的组织结构。区域尺度是我们研究中最感兴趣的尺度，在这个参照单元中我们要面对的整个结构就是岩溶系统。

Bakalowicz 和 Mangin（1980）认为岩溶系统可以用脉冲响应函数来表征以脉冲形式从补给地下水到以泉水形式排泄的全过程。他们认为分析这个函数可以确定含水层的特定特性及其系统的组织程度（6.5 节和 6.7 节）。

采用自相关方法和谱分析方法进一步分析研究降雨与泉水排泄之间的对应关系，Mangin（1981a，1981b，1984）进一步地补充了比利牛斯岩溶含水层的研究深度。3 个不同岩溶系统（Aliou，Baget 和 Fontestorbes）对地下水补给的对比反应图如图 6-37 所示，在这 3 个相关图中，下降速度是不同的，

Fontestorbes 岩溶系统中地下水的补给持续进行,而 Aliou 岩溶系统则补给时间短。谱密度曲线也表现出同样的现象。他建议岩溶含水层可根据其特征进行分类,后来他用这种方法对罗马尼亚的岩溶含水层进行分类(Iurkiewicz,Mangin,1993)。如上所述,Jeannin 和 Sauter(1998)谨慎地指出,由于降雨事件的频度相关性太强,这种分类方法对于推断岩溶系统的结构或者岩溶含水层分类的效果不佳。认识到传统的统计分析是在时间不变性及平稳假定的基础上开展的。Labat 等(2001)通过小波分析和多重分形技术研究了比利牛斯流域中的降雨-径流的关系。

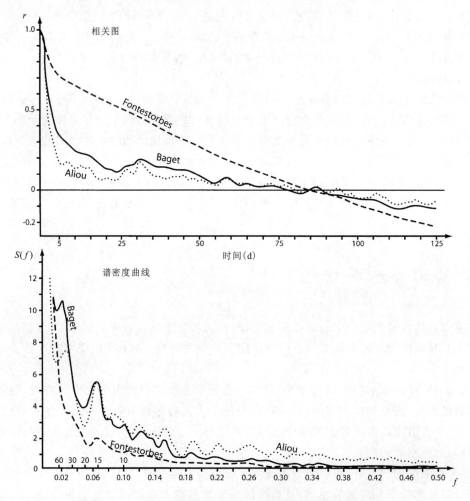

图 6-37 3个岩溶泉排泄的时间序列分析图(引自 Mangin,1981)

从泉水水文过程曲线中得到的有关化学信息来看,Bakalowicz(1977)认为岩溶含水层的结构不能用泉水中化学成分变化系数来定义,这与 Shuster 和 White(1971)的建议一样,因为这些值的分布通常呈多组分分布而不是正态分布。Atkinson(1977b)也注意到英格兰门迪普丘陵中地下水的 $CaCO_3$ 变化范围很小,根据 Shuster 和 White 的标准,地下水的补给是弥散补给,但实际上该处的地下水大部分来自于管道型补给。这验证了 Jakucs(1959)和 Worthington 等(1992)的结论,即地下水补给类型可以解释大多数碳酸盐岩含水层地下水硬度的变化原因。

Bakalowicz 和 Mangin(1980)利用法国的一个岩溶系统证明了水化学变化(如电导率)的频度分布曲线可很好地描述含水层中地下水的变化情况,并建议按图 6-38 中的曲线进行解译,具体如下。

多孔含水层:单峰,相对高电导率。

裂隙含水层:单峰,相对低电导率。

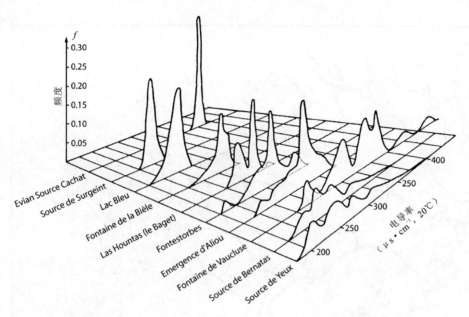

图 6-38　法国的几个泉水的电导率频度分布图(引自 Bakalowicz,Mangin,1980)

岩溶含水层:多峰,电导率值分布范围大。

饱水带中优势排水管道的发育可使地下水的运移通畅,因此地下水的补给过程不会产生很大的扰动,但是如果这个水文结构发育不好,那么就是均质弥散型补给地下水。

6.10　示踪试验技术

示踪连通试验目前成为水文地质学家的一个强有力且成熟的工具。采用这个技术能够确定流域的边界,估计地下水的流速,确定地下水补给的面积,识别污染源。染色剂和其他物质用来示踪地下水已有 100 多年的历史,1871 年发明了绿色的荧光素($C_{20}H_{12}O_5$),1877 年首次利用绿色荧光素作为示踪剂对多瑙河上游的地下暗河进行连通试验,几年后就发明了"荧光素钠"($C_{20}H_{12}O_5Na_2$)。早期方法有时很笨拙。利用荧光素示踪试验最成功的例子是在法国的侏罗山中对多瑙河与 Loue 泉之间进行连通试验,它们之间的距离达 10km(Käss,1998)。1911 年在多瑙河中投放 100kg 的荧光粉,导致多瑙河在 60km 河段和 Loue 泉水持续发绿 3 天半。1901 年在这个流域中的 Pernod 酒厂发生火灾,一大桶苦艾酒倒进了多瑙河(损失苦艾酒约 10^6L),导致河水中酒精浓度很高。

Gaspar(1987),Käss(1998)及其他参与者回顾了示踪剂的历史和种类,示踪剂的种类有自然生成物,也有人工制造的放射性同位素等。Dassargues(2000)及其他参与者对这方面的应用列举了很多实例。1966—1997 年举办的地下水示踪试验国际学术研讨会中,每一个会议议程中每一次技术的进步都是有迹可循的。在第七届研讨会上(Kranjc,1997a)对斯洛文尼亚南部的岩溶水文的研究中,示踪试验方法获得了高度评价。其他重要的研究成果有 Batsche 等(1970)在德国多瑙河-阿赫地区的研究,Quinlan 和 Ewers(1981)的美国落水洞平原-猛犸洞的研究成果(图 6-39)。可应用的示踪有以下 4 种类型。

(1)人工合成示踪剂:①染色剂;②盐。

(2)微粒:①孢子;②荧光微球;③噬菌体。

(3)自然示踪剂:①微生物;②溶液中的离子;③环境同位素。

(4)脉冲:①自然排泄脉冲、溶质和沉积物;②人造脉冲。

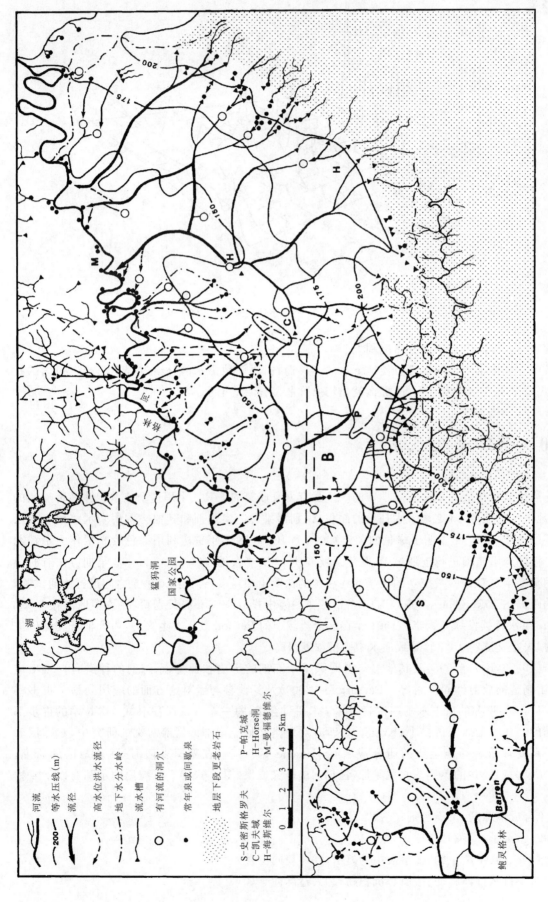

图 6-39 美国肯塔基州洛水洞平原-猛犸洞岩溶系统中的地下水潜水面、地下暗河及地表排水系统，框 A 和框 B 是图 7-11 和图 9-67 的位置示意图（据 Quinlan，Ewers，1981 修改）

6.10.1 人工合成示踪剂

适合于水的示踪,做连通试验时,人造示踪剂在水中应尽量满足以下条件:
(1)对操作者无毒,对岩溶生态系统和潜在用水人无毒。
(2)水中可溶解,溶液的浓度与水的浓度近似。
(3)浮力中等,如果示踪剂是颗粒的,最好是细微粒,这样在自然渗流过程中避免发生大的损失。
(4)浓度很小的情况下也易于发现。
(5)抗吸附损失,抗离子交换和抗光化学腐蚀,在pH值和温度变化的条件下能满足观测需求。
(6)便于进行定量分析。
(7)检测快速,技术简单。
(8)价廉且易获得。

然而,并不是所有的人造示踪剂都能满足上述这些条件,但大部分条件可满足。无毒性是最重要的要求,Leibundgut 和 Hadi(1997,表1~表4)和 Käss(1998,表6和表7)在水文地质试验中对染色剂的毒性和温度的特点进行了详细的总结。Leibundgut 和 Hadi(1997)的结论是,示踪试验中大多数的荧光示踪剂在水中的浓度很小,可以看作是无害的,尤其是考虑到野外试验,投放到水中的示踪剂快速溶解。通常示踪剂最大的浓度是 $10 mg \cdot m^{-3}$,这个浓度对于地下水而言是无毒的。染色剂的浓度应尽量保持在低水平,试验中应尽量少用,尽量使暴露的时间不要太长。有几个公式计算使用多少示踪剂是合适的(Käss,1998)。Worthington 和 Smart(2003)对203个示踪试验的数据进行分析,得到了下列两个公式,并能很好地拟合这些数据。

$$M = 19(LQc)^{0.95} \tag{6-47}$$

和

$$M = 0.73(TQc)^{0.97} \tag{6-48}$$

式中,M 是示踪剂的质量(g);L 是补给点与排泄点之间的距离(m);Q 是泉水的流量($m^3 \cdot s^{-1}$);c 是浓度($g \cdot m^{-3}$);T 是时间。这两个公式能准确地估算出所需示踪剂的数量。

1. 染料

目前人造染料是最成功的水示踪剂,在岩溶系统示踪试验中其染料的特性是可行的(Field et al,1995),尽管在1904年就已知荧光素钠可以被木炭吸附,也可能被洗去(Käss,1998),但这一简便的特性被人遗忘,几十年来一直用肉眼观察的方法来探测。Dunn(1957)重新总结了荧光染色剂吸附到木炭上,随后采用乙醇氢氧化钾溶液(5%)清洗。在野外试验时只需要将装有几千克颗粒活性炭的小网袋悬浮在要监测的泉水中。木炭同样也可以吸附若丹明 WT,同样也可以用浓度为10%的氢氧化铵热液溶解在浓度为50%的丙醇水溶液中(Smart,Brown,1973)。这个技术的最大优点是探测包可以很方便地更换,且在很多地方适宜观测,也没有时间的限制,尽管在几天时间内探测包可能会风干。木炭探测包也可以用在海洋海底及潮间带水下。Smart 和 Simpson(2001)最近对木炭包的应用进行了总结。

染色剂技术方面近期最重要的发展就是荧光素可以量化生产。这是在欧洲 Käss(1967)和北美 Wilson(1968)的卓越工作的基础上发展的。Käss(1998)、Dassargues(2000)和美国 EPA(2002)的文献对目前生产这些荧光素的生产程序进行了说明。这些技术应用的要点是对这些染色剂区分需要几天的时间。在同一个盆地中同时进行多个染色剂的示踪,在可见水平下能够检测到,这样量化分析就变成了常规工作。荧光染色剂可用荧光计和分光光度计检测,连续过流荧光计可以在野外安装。

荧光物质在受到外部源辐照时就会立即发光。在辐射过程中这个能发光或发荧光的光波通常比那些能被吸收的光波长更长或频率更低。具有双光谱特征的荧光物质可以使荧光测定方法成为一个准确且敏感的分析工具,这是因为荧光素物质具有激发和发射光谱组合特点。有些植物中的体液,浮游植物及其他藻类也具有发射荧光的能力,因此在试验之前一定要了解需要示踪的水的荧光素背景值。生产、生活废水也可能产生这样的问题,自然物质的荧光物质倾向于绿色波段,因此采用橘色的荧光剂能够克服这些问题。

有很多种荧光染色剂用于商业用途,且可以用在地下水连通试验中。这些物质均是有机质,Käss(1998)对这方面进行了详细的叙述。不同的生产商给同一物质定了不同的名字,不同的人在对比示踪结果时出现混淆。因此染色剂使用说明应记录颜色指数名称和编号,同时也标出染色剂生产厂家的名字(表6-5)。

表6-5 示踪试验中荧光染色剂的颜色指数及化学文献服务社编号(CAS)(引自 US EPA,2002)

染色剂类型及普通名称		颜色指数通用名称	化学文摘服务社编号
三环二苯并吡喃	荧光素钠	酸性黄73	518-47-8
	四溴荧光素	酸性红87	17372-87-1
若丹明	若丹明B	基本紫色10	81-88-9
	若丹明WT	酸性红388	37299-86-8
	磺基若丹明G	酸性红50	5873-16-5
	磺基若丹明B	酸性红52	3520-42-1
对称二苯代乙烯	天来宝CBS-X	荧光亮剂351	54351-85-8
	天来宝5BM GX	荧光亮剂22	12224-01-0
	纯荧光增白剂BBH	荧光亮剂28	4404-43-7
	二苯的黄胴7GFF	直接黄96	61725-08-4
功能化多环芳烃	丽丝胺嫩黄FF	酸性黄7	2391-30-2
	8-羟基-1,3,6-芘三磺酸三钠	溶剂绿7	6358-69-6
	氨基G酸	—	86-65-7

Smart和Laidlaw(1977)对8类荧光染色剂从敏感性、最小量检测能力、水化学效应、光化学和生物衰变速率、吸附损失、毒性及价格7个方面进行了比较。他们得出的结论是橘色染色剂比其他示踪剂更有效,因为该物质具有较低的荧光背景,可以获得高敏感的荧光。但我们建议对于有毒性背景的若丹明系列的应用应受到限制(若丹明WT可能是个例外)。Smart和Laidlaw(1997)认为有些荧光染色剂(如吡嗪等)对水的pH值影响很大,建议在定量分析中不采用。直接黄96在水的示踪试验中获得成功(表6-6中的二苯的黄素7GFF)。Quinlan(1976)在研究美国肯塔基州的落水洞平原-猛犸洞时采用了这种染色剂,在这个地方曾进行了上百次的示踪试验(Quinlan et al,1983),试验结果标注在比例为1∶10万的地形图上(Ray,Currens,1998a,1998b)。

在一个排水盆地中同时注入多种荧光染色剂,当其再次随地下水出露时仍能识别。尽管许多染料的吸收和发射光谱重叠,但有3种染色剂相互干扰很小,可以进行分离,如蓝色波段、绿色波段和橘色波段的荧光染色剂。每一组最有价值的染色剂主要取决于其特点,若丹明WT(橘色)、荧光素钠/荧光素(绿色)及氨基G酸(蓝色)证明是有应用价值的,其光谱特性见图6-40及表6-6。

表 6-6 常见荧光示踪染料一览表(据 US EPA,2002)

染色剂名称	最大激发 λ (nm)	最大吸收* λ (nm)	荧光强度 (%)	检测极限+ ($\mu g \cdot L^{-1}$)	吸附倾向
荧光素钠	492	513	100	0.002	很低
四溴荧光素	515	535	18	0.01	低
若丹明 B	555	582	60	0.006	强
若丹明 WT	558	583	25	0.006	中等
磺基若丹明 G	535	555	14	0.005	中等
磺基若丹明 B	560	584	30	0.007	中等
天来宝 CBS-X	355	435	60	0.01	中等
纯荧光增白剂 BBH	349	439	2	?	?
二苯的黄胴 7GFF	415	489	?	?	?
丽丝胺嫩黄 FF	422	512	1.6	?	?
8-羟基-1,3,6-芘三磺酸三钠	460++	512	18	?	?
酸三钠	407§	512	6	?	?
氨基 G 酸	359	459	1.0	?	?
环烷酸钠	325	420	18	0.07	低

注：* 不同的仪器可能结果稍有差异；+ 假定是干净的水且用荧光光谱滴定；++ pH≥10；§ pH≤5。

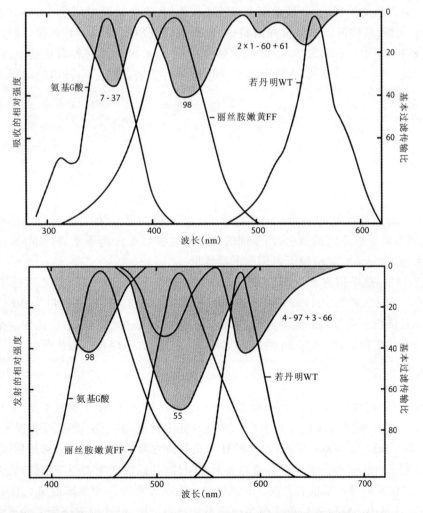

图 6-40 蓝色(氨基 G 酸),绿色(丽丝胺 FF),橘色(若丹明 WT)荧光的吸收和发射光谱(据 Smart,Laidlaw,1977)

Käss(1998)对染色剂的分类技术进行了详细的论述,但是他提醒我们,当两种染色剂具有最大荧光性,颗粒大小在50nm以内,且两种染色剂同时示踪试验时,在同一个水样中就会出现相互干扰。如何识别溶液中有一种示踪剂还是有两种示踪剂,最容易的方法是生成一个显微成像光谱图,通过运行激发光谱,使之与波长变化同步,并与具有固定波长的荧光单色仪进行比较就可以生成图像。通过激发光谱的位置以及荧光素最大值(对于大多数氧杂蒽染料粒径为20~25nm)来决定。染色分离也可以采用其他方法,包括调整pH值法、薄层色谱法和浓缩法等。

最有用的定量示踪试验是运用连续荧光测定,如让泉水点或其他取样点的水直接通过,并持续通过一个可携带的野外荧光计测试,然后分析示踪突破曲线形态,并对比分析泉水流量、电导率和温度等监测成果。QTRACER2程序是分析示踪突破曲线的有力工具,该程序可以计算出包括示踪剂物质、平均滞留时间、平均速度、纵向弥散及管道的几何参数及体积等参数。Werner等(1997)认为在非稳定流条件下解译示踪试验成果具有一定难度。Hauns等(2001)对比分析不同试验方法(野外试验、室内试验和数值模拟)得到的示踪突破曲线,揭示了岩溶管道地下水弥散补给源及示踪滞后时间,其中小规模的紊流泡产生弥散,而滞后时间主要受管道纵向几何尺寸的影响。

2. 盐

无机物溶解于水产生阴阳离子曾用于示踪试验。如氯化钠为最早的示踪剂,1899年在英格兰约克郡马勒姆冰斗湖(Malham)曾投放了3t氯化钠进行连通试验(Carter, Dwerryhouse, 2004);在德国的莱茵河上游的阿赫泉流域中采用了13种示踪剂做连通试验,在这个试验中用了50t的示踪剂(Batsche et al, 1970),比如氯化锂、氯化钾以及非荧光染料(如刚果红和亚甲蓝)(Brown et al, 1972)广泛用于地下水连通试验。在自然界中锂相对较少,因此其背景值相对小,所以这是一种有用的示踪剂,尽管这种物质的毒性还不确定。Kranjc(1997b)在岩溶水中采用锂进行连通试验。Käss(1998)提供了有关应用盐作为示踪试验的信息。

6.10.2 微粒

1. 孢子

石松属植物的孢子直径为30~35mm,其比水轻可以浮在水上。在岩溶管道中流动时不会出现损失,同时它们也可以被涂成不同的颜色,在不同的地方同时投放进入地下水,将25mm网锥形浮游生物网悬挂于水中来吸附孢子,在显微镜下识别孢子及数量。

Mayr(1953, 1954)最早用孢子做示踪试验,Maurin和Zotl(1959)对该方法进行了拓展,Drew和Smith(1966),Zotl(1974)和Käss(1998)对该方法进行了全面的论述,Smart和Smith(1976)在热带水中采用孢子和荧光染色剂进行示踪试验,对这两种方法的优缺点进行了总结与比较。孢子示踪在定量分析方面几乎没有什么价值,因此在20世纪70年代后就被荧光示踪技术取代。

2. 荧光微球

涂有荧光染色剂的塑料微球在生物学和医学上已得到广泛应用,而示踪地下水的应用是在20世纪80年代以后才开展的。荧光微球直径范围在0.05~90mm之间,在其上涂不同的颜色,水中也可能悬浮,密度为$1.055 g \cdot mL^{-1}$。Käss(1988)对这种技术及其他方面的应用进行了总结回顾,并与传统的荧光素示踪试验进行了对比研究。聚苯乙烯微球表面电中性,其运输性能类似于细菌,大多数细菌的大小约1mm,用于示踪试验的微球最优直径为1mm左右。涂有荧光的各种微球的最大优势是在示踪试验中能够同时进行,这是因为可用的颜色有很多种且不会互相干扰,但这种方法带来的严重问题是交叉感染。Ward等(1997a)研究白垩石非承压含水层中病原体迁移这样一个有趣的事例,这个研究讨论了如何取样及检测(荧光显微技术和荧光分光光度法)。在土壤之下的白垩石表面投入微球,钻孔中取水样进行观测,地下水埋深约20m。在试验之前该处进行了灌水,在投放示踪剂之后又灌水。18.5h之后6mm直径的微球到达潜水面,试验结果表明颗粒6mm或更小能够在非饱和带中迅速迁移。

3. 噬菌体

Käss(1988)总结了近年来用细菌病毒或噬菌体(或简单噬菌体)进行水的示踪试验,在实验室中培养这些噬菌体,它们对环境无害,非致病性,且在肉眼看不见。然而,在准备阶段微生物试验需要做大量的试验工作以检测样品是否无毒、无害。因此,岩溶水中用噬菌体进行示踪试验很少见。但在Bricelj(1997),Drew等(1997)和Formentin等(1997)的文献中有采用噬菌体进行示踪试验的例子。

6.10.3 自然示踪剂

1. 微生物

细菌学和病毒学检查可以检测岩溶泉水的卫生质量,如果水被污染,检测微生物就可能查找到污染源。我们已知岩溶水不能过滤细菌,因此可以预测到微生物在水中迁移。有关菌类在多孔介质中迁移的文献很多,Romero(1970),Gerba等(1975),Gospodarič和Habic(1976)等对该技术进行了总结。用于地下水示踪试验的菌类包括黏质沙雷氏菌、色素细菌和枯草杆菌等。Käss(1988)也讨论了菌类用于示踪试验的成果,同时也提供了用于示踪试验菌类的有关资料,总结了菌类用于岩溶示踪试验的成果,尽管这种试验很少应用。

2. 溶液中的离子

自然产生的氯离子用于示踪确定近海岸含水层中海水与淡水分界面,并可能检测到海水入侵钻孔供水。钙离子浓度的变化也可以用来确定包气带中地下水流经的时间(Pitty,1968b)和径流的路线(Gunn,1981b,1983)。泉水的水化学性质曾用于定义碳酸盐岩含水层,其主要内容已在6.7节进行了叙述(Bakalowicz,1977,2001;Andreo et al,2002)。泉水的补给来源也可以通过水中离子的不同浓度来确定,尽管环境同位素在这个方面的运用特别有价值,但Swarzenski等(2001)在佛罗里达新月海滩的泉水试验中也采用了这种示踪方法。

3. 环境同位素

20世纪后半叶在水文学中广泛使用稳定的放射性同位素进行地下水示踪。环境同位素在地下水文学中的应用主要如下:

(1)对特定的地下水类型提供一个与本区域相关的标签。
(2)识别不同来源地下水的混合特点。
(3)提供地下水径流的速度和方向方面的信息。
(4)提供水在地下滞留的时间(年龄或年龄光谱)数据。

为了能够有效地应用自然同位素,必须要理解同位素在水中分布机理及过程控制,Fritz和Fontes(1980),Clark和Fritz(1997),Kendall和McDonnell(1998),Moser(1998a)对此进行了论述。

环境同位素是在自然界中产生,自然环境中丰富,但是想要使之增加就需通过人为活动才能达到。H、C、N、O和S这些基本元素都有同位素,它们在地质、水文及生物系统中均可发现。氢的同位素有^1H和^2H(也称为氘,D)和^3H(称为氚,T),其中最后一个有放射性。氧同位素在水文学中特别感兴趣的有^{16}O和^{18}O,它们都是稳定的,而这两种同位素均存在于水分子中,因此是很好的水的示踪剂。其他化合物中也发现有氧的同位素,如$^1H_2^{16}O$、$^1H_2^{18}O$、$^2H_2^{16}O$ 和 $^3H_2^{16}O$。^{12}C、^{13}C、^{14}C 同位素也通常用于地下水研究中,还有一些同位素如氩、氯、氮、氪、氙、镭、氡、硅、钍和铀等,但在地下水研究中很少应用(IAEA,1983,1984;Moser,1998)。

^3H 和 ^{14}C 是大气中自然产生的同位素,但有些同位素在人类活动中增加,比如在核电站附近的 ^3H 和 ^{85}Kr,在 20 世纪 50—60 年代的热核爆破试验产生大量的 ^3H 同位素,在核试验停止后这些同位素又回到大地背景值的水平,氚的浓度用氚单位来表示(TU),1 个 TU 就是 10^{18} 个 ^1H 原子中有 1 个 ^3H 原子。氚的浓度的自然背景值是 4~25TU,1963 年北半球降雨中 ^3H 的峰值浓度达到 8 000TU,在一两年后南半球也有一个比北半球稍低的峰值。

大气降水中 ^3H 含量也呈现出一些很重要的自然变化特征,如 ^3H 含量变化表现为与纬度有相关性,高纬度的含量约是低纬度热带地区的 1/5(Gat,1980)。^3H 含量也表现为向内陆呈缓慢增加的趋势,每增加 1 000km,则 ^3H 含量增加 1 倍。同时 ^3H 含量也具有季节性变化的特征,如在晚春和夏天时大气降水中的含量是冬季的 2.5~6 倍,这种季节性变化特点在岩溶水研究中非常重要,因为其提供了地下水季节性补给的变化特征。

4. 放射性同位素

放射性同位素不稳定且进行核变时产生放射性。其衰变就自然发生且不受外部影响,每一种同位素以一定的速度衰变,这个速度用半衰期 $t_{1/2}$ 表示。放射性原子衰变一半需要的时间按下式计算:

$$N = N_0 e^{-\lambda t} \tag{6-49}$$

式中,N 是时间 t 的放射性原子数;N_0 是开始衰变时的原子数;λ 是半周期或衰变常数。

^3H 的半衰期是 12.43a,^{39}Ar 是 269a,^{14}C 是 5 730 年,因此,^3H 能测定 50a 之内的水龄,^{39}Ar 可测定 100~1 000a 的水龄,^{14}C 测年的上限是 35 000a。Fontes(1983),Moser(1998)和 Solomon 等(1998)介绍了如何测年,以及根据测试的目的采用哪种同位素(^{14}C 产生的速度可以增加到 50 000a,因此现在用这个方法可测 45 000 年)。

解释有关泉水中放射性同位素丰度的数据,在很大程度上取决于地下水流的流动模式和所采用的混合形式(Yurtsever,1983;Moser,1998)。地下水运移的模式包括从一个极端的活塞流模型到另一个极端的完全混合水库模型(有时也称指数模型或盒子模型)。第一个模型类似于管道流或"完美管道"端元,通常用于岩溶研究中(6.7 节和 6.9 节)。活塞流模型假定地下水的补给为点状注入补给,示踪剂在地下水系统中运移时无混合作用,但由于支流的混合作用和弥散效应,在自然界中这种现象是不会出现的。然而,岩溶发育地层中的地下水的流动性特征类似于第一个流动模型(首先是暴雨前储存的地下水冲出),这个模型可近似于实际情况。相反,完全混合水库模型假定在各个时间是均匀的,每一次地下水补给后的混合作用几乎同时发生,同时也假定这个模型相对于水库体积、排泄和渗流速度而言是静止的。

大多数地下水系统中,示踪剂实际运动特性介于上述这两个极端事例中间。分散模型通常用来描述两个极端情况之间的中间类型,考虑系统中的混合作用和弥散作用,假定示踪剂排出时的脉状变化与补给事件中的浓度变化相关。一连串的混合作用与线状渠道相连以来近似模拟这种情况,称之为有限状态混合单元模型。假定单个单元像混合好的水库,但可能有不同的体积和浓度。Fontes(1983),Yurtsever(1983),(Gaspar,1987)和 Moser(1998)讨论了这方面的应用和理论的考虑。

Stewart 和 Downes(1982)对不同模型给出了指导性的说明。他们研究新西兰塔卡卡河谷的岩溶承压含水层地下水排泄形成的怀科鲁普普泉(Williams,1977;Stewart,Williams,1981;Williams,2004),分别在 1966 年、1972 年和 1976 年测量泉水中的氚值(泉水平均流量为 15m³·s⁻¹;表 5-10),并与当地异源补给源的水和降雨中的氚值进行对比(表 6-7)。1964—1965 年当地降雨中氚值迅速增加达到 40TU。1966 年主泉的氚值表明地下水中补给了富含氚的地下水,而在 1972 年的测量成果表明低氚(老)水存在。1971 年降雨中氚的值降低。1976 年的测量结果表明水中氚的值更低。Stewart 和

Downes(1982)得出结论认为泉水的年龄有一个范围,至于是年轻的水还是老的水组分占主导地位,这主要取决于地下水运移的模式和取样的时间(表6-7)。地下水排出下游的含水层上覆隔水岩体,这种地质条件建议采用中间离散模型比活塞模型流或盒子模型更合适,但是详细的稳定同位素数据证明了含水层中地下水混合很好(Stewart,Williams,1981)。在低排泄条件下有可能使地下水的平均年龄变老。

表6-7 新西兰怀科鲁普普泉中氚资料解译(据Ford,Williams,1989;Stewart,Downes,1982)

日期	氚含量(TU)			流动时间(年)	周转时间(年)
	年加权平均降水量	当地径流补给含水层	主泉水	活塞流模型	盒子模型
1966-05-27	34		14±0.9	3~4	7~8
1972-07-29	15	20.1±1.2	15.3±1.9	<1 或 8~10	10~12
1976-05-04	8	11.9±2.0	11.2±1.2	2~4 或 12~14	0~20

我们的结论是在岩溶含水层中可能有不同年代的地下水,因此对地下水只测定一个年龄可能可会带来误解。Siegenthaler等(1984)在研究瑞士侏罗山脉的泉水时也得出同样的看法,有很充足的证据表明泉水中的基流是相对均匀的老水。但当在暴雨后或着发生融冰事件之后,有地表径流迅速补给地下水也是很重要的,这样的研究结果说明研究泉水的平均年龄是没有意义的。但有意义的是可以知道含水层中相对较老年代的水的平均滞留时间。对泉水连续多年取样,测定水中氚的值,可定义核试验后含氚的水通过含水层的时间,这个时间给出了地下水滞留时间,从而可比较模型解译结果。

氚的浓度曾想作为测定地下水年龄的一种方法,但是近年来随着岩溶水中^3H的含量降低,逐渐不采用这个观点。Rozanski和Florkowski(1979)以及Salvamoser(1984)等建议采用^{85}Kr($t_{1/2}=10.8$年)来测定水的年龄,但这种方法需要取样的数量巨大(Clark,Fritz,1997;Moser,1998)。

制造放射性的能被激活的同位素作为水文学上的示踪剂。Behrens(1998)指出,因为放射性同位素测量费用昂贵且受放射性保护的考虑,用同位素测水样时需要预订。国际原子能机构(IAEA,1984)对用于地下水示踪的人造同位素的选择给出指导说明标准:

(1)同位素与假定的观测时间相比较应有一个生命期,生命长的同位素会产生污染、健康灾难,需要重复试验时会产生干扰。

(2)同位素应抗土壤和岩体吸附。

(3)希望能在野外测量放射性,因此一般采用γ发射器,但是β发射器也是可用的。

(4)同位素必须价格合理。

人造放射性同位素不利于公众健康的缺点可通过采取取样后的激活分析技术克服。尽管克服这种方法的缺点是需要专门的设施,Buchtela(1970),Schmotzer等(1973)和Burin等(1976)曾将这种测试方法用于岩溶研究中。这种方法先是注入初始无放射性示踪剂(如^{115}In,^{32}S,^6Li),然后取样用中子反应器激活。如果样品中有示踪剂,然后通过检测能测到其活性,Behrens(1998)对这个方法的基本原理进行了解释。

尽管在过去40年中这种技术取得了很大的进步,Burdon和Papakis(1963)的建议是正确的,但在转向人工放射性示踪剂之前,这种方法费用昂贵且有灾难性的风险,因此需要原子试验室有专业技术的人员操作。最好的解决方法是用彩色的或化学示踪剂。尽管氚化水(^3H)可以看作是一种完美的示踪剂,这是因为一部水分子本身就是示踪剂,而且可以识别水中氚化水与水的比例是$1:10^{15}$或更少的水。但是按上述第一条的标准,^3H是不能用的,在现场探测也不能满足标准(3)。

5. 稳定同位素

稳定同位素不存在放射性衰变,氘、^{18}O和^{16}O在海洋中的浓度是:HDO约320mg·L^{-1},$H_2^{18}O$约

2 000mg·L^{-1}，H$_2^{16}$O 约 997 680mg·L^{-1}。这些组分的变化可用质谱分析仪测量，并将测量的结果与 VSMOW 标准进行对比（维也纳标准平均海水）。D/H 和 ^{18}O/^{16}O 的比率可用单位增量表示，也就是标准同位素率的偏差来表示：

$$\delta(‰) = \left(\frac{R_{样品} - R_{标准}}{R_{标准}}\right) \cdot 1\,000 \tag{6-50}$$

R 是同位素的比率，因此一个样品中 $\delta^{18}O = +10‰$，说明 ^{18}O 相对于 VSMOW 纯度为 10‰（如 1%），对于 D 值通常的范围为 $-50‰\sim-300‰$，而对于 ^{18}O 的值为 $+5‰\sim-50‰$。对于 δD 一般近似于 $\pm 2‰$，$\delta^{18}O$ 是 $\pm 0.2‰$。

水样中同位素组成的不同反映了水在循环中发生分馏。重同位素分子（HDO、H$_2^{18}$O）比正常水分子（H$_2^{16}$O）的饱和蒸气压力较低。因此，在蒸发及冷凝过程中出现相态变化时，就会发生轻微分馏（Clarkt，Fritz，1997；Kendall，Caldwell，1998）。例如，在开放水面出现蒸发时，蒸气中的重同位素消耗殆尽（相比较保留下来的未被蒸发的水而言）；而当冷凝发生时，初始降雨有少量的重同位素分子丰集，后来降雨增加重同位素分子（相对于 VSMOW 而言）。Ingraham(1998)解释了这个过程，也就是降雨导致同位素变化的原因。Bowen 和 Wilkinson(2002)对比分析全球降雨中的氧同位素，发现 $\delta^{18}O$ 的值与纬度成负相关，这个结果认为是在大气向极地方向运移过程中，出现冷却和蒸馏作用。温度是蒸馏过程中的一个重要因素，温度越低则重同位素消耗越多，这个影响反映在不同高度和纬度上降雨中重同位素组成的差异。概括全球数据可得到一个线性公式（Craig，1961；Fontes，1980；Rozanski，1993）：

$$\delta D = 8.17(\pm 0.07)\delta^{18}O + 11.27(\pm 0.65)‰ \tag{6-51}$$

区域上的变化也可以识别，例如地中海曲线（Gat，Carmi，1987）。很明显有 4 种规律可适用于降雨中的稳定同位素分馏：

(1) 随着高度和纬度增高，雨水中的同位素变低。
(2) 大气降水中的 D 和 ^{18}O 具有很好的线性相关性[式(6-51)]。
(3) 在中纬度地区的大气降水中同位素冬天比夏天轻。
(4) 由于蒸发作用，在湖泊和池塘中 D 和 ^{18}O 富集。

按这 4 个规律用稳定同位素标定自然水的技术方法总结见图 6-41。

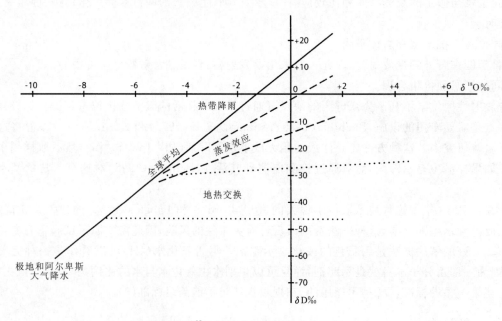

图 6-41 大气降水中的 ^{18}O 同位素和氘同位素关系图（引自 Fontes，1980）

这种存在于水中的自然同位素在调查地下水的补给区域和季节性补给方面,尤其当有异源补给时很有价值(图6-42)。自源补给时,通常在表层岩溶带中地下水已得到很好的混合,这样季节性的模式和补给事件就很难识别(Yonge et al,1985;Evenet et al,1986;Williams et al,Fowler,2002)。可以看到水体的混合和从湖泊(水库)中渗漏的水(Fontes,1980)。关于岩溶含水层的这些方法有很多的文献资料,如 Dincer 等(1972),Bakalowicz 等(1974),Zötl(1974),Moser 等(1976),Stewart 和 Williams(1981),Celico 等(1984),Stichler 等(1997)以及 Williams(1992,2004)。然而 Margrita 等(1984)指出,同位素示踪剂的使用者有时不能很好地理解同位素的理论概念,他们认为误差有可能表现在解译结果当中。在水文地质学中限制使用稳定同位素,因为用这种方法能够获得一般水的来源,但是不能准确确定地下水的补给源。只有点对点的染色示踪剂才能做到这一点。

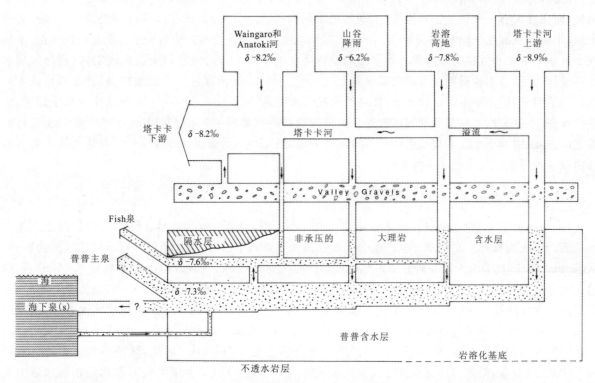

图6-42 采用 $\delta^{18}O$ 质量平衡法估算盆地不同地段补给水的比例,建立新西兰怀科鲁普普岩溶地下水系统示意图(引自 Williams,1992)

6.10.4 脉冲示踪

1. 自然脉冲

脉冲是水质和水量方面一种重要的变化,通常暴雨是产生脉冲的自然发动机,尽管冰雪融化后也可能产生脉冲波(图6-22所示的梅多斯河)。19世纪曾用水的脉冲波来示踪岩溶水。尽管 Ashton(1996)在研究管道网络的几何尺寸方面取得了进步。他研究如何输入脉冲信号来产生复杂的输出脉冲信号,通过解译这些信号以确定管道网络的几何形状。在实践中,按 Ashton 的这个有争议的理论来解译泉水水文过程曲线还不能让人信服。但是脉冲序列分析作为水示踪剂的手段相对于用传统的示踪方法难以确定岩溶系统取得了成功(Williams,1977)。有关脉冲序列分析技术的细化研究见 Brown(1972,1973),Christopher(1980),Smart 和 Hodge(1980)以及 Wilcock(1997)的文献。

给定输入脉冲,则相应的输出脉冲会根据地下岩溶系统的运移特点而变化,见6.5节和6.7节所讨论。自然和人工标识的如同位素和染色剂可以近似测量水流的速率,而脉冲测定的速率几乎总是最大的。一个洪水脉动在开放的包气带中以运动波的形式向下传播,而在饱水的管道中则以压力脉冲的形式传播。大的运动波比小的运动波传播速度更快,但是水脉动和动力脉动都比水本身运动的速度快,尤其是在穿过水池时。压力脉冲通过一充水的管道时几乎总是同步的(以声波的速度传播)。因此,很有必要区分脉冲时间(如水力响应的时间)与水流经系统的时间,例如,Komlos泉的脉冲时间是6h,而通过示踪试验得到的水流经的时间大约是40h(图6-32)。

Brown(1972,1973)在加拿大的玛琳盆地利用这些技术进行研究,对这些技术的发展与应用说明非常详细。Ashton(1966)采用非周期性的脉冲技术,Brown对长期监测的泉水流量的数据用时间序列分析法进行研究。玛琳峡谷有巫药湖(Medicine)和一个季节性湖(断断续续内部排水,在冬季变成一个小池塘,而在夏天有一两周会出现溢流)。湖水的平均海拔高度是1 500m,在16km远处发育一系列的泉水(泉水的海拔高度比湖水低410m)。Brown采用互协方差分析湖水补给与泉水排泄之间的关系,发现在20h后有一个负互协方差峰值。他给出的解释是盆地中约1/3的地段每天会出现雪融,这导致泉水排泄变化(如距泉水越近则由雪融化影响越大)。+70～+124h出现另一个次级峰值,这个峰值认为是湖水补给响应,后来被示踪试验证实,在补给点注入示踪剂后的+80～+130h,在泉水中发现示踪剂,峰值出现在+90h。既然示踪剂通过的时间与河流的脉冲时间是同一个数量级,Brown得出的结论是在试验时段内,说明地下水在开放渠道(包气带)条件下以运移为主,后来Kruse(1980)研究认为地下岩溶系统出现这种影响主要受控于排泄条件。

2. 人造脉冲

Ashton(1966)讨论了通过在地下暗河中建造一小土坝,当蓄一定水之后让该小坝垮塌产生人造洪水从而产生人造脉冲。水电站发电产生的周期性排水也可产生脉冲,用这个脉冲可示踪相当远的距离。Williams(1977)在塔卡卡峡谷研究了水电站放洪产生的运动波,5h内在开敞渠道中运移了15km后,到达一大理岩含水层,在9～11h内运行了20.2km,然后在怀科鲁普普泉水流出(平均流量为15m³/s)。在长达10km的补给区中,部分河水流入砂卵石河床,然后在承压区段产生压力脉动传递,泉水中氚的浓度表明地下水在含水层运移的时间是2～4年(表6-7),而脉冲时间则不到一天;Brown认为玛琳岩溶系统的水力梯度是26m/km,塔卡卡峡谷最大水力梯度是2.7m/km。因此,脉冲序列分析是有效研究长距离、点对点、低水力梯度且通过大的洪水区的一个有效手段(塔卡卡大理岩含水层中饱水带中水的体积为1.5～3.8km³)。

在塔卡卡河段上游河床较陡地段的脉冲传播速度是3km·h^{-1},而在大理岩含水层地段的传播速度是2km·h^{-1}。在包气带中玛琳岩溶系统中地下水脉冲传播的速度是0.2～1.45km·h^{-1}。

岩溶含水层中的示踪研究可以对岩溶系统建立详细的模型,Smar(1983b)建立的卡斯尔格德Ⅱ管道系统的比例几何模型,Crawford(1994)建立的洞溪(Cave Creek)岩溶系统模型,这些模型是综合应用各种示踪方法建立的非常出色的模型(用几种荧光素重复进行示踪试验、连续的荧光测定、自然排泄脉冲分析、同位素及化学曲线分析),用这些模型描述了那些人不能进入的管道系统(图6-43)。

6.11 岩溶含水层计算模型

建立岩溶含水层模型的主要原因有两个:①定义和理解岩溶系统(通常可辅助提高地下水资源管理);②模拟系统演化。

岩溶含水层通常具有独特的特性,大部分水储存于主孔隙中和次生裂隙系统中(表5-2),而大部分能够运移的水是通过管道系统运移的。因此,我们了解岩溶系统的这些特点是区别非碳酸盐岩孔隙

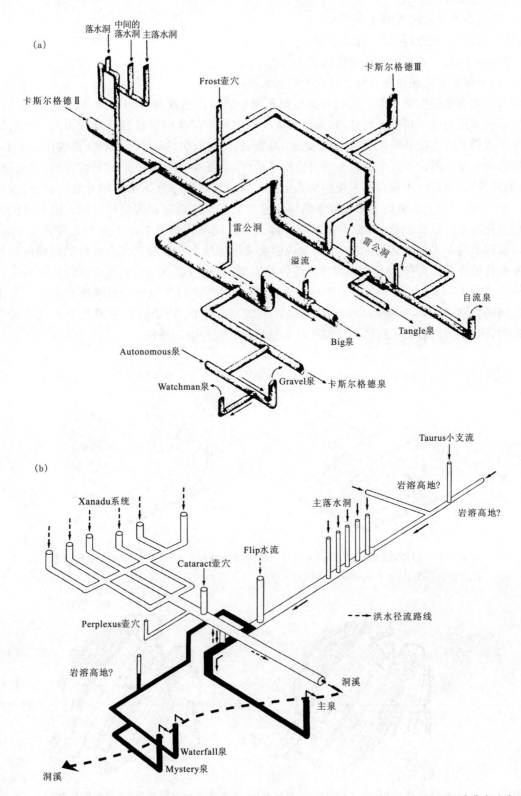

图 6-43 (a)加拿大卡斯尔格德Ⅱ岩溶系统比例几何模型图(引自 Smart,1983b);(b)新西兰洞溪洪水迷宫系统(引自 Crawford,1994)

水和裂隙水的主要特点。

(1)一般地表不发育永久的地表溪流。

(2)地表溪流消失的地段常发育落水洞。

(3)存在地下管道,管道中水流速度快。

(4)在地下水重新出现在地表时就存在大的泉水点。

发育岩溶的含水层中潜水面和流线与典型的孔隙介质相比形成明显的对照(图6-44)。因此,不能忽略岩溶含水层的整个排水系统结构,而简化成类似于典型的非碳酸盐岩孔隙和裂隙介质的简单的体积单元。岩溶系统连接补给区与流出泉水(或)泉群,岩溶过程引导地下水沿径流路线向泉水点运移,这个路径具有一定的层次。这个物理系统可以用结构(径流路线的结构)、水力特性(补给反应)、演化过程(发育的阶段)以及岩体中发育的系统构架来定义。这些含水层中地下水可能有紊流组分,这给建模者出了一个难题,因为大多数地下水的数学模型的建立是基于达西定律假定的层流。用数字代码来模拟含水层演化通常不包含紊流,但很少在区域尺度上用代码来模拟岩溶地下水的运移。Worthington(2004)以猛犸洞地下水盆地为例(图6-39)来说明水文地质学家在建模岩溶含水层时遇到的难题。采用标准平衡孔隙介质模型(EPM)来模拟含水层的径流路线,然后在不同地点注入示踪剂来验证地下水运移路线[图6-45(a)],从图6-45(b)中可以看出,用示踪剂进行连通试验最终确定的实际路线与模拟路线之间的差别(Ray,Currens,1998a,1998b)。不加分析地利用EPM来模拟地下水很明显会带来很大的误差,因此,我们需要了解哪种模拟工具能更好地适应特定的条件。

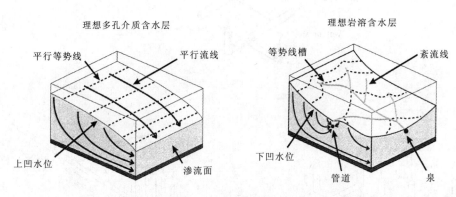

图6-44 (a)理想的多孔介质含水层等水位图和流线图;(b)理想岩溶含水层的等水位图和流线图(引自Worthington,2004)

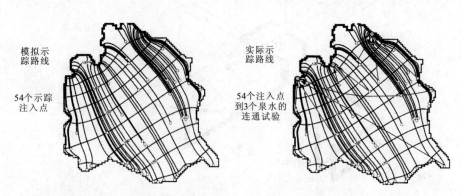

图6-45 (a)猛犸洞地下水盆地计算模拟流线图(利用54点投放示踪剂成果);(b)猛犸洞地下水盆地示踪试验确定实际地下水运移路线图(引自Worthington,2004)

Kiraly(1998),Teutsch和Sauter(1998),Kovács(2003),Worthington和Smart(2004)回顾总结了岩溶含水层建模成果。我们可以看出,目前这两种不同且互补的建模方法有以下特点:

(1)球状"黑箱子"(或概率)方法,这个方法关注的是输入过程和输出响应过程(如降雨补给和泉水流量),但也考虑了局部野外流量和运移过程的观测成果。

(2)确定(或参数)的模型主要考虑了含水层结构的理论概念,每一种物理机理包括水的运移流态,从而试图来模拟含水层的水力特性。

有两个已知的数学模型。

较早的讨论模型是在6.5节中分析泉水水文过程曲线即黑箱子研究方法的实例,这个模型是含水层中地下水流动对补给的响应的函数,而不是物理意义上的模拟,因此缺乏预测功能。要模拟空间变化输出现象(如水位)时则不能应用。因此,基于物理关系而建立确定模型,即分布参数模型可替代这种变化。然而,考虑替代建模方法的正确性时,重要的是要清楚建模的目的,是模拟水流(水头、地下水流量和泉水流量)还是模拟运移过程(流向、速度和运移的目的地)。建模者应认识到运移模型对于岩溶含水层是不适用的,这是因为受裂隙和管道系统控制,Palmer等(1999)及其他人在建模过程中也遇到类似的问题。

在整个建模过程中对含水层建立合适的概念模型是非常重要的工作,图6-46是Drogue(1980)早期建立的概念模型。所需的细节主要取决于建模的尺寸:是单个裂隙中地下水的流动还是整个含水层中地下水的流动。含水层尺度的建模是我们所关注的重点,我们需要了解径流路线和地下水的储存,了解岩溶系统的几何形状是如何影响水流,这是尺度概念模型研究的重心。数字模型需要我们了解野外发生的事件,每一步设计需要很好地理解物理系统和系统内的运行过程的相关知识。

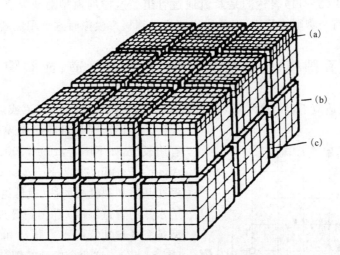

图6-46 岩溶含水层的概念模型:(a)裂隙密集发育的高透水性的上部区(即表层岩溶带);(b)新鲜的发育裂隙的块体,地下水渗流缓慢;(c)高透水性的岩溶管道系统,地下水流动速度快(引自Drogue,1990)

一个概念模型的重要作用就是定义边界条件,Domenico和Schwartz(1998)说明了有两类通常采用的边界条件:水头边界及流量边界。有时这些边界可以随时与自然水文地质边界条件联系在一起,如下伏的隔水层(底部为隔水层),或非流量边界如分水岭或断层边缘。流入或流出边界同样也很重要。一个输入的边界条件也可以看成具有固定水头(如一支流),但是实际补给速率(或排泄)随着时间和空间而变化,因此这很难测量和定义。一个瞬态模型是水头的时间函数。

有4种概念方法来模拟岩溶地下水流:①等效孔隙介质(EPM)法;②离散裂隙网络;③双重连续孔隙介质;④三重孔隙介质法——骨架、裂隙和管道。我们简单讨论了这4种方法,这些方法之间的差别详见表5-11。

6.11.1 等效连续模型

对于那些尺度相当大的、连通性好的多孔介质或裂隙介质可采用等效连续模型,用该模型来解决含水层的平均水力特性而不是径流路线细节方面的问题。大范围内含水层具有均一结构和水力特性,因此对于岩溶发育的非均质、各向异性条件下的复杂渗流场是不适用的。Domenico 和 Schwartz(1998)对标准多孔介质模型地下水流模拟进行了说明,也用一个有限差分公式对含水层进行模拟,特别是对地下水工业标准 MODFLOW 程序的代码家族进行了说明,这是一个用来计算水头、流态模式以及污染物在含水层中运移的程序(Harbaugh,McDonald,1996)。MODFLOW 是基于单一连续多孔介质模型概念,采用三维网格(列、行和层)来识别模拟水力条件下的单元。对于岩溶含水层使用这个模型要特别谨慎(图6-45),因为 MODFLOW 必须要适应与达西定律有关的假定(如各向同性、均质介质、层流),但是我们知道这些假定在岩溶含水层不适用(见5.7节)。

6.11.2 离散裂隙(或管道)网络模型

离散裂隙模型描述了单个裂隙或管道中的径流,但是忽略了基质的特性。5.1节在讨论地下水通过管道和裂隙时提供了这样的实例。例如,式(5-7)和式(5-12)分别表达的是层流通过管道和裂隙,式(5-8)、式(5-9)和式(5-11)表达的是紊流通过管道。这样的模型对研究含水层宏观特征时不适用,这是因为需要计算每个裂隙或管道,但是当用超级计算机来模拟时这个限制就不存在了。

6.11.3 双重孔隙模型:基质和裂隙、基质与管道,或裂隙和管道

这些多重连续模型适应于岩溶含水层,有双重基质-裂隙模型、基质-管道或裂隙-管道地下水系统模型。上述这些是目前用来模拟岩溶含水层最好的有用模型,如 Kiraly,1998,2002;Liedl,Sauter,1998;Adams,Parkin,2002;Kovács,2003,他们将两个独立多孔基质和裂缝介质块(或低透水性的裂缝介质和高透水性的管道网络)看作是叠加模型,这两个独立模型具有各自独特的水力特性和几何能数及流动方程(图6-47)。这两个模型的耦合在每个公式中用水源联系来解决,流动交换受控于局部势能差。可独立看待表层岩溶带,且其与主要含水层相通(图6-48)。

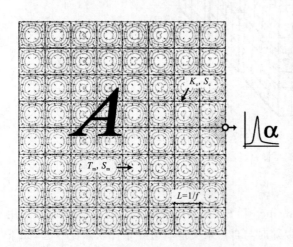

图6-47 岩溶含水层的简单概念模型,低透水性基质和穿插于其中的管道网络用水力特性和几何参数表示,其中 T_m 和 S_m 分别是基质的水力传递和储存,K_c 和 S_c 分别代表岩溶管道的透水性和储存系数,含水层的空间分布用 A 表示,管道的分布用 L 表示,出现频率用 f 表示,岩溶泉的衰退系数用 α 表示(引自 Kovács,2003)

对于大型系统而言,连通很好的裂缝提供了主导流动路径,而基质孔隙是地下水主要储存和交换的空间,这些孔隙与管道相通形成管状流,基质的透水性可忽略不计,上述模型能很好地模拟这样的大型系统(Liedl,Sauter,1998)。当两者的透水性相比时,地下水可以通过裂缝与基质相连(或者通过管道与裂缝系统相连),同样对于裂缝连通(或管道连通)就变得不重要了。Sauter(1992)和 Teutsch(1993)描述了德国南部施瓦本阿尔比地区用这样模型的研究成果,Kiraly(1998)和 Kovács(2003)提供了在瑞典结合连

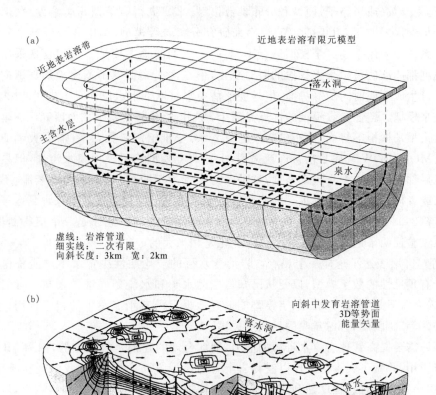

图 6-48 (a)向斜岩溶地层中用有限元模型模拟表层岩溶带地下水以弥散形式向主含水层补给;(b)向斜岩溶地层中表层岩溶带中的地下水以集中补给的形式向含水层补给(引自 Kiraly,2002)

续模型和离散渠道方法的成果。Kovács(2003)建立表层岩溶带和饱和带整合模型,以证明近地表地带可以通过降低消退系数来调整整个系统的全球水力响应。Adams 和 Parkin(2002)建立了一个模型:①将管道网络与变动的饱和的三维多孔介质结合;②地表特征结合,如地下暗河与泉水之间通过管道连接;③包括一个旁路流来代表地下水在表层岩溶带中快速渗流。这与 Clemens 等(1999)采用的模型有相似之处。

6.11.4 三重孔隙模型:基质、裂隙和管道

这个概念对岩溶来说特别重要,因为地下水主要储存于岩体的孔隙和裂隙系统中(表5-2),而地下水流动主要发生在管道中(表5-7)。在三重孔隙模型的含水层中,地下水在孔隙和裂隙中以层流运移,而在管道中(或裂缝中)则呈紊流。对于岩溶含水层的三重孔隙模型代表了岩溶水文地质学建模的前沿(Maloszewski et al,2002)。对岩溶研究而言,这是最理想的方法,但是目前应用却不多。主要是因为获得的资料不够,同时目前大多数计算机的计算能力还不够。在第7章将以这种模型来介绍溶蚀管道是如何形成的。

这个简单的水文地质学的观点用于岩溶含水层的建模上,我们可以看到为了完成这些目标,所选择的模型不完美。Scanlon 等(2003)讨论了岩溶研究中等效多孔介质模型的应用。他们用两个不同的多

孔介质方法[集中参数(或黑箱子)模型和分布参数模型]来研究得克萨斯州岩溶发育、部分承压的地下盆地中的爱德华含水层。用 MODFLOW 程序来研究分布参数模型，集中参数模型来研究由 5 个单元表示的支流亚系统。采用上述两个模型进行 10 年一个周期的瞬态模拟。他们发现采用分布参数模型和整体参数模型都能准确模拟泉水排泄的瞬时变化，但是两个模型都不能模拟局部流向或流速。分布参数模型通常可生成不同时间的等势面，但是要评估抽水对地下水水位和泉水排泄的影响，则需要分布参数模型方法来模拟。整体参数模型的优点是简单、易用、所需数据量少。而研究区域地下水流向则必须用分布参数模型来模拟等势面，分布参数模型更复杂，很难给定参数，且有需要大量的数据及运算时间长等缺点。MODFLOW 程序目前被广泛采用，上述两类模型均可模拟泉水流量，但是等效多孔介质模型不能模拟局部流向或地下水流动速度，这是因为主管道不明确，也没有考虑紊流，不能界定井水和泉水的保护区或者模拟污染源在哪里。因此在岩溶地区中限制使用这些模型来评估区域地下水流的问题。Scanlon 等(2003)的结论是：用一个点源来预测地下水的流向和流速是一个值得商榷的问题，这是因为任何示踪试验证明了地下水的流向和流速变化是相当大的。

Palmer 等(1999)表达了这样一个观点，"岩溶含水层的非均质性决定了不可能获得足够的现场数据来建立一个有预见性的数字模型，以便从已知位置的水头和水流条件推导未知位置的水头和水流条件，更不用说未来"，但是"另一方面，数字模型能很好地揭示沿着水流发生的相互作用，水化学、理想条件下的地质条件等"。因此，考虑建模的目的是关键。

我们急切地需要提高管理岩溶水资源的能力，因此合理的建模是很关键的，因为 MODFLOW 在水文地质界广泛应用，并做了大量的工作以获得岩溶管道模拟方面的程序，如我们现在所称的"弥散""夹层"及"双重"程序等。"弥散"程序是利用高密度的网格加入到 MODFLOW 网格点上，以提供一个达西流条件下的加速流动路径。"夹层"管道是在相邻网点间建立短距离的联系，这样地下水运移比常规路线要快。而"双重"导水模型是在网格中穿过一个管道，并在管道通过的地段增加节点，这个网络地下水容易通过。我们期待看到这方面能够取得巨大的进步。

尽管许多数字模型令人印象深刻，但是我们不要忘记它们只是现实的代表。尽管可以通过比较模型计算的成果和系统的观测资料(如泉水的水文过程曲线或水化学特征、水头的变化、地下水的流向等)来进行验证，但是不易证明。观测成果与模拟成果之间的差异对识别实际条件有很大的帮助，并对进一步研究提供指导(Palmer et al,1999)。现代模拟技术同样也能使我们认识水文地质环境和含水层性质之间的量化关系，从而概括出管道形成和洞穴沉积物形成的原因，这将在下一章进行讨论。

7 洞穴系统的形成过程

7.1 洞穴系统分类

第 5 章已经详细地论述了岩石溶解形成的交互式管道,这些管道决定了岩溶含水层的特征,这与较简单的孔隙(基质)含水层和裂隙性含水层的特征有很大的差别。本章要讨论的主题是洞穴和原始洞穴系统的发育形成过程。

溶解型洞穴系统是所有陆地地貌形态中最复杂的一种,因为这种洞穴系统在岩体中延伸呈各式各样的网络状。就其网络结构、发育深度和形状来说也是差别巨大。这种洞穴系统还受地层岩性、构造、气候、生物及土壤条件等水化学因素及外部基准面的控制。当上述这些外部影响因素停止作用后,这些洞穴系统在岩体内或仍活跃,或具有残留特征,也可能在外部条件急剧变化时发生某些改变。

由于洞穴的成因和形成过程相当复杂,解释和描述溶蚀洞穴的方法也是多种多样。到目前为止,还没有一个理论能够对洞穴起源(包括许多细微演变过程在内的整个洞穴形成发育的全部规律)做出完整的解释,也没有一种分类方法可以满足地貌学家、水文地质学家、经济地质学家、环境学家等诸多学者的需要。

7.1.1 洞穴的定义

大多数词典和国际洞穴协会所采用的定义为:洞穴是岩石中存在的人可进入的天然地下空间。这一定义的优势在于调查者进入洞穴而直接获取信息,但是这个定义不能说明洞穴形成的原因。在第 3 章中,我们把岩溶洞穴定义为受溶解作用形成的空间,在水动力环境允许的情况下,这个空间尺寸足以使地下水产生流动。正常情况下,这就意味着管道的直径或宽度要达到 5~15mm,这就是紊流的最小有效孔径(见 5.3.2 小节)。

孤立的洞穴是指那些与地下水补给或者排泄管道没有任何联系的空隙。类似的非完整洞穴包括小到溶蚀晶洞,大到采矿和钻探过程中偶然遇到的一些相对较大的地下空间,这些原生洞穴源从补给点开始,向排泄点延伸,并且达到最终相互连通,但是就其空间尺寸而言,还没有到洞穴的规模尺度。

在岩溶岩石中,当地下管道的直径达到一定尺寸或者在补给区和排泄区之间的延伸长度很大且连续时,这就构成一个完整的洞穴系统。可进入的洞穴是这个系统的组成部分。本章我们主要分析完整洞穴系统的构建,但为了方便起见,我们简称为"洞穴"。

7.1.2 洞穴及其分类

目前已至少对上万个溶蚀洞穴进行了考查,并对其中的数千个洞穴进行了准确测绘。表 7-1 列出了洞穴的一些分类方法,全球最长和最深的洞穴见表 7-2 和图 7-1。图 7-1 的统计分布呈高度偏斜分布,其基本上是一个探查难度的函数。大多数已经探查过的洞穴长度不到 1km,人进入调查的深度不足 100m,而且每年调查的洞穴数量以上百的数量增加,但是洞穴分布曲线形态却基本不变。

表 7-1 岩溶洞穴分类

内部因素分类	外部条件分类
以大小进行分类：洞穴的长度或深度及容积	地质控制模式：岩性类型（灰岩、石膏等）、节理控制、断层控制、水平地层、陡倾地层、褶皱等
以水平方向或者垂直方向进行测量	以地形分类：山区型洞穴、平原型洞穴等
以平面形态分类：可进入的开敞式岩洞、岩溶廊道、线状通道、树枝状洞穴、网络状洞穴、交织状洞穴、海绵网格状、多层树枝状等	与地形有关的分类：峡谷暗河洞穴或者峡谷岸边洞穴、截弯取直洞穴、连通坡立谷洞穴、坡脚洞穴
以洞穴横断面分类：圆形或者椭圆形、峡谷形、坍塌形及以上各种形态的组合	以洞穴在水系中所起作用分类：异源补给河水洞穴、纯岩溶排泄、截弯取直洞穴、海洋洞穴等
以局部或区域性水位的关系分类：包气带洞穴、水位变幅带洞穴、饱水带洞穴、残留洞穴	以含水层类型分类：理想管道型洞穴-连续型-海绵状洞穴
以沉积物分类：洞穴堆积洞穴、石膏（晶体）洞穴、砂砾石洞穴、冰洞、人类遗迹洞穴等	以地貌和水循环分类：活跃型-阶段性洞穴-残留型洞穴
	气候条件：热带高湿度型、半干旱型、地中海型、温带型、阿尔卑斯山型和极地型等

表 7-2 世界最长与最深洞穴统计（美国国家洞穴成因协会，截至 2006 年 12 月）

	排名编号	洞名	所在国家	长度(km)	深度(m)
最长洞穴	1	猛犸洞穴系统	美国	590	116.0
	2	Jewel 洞	美国	218	193.0
	3	Optimisticeskaya(Optymistychna)(石膏)	乌克兰	215	15.0
	4	Wind 洞	美国	196	202.0
	5	Hoelloch	瑞士	194	939.0
	6	龙舌兰洞	美国	187	489.0
	7	Fisher Ridge 洞穴系统	美国	177	109.0
	8	Siebenhengste-hohgant 洞穴系统	瑞士	149	1 340.0
	9	Sistema Ox Bel Ha(水下)	墨西哥	144	34.0
	10	Gua Air Jermih(Clearwater 洞—Blakk 岩地—White 岩地)	马来西亚	129	355.0
	11	Ozernaja(石膏)	乌克兰	124	8.0
	12	Systeme de Ojo Guarena	西班牙	110	193.0
	13	Bullita 洞穴系统(Burkes Back Yard)	澳大利亚	110	23.0
	14	Resea Felix Trombe/Henne-morte	法国	106	975.0
	15	Toca da boa Vista	巴西	102	50.0
	16	Shuanghedongqun	中国	100	265.0
	17	Hirlatzhoehle	奥地利	95	1 070.0
	18	Sistema Purificacion	墨西哥	94	953.0
	19	Zolushka(石膏)	摩尔多瓦/乌克兰	90	30.0
	20	Raucherkarhoehle	奥地利	84	758.0
	21	Sistema Sac Actun(水下)	墨西哥	80	25.0
	22	Sistema del Alto del Tejuelo	西班牙	78	605.0
	23	Friars 洞穴系统	美国	73	191.0
	24	Easegill	英国	71	211.0
	25	Sistema Nohoch Nah Chich(水下)	墨西哥	68	72

续表 7-2

	排名编号	洞名	所在国家	长度(km)	深度(m)
最深洞穴	1	Krubera(Voronja)洞	阿布哈兹	10	2 158.0
	2	Lamprechtsofen Vogelschacht Weg Schacht	奥地利	50	1 632.0
	3	Gouffre mirolla/Lucien Bouclier	法国	13	1 626.0
	4	Reseau Jean Bernard	法国	20	1 602.0
	5	Torca del Cerro del Cuevon(7.33)- Torca de Las Saxifragas	西班牙	7	1 589.0
	6	Sarma	阿布哈兹	6	1 543.0
	7	Shakata Vjacheslav Pantjukhina	阿布哈兹	6	1 508.0
	8	Cehi 2	斯洛文尼亚	5	1 502.0
	9	Sistema Cheve	墨西哥	26	1 484.0
	10	Sistema Huautla	墨西哥	56	1 475.0
	11	Sistema del Trave	西班牙	9	1 441.0
	12	Evren Gunay Dudeni(落水洞)	土耳其	0	1 429.0
	13	Boj - Bulok	乌兹别克斯坦	14	1 415.0
	14	Sima de Las Puertas de Illaminnako Ateeneko Leizea (BU.56)	西班牙	14	1 408.0
	15	Kuzgun 洞	土耳其	0	1 400.0
	16	Sustav Lukina Jama - Trojama(Manual Ⅱ)	克罗地亚	1	1 392.0
	17	Sniezhnaja - Mezhonnogo	阿布哈兹	19	1 370.0
	18	Sistema Aranonera(Sima $S_1 - S_2$)(与 Tendenera 相连)	西班牙	43	1 349.0
	19	Gouffre de La Pierre Saint Martin	法国/西班牙	54	1 342.0
	20	Siebenhengste - hohgant 洞穴系统	瑞士	154	1 340.0
	21	Sima de La Cornisa	西班牙	5	1 330.0
	22	Slovacka Jama	克罗地亚	3	1 320.0
	23	Poljska Jama - Mala Boka 系统	斯洛文尼亚	9	1 319.0
	24	Abisso Paolo Roversi	意大利	4	1 300.0
	25	Cosanostraloch - Berger - Platterneck 洞穴系统	奥地利		

自 19 世纪 40 年代以来，美国肯塔基州的猛犸交互式通道型洞穴系统(见图 7-11)一直保持着世界的最长记录，已探测的长度超过 25km。这一洞穴系统发育在厚度仅有 100m 的近水平向展布的灰岩地层中，并在砂岩山脊之下发育多层洞穴系统(其为古老的岩溶通道)。乌克兰的 Optimiceskaya 洞(见图 7-27)和其他几个大型洞穴像迷宫一样，发育在厚度只有 12～30m 的石膏层中，其上有地形平缓的隔水层保护。Jewel 洞和 Wind 洞是在舒缓穹顶式山丘中，由热液水作用形成的地下迷宫。Hölloch 洞为发育于陡倾灰岩地层中的洞穴，表 7-2 中名列第 8、第 11、第 12、第 14、第 15、第 18、第 19 和第 25 位的洞穴与 Hölloch 洞类似。而龙舌兰洞和相邻的卡尔斯巴德大洞(长 31km)在古老的礁岩地层中呈树枝状分布，看上去就像是一处现代沙漠。相比较而言，表 7-2 中的名列第 9 位和第 24 位的洞穴发育在非

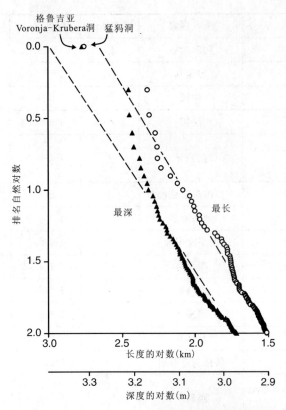

图 7-1 世界上 100 个已知最长和最深洞穴系统排名/洞穴大小关系图（Zipf 分析图）。这是一种预测洞穴大小分布的方法[如排名第一（lg＝0）的肯塔基州猛犸洞为世界已知最长的溶洞排名的长度（单位：km）的对数图]。根据其排名与大小的规律，猛犸洞的长度应为 250km，但目前已知该洞长达 579km，很明显与这种曲线不吻合，而其他洞穴的长度和排名与这个规律很吻合；截至 2004 年夏天，洞穴深度分布曲线服从这个规律，但是格鲁吉亚的 Voronja-Krubera 洞穴系统从最初发现深度为－1 710m 延伸到现在的－2 160m

常年轻的地层中，并与水平向河流洞穴发育吻合，后冰河时期全球海平面上升，该洞穴系统被淹没。Friar 洞发育在由页岩和砂岩组成的陡峭峡谷的底部，在该峡谷中几乎没有灰岩出露。因此，这些长的洞穴形成的物理特性及其背景环境相当复杂，这有点像洞穴探险者不屈不挠的探索精神。

最深洞穴之间的差别不大。目前发现的含水洞穴中，很难探测到 300m 以下的深度。这些已知的最深洞穴都发育在大山之中，其排泄深度都非常深。在欧洲的阿尔卑斯山脉和高加索山脉中曾进行过广泛而密集的探索活动，所以在这些地区发现的深洞穴最多。近年来，在墨西哥高原的探险活动发现，在热带地区也发育有大型洞穴，这些洞穴与深井状洞穴系统类似并向河流峡谷方向陡倾下切，最终以虹吸管或塌陷堵塞的方式使洞穴系统不再继续向下发育延伸。现在唯有瑞士 Siebenhengste-Hohgant 洞穴在长度和深度两个纪录上名列世界前茅。

多数学者是依据他们所能看到的管道形态对地下洞穴进行分类的，或者根据他们看到的如包气带水、潜水或者垮塌情况进行分类，或者根据洞穴中的第四系沉积物进行分类，大型洞穴系统形态各异，洞穴沉积物也是多种多样，因此这些特征不适用于洞穴的一般性分类。

大多数岩溶学者关注的是地形地貌或者水文方面的内容，因此他们采用第 5 章和表 7-1 第 2 列中所列举的适宜的外部条件因素作为地下（隐形）管道的分类依据。在本章后面部分将着重研究这些地质因素。至于与地形、水系网络的联系则是水文地质学者特别关注的内容。有些洞穴只是向河谷排泄地下水，有些洞穴将地表分水岭另一侧的地下水袭夺过来。地下暗河袭夺或在深切河谷拐弯处发生截弯取直，或绕过现代离堆山，或绕过河流裂点，以上这些是地下洞穴分类最常用的方法（见图 7-6）。这类洞穴中有些属"理想管道"，即单个直管道，在地下相对较短的距离内所输送的水量既不会增加也不会减少。

在最潮湿的气候环境中地下洞穴是最发育的，不过在澳大利亚荒凉的纳拉伯平原上也发现了大型洞穴（见 10.2 节）。尽管最长的河流通常会形成最长的河流洞穴通道，但是洞穴的形成在很多方面与气候条件没有多少关联（图 7-2）。这些地下洞穴一般是地表水异源补给形成的，马来西亚沙捞越地区的大型洞穴姆鲁洞就属此类。不过，在新不列颠发现的 Nare 洞和其他一些洞穴则基本是由地表水自源补给形成的。像卡尔斯巴德大洞之类的一些超大型洞穴（见图 7-33）完全与挽近期地形、河流网络或者地下水系等无任何关联，只是由于地表侵蚀将这些地下洞穴揭露出来才为世人所知。

根据外部因素对洞穴分类并不能解释洞穴系统结构或者组成部分的形态组合。根据一般普通意义上而采用的简单分类洞穴见表 7-3，但是这还不够完善。3/4 以上的洞穴在第一类中得到了很详细的描述和测量，这类洞穴受灰岩地区大气降水水循环所影响，在含水层以下几乎不受任何非正常控制条件

图 7-2　中国广西南圩镇的地下暗河（Andy Eavis 摄）

的约束，这类洞穴称为"非承压洞穴"。其他几类包括了在非正常地质约束或者异常水流条件下形成的洞穴。这将在后续章节中加以讨论。

许多洞穴的发育具有多期性。当洞穴的一个发育阶段结束时，就是另一个阶段的开始，其形成条件为：①当泉水点位置连续性上升或下降时，则会强迫形成新的洞穴通道；②当外界水流（体）在数量和质量上发生改变则导致网状洞穴发生填充现象，而在这之前则出现了网状侵蚀现象，或者反过来亦如此。7.5 小节将讨论泉水点位置的迁移对地下洞穴系统发育的影响，即当地或区域性侵蚀基准面发生变化。网状侵蚀-沉积变化涉及洞穴的沉积变化，这将在第 8 章中予以讨论。

表 7-3　岩溶溶蚀洞穴分类

A. 正常大气降水	可溶岩中为非承压水循环（＝表生洞穴）	1. 树枝状洞穴（约占已知洞穴的 80%）
	可溶岩中为承压水循环或者部分地下水的循环不在可溶岩中；包括部分表生的洞穴	2. 迷宫状洞穴和底射式洞穴
		3. 为上述 1 类和 2 类的组合
B. 深部富集水	地下水中溢出 CO_2（通常为热水）；表水洞穴	4. 热水洞穴（约占已知洞穴数量的 10%）
	地下水中富含 H_2S（盆地水、同生水）	5. 卡尔斯巴德类型洞穴及石膏置换洞穴
C. 半咸水	主要为海水和淡水混合形成	6. 海岸混合区洞穴
D	上述 B 或 C 与 A 组合形成的地下水	7. 杂生洞穴

7.1.3 洞穴系统信息

洞穴系统在功能机理上与水系地貌中的河流网络是一致的。在过去的60年中对河流和盆地特征从地形角度的分析让我们对河流与盆地的形成研究方面取得了很大的进展,而在洞穴学方面则进步不大,这是因为几乎所有的洞穴都缺乏详细的信息。许多洞穴太小而无法进入,或者洞穴坍塌被埋,或者被砂砾等填充,或者不知道其起源于何处,也不知道其在那里消失。大多数大型洞穴系统中部分管道有地下水,洞穴潜水又十分危险,因此只对很少的一些洞穴进行了测绘调查。目前通过对洞穴的形态测定,得到的最多信息就是诸如扇形溶解地貌和地下暗河冲积物样本之类的细微特征信息。这些信息将在本章最后部分和下一章进行归纳总结。目前还缺少可以把这些细微的研究成果与连通试验获取的具高度概括性的系统描述结合起来的量化证据,关于水位曲线的分析在本书第6章中已做过讨论。这些都是我们未来洞穴研究的主要挑战之一。

7.1.4 洞穴成因的相关资料以及其他资料信息来源

一部洞穴成因的重要著作《洞穴成因学:岩溶含水层演化》(*Speleogenesis:Evolution of Karst Aquifers*)(Klimchouk et al,2000)由国际洞学协会和美国国家洞穴协会联合出版发行。来自17个国家的数十位学者通过联合工作对洞穴的成因做了全面的分析论述,本章不可能将该书中的所有研究内容全部涵盖。在本章中我们描述特定的洞穴成因特征时没有给出具体的索引,这是因为这些洞穴的叙述在该书中一般都可以找到。继该书出版之后Klimchouk开设了一个有关洞穴成因学的网络科技期刊的网站:www.speleogenesis.net。该网站可出版刊物、对其他学者的研究也做分析总结等。

《世界大型洞穴图集》(*Atlas of the Great Caves of the World*)(Courbon et al,1989)提供了118个国家有名洞穴的平面图、剖面图和总结概述。在欧洲大多数国家(这些国家发育有岩溶洞穴)都有国家和(或)区域性专著论文提供了这些洞穴更详细的资料,尤其是地质背景方面的资料。在美国有许多州级的勘察机构,而国家洞穴协会不定期地发表有关洞穴研讨会的成果。就目前了解到的信息而言,阿根廷、澳大利亚、巴西、中国、日本、新西兰、南非、土耳其、委内瑞拉等国(地区)都已出版了大量的国家性和区域性的刊物。例如Finlayson和Hamilton-Smith(2003)两人编辑出版一本关于澳洲洞穴自然历史的书。

《洞穴成因学》(*Speleogenesis*)(Klimchouk et al,2000)采用了逻辑性非常强的方法对洞穴的成因进行了讨论。该书首先讨论了近海岸带的年轻地层中洞穴及其发育过程;随后论述了埋藏在地下的古老岩石被年轻的地层所覆盖并发生置换等作用下,这些下伏岩石中的洞穴("深部洞穴")及其发育过程;最后叙述了出露于地表的古老岩石接受大气降水、地下水在深部循环过程中形成的洞穴("非承压洞穴")及其过程。

本书首先对"非承压洞穴"进行了论述,这是因为其是岩溶水文地质和地貌学所要阐述的重点,而对于"深部洞穴"和近海岸洞穴则做了简要的讨论。

7.2 非承压型洞穴平面模式建构

一般常见的模式都是一个相对较短的管道(例如切断弯曲的河流)或者是如图5-23中左上所示的4种基本类型为基础的变化形态。当地下水沿节理或陡倾断层运移时,角度模式占主导;当层面成为地下水运移的路线时,则弯曲模式如同河道一样占主导。虽然这些洞穴也可能如网格一样发育或者整体上贯通,甚至较大的分支系统中发育一些特殊模式。

7.2.1 初始条件

在 5.2 节我们曾讨论了岩溶含水层发育的控制条件,如最大水力梯度方向,这反映了最小流动阻力方向(如渗透系数最大)和能量损失速率(如最短和最陡的线路)最大方向之间的平衡。这一节我们来研究地下水通过裂缝(包括岩层面、裂隙节理和断层破裂面)形成溶蚀管道的发育规律和水力梯度特征。在溶解作用发生之前,裂隙中连接空洞的最小缝隙是很小的,为 $10\mu m\sim 1mm$,其总体积也很小。因此,最可能的径流方式是水先充满这些空间,而后地下水水位慢慢地接近地表,地下水流最后形成了压缩弹簧式的超微型水库(图 5-17),这就是其主要原理。有关成岩和构造上的历史形成过程已在本书第 2 章和第 5 章做了论述,并不总是具有说服力,因而这个简化的形成模式成为我们讨论其他模式成因的基础。

图 7-3 所表示的假设情况为本节和下一节研究提供了水文地质架构。图中描绘了陡倾地层中区域水流方向与倾向一致,这个容易说明。当然读者可以想象这个图中的地层产状近水平或倾向与排泄边界反倾,地层也可能褶曲,或者排泄边界(潜在泉水点)在这个模型的一侧或两则。但不管如何分析方法是相同的。

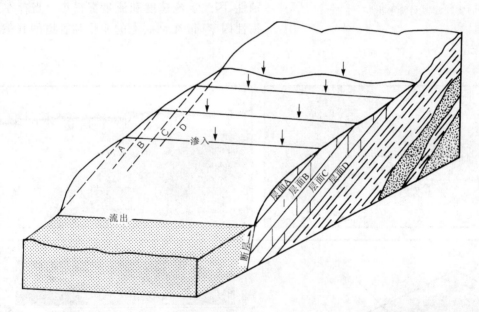

图 7-3 解释渗透性层面 A~D 和裂隙系统之间联系的非承压型洞穴发育过程的概化模型图

上述模型与分析是针对层面的,因为层面在大多数情况下是地下水入渗的最连续的结构面。一般情况下层面平均张开宽度与节理相比,产生的偏差更大(图 2-15)。沿垂直的正断层发育的管道就在模型的边缘。

在本节我们关注的仅是平面模式,即在一个面上长度和宽度的发育规律(这里指层面 A),而关于下伏的层面 B、C、D 等的连通,就引入了深度的概念,这将在后续章节中进行论述。本节分析的基础是麦克马斯特大学 Ewers(1982)1972—1975 硬件模型试验结论和 Ford(1965a,1968,1971b)的研究成果。Ewers 运用电流和沙盘模型方法做了许多不同的初始条件测试,推导出了熟石膏的分解模型,并萃取出了其中的盐分。自 1980 年起,计算机模拟取代了这一模拟方法,采用有限元法或者二维节点法,最近则采用随机宽度法(图 2-15)。德国布莱梅大学的 Dreybrodt 和他的学生在这项研究上走在了前列(Bauer,2002;Dreybrodt,Gabrovšek,2002;Dreybrodt,2004;Dreybrodt et al,2005)。计算机技术的普及,给洞穴成因模拟带来了光明:到目前为止计算机模拟证明了 Ewers 的计算机硬件模型理论是正确的。

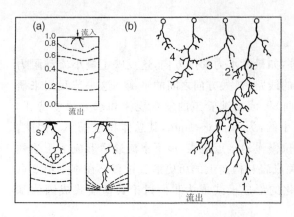

图7-4 （a）位于层面A中的一个补给点至一个排泄边界洞穴的竞争式延伸图。图中虚线为地下水水位等势线；P为主管道（或优势管道）；S为次级管道。（b）单排多级补给竞争延伸图。图中虚线和数字显示为预计的管道连接发生结果和位置（上图据Ewers1982年的实物模拟实验得出）

7.2.2 单点补给岩溶管道形成

这是一种最简单的情形[图7-4（a）、图7-5（b）和图7-5（c）]。补给点和排泄点之间的裂缝长度可能不超过1m（这一情形我们称之为溶沟或者近地表岩溶发育阶段）或者长达10km，压力水头小到只有灰岩单层厚度那样高，大到高达数百米。在层面内地下水的初始流态是层流，可以认为是符合达西定律的。

溶蚀毛细管的分布形态按水力梯度方向优先延伸。它们的延伸速率取决于溶剂的渗透距离（见3.10节）及其控制因素。真实的情况是一米一米地延伸，而这又取决于层面的地质微观特性。

在电法模拟条件下，所有的管道都是在其下游位置的非溶蚀层面中相互连通，而后者具有很高的抗侵蚀性，因此水流速度和流量都很小。当存在这种抗侵蚀性因素时，在剖面上的变化和管道的其他特性的变化都微不足道。

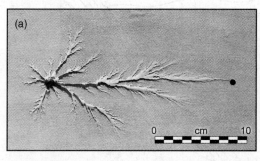
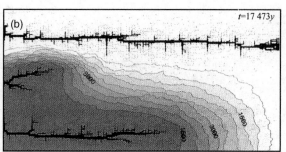
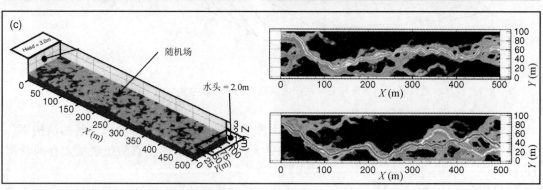

图7-5 （a）穿过层面裂隙的原始洞穴的实物模拟发育过程图，实验中以熟石膏作为介质，过程也是连续的。Ewers在1982年用实验方法再现了这一发育过程（引自Ewers，1982）。（b）单排多级补给计算机模拟（引自Dreybrodt，Gabrovšek，2002）。（c）我们认为这是能够获取到的最详尽的有关洞穴发育的计算机模拟图。这一模拟图被视为单一补给点成功渗入厚度为2m的随机含水岩层中，岩层中水流自由进出岩层空间的大小为长500m、宽100m、深3m，超过400 000个节点。两次突破的叠加过程如（c）小图中的右图所示。采用尼亚加拉统（Niagaran）白云岩的溶解度数据，水力梯度值为0.002，合适的P_{CO_2}值（CO_2分压值），得到的临界值为大约15 000a（引自Annable，2003）

在每一次的试验中,偶尔有一个管道会比其他管道发育快。它的地下水等势场发生变化,这降低了其他管道的水力梯度,因此导致其前进速度放慢。当这种主管道(或优势管道)到达排泄边界后,在后续演化过程中产生3个重要效应,这于先前的原始孔洞的缓慢发育而言是很快的。第一,迅速达到动力突破,管道扩大加速(见第3章)。第二,如果当水流的流态呈紊流时,水动力条件发生剧变,达西定律不再适用(见第5章)。第三,当管道变得足够大时便形成水位深槽,地下水等水位场再次形成,渗透场变得更不均匀。

在以往的文献中(Ford,1971b),这种早期的管道称为倾斜管道,因为我们首先研究的是陡倾地层,这些管道的倾角通常与地层倾角一致。而现实中,它们是具有梯度的管道,因为这些管道与水力梯度近一致。这里我们把它命名为原始管道,因为它是沿裂缝发育形成的第一个管道。

在溶解作用开始之前,如果裂缝中的缝隙越宽,最初的洞穴形态越平直,且分支越少。如果节理与层面相交或者节理穿过层面时,那么初始洞穴的延伸就优先于交线发育。不过只有当交线的走向与水力梯度的方向一致时才会形成优势管道。

当原始管道随着水动力条件的突破而扩大时,大量次级裂隙网络也会随着增加。不过,假如水头压力保持不变,次级管道也会慢慢地继续发展,并在发育成一个多期洞穴中起重要作用(见7.5节)。而在其他的例子中,次级裂隙网络也可能被黏土和其他不溶物充填。当排泄边界呈线性或者带状,而不是单个的泉水点时,要把下游的几个分流网络连接起来,并形成一个小型网络也是很常见的。

这种模式描述了大多数简单洞穴的发育过程,即一个单一管沿一层面、一节理面或者一断层发育,许多短小洞穴就属此类型。

7.2.3 单排多级补给

这里我们可以想象有许多溪流是层面A的补给边界[图7-4(b)、图7-5(b)],这一现象在接触岩溶中常见。溪流补给地下水,在灰岩露头边界流出,如Baradla-Domica洞穴系统就跨越了匈牙利和斯洛伐克两国的边界。从图7-6中可见典型竞争发育特征,因为在各个方向上裂缝中的溶解阻力是不一

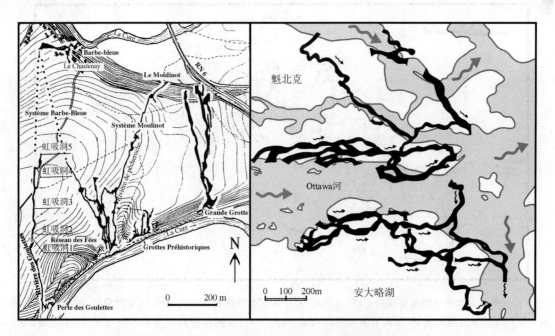

图7-6 (左)法国阿西河(Arcy-Sur-Cure)疗养胜地的一处壮观截弯取直洞穴。虽然目前看上去是一处单排多级补给的例子,发育过程也主要是一系列的单个补给点所形成,最早位于Grande Grotte,后受河流深切作用称移至Systeme Moulinot,然后再到Riviere des Goulettes-Barbe-Bleue(据Haid,1996)

样的,入渗水头压力也不完全一样均等,或者由于有些补给源较其他补给点出现得早,以及溪流单点或多点补给的优势延伸等原因,有些影响范围随之扩大,相应地,它的竞争者的影响范围逐渐消失。

平行发育补给点的间距越小,竞争越激烈;水力梯度越陡的地方,地下水运移主管道的数量就越多,就产生了多个独立的洞穴系统。在初始条件下补给点距离非常近时,就是本书第5章所描述的近地表岩溶区中的弥散流补给类型。

当一个原始洞穴首先受地下水作用出现变大时,临近区域的地下水流包络线就向这个洞穴延伸。除非这个原始洞穴距输出边界相当近,否则附近的原始洞穴就会被这一洞穴俘获变成它的分支系统。图7-4(b)表示的是原始洞子的俘获顺序是2→3→4,这一原理可以放大到图7-7所显示的情形。该

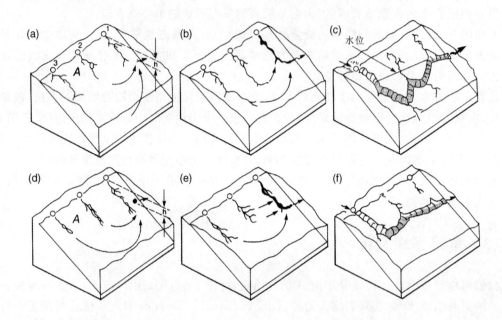

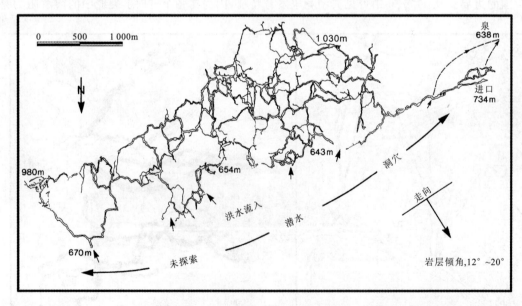

图7-7 单排多级补给侧向连通模式图。(上)[(a)~(c)]裂隙抗侵蚀能力高时的发育顺序,相邻补给原始洞穴间的单一通道随机连通,形成了不规则的通道。(d)~(f)裂隙侵蚀能力低时的发育顺序,多个通道连通,随着洞穴的规模变大就形成近水平的岩溶洞穴(对Ewers的模型进行了适当修改)(据Ewers,1978)。(下)苏格兰Das Hölloch洞穴的主要洞穴网络系统,是已知长度第五的洞穴。系统主要包括一个主排水管道,坡度12°~20°,排水流畅,整个多层洞穴系统相当于延伸400m长,是一个主通道连通模式

图说明的是补给区与排泄区很近的单点排泄出口(一个泉水点)模式。我们设定有两种条件,图7-7(a)~(c)所示的裂缝紧闭,具有很高的抗侵蚀性。首先在优势管道1和2之间连通,而后在管道2和3之间连通(依次类推),这种连通在平面上的位置是随机发育的。相邻管道之间的距离非常近时,在地下水水位等势场发生变化时,这两个管道之间就产生次生管道,这两个管道就相互连通。图7-7(d)~(f)中的裂缝抗侵蚀性低,在原始洞穴和早期洞穴之间就会相互连通,而那些距离排泄点直线距离最近的洞穴成为胜者,最终形成一个平直、近水平发育的岩溶系统。以上两种模式就是抗侵蚀性能较低的连通线路模式图。

我们现在认识到瑞士Hölloch洞基本结构,这处洞穴是世界上已知的、第四大长度的灰岩洞穴[图7-7(d)~(f)]。这条洞沿着一条倾角12°~25°的大断层发育,是一个具多级次序的主排泄通道。由于主通道的上升或下降时形成了很多分支通道,这些分支通道穿过多个层面,就形成了这种连续的、形态极不规则的岩溶通道,这一模式如图7-7(a)~(c)所示。不同主管道之间的分支通道的长度从50m到250m不等。大多数图示通道现在已经死亡,虽然较低位置的通道在春节冰雪消融时可能会被水淹没,但是我们把它们视为半潜水位型的。发育于低高程顺层的未揭露的洞穴输送现代的水。我们可以假设在这个活跃的主通道之下的分支通道延伸很缓慢,只有当外部侵蚀再次低于排泄点高程时,一个新生的主通道才会出现。

上述这种洞穴结构常见,虽然其特征不像Hölloch洞那样典型。图7-7(a)~(c)展示了抗侵蚀性能较高的不规则延伸的管道和抗侵蚀性能较低的规则延伸管道。这些管道除了顺层发育外,也沿节理或者逆冲型断层发育。图7-8显示的是一个很壮观的"头部朝上"的不规则岩溶通道的例子,这个通道在大理岩中沿卸荷裂隙发育。

Gabrovšek和Dreybrodt(2000)模拟潜在混合侵蚀效应,放大单排补给效果。例如在一个地下水补给点补给水的$P_{CO_2}=0.05$atm,而另一个输入点的$P_{CO_2}=0.03$atm。可以预见,$P_{CO_2}=0.05$atm的补给会首先出现管道突破前进,当其与$P_{CO_2}=0.03$atm的输入管道连通后,则混合侵蚀会加速溶解,产生一个更复杂的通道连通模式,随管道扩大就出现比图7-4和图7-7所示的模式更复杂的管道。虽然如此,这一复杂过程没有真实的证据,不过在研究洞穴发育模式时需考虑这种混合效应。

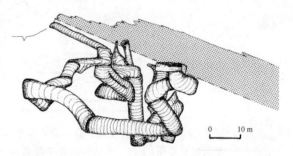

图7-8 挪威斯瓦尔特山Glomdal湖的地下出口"朝上"的概化图,这个洞穴是发育于陡倾大理岩地层中发育的延伸长度达500m的不规则管道,沿低倾角卸荷裂隙发育,变质作用层面封闭,除了充水的管道外,其余管道都进行了探查和测绘(Stein-Erik Lauritzen绘制)

7.2.4 多排补给

多排补给这一情形在岩溶系统中常见,如果读者想象地层水平分布,一系列地下水输入点平行于节理向下分布,就能很好地理解如图7-9所示的多排补给简要示意图。这种分析方法适合规模小的石芽和溶沟地貌,也适用于网格状岩溶或者大型的岩溶洞穴以及大多数非承压型洞穴。

这一新元素的引入对理解这一类型洞穴起到了很好的帮助作用。多排输入的初始渗流场(图7-9中的第2排)受排泄边界阻碍限制进一步发展。补给点更远的原始洞穴很少出现通过节理与层面连通,直到附近的输入点与输出点连通,降低节理的抗侵蚀性,后排的水力梯度变陡时,原始洞穴就会通过节理互相连通(图7-9A~C)。后排的侧向连通及与另一排输入点首次连通(主管道)同时进行。高或低抗侵蚀性的规律也适用于单排补给的模式。各个管道向前和侧向发展,相互连通就形成洞穴系统,可溶

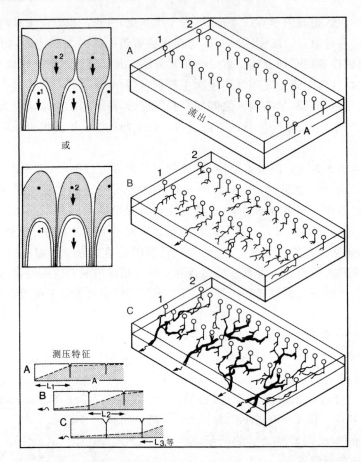

图 7-9 常水头条件下两排补给洞穴系经统的启动模式图。从第一排输入点到输出点为限的
渗流场分布图(上左),在较陡水力梯度区衰退形成向前延伸形成洞穴网络(下左)

岩区域达到平衡,最小水力梯度(系统中保留的抗侵蚀性)最小情况出现。随着系统扩展到规模较大时,其抗侵蚀能力降低,在有足够的时间和水的条件下,纯度合适的可溶岩中发育的地下洞穴系统就输送地下水。

图 7-10 显示了计算机模拟的多排补给模型。Kaufmann 和 Braun 假定灰岩裂隙发育且是多孔介质。这种假定很适合年轻的灰岩或白垩岩。最初发育近平行的管道非常靠近排泄边界,逐渐延伸形成特定的地块。Dreyorodt 和 Gabrovšek(2002)假设了一个正常的、低孔隙的灰岩地块(长 1 000m,水力梯度 0.05,5m 水头压力),在适宜的 P_{CO_2} 和充足的地下水供给条件下,在 2 500 年后距排泄边界 500m 的一排补给点开始出现洞穴延伸,只有当这个管道延伸较远,在距排泄点 1 000m 之外的排泄点才开始出现管道延伸。约 5 000 年后,后排补给点才有第一次水动力条件突变。

图 7-9 和图 7-10 描述的均质模型在现实中不可能遇到(例如补给的水头压力)。地质、地形和水文条件的改变总会改变这个模式。例如在高水头压力较大的河流为补给源头时,管道率先延伸,袭夺较近的补给溪流为其支流。然而,有很多洞穴系统呈现出如图 7-10 所示的向前和侧向连通的系统模式。这与 Horton 溪流-渠道网的建构具有明显类似的特点,但是受地质条件影响及资料不全,洞穴试验还没有成功地验证 Horton 法则的有效性。

图 7-11 显示的是美国中西部地区的含灰岩落水洞平原和高原之下的多排洞穴型式。印第安纳州的 Blue Spring 洞穴[图 7-11(a)]发育于裂隙较多的岩体中,而田纳西州的 Blue Spring 洞穴[图 7-11(b)]的发育主要受层面控制。图 7-11(c)是肯塔基州中部岩溶的一小部分。泉水点向下及侧向迁移多次,这是对格林河的多次下切与周期性淤塞的响应。据此可知,洞穴通道的模式是非常复杂的,因为这

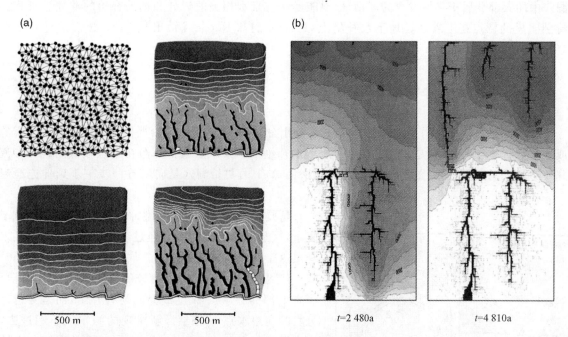

图7-10 多排补给情况下的计算机模拟。(a)左上为裂隙模式,同时也表明其孔隙率较高,输入补给点靠近排泄边界,管道延伸迅速,初始管道向前延伸在后续的架构中呈现(引自Kaufmann,Braun,2000)。(b)一个裂隙发育的网络中两个相邻排输入点形成的两个通道架构,长度1 000m,水力梯度为0.05,在2 500a后在距排泄点较近的输入点出现首次延伸,此后在离排泄点再远一点延伸,在5 000a后最后面一排管道开始扩展(引自Dreybrodt,Gabrovšek,2002)

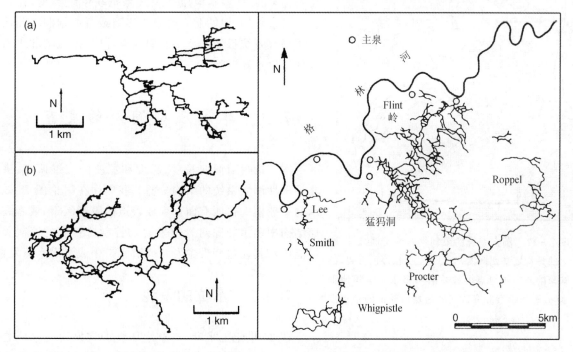

图7-11 一些大型多排洞穴系统的平面模式。(左)(a)印第安纳州的Blue Spring洞穴的发育受裂隙控制;(b)田纳西州Blue Spring洞穴的发育主要受层面控制。(右)肯塔基州猛犸洞及附近发育的洞穴系统,这只画出了一些主要的管道,尽管这是一个多期、复杂的,还叠加了侵入通道的一个多排补给,最终向格林河排泄的岩溶系统

个洞穴中的大部分属于早期发育的产物,但也能辨认与泉水相关的近处和远处补给的非完整模式。一个特别明显的特点是沿着最远地下水补给点(Procter 洞和 Roppel 洞)出现合并,导致猛犸洞排水被袭夺。

7.2.5 限制性补给源的情形

这种情况是另外一种明显不同的岩溶输入-输出分配模式,地下水补给严格限制在可溶岩出露的线状或狭窄带状地带,大多数是以峡谷河床为地下水补给区。泉水点通常分布在本区较低的地方。流场的几何边界限制远程补给[图 7-12(b)],因此层面 A 中的初始洞穴是向河谷一步一步延伸连通起来的。

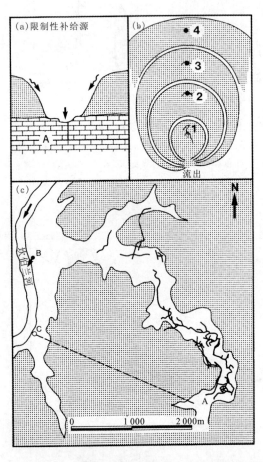

图 7-12 洞穴系统的限制性补给实例,该图所示的是肯塔基州洞溪,上层地层为巨厚的页岩,已知该溶洞向排泄点前进并向 B 泉水点运移地下水,A 是后期袭夺穿过河间地块向较低的泉水点 C 补给(引自 Ewers,1982)

这是一种常见的洞穴类型,图 7-12(c)所示的例子很复杂,这是因为这个网络是经过多期发育形成的,且未完全对这个洞穴系统进行勘查。坎伯兰河(Cumberland)重新下切揭露到一个新的、位置较低的排泄点,在最后阶段,洞穴前部的补给点 A 已放弃向河谷补给,而是穿越地下分水岭向泉水点 C 补给。新出现的洞穴人不能进去,西维吉尼亚州 Friar 洞(图 7-24)是另一个长度较大的洞。

7.2.6 洞穴系统及一般性系统理论

根据运用于地貌学上的一般性系统理论(Chorley,Kennedy,1971),非承压性洞穴是串联系统类型,在每一次串联事件中,原始洞穴与泉水连通或者原始洞穴与已存在的洞穴系统贯通。每一次串联事件中,渗流场和水力梯度都发生重新调整。

7.3 非承压型洞穴的发育

本节通过对洞穴长度、深度和宽度的三维调查,进行非承压性洞穴系统的结构分析。我们现在讨论图 7-3 所示的一般模式在所有面上生成管道的限制因素,或者在几何结构中多组裂隙对管道发育的控制。管道的序次关系可能揭示其在包气带中发育或潜水带中或沿潜水面发育。

7.3.1 水位的争论

在 20 世纪上半叶,对非承压性洞穴发育与水位之间的关系的关注程度远远超过对洞穴成因模式的关注。图 7-13 左半部分所列举了 3 个方面的争论。最早的是 Martel 与欧洲其他学者所假设的多数岩溶发育线路一定是在潜水位之上。当时对土壤中 CO_2 对岩溶促进作用还没有得到充分认识。在渗流区首先是水位下降,在地下水下降过程中吸收了进入地下暗河中的大多数溶解剂的溶解能力弱,同时因其水力梯度最陡,这样机械磨损作用替代溶蚀作用成为主导(溶蚀作用形成小的孔洞)。

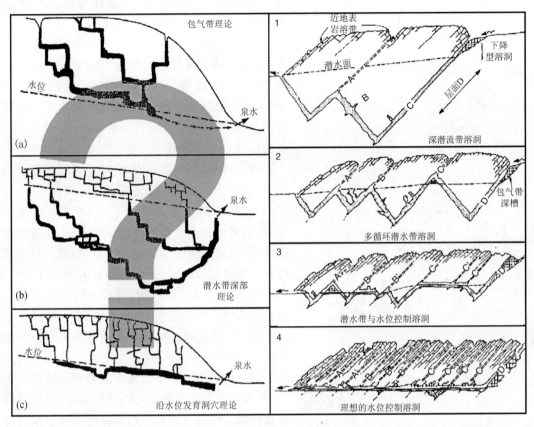

图7-13 (左)20世纪50年代存在关于洞穴发育的3个相互矛盾的理论。(右)在非承压的循环系统中可能出现的包气带、深部潜水带和沿水位发育的溶洞的"四态模型"。这个"态"取决于密度、岩石的透水性及裂隙和层面的连通性以及水力梯度的方向性(据Ford,1998)

1930年美国首席地貌学家Davis,采用洞穴平面图、剖面图和有关报告资料的经验证据,认为很多洞穴系统受地下水向上运动这一过程作用控制。相对于包气带相反的位置,他认为:在周期性侵蚀的成年和老年阶段,在区域性地下水水位以下的不同深度,洞穴发育缓慢(Davis,1899)。岩溶基本上是沿达西地下水流线方向发育[图7-13(b)]。Bretz(1942)修正了包括老年准平面之下封闭阶段模型,这一模型由于水力梯度非常平缓导致地下水循环缓慢造成洞穴被土填充。

Swinnerton(1932)首次认识到土壤中的CO_2对岩溶发育起很重要的作用,这一认识在对包气带和潜水带模型中渐趋一致,他假定在洞穴发育之前的一定深度存在稳定水位。他提出了溶洞最可能沿地下水水位发育的概率模型[图7-13(c)],溶洞沿水流方向向前延伸。Rhoades和Sinacori(1941)认为大型溶解性洞穴的形成一定会导致地下水水位变化,大多数情况是降低地下水水位或者水力梯度。他们提出了一个较为完善的模型,这一模型认为溶洞发育的方向是从泉水点开始在岩石中溯源发育,随着通道扩大,地下水水位降低。有关这方面更深入的讨论参见Ford(1998)和Lowe(2000)的著述。

7.3.2 区分潜水型洞穴和沿潜水面发育洞穴——四态模型

用四态模型可以解决上述争论,如图7-13右图所示[Ford,1971b;Ford,Ewers,1978]。这一模型是基于初始裂隙连通,地下水可沿裂隙运移(裂隙在有些地层中连通性差,而在有的地层中连通性好)。真实的变化是一个连续的过程,这个过程就形成了4种不同的潜水或潜水面洞穴发育。

在初始洞穴阶段,模型中地下水水位认为是接近地表,因为没有足够的有效孔隙来降低地下水水

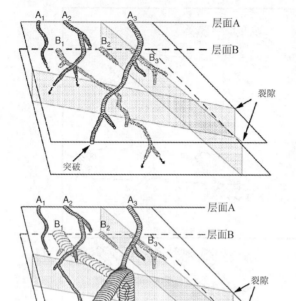

图7-14 潜水循环圈形成的随机模式示意图。上图表示3个原始洞穴分别沿层面A和B分别延伸，A_3正好延伸到排泄边界。下图表示B_1和A_3通过一个竖井相互连通，这个竖井沿裂隙延伸而成，B_1获得的地下水最多，并扩大洞穴，其向下游持续缓慢延伸，直到洞穴充填粉砂和黏土，这个洞穴是未来要被袭夺的洞穴的典型

位，当初始洞穴开始延伸，管道连通并扩大，水位降低至如图7-13所示的稳定位置。图7-14解释了地下水可进入层面或裂隙，层面之间或裂隙之间逐渐相互连通，连接的位置都是偶然的，在这位置处，节理或其他裂隙连通的距离最短。这个过程就产生了一个潜水循环，这个循环就是向下与一个层面或一个低倾角的裂隙连通，然后沿一个节理或断层向上与层面连通（该处的压力水头较低）。

深潜流带溶洞（第一态）是地下水水位以下的唯一管道，这是因为地下水能进入裂隙的数量不多，这种洞穴具有很高的水力阻力。图7-14中所画的通道十分复杂，通常具有多个循环段。层面A、B、C等中生成连续的管道，然后这些管道相互连通（如前所讨论过的多排输入连通）。当任何一个管道扩大到有几个厘米时，层面C中的管道（具有前行优势）获得最多的地下水，结果导致该管道率先扩大到人可以进入的尺度。

图7-15给出一些仍在活动的或者已停止发育的深潜流带溶洞的例子，但有关这方面的信息特别不完整。活动的（充填的）深潜流带溶洞很难或者不可能查明，如果这些洞穴干涸无水以及被废弃，在循环圈底部常被碎块石堵塞。我们不知道深潜流带溶洞可能的最大深度，但是可以确定的是墨西哥Sierra de El Abra洞穴深度大于300m，在这个洞穴中水位干枯后高处残留的物质保留完好（Ford，2000a）。很多地方的勘探孔揭露到的洞穴中有年轻的流动水，埋深可达3 000m。有些如图7-15所示的洞穴可能是浅部的洞穴在后期构造作用下地壳下降形成的深部截留洞穴。

在裂隙密集发育的地层中会形成多循环潜水位洞穴（第二态）。一定要理解的是较高循环圈的顶部高程决定稳定水位的位置，而不是由地下水水位确定循环圈顶部的高度。系统规模相当大但水位仍较高。随着管道扩张，体积变大，直到局部循环圈的顶部被大的洞穴系统袭夺后，水位才会出现下降。

Hölloch洞是一个潜水循环形成不规则的近平行的多期洞穴系统（图7-15）。循环圈垂直最大幅度约100m，最大的洪水记录显示最大深度达180m。瑞士的Siebenhengste洞，最大深度超过300m。其他洞穴沿裂隙发育，形成如图7-14所示的管道。大多数循环洞穴深度一般在50～200m，如波兰的Czarna洞（Gradziński，Kicinska，2002）。在美国肯塔基州落水洞平原近水平向灰岩地区洞穴深度不超过40m。

洞穴是短且浅的循环管道与近水平渠道（水位）的混合物，这代表了裂隙发育、抗侵蚀能力低的情形的第三态条件。溶洞中的水平段是顺主要节理或者顺层发育（图7-7）。英国门迪普山Swildon-伍基洞穴系统就是一个典型的例子，从上游源头勘查发现有11条浅潜水循环管道，被12条深循环管道袭夺。至少有8条循环管道在伍基洞中探查时可以遇到（图7-15）。斯洛伐克的Skalisty Potok洞，已对20条循环管道进行了潜水勘查，深度达到25m。罗马尼亚也有类似的例子（Racoviţă et al，2002）。法国的Grottes des Fontanilles洞有6条循环管道，海拔-77m（Romani et al，1999）。在2001年的大洪水中，受困于一条短小地下暗河的探险家经历的洞穴中的气压是2个大气压，表明上部岩石的密封性很好，即使在第三态条件下裂隙发育的岩体中有效孔隙也不发育。

第四态，裂缝发育或者水力梯度很小，在排泄点后有多级连续补给源，排泄路径也是直线式的。当地下通道发育足够大时，它就能吸纳所有的排泄，因此在这些地方的测压面是很低的，它们也变成了理想的水位洞穴。

在第四态下，裂隙发育程度很高，抗侵蚀能力低，多排补给点与泉水点之间的水力梯度低，运移路线更短小平直。当洞穴足够大且能吸纳所有的地表径流时，潜水面降低，这些洞穴就变成了一个理想的水位洞穴。

能够趟水或者能够游泳的"理想水位洞穴"洞顶不高，这是一种常见的洞穴类型。在中国南部、越南、马来西亚、古巴的冲积平原上残留有大量灰岩岩塔，而在地表以下发育上百个这样长度的洞穴。匈牙利与斯洛伐克边界处裂隙非常发育的灰岩地层中发育Baradla-Domica大型岩溶系统也是这种类型，比如伯利兹Branch洞穴岩溶系统发育于角砾岩中，也是这种洞穴类型。澳大利亚纳拉伯平原的一些洞穴也属这一类型，如考科比蒂洞穴（Cocklebiddy）通过潜水调查发现，这个洞穴正好在地下水水位之下，延伸长度超过6.5km（Finlayson，Hamilton-Smith，2003）。

这4种模型来区分潜水和水位洞穴，如图7-13所示是一种简化和理想化的形态，而实际上洞穴是这几种模型的混合形式。理想化的水位洞穴延伸长度很少超过1～2km，当地质条件发生变化的地方，水位洞穴就被浅的潜水管道截断。根据洞穴的主要特征对洞进行分类。

Cvijić（1918）等许多洞穴家认为，受季节性和暴雨后洪水的快速流动（化学侵蚀），导致潜水位变动，在这一水位变动带中溶洞优先发育。正如我们对这一问题的阐述，当裂隙发育程度是第三态和第四态

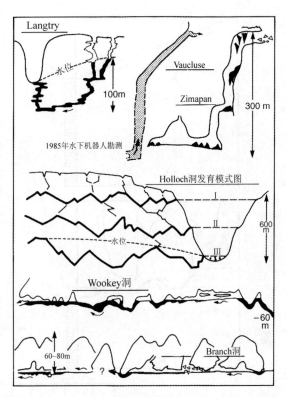

图7-15 深潜流带溶洞实例，美国得克萨斯州Langtry洞，沿水平地层发育（据Kastning，1983）；法国沃克吕兹洞（Vaucluse），是一潜水抬升管道，管道直径10～20m，水抬升315m，这个洞是一深潜流带溶洞的出口部位；墨西哥的埃博拉La Hoya de Zimapan洞穴是另外一个出口，地下水排泄口水抬升300m，目前仍是活的洞穴系统，底部充填黏土，上层溶洞廊道直径20～30m，分布大量的洞穴沉积物；Das Holloch洞也是一个多循环潜水洞，发育三层遗迹物（引自Bögli，1980）；英国伍基洞，其是潜水和水位两个因素形成的；伯利兹Branch洞，沿着坡立谷发育的大型顺潜水面溶洞（引自Miller，1982）

时，水位变动带对洞穴的形成起很重要的作用。Audra（1994）与Palmer和Audra（2003）通过仔细研究阿尔卑斯山和比利牛斯山区的一些重要洞穴系统后，提出了如图7-16所示的洞穴形成模式图。年轻溶洞和滞留溶洞（图7-16A、B）是包气带类型的溶洞，第二、三和四态的洞穴系统均可归类于浅潜水带的岩溶（图7-16C、D），而第一态溶洞可以认为是受到沉积或构造作用导致地壳下降而出现的偶发事件。我们同意岩溶洞穴存在浅部发育和深部淤积，同时发生这两种现象；沃克吕兹洞（图7-15）可能是墨西拿期海平面下降，导致淤积而形成，但是用这个模式不能解释埃博拉洞穴深循环系统（第一态）的成因，上述所说的第二态和第三态的所有洞穴在低水位以下（永久潜水带，而不是地下水水位变动带）的长度大部分不为人所知。研究相当深入的高山型卡斯尔格德溶洞的成因，就不能用Audra模型进行解释，尽管存在现代洪水最大幅度可达370m这一事实，然而，多期洞穴（下面将进行讨论）洪水可能淹没上层一个或多个已废弃的溶洞，如洞穴在两个不同的高程可以同时变大（如威尔士Ogof Ffynon Ddu；Smart，Christopher，1989）。

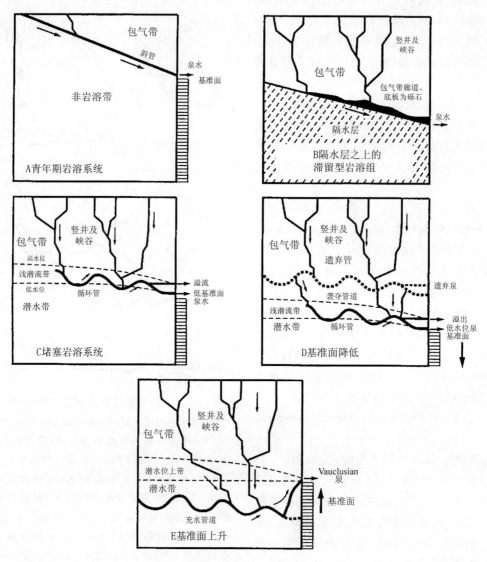

图7-16 包气带、潜水区和水位变动区洞穴成因模式示意图(Palmer,Audra,2004)

与Audra模型相比,Worthington(2001,2004)认为深部循环水会通过地热增温,产生低黏度的水,在高数量级的溶蚀作用发生前开始抑制生成初始洞穴前,溶剂渗入的距离更长。他认为当流经路线长度大于3km时,深循环第一态洞穴发育。通过分析19个洞穴(均已进行了地质测绘),他提出了式(5-19)方程式关系。这个公式有效性可能很大,或许大部分已知溶洞的地下水流经长度小于3km,在排泄点和最远的补给点之间存在更短的循环管道;尽管管道长度短、黏滞性高,但是这些仍是第一个出现溶洞突破的地方。

7.3.3 地质结构影响

地质结构在决定洞穴延伸长度的模式方面起着很重要的作用。当地层倾斜(2°～5°或更大),层面倾向于汇集地下水,并输送至地表以下深部,其水力梯度比初始水力梯度要大得多,因此,这种现象就类似于如Glennie(1954)所说的自流陷阱效应。这种地质结构有利于潜水带中溶洞向更深的地方发育。

当地层近水平,层面(最连续的结构面)可以延伸到岩溶洞穴处,当层面在溶洞中出露时,就成为潜在泉水点发育的地方。只有节理或断层能够导水进入地下深处。另外,在隔水层上部(比如白云岩、雄厚的页岩等)最可能发育上层滞水。第三态和第四态岩溶尤其发育。不过,在裂隙强烈发育的地段会发育深层潜水系统,例如英国Yorkshire Dales(Waltham,1970)。

高度褶曲的岩体中由于高应力作用,裂隙密集发育。"水位溶洞"很常见,如褶皱发育的美国阿帕拉契山脉。

当发生卸荷时,地下水可进入的裂隙可能会增多。这有助于解释为什么上覆地层剥蚀到接近泉水的地段时,高原上许多洞穴发育成复杂的分支网络((Renault,1968),这也是第三态和第四态洞穴在峡谷中发育的原因(Droppa,1966)。

硬石膏水化效应抑制深潜水循环管道的发育。当地层不受限制时石膏洞穴发育模式是第三态和第四态。

7.3.4 裂隙量测

没有简单的裂隙分类法来适应所有岩溶发育的四态模式,这是因为单个裂隙具有不同的抗侵蚀性能。当裂隙不发育但其抗侵蚀能力差,则会是第三态岩溶发育,甚至第四态发育,但是这些洞穴短小(如截弯取直)。裂隙发育但是抗侵蚀能力强时则会产生第二态岩溶,如加拿大温哥华岛部分地区就有这种现象(Mills,1981)。在天然岩石的表面或者在采石场测量裂隙对于近地表岩溶之下裂隙的有效性没有什么指导意义。

在英国门迪普山,所有四态岩溶洞穴系统都有发育,但是有效孔隙率小于1‰,因此这一测量方法不足以达到研究的目的。

7.3.5 裂隙发育密度随时间变化

在岩溶发育初期,渗透性裂隙的初始发育密度在层内和层间是不同的。正如第5章所指出的那样,随着地下水流经时间的(以及溶质水)增加,则裂隙的密度也会增加。多阶段复杂形态的后期洞穴便会向高级形态转化。例如,上新世—更新世门迪普山岩溶系统从初始的第二态潜水系统(只有少数几个循环管道,垂直深度很大)向高态岩溶系统(循环管道多,垂直深度越来越小)演化。当泉水点的高程降低,就在下面产生第二态岩溶洞穴。这个过程不断重复就产生夷平作用,最终(下节将介绍)形成第三态岩溶系统。有一个例子显示早期地下水循环管道的深度在50m以上,而在其后的第二态则下降到15m,第三阶段则不到10m。

这种发育模式在洞穴沉积的碎石中可能识别,这些碎石在许多塔形岩溶中保存。厚层灰岩中能保留垂直的岩壁(裂隙不发育)。较高级形态的古老洞穴常是第二态岩溶,冲积平原上的现代洞穴则通常是第四态岩溶。巴布亚新几内亚和马来西亚沙捞越州大型热带河流中的洞穴系统也有类似的发育历史。然而,阿尔卑斯山区的洞穴系统深度大,经过3期甚至多期的发育,但洞穴仍属第二态,因此这种概化不能适应所有的岩溶发展阶段。

7.3.6 包气带洞穴

原始包气带洞穴(Bögli,1980)的地下水水位深埋于地下,因此可允许大气降水或融化雪水进入干燥的岩体。如5.4节所讨论的那样,这可能是因为有效孔隙率特别高,或者裂隙的抗侵蚀性差(由于初始裂隙的宽度大于1mm)或者本地区气候干燥。洞穴形态发育受潜水因素的影响有限或者没有。在地壳迅速抬升且伴随变形的地方发育深大且张开裂隙,如年轻的山系。表7-2中的深洞中的大多数是沿裂隙发育的垂直竖井,利用长度较短的平缓段来排泄地下水,将地下水导入到另外一个竖井。可能由于局部地层的滞水效应在缓平段溶洞充水(如虹吸)。高加索Arabika山丘中的Voronja-Krubera岩溶系统的垂直剖面图如图7-17(a)所示,目前已知深度最大约2 160m,大多数为原始的包气带模式。斯洛文尼亚的Canin山中Vrtiglavica("Vertigo")竖井的垂直深度达643m,这是目前发现的最深的单一管道。其他已知竖井的深度一般大于300m。

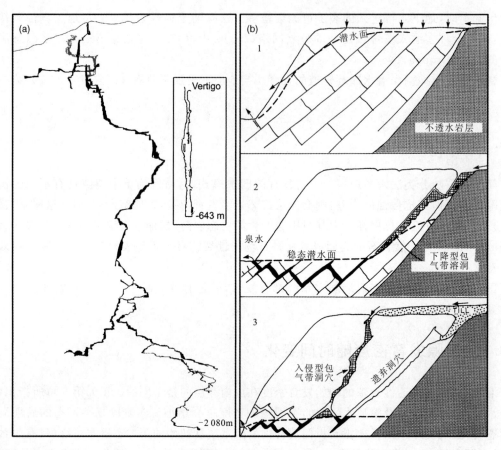

图7-17 (a)格鲁吉亚Krubera-Voronja溶洞垂直剖面图和斯洛文尼亚Vrtiglavica竖井(海平面以上的高程)(进口高程分别是海拔2 250m和1 910m)。Krubera溶洞是目前已揭露最深的溶洞;Vrtiglavica("Vertigo")是已查明的单洞最深的竖井,这两个岩溶洞穴大部分是在包气带中生成的[经允许摘自Ukrainian Speleological Association(Krubera洞)和Stopar R(Vrtiglavica洞)];(b)下降型和入侵型包气带发育模式图

下降型包气带洞穴的发育是在初始水位接近地表的情况下发育[图7-17(b)]。这种岩溶发育形式常见于平原地区、丘陵山区,以及埋藏于地下的可溶岩在上覆非可溶岩剥蚀后暴露于地表的地区。洞穴在早期原生管道网络基础上发育,当初生管道开始出现突破时,管道就会连通并且扩大,岩体的储水性能随之增加,然后地下水水位一定会下降,直到最终达到水力梯度最小(见5.5节)。尽管大于90%的洞穴空间可能是侵蚀后期包气带中产生的,岩溶通道大部分在潜水带中存在。如果其保存完好,潜水带中洞穴形态通常出现在洞顶,在这个地方可能很难发现。初始下降包气带条件下的成因可能适用于全球岩溶地区发育模式,很多深大竖井较低段很好地呈现这些控制因素所形成的效果。

入侵型包气带洞穴[图7-17(b)]是在已发育过一期或多期下降型包气带洞穴的基础上,在溪流入侵时发育形成的。当河流下切剥蚀上覆岩体时,或者从已堵塞或封闭的早期落水洞(冰川作用形成的这种堵塞)中溪流重新流入时,地表溪流的岩溶化作用就会产生入侵型包气带洞穴。有关冰川岩溶的详细讨论见10.3节。

自流排水的年轻洞穴(图7-16A)继续发育可形成下降型包气带洞穴或入侵型包气带洞穴。这种类型相对较少,这是因为深部循环发生在泉水点高程以下是很正常的。然而,新不列颠的 Muruk-Berenice 洞是一个简单的有两个虹吸管的下降型溶洞,其长约 11km,深度达 1 178m。发育于隔水层之上的包气带溶洞(图 7-16B)很常见,最下部的溶洞廊道通常起源于下降型包气带溶洞,而上覆的廊道可能是上述两种类型中的一种或者是两种类型兼有。

7.3.7 包气带洞穴发育程度和规模

包气带中洞穴发育程度(或类型)是包气带深度和可溶岩埋深及其他效应的函数,包气带洞穴可看作是用来导水的一个简单的垂直下降的竖井。泉水点之上的表生卸荷也是非常重要的因素。如上面所说,最深的包气带洞穴发育在山区。水力梯度的变化同样具有重要的意义。当包气带洞穴排水是第一态或第二态时,潜水通道中的抗侵蚀能力的变化导致局部包气带变化达数千米,如水位形态变化。

在水文模型中,包气带中的水通常假定向下垂直流动。从某种意义上说,岩溶地区地下水不会向上流动。在包气带中发育有上千千米的横向岩溶通道,洞穴的大小是其水流与侵蚀作用相互作用的产物。当大的异源水流在地下运移时间很长时,就会形成规模大的洞穴。通常简单的扩大加上夷平作用(见 7.4 节)将第三态和第四态的系统转变成真正的地下暗河洞穴,这样的洞穴很少或从来都不会出现洪水淹没到洞顶的情况。相反,在自源补给系统中,因为补给相对分散且岩溶漏斗较多,单个溪流的流量少。地下所有的包气带溪水的融合效应,是产生人能够进入的洞穴的必要条件。在这样的区域内,仅是因为人不能进入探测,造成包气带中岩溶洞穴可能不发育这样的印象。

7.3.8 总结

根据上述几类模型得出以下结论:
(1)在非承压型洞穴发育的第一个阶段,在补给与排泄之间发育的洞穴系统可能由一种类型组成,如深潜流带溶洞、下降型包气带洞穴等。
(2)在第一阶段更多表现的是一种或两种包气带洞穴类补给地下水给潜水带(四种潜水带中的一种)或水位。
(3)在多阶段发育的洞穴中,除了包气带洞穴之外还发育一种或两种潜水/水位类型的洞穴,而水位洞穴通常倾向于更高的态。
(4)许多洞穴系统在一个发展阶段包含了上述这些洞穴的特征。

7.3.9 四类成因模型的总结

就洞穴成因而言,在可溶岩石中可能有 6 种不同状态的成因。非承压洞穴系统中裂隙发育程度或有效孔隙率很低就是 0 态。大理岩中的岩溶形态主要为溶坑和溶沟这样的岩溶类型,这些岩溶形态不需要运移地下水。第一态至第四态已在前文做出了解释,第五态出现在裂隙非常发育的地区,不计其数的原生孔洞或者小洞中发生岩溶作用,但是不能形成人能够进入的岩溶洞穴。如在某些薄层灰岩地层,白垩地层,珊瑚灰岩、风成灰岩及某些白云岩地层中,这是理想弥散型地下水发育的岩溶水文地质环境。

7.3.10 石英岩和硅质砂岩洞穴

在石英岩和硅质砂岩中,二氧化硅胶结物被溶解,流水带走残留颗粒,在这种条件下也可能发育洞穴。机械侵蚀这些颗粒(通常是砂粒至漂砾)后形成洞穴。应该指出在水力梯度不高、抗侵蚀性能高的岩石中不可能发育成洞穴。所以,硅质岩石中的洞穴发育通常是多成因而不是严格的岩溶成因。如只是溶解就不可能发育洞穴。这一发育模式与灰岩包气带中早期洞穴发育机理有点类似(图7-13)。水文环境和洞穴总体形态主要是青年期的上层滞水型(图7-16)。

在钙质砂岩地区洞穴非常普遍,但是也有几个胶结物是硅质的例子。例如Day(2001)记述了Wisconsin白云岩含水层下伏的砂岩中沿短小裂隙和层面发育的洞穴。这些洞穴发育在砂岩地层中,其弥散补给、运移、排泄过程见图5-23。

在坚硬的石英岩中能发育大型洞穴,尽管这些岩石的可溶性是非常低的,且具有很强的抗物理风化能力。在潮湿或者季节性潮湿型气候地区,由于地下水水力梯度大,加之降雨补给丰富,在陡崖上就发育这样的洞穴,如德国和波兰的阿尔卑斯山萨克逊(Saxon)、南非的High Veldt山和西班牙的Monserrat等地发育这样的洞穴。在巴西—圭亚那—委内瑞拉边境处的前寒武系罗赖马组厚层岩石(该地层向南继续延伸至巴西境内)中的洞穴最有名(Urbani,1994;Correa Neto,2000),在这个广阔的平原四周为高100~300m的垂直悬崖(见9.14节)。在这些陡崖上发育大节理,节理间距大,垂直长度一般达50~200m。这些洞穴沿节理发育,通过这些洞穴将地表水输送到地下隔水层处形成上层滞水。图7-18(a)就是这样一个典型的例子。委内瑞拉的Sistema Roraima Sur洞最大,这个洞宽达50m(Šmida et al,2005),其规模堪比灰岩中发育的大型洞穴。许多洞穴沿节理变大,形成了廊道式岩溶形态(大的溶沟或深的溶槽)。有些洞穴是更简单且具有未成型特点,沿倾向延伸,在层面上侵蚀形成深槽,如巴西的Lapao洞。委内瑞拉的Cueva Ojos de Cristal洞(Šmida et al,2003)有4个独立的入口,在两个或更多的层面内相汇。目前已测绘最长的石英岩洞穴的长度为4 000~11 000m,深度为300~500m。

7.3.11 冰川洞穴

在灰岩中发育的竖井与弯曲的缓平段组合的洞穴形态,在雪水进入冰川的冰里也可以形成这样的洞穴形态。不过,从严格意义上来说这不是岩溶洞穴,因为它们是冰雪融化形成而非溶解形成。这些竖井(冰壶穴和冰川锅穴)通常位于冰封闭的老的冰隙处。冰川厚度不大时,冰洞可能在冰床河道处终止发育,形成的洞穴系统类似于图7-16B所示的滞留型岩溶洞穴系统。而在冰川厚度大的地方,冰洞在冰面以下50~100m的塑流区中尖灭。Badino和Romeo(2005)发现巴塔哥尼亚浅冰川(厚度5~20m)中发育埋深浅的水平冰洞,向下游延伸距离长达1 150m。由于泄流引起的气流,通过升华作用扩大冰洞。在很多冰川瀑布和冰洞顶面上都可以见到壮观的冰洞升华现象(见7.9节)。在极地冰川地区,大型冰川末端冬季结冰,夏季融水淹没,淹没后则冰洞倒退,较低段则被水淹没(Schroeder,1999)。

如果冰是流动的,则冰洞的形成和封闭的速度都很快。图7-18(b)展示了瑞士Gornergletscher冰川中洞穴的形成过程。1999年7月5日首次发现该冰洞时,深只有6m,3个月后该冰洞深达60m(Piccini et al,1999)。在压力熔点下,有些冰洞末端可以存在十几年或更长,洞径可达10m或更大。如果是同源溪流补给冰洞,则洞中的不动冰或粒雪(密度大的雪)可以保存几十年,如美国华盛顿Rainier山的天堂冰洞就是如此(Halliday,Anderson,1970)。

7.4 单级洞穴的系统改变

在此,我们主要关注上文所述能使洞穴类型在单一阶段发生显著改变的两组效应。多阶段带来的更为剧烈的类型改变将在后续章节进行论述。

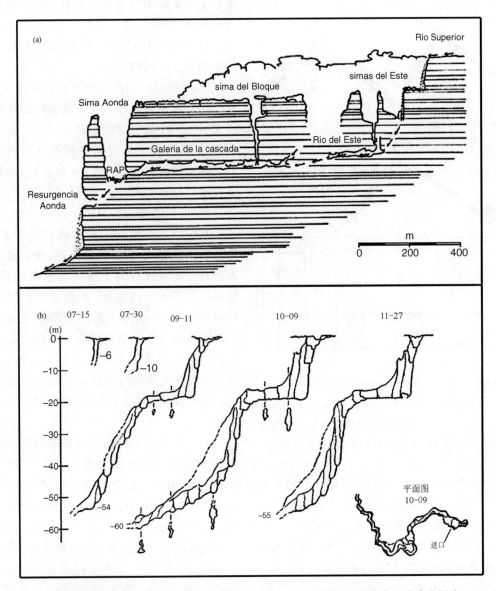

图7-18 (a)委内瑞拉玻利瓦尔的Aonda洞纵剖面图,这是一个典型的石英岩陡崖上发育的洞穴(引自Mecchia, Piccini,1999);(b)在1999年7月15日—11月27日间瑞士的Gornergletscher冰川中洞穴的形成及水的排泄(引自 Piccini et al,1999)

7.4.1 潜水洞穴系统的分级特征

图7-19显示了3种不同的效应。这3种效应均足以平滑第二态和三态洞穴的不规则延伸轮廓。随着潜水面水位下降,上升顶端暴露在大气中,分离型渗流通道随之开始发育。

这与汇水点向下游延伸段或单个泉水上游段的连续型通道相对应。已知的孤立渗流深切型洞穴深度可达50m,长度可达数百米,例如,斯洛文尼亚Skocjanske洞穴的大型河流通道至少部分属于这种起源。

当潜水面急转向下的回路被冲积碎屑物阻塞,就会形成分支管道或者接头岔管(Ford,1965;Renault,1968)。通常在渗流系统上游段出现这种情况。一旦水流快速淹没回路,高水头会越过回路中的障碍,使得回路中水力梯度变得很陡。正常水力梯度以下的原生闭合裂隙随之张开或者形成一系列

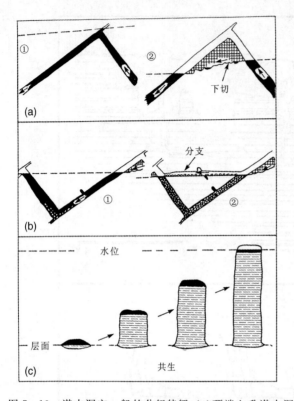

图 7-19 潜水洞穴一般的分级特征：(a)顶端上升潜水洞段的孤立渗流下切；(b)碎屑充填型洞穴以上分支管道的发育过程；(c)向潜水面生长的共生廊道的发育过程

平行于主回路的旁通道。后者通常全部淤塞并不再过流；新生碎屑被水流搬运，从而阻塞邻近的回路。这一过程向下游传递，也有可能演变形成充水的地下迷宫式洞穴。

Renault(1968)的最初解释是河流冲积岩屑集聚作用形成侵蚀基准面，这种部位的任何潜水通道或水平面通道就称为共生型通道。Ford(1971b)和其他学者仅特指那些具有稳定上升的具有溶蚀顶板的通道[图 7-19(c)]，这是共生通道的理想模式。Pasini(1975)或许更会命名，称之为"反重力侵蚀作用"。

共生型通道源起于主要或次要管道的扩容。随着管道扩容，地下水流速下降，从而允许一部分不溶悬浮物或推移质下沉成为永久沉积物，这也就保护了岩基和浅滩区，上游溶解作用为下游提供物质来源，从而使下游沉积物越来越厚。这种共生组合垂向厚度变化可能会超过 50m。非常平缓的顶板则可能斜切倾斜岩层。在许多案例中，也会出现在充填物与边壁接触带处的管道发生半壁溶蚀扩张现象，这个过程在潜水面以下就会终止。

洞穴局部充填物在后期遭受冲刷形成共生扩张，这就能解释为什么大部分岩溶管道平面形态、洞壁和顶板形态较复杂。因洞穴与砂岩、页岩等地层紧邻，从而为洞穴提供大量的碎屑物源，则共生扩张现象较为多见，如在美国弗吉利亚州岭谷区的 Endless 洞穴群。Osborne(1999)认为澳洲新南威尔士州 Jenolan 洞穴就是共生扩张在起作用，该洞穴位于陡倾的带状灰岩地层中，两侧为砂岩和砾岩地层，砂岩和砾岩提供碎屑物源，其经历了漫长且极为复杂的古岩溶过程、充填和热流掏蚀过程，随后又经历了重新掏挖和扩张的共生扩张过程。

7.4.2 洪水迷宫通道

Palmer(1975)就洪水迷宫做了详尽的论述。它们通常发育在第三态或第四态洞穴系统中，或者是低水力梯度的渗流洞穴中的裂隙密集区段。山洪暴发导致外源物质入侵，岩溶带形成洪水迷宫通道，或者搬运能力较强的主通道被碎屑物、有机质堵塞后形成了洪水迷宫通道。数米高的洪水水头快速淹没通道，导致水力梯度很陡，分支通道中也是如此。受阻区周边的连通裂隙可能会被瞬时水压击穿。相对于主干道受阻，这种水力贯通裂隙的方式形成迷宫显得低效，但它可能对洞穴活跃周期残留物贡献较大。

在洞穴排水量大、外源集水区粗糙不平的地方(也就是大量洪水突然迅速涌向洞穴中的某一点)洪水迷宫发育最为显著，并且在洞穴系统上游最为突出，如新西兰的公牛溪洞穴群(Williams,1992)。在相对较短的系统中洪水迷宫通道可能始终贯通，如截弯取直型洞穴，最为壮观的案例要属图 7-20 所示的埃塞俄比亚 Sof Omar 洞穴。

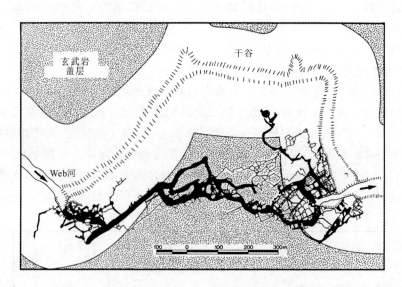

图7-20 埃塞俄比亚Sof Omar洞穴,一处叹为观止的洪水迷宫案例,在灰岩岩基之上玄武岩该层之下形成三阶连续性平台。该洞穴为一曲流截断型系统,洪水在雨季频繁泛滥(Steve Worthington,经作者授权采用)

7.5 多级洞穴系统

基于泉水点的负向迁移作用,绝大多数非承压型洞穴表现出多级特征(图5-17)。正向运移的洪水或沉积物质堆填,导致洞穴不易发现;在极端情况下,洞穴系统可能脱离水文变化的影响而变为一种惰性的、埋藏型的古岩溶系统。例如在罗马尼亚,油井钻探在地表3km以下揭露到古岩溶。

由于单纯的陆相侵蚀作用,水流逆向流动现象在大多数岩溶区域占优势地位,并且通常会产生次级通道系统。多数学者称这种两级或多级系列通道为"水平"洞穴。这里提出异议,因为实际上通道往往根本不是水平的,例如第二态洞穴。"呈楼状"也具有相近的含义,"阶段"包含了排泄和演化的暗示,这也会产生误解。在这里我们互换"阶段"和"水平",但读者应该清楚实际上一个阶段的洞穴通道系统并非呈狭义上的水平状态。

洞穴系统的网状重构类型

随着泉水点的下降,洞穴系统的类型和规模也随之发生变化。最简单的情况是泉水点出露的高程只是下降,泉水点在同一垂向裂隙的低处发育。如果其沿裂隙发育,洞穴仅呈现出一种简单的包气带下切,最终达到新的高程,例如比利时Grotte St Anne de Tilff洞穴[Ek,1961;图7-39(d)]。一般而言,渗流下切作用呈衰退趋势,比如裂点。洞穴平面展布形态维持不变或变化很小。只有当初始洞穴是包气带类型之一,且水力梯度平缓时,才会发生洞穴系统结构的重构。然而这种情况相对少见。

更为普遍情况下构建形成新的系列洞穴,其通过系统向前发育,形成过程类似于第一阶段向前排连接的过程。这是因为前期的许多原生管道系统在洞穴扩张过程中保留下来,尽管其排泄地下水的比例占很小一部分,这些原生管道系统缓慢延伸,但当水力梯度变陡时,洞穴向前发育,泉水点出露高程下降,称为"导流"或"水龙头"的渠道[术语分别来源于Ford(1971b)和Mylroie(1984)],然而更形象地可称为下切作用(Häuselmann et al,2003)。另外,大部分情况下,出水点会发生侧向或纵向的移动,这就至少会形成部分新的洞穴。在Hölloch洞穴中,侧向移动是最简单的一种方式,即单一倾斜面边缘向下有很小的增加。然而,这能产生几个新的第二态的次生通道贯穿整个平面(图7-7、图7-15)。在猛犸洞穴中,由于地层倾角很缓,格林河(下倾,输出边界)河道每次扩展只有数米,在距前期泉水点1km处的下游,新的出水点才出露。

图7-21中给出的例子是呈现多期地下系统重构复杂性的绝好案例。Swildon洞穴主要有3个侵蚀阶段。第二阶段的通道走向不规则,类似于第二态的洞穴系统。第三阶段的洞穴就是比现代河道低25～30m。1 000m长的河道显示其形成至少经历了8个事件,即连续前进、捕获北边第二阶段的支流,加上袭夺两个或多个自由的河道,以及袭夺南边第二阶段支流等阶段。早期袭夺全部在潜水带中进行,晚期则在包气带中,这反映了由于新洞穴的形成和扩张,导致地下水水位下降。每次袭夺都会纳入到最终第三阶段的河流洞穴中,其余洞段则完全被废弃,某些情况下仍有洞穴保存,但人不能进入。

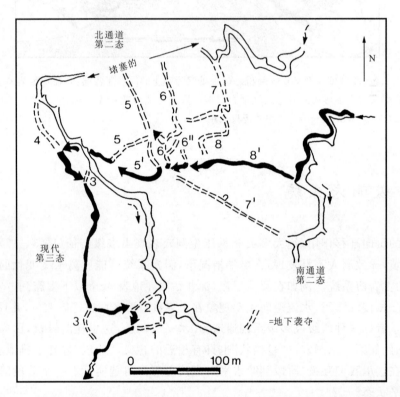

图7-21 英格兰门迪普山Swildon洞穴中央廊道。白色通道为南北向第二阶段通道系统,黑色通道为第三阶段(现代)系统。带数字标识的虚线代表导流通道的溯源侵蚀次序,其现代通道建造在第二阶段管道系统下方

图7-22所示的某些多级洞穴系统用来强调系统形成过程的多样性。Smart(1986)展示了西班牙Cueva del Agua洞穴地貌重构过程。Cueva del Agua洞穴是一个第二态的多级复杂系统,系统包含了陡直的潜水位抬升段,高度达120m以上。在200m深度范围内发育8级洞穴,这些独立的包气带深槽代表了水流下切侵蚀。西班牙的Cobre洞穴(Rossi et al,1997)为第二态循环及次级包气带深槽,具有两个发育阶段。通常其倾向于向岩层倾向相反的方向发育。法国内布拉斯加州Réseau Nèbèlè洞穴(Vanara,2000)向我们展示了包气带入口通道,管道陡倾,具有2个发育阶段且有3个循环的潜水位通道,也有袭夺的其他洞穴。英格兰有名的Cheddar洞穴出口通道有4级,它们排泄完第二态循环洞穴系统中的水(初期水深大于或等于150m);更低一些的3个高程如图7-22所示。

瑞士Thun湖北部,Siebenhengste-Hohgant-St Beatus-Barenschacht是一个多级洞穴系统,在倾向NE15°～30°约40km²的悬崖壁上分布着约260km的已探测通道(图7-23)。这些洞穴发育在厚

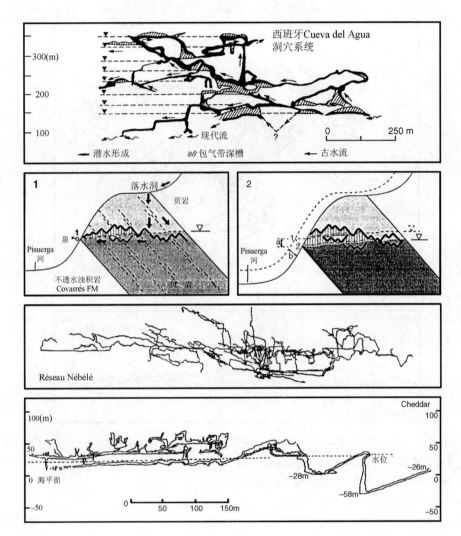

图7-22 多级洞穴系统案例,主要展示其成因的多样性。Réseau Nébélé 洞穴中的渗流入口通道,水流导管,第三态环路的两个阶段以及潜水面通道和导流通道。英格兰切达洞穴(Cheddar)展示了四阶的排泄通道,能够完全排泄带有初始波幅为150m长的两类环路系统的水流,其次级的3个阶段通道系统见下文。西班牙Cueva del Agua 洞(据Smart,1986);西班牙Cueva del Cobre 洞(据Rossi,1997);法国Réseau Nébélé 洞(据Vanara,2000)

150~200m层理明显的白垩纪灰岩中,上覆砂岩以及非渗透性泥灰岩中。其地形起伏差达1 500m。对渗流而言,断层是阻水断层,而非优选径流的路线,故探险家无法亲历了解洞穴的每个部位。多级系统的发育可归因于阿尔卑斯山脉的抬升作用与盖层剥落、冰川以及河流深切作用。目前可辨识到至少有12期的洞穴(Jeannin et al,2000;Häuselmann et al,2003)。在早期4个阶段的洞穴主要是第二态系统,其发育方向不规则,并向北东向排泄地下水(图7-23,海拔高度1 505~1 950m处洞穴阶段),形成了类似于Hölloch洞穴的相对简单类型;更深的潜水循环至少在220m以上。水流流向之后反转向南西,至St Beatus洞穴和Bärenschacht洞穴最终排泄至Thun湖。从最初1 440m高程处的出水点至558m高程,表现出8期连续的洞穴系统。通过勘探确定的潜水循环深度在250m以上,而早期假设循环的深度高达400m。较新的渗流循环深度较小,但潜水位洪水能够激活下游的5个废弃循环,循环深度达十多米(Häuselmann et al,2003,图7)。

美国西弗吉尼亚州的Friars洞穴系统(图7-24)与前者形成强烈的对照。该洞穴发育过程受到限制。灰岩突然在陡峻页岩和砂岩质峡谷底板狭窄的地段出露,但依然能够形成长达68km的溶蚀通道。

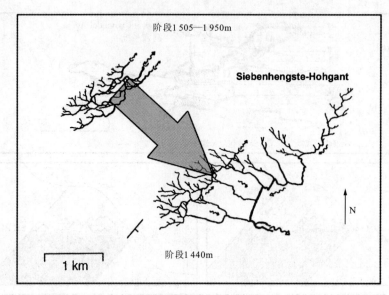

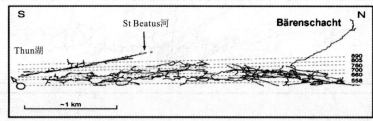

图 7-23 瑞士 Siebenhengste - Hohgant - St Beatus - Bärenschacht 多级复杂洞穴系统。上幅为存留在 Siebenhengste—Hohgant 一带早期阶段系统的平面图。下幅为 St Beatus 和 Bärenschacht 洞穴新近阶段的加长剖面图

地层倾向西,倾角约 3°,且出水点连线走向正南。该系统表现出至少 6 个第四类型通道,通道走向沿断层或特定的基岩面。最高程通道距离下方现代泉水点高差仅 125m。稍低的通道则如同 Hölloch 洞穴中的模式转变为向下倾。由于水流下切,落水洞在很长一段时间内被周边斜坡剥落下来的大量碎屑物阻塞和封闭,通道平面分布极其复杂。老通道上游和下游方向都有新的下切过程发生,并且好像还出现了很多地下改道现象。目前有 3 条独立河流流经该系统的不同部位、不同高程和不同地层。在到达排泄点之前它们发生交汇。河流流经的虹吸管距离为 13km,高差仅 24m。

7.6 承压水循环或基底注入水的岩层中发育含大气水的洞穴

7.6.1 二维或三维迷宫洞穴

这类洞穴常见(表 7-3 中 A2 类),或呈单体出现,或是常规非承压洞穴中的不规则段。其形态大同小异,由沿裂隙(裂隙限制在一层或几个岩层内)发育相对较小的管道组成,管道属潜水型管道。平行管道(如在同一节理组中)属同一规模,说明初始裂隙宽度相近(Clemens et al,1997)。比较典型的是管道形态均为慢速水流构建。这种管道缺少高速侵蚀扇形边界以及洪水迷宫突出的外部形态,尽管过渡型管道也确实存在。

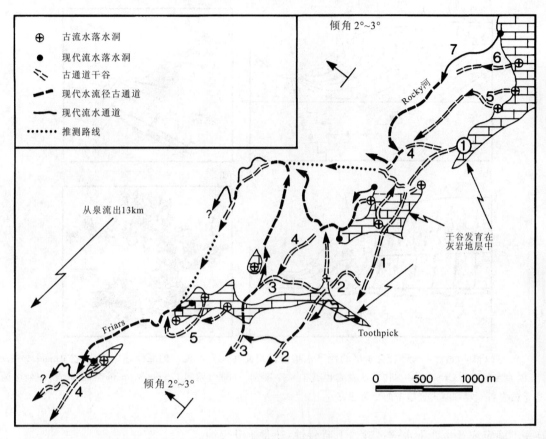

图 7-24 美国西弗吉尼亚州 Friars 洞穴系统的多级模式。数字代表不同通道的分级阶段
(引自 Worthington,1984)

本质上,这类迷宫发育于裂隙密集的地层中,从地质学角度上讲这些地层都是承压的,含水层中的水都是承压水,例如在向斜构造中页岩隔水层下伏含水层,或者是在裂隙不发育的厚层灰岩中夹有一层或多层裂隙发育的灰岩地层,类似于局部形成"三明治"夹层的地质结构。承压迷宫洞穴分布广泛,基于这种"三明治"式的地质结构,在正常的分支洞穴小范围的网状迷宫最为常见。

在承压迷宫洞穴中通道每平方千米出现的密度最大。Klimchouk(2003)援引了一组数据显示,全球范围内洞穴中通道最大密度范围是 $50\sim400\text{km}\cdot\text{km}^{-2}$,这与著名的非承压洞穴系统诸如美国猛犸洞穴和 Friar 洞穴的 $12\sim24\text{km}\cdot\text{km}^{-2}$ 形成鲜明的对比。迷宫式洞穴处岩样的孔隙度是岩体体积的 $1\%\sim10\%$。

7.6.2 通过上覆砂岩含水层弥散补给地下水形成迷宫

Palmer 调查了美国的一些迷宫洞穴,发现其中 86% 的洞穴是直接发育在透水砂岩的下部[图 7-25(a)、(b)]。通常,通道顶板处在砂岩地层中。等维度迷宫洞穴是地下水通过不可溶但均质的扩散介质带入可溶性岩体中而形成的,也就是初始渗透性较好的砂岩。在第一态中,砂岩的渗透系数要高于下部非岩溶化灰岩,但在第二态中则完全相反。弗吉尼亚州的 Crossroads 洞穴[图 7-25(c)]就是此类案例。

更特别的案例是匈牙利的 Cserszegtomaj Well 洞穴[图 7-25(d)]。石芽和溶槽相间的溶蚀形态(见 9.2 节)发育于裸露的白云岩上,之后地表被砂覆盖并固结成岩,形成隐伏型古岩溶(Bolner-Takacs,1999)。地下水选择性地搬运部分灰岩石芽,砂岩洞壁和顶板则依靠在白云岩碎屑堆积的底板

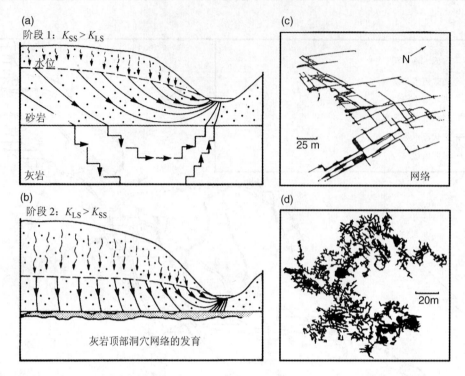

图 7-25 (a)和(b)透过上覆砂岩含水层的地下水扩散作用而在灰岩中发育的二维迷宫洞穴(据 Palmer,1975)。(c)美国弗吉尼亚州 Crossroads 洞穴,该发育模式的一个案例。(d)匈牙利 Cserszegtomaji Well 洞穴,一处极为不寻常的发育于埋藏型古岩溶中的二维迷宫

上。但并不确定究竟是地下水透过砂岩下降侵蚀,还是上升侵蚀。

7.6.3 大气降水注入可溶岩形成出口的洞穴

这类洞穴包括简单的单一类型的洞穴、大范围的树枝状(分支)洞穴系统和网状迷宫型洞穴。这些洞穴通过可溶岩层或延伸到地表出口,或进入上覆含水层中。迷宫型洞穴最为常见也最为重要,其余类型比较少见。

Brod(1964)记录了沿美国密苏里州东部剥蚀背斜脊线绵延 60km 范围内分布的一系列小型溶蚀性沟槽和裂隙的特征。这些溶蚀沟槽以及裂隙向下延伸穿过 30m 厚的灰岩到达下伏页岩,然后再向下穿过 30m 厚的白云岩层,在白云岩中其形态从竖井变成迷宫型洞穴。部分洞穴中揭露到白云岩基底下伏的砂岩,包括局部破碎的砂岩岩块,部分具磨圆。砂岩厚 40m,且渗透性很强。Brod 认为这里的地下水向上排泄,并通过不纯的碳酸盐岩含水层,该背斜构造裂隙发育(图 7-26 左)。局部的裂隙允许大量地下水集中渗透形成可进入的溶解性洞穴。

俄罗斯 Botovskaya 洞穴(Filippov,2000)是一个二维迷宫洞穴的典型案例。它发育于泥质砂岩之间 6~12m 的灰岩地层中,通过冰冷的自流水完成扩容。Frumkin(私人通信,1999)记录了以色列-巴勒斯坦之间的 Judean 山脉中类似的自流水上升至背斜顶部,那里的网状迷宫发育于弱透水层的白垩岩层之下。该洞穴沿着弱透水层走向延伸,并在局部低洼地带排汇地下水。其他地方也存在许多类似的实例。

法国的 Grotte de Rouffignac 洞穴是一个极其不寻常的洞穴(图 7-26 右)。它发育于黏土层下相对软质的白垩纪地层中。这种白垩纪地层的明显特征为含有燧石结核层,但层面和节理不发育。这类燧石结核层充当了弱透水层从而限制下方有效含水层的形成。我们的解释如下:源自含水层水流能够将白垩岩层中的小型入口通道拓宽形成一种树枝状阵列通道,这种通道沿着燧石富集线向邻近河谷排

泄。入口通道为共生型的,一直上升到厚层残积土中。现代洞穴具有3个水平层并且表现出精妙的顶板斜面和多级侵蚀。因此熊居洞穴和旧石器时代洞穴成为风景名胜。

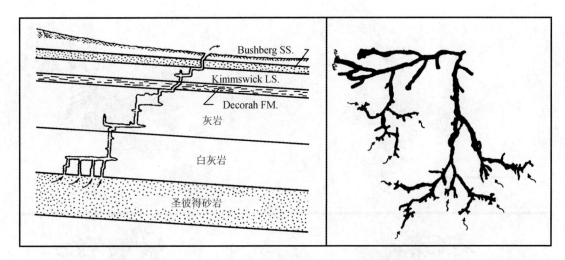

图7-26 （左）密苏里—阿肯色山脉东部圣彼得砂岩含水层中大气降水型洞穴排泄模式。（右）法国Grotte de Rowffignac,1964迷宫洞穴,展现了含水层扩散流流入基底的模式,扩散流最终汇入树枝状网络并且缓慢上升穿过了白垩纪岩层,已探明的通道长度约为10km

7.6.4 乌克兰西部石膏质迷宫洞穴

乌克兰石膏质洞穴是最为出名的网状迷宫洞穴之一（图7-27）。它是通过大气降水向下渗流穿过洞穴而形成,因此起源是深成的。Klimchouk(2000b,2003)对此做了深入的研究。该项研究为我们对各地深成迷宫的理解奠定了理论基础,包括热流巨型洞穴,诸如美国南达科他州的Jewel洞穴和Wind洞穴。

洞穴出现在Dniester河与Prut峡谷及其支流中,并横穿平缓的河间地块。这些洞穴发育于第三系厚度仅10～30m的石膏地层中,石膏层上下均为薄层灰岩,砂层以及泥灰岩充当有效含水层。这样的地层层序上覆的黏土层构成承压系统。如图7-28所强调的,相对大量的均质石膏最初作为弱透水层。含水层通过高高程隔水层缺口完成补给,然后通过低高程排泄。洞穴也是优先朝着缺口部位或在缺口下方发育。

尽管石膏层相对较薄,其在连续基岩中表现为不同的节理类型或不同密度,或者可能会有薄层黏土分散在某些结构单元中。某些洞穴中迷宫通道包含在同一高程的单一节理中,而大多数迷宫通道分布在2～4个不同层上,这些水平层是由节理类型的改变或黏土层沉积等形成的。由于这些水平层渐次沉积（就像建筑物的连续楼层）并且基本上发育时间一致,术语上可用"层"(Ford,1991)与可能相隔较远且发育不同时间段的多相洞穴系统中的"水平层"相区别。比较典型的是较高的层展布范围较小,并且向排泄点（隔水层缺口）方向偏移。

图7-28所示的为单层构建及洞穴多样化通道形态。地下水循环代谢较之于非承压环境中的大多数水流非常缓慢。这使得较小的热流和溶质浓度梯度变得尤其显著（自然对流如图7-28所示）;低温或过饱和溶液下沉,建立起自身环境的对流单元,不饱和溶液则上升至通道上层,优先拓宽通道。顶板位置处明显的圆穹顶就可能在可溶性较强的位置形成（见7.7节、7.10节）。如果上覆隔水层缺口接近迷宫给定区域,该部位就会形成强制对流。流速之后会稍有增加,这也就减缓了自然对流作用差异性的雕琢作用。近期,该过程已有了较为细致的建模(Birk et al,2000)。

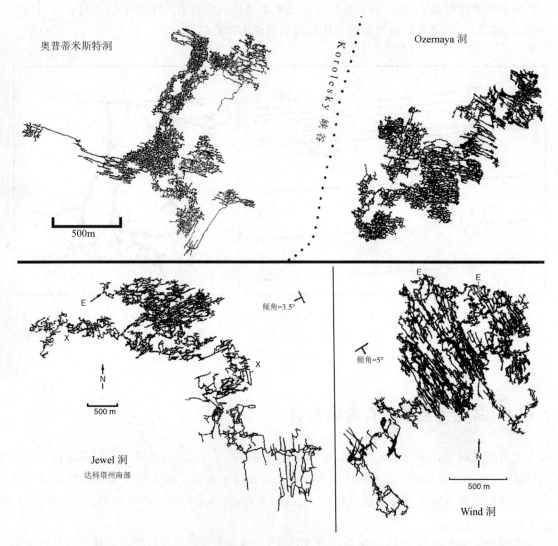

图7-27 目前已探明的4个最长多层迷宫洞穴。乌克兰的奥普蒂米斯特和Ozernaya洞穴属于基底接受大气降水的石膏质洞穴。美国南达科他州的Jewel洞穴和Wind洞穴为具有很复杂古岩溶早期的灰岩洞穴,内部完全充填,之后通过基底热流流入侵蚀而扩张(局部为掘穴作用)

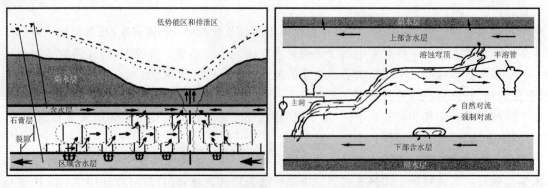

图7-28 (左)发育于乌克兰石膏质洞穴中的单一上升型多层迷宫洞穴的最初阶段。注意由于不同的节理类型和密度,迷宫通道的3个潜在的独立层可能会在不同石膏质孔腔中发育。(右)对流所致单一上升型溶解作用的一般模式,详见上文(引自Klimchouk,2000b)

石膏层非常厚且不透水,可能在地下水流溶解作用下形成大型不规则孔腔。洞穴通过河流下切作用逐步排水,则会在水位线处形成显著的溶蚀缺口(见 7.10 节)。

大多数已知洞穴已排泄完毕,仅为残存。Zolushka(Cinderella)洞穴则是个特例,因为在附近过去 50 年的采石作业中,使得其逐步排水。现在已成为一个举世瞩目的天然实验室,这里能够观察到人类寿命周期内洞穴的排水过程及其影响。

7.7 深成洞穴:主要与 CO_2 有关的热水深成洞穴

本节我们论述深部热液溶解型洞穴,热液可能富集溶解性气体和矿物质,并且在大多数情况下会流到地表。按照定义,热流是指出水点的年平均水温高于区域年平均水温 4℃ 以上(Schoeller,1962)。可溶岩中温泉的温度通常在 20~80℃ 的范围波动(Ford,1995),在深部温度更高。标准地热梯度为 30℃·km^{-1},活火山区域周边地热梯度会增至 100℃·km^{-1}。匈牙利 Transdanubian 山脉一带灰岩中的温度梯度仅为 16℃·km^{-1},而当上部有页岩覆盖时地热梯度则升至 40~60℃·km^{-1},这就强调了岩溶水的散热作用。地下水可能为幼年活跃期水(如火山成因)、原生水(沉积盆地中排泄受限的沉积水)或深层循环的大气水(例如向斜下部),或是以上各种水不同比例的混合水。当上述这样的地下水向地表运移时,可能与浅层大气降水(正常的岩溶水)混合。水中的气体最普遍的是 CO_2 和 H_2S,含任一种或两种,作用都很强。在这里我们简化一下,第一种洞穴(数量更多)主要是由 CO_2 作用占主导,而第二种洞穴(7.8 节)H_2S 的作用更为显著。

当热的碳酸水流上升并在碳酸盐岩体中冷却(可能会与浅层大气水混合,也可能不会)时,就可能存在净溶解、不均一溶解或净沉积现象。一个洞穴可能会跨越数个不同的进程区间(例如在基底部位发生溶解,而在顶部接受沉积),或者完全处在一个进程中[见 3.10 节,式(3-78)]。这些进程区可能会一次性穿过整个洞穴(侵蚀→沉积)或者多次穿过洞穴。许多疑似热流洞穴仅经历热液溶解过程,而其他岩壁上基本看不到溶解作用,而是直接被后期热液沉积所覆盖。

Andre 和 Rajaram(2005)模拟了热水最初进入灰岩的情况。例如 60℃ 的热水穿过一水平断层(其长度大于 500m、宽 50mm,CO_2 分压为 0.03 个大气压)可能需要大约 6 600 年。这表明热液洞穴的演化时间跨度与大气降水在洞穴中运移的时间类似。

7.7.1 热水起源或部分起源判定标准

最为确切的判定标准是热水从洞穴中流出。然而,部分大气水洞穴有热水侵入,因为这些洞穴热水可能会迁移至先期存在的通道中,其提供了最简捷的出口。大多数已探明的热水洞穴已排泄完毕且仅为残余。洞穴附近温泉的出现提供了一个强有力的与洞穴起源相关的线索,但这并不能作为定论。

已确定的侵蚀性特征具有高度提示性,但是同样它们中任一条件都可能不是决定性的。发育于深部的圆形且常带有多尖点的溶蚀囊(圆形穹顶)是与传统的溶解有关的强大指标特征(见 7.10 节)。在热水池之上水流密集发育,在这样的地方发育强烈侵蚀的斑块或细沟。有文献记载灰岩洞壁有白云岩化现象。在俄罗斯部分洞穴中,灰岩中的燧石遭受强烈侵蚀作用,这可以作为碱性热水侵蚀的极好证据。或许,最值得注意的是大部分大气水洞穴中都能见到的情况是:缺乏中至快速流动水的证据。外源沉积提供了更好的指标。最重要的是那些不寻常的形态和方解石、霰石的含量指标,但是许多不同的稀有矿物同样可能出现,尤其是重晶石、萤石、石英以及硫化物。偏三角面的硬壳(犬齿状)或菱形(钉头状或冰晶态)方解石晶体也比较普遍,厚度可达 2m 以上。这些可能会覆盖所有表面(底板、洞壁和顶板),指示着水下的沉积过程。单个晶体体型较大的,表明是一致条件下的缓慢沉积过程。有报告指出在晶体下方更为常见的是含有或不含重晶石的细粒角砾岩。有些时候大型石英晶体的出现表征着热环境逐渐冷却的过程。

厚层葡萄状或珊瑚状增生或是方解石针状集聚是古水位线的标志。这里可能会存在从洞穴堆积物最脆弱部位剥离下来的大量碎屑物质，凹坑表面以尘埃微粒为中心沉积下来大量方解石。方解石间歇泉石笋可能说明后期少量热水通过洞穴的底板溢出。某些情况是逃逸出的蒸汽在顶部形成二次沉积。某些中空石笋可能是在水下形成的（呈冒白烟状）。大型石膏晶体或受挤压形成的石膏花以及在刚刚排泄完毕的热流洞穴中比较普遍。

所有这些方解石、霰石和石膏形态在大气水洞穴中都能找到。热液洞穴的不同之处在于其赋存量和集聚形态特征（Dubljansky,Dubljansky,1997；希尔，福迪，1997）。方解石中氧同位素特征可以作为早期热水沉积作用强有力的证据，热水洞穴相对于附近的任一大气水洞穴耗散了更多^{18}O（见8.6节）。深层热流洞穴方解石会发出一种简单但明显的橘红色光，这种光在低水温环境下的沉积中则没有（Shopov,1997）。

7.7.2 热水溶洞的形式

大部分已知的热水洞穴形式与承压洞穴和已经论述的基底大气降水型洞穴类似，因为其广义术语中确定的热水环境是一致的，也就是说它们都是图7-26所示的上升泉形态，或者是图7-28所示的单层或多层迷宫形态。

另一类洞穴类型我们应该重点考虑，尽管其形式相对简单，这类型洞穴孔腔大致呈球形或圆屋顶形态，通常认为这是在非常缓慢的水流对流形成的。单个空洞体积与足球相仿，有的体积较大，直径可能达数百米；小的聚集成簇，形成如图5-23所示的海绵状网格。大体积的空洞形成较复杂，具有多级树状分支形态。

在薄层岩体内或向顶层拓宽部位以及那些深部溶蚀角砾岩[图7-29(a)]中的地下水富含硫，沉淀形成的方解石和白云石中含有诸如黄铁矿、方铅矿和闪锌矿等硫化物。规模非常大的洞穴则更无规律性，其中充满热水，有时钻探孔会揭露到这样的洞穴。记录在册的最大洞穴为保加利亚的Madan溶洞，其发育在罗多彼山脉锡锌矿区的太古宙与元古宙大理岩地层中（Dubljansky,2000a），洞穴体积估计为$240×10^6 m^3$（制图所绘最大洞穴孔腔的10倍还多），顶底板高差超过1 340m；洞中水温在90～130℃范围内变化，从顶板到底板气压从37个大气压增至170个大气压。

沿主节理、断层或陡倾层面上升的简单上升竖井或许是最广泛的热洞。现在已知的最深上升泉洞穴是意大利Pozzo de Merro洞穴（约392m）和墨西哥El Zacaton洞穴（超过329m），两者都接近火山。El Zacaton洞穴[图7-29(c)]及附近的上升泉处沉积厚层钙华及大量生物碎屑，水温高出区域平均值仅5～10℃，这表明有热水与大气水接触混合。水下机器人声呐绘图仪、生物试样和深井热探测器DEPTHX被用于此处的地质勘察研究（Gary et al,2002）。与此接触混合水形成鲜明对照，距离El Zacaton洞穴150km以外的de El Abra山脉发现两处深度超过200m的大气降水型泉水点——Coy和Choy，其温度为25～27℃，但这两个泉水点之间相同的岩层中发育的Taninul泉却明显不同，水中富含H_2S且水温达40℃。

大部分已知的热水竖井目前都已没有水，仅残余洞穴。究其历史可知，许多热水竖井都是矿工在开采洞穴次级沉积矿物的过程中发现的。吉尔吉斯斯坦有名的Fersman洞穴矿层已开采了220m。其中包含外源的铀矿、铀页岩，这是在40～60℃的环境下沉积下来的，在30℃左右的温度环境下则沉积重晶石（Dubljansky,2000）。克罗地亚Stari Trg矿是个复杂泉水洞穴与小型迷宫洞穴，在铅锌矿开采过程中发现，其是单体廊道和空腔的集合体，深达600m，其下部400m充满温水。Csiki竖井[图7-29(b)]向我们展示了热液岩溶化作用过程中的其他冲击效应。热流圈范围内的白云岩都被磨蚀成粉末（变成碎砂砾堆积物），Csiki洞穴中间洞壁在高温条件下发生二氧化硅胶结：先是洞壁岩体遭受侵蚀，之后碎砂砾堆积从洞穴中隆起部位脱离数米，就像空心树干的形成过程一样。

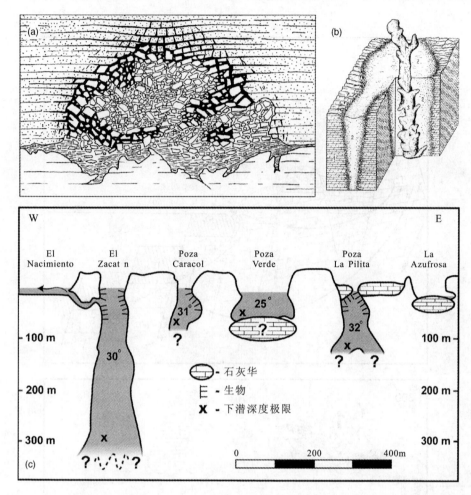

图7-29 (a)深层洞穴崩塌形成溶蚀角砾岩的典型特征。下垂、轻微发生位移的岩层是破裂角砾岩。碎屑架构中心管道的是包裹型角砾岩。崩塌发生之前集聚散布在不溶残渣中的基岩碎屑为漂浮型角砾岩(据Dżulynski et al,1989)。(b)Csiki泉,揭露于匈牙利布达佩斯市采石场附近有名的古热流泉:1.白云岩;2.碎砂砾堆积(热流磨蚀的白云岩碎屑);3.上升泉通道壁被沉积的二氧化硅紧紧黏结(引自Jakucs,1977)。(c)墨西哥Rancho La Azufrosa地区El Zacaton洞穴及其附近的温泉(据Gary et al,2002)

7.7.3 匈牙利Rózsadomb溶洞

布达佩斯市是沿着多瑙河分布的温泉一线建起来的。几乎所有的热水洞穴类型在Rózsadomb地下都能找到(玫瑰山,外交广场),包括残存岩溶管、线型通道、二维和三维迷宫通道,以及在河水位高程排泄热水的现代潜水洞穴。第三系泥灰岩上覆于灰岩地层形成相对隔水层,第三系灰岩地层厚度达40~60m,整体不整合于上覆局部溶蚀的三叠系石英质灰岩地层上,这就形成一个复杂的断块地质构造,其可能包含埋藏的塔状岩溶(图7-30)。抬升作用逐渐使得早期高高程的洞穴水排泄出去,并在高出现代河谷150m以上形成大量石灰华沉积层,深入洞穴中的大气降水平均水温为8~13℃。不同的温泉平均温度在20~60℃之间变化,表明发生了不等量的混合效应。

Mátyás-Pálvölgy洞穴和Ferenc-hegy洞穴是多层迷宫型洞穴,主要沿裂隙蚀变带(裂隙中部分灰岩解体,部分硅质胶结)发育,就如同Csiki井一样。蚀变带是中新世阿尔卑斯火山活动时形成的(Muller,Sarvary,1977)。方解石碎屑物的出现表明其多次被水淹没。Szemlöhegy洞穴是一个沿裂隙发育更简单的出口,水下富集方解石硬壳。Molnár János洞穴是岩溶系统现在的出口,温水水深达

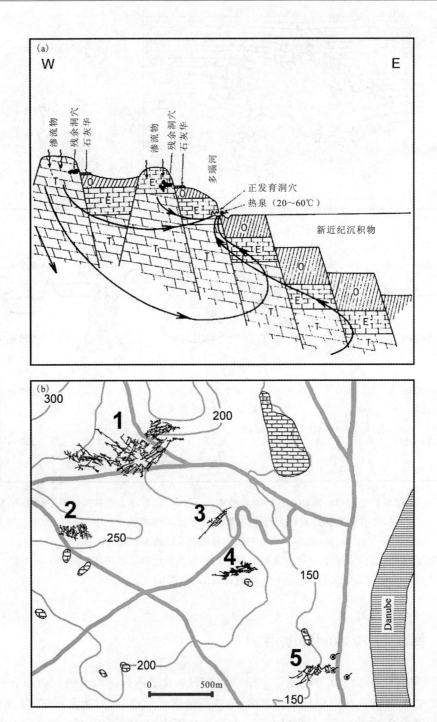

图 7-30 (a)为布达佩斯市热流循环地质断面(引自 Mwller, Sarvary, 1977)。(b)泉华和 Rózsadomb 洞穴，布达佩斯：1. Mátyáshegy - Pálvölgy 洞穴；2. Ferenchegy 洞穴；3. Szemlöhegy 洞穴；4. Jöszefhegy 洞穴；5. Molnár János 温泉和洞穴

70m，已发现潜水迷宫式洞穴长度达 4km。Jószefhegy 洞穴则是一个含有大量石膏层（次级沉积）的竖井，一直向下延伸至多个分支洞穴，其是深成洞穴 H_2S 类型的过渡类型（见 7.8 节），表明了浅层洞穴与深成洞穴这两种类型在一个比较小的区域内是如何混合形成的。

7.7.4 美国南达科他州的 Jewel 溶洞和 Wind 溶洞

Jewel 溶洞和 Wind 溶洞(图 7-27)是最为有名的多级热水迷宫式溶洞。这两个溶洞系统均发育于厚度为 90~140m 的层状灰岩和白云岩地层中,始新世地壳抬升,受影响岩体破碎。这里有现代温泉,但发育高程低。这两个洞穴具有深远且复杂的密西西比古岩溶起源史,密西西比古岩溶系统经过充填、深部埋藏和矿化,前抬升作用与始于第三纪的部分掘蚀作用形成(Palmer,Palmer,1989,1995)。

Jewel 溶洞目前完全是原溶洞的残余,其与地表地形地貌完全没有联系,且入口位于深切峡谷中。它最显著的特征是大型通道(高达 20m)的大部分洞壁附有钉头状晶斑,在最高处的部分晶斑因凝结侵蚀被剥离。其他地方晶斑厚度通常在 6~15cm 之间,且一般发育一薄层硅质物。

Wind 溶洞出露高程稍低,且临近温泉点。其地表形态与 Jewel 溶洞相近但基本上没有晶体硬壳层。Wind 溶洞同样是水文意义上的残存形态,但其最低点充满从下部底层补给的半静态水。方解石层就在此处以上形成。它们是热水与大气降水混合之后逐渐冷却的产物。在过去的 40 万年内随着温泉的演化,方解石层的生长平均速率约为每 1 000 年 40cm(Ford et al,1993)。

独特的蜂窝状网络结构在这些洞穴中发育良好,常在微裂隙发育的白云岩中发育,在微裂隙中充填方解石。在不谐溶条件下(见 3.5 节)白云岩溶解,而方解石细脉则保存下来。而后,方解石进一步沉淀于原来的方解石细脉上,从顶板或洞壁突出长度达 100cm。

7.8 深成洞穴:含硫化氢水流形成的洞穴

H^+ 和 HS^- 以及 H_2SO_4 的形成在第 3 章已做了总结。尽管其酸性较强,但在大多数岩溶地区其含量微乎其微,这是由于游离 H_2S 的含量比较小。然而,近期研究表明盆地中的地下水或其他来源的 H^+ 离子或硫酸[式(3-70)~式(3-75);图 3-11]对某些大型洞穴的形成相当重要,包括新墨西哥州著名的卡尔斯巴德洞穴和龙舌兰洞穴。

最简单纯粹的 H_2SO_4 及其在溶洞中成因的基本原理如图 7-31(左)所示。深层上升的 H_2S 与富 O_2 的大气降水混合,在潜水位附近形成大型洞穴。最简单的形式是在灰岩包气带中形成短小、水平状的出口,这种洞穴向上变小,裂隙中以出现泉水为洞的终点。温水中富含 H_2S 并最终排入大气。石膏质硬壳包裹洞壁和洞顶。H_2S 氧化形成硫酸盐和氢离子,与岩体发生反应使得部分灰岩石膏化[图 7-32;式(3-56)和式(3-57)]。在重力及扩张力作用下,石膏置换硬壳失稳,新鲜灰岩暴露地表而产生蚀变。脱落的硬壳溶解于包气带流水中。洞穴从原峡谷底板的泉水点处向岩体内部溯源侵蚀扩张。Egemeier(1981)详述了美国俄怀明州 Big Horn Basin 溶洞,最长达 420m,平均直径 14m。墨西哥 Cueva de Villa Luz 洞穴中的 H_2S 和 CO_2 浓度均达到致人死亡的水平,部分是由洞穴内的化能自养型细菌产生的(Hose,2004)。

7.8.1 匈牙利的 Sátorköpuszta 溶洞和 Bátori 溶洞

这些非凡的灰岩溶洞包括形成于古水位的基础洞穴(好比是岩浆房)和向上呈树枝状延伸的洞穴(就像树的主干和树枝一样)。洞壁大部覆盖石膏,在支洞相互连接及对流凝结形成石膏洞顶的共同作用下形成上升通道。Sátorköpuszta 溶洞如图 7-31 所示,其在基础洞穴之上延伸长达 100m,该洞穴系统属 H_2S 溶蚀成因;或者是早期传统成因的竖井中上升水含有的 H_2S,H_2S 发生化学反应溶解岩石而导致洞穴变大。

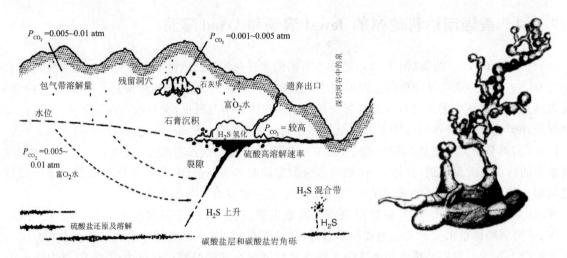

图 7-31 （左）含 H_2S 水体水位线附近分支状洞穴的发育发展过程的模拟（引自 Palmer,1995）。（右）匈牙利 Sátorköpuszta 洞穴。球状溶解作用形成的圆形顶从基底腔体生长出来,腔体内灰岩边壁已石膏质化（引自 Muller,Sarvary,1977）

7.8.2 新墨西哥州—得克萨斯州瓜达鲁普山脉及其他区域的分支型洞穴

瓜达鲁普山脉南部是大型 H_2S 类型洞穴的典型区域。该山脉由二叠系礁岩、礁前岩和礁后岩地层构成,长达 50km（图 3-11）。受多条峡谷切割,峡谷揭露并露出地表的溶洞超过 30 个,大部分溶洞位于背斜中。该区域气候半干燥,缺乏发育大型常规非承压大气降水型洞穴所必需的大量水体的条件。

溶洞呈迷宫型和树枝型,大洞室与上部洞穴或竖井相连,下部则为盲坑。最大的溶洞发育 3 层以上典型的水平溶洞,各溶洞之间的高差达数米或数十米,就像非承压大气降水型溶洞系统中发育的多层溶洞一样。溶洞中含有层状石膏块,厚度可达 7m,覆盖于薄层残积土层之上。卡尔斯巴德大型溶洞的大厅状溶洞就具有代表性。该洞高 80m,发育有规模巨大的石笋和石柱。溶洞通过崩塌作用或海绵网格状钙华迷宫连通,基本找不到古水流的痕迹。这种洞穴是残余形态,与现代地貌或地表水文没有关联性。

石膏中硫的同位素 ^{34}S 消耗殆尽,表明硫元素来源于油气田附近生物成因的 H_2S。 H_2S 随着流域地下水以泉水排泄从而迁移至地表。第三系礁岩复合体抬升且侵蚀具有差异性,导致泉水点向东迁移,出水点的高程也逐渐降低。最高溶洞的海拔 2 200m。通过明矾石中 $^{40}Ar/^{39}Ar$ 同位素测年（见 8.6 节）测定其最古老的排水点年龄约 1 200 万年。卡尔斯巴德溶洞和龙舌兰溶洞（图 7-33）在高程 1 100～1 370m 之间有 3～4 层溶洞,较高层溶洞的年龄约 600 万年,低层溶洞（卡尔斯巴德溶洞 1 100m 高程的大空腔-左侧通道）形成年代是在 350 万年前。已探明的最低点（海拔 950～1 000m）位于现代水位附近或比现代水位高数十米；卡尔斯巴德溶洞海拔高程 1 000m 处的研究成果表明,在过去 200 万年内受第四纪冷期的影响,溶洞持续洪水泛滥,特别是龙舌兰溶洞具有极其复杂的地貌,可能与某些更早的古岩溶部分重新复活相关,Du Chene 和 Hill（2000）对此做出了综合性的论述。

意大利安科纳的弗拉萨斯溶洞是一个规模较小的两层溶洞,这两层溶洞具有相似的形态和起源。该洞穴中 H_2S 所扮演的角色早在 1978 年就为人们所知（Galdenzi,Menichetti,1990）。Auler 和 Smart（2003）认为在巴西巴伊亚州的迷宫型溶洞的发育中 H_2S 起了相当重要的作用,美国亚利桑那州的科罗拉多大峡谷中的溶洞、中国河北省白云洞的发育也具有类似的成因,瓜达鲁普山小规模的地质结构是由

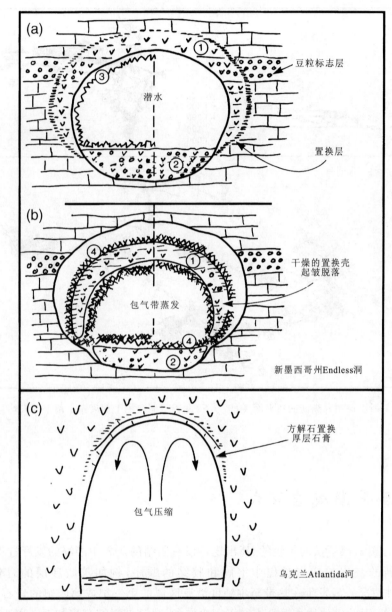

图7-32 新墨西哥州洞穴潜水环境下的石膏形式。(a)中,①灰岩洞壁岩体的石膏置换深30cm;②含残积黏土的层状石膏和堆积在底板的豆石;③可能为裸露地表后期缓慢沉积的石膏晶体。(b)洞穴排水沟和碎屑物。石膏置换形成的硬壳和底板沉积层呈干燥收缩状态。④石膏增生蒸发型硬壳层,附着干燥沉积层上(Buck M 的观测结论)。(c)乌克兰亚特兰蒂达溶洞(Atlantida)中含有 CO_2 的标态大气凝结水替代洞壁表层约5cm方解石(Klimchouk A 的观测结论)

盆地中的煤层提供 H_2S 而形成的;在背斜构造核部保存最古老的岩溶残余——方解石流石。格鲁吉亚的 Akhali Atoni 溶洞是另一种由上升水流穿越形成的大型洞室和廊道组成的岩溶系统(Tintilozov,1983)。在黑海一侧的高加索山脉坡麓上的冰泉与数百米之遥的含 CO_2 与 H_2S 的温泉混合。在丰水期,低高程的洞穴回水泛滥,这种情形本质上属于卡尔斯巴德洞穴类型,但其深成 CO_2 和热-冷水混合侵蚀过程可能比西墨西哥州的溶洞形成所起的作用更大。

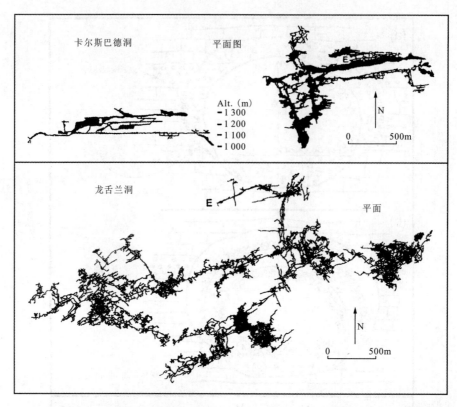

图 7-33 （上）卡尔斯巴德洞穴纵断面和平面展布。（下）龙舌兰洞穴的平面展布。两个洞穴均位于新墨西哥州的瓜达鲁普山脉

7.9 海岸早期成岩洞穴

下面我们来讨论覆盖层下伏的年轻的、新出现还没有固结的灰岩中溶洞的发育过程。术语"早期成岩"是指在近地表新的灰岩的成岩过程中溶解和胶结的顺序，例如灰质砂层的岩化过程（Vacher，Quinn，1997）。这种情况一般发生在热带至中纬度沿海区域的第三纪或第四纪的岩石中。新近沉积岩中的有效孔隙度很高，因此水位线主要是由海平面决定的，尽管新近沉积岩相对于更为成熟的早期沉积岩来讲，渗透性裂隙起到的作用显得并不是那么重要。如果这里有淡水，一般呈透镜体上覆于海水层上（见 5.8 节）。所有岩体的发育过程、成岩作用以及岩溶化过程都是并发的，这与第四纪冰川活动期间海平面在+10m～-130m 或者更深范围内的快速振荡有关。海岸上的敞口溶洞自然会在机械波作用下或扩大或遭受侵蚀而破坏。

在成岩的同时形成共生性洞穴（Jennings，1968），这种洞穴是早期成岩洞穴的最基本类型。随着碳酸盐岩沙丘和海滩脊的逐渐堆积，有雨水、水泡或露水的情况下发生溶解和沉积交替作用，在地表形成几厘米或几十厘米不等的固结硬壳。这一过程形成的钙质结砾岩的强度足以支撑洞穴顶板。最基础的共生性洞穴就是由于这种很薄的固结层下未固结砂在机械潜蚀作用带走而形成的。内陆水流、潮汐湿地、小型竖井或波浪作用下的潜蚀作用能够破坏固结层。已知有共生性洞穴孔腔直径超过 10m（White，1994）。水位附近发生溶解和胶结耦合作用下局部潜蚀作用更常见，而在沙丘的其他地方则更多形成浅层海绵网格状钙华洞穴（图 7-34）。

当最初固结层的强度能够阻止潜蚀发生，在包气带区阻止原生小型洞穴形成（圆形竖井，通常称作

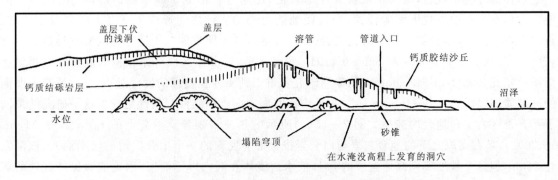

图 7-34　钙质沙丘中的共生性洞穴及其岩溶化发育模型（引自 Grimes,1999）

凹陷洞穴或土管）。如果存在外源水流或者内生流域范围变大时，就可能沿着水位形成导管型洞穴。例如，Mylroie 和 Carew(2000)注意到巴哈马群岛底部发育的管道，现代海平面降幅仅 10m 时，巴哈马海岸下游排水区的干燥陆地面积增大 10 倍或更大；这些洞穴目前已被淹没，为惰性状态。

一般而言，灰岩海岸沿线的任一盐跃层均有可能在混合水流侵蚀作用下形成洞穴，然而实际情况是这一效应在古老的结晶灰岩中远比在新近多孔的灰岩中表现要弱得多。正如上文所述（见 3.7 节），强烈的溶解作用在许多大型海岸洞穴中非常普遍，并在内部形成微型海绵网格状灰华。但在这种洞穴中，它们自身起源不尽相同，并且盐跃层的侵入是由于冰后期海平面上升所造成的。Gunn 和 Lowe(2000)认为汤加群岛上的短小斜洞沿着岸礁下方的盐跃层延伸方向演化，但并未给出其他证据。第四纪海平面的快速升降可使得盐跃层分布高程处在一种不稳定状态，在该带形成大量的小型垂直竖井，大型洞穴则少见；这一类型洞穴成因如图 7-35(a)所示。

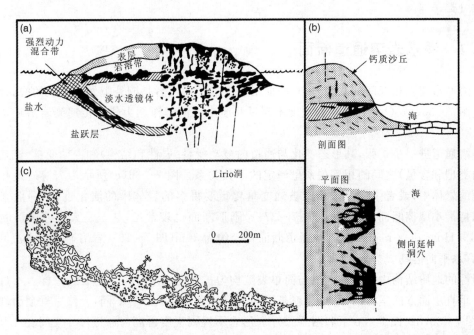

图 7-35　(a)新近沉积的碳酸盐岛屿中强化型可溶区域的一般模型。(左)水位线附近以及盐跃层沿线的洞穴发育过程。(右)得克萨斯州耶茨油田埋藏型岩溶洞穴的分布模型(据 Craig,1987)。(b)海岸侧缘洞穴的发育模式(引自 Mylroie,Carew,1990)。(c)波多黎各莫纳岛上的 Lirio 洞穴平面图，一个海岸侧缘侵蚀洞穴的突出案例(经 Mylroie 允许)

Mylroie 和 Carew(1990)确切地指出海岸处较新的灰岩中的潜水位与海水交汇地带，洞穴发育速度极快。在这样的环境中,淡水与海水混合并伴随氧化-还原过程形成了海岸侧向溶洞[图7-35(b)]。混合溶蚀前锋在岩石中不规则溯源侵蚀,在抗侵蚀能力强的岩柱之间形成了宽度大而高度小的溶洞。理想情况下,溶蚀前锋本身就是溶洞的突然尖灭段(盲端),并无原生洞穴管道存在的蛛丝马迹。物理意义上,这一模型近似于Rhoades和Sinacori(1941,见7.2节)的关于大气降水型洞穴起源的设想。巴哈马群岛圣萨尔瓦多岛(San Salvador)上的早期研究着重于钙质沙丘边缘的发育过程,这一研究表明洞穴在前间冰期能够以高达$0.5\sim1.0\text{m}\cdot\text{ka}^{-1}$的平均速度溯源向已固结沙丘侵蚀延伸。这一研究结果同样适用于抬升礁区岩层和地台构造层。图7-35(c)所示的是波多黎各莫纳岛上的Lirio洞穴(Mylroie,Jenson,2002),是在高原之下的地台灰岩与白云岩按触带上发育的一个抬升残留的海岸洞穴,该洞穴延伸长达250m,但这个长度不到高原宽度的5%;淡水透镜体在洞穴以下滞留,因此能够保持有效的混合侵蚀前锋,岩柱间洞的宽高比一般大于10:1。

7.10 溶洞断面及侵蚀地貌的局部特征

溶洞的侵蚀形式可能完全是由于潜水带中的有压流或包气带中的自由流以及二者交替的洪水环境条件下形成。许多岩溶管道表现为复合形态,先是潜水带的侵蚀,而后是包气带中的侵蚀。每一种侵蚀形态都可能会因为洞壁和洞顶的垮塌而发生形态改变或是直接破坏。洞穴的垮塌见本书7.12节。

洞穴顶板、洞壁和底板的局部侵蚀形态(次生洞穴群)种类繁多,包括规则和形态多变的洞穴渠道、形式繁杂的溶蚀沟槽,而这些大部分在地表也会出现。Lauritzen和Lundberg(2000)对此给出综合性论述,他们认为洞穴的断面可依据其规模分为中观形态和较小的次生洞穴群以及次生洞穴中的微观形态。Slabe(1995)利用大量煅石膏模拟实验对后者进行了详细阐述。Bini(1978)和Zhu(1988)对此也给出了一般性分类。

7.10.1 潜水岩溶通道断面

潜水岩溶通道建立相互间的联系之初,断面形态近似圆形或者是顺裂隙发育形成的瘦长形态(如果阻力很小)[图7-36(a)、(b)]。直径和宽度不超过几厘米。溶解作用力能够传递到岩溶通道的径向各部位。

随着岩溶通道进一步扩张,其形态变化与通道内被动变量(岩性和结构)和主动变量(流速、溶蚀能、碎屑荷载的类型和含量)之间的相互关系呈一定的函数关系。图7-36(c)所示为岩溶通道在地质特性呈各向同性的岩体中,或者主动变量相比被动变量要重要得多的岩体中的演化过程(一般来说流速很快),但仍保持最小摩擦断面(圆形管)(图7-37)。圆形断面也较常见,甚至是大尺寸圆形断面也是常见的,例如La Hoya de Zimapan洞穴中通道断面直径约为30m(图7-15),岩溶通道中水流既有垂直向上运移,也有水平向运动。

各向同性的地质结构中的慢速水流与简单裂隙均匀扩大变成尺寸较大的裂缝一样。不过更常见的是被动变量垂直层面方向呈各向异性(也就是不同岩层的岩体性质显著不同)。然后就会出现不规则的剖面形态[图7-36(d)、图7-36下和图7-37]。形态不规则程度可能与通道尺寸之间存在某种函数关系,同样与侵蚀作用时间也具有这种关联。

潜水断面的变化形式繁多,但万变不离其宗。Lange(1968)和Šusteršic(1979)曾尝试做相关的几何分析。

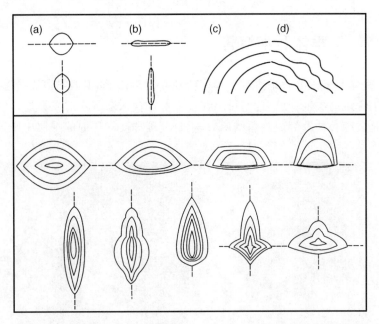

图 7-36 潜水岩溶通道断面演化示意图，在层内及层面之下沿裂隙的不同溶解效应（下框图）

图 7-37 一些潜水岩溶通道的横断面：（左上和中图）溶洞以层面为中心发育，残余洪积黏土层覆盖底板；（右上）沿小型倾斜断层发育溶洞（加拿大卡斯尔格德溶洞）；（右下）加拿大 Grotte Valerie 溶洞沿节理发育；（左下）猛犸洞顺层面发育的岩溶通道（Ford 摄，左下幅 Palmer A N 摄）

7.10.2 溶管、下垂体和半溶管

溶管、洞顶的下垂体和半圆溶管是溶洞中存在的独立岩溶形态,其构成了岩溶洞穴的次级特征(图 7-38)。溶管是原生管道的次生管道,它们可能在整个潜水含水层洞穴的发育过程中持续延伸,溶管的分岔和汇合的频度是裂隙特性及裂隙倾角的函数,垂直节理和陡倾层面的地层中则很少发育溶管。

图 7-38 (上)岩溶管道顶板的口袋状溶管。溶洞不充水后,右侧袋状溶管开始沿溶蚀节理充填方解石(Ford 摄)。(左下)肯塔基州猛犸岩溶管道顶板的溶管。(右下)"墓地"——与 H_2SO_4 有关的水的氧化形成密集发育的口袋状溶管,这里所示的是新墨西哥州卡尔斯巴德洞穴中的礁石岩体,同样具有海岸混合洞穴的特质(Palmer A N 摄)

当大型岩溶管道发育到不透水的层面或断裂带时(如有效的裂隙密度增加),这样的溶洞补给地下水,在溶洞发育的晚期就会形成非常壮观的溶管。这种情形在缓倾地层中发育最好。看起来像是洪水导致的渗透,例如肯塔基州猛犸洞穴多处见到洞顶出现这样的溶管。

下垂体(德语:deckenkarren)是溶管之间的残留岩柱。它们可能沿层面和节理发育而形成溶管的

次级岩溶形态。也可能出现在非裂隙性侵蚀表面如洞壁上,一般见于不透水的碎屑充填物接触部位。下垂体长度可达1m,在洞壁上展布范围可达数十平方米。溶洞在变干、淹没时或沿接触带对下垂体进一步侵蚀雕琢,形成很多种复杂形态的下垂体。

溶洞顶部的半溶管(法语:chenaux de voute;德语:wirbelkanal)同样比较常见,但也有很多争议。有的半溶管发育在抗侵蚀能力强的地层中。但我们认为大多数半溶管主要是由于在岩溶管道中水流运移过程中接受沉积物而阻塞形成的,也就是说半溶管是图7-19所示的理想共生性岩溶管道的中间发育阶段。尽管通常在岩溶管道顶部见到,洞壁也发育水平向半溶管,其他半溶管则向管道顶部延伸。在岩溶管道顶部,其通常转化成更为常见的下垂体岩溶形态,尤其当洞顶呈水平延伸的情况下更常见。Lauritzen(1981)通过试验重现了这一过程。

如果半溶管位于溶洞顶部,洪水期间其是最后被洪水淹没的部位。Bögli(1980)认为半溶管由滞留空气中的CO_2溶蚀而形成,滞留CO_2增强了原环境的溶蚀能力。半溶管通常出现在深层潜水条件下以及石膏洞穴中,因此这一解释存在一定主观性。

7.10.3 袋状溶蚀和圆穹顶

袋状溶蚀是潜水带溶洞最吸引人的特性之一,并且让地貌学家中的非洞穴专家异常惊讶,其在溶洞底板和洞壁也发育,但出现最多的是在洞顶(图7-38),这些袋状溶蚀形态多样,延伸长度达30~40m。许多袋状溶蚀在扩张过程中在紧闭节理或微节理末端尖灭。它们呈现出单体或多体集聚特征,外观呈常见的圆穹形或沿着裂隙呈瘦长形。有些具多顶点蜂窝状结构,这在多孔岩体(例如礁岩)中尤其发育。有些袋状岩溶具有复杂的形态,但其既不沿孔洞也不沿节理发育。Osborne(2004)对此给出了综合论述。

现在已经非常确定在渗流环境下冷凝侵蚀作用可以形成袋状溶蚀。在7.11节将进行详细论述。然而在残存潜水洞穴中,大多数袋状溶蚀通常是在潜水带中发育的,但在周期性干湿交替变化的洞穴入口或气候因素引起的类似烟囱处也发育袋状溶蚀(见7.11节)。学界提出了多种不同的机制来解释这种现象。接受度最广的说法是在热梯度或溶液密度梯度驱动下,在近静态水中冷凝侵蚀,Bögli(1980)坚信在大气降水型洞穴中混合侵蚀作用可解释袋状岩溶的形成,富集于土壤中的溶液沿裂隙下降,与洞穴中的流水混合,从而形成加速溶蚀的混合点。Veress等(1992)综合分析了这种混合作用所形成的结构。然而,在溶洞中混合水的混合比率(节理中是一个单位体积,则岩溶管道中有100~1 000个单位体积或更大)看起来仅是一种局部的触发机制;另外,据上文可知,石膏洞穴中混合侵蚀并非是袋状溶蚀的影响因素,许多袋状岩溶的岩体中没有节理。新生成灰岩中的海岸洞穴中,咸水和淡水交汇的盐跃层部位确实有袋状岩溶发育,但一般较小且粗糙,不像图7-38所示典型的圆形光滑或具有边的袋状岩溶形态。有证据显示袋状溶蚀作用可能是洪水成因的(即一种潜水表部侵蚀现象),也可能是洪水期空气压缩形成的。然而在很多潜水洞穴中,人们发现高一些的袋状岩溶向上发育至古水位线高程一带就终止了,也就是说袋状岩溶通常处在淹没区。在低水位线之下则表现为侵蚀凹槽,如图7-22中所示的Cheddar溶洞。

7.10.4 渗流管道,侵蚀作用及侵蚀凹槽

渗流管道是下切作用形成的,不管其有无拓宽过程。在岩溶管道发育的初始阶段,潜水管道底板处不对称下切[图7-39(a)]。这表明区域潜水径流改道,管道现在只控制表层岩溶带的排泄。图7-39(b)所示的T型或钥匙孔型的复合型管道表明同一条河流一直侵蚀它,并将潜水环境转变为包气带环境。图7-39(c)和(e)则为典型的水位下降型包气带中的管道形态;下切为主导作用,而潜水侵蚀作用发生最早,固定了图中所示的溶槽位置。可能存在多级下切,每一级下切平台代表这之前的侵蚀基准

面,正如图7-39(d)所示比利时的洞穴案例。已探明的单个深槽深度可达100m,就像是带顶板的峡谷地貌。

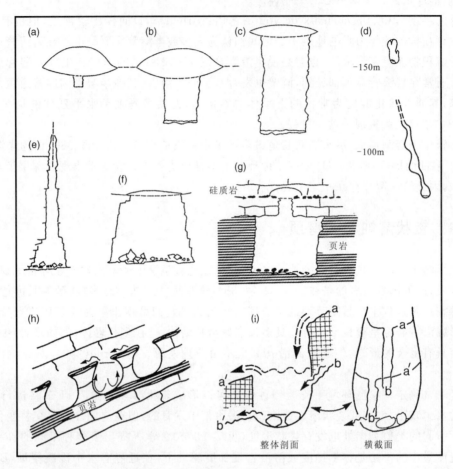

图7-39 渗流深切槽:(a)~(f),参照文本;(d)断面为比利时格罗特洞穴(Ek,1961);(g)断面为西弗吉尼亚州McClung洞穴中从最初的灰岩潜水通道向力学性质较弱的页岩层下切的典型案例;(h)断面所示为灰岩中的纯粹水流侵蚀凹槽被页岩条带阻断;(i)断面所示为大型壶穴被不对称流下切侵蚀作用消除,破坏了其突然下降过程(引自Ford,1965b)

许多下切水流能够形成很长的纵断面,在流水地貌中代表着粗略的平衡作用。洪水期间推移质的搬运过程使得河道被掩盖,这促进了河道的拓宽效应。溶洞壁在地下遭受破坏,洞壁上大块垮塌淤积河道,从而驱使水流向相反方向改道,这一进程多次重复出现。在下切与崩塌共同作用之下,最终形成具有稳定宽度值的阶梯状断面[图7-39(f)]。这种形式非常普遍。

尽管所有类型的渗流渠道都能在单一的溶蚀条件下形成,而推移质的机械潜蚀作用的重要性同样不可忽视。这有无数的例证,如深切溶槽大部分或整体下伏在不可溶岩体中的情形。皮埃尔·圣马丁海湾,全球范围内最深的岩溶系统之一(表7-2,图2-17),就是一个非常有名的例子。图7-39(g)展示了一个更为极端的案例:在西弗吉尼亚州Greenbrier区的接触性洞穴中,岩溶通道在不可溶但力学性质比较弱的页岩中延伸数十千米,页岩层分布在规模较小的灰岩溶蚀性洞穴之下。

如果河谷坡降较大并且基岩为硬岩,就可能发育水流凹槽(法语:marmites)。这种情况在所有硬岩中都会出现,在河床基岩中的任何小孔洞捕房了磨蚀漂石后,漂石研磨小孔(石磨)时就会出现钻穿效应。然而,这种情形在硬质灰岩、白云岩和大理岩(表现更突出)中最常见且形态规则,这是由于涡流增强了磨蚀作用并且有可能出现整体取代的现象[Ford,1965b;图7-39(h)]。这就要求一个最小限度的跃迁力(高次排泄)来维持和加深壶穴。在某些溶洞中这种情况并不存在,狭窄的深切槽穿过壶穴的过程被切断,因此深切槽只停留在洞壁以内[图7-39(j)]。英格兰Swildon洞穴中有两个连续的消除型壶穴以及一个活跃河道中处在消除过程中的三阶壶穴。很明显这是灰岩排泄过程引起的变化。

7.10.5 包气带中溶洞中的弯曲渠道

包气带中溶洞中发育的弯曲渠道有3种类型。瀑布(裂点)沿着弯曲的河道溯源后退[图7-40,图7-41(a)],就形成弯曲的峡谷。峡谷两岸为单一的陡崖,仅在平面图上表现为弯曲状。当地层近水平时就常见多条侵蚀性河流的深包气带。

图7-40 (上)渗流深切槽;注意左幅和中幅为扇形溶蚀。(下)基底下切形成阶梯结构或崩塌形态
(Ford D C,Palmer A N,Waltham A C摄)

河流弯曲下切进入岩体形成弯曲的峡谷,在没有瀑布溯源后退的情形下,随着河道下切,河道会向前推进[图7-41(a)],当水位上升时,河谷也呈现这样的变化[图7-41(b)]。在地表峡谷中常见弯曲的河流(例如,科罗拉多州有名的San Juan河"鹅颈管"),但也在层状灰岩洞穴中发育这种独特的洞穴形态。很多洞中峡谷深达数十米,长几千米,但大部分太窄人无法通过。深部内生弯曲河流如果偶遇透水性特别强的岩层,通常会侧向弯曲延伸并远离原始渠道。

Smart和Brown(1981)对爱尔兰巴伦(Burren)景区和新西兰怀托莫一带的内生河流进行详细研究。最直接的结论是河长度与宽度之间的关系与其他冲积河流或基岩河流中的结论相反[图7-41(c)]。他们测量的结果是:河道宽度向下游方向增加(这一准则适用于随着支流增加排泄作用增强的条

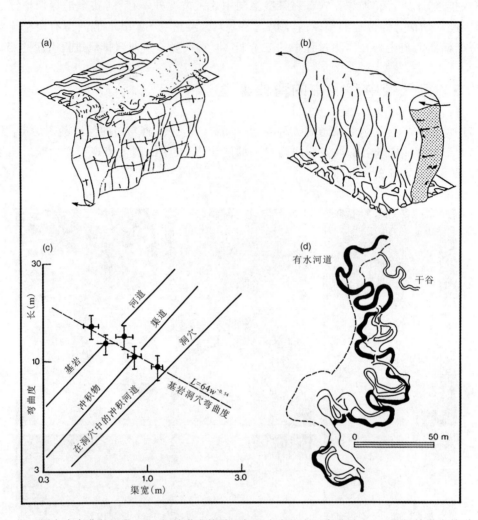

图 7-41 洞穴中弯曲的河段。(a)初始潜水管道下部基岩中的内生弯曲峡谷。(b)初始潜水管道上部发育共生性弯曲管道(引自 Ewers,1982)。(c)洞穴内基岩内生河道与沉积物渠道以及地表基岩河道的对比(据 Smart,Brown,1981 修改)。爱尔兰和新西兰基岩洞穴弯曲水流测量结果倾向于与常规地表河流情形相反。(d)美国阿肯色州 Hurricane 洞穴中复合(基岩的和冲积成因的)通道类型的一部分(经许可引自 Youngsteadt N W,Youngsteadt J O 制图)

件),但随着高程渐近水位线,峡谷深度降低,这可能是特例。

发育于砂、卵砾石层中的冲积弯曲河道河床宽阔。Deike 和 White(1969)展示了密苏里州溶洞中的例子,该溶洞中应用同样的方法进行地形测量,结果同所有地表弯曲河道的结果都一致[图 7-41(d)]。然而它们之间存在一个主要的区别:由于岩体是可溶岩,冲积通道能够平滑通向洞壁(变成基岩河道)然后再退出。如果慢速下切河床(或者共生性抬升作用),形成的锥形岩块(基岩点砂坝)进入管道,这种地下岩溶管道形式在地表很少或根本见不到。

7.10.6 包气带中的岩溶竖井

已知水流下落形成的岩溶井深度超过 640m。大多数深的岩溶洞穴主要是渗流侵蚀类型,并且是由短通道狭窄的弯曲的地下河道与宽敞的岩溶竖井相连(图 7-17)。

岩溶竖井的形态处于两种极端情形之间。第一种是受瀑布水流下冲,岩溶竖井呈简单的环形或椭圆形断面，但是这个断面也常发生变化。水流沿断层将角砾岩冲出，形成的岩溶竖井两洞壁近平行。由于瀑布水潭下切岩体，多形成不规则的锥形槽，并不是与基岩岩底平行。各个高程水雾冲击崖壁岩体的脆弱部位而产生掉块。受上述这些效应的影响，很多岩溶竖井呈高度不规则形态。

另一种极端是在相对慢速稳定流作用下形成的圆形坑（图7-42）。这可能在近表层岩溶带底部发生渗漏（图5-28）或岩溶洼地底部的点状补给[图5-16(a)]条件下形成，另外也可在包气带的节理中发育。在理想情况下，地下水流速永远不可能达到水流很大足以分流，也不可能在垂直面上出现自由下落。相反，水会在岩体的表面张力作用下留存下来，从补给点处快速散开，且沿井壁形成一系列的溶蚀管。水流形成的竖井顶底呈圆形对称穹（水流首次散开的地方），在地层近水平、裂隙不发育且岩体具有高抗侵蚀性能力的岩层中最易发育这种类型的竖井。以下是肯塔基州猛犸洞穴区域的案例，这种溶洞形式为首次分析（例如Merrill，1960）。这里的砂岩盖层起到额外温湿调节器的作用，保证了侵蚀水流处在一种稳定的水膜流动状态。

很多岩溶竖井呈现为这两种形式的复合形态，且在落水线附近具有瀑布特征，在竖井更远部位发育笛状岩溶竖管。

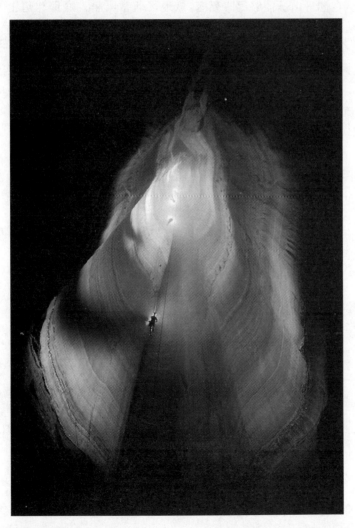

图7-42 奇妙的"矿井"——美国乔治亚州的艾里森洞穴。这是一个凹槽形态圆形溶蚀坑的绝妙案例。深190m，发育于厚层至块状水平灰岩层中（Palmer A N摄）

7.10.7 盐类洞穴——快速渗流型洞穴的发育

盐岩的溶解度是灰岩的1 000多倍。因此盐岩洞穴的发育速度很快。由于过去几个世纪的盐矿开采活动导致外源水流的介入,形成了很多规模大到人可进入的洞穴,包括某些大型观赏性洞穴的出现,例如西班牙卡多纳的Forat Mico洞(Cardona,Viver,2002)。

可探知的盐类洞穴仅限于原始渗流区域以及水位线处。水流穿过基岩渗漏的地带,沿着粒间边界直接向下,以溶解的方式形成洞穴。这种竖井的形成不需要借助垂直节理和其他断裂。在任何水位线以下沿着长度方向渗透作用都会受阻,除非是顺着内部结构的接触带,如沿着下伏的白云岩层。在大多数情况下,洞穴入口以下部分是廊道,廊道底板是隔水层且地下水水位在廊道底板以下,或者是具有图7-17所示的早期类型管道。如果高的高程部位有积水现象,很快就会在水位附近形成很深的侵蚀槽。同样,早期管道坡降很快降至最小,可搬运盖层剥落下来的任何推移质。

已知的最长盐类洞穴长达2~6km,最大深度150~200m。Frumkin(1995,2000a,2000b)对瑟丹山脉底辟构造做了研究,在瑟丹山脉能够远眺死海,该地区非常干旱。底辟构造上方为硬质石膏层覆盖。底辟快速上升,并伴随着区域断层活动,这里的盐层也具有紧密的褶曲形态的底辟构造变形。通过上部沟槽中树枝状分布残余物的^{14}C测年,Frumkin指出Mishqafaim洞穴中长约25m的深切作用发生于3 300年左右,与底辟构造剧烈非周期性的上升同步(图7-43)。利用溶蚀探针监测,测得的瞬间下切速率高达0.2mm·s^{-1},但这种情形在5年的观测区间中仅仅持续了几分钟。年平均下切速率估计为5~25mm·a^{-1},外源水流下切作用最强的部位年均下切速率也最大。部分学者在伊朗扎格罗斯山脉(Zagros)中的盐类洞穴近些年也做了大量的深度研究(Bosak et al,1999)。

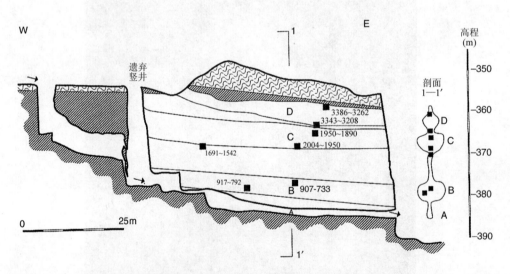

图7-43 Mishqafaim洞穴纵剖面和横剖面,以色列瑟丹山脉底辟构造中的一个盐类洞穴。这是一个插入式渗流深切作用的典型案例。图中数值为上层沟槽中残余木质碎屑的^{14}C测年结果(经许可引自Frumkin,Ford,1995)

7.10.8 溶解扇形纹、升华扇形纹和凝华扇形纹

溶解扇形纹呈勺子形(图7-44)。它们挤在一起,因此通常重叠在一起并且不完整。它们通常见于洞壁、底板面或顶板。研究表明溶解扇形纹在水流流速最快的位置形态最小,例如在文氏管中。测量结果揭示溶解扇形纹的长度呈对数正态分布,通常具有统计离散性相对小的特点。多数溶解扇形纹长0.5~20cm,最大也可达到2m,宽度一般是长度的50%。若条件允许,典型溶解扇形纹长度能够延伸到

它所占据的所有洞穴的表面。普遍环境条件下溶解扇形纹在这种洞穴表面为稳定态。

长期以来学者认为很多溶解扇形纹在朝着水流方向上是明显不对称的。上游末端边界更陡且面向下游(Bretz,1942)。笛状岩溶管(Curl,1966)也表现出对称特征并且为真正无限宽度的溶解扇,这种类型很少见。在残余洞穴中,溶解扇形纹和笛状岩溶管是古河流流向和流速的重要潜在标识。

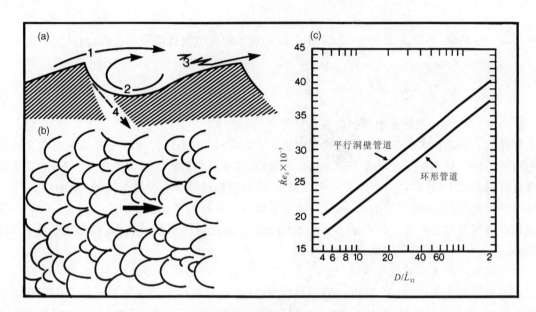

图7-44 溶解扇。(a)溶解扇断面:1.渗透边界层的分离;2.湍流涡旋(溶解最大值点的迹线);3.扩散,混流及重新附着;4.二次溶蚀陡崤尖端的线路(溶解扇向下游方向迁移)。(b)地表层发育良好的溶解扇类型的典型揭露面,整个地表都被占据并且溶解扇个体叠层出露。(c)雷诺数和管道宽度或者直径d与溶解扇Sauter平均长度($\acute{L}_{32}$)比值之间的关系预测(引自Curl,1974)

灰岩、石膏和盐类洞穴中的溶解扇形纹非常普遍。然而,并非所有灰岩地区都会出现,并且溶解扇形纹在白云岩洞穴中相当罕见。这是由于完美的溶解扇形纹需要岩体颗粒粒径大小均一,另外需岩石缺失非均质性(如不发育非可溶的碎屑或连通裂隙)。许多灰岩和白云岩层由于是非均质的,因此不能形成溶解扇形纹,比如礁区岩体。

风吹过古老的压实致密的雪层或穿过冰川洞穴冰体的地方也会发育扇形纹,甚至在坠落的铁陨石中也会出现扇形纹(但没有较陡的上游尖端),这种情况是由于均质晶体材料升华作用导致质量传递。对于可溶岩也是如此,只不过是溶蚀作用替代了升华作用。Curl(1966)提出一个修正理论,认为在特定的雷诺数[式(5-6)]的渗透边界产生了分离现象,主要出现在亚临界的紊流中,从而形成了溶解扇形纹和笛状溶蚀。边界层分离使得大部分侵蚀性液体能够直接侵蚀坚硬岩体(图7-44)。随着流速增加,边界层分离频率也上升,因此适用于每个溶解扇形纹的有效侵蚀长度变短。溶解扇形纹的长度与流体径流速度、流体黏度成反比,空气与水相比黏度要低很多;对于给定速度的流体,扇形纹在冰或雪中要比在灰岩等中长(大)很多。

Curl(1966)的理论通过实验室模拟和现场原位测试得以验证(Lauritzen et al,1986)。对于环形和平行的边墙管道,通道中的平均古岩溶速率(v)可以通过从Curl曲线中取雷诺数L代入下面公式来计算得到:

$$v = \nu \frac{\acute{Re}_L}{\acute{L}_{32}} \tag{7-1}$$

式中,$\acute{Re}_L$是溶解扇形纹的雷诺数,取决于离洞壁一定距离的液体流速,相当于$\acute{L}_{32}$;ν为动力学黏度(表

5-4);$\acute{L}_{32}$ 为溶解扇形纹的 Sauter 平均长度，$\acute{L}_{32}$ 为第 i 个溶解扇形纹的最大长度（流体流动方向上）。这一设计主要是用于弱化基岩不均一所导致的很多溶解扇形纹分布中短小溶解扇形纹这一亚种群的统计。

$$\acute{L}_{32} = \frac{\sum L_i^3}{\sum L_i^2} \quad (7-2)$$

另外，Curl(1966)还给出了一个环形和平行洞壁情形的折中的直接计算公式，而且精度达到 15% 左右。

$$v = \frac{\nu}{\acute{L}_{32}[55\ln(D_h\acute{L}_{32}) + 81]} \quad (7-3)$$

式中，D_h 为水力直径（4 次断面面积被湿周长度等分）。

主导排泄的概念在水文学及河流地貌学中始终非常重要，因为这种冲积河流的水流就是通道宽度的影响因子。这一概念在基岩河道中建立起来比较难，甚至可能基岩河道就不适用。然而，在溶解扇形纹发育良好的洞穴中，我们可以考虑有一个或多个"溶解扇形纹的导向型排泄"，如排泄生成一个或多个 Sauter 平均扇形纹（其长度可测量）。挪威有些溶洞提供了这样的实例，Lauritzen et al(1982)向我们展示了现代溶解扇形纹主导的排泄流量几乎接近年度冰雪融化的洪水量，也就是说相当于地表 5% 的动态水流，以及近乎 3 倍多的年均排泄量。

作为悬移质的高速砂粒进入溶洞（图 8-2），其研磨效应可能超过溶解作用，因此溶解扇形纹变得极为细长并且表面光滑，类似于 Allen(1972)试验所得的"长笛状标记"，这种情况仅仅出现在能够提供大量坚硬的砂（也就是硅质砂）的地方，因此在洞穴中很少见。比利牛斯山脉的 Niaux 溶洞中的大型廊道收窄的部位能看到这样的情况，这里曾遭受了剧烈的冰川融水冲积作用。Simms(2004)进行了携带砂粒的平均流速与形成溶解扇的平均流速对比试验。他发现搬运砂粒 1mm 的水流速度形成的溶解扇形纹长度达 10cm，并注意到溶解扇形纹形成的水流速度比夹带任何颗粒的最低水流流速下限值要低 2 个数量级。

空气中凝结水也会形成溶解扇形纹，洞穴入口附近的涡流气体与饱和潮湿空气接触带与冰冷的洞壁发生联系，洞壁表面就会产生凝结和溶解共同作用（见 7.11 节）。

7.10.9 侵蚀凹槽、侵蚀斜面及侵蚀面

紊流加速侵蚀形成扇形纹。洞穴中溶解形式的调查研究得出的结论是另一种极端情况，认为静止的水可形成一种特殊的岩溶形态，以至于认为水体中轻微的密度梯度都可能形成加速侵蚀区域。

侵蚀凹槽如图 7-45 所示。在一个长期有水的水塘中，质量较重的离子和离子对下沉，驱动水对流，携带新生成的 H^+ 向洞壁运动，逐渐在洞壁上形成棱角分明的凹槽，水位以下则逐渐消失，且池塘壁非直陡，这是正常的形态。在灰岩洞穴中这种形态分布广泛，例如虹吸水塘中溶蚀凹槽发育在低高程处的情形。我们见到有些凹槽深达 1m，虽然这属例外。但是它非常清晰地指明了古地下水水位的位置，有时有多个侵蚀凹槽堆叠在一起。

在临近冲洪积平原的位置，这种侵蚀凹槽在塔状岩溶山脚处[图 7-45(b)、图 9-43]的洞穴会变得大很多。季节性洪水水位附近的侵蚀凹槽延伸入岩体数米的现象非常普遍。这是因为这种凹槽更为开阔并且不管地质结构如何都能够形成平顶面，我们将其称为侵蚀斜面（德语：laugdecke；Kempe etal,1975）。在华南某些塔形岩溶案例中，侵蚀斜面延伸并切入第四态的溶洞中（水位洞）[图 7-45(c)]。这些洞穴已丧失了主要的水文学功能，因为大部分水流已从泛滥平原上的残丘周边排泄完了。

尽管水位附近的侵蚀斜面在潮湿的热带洞穴中极其常见，但我们所见到的最大侵蚀凹槽出现在酸性环境中有硫化物赋存的地带。例如在巴芬岛(Baffin)纳尼西维矿区(Nanisivik)，最大的侵蚀凹槽宽度

超过400m，但深度仅有1m。侵蚀凹槽近水平延伸，以近15°倾角切穿白云岩地层，充填共生的层状黄铁矿[图7-45(d)]。稳定同位素测年表明黄铁矿沉积温度在80~150℃之间(Ghazban et al,1992)，因此说明在地下水水位以下存在着一个稳定的流体层。

Lange(1968)首次分析大气降水环境中水体的密度梯度如何影响侵蚀凹槽的形成，他假设在水位以下，侵蚀性切割会以平滑的对数曲线形态逐渐减弱。Kempe等(1975)指出基于物理模拟实验和德国南部石膏洞穴中的案例，这种减弱力度应该是线性的。他们测得1~3mm厚度的异重流从天然石膏洞壁上下降，并且计算出衰减速度约为0.5cm·s^{-1}。Kempe等(1975)把这种线性侵蚀表面定义为侵蚀面。就我们的经验这种侵蚀面在灰岩洞穴中相对少见，这是因为灰岩表面通常被泥质或黏土残余物覆盖从而抑制了这一线性溶蚀作用。侵蚀面在纯石膏迷宫洞穴中容易见到，比如说乌克兰的很多巨型洞穴中(Klimchouk,1996)。稳定水平面以下"Lange或Kempe侵蚀面"后退就形成一个侵蚀面。

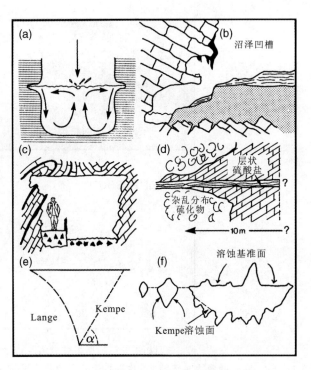

图7-45　(a)池塘水面处形成的侵蚀凹槽；(b)塔状岩溶山脚溶洞或凹槽；(c)中国广东省Fung Kui溶洞中近水平的斜面，这指示了早期的水位；(d)加拿大巴芬岛纳尼西维锌铅矿中发育的侵蚀凹槽中充填层状黄铁矿；(e)侵蚀面，Lange(1968)和Kempe等(1975)的模型；(f)捷克共和国莫拉威亚Na Spicaku溶洞，侵蚀凹槽在通道断面最大的位置处棱角最为分明

7.10.10　掏蚀溶洞

在水位下降过程中，通过缓慢溶蚀垂向或倾斜裂隙就形成规模惊人的溶洞。掏蚀(具有斜面和切面，加之下切作用导致的坍塌)控制溶洞的扩大。我们术语上称为掏蚀溶洞。

掏蚀溶洞需要一种孤立的控制条件：仅允许有限水的补给和排泄。许多案例中这种隔离环境严格受控于地质条件。被联合国教科文组织收录入世界文化遗产中的斯洛伐克Ochtina洞穴就是个绝好的案例。该洞穴地处峡谷上方很远、气候温和湿润的"斯洛伐克乐园"丘陵区，是至少有16个迷宫或空腔中间最大的一个。水体被困在交代灰岩透镜体中，周围为千枚岩，在富含镁、铁的热液环境下部分变质为铁白云石和菱铁矿。不定期的洪水作用通过断裂穿过上覆千枚岩，积水或排泄都极其缓慢，直到新一轮洪水泛滥来置换。对流溶解囊、凹槽、侵蚀面均非常发育(Bosak et al,2003)。

另外一种有效的隔离控制条件就是干燥的气候。少见但迅猛的洪水作用及随之发生的侵蚀凹槽在亚利桑那州沙漠中的Kartchner洞穴群、Pofaddergat的塔巴金比洞穴以及南非其他干旱区域的洞穴中表现均很突出。目前发现的最大凹槽洞穴是伊朗马丹地区的Ghar Alisadr洞穴。这个洞穴发育在陡倾变质灰岩中的一条狭长山脊上，灰岩山脊突出在半干旱盆地脆弱的灰岩上，灰岩不纯，层间夹页岩，可能还含有H_2S，提高了普通的CO_2溶蚀环境的溶蚀能力。这里唯一的水源补给是偶尔降雨。岩层面狭窄的溶蚀裂隙和交叉节理在下切刻槽作用下形成一个大型半静态水塘。平面上通道展布长达11km[图7-46(c)]。现代水位线附近发育的方解石层表明在过去约25 000年间水面升降幅度为3m(Kaufmann,2002)。这可能部分与更新世时期的冰冻潮湿气候有关，也有部分可能是人类对这块稀缺水源地曾有过影响。

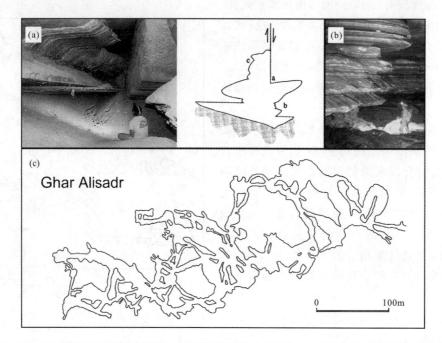

图7-46 (a)以色列-巴勒斯坦瑟丹山脉迈勒海姆洞穴(Malham)中同构造通道显示水位线处的侵蚀凹槽和盐的底辟构造上的活断层断面(经许可引自 Frumkin A)。(b)西班牙 Cova del Riu 洞穴中能够看到7个侵蚀凹槽,这是 Cardona 盐穹矿洞中由于盐矿开采诱发形成的洞穴(引自 Cardona,Viver,2002)。(c)伊朗 Ghar Alisadr 大型侵蚀凹槽洞穴

7.11 洞穴中的冷凝作用、冷凝侵蚀和风化作用

近些年学者们对洞穴中水的冷凝过程所起的作用兴趣倍增。由此 de Freitas 和 Schmekal(2003)在新西兰的洞穴中进行监测并对洞内水蒸气运移和冷凝的微气候变化过程进行数值模拟。这里的水多呈酸性,并会腐蚀岩体。较老的孔腔会因此而增大,并且可能完全改变其形态和空间比例。不管怎样残余通道的洞壁和顶板都会遭受缓慢的风化作用,主要是在洞穴入口段。

为简化起见,我们假设冷凝作用及其侵蚀过程发生在以下3种不同情形,现实中,在给定洞穴中3种情形可能会混在一起。

7.11.1 封闭的对流侵蚀单元

封闭对流侵蚀是首要考虑的溶蚀情形。与外界气流隔离的空腔内,空气对流作用是热流热量驱动的[图7-47(a)]。水蒸气(水汽含有 H_2CO_3 和 H_2SO_4 等)冷凝黏结在冷却的洞壁上。Szunyogh(1989)对此进行详细分析得出了一个复杂的公式来估算洞壁相对于假想单元中心点的溶蚀后退速率[图7-47(b)]。凝结水薄膜(方解石饱和)向单元基底面方向增厚,薄薄一层保护膜渐次形成如图7-47(c)所示的洋葱形空腔。针对岩体中合理范围的 CO_2 分压和热流梯度分布,Szunyogh(1989)估算水在60℃时,洞壁后退速率为 $50\sim200\mu m \cdot a^{-1}$,热流温度20℃时后退速率降低为 $4\sim30\mu m \cdot a^{-1}$。

Dreybrodt(2003)对模型简化如下:

$$\frac{dM}{dt}=0.26\frac{T_{air}-T_{rock}}{t^{\frac{1}{2}}}(g \cdot m^{-2} \cdot s^{-1}) \tag{7-4}$$

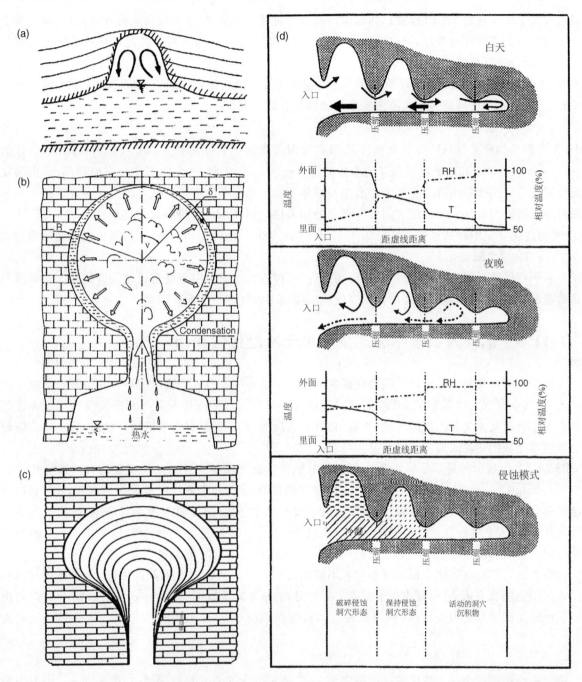

图7-47 (a)热流层上方的封闭对流单元(引自Muller,Sarvary,1977);(b)Szunyogh G(1989)模拟封闭对流单元中冷凝效果图;(c)Szunyogh封闭对流单元模型中形成的圆形穹顶;(d)洞穴入口区每天的小气候变化模型及热带岛屿洞穴冷凝侵蚀作用(引自Tarhule-Lips,Ford,1998a)

Lismonde(2003)修正速率为0.9m/万年。直径1～5m左右的典型球形袋状洞穴也是由冷凝侵蚀作用形成的,由此来看这种侵蚀速率还是相当可观的。当某个地方溶质由H_2CO_3变换为H_2S,这一速率会更大。

7.11.2 横向平流侵蚀作用(大气"烟囱"模式)

这里的理想条件可认为是从高山通向峡谷的扁圆柱形洞穴通道。两端均与外部大气环境连通。这是洞穴气候学家所谓的"烟囱"模式。如果洞内与洞外温度差别很大（短洞穴每天温度对比，长洞穴季节性温度对比），当外部环境变冷，洞穴洞壁也会随下降气流而变冷。如果后续的温和环境带来上升暖气流，水分就会冷凝在洞壁上。

Dubljansk V N 结合理论与现场试验对这一现象进行了深入细致的研究（Dubljansky，Dubljansky，2000）。他提出在大规模洞穴和大范围岩溶岩体区具有如下规律：

$$A = V \in (e_s - e_u) t J \tag{7-5}$$

式中，A 为凝结物质量（g）；V 为气流循环的洞穴和周边岩溶化岩体的体积（m^3）；$\in$ 为孔隙率，估计值（0～1）；$e_s - e_u$ 为地表和地下绝对湿度的差异值（$g \cdot m^{-3}$）；t 为天数；J 为地下空气交换频率，依据洞穴气流数据估计。高加索山脉和克里米亚高原高寒冬季和干热夏季的现场研究可以佐证。夏季经常能够发现岩溶泉排泄与外部大气湿度之间具有很强的相关性。估计泉水中凝结水的体积在 0.012～8.6 $L \cdot s^{-1}$ 范围内变化。旱季凝结水出水量在 0.3～10 $L \cdot s^{-1} \cdot km^{-2}$ 范围变动，或是不同部位年平均沉积物质在 0.1%～0.9% 之间变化。

相对于侵蚀单元模型，平流侵蚀的气流为线性的，理想状态下会沿着通道运移。溶解岩体随着洞壁薄膜面流向下剥离，或者是当循环反转及蒸发冷凝作用下以气溶胶的形式运动。

7.11.3　洞穴入口段平流现象和单元冷凝侵蚀作用

这种是最为常见并且分布最广的冷凝侵蚀环境。除了那些入口极为狭窄的洞穴和植被全部覆盖的洞穴入口，其余洞穴入口都或多或少会见到这种情况。洞穴入口平流现象和单元冷凝侵蚀现象在那些仅具有单个有效气流交互入口同样适用，双出口（好比烟囱）或多出口洞穴也适用。然而，其定量效应较之于强气流循环的热流或烟囱环境要温和得多。

图 7-47（d）所示的是开曼群岛布拉克岛上由于微气象变化和冷凝场变化引起的日侵蚀变化计算模型（Tarhule-Lips，Ford，1998a）。布拉克岛的洞穴都很短，多为海岸侧缘的锥形溶蚀洞穴，开口面向海岸悬崖壁。这里的气候属热带气候，日温度变化在 2～5℃ 之间。白天洞穴内相对清凉，气流下沉沿着底板向外扩散，温和的轻气流置换进入洞穴停在顶板层位上。夜间这一平衡被破坏，洞内气流变换为底板处的弱平流层和底板之上任何空腔中的单元流，白天的暖气流同时也凝聚下来。

大多数洞穴都存在温度和相对湿度明显不同的入口区域。从入口区到洞穴内部，冷凝作用和潜在的侵蚀作用会随着变化量（每日或是季度或二者皆可）的减小而骤减至 0。Wigley 和 Brown（1976）指出入口区域的范围可以模拟为松弛（或指数递减），长度仅取决于 a（通道半径）和 V（气流通过通道的速率）。

$$x_0 = 36.44 a^{1.2} V^{0.2} \tag{7-6}$$

恒定截面的通道中该入口区域一般范围为 5～6 倍 x_0。如果存在凝结现象 x_0 值会减小。开曼布拉克岛中的一个典型洞穴汇总，距离洞穴入口仅 30m 处，方解石堆积物已在凝结作用下遭受强烈侵蚀，而洞穴内部空腔中则发生强劲的洞穴堆积物增生。从凝结水中溶质浓度测量和悬浮在空气中的石膏薄片的溶解量来看，平均侵蚀速率大约为 200 $mm \cdot ka^{-1}$；从理论角度考量，Dreybrodt（2003）认为这样的结果还是偏大。

7.11.4　基岩和洞穴堆积物的冷凝侵蚀特征

正如上文所述，当某个部位单元对流气流起主导作用时就会形成一个或多个球状岩袋状岩溶。匈牙利的 Sátorköpuszta 洞穴和 Bátori 洞穴提供了最佳案例（见 7.8 节）。平流洞穴中若有原位的单元对流作用时也会出现形态发育良好的袋状岩溶。

当平流气流起主要作用时,基岩洞壁和洞顶的主要形式为各种扇贝溶坑和笛状溶孔。

这与上文所述的河谷水流冲积形成的洞穴本质是相同的,也包括不对称流,但由于空气流黏性较低,相比于水流则平流气流成因的洞穴规模更大(0.5~2.5m或更长),并且一般非常浅。这些气流形成的洞穴更普遍,并且在接近气流压缩区域表现更佳。在洞穴中的天然坝后面有密度大的空气,可见到侵蚀斜面切割下垂堆积物或切穿整个顶板的现象[图7-48(a)]。

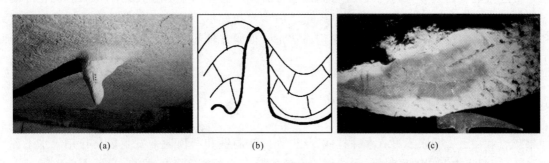

图7-48 (a)巴西东北部洞穴顶板冷凝侵蚀形成的锥形结构及下方严重侵蚀的钟乳石(Auler A制图,经许可转载)。(b)钟形地貌(引自Tarhule-Lips,Ford,1998b)。(c)斯洛文尼亚Martinska洞穴中灰岩倒悬体的风化作用(Zupan Hajna制图,经许可转载)

当洞穴堆积物比如钟乳石,石笋和石柱伸入到潮湿气流中并被其侵蚀,凝结侵蚀作用的影响就再明显不过了。渗流洞穴堆积物的生长表明在给定位置的净方解石(或其他)沉积占优势。由此,侵蚀作用使洞穴堆积物减少,这意味着存在平衡作用的显著变化。目前可识别到3种影响:

(1)小规模的溶蚀,石笋等被小股水流侵蚀,通常位于迎风位置。

(2)中等规模的溶蚀,75%的沉积物可能已被溶蚀掉,但原始形态仍然可以辨别(图7-48所示的钟乳石)。

(3)大规模溶蚀,原始形态已被破坏,扇形气流平滑地穿过侵蚀平台面和相邻的岩床壁面或者顶面(Tarhule-Lips,Ford,1998a)。

这种类型的破坏在半湿润和半干旱气候区域的洞穴中分布广泛。其在卡尔斯巴德洞穴最低层(最新地层)左手侧隧道中表现令人叹为观止,这里的侵蚀性水蒸气中含有H_2S成分;迎风向收缩区域发育的大部分石笋和岩柱剥蚀了50%~75%(Hill,1987)。如果仅仅是遭受CO_2侵蚀,一般特征是大型石笋上部突出壳层以下的袋状岩溶侵蚀,这就表明上升气流在那里集聚冷凝。尽管这是一种温带气候现象,在温和洞穴中的"烟囱"环境下偶尔也会出现。例如,在匈牙利Baradla洞穴的Concert空腔之上一处高度约10m的石笋受到强烈的袋状侵蚀呈锯齿状形态。

至于洞穴堆积物,很显然冷凝侵蚀作用具有偶发性。当裂隙风化时(风化速度非常缓慢)或方解石重新沉积,则净侵蚀期结束。显然这里具备气候或微气候因素的控制作用,我们试图找到气候因素与间歇性侵蚀作用的紧密关联性(例如,全球冰川环境或海平面的下降)却未能实现,这是由于区域性因素(比如侵蚀作用)或者充填物打乱了洞穴气流类型。

7.11.5 钟形洞

钟形洞(Wilford,1966)是一种地貌特征,呈竖直的圆柱形态,具有完美的圆形截面,见于热带气候环境部分洞穴的顶板上。其垂直度不受岩性、岩层倾角、洞顶形态及洞顶陡缓的影响[图7-48(b)]。钟形洞下方的底板上也可能出现浅层钟形凹面(Lauritzen,Lundberg,2000)。开曼群岛上的研究成果表明钟形洞仅出现在有光照或是部分光照的洞穴入口区域(Tarhule-Lips,Ford,1998b)。4个白云质灰岩试样钟形洞高度在0.5~5.7m不等,其直径与高度成比例,直径在0.6~1.3m之间。有人认为这些钟形洞是在微生物活动激发的强烈冷凝侵蚀作用下形成的。微生物(微生物膜)将其聚居地构建在洞穴入口区顶板某些部位,因此它们可以从凝结水中获取水分。在这些微生物作用下,基岩溶解开始在顶板位置形成凹坑。当凹坑深度进一步扩大,坑内就会聚集最暖的空气,进而形成诱导附加冷凝作用的正反馈机制。钟形洞的垂直性主要是由于微生物活动和冷凝侵蚀作用下,最易溶解的粒间方解石胶结物被溶解;而难溶颗粒物在自重作用下被搬运,靠自重垂直向下搬运是最有效的。

在某些巨型热带洞穴入口,我们已经看到最显著的钟形洞高约8m,直径约1.5m,后期在冷凝侵蚀作用下揭露,因此钟形洞最大的尺寸还不好确定。加拿大和爱尔兰某些淡水湖水位线振荡区域附近的灰岩和白云岩中密集排布的小型钟形孔,它们通常光照很弱并且起源上也可能伴随生物作用和冷凝侵蚀作用。

7.11.6 残存洞穴中的风化作用

如果灰岩和白云岩洞穴不再有水并且残存很长时间,洞壁和洞顶通常发生风化作用。水来源于冷凝作用。然而,洞穴内沉积速率很慢,无法形成有效的膜态面流来搬运溶解物,自然不能够像球形袋状溶蚀过程那样雕琢洞壁表面。洞穴表面的气流速率同样很慢,不能以气溶胶的形式快速搬运溶解物,因此也不会出现空气扇形坑和笛状形态的侵蚀。相反,岩体表面更倾向于优先溶解脆弱的地方。方解石细脉发育的地方可能会形成微观蜂窝状网格。最常见的是那些致密不规则的凹坑,直径大小0.3~1.0cm,深度1~2m;在西弗吉尼亚邦尼洞穴中,我们还发现这些凹坑沿灰岩中的淤泥质条纹延伸。其边缘质软,用指甲就能刮除,甚至是老鼠爪子都能刨掉。Zupan Hajna(2003)对斯洛文尼亚洞穴中的该类风化做了细致研究[图7-48(c)]。那里的风化壳一般厚1~5cm,并且约90%的是方解石或白云石。风化壳层含水率在24%~40%之间。

洞穴入口区域的风化作用最强烈,尽管风化带经常会贯穿整个烟囱通道型洞穴。在有些无强气流活动的残存洞穴内部同样能发现风化带,这可能是长时间干湿循环交替的结果,并且风化速度非常缓慢。

Palmer和Palmer等(2003)记述了肯塔基州猛犸洞穴中一种不同的风化模式。渗流扩散流经洞穴上方砂岩层的过程中损失了水中的CO_2;当渗流从洞壁排出并与大气接触后会酸化,进而在0.2~2.5cm深度范围内风化。那里的硬壳层沉积可能会有来源于砂岩层中二次沉积的微量二氧化硅。

7.12 洞穴垮塌

大部分洞穴中都可以看见从洞壁、洞顶和岩柱上锯齿状破裂面上掉落的岩块(图7-49)。这些构建了地下第三种基本地貌,它们改造或者取代起初的潜水或渗流溶蚀形态。英语语系洞穴学者称之为溃穴或垮塌,欧洲专家则称之为"侵入"。

洞穴中的所有垮塌现象都是在岩层内或层面之间或者裂隙切割的岩体发生机械破坏失稳。下文总结的洞穴垮塌同样适用于岩溶区裸露的悬崖壁,例如在地下暗河、峰丛、塔状岩溶等地形。

岩石上一点的荷载可简单表述为:

$$P = \rho g h \tag{7-7}$$

式中,ρ为岩石的密度;h为岩体的厚度或是悬壁面上覆岩体的高度。荷载的分布可作为洞穴横断面上的应力场,其分布如图7-49(a)所示。通道上方的岩体中会形成张性穹顶。穹顶高度主要取决于通道宽度。穹顶岩体有下坠的倾向,从而穹顶上覆岩体的自重传递到毗邻的通道洞壁上,大大增加了通道肩部的压应力。底板也会产生张力,但在天然洞穴中(相对于人工开挖)底板张力的影响微乎其微。

最大的溶洞垮塌发生在张性穹顶处,当层状岩体水平展布时,垮塌后形态非常规整。因此,在基本

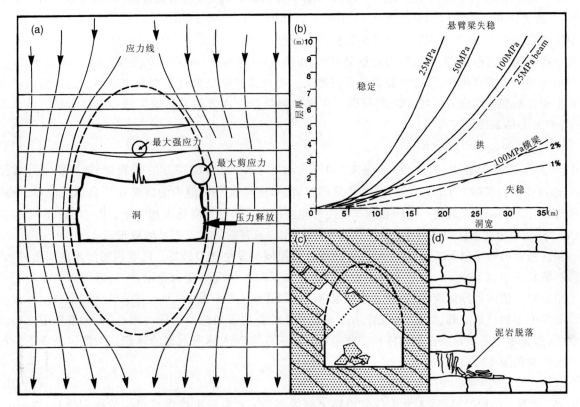

图 7-49 (a)洞穴周边和张力穹顶的应力线分布;(b)危险跨度(通道宽度)或梁的破坏厚度和灰岩中水平层理悬臂梁(据 Waltham,1996);(c)陡倾岩层理论穹顶破坏变形;(d)荷载最大点应力释放引起的剥落现象,例如在柱脚或墙脚

分析中经常采用这种地质结构。层间连接力通常远远弱于岩石的强度,所以岩层间会出现弹性松弛。如果岩层横向延伸至通道全宽度,单层岩体就可以认为是起"梁"的作用,如果岩层发生断裂(例如中部发育一条宽大节理)或完整的岩层未横跨整个洞顶,就可以按悬臂梁考虑。断裂跨度强度一般远大于简单悬臂梁。悬崖表面通常以悬臂梁的形式失稳。

给定厚度和强度的横梁,当其延伸长度超过临界跨度时就会发生力学破坏,然后岩体发生垮塌,反之亦然。横梁断裂简化力学公式如下:

$$t_{\text{crit}} = \rho \lambda^2 / (2S) \tag{7-8}$$

式中,t_{crit} 为横梁临界厚度;λ 为横梁的跨度(通道宽度);S 为弯曲应力。对悬臂梁而言:

$$t_{\text{crit}} = 3\rho \lambda^2 / (2S) \tag{7-9}$$

也就是说悬臂梁远弱于横梁。这里的岩石密度作为强度的近似估计:在采矿惯例中,通常用三轴压缩试验值来取代密度(Brady,Brown,1985)。

弯曲应力规定为:

$$S = Mc/I \tag{7-10}$$

式中,M 为横梁的最大力矩,据下式确定:

$$M = \beta t \rho \lambda^2 \tag{7-11}$$

β 为横梁的宽度,即相对 t 和 λ 的标准值:

$$c = t/2 \tag{7-12}$$

I 为横梁的惯性矩,据式:

$$I = \beta t^3 \tag{7-13}$$

图 7-49(b)模拟了灰岩水平岩层中横梁和悬臂梁的临界跨度（通道宽度）或坍塌厚度（Waltham，1996）。无侧限抗压强度（UCS）范围从 25MPa（$\rho=18$kPa·m^{-3}）到 100MPa 以上（$\rho=26$kPa·m^{-3}）（最坚硬的洞穴灰岩）。这里强调岩层厚度临界值的重要性。厚层但强度中等的碳酸盐岩能够承受 20m 宽的顶板而不发生折断，前提是岩体为完整梁形态，块状地层（厚度>1m）延伸的宽度可达 35m 或更宽。

该模型仅考虑挠曲强度，这里假设岩石就像是一小块弹性体延伸过长而发生破坏。这一假设不允许发生塑性蠕变或高应力区域裂隙的发展。在张开裂隙处允许弯曲岩体发生转动时就失稳。这就是 Tharp（1995）的裂隙传递模型：

$$v=c(K_I/K_{I_c})^n \tag{7-14}$$

式中，v 为裂隙扩展速率；K_I 为应力强度（MPa·m$^{0.5}$）；K_{I_c} 为给定岩石的断裂韧性；c 是经验常数（Tharp，1995）。实际上 K_{I_c} 很难测算，尤其是可溶岩中，逐渐张开裂隙中的溶解作用会扰动简单、渐进的物理破坏。Tharp 认为这一过程在 100 年内可能会把岩石的强度降低大约一半。图 7-49(b)的取值 1% 和 2% 是裂隙宽度达到悬臂梁长度 1% 和 2% 时，相应悬臂梁强度有折减的修正。

张性穹顶的破坏向上扩展，单个或几个连续性岩层同时发生断裂破坏。随着拱的作用逐渐增强，岩层断裂的比率也就下降了。不管怎样崩塌最终会在如下两种情况下变为稳定：①新近外露的基岩跨度小于给定厚度值的临界宽度；②随着岩体坍塌穹顶下部逐渐充填碎块石，对岩体悬臂梁剩余跨度形成支撑。如果崩塌物质以溶解、沉淀、河流作用等在管道基础部位或向前发生同时搬运，那么堆积阻塞必然会发生，这是由于崩塌物质占据的体积必将超出先期未崩塌时岩体所占据的体积。无搬运条件下的稳定高度计算值如下：

$$h=h_0/k(k-1) \tag{7-15}$$

式中，h_0 为洞穴的原始高度（未发生任何垮塌之前的高度）；k 为发生垮塌后产生的体积增加（Andrejchuk，1999）。例如，当 $h_0=10$m 时，孔隙度（管道岩体多孔性）为 10%，在原生洞顶 100m 范围内发生填充；孔隙率为 20%，这一上限为 50m；孔隙率为 50%，堆积高度上限为 20m。

张性穹顶的岩体破坏比例（局部的或是任一上部上限整体的）和其区域性延伸范围在同一洞穴或相邻洞穴中差异很大。有的也可能不会发生崩塌。例如，卡尔斯巴德洞穴的中大型空腔（图 7-51）通常宽度都大于 50m，但大部分垮塌却微乎其微。这是由于它处在块状礁状岩体中。一般卡尔斯巴德开阔通道延伸到毗邻的礁后区岩层中，立即会发生垮塌。

当洞穴地岩为中厚层，近水平展布时，往往会在穹顶特定位置发生垮塌。垮塌在管道交叉段或突出的裂隙交叉点形成悬臂梁段易发生垮塌。极端情况下，会出现管道局部或全段垮塌，这是大多数大型石膏质管道的共性，因为石膏在水化作用下强度降低。Klimchouk 和 Andreichuk（2003）对乌克兰石膏洞穴管道中的垮塌量做了详尽的调查，记录显示 Zolushka 洞穴中每平方千米有 1 800 处垮塌，这是由于石材开采造成岩体脱水所致。

理论上陡倾岩层中同样会出现竖向的张性穹顶，但显而易见，上倾边墙和顶拱相比更加不稳定，从而产生不对称垮塌[图 7-49(c)]。这里，岩层之间以及裂隙面（上文分析忽略）的黏结力就成了一个非常重要的变量。在矿井中，这一黏结力可通过实验室或原位剪切测试来确定。

张性穹顶垮塌现象在经历了数千年至数百万年的时间后还不能实现完全稳定，但是洞穴却还存在，特别是在渗流型洞穴中。渗流优先向穹顶排出，如果地下水具腐蚀性，渗流水会侵蚀岩体，降低其 S 值或是横梁形态变成悬臂梁形态等。这使得岩体向上破坏进程更新，术语上称之为顶蚀作用。许多岩溶地貌中发育有深大角砾岩管或张性穹顶垮塌成为洞穴充填碎屑物的地质单元。通常，这些地质单元延伸至非岩溶性盖层岩体。若盖层岩体力学性质较弱且为弹性体时（例如黏土、多种页岩），岩体渐进式破坏过程往往会由整体圆形管道沉陷所取代。加拿大和俄罗斯有的溶洞在上升顶蚀作用下，在盖层岩体中延伸长度超过 1 000m。在矿井中，岩爆现象（应力突然释放）有时也会破坏洞壁和底板。这一现象在天然洞穴中尚未遇到，这是由于天然溶洞形成空洞的速度缓慢，应力调整速度也慢。然而，在洞壁特定部位的岩体（尤其是在岩柱处，比如管道交叉处）或是灰岩和白云岩陡崖基脚部位（图 7-50），由于应力释放而造成剥落现象却很常见。有剥落现象的地层通常是黏土质和（或）微晶岩石。剥落碎块呈板状或贝壳状。这样的基底剥落破坏洞壁的稳定，使得张性穿顶变大，从而出现一般的垮塌。

图 7-50　通道交叉段顶板发生垮塌（照片引自 Palmer A N）

White 和 White(1969)把洞穴崩塌堆积物分为以下 3 类。

块体崩塌：岩块含有多个层面。

板状崩塌：岩块只包含一个层面。

片状崩塌：岩块是含有一个层面的碎块再次形成的碎片。

已知有单个岩块的体积超过 25 000m³，例如卡尔斯巴德洞穴中的礁区—礁后区交叉处的一岩块。板状崩塌在薄至厚层状水平地层中占据主导，同时也有很多种片状剥落现象发生，这是由岩石结构特性决定的。碎片状、鳞片状、板状、箭头形态，块体形态以及碟形贝壳状碎块形态常见。

力学破坏是所有垮塌现象的直接原因，而洞穴自身天然条件是其根本原因。在这两种极端情况之间，其他因素则决定了崩塌事件发生的地点和时间。或许下面这 3 个因素最为重要：①潜水型洞穴（例如 Zolushka 溶洞）的排水作用，排水作用解除了水的浮力，在不同的岩溶岩体中表现为有效荷载增加 30%～50%；②渗流作用，渗流拓展了管道跨度，并超出管道岩体横梁或悬臂梁宽度的上限，或是发生在河流下切处和通道交叉点地段，或是在有冲积层分布的管道地段；③如上所述，侵蚀性渗流水削弱顶板强度。在充气状态非常良好的洞穴中，水流渗入岩壁，溶解作用可能会产生较多碎块和碎屑剥落现象。

有的溶洞中垮塌现象也有人认为是地震诱发形成的。加拿大卡尔斯巴德溶洞管道中，明显可以看出是由于洞穴顶部 200～400m 的冰川冰诱发应力释放而导致碎块剥落（Schroeder，Ford，1983）；可能是前冰期地貌中洞穴垮塌的一个因素。猛犸洞穴以及全球范围内其他许多洞穴中，由于石膏在灰岩区中富集 SO_4^{2-} 离子的渗流水中沉淀离析出来，从而引起较为普遍的碎片状剥落（White，White，2003）；纳拉伯的某些洞穴中，盐也扮演了相同的角色。

7.12.1 冻裂与霜穴

冻裂是低温地带灰岩和白云岩洞穴中的一种有效的崩解作用,正如上文所述[式(7-6)],有些洞穴只有唯一入口,允许大量空气进出,或是某些洞穴此类出入口距离较远,霜冻冻深仅限于在温度变化的敏感区。有效冻裂作用通常也限于第一、二级松弛区。一旦洞穴在不同海拔高度有两个或多个大型入口的烟囱形态的进出口,冻裂区会变长或者冻裂作用更剧烈,高山地带残存洞穴大多属这种情况。产生的冻裂碎屑多条状。接近入口段厚层板状崩塌也较普遍。

陡崖上的冻裂作用可能会形成浅的具有斜顶式的洞穴,术语称作霜穴。霜穴在所有遇水脆裂的硬质岩体上都能形成,然而在灰岩区霜穴更为常见,这是由于灰岩遇水以溶解形式放大了空腔。在出水点溶解作用是大规模冰冻作用的诱发过程(Schroeder,1979)。霜穴往往向上拓展至冻裂张性穹顶,可能会形成高数米至数十米的圆拱形穹顶。从远处看,这与大型洞穴冰冻改造的洞口并无区别,这一现象导致很多的报告夸大了高山区溶蚀性溶洞的发现频率。

7.12.2 知名的大型天坑

洞穴中的大型空间,学术上美国学者将其称为Rooms(洞厅),英国学者将其称为Chambers(洞室)。部分知名的大型溶洞如图7-51所示。早在1980年发现于姆鲁国家公园岩溶区的沙捞越溶洞最大,体积约$20\times10^6 m^3$。中国Gebihe洞的Miao洞厅体积约$10\times10^6 m^3$。伯利兹溶洞、Salle de la Verna洞和卡尔斯巴德洞的大厅体积均超过$1\times10^6 m^3$。体积在100 000~500 000 m^3之间的溶洞目前已知可达数百个。

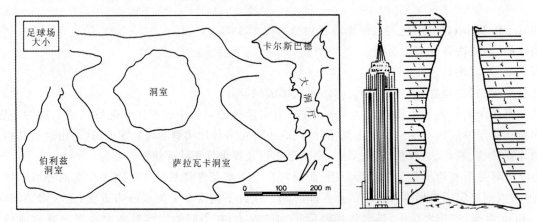

图7-51 世界上最长的洞室和洞厅。姆鲁国家公园好运洞的沙捞越洞室;伯利兹Tun Kul洞的伯利兹洞室;美国卡尔斯巴德洞的大洞厅;法国皮埃尔·圣马丁峡谷中Verna洞室。墨西哥El Sotano竖井的高度堪比纽约帝国大厦

大多此类岩溶大厅的中心部位处在渗流通道交叉处,这类区域具备水流下切作用逐渐形成张性穹顶,进而能够发生多次崩塌。河流以溶解的形式搬运走大多数碎屑物,由此保留了开阔的大厅而不是角砾岩管道。出现在热液洞穴中的卡尔斯巴德大厅和某些大型大厅的掘穴过程或许可归因于上文所述的外源侵蚀作用,相对地,在崩塌形态上其表现较弱。

令我们印象深刻的是,相对于那些充满碎屑的岩溶角砾岩管而言,这些大型溶洞大厅的规模较小。

8 洞穴沉积

8.1 概述

溶洞起到了一个巨型沉淀阱的作用，集聚了溶洞整个生命周期内的各种碎屑物质、化学及有机物质。溶洞内的沉积物质是陆相沉积中最为复杂的，而且比其他类型的沉积物保持原状的时间更长久。这就是大量重要的旧石器时代考古遗址在溶洞中出现并非偶然的原因。

鉴于溶洞沉积物质的考古学和古环境特性，类似其他类型的沉积同样易于取样分析，前人对溶洞沉积研究远远超出我们在第7章中论述的溶洞侵蚀性起源的研究。溶洞沉积可以分为以下几类：洞口沉积、悬岩沉积、洞内沉积(图8-1)。本章我们着重介绍溶洞内部沉积。洞口沉积鉴于其考古学上的重

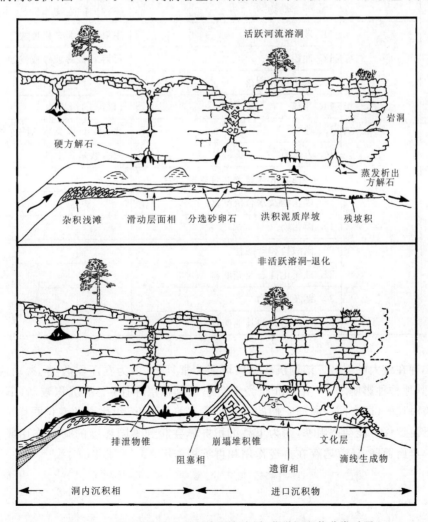

图8-1 活跃溶洞和非活跃溶洞中碎屑、化学沉积物分类对照

要性,可以作为独立课题来研究。

表 8-1 是溶洞沉积物综合分类方法。可以基本划分是碎屑、有机质和沉淀沉积物,也可先划分是在溶洞外部沉积后被搬运到洞内(外生或外源型)和上述物质在溶洞内部生成(自生或内生型)。

表 8-1 洞穴沉积物

物源	沉积类型	原岩	胶结
外生或外源型	碎屑	1. 冲积	有多种类型——以外源为主
		2. 渗流沉积	渗流成因——少量
		3. 湖积	极少见
		4. 海积	海相
		5. 风积	在入口处有少量
		6. 冰川及冰水注入	冰川地区常见
		7. 动物排泄、崩积物和泥流	通常限于入口处
		8. 火成岩	火山地区,巨厚冲积层火山灰和浮石
	有机质	9. 水浮物、风吹物	小到孢子,大到树干
		10. 外部动物	主洞内的生物如骨头、巢及粪便
自生或内生型		11. 破碎	主要是局部失稳掉块
		12. 冲积	可溶岩石的破碎或侵蚀
		13. 风化土和剥落	
		14. 风成	11、13 的衍生物
沉淀和蒸发	碎屑	15. 冰	冰、冰川、雾及冰的注入物
		16. 方解石	大多数是自生的
		17. 其他碳酸盐岩及水合碳酸盐岩	
		18. 硫化物及水合硫酸盐	
		19. 卤化物	
		20. 硝酸盐和磷酸盐	
		21. 二氧化硅石及硅酸盐	
		22. 锰及水合物	
		23. 与矿相关的其他矿物	

这样的分类存在较大的误区。溶洞沉积物质可能非常复杂,因为在压实收缩、滑动或坍塌、流岩侵入、人工挖掘或其他种种影响之下,溶洞沉积经常会违背沉积层序律(上部沉积较新,下部沉积较老)。多种沉积相是跨时代的(即在同一断面它们的沉积年代有差异)。沉积速率的变化同样可能存在很大差异。沉积物向下游运移可能会被阻塞,因为下游沉积屏障会起到不同程度的筛滤作用或直接长时间地阻断运移通道。毋庸置疑,还普遍存在再造作用和再沉积作用。

8.2 碎屑沉积

8.2.1 河相沉积的搬运机理

岩体局部破裂和外来的河流相沉积物是碎屑沉积的两种主要物源。沉积物质在开阔冲积通道（如河流）中的搬运机理已有深入的研究（如 Middleton，2003）。然而，渗流溶洞内部通道往往是岩石包裹的，因此过流时宽度有限且粗糙不平，一般不发育漫滩。潜水和洪水冲蚀的洞穴可近似看作人造管道，但由于其无规律性洞穴内摩阻力较后者高很多。固体颗粒以泥浆形态在管道中运移是诸多工程试验的研究课题。1955 年 Newitt 等的研究尤为重要，其结论如下：

当在河床（边界）上水流冲击产物的剪应力超过临界值时，河流沉积物开始搬运[式(5-17)、式(5-18)]。边界剪应力的通式 τ_0(kg·m^{-2}) 为：

$$\tau_0 = \rho g \theta \frac{a}{2d+w} \tag{8-1}$$

式中，ρ 为流体密度；θ 为河床坡度；a 为横截面面积；d 为截面埋深；w 为截面宽度。

剪应力临界值 τ_{crit} 随着颗粒直径和密度增加而增加，但也取决于颗粒形状和粒间充填方式等。剪应力临界值的近似计算公式如下：

$$\tau_{crit} = 0.06(\rho_s - \rho)gD \tag{8-2}$$

式中，D 为颗粒直径(mm)；ρ_s 为颗粒密度。给定流量所能搬运颗粒的最大粒径值可用式(8-3)近似计算：

$$D_{max} = 65\tau_0^{0.54} \tag{8-3}$$

推移质集体搬运的近似计算面临诸多疑难问题，用得最多的是 Meyer-Peter & Muller(1948)公式：

$$v = 0.253(\tau_0 - \tau_{crit})^{\frac{3}{2}} \tag{8-4}$$

就沉积速率而言，球形颗粒临界沉降速率 v_t 通过斯托克斯定律或相似表达式计算：

$$v_t = \frac{1}{18}\frac{\rho_s - \rho}{\mu}gD^2 \tag{8-5}$$

明渠中这些相互关系作用概括为图 8-2，Dogwiler 和 Wicks(2004)在肯塔基州和密苏里州的两个河流冲蚀洞穴中的 59 个站点测量过颗粒粒度，同时做了剪应力分析来确定 85% 的颗粒物可以在地下河流丰水时期搬运，这些区域丰水循环间隔时长约为 1.7 年。

就满管水流而言，Newitt 等提出了 5 种搬运模式：①低速旋转颗粒在河床上波动；②单体颗粒跃迁模式；③滑床模式，首先为滑床后缘推移质颗粒移动，其次延伸至整个滑床底部颗粒迁移速度急剧增加；④非均质颗粒悬浮模式；⑤均质颗粒高速运移的悬浮模式（图 8-3）。

试验仅限制于断面为圆管，颗粒粒径限制在 10mm 以下。之后其他人在大口径管道中的试验也得出了近似的结论。

至少前 4 种搬运模式在潜水区和洪水浸没区的洞穴中存在是确切无疑的。现实中，卵石、鹅卵石直接从竖井底部搬运至顶部然后堆积的实例比比皆是。这种现象正是异相悬浮的代表。图 8-3 描绘的是卡斯尔格德洞穴中直径 40~100mm 的灰岩卵石($\rho=2.85$)从洪水冲蚀的井下向上搬运超过 7.5m (Schroeder，Ford，1983)。运用沉积律可以计算最小速率大于 0.8~1.0m·s^{-1}，计算成果与实际测得的平均沉积速率 1.2~1.3m·s^{-1} 很协调。请注意 Newitt(1955)试验中的卡斯尔格德静止河床颗粒沉积制图。这并不能使这个试验成果无效，但是强调了颗粒形态和其他因素实际中导致变化大。

Gillieson(1986)概括洞穴水力学条件和一般沉积结构之间关系见图 8-4。

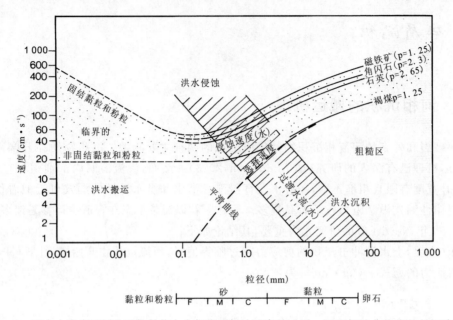

图 8-2 流水中密度不同的矿物晶粒大小与临界侵蚀速率关系图。河流侵蚀曲线指的是河床以上 1m 的速率,确定侵蚀-搬运-沉积关系(引自 Sundborg,1956)

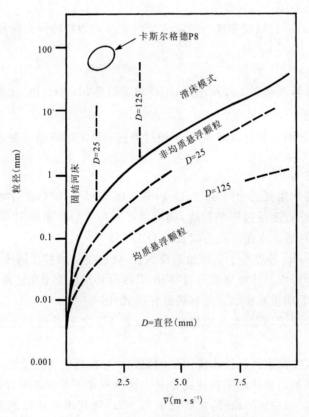

图 8-3 碎屑沉积在满管条件下的搬运机制(据 Newitt et al,1995)

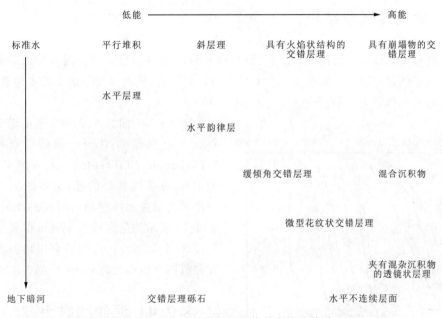

图 8-4 洞穴碎屑结构沉积中水流量与沉积能量之间的关系（据 Gillieson，1986）

8.2.2 砾石到巨砾沉积

砾石是丘陵岩溶地带外源集水区的一种典型推移质。大部分冰川中的砾石尤为重要，这些地带一般冰碛堆积和冰川消融的再造作用较为明显。同样山体自身崩塌也可产生砾石。

在陡峻的洞穴中洪水（如高山系统）可见搬运砾石的极端情况，最大允许搬运粒径取决于通道的最小直径。重达 1t 或者更大的岩石牢牢锲入洞穴深部顶底板之间的现象是很普遍的。期间的动力学机制好比是一次能量充足的马桶冲刷。

经常遇到的沉积相是一种分选性差、颗粒大小混杂的组合体，这个组合体既有颗粒骨架支撑，也有基质支撑，几乎不存在优势方向或者优势结构，这种沉积物往往具有多种起源，就一般沉积学而言称为混杂陆源沉积物。沉积顶部通常为突变接触，下面是分选性良好的砂砾石或砂层。砂砾石或细砂如若出现在沉积韵律中通常为基底单元。洞穴中类似的沉积归因于通道充满-基底滑移模式，即所有物质不断运移、沉积，与此同时在颗粒碰撞产生的分散压力的作用下完成分选（McDonald，Vincent，1972）。这相当于冲积河道中的逆行沙丘模式。Gillieson 以巴布亚新几内亚温湿高原上的溶洞为例对此做了详尽的阐述。滑移基底沉积类型在冰川下的冰河中也有出现，即在冰川中洪水冲蚀的洞穴中沉积（Saunderson，1977）。图 8-5 表示的是 Gillieson 的研究成果（曲线 17、18）和 6 组冰河沙堆式样的粒径包络线（曲线 2）。

在开放洞穴通道或者满流管道中流速很低，碎石和块石运动形式主要为旋转和滑动，在浅滩分选性中等到好，形成侧向的长条沉积、向下游及向上游变化的趋势。长条形向下游收缩如短虹吸管，这种类型的沉积物经常体现了河道的冲蚀构造（往往包含细砂和碎屑物）。砾石呈叠瓦状排列。Wolfe（1973）记述了一处弗吉尼亚西部的古沉积，那里的叠瓦状排列指示的流向与邻近墙体上的溶蚀凹槽所指示的流向恰恰相反。这正是冲积河流侵入废弃浅层地下洞穴所造成的后果。

不同的洪水路径发育不同的沉积相，任何通道都会逐渐被充填。随着洪水通道被充填，通道的横截面变小，流速增加，向上沉积物逐渐变粗，最后以卵石和漂石填充洞穴直至洞顶，洞穴被完全堵塞。

8.2.3 砂及其沉积结构

灰岩和砂岩盆地中砂是常见的，因此洞穴沉积中砂粒沉积物相当丰富。洞穴中槽渠中沉积的典型砂层在很多文献中已有叙述。分选从中等到好的都有。向上游、侧向或者下游变细也很常见，向上颗粒变粗。砂通常与粉土和黏土互层。

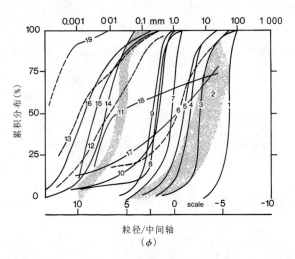

图 8-5 18 组不同洞穴堆积物和蛇形丘 6 组试样的颗粒大小累积分布曲线

图 8-5 中曲线 6、7 和 8 是斯诺文尼亚温带河谷洞穴中测量的中砂和粗砂曲线（Gospodarič，1976；Kranjc，1981）；曲线 9 代表尼奥系统（比利牛斯山脉）分选性良好的砂，那里的沉积物是冰川外缘冰水消融进入巨型通道形成的（Sorriaux，1982）；曲线 10 表示的是直径为 67mm 的管道中排水砂的曲线（Gale，1984）。近期研究得出的粒径曲线在形式和范围上也都比较相近（如 Valen et al, 1997）。

8.2.4 泥沙和黏土

洞穴中泥沙和黏土层是分布最为广泛的碎屑沉积物。因为它们在悬浮状态下搬运时会常涂在洞壁或者顶板处，尽管大部分是在底板上集聚。

泥沙和黏土的物源极为丰富多样。异源物质包括侵蚀土壤、河流的再沉积物和湖相沉积物，以及风力携带的粉尘和火山灰等（图 8-5 中曲线 14、16），土颗粒在高空中往往会被筛选。重要的自源物质有洞壁风化物（曲线 15）、早期沉积物的重新移动或分解。法国南部地表红土（曲线 12）被风吹到深度约 30m 的地下，土粒度特性趋近曲线 13。各式各样的异源或自源细颗粒物质往往是残余洞穴中的最终沉积物质，通常被称为洞穴土。

黏土和粉土一般平行于沉积面且呈薄层状发育，沉积层有水平、倾斜、直立或倒转。层间自底部向顶部粒径显著变细，层间产生成对的色变序列，比如许多冰河沉积地带浅黄色（粉土为主）变成灰色（细粉土—黏土）。单层厚度 0.2~50mm，不过 1~10mm 范围最为常见。总沉积厚度可达数米。

部分黏土层不发育薄层或从下向上变细的结构也不发育，说明这种沉积是均质的悬浮物沉淀形成，然而这并不多见。成层结构和顶部变细（有时变粗）现象很普遍，这代表了洪水消退过程中的沉积或其他脉冲流沉积，称为平流沉积（如 Gillieson，1996）。

典型的粉质黏土和黏土粒度从通道中心向两侧发生变化，最细的颗粒在深部凹陷地带聚集（曲线 19）。洪水在主通道中重复冲淤，仅在凹陷位置沉积厚度增加，这样逐渐形成了长大的堤岸，其保存了最完整的沉积记录，在保护区已知这种"土山"的高度大于 20m。

洪水泛滥和排水交替频繁多发的地带，淤泥和黏土质堤岸坡度陡于 40°可能会呈现出小型河流的径排模式；40°~70°斜坡上水流多呈树状分布，坡度更陡的斜坡面水流流向则趋于平行。这些"波痕"至少部分是沉积印记（Bull，1982）。渗流型洞穴顶板薄层沉积物在洞穴变干燥后，通常重组成为小型黏土质纵梁和圈梁集群。它们在外观上像是蠕虫爬行轨迹和周期性蠕动形态（Bögli，1980），小水滴分布和电荷引力作用两者融合产生这种模式。

在远冰川地区，黏土和粉土常规组分为黏土矿物，石英颗粒以及白云岩和灰岩的粉砂。同源流域内的黏土矿物通常来说是由黏土主导。在冰川地区，颗粒中碳酸盐岩细颗粒所占比例显著增加至 20%~80%或更高。它们是基底冰蚀作用产物——冰川岩粉的再沉积作用。

8.2.5 沉积相和沉积组序特征

上述所有的沉积物种类在普通的潜水洞穴中都可见其踪影。在多个深部环形通道里外源砂砾,甚至大卵石被搬运了很长的距离。伍基洞穴下游终点为门迪普丘陵区—经典的多循环管道洞穴系统,英格兰潜水员(图7-15;Farrant,Ford,2004)发现中等粒径砂砾即使是在流速很低的水流中也可持续跃迁,在洞穴暗流水力作用下可抬升90m,然后又下落到洞底。一旦洞穴内存在如此之大、粗糙碎屑物的荷载,共生沉积伴随洞顶分解物和洞壁垂直结构尤其普遍。物质相态可以包括砂粒、斑状物和碎块,通常为粒度向上逐渐变细的韵律。然而,在潜水带中,薄层状粉土和黏土通常更为多见,并且共生沉积也更趋于平缓。洞穴热流区和自流区中,含少量以细粒薄层状沉积为主要的沉积类型。

在包气带或浅的潜水带洞穴中的标准组序是一系列显著侧向粒度变细的沉积-侵蚀循环型沉积物(图8-6、图8-7)。沉积序列的基底可能会存在底滑面,这样的底滑面可能会顺河向切穿早期沉积物。

图8-6 典型洞穴沉积物(左上)手所指年为黏土充入,基底扰乱(可能是滑床)层尖灭;从底板到洞顶的沉积序列是卵石—粉土—黏土,随后,在冲积的过程中叠瓦状排列的卵石中填充黏土(Ford摄);(右上)新几内亚Selminum Tem洞中洪水成因的粉土和黏土形成的堤岸(沙丘)(White A S摄,经允许);(左下)废弃洞穴沉积相,从下往上由卵石渐变成黏土沉积序列,其上又发育由粉土变为黏土的序列(Ford摄);(右下)典型的静水通道中的洪积黏土(平流沉积物),注意树枝状痕迹(Palmer A N摄,经允许)

当洞穴中突然出现崩塌物形成了洞中坝,导致沉积变化很大。通常在坝上游会形成平行的河床或

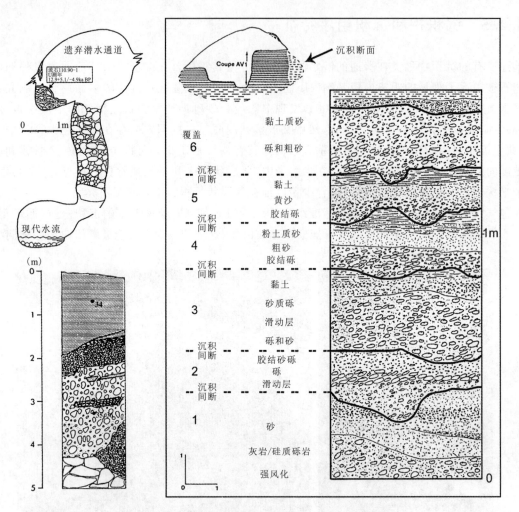

图8-7 洞穴中代表性沉积物素描图。(左上)挪威 Sirijordgrotta 洞管道(潜水和包气带)中的粗粒沉积物，现在地下暗河位于下面。尽管管道很小，充填在这个洞穴中的方解石流石存在了 128 000 年(据 Valen et al, 1997)；(左下)新几内亚洞穴中塌积的混杂沉积物素描图，其中黏土在最上面发育(Gillieson,1986 素描)(据 Gillieson,1986)；(右)法国 Grotte de L'entre de Vénus 洞中复杂的沉积剖面示意图，这里6个河道有冲积沉积序列，包括两个滑动面，有一段只有 1.5m 高，洞穴横剖面图(右上)所示的层序被第7个侵蚀事件冲蚀(据 Delannoy,1998)

三角洲，最初沉积粗粒物质，随着淤塞面积逐渐加大颗粒物粒度变细。大坝下游主要为早期沉积物受到再造作用或进一步筛分，或者外来细粒物质通过水坝或者缝隙进入坝下游的沉积物。如果水坝的大部分物质被洪水冲走，一种特别复杂的沉积相即"池塘-筛分、分选、积蚀"序列就保存下来了。

在流水作用下上部洞穴逐渐被废弃，就可能出现独特的"残留沉积组序"。该沉积组序主要表现为颗粒粒度显著横向变细的冲积层序，并且随着洪水搬运能力越来越弱，越向上游粒度则越来越细。最终沉积物倾向于上游入口处(洪水溢出物入口点，该点处仅有悬移质可以沉积)粒度最细，由于本地沉积的再造作用使得下游沉相颗粒变粗。如图8-5 所示，颗分曲线3、4和5概括了西弗吉尼亚州河流洞穴中从常年河道到流溢河道再到完全遗弃通道沉积物的演化(Wolfe,1973)。

纹泥作为薄层状粉土和黏土韵律序列常成对出现，底部颜色深颗粒粗，顶部颗粒细颜色浅。它们形成于冰前的湖泊中，冬天当湖面结冰时，部分细粒沉降分离，也就是说，每一组纹泥对代表一年的沉积物累积。冰川区域中的洞穴内，厚层纹状韵律普遍存在，如图8-5中曲线11则是卡斯尔格德洞穴中14组试样的包络线，它们是主要的沉积物层序，河道被后期携带的推移质侵蚀沉积。它们代表了第四纪冰川下方或者顺两翼的积水塘沉积，其特征是碳酸盐类含量高。纹泥的每个韵律代表的是某一年度沉积还是代表某种其他事件的沉积仍尚无定论；参考 Schroeder 和 Ford(1983)、Maire(1990)、Campy(1990)、Lignier 和 Desmets(2002)。Reams(1968)认为密苏里洞穴中的薄层韵律层是暴雨后洞穴中形成洪水产生的。

当某处地表河流被阻塞，洪水泛滥倒灌进入下游洞穴，水流所能带入的任何沉积物种类往往与当地洪积平原所堆积的物质相似，主要为细粒砂、淤泥、黏土、漂浮物和饱水的有机碎屑物，等等（例如：Springer，Kite，1997）。

8.2.6 其他类型的碎屑沉积物

从地表沿落水洞进入的碎石和泥浆形成的混合物呈倒锥状分布在地下洞穴中（图8-1）。系统中洞穴坡度越缓，则从落水洞进入的崩积物呈舌状延伸数十米。这些是未分选的碎屑物，通常为基质结构且富含有机质。Sorriaux(1982)记述了比利牛斯山脉洞穴中河相沉积物以碎屑流的形式重新迁移。Gillieson(1986)同样描绘巴布内亚新几内亚高原的洞穴中泥石流在洞穴中延伸长达3km。

冰川可能会直接向洞穴释放冰川融水和碎屑等。这种情况下往往存在典型的注射相，通道入口为楔形大块岩石堵塞，砾石和砂则以舌形向内侧延伸。前进的冰川将冰碛或者消融物质向洞穴入口推移，全部充填，这种情况下也存在简单的注射模式。

洞穴出口位于沿海破浪带，洞穴内可能含有海滩砂和卵石等。在洞穴出口附近形成平台，靠洞穴出口一侧接受海浪冲刷坡度较陡，而背坡平缓，向洞内延伸数十米。Williams(1982b)记述了新西兰海岸砾石沉积物进入灰岩洞穴，延伸长达60m。宇宙成因测年表明石英颗粒是在1.25 ± 0.43Ma以前沉积在该洞穴中（Fabel D，个人结论）。

8.2.7 洞穴中颗粒物形态及形态和粒径变化规律

颗粒形状用形态（板状、片状等）、球状和磨圆3个指标表示（参看 Sneed，Folk，1958；Cailleux，Tricart，1963）。一般对大部分洞穴的研究关注的是卵石和砾石，更加需要关注的是这些卵砾石是自生的（通常为灰岩或白云岩）还是异源非碳酸盐岩。Bull(1978)发现威尔士河流洞穴从上游向下游方向的原生推移质并无系统性的改变，并且将其多样性归因于原岩岩性。通常来说，洞穴提供了足够长的冲积河道，河道形态变化很大，向下游河道逐渐变平缓，洞穴中局部坍塌堵塞河道，崩塌物质可以过滤上游粗颗粒物，下游则堆积新鲜棱角分明的块石碎石。通道粗糙也会使很多卵砾石破碎成棱角状砾石，而不总是对颗粒表面进行打磨。受崩塌堆积物阻挡形成水坝，水位上升，原岩砾石被挡在水坝里，主要的磨圆作用和叠瓦状排列就发生在这里。图8-5所示曲线1呈现了这样一个极端情况，所描述的是上文提到的卡斯尔格德洞穴中高密度抗侵蚀能力强的灰岩卵石，被陷在7.5m深的洪水冲蚀形成的竖井底部，最后卵石打磨形成磨圆度更高的卵石。每个卵石在叠瓦状的砾石滩处扫来扫去，来回翻滚，有的卵石向下游的净运动距离为零。然而，Kranjc(1989b)研究斯洛文尼亚河流洞穴，发现原生的砾石向下游搬运5~10km后磨圆度就很高。

通过洞穴后，外源的圆砾、卵石和漂石的含量必然会减小。西弗吉尼亚的大型岩溶盆地中，Wolfe(1973)发现推移质的平均粒径与通道运距及坡度相关性很弱（表8-2），局部洞穴坍塌对卵砾石的筛滤作用破坏了这样一个趋势。Kranjc(1982)记录砂岩在 Kacne Jama 洞穴中搬运至少11.5km的过程，他注意到平均粒径损失是$4mm \cdot km^{-1}$，然而所有碎屑物（外源的和内生的）的随机取样并无这种趋势。按 Cailleux 和 Tricart(1963)量表，砂岩的磨圆度普遍增加了350~550（550接近球形），但是抗侵蚀能力强的燧石卵砾依旧棱角分明。

表 8-2 洞穴沉积物中的典型矿物

组	矿物	化学式
碳酸盐岩	方解石	$CaCO_3$
	文石	$CaCO_3$
	白云石	$MgCO_3$
	碳酸钙镁石	$CaMg_3(CO_3)_4$
水合碳酸盐	单水方解石	$CaCO_3 \cdot H_2O$
	三水碳酸钙	$CaCO_3 \cdot 3H_2O$
	三水菱镁矿	$MgCO_3 \cdot 3H_2O$
	水菱镁矿和其他	$Mg_2CO_3(OH)_2 \cdot 3H_2O$
硫酸盐和水合硫酸盐:卤化物	硬石膏	$CaSO_4$
	重晶石	$BaSO_4$
	天青石	$SrSO_4$
	无水芒硝	Na_2SO_4
	石盐	$NaCl$
	熟石膏	$CaSO_4 \cdot H_2O$
	石膏	$CaSO_4 \cdot 2H_2O$
	泻利盐	$MgSO_4 \cdot 7H_2O$
	六水泻盐	$MgSO_4 \cdot 6H_2O$
	芒硝	$Na_2SO_4 \cdot 10H_2O$
	白钠镁矾和其他	$Mg_2SO_4 \cdot Na_2SO_4 \cdot 4H_2O$
硫化物	黄铁矿	FeS_2
	白铁矿	FeS_2
	方铅矿	PbS
	闪锌矿	ZnS
	加上萤石(萤石)	CaF_2
磷酸盐和硝酸盐	磷钙矿	$Ca_3(PO_4)_2$
	三斜磷钙石	$CaHPO_4$
	羟磷灰石	$Ca_5(PO_4)_3OH$
	碳磷灰石	$Ca_{10}(PO_4)_6CO_3 \cdot H_2O$
	纤磷钙铝石	$CaAl_3(PO_4)_2(OH)_5 \cdot H_2O$
	磷铁铝钾石	$(K, NH_4)Al_3(PO_4)_3(OH) \cdot 9H_2O$
	钾硝石	KNO_3
	钠硝石	$NaNO_3$
	硝酸钙和其他	$Ca(NO_3)_3 \cdot 4H_2O$

续表 8-2

组	矿物	化学式
铁、锰、铝氧化物	针铁矿	$FeO(OH)$
	赤铁矿	Fe_2O_3
	褐铁矿	$Fe_2O_3 \cdot nH_2O$
	水钠锰矿	MnO_2
	锰钡矿	BaM_8O_{16}
	硬锰矿	$(Ba \cdot H_2O)_2 \cdot Mn_5O_{10}$
	钡镁锰矿	$(Na,Ca,K,Mn,Mg)_6O_{12} \cdot 3H_2O$
	铝土矿	$Al_2O_3 \cdot 3H_2O$
	软水铝石	$AlO(OH)$
	三水铝矿和其他	$Al(OH)_3$
二氧化硅	石英、玉髓及方石英（蛋白石）	SiO_2
冰		H_2O

目前已经做过很多洞穴砂粒形态和黏土粒径级石英砂颗粒的电子显微镜观测。这些颗粒在地下搬运过程中几乎不受损伤，因此镜下研究能够判定它们的来源或者原产地。原状土中的石英砂通常检测到的最多。Agen Allwedd，Wales 和 Bull（1977b）的一项前瞻性研究成果发现一套冰川成因砂层由于河流搬运而改变，后期则发现当地形成一套石英砂层，粉土和黏土中发现典型的冰川、河相和风成沉积的特征。它能够将 Agen Allwedd 特定的薄层粉土夹黏土层在运移距离达 5km 以上的物质建立联系，并且后来发现不列颠南部洞穴的泥质盖层中的后冰期黄土的成分。

8.2.8 起源研究

利用卵砾石原岩的独特岩性来研究沉积物物源及流经路线，这是一种简单且相对精准的追踪方法，这种沉积物通常为外源物质。

用细粒级重矿物的丰度来确定洞穴中沉积物的物源。有的侧重于研究黏土矿物及其比例，尽管有时变化大。沉积物中富含高岭石一般指示原岩形成过程或原岩风化过程的环境温暖。伊利石、绿泥石通常是冰川地区最显著的黏土矿物，另外蒙脱石含量的增加代表的是干燥的气候环境。Wolfe（1973）发现石炭纪母岩中的高岭石与伊利石比例为 3∶1，而在现代洞穴中的比例降至 1∶1，沉积物在洞穴中运移 8~12km 后比例为 0.6∶1。在废弃的通道中向下游方向逐渐降低，比例从 0.6∶1 降至 0.4∶1，表明在洞穴中作为古老的沉积物高岭土已发生了变化。

Lynch 等（2004）发现得克萨斯州一温泉中有大量的黏土随泉水流出，这说明泉水是异源补给，其发源于遥远的旱地土壤中，并携带当地的菌种或其他污染物质。

8.2.9 洞穴沉积物成岩作用

洞穴沉积成岩作用的性质和数量较于原生灰岩地层远不那么明显，并且相关方面的研究几乎没有。物理作用包括诸如加载（重荷模或者变形）、失水干缩、短时间回潮软化等。干缩分离洞壁的现象比较普遍，缝隙中则被后续沉积物质充填。多边形态的破裂面深度往往超过 1m。

动物掘穴（生物扰动作用）是另外一种物理作用类型。特定的穴居动物体型小且作用微弱。它们所造成的破坏微乎其微，但对最上部薄层软质沉积层能造成一定的扰动，从而足以破坏沉积层的古地磁信号（详见下述）。大型动物群如獾科的掘穴作用（以及人类活动）对许多洞穴入口处的沉积影响显著。

干燥环境有利于氧化作用，这在大多数排水性良好的沉积层中自始至终体现较为明显。周期性的浸润作用对硅酸盐类矿物的水解和黏土矿物的蚀变影响大。此类化学风化在洞穴沉积中一直存在，不过通常速率极其缓慢。

Osborne 在 2001 年对澳大利亚进行过此类成岩作用的调查，澳大利亚有很多洞穴年代都较为久远，从而为缓慢成岩作用的发生提供更多的时间。沉积物中的化学沉淀是其中最为重要的一个环节。在渗流环境中，方解石胶结最先沉淀下来，借助可充填空隙的晶粒使松散沉积物转变为低孔隙度的坚硬岩体。在上述这两种极端情况之间则是杂乱的、层状的、分等级类型的胶结过程。饱水环境中则主要为针状类型黏结。鉴于其低透水性，外源黏土（如高岭石、伊利石、石英）能够抵抗黏结力并在温湿环境中保存单体状态长达数百万年之久。

沉淀物包括表部石膏薄层和其他晶体矿物，这些原始沉积富集晶体矿物随着失水干燥，逐渐被毛细水吸力拉长。美国猛犸洞穴中部洞段，泥质和黏土在毛细吸力作用下，被拉长达 1m 或者更大，如石膏在薄层间沉淀，最终膨胀破坏岩层。在石英砂沉积层中，无定型氧化硅（微晶）可能会附着在颗粒表面，尽管表面很难黏附这些微晶。硝酸盐和磷酸盐矿物同样会在洞穴土壤中聚集，论述见下。

8.3 方解石、文石及其他碳酸盐沉积

方解石是洞穴中最主要的次级沉淀物。通用术语为洞穴堆积物、泉华、钙华和石灰华。前两种通常用于描述洞穴内部的密实结晶沉积，然而泉华和钙华也用来描述泉水区域占据主导地位的化学沉积层。石灰华指的是洞穴入口处由于蒸发作用形成的快速沉积层中较软的渗透性材料。在大部分岩溶区域，方解石的二次沉积量远远超出其余矿物种类含量的总和。文石分布通常比预想的要更为广泛，数量上仅次于方解石，石膏含量排第三位。其他碳酸盐类和水合碳酸盐类物质远不如上述显著，它们在少数洞穴中形成形体小，但却极具魅力的景观。

洞穴堆积物（钟乳石、石笋、石枝、流石等）是全世界大多数旅游洞穴内最为吸引人的要素（图 8-8）。同样也是其视觉美学吸引了众多科研人员来研究洞穴。因此，洞穴堆积物成为众多研究和畅销书中的主题。Hill 和 Forti（1997）与其他专家对洞穴沉积物的论述最完整，同时也有 Cabrol（1978）、Bögli（1980）、Cabrol 和 Mangin（2000）等相关文献。Railsback（2000）在网上展示了洞穴沉积物样品的显微结构图集。这里我们仅对众多有趣的现象做一个大概的总结。

8.3.1 方解石和文石晶体生长

在大多数洞穴入口和季节性干燥洞穴这样的蒸发环境中，方解石沉淀过程主要靠单体微晶的迅速形成，呈松软的球形方解石团或不规则状微晶簇，结构呈土状，孔隙度高且通常触感松软呈糊状，至少在初步沉淀过程中是这样的。硬质方解石是在潮湿的洞穴内通过释放 CO_2 缓慢沉淀形成（图 8-1）。有些洞穴沉淀物由硬质和软质方解石韵律组成，或者在逆风面形成松软方解石。

在先期已生成的方解石晶体上以共轴生长（轴向对齐）的方式沉淀，通过竞争性扩大和微晶联合的形式生成坚硬方解石（图 8-9）。大多数洞穴碳酸盐以微晶形式大致沿 c 轴方向增长［Folk 和 Assereto（1976）的长轴-慢速或"可可果肉型"结构］或者沿 c 轴方向生长成粗栅状、柱状或等分晶体聚合体（长轴-快速；见 Railsback，2000）。有大型单晶方解石存在但是较为少见。最后一种结晶类型为不规则状马

图 8-8 溶洞中的钟乳石、石笋和石柱。Valvasor J W 于 1689 年在斯洛文尼亚波斯托伊纳（Postumia 或 Adelsberg）洞中的雕刻。当时洞中的灯光不像现在这样明亮，但是很明显参观者不缺乏想象力（据 Valvasor，1687）

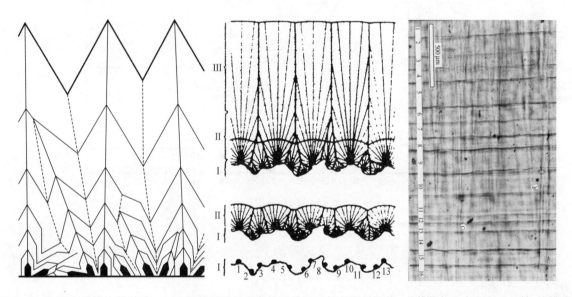

图 8-9 方解石晶体生长说明。（左）初始基质的竞争性生长和选择方向是板状；晶体优势发育方向呈长轴-快模式。（中）更实际的、不规则的基质"长轴-快"生长模式；图中所示的 II 阶段中的平缓起伏的面在石笋和流石中很常见（据 Self，Hill，2003）；（右）中国石笋的"长轴-快"向上生长模式切片，中间部分表示的是石笋生长的 III 阶段，在晶体架构中可明显地看到垂直延伸生长，但是横向的条带更明显，切片长 500mm（据 Ming et al，1998）

赛克，由文石转换生成。俄罗斯矿物学者采用个体发育的方法，目的是将洞穴中特定的晶体组织同洞穴中特殊环境条件相联系；具体参见 Onac（1997）、Self 和 Hill（2003）中的论述。Frisia 等（2000）将柱状和纤维状碎屑物同低饱和度连续性潮湿环境条件相关联。一旦排泄方式变化或者存在大量的生长抑制剂，则晶体的缺陷也增加，绝大多数是在蒸发环境中生成的。

溶洞中生长的单个晶体之间的间隙后来被沉积物和其他包裹体封闭，通常以流体形式填充间隙。由于流体包裹体丰度和规模的变化，这些微小特征可通过肉眼或者放大镜识别，通常颜色很淡且成层生长，这反映了沉积速率的变化。较为明显的分层往往表现的是短暂的沉积间断期，且该时段洞内干燥，或者生长前锋的重溶解或其他侵蚀，或者是异质颗粒物质的沉积作用。共轴晶体生长，跨过这样的分层中断，或者新形成的晶体在这些分层中断上或多或少形成化学键，极端情况下，不存在黏合作用，洞穴沉积物直接在间断处崩溃。

洞穴中的文石主要表现为放射形针状体簇，称之为晶针、石花等，在基岩或方解石沉积时形成。常规的石笋和流石中也存在大量针状文石。其与方解石互层发育，或其外观完整的地方就是开始向方解石转换。

至于为何某些洞穴内（或洞穴部分段）出露的是文石而非其他，论述已颇多。图 8-10 表明文石在方解石和白云石域中是相对稳定的。而后面的作为洞穴中主要沉淀物基本上不为所知，因此钙离子在镁富集环境中损耗是主因（见 Hill, Forti, 1997）的结论广为接受，而钙离子的损耗主要是由于方解石优先沉淀。"爆米花状方解石→文石→水菱镁矿球状体"模型的生成方式是这个生长过程中最有力的例证（图 8-10）。还有其他观点如在晶体生长初期发生离子替代或"中毒"（如被 Sr 中毒）、有机质浸染效应、其他种子核液等。

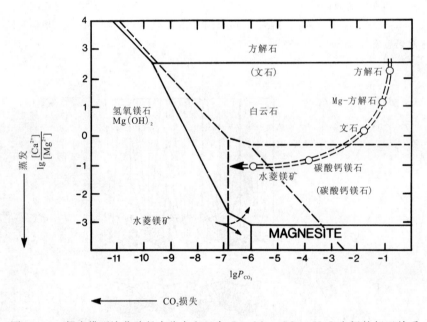

图 8-10　假定模型演化路径中稳态和亚态 Ca-Mg-CO_2-H_2O 之间的相互关系

8.3.2　钟乳石和石幔

洞穴沉积物的主要形成方式如图 8-11 和图 8-12 所示。基本形式为鹅管石（法语：fistuleuse），方解石晶体包裹供水通道，在管道的前端延伸生长，生长方向的 c 轴方向是向下生长。Andrieux(1963)曾指出管状钟乳石要求慢速的、稳定的水流补给并且不能掺杂悬浮细颗粒或者有机质以免阻塞通道。有些管道在自重力作用下折断之前，生长长度可达 3～6m。

含碳酸的地下水在钟乳石管壁发生渗漏，沉淀在先前的管壁外表，逐渐增厚。管道局部或全部堵塞通常在主管道产生渗漏，形成了锥形或胡萝卜形态的钟乳石。c 轴平行于管轴，然后向管周辐射，偶呈随机发育。

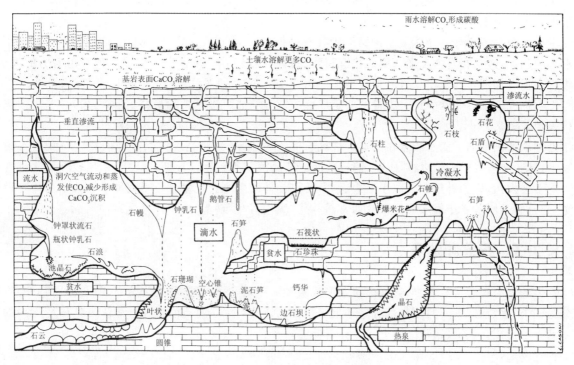

图 8-11 溶洞中发现的文石和方解石沉淀的不同形式(据 Hill, Forti, 1997)

图 8-12 （上左)鹅管石、石笋和流石。(下左)沿节理发育的钟乳石和石笋(Waltham A C 摄)。(右)美国新墨西哥州 Ogle 洞中大的石笋和石柱,规模大、形态多样的钟乳石、石笋和流石是热带蒸发量大的洞穴中常见的特征(Palmer A N 摄)

Curl(1973)指出由于钟乳石管的重力和表面张力作用的影响,钟乳石管的最小直径约 5mm。Hill 和 Forti(1997)文献中细管的直径 2~9mm。当洞中空气几乎不流动时,非常脆弱的细管可以悬挂在洞穴中出露的树根上。

Short 等在 2005 年对更为复杂的锥形钟乳石进行分析,由于在水进入点处的加速沉积,就形成了各种形态的凸起,包括在石幔上发育褶曲状沉积物、石柱或石钟乳。最大尺寸取决于顶板附着力的大小、顶板岩石强度和洞穴的规模。自由悬挂型长度超过 10m,直径超出 1~2m 的钟乳石则极为罕见。

文石构成的细管非常少见。更常见的是成群的"淀晶"或"串珠"两种形式(图 8-11)。窄小颈部可能代表生长短暂停止。

沿倾斜的洞壁向下滴水或者在圆锥形钟乳石的下端滴水,这种情况下会生成石幔。沉积沿水滴方向发生,其 c 轴垂直于生长边缘,所以,偏三角面的结晶沉积类型比较常见,这种沉积比较连续。过度生长可能不会发生,因为补给水受限于下边缘处,所以晶体附生不会发生。石幔宽度只有几个晶体直径那样宽,并且呈透明状。丰富多彩的条纹通常被称作"熏肉薄片"。

8.3.3 石笋和流石

石笋的形态也是各种各样,当逐渐覆盖洞底板和洞壁时,这种形态称之为流石。Franke(1965)将石笋分为 3 类,其直径均一,且增加部分基本上是顶部为新生(不是位于底端),通常认为是深度均一的稳定水滴补给形成。Curl(1973b)用下式计算石笋的直径:

$$D = \frac{(c_0 q)^{\frac{1}{2}}}{\pi z} \tag{8-6}$$

式中,c_0 是可参与沉淀的碳酸钙浓度(化学反应式中的 $c-c_{eq}$),q 是流量,z 是高度的增长率。最小直径约为 3cm。直径的增长量大致与 q 成正比(即滴水速率)。Kaufmann(2003)在此公式的基础上建立了温带洞穴石笋在历经一个或者多个冰川周期时,其直径增长变化的模型,其研究认为石笋的生长与冰锥的年度生长和消融有着惊人的相似之外(见图 8-17 和图 8-18)。Gams(1981)指出直径同样随着滴水高度的增加而增加,有一个复杂化因子。这种类型的"烛台"状石笋常见。

阶梯状或者柱状石笋是 Franke(1965)分类的第二种类型。极端情况下,它们呈叶状凸起或者叠起的盘子状或者棕榈树干状[例如法国艾文阿尔芒落水洞(Aven Armand)和桂林芦笛洞]。这些生长的石笋主杆直径均一。Franke 认为这是由于生长速率的周期性变化以及水滴落到地上引起水滴飞溅形成的。

最为常见的第三种形态是圆锥形和尖锥形。Franke(1965)认为是生长速率降低,而 Gams(1981)则认为是滴水高度增加的缘故。很明显这是由于水从顶部向周边流动产生方解石沉积。这是浅层石笋和流石席之间的过渡。有一种稀有的圣诞树形态的石笋,这是由于方解石晶体在滴水下方累积,并遭受侵蚀形成(即侵蚀溶解物立即就在下部沉淀下来);在美国南达科他州的 Jewel 洞穴可找到这样的石笋形态高达 1.5m,并且点缀着蒸发作用形成的石笋(水下线状延伸的方解石晶发生溶解),类似的形式为"空心锥形"(图 8-11),竹筏一样的方解石层沉积在水洼表面然后在固定的滴水点下方堆积起来。

有记录的扫帚柄状和柱状石笋的高度可达 30m,锥形石笋可能更高。有些巨型石笋直径接近 50m。

流石一般在稳定流中沉积,且生长方向大致平行于宿主表面。它们通常见于底板或者缓坡,但在垂直的洞壁处转变为钟乳石、石幔等,已知流石的最大厚度可达数米。流石是岩溶泉水点最为主要的沉积,蒸发作用和植被导致流石快速生长,其厚度可达数十米(详见 9.11 节)。仅靠单一水源点补给,流石就可能向下游段覆盖洞穴底板几十米或上百米。

流石中发育层面和裂隙,例如 Gradziński 等(1977)记述了 Slovak 洞穴中的沉积物厚为 2m,其发育 3 组对照明显的沉积层理。最底层是富含碎屑的针状结构,且发育较多的孔隙,其上沉积致密的具有纹泥状的微层理方解石,最上面是一层非常致密的更黑的流石,在流石中含有前冰期稍晚阶段的侵蚀面。洞穴中任意的沉积断面都会发育流石层与河流沉积物互层的特点。

8.3.4 偏心洞穴沉积物

在大多数化学沉积发育良好的洞穴中发育偏心的沉积。称其为偏心是由于它们从洞壁或早期形成的化学沉积物上向外生长,这似乎与重力作用不吻合(图8-11)。"较之于垂直运移水的液压力时,晶体生长力占据明显优势,就产生这种偏心的形态。这意味着水运移的速度特别缓慢,从而阻止水滴的形成"(White,1976)。一旦水滴形成,就在这种偏心的石钟乳上会形成向下生长的细管状钟乳石,见图8-13(左)。

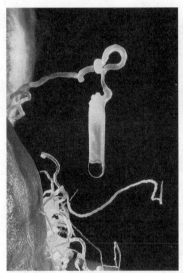

图8-13 洞穴偏心沉积物。(左)新墨西哥龙舌兰溶洞中的蠕虫状石枝的末端形成管状石钟乳石(Thompson N R 摄);(中)加拿大卡斯尔格德溶洞的洞穴珍珠(Ford 摄);(右)南达科他州风洞中由沉没的方解石筏形成连续的石枝(Palmer 摄)

它们变化无穷,大部分偏心沉积物单体很小,很少超过1m,并且通常长度小于10cm。这些可以分成两种:①石枝或线型体;②球形或半球形。此外,还有一种大型方解石不稳定形式,为盾状或板状形态。

Hill 和 Forti(1997)将石枝分为4类:
(1)直纤维状或直径为0.2~1mm的螺纹形态文石或方解石。
(2)弯曲缠绕的蠕虫状石枝是最常见的类型,常分叉形成直径1~10mm的方解石鞘,在洞壁上呈紊乱的团块状就像是美杜莎(古希腊神话中3位蛇发女怪之一)的头发。
(3)一种串珠状呈弯曲分叉的文石。
(4)具有更多分支的石枝。

所有这些类型都有个很小的中心毛细管,水从其尖端蒸发出去。弯曲现象是由于微量杂质在蒸发前沉积扭曲了c轴,外加晶体轴定期旋转(Sletov,1985;Gehergari et al,1998)。分支现象则是干旱期晶体生长受阻而强制转移或水流分支。从石枝偏好分布来说,稳定的小气候和水力条件在许多洞穴中好像也很重要,但并非全部。Kempe 和 Spaeth(1977)演示了试样毛细管的扩张和收缩,就像是一串珍珠,同时指出季节性因素同样导致变形。

Cser 和 Maucha(1966)记录两种更深层的分类:

(1)不发育毛细管的直径 0.2～3mm 的平直单晶体，它是在石枝尖端上的气溶胶 $CaCO_3$ 经加积作用形成。

(2)竖直或锥形单晶体，直径 2mm 或更大，往往无毛细管，最常见的是迎风招展的旗状石枝（弯曲钟乳石），在来风处的钟乳石上突出生长。

球形石枝系列包含很多变种。名称包括"洞穴珊瑚""爆米花状方解石""球锥晶""葡萄状方解石"以及法语中的"滚球"等。出现次序是从洞壁或常规洞穴堆积物上生长出单体，然后为线状或一个球状体上的补丁状，最终形成葡萄状的串状石枝。串状石枝紧密挤在一起，并且深部有很多层。

图 8-14 给出了这种地表类型的复杂模型。从微裂隙中的渗水在球体表面缓慢蒸发，这是一种最优蒸发形式。Ca 离子的流失允许针状文石从球体内部向外生长，形成水菱镁矿泡（图 8-10）。在大部分洞穴中，仅存在方解石。爆米花状方解石同样是在温泉上部冷凝侵蚀单元底层以围绕核部凝结的形式生长，然后球形沉积物在池塘中饱和的水中形成。

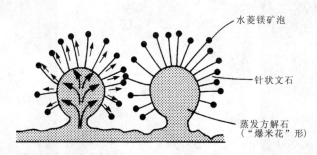

图 8-14 洞穴中缓慢蒸发形成的"爆米花—须状—球状"或"方解石—文石—水菱镁矿"生长序列

盾状或板状堆积物由上、下两层组成，两者为同心层，从洞壁向外生长。Kunsky(1950)指出它们是在静水压力下水从裂隙向上排泄的位置形成。水呈放射状迅速从两盘间排出，而后方解石附着在盘边缘处。通常在下部会有帷幔状沉积。盾状层直径可达 5m，厚度 5～10cm。

8.3.5 豆石和洞穴珍珠

洞穴珍珠是附着在异质核上（比如砂颗粒）呈放射状有序生长的方解石（图 8-13）。在浅水中接受滴水，生成几个或成千个珍珠群。Homan(1969)指出温和的振动作用是引起规律性球形珍珠生长所需要的因素。理想的洞穴珍珠是球体，直径在 0.2～15mm 之间。那些给定处所的洞穴珠大小也相近。如果核是细长型的，那么就会形成刀状或桶形洞穴珍珠。不规则形态形成更大的斑粒。现在已知有圆边立方体型的洞穴珍珠（例如在 Castlguard 洞穴；Roberge、Caron，1983），另外还有嵌套的六角形洞穴珍珠，这是最佳的珍珠类型。

洞穴珍珠的生长需要水的补给处于一个微妙的平衡。如果太少，洞穴珍珠会黏结在一起形成新石笋的核；如果太多，它们就会移出浅塘。然而，这种平衡态很容易达到。洞穴珍珠窝在洞穴中无处不在，不管是北极圈还是在热带地区。不规则的形态在老矿层中迅速形成，例如匈牙利高饱和度的铜斑岩矿中 5 个月之内直径生长到 2cm（Lennart L，个人观点）。

8.3.6 边石坝

在河道或流石之上可形成边石坝。坝高从毫米级（微型石坝通常处在较大水坝下游面）到数米。这些可能是单体,或是连合形成阶梯状浅塘。边石一般是竖直的、曲线形的或齿状的。这些形式在河流(例如克罗地亚的普利特维切湖(Plitvice);见图9-53)、有机石灰华和温泉中很常见,比如美国的黄石公园和土耳其帕慕克卡兰地区(图9-54)。

边石坝源起于任一不规则流,这种不规则性会削弱水流。这是洞穴堆积物正反馈运行的最好例证。方解石在边缘处沉积速率最快,因为那里的层流最薄。层流到紊流或边界流的过渡或有助于加速沉积过程。空穴现象可以解释流石陡坡上的密集型微型边石坝。

8.3.7 月奶石

这一术语用于表述那些白色、无定型的晶体,潮湿时呈馅饼状或呈塑状,而干燥时呈粉状。月奶石在所有气候类型区域的洞穴中都有出现,尽管它在干冷洞穴中更为丰富,是因为这些洞穴中往往缺失其他类型的洞穴堆积物。

月奶石一般出现在岩石或沉积层表面或者先期堆积物上增生,它以不规则补丁状延伸几厘米或数米的范围。补丁通常呈球茎形态,就像花椰菜头。个别厚度可能为数十厘米。

月奶石由松散、纤维状、平均厚度仅仅1mm左右的晶体组成。结构类型为针状、枝状或螺旋状。在极潮湿区域,晶体全部或大部分为方解石和文石,白云岩洞穴中还有水菱镁石。当存在有效蒸发作用时,水合碳酸盐矿物和石膏就变得更为重要,甚至是出现碳酸钙镁石、白云石以及部分磷酸盐和硅酸盐。

月奶石方面的研究已较为详尽(Hill,Forti,1997)。蒸发岩中松散晶体的存在很容易理解为是由浓溶液沉积形成。但这一特性对方解石来讲还是相当不寻常的。在许多案例中,认为是细菌分解了普通方解石晶体,并以微纤维形式再沉积;然而,现在所知的还有一些全部是无机沉淀。

8.3.8 水下沉积层

在过饱和水的水池内部或表面生成一套沉积物称为池中边石。其基本形式为带有突起表面的片三角面方解石(犬齿晶石)硬壳,有时为葡萄状的壳层。水的表面方解石可能沉积在尘埃颗粒上并以方解石冰或筏的形式漂浮在水面上,以表面张力作为支撑,直到方解石层厚度太大而沉到水面以下(图8-13)。筏原料和薄层流石从水塘水面边缘向外生长。也可从水塘中任一突起岩石上迅速生长,形成睡莲形态。方解石甚至可在水塘表面以硬壳包裹起泡,这在有的洞穴环境中证明了其具有极端的物理稳定性。

上升的水塘(例如由于边石坝升高)可能会淹没钟乳石。它们水下部分可增生出方解石或文石硬壳,像量油尺那样生长。

最大的水下沉积与富含CO_2的热水中CO_2的释放有关。极端情况下所有表面都被犬齿状或钉头状(菱方六面体)方解石晶石所覆盖。这些是水晶洞穴。在美国南达科他州的Jewel洞穴中,所有表面都被厚6~15cm钉头状晶体层和球根块所覆盖(图8-15),除了最高出的位置,那里的覆盖层已被凝结腐蚀掉了。其他附近的洞穴中也有厚度大于1m的沉积。

在Jewel洞穴中连续垂直厚度超过130m的方解石沉淀是个例外。温暖的洞穴中片状方解石或曲线形叶片状方解石在水面或水面下向外生长的现象更为常见,其下的葡萄状或犬齿状硬壳随着深度增加而迅速减少。在布达佩斯热流洞穴中有些部位约6m以下的水中除了沉下去的筏状方解石并无其他沉积物。南达科他州Wind洞穴出现薄层、不连续的硬壳层超过70m。更深的沉淀作用与更新缓慢的地下水和缓慢稳定的排泄过程相关(Ford et al,1993)。Renaut和Jones(2003)调查了温泉方解石。

图 8-15 南达科他州的 Jewel 溶洞中典型通道,洞壁上覆盖 6~15cm 或从热水中沉淀的针状晶斑(Palmer A N 摄)

8.3.9 其他碳酸盐矿物沉积

富镁碳酸盐以及水合碳酸盐数量少(表 8-3),它们是蒸发作用或者方解石和文石的早期沉积形成的产物。这在现场很难识别,因此洞穴中很少有相应的记录。大部分认为只是月奶石的组分。例如,在冰冷潮湿的卡斯尔格德洞穴中部(温度为+3℃,相对湿度>95%)文石、方解石和碳酸钙镁石的小型骨节状生长被纯水菱镁矿月奶石的光环包绕(Harmon et al,1983)。水镁石(图8-10)在洞穴中从未辨认出来。

表8-3 方解石沉积物的生长、破坏或衰变的条件

条件	过程	状态
洞穴滴水控制	1 连续沉积	净沉积
	2 周期性沉积	净沉积
	3 周期性沉积、周期性侵蚀	净沉积
	4 周期性侵蚀、周期性沉积	净侵蚀
	5 周期性侵蚀、无沉积	净侵蚀
	6 连续侵蚀	净侵蚀
其他水控制(通常是洪水)	7 通常为上述6种中的一种生成过程,但是水体(洪水)重新溶解控制	净侵蚀
	8 通常为上述6种中的一种生成过程,但是由机械侵蚀控制	净侵蚀
	9 通常为上述6种中的一种生成过程,但是被碎屑沉积物覆盖	覆盖
	10 淡水或海水暂时淹没	无改变,或净侵蚀,或海水形成孔及增生
水流停止	11 非常缓慢风化且有沙尘和悬浮物累积,失去光泽	风化
	12 流水且空气中富含 CO_2 或 H_2S,被酸性水腐蚀	净侵蚀
	13 洞穴堆积物被冻结	粉碎
	14 被风化土或有机质等覆盖的洞穴沉积物	掩埋

8.3.10 洞穴堆积物颜色和荧光

纯净无杂质的方解石和文石是无色半透明的。液态杂质使其呈白色不透明状。方解石生长过程中有洪积泥被方解石包裹,则可能使整个沉积物变色,尽管它们仅仅是次要的、离散的薄层。

然而,通常会有更多种颜色出现在单个生长层内以及在从未发生洪水的地点。常见的颜色范围从红色到红褐色、棕色、黄褐色和赭色,再到黄色和奶油色,亮度变化多样。这是观光洞穴中的主要看点之一。很长时间都假定这种色彩是金属氧化物(主要是铁和锰)作为色素粒子分布在碳酸盐晶体中。有些例子中这一结论是正确的,但现在已经明确大部分或所有这个区间的颜色都是源于溶入补给水中的腐殖质和富啡酸,然后与方解石或文石一起沉淀下来。这些是复杂有机分子,质量范围从数百到几千道尔顿(富里酸)直到数万道尔顿(腐殖酸)(1道尔顿=$\frac{1}{12}$ ^{12}C 原子质量(碳的普通同位素)。这些物质强烈吸收光谱蓝光端,因此产生了红色—奶油色范围的颜色变化。Whiter(1976)认为质量较重的腐殖质含量较高时为深红色和棕色色调,质量较轻的腐殖质和富里酸产生黄色和奶油色色调。Van Beynen 等(2001)做了更详尽的研究来加强论证,同样也显示不溶有机颗粒物(直径>0.7mm)导致许多洞穴堆积物中发育深褐黑色阴影带。

晶格中的过渡金属离子同样也能产生壮观的色彩:Cu^{2+} 在方解石中呈绿色,在文石中呈蓝色;Cr^{2+}

和 Co^{2+} 分别显示蓝色和粉色—蓝色渐变色；Ni^{2+} 呈现绿色—黄色(Whiter, 1997b)，这些都非常少见，仅在小型洞穴堆积物中才有出现。

正如洞穴摄影师早就认识的那样，当受到 U/V 闪光激发，许多方解石沉积物会发冷光(发光)。X光、电子束、加热或冲压同样会产生冷光响应。如果闪光后冷光立即消失，这在术语上称为"荧光现象"；如果冷光缓慢消退称为"磷光现象"。发光亮度通常与晶格中冷光中心浓度成正比。Shopov(1997b)对此进行了全面的总结。尽管方解石中有些微量元素会发冷光，但在普通的包气带沉积物中，现在已知大部分发光源是其中的富里酸和腐殖酸成分。Van Beynen 等(2001)的研究集合了亚北极区和高山冻原、温带和热带雨林、草原和沙漠边缘环境的洞穴堆积物，发现所有的颜色范围都是从半透明白色到接近黑色。富里酸产生很高的荧光性(每 $\times 10^{-6}$)并且由于其在大多数试样中都含量丰富，因此相对腐殖酸而言通常是更为重要的冷光发射源。较大粒度的有机质在许多试样中也能见到，并倾向于熄灭冷光。

Shopov(1987)首先认识到许多洞穴堆积物中荧光信号以强—弱荧光对的形式出现，厚度几微米到数十微米不等，肉眼可见其呈带状平行生长。他指出这种情况可能按年分带。荧光素的年度或季节性分带现已被欧洲和北美的数次现场研究证实，从洞穴堆积物滴水中可以提取腐殖质、富啡酸和微粒状有机质。例如，Van Beynen 等(2000)发现在印第安纳州荧光素最大浓度值出现在每年春季融水冲刷洞穴之上的土层中。

荧光也可用来区别方解石热液环境。从很热的溶液中($\gg 100℃$)沉淀而来的物质产生一种亮橙黄色—红色磷光现象；很长的余辉则表明温度降至 60℃ 或者更低。

8.3.11 方解石洞穴堆积物生长速率

大多数观赏洞穴的游客对堆积物到底生长多快很感兴趣。尽管目前对生长理论的研究相对深入(3.10 节)，但生长速率依然是个难题，因为控制速率的环境条件非常复杂。表 8-3 是沉积物可能经历的 14 种不同环境条件。再溶解(初始沉积物源水作用下的网状溶解)、洪水冲积、冷凝侵蚀作用等在大部分洞穴中都能见到。

生长速率通常是用给定形式的延伸而不是用沉积量的累积来表示。管状钟乳石生长最快，因为单位沉积量的延伸最大。据记录，溶解的硅酸盐水泥在蒸发环境中再沉积后在桥下、地窖里等生长速率每年数毫米，例如委内瑞拉加拉加斯地区为 $3\,000\,mm \cdot a^{-1}$ (de Bellard-Pietri, 1981)。在凝灰岩地区的滴石和流石生长尤为迅速，如在植物物质层之上生长。

在游览型洞穴中已经做过大量尝试来实测钟乳石的生长速率。管状钟乳石生长率为 $0.2 \sim 2\,mm \cdot a^{-1}$，胡萝卜状钟乳石为 $0.1 \sim 3\,mm \cdot a^{-1}$，石笋为 $0.005 \sim 7\,mm \cdot a^{-1}$ 之间。通常在看似生长最快的沉积物中取样。

即使沉积作用是连续的，沉积速率仍具有显著的季节性变化特征。Gams 和 Kogovšek(1998)总结了斯洛文尼亚波斯托伊纳溶洞中长期现场观测成果。在波斯托伊纳洞穴内，当土层中夏季补给的水到达洞穴时已到秋季，这时沉积速率近乎翻倍；滴水量范围 $18 \sim 40\,g/m^3$。仪器监测流石沉积速率与流量成反比。

用放射性测年的方法来计算石笋和流石的平均生长速率(8.6 节)。目前已经测得的范围大约为 3~4 个数量级，尽管试样在形态学上严格限制，并且主要对湿润温带的洞穴进行测量。但生长速率在很大程度上具有地域特征，即使在一个洞穴中变化也可能很大。

夏季湿润洞穴内部，胡萝卜状钟乳石的生长速率可达 $10\,mm \cdot a^{-1}$，而管状钟乳石可能比之生长速度快数倍。石笋很少超过 $1\,mm \cdot a^{-1}$，计算得到的平均速率低至 $0.001\,mm \cdot a^{-1}$。流石增厚速率通常低于石笋延伸速率，可能有一个数量级的差别。

8.3.12 方解石洞穴堆积物分布类型

这一议题论述相对较少,令人惊讶的是因为分布类型可以揭示更多有效裂隙、表层岩溶和洞穴之上或其区域内的环境控制条件。有两个极端情况易于辨别:一是洞穴中无堆积物,二是洞穴中大部或全部充填洞穴堆积物。

给定区域、洞穴或特定通道中洞穴堆积物的缺失是由以下 4 个主要的原因引起。

(1)尽管是渗流环境,所有通道还是处在净侵蚀状态下。这是在多阶段系统中的"活"(通常是最低处)通道中的年轻洞穴的典型特征。当洪水频发引起滴水时,第一个洞穴沉积物就会在顶板隐蔽深部逐渐形成。

(2)由于洞穴土层中 CO_2 不足,相对于洞穴空气而言渗透水中 CO_2 不饱和。这解释了为什么在北极圈、高山洞穴遗迹半干旱洞穴中有少量和小型堆积物。然而,土壤层不发育,这并不意味着缺乏 CO_2。如卡斯尔格德洞穴被冰川冰覆盖,但局部还是存在大量现代堆积物,这可能是外源酸效应导致的结果 (Atkinson,1983)。

(3)非碳酸盐岩的上覆盖层阻止补给水向下渗透,或改变水中的离子组成,方解石沉淀不会发生。在猛犸洞穴中的中层和上层通道中存在这种现象。盖层之下有石膏沉积(7.10 节)。当盖层被剥蚀后,只要廊道穿过峡谷下部时就有方解石大量赋存。洞穴内低高程的通道处于净侵蚀条件下,通常缺失堆积物。

(4)表层岩溶区与通道之间不存在水力联系,或是该联系被上覆廊道阻断。很少有很大的洞穴完全与表层岩溶之间不存在有效联系,但系统中特定的通道存在无连接或被阻断状态。局部阻断是比较常见的,从而减少了进入低层通道补给水量。这种响应在裂隙率较低的位置很重要。

洞穴堆积物较多的地带其分布会随着裂隙补给水运移特征而变化。一个极端的例子是灰岩具有高透水性,渗水点相距几毫米到几厘米,这就在顶板上形成密实、均一的管状或胡萝卜状的钟乳石,这是第四系浅层灰岩洞穴中的特性。但在特定的岩层或较老岩层中也具有这样的特征。另一极端情况是地下水沿裂隙补给,从而钟乳石等会沿着裂隙发育。大多数洞穴中有各种类型的补给水。

通常沉积类型和规模是最终供水裂隙水力效率的函数。最大的裂隙形成最大的钟乳石、石笋等。小型裂隙仅能形成管状钟乳石、少量锥形钟乳石和薄层方解石壳层,而微裂隙中可能仅产生偏心矿物和蒸发盐矿物。

小气候在决定洞穴堆积物类型、规模和密度方面局部效应显著。这在蒸发型和风成型方解石的例子中最为明显;它们在气流强劲地带生长最佳。许多硬质方解石堆积物迎风面会有软质方解石增生,尤其是洞口附近。当存在硬质、软质方解石层交替序列时,可能暗示着接近相对湿度临界值的气候变化。某些洞穴显示出很强的温度和湿度垂直分带,导致偏心分布(尤其是洞穴珊瑚类型)在洞壁局部上层或底层地带突然中止。

8.4 其他洞穴矿物

Hill 和 Forti(1997)报告指出洞穴中的无机矿物超过 180 多种。部分是蚀变产物如标准黏土矿物,大部分是从溶液中沉淀离析出来的。部分矿物除在洞穴存在外其他环境很少见(即它们可以定义为洞穴特定矿物)。在深部洞穴稳定不变的环境中可生成高纯度的矿物。在此,我们总结了最为常见的几种矿物类型。

8.4.1 硫酸盐和卤化物

不管是体积还是出现频率,石膏是洞穴矿物中数量第三的矿物。其物源可能是地下水补给路径上穿过石膏或石膏包裹物,或者源于硫化物氧化和方解石溶解的合成作用,化学方程式见(3-58)。

洞穴中石膏沉积主要有3种模式。第一种与岩体或碎屑沉积中蒸发侵入有关,典型包裹体一般为粗糙、管状或者纤维状结晶,呈透镜体体型,厚度可达几厘米。它们破坏了原岩或者沉积物的结构。

第二种模式就像洞穴堆积物一样,从原岩、原始沉积或者方解石沉积物中长出。Hill和Forti(1997)列出了包括滴水石、流石和坚壳在内的18种沉积形式。龙舌兰洞穴中的"枝形吊灯"可能是最为出名的滴水石的案例。然而,最丰富的是石膏花、针状和须状或发状石膏晶体。石膏花呈曲线形态,分支纤维状晶体束可长达50cm。泻利盐和芒硝是最为常见的洞穴镁钠硫酸盐,同样也呈这种形式。针状石膏在沉积物中通常呈密集群状生长,就像针状冰晶生长在冰冻土壤中一样。须状和发状晶体是线型单晶体,易于随气流摆动。也有长度大于1m的剑状石膏晶体。

第三种沉积类型则是常规的层状沉积或者是湖泊、池塘等蒸发作用在岩壁上形成的壳层沉积(图7-32)。

泻利盐和芒硝在石膏洞穴中的含量最为丰富。在温带和热带的灰岩洞穴中,当在干燥,至少是季节性干燥的环境中才发育。这样的洞穴中石膏可能遭受明显的凝结侵蚀作用。在寒冷潮湿的洞穴中,比如卡斯尔格德洞穴和北极圈中的洞穴中,当温度在-1~3℃,石膏量相对较少。

表8-2中的其余硫酸盐和卤化物较为罕见,且仅出现在温和、干燥甚至干旱的洞穴中。泻利盐是去结合水形成的六水泻盐。芒硝失水形成粉状无水芒硝。硬石膏、熟石膏和白钠镁矾通常在矿物富集的地表或是干燥洞穴土表部及内部的包裹体中出现。石盐形成硬壳层、单晶体或花状出现在荒芜的灰岩区和石膏洞穴中,并且富集大量盐。天青石作为石膏上的硬壳层和特殊的蓝色针簇偶有记载,而重晶石主要出现在洞穴土中的包裹体内。两种矿物均出现在热液沉积环境中。

硫化物矿物和萤石(氟石)主要沉积于含金属热流或其他侵入洞穴的水流中,发生同期溶解作用有时则不发育(见7.7节)。这些矿物质溶解后再沉积也偶然发生,在后期洞穴中会形成小型石笋。

8.4.2 磷酸盐、硝酸盐和钒酸盐类

尿液、粪便和其他腐烂动物的有机残骸与洞穴岩体、堆积物或碎屑沉积发生化学反应生成这些矿物。蝙蝠粪便是主要的反应物,温带和热带大量蝙蝠生存的洞穴中此类矿物最为常见。这些矿物以微晶形式与洞穴土结合聚积形成很大规模的沉积物,以薄层、不连续的蚀变硬壳层附着在洞壁和洞穴堆积物上。

图8-16中概括出洞穴中磷酸盐的形成过程。鸟粪等和方解石相互反应一般生成羟基磷灰石,其他钙镁磷灰石含量较少。铝磷酸盐矿物如纤磷钙铝石和磷钾铝石形成于洞穴底板上的渗透性泥层和黏土中。Onac和Veres(2003)论述了罗马尼亚洞穴中这样一个相当复杂的案例。

对硝酸盐矿物的研究具有不寻常的意义,因为早在一千年前从洞穴土中提取,用于制药和制陶。美国战争期间洞穴中硝酸盐采矿很普遍,通过添加磷酸钾(草木灰)和水来制造硝酸钾(KNO_3)。在高阶地中具有深厚碎屑填充物的河流洞穴受到人们更多的关注,在阿巴拉契亚山区此类洞穴几乎没有逃脱人们的视线。许多洞穴中目前还保留着挖掘痕迹、开采工具等,例如具有历史意义的猛犸洞穴。

Hill(1981)对这一主题进行了总结。蝙蝠大量聚集的地方,硝酸盐源于含氮的鸟粪。阿巴拉契亚的大多数"硝洞"中基本上没有蝙蝠,洞穴中典型的硝酸盐土壤属碱性,并且有机质含量低。此类洞穴土中硝酸土的质量百分比为0.01%~4%,主要分布在表层数米范围内,这种硝酸盐矿物是地下水渗流携带而来。

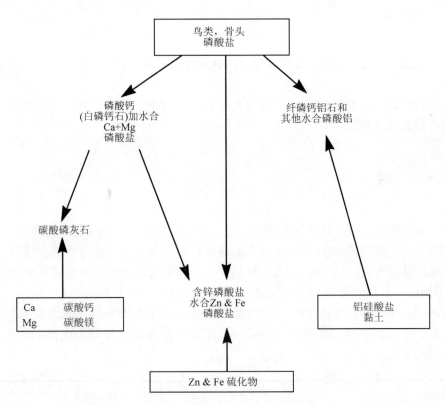

图 8-16 鸟粪、骨头以及其他腐烂的有机物与溶洞中的岩石、黏土或硫化矿之间发生化学反应生成磷酸盐

硝酸盐结晶主要发生在干燥和温暖(洞温>12℃)的洞穴中。硝酸钾和硝酸钠主要以薄壳和小型钟乳石的形式在洞壁出现,钠硝矾($Na_3NO_3SO_4 \cdot H_2O$)则以小型石花、发状、石笋和流石的形式出现。

渗透性洞穴中黏土或侵蚀性矿石中过滤残余的微量钒与钙或其他元素化合形成钒酸盐类。如钙钒铀矿[$Ca(UO_2)_2V_2O \cdot 8.5 \sim 8H_2O$],吉尔吉斯斯坦 Tyuya Muyun 洞穴最为出名。钙钒铀矿与其他钒酸盐类可在方解石和其他沉淀物表面呈现出亮黄色薄壳,但这非常少见。

8.4.3 铝、铁和锰薄膜

大多数铝、铁氧化物是以悬移质的方式搬运进洞穴,有些则来源于洞穴原地。氧化铝(存于铝土矿、勃姆石或三水铝矿中,表 8-3)绝大部分以薄壳形式在洞穴中出现,直接分布在岩溶钒土沉积或古岩溶沉积层之下(Bárdossy,1982)。铁氧化物主要以褐铁矿涂层出现在洞壁表面及沉积物中。厚层褐铁矿发育在沉积物中也有文献记录,也有少量褐铁矿钟乳石发育。干热洞穴中形成赤铁矿,有很多洞穴堆积物中则有磁铁矿微晶在方解石中沉积下来,这些堆积物通常携带有化学剩磁(Latham 等,1979)。

在很多洞穴中,河道中的卵石漂石表层有明显的深褐色—黑色,这种颜色涂染在洞壁上或明显是在洼地洪水中形成的沉积物。表层薄膜通常光亮且质地柔软。这就是锰的氧化物,主要为水钠锰矿,但也有硬锰矿、锰钡矿和钡镁锰矿等。这些主要是从高度氧化的水中(例如渗透乱流)携带的 Mn、Ba 等元素沉积下来。铁是从不纯的灰岩溶液中离析出来,同样也与含水铁氧化物有关,例如北爱尔兰、新西兰的一些洞穴铁是从火山灰土壤中得来。美国南达科他州 Jewel 洞穴中厚层纯锰质沉积是当地石灰岩区溶液残留通过缓慢循环在热流中沉积下来的(Hill,1982)。

8.4.4 二氧化硅

在洞穴中大多数二氧化硅是热水中沉淀形成的自形石英薄膜。有些纤维状的玉髓取代了洞穴堆积物中的石膏。

猫眼石（方石英）是一种细粒石英，在方解石和石膏沉积物中呈薄层发育。由于蒸发作用导致过度饱和的二氧化硅溶液沉淀形成。

8.5 冰 洞

冰洞包含有季节性冰或永久冰或两者皆有。在气象学上冰洞可能是静态或者是动态（图8-17）。静态冰洞是底部无空气流出的简单深井，密度大的冷空气下沉而温暖气体从冰井中逸出。这种静态冰洞相比其他自然冰井而言，发育的维度和海拔更低。大多数动态洞穴具有两处或多处有效入口允许空气流入，并且不同的入口区域其全年温差变化大于1℃，正如7.11节解释的那样。Racoviță和Onac（2000）对英格兰地区冰穴中的气候环境、冰的生长和稳定性、霜层凝华和升华等诸多理论进行了全面的论述，这是在对罗马尼亚海拔1160m的Scărişoara冰洞长期现场研究的基础之上得出的结论，参见Maire（1990）和Mavlyudov（2005）的研究成果。

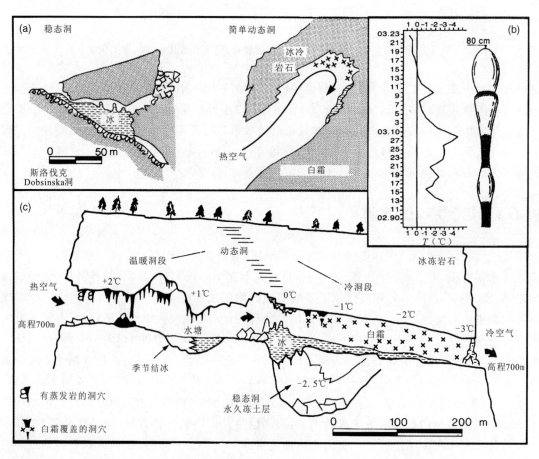

图8-17 (a)稳态及简单（一个入口）动态冰洞的结构；(b)罗马尼亚1965年2—3月为期49天内的Scărişoara冰洞中冰石笋的生长，石笋的宽度与环境温度有关（摘自Racoviță，Onac，2000）；(c)Grotte Valerie洞的特征，是加拿大亚北极纳汉尼（Nahanni）岩溶地区复杂的动态冰洞，垂直比例尺放大

8.5.1 冰的类型

已知洞穴中至少有 7 种不同类型的冰。最为常见的是渗滴水在冷凝作用下形成滴石和流石(图 8-18)。在冬季温带洞穴的入口处则常见这种现象。这在季节性冰洞中通常占主导地位。洞穴中冰的形态与方解石石笋和石灰华相似,但形态变化较少,冰为多晶态且不透明。奥地利阿尔卑斯山区 1 660m高程的 Eisriesenwelt 冰洞为多年冰洞。在冰洞入口处的流冰长达 650m,厚度超过 12m。

图 8-18 (左上)意大利洞穴中进口处的冰石笋(Forti P 摄)。(右上)加拿大亚伯达落基山岩溶洞中六角白霜晶体。(左下)加拿大纳汉尼 Grotte Valerie 冷井,前面的冰中形成的湖,而附近的空气非常干冷。在湖面之上也可看到霜,这是由于湍流沿洞壁向下运移所致。(右下)亚伯达的 Coulthard 洞中湖水结冰,在干冷空气中慢慢变少,风干面成为大的凹坑

第二种类型是冰川(Balch,1900),静态洞穴入口处积雪的压实和再结晶作用形成体积巨大的冰[图 8-17(a)]。这种是永久冰并且通常含有很多的浸润水成冰。这种冰不透明,局部呈蓝色。受地形限制,洞中补给的雪或水,就形成了这种不规则的冰体。由于夏季表层消融压缩,通常表现出明显的杂色层理。在 Scărişoara 地区,厚度为15m 的冰中有 1 000 多个层理;从底部向上 4m 处的一木屑 ^{14}C 测年为公元前 870 年。斯洛伐克海拔970m 的 Dobšina 冰穴是另一个极具代表性的例子[图 8-17(a)]。冰的体积为 145 000m³,平均厚度 13m。从很多方面看是冰川运动,因为已经测得年变形速率为 10~27mm (Lalkovič,1995)。冰的温度在 −0.2~−1.0℃之间变化,这里存在一种微妙的平衡;早期每年的旅游

旺季冰消融加快，而自然大气循环作用又对消融冰做了修正。该处年平均气温为+6℃。

第三种类型是洼地静态水的冷凝，可能是季节性冰也可能是永久性冰。冷凝作用自上而下进行，并且一旦开始就倾向于以稳定速率凝结。这样就生成了粗糙不平的多晶态冰，冰晶与 c 轴水平（Marshall，Brown，1974）。通常，这种类型的冰是所有冰的类型中最为透明的一种，尽管冰中含有很奇特的泡泡。在落基山脉的库尔萨德洞穴中，充水的潜水通道现在还是完全冻结（图8-18）。沿着通道延伸方向透过洁净的冰可观察到的深度达数米。气温大约保持在-2.5℃，冰的升华速率约为 $3mm \cdot a^{-1}$，故此形成了大型凹坑。

霜是第四种类型，温度低于0℃时水蒸气凝结在岩石或冰表面，至少有4种不同种类。

(1) 当温度接近0℃时快速生成小型针状簇、花状和六边形晶体的复合类型，形成致密压实的硬壳。

(2) 最叹为观止的是体型更大、六边形碟状透明冰晶体，它们通过边缘增生逐渐生成。已测得的单个六边形碟状晶体直径约50cm，它们之间相互连接，最终形成长达2m的如钟乳石一样的石柱（图8-18）。这样的沉积要求温度在-5～-1℃之间，并且形成速度缓慢，由温暖的气流提供水蒸气。

(3) 衍生于类型Ⅰ和Ⅱ霜的消融再结晶作用。它们通常不透明，且呈球根形态，意味着温度的上升。北极圈加拿大许多残存洞穴通道从洞口段向内短距离都是完全充填这种冰（Lauriol，Clark，1993）。

(4) 规律性变尖细的六边形断面的锥形冰晶体。这种一般体型小也不多见。

冰受挤压作用形成与石膏相似的曲线形纤维状晶体。加拿大洞穴中有记录的长度可达20cm以上。当冰在压力作用之下通过冰冻岩体中的裂隙时，就形成这种冰。在某个压力突然释放的点位，冰就会凝结，但这种现象较为少见。

侵入性冰是压力熔点下真正的冰川，它是在冰川之下以塑性流动的方式侵入。处在冰川280m以下的卡斯尔格德洞穴入口段是冰侵入充填通道的唯一已知的例子。在1974—1993年期间，主要的侵蚀面保持原位，随着冰的融化和升华既没有前进也没有后退。

最后一种类型是碎屑沉积中的底冰。一旦某处具备快速凝结的条件，冰就能形成厚层规则形态的冰。缓慢的凝结速度则生成分凝冰，其由薄层、散乱的晶体组成。凝结速率合适则形成针状冰晶体，并在一般土壤中隆起突出。这种冰可能是最为常见的类型。Pulinowa 和 Pulina（1972）及 Schroeder（1979）对波兰和加拿大这里的案例做了详细的论述，同时也叙述了冰对洞穴沉积物的影响。

8.5.2 冰洞的分布模式

在静态洞穴和简单的动态洞穴中，冰充填冷井，不论是季节性还是永久性的。这种冰长度很少超过100m，而霜的厚度仅有十几米。

在多入口的动态洞穴中，尤其是洞穴入口段所处的高程跨度较大时，冰的类型更为复杂。然而大多数冰主要形成在入口区域，正如7.12节所述。在森维尔特洞中，冰进入洞内部最大的深度达1300m，但是可能有点儿高估，因为近平行的冰层也算在一起了。通常最大值为400m。可能最为复杂或最意想不到的类型出现在永久冻土地带。加拿大纳汉尼河流的 Grotte Valerie 洞穴，如图8-17(c)和图8-18所示。格罗特洞穴位置处在北纬61.5°，室外年平均气温约为-7℃。洞中的冰是冰石笋和流石冰以及霜的组合。在夏季，冰倾向于延展至冬天洞穴的内部或下风向段。这是由于上风向段（即入口区域）的冰已经被温暖的气流消融。动态洞穴以下的静态段始终为冷井，这里是永久冻土，干燥，尘埃遍布，不存在冰。

8.5.3 冰凝结与消融的季节性模式

大多数洞穴中的冰在秋季或初冬凝结集聚，在春季和初夏消融。在高寒山区，冻融循环可能更为复杂。加拿大高山地带秋季滴冰集聚，随着土壤中水的冻结，冰体集聚速率放缓。晚秋至初冬季节白霜依附在滴冰上。有外源河流(提供一定的湿度)时,这种现象可持续整个冬季;如果洞穴入口段有干冷气流持续流进,在整个冬季冰体升华作用占主导。由于冰一般从洞口向洞内融化,早春季节会有短暂的霜形成。在波兰塔特拉高原的 Ciemniak 冰洞中,Rachlewicz 和 Szczuciński(2004)发现当气温频繁降至 $-8℃$ 以下时,升华作用显著;气温在 -8~$-1℃$ 之间振荡变化时为霜或冰石笋;当气温更高时融化作用发生。

Racovită(1972)研究了 Scărisoara 洞穴中永久性冰石笋和冰川的积累速率,研究周期从几年到近370年。他将这些永久冰与中欧冬季气候变化的剧烈程度相关联,从而得出结论冰的净增加是大约从公元1700年开始,大概在公元1920年结束。借助氧同位素证据,Marshall 和 Brown(1974)得出库尔萨德洞穴中的洼地中冰龄期约4 000年,其在暖期结束之后开始累积。在更严寒的地区,有些冰可能是上个冰期(玉木期/威斯康星期)生成的。

8.6 方解石堆积物和其他洞穴沉积物测年

本节我们简短回顾一下洞穴堆积物测年和分析所采用的主要方法,在这个研究领域,新的分析和解译方法发展很快(Onac et al,2006)。可以参阅 Bradley(1999)和 Noller 等(2000)的第四纪测年方法的总结。Bosak 在2002年对所有岩溶测年研究做了总结,而 Ford(1997)和 White(2004)研究的重点集中在洞穴堆积物上。我们从绝对测年方法(放射性测量时钟)说起。这些自然界放射性同位素衰减剩余量在统计学上为随机状态,因此给定的放射性同位素种类具有固定的衰减常数,或是以产生的衰变产物补充晶格缺陷。因此,衰减是指数型的:

$$N = N_0 e^{-\lambda t} \tag{8-7}$$

式中,N 是 t 时刻放射性原子的数目;N_0 为衰减前放射性原子的数目。

8.6.1 绝对测年法

1. 宇宙同位素

1)^{14}C

^{14}C 是在大气环境中受宇宙放射与 ^{14}N 相互作用下形成的。其半衰期($t_{1/2}$)为 $5 730±40a$。这种新的碳元素在所有的有机质和无机质中都有,如 HCO_3^- 中。这种特性给了 ^{14}C 在测年领域给了了广泛的潜力。放射性同位素通量在过去的时间变化相当繁杂,在产生速率上产生一些误差是最早的误差来源。尽管 ^{14}C 测年有 75 000a 的文献记载,大部分工作者还是认为该方法测年的极限为 50 000a(即8个或者9个半衰期),放射性同位素通量率存在超过约30a 龄期的不确定性,这可能导致测年结果偏小。^{14}C 测年现在通常取决于加速器质谱分析仪中计数原子数量。试样重量不大于 1mg,允许精细挑选测年的点数。

在碳酸盐地区,由于岩土中大量稳定的 ^{12}C 和 ^{13}C(相当于无放射性碳)的干扰,^{14}C 测年很复杂。C 的3种同位素 ^{12}C、^{13}C 和 ^{14}C 之间假设的标准比例,可能会导致测年估算失真。从简单的方解石和白云石的分解反应[式(3-32)和式(3-35)]来看,似乎一半的碳源于此,例如,石笋中的碳元素是源自富含 ^{14}C 元素的土壤空气中的 CO_2,另外一半则来自不含 ^{14}C 的岩石中,因为岩石年龄已经很老。土壤中的 CO_2 和水中的 HCO_3^- 活性很强,然而,正是它们为有机体占据地带或化学沉淀物中增加了活性炭含量的比例。有些学者已经发现 80%~90% 的活性炭通常出现在较新的洞穴堆积物中(例如 Genty et al,2001),然而洞穴中接近地表土层时,活性炭降低至约 60%。一旦某处基本上没有 CO_2 富集的土壤空气并且地下水流穿过岩体死碳区域的路径较长,活性炭的比例则降至35%。相反的,埋在洞穴沉积物中的骨骼、贝壳甚至是草木碎屑可能吸收地下水的HCO_3^-中的^{14}C,这种^{14}C测年则较年轻。^{14}C测年在洞穴中应用相当广泛但结论却经常要慎重对待,并需尽可能与其他测算方法得出的结果对比校准。

2) $^{10}Be/^{26}Al$

除此之外大气层的上方还产生新的同位素,放射性同位素与暴露的岩石和土壤碰撞在地球表层形成的宇宙同位素,主要包括放射性的^{10}Be、^{14}C、^{26}Al和^{36}Cl。在过去的20年间,人们对这种现象已做了大量的研究来进行地貌测年。哈勃(1999)对这方面的研究成果进行了总结。对于岩溶方面的研究,$^{10}Be(t_{1/2}=1.5Ma)$和$^{26}Al(t_{1/2}=0.71Ma)$是最重要的两种核素,因为它们在石英中比例固定为1:6,而石英在卵石和砂等洞穴充填物中极为普遍。当有石英岩揭露时,放射性同位素的有效穿透深度可达1m或更深(例如,表面射线通量值约为1/e时穿透深度为0.6m)。不管岩石或土接受辐射时间的总量是多长,如果石英颗粒进入洞穴,固定比例的放射性同位素不能到达洞穴,这两种同位素就生成一种稳定的衰变曲线。目前,这种方法的有效测年范围为0~5Ma或者更多一点(参见Granger和Muzikar 2011年期间的所有讨论)。很遗憾,这种同位素的含量仅能够通过粒子回旋加速器或者相似的昂贵设备来测算。

在本章前面我们强调洞穴内的碎屑沉积测年结果可能会做大量修正。另外,碎屑沉积在被搬运至地下之前可能已埋藏在地表河道或阶地沉积下的放射性同位素穿透深度内。因此,测年结果必须谨慎解读。针对洞穴中特定沉积物,$^{10}Be/^{26}Al$测年是石英停留时间的最大值,也可能会相当短暂。不过,Granger和他的同事所从事的工作给人以很深刻的印象,他们相当谨慎并且注重结果的连贯性。其中包括测算弗吉尼亚深切河谷的年代(Granger et al,1997),确认前期推测的猛犸洞穴和坎伯兰郡高原、肯塔基州和田纳西州洞穴的前第四纪历史始于约5Ma之前(Granger et al,2001;Anthony,Granger,2004),另外7.5节中描述的瑞士Siebenhengste-Bärenschach系统中复杂多层洞穴中较早的沉积龄期可能为4.4Ma或者更早(Häuselmann,Granger,2004)。

2. U系测年法

U系同位素以其不平衡性在测年领域广泛应用于气象系统和地下水渗流领域的研究。这是目前洞穴堆积物测年的主要手段。Ivanovich和Harmon(1992)、Bourdon等(2003)对铀测年有了综合性的评价。详见Richards和Dorale(2003)以及Dorale等(2004)对洞穴堆积物的研究。

U系有两种天然母体同位素,$^{238}U(t_{1/2}=4.47\times10^9 a)$和$^{235}U(t_{1/2}=7.04\times10^8 a)$。鉴于其半衰期很长,U系核素及其子同位素在火成岩和衍生岩类中就像微量元素一样存在,尤其是在黑色页岩中。U系核素通过放出一个α粒子(^4He)、β型电子和γ型光子分别产生稳定的^{206}Pb和^{207}Pb。质量较重的中间子核素$^{234}U(t_{1/2}=2.45\times10^5 a)$,$^{230}Th(t_{1/2}=7.57\times10^4 a)$,$^{226}Ra(t_{1/2}=1 062a)$和$^{231}Pa(t_{1/2}=3.27\times10^4 a)$由于其相对较长的半衰期同样也适用于测年。当含铀岩风化,大部分^{234}U原子较之于^{238}U和^{235}U原子具有更强的活性,即子同位素过量(图8-19)。这是由于当它们发射α原子时许多^{234}U原子晶格位置变得松散。这3种核素均易于氧化并且被搬运至含重碳酸盐的水中形成复杂的离子$UO_2(CO_3)_2^{2-}$和$UO_2(CO_3)_3^{4-}$。它们沉淀在方解石或者文石中,由于其较大的晶格之后一般接受多达10倍的U原子。寿命最长的子同位素^{231}Pa和^{230}Th基本上是不溶于水的。当风化作用将其分离时,它们就与黏土矿物或其他粒子相结合。因此,二者不在方解石中沉积。在理想的封闭系统中,它们仅仅通过母体U系衰变产物集聚增生。1g方解石含有微量(1.0×10^{-6})的U元素,包含10^{15}个可用于自发衰变的U原子。

采用超量^{234}U衰变为^{230}Th的测年方法,修正母同位素^{238}U的测年成果。将两类不同的石笋测年结果绘制如图8-20所示。直到20世纪80年代后期,仍用闪烁计数器来计数α衰变数,以估算同位素的丰度。计数过程需将近一周才能得出可靠的有效统计数据,且测年的标准偏差为10%。后来用质谱仪直接计数同位素。Edwards等于1986—1987年首次完成了珊瑚测年;Li等于1989年首次对洞穴堆积物完成测年。在热电离质谱分析法(TIMS)中分离U和Th提取物时温度达到1 800~2 000℃将丝状

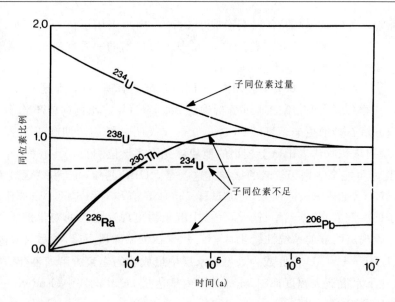

图 8-19 不同测年方法中 $^{238}U-^{206}Pb$ 同位素中生命期的演化；图仅为描述性，曲线变化不是真正的衰变过程

全部灼烧，测量 Th 值时需要人工控制。在耦合感应质谱分析法中（ICPMS），液态提取物温度加热到 8 000～10 000℃，达到等离子体后自动测量。这两种方法得出了非常相近的结果。方解石岩样量 0.5～2.0g，2σ 测年误差缩减至约 1% 或者更低：Richards 和 Dorale（2003）引用结果，测年 10ka 的试样 $2\sigma=\pm40a$，测年 50ka 误差为 $\pm200a$，测年 500ka 误差为 $\pm15\ 000a$。这种方法测年上限在 600ka 过一点（图 8-20）。原位镭射采集器中的 U 系测年 ICP MS 技术目前结合空间分辨率 100mm 或者更高的测年方法一起研究（Eggins et al,2005），尽管目前的精度和准确性不及 TIMS 方法。

地下水通过含 U 同位素的岩石或土体时，U 同位素受岩体或土体的过滤，可能导致方解石中的相对 ^{238}U 同位素而言，^{234}U 同位素不足而不是过量。如果不足的 ^{234}U 同位素能够确定，这就提供了一种绝对的测年方法，并且能在不能确定 U 同位素不足的地方建立起方解石生长的持续时间机制。U 同位素不足这种情况在不到几个百分点的方解石堆积物会遇到。

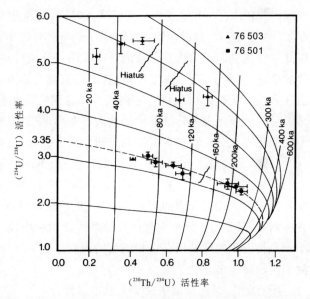

图 8-20 $^{230}Th:^{234}U:^{238}U$ 测年主要用于碳酸盐岩沉积物测年。绝大多数干净的初始沉积时的 $^{234}U:^{238}U$ 活性比大于 1.0，而 $^{230}Th:^{234}U$ 比例为 0。随着时间推移，活性比向右偏移。在一个裂缝中的 76 501 个样品的年龄为 50～250ka，初始 $^{234}U:^{238}U$ 活性比接近于 3.35。76 503 个样品的初始活性比位于 6.3～6.3 之间，这些例子是 α' 测年样品，现代质谱分析方法将误差降低到一个数量级

$^{231}Pa/^{235}U$ 测年方法允许的时限范围约 250ka，这是因为 ^{231}Pa 的半衰期比 ^{230}Th 短。主要的问题在于自然界 ^{235}U 含量很低；$^{238}U:^{235}U=137.9:1$。因此，这种方法经常主要用于检验 $^{230}Th/^{234}U$ 测年结果的修正。然而，通过 TIMS 对碳酸盐类进行的 ^{231}Pa 测年精度呈 10 倍的增加，因此也增强了其自身独立测年的价值（Edwards et al,1997）。

^{230}Th 衰变生成 ^{226}Ra 允许的测年范围为 10ka。鉴于其时间间隔较短，这种方法很少运用。Latham

等(1986)研究墨西哥一高约72cm的石笋(其形成于2 000a内),采用了该方法测年。^{226}Ra 衰变为 ^{210}Pb 测年范围仅为100a;Tanahara 等(1998)曾用这种方法来为日本的一管状钟乳石测年;Condomines 等(1999)用它研究法国境内快速生长的热液方解石。

^{238}U 衰变生成 ^{234}U 可能在5~6个半衰期内,子同位素都会有所不同,即至1.25~1.50ka。遗憾的是最初的 ^{234}U/^{238}U 比率(U/U$_0$)并不能通过解析确定,除非 ^{230}Th 的比例同样不均衡,即除非方解石龄期晚于约600a。当方解石龄期更老,^{234}U/^{238}U>1.0 仅仅表明试样的龄期晚于1.25~1.50ka。然而,U/U$_0$ 已经在单个洞穴堆积物或者山脉上较小的地貌单元许多点位测得,0~400+年,如果标准差比较低,平均的 U/U$_0$ 比率可能会适用于较老的试样。这既是 RUBE 测年,也就是"区域性 U 系最佳估计"(Gascoyne et al,1993)。如图8-20所示,可知试样76501具有相对稳定的 U/U$_0$ 比率可能也更合适,而试样76503(源于同一洞穴)就断然不行。包气带中沉积物出现这样大的变化是非常普遍的。有些在冰川旋回(约100a)表现出明显的系统性变化,U/U$_0$ 比率在低温时段下降,然后又会随着温和气候中风化加剧,导致比率上升。^{234}U/^{238}U 由此成为大型含水层中最成功的温泉方解石测年方法,这种环境下的 U/U$_0$ 比率变化被地下水混流大幅度抑制,比如美国内华达州 Devil 洞穴中(Ludwig et al,1992)和美国南达科他州的 Wind 洞穴的例子(Ford et al,1993)。

最后,母体铀衰变至稳定态铅原则上能够对地球起源时的方解石完成测年。自然环境中地下铅的存量很大,然而在大多数方解石中铅集聚微量(Jahn,Cuvellier,1994)。然而地下赋存的铅中识别放射成因的 ^{206}Pb 或 ^{207}Pb 就成为一道难题,这是因为至少几百万年前的洞穴堆积物中铅的放射性几乎不存在了。^{204}Pb 是不具放射性的:母体核素/子核素对比率,^{238}U/^{204}Pb-^{206}Pb/^{204}Pb 和 ^{235}U/^{204}Pb-^{207}Pb/^{204}Pb,因此能够建立起给出估算年龄的等时线图。从统计学原理来讲,这需要试样里边所含的 U 必须满足充分的变化:实际上,这很少发生,至少在目前技术局限下如此。利用 TIMS 技术,我们对奥地利阿尔卑斯山区和加拿大落基山脉最古老洞穴中的古洞穴堆积物,Jewel 洞穴温泉下方解石(图8-15),以及西班牙山顶一处厚度很大延展较广的地表石灰华(上新世?)尝试测年均告失败。每个案例都是因为 U 含量中的变化不充分。我们在新墨西哥州的瓜达鲁普山区的早期古岩溶方解石充填阶段性测年取得了成功[(90~96)±7Ma;Lundberg et al,2000]。Richards 等(1996)对特定的高含 U 量地点较新的洞穴堆积物测年也获得了成功。利用 MC-ICP MS 方法,Woodhead 等2006年对澳大利亚纳拉伯平原中的洞穴堆积物获得了相对合理的新近纪测年,并对意大利 Antro del Corchia 洞穴中的试样测年约为1Ma;ICP 方法测得 ^{204}Pb 低分辨率为替代性等时线技术所取代,但是经确认,^{234}U/^{238}U 初始比率的估计值在年龄小于几百万年的地带仍存在相当大的问题。因为复合分析是非常必要的,U/Pb 测年法远比 U 系其他测年法昂贵得多。

所有的 U 系测年法需要3个基本条件:

(1)方解石或文石(或石膏)堆积物中必须有足量的 U。实测浓度范围从远小于 $0.01×10^{-6}$ 到大于 $300×10^{-6}$ 不等。对 ^{230}Th/^{234}U 测年对来说 $0.01×10^{-6}$ 是目前合理的最小浓度值。超过80%的实验分析方解石和所有的文石都含有超过最小浓度值的放射性元素。

(2)U 和方解石共同沉积之后的系统必须是封闭的。通常这一条件就不符合了。许多洞穴沉积物部分或全部重结晶。其余的又具备透水性以便水流自由通过沉积物并可能过滤掉 ^{234}U。这就导致测年结果存在很大的出入。鉴于此,如果可能的情况下测年取样尽量回避钟乳石(带有中心补给水通道的)和透水性石灰华沉积。

(3)最重要的条件是方解石中无 ^{230}Th 或 ^{231}Pa 沉积。实际上,大多数的方解石中含有一定比例的这两种放射性元素,并且一定比例的 ^{230}Th($t_{1/2}=1.39×10^{10}$a)与黏土或其他岩屑颗粒结合沉积在堆积物中。这些是污染杂质。随着这两者的增加,测年结果的可靠性降低。事实上,当 ^{230}Th/^{232}Th 比率大于20时,据推测放射性 ^{230}Th 完全主导并且杂质影响作用无关紧要了;大部分测年计算程序如今已做出修正。对于高度污染沉积物(^{230}Th/^{232}Th<5.0),推荐采用多重测定法(^{230}Th/^{232}Th 对比 ^{234}U/^{232}Th)来计

算等时线。试验的多重过滤也曾尝试过。然而这些方法经常失败。如果可能,明显污染的试样应该避免。遗憾的是,那些通常也是最有趣的,例如洞穴入口的流石,或温泉石灰华。

铀系测年法同样也用于骨骼和贝壳的测年。由于死后摄入 ^{234}U 以及其他因素,解析难度可想而知(Schwarcz,1980)。

关于洞穴沉积物的 U 系测年结果有数千个,这些成果现如今已刊出并且每年以数百份的速度在增加,测年结果涵盖全球。测年法用于测定石笋和流石的生长平均速率,正如 8.3 节所述。最基础的,渗流沉积物测年给出了渗流沟槽切割或它们现在所占据潜水通道的排泄年龄上限。引申开来,通道深切的平均最大速率可以计算出来(例如 4.4 节),并且河谷或冰川谷的下切速率已确定在古泉水点之下,计算原理已在 Ford 等(1981)的著述中有陈述。在早期研究中,Ford(1973)曾运用上升背斜上潜水井的排泄作用来测年,估算加拿大南纳汉尼河沿线早期峡谷的年龄。Williams(1982b)运用同样的方法为新西兰海岸阶地的构造隆起运动测年。大部分此类研究的共同特点是洞穴或者其排水系统的年龄均已证明远远早于预先假设值。

洞穴沉积物的年龄可以用于碎屑沉积过程中和洞穴内部地表以上的侵蚀测年。显然,这种方法也可用来为洞穴入口沉积物中的骨骼、人工制品、其他早期人类遗留或动物群化石,甚至化石足迹的泉水石灰华或者堆积物测年(Onac et al,2005)。

巴哈马群岛、百慕大群岛和其他目前在水下地带的洞穴堆积物提供了第四纪全球最低海平面的初始绝对测年[Harmon,1978,1983;图 8-21、图 8-22(b)]。冰川作用区域及其边缘地带的洞穴沉积物生长在极寒期停滞。Harmon 等(1997)、Baker 等(1993a)以及其他人曾利用这一特性广泛地为间冰期和间冰段周期测年[图 8-22(a)]。

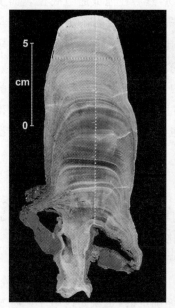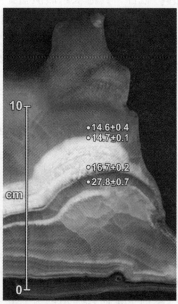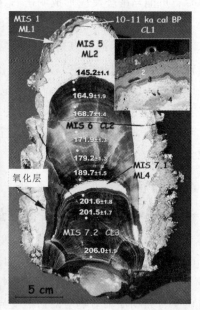

图 8-21 3 个石笋的切片显示其沉积过程中发生的变化。(左)美国东部森林之下的采石场揭露的溶洞中生成的典型石笋,其从下向上连续生长层理清晰,层理之间变化不明显表明该石笋是在相当稳定的环境中生长所致,注意的是石笋生长在黏土之上。(中)西班牙 Cueva del Cobre 的石笋,接近现代的阿尔卑斯的树线,呈现出生长中止-生长开始,方解石(灰色条带)目前生长,亮白色的条带是文石,其是在干冷环境中生长。铀系列 TIMS 测年达数千年,标准差为 2。在 27ka 之后方解石沉积停止,在冰期气候变冷时方解石发生缓慢的风化;17ka 才开始有文石的沉积;在 14.7ka 再次出现方解石沉积(Rossi C 允许)。(右)意大利西海岸低于海平面 18.5m 的淹没洞穴中生长的石笋 I,ML1,2,4 是海洋沉积龙介(虫)属动物的沉积和方解石的生长。当洞穴在海平面之上时(206~145ka)生长黑色的硬方解石层,在 200~190ka 发生一次海相间断(据 Antonioli et al,2004)

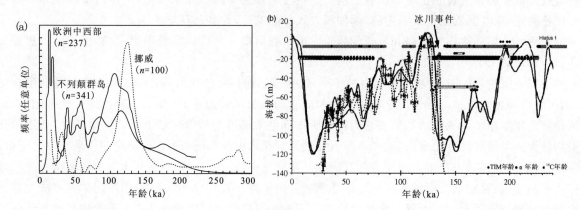

图 8-22 (a)欧洲中部和西部(Hercman,2000)、不列颠群岛(Baker et al,1993a)和挪威(Lauritzen,1995)a_0 谱 U 系列测年概率密度函数(据 Richards,Dorale,2003)。(b)根据对珊瑚和被淹没的包气带沉积物的 U 测年确定的过去 240ka 全球海平面变化特征(据 Antonioli et al,2004)

最后,U 系测年明确了同位素年代表和其他从洞穴堆积物中揭露的古环境记录,这比其他第四纪记录如海洋钻探取芯和冰芯(8.7 节)更准确。

3. 硫化氢洞穴中形成的明矾石 $^{40}Ar/^{39}Ar$ 测年

在洞穴形成期间,正如 7.8 节中描述的 H_2S 过程,常规黏土矿物比如灰岩中少量的蒙脱石、伊利石和高岭石可能与酸类反应形成明矾石、钠明矾石和其他水化硫酸盐矿物,然后在池或通道底板表面少量集聚。非常微小致密的明矾石$[KAl_3(SO_4)_2(OH)_6]$晶体在沉淀作用完成后起封闭系统的作用。其中的 K 衰变为 ^{40}Ar,因此可以通过 $^{40}Ar/^{39}Ar$ 测年法来定年,在火山岩和其他富含 K 的岩石中这种测年方法已较为完善。Polyak 等(1998)在美国新墨西哥州瓜达鲁普山区卡尔斯巴德洞穴和其他 H_2S 洞穴首次采用该方法就大获成功,测得年龄范围约 1 200 万年~35 万年(7.8 节)。从洞穴放射性年代表的角度来看这一应用是最有效的,因为它测得是实际岩溶掏蚀形成空腔的过程,而不是通过其他方式测得的后续碎屑物或突然沉积的充填过程。全球范围内其他地区的洞穴中也有明矾石出现的记述,但并没有意识到利用 $^{40}Ar/^{39}Ar$ 对其进行测年。

4. 电子自旋共振衰变、热释光和光释光法

这些方法依据的原理是电子在放射性衰变和太阳或宇宙辐射作用期间逃逸后被晶体中的电荷缺陷所捕获。逃逸电子的积聚速率与年辐射剂量率成正比,直至所有的晶格缺陷被充填,也就是当晶体完全饱和时才中止。非饱和试样中,电子自旋共振(ESR)年龄可通过下式来确定:

$$年龄 = 辐射总剂量(AD)/环境放射剂量率(DR) \tag{8-8}$$

由于自然物质辐射响应的自然变异,总剂量是通过递增的方式最终确定的,也就是说给予试样一个阶梯式递增辐射条件(通常来自 γ 放射源)。其响应通过实测,反推至 0 点,因此前辐射总计量(AD)也就得以确定。热释光法(TL)中,试样加热至 450℃,可以实测得到发光产生的辉光曲线,然而在 ESR 测年法中,递增辐射的微波吸收量由光谱来确定。光释光法(OSL)中试样受氩激光器发射波长为 514nm 的光波,仅当辐射总剂量在光敏缺陷中才释放,较其他方法有更高的精确度。环境放射剂量率是从试样周边放射性元素(U、Th、K)浓度值估计的来并可利用 γ 射线在原位实测(Henning,Grün,1983)。

这些方法相对 U 系测年可靠性先天不足,这是因为前提假设是内在和外部(环境的)对年度剂量的贡献值恒定不变。事实上,据记录在洞穴沉积中偏离几厘米的地方,辐射剂量率偏差就已相当可观(Debenhan,Aitken,1984)。即便在 AD 和 DR 可靠的测定过程中,仍然存在极大的不确定性,其结果是针

对估计年龄的有意义误差限度还是不能引用。在洞穴堆积物的研究中,对比ESR结果和U系测年,吻合度有时候很高,但多数时候则非常低(Smart et al,1988;Hercman,2000)。近期关于洞穴堆积物的TL和ESR研究几乎没有进展。

TL和ESR法主要应用于贝壳、牙齿、骨骸化石(包括洞穴沉积物中的试样),外加黄土、砂、火山灰(Schwarcz,2000)的测年上,而OSL法仅用于石英和长石颗粒定年。洞穴碎屑沉积物中的测年研究很少。澳大利亚纳拉库特维多利亚洞穴中的一个案例比较有趣,那里的沉积物中包裹着骨骸化石和牙齿处在洞穴堆积物的夹层之间。洞穴堆积物通过TIMS的定年从41ka到>500ka(Moriarty et al,2000)并且揭露出干湿阶段的交替演进。牙齿化石通过ESR法测定从125ka到500ka(Grün et al,2001),并且所有的测年结果都在U系测年结果约束范围以内。

8.6.2 相对测年法

1. 古地磁法

地球磁场在其磁偏角、轨道倾角和磁力线强度显示具有长期变化特征。大部分变化通常较小,无规律性并且仅限于局部范围。磁场的较大型完全逆转每隔$10^5 \sim 10^6$年发生一次,学术上称其为磁场新纪元或"磁力时间"。当代布容期始于780ka以前,并被定位"标准布容期"。松山反转期是780ka～2500ka,它包含有数个一般持久的纪元,术语上为"事件"或"同步周期"。世界范围内的这一范围都差不多。用古地磁变化和反转作为测年方法有赖于能够将沉积物中的磁偏角和轨道倾角变化曲线(也可能为磁力强度)与通过其他独立测年法定年所确定的曲线相匹配,比如火山岩浆定年主要通过K/Ar测年法。

洞穴中的古地磁研究主要应用于层状黏土和粉土沉积,其中的磁铁矿和赤铁矿碎屑颗粒物保持着自身沉积时的地磁偏角和倾角(碎屑物剩磁-DRM)。长期沉积序列的这种细粒物中发现了铁磁体矿物浓度(磁性敏感度)随着时间的流逝而发生改变,将其看作是风化强度变化的一种假设性序列,也就是气候变化引起的。这可能与允许沉积断面的自身相联系。保持潮湿和稳定态(结构未发生明显变形)的砂层也可能用于古地磁研究,Williams等(1986)记录了方解石胶结的黏土层甚至是层状洞穴珠中的成功案例。

主要的难题在于洞穴碎屑沉积很少是连续的,由此相对的,地磁记录多数是间断的,例如湖底沉积层。碎屑沉积同样会发生沉积后的D和I信号改变,尤其是当它们失水干燥,另外生物扰动同样是一大难题,例如马来西亚沙捞越姆鲁洞穴(Noel,Bull,1982)。因此,洞穴沉积物目前研究方向主要集中在确定其磁偏角是正常的还是已反转了,后者意味着其年龄可能在780ka以前,从而可将任何一次古老地磁反转的亚期或较大些的时间量级与其相关联。

Schmidtc(1982)针对肯塔基州猛犸洞穴中的沉积物发表了一份前瞻性研究,发现其中最早的泥浆和黏土年龄早于1.7Ma。与其他研究者一样他利用田纳西州坎伯兰郡高原流域谷地残余洞穴的黏土推导出河流下切速率最大值约为60m·Ma^{-1}(Sasowsky et al,1995)。奥勒2002年采用同样的方式得出巴西东部克拉通下切速率为24～34m·Ma^{-1}。奥德拉等2001年研究了法国阿尔卑斯山区布尔代什河100m深渗流陡壁上的洞穴中的不连续地磁记录,将其与河谷基岩阶地相关联,得出其深切之初为晚上新世(2 200～2 500ka)。近期最为详尽和全面的研究分析是柏萨卡及其同事在捷克共和国、斯洛伐克和斯洛文尼亚洞穴中的成果,如图8-23所示(Bosak et al,1998,2004;Bosak,2002)。

如果磁性颗粒物胶结在方解石中,沉积后续地磁变化是不会发生的,并且其储存的地磁变化记录可以通过U系等测年法独立测算。Latham(1979)认识到这种可能性并指许多石笋和流石作为自然界剩磁载体或是化学性沉淀(CRM)亦或是洪积或碎屑颗粒的过滤(DRM)又或者两者兼具。磁铁矿为其载体。这种信号很微弱,需要相当大量的堆积物方解石和高敏磁力计来测量。Latham和Ford(1993)给

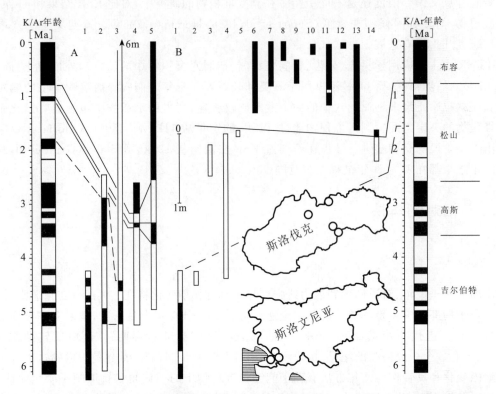

图 8-23 斯洛伐克和斯洛文尼亚溶洞中的 14 种碎屑沉积物的磁性地层学剖面(用点标示)。左边的尺寸说明全球磁正常(黑色)和用 K/Ar 放射性测年得到磁反转(黑色)期;右边为时间名,洞穴记录与时间关系,图 1 之间的相关性不明显,可以解释时沉积物在"漂移",斯洛伐克和斯洛文尼亚溶洞从它们正确的地理位置发生偏移以使空间最小(据 Bosak,2002)

出了全部的技术细节。当某处的试样年龄早于约 500ka(^{230}Th/^{234}Th 测年法)或早于约 1.5Ma(^{234}U/^{238}U 测年法),洞穴堆积物的古地磁值可以用于测试是正常值还是发生反转,并且可以得到一部分近代地磁场非周期性变化的已定年的、高分辨率的曲线,例如在墨西哥(Latham et al,1986)。

2. 利用动植物群和孢粉分析的生物层序法

沉积物也可通过建立与外部标准剖面的关系得出其大致年龄,也可以重建古环境诸如洞穴上的连续性生物群。

穴居植物群和动物群(也就是说仅在洞穴中生存)的数量和体量均太小以至于在大部分案例中并不那么显著(即便是它们在松散沉积层中能够干扰古地磁信号)。栖息洞穴中在外觅食的动物群体较为重要。啮齿动物的巢穴、骨骼和粪便经常会在浅层洞穴系统的最深处出现。中欧地带的许多洞穴中更为引人注目的还保留有一种绝迹的熊、洞熊,按照惯例测年定到上个间冰期和玉木冰期下段之间。例如,Abel 和 Kyrde 1931 年估计奥地利 Drachenhohle 洞穴中所含的残留动物骨骸为 (3~5)×10^5 具,累积时间大约在 40ka 以上。其他动物群相关测年并没有多少。洞穴入口表部的绝迹动物群也比较普遍,通常这里的研究也较集中。

搬运至洞穴内部的植物群通常数量很小并倾向于立即迅速腐烂。大部分的注意力都集中在花粉和孢子之上。许多碎屑沉积物土质贫瘠或者仅仅含有很少的氧化分解颗粒物。在比利时、法国、美国肯塔基州和其他地方的一些洞穴薄层淤泥和黏土中已经发现有保存完好的花粉(Damblon,1974;Peterson,1976)。

Geurts(1976)和 Bastin(1979,1990)是从泉华、石笋和流石中提取花粉的先驱者。McGarry 和 Caseldine(2004)对孢粉分析评估其功用和潜在价值。比较大体量(比如100~200g)的试样通常需要获取其有效花粉数量,因为花粉常规保存的浓度值为每克方解石中含有小于1粒到10粒花粉,这取决于洞穴中的采样点位。这意味着除非主体沉积物迅速生长,否则孢粉的时间分辨能力将大打折扣。然而,这一缺陷又可被通过绝对测年法对方解石独立测年能力所抵消。Bastin(1990)对比利时9个洞穴45个堆积物中提取的241组花粉光谱成果做了报告。它们绝大多数是全新世的但部分前间冰期的零散记录也被检测到了。Brook等(1990)强调从已测年的洞穴堆积物中提取的花粉可能在沙漠地带或是地表古植被记录稀少的地方尤为有效;从源自奇瓦瓦、卡拉哈里和索马里沙漠的孢粉试样中,他们能够识别出这些区域过去的湿润阶段,并且在目前热带雨林覆盖的扎伊尔地区的堆积物中同样发现了热带草原花粉。同样,在冰川区域,常规的孢粉来源——池塘和湖底淤泥及黏土,其年龄通常为冰后期;洞穴可能保存更早的试样。

在解译洞穴沉积物中花粉集合体的时候需要很谨慎,因为存在3个潜在差异性的花粉来源。

(1)风成堆积物,推测提供的有效试样属于同时代整个区域的花粉。

(2)洞穴堆积物补给水或其他渗透物质——花粉,颗粒直径范围在0.5~100mm之间,所以渗透物成为其重要来源,大颗粒所代表的物种花粉则被筛余。

(3)洪水冲积物,这种情况下多数或全部花粉可能会与更早的沉积物改造。

Bastin(1990)强调堆积物中最大密度的花粉颗粒通常见于碎屑层中,这种情况可能为洪水成因。Burney(1993)在美国两个洞穴布置气流井长达两年,结果显示现代风积花粉所代表的是外部光谱;同预期一致,具备大型入口和强劲气流的洞穴成为产生花粉最多者。Genty等(2002)在法国西南洞穴堆积物补给水中小心取样并发现其中并不存在花粉,看起来大部分都筛选出去了。

3. 氨基酸外消旋作用

任何搬运进洞穴的有机质最终都会分解。有机体死后,其体内的蛋白质和氨基酸会缓慢地从L型转变为D型,由周围环境控制其转化速率。这是氨基酸外消旋作用测年技术的基本原理。Williams和Smith(1977)以及Miller(1980)对其原理和一般应用做了概括。如8.3节中所述,很大比例的渗流性洞穴堆积物含有腐殖质、富啡酸和一些更大的有机质颗粒。洞穴内部温度同样可能全年基本上恒定不变,尽管在整个冰川气候周期进程中多数地带会发生变化。Lauritzen等(1994)在北极圈挪威洞穴中的方解石流石中提取9种不同的氨基酸。他们研究异亮氨酸的L:D比率,异亮氨酸为用于测年的主要氨基酸类。测年结果为350ka以前,与U系α光谱测定年龄成正相关关系,利用氨基酸测年法得流石年龄为420~505ka。我们并未意识到它在洞穴堆积物中的深层次应用,尽管从原理上讲,氨基酸外消旋作用测年可延展至1Ma前或更早从而让其具备价值。

8.7 方解石洞穴沉积物的古环境分析

8.7.1 "石之树"——洞穴堆积物的稳定同位素研究

洞穴是获取古环境数据的最佳地点,因为其深层内部具备极其稳定气候的隐蔽保护的仓库。远离入口和主要水流区,洞穴温度变化一般小于1℃,并且洞内温度与洞外年平均气温相近;如图5-20所示的恒温区,相对湿度同样是不变量,相对湿度接近100%时蒸发就可以忽略。地球表层环境变化证据在恒温区的洞穴堆积物中记录下来。通过分析同位素、微量元素、冷光体、孢粉和其他上述的大型有机物质就可提取证据(Harmon et al,2004;McDermott,2004;McGarry,Caaseldine,Caselding,2004;White,2004;Fairchild et al,2006)。

主要针对^{16}O、^{18}O、^{12}C和^{13}C的稳定同位素分析是应用最广泛的方法,其实用性如图8-24所示。美国内华达州Devil洞穴中呈层状的水下方解石沉积,其来源于沙漠地区含水层中的完全混合热水,通过U系测年法精确测定。O和C同位素习性显示了过去500 000a间的大部分气候循环,两者具有明显的负相关性。然而,加勒比至美国中部沿线洞穴堆积物中^{18}O和^{13}C总体变化曲线上的一小段包络线,显示了令人印象深刻的气候变化。

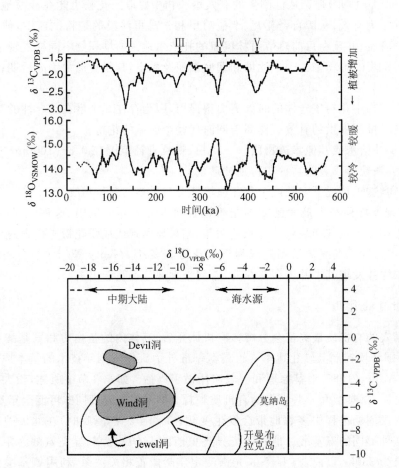

图8-24 (上)内华达Devil溶洞洞壁上沉积厚34cm的方解石(热水下沉积)DH11的$^{18}O_C$和$^{13}C_C$测年成果,利用TIMS $^{230}Th/^{234}U$和$^{234}U/^{238}U$测年方法准确测年(Coplen et al,1994)。这是当时对沉积物中O和C同位素测年成果发表论文最多的记录。(下)DH11的$^{18}O_C$和$^{13}C_C$范围(阴影包络线)置于更广泛的北美洞穴堆积物同位素环境中。Devil溶洞和Wind洞(南科达他州)分别代表了大规模至中等规模的热水含水层。Jewel溶洞$^{18}O_C$和$^{13}C_C$包络线是从靠近Wind溶洞的洞段取样石笋和流石岩样年,多个冰期循环记录植被在C_3和C_4之间摇摆。南科达他州大多数的沉淀主要来源于加勒比,开曼布拉克岛包络线位于含C_3植物的沉积物之下(雨林)以及莫纳岛包络线是来源于含C_4植物的沉积物中(xerophytic scrub)。NB:Devil溶洞和Wind溶洞中的方解石$\delta^{18}O_C$的值因补偿热的效果增加了2‰

氧比碳更易于分馏,因为C处于方解石和文石CO_3化合物的中间。因此,大部分研究都集中在^{18}O相对于^{16}O的富集或损耗。洞穴堆积物中稳定同位素数以每密尔或δ字符来表示,正如6.10节所示。维也纳国际原子能机构(VSMOW)对水中氧同位素的分馏用标准平均海水的值进行定义,而方解石中氧同位素的分馏则以箭石化石的标准值为基础进行确定(VPDB)。两种标准之间的关系为(Clark, Fritz,1997):

$$\delta^{18}O_{VSMOW}=1.03091 \cdot \delta^{18}O_{VPDB}+30.91‰ \qquad (8-9)$$

$$\delta^{18}O_{VPDB} = 0.970\ 02 \cdot \delta^{18}O_{VSMOW} - 29.98‰ \tag{8-10}$$

方解石中的碳同位素($\delta^{13}C$)也可根据 VPDB 测得。VPDB 分析精度对 $\delta^{18}O$ 为 ±0.05‰，对 $\delta^{13}C$ 为 ±0.02‰，然而 VPDB 结果相对 VSMOW 结果存在 ±0.2‰ 的误差。

取样原则需沿着沉积物生长轴线取样。由于内部结构和生长方式，我们认为石笋和流石样品优于钟乳石样品。X 光层析成像（一种无损技术）可揭示出最佳取样位置（Mickler et al,2004b）。根据生长速率，终端取样一次地质钻获得约 10mg 的岩粉就能够产生分辨率为一次测定 10~100a。激光烧蚀（McDermott et al,2001）可能够将这一分辨率降至几年，另外有些案例中 20~100mm 级的微铣削或是高分辨率离子微探针分析可以控制平均分辨率在 1a 以内（Frappier et al,2002）。通过激光烧蚀的微量元素分析（Treble et al,2003）和离子微探针（Baldini,2002）可以获得相近的时间分辨率。

通过提供地球古环境记录，洞穴堆积物序列补充了深海岩芯、冰川冰芯的海洋和极地记录。在海相沉积物中，稳定同位素数据是从方解石有孔虫类测试中获得。它们提供了连续的环境变化（正如海洋记录一样）记录，这可以延伸至超过 1Ma 之前。然而，深海岩芯存在局限性。深海岩芯测年并不精确；独立测年领域之间的绝对年龄存在明显的误差，并且时间分辨率由于生物作用扰动很少超过 3a。海相沉积之初，陆相沉积贡献有限，并且大陆环境变化具有不确定性，尽管当陆相沉积物如花粉和尘埃，在沉积物岩芯中合并出现，对比长度的记录可从极地冰芯获得。这得到了稳定同位素、气体、尘埃和微量元素等长达 650a 的连续性数据（例如 Petit et al,1999）。上述提供的大气环境变化信息极具价值。但冰芯同样存在局限性，因为测年误差随着深度的增加而扩大，有时约 150a 时间，区间误差甚至可达 ±15a。极地位置对低纬度大陆环境变化只能提供一些大致的了解。

在洞穴堆积物中上述许多缺点都被克服了，因为利用 Th 法可以精确测定洞穴堆积物的形成时代在 0.5Ma 内，随着 U/Pb 测年技术的发展，预期将来测年范围达数百万年。环境数据与洞穴之上的陆地环境直接相关联。洞穴堆积物分布在碳酸盐岩溶地区，超过地球表面的 10%（图 1-2）。因此，它们提供了一个范围能够补充深海岩芯和冰芯的不足。然而洞穴沉积物也有局限，这是因为其记录通常不连续且相对时间较短，另外洞穴沉积物变化与气候因子之间的关系有时候模糊不清并且难以量化（Fairchild et al,2006）。尽管如此，近年来在解开这些难点方面还是取得了长足的进步。McDermott（2004）强调指出洞穴沉积物在精确测年和氧同位素及重大气候事件发生时间段方面具有相当的重要性。

当解译洞穴堆积物古环境记录时一个最基本的原则就是较重的同位素优先浓缩或保留在高密度层（气相-液相-固相）。例如当水蒸发时，相对更多的 ^{16}O 进入水蒸气，而剩余的水则优先富集 ^{18}O。当方解石沉淀时，这种分级的数量可能由周围环境温度单一决定（术语为均衡分离），或者是温度外加蒸发的共同作用（动力分离）。洞穴堆积物是否处在同位素均衡的判断准则为：①沿着生长层测得的配对氧原子的 $\delta^{18}O$ 与 $\delta^{13}C$ 不相关；②沿着生长层的 $\delta^{18}O$ 值从沉积轴线向生长层边缘不表现为富集状态（Hendy,1971;Gascoyne,1992）。然而，有些洞穴堆积物的生长层理很难区分并且单一 δ 可能平均为数百年，因此，利用第二准则来获取明确结果通常并不容易（Harmon et al,2004）。同位素平衡的程度同样可以通过直接对比现代堆积物 $\delta^{18}O$ 和 $\delta^{13}C$ 值与其相应的滴水量来做出评估（Mickler et al,2004a）。

目前认识到洞穴堆积物通常并不是完全在均衡条件下生长的，如环境中蒸发作用强烈或排气迅速。因此，在停止或封闭的腔体内最有可能找到均衡环境中的同位素样品，这里相对湿度通常较大，气流值很低并且水滴为短距离滴落。长时间连续性生长的洞穴堆积物有时会呈现出同位素均衡和动力分馏的交替环境。这条信息具备古环境价值，因为可以解译为其代表着无蒸发和有效蒸发条件的转换，这可能与更新世气候变化相关。如果考虑到堆积物同位素在古环境重构的过程中存在匹配性疑问，然后这一问题常常可以通过对比其他洞穴部位或者附近另外的洞穴中同时代的洞穴堆积物的记录来解决。如果两种堆积物中的同位素变化相似，那它们就有可能反映同一区域环境信号并且暗示着同位素平衡沉积条件。

平衡分馏系数，方解石-水，可以表示为：
$$1\,000\ln\alpha_{C-W} = \delta^{18}O_C - \delta^{18}O_W \tag{8-11}$$
(O'Neill et al,1969)，如果堆积物生长在滴水的氧同位素平衡环境中，那方解石（$\delta^{18}O_C$）中 $\delta^{18}O$ 的变化由下式决定：
$$\delta^{18}O_C = \frac{d\alpha_{C-W}}{dT}T + \frac{d(\delta^{18}O_P)}{dT}T + (\delta^{18}O_{SW}) \tag{8-12}$$
(Serefiddin et al,2004)。将 $\delta^{18}O_C$ 的改变与分离过程中的温敏性变化量相联系起来，分离过程在方解石、水（α_{C-W}）、沉淀物（$\delta^{18}O_P$）和全球冰体量的改变量，正如海水（$\delta^{18}O_{SW}$）中 $\delta^{18}O$ 所反映的。这里假设 $\delta^{18}O_P$ 值与滴水 $\delta^{18}O_W$ 近似接近。

方解石-水分馏的温度依赖性因子（$d\alpha_{C-W}/dt$）‰℃$^{-1}$ 的温度从 5℃ 时的 0.27 降至 25℃ 时的 0.21 (Harmon et al,2004)。正是洞穴堆积物 O 同位素组成和沉积温度两者间的反比关系是古温度计的基本原理。

沉积过程中温度对 $\delta^{18}O_P$ 值平均影响值为正：
$$\frac{d(\delta^{18}O_P)}{dT} = 0.55\text{‰℃}^{-1} \tag{8-13}$$
(Kohn,Welker,2005)，尽管存在相当大的地域性变化。洞穴滴水 $\delta^{18}O_W$ 与洞温之间的关系反映出其正相关，尽管二者为非线性的。然而，如果气候边界条件发生改变，这种影响就不能假设为保持稳定。

海水的 $\delta^{18}O_{SW}$ 值在冰期—间冰期平均变化量约为 1‰（Shackleton,2000），但表现出明显的区域差异。海底水的 $\delta^{18}O_{SW}$ 值通常低于平均值而表面（沉淀作用表面）值相对较高。从太平洋赤道附近海域的同位素值研究（Lea et al,2000）来看，我们可以估计海洋表层水从冰期至间冰期变化率约为 1.2‰。此处的重要性在于对海水值每发生 1‰ 的变化，推测从其中沉淀的 $\delta^{18}O_P$ 值将会有相同的变化。

对 $\delta^{18}O_C$ 的上述竞争性的影响最终结果，随洞穴堆积物采样点的不同而变化明显。然而，处于平衡状态的方解石，如果 $\delta^{18}O_C$ 值沿着堆积物生长轴方向变化，那么环境条件的改变显示通常涉及温度的变化。

洞穴堆积物方解石沉淀的温度（T）估算表达式是基于 O'Neill 等（1969）得出的结论，Hays 和 Grossman（1991）对此进行了拓展：
$$T(\text{℃}) = 15.7 - 4.36(\delta^{18}O_C - \delta^{18}O_W) + 0.12(\delta^{18}O_C - \delta^{18}O_W)^2 \tag{8-14}$$
Genty 等（2002）的结论：
$$T(K) = \left\{\frac{2\,780}{\left[\ln(\frac{1+10^{-3}\times\delta^{18}O_C}{1+10^{-3}\times\delta^{18}O_W}) + 0.002\,89\right]}\right\}^{-2} \tag{8-15}$$

利用以上方程式来确定温度，有必要测定组分水的 $\delta^{18}O_W$ 和 $\delta^{18}O_C$ 值。这可以通过现代环境下确定洞穴渗流水的 $\delta^{18}O_W$ 值和生长活跃的管状水的 $\delta^{18}O_C$ 值来获取。也可通过过去的环境条件来获取，因为密实透明的方解石是在典型潮湿洞穴内形成的，这一优点是其可能以液态包裹体的形式保存水分（见 8.3 节）。然而，现在包裹体中水的 $\delta^{18}O_W$ 值可能并不是原始水的真实反映，因为如果温度改变，方解石晶格中可以发生氧的交换。这种不确定性可以克服，因为包裹体中的 $H^2:H^1$ 比率（D/H 比率）是稳定的。因此，组分水的 $\delta^{18}O_W$ 值可以从大气水位线［式(6-51)］或当地变型式估算出来。这一方法已经在现代岩溶中有所应用，范围从亚北极区到热带区域（Schwarcz et al,1976）。对于给定的点，倘若气候边界条件不发生变化，$\delta^{18}O_W$ 值可以认为是保持相对恒定。

液态包裹体的应用显示美国内陆冻土范围以南地带洞穴温度在冰期和间冰期之间变化为 8℃ (Harmon et al,1978)。相对来讲这一方法应用甚少，主要是由于获取有效液态提取物很难（Yonge,1982）。现在技术难关已突破了（Dennis et al,2001；Serefiddin et al,2005），因此人们对这一技术应用前景有更高的预期。例如，Fleitmann 等（2003）成功分析了在奥马哈的一个洞穴的堆积物中的液态包裹体,并能够识别出过去330a中的5个雨季周期,这330a期间δD和$δ^{18}O$值相对现代降雨量来讲更小,其表现出这段时间中南部(印度洋)湿度来源。Genty等(2002)鉴定了法国南部洞穴堆积物中肉眼可识别的液态包裹体,这些包裹体够大,从而允许将水直接注入到分光仪中,因此也就消除了微观包裹体中液体提取的难题。然而,在这么大的包裹体中,可能会存在沉积之后水的交换。

在洞穴堆积物$δ^{18}O_W$和$δ^{18}O_C$可用来可靠阐明古环境条件之前,我们必须弄清楚决定这些结果的过程(图8-25)。大气降水是维持堆积物生长的补给水来源。大气降水通过土层和表层岩溶(6.3节)的渗透作用最后混合并作为后续补给水储存下来。因此,沉积层中的同位素值广泛变化受到抑制,并且滴水中的$δ^{18}O_W$值通常很接近洞穴顶部区域年降水均值,例如塔斯马尼亚地区(Goede et al,1982)、全美地区(Yonge et al,1985)和新西兰[图8-26(a)]的调研结果就具有上述这样的特点。然而在温带半干旱区,蒸发蒸腾作用可能导致土层和岩溶表层的结果与滴水转为同位素标记的强降雨结果(Bar-Matthews et al,1996)有所分别。Harmon等(2004)所做的一份全球范围的调查,表明渗流水观测值与平均降水的$δ^{18}O$值之间的差异范围至少在+1.1‰~-1.9‰之间不等。

因为在表层岩溶径流路线和存储之间可能存在很大的可变性(表6-10和表6-12),水的补给均一性可能不佳,因此同一洞穴中的滴水$δ^{18}O$值变化相当大。正如Yorkshire洞穴中的例子,单个水滴的$δ^{18}O_W$值变化范围达到了4.9‰,尽管如此,所有点位测得的总平均值与降水作用中$δ^{18}O$值还是比较接近的(Harmon et al,2004)。这种变化性存在的同一洞穴中不同堆积物上沉积方解石的同位素成分同样有变化。例如,Serefiddin等(2004)在相差仅几米的同时代洞穴堆积物上的实测$δ^{18}O_{VPDB}$值差别达4‰。然而,尽管距离很近,同位素生长均衡的洞穴堆积物$δ^{18}O_C$值也可能不同(由于滴水的停留时间和路径不同),沿其生长长度的δ值变化依旧可对同样的主要环境改变做出响应。

从方程式(8-12)和图8-25(a)可以看出区域环境变化与平衡态方解石中的$δ^{18}O$值之间的关系很复杂。当外部温度因降水而降低,洞穴内同样会降温,沉积方解石中$δ^{18}O$值就会上升,也就是说在同位素意义上"越重",这就是洞温效应。不过,方解石析出的最终水源为海洋,所以如果水源区同位素特性变化,沉积方解石的$δ^{18}O$值也会跟着变化。水蒸气较之于其源头富集大量的^{16}O。因此,当更新世冰川聚集时,冰川中含有大量^{16}O(因此$δ^{18}O$值很低)并且剩余海水中^{18}O含量日渐增多。导致的结果是整个冰川阶段,大气降水和洞穴渗流相比于间冰期间隔之间具有更高的$δ^{18}O$值,术语称作冰体积效应。然而降水的同位素值同样也受到蒸发和凝结交替温度变化的影响,温度影响对沉积作用的影响大约为0.55‰℃$^{-1}$[式(8-13)]。因此,如果沉积来源区海水温度发生变化,沉积作用的$δ^{18}O$值同样发生变化。在大约2ka前的上个冰川极盛期,热带海洋的变冷,估计印度洋温度高4℃(Barrows,Juggins,2005),在太平洋赤道区温度(2.8±0.7)℃,而过去45Ma冰川-间冰期的温差达5℃(Lea et al,2000)。由此冰川期间的$δ^{18}O_P$和$δ^{18}O_W$值同时反映了富集^{18}O的海洋和更低的海水温度。

同位素均衡条件下生长的洞穴堆积物中$δ^{18}O_C$值可以通过两组特征来确定:第一种特征表现为方解石和水之间的热力学分馏,即洞温效应;第二种涉及到影响同位素组分的补给水因素的组合,被Lauritzen和Lundberg(1999b)称作滴水效应。这些特性具有不同的温度敏感性。前者对温度通常为负反馈,而后者可能为正反馈,其取决于区域气象学和气候变化规模,整体结果取决于其相对量。

由于洞温效应和滴水效应可能会彼此对立,每个岩溶地区的同位素特性在依据古环境改变得出$δ^{18}O$值动态解译结果之前都应仔细研究。许多大陆相洞穴温度效应占据主导地位,也就是说d($δ^{18}O_C$)/dT为负值,例如,在中国和奥地利(Wang et al,2001;Yuan et al,2004;Mangini et al,2005)。但是在中纬度海洋环境和部分大陆相结果可能为正值(Goede et al,1986;Dorale et al,1992;Gascoyne,1992;McDermott et al,1999;Xia et al,2001;Paulsen et al,2003;Williams,2005),因为洞温效应被$δ^{18}O$沉积时温度影响左右,一些地方的不同洞穴堆积物呈现出相反的d($δ^{18}O_C$)/dT关系(例如在挪威,参见Lauritzen,1995;Linge et al,2001;Berstad et al,2002),并且这种情况甚至在同样的洞穴中也存在(例如在Reed洞穴,南达科他州;Serefiddin et al,2004),因而,不应该做出温度T导向型的假设;每个洞穴堆

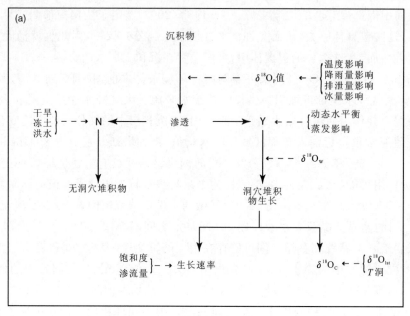

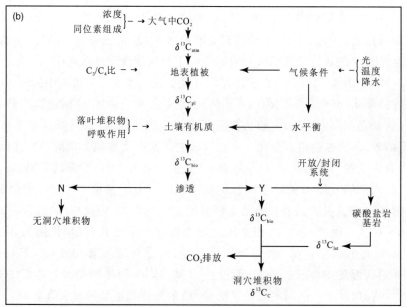

图 8-25 (a)沉积物方解石的 $\delta^{18}O$ 组分(假定平衡沉积)和沉积物生长速率的决定因素;(b)方解石沉积物的 $\delta^{13}C$ 组分的决定因素(引自 Williams,et al,2004)

积物的极性都应单一检测。另外,$\delta^{18}O_C$ 的变化并不能总是假定为温度变化来确定,因为降雨来源和降雨量的变化有时候会更重要些(Bar-Matthews,Ayalon,1997;Cruz et al,2005a,2005b;Treble et al,2005)。例如,中低纬度地带雨水的 $\delta^{18}O$ 值可能会受到降雨量的强劲影响,两者之间的关系为负相关。

洞穴沉积物 $\delta^{13}C_C$ 值的影响因素在图 8-25(b)中予以说明。植物生长变化曾经是常见的解译 $\delta^{13}C_C$ 值变化的方法,现在更倾向于认为这种变化是多个变量综合作用的结果。其中有 5 个因素尤其重要:大气层中 CO_2 的浓度和同位素组成;植物和土层中的生物活动过程产生的 CO_2;碳酸盐岩和土壤演化提供的碳来源;开放系统与封闭系统分解的比率;CO_2 的排放(Baskaran,Krishnamurthy,1993;Baker et al,1997;Denniston et al,2000;Genty et al,2001;Williams et al,2004)。最后一个因素通过奥地利阿尔比斯山区烟囱的动态季节性气流变化影响很好地说明了这一问题(Spötl et al,2005)。

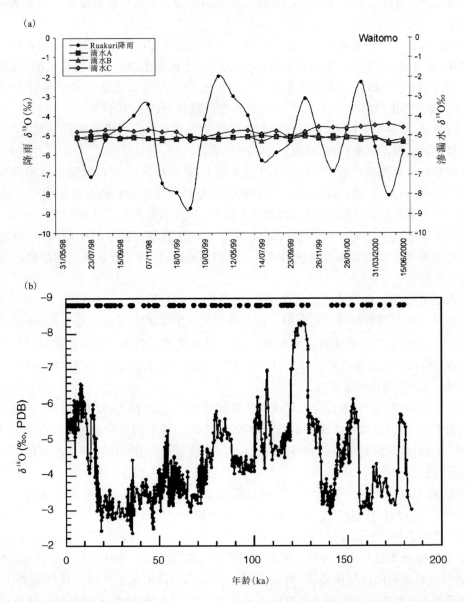

图8-26 (a)新西兰Aranui洞让雨水中的$\delta^{18}O_{VSMOW}$与地基以下40m中洞穴渗透水中$\delta^{18}O_{VSMOW}$之间的关系(引自Williams,Fowler,2002);(b)以色列Soreq溶洞中$\delta^{18}O_C$的185个测量记录、取自21个洞穴数据,其包括2 000个同位素分析数据,其在95个IMS阶段,其位置沿地形顶部获取(据Ayalon et al,2002)

在冰期—间冰期循环中,大气层CO_2的浓度和同位素组成会发生变化(Petit et al,1999)。上个冰期极盛期(约20ka前)CO_2的体积浓度在$(180\sim200)\times10^{-6}$之间变动,到8ka前大约为$260\times10^{-6}$(到2003年为$375\times10^{-6}$),工业化之前冰期—间冰期转变时$CO_2$的体积浓度变化是$(60\sim80)\times10^{-6}$,这是冰期大气层影响。在冰期—间冰期转换过程中,大气层中CO_2的增加部分程度上造成了$\delta^{13}C_C$值的减小。CO_2浓度和大气中$\delta^{13}C(\delta^{13}C_{atm})$值之间存在着弱的负相关关系。$\delta^{13}C_{atm}$值在上个冰期极盛期大约为$-6.7‰$,8a之后大约为$-6.3‰$(Indermuhle et al,1999)。

光合作用优先去除大气中的$^{12}CO_2$;因此间冰期环境中大气中富集$^{13}CO_2$。这对植被$\delta^{13}C$值有直接影响。CO_2浓度每增加100×10^{-6},植被中$\delta^{13}C$值就会变化$-0.2\pm0.1‰$(Feng,Epstein,1995)。植物的光合作用途径影响呼吸CO_2的$\delta^{13}C$值,对C_3植物的影响范围在$-26‰\sim-20‰$之间,对C_4植物为$-16‰\sim-10‰$(Cerling,1984),这反过来又影响了土层中的$\delta^{13}C$值。在植物活动较少的时代土壤

CO_2 的 $\delta^{13}C$ 值较高,可能是由于与大气 CO_2 存在更强的交换。土壤中水平衡同样影响着植物 $\delta^{13}C$ 值,随着干旱到来 δ 值升高(Stewart et al,1995)。

洞穴堆积物最主要的碳来源于大气层和土壤及岩石中的生物活动。^{14}C 测年显示在洞穴堆积物中存在大量"死"碳,测量值高达约 65%,尽管通常小于 20%。老化的土壤中有机质提供很高比例的"死"碳,灰岩溶解作用提供 5%~15%。这表示在碳酸盐溶解过程中存在大量现代碳的稀释。三角洲灰岩中 $\delta^{13}C$ 值相当高,通常变化范围为 −5‰~+5‰(如新西兰渐新世的 $\delta^{13}C$ 值为 −1.72‰~−0.98‰)。因此灰岩的年龄越老,碳组分则越多,在洞穴中渗流水的 $\delta^{13}C$ 值也高。温泉方解石中富集 ^{13}C,这是由于灰岩区高温水流径流过程产生浸析作用(Bakalowicz et al,1987)。

如果碳酸盐的溶解作用发生在开放系统环境条件下,最终结果是 $\delta^{13}C$ 值要比封闭系统条件下小很多(Hendy,1971;Salomons,Mook,1980)。灰岩成分的相对重要性也会随着渗流水与岩体接触时间的推移而变化。降水量相对较高的时间段,冲刷速率增加,并且水在表层岩溶停留时间变短,因此无机的 $\delta^{13}C$ 增加的几率也就减小(Shopov et al,1997)。由于大的降雨量对植被的作用,$\delta^{13}C$ 值效应也会同向变动,导致 δC 值降低。因此湿润环境使得 $\delta^{13}C_C$ 值相对提高,特别是开放系统的溶解环境同样使其占上风。

当含有大量土壤 CO_2 的渗流水渗入充气区,就会发生 CO_2 逃逸。这在洞穴大气中比较重要,此处的 P_{CO_2} 与开放环境大气值较接近。通向洞穴途中的充气岩溶裂隙有时也很重要,它达到溶液的临界过饱和值从而导致方解石沉淀形成洞穴堆积物。这一过程造成了溶液中 ^{13}C 含量的增加。Dulinski 和 Rosanski(1990)模拟了洞穴堆积物中引起 $^{13}C/^{12}C$ 同位素比率形成的过程,并指自方解石沉淀首次析出以来的时间对 $\delta^{13}C_C$ 值变化的重要性。

当某处特殊效应(如地热)或假定气候边界条件保持相对稳定,随着时间的推移,在稳定沉积物中发生千分之几的变化,可通过植被或滴水中的生物活动(C_3/C_4)类型的改变或者沉淀过程中的变化(或二者兼具)来解译。有些国家几乎只有 C_3 植被(比如新西兰),$\delta^{13}C_C$ 值变化主要是由于植被密度和水平衡环境条件变化所致。

依据上文,很明显可知洞穴堆积物中 O 和 C 同位素信息集合可以实现重构古环境条件。第一步是确定 $d\delta^{18}O_C/dT$ 关系的极性,正如上文所强调的。许多洞穴中以及特殊的陆相区域,这一关系为负。这是以色列洞穴中的案例(Frumkin et al,1999;Bar-Matthews et al,1996),并且通过如图 8−26(b)所示的 Soreq 洞穴中 21 处重叠的 185 份洞穴沉积物所得的一系列编译记录从而做出很好的注解(Ayalon et al,2002),$d\delta^{18}O_C$ 低值与间冰期相关联(例如在 8ka 和 125ka)高值发生在冰期极盛期约 15~25ka。这些案例中很强的负极性是由降雨量以及东地中海水源水的 $\delta^{18}O$ 值增强了洞内温度效应。与此形成鲜明对照的是内华达州 Devil 洞穴方解石长时间带有正极性的 $\delta^{18}O_C$ 值(图 8−24;Coplen et al,1994)。这份延续 60~566ka 的记录是沉积在距离太平洋海岸约 400km 的沙漠充分混合的含水层的温和过饱和水中获得的。它反映了区域大气水的成分组合,并且与沿着加利福尼亚海岸长链烯酮古温度测定的海面古温度存在令人信服的关联(Herbert et al,2001)。Devil 洞穴中的数据可以看作是同海洋温度相适应,但通过有孔虫的 $\delta^{18}O$ 值海相冰体积记录是确定无疑的;太平洋东部海面温度变化是通过偏西风携带水分吹到北美西部内陆所致(Lea et al,2000)。

一旦记录的极性确定下来,试样是否具备代表性的问题就变得重要。Devil 洞穴中方解石提供的是大流域面积内综合性同位素信号,个别渗流区石笋记录的是受限区域的,至洞穴顶部表层岩溶流径传输的信号。所以,特定石笋中的稳定同位素记录与邻近堆积物在细节上会有所不同,即便是在同一洞穴中(图 8−24;Dorale et al,1998;Denniston et al,2000;Serefiddin et al,2004)。因此,为了获得某个区域的一系列强有力并具备代表性同位素记录,需从几个同时代洞穴堆积物中采集。这一问题同年代树木学所面临的问题很相似,因为树木年轮记录了点位因素以及区域影响。

地域代表性的稳定同位素时间序列可通过数个洞穴堆积物单体记录合并来获得,但首先需确定同位素均衡态下沉积并全部具备同样的 $d(\delta^{18}O_C)/dT$ 极性。这就产生了一种复合曲线。Williams 等(2004,2005)演示了如何形成这个曲线,合并 6 个不同洞穴中 8 个不同堆积物的 $\delta^{18}O_C$ 和 $\delta^{13}O_C$ 记录,通过移动平均值对数据进行平滑处理,以控制地域效应并增强一般趋势(图 8-27)。此过程中的主要误差来源为测年结果,因为单体 δ 值年龄通常是采用测年点之间的线性插值来估计的。为使内插值替代年龄误差最小化,测年必须紧密联合起来并且应该考虑各种曲线内插值法的优势。

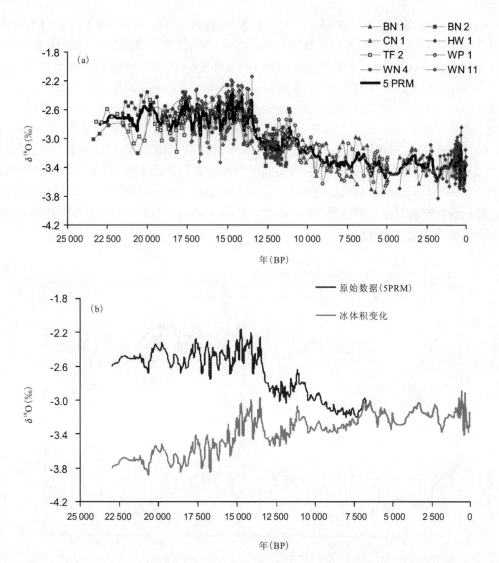

图 8-27 (a)从新西兰 6 个洞穴中的 8 种不同沉积物的区域 $\delta^{18}O$ 曲线离散图,5PRM 图用来拟散曲线并说明其特点。(b)冰体积效应区域变化曲线(下曲线),最大的是(1.2‰)在最后一次冰期,当 6.5ka 前海平面与现在一样(引自 Williams et al,2005)

在对持续记录到更新世的 $\delta^{18}O_C$ 变化所指示的温度变化做出估计(即便是定性的)之前,也需要对 $\delta^{18}O_C$ 值作调整以补偿冰体效应。末次冰盛期的海洋表层水源浓缩约 1.2‰,同时海平面降低约 130m。则冰体积随着海平面下降以每米 0.009‰ 的速率变动是正确的序列。这一变动的影响如图 8-27(b)所示。从这里我们可以看出末次冰盛期(约 20ka 前)与全新世之间校正的 $\delta^{18}O_C$ 平均值之间的差异在本例中大约为 0.55‰。其大部分可以归因于温度变化,因为所考虑区域的降雨量效应并不显著。

古温度的重建可以依据洞穴堆积物液态包裹体的 δD 估计 $\delta^{18}O_W$ 值来获得。因此,上个间冰期(17～22℃)和末次冰盛期(8℃)时,通过这种方式推断以色列的温度环境(McGarry et al,2004)。另一种迥异的方式是借助其他温度独立记录来校准 $\delta^{18}O_W$ 信号,然后把校准曲线应用到 $\delta^{18}O_C$ 系列中。这一方法 Lauritzen 和 Lundberg(1999b)以及 Mangini 等(2005)在研究挪威和阿尔卑斯山脉中部洞穴堆积物的案例中有应用。然而这一方法的成功有赖于过去古温度指标的有效性和可靠性。

洞穴堆积物同位素记录中一个比较有趣的特性是数据往往会显示出周期性。我们假设它是为了反映地球环境中的循环变化过程。从洞穴堆积物记录中辨别周期性的一项技术难题是它们的时间序列是不均衡分布的。

幸运的是这些可以通过计算程序 SPCETRUM(Schulz,Statteger,1997)或专门针对不均衡分布古环境时间序列而设计的 REDFIT(Schulz,Mudelsee,2002)程序克服。Sefefiddin 等(2004)采用这一程序计算出南达科他州 Reed 洞穴堆积物的数据,演示其周期为 1 000~2 000a,这一结果与北大西洋沉积层和格陵兰岛冰芯显示的千年一次的变化相似。在欧洲,McDermott 等(2001)、Spötl 和 Mangini(2002)以及 Genty 等(2003)发现了爱尔兰岛、奥地利和法国地区的洞穴堆积物 $\delta^{18}O_C$ 值存在一百年到一千年周期的振荡。他们认识到这与格陵兰岛冰芯记录中的"丹斯加德-奥斯切尔事件"相符。在中国,Wang 等(2001)发现了同"海因里克事件"(北大西洋大量冰山的消融)相一致的现象(图 8-28)。这些结论是很重要的,因为正是由 TIMS 测定的洞穴堆积物来确定了古温度循环年代表,例如"丹斯加德-奥斯切尔事件"(D-O),而且这比从冰芯中获取的结果更为精确。Frappiuer 等(2002)同样也对伯利兹城石笋 $\delta^{13}C_C$ 值一致性与南方涛动指数(SOI)演示做了解译,Dykoski 等(2005)在中国贵州董哥洞发现了堆积物 $\delta^{13}C_C$ 值显示太阳活动的标志。

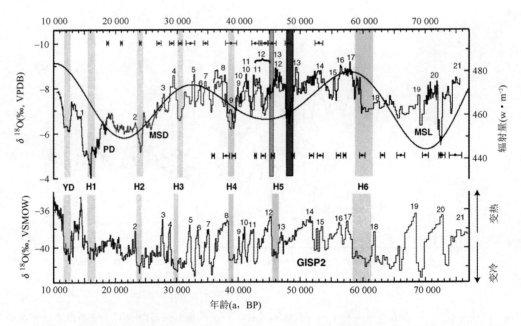

图 8-28 中国葫芦洞、冰岛的 GISP2 冰芯和北纬 33°夏天日晒时 3 种沉积物中的 $\delta^{18}O$ 记录之间的相互关系。阴影长条显示的是海因里克事件(H_1—H_6)和新仙女木事件(YD 冷逆转 GISP2 冰芯与葫芦洞穴中显示的 $\delta^{18}O$ 相互关系(引自 Wang et al,2001)

微波分析也被用来辨识 $\delta^{18}O_C$ 和 $\delta^{13}C_C$ 的变化。例如,Paulsen 等(2003)在中国一份 1 270a 高分辨率记录上检测出了 33a、22a、11a、9.6a 和 7.2a 周期循环;Holmgren 等(2003)在一份南非 24.4ka 的记录中识别出了千年和百年规模的振幅;Qian 和 Zhu(2002)在东亚雨季区发现了近 70a 的气候变化振幅;Cruz 等(2005)在巴西一份 116ka 的洞穴堆积物记录中识别出 23ka 的循环周期,相当于地球岁差周期。更有趣的是太阳活动导致气候变化的证据可在暗洞穴中找到,它们的价值就是全球环境变化敏感性的档案馆。

8.7.2 洞穴堆积物中的微量元素

方解石和文石堆积物中有很多不同种微量元素存在。通常量最大的有 Mg 和 Sr，并在晶格中很容易被 Ca 取代。同样广泛存在 Na、K、Ba、Cu、Fe、Mn、P、Pb、U 和 Zn，以及地球稀有元素（REE）Cd、Co、Cr、Ni、Ti，所有针对微量元素的研究都是为了确定其对洞穴堆积物颜色的贡献值（Jamez，1997）。微量元素含量和比率对于古环境重构的潜在应用广为称道，目前不论实地还是在实验室都做了大量的研究。

在麦克马斯特大学的早期研究中，通过对含 U 浓度值不同的洞穴堆积物辐照来绘制裂变径迹，也就是晶格中的 U 原子分布规律。部分呈现出很强的周期性冷光分带，部分比较随机或者是分布形态轻微变化。Gascoyne（1977）跟进做了微量元素稳定性分析，并发现单个试样之间的巨大差异。他转而做原位试验，在温哥华岛洞穴中利用仪器检测堆积物滴水点。方解石中的 Mg/Ca 比率应具有温度相关性（其他条件不变），而 Sr/Ca 比率则不是，二者对比可能会产生石笋等历史期间的温度变化指数。然而，在 12 个月的滴水试验过程中，并不存在连续变化的迹象。

其他学者的后续研究表明，洞穴堆积物中微量元素的变化情况呈多样性且较为复杂。其可能在试样之间、试样内或试点一段时间内都存在差异性。

当增长条带可以看到光学或冷光光谱，可见有时二者兼而有之，通常有相关的周期性的微量元素分布。有几份报告指出 Sr 在浅色光带区富集，而 Fe、P 和 Zn 则在深色带中含量更高（Huang et al，2001）。注意力现在都聚焦在 Mg/Ca 和 Sr/Ca 比率上。Roberts 等（1998）在苏格兰北部浅层洞穴中的部分全新世石笋中发现了很强的负协方差，如图 8-29 所示。然而，那是个很例外的结论。Fairchild 等（2000）研究了爱尔兰岛西南部与意大利北部之间 4 个洞穴中的滴水和洼地水源，并发现了水源状况的很多变化，他们将其主要归因于土壤和洞穴之间地下水补给路径的变化、开放与封闭的溶解环境以及不同的停留时间。一旦两种比率之间存在统计学意义上的良好正协方差（$R^2>0.8$），就认为是旱季方解石沿着路径沉积作用所致，一种重要的暗示稳定同位素解译在上文已作论述。类似地，在澳大利亚东部两个洞穴中，McDonald 等（2004）在水滴中获得了相对较低的 Mg/Ca 比率均值，相对于 Mg/Ca 比率高值响应迟缓的水源来讲，这种滴水对雨季响应迅速。Mg/Ca 和 Sr/Ca 比率二者在旱季期间都表现出系统增加，并在雨季来临之前立即达到峰值。Tooth 和 Fairchild（2003）演示了快速对慢速、雨季对旱季时土壤→水滴的物理管道模型来解释这种不同类型的性质。如今，该模型已超越了我们对渗流性洞穴堆积物生长复杂环境的理解。

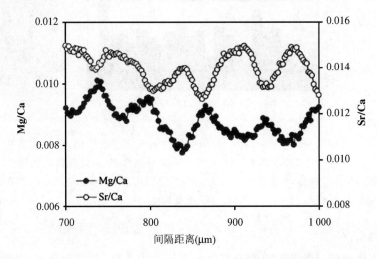

图 8-29 苏格兰 Uanh am Tartair 洞穴中 17cm 高的石笋中 Mg/Ca 和 Sr/Ca 比对比图（据 Roberts et al，1998）

8.7.3 洞穴堆积物中光学和发光带

许多渗流或潜水洞穴堆积物剖面上发育方解石纹理条带,或者沉积结点,用肉眼很容易识别的密度色带,图8-9和图8-21是极好的例子。不论它们是否可见,这些单层通常都代表着成百上千年的累积。在光学显微镜下,可看到厚度为1～100mm的细微层理条带。这种成层作用的原因及成层的沉淀形成通常所具有的周期性特点。当纹理条带是连续性的(表8-3中的情形1),层理可能是由于晶体组构、沉积速率发生突变或者是微量元素、有机化合物浓度变化形成的。

正如8.3节所述,当某处光学证据缺失,可通过研究晶格中富啡酸和腐殖酸的浓度变化所引起的发光强度变化来得出。例如,图8-30就显示了美国东北部洞穴堆积物方解石带宽约0.4mm内接近40个明暗发光对,也就是说单个明暗发光对厚度约10μm。曲线描述的是爱荷华州Coldwater溶洞中一石笋沿着其生长轴线的发光强度变化值。试样高度16.4cm,从7 000a前就开始生长(U系TIMS测年)。图8-30(b)展示的是其中一段的放大照片,龄期大约为1 000a以前。年度发光变化发展强劲,这就可以测定每年方解石条带的厚度[图8-30(c)]。厚度范围变为4倍,过去25年里约从7μm长到28μm,反映出该点的干湿水文交替,这与美国中西部天然森林区和高茎草原水文循环比较接近(Shopov et al, 1994)。

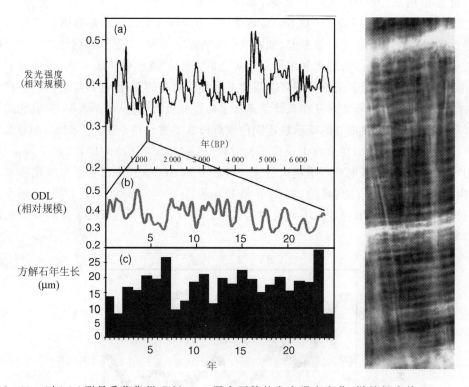

图8-30 (左)(a)测量爱荷华州Coldwater洞中石笋的发光强度变化,样品长度约16.4cm,在7 000a前就开始生长(U系TIMS测年);(b)1 000a前生长的方解石,发光强度变化明显;(c)方解石的每年生长条带厚度测量,年度条带生长厚度相差4倍,从7mm到28mm,反映了干湿水文年的变化。(右)利用UV光照射美国北部石笋,显示出周期性微条带(Shopov Y Y摄),真正的微层理厚度是1.0mm,每个微层理可能代表一年

特定洞穴很多小规模的光学条带或发光带与水文年的相关性,近几年通过对矿山或其他人工洞穴中的带状方解石集聚研究已经非常确定了。收集这些带的信息,可以准确得到洞穴初始开挖的时间或

洞穴停止开挖时间等。Genty(1992)、Genty 和 Quinif(1996)以及 Genty 等(1995)最早发表了隧洞和自然洞穴的分析成果,不是所有的石笋和流石都呈现出连续的分带性。Baker 等(1993)研究发现,仅 40 个左右的早期试样呈连续分带。通常洞穴堆积物发光带穿插着不发光带。其他试样(即便在同一个洞穴中)可能根本不具备可检测的发光带。

图 8-30(c)所示的 25a 的记录表成果表明,利用洞穴堆积物的周期性光带,进行多年水文重构有一定的适用范围,因此需要研究的气候周期时间更长,证据更广泛。例如,针对苏格兰西北部洞穴堆积物,Proctor 等(2002)得出了北大西洋气候变化的记录中光谱周期是 50～70a 与 72～94a;Fleitmann 等(2004)从阿曼南部洞穴堆积物中识别出印度季风气候 780a 的记录。然而,尽管有时候并未呈现出明显的发光分带,同样可以进行水文重构现象,正如 Treble 等(2005)对西澳大利亚洞穴堆积物的研究结果一样。有时候记录下来的是温度和辐照度而不是沉积层。因此,全球范围内在很多分析中都有 11～22a 的太阳黑子循环周期(详见 Shopov,1987,1997)。中国北京一个比较有趣的案例是具有 2 650a 纪录的石笋,Tan 等(2004)将年发光带和暖季气温以及太阳总辐照度进行了相关联的研究。

8.7.4 地震地质学

在很多洞穴中一部分方解石堆积物由于自然因素断裂,并且从其生长原位脱落。管状钟乳石由于自重断裂,更大的胡萝卜形态钟乳石当其自重超出黏结力上限时也会掉落。生长在松散堆积物之上的块状钟乳石和流石可能会由于下部沉积层基础在逐渐增长的荷载作用下而倾倒。然而,也有这样的例子,柱状钟乳石在看上去好像基部并未移动即发生倾倒变形。早于 100a 之前,欧洲学者认为这种类型的倾倒破坏可能是由于地震原因造成的[详参 Quinif(1996);Forti(1997)]。利用 U 系测年法,地震发生时间会确定下来。例如,Agostini 等 1994 年采用 α 光谱测年法,研究了意大利现代有记载的最强震中地带附近一个洞穴,得出那里曾在 0.5ka,30～40ka,90～100ka 和>350ka 之前有明显的地质事件发生。

早期研究注意力主要集中在破损钟乳石柱状的位置和方向。一次从正东向传播而来的地震波可能会使破坏断面出现在基础西侧并向西排布。过去的一些地震震源方向正是通过这种方法来估测的,Moser 和 Geyer(1979)在奥地利阿尔卑斯山区洞穴中利用底面直径和破损碎块长度二者的关系尝试确定地震的震级。然而,因柱状下部沉积层压实作用的不规则性或洞穴底板地形多样脱落碎块的分布方向变化不一。稍有希望的是监测到一个钟乳石-石笋对起到钟摆记录作用(Schillat,1977)。地震活动引起洞穴轻微倾斜,由此将抵消石笋尖端点的增生作用(图 8-21)。通过基底的无规律性压实作用或顶板冷凝点独立位移,当这两种可能性不存在的情况下钟摆观点就有效了,均可得到同样的效果。Forti 和 Postpischl(1985)研究了一些意大利石笋长轴方向的变化结果显示位移方向与当地主体构造趋势相吻合。有一个案例,一个高仅 36cm 的钟乳石样品中所测得的生长轴小型位移有 21 处。

8.8 洞穴系统的质量流量:西弗吉利亚州 Friar 洞穴的例子

本章最后,我们论述一套洞穴系统在其生命周期中的所有物质通量的估算模型它比较具有启发性。这种估计测算前人很少尝试,因为估算模型的设计难度显而易见。一个条件发生错误,工作量可能会至少增加一个数量级。

如表 8-4 所示的这套估算模型是 Worthington(1984)对世界上规模最大的溶洞之一——Friar 溶洞(表 7-2)的研究成果。这在某种意义上说是一个极端的例子,因为仅有 3%的汇水盆地地表由灰岩组成(图 7-24)。这些灰岩在峡谷底呈线状分布,沿线为页岩、砂岩和泥质灰岩崩坡积物,即大量外源碎屑通过的系统。从 U 系列推算,RUBE 和古地磁结果显示,最早的崩塌堆积物形成于 4Ma 以前或更早。在此期间原生灰岩表层溶解物平均值大约为 15 000m³·a⁻¹。请注意洞穴溶解分解作用仅占到全部物质的 4%。加上系统中洞穴未知物质额外体量,这个值估计将在此前基础上增加 15%～25%,也就是说表层岩溶超过 75% 的剩余分解物主要在小的窗口或内露层中生成。

表 8-4 西维吉尼亚州 Friar 溶洞系统估算尺寸和物质流(Worthington 计算)

物理特性		物质流量	总体积 ($\times 10^3 m^3$)	现洞穴 ($\times 10^3 m^3$)
流域面积(包括 2.6 km² 的灰岩出露区)	85.7km²	灰岩溶解:从地表输入	57 300	微量
Friar 洞穴系统已探明长度	68.12km	从已探明洞穴	2 400	微量
已探明总体积	$2 700 \times 10^3 m^3$	洞穴坍塌	1 000	280
可进入的体积	$1 800 \times 10^3 m^3$	自源河流碎屑(大多数来自岩体破裂)	400	20
碎屑沉积物体积	$900 \times 10^3 m^3$	异源河流碎屑(大多数为硅质碎屑岩石)	3 000 000	600
最老洞穴的年龄	>4.0Ma	风成沉积	<1?	<0.001
		有机质	100	0.001
		方解石沉积物	~1	0.15
		石膏及其他沉积物	0.001	0.001

已知洞穴体积的 30% 是通过化学分解作用形成的。而产生的碎屑物中 70% 已被搬运,主要是通过溶解作用。

碎屑岩的出露面积超过盆地面积的 97%,并且在洞穴系统中提供了约 85%～98% 的总物量。碎屑岩相对其他物质占据绝对优势。新近的搬运物质仅为碎屑的 0.2%,然而已经足够充填系统 22% 的体积。碎屑物质在地下的搬运时长平均约为 80ka。流程长度(截至泉水点)一般为 15～60km。有效水力梯度已经降到 0.006 或者更低。

尽管拥有一些支洞并且有大型丰富的洞穴堆积,Friar 溶洞在全球标准的层面上算不上非常漂亮的溶洞。据估计,在整个溶洞发育过程中,只有 0.001 6% 表层溶蚀物在搬运过程中沉积形成洞穴方解石。

9 湿润地区岩溶地貌演化

9.1 水文与地球化学系统的耦合

在第4章中我们已介绍,大部分溶蚀发生在近地表的表层岩溶带中,形成了岩溶地貌及其岩溶形态组合。岩溶地貌变化大,例如从小型岩溶形态如溶痕(石芽)到大型岩溶形态如坡立谷(溶蚀谷)等,坡立谷的范围甚至能达到数千米。动态岩溶系统地貌可分为输入地貌、输出地貌和残余地貌(图1-2)。本章中我们首先讨论输入地貌,从小型地貌开始进而是大型地貌,然后是输出地貌和残余地貌。同时也对蒸发岩和石英岩的溶解特征进行说明,最后总结出碳酸盐岩地区地貌序列并探讨计算机在多大程度上能模拟岩溶地貌的演化过程。

我们在讨论地表岩溶地貌之前,已分别介绍了岩溶水文地质(第5章和第6章)和洞穴系统的形成过程(第7章)。对于中型、大型岩溶地貌的早期演化而言,岩溶的本质是地下水的运移,而岩溶通道是岩溶发育的前提条件。岩溶地貌的形成是水文地质系统和地球化学系统相互作用的结果。本质上这个相互作用过程影响环境范围很广,但在干燥和极端寒冷的气候条件下则限制岩溶发育。因此,岩溶是湿润地区(水通常呈液态)的独特表现。本章主要研究湿润地区的"正常"岩溶的发育过程,而极端气候条件下的岩溶的发育将在下一章进行讨论。

要理解岩溶地区的水文与地球化学之间的作用、岩石与由此产生的地貌之间的相互关系,以下几点是非常重要的。

(1)水文过程决定了可溶岩地层中侵蚀的一般位置,通常是岩溶地貌演化的基本控制因素。尤其是水文补给的类型,不论自源的、异源的还是混合型,对岩溶形态的发育具有很重要的意义,这是因为它影响溶蚀和侵蚀作用的水平和垂直分布。

(2)地层岩性和构造对于控制岩溶地貌发展至关重要,尽管一般地质影响岩溶发育是通过以下几个方面控制:①溶蚀形成地下水的运移通道;②岩石强度;③溶蚀和侵蚀。

(3)不同湿润地区不同径流影响本地年岩溶侵蚀,因此影响岩溶地貌的演化速率,但不一定影响岩溶地貌形态类型。

(4)温度变化对岩溶形态的发育意义重大,其影响主要是通过以下几个方面:①水的平衡(通过蒸散);②化学反应的速率和溶解的垂直分布;③生物化学过程导致渗透水的酸化。通过蒸发和生物化学过程沉积地貌也受到温度影响。

9.2 小型溶蚀、刻蚀——微型溶痕和溶痕(微型溶蚀地貌和溶蚀地貌)

德国术语"karren"和法国术语"lapiés"被广泛用于描述地表和地下形成的小型溶坑、溶槽和溶沟。这里我们借用德国术语,用最大尺寸或典型尺寸(长度、宽度、直径、深度等)来定义微溶痕的特征,其通常小于1cm。在大多数情况下,溶痕的大小从1cm到10m不等,尽管节理溶沟和一些溶蚀沟槽可能会更长。很多单个的、独立的石芽构成的地貌,称为溶沟田,可覆盖更大的地区(图9-1)。

图9-1 石芽和溶沟地貌或"灰岩路面"。(左上)爱尔兰的 Co. Clare 冰川"灰岩路面",远处背景是鼓丘山。(右上)爱尔兰西部 Burren 地区的阶梯状路面(Schichttreppen)[参见图6-7(a)]。(左下)英国约克郡马勒姆山凹的"经典"石芽和溶沟地貌,剥离土壤,揭露出细溶痕占主导,在后面斜坡边缘形成了简单的溶沟。(右下)加拿大北极的白云石阶梯路面

溶痕发育在碳酸盐岩和硫酸盐岩上,在盐岩露头上溶痕起主导作用。岩溶地貌在其他岩石如砂岩、石英岩和花岗岩上也有发育。地层岩性对岩溶发育来说是至关重要的,许多特殊的溶蚀形式只在均质和细粒状岩石中发育。

溶痕有很多特点,Bögli(1980)写道:"溶痕形态的多样性使得地貌形态系统无穷无尽,而只有成因分类才是有意义的分类。"1960年,他提出了一个主要基于基岩是否裸露的分类方法,即裸露("自由溶痕"),部分覆盖("半自由溶痕"),或者完全由土壤或茂密的植被覆盖("覆盖溶痕")。我们赞同成因分类的原则是首选形态分类,但在当时很多溶痕的成因不能完全理解,因此不能支持一个完整的以成因为基础的分类方案。特别是,溶痕的多样性是由两个或两个以上的因素相互作用产生。这里采用的分类(表9-1)是基于形态学,并结合成因进一步细分。Fornos 和 Gines(1996)、Gines(2005)、Macaluso 和 Sauro(1996)及 Veress(2004)采用过类似的分类方案。Bögli(1980)的分类方案被保留下来,Perna 和 Sauro(1978)用其他欧洲语言进行同等意义的分类。我们的分类方案采用了相对简单的一元形式进行分类。实际上,溶痕的形态是复杂的混合体,是受岩性变化和多成因因素共同作用的结果。

9.2.1 微型溶痕

本节将讨论表9-1中所列的微型地貌。在电子显微镜下岩溶地形可以识别到微米级,但是地形起伏差不到1mm时,认为岩石表面是光滑的。暴露的可溶岩表面地表起伏差一般都大于1mm,除非受到剧烈的冲刷或抛光作用。这种地形地貌在石灰岩地层中发育只需几十年的时间。

表 9-1 溶痕形态分类

A 圆形平面形态
微坑和刻蚀面：各种各样的微坑和差异刻蚀形态，通常特征尺寸小于 1.0cm。
坑：圆形、椭圆形、不规则平面形态，圆形或圆锥形底板，直径>1.0 cm。
锅状：圆，椭圆，高度不规则状，平面的，通常基岩或充填物水平层，直径>1.0 cm。
足跟状溶痕：四周弧形，地板平坦，向下坡的方向敞开。通常直径 10～30cm。
竖井或深坑：连接到原始洞穴底部，或者小洞穴与近地表溶蚀带相连，尺寸变化范围很大。
B 线性形态——断裂控制
微溶隙：微节理控制，一般随深度逐渐尖灭。长度有数厘米，但深度很少超过 1.0cm。
溶隙：节理、缝合面或岩脉控制。除非有径流发育，一般呈上大下小状。长度从数厘米到数米不等，深度一般厘米。封闭型终止在裂缝两端，开放型终止在另一个溶洞的一端或两端。
溶沟或节理溶沟：主节理或断层控制。通常长 1～10m。大多数溶痕组合占主要，石芽块（平坦溶痕）将溶沟分开。规模再大就是深岩沟、廊道式和道路式溶沟等。沟底有土的形式称为楔形沟槽。
C 线性形态——水动力控制
纹沟：岩面小溶蚀沟。小沟宽度为 1.0mm，水流是由毛细作用力和（或）重力、（或）风。
重力形态溶蚀沟槽
(1)雨蚀纹沟：在坡顶纹沟密集发育；宽 1～3cm，向坡下逐渐消失。是降雨产生而不是冲刷作用产生的。
(2)溶蚀槽：开始在带状的无凹槽的侵蚀面产生径流通道。在裸露岩石上细沟脊部呈尖棱状（溶蚀细沟），有土覆盖且底部呈圆形（圆润状溶蚀沟）。通道顺着坡向下变大。通常宽 3～30cm，长 1～10m。呈线状、树枝状或向心状的沟槽模式。
(3)冲刷型溶槽：从山坡上部的集中点排泄水，向坡下方向沟槽尺寸变小。种类繁多，长度可达 100m，如墙状溶沟。
(4)冲刷型溶沟：从山坡上部分散排水。通道被充填，向坡下方向尺寸变小，宽 1～50cm。
(5)槽状贝纹或溶蚀波纹：波痕状凹槽与水流方向近垂直发育，形态种类繁多，在陡峭、光秃秃的山坡上主要呈纹状模式展布。
D 复合形态
有坑状、锅状、井状和溶缝的溶槽组合，继续发展就形成溶蚀沟、尖峰溶痕和土下石林，小单元（微槽、小溶蚀沟、小凹面）的叠加形成更大的溶蚀形态。
溶痕组合
溶沟田：用来描述大面积分布溶痕的术语。
石灰岩台面：溶沟田的一种，主要是由规律岩脊（平坦的溶蚀）和岩溶沟（裂隙溶蚀）组成，呈台阶型（顺层理面溶蚀）。
石峰：可溶岩上的峰状地形，有时受土壤侵蚀暴露地表。险峭的山脊和尖峰、石林等，顶峰高可达 45m，底部宽至 20m。
岩溶残丘：宽广的溶沟和侵蚀的岩脊组合，受土壤侵蚀暴露地表，演变为突岩。
廊道岩溶：或成为迷宫式岩溶，巨大的溶沟。规模大的岩脊和溶沟地形，通常溶沟宽度达几米甚至更大，长度达到 1km。
海滨溶痕：发育在灰岩或白云岩上的独特的海滨和湖泊岩溶地貌。海洋生物对溶痕的形成起很重要作用。包括潮间带和潮下凹槽以及密集发育的坑、锅状坑和微坑等。

细菌、真菌、绿藻、蓝绿藻或地衣，部分或全部覆盖裸露的碳酸盐岩表面。它们对软弱颗粒优先侵蚀，形成微坑（3.8 节和 4.4 节）。自从 Folk 等（1973）认为大部分海滨植物岩溶地貌由这些生物创造，

因此注意力大多集中在蓝绿藻(蓝藻)的活动上。大多数生物是地表居住者(石面上),但是受生态环境的压力,一些蓝藻钻进深度约 1.0mm 的岩石中,而其他生物居住在空洞中或其他微型洞穴中。钻孔生物直接创造了坑,其他物种通过排出有机酸或二氧化碳,形成新的小坑或者使原来的坑变大。一旦形成小坑,如果真菌、地衣和苔藓可以在其中生长并排出二氧化碳,小坑和裂缝会被优先加深。蓝藻菌形成的溶蚀小坑实测深度达 14mm(图 4-13)。

典型纹沟宽 1mm,圆底溶蚀通道紧密地分布在一起(图 9-2)。纹沟在平缓的斜坡上呈弯曲状或网状,而在陡坡上呈平直状,长度可达数厘米。大多数报道中,纹沟是发育在细粒隐晶灰岩中,但也有在石膏表面发育。大多数气候条件下均可发育纹沟,具有纹沟的碎屑岩是雨蚀纹沟(Laudermilk,Woodford,1932)。水沿坡面向下流动时形成纹沟,如含酸的水从碎屑岩之上流过就形成纹沟。在毛细引力作用下,水向上移动时形成蒸发,毛细水流可解释很多复杂的溶蚀特征。

图 9-2 灰岩和大理岩上小规模溶蚀形态。(左上图)微晶灰岩溶蚀坑的墙壁上的微溶蚀沟,图中硬币直径是 2cm。(右上图)锅状溶坑。(左下图)蜿蜒的小溪从植物茎(刚刚被砍伐的植物)流入圆形溶蚀坑。(右下图)大理岩中发育足跟状溶坑,沿残余脊状发育雨蚀纹沟。参照物长 12cm

9.2.2 溶坑、溶锅、足跟状溶坑、溶洞(井)和孔状风化

溶坑的底板呈圆形或者锥形,平面上呈椭圆形或不规则形状。直径大于 1m 或 2m 溶蚀坑少见,溶坑连在一起形成锅状溶坑。溶坑或单独发育,或定向排列,或成群发育。通过原生孔隙或密闭的微裂缝的水由于蒸发、溢出和(或)基底渗流排出形成溶坑。上述溶坑与岩溶竖井一样,在裸露的岩石上或者在土壤之下的岩石中发育,这也是全球最普遍的岩溶形态。当岩石为非均质时,上述岩溶形态占主导(例如大多数灰岩和白云岩礁石)。

许多溶坑沿着节理发育,并呈上大、下小状,向下过渡成为岩溶竖井或裂缝溶痕。其他的溶坑在原生孔隙或晶簇上发育,或在一个不溶性化石脱落处发育。深坑通常生长苔藓,苔藓促进坑的深度加深。有些溶坑边缘凸起,水分蒸发后方解石在坑里沉淀。Sweeting(1966)对英格兰约克郡的灰岩试验表明,形成3~5cm深的溶坑需要10年,而这些水富含泥炭,即富含有机酸。

在水平方向上,溶锅底部平缓或非常平缓(图9-2)。原因是有机质或碎屑物等在锅底堆填所致,但是大部分是基岩中的溶蚀斜面,斜面底部充填有机物或者其他碎屑。在下切作用下,岩壁变陡,而底部发育侵蚀凹槽,有水时这种溶锅常出现溢流现象。个别锅穴直径达数米,深度大于1m。相邻溶锅合并,形成岩溶形态更大的锅状岩溶或不规则状岩溶形态。溶锅在灰岩、白云岩、石膏、石英岩、花岗岩和胶结良好的砂岩上均可发育。有的学者称之为溶蚀盆地、kamenitze 和 tinajitas。

溶锅发育在裸露的或者植物不发育的岩石上,在有土壤覆盖的岩石下很少发育或者不发育(但溶坑却很发育)。溶锅发育形成一个有底的水池,池底被碎屑填充时则沿溶锅壁集中溶蚀。当溶锅底部受溶蚀降低,与透水的层面或裂隙相通时,则溶锅停止发育。

足跟状溶坑比较少见(图9-2)。它们常发育在裸露的灰岩和白云岩表面。溶坑呈缓坡状或台阶状。向坡下形成敞开的溶蚀斜面,斜面通常水平,直径10~30cm。向坡上由一个几厘米高的圆环状的后壁封闭起来。这些溶坑被雨蚀纹沟痕切割成锯齿状。后壁和斜面之间形成尖锐的脊状地形。溶坑独立发育,彼此相邻切割成一个台阶,或向坡下形成有序的台阶状。

有些溶锅进一步发育形成溶坑,但是大多数情况下表现不同,尽管起源相似。Bögli(1960)把它们的形成归结为:在已存在的台面之上的水流很少且很薄的情况下溶蚀加速形成。在溶蚀凹坑的早期形成过程中边界层分离,一旦发育雨蚀纹沟时这个过程就不存在了。

我们看到的溶坑局限于均质细粒隐晶灰岩、白云岩或大理岩地层中,也仅限于地表。在冲刷作用下(主要是冰川,也包括海浪和洪水)形成微型的陡坎,例如波浪纹等。

溶洞或溶井是进入表层岩溶带中非常短小的洞穴。大多数溶井是由节理面、层理面或者方解石脉控制,更复杂的是在多孔岩石中沿原生孔隙发育。有的垂直发育,有的呈水平或者倾斜状。长度(深度)从数厘米到2~3m不等,断面形态往往呈圆形或椭圆形,直径达1m,但是形态各异。

如7.2节所述的原生溶洞的发育特征外,溶坑和溶锅的底部切割层面,则会形成溶洞,许多溶沟最初是由溶洞向下发育直到下伏层面而形成。溶沟形态和组合复杂多变,在周期性饱和土覆盖层以下,主导条件是浅潜流,形成"骷髅"状形态,是世界各地的游览名胜(图9-3)。

孔状风化是指溶洞和溶坑形态类型。它还可以描述独特的气穴(风化穴)或者由陡峭地形风化产生的凹陷群。后者常见于一些白云岩、石英岩、砾岩和花岗岩山脉中,盐风化或水解可能起到了重要的作用。在这种风化作用下,水没有通过洞穴进入表层岩

图9-3 中国北京皇家宫殿中石灰岩中的溶坑和小型竖井

溶,它是一种表面现象。

9.2.3 断裂控制的线型溶蚀

多数线型溶沟沿次级节理、岩脉、缝合线或微断层之类的构造面延伸,也有的垂直缝合面发育(Pluhar,Ford,1970)。溶沟的长度从厘米级到数米不等。长度与最大宽度比通常大于3∶1,深度通常远小于长度。除非溶沟中有水流,溶沟的深度向下急剧尖灭,因此它们好像是将岩石切开。闭合的线型溶沟在主裂缝一端尖灭,张开的线型溶沟在一端或两端与其他溶沟相连(例如溶缝)。线型溶沟可能转变成溶坑、溶井或溶缝。在斜坡上这些线状溶沟与较大的、重力控制的溶洞混合在一起。在岩体较破碎的地方溶沟发育方向混杂且相互交叉,除了溶缝和一些溶井外,因溶沟密集发育,其他类型溶蚀现象则不发育。

在溶沟组合形态中,溶缝和节理溶沟是主要特征(图9-1),为主要的排水通道,如深部表层岩溶带,或者岩溶漏斗,或者是地表排泄通道如河流。沿着一组或一系列主节理面发育,因此往往以60°、90°和120°角相交(张力和剪力系统)。溶缝之间的岩块称为石芽,在岩块中发育小型溶沟。在层状岩石中大多数溶缝在透水层面处尖灭,深度在0.5m到数米范围内。有少数溶缝可能延伸到更深的层面,接受浅部溶沟水的补给。

溶缝的长度与主节理的密度成反比,大多数情况下其长度在0.3m到数十米不等。在悬崖的边缘这样特定的地方,在应力卸荷作用下节理张开,岩溶最先从这些节理中开始发育,溶缝长度、宽度和深度都是最大的。在许多未受侵蚀的礁岩地区,溶缝是唯一线型岩溶形态,这是因为岩体的结构不均匀造成的。

溶缝两壁可能平行或者呈上大下小。受孔状风化,微溶痕或褶皱作用,或被线型溶痕、沟槽或圆形溶痕切割,常呈锯齿状。多数溶缝的早期阶段的岩溶形态是溶井,按一定距离沿着节理发育,溶缝宽窄不一。在深层土壤之下溶缝上部较宽,然后向下尖灭。美国学者称这种岩溶形态为溶缝(例如Howard,1963)(图5-25)。石芽之间受沟渠切割变得尖锐,形成地下石柱。

9.2.4 水力控制的线型形式——溶蚀通道

对槽状溶痕的研究比其他岩溶形态的研究更加深入,因为其与侵蚀河槽类似,因此假定其符合水力规律。

雨蚀纹沟可能是最引人关注的,因为这与地表径流在土壤中形成的侵蚀小沟不一样(图9-4)。雨蚀纹沟从裸露的山坡坡顶开始发育,均匀且密集发育。在特定的地方雨蚀纹沟具有一个或两个特征宽度。向坡下方向纹沟宽度变小(图9-5),最后被面状溶蚀或补偿坑取代(Bögli,1960)。相比之下,侵蚀小沟的沟源之下的非侵蚀沟槽带发育在单一的地面上,这些小溪被被河间地块均匀隔开。

在缓坡上不发育雨蚀纹沟,而在陡坡上形成皱纹形态,即槽状贝纹、笛状贝纹或波纹状(在下方)及不连续的小沟的组合形态。雨蚀纹沟一定是大气降水的直接产物(这是因为没有其他水源)。溶蚀沟槽在坡肩处发育,但值得注意的是下面将要讨论的冲刷溶沟的宽度更大(4~5cm)。而实际上这两种类型的岩溶形态很容易被混淆。

雨蚀纹沟在微晶均质灰岩及大理岩上很发育,在白云岩和其他非均质碳酸盐岩上只是局部发育或完全不发育,雨蚀纹沟在石膏上很发育,也是盐岩露头上主要溶痕形态。在世界范围内的一项研究中,Mottershead等(2000)发现灰岩中雨蚀纹沟长度和宽度分别是300mm和18mm,在石膏上分别是120mm和11mm,在盐岩上分别是210mm和17mm。

很多地方除了结构因素外,雨蚀纹沟的长度会随坡度增加而增加。Glew和Ford(1980)建立模型模拟研究这个问题,在温度为25℃时,雨量恒定的条件下,对均质熟石膏板在不同倾角下进行模拟(图

图9-4 （左）灰岩中典型的雨蚀纹沟（笛状），（右上）试验的盐岩块中的雨蚀纹沟，（右下）图中是几个纹沟的横断面

9-6）。发现雨蚀纹沟从坡顶开始向坡下发育，直至达到一个稳定的长度，这就是水力"边缘效应"。在坡顶雨水渗透进入边界层（3.10节），在矿物表面发生紊流反应。越向坡下则纹沟越深，直至深度达到临界值（实验临界值为0.15mm），在这个地方雨滴不能直接对地表产生影响。均质物质迁移，在原地就产生了补偿坑，之后纹沟和补偿坑平行后退最后消失。开始纹沟很短小，慢慢的纹沟越来越长、越来越深，彼此横向合并达到特征宽度。短小纹沟地形坡度为5°~10°（根据纹理）。纹沟的长度随坡度增加而变长，试验中坡度在60°时，长度为250~300mm。纹沟横截面呈抛物线形，这样会使雨溅到纹沟中间（Glew，Ford，1980；Crowther，1998）。Fiol和Gines（1996）认为在灰岩地区，机械磨蚀起到一定的作用，因为雨滴可能移走岩石表面由于海藻侵蚀产生的松散微小颗粒。然而，这不是根本因素，因为它不适用于石膏或盐岩纹沟。

溶蚀小沟是常见的地表径流渠道，引导坡面径流或在斜坡上冲刷形成线状（图9-5）。在陡峭的斜坡上这些小沟平行发育，在平缓的斜坡上呈树枝状或者点状的溶井或溶沟。在基岩裸露的斜坡上发育的雨蚀纹沟边缘锋利，底部圆形且平缓（图9-7）。圆润状溶蚀沟断面更圆，这是其在植被或土壤之下发育所致；当土壤覆盖在石芽表面时，主要岩溶形态是溶坑，当它们暴露地表时会迅速转变为雨蚀纹沟（图9-8）。

这些向下游排泄的沟道，向下游变宽、变深。例如，在加拿大温哥华岛上35°~40°斜坡上发育的溶沟和圆形溶痕，流经3~5m处平均宽度从4cm增加到8cm，宽度与深度之比保持在1.5~2.5之间（Gladysz，1987）。在流经3~5m之后与冲刷型混合（即复合型或多成因类型）或者与线型溶痕、溶井或溶沟相交。在其他地方这种岩溶形态也很正常，但是在巴塔哥尼亚是个例外，溶沟宽1~4m，长达数百米。

雨蚀纹沟在坡度不到3°的斜坡上发育，但蜿蜒曲折的雨蚀纹沟罕见（弯曲度大于1.5），60°以上的陡坡上也发育雨蚀纹沟。圆润状溶蚀沟可在近垂直的陡坡上发育，因为这种地形很少有土壤，也不会形成空洞。雨蚀纹沟和圆润状溶蚀沟处常生长苔藓，或沿沟有土壤分布，这种现象可使溶沟变大，局部地段

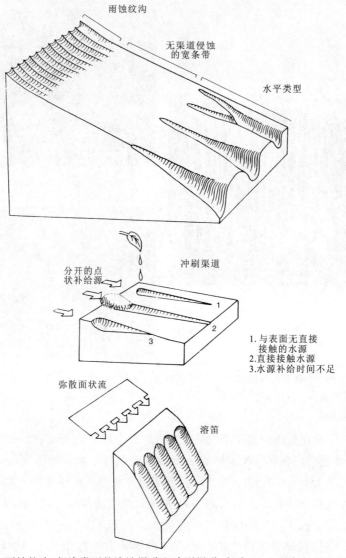

图 9-5 雨蚀纹沟,超渗类型的溶蚀渠道和冲刷渠道,如表 9-1 所定义(Lundberg 绘)

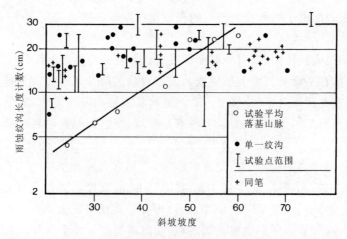

图 9-6 雨蚀纹沟的长度与斜坡坡角相互关系图。空心圆和线性关系是 Glew 和 Ford (1980)在巴黎研究熟石膏受降雨溶蚀影响的结果。落基山数据是贾斯珀国家公园滑坡堆中岩块的实验数据。研究雨蚀沟纹是一种理想模式,因为没连续性;然而,这与实验结果的相关性很小

图 9-7 (上)比利牛斯灰岩陡崖上的溶蚀细沟,注意中间偏左处的人为参照;(下)新西兰欧文山大理岩陡坡上的溶蚀细沟有弯曲倾向

形成悬臂墙(空心溶痕);或者溶沟变深,局部形成倒坡,甚至平底锅状溶坑。大多数圆润状溶蚀沟局部沟段特别深,这就形成了更复杂的岩溶形态。大多数碳酸盐岩地层中发育雨蚀纹沟和圆润状溶蚀沟,但在均质、中—细晶岩体中最发育。它们在石膏、玄武岩、花岗岩和砂岩中发育良好,但是在盐岩中未发现。

Ford 和 Lundberg(1987)提出冲刷型溶槽和冲刷型溶沟来区分坡上有稳定水流的渠道与暴雨期间产生的径流形成的雨蚀纹沟和超渗类型的溶蚀沟。冲刷型溶槽主要发育在裸露的岩石上及部分有土覆盖的岩石上,但当局部土壤被带走或植物根系腐烂,小面积的岩石表面裸露地表时,在连续分布的土壤或植被之下也发育冲刷型溶槽。由于纯的冲刷型溶槽的下游端不汇集额外的酸性水,因此横断面在水补给点处或近补给点处最大,向下游逐渐消失(图 9-8)。

图 9-8 (左上)温哥华岛现代森林采伐后圆润状溶蚀沟暴露;(右上)比利牛斯山长期裸露的圆润状溶蚀沟尖化成溶蚀细沟;(下)西爱尔兰巴伦地区的蜿蜒曲折的冲刷型溶沟,宽大的溶蚀锅状溶坑中有水,并在其中生长蓝绿藻

冲刷型溶沟是那些相邻深度不大的渠道组成,当补给水源呈线状,如沿层面或悬崖顶部的土垫层补给水时而形成。在陡峭甚至倒悬的陡崖上也很发育,就像溶沟壁或者溶洞中的渗流井一样(7.10 节)。溶沟一般宽 5~25cm,长度可达到 25m。在文献中没有深宽比的记录,与雨蚀纹沟、溶蚀细沟和冲刷小沟相比,其特点可能是深度与宽度都不大。在陡峭地表形成溶沟需要水膜足够薄,表面张力足以使水膜粘在岩石表面,当形成波纹时就使水膜分开。这样的水膜在流动方向上形成分型线理(Allen,1972),在岩石上形成溶沟,溶沟宽度与流动速度成反比。

冲刷型溶沟与 Bögli(1960)所称的墙状溶沟相似。每条溶沟的水源由一个储存点如一块苔藓或树茎提供。溶沟的尺寸与水量和水的酸度成正比。有两个极端情况,沿着雨蚀纹沟斜坡的坡顶处发育小坑,溢流后在坡下变大形成小溪,常年积雪可维持溶沟宽度和深度达 50~80cm,长度达 100m。大多数墙状溶沟的宽度和深度为 1~10cm,在 10m 范围内墙状溶沟与其他类型的溶沟类型混在一起。

冲刷作用改造早期的线状溶痕、溶蚀细沟和圆润状溶蚀沟,产生复合的或多成因的岩溶形态。在很多地方,如在温哥华岛,复杂的岩溶形态比单一的岩溶形态更丰富,Gladysz(1987)测量了66条溶蚀细沟,27条冲刷小沟和423条复合的溶沟形态。

储存的水缓慢释放,在裸露的岩体表面下切,溶沟蜿蜒延伸。Veress(2000a,2000b,2000c)、Veress和Nacsa(2000)分析了奥地利阿尔卑斯山复杂的岩溶形态,发现许多溶沟都具有多循环发展,且成因多样。基岩中"真的"弯曲溶沟断面不对称(有陡岸和冲积坡),就像河道一样。从其前进的方向开始发育,裂点后退形成"假的"的弯曲溶沟,其断面对称。这具有与溶洞中发育的渗流通道一样的特点(7.10节)。有时在真正的弯曲溶沟中下切,形成大的溶槽(可能有很多弯曲的深沟)。

槽状贝纹类似于沙滩中的横向波纹,其发育方向与流动方向垂直,断面不对称且在上游稍陡。槽状贝纹之间紧邻,延伸穿过墙或洞穴顶。Curl(1966)将它们定义为一种理想的溶蚀贝纹端元(7.10节),称之为"溶笛"。Jennings(1985)称之为溶蚀波纹。其只有少部分发育在陡峭的崖壁上(如裂隙溶沟)形成皱纹状岩溶形态的突出部分。

Szunyogh(2000)、Veress(2000c)、Veress和Zentai(2004)以及匈牙利的其他同行,近期研究水力控制溶痕的生长模型,他们通过几何分析、直接模拟及现场细致的测量工作,为本章结尾的大尺度的岩溶研究提供了基础。

巴塔哥尼亚(智利)的冰川大理石是迄今为止有报道的最壮观的水力控制溶沟田(图9-9)。其发育在耐冰川冲蚀的陡峭的大理岩斜坡表面。该地区年降雨量达5 000～7 000mm,且常年有大风。这里几乎没有节理或层面将地表水运移至地下,地表也没有植被。所以地表径流主导了岩石表面的岩溶。主要的岩溶形态有溶蚀细沟、规模巨大的墙状溶沟、足跟状溶痕、锅状溶坑、平缓溶痕和褶皱状溶痕等。Maire(1999)、Hoblea等(2001)和Veress等(2003)曾对此做过详细的论述。

9.2.5 地表溶蚀形态组合特征

我们再次强调地表溶蚀形态各异,尽管地表溶蚀形态有简单也有单一,但是地表溶蚀形态因成因及岩性不同而变化,其中包括地层岩性因素在内的化学纯度、颗粒大小、结构特征(孔隙特征)、岩层层厚、结构面间距等的控制。密度最大的溶痕通常出现在薄层、节理密集发育且组分不均的岩体中,但是岩溶形态大部是裂隙性溶沟、线型溶痕、溶蚀坑。形态多样且发育良好的岩溶形态仍发育在厚层、微晶及均质灰岩和大理岩中。

有些学者也在寻求岩溶形态类型和规模与特定的气候条件之间的联系。但是在这方面遇到了许多问题。气候湿润地区岩溶最发育(4.1节),发育在裸露的基岩上的岩溶形态(主要是足跟状溶痕和雨蚀纹沟)在有森林覆盖的地区则不常见。至于其他类型的岩溶形态主要受岩性、水力梯度和溶蚀风化持续时间的影响,而气候对岩溶的影响则不明显。

9.2.6 溶痕组合与巨型溶痕

土壤和植被完全覆盖的岩体发育的岩溶,Salomon等(1995)和Knez等(2003)称之为覆盖岩溶。在岩石全部或部分裸露的地区,如高寒地区林木线以上的地区、荒凉的山坡上或森林采伐区和水土流失区,广泛发育岩溶。在亚得里亚海岩溶地区及其他地区,发育数平方千米的溶沟田。最近形成的珊瑚礁,在近地表溶痕呈锋锐锯齿状,并见很多溶坑。这种原生溶痕以热带太平洋的Makatea岛的溶痕而闻名世界(Taboroši et al,2004)。

当地层水平或缓倾时,溶沟田被称为"灰岩路面"(Williams,1966a;Vincent,2004),如果岩溶形态以石芽和溶沟为主导,则其看上去就像是人工铺设的路面(图9-1)。对这种岩溶组合的研究最深入,图9-10所示的石芽长度和宽度的实例来自于英国、爱尔兰和瑞士等9个地区的实际测量(Goldie,Cox,

图 9-9　巴塔哥尼亚(智利)的冰川大理石中发育水动力控制的溶痕(Maire R 和 Pernette L 摄)。
(左)近景,人为参照物;(右)巨型墙状溶沟

2000),一般长度和宽度分别有 235cm 和 99cm,最大的尺寸分别有 88m 和 25m(爱尔兰西部的巴伦地区)。当岩石裸露或有少量植被时,石芽与冲刷溶蚀形成的溶坑、溶锅及溶井和线型溶痕犬牙交错,而在茂密的植被或酸性土壤之下,圆润状溶痕占主导,除在灰岩中发育外,在白云岩和层状砂岩及石英岩中也发育。

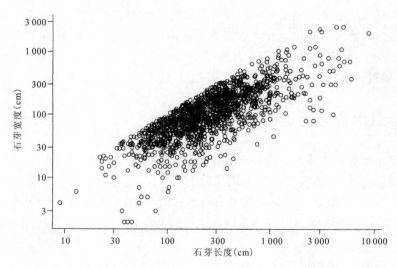

图 9-10　爱尔兰、英国和瑞士石灰岩表面发育的石芽长度、宽度散点图

"灰岩路面"在厚层至巨厚层地层中最发育。灰岩和白云岩的强度变化与韵律沉积有关(2.6节)，因其易沿特定的韵律面剥离(例如 Vincent,2004)，这也解释了"灰岩路面"呈阶梯状的本质原因(Bögli 称之为阶梯岩溶,1980)。但在薄层灰岩地层中,石芽易受物理作用(如冰楔作用、楔入作用及燃烧等)而破碎。厚层灰岩地层最终沿次生的沉积层面破裂,将发育有石芽的地表风化成碎石(或 shillow)。因此,发育最优"灰岩路面"是有介质周期性地刮掉碎石,将上部的岩层刮掉,未受岩溶作用的地层露出地表。全球最主要的冲刷介质是第四纪冰川。大量的常见"灰岩路面"是在末期冰川期(冰期10 000~15 000年间)形成的。然而,在有波浪、河流洪水或山麓洪水等冲刷作用也可产生。澳大利亚北领地的凯瑟琳镇(Katherine)岩溶路面(Karp,2002)就是一个著名的洪水冲刷剥离的实例。

当土壤厚度大,且具有酸性时,在土壤之下的灰岩岩面上会发生溶蚀。除非它们非常宽广,石芽逐渐变成圆润状溶槽。这就形成了土壤下的石塔,如果土壤侵蚀,石塔顶部暴露地表,受雨蚀、溶蚀溶沟溶蚀及冲刷等作用,特别是冲刷作用,石塔顶部变得尖锐(取决于植被覆盖的程度)。当其开始呈现出齿状时(中国称为龙牙)就是石塔岩溶地貌,顶部露出土壤有数米或更高(例如 Knez et al,2003)。

最著名的石塔岩溶地貌是中国云南的石林(例如 Chen et al,1986;Ford et al,1996;Song et al,1997)。这种崎岖的突岩和麓原地形是一个漫长而复杂的历史产物,涉及中二叠世埋藏的陆地玄武岩岩溶、剥露作用、再岩溶作用,然后第三纪下沉沉积再掩埋,最后在新近纪和第四纪再次发生剥露作用和再岩溶作用。石塔的发育发生在这些碎屑沉积物之下,古地形被剥露和尖化,在超过3 000hm²的大型地区暴露出大量的石塔(图9-11)。典型高度范围为1~35m,直径范围为1~20m。

图9-11 中国云南石林:(左上)溶蚀土壤之下形成的圆形石芽;(右上)石芽暴露地表后变尖锐形成石林地貌;(左下)发育良好的石林;(右下)早期阶段的石林地貌中发育孤立的石锋[图6-6(b)]

然而,马达加斯加的石林地形更壮观,但是其形成的历史不太复杂[图9-12(a)]。仅贝马拉哈地区(Bemaraha),石林地貌面积有152 000hm²(Rossi,1986;Middleton,2004)。沿裂隙发育的峡谷深度达

80m,将裸露的石林岩块分开,这些裸露的岩块四周是锋利的石锋。

图9-12 (a)马达加斯加贝马拉哈国家公园石林鸟瞰照。高原顶部上穿插着深达80m深的大节理廊道,受雨蚀和溶蚀作用形成不能进入的石锋,森林占据着裂隙廊道(Clarke A 摄);(b)马来西亚沙捞越的古农姆鲁世界遗产公园古农阿比山的锋状石林,这些石锋高达45m,穿过茂密的热带雨林直插云霄

在巴布亚新几内亚的Kaijende山(Williams,1971,2004)和沙捞越的阿比山(Osmaston,Sweeting,1982)也发育这种壮观的刃脊和石塔状石林[图6-6(a)],虽然覆盖面积相对较小,但其高度超过45m,高度超过热带雨林[图9-12(b)]。马达加斯加、巴布亚新几内亚和沙捞越的石塔岩溶地貌似乎是在灰岩中直接溶蚀形成,没有明显的埋藏和剥露痕迹。在澳大利亚北部地区(Jennings,Sweeting,1963)和巴西Minas Gerais地区半干旱岩溶中也具有类似的特点。致密厚层灰岩且发育大裂隙(间距较大)是石林岩溶地貌发育必不可少的先决条件。

岩溶残丘(Perna,Sauro,1978)地貌是指深大溶沟处的土体被剥蚀后残存的石脊。但这种地貌没有尖化形成石林(图9-1)。相反,它们矗立的样子就像荒废的城镇中遗弃的岩块,Lessini(意大利)和Torcal de Antequera(西班牙)的这种岩溶地貌众所周知。岩溶残丘常发育在森林砍伐,水土大量流失的平缓山坡上。在山顶其常表现为突岩地貌,特别是在厚层粗晶白云岩中特别发育。

溶沟扩大加深形成规模更大的近平行的或相互交叉的廊道地貌(图9-12)。大型溶沟类 Cvijić(1893)称之为深岩沟,Jennings 和 Sweeting(1963)称之为廊道,Monroe(1968)称之为 zanjones,Brook 和 Ford(1978)称之为街道。溶沟壁后退形成的方形峡谷和封闭的洼地分别称为箱型峡谷和高原。这种岩溶形态组合称为巨型溶沟、廊道岩溶或迷宫岩溶。热带雨林、温带雨林、沙漠和半沙漠地区都可见到这种岩溶地貌(10.2节)。在澳大利亚干燥砂岩山顶和美国沙漠中也发育溶沟地貌。小型岩沟在加拿大靠近北极冰川的麦肯齐山脉的灰岩、白云岩和砂岩地区沿着山脊非常常见,而且发展成壮观的迷宫式的岩溶形态,在这个地区的纳汉尼灰岩中发育长度超过1km,深度超过50m的街道式岩溶地貌(图9-13)。这种岩溶地貌组合的地质条件是主节理组(通常是侧向位移断层)发育,地层为厚层状,地下水埋深大且长时间持续岩溶作用。

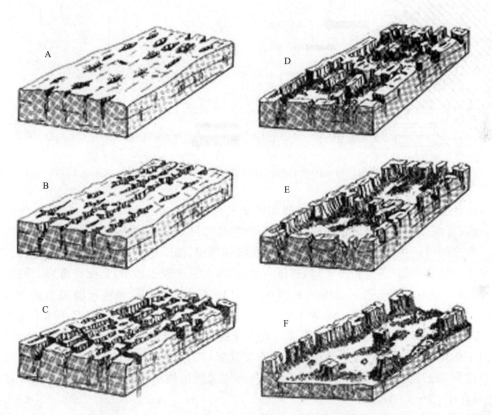

图9-13 加拿大西北地区麦肯齐山脉纳汉尼迷宫式岩溶或溶沟地貌的发育模式图。岩溶开始层面发育,后沿主节理侵蚀(A、B);进一步的溶蚀结合霜冻使得溶沟变宽"街道"状(C、D);石芽变少发育成残余塔状岩溶形态(E);最后形成大型封闭的岩溶洼地或"高原"(F),溶沟长达1 000m,深度达50m(引自 Brook,Ford,1978)

9.2.7 滨海溶痕

在海岸与湖岸的灰岩和白云岩地层中发育各种岩溶形态及其岩溶组合。在滨海地区受到波浪掏蚀、干湿交替、盐的作用和水合作用等,除对海岸岩体进行"雕刻"之外,还有物理化学溶蚀和生物溶蚀作用(图9-14)。这些相互竞争过程的有效性取决于很多不同的因素,主要因素是:波能、潮差与岩性和结构的差异等。上述作用过程与这些因素共同影响,碳酸盐岩地层构成的海岸可看到两种极端情况:第一种情况是机械侵蚀为主导,溶蚀作用很少或没有,这主要发育在潮差低且地层软弱的高波能量(或接触)地带;另一个极端情况是在潮差大的潮间带,该处波浪能量低,岩体抗机械侵蚀能力强。滨海地区的岩溶研究主要集中在后者的原因很明显。即使如此,地质结构如地层倾角倾斜常使其他的岩溶分带变得模糊(Ley,1979)。

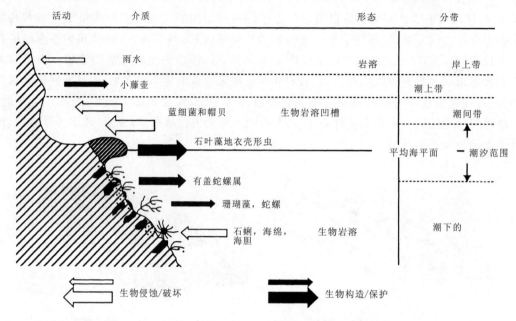

图 9-14　碳酸盐岩海岸线处的生物侵蚀活动和生物构建活动分带(据 Spencer,Viles,2002)

海岸岩溶具有两个独特的特点,海蚀凹槽和密集发育的溶坑和溶锅(图 9-15)。在受到保护的石膏海崖上,也发育尖锐的潮间带海蚀凹槽。在热带和温带地区,灰岩或白云岩构成的海岸上的海蚀凹槽最具特色。寒冷的纽芬兰和巴塔哥尼亚海岸也发育海蚀凹槽,潮间带平均海平面附近海蚀凹槽最发育。附着在海岸上的钻孔生物(藻类和海绵)和软体动物,锉磨灰岩来获得猎物,从而在海岸上切割形成海蚀凹槽(Neumann,1968)。阿尔达不拉环礁上,Trudgill(1976)测量发现,海蚀凹槽切割速率高达 $1.0\sim1.25mm \cdot a^{-1}$,而生物的锉磨作用贡献达 $0.45\sim0.60mm$。在未被人类破坏的发育小潮的海岸处海蚀凹槽最尖利,海蚀凹槽切割深度可达 2m 或更深。在裸露的海岸潮间带海蚀凹槽通常被侵蚀斜坡取代(图 9-16)。由于钻孔生物的锉磨作用,溶蚀坑可能密集发育,或者合并溶坑(图 9-17)。当溶坑合并后就减少了溶坑之间的凸起,形成锋利的脊状和尖塔。溶坑深度范围从小于 1cm 到 1m 不等,直径可达数米,宽深比常在 1∶2～6∶1 之间。

海洋、生物和化学过程的相互作用可在灰岩海岸形成岩溶分带,其随气候与露出海平面的不同而变化。在岩体完整、地层缓倾的地区,当潮差很高时这种岩溶分带特征保存很好,如爱尔兰西部阿兰群岛的岩溶[图 9-16(b)]。相比之下,纽芬兰西海岸地区岩层陡倾,海潮小,沿海岸每年有 3 个多月的快速结冰期,生物侵蚀大幅减少,但有一个明确的趋势是在平均最低水位线和内陆海水冲刷线之间的近海岸地带大型溶坑增多(Malis,1997)。

海岸淡水岩溶的研究几乎没有,通常在水面线附近狭窄的区域[例如 Perna(1990)在意大利 Loppio 湖]形成溶坑和锅穴(图 9-15)。溶坑密集发育,溶坑合并形成溶锅,蓝绿藻占领这些溶坑或溶锅。在 Lough Mask 和爱尔兰其他湖泊,狭窄的圆柱形洞从季节性湖水位变化带处张开的层面垂直向上延伸(7.11 节)。Vajocki 和 Ford(2000)进行加拿大乔治亚湾白云岩海岸冲刷地区与海平面以下 25m 之间试验,试验表明溶坑的深度与水深成明显正相关($r^2=0.93$),认为在更深的水域中暴露年龄更长。岩性因素会模糊了其他关系(例如溶坑深度),该处也没有生物侵蚀的证据。

图 9-15 （左）越南下龙湾受潮间带溶蚀凹槽的切割形成的岩溶尖塔。（右上）新西兰南岛的西北海岸的溶蚀锅。（右下）西爱尔兰 Lough Mask 的淡水微溶坑

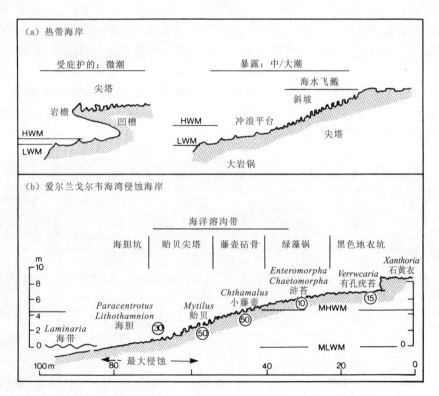

图 9-16 （a）热带灰岩海岸分区，摭挡与暴露以及小潮带与大潮带岩溶特征对比概化模型；（b）爱尔兰戈尔韦湾的 Inishmore 岛灰岩海岸的剖面图，拉丁文名字表明主要群居物种，圆圈数字是地形起伏高差，单位是 cm

图 9-17 （左）西爱尔兰阿兰群岛在低潮时暴露地表的石炭系灰岩表面上密集分布的海胆，钙性藻类产生的白色钙质结壳包围溶坑。（右）表面与左图所示类似，但是受生物的刮蚀，溶坑直径为 7～10cm

9.3 岩溶漏斗——代表性的岩溶地貌？

自从 Cvijić(1893)认为岩溶漏斗是岩溶地貌的特有性质后，岩溶地貌学家就一直特别重视漏斗的研究。这个术语来源于斯洛文尼亚日常用语 dolina[其意是山谷(Gams,1994)]。Cvijić 也介绍了术语 vrtač (Šušteršič,1994)，用来描述中等规模的封闭岩溶洼地(Gams,2003)。Sweeting(1972)讨论了其他术语，Roglic(1972)总结了这些术语的来源。在工程和北美文献中将漏斗称之为落水洞（灰岩坑）(Sowers,1996;Beck,2003;Fookes,2003;Waltham et al,2005)。在有漏斗的地方总是发育岩溶，所以它们可以被认为是岩溶的标志，事实上 Grund(1914)认为岩溶地貌类似于冲积河谷地貌。然而在碳酸盐岩地区不发育漏斗，这并不意味着该地区不发育岩溶，因为在地表不发育漏斗的地区能发育岩溶地下水系统。

漏斗平面形态通常呈圆形或近圆形，直径从数米到一千米不等，四壁呈缓坡或垂直，深度从数米到数百米不等。漏斗是在溶蚀、崩塌和沉陷作用下形成（表 9-2）。漏斗的形态有蝶形凹陷、漏斗状及圆形深坑。从地形上看可以是孤立的，也可密集发育（图 9-18）。

表 9-2 不同作者对岩溶漏斗/落水洞术语应用一览表（摘自 Williams,2004）

岩溶漏斗形成过程	Ford 和 Williams (1989)	White (1988)	Jennings (1985)	Bogli (1980)	Sweeting (1972)	Culshaw 和 Waltham (1987)	Beck 和 Sinclair (1986)	其他术语
溶蚀塌陷	溶蚀塌陷	溶蚀塌陷	溶蚀塌陷	溶蚀塌陷（快）或沉陷（慢）	溶蚀塌陷	溶蚀塌陷	溶蚀塌陷	
上覆岩体塌陷		—	下伏塌陷		溶蚀沉陷	—		层间坍塌
掉落	沉陷	上覆岩体塌陷	沉陷			沉陷	上覆岩体塌落	
潜蚀	潜蚀	上覆岩体沉陷		冲积	冲积	—	上覆岩体塌陷	复杂的沉洞
沉积		—						充填的古洞

图9-18 灰岩中的漏斗:(左上)法国科斯Mejean独立的漏斗,落水洞充填坡积物和冰川碎石,经整修为梯田;(右上)斯洛文尼亚的Verd采石场中的漏斗横剖面(Mihevc A摄);(左下)新西兰北岛怀托莫岩溶地区的漏斗;(右下)塞尔维亚Treskavica山脉的海拔2 000m处的多边形岩溶洼地(Gams I摄)

Cvijić(1893)提出大多数落水洞形成原因是溶蚀和崩塌,尽管他认为大多数落水洞的形成是以溶蚀为起源。他是最早应用形态测量来描述地形的地貌学家之一,通过大量的野外实际测量落水洞的深度与直径之比为基础,将岩溶漏斗分为3种类型:①底部平缓的浅槽型或碗型盆地;②陡深漏斗状洼地;③井状岩溶漏斗(宽度通常是小于深度)。

关于岩溶漏斗的特征早期认识主要来自于欧洲的野外经验,尽管Daneš(1908,1910)也研究了热带湿润地区如牙买加和爪哇岛的岩溶。他和Grund(1914)认为牙买加的热带漏斗或岩溶盆地主要是在溶蚀作用下形成的,这与温带地区的漏斗形成原因相似。后来Lehmann(1936)研究认为,热带岩溶盆地在形态学上与大多数温带漏斗具有差异(图9-19),尽管他也支持溶蚀是漏斗形成的起源。

Cramer(1941)详细阐述了在漏斗的发育及形态形成过程中溶蚀和崩塌的不同作用。他调查了世界上岩溶地区的地形图,对所关注的漏斗地形做了详尽的描述。他的研究揭示了不同地区漏斗密度差异的概化原因。

从这些早期的研究中我们认识到,不同类型的漏斗发育方式不同,同时不同类型的落水洞所处的岩体也不同,但是存在趋同的形式,最终的形态如图9-20所示,在漏斗形成的过程中对崩塌作用(岩石和土壤的破碎和破裂)和沉降作用(这是一个包括下垂或沉降过程但没有明显的土体裂开现象)进行了区分。纯粹以沉降作用形成天然漏斗是非常罕见的,但在近地表有层间蒸发岩发生溶解的地方会出现天然漏斗(在盐矿开采期间形成人工沉陷漏斗)。大多数漏斗的实际形态是多种起源,在三维图解中,它总是偏向一个或另一个端点,下面我们将讨论这方面的问题。

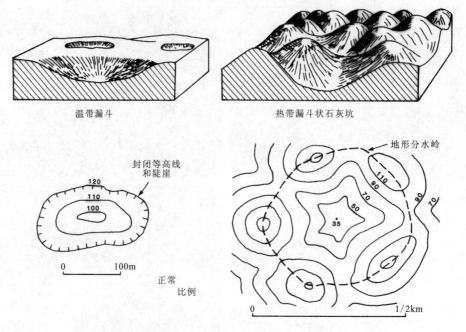

图 9-19 （左）平原地区漏斗边界（典型的温带漏斗）；（右）山区漏斗的边界（传统湿热地区的漏斗状石灰坑）（引自 Williams,1969）

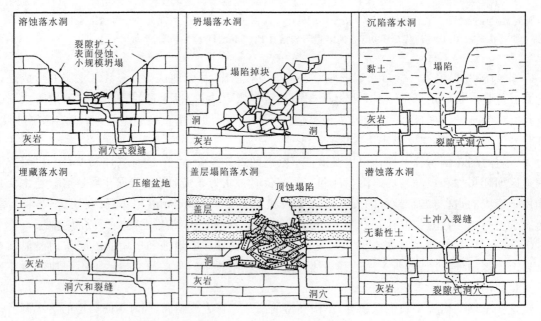

图 9-20 漏斗的 6 种类型（引自 Williams,1993；据 Waltham,Fookes,2003 修改）

9.4 岩溶漏斗的起源和发展

岩溶漏斗呈碗形说明在漏斗的中心区域移走的物质比四周的要多，中心区域经历集中溶蚀的自然过程。这意味着集中溶蚀是普遍的自然过程。既然溶解导致物质迁移是溶液浓度和径流的产物，两个或其中一个因素的变化可以解释漏斗中的集中溶蚀现象。如果仅溶质浓度的局部变化就足以解释这个现象，那么就会发现在一个给定的气候带中每类灰岩就有一个特征溶质浓度，通过比较英格兰白垩纪、侏罗纪、石炭纪和泥盆纪的灰岩，事实并非如此。如果溶质浓度的因素消除，主要是由于水流的局部空间变化导致侵蚀的不平衡，从而形成漏斗，但是什么机制可以使得水流集中穿过岩石？在这里我们必须回顾在第7章开始讨论的原生通道，特别是图7-4、图7-5和图7-9以及第5章中所讨论的近地表岩溶过程。

9.4.1 岩溶漏斗萌生：水的点状补给

在产状近水平的含有碎屑岩夹层的灰岩地层中，流水下切上覆地层，逐渐揭露到灰岩内部，这就提供了发育岩溶的输水边界；当河谷深切到灰岩地层时，在低高程处提供了排水边界。如7.2节所叙述，形成从输水边界到排水边界之间的连通。只有当原始洞穴从补给点延伸至泉水排泄点或更早的洞穴管道时，才能形成漏斗；如果没有形成这样的连通，地下水通过岩石的阻力太大，不能移走足够的灰岩，从而不能形成漏斗大小的岩溶洼地。但是一旦管道连通，就会使得径流集中运移，溶质被带走就形成了地表漏斗，岩溶管道排泄地下水。

集中侵蚀作用形成的漏斗称作点状补给岩溶洼地[图5-16(a)]。在剥蚀上覆岩体的早期阶段，只有封闭的盆地底部是由灰岩组成，上覆为相对不透水的岩体。这些漏斗作为集中排泄点排泄异源径流。当径流对流域的贡献越大，则形成的岩溶洼地就越大。

随着越来越多的碎屑岩被剥蚀，越来越多的灰岩暴露地表。第二代点状补给出现，但不一定是图7-9所示的程式化过程，尽管如此，也暗示了地下管道发育，反过来这些地下管道影响漏斗的形成。上覆岩体剥蚀，形成更多的漏斗，点状补给点增加，单个漏斗的汇水面积减少。当上覆岩体完全剥离，上覆土体薄或者不连续，风化岩体裂隙密集发育，有灰岩暴露地表形成岩溶田，这就开始替代漏斗成为排泄地下水的路线。在这种情况下，地下水的补给为弥散型补给(5.3节)，与之对应的是侵蚀在空间上也呈弥散型。因此，除非在表层岩溶带中地下水水位集中降低，否则任何已经形成的漏斗不能继续保持下去。

9.4.2 岩溶漏斗萌生：水位下降

在没有上覆隔水岩体的灰岩地层中发育岩溶(没有上覆隔水岩体或者是因为本身没有沉积，或者是因为侵蚀基准面的抬升剥离上覆岩体)，尽管点状补给不可能形成集中侵蚀，但在这样的地形中通常也发育岩溶漏斗。在其他上覆隔水岩体早就消失的岩溶地区，岩溶漏斗地貌仍然是活跃的，而不是退化。

侵蚀面上升，岩体表面接受新的溶蚀，前期潜水带中发育的残余管道网络也受到新的溶蚀。可以假定连通就已经存在于补给点和排泄点之间，尽管其当然会进一步发育。上覆土体使降雨引起的补给相对分散，在近地表10m范围内的溶蚀，有50%~80%是由上层滞水下降过程中形成的(第4章)。土体之下岩体中的裂隙受侵蚀变宽、变大，但随着深度的增加裂隙迅速尖灭(图5-24)。

在近地表侵蚀的岩体中降水后渗透容易但排出不易(Williams,1983)。由于这个瓶颈效应，在强降雨后这个带中储存了大量的地下水，在近地表悬挂含水层中形成上层滞水，这个含水层具有一个基底，基本上是渗漏毛细水的屏障(图5-28)。受构造和地层岩性的影响，裂隙密度及透水性在空间上有差异，在这个悬挂含水层的基底地下水优先沿(例如低阻力)垂直渗透路径向下径流，最后与深部岩溶管道连通。溶蚀裂隙变大，在地下水水位以上形成岩溶洼地，这类似于抽水井周围形成的地下水漏斗。在近地表岩溶含水层中调整径流路线，集中形成主导渗漏路径。额外的地下水流使溶蚀更强烈，提高了垂直渗透性。地下水漏斗半径变大，导致渗漏路径的影响带变大。地下水漏斗的半径取决于近地表岩溶的渗透系数和悬挂含水层底部地下水渗漏的损失率。

当上覆隔水岩体中点状补给不占主导时，这些过程可以解释集中侵蚀。当地表降低，更强烈的侵蚀区域形成溶蚀漏斗地形,岩溶漏斗的直径受控于地下水漏斗的半径。表面岩溶漏斗地形、地下水水位及垂直渗透系数之间的理论关系如图 5-16 所示。

Klimchouk(1995,2000)和 Klimchouk 等(1996)指出,在表层岩溶带底部有径流集中时,有时候可发育岩溶竖井,但在地表没有入口。地表发育的岩溶田,其直径与近地表岩溶水位的下降漏斗一致。地表剥蚀,竖井扩大,最终导致地表坍塌,并在地表形成入口。斜坡的退化导致锥形岩溶洼地发育。在没有植被和土体覆盖的高山地带这些特征尤为明显。

通过本节讨论,我们需要区分:①没有原生洞穴而形成的岩溶漏斗与已有原生洞穴(其位于包气带中且透水,早期有岩溶发育)继承发育形成的岩溶漏斗;②区分点状补给形成的岩溶漏斗与地下水水位下降形成的漏斗。虽然,溶蚀是岩溶漏斗形成的起源和主导过程,其他因素诸如崩塌对岩溶漏斗的形成也有贡献。我们也注意区分对上覆岩体的进一步剥蚀或者在地下水漏斗再次有水位下降形成的不同时代的岩溶漏斗(Drake,Ford,1972;Kemmerly,1982)。

9.4.3　岩溶漏斗出现与扩大

一旦岩溶漏斗形成后,受到水流的集中径流和侵蚀作用,促进岩溶漏斗处的岩溶进一步发育(图 4-16 和图 9-21)。由于上覆土体厚度大,其中的生物产生更多的 CO_2,其主要积聚在洼地的底部,从而提高了水的侵蚀能力。受地下水排泄的积累及雪水融化的影响,洼地中的第四系土体长期处于潮湿状态。因此,增加了有效侵蚀时间(图 4-16,Zámbó,Ford,1997),岩溶竖井的侵蚀扩大,进一步促进了地下水的垂直排泄的有效性。水流的平均速度导致上覆土体和岩石沿竖井向下的运移量相应增加从而掏空地下。自由垂直排水系统使流域中渗漏量更大,导致表层岩溶带中的水力梯度更陡,进一步促进地下水水位降低,使得集中排水系统的影响半径变大。

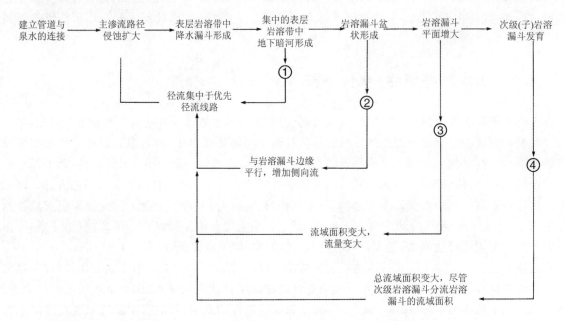

图 9-21　岩溶漏斗发育过程中的正响应循环圈(据 Williams,1985)

尽管在岩溶漏斗发育过程中一般的趋势是自稳(图 9-21),但有些作用会有负面影响。例如,有些上覆土体的透水性低于下伏岩体的透水性。根据土体的物质组成的不同,渗透系数值在 $10^{-2}\mathrm{m \cdot d^{-1}} \sim 10^{-5}\mathrm{m \cdot d^{-1}}$ 之间,而下部岩溶化岩体渗透系数在 $10^{-1}\mathrm{m \cdot d^{-1}} \sim 10^{3}\mathrm{m \cdot d^{-1}}$ 之间。当黏土含量高时,上覆土体成为减少雨水渗透的调节器,而当上覆土体的透水性很大时,则又成为增加雨水渗透的加速器。

因此,厚度较大的黏性土覆盖在岩溶洼地中,岩溶洼地积水,暴雨可调节地表径流洪水流量,甚至能形成半永久的池塘——岩溶漏斗池塘,从而使地表径流入渗地下的流量变为零。即使岩溶漏斗无土体分布,雨水仍可储存在表层岩溶带的岩体中,这是由于表层岩溶带和下伏岩石透水性差异造成的。在表层岩溶带中引起水头变化(图9-22),在水压力作用下使雨水渗进包气带中。

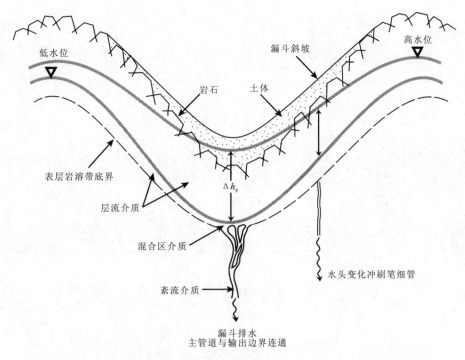

图9-22 岩溶漏斗周围表层岩溶带中的流场、饱水带及压力水头(引自Williams,1993)

岩溶漏斗是湿润地区岩溶的常见地貌,但并不是所有的碳酸盐岩地区都发育岩溶漏斗。Williams(1985)认为具备下述条件时可能不发育岩溶漏斗:

(1)如果包气带的垂直渗透系数很大,包气带中很少或仅有短期滞水[如风成碎屑岩等的原生透水性高的岩体(Jennings,1968)]。

(2)地下水水位以下岩体的垂向透水性在空间上没有差异且岩体致密,不存在地下水漏斗,如英格兰和法国北部的白垩纪白垩岩以及一些珊瑚环礁等具有这种特点。

(3)陡峭的山坡地表坡度超过20°且地下水力梯度与地形坡度近平行时,如英国门迪普山的干谷。Ford(1964)还发现当谷坡比大于0.04(约2°)时岩溶漏斗不发育。

上述条件(1)和条件(2)排除了岩溶漏斗是岩石控制水力变化的产物(图5-15)。至于条件(3),Williams(1972a)指出,在巴布亚新几内亚,当地形坡度较缓时封闭洼地下切,岩溶漏斗平面形态不对称,表现出向下坡方向变长,岩溶漏斗最深点紧临高程较低的边缘处。Salomon(2000)描述了法国的一处沿干谷向坡下倾斜的不对称岩溶漏斗。有趣的是,集水井周围的倾斜地下水漏斗(潜水面)形状不对称。因此,可以预测的是,穿过近地表岩溶含水层向下的渗漏可能产生类似于地下水漏斗,形成不对称的岩溶漏斗。有时候沿干谷可能会密集发育岩溶漏斗,这样的河谷称为岩溶漏斗河谷。Racoviță等(2002)提供罗马尼亚Zece Hotare岩溶高原中发育的这种岩溶形态(图9-23),许多岩溶漏斗沿着干谷连成一线,高原面上的岩溶漏斗群位于大型封闭盆地内(构成溶蚀洼地,即混合封闭洼地)。

岩溶漏斗的发育可增加岩体的透水性,同时也导致上部包气带岩体的透水性在空间上有差异。在垂向上,近地表岩溶含水层的渗透系数与下部非岩溶化的包气带岩体的渗透系数相差几个数量级(图5-3和图5-15)。在水平面上,渗透系数的主要变化发生在地下岩溶漏斗附近,并决定近地表岩溶水位

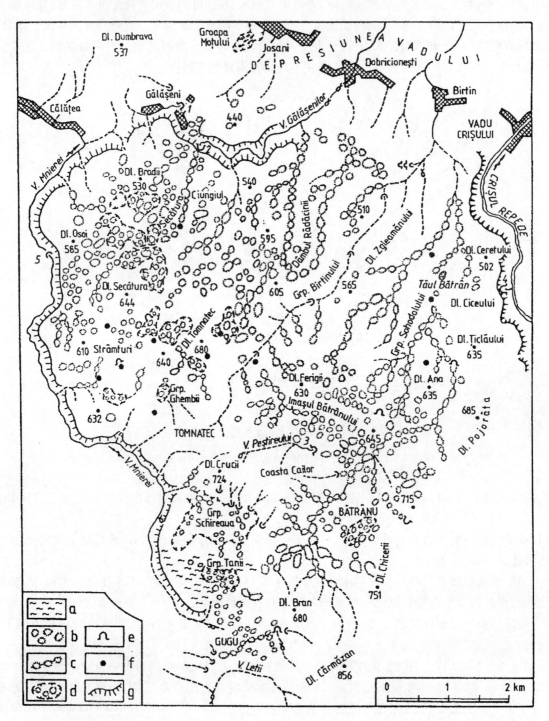

图 9-23 罗马尼亚 Zece Hotare 岩溶高原地貌图,沿干热河谷沿线发育很多岩溶漏斗;a.岩溶田;b.岩溶漏斗;c.岩溶漏斗峡谷;d.干宽谷;e.洞穴;f.壶穴;g.高原分界线(引自 Racoviţă et al,2002)

之上的地形。形成岩溶漏斗的地下水作用过程对地貌形态的形成相关性不强,这是因为正反馈机制强烈影响地形。有时温带浅的岩溶漏斗与热带岩溶盆地之间存在明显的差异,这可能是在不同环境条件下,这些因素的影响程度不同而产生的直接结果。

9.5 崩陷洼地的起源与发育

9.5.1 崩塌漏斗

崩塌型漏斗的四周通常比溶蚀型漏斗更陡,面积更小。但是当崩塌漏斗四周洞壁侵蚀,洞底充填坡积物及其他成因的碎屑等,漏斗形态就像溶蚀型漏斗那样呈碗状形态,易与溶蚀型漏斗混淆。只有当开挖时才能揭露其真正成因。在新近坍塌或坍塌仍活跃的情况下是不会混淆的。最著名的崩塌型漏斗是中国广西省乐业县的大石围天坑群。在中国已知大约有 50 个天坑(大的崩塌漏斗),其中有 3 个深度超过 500m,入口直径超过 500m。据报道最深的是重庆市的小寨天坑(Chen et al,2003)。小寨天坑最底部海拔 1 180m,深 511m(图 9-24),直径约 600m(Senior,2004)。其他类似的大型崩塌型漏斗在沙捞越(姆鲁国家公园的伊甸园)和巴布亚新几内亚的新不列颠岛的那卡耐山脉(Nakanai)上(Maire,1981a)也有发育。这些漏斗下发育大型地下暗河。克罗地亚 Crveno Jezero(红湖)漏斗是另一个著名的崩塌型漏斗,其最深达 528m,在现代海平面以下底部崩塌延伸 10m(Bonacci,Roje-Bonacci,2000)。红湖平均深度 285m,水位消涨幅度达 35m。地表崩塌直径约 350m,崩塌发生在湖水位约 200m 处。在深部蒸发岩之上发育的充填角砾岩管道,其规模较大,但地形上不明显(9.13 节)。

致密的岩石,可溶岩地层之上的非可溶岩及表面松散的覆盖层都可发生坍塌。坍塌有的突然发生,有的则是逐步发生。崩塌漏斗的成因有 3 种(7.12 节和图 9-20、图 9-25):

(1)上部溶蚀使洞穴顶部失稳。
(2)下部坍塌,逐步削弱洞穴顶部(在岩石中或松散沉积物中)。
(3)水位下降浮力消失,洞顶有效重量增加,岩体强度不足以使洞顶保持稳定。

实际情况是这些机制往往互相作用。例如,沿着裂隙渗透的水侵蚀与沿着同一弱结构面向上的顶蚀作用共同作用,上部和底部的弱化作用导致洞顶失稳。这种方式形成的塌陷形成了中国的天坑和新不列颠岛那卡耐山脉的巨大崩塌。这种岩溶地貌下伏大型地下暗河,一秒钟有数十立方米的水。发现这种成因的岩溶漏斗下面与地下河相通,并穿过岩溶盆地。漏斗常发育在泉水点的上游以及落水洞下游地段。

当与地下孔洞例如洞穴相联系时,岩石强度的性质和其所受到的压力,在 2.8 节和 7.2 节中进行过讨论。这里需要注意的是没有一个单一标准来定义岩体强度,但无侧限抗压强度、抗剪强度和抗拉强度是重要的元素(Selby,Hodder,1993),压应力在地下环境中是最重要的。如果应力超过岩石的强度则洞穴的顶板会发生破坏。脆性岩体会碎裂,而软弱岩石会变形。第一种情况导致崩塌凹陷,第二种情况导致沉降凹陷。当固结的非岩溶地层被剥蚀(图 9-20),这样的下陷称为非岩溶地层崩塌或下部崩塌漏斗(表 9-2)。例如 Thomas(1974),Bull(1977)描述了南威尔士碳酸盐岩上覆粗砂岩的例子。这种坍塌也常发生在蒸发岩上覆的碎屑状地层内(见图 9-56)。

岩溶作用导致区域地下水水位逐渐降低,潜水带管道中水量变小,旱季和雨季水位出现波动,洪水期管道内出现暂时回水,同时作用在岩溶化岩块上的应力产生急剧变化。地下水水位季节性波动达到 100m 或更大,因此受水位涨落影响的范围很大。在水资源过度开发的地区,地下水水位可能会突然降低。在完全饱和的介质中,水的浮力是 $1t \cdot m^{-3}$,如果水位下降 30m,岩石的有效应力则增加 $30t \cdot m^{-3}$ (Hunt,1984)。如果上覆土体没有固结,当地下水水位下降时,土体就会发生压缩,地表出现沉陷。沙土的压缩变形基本上是立即发生的,而黏性土的压缩变形表现出一定的滞后性。因此这种情况下,沉降量是水位降低量的函数,水位降低使上覆地层压力、地层强度及压缩性增加。这个突变过程是排水速度和岩性的函数(例如 7.12 节中乌克兰 Zolushka 洞)。在 13.3 节将讨论地下水的抽取导致地下水水位

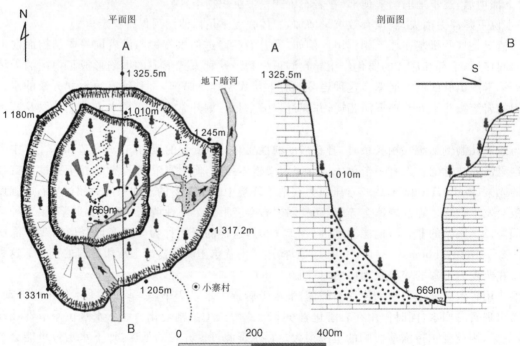

图9-24 (上)从东北方向俯瞰中国重庆的小寨天坑。这是岩溶地貌中最大的崩塌型漏斗,天坑坍塌宽度超过0.5km。照片中可见蜿蜒小路(陈利兴 摄)。(下)小寨天坑平剖面图(引自 Chen et al, 2003)

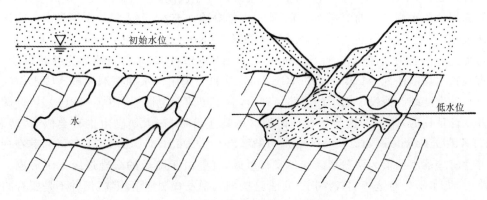

图 9-25 水位下降形成的崩塌型漏斗

快速下降,从而形成落水洞或漏斗(上覆土体塌陷或形成土拱)[图9-26(a)]。然而,如洪水泛滥这样的过程也可快速形成岩溶漏斗,美国乔治亚州的Flint河谷,在暴雨时产生洪水,48h内冲积层中至少形成了312个塌陷洼地(Hyatt,Jacobs,1996)。在西班牙东北部含石膏的冲积阶地中形成塌陷更快(Benito et al,1995),且人类活动加剧了这一过程。然而,即使没有人类活动影响,石膏的快速溶解仍然可以产生塌陷。例如,1984—1994年间英格兰东北部石膏天然崩塌损失约150万美元(Cooper,1995)。

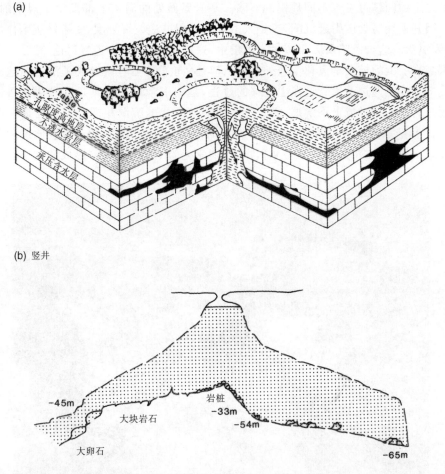

图 9-26 (a)受底蚀作用和周期性地下水浮力损失形成佛罗里达的崩塌漏斗(引自Davies,LeGrand,1972);(b)受底蚀作用和周期性地下水浮力损失共同作用,澳大利亚西南部洪水产生的井状崩塌漏斗(引自Lewis,Stace,1980)

第四纪冰川期,海平面反复升降,地下水水位也因而产生波动,曾多次出现水位波幅高达130m。很多地方曾发育塌陷落水洞。目前海平面上升,使得大部分洼地充水,形成漏斗水塘景观。利用高分辨率单道地震法成功查明了佛罗里达州多处岩溶漏斗的形态(Kindinger et al,1999)。在尤卡坦岛,冰川海面升降也可促进淹没崩塌型洼地发育(Salomon,2003a;Beddows,2004),当地称为井状塌陷,澳大利亚东南部也存在这类塌陷洼地(Marker,1976;Grimes,1994)。采用潜水和探测发现这些水面以下的井状塌陷空间大且四壁陡峭。淹没于水下的塌陷呈钟形,洞顶很薄稳定性差[图9-26(b)]。珊瑚岛中被海水淹没的井状洼地称为"蓝洞",这是加勒比海地区的普遍特征,在大堡礁上也有类似的"蓝洞"(Backshall et al,1979;Gascoyne et al,1979;Hopley,1982;Smart,1983;Mylroie et al,1995),其在地表常呈圆形而像水井。有些落水洞沿大型剪切破碎带发育形成,有些由于陡峭的海礁边缘下沉形成。当在冰期海水位下降时,海水不再对这些洞穴浮托。尽管这些洞穴中发育洞穴沉积物,但并不是所有的"蓝洞"都是岩溶的产物(Palmer,Heath,1985)。当表层附近生物层厚度大时,洞壁的上部分呈黑色,具有这种特点的洼地称为"黑洞"(Schwabe,Herbert,2004)。

9.5.2 沉陷和潜蚀洼地

在理想的沉陷洼地处,地面和下伏地层逐渐向下凹陷(岩体没有明显的断裂,但发育褶皱),这与断裂特征的断陷洼地形成明显对比。事实上自然界是一个连续介质,许多显著的沉陷洼地存在大的断裂,这在很大程度上取决于岩性。

地下空洞之上的凹槽可发生不同规模的下陷。基岩界面处的洞穴上部发生小规模的、浅部塌陷形成沉陷漏斗。因开采浅层盐矿引起沉陷,这种人造沉陷面积可达数百公顷,受溶蚀沉陷作用形成的沉陷规模更大、深度更深。这种沉陷仅限于蒸发岩地层中,这将在9.13节中进行讨论。

水通过可溶岩上覆的松散全风化土或外来碎石碎屑,向下渗漏时就形成了潜蚀洼地。潜蚀是细颗粒土从岩溶化的岩体中通过下伏管道发生迁移的过程,是向下运动的物理过程和化学溶蚀过程。经全风化土渗透到基岩面的水形成土下溶痕,沿裂隙溶蚀并与下伏的溶洞相通。潜蚀在地表形成小坑或小型漏斗(图9-27),继承性对漏斗的发育起到了很大的作用。冲积表层,黄土或者冰碛层等沉积物覆盖在强烈岩溶化地层之上,在覆盖层很厚的冲积物上(通常是盲谷和坡立谷)形成的漏斗,Cvijić(1893)称

图9-27 新西兰欧文山冰河堆石中发育的潜蚀漏斗,漏斗中有雪充填

之为冲积漏斗。

Kemmerly 和 Towe(1978)调查 18 个漏斗 35 年变化,以研究潜蚀型漏斗或崩塌型漏斗随时间变化的规律。漏斗形成的主因是潜蚀,其上的沉积物松散,厚度约 10m,也没有碳酸盐岩露头。他们采用了 1937 年和 1972 年的航拍照片进行对比,辅以实地调查。他们得出如下结论:

(1)在 35 年的时间里,洼地的长度和宽度都增加,且长度的增长速度超过宽度的增长速度。

(2)漏斗的发育是地表地质环境的函数,黄土、残积黏性土和崩积粉砂质岩性的区域平均增长率每 100 年分别达 $40m^2$、$70m^2$ 和 $100m^2$。

(3)利用三处地面堆积物来估算漏斗的年龄,基于线性增长速率,崩积粉砂土层年龄是 25ka,残积黏性土是 38ka,黄土是 65ka,测定的年龄与独立生物证据相符合。

Magdalene 和 Alexander(1995)重新核查了明尼苏达州 1984 年绘制的落水洞。研究区域是明尼苏达州冰碛和黄土覆盖的流水岩溶,这里的漏斗是沉陷和崩塌形成的。早前调查认为该区域落水洞密集发育。在该区他们新发现了 34 个漏斗,是在这一时期形成的。漏斗成群发育,大多数新发育的漏斗与落水洞紧聚在一起。Gao 等(2002)证实了这一结论。

9.6 网格状漏斗

岩溶漏斗可孤立分布,也可一簇一簇分布,也可密集成组分布,或者是沿补给源边缘及干谷呈不规则的串珠状分布。在潮湿的热带和温带地区,漏斗有时候在地表密密麻麻分布,占尽了所有可用空间。从空中俯瞰,这种岩溶地形就像"蛋箱"一样,相邻的岩溶洼地之间的分水岭形成了蜂窝网状地形[图 9-18(右下)]。在巴布亚新几内亚首先发现了这种岩溶地貌,Williams(1971,1972)将这种岩溶地貌称为网格状岩溶。在加勒比、美国、新西兰、塔斯马尼亚、中国、黑塞哥维那及土耳其等国家和地区的碳酸盐岩中也发育这种岩溶地貌。

在蒸发岩地层中也发育这样的地貌,这些落水洞呈现密集均质的特点。网格状岩溶主要包括基岩中的岩溶洼地,如牙买加的麻窝状岩溶。网格状岩溶洼地也具有这样的特征,地表塌陷时形成地下洞穴。当地表分布深、厚覆盖层时,很多岩溶洼地处的上覆土体受到下伏冲刷掏空也产生沉陷。

网格状岩溶形态很有趣,这是因为其是分割空间的有效方法,缩短到落水洞中心的距离。降雨可通过这种蜂窝网状落水洞将地表水迅速排泄到岩溶洼地底部(主要是在表层岩溶带中径流)。网格状岩溶是自然界中最有效的排水系统。

网格状岩溶的网格大小不同(图 9-28)。如中国桂林网格的平均面积有 $0.51km^2$,新西兰怀托莫地区网格的面积平均是 $0.018\ km^2$(Williams,1993)。这两地的网格状洼地的平均半径分别是 400m 和 80m,而这两地相邻网格之间的平均距离分别是 200m 和 64m。这两个"蛋箱"的尺寸变化相当大!这一点相当重要,两地网格状岩溶几何的差异反映了表层岩溶带渗透系数的不同(新西兰渗透系数大而中国的小),同时也反映了两地过去及现在的降雨量(目前两地的年降雨量大约为 $2\ 000mm \cdot a^{-1}$,尽管随季节变化不同(桂林 4—7 月的降雨量占全年的 62%)。地表岩溶几何尺寸的差异反映了补给速率与排泄量平衡,后者受控于岩体的垂直渗透系数。桂林岩体的渗透系数小,因为厚层灰岩地层中裂隙不发育,排水竖井相距远;而新西兰岩体的渗透系数大,因为薄层灰岩中裂隙发育(Williams,2004c),尽管厚层火山灰使得中国和新西兰网格状岩溶进行直接对比相对困难。

在网格状岩溶盆地之间的地形突起是一些溶蚀残丘,这些溶蚀残丘形态变化很大,有半球形,有锥形,也有金字塔形(Balazs,1973;Day,1978),不同的形状反映了岩体结构的不同特征。漏斗和溶蚀残丘形状与大小的差异反映了这些地形的独特特性。不同的地貌及组合的差异发育在不同的气候区(Lehmann,1954;Jakucs,1977),但是很明显在同一气候区内的岩溶地貌及组合变化也相当大(10.1 节)。这样问题就来了,这些地貌能客观地证明,不同气候区的地貌差异是否比同一气候区要大。

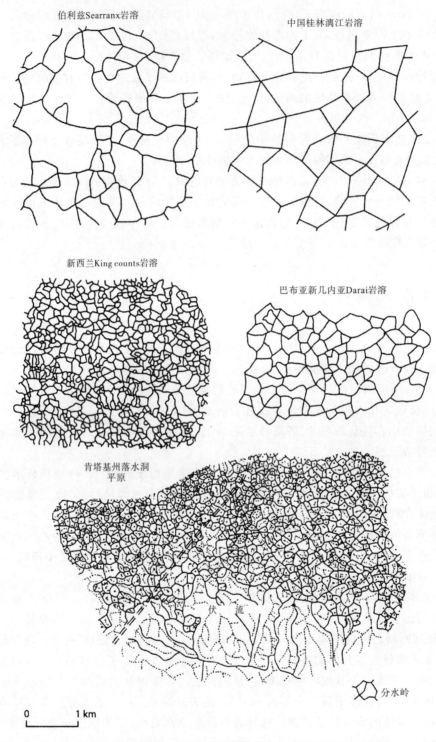

图 9-28 不同岩溶地貌网格状岩溶结构的对比（据 Williams，2004a）

形态测量学是用来帮助我们解决这个问题的技术手段，其目的是对地形地貌进行客观定量的描述。这个方法在其他地形学应用之前就已应用在岩溶地貌的研究中。Cvijić(1893)和 Cramer(1941)在这个方面是先驱。Williams(1972b)、Jennings(1985)、Ford 和 Williams(1989)、Bondesan 等(1992)及 Day(2004)对他们的工作与贡献都进行了讨论。

9.7 溶蚀漏斗的地形测量分析

9.7.1 漏斗形态和模式的客观描述

从实地调查获得的地形测量分析数据是最准确的(例如 Jennings,1975;Šušteršič,1994)。然而,这样的工作耗费时间,调查的范围小。最实际的岩溶地形测量分析方法,通常用大比例尺(1∶15 000)的航拍照片进行解译。因为航片具有立体效果,所以比地形图更直观。因为地形图比例大,相邻等高线间距小,损失了重要的地形信息,尤其是当漏斗发育深度不大时这种情况更突出。在巴巴多斯,Day(1983)采用比例为 1∶10 000 的地形图解译,但是发现漏斗的分布是随机的,与实地调查相比洼地数量被低估高达 54%。地图的主要问题是多变的质量和信息的密度,例如 Troester 等(1984)比较了 1∶50 000 的地形图(相邻等高线间的高差为 20m)和 1∶24 000 地图(相邻等高线间的高差为 1.5m)的解译结果。采用航片也不能完全解决这些问题,这是因为森林茂密或阴影使得水文和地形的细节模糊不清。然而,随着地理信息系统(GIS)和数字高程模型(DEM)的出现,从地形图上处理大量地形测量信息变得更容易,如高等(2002,2005a),Florea 等(2002)和 Denizman(2003)。

在详细的地图上,潮湿热带地区的深大漏斗(岩溶盆地)的轮廓图案通常呈星状(图 9-19)。小型且通常干涸的冲沟深切岩溶洼地斜坡,在洼地中心地带汇集。在航空照片上看得更清楚,同时也能看到洼地的内部结构,这通常是温带小型漏斗所具有的特点。漏斗的空间分布因此通常由集中排水点代表,这个排水点通常是地形上的最低点,但这与岩溶洼地的几何中心不一致[图 9-29(a)]。盆地的边界通常是地表分水岭,网格状岩溶洼地边界通常由高地围限,孤立的洼地则由陡峭的斜坡围限。落水洞的平面几何特征通常用长宽比来表示,盆地可根据排水沟网络的顺序分层次排序(Williams,1971),尽管也可采取其他的排序系统(例如盆地大小)。

漏斗地形的起伏度不易测得,这是因为从地形图上不能得到地形起伏相关的详细信息,而现场调查费时费力,尽管数字地形数据应用使地形数据更易获得。漏斗深度通常是洼地的最低点与盆地边缘或分山岭最低点之间的高度差。漏斗深度的信息很重要,因为正如 Troester 等(1984)所说,温带和热带岩溶之间最明显的区别通常是地形上起伏的差别。从地图上分析,他们发现加勒比海落水洞的平均深度大约在 20m 这个数量级内,而肯塔基州和密苏里州 Appalachians 山脉的漏斗平均深度一般小于 10m。

Šušteršič(2006)用相当先进的方法来分析溶蚀漏斗的形态,利用傅里叶技术全面研究漏斗的几何形态。在斯洛文尼亚"经典"岩溶地貌中,他提出的旋转幂函数很好地拟合了 38 个漏斗的几何形态,并调查几何形态如何随体积而变化。他得出结论:漏斗的半径与深度之比随漏斗体积的增加而增加。漏斗的体积与那些尺寸相近的规则漏斗相近,并随体积的增大则漏斗相对更深。

地形粗糙度是一个非常重要的属性,因为它可以用来区分不同的岩溶地貌(Day,1977a)。"光滑的"和"粗糙的"地形[图 9-29(b)]可以用矢量方向、强度和分布类型来定义。Brook(1981)用数学模型模拟了热带岩溶地貌(这些地貌具有不同的粗糙度)。Brook 和 Hanson(1991)在分析牙买加岩溶盆地地形受构造控制尤其成功,并解释了呈"粒状"的原因。

岩溶漏斗的空间分布模式有两个明显的特征,分别称之为"强度"和"粒状"。强度是密度因地而异的程度,然而在分布图中,"粒状"与强度无关,其关注的是漏斗高密度分布区与低密度分布区的面积及之间的距离[图 9-29(c)]。大多数地貌分析主要关注强度,漏斗的调查中特别有趣的是漏斗的分布形式是描述成随机的、成簇或有规律的。Drake 和 Ford(1972)、McConnell 和 Horn(1972)、Williams

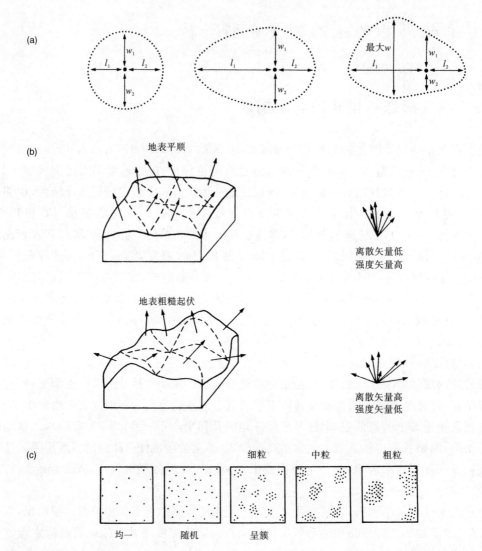

图9-29 (a)测量估计岩溶洼地的二维几何形态(引自Williams,1971);(b)采用分散矢量和强度标准定义"光滑"和"粗糙"地形(引自Day,1979);(c)不同强度和粒状的分散模式(引自Jarvis,1981)

(1972a,1972b)和Gao等(2002,2005b)采用两种方法来评估岩溶的强度,即样方分析和近邻分析法。

根据模型分布,样方分析比较了漏斗的数量与预测的漏斗。如果实际发生同负二项次数分布函数描述相比没有显著差别,那么漏斗的分布形式可以描述为成簇分布。

近邻分析法常使用Clark和Evans(1954)实验,该模式采用近邻指数进行评估,在空间上比较分布点之间的实际平均距离(L_a)与预期点之间的平均距离(L_e)(如果点是随机分布的):

$$L_e = \frac{1}{2}D^{-1} \tag{9-1}$$

式中,D是漏斗的密度。近邻指数$R=L_a/L_e$的变化值是0,表示最大聚合或聚类离散分布,当指数值等于1时,说明漏斗随机分布,当指数值等于2.149时,表示可能是均匀且间距较大的有规律的分布模式。用近邻方法统计岩溶一览见表9-3。Vincent(1987)指出以依赖于单一的测量最近距离的方法,在调查空间离散分布方面是一个相当不成熟的方法。他提出了计算近邻距离的经验分布函数方法。用泊松分布函数测试完整的空间随机分布。他采用Williams(1972a)提供的新几内亚有关的数据证明这个方法,8个地区中有7个点基本上与之前的结论大体一致。

表 9-3 不同网格状岩溶中岩溶洼地的密度和近邻统计表(引自 Ford,Williams,1989)

地点	洼地的数量	洼地的密度 (km^{-2})	近邻指数	分布方式	作者
巴布亚新几内亚	1 228	10～22.1	1.091～1.404	近随机*到均匀	Williams,1972a
新西兰怀托莫	1 930	55.3	1.1236	随机	Pringle,1973
尤卡坦半岛(Carrillo Puerto Fm)	100	3.52	1.362	均匀	Day,1978
尤卡坦半岛奇琴伊察(Chichen Itza)	25	3.15	0.987	近随机*	Day,1978
巴巴多斯	360	3.5～13.9	0.874	簇状分布	Day,1978
安提瓜岛	45	0.39	0.533	簇状分布	Day,1978
危地马拉	524	13.1	1.217	近均匀	Day,1978
伯利兹	203	9.7	1.193	近均匀	Day,1978
瓜德罗普	123	11.2	1.154	近随机*	Day,1978
牙买加(Browns Town-Walderston Fm)	301	12.5	1.246	近均匀	Day,1978
波多黎各(Lares Fm)	459	15.3	1.141	近随机*	Day,1978
波多黎各(Aguada Fm)	122	8.7	1.124	近随机*	Day,1978
中国广西(3处)	566	1.96～6.51	1.60～1.67	近均匀	
西班牙,Sierra de Segura	817	18～80	1.66～2.14	近均匀	

注:* 随机分布的显著性水平为 0.05,尽管近随机分分样均匀分布的倾向。

9.7.2 空间格局的演变

形态测量技术已经用于处理岩溶演变的问题。有三种方法:第一种是分析增长模式,第二种是比较随时间变化法,第三种是空间换时间法。

Drake 和 Ford(1972)利用样方分析门迪普山的岩溶,在该处有一簇漏斗,其中由一个不变的"母"漏斗和四个小的、年轻的"子"漏斗组成,母漏斗本身随机分布。它们之间有明确的空间及因果关系,子漏斗在母漏斗水位下降的锥形体中发育。

在地貌学中,空间换时间来获得地形演变的信息是一个著名的策略。它的有效性取决于一个假定,即进行对比的地方其演化模式相似,这种方法的缺点就是受更新世气候变化影响,作用速度及相互作用的组合存在显著差异。尽管如此,还是取得了有用的结果。例如,Day(1983)测量了巴巴多斯凸起礁石中发育的一系列漏斗,测量目的是研究漏斗的形态如何随时间变化,如形成时代较早的地面。在海拔 150m 以下,漏斗密度随高程的增加而增加,当海拔高度高于 150m 时,漏斗密度随高程增加而下降,而海拔大约在 225m 时,漏斗的尺寸达到最大。在意大利北部的一系列基座阶地上,Ferrarese 等(1998)发现岩溶漏斗的体积随着阶地高程增加而增加(相对年龄)。同样,Strecker 等(1986)研究了 Vanuatu 珊瑚地形岩溶地貌演化的时间序列,发现锥形岩溶第一次出现在地面的时间大约是 500 年前。

从上覆盖层向下伏灰岩发育的树枝状排水系统岩溶的形态也可用时空代替的方法来研究。Williams(1982a)对新西兰怀托莫地区的岩溶特征做了研究,他认为该地区灰岩中的岩溶主要取决于灰岩上覆不整合接触的相对隔水岩体(上覆岩体为相对隔水的碎屑岩)。上覆盖层的剥离及灰岩出露程度是该地区岩溶发育的特点。漏斗模式有簇状分散分布,也有随机分布,当发育成网格状的岩溶形态时表明这里的岩溶发育程度最高(图9-30)。漏斗的"粗粒"簇标志着岩溶演化的最终阶段,这是因为岩溶逐渐孤立,地表起伏降低,地表排水系统恢复,并随着下伏的非岩溶岩体的出露而扩展。这种模型与多通道输入的洞穴系统相比较(图7-9)显示了地表岩溶形态和洞穴发育最终趋向一致。

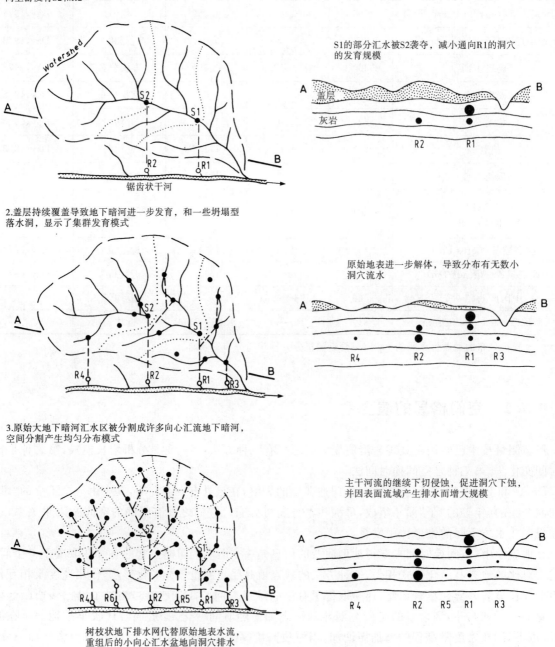

图9-30 岩溶作用对排水系统的重构模型(引自Williams,1982a)

岩溶漏斗和峡谷深切,通常在漏斗周边或沿河间地块发育溶蚀残丘。溶蚀残丘孤立分布,呈圆锥形或呈塔形。Xiong(1992)和Tan(1992)利用现场测量、地图分析和摄影测量的方法对中国贵州省的锥形岩溶洼地和锥形岩溶干谷做了调查研究(图9-31)。溶蚀残丘呈锥形,坡度45°~47°。形态测量的证据表明,当洼地越来越深达侵蚀基准面后,洼地底部水平扩展,边坡平行后退,因为溶蚀残丘的斜坡坡度不变,所以溶蚀残丘越来越小。Zhu(1988)对中国桂林地区周围的有孤峰-峰丛-岩溶洼地及孤峰-石林地貌进行了综合研究,提供了岩溶形态特征研究方面更多的信息。

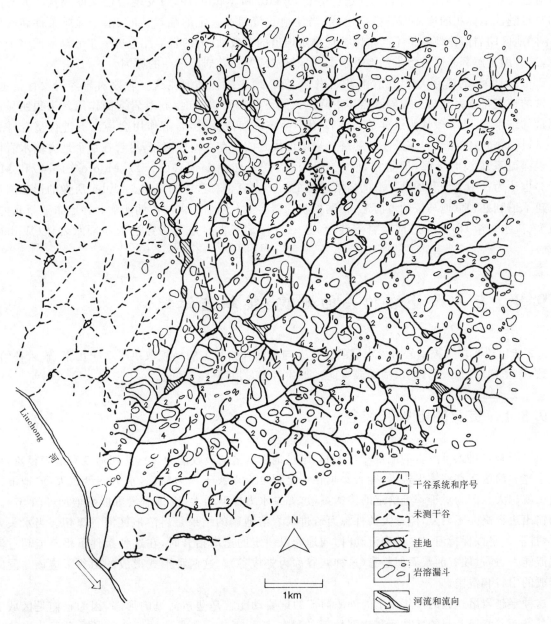

图9-31 沿岩溶洼地谷底干谷河间地块处的相关岩溶形态图,这是峰丛-峡谷岩溶实例,岩溶漏斗的发育与地表径流网相关,主干河道下切的结果导致漏斗变干(引自 Tan,1992)

9.7.3 岩溶形态测量学的主要结论

形态测量学的最大价值之一是在详细调查地貌时会有意想不到的发现,并会促进新的假说出现。例如,直到20世纪60年代,仍认为岩溶地形是随机崩塌和溶解作用形成的无序可循的地貌。但后来的形态测量学研究表明岩溶地貌并非如此。世界各地广泛分布的岩溶具有相同的空间组织,特别是网格状岩溶。此外,漏斗的离散分布模式并不是完全随机分布的,而是趋于均匀分布,这是空间竞争的结果。受地形坡度、区域地质、裂隙模式等因素对地表径流侵蚀及地表水入渗的影响,阻碍岩溶向完美的均匀分布模式演化(Williams,1972a),地形起伏不平(Brook,Hanson,1991)。

对已发布的有关岩溶洼地的数据进行分析,White 和 White(1995)发现给定深度或直径的封闭洼地的数量随洼地体积的增加而呈指数递减,当洼地数量超过一定的临界值时(由于地质条件和气候不同,不同地区的岩溶洼地数量不同),因替代排水通道的有效性,大的岩溶洼地进一步分割形成多个小的盆地,这有助于解释表层岩溶带的地下水漏斗区域形成"子系"岩溶漏斗的原因。

Penck(1900)的观点认为,在岩溶开始发育之前,地表发育的河流这一阶段对岩溶的发育很重要。当正常的地表排水系统从上覆隔水岩体下降进入到下伏的可溶岩时,其对岩溶的作用效果很明显。形态测量的结果显示,一般认为这样的岩溶作用不会破坏河流模式,岩溶作用会使河流进行整合(图 9-30)。Lehmann(1936)认为在爪哇岛的塔形岩溶形成之前就存在地表河流,尽管在那个地方隔水岩体上的地表河流系统没有下降,但是侵蚀面抬升,河流就下切。Lassere(1954),Monroe(1974)和 Miller(1982)也认为在中美洲和加勒比海的岩溶地区的岩溶发育也有这样的规律。Miller 所做的形态测量工作重建了伯利兹和危地马拉的古河道,在网格状的岩溶上有明显的古河流的印痕。在巴布亚新几内亚,古河道(流水岩溶)印痕穿过网状岩溶洼地,这一点肯定了古河道下切穿过上覆隔水岩体(Williams,1972a)。

9.8 与异源补给相关的地貌:接触岩溶

5.2 节讨论了输入控制岩溶含水层的发展。与异源补给相关的地貌取决于 7 个因素:输入补给,渗透系数,水力梯度,输入的位置(横向或纵向),地质背景,过程环境,时间。

9.8.1 贯穿的山谷和峡谷

当异源补给进入可溶岩的流量相当大时,超过地下岩溶的吸收能力。这些河流就有地表径流,可能完全穿越岩溶区运移到输出边界,能否穿越在一定程度上取决于水力梯度,水力梯度越大,向地下排水的损失就越大。因为对于一个给定的渗透系数,如果水力梯度增大,则排泄量可能会增加(5.1 节)。输入和输出边界高差不明显,流量大的外源河流进入岩溶地区的结果是岩溶地区河谷深切。当水头差较大时,排泄量足以保持河水在地表流动时,或地壳以一定的速率抬升时,在这种条件下仍不能超过河流的过流能力,通过峡谷的水看似静态(这种峡谷称为先成谷)。这两种形式形成的山谷不应该与洞穴崩塌形成的山谷相混淆。

这种穿越岩溶地区的常年流出的外源河流的重要动能就是塑造河流的形态,因为它们是区域上的侵蚀基准面。肯塔基州的格林河和克罗地亚的科尔卡河(Krka)就是这样一个例子。沿河两岸的岩溶泉排泄地下水。因此,与流入的外源河流相对比,出现部分流量或全部流量损失,但仍然保持连续的河道。德国多瑙河上游和新西兰的塔卡卡河就是很好的例子。在这种情况下,河底没有明显的岩溶形态,但是岩溶水系发达,通道延伸数千米长。

Nicod(1997)对岩溶地区峡谷发育的特点、发育的环境及发育的速率进行了全面的回顾总结,主要观点如下:

(1)有的峡谷是岩溶地下水向河流补给,有的峡谷段是河水通过岩溶管道补给地下水,即使是峡谷中有连续的水流,应区分这两种类型的峡谷。

(2)有些峡谷的河床接近不透水的岩体或者河床本身就是不透水岩体,其所起的作用就是将岩溶地下水排泄到峡谷(例如法国的冰斗湖),当峡谷完全由灰岩构成时,当地壳抬升或侵蚀基准面降低时,江水向岩溶系统补给（例如在斯洛文尼亚的 Reka‐Timavo）。

(3) 有些峡谷沉积大量的泉华形成水坝，形成湖泊，阻止峡谷进一步下切。克罗地亚的科尔卡湖和普利特维切湖，中国四川的黄龙峡谷就是这样的例子。在极端情况下，例如中国黄果树，瀑布正在推进，其石灰华垂直面已向前延伸到早期的峡谷中。

(4) 有时候洞穴崩塌是形成峡谷的主要过程（例如斯洛文尼亚的 Rak 和 Skocjan 山谷，北爱尔兰的大理石拱门，贵州印江上的大、小槽沟峡谷，巴西 Rio Peruaçú 峡谷），但大部分峡谷，特别是大型峡谷其形成归功于早期先成河，地壳持续抬升，河流在地表运移冲刷形成（如中国长江三峡和其他许多地方）。

尽管洞穴崩塌型峡谷是岩溶的重要特征（图 9‐32），但大多数切穿灰岩地区的峡谷是流水岩溶地貌，且成因有多种。它们通常保存有复杂的古气候影响的遗迹，这是长期演化的结果，特别是经受了第四纪气候条件的变化，在这个地质时期地下水的排泄条件变化很大。有些是早期冰川融水峡谷。Nicod(1997) 收集了岩溶地区峡谷的年龄和下切速率的数据（收集峡谷长达 40km，深度达 1.2km），证据表明，有些峡谷从中新世末或者上新世就开始演化，但大多数峡谷从第四纪开始演化。峡谷平均下切速率为 $0.1\sim4.3\mathrm{m\cdot ka^{-1}}$，下切速率快则时间跨度越短。

图 9‐32　(左) 中国贵州洞穴塌陷在峡谷中形成天生桥 (Milhevc A 摄)；(右) 巴西 Rio Peruaçú 峡谷中天生桥，峡谷上游是洞穴坍塌，照片上中间偏左的人为参照物，洪水期间，水位可达到人站的位置

9.8.2　盲谷

当水力梯度变陡，或者外源河流的平均流量减少时，地表水下渗的地方变得更集中，地貌形态更明显。这些山谷的特点是有一个或者多个永久的有落水洞的洼地，这个洼地有时会有水溢出，越向下游河

道中的落水洞越多。在一定的时间内,尤其是在排水系统下降,河流下切到一定程度,河道中无地表径流,原来的下游河道就被落水洞截断,这样就形成了一个盲谷,在盲谷下游方向残留连续的高高程峡谷。美国阿巴拉契亚有很多这样的实例,例如Friar洞干谷(图9-33),上覆于图7-24所示的洞穴之上。这种情况是当上覆隔水岩体被剥蚀,可溶岩出露形成的"孤岛"。在后退的河道上游,沿河道留下一行遗弃的落水洞,有些落水洞在周期性的洪水期间会再次复活。

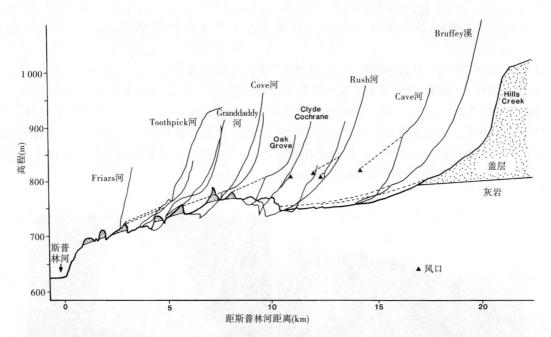

图9-33 西弗吉尼亚州的Friar洞穴系统之上分割的河谷,上覆隔水岩体剥蚀形成多层盲谷,风口和上覆隔水岩体残余标示了早期有水河谷的高程,沿峡谷发育很多落水洞(据Worthington,1984修改)

岩溶作用下排水形成了无数小型落水洞,流水直接进入地下岩溶系统中。流水方向是横向流动或垂直流动,这很大程度上取决于是顺层径流还是穿过上覆盖层(图5-16)。盲谷形态变化大,有的是正常的长峡谷,在河流下游的陡崖下发育落水洞;有的在平面上呈圆形,排水主要集中在下伏可溶岩出露的地方(在这个地方形成的落水洞)。后者的特点是在地表通常分散成串状,而长形峡谷就是传统的盲谷,沿着岩性接触带一线呈接触岩溶特征(Gams,1994)。

当上覆隔水岩体剥蚀,向心状的盲谷就分成规模更小的点状补给的漏斗(9.4节)。当最终所有的上覆隔水岩体剥蚀后,只保留下漏斗。相比之下,接触岩溶型盲谷可能更深、更宽或者两者兼而有之。落水洞下切的主要原因是水力梯度陡,否则会发生横向变大。这可能会合并相邻的盲谷,形成更大的封闭洼地。如果谷中有覆盖层分布时就称为边界坡立谷(见9.9节)。

有时候沉积作用掩埋河道中的落水洞,降低排水能力。这样在地表河道中就又有水流出现,这样的河谷认为是半盲谷。半盲谷既出现于河谷演化的早期阶段,即在地下管道完全发育之前,也可能在演化的晚期阶段,即当沉积作用和填充作用降低管道的排水能力。

9.8.3 补给响应

补给是一个过程,河谷的发展是形态学上的响应。在其他条件相同的情况下,侧向点状补给越大,渗透进入地下岩溶的峡谷越大,达到一定程度,流量特别大的外源河流会完全通过岩溶地区。一般原理如图9-34所示,河流经过伯利兹地区的非可溶岩,穿过断裂边界流向角砾状灰岩中的网格状岩溶地带。Lubul Ha盲谷河谷中非可溶岩面积为3.3km²,河水能够进入地下的可溶岩分布面积仅0.5km²;

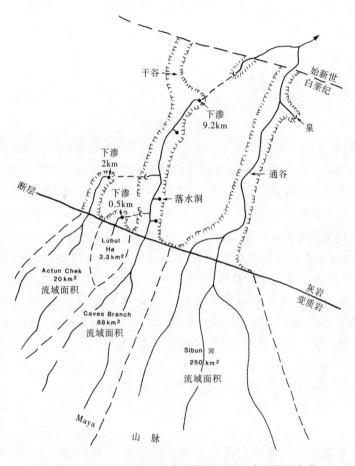

图 9-34　中美洲伯利兹,根据流域面积确定异源河流下渗距离的变化(据 Miller,1982)

Actun Chek 流域面积 $20km^2$,河水能够进入地下的河段长度仅 2km;Branch 洞穴地下河有 $88km^2$ 的外源水域,洪水期能够进入地下的河道长 9.2km;Sibun 河从 $250km^2$ 的变质沉积物中得到大量补给,其完全穿过岩溶地区。

9.8.4　火山作用的影响

火山岩侵入到可溶岩中引起的异源补给和接触岩溶,是一个很有意思的现象。Salomon(2003b)评估了火山对岩溶的影响,研究结果表明岩溶系统对于火山作用的反应主要取决于水的运动。火山活动使地层扭曲、膨胀、褶曲和断裂,岩溶作用就沿着这些部位进行(图 9-35)。然而,大量的熔岩流和熔结凝灰岩沉积物可完全覆盖岩溶,并使其与已存的水文系统断开联系(Williams,2004c)。

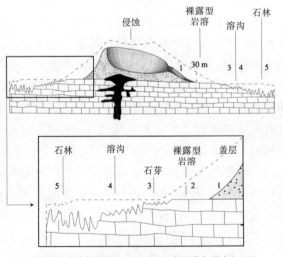

马达加斯加安卡拉那保护区Ankopatra斯特隆布利式火山锥

图 9-35　火山锥对岩溶的影响示意图(引自 Salomon,2000)

9.9 岩溶坡立谷

9.9.1 定义

坡立谷(岩溶盆地)是平底封闭的大型岩溶洼地(图 6-27)。这种岩溶形态的形成与水的补给和排泄相关,在很多方面认为是普通的河流相地貌中的内围层(图 6-30)。坡立谷这个词意味着是一个大型平原,它被广泛用于斯拉夫语言,但该词并没有特指与岩溶地貌有关的地形(Sweeting,1972;Roglić,1974)。尽管在斯洛文尼亚坡立谷通常被称为 dolina 或 dol(Gams,1994)。然而,在专业的岩溶相关文献里,"polje"也拥有了一个特殊用途。尤其是在 Cvijić(1893,1901)和 Grund(1903)的著作里。类似的地形在法国被称为 plans,在意大利和西班牙则称为 campo,在马来西亚将它称为 wangs,在古巴称为 hojos。尽管在诸多文献里其主要分布于热带和温带区域,但是在亚北极地区也有坡立谷发育的报道(图 10-14;Brook,Ford,1980)。研究最深入的坡立谷是迪纳拉岩溶,该地区发现约 130 个坡立谷(Gams,1978,1994;Mijatović,1984b;Bonacci,2004;Milanović,2004)。坡立谷的水文系统见 6.6 节。

Gams(1978)认为关于坡立谷的很多地貌学定义都已经发表出来了,并且发现大多数定义里都有几个相同的元素。他认为只有满足如下三个基本标准,岩溶洼地才是坡立谷。

(1)洼地底板平缓(也可以称作阶地)或者类似冲积层的松散沉积物。
(2)至少有一侧高陡边坡的封闭盆地。
(3)岩溶水系。

他还建议,平缓的洼地底部宽度至少要大于 400m,但是因为 Cvijić(1893)将这个宽度下限设为 1km,所以这个宽度值比较随意。事实上,坡立谷间的规模差异非常大。已知的坡立谷平坦地面部分面积大小从 $1km^2$ 到 $470km^2$(Lika 坡立谷的面积是已知最大的,有 $474\ km^2$)。但是即便是在迪纳拉岩溶地区的坡立谷面积也有 $50km^2$,而世界上其他地区则不到 $10km^2$。

虽然不同个体的特质不尽相同,但是每个坡立谷在它们生成发展的历史上都有着一个共同的水文因素。它们生成发展的位置都比较靠近当地水位,尽管在某些情况下有可能是上层滞水,有可能因后续的一些过程(比如隆起和岩溶作用)而使得坡立谷与当前水位隔开。在地下水水位靠近地表且水力低梯度平缓时,横向河流均夷作用(腐蚀和磨蚀)与沉积过程都比河流下切强烈,因此该处形成的往往是平原而不是峡谷。构造作用和岩溶溶解产生的均夷作用对岩溶盆地发育的影响有差异,但是对于大多数坡立谷有证据显示二者的重要性相当。西班牙 Jiloca 坡立谷是一个有趣的案例,该盆地是在一个活跃的半地堑中发育(Gracia et al,2003)。尽管其构造起源清晰,但是八级基座阶地将盆地内的石灰岩截断,这提供了溶解作用在其形态演变中产生影响的明确证据。斯洛文尼亚的 Cerkniško 坡立谷也因为横推断层的运动作用而变形。自上一次间冰期后大约有 120m 的位移,且作为地下水排泄的路径已成为填充的溶洞(Šušteršič,Šušteršič,2003)。Gams(1973b,1978)发现有五类坡立谷,对波斯托伊纳附近的坡立谷进行了地质测绘(Gams,1994)。它们分别是:①边界坡立谷(位于接收外源地表径流的地质接触带处);②山麓坡立谷(通常位于冰蚀地面下坡处的有冲积物覆盖的峡谷中);③外围坡立谷[接收由隔水岩体组成的大面积流域内(断陷盆地)的地表径流];④溢出坡立谷(下伏于溶蚀洼地底部的相对隔水岩体,使得地下水流到地表,然后在盆地的另一边流入落水洞);⑤基准面坡立谷(这种类型的盆地底部完全穿过可溶岩,全部处于并且位于浅潜流带中)。

我们认为,上述几种不同类别的坡立谷进一步归纳为如图 9-36 所示的三种类型。

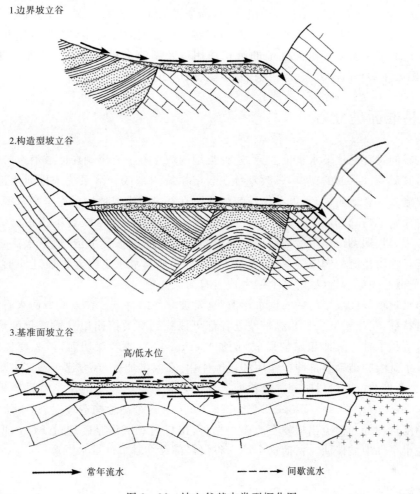

图 9-36 坡立谷基本类型概化图

9.9.2 边界坡立谷

边界坡立谷（德语称之为"randpolje"）主要受异源输入补给控制，发育这种类型坡立谷的地方，地下水在非可溶岩中波动，并波及到灰岩地层中。这就保证了异源冲积活动始终在地表附近，河流的活动始终保持在表面附近，侧向均夷作用和冲积作用主导了峡谷下切，否则就会形成盲谷。泛滥平原的沉积有可能会封住地下石灰岩，且使得水流滞留在表层。尽管上游落水洞处普遍发生渗漏。这种类型的坡立谷很常见，其一般在高山地区发育，这样就给河流提供了丰富的碎屑物源。

9.9.3 构造型坡立谷

构造型坡立谷主要受控于地质条件，与地质条件相关的有地垒或者断陷洼地、不透水岩石内圈层，或者不透水岩体比如白云石等。这些洼地的长轴方向大致沿结构纹理发育，尽管可溶岩中受强烈的均夷作用而使这些构造边界发生变化。构造型坡立谷是非常重要的一种地貌，在它的基础上形成了世界上最大的岩溶洼地。它们在迪纳拉岩溶地区（图6-30）以及其他地区，如土耳其的托罗斯山脉比较活跃的构造地区的坡立谷占据着主导地位。在岩溶化地形中，当地的地下水水位近地表分布（因为下伏岩体的透水性差),该处地貌是河流相地貌(通常是具有阶地的洪积平原)。水流从盆地水力梯度较陡的地方流走,这个地方通常位于断层与可溶岩相接处,沿断层发育上百处落水洞。比如说,波波沃坡立谷的落水洞过水能力大于 $300 m^3 \cdot s^{-1}$(Milanović,2004),在这种类型的坡立谷有大量的钻井资料,分析这些钻孔资料表明洼地底部主要是新近纪陆地的沉积作用以及湖泊沉积形成的不规则的地形地貌(Mijatovic,1984b)。例如在 Duvanjsko 坡立谷沉积物厚达 2 500m。

9.9.4 基准面坡立谷

基准面坡立谷的发育受地下水水位主导,这种类型的坡立谷主要出现在区域潜水带附近(溶蚀使得岩溶地表降低),其成为潜水面的窗口,一般发育在岩溶系统内部或岩溶系统中排泄水流的一侧。因为其不依赖于异源输入或者地质控制,可看作是纯粹的坡立谷。其生成环境可完全是自源背景,输出边界处的地下水水位控制了内陆处坡立谷的延伸程度,即输出边界处的海水或者不透水岩体可能起到挡水坝或者门槛的作用。长期剥蚀作用最终使部分地形高程降至测压水管水位,地下水流必定暴露于地表并形成地表径流。地表径流的侧向活动(而非垂直活动)在地下水水位附近扩展延伸形成窗口,形成内陆冲积平原,完全截开碳酸盐岩(尽管其上通常覆盖有河流冲积层)。

在盆地底部出现季节性或暴雨后的洪水泛滥,这是坡立谷的特点。在某些方面来看,这种洪水泛滥是坡立谷的经典特征,在热带坡立谷和温带坡立谷都可以找到有关第四纪气候变化的痕迹。洪水泛滥时就出现了加速沉积事件——冲积扇的形成(例如 Cerknisko),或者深切河道,改变地表径流和/或地下暗河路径。洪水泛滥的结果就是冲积作用和侵蚀作用,在温带地区,现今已干或者有季节性的洪水泛滥的坡立谷,在更新世的湿冷阶段时期曾经长期有湖泊存在。一个典型的例子就是西班牙安达卢西亚的萨法赖阿坡立谷(Duran Valsero,Lopez Martinez,1999)。这个高地构造坡立谷,下伏基岩为泥灰岩,第四系碎屑物厚度达 60m。溢流出口发育有多个循环,出口内石灰华厚度超过 100m,但大多数石灰华在最近一次的溢出事件中被侵蚀。目前这个坡立谷仅局部存在季节性洪水泛滥。

9.10 侵蚀平原和基准面变化

9.10.1 溶蚀谷和袋形谷

泉水点一般出现在岩溶区输出边缘地带,其受区域或当地水位的控制,而水位主要受控于湖泊或海洋以及流出区域不透水岩石的限制(德语称之为"vorfluter")或沉积。当地下水从可透水层面或碳酸盐岩接触带内渗出时,有些泉水点会产生下切。这些出水的地方比真正的外源基准面稍高一些,也就是严格来说并不是基准面,而是上层的透水岩体。

泉水的溯源消退形成圆形凹地形状的溶蚀谷或者袋形谷。泉水消退既可能是由于重力底蚀作用,也可能是由于山坡滑动,这一过程称为"泉水下切",或者因地下河上的不规则洞穴顶部崩塌,塌陷洼地最终形成一个峡谷,在其上游尽头形成泉水。袋形谷以英国的马勒姆山凹最为典型(Sweeting,1972)。Salomon(2000)提供了来自法国的有趣例子,这些地貌被称为"reculées"(图 9-37)。相似长度的下切峡谷和长宽比差不多的下切峡谷在科罗拉多高原的厚层、抗侵蚀砂岩地层中发育良好,这个峡谷的形成溶蚀所起的作用很小(Howard et al,1988),但是也可能起到了关键的作用。地下水出露地表并径流长达数千米,在内盖夫以及以色列和埃及的西奈沙漠中这种峡谷被称为侵蚀环谷(Issar,1983)。长期剥蚀导致相邻峡谷合并,在地下水水位处形成侵蚀平原,称为岩溶平原(德语称之为"karstrandebene")。然而,在外部河流漫滩发生洪水时也可形成岩溶平原,流水部分是异源补给,部分也(可能)来自岩溶泉。

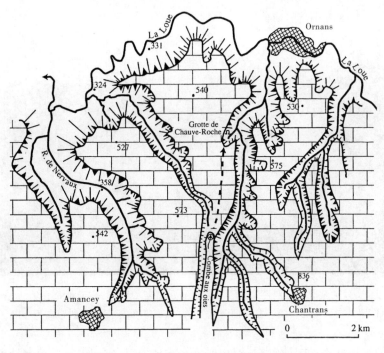

图 9-37　法国岩溶高原上溢流侧的溶蚀谷（引自 Salomon，2000）

9.10.2　基准面侵蚀平原

对世界各地的许多侵蚀平原曾进行过研究，如 Blanc(1992)，Pfeffer(1993)，Sunartadirdja 和 Lehmann(1960)，Sweeting(1995)以及 Williams(1970)等都对侵蚀平原做过研究。尽管大多数与岩溶地形的排泄边界和（规模较小）坡立谷内的侵蚀阶地有关，在水流补给边界处长期受剥蚀也可形成侵蚀平原。当补给边界处的边界坡立谷与地表相连，并与溢流侧的侵蚀平原相接，这样就形成了面积广阔、地形平缓的侵蚀平面。在爱尔兰西部的 Gort 低地是这样的例子（图 9-38），侵蚀平原从输入边界到输出边界连续延伸。

因为侵蚀平面海拔低，所以其通常分布有冲积物。不考虑地质结构，平原下伏可溶岩。当存在隆起、冰川刮蚀或剥蚀（例如马来西亚的 Kinta 谷），平原上的碎屑物被移走，基岩出露，有时基岩面非常粗糙，这是由于沿裂隙切割所致，但是很少或者没有明显的斜坡，这种地形可延伸数平方千米。通过侵蚀而形成不规则的面主要受控于地下水水位。因为没有机械作用，除了有明显的非可溶岩外，地形坡度非常缓（一般小于 0.1°）。一旦地形降到地下水水位波动附近（浅潜流带），邻近的岩溶高地后退，溶蚀残丘消失。即使对于平坦的平原，由于降雨产生的侵蚀性水的持续补给，侵蚀也可在水位附近进行，由于受水力梯度低平的控制，大多数侵蚀活动限制在浅表层范围内。

形成基准面平原这一复杂的岩溶过程曾称之为横向溶蚀均夷作用，但是实际上称侵蚀均夷作用更合适，因为它包含了以下 3 个作用：降雨对突出部分进行垂向溶解、沼泽区的加速侵蚀对山坡进行侧向切割和泉水下切作用。这 3 个作用的相对重要性取决于水文地质条件和生物地理环境，其控制着水的侵蚀性（这在第 3 章和第 4 章中讨论过），冲积物影响近地表岩体的渗透性。温暖气候不是侵蚀平原发育的必要气，更重要的是有一个长期稳定的湿润气候，这样剥蚀地形，使地表接近浅潜流带。

在 Davis W M(1899)的观念中侵蚀平原不是准平原，因为首先其没有地形起伏差不大的地表面，其次这个地面不是同一时代形成的，而准平原认为是同一时代形成的。侵蚀平原有可能在自然剥蚀作用

图 9-38 Gort 低地,侵蚀基准面在西爱尔兰石炭系褶皱灰岩层中延伸,该低地是在第三纪溶蚀均夷和第四纪更新世冰川作用共同作用的产物。照片西北处为 Burren 高原,距照相处的距离为 10km

下而呈现近乎完美的平坦状态,并且在当其到达地下水水位处时,它们平行后退剥蚀而不是自上而下的剥蚀。因此,在被其取代的后退高地底部的形成时代是最新的,在这方面其与山麓缓斜平原相似。

9.10.3 基准面控制

在所有提出的岩溶剥蚀组合中,最终的侵蚀基准面公认是海平面或者是下伏的隔水岩体,如侵蚀基准面是海平面。已经证实岩溶泉可在海平面之下完美再现,如 5.4 节中所述,地下水循环深度相当大。既然岩溶水水化学系统在海水面以下运行良好,并能侵蚀深层潜水洞穴,海平面显然不是岩溶溶蚀的最底面。那么有个问题:最低的活跃通道的深度是多少?

对于基准面的问题最好的解释是关于含水层发育的控制(第 5 章)和洞穴演变(第 7 章)的说明,岩溶的循环系统经历持续的自我调节过程,具体取决于裂缝发育的频率和水力势能。在裂缝发育属于第三态或第四态管道系统时,侵蚀平原将在地下水水位线附近发育,在其之下只有浅层的地下水循环。最初裂缝间距大,随时间推移裂缝增加,大多数的系统呈第一态和第二态,其也倾向于浅层循环,同时水力梯度也有下降。但也有例外,深层潜水循环一旦形成,除非管道被碎屑物封堵外,管道中仍有地下水流动。

(1)侵蚀平原的基准面是地下水水位线。

(2)强烈侵蚀基准面的变化取决于:①深度第一态和第二态的不同系统;②时间(如果裂缝频率增加则基准面深度不大),③洞穴的充填程度。

淡水与咸水分界面的影响在讨论侵蚀基准面时可忽略不计,但在混合区侵蚀作用相当大。

6～5.3Ma 地中海的中新世墨西拿期海平面下降事件,海平面下降了约 2 000m,这一事件影响岩溶的发育。当时大多数地中海干涸,黑海水位下降也相当大(Hsü et al,1973;Gargani,2004)。上新世海水再次从直布罗陀海峡注入地中海,海平面上升。中新世海平面升降导致侵蚀基准面变化,从而岩溶活动活跃,但大流域的河流源头除外。位于塞文山脉(Cevennes)和利翁湾(Lions)之间的岩溶水向 Rhône 河深切的峡谷排泄。当时黑海海平面比现在低约 200m,多瑙河的水补给地下水,通过深部排泄地下水,岩溶活动仍是活跃的(Lascu,2004)。其他如波斯湾和红海也有相似的影响,当低水位时岩溶水向海水排泄。

9.10.4 复活

由于构造抬升或海平面下降导致侵蚀基准面下降,这就会引起侵蚀活动再次复活。构造抬升对已发育成熟的岩溶有3个基本影响:①主要外源河流深切形成深切峡谷;②包气带扩展在峡谷谷底形成上层滞留;③潜水饱和区下移至非岩溶化岩体。一旦水位下降到侵蚀平原之下时,渗入地下的雨水就垂直运移而非侧向运移,溶蚀漏斗下切,在冲积平原中就会发育潜蚀漏斗少崩塌漏斗。由于漏斗的分割,残丘彼此孤立。图9-39显示了塔状岩溶随水位变化的复活过程。这种类型的地貌随着时间的推移逐渐远离大海或河流,地下复活(如多期洞穴的发育)是地形地貌复活的先决条件。

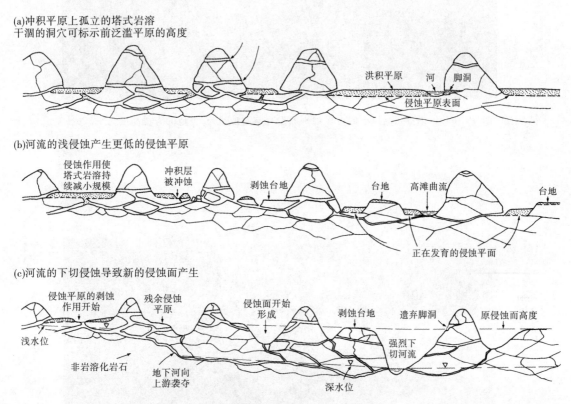

图9-39 从塔状岩溶复活起源形成的网格状岩溶重发育,注意(c):前期孤立的小山丘变成现在锥状的塔状岩溶

图9-40表示的是贵州高原抬升发育的残丘侵蚀平原,在这个地区仍未受到复活河流的影响,河流正在向临近的河谷延伸。中国贵州红水河沿线可发现这种地壳抬升形成的、剥蚀溶蚀产生的侵蚀平原,该平原的水向大化和齐百隆地区排泄,这个地区的岩溶地形起伏粗糙,Song和Junshu(2004)对该地区的岩溶做了详细的论述。克罗地亚的塞蒂纳河(Cetina)和科尔卡河下游也具有类似的侵蚀平原的特点(图9-41)。

9.10.5 淹没

在过去几百年至上千年间第四纪海平面低于现在海平面(Chappell,2004;图10-17)。临近海洋通常在低基准面处存在岩溶作用。当冰期后海平面上升后,会产生以下作用:①包气带变小;②潜水区变大,原有的深部活跃的地下水循环不再活跃;③海岸附近的淡水与咸水分界面上移,侵蚀区扩大;④淹没海边泉,有些泉水点淹没很深不再排泄地下水;⑤海边低地发生沉积,水生的沉积物填充洞穴。

图 9-40 中国贵州高原上的古侵蚀平原发育有溶蚀残丘,当地的海拔高度为 1 200m

图 9-41 克罗地亚科尔卡峡谷处的抬升侵蚀平原,平原缩短地质构造并在河流之上形成岩石裸露的地貌

另外,构造下陷对有些岩溶的淹没也起到了一定的作用。美国佛罗里达州(Land,Paull,2000)、尤卡坦半岛(Beddows,2004)和越南的下龙湾(Khang,1991;Waltham,Hamilton-Smith,2004)就是淹没岩溶(图 9-42)。对夏威夷群岛东南边的水下礁石和早期的岩溶地貌,采用多波束高分辨率海底测量技术和水下录像技术,进行了详细的调查(Grigg et al,2002)。发现在水位以下 120m 处发现有平底陡壁封闭洼地,这证明了水下岩溶作用。

图 9-42 越南下龙湾部分水下塔状岩溶地貌

9.11 岩溶平原上的峰林

9.11.1 塔状峰林景观

分散于平原上的残余碳酸盐丘陵景观通常称为塔状峰林。峰林形态各样,有的呈高陡的塔形(图 9-43),有的呈锥形,也有的呈半球形(图 9-44)。有些是对称的,而有些则不对称,这反映了地层产状或侵蚀的不同。尽管有些峰林从平原上拔地而起,但是大多数仅高出原有的基座。有的是孤立的塔状石峰,有的则是成群出现的峰丛。因此"塔"这个词又包含了各种各样的形式,所以在不同语言中有不同的术语来描述塔状岩溶,这包括 turm、mogote、cone、piton、hum 和 pepino。

峰林看起来都十分壮观,中国南部有着世界上最为壮观的峰林景观(图 9-45)。Lu(1986),Yuan(1991),Zhu(1988)和 Sweeting(1995)对广西桂林的岩溶地貌演化做了详细的阐述。Song 等(1993)和 Chenet 等(1998)合作,就中国贵州省的岩溶研究成果发表了很多论文。

中国地貌学家将平原上独立的塔状丘陵(称为峰林或者峰森林)与平原上有共同岩基的成片残丘(称为峰丛或者峰集群)区分开来。峰丛进一步演化成麻窝状盆地岩溶。塔状丘陵进一步发育,残丘围绕在深大的岩溶漏斗四周(=峰丛-溶蚀洼地),或者这些塔状丘陵被网状干谷分隔开来(=峰丛-岩溶槽谷),槽谷底部被封闭洼地所分割,低矮山坳分隔洼地。

国际文献提出了 4 种类型的塔状岩溶(图 9-46)。

图 9-43 中国广西桂林的高陡塔状石峰,石峰基座下发育有溶蚀边槽

图 9-44 菲律宾 Bohol 岛上 Thousand 山处的孤立锥状石峰

(1) 从碳酸盐岩表面突起的上覆冲积层残丘。
(2) 切穿非碳酸盐岩后,溶蚀碳酸盐岩形成溶蚀残丘。
(3) 冲积层覆盖的地下岩溶突出覆盖层形成的碳酸盐岩峰林。
(4) 不同岩性构成的陡坡基座上突起孤立的碳酸盐岩塔状峰林。

塔状峰林之间的平原不一定完全切断碳酸盐岩地层,尽管常见这种情况。塔状峰林经常会与其他类型的岩石表面一致,古巴的 Sierra de los Organos(Panoš,Stelcl,1968)和澳大利亚昆士兰奇拉戈(Chillagoe)(Jennings,1982)的岩溶就是这样的例子。在塔状峰林之间的平原地区分布有深厚的沉积物,如越南下龙湾(Pham,1985),或波多黎各塔状峰林之间的平原盖了一层砂(当地被称作 mogotes)(Monroe,1968),可能存在第三种地貌,或者是第一种或第二种地貌中发育有冲积层。平原上常因为发育阶地而增加了峰林-平原地貌的复杂性,在表层沉积之上发育阶地,也可在基岩上发育阶地。Zhu(1988)对桂林附近峰林平原的基岩面进行了总结,在多个方面可以看作是全球典型的塔状岩溶,其通常平面光滑,向中心或一侧倾斜。平原上沉积物厚度通常很薄,尽管有的地方厚度可达 20~30m。每年地下水水位波动范围为 3~5m。

9.11.2 塔状峰林演化

Williams 等(1986)研究了桂林峰丛岩溶边缘处的单个塔状峰林的演化过程。这些峰林从漓江冲积平原上拔地而起。桂林塔状峰林中不同高程的洞穴沉积物的古地磁勘测研究报告表明,高出平原面 23m 的沉积物具有正常的地磁极性,但是有的洞穴高于这个高度而沉积物的磁性却相反。塔状峰林低处洞穴中的冲积物,表明峰林基底曾被冲积物掩埋,后又在河流冲刷下切再次暴露地表。这些信息表明塔状峰林因基底下降而使塔状峰丛增高,在过去的 1 百万年里净增高的速率不超过 23mm·ka^{-1}。这个证据进一步加强了中国南方已过化石记录建立的地质年代,高处洞穴中已发现了上新世至更新世中期生活的剑齿象-大熊猫脊椎动物化石群(Kowalski,1965)。因此不难得出这样一个结论,这个区域的塔状峰林是一种海侵地貌,峰丛峰顶的年龄要老于峰丛底部。尽管在地貌演变过程因局部填埋及再次暴露事件,其生成年龄呈现不规则的波动(图 9-47)。

在 Belize,McDonald(1979)证实了位于低处河间地的塔状峰林地貌是由于冲积平原因地表径流造

图9-45 (上)中国广西漓江沿岸的塔状峰林,注意"塔"状峰林有的高陡,有的呈锥状;(中)广西漓江岸边的峰丛平原(Waltham A 摄);(下)广西桂林地区的峰丛(远处地平线处)过渡到峡谷中的塔状峰林

1.灰岩岩体表面的残余山丘

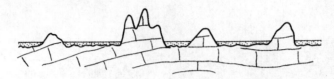

2.残余山丘从灰岩围岩中实现出来

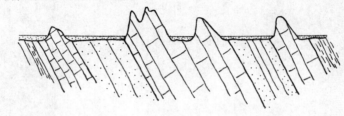

3.残余山丘突立于冲积平面上

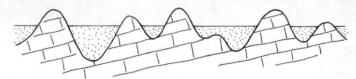

4.塔式峰林发育于各种岩性的倾斜基岩

图 9-46 塔状峰林的类型(引自 Williams,1987)

成的侵蚀而逐渐降低,在低矮基岩斜坡上形成的,斜坡坡角 20°～60°。塔状峰林的底蚀作用通常发生在河水流经的基底或山脚洞穴处,桂林塔状峰林的现场调查也得出相同的结论。

侧向侵蚀的证据是刻痕或刻槽(图 9-48)及崖脚洞穴。Jennings(1976)和 McDonald(1976a)分别测绘了马来西亚 Selangor 和印度尼西亚 Sulawesi 岛孤立的塔状峰林的崖脚处的刻槽和洞穴的分布。Jennings 得出结论,这些刻槽与洞穴出现的频率与所谓的横向溶解下切作用的重要性是一致的。McDonald 对长达 12km 的山脚处的洞穴和刻槽进行了测量,发现洞穴占 31%,部分是洞穴残迹,59% 具有坡麓特征,其形成起源不同于溶蚀破坏的过程。他得出结论(89 页):"侵蚀斜坡,灰岩斜坡后退,这个过程看起来似乎并不均一……但是在山坡上分散的位置发生。"其他地方的观察也发现,横向溶蚀均夷作用的相对重要性取决于残丘的位置:如果是靠近一条河流或者在泛滥平原之上,那么沟槽侵蚀就会显得很重要,但是如果位于阶地之上那么其他斜坡作用就会相对重要。

9.11.3 关于塔状岩溶演化的理论假设

在关于塔状岩溶演化方式这个问题存在分歧,主要有两个假设:
(1)在早期网格状岩溶盆地的基础上形成塔状岩溶(峰林)(峰丛-洼地)的继承性假说。
(2)直接形成。

Williams(1987,1988)和 Zhu(1988)对这两个假设进行了研究,他们得出了相同的结论。Williams 发现这两个假设都能发生(图 9-49),但是前者可能更为普遍。Zhu 的结论认为峰丛洼地和峰林平原是

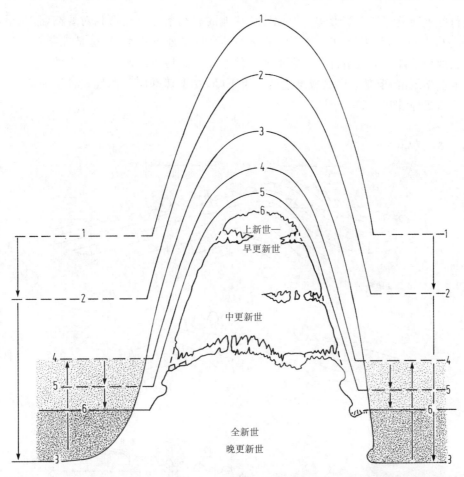

图9-47 桂林附近塔状峰林的演化模型,说明了掩埋和剥露事件与溶解作用降低峰林高度同时进行,早期已废弃的洞穴和新的侵蚀槽及山脚的洞穴标示了现在和过去冲积平原的高程(据 Williams,1987)

图9-48 图9-43处岩溶峰丛基底的刻蚀槽,不同的刻蚀槽反映了当地水位的变化

两种同时进行的不同类型的岩溶形式。形成峰丛洼地的有利条件是地形相对要高，且地下水水位埋深足够大（图9-65）。从盆地岩溶向塔状岩溶演化的动力就是地下水水位，这是控制岩溶过程的一个非常重要的水文地质条件。地壳抬升及水文地质条件变化导致地下水水位产生大的下落，促使塔状岩溶逆向发育形成盆地岩溶；但是细微的或渐近的水位下降，在下切基座及低地侵蚀平原的均夷作用下，促使塔状岩溶垂直延伸[图9-39(b)]。

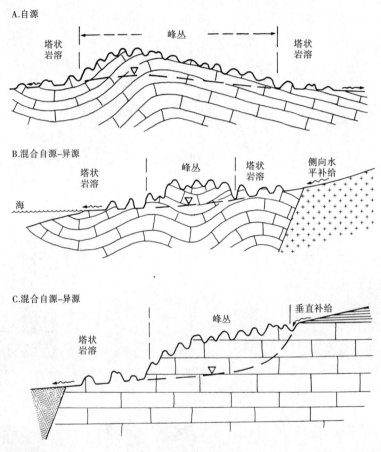

图9-49 自源及混合自源-异源补给相关的峰丛和塔状岩溶的发育模式图（引自Williams,1987）

继承性发育模式和直接发育模式可在相邻地区同步进行。因此就产生了Zhu所提到的岩溶发育的两个同步模式，其发育过程取决于地下水水位的埋深（图9-49）。继承性岩溶发育在地下水水位埋深很大的高地开始。网格状岩溶向下溶解穿过厚度很大的碳酸盐岩地层时，当遇到不同透水性的岩层时，就会形成岩溶漏斗（或峰丛）模式。当这个情况发生时，表层岩溶带与潜水区合并，垂直排水不再进行。洼地的垂直发育中止，而位于表层潜水带的地表岩溶则开始扩大。残丘的位置和形态是继承早期封闭盆地周围山脊的位置和形状。降雨的腐蚀作用使得残丘逐渐减少，因此在侵蚀平原上这些残丘彼此孤立。外源河流穿过岩溶区，周期性的洪水导致均夷作用加强。塔状丘陵底部的形态会因为侵蚀凹槽和山脚洞穴的底切作用，形成了浪蚀悬崖或凹形坡。洪水可增加洪积平原的沉积，并将塔状丘陵的底部埋藏于地下（图9-47）。

通常情况下，塔状岩溶的演化始于侵蚀平原的轻微隆起。如果这个隆起是渐进的且地下水水位埋藏浅，在地壳隆升期间地表河流将会保持；水流逐渐下切，在河间地块上发育成锥形峰林；当地壳隆起中止或者减速，泛滥平原变宽，锥状峰林被分开。但是如果隆起过程加速，排水系统将在地下被袭夺，峡谷会变干涸，由此形成了峰丛-峡谷地貌（图9-31），在缺乏湿地和流水作用的情况下，锥状山体平行后退导致石山变小（Xiong,1992）。如果没有地表水流，但地下水水位埋深小时，在褶皱的两翼沿地下水补给点或排泄点的边缘,交错节理处溶蚀形成的廊道式岩缝将灰岩块隔开。如果这些残块在地下水水位附近变宽,平原上的这些残块就呈独立的塔或塔群。如第一种情况,外源河加速了塔状峰林的形成。

在半干旱地区众所周知的塔状岩溶是直接形成模式。例如,在澳大利亚西北部灰岩山脉,在山前平原上孤立分布的塔状岩溶,后被侵蚀高地所替代(10.2 节)。这种岩溶发育模式没有早期灰岩盆地参与(Jennings,Sweeting,1963)。根据 Brook 和 Ford(1978)描述,这种岩溶与大型溶缝或者加拿大北部地区迷宫式岩溶有相似之处。随着迷宫式溶缝、封闭洼地和小型坡立谷扩大,在不均一的岩溶平原上残留有高达 50m 陡峭的塔状岩溶地貌。

在桂林的岩溶地貌地区,两种塔状岩溶演变模式是同时发生的,但是第一种模式占主导。有两个方面的证据支持这种观点。首先,峰丛洼地岩溶山坡的坡度与峰林岩溶的斜坡的坡度类似;由于继承了早期阶段的塔状岩溶模式,第一种模式是最有可能的。在桂林,Tang 和 Day(2000)发现塔状岩溶斜坡的平均坡度在 60°~75°之间(平均 62.4°)。平均坡度与峰林或者峰丛之间斜坡的坡度没有显著的差异。其次,随着网格状岩溶的发育,地下水水位降低,多期洞穴形成。塔状岩溶中不同高程上发育大尺寸的洞穴中分布有洞穴残余,表明有大型洞穴系统曾发生过分解,因此更倾向于第一种模式。然而,在第二种模式中如果有周期性的地壳隆升发生,就会在坡脚发育多级洞穴。桂林阳朔地区的塔状峰林峰顶轮廓层次分明,表明该地区经历了地壳隆升和地壳稳定的交替过程。事实上,桂林周围的整个岩溶地貌经历了一个漫长的发育历史,这个过程涉及到相当大的构造变化和古气候环境的变化,在桂林地区的不同高程中,白垩系红色碎屑岩不整合上覆于古生代的灰岩之上,包括了塔状峰林边缘也能发现这种不整合面(Drogue,Bidaux,1996)。毫无疑问这个区域存在前白垩纪古岩溶(Yuan,1991)。第三纪和第四纪地壳隆升和气候变化的影响,白垩系红色碎屑岩被剥离,在这一时期形成了桂林地区的岩溶地貌。因此,在中国南部以及世界其他地区,我们都必须承认塔状岩溶发育有不同历史和不同的模式,并不是塔状岩溶的发育都与潮湿的热带和亚热带相关。计算机模拟岩溶演化对这个问题的认识做出的贡献更大(9.16 节)。

9.12 岩溶的沉积和构造特征

9.12.1 溶蚀残丘和灰岩面上的硬壳

在热带至暖温带环境中灰岩露头上常能看到风化硬壳。当富含碳酸盐的水渗入土壤、冲积层或风化岩石,该地区的潜在蒸发量超过降雨量时,就会发生化学沉淀。地表本身可能变硬,这个过程就是表壳硬化过程,可大大增加其强度(如 5.5 节和 7.9 节所论述)。或者在沉积物的顶部附近溶解碳酸盐岩碎屑,随后在下部以文石或方解石的形式沉淀,产生的钙质碳酸盐岩层称为钙质结砾岩(或钙质层或钙结核)。Goudie(1983)、Wright 和 Tucker(1991)以及 Nash(2004)对其本质、成因及分布做了研究。硬壳有粒间分散的胶结物、结核和固结层 3 种基本类型,相当于一种新的钙质砾岩层嵌入到土壤或者台地砾石中。也有这 3 种基本类型之间的过渡硬壳。有报道称硬壳厚度达 1m 的实例,像红土一样通常具有抗侵蚀能力。

波多黎各的 Monroe(1964),古巴的 Panoš 和 Stelcl(1968)第一次认识到硬壳对于岩溶发育的重要性。岩石的硬化可在地表产生一种硬壳,其强度高于内部未硬化的物质,在高孔隙率、力学强度低且还没有完全成岩的地层中,这种硬化作用对岩溶地貌形成起到特别重要的作用。表层硬化增加岩体的强度,增强抗侵蚀和抗坍塌的能力,同时也降低了地表的透水性,孔隙率可降低至 1/10 或更多,因此它是一种包气带成因(2.3 节)。表层硬化区与地形紧密相关(图 9-50),平均厚度 1~2m,但是变化范围为 0.5~10m(Ireland,1979)。

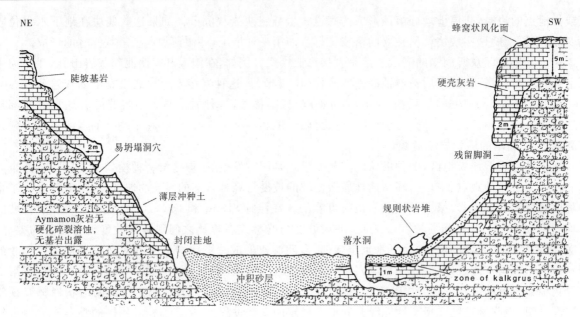

图9-50 波多黎各中北部塔状岩溶的硬壳厚度变化剖面图。注意硬壳在冲积砂层之下延伸,这表明砂层沉积之前早就有表层结壳发生(引自Ireland,1979)

在古巴,Panoš和Stelcl(1968)发现裸露灰岩表面有硬化现象,最厚的硬壳发育在多孔岩体中,尤其是在地表相对古老(前更新世)的地表。在波多黎各,Monroe(1964,1966,1968)认为最厚的硬化层主要位于峰林迎风面,主要是由于干湿交替频繁,以此来解释Thorp(1934)观测到峰林近似对称这一现象。但是Day(1978)的工作表明,这种对称不是简单的迎风、背风模式。Ivanovich和Ireland(1984)认为有两个主要的原因产生表层硬化。在灰岩中化石的含量高达50%时,在溶洞中的主导过程就是沉淀;当岩石中化石含量少于20%时,则以加积新生变形为主导。一种是重结晶过程导致微亮晶持续增加,在这个过程中,整个碳酸盐岩的孔隙率从30%降至5%或更少。他们认为形成厚度为1m的表层硬壳需要1~2万年(假定稳定剥蚀速率为50~100mm·ka^{-1})。

更微妙的表层硬化形式发生在珊瑚礁中,这种岩石的强度比沙丘砂或波多黎各的白垩灰岩大,但是同样具有高孔隙率(取决于沉积相)。珊瑚礁中原生孔隙空间是相当大,直径达数厘米或数分米。表面的溶解导致碳酸盐岩在空隙中沉淀厚度有1m多。带状流石和粉砂(来源于土壤)是常见的沉积物。礁岩上层包气带中的结壳方式使岩体的透水性降低,当土体下伏的潟湖底板中的溶解大于周边暴露的硬壳主礁时,环礁壳抬升可形成"灰岩墙"。桑托群岛(Santo)和南大东群岛(Minamidaito)即存在这样的事例(Strecker et al,1986;Urushibara-Yoshino,2003)。

如前7.9节所述,表层硬壳在风成沉积岩(钙质沙丘灰岩)中特别发育。Jennings(1968)认识到岩化和岩溶化可同时进行,因此,他提出了共生岩溶发育的概念。降水直接降落到沙丘上,这是产生沙丘地表硬化的直接原因,但是异源河流向沙丘另一侧的点状补给则会形成无数洞穴和崩塌漏斗。流水冲刷下伏隔水岩体形成槽状地形将水直接导入洞穴,流入地表的崩塌漏斗(Twidale,Bourne,2000)。

澳大利亚沙丘中,钙质风成沉积岩中的硬化通常以发育垂直管为特征,因渗流沿着树根生长方向前进,所以溶解及再沉淀也沿着这个方向进行。这些管道典型的直径为0.3~0.6m,深度可达20m(Grimes,2002)。在加勒比海年轻的碳酸盐岩群岛中也发现了这样类似的"坑洞"(Mylroie,Carew,1995)。在沙丘中这些管道的一个显著特点是具有硬化外壳且呈线状排列,当管道的顶端断掉,如浮雕一般站立,很容易误认为是石化森林。土体沿垂直方向侵蚀,管道之间的物质溶蚀,而这些管道傲立于沙丘中形成了给人印象深刻的尖锋石阵地形(图9-51)。注意图7-29(b)所示类似的热水鞘状管道。

图9-51 (上)风成砂屑石灰岩(砂质灰岩)中的溶解土管,可能与早期的树根有关(树根排出CO_2)。(下)西澳大利亚珀斯北部的尖峰石阵。这些在硬化的砂质灰岩中的垂直土管中发育方解石胶结物,因海岸带干旱气候主要是风蚀作用剥蚀上覆土体形成

9.12.2 石灰华沉积、石灰华堤坝、石灰华梯田、瀑布华和有机石灰华

岩溶地区的泉、瀑布和河流常有沉淀物生成,这些沉淀物就是有机石灰华和地表石灰华(又称钙华)(2.2 节和 8.3 节)。倒悬的悬崖也可能悬挂多种形态的有机石灰华钟乳石(图 9-52)。发现有多种沉

图 9-52 (上)澳大利亚北领地一封闭洼地(季节性洪水淹没)陡壁上发育球状有机石灰华钟乳石,在雨季洼地淹没深度 2~4m(Karp D 摄);(下)巴西米纳斯吉拉斯州陡壁上悬挂的钟乳石

积物及多种沉积形态。部分是因生物活动的干预形成的,就如有些侵蚀形态的形成一样。这些特征Viles(1984)称为生物岩溶,具体分类见表9-4。Ford T D(1989)、Ford 和 Pedley(1996),Pentecost(1995)对欧洲、北美和小亚细亚石灰华沉积的形成进行了总结。

表9-4 生物岩溶形式的形态分类法(据 Viles,1984)

侵蚀形态	混合侵蚀和沉积形态	沉积形态
植物岩溶(Folk et al,1973)	钙质壳	钙华和泉华
直接	地表硬壳	直接洞穴堆积物
植物岩溶(Bull,Laverty,1982)	湖水形成的壳以及沟系统	月亮石
沿海生物岩溶	退化的石灰华	叠层石
树根挖槽	沟	
动物岩溶		

钙质有机石灰华混有有机质,所以在形成过程中有机物和无机物的相对重要性不明显。法国岩溶科学协会(1981)Chafetz 和 Folk(1984)、Viles 和 Pentecost(1999)以及 Carthew 等(2006)研究了一系列蓝藻菌、藻类和高等植物在有机石灰华聚集过程中扮演的角色。Drysdale 等(2002)调查了影响沉积的水化学因素。这些研究表明,无机物和有机物沉积均有发生,但是有机物沉积过程比之前假设的情况重要得多。

Chafetz 和 Folk 提供了令人信服的证据,在意大利和美国,地表石灰华和有机石灰华堆积物中碳酸盐岩有很大一部分是细菌析出的方解石,超过90%的颗粒骨架由湖泊沉积构成。他们调查研究发现单个堆积物厚度可达85m,并且覆盖数百平方千米。他们得出结论认为恶劣的环境(例如高地热水)有助于无机物沉积,而日益温和的条件有助于有机物沉淀。其他研究人员已经证实了这些结论。Chafetz 和 Folk 也认识到地表有机石灰华堆积有5种环境:①瀑布沉积;②湖泊沉积;③山丘或扇形地沉淀;④梯田山丘沉淀;⑤裂隙沉淀。瀑布或小瀑布的有机石灰华既堆积在有水流搅动的地方,也堆积在藻类和苔藓能容易依附和生长的地方。这些位置的钙华堆积可能形成堤坝和湖泊。西班牙萨法赖阿坡立谷中发育厚达100m的地表石灰华(9.9节),在下游形成一个扇形的巨大挡水坝。

世界上最著名是列为世界遗产的克罗地亚普利特维切湖的有机石灰华大坝(Bozicevic,Biondic,1999;Bonacci,Roje-Bonacci,2004)。在科拉纳峡谷上游6.5km沿线发育16个湖泊(图9-53)。两条主要河流汇合的下游有一峡谷,一条支流流经白云岩地区,并且已经含有有机石灰华,另外一条流经灰岩地区,但没有钙质沉积,饱和指数为3,pH值为8.2～8.4。在已经饱和的碳酸水中增加镁离子会引起超饱和,浓度超过7%,这是因为同离子效应(第3章)。尽管在一个生态系统中,细菌、藻类和藓类所起的作用也很重要,但两条河流的混合可能是产生更多沉淀物的原因(Chafetz et al,1994)。钙华堆积物高达30m,与一个混合大坝共同挡水形成天然水库,最深达46m。在最大的湖中(Kozjak 湖,面积0.815km^2)水面以下4.6m发现一个淹没的坝,这可能是下游的有机石灰华挡水坝向上生长速度更快所致。

土耳其的世界遗产 Pamukkale 地表石灰华阶地是一个著名的例子,该处以无机物沉积为主导,方解石主要来源于地下热水(Simsek,1999;Nicod,2002;Dilsiz,Günay,2004)(图9-54)。此外,令人印象深刻的有机石灰华湖泊是中国四川省的九寨沟和黄龙(Sweeting,1995),也是世界自然遗产。黄龙有机石灰华沉积的速率是 $0.1cm \cdot a^{-1}$(Yoshimura et al,2004)。在阿富汗的 Band-i-Amir 也有类似的湖泊,有机石灰华坝高达20m,沿峡谷延伸15km(Brooks,Gebauer,2004)。

泉水可以孕育出台阶式堆积沉积,水流快速流经水池,这些水池是由有机石灰华形成挡水坝蓄水而成,其类似于洞穴中边石坝。硫酸盐和碳酸盐沉积通常发生在干旱地区自流泉周围,泉水在山丘顶部出

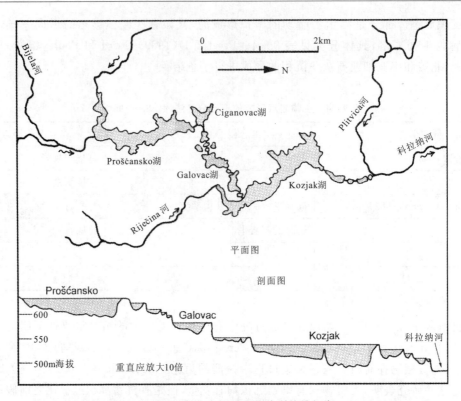

图 9-53　克罗地亚科拉纳峡谷中有机石灰华大坝形成的普利特维切湖（引自 Bonacci，Roje-Bonacci，2004）

图 9-54　土耳其 Pamukkale 热水沉积形成的方解石地表石灰华阶地。沿断层出露的泉水温度可达 59℃，流量达 0.39$m^3 \cdot s^{-1}$。紊流导致 CO_2 溢出，方解石沉积

露，这个山丘也是泉水沉淀形成的，因此称之为丘泉华。目前已知最大的是伊朗的所罗门 Prison 丘泉华，其高度达 69m，在澳大利亚也存在类似的。沿裂缝延伸的山脊，泉水穿过裂缝沿着坡顶上升。相比之下，有机石灰华瀑布沉积可能呈锥形圆屋顶形状，要形成这种形式的钙华需要瀑布式的水流。巴西博多克纳高原（Bodoquena）的瓜伊拉瀑布高达 40m。

有机石灰华和地表石灰华沉积常通过放射性测年法来确定年代（主要是通过铀同位素），或者通过它们中的动植物化石的组合来判定。干旱地区的古泉水对于研究早期人类是很重要的，因为在其附近常发现石器（例如 Schwarcz，1993）。如西班牙中部，阶地记录了古气候的变化（Martin-Algarra et al，

2003;Ordonez et al,2005)。特别值得注意的是西班牙的 Malaga 的一个事例,Delannoy 等(1997)已经确认该处的地表石灰华形成有 6 个明显的阶段,其代表了从墨西拿阶到全新世这一期间的气候事件。Carthew 等(2006)讨论了澳大利亚季风气候中含化石有机石灰华的成因,并强调古气候重建的重要性。

9.13 蒸发岩地区的特点

蒸发岩沉积分布广泛(图 1-3),在不同气候条件下均有不同的岩溶特征。由于其溶解性好(4.3节),盐岩仅出露在最干旱或寒冷地区,诸如死谷、死海、青藏高原和高海拔的加拿大北极群岛。即便如此,个别露头仅限于几平方千米范围。在露头中石膏比盐岩更稳定,但是在年平均降水量低的地方,盐岩中的岩溶特点明显。石膏岩溶广泛分布于美国的中西部和西南部,加拿大的北部地区,俄罗斯和乌克兰的 Arkhargel'sk、Bashkir 和 Perm 地区,中东及中国东北等地。石膏露头可能达数千平方千米。

在俄罗斯和乌克兰进行了许多经典石膏岩溶的相关研究(Gorbunova,1979;Pechorkin,Bolotov,1983;Pechorkin,1986)。Nicod(1976)、Forti 和 Grimandi(1986)、Cooper(1996)、Gutierrez(1998)在西欧进行了相关工作。Quinlan 等(1986)和 Johnson(1996)评估了美国的石膏岩溶,Ford(1997)则在加拿大进行相关研究。全球范围的石膏岩溶由 Klimchouk 等(1996)进行了总结。

蒸发岩地区也具有碳酸盐岩溶的许多典型地貌,包括各种各样的溶痕、漏斗、盲谷和坡立谷。Gorbunova(1979)认为俄罗斯的石膏岩溶地区漏斗分布最广泛,并且在别处已被证实(图 9-55)。蒸发岩中漏斗形成过程的崩塌和潜蚀比碳酸盐岩中的要显著(图 9-56),前者因为层间溶蚀发育程度更广泛,后者因为冰碛物或黄土覆盖(如俄罗斯、乌克兰和加拿大)。然而,完全由溶蚀产生的漏斗也很常见。在得克萨斯的 Pecos 山谷的部分地区、新墨西哥及俄罗斯北部的 Pinega 山谷等地,发育高密度的网格状岩溶(图 9-57)。Sauro(1996)提供了乌兹别克斯坦和塔吉克斯坦之间的 Baisun-Tau 山脉中具有蜂窝状结构的漏斗地貌的空中解译图片。Dogan 和 Yesilyurt(2004)、Klimchouk(2004)与 Waltham 等(2005)说明了土耳其的网格状岩溶。Günay(2002)描述了相关的湖泊和泉水。

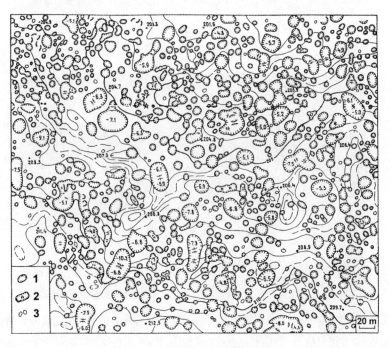

图 9-55 俄罗斯 Pre-Urals 地区的 Iren 河流域典型的石膏岩溶漏斗,测绘面积不到 0.2km²(引自 Klimchouk,Andrejchuk,1996)

图 9-56 （左）加拿大亚伯达北部伍德布法罗（Wood Buffalo）国家公园的岩溶漏斗池塘，这些漏斗是由于白云岩含有的石膏夹层溶解后在地表坍塌形成的（Parks Canada 摄）；（右）加拿大西北地区诺曼韦尔斯附近的 Vermilion 溪漏斗，位于北纬65°，这个壮观的漏斗直径 100~180m，深度近 40m。石膏上覆的钙质页岩在全新世发生塌陷所致（Van Everdingen R O 摄）

图 9-57 （上）俄罗斯 Arkhangel'sk 东部 Pinega 河谷中石膏溶解形成的密集分布的岩溶田和网格状岩溶，远处的树高 5~7m（Nikolaev V 摄）；（下）西班牙索班斯因硬石膏水化形成石膏的过程中产生膨胀形成的石膏篷（Calafora J 摄）

Gorbunova(1979)记录到彼尔姆和巴什基尔的石膏岩溶地区的漏斗的密度分别为每平方千米 32 个和 10 个,尽管有时密度高达每平方千米 1 000 个,而这些漏斗主要位于褶皱的核部或岩性分界处。意大利阿尔卑斯山水力梯度高的地方,漏斗的密度可达到每平方千米 1 100~1 500 个(Belloni et al,1972),而平均直径只有 5m。纽芬兰和新斯科舍密集发育的漏斗或大型岩溶竖井的平均直径为0.5~1.5m,深 0.3~3.3m。21 处不同位置近邻 R 值在 1.5~2.0 之间,也就是说,漏斗有规则地密集分布在一起(Stenson,1990)。假设密度达到每平方千米 10 000 个,但是它们(Pinega 石膏岩溶,俄罗斯的 Arkhargel'sk 附近)局限于悬崖边缘水力梯度最大的地方(图 9-58)。沿着悬崖边缘发育的、封闭的洼地也被看作是岩溶槽沟(Klimchouk,Andrejchuk,1996)。

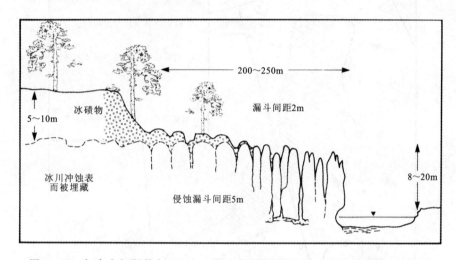

图 9-58　加拿大新斯科舍 Windsor 附近全新世厚层石膏中漏斗发育模型示意图

角砾岩管是石膏岩溶的常见特征,其是由顶蚀作用在层间溶蚀的上方产生(图 9-59)。虽然在碳酸盐岩中发育良好,它们在石膏、硬石膏和盐岩中最丰富且规模最大。角砾岩管可能有 4 种动态/地形状态。

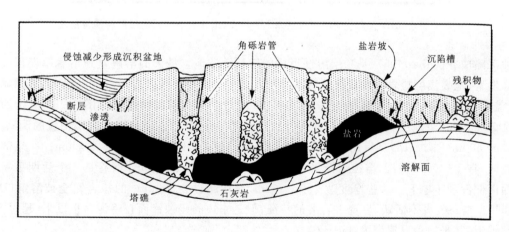

图 9-59　角砾岩管和残积物、沉陷槽和溶解沉陷盆地发育模式图

(1)活跃的,向上扩散至地表,但是还没显露出来。
(2)活跃或者非活跃的,露出地表成为一个封闭的洼地,或者一个具有排泄通道的洼地。
(3)不活跃的,被埋在老地层之下(相当于古岩溶)。
(4)不活跃的,突出地表,这是因为角砾岩(可能胶结)比上覆地层更具抗侵蚀性。

Quinlan(1978)统计了美国发育在盐岩和石膏中约 5 000 个角砾岩管的性质和分布。其直径范围为 1~1 000m,深度达 500m。在萨斯喀切温的钾矿巷道中也有类似特征的角砾岩管(图 9-60),其发育深度可能达 1 200m(即覆盖地层下 1 000m 或更深)。在中国也有许多深角砾岩管。

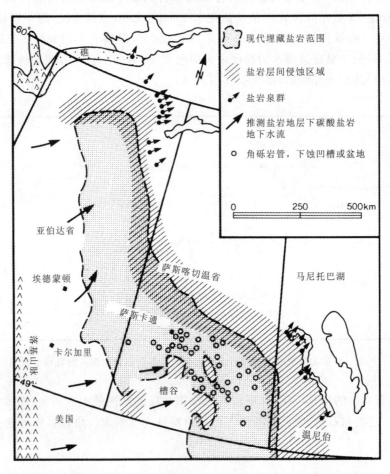

图 9-60 加拿大大草原诸州泥盆系 Elk Point 组盐岩沉积层的层间溶解特征图

溶蚀沉陷槽谷(Olive,1957)是顺层溶蚀形成的细长的洼地。最大的溶解盆地沿着厚度很大盐岩沉积的边缘发育,地表浅层盐岩斜坡代表这种溶解形式(图 9-59)。当盐岩一旦被淹没,则溶蚀就开始发生,上覆盖层(通常是白云岩、石膏/硬石膏或红层)可能马上完全形成角砾岩。图 9-60 所示的是加拿大泥盆系 Elk Point 组地层,岩性主要为盐岩及少量石膏与红层,其在受环礁的阻隔形成的潟湖中生成,厚度达 50~500m(图 2-12)。后期又形成碳酸盐岩和碎屑岩,现深度在 200~2 400m。在东部边缘地区埋深较浅,在 1 600km 范围,溶蚀前锋平均后退 130km。Hummingbird 槽谷是一个后期重新沉积盐岩并在西南侧深埋于地下。这些厚度达 200~300m,面积超过 2 500km^2 的盐岩完全被溶解(De Mille et al,1964)。槽谷发育不活跃,呈现古岩溶的特征,但是东边的侵蚀锋面在晚泥盆世以来(超过 365Ma)一直持续消退,其平均消退速率为 36cm·a^{-1}。

在卡尔斯巴德洞穴南部的石膏平原上有很多小型的溶解沉陷槽,长一般 700~15 000m,宽 100~1 500m,但深度一般 5~10m(Quinlan et al,1986)。较大的沉陷槽谷可能充填陆源沉积物或其他沉积物,因此大多数情况下在地表表现不明显。Quinlan(1978)称之为溶蚀沉积盆地,在许多国家的古岩溶报告中都有提及此类溶蚀沉积盆地。有些洼地塌陷亦然活跃,但表现不强烈,这是因为沉积的速度与沉陷的速度差不多。加拿大(Tsui,Cruden,1984),新墨西哥州、得克萨斯州(Bachman,1976,1984)和西班牙(Gutiérrez et al,2001)有中等规模的溶蚀沉积盆地(长 5~100km,宽 5~250km,沉陷与沉积厚度

100~500m)的文献记载。更新世至全新世,这些地区沉降速率估计5~10cm·ka^{-1}。

9.13.1 底辟或水化作用形成的正地形

盐的密度低(2.16g·cm^{-3}),因此当有大量盐沉积后,在其上沉积密度更大的地层时,下覆的盐则以网络的形式和流动的形式进入上覆地层(2.3节;Jackson et al,1995;Alsop et al,1996)。当盐向上移动接近地表或出露地表时,其以岩株(底辟)、堤坝和岩床(篷)的形式呈现。安第斯山脉(Salomon,Bustos,1992)和西班牙(Calaforra,Pulido-Bosch,1999)有石膏发生底辟现象,这些都不是岩溶地貌,但是却具有溶蚀特征。

底辟作用发生在盖层以下深度2 000~10 000m处,并且局部隆起。墨西哥湾底辟上升的速度估计是0.1~1.0mm·a^{-1},也门西北部的上升速度是4.6mm·a^{-1},以色列的为6~7mm·a^{-1}。现代最活跃的底辟作用发生在欧亚板块交界处的伊朗扎格罗斯山脉地区,板块挤压深部盐岩,使其向上快速突起。伊朗Great Kavir省底辟构造的峰高出沙漠地表1.5km。

地表出露的盐岩底辟构造直径一般2~20km。潮湿气候条件下因地下水侵蚀而消散,由于地表非可溶岩的移动,可形成断裂圆顶山,高度可达100m。在干燥和寒冷地区的正地形可达500m或更高,圆顶山的核部有盐岩出露(图9-61)。

在挤压过程缓慢的地方,盐岩表面发育雨蚀纹沟、冲刷型溶槽和塔状峰林等。在挤压迅速的地方,它就像冰一样流动,形成盐冰川,其具有标准的冰川特征,例如裂缝、冰崩和尖冰拱纹(逆掩断层山脊)等。在扎格罗斯山脉盐冰川每年有几米的位移,比传统高山冰川的流速慢一个或两个数量级。由于盐岩遇水之后重结晶,所以盐的流动是间断的(Urai et al,1986)。当含水量低于0.1%时就会出现盐的流动,因此在最干燥的气候条件下可能偶尔出现这种情况。

在近地表石膏埋藏较浅的地方,水可以进出的开放系统中,经过溶解和再沉淀的水化作用形成硬石膏(2.4节),其体积增加约63%(James,1972)。水化膨胀和(或)新生成的黏滞(底辟)石膏流可形成许多不同特征的地貌。有些地貌如石膏穹隆(下面)看起来仅由水化作用形成,但也可能有再结晶形成的风化壳;在高度变形的红层和白云岩中,石膏的侵入很常见。Macaluso和Sauro(1996)描述了石膏表面风化壳的特征。

石膏鼓丘(气泡或穹隆)是新鲜石膏形成的穹顶,平面上呈圆形或者椭圆形(Breish,Wefer,1981;Pulido-Bosch,1986;Macaluso,Sauro,1996)。小的石膏鼓丘直径只有几厘米,但是大多数文献中记录的直径2~10m,高度可达2.5m(图9-57)。在压应力和剪应力作用下形成的这些水化特征,使石膏风化壳同下伏的石膏或硬石膏分离。Stenson(1990)研究了加拿大新斯科舍一处废弃石膏开采场底板石膏的变化情况(该开采场在35年前被废弃)。在面积只有几公顷的范围内有69个新的石膏鼓丘出现,直径为0.8~8.2m。水合作用很明显,但这个过程也可能因人工开挖导致静岩压力释放的机械"弹出"而有所加强。

新墨西哥石膏岩溶穹丘规模更大,直径达200m,高达10m。穹丘核部是由石膏和不可溶的残渣组成,扰动的白云岩或碎屑岩层或钙质结砾岩壳附在环形圈的周围。Bachman(1987)认为这是地表溶解残余,由于溶解作用导致上覆不可溶的残余塌陷,穹顶是一部分溶解残余。

由Van Everdingen(1981)、Tsui和Cruden(1984)对加拿大北部石膏地形中的神奇穹顶和背斜做了描述,俄罗斯的Arkhangelśk石膏地区也有类似的特征(Korotkov,1974)。在大多数情况下,这些穹顶的长度或直径范围在10~1 000m,高达25m。大多数岩体非常破碎,隆起和滑动导致块体移动,在极端情况下因大的块体上推可形成巨角砾岩。文献记录了加拿大石膏背斜两翼陡倾,沿湖岸延伸长度达30km,穹高达175m,其顶部以结构混乱和发育沟渠状轮廓为标志(Aitken,Cook,1969),这可能是由于在后冰期冰荷载快速变化过程中引起石膏水化或着底辟注入形成(10.3节),这在现代冻土地区广泛存

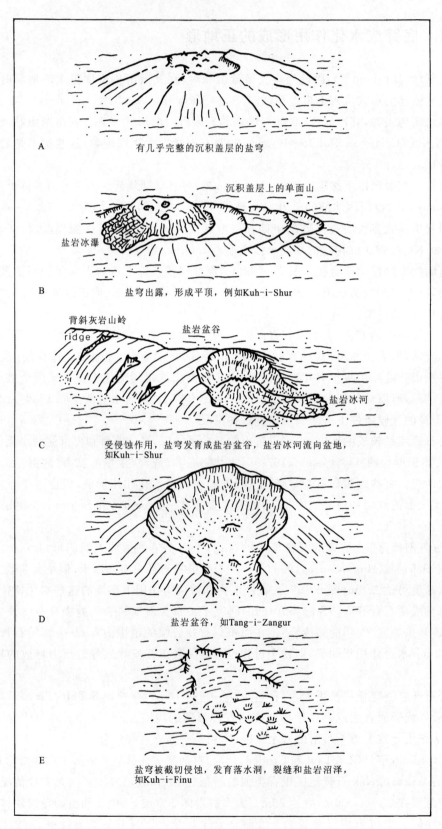

图 9-61　伊朗 Laristan 沙漠中的盐穹地表形态(引自 Jennings,1985)

在,因此,地下冰聚集在最初的断裂中可能导致膨胀和其他位移。

在加拿大北纬 66°的麦肯齐河峡谷下伏约面积有 50 000km^2 的白云岩和水化石膏层序,厚度一般 250～300m。在山脉的另一侧露头,水化和溶解作用使该石膏地层厚度变小,并形成多相的白云岩角砾岩,方解石和少量残余石膏胶结角砾(图 2-9)。在新露头处石膏层的厚度为 140m,随海拔的增加厚度逐渐变薄,最终在更高的山上则石膏层的厚度为零。顶部数米因蒸发沉淀进一步硬化成硬壳,当坚硬的壳破开,溪流能够向下穿透冻土层厚达 50m,这就形成了壮观的"溶蚀褶皱"地貌,硬壳碎片倾斜,并滑到岩溶洼地中(Hamilton,Ford,2001)。

最后一类正地形特征与蒸发岩岩溶有关的是落水洞中胶结充填物或角砾岩管中的胶结充填物。当周围地层被侵蚀后,充填物以残留山丘的形式出露。角砾岩管残留物直径通常有几十米或几百米,一般高出地表 5～40m。在俄克拉何马州西部平原进行测绘,发育有 1 000 多个这样的山丘(Fay,Hart,1978)。该地区的环形(中心洼地)低矮丘陵,认为是漏斗的充填物,而不是角砾岩管内的充填物(Myers,1962)。

新墨西哥卡尔斯巴德洞南部的石膏平原中的 Castiles 小山,主要由不规则的次生方解石构成,为高出平原 3～30m 的陡坡(Kirkland,Evans,1980;Hill,1995)。在 H_2S 生成开始的时候,这些方解石在 Castiles 地层底部局部置换石膏(见 3.6 节;图 3-11),沿着平原边缘带优先溶解残余石膏而出露地表。

9.14 石英及其他岩石的岩溶特征

硅酸盐岩的溶解形成不同规模的地貌,从小型溶沟到大型封闭的洼地地貌都有。尽管较大规模的地貌一般归因于机械剥蚀作用。Robinson 和 Williams(1994)描述了欧洲的这种地貌,Wray(1997)总结了世界上的同类地貌。硅酸盐的溶解主要分布于温带地区和热带地区,这些地区长期以来的化学侵蚀作用产物并未受到类似于冰川作用这种活跃的外力作用影响,尽管在寒冷地区的石英砂岩和石英岩的溶痕更有显著。节理及其他裂隙使得水可以入渗石英岩中,然后沿晶体边界发生溶解。

Martini(1979)认为石英岩上通常不可能形成岩溶地貌,因为松动的石英颗粒需要外动力作用才能移动。然而我们在 1.2 节就解释过石英岩由于溶解作用形成特定的地形,那么这些地貌可称作岩溶地貌。但是当水流作用参与了这种地形形成过程时,则称为河流岩溶。在普通流水区与岩溶地貌区的过渡地段,石英岩和硅酸盐岩的这种溶蚀清晰可见,在大多数情况下有水流痕迹残留于地表。在石英岩上鲜有高密度的表面岩溶带出现,也即是说明溶蚀限制在大的断裂和层面内,因此石英岩的岩溶相对匮乏。

9.14.1 玄武岩、花岗岩和石英岩溶洞

虽然石英和硅酸盐矿物在地表压力及温度下难以溶于水(见第 3 章),若给予充足的时间,并且不消除类似于冻融与砂石摩擦之类的竞争因素的影响,那么分解作用会逐步显现,这种作用通常体现在溶蚀坑和水力控制的线状溶蚀形态,如圆润状溶蚀沟和雨蚀纹沟。这些作用和现象通常在法国 Brittany 的新石器时代的史前花岗岩纪念碑的凹槽上找到其形成的蛛丝马迹。在纪念碑上雨蚀纹沟以每千年几十毫米的速度生长(Lageat et al,1994)。参照 Williams 和 Robinson(1994)研究欧洲硅酸盐岩岩石上风化凹槽,新西兰北部这种潮湿温暖地域的玄武岩上也通常分布圆润状溶蚀沟。

Martini(2004)总结了硅酸盐岩溶的相关研究,他认为最为壮观的岩溶地貌皆由覆盖层之下的岩石经风化形成,也就是沿节理和层面逐步形成砂和土的过程。他认为沿软岩发生深部风化,中等或没有风化的突出石英岩是形成不规则石林的原因(图 4-10)。他还提到在气候干燥地区,石林表面附有氧化铁或者蒸发后发生沉积形成蛋白石。据估算,在南非以这种方式形成的石英石林的时间不少于 200 万年。

9.14.2 石英岩内的洞穴和封闭坳陷

多数石英岩溶洞是在流水作用下发生溶解和机械侵蚀共同作用下形成的,因此其是流水岩溶,溶解使节理和层面变大,在水流通道扩大的初始阶段很重要,但是在地表温度和压力下,流水的机械作用是通道扩大过程的主要因素。然而,石英中的溶洞并不是纯粹的岩溶地貌(热液溶解形成的石英溶洞除外),因为它们主要是由溶解作用形成,在洞中有时会形成硅酸盐洞穴堆积物,因为其基本上是溶蚀的产物。

洞穴群靠近石英岩构成的高原峭壁边缘,尤其多见于坡下地段,其形成常与卸荷裂隙与重力构造有关(见7.3.10节;图7-18)。Martini(2004)认为这些洞穴在复流后继续延伸的长度不超过数百米,尽管也存在延伸长度达数千米的特例,例如委内瑞拉的罗赖马州河畔就有10.82km长的洞穴(Urbani,2005)。这类洞穴大多与高原边缘近平行或者紧邻高原边缘,在高原中心地带则不发育。张开的裂缝捕获地表溪流形成洞穴,这种洞穴的成因具侵蚀性特点。大多数石英洞穴是在包气带中且仍具有活性,尽管废弃洞穴的干燥程度是众所周知的。裂隙通常将水导入地下至石英岩地层的底部,洞穴可能沿着与下伏隔水层接触带发育。深度风化的石英岩中发育管道,将石英岩转变成脆弱砂岩的过程就形成洞穴,这个过程如图4-10所示。这包括两个步骤:首先是风化,其次是砂石的机械移动。风化阶段可能是相当慢长,而第二阶段的开始则需要由地壳抬升或区域上河流的下切作用触发,因为其需要的水力梯度大,足以产生速度大的紊流,携走或搬运砂子。砂子的搬运以泉水点开始并向下游延伸,因此在石英岩中的大多数洞穴都具有渗流特性。它们一般优先在有较高水力梯度的地方发育,并沿早期风化的裂隙产生机械掏蚀作用。大多数情况下,洞穴的断面呈矩形,有些则呈低矮的拱形。据Martini(2004)观察,这种洞穴宽窄变化很大,在下游部分的洞穴尺寸大小从1m不到至10m。他认为这一现象是由石英岩风化程度不同所致。在委内瑞拉(Urbani,Szcerban,1974;Pouyllau,Seurin,1985;Galan,Lagarde,1988;Briceno,Schubert,1990;Smida et al,2005;Urbani,2005)、巴西(Correa Neto,2000)和南非(Martini,1987)、澳大利亚(Jennings,1983;Wary,1997;Young,Young,1992)以及非洲撒哈拉(Busche,Erbe,1987;Busche,Sponholze,1992)都发现了这种类型的洞穴。

硅酸盐岩中大部分径流是在地表运移,因此封闭的洼地主要出现在高原边缘一带。这些形态包括浅的孔,张开节理中发育的裂谷凹坑,以及洞穴之上发育崩塌漏斗(图9-62)。在委内瑞拉前寒武纪的沉积石英岩高原上,这样的漏斗直径可达300m(Pouyllau,Seurin,1985),在落水洞之下发育规模很大的洞穴,洞穴最深可达383m。尽管锅状溶蚀规模大,但是石英岩上还没有发现明显的表层岩溶带,因此,产生溶蚀漏斗的水文环境没有呈现出来。据报道位于委内瑞拉和撒哈拉石英岩中的封闭洼地的面积达数平方千米。从形态学上讲,它们与浅盲谷类似,但是它们完全是自源成因,溶解作用在它们生成的初始阶段影响巨大。

9.14.3 残存塔状地貌和蜂巢状山

沿节理向深部持续风化形成通道,使得地表冲刷侵蚀作用能够进行,并且将细小的颗粒沿该通道带走。经过这种作用,交叉节理断面扩大,形成塔形残丘,高度至少有30m(图4-11),尽管难以测定其形成年代,但形成这种高度的残丘需数百万年的时间。这些"废城"其形态与白云质灰岩的岩溶地貌类似,在澳大利亚北部的阿纳姆上元古界硅质胶结砂岩(Jennings,1983;Wray,1997)和委内瑞拉的沉积石英岩高原的地貌特征相同(Briceño,Schubert,1990)。碳酸盐岩岩锥与塔状岩溶的类型受岩石的结构特性控制,尤其与岩层和裂隙发育的密度有关,这种结构同样也影响石英残丘地貌,这些残丘形态有小型的蜂巢状,到大型的塔状形态。然而,回顾9.11节关于塔状岩溶地貌成因的论述,石英岩的塔状地貌是在早期灰岩岩溶盆地的基础上发育形成,这一点是毋庸置疑的,主要是通过直接的径流过程形成,该种过

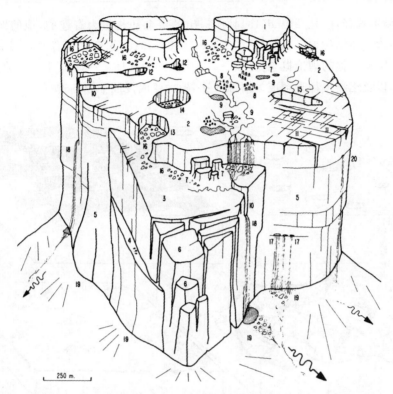

图 9-62 委内瑞拉罗赖马组小型石英岩高原上的典型地貌和水循环。从高原中心地带的地表径流沿高原边缘的裂隙下渗：1. 残余的早期侵蚀面；2. 小型高原地表；3. 较低平台；4. 岩架；5. 陡崖；6. 在高原边缘处的大型岩塔；7. 石塔和蘑菇；8. 在渠道系统中的小型石塔；9. 溪流与池塘；10. 高原边缘处的峡谷和裂缝；11. 裂隙；12. 洼地；13. 陡崖后退形成的洼地；14. 坍塌洼地；15. 沿裂缝发育的竖井；16. 崩坡积物；17. 复活的洞穴；18. 瀑布；19. 崖脚碎石堆；20. 沿层面张开（引自 Galan, Lagarde, 1988）

程充分利用了风化节理网络。尽管在石英岩地区有"废墟"与蜂巢状山地貌，但这种地貌的形成初期，石英溶蚀起到了至关重要的作用。这种地貌并不是简单的岩溶地貌，在这种地貌之下没有地下水，虽然如此，在生态学上这种石英地貌类似于干旱地区的灰岩景观（缺水状态），是因为石英的溶解度低。

9.15 潮湿地带碳酸盐岩岩溶地貌的演变顺序

9.15.1 早期观点

20 世纪之交，美国地貌学家 Davis W M 提出的"正常"地貌中的侵蚀循环的观点在世界地貌学术界影响很大。处于迪纳拉岩溶地区的典型位置的维也纳，有欧洲最著名的地貌学家 Albrecht Penck 及其学生 Jovan Cvijić（图 1-5），其中 Jovan Cvijić 被认为是现代岩溶地貌学之父。其提出的我们现在认为的古典岩溶地貌为岩溶地貌演化提供了启发。1899 年，在 Davis 陪同下，Penck 与他的学生一起去调查波斯尼亚和黑塞哥维那的岩溶地貌时的兴奋和刺激感是不难想象的。Roglić(1972)认为这次两位杰出大师的会面对于地貌学的长远发展具有很重要的意义。但我们也不可否认，关于岩溶研究最有影响力的著作早先已于 1893 年由 Cvijić 出版。

Penck 和 Davis 都认为岩溶作用之前发生了河流侵蚀事件，这个观点也得到了 Cvijić 的支持。但问题是如何识别岩溶地貌发育过程中所经历的各个侵蚀阶段。虽然 Richter(1907)，Sawicki(1909) 和

Beede(1911)最先做了解释,但是 Grund(1914)所提出的概念却是最为有趣的,他的地貌演变理论既包括了有着第一手经验的迪纳拉地区,也包括了 Daneš(1908,1910)的论文中有关牙买加和爪哇岛上的热带潮湿岩溶区域的资料。他的理论概念见图 9-63,在该图中描述了一个漏斗在经数代变迁,经历了个体扩大、联结合并,以及逐渐损耗直至成为溶蚀残丘,最后变成侵蚀平原的过程。

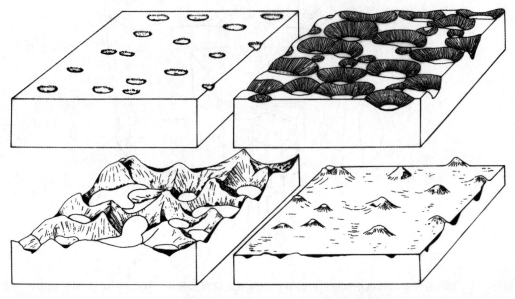

图 9-63 据 Grund(1914)所得的岩溶周期示意图

Cvijić的思想主要是围绕岩溶演变的问题,在他 1893 年的专著里就提到了从漏斗到合成洼地再到坡立谷的发育顺序的理论,但是直到 1918 年他才将岩溶形态演变以及其与地下水文的关系的观点发表出来。他在著作中,将注意力集中在岩溶的水文区域内,并指出即使基准面没有变化,地下岩溶的演变依然能够进行。这是因为岩溶作用本身会导致水文区随着岩体的透水性逐渐增加,整体降低水文区。Grund(1914)尝试着建立一个通用的模型,而 Cvijić提出的关于岩溶演变的概念只是针对迪纳拉岩溶(图 9-64),Grund 的模型是假定灰岩的厚度是不确定的,但明确表示了地壳抬升和水文条件的再次复活,而 Cvijić注意到渐次发育最后在下伏不透水层处尖灭。

这些早期的地貌学家所提供的概念化框架一直被大众所奉行,直到气候对地貌演变有关键性影响的观点出现。这个观点始于 Lehmann H 在 1936 年出版的一系列围绕爪哇岛岩溶地貌演变的观察研究。每处地貌都与特定的气候有关系。Zhu(1988)在中国桂林所做的亚热带潮湿峰丛和峰林岩溶的演化过程的图解就是一个很好的例证(图 9-65)。

9.15.2 备选的概念化模型

对于拟建岩溶演化过程模型存在的难题之一是:这个模型不能包含所有的水文地质条件和地貌环境。Klimchouk 和 Ford(2000)对早期岩溶活动及中期岩溶活动的相关性做了全面的总结。在此,我们将注意力集中在后期形成的地表形态发育上,岩溶侵蚀作用可能始于以下 3 个原因之一:①受不透水岩层保护的非岩溶化的致密岩石发生抬升时;②无上覆盖层的原生孔隙率高的非岩溶化岩石抬升时;③前期处于侵蚀阶段的岩溶化岩石抬升时。

在第一个情况里存在着两个重要变化(图 9-66):(1a)地层呈水平或倾向上游,从泉水点(排泄边界)向上游剥蚀上覆不透水盖层;(1b)地层倾向下游,上覆盖层岩石向泉水点边界剥蚀。

地质条件复杂、构造作用强烈的地区,通常可细分为如上述所说的两个或多个简单的区域,尽管在

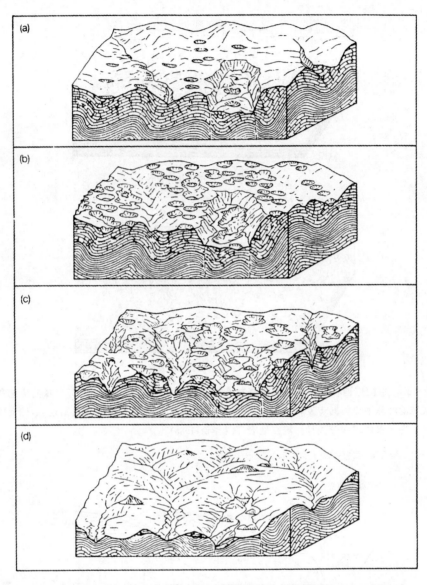

图 9-64 Cvijić(1918)提出的岩溶演变过程概念图

岩溶过程中受地壳持续抬升和褶曲影响呈现出一个特殊的问题,陡倾地层中的剥蚀岩溶增加了岩溶地层厚度的复杂性。

1. 情况 1

情况 1a:重点是当在输入边界与输出边界之间建立地下水联系后,才会出现地表岩溶的规模大于地表溶沟的规模。在水力势能和通过自源溪流的深切形成的输出边界后,开始剥蚀上覆盖层岩石,下伏的碳酸盐岩地层开始暴露地表。当第一级点状补给在输入点处发育时,在这个地方从第一个补给点到排泄点之间的连接就建立起来。当上覆盖层向上游方向后退时,形成后一级新的连接,如图 7-9 所示的沿线就生成新的漏斗。在此阶段,岩溶呈多个补给点和多级方式发育,如果局部基准面变化,那么就发育多个高程的溶洞。上覆岩层在剥蚀过程及完全剥蚀之后,表层岩溶带由此形成。最初溶蚀漏斗按预定的大小生长,但是其扩展也会受到限制,或者在表层岩溶带中新的渗流线路上分解成新的子漏斗。在裂隙密集发育且上覆土体厚度很薄的地方,弥散型自源补给进入裂隙,同时在表层岩溶带中缺失重要的毛细管屏障时,这种条件可促进岩溶田的发育,而漏斗则不发育。

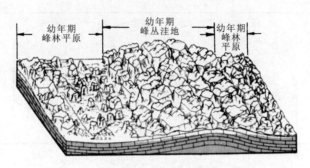

峰林岩溶地貌开始形成

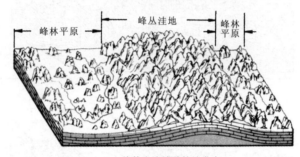

峰林岩溶地貌持续发育

图 9-65　中国广西桂林湿润亚热带峰林和峰丛岩溶地貌。注意后续发育为峰丛洼地和邻近区域的峰林平原的同步发育提供了条件。峰丛洼地生成于水位埋深较浅的地方,然而峰林平原出现于水位埋深较浅且河流在地表(据朱学稳,1988)

情况1a　侧向剥蚀

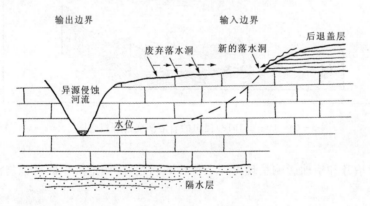

情况1b　下切剥蚀

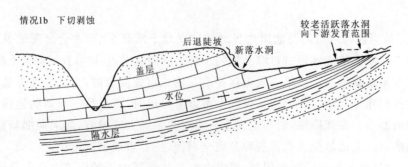

图 9-66　上覆隔水盖层时致密碳酸盐岩抬升时岩溶演化
情况 1a:地层水平;情况 1b:地层倾向下游

情况 1b：这些原理同样适用，但是存在某些重要的变化。因为地层倾向下游，灰岩首先在上游一带出露。连续的补给沿着接触带向下及下游方向迁移。因此剥蚀向着泉水方向前进，直到进入先前已建立的深度大且透水性好的包气带中。任何下伏的不透水岩层也首先在上游边界处暴露，因此岩溶区作为输入边界向下倾斜。情况 1a 中最古老的地表形态离排泄区最近，而情况 1b 里却离补给区最近。

情况 1a 里的例子可以在英格兰的约克郡及德比郡，爱尔兰的弗马纳郡，法国的多尔多涅州，美国肯塔基州东部、田纳西州和弗吉尼亚州找到。情况 1b 里最著名的例子是肯塔基州的猛犸洞-落水洞平原区域(图 6-14、图 7-11)。这个区域中地貌的变化如图 9-67 所示。在这些情况下，地貌演变往往是按顺序演化而非循环演化，因为碳酸盐岩的有效厚度有限，且一旦侵蚀作用将它们移除，则岩溶不会进一步发育。

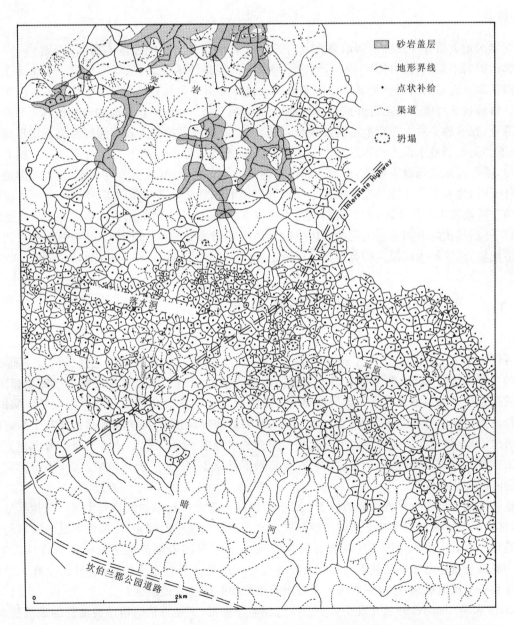

图 9-67　猛犸洞-落水洞平原区地貌图，该图呈现了封闭的洼地结构变化，从上覆砂岩盖层剥蚀形成 Knobs 中最年轻的点状补给洼地到下伏不透水岩层暴露时出现的上倾最古老的暗河边界，这个情况如图 9-66(1b)所示，而地下水文条件如图 6-39 所示

2. 情况2

我们可想象得到更新世冰期低海平面期间珊瑚礁暴露在广袤的地面上。这是早期成岩的一种情况,将在第10章进行详细的讨论。这种岩石中发育各种类型的孔隙,其孔隙率高,提供了从补给区到排泄边界的水文联系通道。岩体的渗透系数高,在空间上变化相对小,表层岩溶带中保水性是最小的。大多数洞穴发育在潜水位一带以及淡水与咸水分界面处,尽管冰期海平面的波动变化迫使这种活动位于不同的高程部位。因为原生孔隙高度发育,所以这种类型的自源岩溶不太发育。尽管剥蚀作用使透水的内围层暴露出来,然后异源河流的点状补给将这种形势转换成第四态的岩溶洞穴(见图10-21),盲谷合并形成内陆低地(小型坡立谷)。洞穴上方的坍塌成了常态,但是溶蚀漏斗洞罕见。热带太平洋上的库克岛就是这样一个有趣的例子(Stoddard et al,1985,1990)。

3. 情况3

早期岩溶地表抬升导致新的岩溶演化具有强烈的继承性。早期侵蚀基准面抬升(图9-38),或者是地形起伏的岩溶地形抬升(图9-40),但每一种情况都能排泄地下水,从而提供了一个将地下水补给区和排泄区联系起来的瞬时渗流区。任何继承的地貌都会引导径流进入地下,导致表层岩溶带中岩石的溶解。溶蚀残丘可能不是新合并的岩溶的地形分水岭[图9-39(c)]。轻微的地表抬升导致新的侵蚀平原的发育,在这种平原上发育前期侵蚀残余,如阶地。而当地表抬升大且有同源河流下切形成深切峡谷,河流下切到前期潜水带中的岩溶基准面之下。新的渗流路径会悬挂于主干河道之上。随着峡谷向下游延伸,峡谷河床坡降越来越陡,而地下的侵蚀则向上游方向延伸(地下节点后退)。当上游地下水水位逐渐降低时,地表下切才能发生。因此地下岩溶作用的恢复是地表岩溶恢复时的一个至关重要的前峰。有两个阶段发生水位下降:首先是先前主干河流下切期间,原来的饱水带在重力作用下排泄地下水导致水位下降;其次是前期非岩溶化的岩体中次生透水性增大导致水位下降。位于中国的贵州高原边缘的岩溶地貌,是这种生成模式的典型例子(Smart et al,1986;Song,1986;Ahnert,Williams,1997)。

9.16 岩溶地形进化的电脑模型

读者可参考Ahnert(1996)关于建立地貌模型的讨论。第4章主要讨论的是过程模型。而6.11节里涉及的主要是水文模型,在9.7节则主要描述的是岩溶地貌的二维静态特征的形态测量模型,9.15节讨论的是基于经验观察及代表作者所理解的岩溶演化过程的概念化模型。这些模型是现实的代表,试图囊括地形地貌的所有基本元素,而忽略了无关紧要的细节。然而,因为模型是代表某个静态时间片段的岩溶地形地貌,我们不能确定地形演化相关因素的相对重要性。所以,本章节我们考虑建立三维数字模型来模拟地形,模型的建立是在前期研究成结果的基础上,根据一般原则来设计,从而研究影响岩溶地貌随时间变化的因素。

盆地岩溶地形剖面很早就认为类似于正弦波。以此为起点,Brook(1981)开发了一个地形地貌的三维模型,这个模型代表沿裂隙相交叉的岩溶形式。波长等于主裂隙的间距,而振幅由纵向溶解与横向溶解之比确定。后者主要依赖于气候和岩石的强度,Brook对封闭岩溶洼地采取深度与直径比来建模。通过改变深度与直径之比以复制不同形态的岩溶地形。这是一个有意义的尝试,但是没有一个内置的进程功能和一个反馈机制,所以不能深入了解影响地形随时间变化的因素。

Ahnert和Willams(1997)开发了一个三维过程响应模型,一是评估岩溶地貌演化的最低要求,二是评估不同的起始条件对最终地貌形成的影响,三是评估不同的地貌类型是由于不同环境造成的,还是仅仅代表不变条件下的一个连续的过程。这个模型以测试包括地形因素、结构因素、径流汇聚因素和初始地表的坡度因素变化对溶解速率和位置的影响。由于径流汇聚导致局部溶解速率较高,这足以解释溶蚀漏斗和网格状岩溶盆地的形成,但是不能解释锥形岩溶或塔状岩溶的形成,因为径流发散点上溶解速率更低。在不同的模型中,锥形岩溶或塔状岩溶并不能直接形成,而总是在岩溶残丘的基础上发育。这个结果对我们认识塔状岩溶的演变有着重要的作用,显然这是对 9.11 节假说的理解。为解释模型地貌的演化,除了雨量充足可产生溶解外,一般不需要考虑任何气候因素。

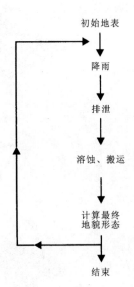

图 9-68 代表一个时间单位中地形地貌演化的过程响应模型(据 Ahnert, Williams, 1997)

Ahnert 和 Williams 的模型过程响应单元的主要构成如图 9-68 所示。这个模型适用于一个简单的自源岩溶系统,其代表灰岩地块抬升,并且这个灰岩地块中的地下水的补给与排泄路径早已建立。所有的雨水通过这个系统时没有地下水的溢出,也不存储地下水。溶解的速率与径流量成正比。模型表面由固定平面坐标和高程变量组成的一个 X-Y 网格。径流流经最陡的坡度,相邻 8 个节点内是每个补给点的雨量活动(图 9-69)。地下水下降至地形的最低点。

图 9-70 表示模型中径流的结果。在这种情况下,时间为零时($T=0$)的初始表面是水平方向,但有些是随机变化的。在点线所表示的 $Z=440$ 代表基准面。当在时间 $T=9$ 时,低处汇集水流,侵蚀导致溶蚀洼地的发育。当在时间 $T=45$ 时,岩溶洼地底部达到侵蚀基准面(现实中的水位);当 $T=69$ 时,有些洼地的底部在水位处变大,直到 $T=99$ 时,地表进一步下降,在基准面上相邻漏斗合并。模型的结果显示,由水流汇聚引起的局部溶解速度快,这足以解释漏斗和格状岩溶洼地的演化,但是不能解释锥状岩溶和塔形岩溶的演化。

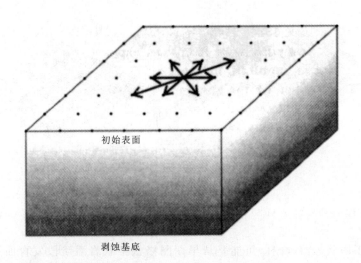

图 9-69 模型上初始表面的点代表径流可能的 8 个方向(据 Ahnert, Williams, 1997)

图 9-71 表示了一个更加复杂的演化过程,侵蚀基准面是斜的,并增加了径流的分散效应。从给定点的水力坡度的方向来测量模型中的分散性(图 9-69)。最高处最大值是 8,而倾斜面上是 3。在某种程度上,降雨量的增量越是分散则在某一个点上的溶蚀剥蚀的效果就越差。在这种模型中,局部剥蚀作为一个向坡下径流的函数进行编程。当高处的径流呈分散状时,会导致溶蚀强度降低,当低处形成汇流时,溶蚀强度增大。运行这个数字模型时,当 $T=20$ 时,漏斗演化成岩溶盆地;当 $T=59$ 时,演化成锥形洼地的岩溶盆地。岩溶盆地中径流汇聚在底部水位一带时,就形成一个倾斜的侵蚀平面,当 $T=98$ 时非常明显。进一步就会看到侵蚀平原上发育孤立的锥状岩溶($T=150$)。这个模型的结果清楚地指出径流的分散或汇聚效应对溶解剥蚀空间变化的重要性,这个模型对灰岩溶盆地(峰丛-洼地)演化的地

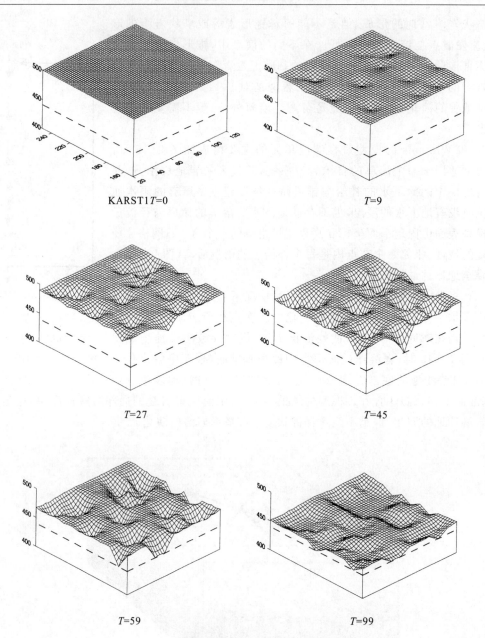

图 9-70　运行过程-响应模型(KARST1)模拟选定的时间单位岩溶地形的演化(引自 Ahnert,Williams,1997)

形表述,同时也说明了塔状岩溶(峰林)可能是从早期网格状锥状岩溶阶段发育而来。然而,这个模型关注的是一个点上的无限渗透能力,在这个地方径流渗入地下,产生圆形岩溶洼地。相反沿着裂缝渗透性增大时,就在岩块之间产生相交节理廊道(Telbisz,2001),是石芽还是高原这取决于假定模型的规模。

Ahnert 和 Williams(1997)还探究了基准面突然下降的模型运行(模拟地壳抬升)。如图 9-71 所示,当 $T=150$ 时发生地壳抬升,第一循环的残丘变成了第二循环中山的最高点。这可以从中国贵州抬升的岩溶高原中形成的峡谷可得到证明。

岩溶地形模拟还处于最初阶段。从这种方法中可以学到很多,因为建立的过程-响应模型可适应各种变化,能够评估其相对重要性。已独立开发了岩溶地貌和岩溶地下水系统演化的计算机模型。我们期待下一代的模型,能够将地表和地下岩溶结合起来,用整体的方法来解决岩溶演化的问题。

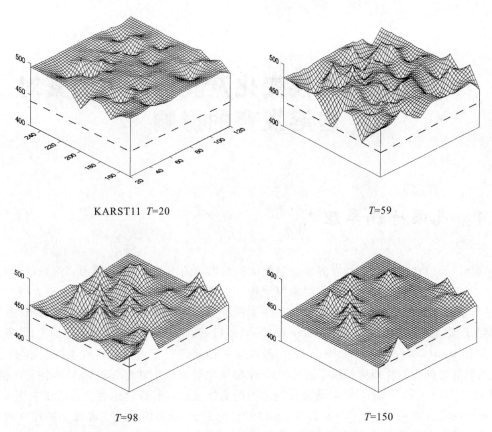

图9-71 运行过程-响应模型(KARST11)模拟选定的时间单位岩溶地形的演化,当 $T=150$ 时,侵蚀斜面遵行的水力梯度(引自 Ahnert,Williams,1997)

10 气候与气候变化及其他环境因素对岩溶发育的影响

10.1 气候地貌学理论

Lehmann(1936)在爪哇岛进行岩溶研究时就认识到该地的圆锥状岩溶(锥形岩溶地貌)与湿热气候之间存在一定关系。这一现象加深了岩溶地貌学者一直所持有的观点,即地貌景观很大程度上受气候的影响,因为它们控制自然演化过程。因此,一些学者希望找到不同的气候带产生不同特征的地貌演化模式,至少在理论上应该成立。正如Tricart和Cailleux(1972)、Büdel(1982)所进行的工作,欧洲的岩溶地貌学家Lehmann(1954,1956)、Corbel(1957)等在这一领域进行了大量的研究工作。事实上,从热带到极地有关岩溶特征的对比研究持续了近40年,旨在从地貌成因上解释不同的岩溶特征。然而,Verstappen(1964)、Panoš和Stelcl(1968)研究发现岩石的岩性及结构特征对地貌发育的影响更大。

根据最新的研究成果,如Salomon和Maire(1992)的编著,众多的地貌学者都认同在气候特征截然不同的地区地貌上有着显著的差别,但同时,不得不承认有一些微妙的差异被过分夸大。气候地貌成因说的一个明显的不足在于它不能从根本上解释气候差异如何形成了众多不同的地貌。例如,为什么在湿热地区的岩溶活动多产生岩溶盆地,而潮湿温带地区我们会发现更为明显的岩溶活动——岩溶漏斗,当然岩溶漏斗也见于湿热地区。这可能是由于气候对地貌的影响已达到它的极限。即使我们难以把握,气候对地貌的影响是客观存在的,Salomon(2000)系统地总结了该领域的主要研究结论。在今后的研究中应超越这一理论束缚,但应避免忽略气候地貌学说更广泛的意义。然而关于岩溶演化理论,从最近出版的一些书的内容来看,已完全忽略了气候在岩溶地貌演化过程中的重要性(Gabrovšek,2002)。

岩溶发展过程中水是至关重要的因素。正如第5章所述,侵蚀程度最终取决于水流,然而剥蚀主要取决于岩溶溶蚀(图4-3)。第9章论述了在水充足的地区"标准型"岩溶如何发育以及在干旱、极寒地区岩溶的发育如何受到限制。上述两种气候条件都将导致所在地区水资源的匮乏,因而限制了可溶岩的溶蚀作用而使得其他地貌改造作用正常进行。但如果其他作用本身并不活跃,溶蚀作用过程则会持续相当长一段时间。我们在干旱及极寒地区看到的岩溶特征(岩溶地貌和地下水循环系统)可能是远古时代的产物,那时环境更为温暖与潮湿。因此很难将现代的岩溶作用与早期的岩溶作用分开。当一个地区目前的溶蚀作用很微弱时,古岩溶作用可能仍在进行并影响着目前岩溶作用过程,因此,本章将具体阐述岩溶的继承作用。

10.2 极端干热气候条件

Jennings(1983)研究认为,除了埋藏于冰川、永久冻土下的岩溶外,人类对沙漠及半沙漠地区的岩溶了解甚少。然而自从Ford和Williams(1989)出版这一领域第一本专著以来,这一领域已有所进展,Salomon(2005)在干旱及半干旱地区所进行岩溶调查为这一领域最新的研究成果。目前研究表明尽管岩溶作用受多种因素的影响，干热环境条件下岩溶作用的决定因素与其他环境相比并无差异。由于干旱地区土壤分布通常很薄且极不均匀（基岩完全裸露），与潮湿地区相比，干旱地区的土壤在控制地表水入渗以及存储水分方面的作用很弱。同时，其所能供养的生物量也很小，从而明显降低了土壤中 CO_2 的含量。因此，干旱地区少见由于水位降低而形成的溶蚀漏斗及形态复杂、规模庞大的岩溶漏斗。干旱地区若发生崩塌漏斗则有着非同寻常的研究意义，即使并不常见。

干旱地区的降水通常是短暂且凶猛、非周期性的对流式的洪水径流排泄，暴雨致灾频发，特别在地形起伏的山区极为常见。Frumkin(1992)对死海盆盐底辟构造形成的极干旱的瑟丹山区进行了研究，该地的年平均降雨量小于 50mm，埋设于洞穴中测量仪器在 5a 里仅测得有两次短暂的洪流事件。Gillieson 等(1991)认识到西澳大利亚金伯利石灰岩地区具有同样的特征，该地区的古环境记录可以追溯到 2 000a 以前。与潮湿地区相比，这些地区快速的地表径流和大气蒸发可以快速地消耗完大气降水，从而限制了表层岩溶的发展。沙漠地区，裸露岩石最常见的岩溶现象为小的溪流形成的点蚀，而大范围的石芽、溶沟及溶蚀裂隙及层面中大的岩溶管道系统集中排泄的现象十分少见。

由于岩性的差异，最终的地貌特点形态各异，但仍可以做出一般性的概括总结。与潮湿地区岩溶地貌形态特征相比，许多碳酸盐岩地区（地层主要为中厚—厚层而非稳定的巨厚层）及大部分石膏分布的地区的地貌形态表现为更明显的河流冲蚀的特点。在宽缓的台地、有陡峭岩壁的峡谷、高原可见带有规则荷顿式特征的干谷及浑圆的河间地块。地表径流多通过沿着谷底一线分布的溶蚀通道（落水洞）排泄。巴勒斯坦耶路撒冷的犹太山、得克萨斯州爱德华高原以及更为壮观的瓜达普普山脉（新墨西哥—得克萨斯州）均是这一类型，瓜达普普山脉发育规模大的排泄 H_2S 的洞穴，如新墨西哥的卡尔斯巴德大洞穴群及龙舌兰洞穴(7.7 节)。上述 3 个实例处于从半干旱气候过渡到干旱气候区，它们共同的特点是几乎未见地表岩溶地貌，除了上述有限的几种表层岩溶及被后期峡谷切割揭露的残余岩溶洞穴。同时也表明区域的含水层通常也只在灰岩台地与沙漠碎屑平原的交汇处以泉的形式排泄地下水。残留的洞穴通常由碎屑堆积物充填，这也表明，虽然在干旱地区暴雨即成灾的径流主要通过落水洞排泄，仍有部分分散流通过表层溶蚀补给地下水。

这种受河流侵蚀的地貌特征在石膏分布地区发育更为典型。褶皱和断层狭窄山脊处，如西班牙埃布罗河峡谷的半干旱丘陵(Gutierrez,Gutierrez,1998)以及黎波里南面的利比亚沙漠(Kósa,1981)的干旱平原，被顺向河谷规则地分开呈锥形山丘。整个地区地表溶蚀极其有限，地下水的补给主要通过河床的入渗（谷底漏斗）。然而，如果是在石膏台地和悬壁上，落水洞、崩塌漏斗、溶蚀洼地甚至小型的坡立谷仍然可能形成，例如处于干旱区的新墨西哥州 Pecos 峡谷或是处于半湿润气候区的俄克拉何马州西部(Johnson,1996)。

相比之下，在一些裂隙密集发育的碳酸盐岩台地上，表层的溶蚀地貌被沿裂隙发育的溶沟分割。溶沟的发育深度可以达到邻近的山麓侵蚀面，并可能穿透任何岩性的基岩。这些溶蚀裂隙、溶沟等组成的网络就成为了岩溶地区地表水最有效的疏干排泄通道(9.2 节)。

盐岩由于其溶解度高，因此不论处于如何干旱的气候区，它总是表现为岩溶作用强烈。在加利福尼亚的死谷，2～3m 厚盐田沉积物中密集发育溶隙。150m 深海之下的死海沉积物中，仍然可见盐底辟，正如它上覆的硬石膏层一样，但于深部与裸盐的接触面上突然终止(Frumkin,Ford,1995)。

干热地区岩溶洞穴发育同样遵循第 7 章阐述的规律，但与湿润地区相比，洞穴的规模及出现的频率都是有限的。成型的岩溶洞穴通常成为山区洪水的排泄通道，位于半干旱地区索菲亚 Omar 溶洞就是典型的例子（图 7-20）。干旱地区的陡坡处，通常可见由季节性河流形成的短期渗流、排泄现象。Kosa(1981)曾对黎波里 Bir al Ghanam 地区的石膏岩溶进行了详细勘探，结果表明：干谷下地下排泄系统呈树枝状发育，形态相对单一，仅少部分支流穿过分水岭与主管道汇合，即使它们之间的距离很近。然而，在高山沙漠地区，同样存在深层潜水循环；俄罗斯及美国西部沙漠碳酸盐岩地区深层跨流域渗流很普遍。一个很好的例子是竟然存在地下水系统向位于美国内华达州东部的阿马戈萨沙漠通过草甸泉（和 Devil 洞）排泄(Riggs et al,1994)。残余的岩溶洞穴，形态杂乱且十分常见，虽然它目前是活跃的，但可能是早期湿润气候条件下的产物。

俄罗斯学者认为干旱地区季节性的凝结水通过侵蚀、崩解及剥蚀作用对潜水层的古岩溶有很大改造。Dublyansky(2000)对俄罗斯学者关于凝结水岩溶作用领域的研究成果做了较全面的总结与评价,并加以推广。他们的数据显示凝结水通常不超过年降水量的9%,但是降雨较少地区降雨通常集中在盛夏季节。根据西高加索地区的实际情况,研究人员估计凝结水造成的溶蚀大约占地表年剥蚀量的3.7%。悬崖峭壁上的点式溶孔可能完全是由露滴造成的。Castellani 和 Dragoni(1986)认为以这种溶蚀机理,一个直径0.5m,深10~15m 的孔大约需要50万年时间;在他们的野外试验基地、摩洛哥的基尔河高原石漠和陡坡地区,通常年降雨量为50~60mm,年平均温度为19.6℃。然而,凝结水不仅为干旱地区岩溶作用所独有,潮湿地区的岩溶洞穴同样具有凝结水作用(7.11节),只不过在干旱地带,其作用更为明显重要。

Jennings(1983)认为旱热地区的岩溶特征留给我们一个两难问题,人类对这些地区研究甚少。这些岩溶景观的形成是现代反复作用的累积效应还是远古时期的具有的有利于岩溶发展的湿润的环境条件下的遗留产物,这很难得出结论。由于气候交替循环,越来越多的证据表明干热地带的岩溶地貌是10^5甚至10^7年以前更为湿润环境下的产物。El Aref 等(1987)在埃及西部的沙漠地区发现了古近纪的锥形岩溶发育的证据,通过对该地区的洞穴沉积物进行分析,Brook 等(2003)确定了该地区的干湿气候循环周期,进而确定了在深海氧同位素5,7,9 及13 期同样具有岩溶作用。Edgell(1993)同样认为位于沙特阿拉伯东北部地区的地表溶沟、落水洞、崩塌漏斗、多层岩溶洞穴甚至一些坡立谷都是更新世洪水期的产物。但是同样有问题:

(1)很难将地貌中的岩溶作用与沙漠化其他因素区分开来,例如干旱区地貌景观中破碎的排水系统。

(2)很难区别地貌特征是当前气候条件下的产物还是发源于古岩溶而被目前条件下各种作用改变袭夺并融入当前地貌景观。

为更好地阐明上述观点,我们以澳大利亚的一个已进行较深入研究的干旱区岩溶作用为例进行说明(图10-1)。

10.2.1 澳大利亚纳拉伯平原岩溶作用

纳拉伯平原位于澳大利亚内陆,紧邻大澳大利亚湾,Lowry 和 Jennings(1974)、Gillieson 和 Spate (1992)、Webb 等(2003)对此进行了研究。岩溶作用面积达200 000km^2,横跨西澳大利亚与南澳大利亚边界(图10-1、图10-2)。平原以下40~90m 范围为长达900km 海岸悬崖,平原地形平缓,直线距离350km 范围内高差起伏仅为240m,平原内降水量及蒸发量差异较大,降水量从西南沿海的400mm·a^{-1}向内陆逐渐减少至150mm·a^{-1},蒸发量从沿海的1 250~2 000mm·a^{-1}向北增大至2 500~3 000mm·a^{-1},降水量远低于年平均蒸发量。平原内年平均气温大约为18℃,夏季(1月)最高平均气温达35℃。平原内树木很少,沿海附近可见小树,区内多为银叶树、灌木及草丛覆盖。

高原下部出露古近纪至中第三纪的碳酸盐岩,并延伸至海平面下,其下部威尔逊陡崖(Wilson)为白垩系石灰岩(厚度达300m),孔隙率高达30%,然而空隙间连接性差导致其渗透性相对较低。上覆 Abrakurrie(100m 厚)及纳拉伯灰岩(最大厚度45m)均具有较高的孔隙率(40%)及渗透性,其表层大约15m 范围内受方解石的二次胶结沉淀硬化,钙质胶结的砾岩孔隙率及渗透性显著降低,表层约1m 范围内这一现象更明显。

纳拉伯平原包含一块未经扰动而抬升的海床,在平原内陆,长达250km 的当代海岸线和古海岸丘陵形成了两种截然不同地貌,也标志着纳拉伯平原两个不同的形成时代。古海岸丘陵的形成于更新世早期(35Ma 之前),Wilson 陡崖的灰岩裸露,承受风化侵蚀作用长达10Ma 之久直至再次下降被海水淹没;另一方即最终的地貌形成于第三纪中期(14Ma 之前)。在海退期,发源于前寒武纪地层的河流逐渐

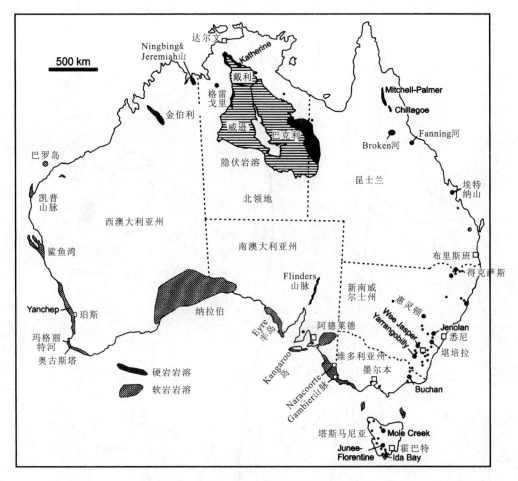

图 10-1　澳大利亚岩溶分布，"软岩岩溶"指发育于新生代时期碳酸盐岩中岩溶，而"硬岩岩溶"指发育于更古老碳酸盐岩中的岩溶（据 Lowry，Jennings，1974）

向新生的平原延伸，最初的侵蚀深度不超过 10m，而目前干涸河谷的侵蚀深度达 130m。Clarke(1994)、Alley 等(1999)研究认为这是由于在距今 5~3Ma 期间气候特别湿润而河流侵蚀作用十分活跃所致。

至平原最终定型以来，近 30~70m 的灰岩已被溶蚀（海岸附近由于气候更加湿润，溶蚀厚度更大），基于此，在过去的 14Ma 期间，灰岩的平均溶蚀下蚀率为 2~5mm·ka^{-1}。Stone 等(1994)通过对放射性同位素^{36}Cl 进行测定估计第四纪地表的剥蚀率小于 5μm·a^{-1}，这与前面的长时间段的溶蚀率基本接近。Lee 和 Bland(2002)在纳拉伯平原的沙漠中找到赋存于相对湿润环境中的陨石样本，且多数样本赋存年龄在 5.9ka 左右，因此，该地区目前极端干旱的环境可能是近代的事情。

纳拉伯平原地表高差起伏不超过 6m，Jennings(1983)认为这是岩溶作用的结果。在相对湿润地带，岩脊之间的溶沟低洼地带通常覆盖一层薄薄的黏土层或者在岩石露头处附着黏土物质；而在相对干燥的地方，则是分布似圆形的较浅的洼地，当地称之为干沟(donga)，这些洼地的延伸范围通常达 1km，而深度只有 1.5~6m。撒哈拉沙漠大量的灰岩平原"石漠"具有类似的特征。这种干沟在季节性大雨后引导地表径流向地表溶蚀通道——气孔排泄（图 10-3）。纳拉伯平原上发育这种类似的孔洞数量极大，超过 10^5。这些管道近垂直，壁面平直，并穿过胶结硬化层与地下复杂的溶蚀管网及洞穴系统相连接。由于地下大型洞穴系统对地表大气压变化调节，使得这些孔洞的气流速度达 70km·h^{-1}。关于这些气孔的成因目前只是推测，但可能与第四系沙丘灰岩（风成钙屑灰岩）上的溶蚀管道相似。纳拉伯平原上大规模的塌陷洼地及大规模洞穴主要分布于平原南部与海岸线近平行、宽 75km 的地带内，虽然少

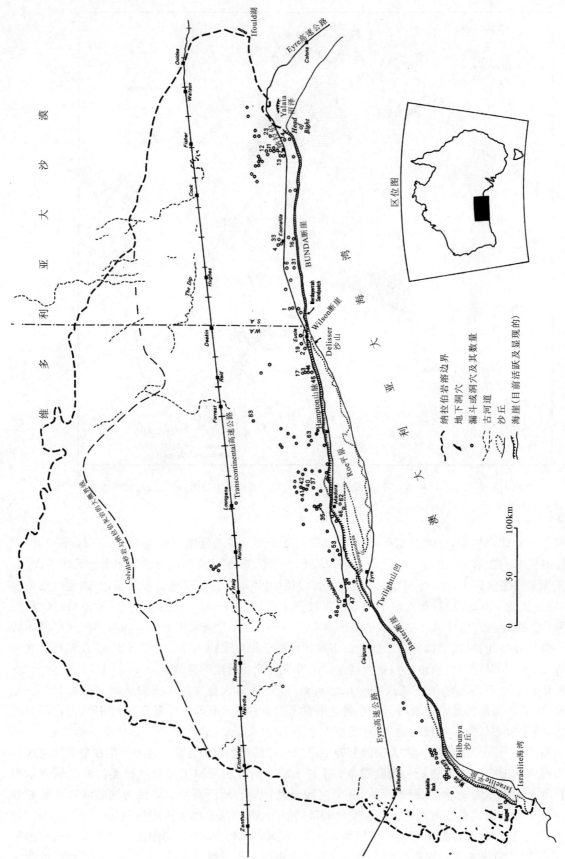

图 10-2 南澳大利亚纳拉伯平原岩溶分布图：古河流的遗迹、漏斗、塌陷洞穴的主要沿海岸线分布，Bunda 及 Baxter 悬崖高度达 75m(引自 Lowry，Jennings，1974)

图 10-3 （上）纳拉伯平原上带有"气孔"溶蚀漏斗地貌（正前方人的旁边），流水沿落水洞集中向下排泄，干枯的渠道引导洪水径流向"气孔"排泄。（下）纳拉伯平原上小的"气孔"穿过了地表硬壳层，地表径流已将气孔壁面的土壤冲洗掉

量见于与海岸相距150km的内陆地区。目前已完成150多处岩溶塌陷洼地的测绘，最大的塌陷范围达240m，深度达35m（图10-4），一些塌陷洼地与大的岩溶洞穴相连。

James（1992）、Webbet等（2003）调查了该地区100多个岩溶洞穴，多发育于威尔逊陡崖灰岩地带且位于地表下50～120m范围内。Gillieso（2004）指出尽管该地区很少见明显的现代地表溪流侵蚀痕迹，流水仅在暴雨期间出现。然而，在其内陆地区大面积封闭的前寒武纪灰岩的出现使得外源径流能够聚集并向纳拉伯平原排泄，从而使其成为了该地区岩溶洞穴发育的一个关键因素。大部分洞穴的一个显著特征是它们都位于潜水层，淡水及咸水的共同作用加速了岩石的溶解。古Homestead洞穴的延伸30km，推测其为古河道的一部分。多数洞穴的溶蚀通道直径达15～40m，表明它曾具有相当大的排泄能力。考科比蒂洞穴有长达6.5km的廊道，Mullamullang洞穴有长达5km的廊道，宽度达到30m。Abrakurrie溶洞长300m，宽30m，高15m，为区内最大的溶洞。大的岩溶通道通常具有较为规则的塌陷拱，底板堆满掉落的岩石块体，仅少数保留了较为平整的顶板。虽然目前相当比例的洞穴塌陷是由于盐劈引起的，但我们推测该地区岩溶洞穴大面积塌陷是由于冰川期海平面下降使得洞穴内的静水压力消失所导致。

图 10-4 纳拉伯平原上的崩塌漏斗，呈平坦的荒漠景观

洞穴内的方解石堆积物表明过去存在潮湿的气候，虽然目前未见明显的方解石沉积且早期的方解石被盐辟等活动破坏。洞穴堆积物具有从方解石、石膏、岩盐过渡的特点，这表明该地区气候环境逐渐趋于干旱。洞内的盐岩厚度约 2.7m。方解石堆积物由于含有机腐殖物而呈深褐色至黑色，其年龄已超过 U/Th 测定范围。Woodhead J 曾对上新统的 3 组样本进行了 U/Pb 测年，其结果分别为 3.28 万年、3.96 万年、3.93 万年，2σ 置信区间偏差为 1‰～5‰。Ayliffe 等(1998)、Moriarty 等(2000)认为某些结果显示年龄较轻可能是由于它是第四纪后期湿润气候时期的产物，但它也可能与 Naracoorte 洞穴中沉积物处于同一个间冰期(图 10-1)。一些洞穴中红色风成石英砂的沉积也表明曾经经历干旱的气候环境，这一时期盐辟作用(盐剥作用)导致了岩溶洞穴通道的塌陷破坏。根据 Webb 等(2003)的研究结果，该地区石膏及岩盐堆积物的年龄距今分别为 185 万年和小于 40 万年。

纳拉伯平原地下水水位起伏较小，从南部沿海地表下 120m 向北逐渐升高至地表下 30m。目前，水力梯度非常小，大约为 2×10^{-5}，地下饱水带直接与海水相连，但未见海底泉，地下水水位无疑在很大程度上受第四纪冰川期以来海面间歇性升降影响。潜水带的地下水异常清澈且咸度高，地下水的高咸度是海浪携带大量盐分混入地下水及内陆地区地下水蒸发共同作用的结果。James(1992)认识到纳拉伯平原下的洞穴系统及岩体存在于 3 个不同的混合带：第一个混合带位于潜水中含盐水面或者岩溶洞穴中咸水与淡水界面处；第二个带则是位于孔隙基岩中的渗流面处；第三个带则是位于岩溶洞穴水面或者地下水以下深处盐跃层处。Contos 等(2001)发现在第三个混合带，伴随着微生物作用有方解石结晶析出，从而在水下形成微晶纺锤状的方解石沉积区。

在纳拉伯平原上，除了一些溶蚀锅穴外即使表层灰岩具有方解石胶结，几乎看不到溶沟的发育。在同样的纬度，东距 100km Brachina 峡谷附近的弗林德斯山脉(Flinders)附近溶槽却很发育(图 10-1)，该区降雨量同样很小($250mm\cdot a^{-1}$)，这可能是由于该地区基岩为寒武纪厚层灰岩的缘故(Williams,1978)。

纳拉伯平原相对潮湿的环境位于西南角，区内为多层圈状的结晶基底岩层。平原上地形平缓，几乎不见凸出地形，仅一处凸出 450m。这些内圈层多被环形洼地所围绕，洼地直径 50～100m，深 3～10m，像干枯的护城河。这是由于内圈层岩石渗透性弱，地表径流离心溶蚀作用而成的。Jennings(1983)认为这种环状溶蚀风化为这一气候带上最具特色的岩溶地貌。类似的地貌同样出现在珊瑚岛上的火山岩中(10.5 节)，但仅是独立于气候而单纯的物理风化作用。

10.2.2 西澳大利亚灰岩岩溶作用

现代地质作用对古地貌的改造作用及相互关系对研究一个地区的地貌演化历史来说是一个十分有

趣的课题。这也是研究干旱地区岩溶规律必须要解决的一个问题,因为我们现在见到某些地貌形态可能是过去某个湿润期("洪水期")形成的。正如纳拉伯平原上的岩溶地貌景观,其可能主要形成于第三纪中期—晚更新世潮湿的环境,而第四纪内仅对其有轻微的改造作用,区内更近的干旱环境对地貌形态的演化几乎没有任何贡献。Playford(2002)研究认为西澳大利亚金伯利地区(图10-1)的岩溶景观是地表剥蚀而呈现的古岩溶特征,因此该区古地质作用的痕迹更早,详见10.6节。

金伯利地区的灰岩出露于纳伯拉平原北—北西向1 500km的西澳大利亚地带(图10-5)。这一地区的莱德劳(Laidlaw)、劳弗德(Lawford)、纳皮尔(Napier)和奥斯卡(Oscar)出露的中泥盆世生物碎屑灰岩,白云石含量较少。纳皮尔长约110km,宽5km,为堡礁及分散礁石堆积而成,奥斯卡高原则延伸较宽。这一地区灰岩峡谷出露的轮廓完整而形态复杂的礁前相—主礁相—礁后相沉积序列,表明该地区岩溶作用较成熟(Jennings,Sweeting,1963;Goudie et al,1989,1990;Allison,Goudie,1990;Playford,2002)。该地区地表平均温度22~33℃,而一年中有超过100天的温度大于38℃。年降雨量随距海岸距离而变化,降雨量在640~760mm之间变化,降雨主要发生在30~80天内。季风湿润季节为每年12月至次年3月,持续时间较短,强度较大,降雨天平均降雨量16~18mm,50年内最大值80~90mm·h^{-1}。由于该地区的年蒸发量约3 400mm,一年内大部分时间为干旱气候。雨季的高强度降雨通常会产生季节性洪水,Gillieson等(1991)应用滞流沉积物方法调查研究了穿过纳皮尔山脉温迦那峡谷(Windjana)的伦纳德河(Lennard)(图10-5)的洪水历史。Ellaway等(1990)估计该地区目前的剥蚀率6.4~10.4mm·ka^{-1},大约为纳拉伯平原剥蚀率的两倍,但仍小于全球剥蚀率。

金伯利地区的灰岩地区具有典型的全球性半干旱岩溶特点。Jennings和Sweeting(1963)在他们的研究中描述了一种独特的岩溶景观(图10-6、图10-7)和一种特殊的地貌演化规律特征,后来被证实同样适用于北澳大利亚季节性潮湿地区的岩溶作用。他们认为在对第三纪与第四纪的碎屑沉积盖层的剥蚀过程中,地表径流通道逐渐形成并下蚀至下伏灰岩地层并最终形成峡谷。以伦纳德河为例,在纳皮尔山脉地区下蚀形成长达4km的温迦那峡谷,由于多达400km^{2}的流域由不渗透性的丘陵地区组成,因此地表径流向峡谷汇集并通过峡谷排泄。虽然该区多数外源河流通过溶蚀峡谷穿过岩溶地区,一些小的溪流还是通过岩溶洞穿过高原,最大的岩溶洞穴长8km。

在位于从北西90m至东南140m的内陆灰岩麓原附近,经多次岩溶作用的古高原地貌被剥蚀出露,并高出灰岩麓原80~100m(图10-6)。麓原通常呈1°~2°或者更小的地形坡度尖灭于灰岩、页岩、砂页岩(Goudie et al,1990)。根据Jennings和Sweeting(1963)所提出的地形演化规律,在河间地块区域,由于河流通常为该地区的侵蚀基准面,高原地貌逐渐被沿裂隙的侵蚀作用所切割破坏并最终演化为麓原,其发育过程可分为以下几个阶段。

(1)高原地表覆盖的土逐渐被剥蚀,溶蚀风化沿裂隙深入岩体,不断产生溶缝并逐渐扩大呈相互交叉的溶蚀通道或"大溶沟",它们将岩体分隔为孤立的岩石块体。溶蚀通道及溶沟一般数百米长,深达50m,宽约5m,而孤立岩块表面充满溶纹及溶孔。而现代的裂隙溶蚀作用常沿地下张开的溶沟发育并将不同方向的裂隙连接起来。不同溶蚀通道的交点有时不断发展扩大呈陡峭封闭溶蚀空腔。

(2)溶蚀通道及少数溶蚀空腔交汇在一起形成峡谷流域系统,在一定程度上体现裂隙的平面发育特点。这种"盒子峡谷"具有陡壁及规则横截面,平的底板及高原似分水岭,在纵向上逐渐降低至邻近的侵蚀麓原。封闭的溶蚀空腔的底板受溶蚀作用也不断调整至这一标高水平。通常,由于大量的有机石灰华沉积覆盖封闭了一些峡谷的底板。

(3)"盒子峡谷"的扩展会逐渐消耗高原的残留物,同时分割沿麓原分布的塔状地貌。在某些地方,岩溶地貌景观为裸露的塔状地貌(图10-7),这些塔状地貌形状急剧突变,起伏相对较小(一般小于40m)。然而,地貌的边界却呈现出丰富的形态学特征,从陡峭的自然面到相对缓和的凸凹坡。

(4)由于塔状地貌的持续溶蚀作用以及陡壁的逐渐衰退至高原的边缘最终形成山麓侵蚀平原。陡壁通常被溶蚀而遍布深2m、长达30~60m的溶沟。最终,高原陡壁发生垮塌。河谷的底部通常沉积着丰富的有机石灰华及钙质胶结砾岩。

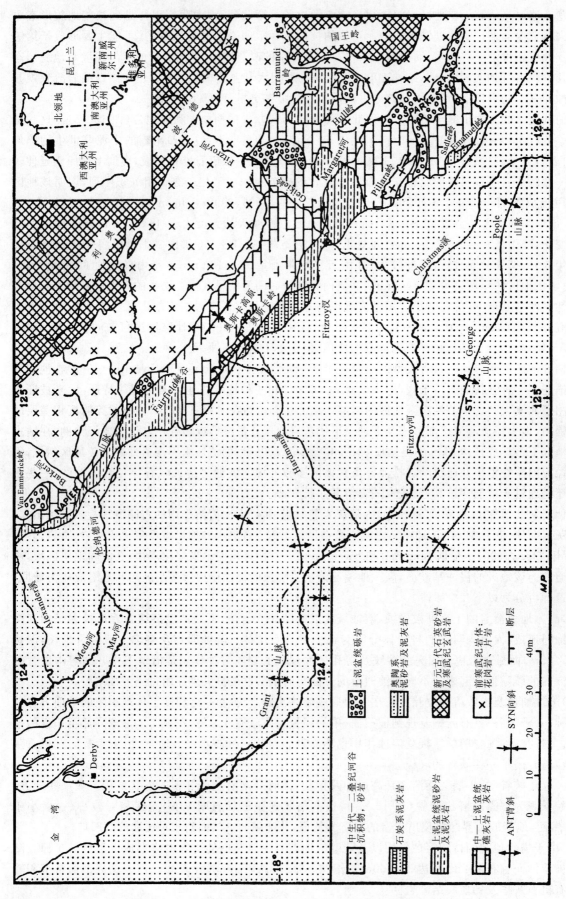

图 10-5 西澳大利亚金伯利地区灰岩分布图（原版中附 1:125 000 地形图）(引自 Jennings，Sweeting，1963)

图 10-6 （上）位于西澳大利亚金伯利灰岩地区 J.K. Yard 附近裸露灰岩麓原形成的塔状岩溶地貌（Jennings J N 摄）；（下）灰岩台地向灰岩麓原演化时而形成轮廓鲜明的陡坡，长的溶沟深入坡面上（Jennings J N 摄）

Playford（2002）认为上述演化模式在很大程度上受控于埋藏碎屑沉积下，发育于晚泥盆世至早二叠世灰岩中的古岩溶仍是一个十分有趣且值得深入研究的问题。可以确定的是，一些岩溶漏斗、岩溶洞穴及溶蚀裂隙都有早二叠世的痕迹。同样有迹象表明，当前的岩溶特点大部分产生于更为湿润环境的第三纪，纳拉伯平原的岩溶发育规律同样如此，那时澳大利亚在纬度上处于更南端西风环境中。

我们认为纳拉伯地区的麓原是至今为止发现的沙漠地区唯一以气候为主因的特色地貌。丰富的钙华沉积、钙质胶结砾岩也颇具特色（9.12 节）。这些未充分整合、未整合的通道，黏土质砾岩及陡崖干沟（摩洛哥石漠地区"达亚"）也与众不同，但是类似的岩溶特征同样出现在潮湿的北部平原，虽然那里的主要改造作用因素为冰川而非干旱。Salomon（2005）提供了全球范围内此类岩溶地貌特征的实例及图解。

Jennings（1983）认为碳酸盐岩地区的岩溶作用随降水的减少而减弱，同时，岩溶景观的发育程度及多样性随之减少，我们持同样的观点。但是，我们也注意到纳拉伯灰岩地区岩溶景观的发育模式及范围十分类似于亚北极纳汉尼地区所保留下来的岩溶特征（9.2 节及 10.4 节）。即在纳汉尼地区，随着上层岩溶通道底板产生新的通道，上层岩溶通道逐渐被疏干。然而，在金伯利灰岩地区，地表水主要通过麓原侵蚀面排泄。

图10-7 西澳大利亚金伯利地区灰岩塔状地貌上的溶蚀沟（Goede A 摄）

10.3 极端寒冷气候：冰川地区的岩溶作用

10.3.1 晚第三纪至第四纪冰川作用

极端寒冷气候即陆地被冰川覆盖或呈裸露冻土。目前（也称冰后期）全球大约10%的陆地面积为冰川覆盖，另外大约15%的面积为连续广泛分布的冻土。第四纪冰川期，冰川覆盖的最大面积达30%。目前，大部分冻结状态的地区在那时均为冰川覆盖。由于冰川的广泛分布，我们首先阐述岩溶系统与冰川作用之间的关系，而随后在10.4节讨论冻结土地区的岩溶作用。

目前，95%的冰川位于南极洲。冰川的存在至少达8Ma，在范围上可能存在变化。在冰川期，最小面积时覆盖了南极洲，随着面积的增长，相继覆盖加拿大、Scandinavia 半岛、俄罗斯西北部及 Barents 海域，加上所有高山地区的山谷冰川和冰盖的面积，最大时冰川占大陆面积的30%。冰川作用凝结了大量的海水使得全球海平面下降达130m。这一过程彻底改变了全球的海岸线（见10.5节）并显著地改变了海水中$^{18}O:^{16}O$数值（见8.7节）。我们可以根据热带海洋沉积物中的有孔虫目进行测试来研究这一比值的波动变化，结果表明在过去的2Ma之间，有多达17次冰川旋回，也即每次旋回大约经历10万年（Bradley,1999）。这些过程与由于地球绕太阳运动轨迹发生不规则周期性变化而导致的全球太阳日照量发生变化密切相关。目前，发现全球大陆史上冰川旋回的数量较少，可能是由于早期冰川作用痕迹被破坏的缘故。在已完成深入研究的区域，第3～4次冰川期都会被温暖的间冰期所隔开，众所周知，目前我们处于间冰期。第一次冰川波动期大约出现于大陆中部的低海拔地区，例如2.5～3万年时期的内布拉斯加州,2.4~2.6万年时期的地中海地区。局部高山地区的冰川作用可能更早,例如阿拉斯加形成8万年前。

最近一次间冰期的温暖气候峰值发生于大约125万年前。随后便是全球范围内的冰川作用;各地的冰川面积都有明显增大,大约在26万年至18万年期间,大多数地区的冰川面积达到了历史最大值。随后逐渐衰退至现代的水平或者更小,大约在7万年前结束。自780万年前以来,全球至少发生了另外两次同样级别的冰川作用。

在冰川作用地区,如此快速、明显的条件变化对于岩溶作用的影响是十分重要的,也是十分复杂的。冰川与岩溶的相互作用关系体现在既对"冰前期岩溶"起到保存作用,又对它有完全破坏作用;既可能阻止"冰前期岩溶"的发展,但又可能促进它的快速发展。

10.3.2　冰川作用的相关条件

冰川作用主要体现在内部的晶体蠕动及沿下伏基岩面滑动而产生冰流(Drewry,1986;Martini et al,2001)。就晶体内部蠕动而言,其运动速度大小与冰川所处温度及冰川下伏地表坡度成正比;在地表近水平且寒冷条件下,蠕变速度一般为 $1\sim2m\cdot a^{-1}$,如果地表坡度变陡且温度升高,其值可达到 $100\sim1\,000m\cdot a^{-1}$。沿下伏基岩滑动多局限于温带冰川,下部基底与冰川接触面温度处于融化临界点(0℃或略低),此时产生融化水对冰川滑动起到润滑作用,下滑速度与坡度成正比。湿地气候地带的冰川,通常具有蠕动及滑动两种模式并携带岩石碎屑,从而对下伏岩石具有很好的光滑磨蚀作用。而干旱地带的冰川,多与岩石冻结在一起,这可能完全阻断上覆冰川的蠕动,而使得冰川拖曳下伏岩层形成局部的小型褶皱,或者拔出大的岩石块体做整体运动。下伏的岩石块体中面积达 $1km^2$ 的都有可能被整体拔动而向下游运动一段距离。虽然大的岩石块体被拔出并不常见,但是部分被拔蚀带走而形成冰川构造空腔是有可能的。通常,这种现象在碳酸盐岩地区是比较常见的,因为早期的溶蚀作用弱化了层面及裂隙面的黏结力而为后期的差异性运动提供了条件。图10-8即为Schroede及其同事在加拿大魁北克冰川中发现冰川作用的实例。

两种来源不同的水可能出现在冰床。第一种水为冰川表面或者其他冰体(冰原岛)的融化水。它沿着冰体内的融化通道(R通道,在冬季可能被封闭冻结)或基岩中的通道流动(N通道)到达冰床。冰川下的灰岩溶洞就是典型的N通道,能完全避免降温冻结阻塞,虽然其进口可能被冻结阻塞。第二种水就是在一定压力下或者温带冰川在冰体与岩石接触处的薄膜水(Hallet,1979)。这作为一个完整的系统独立存在,薄膜水有助于抵御进口处的冻结阻塞,但也可能再次冻结,或者逸入R或N通道,或者在压力作用下进入基岩(Smart,1983b,1984)。

Smart(1997)对加拿大落基山脉的"小河"冰川进行了详细研究,面积达 $2.8km^2$ 的温带高山冰川水向下伏单斜石英岩夹灰岩地层中排泄而形成冰壶穴。冰壶穴(冰川沿轴向消融,见7.3节)发育于单斜基岩上,使得冰川上部融化水向下排泄进入基岩。在壶穴中进行了多次示踪试验,结果表明岩溶地下水以 $0.5\sim1.0m^3\cdot s^{-1}$ 的流量向 $1.75km$ 远处的泉排泄;最大直线速度 $480\sim650m\cdot h^{-1}$。在邻近冰壶穴压力融解面的钻孔试验表明融解面与冰壶之间没有水力联系(Ross et al,2001)。Lauritzen(1996a)研究并报道了挪威斯匹次卑尔根岛南部干旱条件下冰川的发育情况。在海岸附近,Trollosen泉以 $13\sim15m^3\cdot s^{-1}$ 的流量排泄来自于Vitkovski冰川内部水、冰川上部水,并混杂着少量的深部地热水。

来源于冰川上部、冰川内部的融化水能够在很大程度累积并超过冰川基地,从而抬升地下水水位,这一观点目前仍有争议。但可以确定的是,在下蚀的盆地、谷底等封闭洼地区域的冰川,这种水源的累积是客观存在的,除非岩溶通道与之相连将其排泄疏干。Lauritzen(1984a,1984b)从理论上推导了在无明显下蚀作用的挪威岩溶洞穴地区当冰川含水层埋深大于 $100m$ 时的累积作用,见图10-9。Schroeder(1999)发现在斯匹次卑尔根岛等极地地区冬季排泄通道(R通道)会逐渐冻结退化,此时冰川内部的洞穴中逐渐被水淹没(7.3节)。Schroeder和Ford(1983)认为卡斯尔格德洞穴(8.1节)在其形成后,在两

图 10-8 （上）加拿大魁北克地区冰川沿裂隙拔蚀水平层状灰岩后形成的凹腔洞穴；（下）魁北克地区灰岩洞穴岩墙上的冰川牵引褶皱，褶皱的核部残留冰碛物（Schroeder J 摄，允许使用）

个或者更多冰川期内哥伦比亚冰原逐步扩张完全覆盖早期洞穴,洞穴被洪水淹没并沉积层理明显的黏土。在冰川融化季节,水位逐渐升高,最大高于冰川基地1 000m,最高点大约位于冰川排泄点上游50km处。

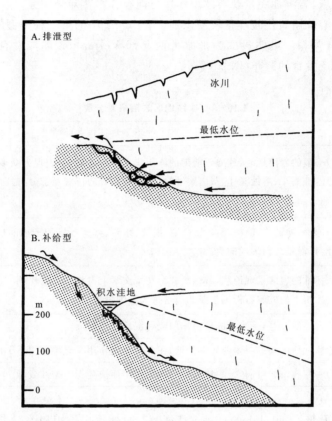

图10-9 挪威岩溶地区由于冰川作用而形成的两类潜水层岩溶洞穴(据Lauritzen,1984修改)

当所有大陆地表被冰川流所覆盖时即为大陆冰川形成所需条件,冰川厚500～5 000m。这一条件在加拿大岩溶地区、俄罗斯北部地区、不列颠群岛地区一直持续。相对于其他地区的冰川岩溶,高山区冰川条件持续时间更长。在阿尔卑斯山区,山峰通常为冰川系统提供水源,而冰川流通常在山峰及融化点之间移动。而在高山区,地形的起伏通常在500～4 000m之间。

相对其他大陆型岩溶,高山岩溶在阿尔卑斯山脉及比利牛斯山发育程度较高,接近于典型岩溶,因此备受研究者的青睐(Kunaver,1982;Maire,1990)。我们必须认识到在高山区存在两种截然不同的冰川-岩溶作用关系。第一种就是在冰川分布局限于相对较高地面(盆谷、顶峰、山谷),以便融化水能够向更低的岩溶谷排泄,这些岩溶谷底几乎全年不会冻结,此时岩溶水接受冰川补给而非排泄补给其他地区。这种冰川-岩溶关系在比利牛斯山、皮库斯德欧罗巴、阿尔卑斯山脉西南部、托罗斯山脉、高加索地区及落基山脉等地区广泛存在而被称为比利牛斯山型。在"La Haute Montagne Calcaire"列举众多的研究实例,Maire(1990)、Bini等(1998a,1998b)、Audra(2000)也有相关研究成果。在第二种关系中,冰川则占据所有的峡谷并覆盖排泄泉。这种关系主要分布于加拿大落基山脉、阿尔卑斯中心部分、斯堪的纳维亚山脉地区而被称为加拿大型。由于冰川的作用对岩溶系统有直接的影响,因此在这些地区岩溶的发育受到限制。加拿大学者的研究主要集中在这一领域;Lauritzen(1996b)对挪威北部山区的冰川岩溶进行了详细的研究。在新西兰的南阿尔卑斯山地区,冰川-岩溶作用关系则为过渡型,南部(菲奥德兰)为加拿大型,而在北部则为比利牛斯山型。

10.3.3 冰川地区的岩溶地表形态特征

在多期冰川作用区域,岩溶地貌景观与冰川作用可能存在多重对应关系,表10-1列举了较显著的作用关系。冰后期的岩溶作用时代较晚且较易识别。表10-1中的第一种类型的发育范围及位置几乎与早期的冰川作用没有关系。最明显的为加拿大西北部Vermillion溪流发育的溶隙、崩塌漏斗(图9-56)及在石膏岩中广泛发育的漏斗(图9-58)。

表10-1 冰蚀地区岩溶景观分类

类别	类型特征描述
冰后期	(1)一般的岩溶地貌:独立于前期的冰川作用的岩溶地貌,表现为众多的溶沟、崩塌漏斗 (2)潜蚀漏斗、溶蚀漏斗、灰岩溶蚀管道等,其发育的位置及部分特征都受前期的冰川作用特点影响
冰川适应型岩溶	(3)冰槽、冲蚀穴、洼槽、S型及P型、锅穴、冰斗、冰碛石堆积形成的峡谷等都是适应冰川下的岩溶排泄系统而形成的
冰川下及冰川边缘岩溶	(4)标准的岩溶景观地貌(溶蚀竖井),在水文学上占相当大的比例 (5)冰川下的方解石析出物及北极地带的溶蚀管道
受冰川作用岩溶	(6)岩溶漏斗等,受冰川的侵蚀作用或者沉积作用形成
多成因岩溶	(7)冰蚀地区大的封闭的岩溶洼地,在多期冰川作用及岩溶作用下形成
冰河前期岩溶	(8)一些残余岩溶洞穴(表层岩溶受冰川作用而演变为类型6或者7)

第二种类型的范围及形态、尺寸上的可辨识特征都与早期冰川作用相关。正如9.2节阐述的那样,近代灰岩地层中溶蚀通道的出露位置、范围在很大程度上取决于前期冰蚀作用。由于冰川的细粒碎屑沉积物易沿早期的溶沟、溶蚀裂隙等表层岩溶系统运动,导致潜蚀漏斗相对较发育。冰后期的大多数溶蚀漏斗应属于这一类型。它们大多位于低洼位置且由于保持着部分冰川刨蚀作用时地貌特征而呈不规则形态。沿裂隙冰川刨蚀形成的漏斗,其壁面近垂直并保留着沉积雪而加速岩体风化,我们称之为"schachtdolinen""schneedolinen"或"kotlic"。冰川地带的溶蚀漏斗由于冰川错乱的作用使其形状多不规则。然而,潜蚀漏斗发育并袭夺被埋藏的岩溶管道会产生形状较为规则的排水系统。

第三种类型是冰川洼地不断适应岩溶排泄系统变化而形成。冰川基岩上的小型洼地包括冰臼、冰槽、软弱岩层上不规则且较浅的刨蚀面以及迹长从数厘米到百米不等的溶蚀裂隙(P型及S型;Shaw,1988;Tinkler,Stenson,1992)。它们可能源于冰川刨蚀、流水侵蚀、融化水的溶蚀或者上述作用的共同作用。小型的可能被后期改造发展成溶沟,大型的则发展成孤立的或者线状溶蚀漏斗。

冰川期,大量的封闭洼地形成于冰川作用前的碎屑沉积物中,其形状及尺寸各异。从小型到过渡型的锅穴洼地,对应4种不同的特征(Ford,1979)。

(1)洼地不能自由向地下排泄,因此洼地充满水而类似于池塘。
(2)洼地可以通过冰川碎屑物向地下排泄水而不改变其特征。
(3)洼地通过可溶的碎屑堆积物向下排泄,因此存在塌陷和溶蚀管道。
(4)洼地向下伏基岩岩溶系统中排泄而伴随潜蚀及塌陷。

上述4种类型中仅第四种属于岩溶系统,但是在许多大陆冰川地带,上覆冰盖面积达数千平方千米,因此很难与其他类型区分开来。Williams(1970)与Coxon(1987)研究了爱尔兰西部的季节性湖泊的作用类型,面积达250hm^{2}的湖超过100个。在低洼地区,由于水位的季节性波动常导致洪水泛滥;

在诸如 Burren 高原的丘陵地区,只有长时间的强降雨并超过落水洞的排泄能力时才会导致洪水。10.4 节讲述了加拿大冻土区的岩溶发育情况。

对冰碛石堆积而封闭的峡谷中的水,依靠岩溶系统进行排泄是十分罕见的。图 10-10 是加拿大西北部麦肯齐河山脉地区的一个季节性洪泛坡立谷,是上述作用类型的一个比较典型的例子。

图 10-10 (上)冰后期岩溶地貌。挪威的 Pikhauga,巨大的漂石搁置在冰蚀形成的大理岩山脊上。在加拿大魁北克安提科斯提岛上,灰岩地层中发育落水洞。(下)加拿大麦肯齐山脉地区的"冰碛坡立谷",是一种冰川作用的地貌特征,该盆地由于一冰碛石堵塞白云岩山脉中的峡谷而形成(流域面积 90km²),照片即拍摄于该冰碛石顶部。峡谷季节性泛水,所有的水在图示箭头的地方渗入地下洞穴

发育冰盖下的岩溶景观包括竖井、漏斗,具有标准的外貌形态,当冰川消失后它通常成为不规则的水文学点。当竖井位于冰川下的基岩垄脊峰顶时,冰裂隙逐渐发展成串状冰壶。前文描述的小河冰壶就是这种类型。在谷坡上搁浅着许多排水落水洞表明这曾经是冰川水的排泄通道。这就是典型的高山岩溶。

冰川下的方解石析出物(图 10-11)是冰川覆盖环境中独一无二的岩溶作用产物。它们在高压-融化水状态下再次冻结成硬壳状沉积物(Hallet,1976)。形成与冰川流向近一致的线状流,如垄脊形、车辙形,甚至呈小而水平的石枝形流。在有些情况下,冰川的补给水在其到达冻结点前似乎通过表层岩溶微小系统穿过基岩。如果钙质沉积物相对规则并可以在碎屑沉积物上自由移动,钙质沉积壳厚度可达数厘米,在灰岩、白云岩表面相对规则并独立于表层碎屑沉积物的情况下,钙质析出物可覆盖 70%~80%的灰岩或白云岩表面。在阿尔卑斯地区,瑞士的 Tsanfleuron 冰川是一个被深入研究的场地(Hubbard,Hubbard,1998)。在包括南极洲在内的非碳酸盐岩上偶尔也可发现钙质沉淀物(Hillaire-Marcel et al,1979)。

图 10-11　加拿大卡斯尔格德岩溶。(左)冰蚀面上的方解石析出物(白色物质),冰川运动方向朝向镜头,照片大约在冰川衰退后 20 年拍摄。(右)沿着灰岩鼓丘的方解石沉积物特写,在鼓丘向冰川面的末端(上游附近)可以观察到冰川下的溪流特征。尺寸单位为厘米

在加拿大连续冻土带的南部地区,可见溶蚀廊道(大型的溶蚀裂隙)被冰碛物、冻土及残余土所覆盖。这种现象出现在低洼地表面,尽管它们处于北方,每个冰川作用期内大陆冰川流都至少经历过湿润环境。它们可能是由冰川下的溶蚀所造成(Ford,1984)。因此,呈现的不是冰蚀作用的结果,但是溶蚀廊道间的碳酸盐岩表面有冰川刨蚀的痕迹,上覆沉积物已被剥蚀掉。

图 10-12　岩溶地貌被后期热型冰川作用侵蚀袭夺。冰川由左到右穿过溶蚀漏斗,从而在上游壁(左侧)显示冰川拔蚀痕迹,而在下游残留磨蚀及冰川析出作用的痕迹

简单的冰川型岩溶(表 10-1,类型 6)曾经受显著的冰川作用并改变了它的原始特征。图 10-12 所示的小型漏斗即是这种类型,但这种形式相对少见。受冰川影响的岩溶大多为类型 7,其地貌景观受后期多期冰川叠加作用,在很多情况下,在冰川作用消退时仍有明显的溶蚀作用。它们成因复杂,形状多异。目前,还没有可靠地确定冰川作用的期数。

这些存在于冰川地区且主要通过岩溶系统排泄的封闭大型洼地属于这一地貌类型。它可能包含数百个甚至数千个环形的盆谷(图 10-13;Ford,1979;Maire,1990)。环形的盆谷是最基本的高山冰川景观,长 0.5~5km。大多受冰川刨蚀改造而进入基岩,它们的基础接近于封闭洼地。受冰碛物封闭而形成,一些季节性或者永久性的湖泊水可能溢出表面。剩余都呈干燥状态,在底板上布满岩沟、各种各样的冰后期沉积物及改造的漏斗。冰川区的岩溶水文系统有许多排泄通道位于冰谷底板(盆谷的基岩),主要以泉排泄而形成了从属于冰川地貌的局部岩溶水文系统,其他的则向当地的含水层补给。这种以岩溶系统为排泄通道的盆谷,并伴随分布在冰碛物之间的溶沟、溶缝、潜蚀漏斗,即为典型的高山岩溶所具有的特征。

在意大利和希腊的南部、墨西哥、危地马拉等地,一些高耸、蜿蜒延伸的灰岩地区从未受过冰川作用。然而它们的斜坡却经常被出露深而非对称形态的漏斗所切割,直径达 1 000m 或者更大。这些地区

图 10-13 （上）赛马冰斗（Racehorse）及（下）Surprise 冰湖（Ⅱ）。这是在加拿大落基山脉陡倾灰岩地层中形成的深的冰蚀洼地。水主要通过岩溶系统排泄，水面分别低于当地基岩潜水面最低点 50m 及 80m。类似的地貌特征可能是由于连续多期岩溶作用及冰川作用形成

的"冰川预制的盆谷"表明冰川发源于此。这也许能够解释在受冰川作用的灰岩山区发育如此众多且形状较为规则的盆谷。

在高山高原及峡谷地区（图 10-13；Smart，1986），甚至在受大陆冰川作用限制的高原及平原上同样发育大型的岩溶洼地。在安大略湖北部地区对金伯利岩管，利用高密度地球物理勘探发现在灰岩平原上存在由于冰川刨蚀而形成的长达数千米，深达 200m 的封闭洼地。这是由于早期对基岩下伏石膏基岩的溶蚀而导致岩层下沉，后期冰川对下陷地区的过量下蚀作用而造成的。这些洼地目前均被冰川及冰川前沉积物所堆填。

在很多冰蚀地面上真正的前冰川岩溶地貌景观（早于所有的冰川作用）是不可能被识别出来的。当然也有少数例外，在爱尔兰南部有几个被埋藏的洼地，其有机沉积物中包含古近纪的植物花粉，被证明是冰川前的物质（Drew，Jones，2000）。在其他冰川作用的地区，类似的特征同样存在，但已被冰川作用所改变或混入其他成因类型而无法识别。在文献中，"前冰川"这一术语使用频繁，其指代早于最后一期

冰川作用时所具有的特征。

就欧洲和北美地区的高山岩溶而言,在表10-1所列举的景观类型1、2及3在数量占绝对优势。许多学者已经认识到上述类型具有明显的海拔高度分带特性。从开始林木区的漏斗发育带过渡到溶沟、溶痕发育带到最高地区的霜雪冻裂破碎带。Bauer(1962)在阿尔卑斯山,Jennings和Bik(1962)在巴布亚新几内亚及Miotke(1968)在欧洲的欧罗巴山均发现上述特征。Ford(1979)认为由于最后一期冰期的冰川作用、侵蚀及沉积作用使得落基山脉的现代高山岩溶呈明显分带特性。特别是在曾经被冰川覆盖的地区,岩溶地貌表现为溶沟和不同类型的岩溶漏斗的复合体,并伴随着地表坡度的变化及各种碎屑沉积物的厚度变化而变化。而未被冰川覆盖的地区,不论海拔高度如何,主要以风霜冻裂沉积物为主,因而不存在明显的溶沟。如果有足够的地表水,且排水系统相对集中则可能出现溶沟及岩溶漏斗。

10.3.4 冰川对岩溶系统的作用效应

本小节将简要分析冰川作用对已有岩溶系统的影响。受冰川作用的可溶岩主要分布于加拿大,Ford(1983a,1996b)分类列举了9种不同的影响,见表10-2。当然,尚存在有待研究的其他类型。

表10-2 冰川作用对岩溶系统的影响

类型	作用效应
破坏扰动型	擦除作用:擦除溶沟、溶蚀裂隙及溶蚀残余物
	切割作用:对岩溶整个管道系统切割
	填充作用:对溶沟、漏斗及大的补给通道;岩溶泉的沉积
	注入侵入作用:碎屑物侵入岩溶洞穴系统
抑制型	屏蔽作用:碳酸盐岩、硫酸盐岩保护下伏基岩而不受冰后期的溶蚀作用
保护型	封闭作用:富黏土沉积物封闭表层含水层表面,限制岩溶的发育
促进型	汇集水流,抬高水头作用:产生叠加的冰川流或含水层
	降低排泄泉的海拔高度:通过于冰川的深切下蚀作用
	深部注入作用:当下伏基岩在冰川作用下褶皱时,岩层产生弯曲,有利于融化水及地下水向深部运动

由于冰川的刨蚀及拔蚀作用,对地表浅表岩溶特征起到消除作用的擦失型也许是分布最广且被广泛认可的类型。呈正地形的土丘、塔峰以及微小的溶痕、溶沟等可能被完全清除。岩溶含水层中诸如灰岩、白云岩中表层岩溶管道被冰川剥离并留下冰川的擦蚀光面。然而,在单一冰川作用下,发育较深的溶蚀裂隙是完全可以在冰川作用后继续发展的:除非它们被堆积物所填充或者覆盖屏蔽(详见下文)而保持水文上的惰性,否则它们将引导冰后期岩溶作用恢复发展。大多数漏斗由于具有很大的发育深度而不可能被单一的冰川刨蚀作用完全清除,当然如果受多次冰川作用,它也可能保持水文上的惰性而不再继续发育。

由于冰川对岩溶的作用效应不能像入侵的外源河流那样被分离出来。切割型是指广泛存在的含水层被冰川作用形成冰蚀谷、冰蚀槽或盆谷切割分开。高山温带冰川作用影响十分明显,也许是这一地区的主要类型,其作用结果是此地区深埋潜于水层、被远距离疏干排泄的洞穴系统切割成一些大的碎块,残余物保留在谷坡甚至角峰的顶点处(图10-14)。位于奥地利萨尔茨堡市附近的Eisriesenwelt冰洞就是上述作用的结果。Ford(1983c)、Lauritzen(1996b)分别分析说明了加拿大落基山脉及挪威北部的许多其他实例。

图 10-14 位于新西兰南阿尔卑斯亚瑟山大理岩上的一个圆形盆谷,由于水流通过地下通道在 6.3km 远比其低 900m 的地方排泄使其不能成为湖泊,落水洞的消退形成明显的溪流渗流点(Tooker M 摄)

填充型是指表层岩溶系统被冰川碎屑堆积物所充填。加拿大一个面积达 300km² 的封闭洼地在最近的一次冰期内被完全堆积填满,其形态特征完全不复存在。也许我们可以有这样的结论,在第四纪世界范围内冰川作用地区有数以万计漏斗状洼地被冰川碎屑物填满。

一个岩溶漏斗被碎屑物填满或者覆盖并不意味着它在冰川作用后不能继续扮演它在水文学上的角色。如果存在足够的水力梯度,填充的碎屑物起到的仅是渗流上的调节作用,详见 9.4 节。随着时间的推移,在溶蚀、潜蚀或者共同作用下洼地可能再次形成。最典型的例子就是加拿大巫药湖,据估计,在全新世大约有 $1.8 \times 10^8 m^3$ 的碎屑物被渗流作用迁移至玛琳河的灰岩通道中(5.3 节)。这一作用形成了一个长达 6km 的封闭洼地,其实是早期一个更大的被碎屑物充填洼地的一部分,部分充填物迁移后而形成。

注入型是指冰川碎屑堆积物被注入很深的含水层通道中,在卡斯尔格德洞穴,6 个通道的入口被冰川注入的碎屑堆积物封闭阻塞;这是目前唯一一个被探明的发育于现代活动冰川下的洞穴,注入物相对有限。一般情况下注入物为各种粒径的碎屑堆积物,依靠冰川融化水搬运迁移(8.2 节)。这种迁移运动可能在冰川上部也可能在冰川内部(图 10-8 所示的 Kvithola 洞穴),但研究实例中大部分位于冰川下部。高山深部洞穴系统多数洞段几乎或者完全被各种粒径的注入物填充。多期作用反复堆填是十分常见。然而某些洞段未被填充。因此,在间冰期或者冰后期一些管道复活或者产生新的通道,含水层的岩溶作用可能逐渐恢复。

当地形起伏一般或者较小时,地表可能完全被冰雪所覆盖,由于附近的页岩或者其他地层的风化会产生足够的黏土物质,含水层由于大量黏土物质的迁移进入而被完全阻隔或者保持相当程度的惰性。纽芬兰的 Goose Arm 岩溶含水层就是一个被严格阻隔的例子(Karolyi,Ford,1983)。它处于崎岖起伏不平的地带,地表起伏为 50~350m,在冰川作用前为锥形岩溶地貌形态。它包含 40 多个大型的基岩封闭洼地(直径为 100~1 000m),这表明该地区的含水层曾经存在成熟的管道系统并且向该地区的小型泉排泄。随着后期黏土物质的迁入堵塞,一些洼地完全停止发育而充满水,成为一般的湖泊。剩余水通过冰后期的一些短小通道向附近的泉排泄。一般情况下,地质构造和最大地形坡度对含水层中的排泄径流方向有控制作用,从而使现代径流路径的走向与上述两个因素有一定相关性(5.2 节)。

当基岩被冰川碎屑堆积覆盖时,其冰后期的岩溶作用会受到限制,因为流水有限的溶解能力花费在对上覆碎屑堆积物中可溶碎屑岩的溶解上。碳酸盐岩和石膏岩由于其相对软弱特性在冰川的擦蚀作用下会产生大量的碎屑岩，不断富集于当地的土地上。大理岩不会产生大量的碎屑，表层土壤会迅速地向下游缺乏可溶碎屑的软岩处迁移。

加拿大安大略湖地区及魁北克沉积有 1～2m 的土壤、冰水沉积物及超过 0.25m 的泥灰岩，这一特性使该地区下伏灰岩、白云岩在自冰川消退以来的 10 000～14 000 年内未被溶蚀，即使在理论上该地区一直存在一个开放的溶蚀系统（图 10-15）。在加拿大新斯科舍温莎，由于石膏地区表层 4～6m 厚碎屑中富含土壤，石膏中一个冰川擦蚀面被完美地保存于地表之下。

图 10-15　冰川作用对灰岩、白云岩表层溶蚀系统影响作用较为明显的两个实例，二者均被（威斯康星期）Laurentide 冰川所袭夺，但均靠近冰川的边缘。（上）在加拿大安大略的哈密尔顿，温带冰川完全擦除了充填黏土溶沟的上层基岩及充填物，从而形成了被截断的相对不活跃的古岩溶。在富含混杂陆源物质的白云石碎屑岩中，地表下 1.3m 仍可见细小完好保存的溶沟。（下）加拿大马尼托巴 Winnipeg，寒冷型冰川作用而出露的保存完好的石芽-溶沟等表层岩溶地貌

埋藏于衰退期、寒冷冰川的地表大多数仅受到微弱的侵蚀；在瑞典的拉普兰地区完好地保存着深部风化产生的石山（André，2001），更为显著的是，在加拿大的魁北克和拉布拉多的 Torngat 和 Kaumajet

山脉地区大量分布着石海(Marquette et al,2004)。Eyles(1983)提出了带状分布模型。脆弱且密集分布的溶蚀裂隙可能在一定程度上被完整地保存下来。加拿大学者主要提及的就是位于温尼伯市下一套延伸面积达3 000km^{2}的中厚—厚层白云岩地层中的岩溶管道系统。基岩上覆4m厚的融化冰川沉积物,碎屑物质未进入基岩中。这层物质封闭了基岩的管道系统,并将原表层径流岩溶系统转变为承压含水层。当然,如此大范围的保存是十分少见的。

在高山等地形起伏的山区,碳酸盐岩中落水洞及小断面的溶洞可能在冰川衰退期发育最快。此时,大量的冰川融化水能够集中于冰川边缘或角落补给,这一作用可持续数十年或者数百年;同时,作用于下伏岩溶含水层的水力梯度可能由于冰川融化衰退产生叠加作用而增大。沿冰川外部边界或者冰碛物堆积交点分布,也接受冰川融化水的补给,在冰后期的褶皱山峰进行的钻探多次证明上述作用,Glazeket等(1977)在波兰的发现也是如此。在哥伦比亚现代的冰原洼地,融化水形成了一个小型湖泊,最终突然通过基底向下伏卡斯尔格德含水层排泄。从而形成"jokulhaup"(冰坝溃曲型)现象,一种由于冰川水头叠加出现的极端现象(Ford,1996a)。

冰川的下蚀作用降低了潜在排泄点的位置从而增大了地下水水力梯度。在加拿大型岩溶的高山冰川地区,许多泉点由于受冰川的下蚀作用而悬挂于灰岩谷坡上。

现今对于上述现象的总结,冰川对岩溶的最终作用效应或多或少带有推测性。在加拿大或者世界上任何一个地方,越来越多的证据表明存在冰川水向下注入很深的岩溶含水层、溶蚀间隙及古岩溶中,而它们在第四纪冰川前深埋于地下并保持发育且显惰性。在冰川区特别是大面积的地势低洼地区,由于冰川消退的卸荷作用而导致地壳均衡反弹产生弯曲褶皱,这进一步促进了冰川水的注入作用。

一个至关重要的证据就是一些深部塌陷构造总是在冰川期产生或是被激活。一个重要的例子就是在加拿大萨斯喀彻温省和亚伯达省平原盐岩上的大型角砾岩带(图9-59)。图10-16(a)中的Howe湖是一个封闭的洼地,最近一期冰期的土壤被向下游迁移78m(Christiansen,Sauer,2001)。洼地主要在全新世被填充,充填物厚10m,直径达300m。"萨斯卡通洼地"的成因更为复杂。在一系列早期的崩塌塌陷事件之后,白垩纪地层及更古老的碎屑沉积岩下降了至少190m,从而形成了这一尺寸达25km×40km的洼地(Christiansen,1967)。这些塌陷事件可能由冰川引起,其发生在第四纪或者更早。最后一次崩塌塌陷事件发生于最后一期冰川(威斯康星期/玉木冰川)作用末期,产生的物质向下迁移70m而进入更古老的洼地中[图10-16(b)]。这次塌陷事件是白垩纪沉积盖层下约1 000m的盐岩崩塌,塌陷

 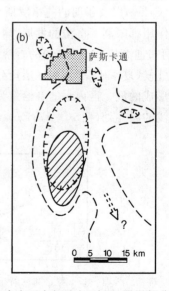

图10-16 (a)加拿大萨斯喀彻温塌陷构造形成的Howe湖。(b)萨斯卡通(加拿大西南部城市)洼地,阴影部分为晚威斯康星阶冰期形成近70m深的塌陷,后被湖泊沉积物充填,早期的塌陷洼地(未填充部分)很可能在第四纪时期由冰川作用所引起,也可能更早。箭头所指方向为可能冰川期水流排泄方向(据Christiansen,1967)

形成的洼地被冰后期的湖泊沉积物所堆填并在全新世保持惰性。

在位于加拿大大奴湖（Great Slave）南面湖滨派思波因特（Pine Point）的锌矿区，有证据揭示了冰川作用对中古生代古岩溶的恢复作用。矿石将发育于泥盆纪堡礁中古岩溶洞穴及崩塌漏斗堆填（图2-11）。相当数量的漏斗中都可以发现第四纪黏土沉积物（多期沉积物），并穿过了更为古老的角砾岩及硫化物沉积物。少数情况下，黏土在位于古岩溶地下水循环之下的碳酸盐岩中迁移，并进入更深的硬石膏地层。而现今的地下水水力梯度通常很低，不可能支持如此深度的水循环作用。

这一效应作用于一个很大的时空范围。萨斯卡通洼地的尺寸可达到一个现代最大坡立谷的规模。这种深部注入意味着深部含水层或者出露于地表的泉水部分自最后或者更早冰川作用以来一直埋藏于地下。

当然，岩溶景观地貌及前期冰蚀地貌系统的形成与发展是相当复杂的。在相对较小的地区，冰川作用可能产生更为广泛的作用效应。对早期冰川或间冰期的继承发展作用使得所有的分析复杂化。一般来说，当地形的起伏较小时，冰川对岩溶的破坏作用和抑制作用是占主导地位的。在美国的中西部向南至冰川作用范围，广泛分布着各种各样的可勘探性的洞穴和其他类型的岩溶景观。在地形起伏较大及高山冰川作用区，复杂的排泄径流系统及复杂的继承发展作用在岩溶地区广泛存在，但是单个岩溶或岩溶系统可能快速发展至相当大的范围。

10.3.5 雪地岩溶

雪地岩溶被广泛应用于描述一个降雪量相对较大以及节季节性的融水占地下水补给很大比例地区的岩溶特征。雪地岩溶存在两个截然不同的条件特征。第一种情况下，地表一直被冰盖所覆盖，现代降雪的作用总是叠加在冰川岩溶特征集合体之上。在岩溶形态和分布上，现代降雪的下蚀作用总是从属于上面已讨论的冰川-岩溶相互作用的结果。

第二种条件即地表目前未被冰雪覆盖而即使在冰川期由于气候十分温暖而不至于形成深的永久冻土。在比利牛斯山型岩溶地区的高山斜坡坡脚或丘陵山麓地带，如意大利的白云岩山脉（Dolomites）和尤利安阿尔卑期山脉（Julian Alps）都属于这类环境。然而，雪对岩溶的作用效果的典型例子却位于完全未被冰雪冻结的山脉，如罗马尼亚的喀尔巴阡山（Carpathians）、希腊的伯罗奔尼（Peloponese）和克里特岛（Crete）以及伊朗的扎格罗斯等，它们都远离前期的冰川作用。许多情况下，(霜)冻裂作用和冻融泥流作用都限制了溶沟的发展，岩溶漏斗成了最为明显的景观地貌。摩洛哥阿特拉斯山脉（High Atlas）阿布迪高原（Ait Abdi）的岩溶地貌特征十分不明显，发育高程位于2 200～3 000m，是一个典型的地中海气候（夏季干燥）实例。层理分明的灰岩向西倾斜，构成一系列内陡坡和缓倾向坡地貌特征，类似于海浪形成的波。区内水的补给量为150～250mm·a^{-1}，主要来源于内陡坡对吹雪的阻挡使其累积于干谷和浅的漏斗处（图10-17；Perritaz，1996）。Maire（1990）提供了许多其他类型雪地岩溶的例子。

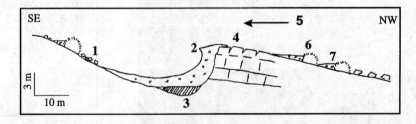

图10-17 摩洛哥阿特拉斯山脉阿布迪高原上雪地岩溶地貌典型剖面图（引自Perritaz,1996）
1. 冰冻碎裂岩（冻结破碎岩石）；2. 吹积雪；3. 崩积物；4. 溶沟、溶痕；5. 风方向；6. 耐旱性植被；7. 积雪

10.4 极端寒冷气候:冻土地区的岩溶作用

10.4.1 永久冻土的性质及分布

当一个地区的温度在一年或者更长时间内位于冰点以下,我们就称该地区的基岩或者碎屑沉积物盖层为永久冻结状态(French,1996;Smith,Riseborough,2002)。加拿大永久冻土地区的岩溶分类见图10-18。冰川型岩溶是冻土地区与众不同的岩溶类型,由于其洞穴的尺寸及所具有的独特结构,洞穴中不存在冻土,见8.5节。在很大程度上零星冻土局限于地表淤积物和类似的碎屑沉积物。所有岩土类型中广泛分布冻土,可连续延伸,几乎遍布各地湖泊、大型河流底下及我们下面将要描述的几种特殊环境。Pulina(2005)描述了俄罗斯冻土范围与岩溶作用的相互关系。

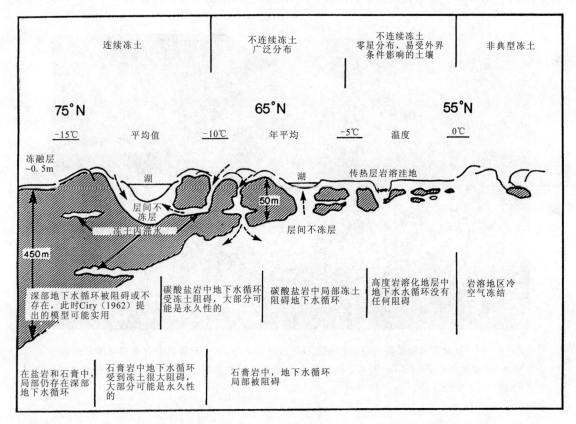

图10-18 低—中高地区永久冻土与岩溶相互作用关系概化模式图,该模式基于加拿大北极岛屿及内陆平原的条件

高山区域的冻土由于分布及深度的不规则性而被列为单独的一类。本书中我们认为它是一般性的"崎岖山区地形"模式。

连续分布区和广泛分布冻土区的地下水条件是非常复杂的。融冻层通常为顶层,发生季节性的反复溶解和冻结,其深度一般从温带冻土的地表下2m降至最寒冷地区的30cm。传热层(季节性温度变化的下部边界)的深度更深,随场地而异,一般在地表下5~30m。居间不冻层是位于融冻层之下的不冻结区域,通常延伸至永久冻土的底面或结束于其顶面。一些情况下,永久性的湖泊和池塘底部由于其较大的深度而不至于在冬季被冻结,这时不冻层可延伸至其底面下。静止和流动的水体可能出现在不冻层或者永久冻土内或其下的空间中(图 10-18)。在可溶岩中,大部分冻结层中的水保存于管道系统和高孔隙率的岩层中。

由于水在冻结时释放潜伏热可以减小冻结作用。只要地下水在传热层下面已建立渗流路径,它只需要很少的能量就能保持管道畅通。在加拿大断续冻土的北部边界,只要进入某地层顶面落水洞(岩层的顶部)最大季节性排泄量达到 $5 L \cdot s^{-1}$,就可以提供足够的热量以保持渗流通道畅通而使地层为永久性的居间不冻层(Everdingen,1981)。我们应该认识到水的冻结点随着其溶解性固体的含量增高而降低,因此当含碳酸氢盐地下水开始冻结时,含硫酸盐或含盐地下水仍然可以流动。图 10-19 是位于北纬 79°加拿大北部阿克塞尔海伯格岛(Axel Heiberg)石膏丘陵地区的一系列泉的照片,该地区常年排泄含盐地下水,温度达到零下 4℃,年平均温度达到零下 15℃。

冻土地区的可溶性岩石广泛分布于加拿大及俄罗斯。加拿大及俄罗斯的西北大部分地区都处于冻结状态。然而拥有大面积碳酸盐、蒸发岩出露的西伯利亚安加拉河-勒拿河平原及毗邻的 Yakutia 却是另外一番景象(Pinneker,Shenkman,1992;Pulina,1992,2005;Alexeev,Alexeeva,2002)。但是现在说明的作用模式主要来源于加拿大的经验(图 10-18、图 10-20),也更适合加拿大。

图 10-19　加拿大努勒维特阿克塞尔海伯格岛西海岸北纬 76°的石膏山上有众多硫酸盐及盐水泉,泉水来自于 Expedition 河道下的冻土中居间不冻层的渗漏。"冻结的水泡"直径呈 0～20m(Wayne Pollard 摄)

10.4.2　冻土地区的岩溶作用

冻土地区的岩溶作用并不局限于加拿大零星分布的冻土带。永久性的冻结在一定程度局限于易受影响的土壤地区,例如淤泥土易与冰结合成冻土。在从未冻结的西伯利亚南部地区,主要呈浅长山谷地形且从属于亚安加拉河-勒拿河河流分布,并受到碳酸盐岩、石膏和碎屑岩分布的影响。河间地块的岩溶含水层通常接受散流和浅漏斗的补给。然而在山谷的底部,冲积土冻结使得地表径流可以在其上运动数千米直至出现通向不冻层的渗漏点;沿着数千米的渗流路径由于溪流的下蚀作用可能发育下渗漏斗,在季节性洪水期被淹没(当地称之为"suchodol";Salomon,Pulina,2005)。

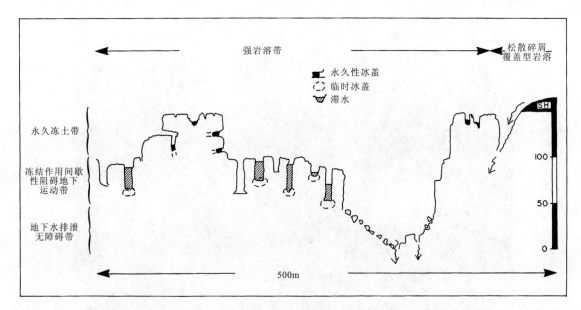

图 10-20 高山冻土区及广泛-连续型起伏冻土地带与岩溶排泄系统和冻土关系分区模式图,基于加拿大麦肯齐山脉纳汉尼页岩盖层地区岩溶漏斗与岩溶管道的发育特征

就高山冻土及处于广泛分布冻土高山峻岭过渡地带条件而言,纳汉尼岩溶是一种典型的发育模式(Ford,1984;图 10-20)。它位于北纬 61°～62°加拿大麦肯齐山脉中。年平均气温-8～-6℃。降雪量很小不足以覆盖地表,冬季温度下降至-50℃。夏季温度可以达到 35℃。因此,该地区传热层埋藏很深。该地区可能在曾经某个时期或者最近一期冰川作用前被冻结但绝不仅于此。形态特征及气候特征都很类似于西伯利亚勒拿河及安哥拉河高原特征。

纳汉尼岩溶是发育于厚度约 200m 灰岩地层中岩溶漏斗与岩溶管道混合型,其上覆约 1 000m 厚的白云岩。一些"火山岩带"(冰前火山喷发通道景观)叠加于岩溶地貌上。大型洼地深度大于 100m,长度可达 1 000m(图 10-21)。其壁面通常由冻裂作用所致,其底板通常被岩屑覆盖。当外源径流补给该地区的砂岩、页岩,使得洼地充满冲积物而成为典型基准面坡立谷(Brook,Ford,1980)。

发育成熟、通畅的排泄通道连接大型岩溶洼地和岩溶地貌端点的排泄泉。根据最近的有色颜料示踪成果,地下水通过白云岩中溶蚀管道的排泄距离可达 20km 甚至更长,其渗流速度可超过 4km·d^{-1}。在洼地间,高度岩溶化岩石被冻结或留下残余物。在一些过渡地带,对地下水的补给存在非周期性的阻碍作用。其流域面积很小,最大可达数公顷。传热层中岩溶漏斗的排泄管道通常被冰雪或者冻结的碎屑物所堵塞。在经过一个或者几个冰融季节后,水流逐渐累积于上部直至达到足够大的水压力而压裂堵塞层;此后累积的水经数小时或者数天排泄,从而形成天然井形式的点状补给型漏斗。

麦肯齐山脉向北,大熊岩地区的胶结白云石角砾岩岩溶(图 10-22;9.13 节;Hamilton,Ford,2002)位于广泛分布的连续冻土的边缘。它在最近一期冰川作用期内为冰盖所覆盖,永久冻土的深度小于 50m。许多冰川前漏斗以池塘的形式残留在那里可能达数十年或者更长,所有外源河流在漏斗下面沿着地质接触面的溶蚀管道通过。向西北方向到育空地区是 Tsi-It-Toh-Choh 崎岖起伏的灰岩岩溶地貌,由于该地区干旱的气候,它从未经历冰川作用(Cinq-Mars,Lauriol,1985)。年平均气温为-11～-10℃。冻裂破碎地表(残积碎屑)比纳汉尼和大熊岩地区分布更广泛。厚度达 50～100m 的冻土呈广泛分布-连续型。残留的洞穴中充填第三纪的洞穴堆积物(根据"U"系列及古地磁研究)(Lauriol et al,1997)。这表明大多数表层岩溶排水系统在第四纪已被消除。然而,如此大范围流域内水流集中向大型漏斗或者谷底排泄,即使在冬季冻结作用增强(结冰)的地区,地下水也能与泉进行畅通循环,这一过程可持续到夏季("aufeis",德语;"naledi",俄语)。Clark 和 Lauriol(1999)曾报道 Yukon 山脉地区积冰面

图 10-21　纳汉尼地区岩溶发育航拍图。(上)岩溶漏斗形成的 Raven 湖,发育深度达 150m 至最低排水面,并在冬季疏干;(下)洪水导致坡立谷的水位上升

积可达 32km²,占该地区地下水补给面积的 1.3%。

岩溶发育不定期的间断作用,主要与温带高山丘陵地区经历的间断性冻土相关,而与最后一期或者更早的冰川作用的冰冻无关。英格兰的门迪普丘陵、Peak 区域及阿登高地(Ardennes)、侏罗山脉(Jura)、摩拉维亚(Moravia)、喀尔巴阡山,法国高山山前地区(如沃克吕兹高原)都属于这种作用类型。表层岩溶系统溪流由于下伏洞穴系统堆积物的增长而消失停止的现象是十分引人注目(8.6 节)。漏斗的堵塞通常被认为是由于层状黏土累积所引起的,而目前被落水洞切割并作为排泄通道。偶尔也可以发现残留通道穿过漏斗(Ford,Stanton,1968)。黏土沉积物通常含有大量的冰缘黄土,而一些漏斗则完全被

图10-22 （上）加拿大麦肯齐山脉北纬66°的熊岩地区,解冻土形成的溜舌进入一个大型岩溶漏斗。（下）位于同样纬度的加拿大大熊湖广泛分布冻土地带,西侧岩溶地貌低洼地形成的冬季湖。呈一长达4km且季节性洪泛的封闭洼地,洼地冰川堆积物下伏基岩为白云岩,其上被石膏覆盖（Van Everdingen R O 摄）

泥流碎屑物所填充。

在加拿大北部山区的东部,随着逐渐接近连续性永久冻土,南部边界地形起伏逐渐减小。该地区的岩溶作用同时受到低水力梯度及冻土作用的限制而很难将冻土、岩溶作用区分开来。除了在少数悬崖陡坡处由于具有较大的水力梯度外,碳酸盐岩的现代岩溶作用整体十分微弱（Lauriol,Gray,1990）。在石膏地层出露,或者被较薄的白云岩或页岩覆盖的地区岩溶十分发育。Van Everdingen(1981)对发育于大熊湖西部石膏地层中 1 400 多个岩溶洼地及 67 个常年泉进行了测绘。该地区位于连续冻土-广泛性冻土的过渡地带。最大的洼地形成年代可能早于最后一期冰川作用，洼地内沉积冰川沉积物，并产生季节性湖泊(图 10-22)。

在连续冻土地带向北 200～300km 内，活跃的岩溶漏斗逐渐减少，但仍可识别，直到地形起伏变得很小时才不好分辨。在小型的岩溶洞穴中，季节性融化水会逐渐累积并被冻结而产生直径达数米的岩石水泡。在接近北极海岸的北纬 69°地区，有一个典型的岩石水丘(一个来源于冻土下的水结冰成水泡)。它发育于白云岩中，直径小于 60m，高 22m(St Onge，McMartin，1995)。该地区在最后一个冰期被冰川覆盖；大多数岩溶在冰后期内并没有扩展发育迹象，而呈现一定程度的萎缩迹象。最近的观察报告再次提起了岩溶作用的继承问题。

在现代冻土地区，许多发育中的岩溶系统是在更为有利的水文及热力条件下产生的。它们一直持续到现在，原因是由于传热层下的冰冻能力相对较微弱，但本质上它们是继承前期发育而来。在加拿大北极及其他冰蚀地区，这意味着继承来自于冰川下或者冰消期冰川的边缘-融化冻土的产物。在西伯利亚的非冰蚀地区，研究人员认为这在很大程度上是由于间冰期环境更温暖或者继承了新生代和中生代冻土前的产物。

目前仍存在地下水循环的地区是很难证明现今地貌是继承前期产物发展而来的，即使在西伯利亚的矿区或者其他工地发现了许多埋藏于地下的岩溶洼地，且充填白垩纪或者侏罗纪的沉积物。源于更理想环境下的先期产物的继承作用更容易理解，因为即使在冰后期冻土作用扰乱了循环特征，但先期的作用仍不能磨灭。例如，位于加拿大北纬 68°～73°，灰岩及白云岩平原上地表分布的岩溶管道，其被袭夺而散乱分布，在北极矿区或者一些海滨悬壁发现了大量的崩塌角砾岩被底冰水所胶结。图 10-23 即是位于北纬 72°30′加拿大北部巴芬岛纳尼西维克锌铅矿的地质剖面图。矿体是位于前寒武纪空腔的一个宽度超过 200m、长度超过 2km 的共生体。其南部边界紧邻一冰蚀谷，出露团块状角砾岩并被底冰胶结，温度为-13℃。这种角砾岩化作用主要源于最后一期冰川作用下伴随位于河谷冰盖下冻土的融化而产生的溶解(Ford，1996b)。Salvigsen 和 Elgersma 认为(1985)挪威西部斯匹次卑尔根岛的西部海滨砂砾石覆盖的石膏地层中起伏小的岩溶漏斗地形，其最初源于海水泛滥下冻土的解冻，之后地壳均衡上升形成。

在北部加拿大群岛，挪威斯匹次卑尔根岛，西伯利亚北极地区及南极洲所盛行的极端气候条件下，年平均气温在-12℃以下，最温暖的月份温度也低于 5℃。因此，传热层埋藏较浅，除此之外，降水量小于 200mm。如果冰川作用的地区仍残留冻土，即使存在有利的地下水循环对活跃层下 30～100cm 有溶蚀作用，碳酸盐岩中近代岩溶的发展仍受到限制。Ciry(1962)认为这种条件下有利于灰岩通道的发育。偶尔在悬崖边壁可以发现仅残留几米的溶蚀通道，在裸露的陡坡上发育小溶沟(例如 Woo，Marsh，1977；在北纬 73°Cornwallis 岛所见)。然而，在加拿大北极碳酸盐岩裸露地区地表通常被冻结碎屑所覆盖(图 10-24)。相对于其他硬质岩，由于碳酸盐的溶蚀张开作用导致结冰更易对其产生冻裂破坏(Goudie，1999)。而水的溶解能力对碎石的溶解作用消散。当水被冻结或者发生升华时，大部分被溶解的碳酸盐将再次发生沉积，形成钙质砾岩或者生物硬壳，其堆积于碎屑岩下面或者碎石下的基岩裂隙中(Lauriol，Clark，1999)。由于地表季节性渗流通常沿着陡崖底部发生，地下水通常流动距离很短。

由于盐岩及石膏地层的高溶解性及低的冰点而可能发育更深的永久冻土岩溶。这些岩溶水循环系统是自流的，且向海滨冻土消融的地方排泄，如石膏泉。在北纬 80°的加拿大埃尔斯米尔岛(Ellesmere)，盐丘的两翼有渗流漏斗。地下水的径流路径通常只有数百米，并且浅埋于冻土中。在埃尔斯米尔岛(北纬 83°)北海岸的悬崖上可见石膏角砾岩。这可能是处于最北极的岩溶，即使在今天它仍是不活跃的(被地表冰雪所冻结)。

(a) 间冰期后期?

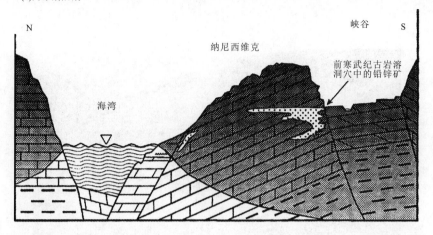

(b) 最后一期冰期

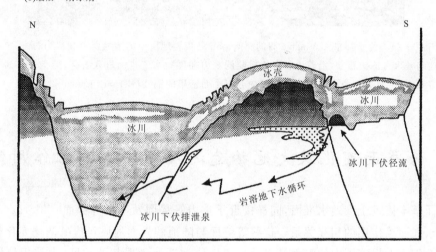

(c) 全新世

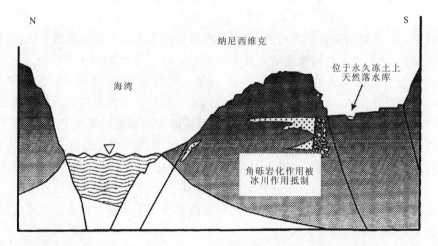

图10-23 加拿大西北部巴芬岛纳尼西维克锌矿体剖面及巨型角砾岩发育示意图。(a)角砾化作用前(最近间冰期或最后冰期初),地表未被冰川覆盖,除了Strathcona海湾,冻土深度均大于100m。(b)角砾岩化作用期(威斯康星期冰川),冰盖下的永久冻土大部分或完全融解,融化水通过纳尼西维克古岩溶向Strathcona海湾排泄。溶蚀作用导致了矿体南面部分沿临空面形成近200m的垮塌。(c)冰后期,永久冻土重新恢复,角砾岩化作用被冰川作用抑制(引自Ford,1996b)

图 10-24 位于加拿大 Vngava 湾的 Akpatok 岛灰岩地层中的溶蚀管道衰退为石海,该岛屿被永久冻土覆盖,沿着山谷形成较陡的水力梯度. 水流排泄进入石芽-溶沟表层岩溶系统,主要表现为在冻裂碎石堆积中分布小而密集的漏斗(Bernard Laurio 摄)

10.5 海平面变化及大地构造运动对沿海岩溶作用的影响

平均海平面基本接近于大地水准面,同样接近于重力等势面及电位等势面。Mörner(2005)解释了决定其位置和水准面等作用的相互关系。这些等势面与陆地的界面地质年代的演化变化很大。特别是在过去的 200 万年间世界范围内的海面升降及由于板块构造运动引起的地区-大陆板块性的地壳垂直运动和造山运动使得等势面的变化更加明显。上述陆地及海洋的变化使得滨海岩溶的位置多次发生了垂直运动。

导致海平面变化的主要因素包括冰川活动、大地构造运动及大地水准基点的变化;就我们关心的时间尺度上的变化而言,冰川及大地构造运动是最为明显的。冰川导致的海平面变化主要是由于在冰期内大量的海水转化为大陆上的冰盖。在 1ka 至 10 万年的时间范围内,冰川导致的海平面升降可达到 110~150m(图 10-25);Lambeck 和 Chappell(2001)揭示了最后一次冰川旋回内海平面的变化。

在灰岩海岸可以得到可确定年代的海水痕迹,从而获得海平面随时间变化的数据。然而,Mörner(2005)认为构造及冰川引起的海平面升降不可能离开大地水准面的变化而独立存在,我们不可能在全球范围内不同的地区去找到一个由单一因素引起的海平面变化并与历史完全吻合的痕迹。尽管第四纪的海平面升降主要由冰川作用导致,Nunn(1986)认为在一个海洋内当运动起伏小于 150m 时,认为大地水准面的变化可忽略是不合理的,特别是上述几种类型都出现于异常大地水准面地区时,此时大地水准面引起海平面变化的概率是相当大的。

即使在构造相对稳定的地区,海平面变化使得当前的海岸线在实际水准面垂向上 30m 范围内变化,并且在过去的 80 万年内有 30% 的时期如此(图 10-26)。因此,第四纪大部分时期侵蚀基准面是低于目前位置的,内陆的地下水水位以及与此相关的淡水-咸水界面带也低于目前的位置。因此,在第四纪当海平面下降 130m 或者更大时,在裸露地区有足够的时间产生岩溶。在构造稳定的海岸,浪蚀台地及珊瑚礁标志着过去的海岸线位置,通常被认为它们主要在海平面相对稳定的时期内形成。在构造运

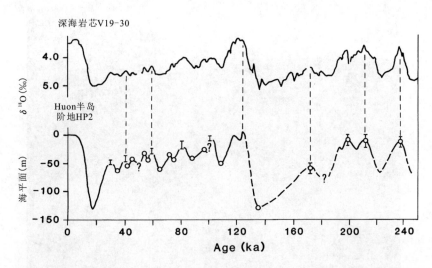

图10-25 巴布亚新几内亚Huon半岛(见图10-27)珊瑚阶地上海平面变化曲线与太平洋深海岩芯V19-30关系图(据Chappell,Shackleton,1986)

动活跃的海岸,相当一部分海岸线处于海平面振荡线及抬升线接触带上。典型的例子常见于碳酸盐海岸,上述各种作用都可能发生即使程度不一(图10-27)。如巴布亚新几内亚的Huon半岛(Bloom,1974;Chappell,1983;Chappell,Shackleton,1986;Ota,Chappell,1999),巴巴多斯岛(Fairbanks,Matthews,1978;Schellmann et al,2004)及百慕大群岛(Harmon et al,1978,1983)。在巴塔哥尼亚,陡峭的大理岩海岸的潮间带上有一系列化学及生物侵蚀作用形成的十分壮观的水平浪痕,Maire等(1999)认为浪痕要么形成于相对短暂稳定时期,要么形成于快速上升的海岸环境下,遗憾的是很难追溯它形成的年代。

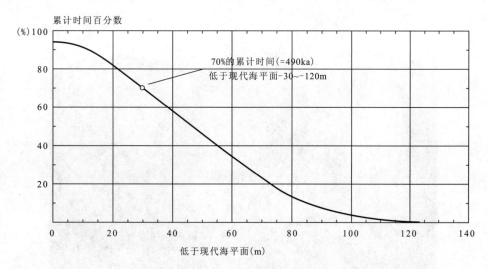

图10-26 过去80万年期间海平面低于现在海平面的累计停留时间(引自Purdy,Winter,2001)

Smart和Richards(1992)分析了300多份已经发表的取自于第四纪海洋阶地珊瑚"U"系列分析成果,并求解了8对海滩样本,其均值及标准差分别为 129.0 ± 33.0ka, 123.0 ± 13.0ka, 102.5 ± 2.0ka, 81.5 ± 5.0ka, 61.5 ± 6.0ka, 50.0 ± 1.0ka, 40.5 ± 5.0ka 及 33.0 ± 2.5ka。结合"U"系列和电磁自旋共振标记了巴巴多斯岛,Schellmann等(2004)珊瑚虫的年代并识别了最后一个间冰期的3个高海滩样本(MIS 5e),处于约132ka(ESR)至128ka(U/Th)、约128ka(ESR)及120ka(U/Th)至118ka(ESR)。在

图10-27 Huon半岛航拍图。表明抬升的珊瑚礁导致图10-25所示的海平面变化曲线

西澳大利亚,珊瑚测定年龄表明最后一个间冰期开始于128±1ka,结束于116±1ka,而珊瑚的生长持续时间较短从128ka至122ka(Stirling et al,1995,1998)。根据取自于4个地点(百慕大群岛、巴哈马群岛、夏威夷和澳大利亚)的珊瑚样本年代,Muhs(2002)认为最后间冰期海平面至少与128~116ka间所呈现的海水位一致。

洞穴堆积物中海洋生物的生长率(图10-28)也可用于确定海平面的变化时间。Fornós等(2002)发现地中海的MIS 5e海平面出现在135~130ka和125~112ka。通过分析由于海平面上升而被淹没的洞穴堆积物,也可以大致估计在过去不同时期所具有的最大海平面高度,如Richards等(1994)及图8-22b所示。

图10-28 巴布亚新几内亚Manus岛岩溶洞穴中海洋软体洞物伴随钟乳石生长,它准确地记录了前一次海平面到达的地理位置

除获得海平面变迁数据,有关海洋阶地的年代及构造倾斜率等信息也可以从岩溶洞穴堆积物中获得。Williams(1982b)建立了新西兰 South 岛西北海岸线上不同洞穴的抬升曲线,通过比较抬升率而估计构造倾斜率。Fornós 等(2002)通过比较岩溶洞穴堆积物 MIS 5e 的海拔高程从而确定了地中海地区 Mallorca 岛海岸的构造倾斜率。

在构造相对稳定的海岸,我们发现新的特点或者发现继承与早期的基础。冰后期的地形可能叠加了发育于大约 12.5 万年前最后一次间冰期地形的结果,与现在相比,那时海平面可能短暂性地上升了 6m。同样的,曾经出现于低海平面的海岸景观地貌在其历史中可能多次出现或者被海水淹没(图 10-29)。因此,除由于构造运动而产生地面抬升,在碳酸盐海岸岩溶地貌被海水淹没是十分正常的现象。由于第四纪海平面的反复升降,沿海的排泄洞穴反复被疏干、淹没。发育与尤卡坦半岛的岩溶洞穴是研究这一现象的理想场所(Beddows et al,2002)(见 5.8 节)。这些补给海底泉的岩溶通道形成于海平面相对较低的时期。

图 10-29 位于新西兰海岸附近的漏斗由于全新世海平面上升而被淹没。在被淹没之前这些溶蚀漏斗多被火山沉积物堆积,并在一定程度上受潜蚀改造

海岸岩溶现象

在海岸地带,应将在海岸形成的地貌特征与由于海平面变化而形成于海-陆交界处的特征区别开来。形成于海岸的地貌显著特征就是沿海沟及潮间带的接触溶蚀,见 9.2 节。在这里我们主要讨论其他特征。

海岸地带的岩溶作用通常局限在海洋潮汐影响范围内。它对海水-淡水分界面的影响控制作用见 5.8 节。在珊瑚岛的多孔介质中,敏感的地下水水位反复调整,即使海潮的变化幅度很小。位于太平洋的纽埃岛(图 5-36),海水-淡水交界位于内陆约 0.5km 的范围,而潮汐效应可使其达到内陆 6km 的范围(Jacobson,Hill,1980;Williams,1992)。相对于多孔的灰岩地区,海水对结晶碳酸盐形成的海岸入侵影响效应更为复杂、更不规则,同时潮汐沿着溶蚀通道的渗入量更大。例如,爱尔兰西部的 Gort 低地(图 9-36),爱尔兰 Caherglassaun 潮汐湾向内陆延伸达 5.3km,在夏季一天内潮汐两次,涨潮退潮,滞后邻近的戈尔韦海湾(Galway)潮汐 3~4 小时。附近的 Hawkill 港湾,同样形成 8.75km 的潮汐湾,在潮汐作用下反复涨潮、落潮。

然而,对于碳酸盐岛屿的地形特征的解译仍然存在很多困难,Darwin(1842)认为火山群岛周围的堡礁是由于洋壳下沉引起的，Stoddart 等(1985)认为岛礁是由于外源径流对岸礁的内部边界的溶蚀风化作用所致，随后被上升的海水淹没。Purdy(1974)、Purdy 和 Winterer(2001)把潟湖相的环礁归因于冰川期低海平面时，雨水的差异性溶蚀作用所致。然而，众多的学者例如 McNutt 和 Menard(1978)认为这是由于珊瑚岛阶地的抬升作用形成的，Nunn(1986)认为可能是大地水准面反复升降的结果。然而，明显的是很多碳酸盐岛屿由于受到复杂的海相、陆相交替作用，从而保留了复杂的地貌特征。Mylroie 和 Carew(1995)总结归纳了这类现象的研究成果。

碳酸盐岛屿处于海洋深部，因此海水的升降作用能很好地体现出来(图 10-30)。珊瑚环礁记录了它所经历的海平面上升位置及岩石特征(Spencer et al,1987)。另一方面，海平面的下降在海洋斜坡上形成陡峻的悬礁，随着浮力的减小，大量的悬崖失稳。图 10-30 显示了这一作用导致的位移变形。近平行于海岸的大裂隙控制着海岛边缘岩石块体的边界。一些发育很深的裂隙在地表张开，很多是构造裂隙，由于渗流作用及岩溶洞穴堆积物的覆盖使得其难以从岩溶洞穴中区别开来。在巴哈马群岛(Palmer,1986)及纽埃岛(Terry,Nunn,2003)发育很多这样的洞穴。热带海洋的潮间带悬崖脚的加速

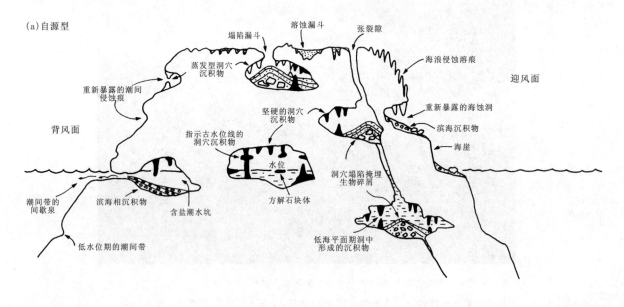

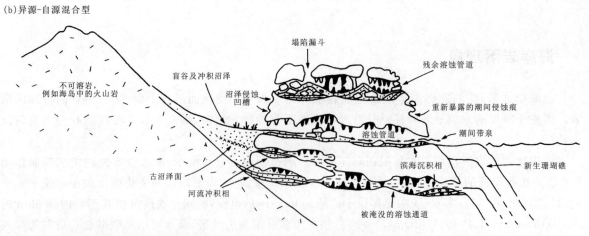

图 10-30　海岸洞穴系统中海平面变化而产生的地貌学及地层学效应。(a)淡水与海水界面处的混合侵蚀效应促进了地下水水位附近特别是邻岛一侧岩溶洞穴系统的发育，海平面升降运动中低海平面期使得部分岩石失去上浮力而发生断裂产生的张裂隙，不是岩溶作用，即使它被岩溶水循环所利用。(b)外源径流使得岛礁朝海面发生侵蚀衰退从而促进了凸出的岛礁中岩溶洞穴的发育。只要径流的排泄通道露头未被新的礁石所覆盖就可能产生水下泉及潮间带泉

风化往往形成显著突出的溶蚀槽痕(图9-15、图9-16)。在巴哈马群岛的圣萨尔瓦多岛水下105m处仍可发现这类槽痕(Carew et al,1984)。

海平面的降低导致淡水体的减少及水位降低,包气带下降。盐跃层及含盐层混合溶蚀的位置也相应降低,伴随着岩溶洞穴水平向发育,即侧面边界相应降低(Mylroie,Carew,1995)。根据Back等(1984)的研究成果,差异性的溶蚀在尤卡坦半岛海岸泉的源头地区产生了暗河;它们后期的下沉形成了内凹的新月形海滩。

在低海水位期堡礁及暗礁的岩溶作用也已确认多年,除了溶沟以外,其他明显的岩溶地貌景观并不常见。由于珊瑚灰岩的极度发育的多孔性,因此,地下水集中渗流的这样的水文地质先决条件通常是不具备的,即使在湿热带,由地下水下降而形成溶蚀漏斗和岩溶盆地也是十分少见的。潜蚀漏斗可能发育在残积层中。岩石的多孔性不利于集中径流(需要水流的水平运动)。这一理论与被淹没的环礁中心潟湖是由于集中溶蚀形成的观点相反。相反,它更像是土壤中水流垂直渗流时的差异性溶蚀的产物。Urushibara-Yoshino(2003)在日本大东村岛找到了这一理论的证据,她发现埋藏于潟湖底的土壤中灰岩的溶蚀率比出露于空气中的大4倍。这种差异性的溶蚀作用有助于解释在没有土壤覆盖的灰岩中会突然形成的岩墙,进而形成的溶蚀边界加剧了内部溶蚀。如果这一边界后期被地下水淹没,新的珊瑚将首先在这一突出的边脊上生成而不是在更低的潟湖内部形成;这加快了环礁潟湖特征的形成。这一过程由于海平面的升降导致反复暴露于空气和海水淹没而得到加剧。

新生礁石的岩溶地貌发育取决于其水化学特性(图4-1)。诸如纽埃岛与特罗布里恩(Trobriand)岛等具有完全独立的水化学系统,通常其岩溶特性相对不发育(Ollier,1975);其渗流水文特性比其所处的海岸位置具有更大的决定作用,热带季风使得含盐水入渗,在很大程度上影响了内陆岩溶水文作用,新生的珊瑚岛通常发育很粗糙的溶蚀面(早期溶沟)而具有明显的结晶纹理及相对微弱的溶蚀沟芽;这些特征在包气带上部几米范围内常发育一层相对微弱的硬化壳(Hopley,1982)。Makatea珊瑚礁围缘是一类早期形成的浅表溶沟,正如Taboroši等(2004)所描述的关岛发育特征一样。地表上随机分布崩塌漏斗,少数可连通岩溶洞穴。仅少数地区如巴巴多斯岛,其岩溶漏斗较发育(表9-3)。

珊瑚礁的多孔性有助于介质的散流运动及循环,从而在一定程度上抑制了岩溶洞穴的发育。如果来源于邻近非可溶岩的异源径流具有较显著的排泄点,裸露的珊瑚礁仍可能发育具有岩溶洞穴的排泄系统。例如,发源于珊瑚岛内层(Mangaia岛)非渗流火山岩层的散流通常消失在珊瑚岛陡崖的盲谷处,径流沿地下溶蚀通道向海岸的含盐泉排泄。邻近盲谷逐步连通从而形成一个环形的护城河状的具有陡峭灰岩陡崖洼地,或者发育成有规则的溶蚀台地(图10-30)。在高海水期,溶蚀洼地成为沼泽、湖泊或者潟湖。珊瑚礁中的干谷意味着径流通道的变迁或者通道通过环礁,但是地貌形态上呈现的岩溶特征有限,其包含溶沟、小的洞穴及随机分布的塌陷坑。溶蚀平原可能沿着外来的径流通道分布,除非有早期的溶蚀期,否则不发育残留的溶蚀塔状地貌。在测试早期的岩溶假说对于大堡礁是否适用的过程中,Hopley(1982,218页)认为没有任何证据表明溶蚀平原、塔状地貌等大型岩溶特征是逐步演化形成的。仅蓝洞、溶蚀谷等通道表明岩溶作用是一个长期过程效应,且都具有局限性。然而,正如9.5节所讨论的,一些蓝洞的形成与裂隙有关而不是溶蚀通道。

更新世沿海钙质沙丘(9.12节)的同生岩溶在很多方面与礁石上出露的岩溶特征类似。即使风成钙屑灰岩孔隙极其发育,表层硬化壳将其胶结在一起,来源于深部的侧向补给通常产生盲谷及地下暗河。其他类型的岩溶属性[除了溶蚀管道(洞穴)]十分明显,即只有偶尔的塌陷和有限范围的溶沟。风成灰岩地区的封闭洼地不是岩溶作用形成的,而是山间凹陷。

热带及温带地区的钙质海滩泥砂在潮汐活动范围内常发生胶结硬化,有时胶结作用可能延伸至潮上带。因此形成的粗粒灰岩通常被称为滩岩(图10-31)。被胶结的矿通常与附近未固结的物质相似且层理倾向海洋。这种胶结硬化作用有向内陆延伸的趋势,从地层学上而言,最低的层面是最近胶结的。胶结作用归因于微生物作用,无机作用过程包含淡水及海水中无机物的作用过程(Neumeier,1999;Webb et al,1999)。Hopley(1982)注意到霰石胶结作用频繁出现,其方解石的结晶呈相反状态,后者一般认为主要发生于淡水环境。自从第二次世界大战以来，人们注意到滩岩的胶结作用非常迅速，并伴随着相当程度的硬化。

图 10-31　汤加群岛(Tonga)Vava'u 岛屿上的滩岩壳

由于纯厚灰岩更有利于岩溶作用，这些海岸地区的岩溶特征更为明显，即使被海水淹没。例如，在越南的下龙湾和泰国的普吉岛(Phuket)水下淹没着壮观的塔状岩溶地貌。在亚得里亚海迪纳拉海岸及其他地区沿山脉海岸的漏斗受高海水位的影响(图 10-29)，通常这些地方沿山脉海岸分布有海底泉(5.8 节)，在迪纳拉海岸一带称其为"vrulje"。一般认为它们的补给通道在第四纪海平面降低时形成，由于内陆至海底泉有着相当大的水力梯度，因此，它们一直保持着活跃性。更为特别的是海上落水洞，最著名的是爱奥尼亚群岛(Ionian)阿尔戈斯托利岛(Argostoli)(Maurin, Zotl, 1963)。海水被卷入岩溶洞穴通过岛屿向另一岸的泉排泄。虽然整个过程可能由于自身的补给作用而产生助推效应，如岛屿两岸不同潮汐高度可能产生水头差。Bögli(1980)认识到咸水产生的落水洞的出现频率及其与伯努利(Bernouilli)方程的相关性。一个更为常见的现象是由于潮涨潮落而在海岸地下河中产生逆流，特别是在潮汐范围较大的地区。巴哈马群岛曾报道过由于潮汐作用而在蓝洞中产生逆流现象。

一些含盐的岩溶泉有时位于海平面之上，新西兰著名的溢流泉——怀科鲁普普温泉就高出海平面 15m，其含盐量占 0.5%。Williams(1977)认为这是由于下伏沿海通道侵入含水层的混合作用的结果。泉水的排泄含盐量增加证实了这一作用机制。Stringfield 和 LeGrand(1971)以及 Milanović(1981)讨论了其他实例。

深海岩溶现象同样存在，Maire(1986)简要描述了在伊比利亚半岛(Iberian)海下 1 000～3 000m 的灰岩斜坡上发育的溶沟、溶槽等岩溶现象。这一深度远远超过了第四纪海平面升降的尺度。他认为这一特征是由于下降的冷水溶解岩石形成，可能伴随着热流和化学混合作用。当然，也可能是非常古老的岩溶残余物，虽然看上去这种可能性很小。然而，由于构造下沉运动导致古岩溶低于海平面的事实是众所周知的，例如亚得里亚海下的罗斯波湾(Rospo)(Soudet et al, 1994)。

10.6　多期旋回、多成因的剥露岩溶特征

Davis W M(1899)认为所有被抬升的陆地最终将会被侵蚀至接近基准面高程的准平原形态，也就

是海平面,这种单向的侵蚀过程称为侵蚀旋回。随着侵蚀旋回逐步进行,地貌将经历一系列可识别的阶段序列:"青年期""成年期"及"衰退期"。在这一序列完成之前如果发生地壳抬升则导致这一旋回中断;侵蚀作用将逐渐恢复并开始第二期旋回,即从海开始的溯源侵蚀。当前旋回的地貌形态在恢复源头的下游发现(河床纵剖面上有一系列裂点),而前期旋回的残留地貌形态一直保留在上游。Grund(1914)、Cvijić(1918)等学者在其岩溶地貌演化体系中融入了Davisian旋回理论(9.15节),Davis根据岩溶洞穴的演化也提出了双循环假设(Davis,1930)。地貌上显示有多个侵蚀旋回,我们称之为多相旋回。正在遭受侵蚀的地表与岩溶之间的关系许多文献中已有讨论,例如美国东部的Palmer(1975)和White(1983),以及中国南部的Song(1981)、Zhu(1988)、Sweeting(1995)。在中国岩溶类型的综述中,Zhang(1980)描述了许多裂点衰退为平面,时代可追溯到白垩纪。

水文地质的回春将导致侵蚀能量增大。这主要是由于到侵蚀基准面的负面转化增大了潜在势能(从抬升地貌至海平面)或者是增大了冲蚀能量(化学能量或者机械能量),特别是气候变化增加地表径流的条件下。地壳抬升如果达到足够高也可导致气候变化,例如青藏高原。在地质年代里,发生许多气候变化事件,在第四纪冰川期极地寒冷区和半干旱中纬度地区都有扩张,伴随着介于之间的地中海、潮湿及热带区的缩减。冰川对岩溶的作用效应较为显著,这是由于冰川对峡谷的下蚀作用降低了岩溶泉的排泄基准面,同时冰川融化产生大量的水侵蚀峡谷并入侵已存在的岩溶洞穴。Pease和Gomez(1997)、Granger和Smith(2000)、Granger等(2001)研究了印第安纳州和肯塔基州随着Ohio河(冰川融化水)及其支流Gree河深切作用岩溶水文作用的恢复效应及时间关系。

气候条件的变化不一定总能导致水文地质条件恢复。相反,它可能改变已存在的平衡作用。如在10.3节里讨论的,当河流冲刷侵蚀让位于冰川作用时,这种改变可能是根本性的。在很多实例中,气候的变迁可能持续足够长的时间使其形态特征保留在地貌上,当然也可能是由于后期的作用时间短暂不足以侵蚀磨灭早期的形态格局。在某一气候条件下形成的地貌通常在另一种气候条件下被改变。但是如果气候再次变化之前这种改变尚未彻底完成,最后的地貌将呈现多种环境条件下的特征而被称为多源成因地貌。爱尔兰第四纪前的地貌被后期冰川岩溶所改变(Williams,1970;Drew,Jones,2000)以及西欧地区热带的莫戈特斯被后期的碎屑沉积所覆盖就是很好的例子(Salomon et al,1995)。

由于侵蚀基准面和气候的改变影响了全球大部分地区,大多数岩溶地貌在地貌及地下水系统特征中含有多相和多成因元素。基于这一点,我们认为应充分认识到由于现代岩溶作用剥蚀而出露的古岩溶地貌及其水文系统的复杂性。就这一点而言,澳大利亚大陆由于拥有很多的古地貌处于低剥蚀及低能耗的演化环境中而特别吸引研究者。

10.6.1 澳大利亚北领地及昆士兰的廷德尔平原及里弗斯利岩溶

澳大利亚很多向斜构造中埋藏着大量的碳酸盐岩,如戴利盆地(Daly)、威逊盆地(Wiso)及巴克利盆地(图10-1)。在这些地区边缘的某些地方,沉积盖层被侵蚀剥蚀,岩溶出露面积达数千平方千米。在戴利盆地边缘的凯瑟琳镇就有大面积的可溶岩,被剥蚀出露,并向东延伸至巴克利台地,特别是在澳大利亚昆士兰的劳恩山(Lawn Hill)—里弗斯利(Riversleigh)一线地区。在这些地区,有明显的长期复杂岩溶作用的证据。

在凯瑟琳地区,岩溶主要发育于海拔100~200m的下寒武统廷德尔(Tindall)灰岩中,厚度达180m。该段灰岩受较规则分布的陡倾裂隙切割,上覆中寒武统薄层含铁质砂岩及硅质灰岩。所有这些地层很少受构造运动影响而近水平分布。灰岩被浅的陡壁沟涯切割形成台地地貌,这些沟崖止于下伏坚硬的岩层。在后期低能量的海侵运动期,台地被后期白垩系砂岩(构造较弱)所覆盖。从寒武纪至早白垩世,沉积间断达400万年。

凯瑟琳地区现代气候属热带半干旱气候,该地区靠近内陆处于季风降雨的边界,5个月的雨季内降雨量在800~1020mm之间。年平均温度约27℃,潜在蒸发量约2300mm。

灰岩地区的地形起伏差可达60m，凯瑟琳河平缓通过廷德尔地区，为该地区岩溶作用地下水的排泄基准面。各种外源的径流在白垩纪盖层上汇集，不断侵蚀切割白垩纪砂岩及中寒武统地层直至前寒武系灰岩地层。水流、疾风携带的碎屑逐渐沉积于灰岩的低洼地区从而形成深厚的土壤；下层土中的岩溶堆积物仍十分活跃，潜蚀漏斗十分发育（Karp,2002）。在雨季，漏斗被水充满从而在一些低洼的坡立谷中形成泛滥。

在"廷德尔的神话"中，Twidale(1984)认为该灰岩地区被平行而浅的陡崖分割成为台地的地貌特征，后期被侏罗系的碎屑及弱构造砂岩沉积覆盖。随后，晚白垩世的沉积砂岩及古近纪的风化红黏土在其上沉积。从第三纪中新世开始，红黏土开始被剥蚀，寒武纪灰岩平原逐渐出露，及白垩纪灰岩呈尖峰石阵和碎石块。这些由于剥蚀出露的层状平地形成年代不会晚于侏罗纪。Twidale认为这些平地的"异常"从表面上看为很年轻的地形，但是现场数据却表明它具有复杂起源的古特征，可能不少于135万年；这就是不可思议的地方。

其复杂性体现在廷德尔平原地表低海拔的倾斜三角面及其边界面（图10-32）。完整的灰岩平原

图10-32 （上）澳大利亚廷德尔平原上石芽-溶沟古岩溶地貌航拍图，岩溶地貌正被剥露及毁坏（Karp D 摄）。（下）廷德尔平原低海拔及剥露边缘侵蚀石芽地貌

被近直线的溶沟密集切割(宽度达 1m 甚至更大),溶沟均被岩石碎屑物充填,在右上角仍残留一些原位砂岩。近代的暴雨将斜坡上溶沟的充填物冲刷干净,溶沟之间的岩块呈突出 0~2m 高的峰塔状石芽,其风化退化相对较快。新出露的岩石表面很快被后期的面所替代,在高程上低数米(图 10-32)。因此,现代的廷德尔平原地表近似前白垩纪的地表形态,但由于前期的剥蚀溶蚀使其位置略低。冲刷碎屑物通常以一定的黏结厚度沉积在较低的台地上(通常穿过个别的寒武纪灰岩),沉积碎屑物由于保持一定的湿度,从而底层土的塔状岩溶及潜蚀漏斗很发育。

平原之下已发现几个长度大于 3 000m 的岩溶洞穴。它们的分布都限于大的灰岩地层中,其发育深度均不大于 30m 或者在区域地下水水位之上,即使大量的裂隙网络延伸到外面。主要沿溶沟式裂隙发育,部分洞穴的顶板由碎屑填充物质组成(图 10-33)。Lauritzen 和 Karp(1993)发现含铁质砂岩灰岩通常含有可供渗流的碎片石芽结构。目前,这些洞穴没有较规则的径流路径,在暴雨洪泛条件下可能被淹没。有证据表明早期热水环境中岩溶发育(顶板穹顶等),今天的凯瑟琳河流域仍可见岩溶温泉。因此,这些洞穴系统应归属于现代(第三纪中新世以后)的侵蚀旋回,但是受古岩溶溶沟的引导,可以认为是局部剥蚀出露的古岩溶地貌。

图 10-33　在澳大利亚北领地凯瑟琳附近的 Cutta Cutta 洞穴中,寒武纪灰岩溶蚀张开裂隙中充填强烈胶结的铁质砂砾及灰岩碎屑(右侧白色为原位基岩),充填物的层理由于胶结硬化前的垮塌被破坏。这些可能早于白垩纪的充填物构成该洞穴部分洞壁及顶拱

有证据表明新近纪中新世的条件影响了昆士兰巴克利台地东部边界的岩溶发育(图 10-1)。在劳恩山-里弗斯利地区,岩溶同样发育于寒武纪碳酸盐岩地层中(Thorntonia 灰岩)。该段灰岩含白云石及石英矿物,不整合上覆于元古宙砂岩上(图 10-34)。O'Shanassy 及 Gregory 河在峡谷穿过该岩溶后出山麓侵蚀面切穿碎屑沉积层,向北流入 Carpentaria 海湾。特别有趣的现象是在寒武纪碳酸盐岩中出现了线状分布的第三纪淡水沉积生物灰岩序列(图 10-34)。这些被后期侵袭的盆地曾经是沿河谷分布的一系列小型湖泊,这表明地下水水位线接近地表。岩层中异常高的动物群化石含量(世界遗产地)表明该地区在新近纪为热带雨林型环境。在这一时期,澳大利亚大陆在纬度上处于更南端,在大陆板块北移过程中,大陆气候愈来愈干燥,热带雨林逐渐消失,相应的地貌成因亦发生变化。在这一过程中,该地区同样抬升了 150m,这使得该地区的主要河流作用恢复并确立了其径流路径,但是其支流不能做出相应的反应而演变成一系列网状干谷。对于整个台地,这一过程加剧了岩石裂隙的加深及拓宽风化作

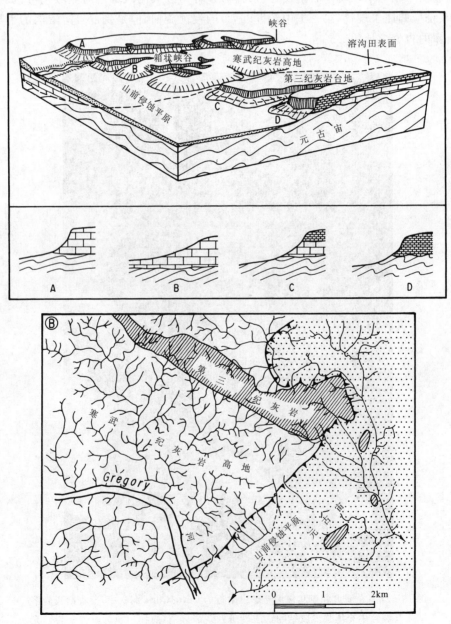

图 10-34　(上)澳大利亚昆士兰里弗斯利地区岩溶景观地貌素描图;(下)里弗斯利地区寒武纪灰岩地层中夹带的渐新世—中新世灰岩条带(据 Williams,1978)

用,从而形成了数米起伏高差的塔状地形地貌。

来自凯瑟琳和弗斯利地区的证据表明对于这一长时间且复杂的岩溶发育过程我们所了解的仅是一个概要。这一过程涉及多期岩溶作用且地貌成因的环境也发生过明显的变化。弗斯利的现象表明早期的岩溶环境为低纬度的雨林环境;凯瑟琳地区的岩溶洞穴中裂隙沉积物和洞穴胶结物中的铁质砂岩表明存在周期性的湿热气候及亚热带气候条件。延德尔平原上被充填的岩溶沟使人联想到加拿大碳酸盐岩平原上石芽及溶沟地貌曾经遭受冰川的剥蚀而出露(图 10-15)。有趣的是,在澳大利亚其他地区,许多岩溶古地貌被二叠系("冈瓦纳大陆")冰川剥蚀(Twidale,1976),因此冰川作用促成了这种复杂地貌演化也是可能的。

10.6.2 西澳大利亚金伯利地区岩溶

本书10.2节详细叙述了西澳大利亚金伯利灰岩地区(图 10-1)岩溶演化的过程。然而,该地区的岩溶存在许多古痕迹。Playford(2002)详细调查并解释了该区古岩溶发育规律,并提供了令人信服的证据表明该地区泥盆纪生物礁石灰岩经历了4期岩溶作用。第一期随晚泥盆世生物礁石灰岩出露,剥蚀开始,其特征主要体现为碳酸盐岩内的一系列层序边界。第二期岩溶是指泥盆纪最晚期或石炭纪最早期于活断层附近发生的热液岩溶作用,这使得岩溶洞穴中的同期充填物发生了一定的锌化作用。第三期岩溶作用从中石炭世持续到二叠纪早期,在剥蚀及岩溶化之前地层发生断层错动及褶皱。Playford意识到充分出露的岩溶洞穴表明大陆冰盖(二叠纪—石炭纪"冈瓦纳大陆"冰川)有向北—西北移动的痕迹,他认为在这一期间,冰川融化水导致了岩溶作用。下二叠统 Grant 组大量的冰川黏土岩及砂岩沉积在第三期溶蚀及冰蚀地面上直至新生代剥蚀使其重新出露。在第四期岩溶作用期内,Playford 认为这些碎屑沉积盖层被剥蚀,早二叠世的古岩溶逐渐出露(图 10-35)并融入现代地形中。

图 10-35 在西澳大利亚金伯利地区,随着早二叠世的冰川碎屑沉积盖层被侵蚀(图中的阴影悬壁)而出露泥盆纪礁灰岩(Playford P 摄)

Playford(2002)认为当前岩溶地貌的许多特征是早二叠世冰川下溶蚀的残余物。因此,作为本区最大的岩溶洞穴及管道 Mimbi 洞穴系统,是由于沿着一系列垂直型裂隙溶蚀作用产生的,从而产生一系列宽 2～5m、长达数千米的狭窄溶蚀通道。然而,在现代气候条件下,许多管道系统在洪水期被淹没而沉积很多近代洞穴堆积物,因此目前的岩溶作用(强度可变)是周期性的并延续整个新生代。10.3 节详细论述了大陆冰川下的岩溶发育问题。

根据 Playford(2002)成果,大量二叠纪—石炭纪冰川下的融化水主要通过冰川下基岩中的溶蚀通道排泄(即 10.3.2 节的 N 或者 Nye 型通道)。他认为大量切割灰岩的沟谷是典型的 N 型通道,新生代冰川将充填于其中二叠纪相对较软的沉积岩侵蚀而使其重新出露。温迦那(Windjana)、盖基(Geikie)、盖勒如(Galeru)、布鲁金峡谷(Brooking)主要由这种方式形成。然而,由于冰川下的通道是在一定压力渗流作用下形成,通道的地板通常起伏不平且形态起伏差较大。此类形态学特征应在其成为 N 型通道之前形成。另一种假设是早期的河流由于后期碎屑沉积叠加作用,大型河流通过切割沉积地层而保持其径流通道,小型溪流则完全通过地下径流排泄而残留于干谷地表。在这一过程中,早二叠世碎屑沉积物逐渐被下蚀呈现岩溶特征,风化的物质被重新沉积到凹陷静水区域。

Playford(2002)发现早期灰岩高原的洼地有二叠系沉积物,钻探资料也表明漏斗及管道的充填物在 50～100m 深度含有硅质砂岩及黏土岩,局部深度超过 200m。Jennings 和 Sweeting(1963)认为高高程的碎屑沉积物被溶蚀下切,这可能就是灰岩早期洼地中的充填物。劳弗德山脉一些以泥盆纪灰岩为边界的平底洼地延伸数百米,其底面为碎屑沉积物,局部为溶蚀灰岩塔状地貌。Playford 认为这些洼地原始为早二叠世冰川下的湖泊,但这需要发现成层的湖相沉积物来加以验证。

对这一问题解译的关键问题是要么今天所见到的地貌主要因素(图 10-6、图 10-7)在多大程度上成型于早二叠世或之前并随后大陆冰盖下的侵蚀作用得以保存。然而三角墙及边界悬壁不一定是在冰期寒冷条件下形成的,冰川擦痕表明潮湿环境下的冰川具有强烈的擦蚀作用,同时塔峰式地貌也不一定能够跨越冰川作用而存在。它们至少可能被塑造成流线型的锅型。

Playford(2002)的假设主要关注金伯利地区灰岩地区地貌的演化,因此仍需验证。然而,它对 Jennings 和 Sweeting(1963)提出的解译要求指明了研究方向,后者仅考虑了新生代的地貌演化,但同时意识到后期径流排泄的侵蚀及叠加作用影响和气候变化的重要性。至少我们可以得出这样的结论,在过去的地质年代里存在数期侵蚀阶段,剥蚀揭露了位于冰川沉积物下早期溶蚀灰岩地形:古地貌对现今地貌演化中河流侵蚀及溶蚀的控制和引导程度需要进一步研究。

本节我们所讨论的实例表明当气候变迁、沉积覆盖、地壳抬升及剥蚀等因素与内在岩性叠加在一起时,地貌的演化是十分复杂的。这就是用气候成因说解释世界上大型岩溶系统的困难所在。

11 岩溶水资源管理

人类认识到岩溶水资源的重要性已有几千年的历史。岩溶泉比其他的泉水流量大,所以世界上早期的很多村镇都是以岩溶泉为中心分布的。古希腊人、波斯人和罗马人以这样的天然泉水作为城市生活用水,有时则通过渡槽和暗渠将岩溶泉水输送到城市。例如,公元前1 200年,黎巴嫩将Ras el Ain泉蓄起来,向提尔的腓尼基港口送水(Burdon,Safadi,1963)。公元前453年,中国山西省已经使用岩溶泉水进行灌溉(图11-1)。尤卡坦半岛的玛雅人(古典时期公元317—889年)在可渗透的岩溶含水层附近开挖水井,其文明就以水井为中心分布(例如奇琴伊察)。希腊人和罗马人很早就利用Pamukkale(土耳其)的岩溶温泉,罗马人很早利用布达佩斯(匈牙利)和巴思(英格兰)岩溶温泉。Drew和Hötzl(1999)对上述及其他岩溶泉在过去几千年的开发利用进行了全面的总结。很多城市和农村地区目前仍主要依赖岩溶泉作为主要生活用水。在欧洲,碳酸盐岩分布面积占据大约$300\times10^4 km^2$(35%的陆地面积),许多重要城市(如布里斯托尔、伦敦、巴黎、罗马和维也纳)全部或者部分依赖岩溶水。在一些欧洲国家,岩溶水提供了50%的饮用水(COST Action 65,1995),在许多地区它是唯一可用的淡水资源。美国密西西比河以东地区岩溶含水层约占40%。在全球范围内,如果把世界人口分布与碳酸盐岩的分布作对比,那么大概有20%~25%的世界人口或多或少要依赖岩溶水,仅中国南部超过1亿人就生活在岩溶地区。

11.1 水资源和可持续收益

可持续管理意味着既能满足当代人的需要,对后代人满足其需求能力又不构成危害的资源利用方式。有效的可持续管理将很好地保护环境,实现地下水资源的可持续利用是一项重大挑战,但很难证明管理制度是有效的。

岩溶地下水资源涉及含水层中水的补给、储存和排泄。含水层中地下水的储量取决于含水层的规模及孔隙度,而不是地下水的补给量,如果天然及人为排水量大于补给量,那么不管储量有多少,地下水资源将枯竭。这种情形就像一个湖泊,尽管水域面积很大,但如果用的水量超过补给量,则湖水位下降。在岩溶岩地区,抽取地下水就如同减少补给,从而导致同源溪流流量降低;通过抽取地下水,降低含水层储水量和泉水流量,从而导致下游断流。我们面临的主要问题之一是开采资源经常没有任何评估,直到资源耗尽。因此一个关键问题是:我们怎样才能实现可持续利用?由于天气变化导致有些地方的水平衡发生变化,这会转移水资源管理的话题吗?Younger等(2002)研究了欧洲的4个主要碳酸盐岩含水层对气候的敏感性,得出的结论是:在20世纪中期,中低纬度地区碳酸盐含水层中可用的水资源显著减少。因此,即使没有日益增长需求的压力,也没有由于污染导致可用水资源供给下降的问题,有些地区由于受气候变化导致水均衡问题出现,从而加剧了未来水资源供给不足的问题。

实现岩溶水资源可持续管理,首先需要评估水资源的规模和质量,然后比较供应量与潜在需求量之间的关系,最终在相互竞争的用户之间(包括生态河道内的需求)设计出公平分配水资源的方法。长期监测地下水的水量和水质可有效地评估管理地下水的有效性。

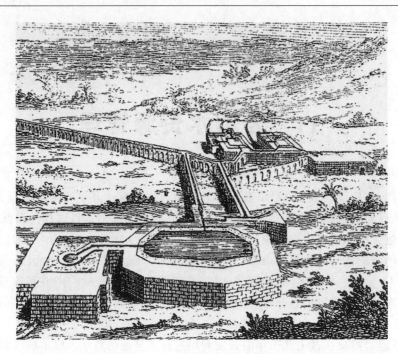

图 11-1 艺术家重构黎巴嫩 Ras el Ain 泉处的水工建筑物。该建筑物大约出现在公元前 1 200 年。在泉水处砌高围墙升高水位,从而形成自重流为 Tyre 供给水(引自 Bakalowicz et al,2002)

11.2 确定可用的水资源

第 6 章讨论了如何划分和分析岩溶排水系统。对于岩溶水资源调查有价值的方法就是与水追踪有关的洞穴学调查(即洞穴调查和地质测绘)。这样就建立了关于流域和排水网络几何的基本事实。其他勘探和调查技术,包括估算水均衡的方法已在 6.2 节中阐述过。所以可以这样说,当气候水均衡计算结合排水面积时,就足以提供每年地下水量更新的数量级。这种方法适用于一个参考时间,比如一个水文年(旱季到旱季),以及一个参考面积,比如一个有代表性的已知边界的流域或者岩溶区。用这种方法计算水的盈余误差是相当大的,虽然很少评估,可能是 25% 左右。但是估算有时候可以用以泉水水位图分析(6.5 节)为基础技术的方法来交叉检查,条件是泉点在流域里的供给量是精确已知的。这种方法通常是表达可利用水资源的存储量或者年平均排泄量,但是如果流域面积是已知的,即可以转换为等效的径流深度。在水资源分配过程中,水资源年度盈余和季节性变化的信息相当重要,就像岩溶泉枯水重现期的信息一样重要。

回顾近几年在模拟含水层时的考虑因素,我们特别推荐 Bakalowicz(2005)的模型。他认为在评价岩溶水资源时,经典的水文地质学不适用,因为没有能力来表示管道的存在,并建议按下列方法进行调查:①地质结构特征;②描绘岩溶系统;③采用水动力方法(泉点水位图分析法、光谱分析等)和水文地球化学方法(包括同位素方法)来确定水的动力特性;④用人工示踪试验法和抽水试验来确定其局部波动特性。

用这个方法通过含水层的结构和功能就可以确定一个岩溶系统的某些特性。掌握了这些知识,水文地质学家可以:①可靠评估水资源和可开采储量,②制订水质保护和含水层管理计划。

泉水水文衰退曲线分析(第 6 章)法可计算岩溶地下水系统的动态储量。根据主泉水流量衰退曲线计算该区域地下水的动态储量,包括储存在近地表岩溶区和潜水带的水量。这提供了两次洪流期间地下水的排泄量，在洪水期储量最大，而当枯水期时地下水储量最小。然而，计算储量取决于所使用的模型（6.5节），它不包括出水点高程以下的水量（当泉水径流停止后仍在存储）。如果在现场直接从泉水处取水，通常保守估计了可利用的水量，这是因为洪水期水流速度快，不易测量泉水流量，但是如果能收集一个流域的总径流量，那么洪水径流应该包括在内。

在规模非常大的地下水系统中，地下水可以在地下滞留很长时间，滞留的时间可以用放射性同位素进行评估（6.10节）。利用这些信息，地下水系统中水的总储量可以通过水的平均年龄乘以泉水的年平均流量得到。然后，估算水的平均年龄很复杂，因为从岩溶管道到裂隙再到基质，其平均滞留时间依次增加。所以我们需要如实地估算泉中混合水的平均年龄，注意平均年龄可能随排泄量的变化而变化（通常相反）。确定了代表年龄，下一个问题就是含水层中地下水平均交换时间与所采用的模型有关（表6-7），在6.10节中已有解释。尽管如此，用这种方法估算潜在的可用地下水资源储量可达数立方千米。通常用钻孔来开采水资源，利用各种形式的钻孔资料来评估本地区地下水的供应量。正如6.4节所指出的，重要的实际问题就是采用钻孔来确定地下岩溶管道。Bakalowicz（2005）表达了自己的意见，几乎没有合适的地球物理方法能定位埋深大于40～50m的地下岩溶管道，在接近永久岩溶泉附近才有可能成功。

确定了一个合适的地点开采地下水后，下一个问题是确定开采多少地下水而不对环境造成影响。一个共同的现实问题是，只有很小一部分含水层可能利用，从开采过大会造成泉水枯竭，因为泉水排泄量变小，就像抽取地下水时导致地下水水位下降一样（图11-2）。过度抽取地下水不仅造成可利用的泉水枯竭，而且还可能导致其他问题，比如海水入侵和落水洞垮塌（9.5节和12.3节）。沿海地区的海水入侵（5.8节），尤其在干旱的夏季大量抽取地下水，严重限制了水资源的开采。克罗地亚和意大利的案例说明了如何治理类似的问题（Biondic et al，1999；Tulipano，Fidelibus，1999）。因为地球上超过半数的人口生活在滨海含水层的海岸边，滨海含水层的压力增加，所以这些问题将变得很严峻。

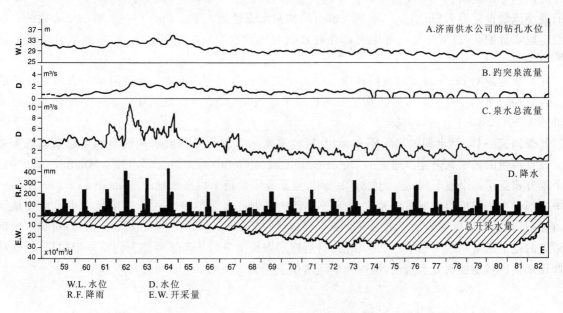

图11-2　中国山东省济南对泉域内水资源开采导致济南泉水枯竭
（引自 Sweeting，1995）

在实践中，只有当地下水的需求超过储量时，水资源管理者逼迫在相互竞争的使用者之间做出调整。在决定谁具有优先权之前，对所有的竞争用户的识别是最基本的工作。有的需求的水是泉水或下游的水，而有些则是利用钻孔从含水层取水或从补给地下水的异源溪流中取水。这些情况下可将用户细分为耗尽资源者和减少资源者，而可持续的开发对水资源总的水量和水质几乎没有负面影响。前者是用于家庭民用、农业和工业用水,灌溉,渔业及污水处理(包括工业、农业和生活废水),后者是维护生态系统平衡用水,旅游业、娱乐业和水力发电(但没有跨域调水)。例如,在农业中,水稻(稻田)是东南亚主要的消费类谷物。在中国南部,Zhang(1996)的研究成果说明生产 1kg 的大米需要 $5m^3$ 的水,是非岩溶地区 2 倍的用水量,是管理得好的地区的 4~5 倍,这说明岩溶地区生产用水进入地下含水层。

不同的社会所采用水资源的分配方法不同,可见 Drew 和 Hötzl(1999),Richardson(2001) 和 Hiscock 等(2002)对与水资源开采和保护有关的立法的一般讨论。但是用户的优先权和需求通常由法律、政治、经济和环境等综合而定。例如佛罗里达州对磷酸盐矿山所采用的"5－3－1 标准"适用于"佛罗里达含水层系统"(LaMoreaux,1989):后者在能取水的私人领地里面不能低于 5ft(1.5m)(1ft=0.304 8m),而对上覆表层含水层则不能超过 3ft(0.9m),最近的池塘或者河流的极限则是 1ft(0.3m),最大限额是每天每英亩采取的水只有 1 000gal(1gal=0.003 79m^3;10 000L·d^{-1})。真正需要评估的包括需要量,季节性高峰需求及旱季局部供给不足等情况。在这些评估里,可持续的供给可能对有的用户不利,这是因为所申明的经济价值因缺乏科学数据很难进行优化,也很难做出可接受的最小配额的判断,尤其是对生态系统的维护更是如此。

Williams(1988b,2004b)在国际自然保护联盟的自然保护和自然资源(IUCN)工程水网站上讨论过一个大泉水的分配情况。怀科鲁普普泉流量平均达 $15m^3·s^{-1}$,至少有 $1.5km^3$ 的水量为自流水系统补给,但补给区大多属于保护区之外。在旱季时能超采的地下水量可超过泉水的流量,尽管潜水含水层储存地下水丰富,但是没有必要去冒险超采地下水,而导致维持泉水和溪流的稀有水生物系统遭受破坏。因此地下水系统的动态储量的局限性决定了有多少地下水可利用,而不是含水层中的所有储量都可以利用。当地下水资源管理者的困境是如何解决面对丰富水资源中的季节性短缺,尤其是考虑到国际生态的情况下,很难处理。有记录的最小流量($5.3m^3·s^{-1}$)说明整个生态系统能够承受的最小流量是多少,尽管过去泉水可能还更枯。因此有争论认为,有记录的最小流量在旱季足以维护生态平衡。采取什么样的比例合适就成了一个政治决策。在这种情况下,临时限制补给区总的抽水量为 $0.5m^3·s^{-1}$,泉水的最小流量设定为 $2.9m^3·s^{-1}$,虽然大部分时间泉水流量都大于 $2.9m^3·s^{-1}$。在一个有限的时间段内给定取水分配额(但可能是可再生的),在有效的数据和监控效果的基础上,可重新划分取水配额上限。

在克罗地亚的 Žrnovnica 河也同样面临供给生态可接受流量的问题,这条河是一岩溶泉补给的河流。其平均流量约 $1m^3·s^{-1}$,但是这里要考虑季节性波动,结论是从泉水中的取水分配额不超过泉水流量的 30%(Bonacci et al,1998)。

就像河流一样,洪水期的泉水不易利用,因此泉水的管理就是将洪水期的泉水蓄起来以备未来之需。最具特色的例子就是克罗地亚的 Dubrovnik 旧城的 Ombla 泉(Bonacci,1995;Milanović,2000),在这个地方建立了一个地下坝,蓄水达 $3×10^6 m^3$,短期开采量是平均泉水量的 2 倍(图 11-3)。陆(1986)列举中国多个小规模的地下溶洞蓄水的例子。有些热带群岛下的台阶式珊瑚阶地中也可建立地下水坝,目的是阻止珊瑚礁中的地下水沿下伏隔水层运移。Yoshikawa 和 Shokohifard(1993)对日本南部西南诸岛的地下水蓄积情况做了总结。在法国,后冰期海面上升时淹没了阿尔普海滨一带的泉点,这些地方修建水下拦截坝控制海水入侵,从而抽取淡水供生产生活应用(Gilli,2002)。

11.3 岩溶水文地质测绘

获得和分配水资源的能力主要取决于水资源的综合资料以及科学家根据这些资料进行分析、交流的认识。其中重要的手段之一就是通过中比例尺的水文地质测绘获取相关水文信息。

地图是现实世界的概念表示形式,所以用地图描述信息对于思想的传达是很重要的。因此,这不只是符号的问题,而是测绘目的和终端用户的问题。水文地质图类型众多,比例尺也是大小不一。水文地

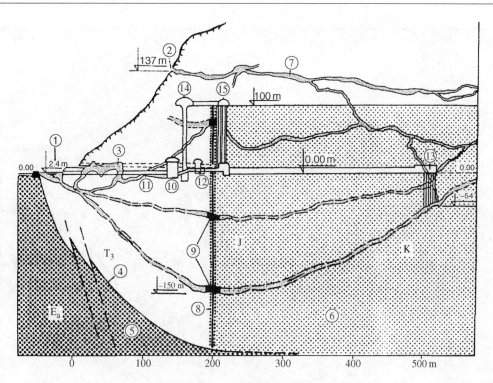

图 11-3 克罗地亚的 Dubrovnik 旧城附近的 Ombla 泉处建立的地下坝和地下水库（引自 Milanović, 2000）。
1. Ombla 泉海拔 2.4m；2. 上层溶洞进口海拔 137m；3. 洞中泉的高程；4. 推覆面-灰岩上覆；5. 厚砂页岩夹层；6. K 代表灰岩，J 代表白云岩；7. 岩溶管道；8. 灌浆帷幕形成地下坝；9. 下层溶洞的混凝土塞；10. 发电厂；11. 尾水出口；12. 有压引水洞；13. 引水洞进口；14. 泄洪洞；15. 高洞

质图的终端用户多种多样，有政治家、规划者、水利工程师、钻工、水文地质学家以及教师。任何水文地质地图必须考虑用户不同的科学专业知识背景。小比例尺地图适合用于地图册，如中华人民共和国的水文地质图集，它是中国南部岩溶地区具有特色的地图。其他的例子如 Margat(1980)制作的法国 1∶150 万的水文地质图和 Drogue 等(1983)制作的法国地中海地区的 1∶76 万岩溶水资源地图。小比例尺地图是不精确的，但仍用于勘测计划中。一套大比例尺专用地图可能呈现水量、水质和污染情况等数据。

比例尺为 1∶1 万～1∶20 万的水文地质图从技术上讲是最好的，因为这种比例尺所表达的内容尤为重要。所有的水文地质图都要包含三类基本的水文地质信息，即岩体透水性、含水层的几何尺寸及水力工况。什么样的信息能上图这取决于什么样的资料可用，以及资料的丰富程度，比例尺越大则表达的信息越清晰。肯塔基州猛犸洞穴地区(Ray, Currens, 1998)的 1∶10 万的岩溶水文图表达得相当清楚，图中详细标明了落水洞、泉水、连通试验、地下分水岭、溢流路线及水井等(图 11-4)。

Paloc 和 Margat(1985)提供了两个互补的绘图方法，一个强调水文地层岩性，一个更多地强调了水动态。第一种方法常见且成为推荐的国际图例（联合国教科文组织，1970），第二种方法就是法国的 Margat(1980)水文地质图。采用不同的颜色来表达下面这些信息。

水文地层岩性方法还增加了下述 3 个方面的信息：①地层岩性代表岩体透水性分级；②参考地下水流就可以推测地下水测压力；③开采地下水地点的信息表达地表水文。

对岩溶地区，Paloc 和 Margat(1985)强调区分泉水基本流量与地表流量区的重要性。符号如图 11-5 所示。

水文动态法表达如下信息：
(1) 含水层系统的组成，基于主要岩体的分布及位置之间的区别（考虑含水的程度及可能的分层）。
(2) 含水层的边界条件，要区分 a. 水的流向（流入、流出或动态变化）；b. 水流条件与潜在相反的条件。

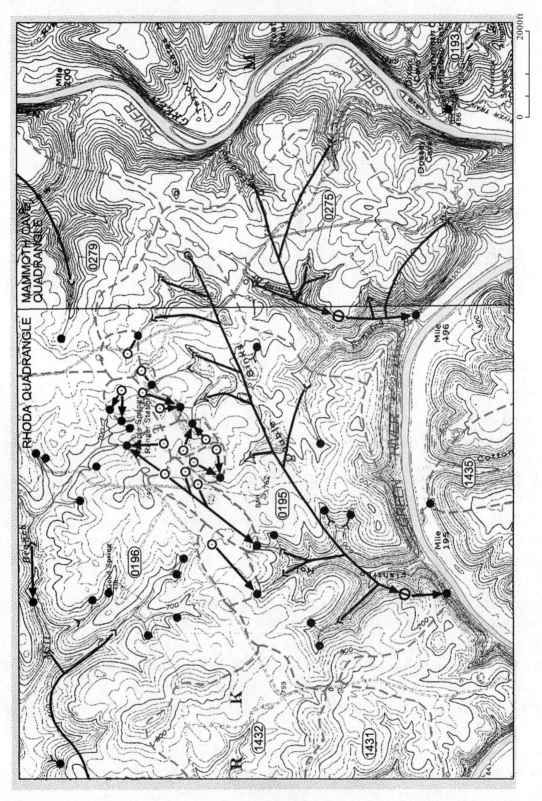

图 11-4　美国肯塔基州岩溶水盆 Beaver 坝岩溶水文图(Ray,Currens,1998)。原地图是彩色的,比例尺是 1:10 万,等高线间距是 20m。图中表示出了落水洞,示踪注入点,井,下降泉,上升泉,地下水运移路线描述流出槽,其他追踪注入位置、井、下溢泉、溢出泉、地下水流动路径和地下分水岭。详细信息可以登录 http://www.uky.edu/KGS/home.htm。猛犸洞国家公园 Double Sinks 地区的详细地图(图中右侧灰色区域)

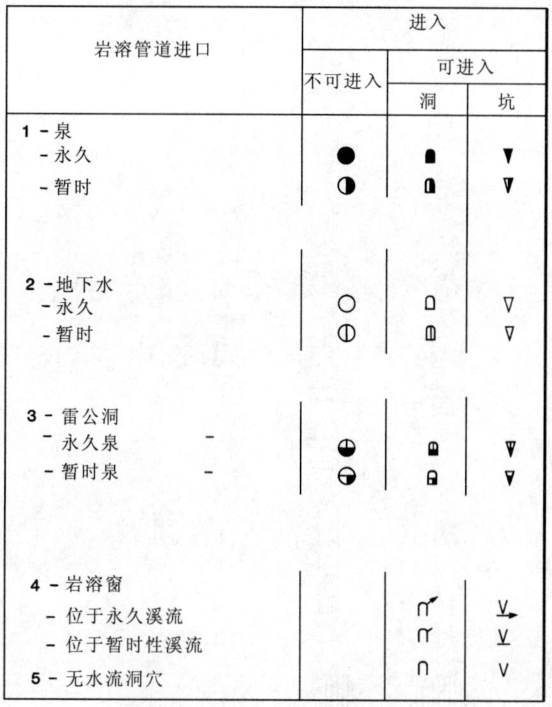

岩溶管道进口	进入		
	不可进入	可进入	
		洞	坑
1—泉 — 永久 — 暂时	● ◐	⬕ ⬕	▼ ▽
2—地下水 — 永久 — 暂时	○ ◐	⬜ ⬜	▽ ▽
3—雷公洞 — 永久泉 — 暂时泉	◉ ◑	⬕ ⬕	▽ ▽
4—岩溶窗 — 位于永久溪流 — 位于暂时性溪流 5—无水流洞穴		ⁿⁿ ⁿⁿ	V V V

图 11-5 用于水文地质测绘的一些符号（引自 Margat,1980）

用来传递思想的符号如图 11-6 所示，说明水文地质地图的图例如图 11-7 所示。

根据最终用户需求，这对于提出其他的补充水文地质数据信息也是有用的。相关信息可能包括地形、降水、地表径流、大坝、道路建筑物、废物处置厂等。有些可用小比例插图描述，尽管地理信息系统（GIS）允许这样的数据用不同的图层代表（Longley et al,2005；见图 11-14 下图）。

11.4 人类对岩溶水的影响

岩溶水文系统易受到更大范围环境问题的影响，因为除地表水之外的另一个困难是这里还有高度发达的地下水管道及其相关脆弱的生态系统。在有人类居住的岩溶地区，人们认识到有落水洞及其他沉降点的存在，但不幸的是，这些岩溶漏斗非常适合倾倒固体或液体的废弃物，这样就"眼不见心不烦！"Ekmekci 和 Gunay(1997)指出，土耳其的水管理人员的一般态度是，他们看不到岩溶水就认为不存在污染。这和我们熟悉的其他司法管辖区一样可悲。人类影响岩溶水的问题很多且确实存在，即使对于那些偶尔进行观测的人来说污染不明显。Yuan(1983)、Williams(1993)、Drew 和 Hotzl(1999)、Veni 和 DuChne(2001)等讨论过这方面的问题。通过同源或异源补给将污染的水补给到岩溶地下水。对于同源补给，主要由分散的和点状补给污染地下水。分散式污染源先进入表层岩溶区，然后再进入潜水带，而点状补给污染源直接经过漏斗穿过表层岩溶区，然后迅速进入地下水。

人类对岩溶环境的最大影响是水的污染，尤其对于非承压含水层。这是因为岩溶含水层的传输污染的能力比处理污染的能力强(Sasowsky,Wicks,2000；COST Action 620,2004)，很多岩溶地下水系统的岩溶管道系统具有极易输送污染的能力，而自我修复污染的能力则有限。在 2000 年 5 月"Walkerton 灾难"事件是岩溶地区发生了意想不到的严重的地下水污染事件。在这个只有 5 000 人口的安大略湖小镇上，因城市供水被污染（受大肠杆菌和加氯消毒液污染），导致 2 300 人生病、7 人死亡的严重后果。利用钻井开采志留系和泥盆系中的地下水。污染源认为是暴雨沿着一新建的肥料场内的水井进入地下。

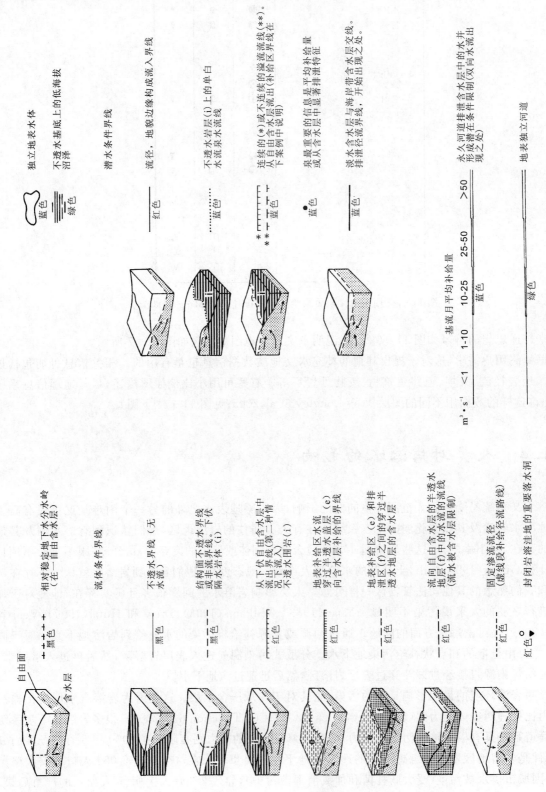

图 11-6 用于大比例尺水文地质图的一些符号（据 Paloc, Margat, 1985）

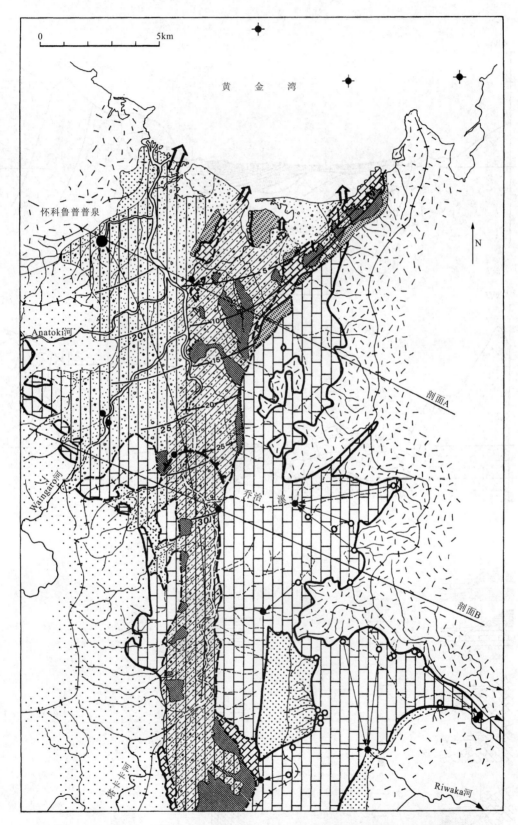

图 11-7　新西兰南部海岛塔卡卡地区水文地质图。主要含水层是大理岩，储量大于 $1.5km^3$，部分具承压含水层；第二个岩溶含水层上覆的灰岩，部分也具承压含水层；第三个含水层是洪积平原砂砾石［数据来源于 Grindley(1971)，Williams(1977)，Mueller(1987)］

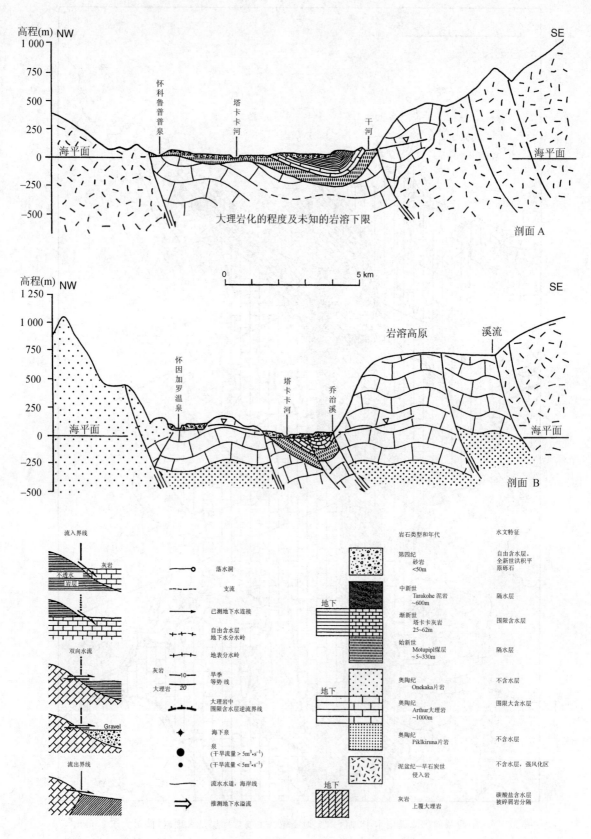

续图 11-7

尽管传统的理解是白云岩含水层的地下水是达西流,但钻孔彩电显示张开的层面存在紊流现象。因此传输细菌的速度相对较快。两组示踪试验表明地下水的流速比水力学模型模拟的速度要快 80 倍,清晰地证明了致病细菌污染的水在溶蚀裂隙中的速度达每天数百米,而且可能的污染区比我们想象的更大(Worthington et al,2001)。这再次说明了目前计算机模拟岩溶含水层存在缺陷和不足。

通过岩溶含水层污染物迁移的机理多种多样,这取决于污染物的物理特性和化学特性。Vesper 等(2000)认识到有以下 6 类。

(1)水溶性化合物:包括有机物和无机物,比如硝酸盐和氰化物。这些化合物随水迁移,沿着高速带状水流呈线状分布,但是有部分也会富集在漩涡中。Field(2004)采用突破曲线、储量和迁移模型来精确预测岩溶地下水中污染物迁移。

(2)微溶有机化合物:比水的密度小(轻的,无水相液体或者非亲水相液体),如石油碳氢化合物。这些物质将浮于水面,滞留在障碍物后面,例如虹吸洞穴。燃料罐泄漏是全球性的问题。在地下洞穴中的水面上有几厘米厚的油层的例子已被探险家发现,洞穴探险家因意外点燃它们而导致死亡。

(3)微溶有机化合物:比水的密度大(浓稠非水相液体),像氯化烃。浓稠非水相液体沉在含水层的底部,或者渗入或者黏附在碎屑沉积物中。图 11-8 是浓稠非水相液体在岩溶含水层中储运的概念模型(Loop,White,2001)。普通的工业溶剂像三氯乙烯(TCE;CCl_2:$CHCl$,相对密度为 1.47)是尤为重要的,因为作为浓稠非水相液体开始,但是经过许多年后降低成轻非水相液体,这样就能从深陷阱中重新浮上来了;三聚乙烯降解成氯乙烯(C_2H_3Cl,相对密度为 0.9),这种物质非常有害。岩溶地区被浓稠非水相液体污染后要净化它是非常困难的(Kresic et al,2005)。

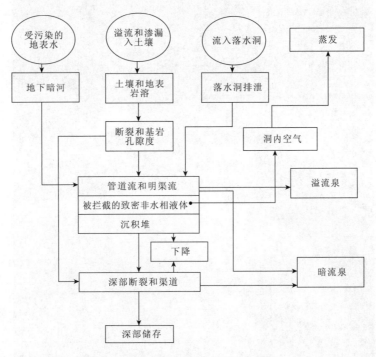

图 11-8 岩溶含水层中浓稠非水相液体迁移的概念模型(引自 Loop,White,2001)

(4)病原体:像病毒、细菌和寄生虫。这些病菌是非常容易通过管道系统进行迁移的,因为大多数病原体因体积太小而无法过滤。

(5)像铬、镍、镉及汞等这样的金属,遇氢氧化物和碳酸盐易沉淀,或者被黏土和有机物所吸附,以悬浮质进行迁移。

(6)像塑料制品、动物尸体、易拉罐和瓶子等垃圾。这些垃圾在地下暗河和屏障后的水塘汇集,这主要取决于其密度,发洪水时容易流动(图 11-9)。

图 11-9 (上图)加拿大纽芬兰省落水洞垃圾场,不幸的是这张照片全世界都知道。(下图)中国贵州省的一个落水洞中漂浮的垃圾,这些高度污染的水用来灌溉稻田

治理岩溶地区水污染物的方法几乎无效,原因如下:

(1)致密的含裂隙的可溶岩中用于定植自然微生物以及吸附微生物和离子交换的表面积要小于孔隙发育的碎屑沉积物。

(2)快速渗入岩溶含水层的特征,降低了蒸发的机会,这是消除高挥发性的有机化合物非常重要的机理,比如有些化学溶剂和农药。

(3)可溶岩上覆的土层很薄,其物理过滤作用几乎无效,因为渗流通过岩石中较大的次生孔隙;这样沉积物和微生物就能轻易地把污染物携带至岩溶含水层内,如第5章、第6章和第8章中所讲。

(4)借助于含水层中岩溶管道中的紊流,颗粒状物质能完全进入到岩溶系统中。

(5)因为管道内快速通过的时间和吸附-解吸作用,时间相关消除机制(例如:细菌和病毒)缩减其效能。

Golwer(1983)和COST Action(2004)调查研究发现地下进程的本质就是净化和稀释水中的污染物的过程。自然净化过程就是发生物理化学反应和生物反应的过程。值得注意这一过程受到地下水运移过程及水文地质条件的影响。各种对无机物、有机物和微粒污染物的作用首先取决于那个污染物所经过的介质的特性,其次是污染物本身的物理化学特性(图11-10)。室内试验来评估(9±1)℃的水中

关键特性 \ 关键进程	吸附	离子交换	过滤	沉积	生物降解	氧化	减少	复杂	降雨	水循环	挥发	退化	干化
有机物含量	++	+	−	−	++	++	++	++	−	−	−	−	−
黏土含量	++	++	−	−	+	−	−	−	−	−	−	−	−
离子交换能力	++	++	−	−	−	−	−	−	−	−	−	−	−
Fe, Mn, Al化物含量	++	−	−	−	−	−	−	−	−	−	−	−	−
碳酸盐含量	−	−	−	−	−	−	−	−	−	++	−	−	−
基质常数	−	−	++	−	−	−	−	−	−	−	−	−	−
pH值	+	+	−	−	+	−	++	++	++	−	−	−	−
氧化还原	−	−	−	−	++	++	++	+	−	−	−	−	−
温度	−	−	−	−	−	−	−	−	−	+	++	−	−

关键特性 \ 关键进程	吸附	离子交换	过滤	沉积	生物降解	氧化	下降	复杂	降雨	水循环	挥发	退化	干化
溶解	++	++	−	−	+	−	−	+	++	+	−	−	−
分配系数	++	++	−	−	−	−	−	+	+	−	−	−	−
黏滞性	−	−	+	−	−	−	−	−	−	−	−	−	−
半生命周期衰减	−	−	−	−	++	+	−	−	−	−	−	−	−
半衰期	−	−	−	−	−	−	−	−	−	−	−	++	−
生物半生命周期	−	−	−	−	−	−	−	−	−	−	−	−	++
砂岩,还原电势	−	−	−	−	+	++	++	+	−	−	−	−	−
平衡常数	+	−	−	−	−	−	−	−	++	−	−	−	−
蒸发应力	−	−	−	−	−	−	−	−	−	−	++	−	−
密度	−	−	−	++	−	−	−	−	−	−	−	−	−
颗粒大小	−	−	++	−	−	−	−	−	−	−	−	−	−

图11-10 (上图)矩阵显示污染水通过介质层的物理和化学性质与自然处理过程有效性之间的关系(−表明相关性很差或无相关性;+表征相关;++强相关)。(下图)矩阵显示污染物的物理和化学特性与自然处理的有效性之间的关系(−表明相关性很差或无相关性;+表征相关;++强相关)(据COST Action 620, 2004)

9种细菌生存的情况,Kaddu Mulindwa等(1983)发现大肠埃希氏菌、鼠伤寒沙门氏杆菌、铜绿色假单胞菌和其他病原体或者潜在致病菌在自然地下水中能存活100天或者更长时间,只有两种细菌只能存活10～30天(图11-11)。考虑到大多数含水层的管道中水的运移时间短(图5-18),也考虑到细菌的中性悬浮特点,在岩溶地区水污染的概率很高,潜在的问题也可能很严重。Felton(1996)对美国肯塔基州的研究成果和Tranter等对英国德比郡的研究成果提供了丰富的现场数据,证明了这些理论是正确的。石灰岩中的典型孔隙的大小一般在$10^{-8}\sim10^{-5}$m范围内,裂隙的典型大小在$10^{-5}\sim10^{-3}$m范围内;只有直径在$10^{-9}\sim10^{-6}$m的细菌和病毒会穿过石灰岩中的孔隙和裂隙。尽管有些原生动物($10^{-6}\sim10^{-4}$m)像隐孢子虫和梨形鞭毛虫可能被过滤。因此特别小的病毒($<0.25\mu m$)经常能经岩石中小的初生孔隙过滤,但是随时能进入裂隙和管道网络,COST Action 620也有这样的报道(2004)。

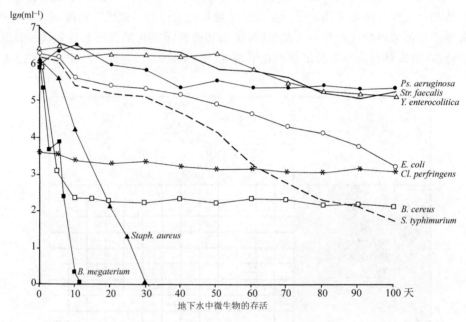

图11-11 自然地下水温度为10℃时微生物的存活(经允许引自Kaddu-Mulindwa et al,1983)

11.4.1 农业对岩溶水的影响

在农业地区,分散污染主要来自于粪肥和化肥,喷洒农用化学品比如农药以及牲畜的尿液及粪便。点状污染主要来自倾倒于漏斗中的废物,也有来自猪舍、家禽和牛棚中的废弃物倾倒于漏斗池塘和溪流中。威尼斯Asiago高原Fore-Alps(国内著名的奶酪)提供了一个极好的例子(Sauro,1993)。同时测定氯化物(保守的)和硝酸盐(非保守的)的含量,现在广泛用来测量污染物的程度和存在的时间(例如Castillo et al,1994;Plagnes,Bakalowicz,2002)。研究表明,在过去50年甚至更长时间里,氮肥是增加硝酸盐污染的罪魁祸首。Boyer和Pasquarell(1995)发现在西弗吉尼亚州岩溶地下水中的盐酸盐浓度与农业用地率之间有很强的线性关系。Panno等(2001)的研究成果表明在伊利诺伊州52%的井和大多数落水洞平原下的泉点水中的硝酸盐的浓度异常地高。Pulido-Bosch等(1993)发现在安达卢西亚含水层,在雨季时230个井水样品中有88%的样品中NO_3^-含量超出饮用水标准极限$50mg\cdot L^{-1}$。Burri等(1999)提出了世界上其他地区的案例。在20世纪60—70年代,绿色革命很大地增加了东南亚地区的食物产量,这在很大程度上依赖于除草剂和杀虫剂;Urich(1993)报道在菲律宾岩溶地区的稻田中,这些农药是杀死鱼类、甲虫、野生鸟类甚至水牛的原因。可悲的是,甚至来自于牲畜的尿液这些自然雌性激素也能损害洞穴的生态,像Wicks等(2004)展示了在密苏里州的亦称奥沙克高原下的鱼类和无脊椎动物研究。

即使当这里有专门为废弃物修建的沉淀池这样的初级处理,但仍含有大量的硝酸盐,溢出来的部分生化需氧量很大,且大肠杆菌的数量也很大。在农村社区中的家庭废水常常用化粪池来处理,而村庄和农业利用污水处理池进行初步处理。化粪池用厌氧细菌来净化废水,之后废水输送到一个地下排水沟系统内,用需氧细菌、渗流、吸附及生物分解作用进一步处理后,将处理后的水经过近地表岩溶区后进入地下。然而,污水处理进程并不总是有效,尤其是当上覆土体厚度小,或者岩石中孔隙很发育时,这样可用于消灭致病菌的时间则不够。因此,从化粪池排水中进入岩溶的地下水中通常能检测到化学和生物污染物(Alhajjar et al,1990;Crawfod,2001)。在肯塔基州的岩溶地区进行了为期4年的研究,Felton(1996)得出的结论是:这个地区大多数岩溶泉水含有足以使人致病的排泄物细菌,在地下水中也经常发现除草剂。

经过污水池初步处理后通常直接排放到地表河流中,有些排入地下。这种处理在降低生化需氧量方面是有效的,但是 N 和 P 负荷可能会很高。有些废水处理池建在有岩溶缺陷的地方,由于岩溶塌陷导致出现突然排水,导致高度污染的废水直接补给到含水层中。Alexander 等(1993)发现在明尼苏达州 20 年内出现事故的概率超过 20%。

Quinlan 和 Ewers(1985)描述了肯塔基州落水洞平原地区的 Horse 溶洞区(图 6-39)一带的生活污水、奶品废水和重金属污染的污水沿着岩溶系统扩散,在格林河沿线 8km 范围内的 16 处 56 个泉水点发现有污染物。虽然如此,但有 23 个水井水试样中没有测试到污染物,可能是因为这些水井位于岩溶管道的上游或者与岩溶管道没有水力联系。如果通过管道的排水条件不明确的话,这就对关注整个地下水系统质量安全的问题给了一个错觉。因此岩溶地区地下水水质的可靠检测必须包括泉水点,而不是只检测井水,因为这些泉水点的位置就是在盆地排泄口点(Quinlan,Ewers,1986)。这对于岩溶裂隙发育的含水层而言是一个至关重要的信息。而对于发育大型岩溶管道的灰岩,且与之相关的地下水的水力梯度小且流速不大的情况而言,这种信息则不太重要,下面就是这样一个例子。

Waterhouse(1984)对南澳大利亚冈比耶山处的一个小镇下伏的第三系灰岩含水层(孔隙水)中的硝酸盐污染进行了测绘(图 11-12),通过为期两年对 257 个钻孔的监测成果,在离海岸线以远 25km 的内陆地区地下水水位大致在海拔 14m 左右,因此地下水的水力梯度很缓,地下水运移的速度也慢,这就是所谓的达西流(Emmett,Telfer,1994),尽管后冰期海面上升淹没潜水含水层中的管道(崩塌漏斗被淹没,图 9-26)。未被污染地区地下水中的硝酸盐浓度大约 $2mg \cdot L^{-1}$,而典型的被污染的地下水中的硝酸盐浓度有 $300mg \cdot L^{-1}$(最大大于 $450mg \cdot L^{-1}$)。尽管污染的地下水排泄已超过 80 年,但含水层的下部仍然含有大量的污染物,这可能是地下水流速度缓慢且地下水的补给很小的原因造成的(年降雨量小于 200mm)。

11.4.2 城市和工业对岩溶水的影响

有些城市建在碳酸盐岩地区,但是城市中只有有限的污水处理系统,有的甚至没有,这种情况是由于岩溶地区本身发育了无数个落水洞才造成这种局面。过去很多城市将没有经过处理的废物就直接排泄到岩溶含水层中,现在有的城市仍是如此。1921 年肯塔基州的鲍灵格林(Bowling Green)就是这样一个案例,当时 Charles E Mace(1921)声称:

"鲍灵格林是美国布置污水管道系统的唯一城市,这些管道是'母亲自然'布置的。"

之后他进一步解释说:

"当一个新的住宅建在鲍灵格林地区时,雇佣人找落水洞,到后院的土壤中挖个坑,坑一般不超过 3 英尺,然后就可能发现一条裂缝。然后将浇灌用的水管放置在裂缝中,这样水就可以通过障碍物而不受阻。经市检查员批准后,这所住宅就有了一个完美的地下排水系统了,没有城市有比这更卫生的排水系统了。化学家说污水经过石灰岩层时将在很短的距离内达到净化。"

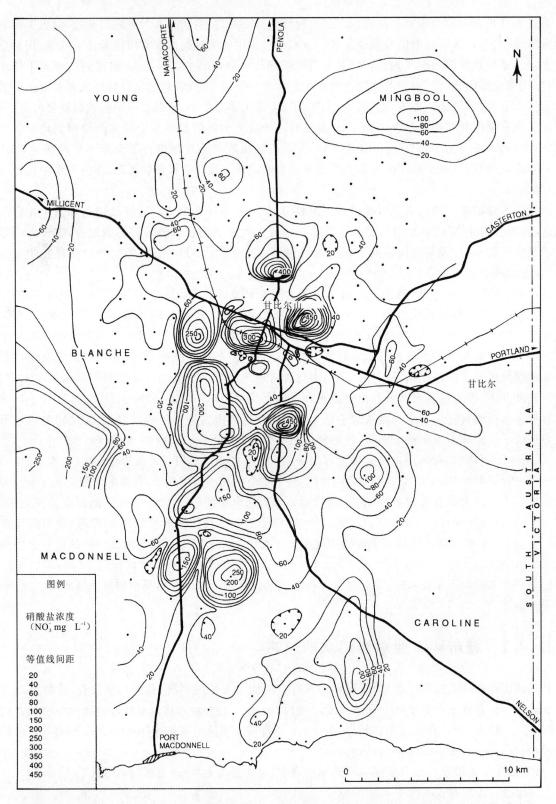

图 11-12 南澳大利亚甘比尔山(Gambier)附近 80 年的农业(主要是畜牧业)引起的化肥产生的硝酸盐浓度等值线图。3 000 多个钻孔资料,这是三叠系多孔隙灰岩含水层中的达西流(补给小且水力梯度平缓)(引自 Waterhouse,1984)

尽管现在的工程师、城市检查员和化学家对这些问题理解更深刻,但遗憾的是现实是这样,土耳其的 Antalya 市的问题就很突出(Kaçaroğlu,1999),世界各地的小城镇比如赞比亚的 Lusaka 市地下水的污染程度相对较小(DeWaele,Follesa,2003)。Williams(1993)、Drew 和 Hötzl(1999)、Beck 和 Herring(2001)及 Beck(2005)等编纂论文集来讨论建筑物和运输系统等对岩溶的影响。固体和液体废弃物的堆存、储存和排放引起了许多水质问题;城镇化加剧了径流问题。这种污染、洪水和地面垮塌认为是岩溶地区城镇化所带来的主要结果。

众所周知的事实是城镇化大大增加了地表水域年平均洪水量,但是城镇化对高强度、长复发间隔事件的影响则逐渐减小。城镇化使得隔水岩体中的水成为异源补给,农村地区道路路面产生的自源补给,使得暴雨水文对岩溶的影响加重。Barner(1999)、Betson(1977)、Crawford(1981,1984,2001)和 White 等(1984)提供了城镇化对岩溶水影响的事例。Drew 和 Hötzl(1999)记录了很多工业排泄废水对岩溶水质产生严重影响的事例。

肯塔基州鲍灵格林市(人口大于 5 万人)以及上述所提到的处理系统,均建在落水洞平原地区。Crawford 注意到几乎所有的地表洪水或通过自然落水洞流走,或者通过排水井(超过 400 个水井)流走。城市出现洪水泛滥有 3 个方面的原因:

(1)暴雨形成的地表径流超过落水洞(在建设期间阻塞落水洞)的吞吐能力时出现洪水泛滥。

(2)当暴雨增加且集中的径流超过地下排水管道的排水能力,受上游管道的限制,管道中的水回流到地表形成城市泛滥。

(3)由于地表径流形成洪水导致管道行洪,结果导致包气带中出现回水,从而恶化了这种洪水泛滥的趋势。

还有一些问题也与这些过程有关,Crawford 建议将排水井钻进至落水洞底部以增加排泄量,但这又增加了地下岩石的侵蚀,从而使残积土坍塌事故增加了 10%,建筑物出现灾难性破坏事件。增强径流排水井钻入漏斗底部原因是增强地下岩石的侵蚀,进而导致参与土壤有大于 10% 的几率发生崩塌,所以增加了建筑物的额外风险。此外,城市雨水的水质差,其对地下生态具有有害影响。另一问题是化学品泄漏产生的有毒易爆废气进入岩溶洞穴发生化学反应(Crawford,1984b)。鲍灵格林地区在洪水易发的地区限制建筑,并且要求开发商修建蓄洪水库,从而降低了洪水损害。落水洞洪水平原的概念用作洪水保险目的是基于 3 小时强雨、降雨重现期 100 年而无渗漏情况下的完全蓄洪(图 11-13)。Quinlan(1986b)从美国法律的角度总结了落水洞发育及岩溶地区洪水问题,Richardson(2001)评价了岩溶地区地下水城市供给的法律问题。

在宾夕法尼亚州,White 等(1984)研究的结论是:人类的活动降低地下水水位增加水力梯度和改变洪水径流模式。然而,只有后者才能影响到该区域的漏斗。城市化修改了以前的降雨渗透模式,地表径流从水泥路面集中到落水洞、洼地或者土壤中。通过规划措施预防集中径流,要比工程措施便宜很多,但是在铺设的路面上的点状排泄是不可避免的,排水的指导原则是用管道直接输送雨水到地下而不对上侵蚀上覆土壤。因此可能的话,尽量使建筑物大一些,以便使径流迅速流走。Barner(1999)评估了落水洞地区城市地表径流管理的工程实例。

工业污染,意外漏油或地下埋藏处理污染物,这种现象在发达国家中岩溶地区很常见。尾矿池特别危险。塞尔维亚的一个铜矿开采点,污染了当地泉水,杀死了多瑙河下游的动植物(Stevanovic,Dragisic,1995)。牙买加强腐蚀性的铝土废矿污染了主要含水层,木厂的废弃物使得洞穴动物群死亡。从历史上看,许多早期的油井泄漏原油或者富含 H_2S 卤水进入上覆含水层(例如在肯塔基州落水洞平原 Parker 洞),在城市泉水中监测到富含氰化物的废油。

甚至有报道温泉也有反映。匈牙利矾土矿物的脱水作用使泉水干枯。土耳其 Pamukkale 非常有名的地表石灰华阶地,由于热水流入上游的泳池,污染了蓄水池(Simsek et al,2000)。

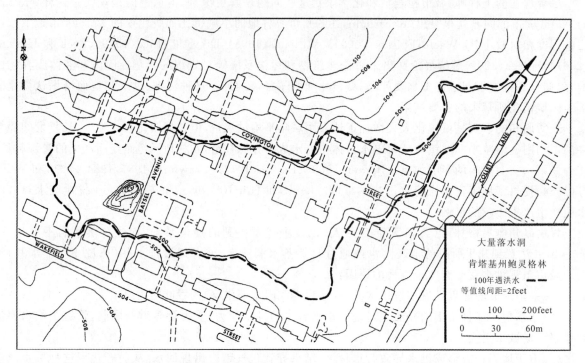

图 11-13　肯塔基州鲍灵格林市泛滥平原的封闭岩溶洼地。虚线是一个百年一遇的 3 小时强降雨事件形成的水洼地轮廓线,假定洼地溢出微不足道(引自 Crawford,2001)

11.4.3　垃圾填埋场和危险废物处理

我们已经注意到世界范围内的岩溶地区多是人口密集区,处理废物可造成严重的问题。在农村地区(以及很多城市地区)将废弃物倒入漏斗,这样很快将污染物输送到含水层中的岩溶管道中。历史上市政当局常常把垃圾填埋场(垃圾堆)布置在当地有相对较大漏斗的地方。大多数情况是,在地表岩石裸露或表层岩溶带上覆土体厚度小的地方倾倒垃圾,但未进行任何防渗处理,或者也没有任何渗滤液收集系统。例如,纽约尼亚加拉大瀑布市臭名昭著的 Love Canal 事件,就是将危险化学品填埋场建在一冰碛物中,冰碛物以下数米就是岩溶化的白云岩,这些白云岩地层延伸至尼亚加拉河附近。美国环境保护署(EPA)估算清理这些污染的地方(已做过调查)费用达 700 万美元到 12 亿美元。如图 11-14 所示的是加拿大安大略省废弃物的处理情况,这与 Love Canal 事件相似(尽管严重程度低一些),危险化学废弃物储存在白云岩地层中。

发达国家要求对运行期垃圾场处的地下水水质进行监测,直到垃圾场填满并关闭。按美国环境保护局的早期标准,要求在垃圾场的高处布置 1 个观测井,而在垃圾场下游侧假定的污染路径布置 3 个测井进行监测。Quinlan J F 反对简单的监测设计(如 Quinlan,Ray,1991),如图 6-39 所示,已知或未知的岩溶管道发育的地方都可能产生严重误导,后来他和他的同事为岩溶-裂隙含水层地下水的监测建立了一套标准,即美国测试和材料协会(ASTM)D 5717—95 标准(1996)。这就需要完全理解场区的特征,根据 1997 年出版的 US EPA 岩溶水保护指南,研究内容包括研究区的位置、天然泉水对垃圾填埋场的排泄作用,通过示踪试验建立相关区域的水文场及化学场,确定监测井(必要的话增加泉水点监测)的位置及水质取样分析频度。

核废料的中长期处理尤为重要。大多数国家计划将其埋于地下。加拿大、瑞典等国研究在地下水水位以下的花岗岩中开挖洞室埋置核废料,但发现这样岩体中的裂隙也有水流动。美国花费了大量的

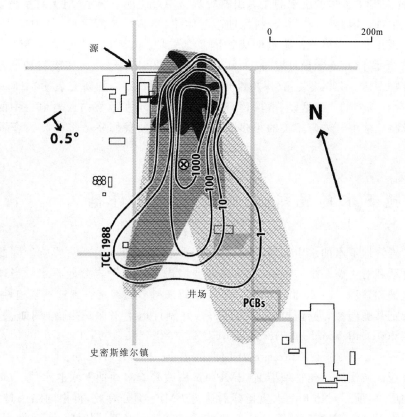

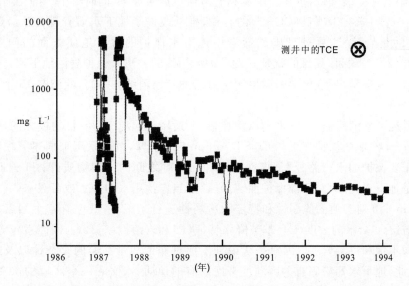

图 11-14 1986年安大略省的尼亚加拉大瀑布附近发生的致密非水相液体(DNAPL)污染物泄漏,史密斯维尔地区志留系白云岩地层中的扩散情况。图中深灰色表示不溶解多氯联苯(PCBs)在污染源下的扩散;浅色表示在两个以上的白云岩地层中,溶解相多氯联苯向水力梯度低的方向迁移(建模)。等高线表示1988年测量的三氯乙烯的浓度,单位是 $mg \cdot L^{-1}$。这是污染物在地下岩溶不太发育(年轻的),水力梯度平缓,径流沿层面运移。基岩上覆厚度6~7m的冰积的具块状裂纹的粉土和黏土。下图是通过为期8年的治理(在污染源附近抽排地下水),观测井中的TCE含量降低情况过程图,治理费每年50万美元[据安大略省环境部门的史密斯维尔Ⅳ基岩整治计划]

时间和经费,研究在内华达州沙漠中的尤卡山的凝灰岩中修建地下洞室(地下洞室高于地下水水位),但要保证长期安全很难。因此转向将核废料深埋于盐体中,当核废料埋置后,封闭进入通道,就可以密封核废料。新墨西哥州卡尔斯巴德洞附近的废物隔离试验项目(WIPP)是在厚达 900m 的盐和石膏层中开挖洞室,地下洞室埋深 650m,设计容量 180 000m³,从 1999 年开始,该核废料场已接受美国核武器工厂的中期超铀废物多达 2 400 集装箱(保护性封闭等)。Hill(2003)的研究表明在同一蒸发岩地层中 10~20km 范围内存在强烈的岩溶活动(溶槽,角砾岩管),地下水在上覆白云岩地层中的流动及层间溶解对长期稳定有威胁。溶解开采矿相关的很多事故(12.3 节)使我们坚信将核废物埋置在盐岩中是一个负责任的想法。

11.5 地下水的脆弱性、保护及风险评估

前面讨论了岩溶地下水的水质如何受到农业、工业和城市活动的严重影响。因此考虑到岩溶地下水对人类生产生活和对生态系统的价值,接下来就要考虑如何保护岩溶地下水。当地政府需要对地下水补给区进行保护和管理。在 20 世纪的后几十年里越来越多的人意识到这种紧迫性,许多地方进行了含水层测绘以确定其脆弱性,进行危险和风险评估,并制订地下水保护指南(例如 Qunlan et al,1991;US EPA,1993,2000;Lallemand-Barres,1994;COST Action 65,1995;Doerfliger et al,1999;Civita and De Maio,2000;Daly et al,2002;Ettazarimi,El Mahmouhi,2004;Perrin et al,2004)。

肯塔基州农业区域实施最佳管理措施(BMPs)试图改善岩溶地地下水的水质。Currens(2002)报道了实施 3 年后的成果:前后对比 6 个水质指标后认为 BMPs 部分有效,得出的结论是将来 BMP 项目应该强调在落水洞附近建立缓冲带,排除从溪流和岩溶窗口进入地下,同时将生产的土地收回。

在欧洲通过一个科学技术项目(COST)的合作,推动改进了地下水质管理方法。COST Action 65(1995)最初关注的是岩溶,主要处理碳酸盐岩中地下水保护的水文地质方面的问题。后来实施的 COST Action 620(2004)项目,其目的就是开发一种可持续的方法来保护岩溶地下水。这个项目将岩溶专家和水文地质学、地形学、环境化学和微生物学方面的专家团结在一起,欧洲有 15 个国家参加了这个方法的评估工作。

欧洲方法(对地下水的脆弱性、灾难和风险评估)是适用于起源-路径-目的模式的地下水,其既适用于地下水源也适应于水源的保护。正如 COST Action 620 解释,"源"是用来描述潜在释放污染物的术语;"目标"是指需要保护的水;"路径"是指在"源"和"目标"之间的一切物质(图 11-15)。对于资源保护来说,目标就是地下水,然而对于源保护而言,它就是当作饮用水的井水或者泉水。

COST Action 620 对本质的脆弱性和特定的脆弱性进行了区分,其中有 4 个因素用来评估本质上的脆弱性:上覆盖层(O)、水的浓度(C)、季节降水特征(P)和岩溶网络(K)。O 因素包含 4 层——土壤、底土、非可溶岩和不饱和可溶岩。C 因素是认识到了通过非饱和带补给的复杂性以及通过地表保护层径流复杂性。因此,地下水污染固有的脆弱性考虑固有的地质、水文和一个区域的水文地质特征,即系统的特征控制污染物输入的反应,但是不控制污染物的本质和污染的严重程度。

特定的脆弱性有两方面的因素:①有关污染物物理和化学性质的信息;②有关污染物穿过的岩层的物理和化学性质的信息。

利用污染物的性质和所穿过岩层的性质,该方法确定的原则是研究污染物衰减作用(延迟和退化),从而来确定处理方法的有效性。对于给定的地层当污染物穿过时,污染物浓度降低,那就说明有效。尽管这过程也取决于水力渗透性和该层的厚度。所以特定脆弱性评估关注的是污染物(或者一批污染物)的性质,质量和临界浓度,还有本区域的本质脆弱性性质。图 11-10 说明了地层的物理与化学特性与不同进程之间的有效性之间的关系,显示层面的一些物理和化学特性之间的关系和各种进程的效力。图 11-10 也说明了不同污染物的物理与化学性质和特定衰减过程有效性之间的关系。图 11-16 提供

的例子说明了几种污染物和不同地质背景的特殊衰减的多样性。COST Action 620(2004)评估大范围污染物的特性,包括微生物及其所生活的岩溶地下水。

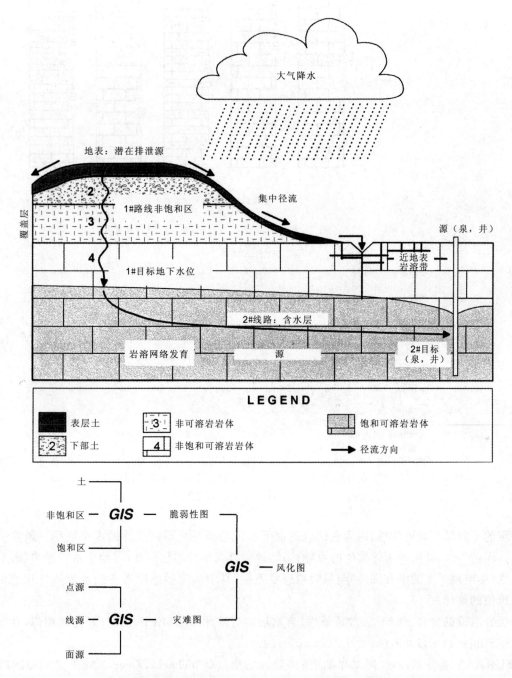

图 11-15 (上)欧洲地下水脆弱性研究方法。这是假定地表污染,污染概念模型是"源"-"路径"-"目标"。对于水资源保护来说,井和泉点是目标(引自 COST Action 620,2004);(下)地理信息系统中的脆弱性映射(引自 Neukum,Hötzl,2005)

在地下水污染的背景下,主要发生在地表的人类活动产生潜在的污染源,称之为灾难(COST Action 620,2004)。因此,风险主要起源于土地使用的 3 种类型引起的差别,即:城市/基础结构、工业和农业。COST Action 620 项目中开发了一种数学方法来计算每个风险潜在的危害程度,采用 5 个危险指标分级进行确定。它也提出地下水资源保护应该是在全面风险分析的基础上开展,"风险"这个词用于

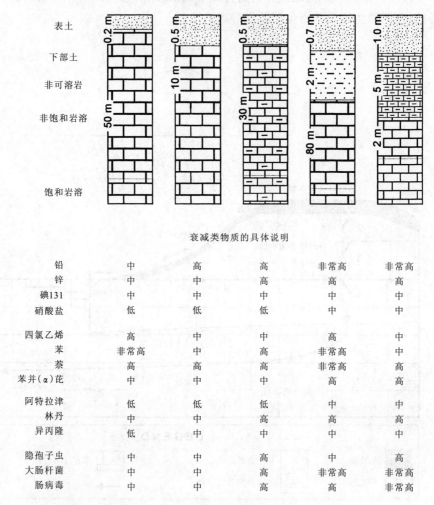

图 11-16 一个特定的衰减级别适合于在一系列可能设置中的不同水污染物的说明
(引自 COST Action 620,2004)

表达特殊的不利结果的可能性,因为它能表达地下水污染到一个不可接受的水平概率。风险主要取决于3个方面:①灾难及灾难事件发生的可能性;②地质续发事件的脆弱性;③地下水的影响(图 11-15)。风险强度(影响地下水的潜在强度)与风险敏感度不同,其中风险敏感度考虑到水流条件和潜在的经济和生态价值的破坏。

表层岩溶带的发育、保护层、渗透条件、含水层的岩溶化方法(EPIK)和"PI"方法相似,在欧洲应用普遍(Doerfliger et al,1999;Goldscheider et al,2000)。

"VURAAS"是特别针对"阿尔卑斯"条件设计的变量(Chichocki,Zojer,2005)。"KARSTIC"(Davis,Long,2002)是对老的含水层易受到污染的岩溶地区设计的方案。"DRASTIC"(Aller et al,1987)是针对全美国的标准达西流含水层设计的方案,该方案目前正在测试当中。Neukum 和 Hötzl(2005)讨论了各种岩溶含水层脆弱性测绘方法的国际标准。有关应用实例见 Stevanović 和 Milanović(2005)的研究成果。肯塔基州采用的是地下水敏感度的五级评定系统(Ray et al,1994),水文地质敏感度定义了污染物运移及在地下水系统运移的速度。

不管采取什么样的方法来保护补给区的水质,必须要有足够的渗径长度(污染源与可能的供水点之间的距离)才能使潜在的病原生物体死亡,尽管要达到这样的目的至少需要30天(图 11-11),但在实践中很难确定保护区的有效尺度。这是因为含水层的非均质性以及污染物在岩溶介质中迁移的复杂过程,即使在给定区域一定补给范围内,假定流域内补给处到泉水点及井水的补给时间确定。因此需要综合土地的轮种和有效管理(包含像漏斗和落水洞这样的补给点的保护),以及水质的有效监测和水资源的治理。Milanović(2004)讨论了保护岩溶水资源的分区标准,强调实施过程的灵活性,因为不同的环境,他推荐了一个分级分区保护方法。

(1)用于饮用的泉水点或者取水点的保护区域。这是最高等级的保护和限制。在泉水点或者取水点至少 50m 以外要设置围墙。

(2)直接保护区。这是最严格的保护和限制。集中渗透的区域与泉水点(井点)有直接联系,在 24h 之内通过岩溶管道补给,流速超过 $5cm \cdot s^{-1}$。

(3)保护区域。这个区域包括流域内所有永久或临时的落水洞,但是位于区域 2 的外面,这个区域与取水建筑物(泉或井)有直接的地下联系,但是至少需要 10 天,如果区域 3 发育落水洞,则在 24h 内直接与取水建筑物有关,则应将其保护并作为区域 2 进行保护。

(4)外部保护区域。这个区域包括区域 3 的边界与主要的流域内泉水点之间的范围,区域 4 是指通过示踪试验证明与泉水点(或者取水建筑物)没有直接水力联系,径流时间很长且流速缓慢(例如 $1cm \cdot s^{-1}$)。区域内有独立的落水洞,类似区域 3。

如果一个有隔水岩体的流域中,河水异源补给泉水,则根据流径的时间,整个非可溶岩地区可看作是区域 2 或区域 3。径流时间是指在洪水条件下地下水流速最大时所经历的时间。发育漏斗的区域是区域 2 或区域 3,即使通过染料示踪试验也没有证明它们之间有水力联系。一般而言需要有效管理畜牧业和农业。

11.6 建坝、水库渗漏、失事及影响

11.6.1 在碳酸盐岩上修建大坝

管理和利用岩溶水资源的重要技术之一就是修建水库和大坝。利用这些水工建筑物储存水,以用来防洪、城乡供水、灌溉和水力发电。在全球范围内有一大批建在石灰岩和白云岩上的大坝以达到上述目的。防洪在密西西比河的支流上尤为重要,20 世纪前叶田纳西流域管理局(TVA)在防洪方面做了大量的工作。在中国、地中海地区、伊朗和伊拉克以及其他半干旱地区,为维持水稻的产量,在漫长的旱季或干旱时采取的措施就很重要。在阿尔卑斯山地区早期优先考虑的事情就是水力发电,现在成了绝大多数高坝的最基本目的。少数几个国家修建的大坝由于岩溶渗漏出现了严重的问题,导致成本超支相当大或者在某些情况下大坝废弃。在许多工程设计和施工报告中总结过这样的事例。田纳西流域管理局的主报告(1949)仍然是合适的;Soderberg(1979)最近对他们的工作做了总结。Therond(1972)、Mijatovic(1981)、Nicod(1997)和 Milanović(2000,2004)通过讨论欧洲经验,对更复杂的山区通常用地质的观点进行讨论研究。

Therond(1972)认识到大坝产生岩溶问题主要有 7 个因素,分别是岩性的类型、地质构造类型、破碎的程度、岩溶化的本质和程度、地形条件、水文地质条件及坝型。很明显对于任一因素都有很多重要的条件。Therond 估计,对于选在碳酸盐岩上的这些坝址,上述因素综合形成 7 680 种不同的组合!大坝设计、勘察和施工必须针对特定的坝址进行,并且评估工作要持续进行。

"也许是没有阶段的工程或建筑本身不太容易像大坝基础那样有可参照经验方法或有规则手册的指导"(TVA,1949:93 页)。"当处理岩溶基础时,必须评估所有地质特征,不管其多小或者多么无关紧要","设计所你想要的"(Soderberg,1979:425 页)。

Milanović(2000)认为在碳酸盐岩上修建大坝时需考虑 3 个主要的因素。

(1) 当异源河流在陡的河道中穿过时形成典型的峡谷,河流下切的速度通常大于岩溶发育的速度,这样在河道之下岩溶不是主要问题。然而将峡谷两岸作为大坝的坝肩时可能存在危险。灰岩峡谷是特别吸引人的坝址,是因为这种岩石坚硬足以支持结构的需要,峡谷可减少修建大坝所需材料的数量。

(2) 宽谷河道中岩溶发育的速度比河流下切的速度快或一样快,田纳西流域管理局的坝址就是这样一个例子,在这样的宽谷中修建坝或水库,在大坝之下与坝肩及峡谷上游两侧和底部产生很多问题。位于河流出口地段的峡谷修建坝特别危险,这在高山地形中常见,这是因为天然(修坝前)地下水力梯度很陡。不幸的是,这种地方也是水电站坝址的最佳位置,因为水库蓄水,压力管的下降高度和梯度在这里最大。

(3) 坡立谷的防洪和旱季蓄水可能是最难解决的问题,因为在自然条件下,旱季水位低于高度岩溶化的岩石构成的谷底。水库库底必须封闭(用黏土、喷混凝土和 PVC 等)以防库水渗漏,但是当库底溶洞中的水位抬升时产生的气压将封闭压破。流水溶洞一定要安装单向阀门系统。南斯拉夫的坡立谷上修建水库有很多成功的案例,但是南斯拉夫的 Cernica 工程和希腊的 Taka 坡立谷工程,经大量的研究后最后选择放弃修建大坝。

很多坝的高度超过 100m,甚至有些超过 200m。首先,修建大坝一个明显的危险是将水位抬升到这样的程度,即经过坝基和坝肩的不合规律的流速变大导致水力梯度不合乎规律地变陡,同时出现不合规律的水量增加。这样会产生危险,因为除非灌浆帷幕下限在非可溶岩中,否则上升的水压力将驱使地下水在坝下运移并刺激岩石溶解。Dreybrodt 等(2002、2005)用灰岩和石膏建模来模拟这个问题。坝下 100m 深的帷幕之下的灰岩溶蚀管道出现突破性的尺寸大致需时间 80 年(即出现紊流,见 3.10 节和 7.2 节)。补救措施是必不可少的。表 11-1 提供了岩溶地区大坝渗漏前后所采取的补救措施,图 11-17 表示在马其顿的一个大坝渗漏随时间增加的例子。

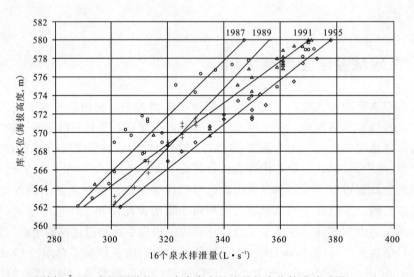

图 11-17　马其顿 Špilje 大坝下游的 16 个泉水点的流量与水位抬升关系图(据 Milanović,2000)

美国田纳西州的 Hales Bar 大坝是一个渗漏对水位抬升有着简单且快速反应的例子,这是因为渗漏出现在坝基中水力梯度最大的地方。修建大坝计划 2 年时间,造价 300 万美元;但是由于坝基位于可溶岩中,施工期延长到 8 年,费用增加到了 1 150 万美元。蓄水两周后(1913 年 11 月)就出现了严重的渗漏问题,昂贵的补救措施持续了 30 年,直到将水库渗漏降低至可接受的水平(TVA,1949)。西班牙的 Camarasa 大坝(表 11-1,图 11-18)是另一个绕坝基和绕坝肩渗漏的例子。

表 11-1　世界范围内的大坝发生水库渗漏，采取补救措施后渗漏量变小统计表（引自 Milanovic,2004）

大坝/水库	初始蓄水流量($m^3 \cdot s^{-1}$)	采取措施后的流量($m^3 \cdot s^{-1}$)
Keban(土耳其)	26	<10
Camarassa(西班牙)	11.2	2.6
Mavrovo(马其顿)	9.5	大幅降低
Great Falls(美国)	9.5	0.2
Marun(伊朗)	10	大幅降低
Canelles(西班牙)	8	忽略不计
Slano(南斯拉夫)($34m^3 \cdot s^{-1}$)	8	(3.5)增加直到 6
Ataturk(土耳其)	>11	?
Višegrad(波斯尼亚)	9.4	补救措施有效
Buško Blato(波斯尼亚)($40m^3 \cdot s^{-1}$)	5	3
Dokan(伊拉克)	6	无渗漏
Contreas(西班牙)	3~4	?
Hutovo(黑塞)($10m^3 \cdot s^{-1}$)	3	1
Gorica(哥维那)	2~3	无补救措施
Špilje(马其顿)	2	无补救措施
EI Cajon(洪都拉斯)	1.65	0.1
Krupac(南斯拉夫)	1.4	忽略
Charmine(法国)	0.8	0.02
Kruščica(克罗地亚)	0.8	0.35
Mornos(希腊)	0.5	大幅降低
Piva(南斯拉夫)	0.7~1	无补救措施
Maria(克里斯蒂纳)(西班牙)	20%流入	?
Peruča(克罗地亚)	1	无补救措施
Sichar(西班牙)	20%流入	?
La Bolera(西班牙)	0.6	?

然后，这绝不是所有的潜在问题已解决。地下水冲刷现代裂隙和管道，在加速水流作用下不仅使管道变大，而且使长期休眠的，甚至被沉积堵塞的古岩溶复活。Therond(1972)引了一个实例，当水位被抬升至 75m 时，下游渗漏仅 $1.6m^3 \cdot s^{-1}$，但是当水位被抬升至 85m 时，下游渗漏量达到不可接受的 $8m^3 \cdot s^{-1}$。很明显，沉积物充填的管道（在勘察中没有发现）受到冲刷并且复活。这强调了在选址勘察阶段即使最详细的勘察研究所得出的岩体的渗透性成果，在水库蓄水后出现渗漏时，对渗漏问题的认识也可能会发生根本的改变。以土耳其的 Kalecik 坝为例，在水库蓄水后坝下游出现严重的渗漏，后采取了灌浆处理措施，但是水库渗漏一直发生(Turkmen et al,2002)。

绕坝和绕坝肩渗漏是最可怕的，但是也有水库的其他地方存在侧向渗漏的问题。即使大坝基础是在非可溶岩上，其也存在与岩溶有关的地质渗漏问题，如在大坝上游库水淹没可溶岩时。西班牙的 Montjaques 大坝，就是修建在一个坡立谷中，水库通过支流发生水库渗漏，这个工程最终报废(The-

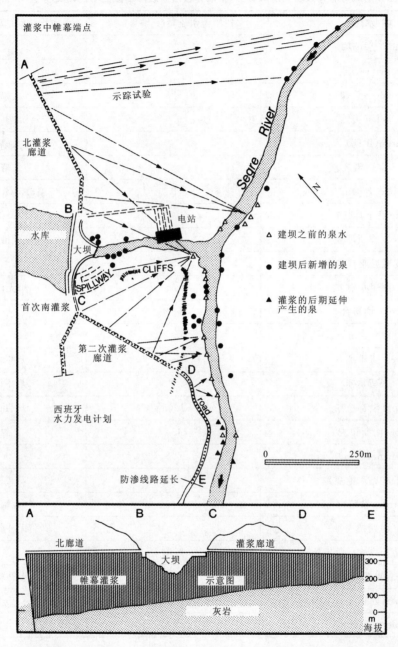

图 11-18 西班牙诺格拉(Noguera)地区的 Camarasa 水电大坝。建坝岩体为厚层—块状白云岩，地层倾角 17°，缓倾上游，下伏不透水的泥灰岩，坝型为混凝土重力拱坝，坝高 92m，坝顶长 377m。坝基及坝肩通过南北向的灌浆廊道进行帷幕灌浆，帷幕下限进入泥灰岩。当水库蓄水后，坝下游出现了 25 个新的泉水点，总流量达 12m³·s⁻¹，这个渗漏量异常(引自 Therond,1972)

rond,1972)。

  岩溶地区建坝的首要任务就是在坝肩进行钻探(取出钻孔岩芯进行描述)和硐探(人可以进去进行调查的廊道)。这些勘探平硐后期可作为灌浆廊道。地表、钻孔及钻孔间物探(Milanović,2000)能放大图像，但是其本身存在不足，这是因为物探方法几乎查不到小规模的溶洞，甚至不能发现直径 50m 左右的溶洞，即使加密钻孔和平硐也不能满足要求。土耳其的 Keban 大坝，尽管钻孔总进尺达 36 000m，勘探平硐长度累计达 11km，但是有一个体积为 600 000m³ 的溶洞仍未发现；"期待意想不到"(Milanović,2000)。

灌浆帷幕本质上是修建在岩石里面的坝。由于岩溶地区的水文地质特征，岩溶化岩体中的灌浆帷幕更加复杂，且比其他地质建造中灌浆帷幕的规模要大得多(Milanović，2004:81)。如土耳其的Ataturk 大坝的帷幕面积达 $1.2\times10^6 m^2$，帷幕长达 5.5km，深 300m。Milanović 及其他作者讨论了帷幕的设计及帷幕的密度，一个基本的原则是坝下帷幕深度(h)应该是 $h=H/3+C$，H 是大坝的高度，C 是一个基于现场条件的常数，在 8~25 之间取值。灰岩峡谷但河床岩溶不发育(上述所讨论的工况 1)坝下帷幕深度应是 $(0.3\sim 1.0)H$；简单的河流峡谷(工况 2)坝下帷幕深度取值 $(0.5\sim 2.5)H$；悬挂式的峡谷则取值 $4H$；坡立谷或更复杂的峡谷则取值 $6H$ 或更大(工况 3)。最可靠的原则就是尽可能使帷幕完全穿过灰岩进入下伏的不透水或不可溶的地层当中，坝肩帷幕端点接到不透水或不可溶的地层中("浴缸"解方案)。

通常的做法是挖除所有的岩溶洞穴充填物，并进行换填处理，然后在坝下、坝肩及两岸布置一主要帷幕(图 11-18)。如果存在严重问题，首先需做防渗墙，然后在坝基上游设置帷幕，第一排主帷幕中，灌浆孔孔间距不能超过 8~10m，对钻孔进行灌浆直到有背压。然后布置第二排帷幕，在第一排和第二排帷幕线间进行灌浆，依次布置第三排、第四排帷幕，直到排间距达到理想的最小，通常不超过 2m 为止。坝肩灌浆廊道垂直距离一般以不大于 50m 为佳。标准浆液是水泥和黏土的混合物(特别是膨润土——遇水会膨胀的黏土)，如果遇到大的空腔就加上砂卵石。不同水灰比组成浆液混合物。理论上灌浆目的是将坝基下的水的渗漏量降低到 1Lu($Lu=1L\cdot min^{-1}\cdot m^{-1}$)，在 1 000kPa 水压下一个钻孔单位长度一分钟内的流量)，坝肩为 2Lu。在实践中，当岩溶灰岩的渗透性小于 5Lu 时向它注入水泥浆是困难的。勘探压水试验的 Lu 值与需要的灌浆量之间的相关性很差；黑塞哥维那的 Grancarevo 大坝，单孔耗浆量是 $1.5\sim 1 500 kg\cdot m^{-1}$，而灌浆前压水试验 Lu 值仅在 1.0Lu 左右(Milanović，2000)。

田纳西州的 Normandy 坝，在一个地质条件相对简单的地方提供了勘探与灌浆方面很好的例子。该土坝高 34m，坝基岩体为近水平展布的灰岩地层。在初勘阶段完成钻孔 4 400m，发现了一宽度达 80m 的问题区，直径为 25cm 的钻孔取芯并进行了孔内摄像。在表层岩溶带中开挖形成深度为 6~12m 防渗墙，在防渗墙下布设孔径 100cm，与孔径 120cm 相间布置(如重叠)，在该线上下游布置高压孔(孔径 12cm)。主灌浆帷幕间距 3m，孔深 25m。所有接受灌浆的钻孔通过 1~3 个钻孔强化其灌浆效果。这种处理方法证明是成功的(Soderberg，1979)。

当坝竣工并进行蓄水时，必须谨慎地监测所有的泉水点和压力计。操作人员应有思想准备，一旦有严重问题出现时就准备停止蓄水并且排泄库水。极端情况是密封水库的库底和库边(如用塑料薄膜封闭)。经验表明当大坝竣工后采取补救措施时的工程费用要比施工阶段所做的帷幕贵得多。

尽管做了很大的努力，但在岩溶地区修建大坝仍然没有达到设计要求。伊朗 Elbruz 山区的 Lar 大坝就是这样一个案例，建在悬谷之中的 Lar 土坝，海拔 2 440m，坝高 105m，坝址处地质条件复杂。坝后天然水位大于 200m，距坝址 8km 的下游有几个泉水点，比库水位低 350m。自 1950 年起一批国际技术公司研究解决这个问题。在首次蓄水试验时，通过下游泉水点的渗漏量占径流量的 60%~80%。在将库水泄完后再进行灌浆，在漏浆量最大的地方注浆量达 $1 000\sim 40 000 kg\cdot m^{-1}$。同时发现了一个大于 90 000$m^3$ 的岩溶洞穴，并采取回填处理。水流失依然是不可接受地高，但是水库渗漏量仍不能接受。

如 Milanović(2000，2004)解释，坝和水库很大地改变了岩溶地区的河流与泉水的水文状况。如克罗地亚的塞蒂纳河长 105km，在这条河上共修建了 5 个水电站、5 个水库和 3 个长隧道及管道。Bonacci 和 Roje-Bonacci(2003)的研究表明，在上游 65km 范围内全年的水文状况发生了重分布，尽管全年的平均径流量没有变，但是低流量时间增加，高流量时间降低。Nčevići 水库下游 40km，塞蒂纳河从最初流量为 100$m^3\cdot s^{-1}$ 减小到原来流量的 1/10，是"生物需求最小标准"的流量，这是因为通过两个导流洞(9.832km 长)和几个管道，将河流截变取直，直接输水到 Zakučac 电站(位于河口海拔高度接滨海平面)的缘故。

11.6.2 石膏和硬石膏上修建坝

James A N(1992)提供了很多案例,说明了在蒸发岩上建坝所遇到的一系列严重的问题。因为水力梯度过大,导致已存在的管道快速扩大以及新管道的形成(图 11-19)。在溶解作用下,石膏坝基和坝肩产生沉降和坍塌。当硬石膏水化时导致地基起伏不平,坝体混凝土本身也会受到富含硫酸的地下水的腐蚀。

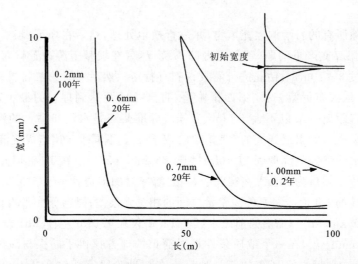

图 11-19 在厚层石膏中渗透距离或者溶解前锋长度为 99,用来计算的初始裂隙宽度为 0.21~1.00mm,初始时间隔单位为年,水力梯度为 0.2,水温为 10℃。溶解向裂隙中逐渐尖灭,这与理论计算得到的一致(据 James,Lupton,1978)

在他们的模拟分析中,Dreybrodt 等(2002 年)得到了坝下 100m 帷幕在 20~30 年会产生突破性破坏,在接下来的 5 年中管道扩大,渗漏量达到不可接受的程度。

从得克萨斯州西部和新墨西哥州的丘陵地带地质条件简单的地方获得的经验是:尽可能避免过大的水力梯度及复杂的结构所带来的问题。McMillan 坝这个有名的地方,仅坝肩岩体中有石膏存在,在 1893 年该坝竣工时也没有发现有溶洞存在。然而在 12 年内通过左岸坝肩中的溶洞将水库中的水排干。试图通过在渗漏点处修建围堰以堵住渗漏,但是最后失败了,这是因为在其上游发育了新的溶洞。在 1893—1942 年期间,估计新形成的岩溶管道的规模有 $50 \times 10^6 m^3$(James,Lupton,1978)。McMillan 坝、邻近的 Avalon 坝和 Hondo 坝一样都已废弃。

在石膏地形中能成功修建坝需要这里的地形低平且地质条件简单(或者在碳酸盐岩地层中夹有石膏层),全面的灌浆也是必要的,并用不透水的隔层将整个石膏露头全部包起来(Pechorkin,1986);同时也需要采取周期性的排水措施和灌浆措施。

$$CaCO_3 + 2H_2SO_4 \rightleftharpoons Ca^{2+} + SO_4^{2-} + CO_2 + H_2O$$

山区修建大坝好像特别冒险。于 1928 年建成的加利福尼亚 St Francis 大坝,坝基岩体为含黏土砾岩,砾岩中发育石膏脉(James,1992)。蓄水后不久即发生坝肩垮塌,造成下游 400 多人死亡的灾难事故。产生垮塌的原因就是因为石膏的溶解弱化了岩体的物理结构,黏土产生润滑作用所致。这是一个修建在岩石上的坝失事的实例,失事原因根本不是岩溶问题,而仅仅是裂缝内充填的石膏造成的(石膏含量很低,小于 5%?)。

12 人类影响及环境自我修复

"利用大自然,必须道法自然。"——弗朗西斯·培根,《新工具论》(1620)

12.1 岩溶系统固有的脆弱性

大约从12.5万年的末次间冰期以来,自然环境本身的变化和人类活动对环境的影响同时存在。智人种群作为完整生态系统的一部分,最初对自然环境的影响较小,这是因为人类最初的影响仅为可持续的狩猎-采集活动,最早的拓荒者开始改变了这一现状。Nicod等(1996)对人类与岩溶之间相互关系的历史进行了详尽的总结回顾,他考虑了古希腊罗马时代至现代人类活动对岩溶的应用及对岩溶的影响,他认为只有当人类开始进行大规模的森林采伐以及普遍使用水时,我们的影响才开始留下永久的印记。在过去8 000a里,随着定居农业和城镇建筑的出现,这样的活动开始对自然生态系统产生重要影响。有关对岩溶影响的研究成果在Catena专门系列丛书(Williams,1993)、环境地质(1993,卷21)以及越来越多的国际会议论文集中做了总结评价。

我们能够通过变化率(例如水位降低)和变化的类型,从自然环境变化中区别由人类诱发的环境变化(如采石导致的地形改变),这种变化通常是更迅速的和不同于那些在自然系统中所遇到的。人类诱发的环境变化传递给岩溶,通过大量活动的地下水和看不见的水文地质过程常远离了最初的影响点,因此在它有较好的发展前它们的影响是不明显的。例如,通过钻孔抽取地下水可能引起泉水枯竭(图11-2)。在相邻的无岩溶地带的活动通常也对岩溶起作用,因为外来的径流传播了污染和堵塞影响。图12-1说明了这点并展示了这些活动特别复杂的后果,如城市化和采石。人类的活动无论是在岩溶上进行或在无可溶岩地带上游都能导致重大影响,以致引起岩溶生态系统降级。大坝建筑物有特别大的影响已在11.6节里评价,甚至当建筑超出了岩溶的外流边界时,由于地下水逆流的结果也一直能影响它。

经验显示,岩溶环境相对于大多数其他自然系统是特别脆弱和易毁坏的。原因是岩溶水文系统的特性。地表水向大量宽的裂隙、漏斗和落水洞有效排泄,快速地将地表污染传到地下,且容易从地表带走剥离土壤。扩散排泄入渗是极小的,因为石灰岩土壤通常很薄,排泄传播基本无过滤,地下传导有很大的范围,以及给致病生物死亡的迅速传播提供了极小的机会。一旦薄薄的土壤损失后,它们的重生时间是非常长的,在岩溶岩石中只能有少量的可溶解的残积物,那是可能形成无机的一个新土层的基础。无论哪里,无机残留物释放速率是$50t \cdot km^{-2} \cdot a^{-1}$,在砍伐森林的国家,土壤侵蚀容易大1~2个数量级。在温和热带岩溶区,土壤损失一直产生,而且导致了非常严重的环境降级,如爪哇的Gunung Sewu地区。甚至在岩溶低地,潮湿的稻田农业(灌溉来自于岩溶泉水)已持续运行了几个世纪,最近由于人口增加,高地耕作的加强,森林采伐、采石、农业化学和水资源竞争已经对资源产生了严重的压力,已威胁到系统连续发育的能力,例如 Urich(1993)、Urich 和 Reede(1996)针对以上影响从菲律宾的岩溶地区提供了足够的证据。甚至是比较环保的活动,像旅游和娱乐也能够对岩溶造成影响。尤其旅游洞穴很脆弱,因为集中于对自然的探访。例如,法国的Lascaux洞穴是世界遗产地,由于旅游者呼出的CO_2和灯光对于古洞穴艺术产生了严重的影响,为了保护这些绘画该洞穴被迫关闭(12.8节)。

这个信息很清楚:岩溶是非常不耐滥用和过度使用的,且有一个主要的地下组成部分要求具有专业

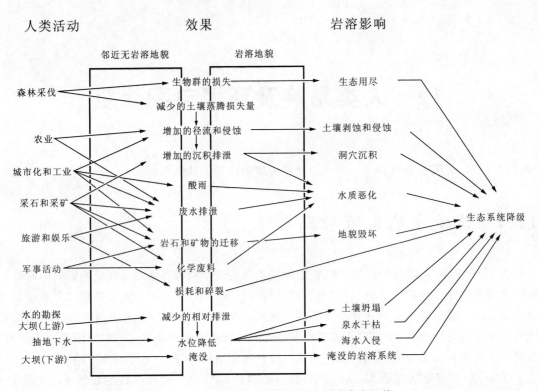

图 12-1 人类活动、他们的效果和影响岩溶地貌

知识的人去适当管理,从前毁坏的极难恢复。作为对该问题认识的结果,欧盟国家最近已做出了相当多的努力去保护地下水资源的水质与水量,特别是岩溶水资源(COST Action 620,2004),已在第11章中进行了讨论。世界委员会在自然和自然资源保护国际联盟(IUCN)的被保护区,针对洞穴和岩溶(Watson et al,1997)的保护及被保护区的可持续旅游(Eagles et al,2002)已勾画出了指导原则。

12.2 森林采伐和农业影响及石漠化

12.2.1 岩溶地貌:石质地

正如第1章所述,"karst"这个古怪的名字来源于早期森林采伐后的影响以及在迪纳拉海岸北部崎岖不平的灰岩地区的耕种活动,人类生产活动导致形成了一种裸露的、大部分没有树和灌木的灰岩石地貌,人们称之为"kras"地形。Gams(1991b)详细地描述了自古典希腊以来这样由原始树林的石山转变成农田的过程。伊利里人通过砍伐和焚烧森林获得牧场。罗马时代,砍伐高大的松木被用于造船。在随后的几个世纪,放牧阻止石山植被恢复,通过对表层岩溶带的冲刷及地下岩溶向上延伸等作用,导致严重的土壤流失。

在公元1150年,石漠化已相当严重,里雅斯特政府任命了森林守卫队管理该处的树林,限制砍树烧炭,禁养山羊。岩溶山区显著复原到现在所看到的环境;公元1805年的行政区划图显示仅有5%的林木覆盖率,目前林木覆盖率已经超过40%(Gams,1993)。

12.2.2 现代原始森林采伐

现今世界上大多数森林是再生的或者是开垦的农田再次植树形成的林地。到现今为止,岩溶地带没有采伐的真正意义上的原始森林已经很少了。这种岩溶森林的两个代表性的案例是:加拿大不列颠哥伦比亚省崎岖的海岸雨林和毗邻的阿拉斯加 Panhandle 林地,以及新西兰南岛西部和塔斯马尼亚岛内陆的一些情形相似但范围较小的林地。这些林地尤其值得关注,因为其中一部分最原始的林地目前在进行有效研究以探索林地最佳管理实践;参看 Kiernan(1984)的 Tasmania、Harding(1987)和 BC Ministry of Forests(1994)的不列颠哥伦比亚;以及 Baichtal 和 Swanston(1996)的阿拉斯加。

Harding 和 Ford(1993)总结了影响。研究地点位于温哥华岛北部山间陡坡与高原上,森林生长在厚层至巨厚层的灰岩上,灰岩与不可溶的火山岩直接接触。该区域有冰川作用,且有薄层冰碛物堆积。后冰期的表层灰岩中发育表层岩溶带。天然森林主要为松柏科(西部铁杉、雪松、冷杉),树龄高达几个世纪,树径1~2m。灰岩中树木生长速率明显较快,大树根系深深扎入表层岩溶带中。对原始森林中的8个观测点(灰岩或火成岩上)与采伐林地中的16个观测点进行对比(分别在1970年和1983年),对照1911年灰岩森林采伐监测点的成果。对采伐后故意焚烧(以提供灰烬有利于树林生长)的区域与采伐后未经焚烧的区域也进行了对比。我们对比发现灰岩斜坡上平均土壤流失量达40%,比较而言火山岩斜坡土壤流失则可忽略不计。灰岩上的裸岩比例从有森林的2%上升到有林木开采地区的25%(图12-2)。对比统计分析:有焚烧的地方和未焚烧的地方发现焚烧的危害性通常更大。1911年灰岩地区森林砍伐,在经过75年的自然修复后,灰岩采光区植被的复原量仅仅相当于非采伐区的20%。不列颠哥伦比亚省林业标准"采伐—种植—采伐"的循环周期为80年,但很明显,由于土壤流失,这并不能使得大

图12-2 1986年7月,温哥华岛北部本森河(Benson)山谷中分布的微晶灰岩。(左上)小采石场揭露的表层岩溶带、土壤,森林底部的树叶及未砍伐的森林。(右)1970年将这一坡度达25°的斜坡上的森林砍伐并焚烧后,表层岩溶带中揭露到溶蚀纹沟和圆润状溶槽

部分岩溶森林得到恢复。

加拿大安大略省的岩溶化灰岩和白云岩平原分布范围很广,也包括由于冰川湖的冲溢沉积形成少量的碎屑冰碛堆区。在100～160年前林木未砍伐之前,在这里森林中的五针松生长茂密。林木砍伐后,存在大范围的土壤层和落叶层流失。目前植根于表层岩溶带中的林木已经完成了其自然恢复,尽管现在树木还小或者仅是那些不受欢迎的树种,相比其他岩石而言则情况相反。如果在灰岩和白云岩地层中发育表层岩溶带,即便地表的土壤层和落叶层完全流失,也不会妨碍森林的复原,这是因为大多数土壤层和落叶层及其他营养盐和水分都会留存在表层岩溶带的空洞中。存在一矛盾的现象,就是可溶岩地表土壤流失要比其他岩体严重得多,但是土壤流失严重的地方植被却能完全修复。

在安大略省和其他地方,原住狩猎居民并不是没有改变岩溶林地。表层岩溶带排水条件特别好的地方(例如靠近悬崖边缘),为了促进低处的灌木和草丛生长通常放火焚烧林木,这能够吸引鹿和其他狩猎动物群前来觅食。最终这些地带植被短小,即形成开阔草场或低矮灌木与开花植物混合的地带(Enyedy-Goldner,1994)。

12.2.3　历史耕作方式的影响

Gams(1991a)描述了新石器时代及稍后时期,地中海、新月沃地直至北欧内陆分布的典型岩溶。美国地下水文学的先驱Oscar Meinzer曾这样记述:"……《圣经》读起来更像是专门提供水源地的指南",岩溶泉对于广泛分布的小范围农耕和田园具有重要意义。例如,非常古老的农业灌溉地Jericho,就是靠着每年流量约 $10 \times 10^6 \mathrm{m}^3$ 的岩溶泉而兴起的。在这个地方地表坡度陡时或土层薄时就存在水土流失。在这些地区与东亚或中美洲有的地区相似,表层岩溶带高出残积土层0.5～1.0m的情形已很常见,裸露岩溶的顶端受到雨蚀纹沟切割常呈尖锐状(图12-3)。利用岩体中的孔洞种植葡萄树、橄榄和果树。现如今,巴哈马群岛上小的坍塌洞穴中还生长着香蕉树。崎岖不平的墨西哥高原上,局部地带坡度甚至都达到35°,只要有一把土的溶沟孔洞内都会种上玉米,中国贵州有些地方也是如此。

图12-3　巴布亚新几内亚高地上随着森林采伐从土壤中暴露出来的"石芽"

岩溶地区的农业从来都是充满艰辛的,这是因为必须要保持土壤且要引水灌溉。耕作技术受到人力或畜力的限制,人们对表层岩溶带形态和作用不断改良(尤其是岩溶漏斗周边)。采用清理松散孤石和削平尖峰形成平台,然后铺上红土,山坡修建梯田以涵养土壤和水源,特别是在漏斗边缘,在干旱时节时在土岩分界面可能有水流(图5-28)。漏斗底部为人们所青睐,因为那里往往会有深厚的天然堆积或土壤层,地表森林采伐造成的水土流失又会使这里的土层增加数十厘米或更多。在自重作用下可直接从落水洞中引水灌溉。因此在网格状岩溶区和高山区,落水洞就变成了农民的菜园地。有的漏斗底部填充黏土相对不透水层(至少维持几年),这里又变成了家畜的饮水池。水稻种植区通常会采用更强的措施来保持水土,这是因为稻田中必须有一定水的储备来应对土陷及突然出现的向表层岩溶带或溶洞突然排水的情况。岩溶宽谷和小型坡立谷底部因为平坦地形所占比例大而更受欢迎。人工改造农田常常导致排水通道阻塞,从而也就带来了洪灾。

干砌石墙及其他围墙是大多数欧洲岩溶区农场的特色,在其他地方也可看到这种石墙或围墙。石墙始于希腊殖民时期,这一进程随着17—18世纪人口密度骤增以及农业集约化而达到巅峰(图12-4)。每平方米的土地上可能要搬走100kg的石头(有时更多)。一旦松动岩块不能用作石墙砌筑料,人们就会从表层岩溶带底部或稍深一点的地方开采不规则的石块以满足要求。这些坑现在往往误认为是溶蚀或崩塌漏斗。这些石墙在形式和风格上存在很大的文化差异。Nicod(1990)和Gams(1991b)分别详细

图12-4 (上)迪纳拉岩溶区漏斗周围干砌石墙围着的小块田地呈现的是半石漠化的岩溶地貌(Bakalowicz M摄);(下)在迪纳拉岩溶区用石头垒的小块梯田,石头是从土里捡来的

记述了法国和达尔马提亚石墙的特点。克罗地亚 Krk 岛的石墙和梯田备受推崇,这些都是人工修建的。

许多贫瘠的岩溶高原曾经经历过高强度农耕开发,如今由于不经济而大面积荒废,这在欧洲,马来西亚的部分地带和中国更是如此。在法国南部,科西嘉岛(Corsica)和撒丁岛(Sardinia)岩溶地区的土地回归到种植生间香料的灌木丛生态。相对而言,伯利兹城、危地马拉和墨西哥的现代人口压力使得人们再次利用玛雅帝国(约在公元 1000—1100 年间)崩溃后废弃的土地(经过几个世纪这里又恢复成了热带雨林)。Furley(1987)准确地评估了伯利兹锥形岩溶区 10 多年间土地从森林向桑田变迁的结果。土壤的营养成分或物理性质受到严重影响,包括坡面土壤层厚度变薄,因此他得出了这样的结论,岩溶盆地区仅单一一次农业循环对岩溶环境造成的改变就相当大,至于其能否支持长期可持续发展就受到了质疑。

12.2.4 机械化耕种和石漠化

在 20 世纪,尤其在 1945 年之后,推土机和其他重型机械设备改变了大部分岩溶地形一直被弃置的状态,像欧洲中部和南部、以色列、日本琉球群岛这些国家和地区地价很高的地方。土地整平以及漏斗回填的现象随处可见。人们通过机械作业把山坡改造成梯田。推土机将表层岩溶带中的岩石推开,打磨成砂砾,然后铲运并与表土层混合碾压成耕地;下伏岩溶的补给速率必然显著降低。

勃艮第(Burgundy)和波尔多(Bordeaux)葡萄庄园就处在岩体软弱且渗透性好的灰岩上,灰岩上覆砾石、砂层和粉土。岩溶化的排水特性显著地提高了农作物的品质。例如在波尔多,格拉夫红酒产区的地质条件就是在薄薄的覆盖层之下发育典型的隐形岩溶;梅多克产区(玛尔戈红酒、拉图尔酒庄、拉菲酒庄、木桐—罗斯柴尔德酒庄等)则是始新世的碳酸盐岩中浅的坡立谷被最后一次海侵淤积的砂堵塞了。两河流域葡萄酒产区也是一个"披着斗篷"的网格状岩溶区,这里所有岩溶区都经过平整或其他机械化方式处理以便于机械耕作和葡萄采摘。Audra(1999)报告对土壤侵蚀、潜蚀漏斗迅速形成、含水层堵塞和污染以及地下水回流对岩溶的影响进行了评价。

欧洲战争也作出了贡献,1914—1918 年法国的白垩地区开挖密集的隧洞和沟槽,改变了天然岩溶的排水。Venetian Fore - Alps 的岩溶高原也是一个保持下来的战壕。炮火形成的直径为 2~10m,深度超过 3.5m 的"瞬间岩溶坑"。沿爆破裂隙溶蚀,并形成了小的漏斗(Celi,1991)。

为了将第一世界国家出口柑橘、香蕉、菠萝和其他水果、可可豆、咖啡、棕榈油等商业种植引进到热带岩溶地上。异源河流的冲积平原和边界坡立谷谷底因土地平整工作量少而成为最早的良田(例如伯利兹 Sibun 河;图 9 - 34)。商业种植已扩张到内陆坡立谷和大的干岩溶宽谷,像牙买加的 Glades 采用阶梯状地形、防洪坝和水渠。土壤侵蚀增加,许多泉水受到污染。在中国、印度尼西亚和菲律宾岩溶区的种植是历史与现代商业的混合产物;图 12 - 5 展示了印度尼西亚 Gunung Sweu(Urushibara-Yoshino,1991)的一个例子。

正如我们所展示的那样,森林砍伐引起的岩石荒漠化与典型岩溶地形一样古老。中国在 1958 年的大跃进期间和随后的运动中,森林砍伐可以说达到了顶峰。大跃进要求在中国大地上进行铁的小熔炉生产。社会主义农民被命令去砍掉所有的树木,烧炭炼铁。Huntoon(1991)研究了中国南部的石林与峰林的岩溶样品,为了烧炭一个社员每天要烧掉 $3\,000\,m^3$ 的木材,甚至树根都被挖出来,毁坏了土壤中黏结物质的最后残余部分(图 12 - 6)。Yuan(1996)报告中指出,岩溶地区典型土壤损失的范围每年约 $200\sim2\,000\,t\cdot km^{-2}\cdot a^{-1}$。"文化大革命"期间(1966—1976 年)和 1979 年之后的非集体化使情况更加恶化。岩溶山峰上和斜坡上"绿色水库"的损失增加了洪水波幅和低水位。现在每个地方都鼓励重新造林(自然和人工的),但又与农村家庭对木柴的需求产生了冲突。有一个针对速生树木的研究,当砍掉了树根以上部分后可以重新发芽(见 http:www.edu.cn/desert/rocksesert.htm)。

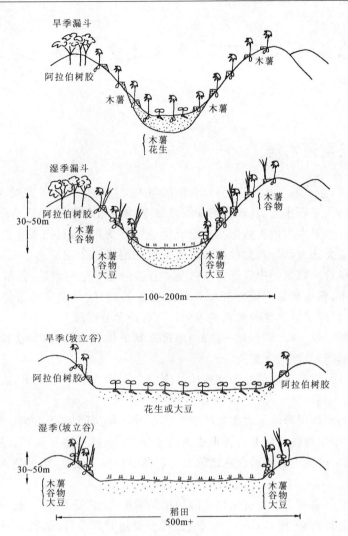

图 12-5 印度尼西亚 Gunung Sewu 岩溶干湿季节中对岩溶漏斗和小坡立谷的利用(据 Urushibara-Yoshino et al,1999)

图 12-6 中国广西壮族自治区武宣县附近的峰丛岩溶石漠化。左边近处的村民不砍伐村庄之上山坡处的树林是明智的,从而避免了洪水泛滥和土壤侵蚀(Peter Huntoon 摄)

12.3 岩溶地区水位下降、负荷过重、溶解采矿及其他活动诱发的落水洞

12.3.1 诱发型落水洞

没准儿可以这么讲,除了地下水污染之外,岩溶区域人类活动导致的诱发型落水洞当属最具危害的形式了。农业活动、开矿、采石作业、高速公路和铁路修建、城市化和工业建筑活动都是其诱发因素。诱发型落水洞通常要比自然界大多数天然落水洞形成的速度要快得多,其出现和扩张的时间跨度从几秒到几周不等。这一速度要比大部分人类社会防范或危机控制措施的响应速度快很多,因此这种落水洞被认为是灾难性的。尽管少数案例中表现为地表基岩直接向地下空洞塌陷,但报道的案例中有99%以上是在未固结盖层砂土、粉土和黏土层中加载条件下发生的,也就是说这是潜蚀漏斗或者覆盖崩塌漏斗;"沉陷落水洞"是广泛应于描述这种现象的术语。这有两个分支过程:

(1)松散,碎屑颗粒一粒一粒(或一块一块的)地进入到下伏岩溶洞穴中,这样通过颗粒移动快速地向地表传递形成漏斗形态,并逐渐变宽变深。

(2)在岩溶空洞上面,更具黏性的黏土和粉质黏土混合物形成了一个土拱,这个土拱不断向上发育直至地表(9.5节,图9-25)。

上述这两个过程共同作用形成了大多数的潜蚀落水洞,即前期土拱上方的土层陷落,潜蚀和后期掏蚀土拱处的土体(土体中发育弱结构面),再形成新的土拱,这个过程重复循环。从人的观点来看,纯粹的土拱坍塌是最危险的,因为土拱坍塌会在地表毫无征兆的情况下发生,因此造成伤亡后果的例子不在少数。

溶蚀的锯齿状的岩石表面与上覆沉积物之间的接触带称之为"基覆面"。地面探测雷达(GPR)可探测2~20m厚的覆盖层,Wilson和Beck(1988)估计,费罗里达北部乡村,基覆面一带能够吞下的松散碎屑的岩溶洞穴的面积在 $12\,000 \sim 730\,000 km^2$ 之间,如由基覆面处的密集发育的溶蚀坑、岩溶管道及岩溶竖井等组成的近地表岩溶区。如果扰动天然排水系统的微妙平衡,则潜蚀作用就非常明显。

近几十年,诱发形成的落水洞引起了广泛关注,全世界报道了成百上千的落水洞,有小到 $1m \times 1m \times 1m$ 的落水洞,也有直径或长度大于100m、深度达数十米的落水洞。1981年美国(图12-7)温特帕克落水洞的突然出现,催生了佛罗里达落水洞研究委员会的建立,该委员会定期召开会议并发表公报,并且提供了许多坍塌研究的案例。另外该委员会发表论文,内容涵盖地球物理探测、修复方法、合适的建筑设计、法律规定的制定等方面的内容(Beck,2005;Beck收录的早期会议纪要)。Waltham等(2005)在一集论文中对这一点做了全面的和极好的评论。

12.3.2 地下水抽取和降水

从岩溶区未固结的覆盖层中抽取地下水是落水洞形成的最主要原因。水的浮力消散之后,上覆第四系土体的力学稳定性变差(9.3节)。地下水抽取主要是为了供水、灌溉、排水采矿或采石作业,或者有其他目的。当覆盖层中的水被完全排除后,水位下降至基覆界面以下的岩溶地层中时,这种情形危害性最大。不过,在超载条件下覆盖层中水位下降到一定程度时也很容易形成落水洞。

佛罗里达州大面积种植柑橘以及其他热带农作物,因此有很多关于岩溶对农业影响的案例,为防止农作物在冬季受突发性霜冻,寒冷夜间大量灌溉农田成为惯例(地下水的温度相对要高12℃),小型潜蚀落水洞及崩塌落水洞的出现与夜间抽水高度相关。很多高尔夫球场在旱季夜间抽水浇灌也很常见,

图12-7　上图温特帕克潜蚀漏斗。1981年5月在72小时内形成如照片所示的岩溶塌陷，一所民宅、部分道路和汽车被落水洞吞没。该地段分布砂及黏土质砂层，厚度达30m，下伏强岩溶化的灰岩地层，岩溶塌陷位于砂及黏土质砂中，由于砂中的水位下降了6m。塌陷直径达106m，深30m。下图（1984年8月）是在采取了包括使地下水水位恢复至原始高程的补救措施之后漏斗又发生的塌陷

突然发现灰岩高尔夫球场的球洞超过18个。热带和地中海旱季期间，抽水灌溉引起侵蚀平原和坡立谷内的塌陷很常见。不管是否受到人为扰动，石膏的快速溶解都能引起重大问题，例如1984—1994年，英格兰北部石膏地区地表塌陷造成了150万美元的损失（Cooper，1998）。

采矿和石场开采导致地下水水位下降最大，通常远低于基覆面，因此其造成的影响最大。中国很多的煤田中煤层上覆的灰岩或石膏层或者与它们相互贯穿。经常报道有成百上千的落水洞，其中很多规模较大。表12-1给出了湖南省恩口煤矿的案例，其在8年的时间里水位持续下降了90m，这里平均每

年形成约750个落水洞。在安大略省北部的金伯利岩地区修建一个矿洞以开采钻石,该矿洞上覆灰岩顶部风化强烈,灰岩上覆厚度2～30m的冰积和海相沉积物,矿洞开挖造成当地的地下水水位下降了220m,影响范围大约300km^2,包括其中的两条大型河流,我们对这钻石开采带来的水位变化给予了很大的关注。

Jennings(1966)和Brink(1984)报告提到了南非远西兰德(Far West Rand)地区臭名昭著的崩塌漏斗的例子。远西兰德地区的砾岩地层中含有金矿,砾岩上覆白云岩及白云质灰岩,通过大量抽水作业以降低砾岩上覆地层中的地下水水位。从1960年开始抽取地下水,在1962至1966年间矿区就出现了8个宽度超过50m、深度超过30m的崩塌漏斗。最严重的事故(1962年12月)发生在West Dreifontein金矿,一栋三层高的破碎机厂房以及29个工作人员在几秒钟就消失了。根据Brink统计,抽水25年后,坍塌区总计有38人死亡,房屋及建筑损毁达到上千万兰特(南非货币)。在该地区基岩上覆的风化土层厚度20～40m,下伏基岩中的溶蚀裂隙宽大,土沿裂隙向深部的大的岩溶洞穴塌陷,土拱不停坍塌最终形成地表洼地。利用地球物探方法来查明新形成的洞穴,这种方法后来证明几乎是没用的。曾布置遥测水准仪监测网,以希望在土拱坍塌至地表之前能够探测到最后一个土拱的发展情况。Wagener和Day(1986)针对此类岩土体上的施工技术做了相应论述。

表12-1 在中国湖南恩口煤矿抽取地下水,水位下降和堆积诱发的落水洞(数据引自Lei et al,2001)

时期(年)	抽水速度(m^3·h^{-1})	降低水位(m)	累计落水洞个数(个)
1974	1 270	14.24	317
1976	3 388	48.67	1 329
1979	3 868	62.25	4 924
1982	4 130	90.42	5 811

12.3.3 水的荷载作用

特定位置流入的水使得上覆土体加载,导致上覆土层松动而进入下伏的溶洞。当水位低于基覆面时,这种作用特别强烈,同样潜水位线位于上覆盖层时也同样有效。在现代城市中,如不采取防范措施,受居民楼排水管、供水管道和排污管道的渗漏,暴雨蓄积池和停车场等的渗漏造成的点状加载分布范围就会很广。上覆第四系土层厚度不大时,落水洞形成的速度最快且主要表现为松动特点。其规模要比那些因与大面积降水形成的落水洞的规模要小很多,直径大部分小于10m。尽管如此,还是有许多建筑基础遭受破坏而发生坍塌的报道(图12-8),也有因忽视集水坑或其他雨水排导措施,而使公路或铁路发生破坏。当洪水泛滥时,河流泛滥平原、侵蚀平原以及坡立谷都会产生自然加载,之后随着洪水消散就会伴生坍塌和潜蚀现象(见9.3节)。

一般来说,水位上升破坏了黏土层的内聚力,也会产生坍塌或沉陷。然而,这在岩溶地区相对少见。重型设备的加载或振动产生局部的坍塌,特别是在重型设备的下方。在历史时期,耕作马队掉进去过;在现代时期,许多拖拉机、运输卡车、钻机和军用坦克已陷进去过。采石或基础开挖等岩石爆破,通常引起小到中等规模的坍塌。

12.3.4 溶解采矿

过去几个世纪的盐矿开采同样造成了很多的坍塌和地陷。这种情况一般发生在层厚显著的上覆固结岩层中。未固结沉积层表部的潜蚀作用并不总是起主导作用,如在上文所讲的降水和加荷过程。按

图12-8 美国新泽西州Phillipsburg地区,一栋木质结构的房屋下沉到坍塌的落水洞内。引起塌陷的原因是主水管道的水渗漏到表层岩溶区,引起溶洞上覆土体超载产生塌陷(Rick Rader 摄)

惯例,抽取地下水主要通过两种方式:①传统的竖井和坑道采矿方式需要在工作面上手工或机械化采掘,煤矿等即是如此;②从天然盐泉中抽水("天然卤水")。

最近,如果可能的话都是通过溶液采矿的方式,淡水从炮眼中注入岩体然后从另一端抽取卤水,也就是说地下无需人工或设备作业。随着溶解采空区平面范围的延伸和盐岩中的洞穴体积增大,卤水抽取和淡水注射方法往往存在不确定性,也可能带来灾难性后果。

英语系国家中诱发性地陷最有名的案例当属英格兰的柴郡县,那里溶液采矿始于罗马时代,随着工业革命发端,平硐采矿又成为主流。现在那里的地面大面积下陷,不论是露天开采还是溶液采矿,尽管当地由于其地质条件良好(Cooper,2001),灾难性地面快速下陷的情形相对少见,但还是造成了不小的财产损失。

1986年班诺兹尼科夫斯基的3号矿洞(俄罗斯乌拉尔地区)发生了一起场面惨烈的坍塌事故。该矿是当时世界上最大的碳酸钾盐矿,矿区碳酸钾-卤盐-硬石膏层-泥灰岩层混同赋存为一体,总厚度约425m,上覆灰岩含水层以及更上部的泥灰岩和页岩。从1986年1月开始灰岩中出现渗漏现象,渗漏量为$10\sim30m^3 \cdot h^{-1}$,当三月份矿井废弃时渗漏量为约$100\ m^3 \cdot h^{-1}$。之后矿洞内持续进水,溶解作用下仅剩岩柱支撑顶板。

很明显顶蚀作用瞬间发生,因为在7月24—25日的深夜,地表突然塌陷,并且伴随着分米级岩体碎块从几百米高的洞口落下时产生的压缩气体爆炸式释放。在后来的几周内,垮塌空腔逐渐稳定,在岩体中形成尺寸100m×50m的拱,水深50~60m。Andrechuk(2002)对此做出了透彻精准的分析。

这是一起偶然但或许可幸免的矿井采空区垮塌事故。公司在钻井勘探和采油过程中也并不想遇到溶液采矿区,然而最近几十年里,已经发生了很多这样的案例。图12-9是Johnson(1989)对1980年6月得克萨斯州引起灾难性崩塌事故的温科地陷做出的解释。这期事故最终在水位线以下形成直径110m、深24m的碎屑堆积。这是由于萨拉多河盐岩层构造以下Tansill与Yates白云岩地层中,早在1928年石油勘探时期的钻孔发生渗漏所致。靠近新墨西哥州的萨拉多河段修建了WIPP危险废弃物处理厂(见11.4节)。

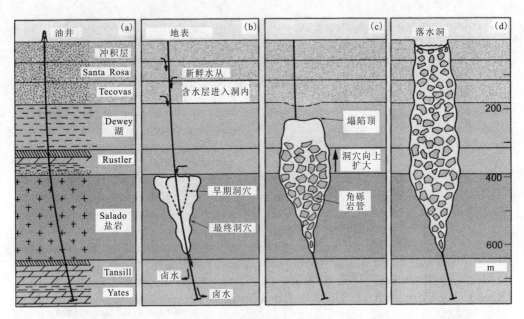

图 12-9　1928 年在得克萨斯州西部实施的油井后产生岩溶塌陷发展示意图：(a)钻孔渗漏在盐岩夹层中形成溶洞；(b)溶洞向上延伸至上覆非岩溶地层底板处；(c)1980 年温科地陷事件突然出现塌陷

12.3.5　风险预报，检测和管控

很容易理解，所有的个人和组织都希望准确评估岩溶地区的沉陷及坍塌的风险。因为这种灾害内在原因的复杂性和多元性，预先做出精准预测是非常困难的，比如说大面积降水所引起的问题。相应地，这逐渐变成标准的行业惯例，采用半定量化和概率方法进行预测，而不是试图进行精确具体的预测。风险系数定义如下：

风险＝风险大小×给定概率×给定面积

Tolmachevt 等(1986，2005)和 Ragozin 等(2005)利用这些方法评价建筑物(如广袤的俄罗斯平原中岩溶地区的铁路路基或化学工厂)基础下自然潜蚀落水洞的危害。这样的落水洞在一定时间内是随机出现的(Poisson)，历史记录事件的出现以获得平均频率，这样风险性评估就变成了考虑特定时间特定地区的具体问题，并评价损毁规模。Tolmachev 等(1986)采用四等级风险评估，评估范围从局部损坏到全部损毁；英国国家煤炭委员会采用七分法，世界不同地方采用类似的方案进行风险评估。

然而，这些方法需要有塌陷方面的历史记录数据，这并不总是有用，但不管怎样还是有用的，例如，建议实施降水试验来确定。Song(1987)对中国华南地区 1974—1986 年期间的 18 000 多组降水过程中发生的潜蚀塌陷事件进行了统计，这些塌陷事件大多与煤矿抽排水有关，并提出了下列经验公式：

$$R=\frac{\alpha R_1}{S_1}S \tag{12-1}$$

式中，R 是未修正的危险区半径；R_1 是上述首次抽水试验的影响半径；S_1 是试验期间的降水深度；S 是预期降水的最终深度。变量 R_2 和 R_2 二次降水试验的影响半径和深度为：

$$\alpha=\frac{S_1 R_2}{S_2 R_1} \tag{12-2}$$

修正后的危险区域半径 R'，通过以下公式测算：

$$R'=X+(R-X)K_1/K_2 \tag{12-3}$$

式中，X 是抽水点与可溶岩边界之间的距离，K_1 和 K_2 是两次试验中产生的塌陷数。Song(1987)不能确保这些试验的范围都合适,但是他把已发现的变化统计如表12-2所示。

表12-2　中国有些煤矿附近的抽排水使当地水位下降并产生塌陷的情况(据Song,1987)

地点	下降深度(m)	R(下半径,单位:m)	L(坍塌区域半径,单位:m)	L/R
Dalinjing	80	950	800	0.8
Yehuaxiang	109	3 000	2 300～2 600	0.9
Tiantanjing	204	830	630	0.7
Qiaotonha	280	10 000	10 000	1.0
Jinjiang	1 200	600	175	0.3

有的人也提出了更精确的岩土勘察方法,其主要是研究抽水迅速降低水位的情形,即比自然降水过程要快得多。Tharp(2001)指出这种降水方式会导致水压致裂,就成为松散和拱形塌陷的组合形式的主要作用过程,这一过程是上覆土层产生塌陷落水洞的最常见形式。相反,He等(2001)则提出,对早期的岩溶洞穴突然抽排地下水,导致地表与洞穴之间有气压差,在负压吸引机制的作用下触发局部坍塌。Anikeev(1999)考虑了这样一种情况,即在基覆面与覆盖层之间发育相对不透水的黏土层,这种情况常见于侵蚀平原或近期的海侵区域(如两河之间平原区)(见12.2节)。他发现覆盖层中的快速降水会诱发黏土拱出现层状剥落现象。这3个例子都是当今研究中最具代表性的例子。

大范围的地表和航空图片、地基和钻孔物探技术在尝试探查覆盖层下方岩溶危害性方面已有所成就,见Waltham等(2005)对此已做过广泛讨论。黑白及红外线航空图片是基础工具;红外线能侦测看不见的顶蚀作用洞穴上方的植物应力(干燥),卫星雷达能记录年复一年的缓慢下陷。

当怀疑小范围内如建筑场地,存在危险的基岩埋藏条件时,就可以采用很多地球物理探测手段来查明。6.2节中介绍了一些方法,表12-3给出了总结性成果。地震法已实现标准化,通过锤击、炸药等来产生冲击波,并通过地震检波器组来记录。微波传递速率的异常则有可能是空腔等的信号。微波穿透深度仅约为地震检波器展布范围的1/3,但可以通过垂直钻孔(或水平孔)在一定程度上解决这一问题。水平孔电子X射线断层摄影技术是一种新型探测技术,前景广阔但造价很高。电阻率/导电率技术与表层地震技术原理相近,差别在于前者是利用诱发脉冲电波来检测异常,例如充气空腔的电阻值很高,饱和黏土层电阻值则很低。其穿透深度较好,有些大型渗流洞穴用这种方法探测深度可达到50m。局部特征探测的可靠性则比较低。高分辨率重力测定(微重力)又快又便宜;它能探测到相对平坦的地表下方的浅层空洞,但需要进行多次现场修正,不适用于崎岖地表的探测。地面探测雷达(GPR)通过一个比家用真空吸尘器稍大、重量稍大的设备发射高频电磁脉冲,接收反射波并记录异常。它被应用到地埋管线等的探测。Wilson和Beck(1988)在探测佛罗里达北部30m厚砂层下方岩顶危害中大获成功,但是在多数情况下,地面探测雷达不能穿透黏土层。目前地面探测雷达结合其他探测手段应用广泛。所有探测结果都只能被看作是指标性的,而不是决定性的结果。如果认定已探测到了一个威胁特征的存在,则必须采用钻孔勘探,仅使用钻孔勘察(没有预先采用物探手段)在许多情况下是经济不可行的;Zisman(2001)向我们演示了针对直径2～3m的洞穴,探测精度要想达到90%的准确性,则每公顷范围内采集2 000多个土样。标志着20世纪的诱发落水洞的快速增长导致多方政府部门不得不介入并加强管控,特别是降水活动受到严格的管制。在佛罗里达州降水施工必须首先评估一个"影响区",并且必须补偿"影响区"内相关利益群体。佛罗里达州所有保险公司现在必须将地陷也纳入到他们的保险范围内。在美国的其他地方,地陷保险则是备选项,或法律条文忽略而未覆盖在内。英国则授权地陷必须纳入财产险种范围内,但总是有一大笔可减免的费用。那里的保险公司利用1∶5万比例的国家地质灾害分布图来评估风险和确定保险费率。

表 12-3　岩溶里具体溶解特征的物探定位的建议方法（摘自 Waltham et al,2005）

岩溶特征	规模	建议方法	考虑的因素
黏土充填的管和洞	深度：直径<2∶1	横向传导	线圈分离，参看深度
	深度<30m	电磁	当地地磁坡度
沙充填的管和洞	深度<5m	地面探测雷达	盖层和填充物的传导性和盖层厚度
小的没有封闭的洞穴	深度：直径<2∶1	横向传导	线圈分离，参看深度
	深度<30m	微重力	密度和填充的性状
	深度>30m	横孔地震	钻孔间距
大的没有封闭的洞穴	深度<10m	地面探测雷达	地面传导
		横向传导	洞穴填实
	深度>10m	重力与微重力	洞穴填实、地形起伏
		横孔地震	钻孔间距

12.4　可溶岩建设过程中的问题——预期会出现意外情况

在建设及其他经济开发过程中，岩溶及岩溶地形带来了很多问题，岩溶发育的国家都有一些令人难堪的失败工程事例，比如建筑物的坍塌或建成的水库不能蓄水等。全球每年用于岩溶地区的额外补救措施所产生的费用现在可能达到数十亿美元，这或许是真实的写照。所遇到的问题就是其对施工的影响程度或者其他开发对岩溶特征的影响。如在一个潜在滑坡上修建一条小路时则没有影响，当以可溶岩为桥梁、建筑物、公路和铁路的基础，在不影响地下水水位时，则岩溶对工程的影响可大可小。如果影响到水位上升或下降，则影响很大。在隧道、采矿和大坝的施工过程中可能出现极端情况，如同我们在前面和第 11 章中已强调过。粗放的道路施工可能扰动落水洞和有岩屑的洞穴，改变了岩溶地下水的排水模式；James(1993)描述的巴布亚新几内亚一条进入金矿的公路就是令人注目的例子。

12.4.1　岩溶地区岩质滑坡和岩崩的危害

岩质滑坡和岩崩就是碎裂状的基岩，比如灰岩等发生灾难性快速下降或滑动(Cruden,1985)。"滑坡"这一术语被广泛使用，但主要应用于非固结岩体的滑动。岩质滑坡是沿着贯穿性结构面滑动，这一工程术语指的是在块体的任何表面所发生的机械破坏。滑坡一旦启动，下落的块体内就有强大的动量，部分滑体在压缩空气垫层上前进，可在河谷的对岸爬升数百米(van Gassen,Cruden,1989)。

碳酸盐岩和石膏最易产生滑坡的原因如下：

(1)其他岩石中唯一重要的结构面就是断层和裂隙，而在可溶岩地层中最重要的贯穿性结构面就是层面，实际上因为层面延伸长度大尤其易成为破坏面。

(2)大量渗水可能会借助其中的岩溶空腔迅速渗流到岩体，使之达到饱和状态，或充当层面间、软弱下卧层间以及相对隔水的黏土层之间的润滑剂。特定岩体中的抗滑力由岩体中结构面的内摩擦角来决定。层间不含页岩，岩质相对坚硬的碳酸盐岩中结构面最小内摩擦角范围在 14°～32°之间。

可溶岩中的滑坡模式如图 12-10 所示。因为可溶岩中多为顺层失稳，因此层状滑坡在可溶岩中尤其常见。岩层陡倾的情况发生滑坡概率更大，危险性也更高。块状碳酸盐岩地层中的滑动失稳相对少见，但是在加拿大的麦肯齐山脉的白云岩地层中也有大型滑坡失稳的情况。各种类型的岩石构成的陡崖，倾倒变形常见，见 Cruden(1989)的滑坡形式分析。当透水的可溶岩上覆于不透水的软岩(如页岩)

时,沿着悬崖产生倾倒变形或滑动失稳的现象相当常见。Ali(2005)介绍了伊拉克北部 Sulaimaniya 城附近延伸长度达 20km 的悬崖曾发生过 12 次灰岩失稳,总重量达 $800×10^6$ t,原因是泉水掏蚀灰岩与下伏页岩的接触带所致。

可溶岩地层沿光滑不透水的层面向坡下滑脱及蠕滑缓慢变化要持续很长的时间,通常在暴雨或地震作用下,突然加速变形产生滑坡(图 12-10)。1963 年意大利阿尔卑斯山区的 Vojont 大坝灾难事件,造成 2 000 人丧生;这是由于库水位上升,增加滑面上孔隙水压力所造成的滑坡事件。Ok Ma 滑坡(巴布亚新几内亚)是灰岩碎块堆积体下伏黏土层并向河谷倾斜,滑坡总体积达 $36×10^6$ m^3,为金矿开采修建水坝,在施工过程中对堆积体前缘切脚诱发滑坡。

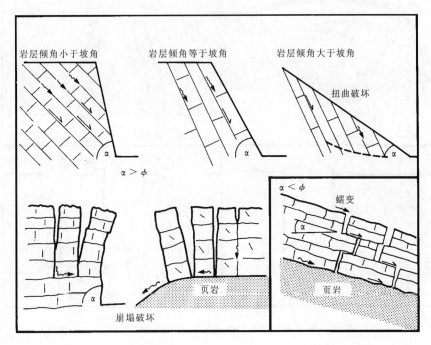

图 12-10 碳酸盐岩中的滑坡类型(或岩石滑动-山崩)。ϕ 是岩石的内摩擦角。当岩层倾角等于坡角和小于坡角时,岩层顺层面破坏俗称层面滑动

加拿大亚伯达省落基山脉主要由陡倾的碳酸盐岩地层构成。大约在 10 000 年前,区域性冰川消失之后,平均每 $100km^2$ 就已发生一到两次岩质滑坡。岩体的体积和滑坡所覆盖的面积近似服从泊松分布。在 1904 年的一个夜晚发生的 Frank 滑坡,滑坡体积达 $30×10^6$ m^3,在仅 100 秒的时间内掩埋面积近 $3km^2$,平均厚度约 14m,吞没了整个 Frank 小镇,致 70 人丧生。中国长江三峡大坝蓄水后将淹没 283 个古滑坡体[基岩滑坡和(或)冲积层或崩塌堆积体滑坡],其中约 15% 的古滑坡体发育于石灰岩地层中(Lu,1993)。

12.4.2 建筑物基础布置

当建筑物的地基布置在土体中,土体下伏为岩溶发育的表层岩溶带,这就会遇到很多问题。图 12-11 列举了不同问题所采用的不同处理方法,如通过压密土体或将基础固定在(相对)坚硬的岩石上。对于大型或重型构筑物,采用这些方法非常昂贵。目前建筑物基础更多地采用钢筋混凝土板(土层机械压实后放置混凝土筏板)。对于公路穿过表层岩溶带或跨过充填的溶蚀漏斗和潜蚀漏斗时,采用高强塑料合成板材、条形材或网格材(土工纤维)进行地基处理(因为其造价低廉);然而其长期稳定性能并未得到确认。这方面的著述繁多,详见 Beck(2005) 和 Waltham 等(2005) 的研究成果。

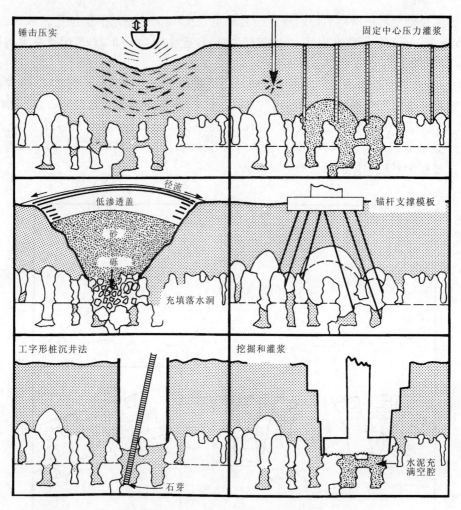

图 12-11 第四系覆盖的岩溶地层中主要地基处理类型图解(据 Sower,1984)

建筑物破坏灾难事件在全球范围内频发。比较有名的案例是 1994 年 2 月的一个晚上,美国宾夕法尼亚州 Allen 镇"企业广场"的坍塌,该建筑物是主城区毗邻停车场的二次开发项目。其塌陷的原因是岩溶化白云岩的上覆冰积沉积区中的落水洞土拱垮塌。建筑物的基础用 2.5m 的柱形基础伸入冰积堆积物内 1.5～1.8m 深,但没有尝试将基础锚固在基岩上或采取措施使荷载均匀分布(Dougherty,2005)。

完全位于基岩中的洞穴也会产生危害,如果洞穴埋深较浅或者规划建筑物荷载相当大,均有可能造成灾害。对于典型的内含洞穴的硬质石灰岩,Waltham 等(2005)建议一个宽 5m 洞穴,建筑基础处的洞穴上覆基岩厚度最小要 3m,宽 10m 的洞穴上覆基岩厚度最小要 7m(图 7-50);对于白垩岩和石膏层,宽 5m 洞穴上覆基岩厚度至少要 5m。比利时一高速公路项目中的一座桥梁,基础布置在灰岩上,布置的 4 个桥墩基础在施工过程中遇到了非常严重的问题,导致总成本增加了约 15%。其中有一个桥墩平移 15m 至坚硬的岩体。在一套标准程序化的钻探工作竟然没有勘察到岩体中 3m 宽的空洞(Waltham et al,1986)。

尤其需要注意石膏层上的建筑施工。Gutierrez(1996)、Gutierrez 和 Cooper(2002)讨论过西班牙埃布罗河谷 Calatayud 古镇的案例,该镇人口超过 17 000 人。小镇坐落在石膏质粉土与冲洪积平原相互穿插的扇形地带,下伏的石膏层厚约 500m。小镇现存建筑从 12 世纪到现代的都有。许多建筑物(包括现代建筑)出现沉降破坏,破坏程度从轻微到非常严重不等(图 12-12)。沉降破坏主要是由于石膏的溶解,加上小镇自公元 716 年建制以来,当地人对覆盖层夯实加载的累积效应、废弃酒窖的坍塌影响以及粉土层溶解作用的综合影响最终出现了现在的状况。Al-Kaisy(2005)描述了伊拉克 Tikrit 市内类似的问题。Johnson 和 Neal(2003)对美国进行了大量的研究,涉及与蒸发作用相关的工程案例和环境问题。

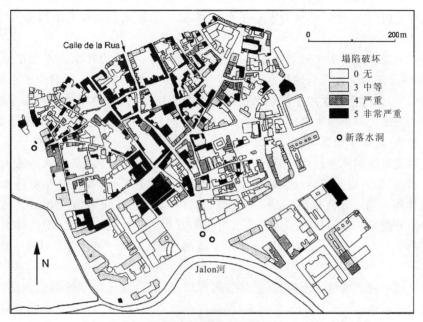

图 12-12　(上)西班牙 Calatayud 建筑物的下沉。损坏分成 4 个等级规模(引自 Gutierrez,Cooper,2002)

12.4.3　岩溶岩体中的洞室和矿道

岩体中开挖隧洞和矿井廊道(施工洞或水平巷道)时会遇到以下 3 种水文地质条件中的一种:①包气带;②过渡带,即埋藏浅的潜水带或补给受限的区域,隧洞作为过渡排水通道,沿着隧洞走向地下水水位出现永久性的降低[图 5-7(b)];③潜水带,水流排泄稳定状态,也就是说除非采取排水措施,否则洞中永久充水[图 5-7(a)]。山区长隧洞两端从包气带开始,穿过过渡区或在隧洞的中间地段进入到潜水带。

山区包气带和潜水带过渡区中的隧洞向洞外方向缓倾,以保证地下水在重力作用下自然排出。在15—16世纪,古波希米亚国与德比郡之间的山区河间地块中铅锌矿的开采就是利用这种方法降低地下水水位。一个近代的例子就是克里米亚 Yalta 城的供水隧洞,全长 7km,坡降达 50m,该供水隧洞穿过断层发育的灰岩地层(作为一个暂时的潜水层排水)。在第一年里地下水排泄量约为 $1\,000\mathrm{m}^3\cdot\mathrm{h}^{-1}$,随后几年下降到约 $350\mathrm{m}^3\cdot\mathrm{h}^{-1}$。

如果隧洞或矿道位于深部潜水过渡区或者位于稳态潜水带中,重力排水就不能排除洞中的地下水了,例如海底隧洞。对此有 3 种可选的排水措施,第一种是在必要的时候从隧洞中抽水,如英国康沃尔锡矿位于海平面以下,在这里首次用蒸汽机来抽排矿道中的地下水;对小型矿洞和埋深较浅的隧道,这一直是最受欢迎的方法。如果抽水泵坏了则抽水失败,如果隧道在掘进过程中遇到充水的洞穴,就会产生灾难性的涌水事故(对矿工而言)。

第二种方法就是对隧洞灌浆封堵,然后如有必要就抽排残留渗水。这是交通隧道中排水的最基本方法。按传统方式,隧洞表层开挖后就会采用涂刷封闭剂(如混凝土)来确保其相对隔水。然而这对涌水问题丝毫不起作用。第一条海底隧洞是 Severn 铁路隧洞,它是 1860 年在英国赛文河河口下部厚层至巨厚层状灰岩中开挖的。期间使用了边开挖边封闭的方法。开挖到一半时(距离海水出口区下方海滨地带约 5km)遇到了一个大型淡水泉。泉水淹没了隧洞,延误工期一年。自那以后一直需要连续不断的抽水。

现在的做法是水平向前实施一圈灌浆孔,然后进行爆破,对已完成灌浆帷幕的洞段封闭一段,这主要用于处理大规模涌水事故而采取的工程措施,即通过一个小口径钻孔能够快速封闭第一次遇到的淹没的洞穴。例如,安大略的 Bruce B 核电站的冷却水进水洞,洞径 8m,长 600m,起点位于 Huron 湖岸。湖床基岩为含珊瑚的灰岩地层,隧洞开挖过程中先在前方 20m 洞段完成灌浆,后面跟进开挖洞段长 8m,即有一个连续重叠 60% 的灌浆帷幕洞段。开挖期间遇到一个特别大的洞穴(无法灌浆),处理措施是将该洞穴封闭,隧洞绕行,但追加费用相当昂贵。Milanović(2000)和 Marinos(2005)用一些实例讨论了隧洞的彻底保护问题。

矿井抽水廊道中采取灌浆是不可行的,如在采矿期间在开采区形成一个降水漏斗这种降低水位的方法是最有效的。波兰 Olkusz 铅锌矿的开采过程是这种降低地下水水位方法应用的最好案例(Wilk,1989)。铅锌矿赋存于第四系砂层以下埋深 200~300m 的白云岩古岩溶漏斗和古溶洞中,矿床与基岩有水文地质联系。这是一种潜在危险性很大的采矿环境。在矿区周边 $500\mathrm{km}^2$ 的范围内进行了勘察,该区域内天然泉水点有 70 个,水井有 600 个,后又实施了 1 700 个钻孔。为了进行抽水试验,在井中和钻孔内安装了 300 个渗压计。估算地下水抽提排量达到 $300\times10^6\mathrm{m}^3\cdot\mathrm{s}^{-1}$ 时可在矿区形成地下水漏斗。后在开采每一层铅锌矿之前,通过竖井与水平排水廊道,并安装大功率抽水泵抽取地下水形成地下水漏斗。通过这种方法,局部最大的涌水量是 $1.5\mathrm{m}^3/\mathrm{s}$,但这在水泵的抽水能力范围以内。

意料之中的是,Olkusz 矿的开采,导致泉水和井水干涸;在上部砂层中产生了很多潜蚀漏斗,其中有一个落水洞位于尾矿池中,结果有 $30\times10^3\mathrm{m}^3$ 的尾矿废物进入了矿井中(部分仍在运营)。另外,矿井北边 6km 处的一个造纸厂产生的严重污染的废水也排到当地的砂层含水层中。随着水位下降,这些污染物又进入到矿井中,从而污染了水源(替代泉水作为水源)。

12.5 可溶岩及矿物的工业开采

12.5.1 灰岩和白云岩

石灰岩和白云岩是世界上最主要的矿物和采矿岩石,比任何其他岩石的使用范围要广泛。起初,大多数石雕和室内设计石雕工艺,像楼梯使用质量最好的石灰岩,即缺陷最少。最完美的岩石为纯正的大理岩(2.3节)是因为它的均质晶体结构和色彩。然而,在许多国家,一些质地好的石灰岩或白云岩经过抛光后当成大理岩销售。

通常用较便宜的灰岩块(多孔且易碎)作为整个建筑物的建筑材料,必要的地方用大理岩装饰。早期的案例当属埃及吉萨金字塔,采用白色光亮石灰岩装饰砂岩塔体表面。狮身人面像就是用当地石灰岩建造,灰岩是克里特岛和希腊本地的主要石料。克里特文明时代的克里特岛宫殿和希腊神庙以及希腊的公共建筑几乎都使用灰岩作为建筑材料(图12-13)。罗马继承了它们的建筑艺术及雕像工艺。罗马本地可用的湖相灰岩因为质软且易切割而特别受欢迎。由于这种湖相灰岩相对疏松多孔且性脆,因此罗马的古建筑并没有雅典古建筑那样保存完好。

人们在古典建筑物选材上对灰岩和白云岩的偏好贯穿西方大部分历史。12—19世纪大多数国家的主要宫殿、教堂、国会建筑物等都使用石灰岩。例如,罗马圣彼得教堂和伦敦圣保罗大教堂,像巴斯城

图12-13 雅典帕台农神庙,西方建筑学里最为称颂的建筑物,采用大块灰岩及大理岩装饰和雕刻,起伏的石头表面上留下了参观者的圆形脚印

和威尼斯则整个城市都是用灰岩建造。尽管多数灰岩石材源自露天开采,选择性地采用地下质地好的灰岩(用锯切割成标准尺寸的石材)的现象也很普遍。在Bath一带,侏罗系鲕状石灰岩区有长达数十千米的开采坑道,Champagne和Alsace地区采石矿道长超过350km,通常块石运送的距离相当远。18—19世纪布达佩斯和维也纳的建筑物使用来自里雅斯特港的奥里西纳大理岩(Aurisina)。见Cucchi和Gerdol(1985)对灰岩石材工艺的综合论述,其中也有奥里西纳大理岩的例子。美国和加拿大的大型共用建筑主要首选建材为灰岩和白云岩。然而今天,通体采用石材的建筑物在西方国家并不多见,取而代之的是混凝土块结合石材装饰。

大理岩在东方文化中同样备受赞誉,如印度泰姬陵。中国和日本多用木质结构,但石灰岩和大理岩也广泛用于帝王宫殿的庭院和阶步上。西半球(阿兹特克人、印加人、玛雅人、托尔特克人)的庙宇建造者使用当地石材,有很多应用灰岩石材的例子。如尤卡坦半岛的玛雅结构构筑物是由软质、透水性强的第三系和第四系灰岩建造,其在再生雨林的掩蔽之下完好地屹立长达800~1 200a(图12-14)。

然而世界范围内许多精美的历史建筑,其中有些现已入选世界文化遗产名录,正在遭受人类活动造成的酸雨影响。图12-14所示为墨西哥和北京的案例,建筑岩体的风化、修复和保养措施目前已成为很重要的研究课题。参看Trudgill和Inkpen(1993)对该过程与影响的论述,Viles(2000)则通过细致调研论述了复原和保存技术。

在更低级的层面上,灰岩广泛用于砌筑石墙(在12.2节中已提及)。在远离戈尔韦海湾和日本冲绳县的地带,灰岩砌筑田园或花园围墙已成为这里乡村景观的一大特色。

在批量化生产时代,大多数发达国家采用灰岩和白云岩作为混凝土骨料,以及作为公路路基、铁轨底座、建筑物、停车场等基础的碎石或砾石料。切割完好的石材可作为贴面砖,或质纯的灰岩作为水泥原料。例如,英国每年灰岩和白云岩的开采量约为100×10^6 t。粗略估计,其中约40%用于修路,40%用于其他骨料需求,

图12-14 (上)墨西哥奇琴伊察玛雅庙宇,该建筑物用柔软的第三系灰岩装饰,废料块石填充在后面。注意在门楣以下风化褪色少,那是因为有雨保护措施,该建筑物被埋藏在再生森林里约800a。(下)中国北京圆明园的明朝装饰雕刻受酸雨侵蚀的情形

10%用来制水泥。农业(制石灰)、钢铁生产(作为助焊剂)、油漆和塑料工业(用作充填料)属其他主要用途。现在仅有比例约0.2%用于生产建筑石材或贴面砖(Gunn,2004b)。

高纯、低镁的灰岩是普通硅酸盐水泥的主要成分。灰岩磨细后在1 400~1 650℃高温下煅烧熔融,添加一定比例的铁化合物和二氧化硅来提高强度。之后添加石膏使其速凝。与细粒骨料如砂拌合之后

就成了混凝土,混凝土是目前世界上最主要的建筑材料。在西方国家,现在混凝土的消耗平均是每人每年 0.1~0.5t。混凝土是岩溶化人造石,桥梁裂缝中生长钟乳石的现象随处可见;见 Reardon(1992)对于水泥与水的相互作用的综合性论述。

历史上欧洲和东方文化中,灰岩在窑中煅烧来生产"生石灰"(氧化钙,见 2.3 节)用作钙肥。因此在长期农业聚居区,地表经常点缀着开采灰岩后留下的小坑,有时候这些采石坑被误认为是漏斗而绘制在地图上。现在则采用大功率研磨机来粉碎石灰岩,取代了烧制生石灰的方法。

12.5.2 石膏和硬石膏

整块石膏可作为雕塑和内部装修饰用,但因其质地太软且可溶性强,在多数气候条件下不适宜外部使用。它具有的光泽、粗晶、纯白(雪花石膏)或粉红色(透明石膏)的特点而最受赞誉。正因如此,Minoan 宫殿的浴室内就采用石膏,现在世界的各个旅游商店都能找到石膏制成的小雕塑。

石膏的主要用途是熟石膏。加上一定比例的粉土和砂,主要用于建筑内墙和天花板面层涂刷、装饰线条等。在北美,最常见的是制成石膏板,在施工期间切割成一定尺寸。上文提到,磨细石膏也是一个重要的水泥原料。

12.5.3 石油和天然气

当前油气产量约 50% 和已探明的油气田是赋存在碳酸盐岩体中。Roehl 和 Choquette(1985)以及 Moore(2001)对此做了综合评述。

碳酸盐岩中油气的赋存范围要比在碎屑盐岩中广泛。记录在册的高产油井(伊朗 Agha Jari 地区的 36 口油井总日产量 $10^5 m^3$)就处在灰岩区;另一个极端情况是,通常被硅酸盐岩封闭的灰岩根本不出油,除非通过人工碎裂破除硅质层并用酸液处理之后才会产油。

油气赋存有 3 种主要的类型。第一种类型是地质构造圈闭可发育于石灰岩、白云岩、白垩岩甚至泥灰岩地层中。如果为自然碎裂带,那里的油气产量会特别丰富。盐底辟之上的碳酸盐岩盖层及背斜层都属于这一类。岩性圈闭位于岩层内,其存在于单个岩层中或具有多孔的岩层中,这些储藏型孔隙形成于早期成岩或中期溶解和重结晶过程中。第二种类型是地质不整合面圈闭,该圈闭侧向或垂向延伸,可与其他类型的圈闭合并。有 40% 以上的烃类储存在碳酸盐岩地层的不整合圈闭中,大多数情况下这种不整合面就是岩溶作用形成的(即古岩溶)。最简单的例子,就是珊瑚礁下埋藏的岩溶化地带,这里一直是石油勘探的目标,其中珊瑚礁白云岩化使岩体疏松多孔,偶含的白云质分解石团块中含有较大的连通孔隙。Maximovich 和 Bykov(1976:47)记录,在 Ural 山西部边缘 100km 范围内发育的尖峰状礁石中有 36 个埋藏型油井,其中有 19 个高产。Craig(1987)对得克萨斯州西部年产 10 亿桶原油的油田成因进行了说明,该油田是一珊瑚岛岩溶化之后被埋藏,后又发生了白云岩化所造成的。第二种类型的地质不整合面圈闭是角砾岩。有些是由于崩塌形成的,有些或许是波浪冲蚀形成,至于表层岩溶和浅层洞穴有些是海侵时期在古岩溶区域形成的,更常见的是在深层和层内产生溶蚀导致顶蚀作用所致。例如 Edgell(1991)论述了波斯湾周边元古宙盆地盐类沉积层上覆的新沉积岩体中角砾岩化形成了很多圈闭。第三种类型是最为复杂的不整合面圈闭埋藏于地下的古岩溶。这种类型的圈闭可能是在短期海侵时形成的单一的表层岩溶带,在潮湿气候条件下使得岩体的岩溶孔隙度变得更高(2.10 节)。相反,在热带半干旱气候条件下,钙质结砾岩充填裸露于地表岩石中的孔隙,形成的隔水层将石油圈闭封闭于地下(Moore,2001)。很多小型岩溶风化不整合面在沉积过程组合形成高产油田(Fritz et al,1993)。

最大的不整合面是在海平面下降时期的海侵作用下形成的起伏不平的岩溶地形,后完全埋藏于地下。中国南海的流花油田看似位于网格状的岩溶地区(Yuan et al,1991),但同样存在无序的沉积相(角砾岩?)。得克萨斯州的 El Paso 油田已开采 30 年,石油储存于由崩塌洞穴构成的不整合面中(Wright et al,1991)。意大利亚得里亚海岸的 Rospo Mare 油田储量达 10 亿桶,该油田沿古岩溶带分布,地表也发育表层岩溶带和封闭的岩溶洼地(Soudet et al,1994)。北京南部渤海构造盆地中的任丘油田可以看作是埋藏型塔状岩溶,局部地形起伏差高达 800m,当然该处肯定受断层作用发生了位移。

1857 年,安大略南部产生了世界上第一口钻探油井。该处志留系白云岩地层下降,地层中富集的盐发生溶解,导致白云岩破碎,这就形成了角砾岩圈闭。该圈闭被后期冰积黏土层封闭而具有古岩溶特征,在第四系冰川作用下古岩溶的特征进一步得到加强。当钻进深度只有 60m 时,原油就从钻井中流出。

12.5.4 碳酸盐岩矿产和其他有经济价值的矿床

在过去,几乎每种金属矿和所有类型的非金属经济矿藏都在可溶岩中开采过。从历史角度来说,直到工业革命出现以前,岩溶圈闭也许是人们获得矿藏的最主要来源。Nicod(1996)查阅了欧洲和中东的历史。公元前 8000 年,土耳其人就能够在暴露的古岩溶中提取出铅完成冷加工。第一块青铜出自地中海周边的小型岩溶圈闭,公元前 3500 年第一块铁产自 Caucasus 地区。人们在天然洞穴洞壁上探寻过热液沉积物;在英格兰,罗马人在 Treak Cliff 洞穴开采萤石,在 Speedwell 洞穴中开采铅矿。

发育矿床的 3 种不同形成环境见图 12-15。第一种是地表的冲积堆积矿床(浅生矿床),即碎屑盐岩屑沉淀生成,或者两种成因都有,其富集在岩溶洼地比如岩溶漏斗,干岩溶宽谷和坡立谷的表面。蒸发盐的基底侵蚀槽谷可能会扩张成为一个沉积有大量沉积物的盆地。这样的地质环境是一个亚类,这些矿床可能是异源成因,在河流冲积、片蚀、崩塌、风蚀或海洋过程将矿物运移至这些圈闭中,也或者是源于本地的风化残余物质。在圈闭中的矿物发生了或大或小的成岩蚀变,例如分散细小的铁矿富集,最终生成豆粒状或结核状矿床。第二种成矿环境是表部冲积层(均为原生)下陷然后被后期岩层埋藏,例如匈牙利大多数矾土矿就是这种情况。第三种环境是可溶岩的深层沉淀,这是在热液入侵、岩浆入侵时释放 H_2S 气体以及水位附近的混合作用过程下形成的,在 7.8 节中已做了解释。

风化残积物中富集氧化铝矿物的铝土矿。铝土矿为红色多孔的土状物,与其他的陆地沉积夹层分布。铝土矿中 Al_2O_3 矿物占 35%~50%,含少量 Fe_2O_3 以及稀有矿物和土等。单个矿床厚度极少超过 20~30m。铝土矿在地下水水位附近富集,其中在水位以上更常见。已探明的铝土矿发育的最老地层是基底寒武系,最新的地层是第四系。铝土矿与温带气候环境存在显著的地理相关性(D'Argenio,Mindszenty,1992)。全球约 10% 的铝土矿产于岩溶区,其余产自红土带,这种矿物是以法国人 Les Baux 命名的,并于 19 世纪 60 年代开始在岩溶洼地中开采铝土矿。这是具有经济价值的岩溶冲积沉积矿床(在地表和埋藏环境下形成)最好的例子。岩溶铝土矿的全球产量现在约 $30 \times 10^6 t \cdot a^{-1}$,牙买加产量 $(10 \sim 13) \times 10^6 t$,中国产量是 $(9 \sim 10) \times 10^6 t \cdot a^{-1}$,均为地表冲积矿层。匈牙利约 $2 \times 10^6 t$ 铝土矿来自埋藏冲积矿层。生产 1t 铝需要 6t 铝土矿,产出的主要有害残渣为碱性红泥。

世界上多数有经济价值的锡矿都是发育于大型深埋封闭的岩溶洼地中,而这个岩溶洼地是在碳酸盐岩与花岗岩的接触带中形成的,并且有岩浆侵入。差异风化使得残留花岗岩在灰岩地层中突出。在热带潮湿气候条件下,花岗岩和邻近碳酸盐岩高级变质生成矽卡岩,产生酸液,对起伏不平的表层岩溶带中的岩溶洼地和石柱进行溶解,空洞中充填崩塌碎屑物和沉淀物质,包括锡矿和钨锰铁矿(图 12-16)。马来西亚主要的锡矿发现于 Kinta 河谷侵蚀岩顶面的石芽之间,该锡矿在其首都吉隆坡的建立过程中起到了明显的作用,目前市郊区遍布已枯竭的矿坑(图 12-16)。马来西亚半岛约 $14\,000 km^2$ 的土地因为这种采矿方式而逐渐衰落(Yeap,1987)。印度尼西亚、菲律宾和中国南部有很多地方曾经也很重要,而且现在还是这种状况。

地表基底侵蚀槽和小型盆地中发育砂积煤矿,这对俄罗斯、波兰和美国密苏里州是很重要的煤矿。而匈牙利和中国的埋藏型铝土矿的成因与砂积煤矿相关。鸟粪形成的有机矿床——磷酸盐矿,在热带岛屿如瑙鲁的地表岩溶带中堆积厚度相当大(Bourrouilh-Le Jan,1989)。俄罗斯和越南分布大量的铁

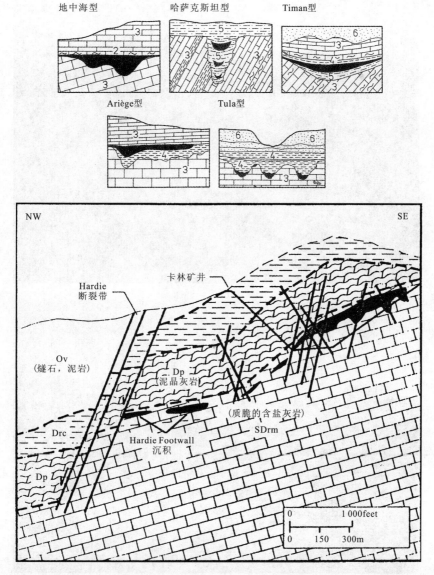

图 12-15 可溶岩中几种有经济价值的矿形成的地质环境。(上)冲积型和埋藏型铝土矿的类型(据 Bardossy,1989),(下)内华达卡林和 Hardie Footwall 金矿。附近火山侵入的热酸岩浆沿 Hardie 断层上升,沿着渗透性较好的粉砂石灰岩和上覆致密微晶灰岩之间的接触带流出形成(据 Teal,Jackson,1997)

矿(菱铁矿、褐铁矿、赤铁矿和针铁矿)。用于制陶的型砂,陶土和高岭土矿同样赋存于岩溶洼地中(Bosák et al,1989)。更奇异的是,西伯利亚和南非的漏斗或深部表层岩溶地带中的砂矿中能提取钻石(Filippov,2004a),缅甸和斯里兰卡的漏斗中有红宝石和蓝宝石。

世界主要的铅矿和锌矿赋存于碳酸盐岩深层岩溶中(Sangster 1988;Dzulynski,Sass-Gutkiewicz,1989)。密西西比河谷类型(MVT)的矿床与蒸发岩层间溶解存在关联,在碳酸盐岩中形成角砾岩区或空洞(图 7-29),或沿断层、裂隙或层面形成迷宫型溶洞。空洞中部分或全部充填黄铁矿、方铅矿、闪锌矿,以及次生矿物,如萤石、重晶石和粗晶白云岩等矿物。碳氢化合物通常与这些矿物有关,并有强烈气味。图 10-21 所示的纳尼西维克矿(加拿大巴芬岛)是热液沿着白云岩地垒构造断层边界上升,向前寒武系古岩溶地层岩体内迁移富集形成的矿床(Ford,1995)。

角砾岩管可能会富集很多不同的物质,其中最有名的是吉尔吉斯斯坦的 Tyuya Muyun 铀矿和美国

图 12-16 （上）花岗岩与大理岩接触带中发育的冲积锡矿。马来西亚 Kinta 山谷 Ipoh 附近的新 Lahat 矿，注意通过开挖揭露到锡矿。（下）马来西亚吉隆坡附近废弃的冲积矿，现在为了城市的发展和娱乐正在改造

亚利桑那州卡罗拉多大峡谷北侧的 Hualapai 铀矿。"卡林"金（因产于内华达州卡林山脉一带得名）是在断裂带和层面中分散沉淀的典型案例，岩浆上升进入张开的溶缝或溶洞中（断裂和层面有限的溶解形成），而在含水岩层之下消失（Korpas，Hofstra，1999）。

12.6 岩溶地的恢复和灰岩采石场的修复

上文论述已指出了人类对岩溶资源的占有和利用的多种方式（场地、景色、土壤、植被、水、岩石、洞穴、矿物等）可能会对岩溶及其生态系统产生严重影响。这里我们认为能够采取一定的措施来减缓和修复这种无法接受的破坏。这是很重要的，因为岩溶有很多经济、科学和人文价值，正如国际自然保护联

盟在洞穴和岩溶保护方面的指导性条例中所讲的(Watson et al,1997)。然而,那些用作原子弹试验场的岩溶区,如沿纳拉伯平原(Gillieson,1993)的东北边缘,或美国在 Bikini 岛和 Eniwetok 珊瑚礁,以及法国在 Maruroa 和 Fangataufa 环形珊瑚岛的试验场,物理损伤和钚同位素的扩散给其带来了难以克服的恢复难题。

12.6.1 岩溶流域的恢复

岩溶区恢复的基本原则与流域恢复大体一致,但另外需考虑所采取的措施能够部分修复地下岩溶。首先要确定修复的目标,因为整个生态系统的恢复要比单一条件如水质的恢复,需要更多更综合的措施。在农业生产地区通常需要局部修复和水质管理,但是我们必须认识到,在人口压力极其大的区域很难实现这一点,特别是那些已经石漠化的区域。部分修复换来的是以进一步的环境破坏为代价。

爱尔兰西部的巴伦岛(Burren)在4500—6500年前(Drew,1983)开始殖民,砍伐森林以及严重的土壤侵蚀作用下导致该地区半石漠化。尽管人类对这个地方(367km^2)的影响有千年之久,但仍保留了超过一半的爱尔兰本土的维管植物物种,也保存了丰富的考古学遗产。Drew 和 Magee(1994)解释到在1981年和1991年间,该地区约4%的面积垦荒造田。也就是说,土地从小灌木或石质牧场变成统一的播种、易于管理的农田,大多数土地被使用来生产青储饲料,但农业生产的最终结果是以更大的自然环境和文化环境为代价的(图12-17)。比如,有些环境多样性已经消失,如矮树丛、半野生态的草原、灰岩石路和古老的农田边界已经被统一的草皮替代。化肥和青储饲料的大量使用同样会对区域地下水质造成威胁。因此,这一启示就是我们必须考虑垦荒与修复的成本,同时在实施之前要考虑潜在的利益,必须准备调整垦荒和修复的方式与位置以减轻对环境的影响。同时还应该监测治理效果,以确定治理结果是否达到预期的目标。当涉及水文地质恢复时,必须注意水源的水量与水质特征,需对岩溶泉进行监测。

12.6.2 水量和排水网

如我们在12.2节中看到,采伐森林增加了径流总量,因为自然的蒸发蒸腾散失总量减少了,这相当于年降雨量2 000mm的温带区域有多达700mm的径流量。人类活动如重型机械对土壤的碾压以及地表被道路和建筑物封闭,通常减少雨水入渗。额外过剩的水和快速径流导致洪峰提前,且水位抬升比原来更高,因此增加了地表和地下洪水,12.4节中已讨论过。所以,水量的管理需要重新植树造林,在极端情况下需要修筑蓄洪坝调节,也需要深耕土地以恢复渗透性。有时候,淤塞的漏斗和落水洞可能需要清淤。合理的管理对策还是取决于最终的目标和环境破坏的程度。

12.6.3 水质

清除天然植被的活动、农业活动和人类聚居活动,这些都会使水质变差。在任何环境中,这都是一个难题,在岩溶区这个问题就至关重要,因为大多数排水通道都通往地下。在源头容易忽视化肥和颗粒污染物隐伏的影响,但在很远的下游位置显现其破坏性。从空间上讲集中污染源主要来自于居民点,比如化粪池的污水、工业废料和污水排放、猪圈牛棚的废水和垃圾站沥滤液。在岩溶区,垃圾倾倒入岩溶漏斗中是另一种水污染的罪魁祸首。空间上,分散性或非点源污染主要是由土壤侵蚀、化学肥料、杀虫剂以及畜牧场废弃物引起的。

随着人口增长,土地使用加剧和新型或更多农业化肥的使用,通过几代人,水质缓慢恶化。因此,天然水质的最初标准消失了,也被淡忘了,人们习惯了这种水源因为他们从来不知道还有更好的水质。农业社区的行为活动对水质恶化的破坏是明显的,因此改善水质的第一步就是提高他们的水质保护意识,

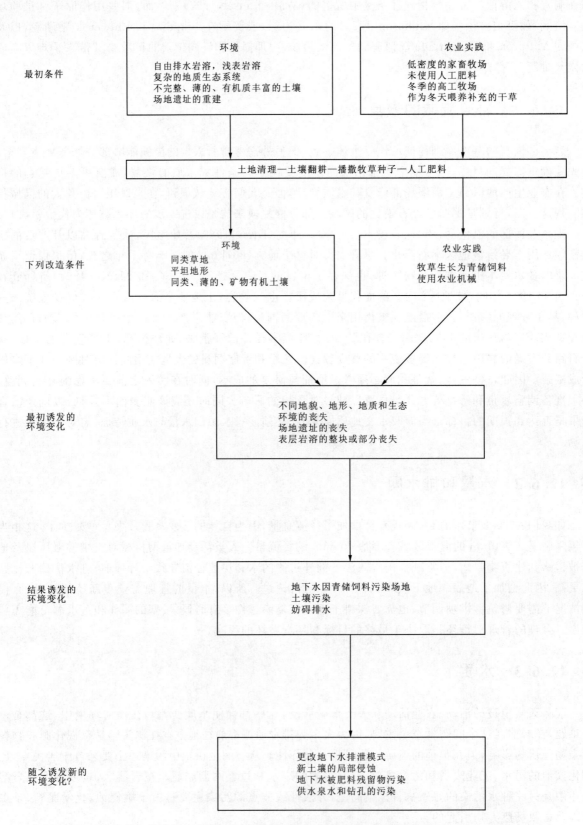

图 12-17　巴伦岛岩溶的一系列直接,间接和可能的变化对土地复垦的影响(引自 Drew,Magee,1994)

并协同去实现。

在11.5节已提及一些保护水质的措施。已经恶化水质的改善工作开展是很难的,但这些措施本质上与地表流域保护措施相同。首先是防止污染物进入水的径流线路,例如确保废水直接排泄至社区污水处理厂。即使对细菌的处理效果如何满意,处理后的水仍需要向湿地排放,以去营养化,防止水体产生富营养化。对于弥散型污染物需采用不同的处理方式,最有效的防护措施是沿河道和岩溶漏斗有茂盛的植被而进行天然过滤。许多行政辖区现在要求在岩溶漏斗周边要有10~50m未扰动的缓冲带,这将减少进入溪流的悬移质,也可清除一些营养物,但对病原微生物体效果有限。再造地表植被实施越全面,水质的改善效果就越佳。农村人口减少、土地荒废、树林自发再生值得关注,正如斯洛文尼亚岩溶区例子所见的一样;被动措施有时在生态和水质恢复上也是有效的。

积极的水质管理要求客观地评价已完成的改变。岩溶地带恢复效果检测的最佳位置就是河流和岩溶泉,尤其是岩溶泉。通过生物和化学指标评估天然水体的条件是评估流域生态健康的最好指标。不过,Rice和Hartowicz(2003)指出泉中天然生物多样性差,通过生物群来评估泉水的地下水质,其效果并不如评估地表水体水质那么好。不管怎样,他们都确定利用生物群来评估新近地下水水质要比周期随机采样的化学分析更可靠。

12.6.4 采石

露天采石场的修复是最具挑战性的难题,因为它代表了人类在岩溶上影响最极端的一种情况——岩溶区中很大一部分完全被挖除。没有人会怀疑混凝土和水泥对当今社会的重要性,因此获取这一重要资源就是开采灰岩。然而,采石作业常常因为挖除表土,造成的废渣和灰尘,以及残渣和费油污染地下水等,从而破坏了整个生态系统,因此它们的影响范围超出了采石场本身区域。鉴于这些原因必须遵循这一原则,当选择采石场时,尽量使采石场位于岩溶边界的下游,因为这样至少可以保护上游地区免受严重的水污染以及水源传播过程中的污染。尽管如此,如果采石场开挖深度很大时,大大降低水位,形成的降落漏斗还是会影响到上游和下游水源。当采石作业结束时,就会留下大洞,常常形成有陡峭边壁的深湖,产生了很大的安全隐患。

尽管通过自然的软化斜坡,以及坡面植被而进行局部缓慢地修复采石场,人为干预修复自然地貌,也能够改变地表形态,改变进程速度也会变快,同时还能改变径流以及渗流水的水质。这些区域的自然地貌的关键要素首次得以认知,然后尽可能通过恢复爆破和移植本土物种。自然形态的斜坡断面上有的凸起和洼地,覆盖合适粒径的岩屑,都能很容易就再造(图12-18)。目的都是使自然斜坡变缓,提供允许本土物种成功再生的土体。最终植被茂盛的斜坡能产生干净的水流并且适宜居住。Gunn和他的同事们(Gunn,1993;Gunn,Bailey,1993;Gunn et al,1997;Hobbs,Gunn,1998)在该领域做出了很大的贡献,Hess和Slattery(1999)以及Bradshaw(2002)进行了评价。在渗透区采用自然材料作为过滤系统(Gillieson,Household,1999),以保证改善点状补给水源的水质。这是河岸岩溶的特定管理形式(图12-18)。

另外,还有其他的改善方式。通常由于采石或采矿形成的湖泊会被开发成休闲娱乐项目。一个典型的案例就是吉隆坡外围的部分旧锡矿(露天矿)改造成了带主题的公园并种上景观植物,其与复式住宅区相连;从现存最高的岩柱顶远眺就像是一个小湖泊顶上矗立着一座精灵城堡(图12-16)。不幸的是,最常见的改造过程中,都是将废弃的坑洞作为公共垃圾填埋场。现今在许多国家,把1t垃圾抛进矿坑中所带来的收益要比从原地采石利润丰厚得多!填埋意味着会对地下含水层沿水力梯度造成永久性污染。工程封闭圈(黏土防渗层等)和坑洞中布置工程纤维的长期稳定效果证明一无是处。如果矿坑延伸至水位以下,再命令永久性抽水——这将永远不会成功。

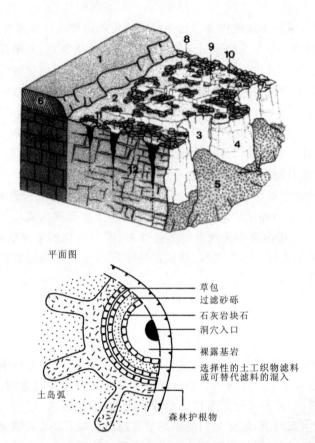

图 12-18 （上）一个废弃石灰岩或白云岩采石场的典型地形,强调了人工开发表层岩溶和漏斗（引自 Gunn,1993）。（下）塔斯马尼亚岛 Lune 河采石厂恢复落水洞和入渗区域的处理布局和施工详图（引自 Gillieson,1996）

12.7 岩溶的可持续管理

12.7.1 农业

农业系统的可持续管理更多地取决于人类行为的管理,而非实体环境的管理,Urich(1989,1993)在菲律宾群岛种植水稻的背景下已提醒我们这样一个事实。社会和文化价值取向以及驱使人们去占领土地的生存本能,是决定岩溶区能否实现可持续化管理的主要因素。自给自足式经济越发展,这种情形就越明显。人口压力越大,则生存就变成了人们日常生活的焦点而不是可持续发展。如果人类认识到短期物质丰腴的优势,他们确实会实施反哺环境的策略,否则他们才不会冒风险去挑战久经考验的传统惯例,从而危及其食物供应和生存条件。大多数石漠化地区的经济落后,土壤贫瘠,人口压力迫使人们去垦荒、修梯田,大量土壤流失和水质严重恶化。只有当维持生计的方式变化或接受外部援助,这样才能减轻土地压力,让陡峭的山坡恢复植被,岩溶区得以休养生息。环地中海农村人口向城市迁移,许多岩溶区的林地和植被得以恢复。为实现一个可行的生态系统,尽管有些物种比自然状态更少,但是这样则可持续发展变成了可能。能否成功决定于当地人的意愿和去尝试新技术的能力,这样可持续发展才能真正实现。

某些岩溶地区实现可持续农业系统的困难程度可以拿中国南方的例子加以说明,那里岩溶覆盖面积达 500 000 km^2,养活着超过 1 亿人口,其中 1/3 人口认为是贫困人口。在这片岩溶区域,人口年增长率为 1.3%～2%,最大人口密度达到每平方千米 280 人。Song(1999)对该区域的经验比较丰富,他总结道要想实现可持续农业,就必须采取以下措施:①严格控制人口增长;②居民的环境教育;③地形坡度小于 25°提高水土保护以提供更多的耕地;④开发新能源(太阳能、生物能等)以改变能源供应方式;⑤岩溶地区林地再造,特别是坡度大于 25°的区域,种植兼具生态和经济价值的品种;⑥提高水资源利用效率,包括雨水。

在广西还是很难实现,即便是最后一条,因为那里的 1 252 座水库有 60% 为岩溶渗漏问题而干涸。能源同样是个大难题,因为农村的传统能源是木材,但家用燃料的需求量超出自然再生量的 80%。不幸的是,中国南部地区所面临的难题在第三世界岩溶区农耕经济型国家也很普遍,尤其是南亚和加勒比地区形势更为严峻。

12.7.2 森林

尽管如此,在许多情况下随着官方对岩溶相关的管理问题意识正在提高。正如 12.2 节提到的,森林管理这一概念现在很容易理解,并且欧洲、北美和澳洲从再生林区受益颇多。Gillieson(1996)总结了已采取的部分措施。继 Griffiths P 和 Griffiths K 及其同事经 20 年的调查研究,加拿大的不列颠哥伦比亚省发表了岩溶目录标准和岩溶脆弱性评价步骤(2000)以及不列颠哥伦比亚岩溶管理手册(2003)(www.for.gov.bc.ca/hfp/fordev/karst/karst-final-Augl-web.pdf)。

不列颠哥伦比亚手册中最受推崇的管理实践是为推进岩溶区森林的可持续利用而设计的,同时使木材供给的影响和经营费用最小化,实现这一目标需遵循以下规则:

(1)保持岩溶地貌的生产能力,可重新生产健全有用森林的能力。
(2)保持与岩溶生态系统相关的生物多样性的程度要高,包括地上种群与穴居种群。
(3)保持天然水流和岩溶水文地质系统水的质量。
(4)保持地表与地下空气的自然交换。
(5)管理和保护重要的地表岩溶特征和地下岩溶资源。
(6)有机会就进行合理的岩溶修复。

当然,岩溶森林因其具突出的普遍保存价值而永远不该去采伐,但是某些地方的确需要发展可持续的林业,我们认为上面几条是切实可行的。这本手册也提供了关于如何评估岩溶特征的重要性以及最好的管理实践如何落实的指导意见。无论怎样,有效的执行总是依赖人的因素。

12.7.3 洞穴的保护、管理和恢复

洞穴是脆弱的地貌。无论多么小心翼翼,洞穴探险家踩破洞底板(由粉土和黏土构成),弄脏洞壁和洞穴沉积物,在通过狭窄洞段时还会弄碎洞穴沉积物。过去人们使用火把和灯笼(燃烧动物油脂和煤油)时熏黑了洞顶,洞穴堆积物被当作纪念品拿走,同时还有大量肆意破坏的行为。很多国家现在试图采用各种方法来保护洞穴,原始洞穴(大多数没有作为旅游开发)用门封闭或者有人监管不得随便进入,或常常对洞穴参观者有人数限制。有时组织或个人会买下整个洞穴,洞穴探险家越来越谨慎,电灯和 LED 灯已取代油灯和电石,强制要求将所有废弃物带出洞穴,包括粪便。数十年来一直在尝试恢复洞穴原貌。例如,在 20 世纪 50 年代至 60 年代,有人对英格兰的门迪普丘陵中的溶洞利用硬毛刷清洗,在 1970 年针对洞穴管理提出了科学的指导原则。采用环氧树脂胶水修复已破损的洞穴堆积物。国际自然保护联盟已发布了一套针对洞穴保护和恢复的指导方针(Watson et al,1997)。

管理收益主要集中在游客的观光上是不难理解的。世界范围内现在大约有 650 个观光洞穴,估计

总的年收益在 25 亿美元。较偏远的洞穴,旅游人数每年几千人,有名胜地如美国的猛犸洞穴国家公园,或中国桂林,观光人数每年达 40 万~100 万人。对于游客来讲,景区开发品质(小路的布局和修建,光影布置和位置等)也是有好的(例如卡尔斯巴德洞穴),有坏的。通过打开人工入口,严重干扰洞穴的自然空气循环,降低溶洞内空气湿度。有些溶洞用隧洞钻孔设备钻孔。

因为游客照明和呼出的 CO_2 对法国 Lascaux 洞穴中优美的壁画产生了严重的破坏,这就有必要禁止向游客开放有壁画的洞穴,这样很明显需要设施设计更完善,并且限制游客数量。1989 年国际洞穴观光协会成立,现在很多国家都有影响力的国际组织,例如澳洲的洞穴与岩溶管理协会(http:/ackma.org)出版发行季刊,美国的国家洞穴协会(www.cavern.com)每两年举行一次会议,发布有关洞穴的最新研究成果。

对于原始洞穴和观光洞穴,最要的问题是:它们到底有多脆弱?它们的承载能力有多大(如每小时、每天允许多少游客等)?Heaton(1986)建议分成 3 类:

(1)高能量洞穴,即自然能量流远远超出了游客携带的能量流,如大型河流洞穴频发的洪水,能很快将洞穴冲刷干净。

(2)中能量洞穴,即小溪流、渗流、空气流等提供的能量与大量游客输出的能量等级大致相当。

(3)低能量洞穴,即自然能量流极低,这些是没有溪流的洞穴,近似恒温且气流循环微弱,如图 8-18 所示的冰晶洞,那里如果一两个人停留几分钟,冰晶体就会因人的体温而融化。

Cigna 以科学管理理论为依据,在解决这些问题过程中,对岩溶的保护方面做出了重大贡献(Cigna,1993;Cigna,Burri,2000;Kranjc,2002)。在开发一个观光溶洞之前,首先通过物理测量,建立物理动态参数;通过生物调研,建立溶洞的生态系统,并查清有哪些物种;需要评价化石、考古及本土文化价值。物理动态参数主要包括空气的温度、相对湿度、大气 CO_2 含量、水流和水质,要确定这些参数至少需要一个水文年的测量工作。进行评价测量的目的是在洞穴开发后,游人参观期间洞穴的物理参数变化不能突破上、下限(如气温),这对保护洞穴中的生物是至关重要的。这或多或少是以 Cigna 管理意大利 Grotta Grande del Vento 洞穴的程序为经验。Grotta Grande del Vento 洞穴是一个大气降水-H_2S 混合作用形成的溶洞,该溶洞具有大的洞室并发育最好的方解石沉积物(需对其细致保护)。新西兰同样遵循了相似的程序,那里的生物群(特别是洞穴萤火虫)非常脆弱并且具有特殊的意义。

进入洞穴的每位参观者都会产生辐射热量,他/她运动会排出气体、散发出蒸汽以及携带颗粒物如灰尘和棉绒等((Michie,1997)。每位参观者站立或走动时产生的热量约为 0.1~0.2kW·h(100~200J·s^{-1})。每年参观者带入到一个洞穴中的热量 $E(J·s^{-1})$,通过以下公式大概估算:

$$E = 170 \times t \times 3\,600 \times N \qquad (12-4)$$

式中,t 为参观平均时长;N 为参观人数总量(Villar,1984)。Grotta Grande del Vento 洞穴,大约有 50 万人参观,每人约停留 1.5 小时,总的辐射热量约 $4.6 \times 10^{11} J·s^{-1}$(128MW·h),这个数量相当大,对中能量洞穴的影响很大。如图 12-19 所示的意大利 Grotta Grande del Vento 洞穴,这可能是一个长期变暖的过程,这可能降低洞穴的相对湿度,使得洞穴堆积物表面变干钝化、干扰动生物群等。

自从 Lascaux 洞穴关闭后,洞穴空气中游客产生的 CO_2 浓度引起了广泛的关注,这可以通过下式估算:

$$C(T) = (1.7 \times 10^4 \times N \times t)V \qquad (12-5)$$

式中,$C(T)$ 是时间 T 内 CO_2 浓度的变化量(10^{-6},体积),V 为洞穴或空腔计算所考虑的体积(Villar et al,1986)。在观光时段对溶洞的测量成果发现,洞穴中 CO_2 浓度的增加量显著超过标准大气层值约 350×10^{-6}。图 12-19 表示的是 1982 年 Grotta Grande del Vento 洞穴中物理动态参数的变化情况。CO_2 含量一般是标准值的两倍,周末参观者的影响十分明显,8 月份好像是打开了一个气闸,高密度的气体在自重力作用下自上向下流动。有些旅游溶洞中的 CO_2 浓度通常接近($1\,000$~$2\,000$)$\times 10^{-6}$;在中国当游客很多时,有些洞穴中 CO_2 浓度达到了 $5\,000 \times 10^{-6}$。游客离开之后,这种过量的 CO_2 可能会产生冷凝侵蚀。Freitas 和 Schmekal(2003)对新西兰的旅游洞穴中的冷凝过程做了测量。

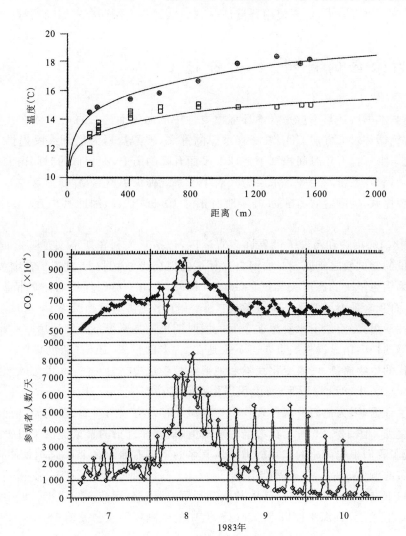

图 12-19 (上)Grotta Castellana 溶洞中 1958—1960 年(四方形)与 1982 年(小圆点)沿参观路线测量的平均气温对比图。(下)Grotta Grande del Vento 洞穴系统中的 Ancona 大厅中每天的参观人数与每天 CO_2 浓度的对比图(据 Cigna,1993)

相反,我们更关心围岩和矿物如方铅矿中的 ^{234}U 和 ^{238}U 衰变释放出来的氡(^{222}Rn),可能对洞穴向导和其他每年要在洞穴内待很长时间的人造成伤害,特别是那些气流太弱无法更新空气积累的低能量洞穴。氡-222 是一种惰性气体(即化学惰性),但是它衰变生成 ^{218}Po、^{214}Po 和 ^{214}Bi 微粒,这些微粒会附着在气溶胶中,所以会在肺中聚集。这是铀矿工人和核设施工人中引发肺癌的主要原因。现在大多数国家已经明确了人年均摄入 ^{222}Rn 及其衍生放射元素的上限,并不定时地测量旅游溶洞中这些放射性元素的浓度。大多数情况下,^{222}Rn 的浓度很低,对人没有危害,但在含铅矿、锌矿或铀矿脉的洞穴中可能会比较危险。Gunn(2004c)对此进行了细致的分析。

很多旅游溶洞受到最明显的影响是灯光效果造成的伤害。具有宽发射光谱(橙色或暖光)的标准电灯泡加热空气及附近的岩面,洞穴堆积物变干,失去光泽,甚至改变生长类型,原本能形成钟乳石却只形成了石枝和蒸发岩。更糟糕的是被灯光照亮的洞壁上聚集生长灯光生物,这些生物有纤维状绿藻和蓝绿藻类,在条件较好的地方也生长苔藓和蕨类植物。当开始有灯光时,前两三年内在灯光照到的地方生长,后来在洞穴深部也能生长,随着开发趋于成熟,灯光植物就很普遍了。窄光谱冷光灯发射的波长在

500～620nm 之间,使用冷光灯即可缓解这一问题。通过气流或用水洗涤的方式清除水藻,漂白剂溶液或次氯酸钙($CaClO^-$)也有效果,但要使用稀溶液(<2%),且要确保远离穴居动物群。

12.8 岩溶区的科研、文化价值

单从两面来看,本书所述只不过是岩溶环境重要性中的一瞥而已。岩溶岩体在我们生活的方方面面都很重要,碳酸钙循环对大气层 CO_2 浓度有重要的意义,碳酸盐岩为亿万人民提供了水源和建筑材料,石灰岩在过去至少一百万年时间控制了地球海平面升降的历史,在相似的时间内洞穴堆积物包含有大陆古环境的记录,洞穴系统及相关含水层为穴居生态系统提供了栖息地(研究甚少)。总体而言,岩溶支撑起了微观地貌体系,碳酸盐岩占非冰川陆地面积的 10%~15%,因此其内在价值要比其目前体现的价值大得多。

20 世纪工业化消耗损毁和污染了世界许多岩溶区,包括意大利和斯洛文尼亚之间典型岩溶区,尽管最近也做了大量的尝试使之复原。对岩溶自然环境的掠夺趋势似乎 21 世纪仍在继续,但在保护方面有关国家及国际采用更坚决的态度去尝试。Goldie(1993)介绍了英国保护岩溶的情况,即国家立法来保护灰岩。然而,石灰岩采石场似乎不可避免要扩张,由于水源供给日趋匮乏、泉水日益枯竭、地下生态系统恶化等悲剧性后果,岩溶地下水资源在今后一段时期里还是不得不开发利用。

洞穴作为天然的档案馆显得相当重要。不论是在"古老的世界"还是"新世界",它们都存留了无可替代的可确定时代的生物遗迹、气候变化线索和地形地貌变迁史。自 18—19 世纪欧洲洞穴中的古生物研究[例如参看 Buckland 1823 年所著的《洪积层化石研究》(*Reliquiae Diluvianae*)]向我们揭示了环境变迁的一些第一手证据,因为他们发现在现代温带区域还存留有独角犀属、鬣狗属、河马属等,而这些物种与非洲关联性更强。图 12-20 所示在古老的岩画上,动物和狩猎的景象提供了过去生态系统的其他线索,同时也展现了我们祖先高超的艺术能力。最著名的遗迹有西班牙北部桑坦德附近的 Altamira 洞穴,以及法国南部的洞穴,如多尔多涅峡谷的 Lascaux 洞穴和 Cussac 洞穴、皮雷尼斯 Niaux 洞穴、Avdeche 峡谷的 Grotte Chauvet 洞穴。其中某些壁画可追溯至公元前 32000 年。地中海岸上的 Grotte Cosquer 洞穴的入口目前处在海平面以下 37m 处,其中的壁画年龄在公元前 18500—27000 年之间两个

图 12-20　法国阿列日 Grotte de Niaux 洞穴中的欧洲野牛壁画

时期。从任何角度来论断,这些都是重要的国际文化遗迹,然而不幸的是它们正面临着极其复杂的保护难题,并一直遭受观光游客无意识的破坏。

正是在这些洞穴中,观光洞穴开发需求和保护二者之间的复杂性和冲突性才引起人们的重视。我们已经提到拉斯科洞穴被迫于 1963 年关闭,以防止史前艺术受到灯光植物和晶体生长作用的进一步破坏,因为灯光组合和游客的呼吸会导致这些他们所欣赏的洞穴壁画恶化。故在 Lascaux 洞穴旁边精心建造了一个复制洞穴(拉斯科Ⅱ)来满足游客观光的需求。人们发现地下生态名胜同样很脆弱。因此新西兰的 Glowworm 洞穴也在 1973 年间暂停观光,因为游客带入的热量降低了洞穴内空气湿度,严重影响到萤火虫的生存环境并使其数量大幅度减少。科研调查已经为洞穴管理确定了原则,之后情形也有所改观。许多国家一致认识到保护一部分代表性的岩溶区域留作科研和娱乐的重要性,圈定了一批国家公园和保护区。新近成立的保护区中最具价值的当属马来西亚北部沙捞越的古农姆鲁国家公园。古农姆鲁国家公园为典型的热带潮湿岩溶环境,并原封不动地存留了其生态系统——地表或地下均如此,全球范围内热带雨林均遭受破坏的情况下这种原始生态特征就具有非凡的意义。从热带雨林往上在阿比山上陡然出现一尖塔形态的溶洞(图 9-12),这是世界上最为有名的地貌奇观之一。穿过山脉就出现了巨大的异源河流洞穴,包括内生巨型沙捞越孔腔(图 7-51)的 Good Luck 溶洞。然而保护具有普世价值的岩溶洞穴仍有很长的路要走,尤其是在第三世界国家。例如牙买加发育着国际上很重要的岩溶类型"盆地喀斯特",仍然遭受被破坏的威胁,悬而未决的土地所有制和当地不合时宜的保护法案(Chenoweth et al,2001)以及迅速崛起的旅游业都在威胁着尤卡坦半岛海岸边奇妙的水下洞穴。然而,针对不同种岩溶区潜在世界文化遗产的系统性评估工作一直未停歇,例如在亚洲-太平洋区域(Wong et al,2001)。

如果你让一个地貌学家来推介世界地貌奇观的一个简短清单,那么中国南方惊艳众生的塔状岩溶必然高居榜首。旅行家、艺术家以及 17 世纪徐霞客时代以前历代许多科学家到此,都会被这地貌奇观折服,或灵感如泉涌,或喜不自胜,或好奇心得以满足。我们也同样为其美妙神秘着迷。我们推介中国南方的岩溶入世界文化遗产名录首选。中国神奇的岩溶还有一些非常重要的人类演化遗址用于科研。20 世纪 20 年代末,在距离北京西南 40km 的周口店出土遗址,北京猿人或北京直立人的大发现吸引了全球科学界。从周口店新洞穴来看,从直立人到古代之人的区域性过渡大约有 400a,早期智人测年结果约在早于 269ka 前(Shen et al,2004)。中国其他地方,洞穴中发现的原始人遗骸要在此后 1.9ka(Zhu et al,2003)。然而,科研发现类人科南方古猿更早的沉积层要比在南非 Sterkfontein 洞穴角砾岩中发现的人属遗骸早 3.6~3.3ka,另外能人化石大约早 2~1.7ka(Martini et al,2003)。南方古猿和直立人子相似环境的 Swartzkrans 洞穴中也已发掘出来。在纳米比亚北部,岩溶角砾岩中已经发现第三纪中新世的原始人类,测年显示约在(13±1)ka 之前(Conroy et al,1992)。欧洲最古老的古人类化石为 H. antecessor,在西班牙阿塔普埃卡的岩溶漏斗或复合洞穴沉积层中均发现有其遗迹,古地磁测年约早于 780ka(Parés,Pèrez-Gonzdlez,1995)。参看 Berger(2001)原始人/古人类论述中的术语。

现今已知的拥有最大灵长类动物的牙齿和下颌骨为步氏巨猿,也已在中国和越南的洞穴中发现(Schwartz et al,1995)。当直立起来时,这个类似猩猩的生物约 4m 高。世界上最大的鸟,最大恐鸟现已灭绝,活体重量超过 240kg,是新西兰许多洞穴沉积层中的代表性物种。有时候旁边就会挖掘出最大的哈斯特鹰,其翼展至少跟秃鹫的差不多(Worthy,Holdaway,2002)。

幸运的是一系列岩溶世界文化遗址正在得以确认。有人建议针对那些没有入选世界文化遗产名录的重要遗址,实施国际化地质公园网络覆盖。Hamilton-Smith(2004)在最近的一份评述报告中指出全球范围内,大约 50 处世界文化遗址处在岩溶区上或者具有岩溶特征。其中有 9 个遗址专门对其洞穴和岩溶特征进行登记(菲律宾的普林塞萨港地下河国家公园;马来西亚的古农姆鲁国家公园;古巴的 Desembarco del Gramma-Cabo Cruz;美国的卡尔斯巴德洞穴和猛犸洞穴;克罗地亚的普利特维切采湖区;匈牙利与斯洛文尼亚之间的阿格泰列克岩溶区和斯洛伐克岩溶区;斯洛文尼亚的 Skocjanske Jame;越南的下龙湾风景区和 Phong Nha Ke Bang)。26 个遗址因其他自然因素记录在册,但其中也有显著的岩溶特征(包括加拿大的落基山脉和纳汉尼国家公园;法国和西班牙之间的比利牛斯-普渡山脉;马达加斯加的 Tsingy de Benaraha 地区;俄罗斯的西高加索山脉;土耳其的 Vézère 城堡);另外 9 个遗址因文化因素入选,但其中也有显著的岩溶特征(包括中国的周口店;西班牙的 Attamira;法国的 Vézère 洞穴)。ICUN 努力工作确保通过世界文化遗产系统来覆盖典型的世界上大型岩溶。最新一组遗址包括中国南部大型岩溶区域也计划覆盖其中,我们热切关注其成功。

另外在保护的全局层面上,有许多岩溶地貌的保护工作需要上升到国家层面,应该做更多的工作确保其利用本国国家公园系统,或许以地质公园这个新概念来保护岩溶地貌。国际地貌学家协会、国际水文地质学家协会以及国际洞穴协会联盟的相关组织作为最权威的机构来协助其得以实现,确保落实。因为我们常常会想起洞穴作为大自然和文化历史藏库具有重大的历史意义。新近在印度尼西亚 Flores 岛的 Liang Bua 洞穴发现的新人类种群,弗洛雷斯人,就是个恰如其分的例证(Morwood et al,2004)。有谁知道有趣的岩溶地貌中下一个会有什么样的发现在等着我们呢?

参考文献

陈伟海,朱德浩,朱学稳,等.(2003)奉节天坑地缝岩溶景观及世界自然遗产价值研究.北京:地质出版社.

韩宝平.(1988)微观喀斯特作用机理研究.北京:地质出版社.

Abel O,Kyrle G. (1931)Die Drachenhohle bei Mixnitz,Speleologisches Monographes 7,8 and 9,Wien.

Adams A E,MacKenzie W S. (1998)A Colour Atlas of Carbonate Sediments and Rocks under the Microscope,London, Manson.

Adams A E,MacKenzie W S,Guilford C. (1984)Atlas of Sedimentary Rocks under the Microscope,John Wiley & Sons, New York,104.

Adams R,Parkin G. (2002)Development of a coupled surface-groundwater-pipe network model for the sustainable management of karstic groundwater. Environmental Geology,42,513-517.

Agostini S,Forti P,Postpischl D. (1994)Gli studi sismotettonici e paleosismici effetuati nella Grotta del Cervo di Petrasecca nel periodo 1987—1991. Memoires Instituto Italiano di Speleologia,2(5),97-104.

Ahnert F. (1996)The point of modelling geomorphological sysyems, in Geomorphology Sans Frontières(eds B. McCann and D. C. Ford),J. Wiley & Sons,Chichester,91-113.

Ahnert F,Williams P W. (1997)Karst landform development in a three-dimensional theoretical model. Zeitschrift für Geomorphologie,Supplementband,108,63-80.

Aitken J D,Cook D G. (1969)Geology,Lac Belot,District of Mackenzie. Geological Survey of Canada:Map 6.

Akerman J H. (1983)Notes on chemical weathering,Kapp Linne,Spitzbergen,Proceedings 4th International Conference on Permafrost,National Academy Press,Washington,DC,10-15.

Alexander EC,Broberg J S,Kehren A R,et al. (1993)Bellechester Minnesota lagoon collapse, in Applied Karst Geology (ed. B. Beck),Balkema,Rotterdam,63-72.

Alexeev S V,Alexeeva L P. (2002)Ground ice in the sedimentary rocks and kimberlites of Yakutia,Russia. Permafrost and Periglacial Processes,13(1),53-59.

Al-fares W,Bakalowicz M,Guerin R,et al. (2002)Analysis of the karst aquifer structure of the Lamalou area(Herault, France)with ground penetrating radar. Journal of Applied Geophysics,51(2-4),97-106.

Alhajjar B J,Chesters G,Harkin J M. (1990)Indicators of chemical pollution from septic systems. Ground Water,28(4), 559-568.

Ali S S. (2005)Effect of slides masses on ground water occurrence in some areas of Sharazoor Plain, N. E. Iraq, in Water Resources and Environmental Problems in Karst(eds Z. Stevanović and P. Milanović),International Association of Hydrogeologists,Belgrade,215-222.

Al-Kaisy S A S. (2005)Using of groundwater to reduce the problem of cavitation under the foundations in gypsiferous soil in the site of Tikrit University,North Iraq,In in Water Resources and Environmental Problems in Karst(eds Z. Stevanović and P. Milanović),International Association of Hydrogeologists,Belgrade,697-704.

Alkattan M,Oelkers E H,Dandurand J,et al. (1997)Experimental studies of halite dissolution kinetics,1. The effect of saturation state and the presence of trace metals. Chemical Geology,137,201-219.

Allen J R L. (1972)On the origin of cave flutes and scallops by the enlargement of inhomogeneities. Rassegna Speleologica Italiana,24,3-23.

Allen J R L. (1977)Physical Processes of Sedimentation,4th impression,George Allen & Unwin,London,248.

Aller L,Bennet T,Lehr J H,et al. (1987)DRASTIC:a Standardized System for Evaluating Groundwater Pollution Potential using Hydrogeologic Settings. Office of Research and Development, US Environmental Protection Agency (EPA600/2-87/035).

Alley N F,Clarke J D A,Macphail M,et al. (1999)Sedimentary infillings and development of major Tertiary palaeodrainage systems of south-central Australia. Special Publications of the International Association of Sedimentologists, 27, 337-366.

Allison R J, Goudie A S. (1990) Rock control and slope profiles in a tropical limestone environment: the Napier Range of Western Australia. The Geographical Journal, 156(2), 200-211.

Allred K. (2004) Some carbonate erosion rates of southeast Alaska. Journal of Cave and Karst Studies, 66(3), 89-97.

Alsharhan A S, Kendall C G St C. (2003) Holocene coastal carbonates and evaporites of the southern Arabian Gulf and their ancient analogues. Earth-Science Reviews, 61, 191-243.

Alsop G I, Blundell D J, Davison I. (eds)(1996) Salt Tectonics. Special Publication 100, Geological Society Publishing House, Bath.

American Society for Testing and Materials. (1995) Standard Guide for Design of Ground-Water Monitoring Systems in Karst and Fractured-Rock Aquifers, D 5717-95, Annual Book of ASDTM Standards, 435-451.

Anderson G M. (1991) Organic maturation and ore precipitation in southeast Missouri. Economic Geology, 86(5), 909-926.

Anderson N L, Hinds R C. (1997) Glacial loading and unloading: a possible cause of rock-salt dissolution in the Western Canadian Basin. Carbonates and Evaporites, 12(1), 43-52.

Andre B, Rajaram H. (2005) Dissolution of limestone fractures by cooling waters: early development of hypogene karst systems. Water Resources Research, 41(1), W01015 10.1029/2004WR003331.

André M F. (1996a) Vitesses de dissolution aréolaire postglaciaire dans les karsts polaires et haut-alpins-de l'Arctique scandinave aux alpes de Nouvelle-Guinée. Revue d'Analyse Spatiale Quantitative et Appliquée, 38-39, 99-107.

André M F. (1996b) Rock weathering rates in arctic and subarctic environments (Abisko Mts., Swedish Lappland). Zeitschrift für Geomorphologie, 40(4), 499-517.

André M F. (2001) Tors et roches moutonnées en laponie Suédoise: antagonisme ou filiation？Géographie physique et Quaternaire, 55(3), 229-242.

Andrejchouk V. (2002) Collapse above the world's largest potash mine (Ural, Russia). International Journal of Speleology, 31(1/4), 137-158.

Andrejchouk V N, Klimchouk A B. (2001) Geomicrobiology and redox geochemistry of the karstified Miocene gypsum aquifer, Western Ukraine: The Study of Zoloushka Cave. Geomicrobiology Journal, 18, 275-295.

Andrejchouk V. (1999) Collapses above Gypsum Labyrinth Caves and Stability Assessment of Karstified Terrains, Prut, Chernovtsy, 51. [In Russian]

Andreo B, Carrasco F, Bakalowicz M, et al. (2002) Use of hydrodynamic and hydrochemistry to characterise carbonate aquifers. Case study of the Blanca-Mijas unit (Málaga, southern Spain). Environmental Geology, 43, 108-119.

Andrews L M, Railsback L B. (1997) Controls on stylolite development: morphologic, lithologic temporal evidence from bedding-parallel and transverse stylolites from the U.S. Appalachians. Journal of Geology, 105, 59-73.

Andrieux C. (1963) Etude crystallographique des pavements polygonaux des croutes polycristallines de calcite des grottes. Bulletin de la Societe Francaise de Mineralogie et de Cristallographie, 86, 135-138.

Anikeev A. (1999) Casual hydrofracturing theory and its application for sinkhole development prediction in the area of Novovoronezh Nuclear Power House 2 (NV NPH-2), Russia, in Hydrogeology and Engineering Geology of Sinkholes and Karst (eds B. F. Beck, A. J. Pettit, and J. G. Herring), A. A. Balkema, Rotterdam, 77-83.

Annable W K. (2003) Numerical analysis of conduit evolution in karstic aquifers. Univ. of Waterloo PhD thesis, 139.

Anthony D M, Granger D E. (2004) A Tertiary origin for multilevel caves along the western escarpment of the Cumberland Plateau, Tennessee and Kentucky, established bt cosmogenic [26]Al and [10]Be. Journal of Cave and Karst Studies, 66(2), 46-55.

Antonioli F, Bard E, Potter E K, et al. (2004) 215ka history of sea level oscillations from marine and continental layers in Argenterola Cave speleothems, Italy. Global and Planetary Change, 43(1-2), 57-78.

Appelo C A J, Postma D. (1994) Geochemistry, Groundwater and Pollution, Balkema, Rotterdam, 536.

Arandjelovic D. (1984) Application of geophysical methods to hydrogeological problems in Dinaric karst of Yugoslavia, in Hydrogeology of the Dinaric Karst (ed. B. F. Mijatovic), International Contributions to Hydrogeology 4, Heise, Hannover, 143-159.

Arandjelovic D. (1966) Geophysical methods used in solving some geological problems encountered in construction of the Treblinisca water power plant (Yugoslavia). Geophysical Prospecting, 14(1), 80-97.

Arfib B, de Marsily G, Ganoulis J. (2002) Les sources karstiques côtières en Méditerranée: étude des mécanismes de pollution saline de l'Almyros d'Héraklion(Crète), observations et modélisation. Bulletin de la Societe Geologique de France,173(3),245-253.

Ashton K. (1966)The analyses of ? ow data from karst drainage systems. Transactions of the Cave Research Group of Great Britain,7(2),161-203.

Association Francaise de Karstologie. (1981)Formations Carbonates Externes, Tufs et Travertins. Bulletin de l'Association Geographique France, Memoire 3.

Astier J L. (1984)Geophysical prospecting, in Guide to the Hydrology of Carbonate Rocks(eds P. E. LaMoreaux, B. M. Wilson and B. A. Memon),Studies and Reports in Hydrology No. 41,UNESCO,Paris,171-196.

Atkinson T C. (1977a)Carbon dioxide in the atmosphere of the unsaturated zone: an important control of groundwater hardness in limestones. Journal of Hydrology,35,111-123.

Atkinson T C. (1977b)Diffuse flow and conduit flow in limestone terrain in the Mendip Hills,Somerset(Great Britain). Journal of Hydrology,35,93-110.

Atkinson T C. (1983)Growth mechanisms of speleothems in Castleguard Cave,Columbia Icefields,Alberta,Canada. Arctic and Alpine Research,15(4),523-536.

Atkinson T C. (1985)Present and future directions in karst hydrogeology. Annales de la Societe Géologique de Belgique, 108,293-296.

Atkinson T C,Rowe P J. (1992)Applications of dating to denudation chronology and landscape evolution,in Uranium Series Disequilibrium. Applications to Marine,Earth and Environmental Sciences(eds M. Ivanovich and R. S. Harmon), Clarendon Press,Oxford,669-703.

Atkinson T C,Smith D I. (1976)The erosion of limestones,in The Science of Speleology(eds T. D. Ford and C. H. D. Cullingford),Academic Press,London,151-177.

Atkinson T C,Ward R S,O'Hannelly E. (2000)A radial-flow tracer test in Chalk:comparison of models and fitted parameters,in Tracers and Modelling in Hydrogeology(ed. A. Dassargues),Publication 262,International Association of Hydrological Sciences,Wallingford,7-15.

Aubert D. (1967)Estimation de la dissolution superficielle dans le Jura. Bulletin de la Societe Vaudoise des Sciences Naturelles,No. 324,69(8),365-376.

Aubert D. (1969)Phenomenes et formes du karst jurassien. Eclogae Geologicae Helvetiae,62(2),325-99.

Audra P. (1994)Karsts alpins. Gènese des grands rèseaux souterrains. Karstologia,Mémoires 5.

Audra P. (1999)Soil erosion and water pollution in an intensive vine cultivation area:The Entre-deux-Mers example(Gironde,France),in Karst Hydrogeology and Human Activities:Impacts,Consequences and Implications(eds D. Drew and H. Hötzl),Balkema,Rotterdam,70-72.

Audra P. (2000)Le karst haut alpin du Kanin(Alpes juliennes,Slovénie-Italie). Karstologia,35(1),27-38.

Audra P,Bigot J Y,Mocochain L. (1993)Hypogenic caves in Provence(France):speci? c features and sediments. Speleogenesis and Evolution of Karst Aquifers,1(1),10.

Audra P,Camus H,Rochette P. (2001)Le karst des plateaux jurassique de la moyenne vallée de l'Ardèche:datation par paléomagnétisme des phases d'évolution plioquaternaires(aven de la Combe Rajeau). Bullétin Sociète Géologique de France,172(1),121-129.

Auler A S,Smart P L. (2003)The influence of bedrock-derived acidity in the development of surface and underground karst:evidence from the Precambrian carbonates of semi-arid northeastern Brazil. Earth Surface Processes and Landforms,28,157-168.

Auler A S,Smart P L,Tarling D H,et al. (2002)Fluvial incision rates derived from magnetostratigraphy of cave sediments in the cratonic area of eastern Brazil. Zeitschrift für Geomorphologie,46(3),391-403.

Ayalon A,Bar-Matthews M,Kaufman A. (2002)Climatic conditions during marine oxygen isotope stage 6 in the eastern Mediterranean region from the isotopic composition of speleothems of Soreq Cave,Israel. Geology,30(4),303-306.

Ayers J F,Vacher H L. (1986)Hydrogeology of an atoll island:a conceptual model from detailed study of a Micronesian example. Ground Water,24(2),185-198.

Ayliffe L K,Marianelli P C,Moriarty K,et al. (1998)500 ka precipitation record from southeastern Australia:evidence for interglacial relative aridity. Geology,26,147-150.

Ayora C,Taberner C,Saaltink A B,et al. (1998)The genesis of dedolomites:a discussion based on reactive transport modelling. Journal of Hydrology,209,346-365.

Bachman G O. (1976)Cenozoic deposits of southeastern New Mexico and an outline of the history of evaporite dissolution.

Journal of Research, US Geological Survey, 4(2), 135 - 149.

Bachman G O. (1984) Regional geology of the Ochoan evaporites, northern part of Delaware Basin. New Mexico Bureau of Mines and Mineral Resources, Circular, 184, 24.

Bachman G O. (1987) Karst in Evaporites in Southeastern New Mexico, Report SAND 86 - 7078, Sandia National Laboratories.

Back W, Hanshaw B B, van Driel J N. (1984) Role of groundwater in shaping the Eastern Coastline of the Yucatan Peninsula, Mexico, in Groundwater as a Geomorphic Agent (ed. R. G. LaFleur), Allen & Unwin, London, 280 - 293.

Backshall D G, Barnett J, Davies P J, et al. (1979) Drowned dolines - the blue holes of the Pompey Reefs, Great Barrier Reef. BMR Journal of Australian Geology and Geophysics, 4, 99 - 109.

Badino G, Romeo A. (2005) Crio - Karst in the Hielo Continental Sur, in Glacier Caves and Glacial Karst in High Mountains and Polar Regions (ed. B. R. Mavlyudov), Institute of Geography, Russian Academy of Sciences, Moscow, 13 - 18.

Baedke S J, Krothe N C. (2001) Derivation of effective hydraulic parameters of a karst aquifer from discharge hydro-graph analysis. Water Resources Research, 37(1), 13 - 19.

Bagnold R A. (1966) An approach to the sediment transport problem from general physics. US Geological Survey Professional Paper, 422 - I, 37.

Baichtal J F, Swanston D N. (1996) Karst Landscapes and Associated Resources: a Resource Assessment. Report PNW - GTR - 383, US Department of Agriculture Forestry Service.

Bakalowicz M. (1973) Les grandes manifestations hydrologiques des karsts dans le monde. Spelunca 2, 38 - 40.

Bakalowicz M, Blavoux B, Mangin A. (1974) Apports du tracage isotopique naturel á la connaissance du fonctionnement d'un systeme karstique - teneurs en oxygène - 18 de trois systemes des Pyrenees, France. Journal of Hydrology, 23, 141 - 158.

Bakalowicz M. (1976) Géochimie des eaux karstiques. Une methode d'etude de l'organisation des ecoulements souterrains. Annales Scientifiques de l' Universite de Besancon, 25, 49 - 58.

Bakalowicz M. (1977) Etude du degre d'organisation des coulements souterrains dans les aquiferes carbonates par une methode hydrogochimique nouvelle. Compte Rendus Academie des Sciences Paris, Series D, 284, 2 463 - 2 466.

Bakalowicz M. (1979) Contribution de la geochimie des eaux a la connaissance de l'aquifere karstique et de la karstification. Univ. Paris - 6 These Doctorate Sciences, 269.

Bakalowicz M, Mangin A. (1980) L'aquifere karstique. Sa definition, ses characteristiques et son identification. Memoires de la Societe Geologique de France, 11, 71 - 79.

Bakalowicz M. (1984) Water chemistry of some karst environments in Norway. Norsk Geografisk Tidsskrift, 38, 209 - 214.

Bakalowicz M, Mangin A, Rouch R, et al. (1985) Caractere de l'environnement souterrain de la galerie d'entree de la Grotte de Bedeilhac, Ariege. Laboratoire Souterrain du C. N. R. S. , Moulis, 67.

Bakalowicz M J, Ford D C, Miller T E, et al. (1987) Thermal genesis of solution caves in the Black Hills, South Dakota. Geological Society of America Bulletin, 99, 729 - 738.

Bakalowicz M J, Jusserand C. (1987) Etude de l'infiltration en milieu karstique par les methodes geochemiques et isotopiques. Cas de la Grotte de Niaux (Ariege, France). Bulletin du Centre d'Hydrogeologie, Universite Neuchatel, 7, 265 - 283.

Bakalowicz M. (1992) Géochemie des eaux et flux de matières dissoutes: l'approche objective du ro? le du climat dans le karstogénèse, in Salomon, J. - N. and Maire, R. (eds). Karst et évolutions climatiques. Presses Universitaires, Bordeaux, 61 - 74.

Bakalowicz M, Drew D, Orvan J, et al. (1995) The characteristics of karst groundwater systems, in COST Action 65 - Hydrogeological Aspects of Groundwater Protection in Karstic Areas. Final Report, European Commission Report EUR 16547, Luxembourg (ISBN 92 - 827 - 4682 - 8), 349 - 369.

Bakalowicz M. (1995) La zone d'infiltration des aquifères karstiques. Méthodes d'étude. Structure et fonctionnement. Hydrogéologie 4, 3 - 21.

Bakalowicz M. (2001) Exploration techniques for karst groundwater resources, in Present State and Future Trends of Karst Studies (eds G. Günay, K. S. Johnson, D. Ford and A. I. Johnson), IHP - V, Technical Documents in Hydrology, 49 (II), UNESCO, Paris, 31 - 44.

Bakalowicz M. (2005) Karst groundwater: a challenge for new resources. Hydrogeology Journal, 13, 148 - 160.

Bakalowicz M, Fleyfel M, Hachache A. (2002) Une histoire ancienne: le captage de la source de Ras el Aïnet l'alimentation en eau de la ville de Tyr(Liban). La Houille Blanche,4(5),157 – 160.

Baker A,Brunsdon C. (2003). Non-linearities in drip water hydrology:an example from Stump Cross Caverns,Yorkshire. Journal of Hydrology,277,151 – 163.

Baker A,Smart P L. (1995) Recent flowstone growth rates: field measurements and comparison to theoretical results. Chemical Geology,122,121 – 128.

Baker A,Smart P L,Ford DC. (1993a) Northwest European paleoclimate as indicated by growth frequency variations of secondary calcite deposits. Paleogeography,Paleoclimatology,Paleoecology,100,291 – 301.

Baker A,Smart P L,Edwards R L,et al. (1993b) Annual growth banding in a cave stalagmite. Nature,364,518 – 520.

Baker A,Smart P L,McEwan R F. (1997) Elevated and variable values of ^{13}C in speleothems in a British cave system. Chemical Geology,136,263 – 270.

Baker A,Genty D,Dreybrodt W,et al. (1998) Testing theoretically predicted stalagmite growth rates with Recent annually laminated samples:Implications for past stalagmite deposition. Geochimica et Cosmochimica Acta,62(3),393 – 404.

Baker A,Genty D,Fairchild I J. (2000) Hydrological characterisation of stalagmite dripwaters at Grotte de Villars,Dordogne,by the analysis of inorganic species and luminescent organic matter. Hydrology and Earth System Sciences,4(3),439 – 449.

Balazs D. (1973) Relief types of tropical karst areas, in IGU Symposium on Karst Morphogenesis(ed. L. Jakucs), Attila Jozsef University,Szeged,16 – 32.

Balch E S. (1900) Glacières or Freezing Caverns. Lane & Scott,Philadelphia,337.

Baldini J U L,McDermott F,Fairchild I J. (2002) Structure of the 8200 – year cold event revealed by a speleothem trace element record. Science,296,2 203 – 2 206.

Banks D,Davies C,Davies W. (1995) The Chalk as a karstic aquifer:evidence from a tracer test at Stanford Dingley,Berkshire,UK. Quarterly Journal of Engineering Geology,28,S31 – S38.

Bárdossy G. (1982) Karst Bauxites. Bauxite Deposits on Carbonate Rocks,Akademia Kiado-Elsevier,Budapest-Amsterdam,441.

Bárdossy G. (1989) Bauxites,in Paleokarst – a Systematic and Regional Review(eds P. Bosák,D. C. Ford,J. Glazek and I. Horáček),Academia Praha/Elsevier,Prague/Amsterdam,399 – 418.

Barker J A,Black J H. (1983) Slug tests in fissured aquifers. Water Resources Research,19,1558 – 1564.

Bar-Matthews M,Ayalon A. (1997) Late Quaternary paleoclimate in the eastern Mediterranean region from stable isotope analysis of speleothems at Soreq Cave,Israel. Quaternary Research,47,155 – 168.

Bar-Matthews M,Ayalon A,Matthews A,et al. (1996) Carbon and oxygen isotope study of the active water-carbonate system in a karstic Mediterranean cave:implications for paleoclimate research in semiarid regions. Geochimica et Cosmochimica Acta,60(2),337 – 347.

Barner W L. (1999) Comparison of stormwater management in a karst terrane in Springfield,Missouri – case histories. Engineering Geology,52,105 – 112.

Barrows T T,Juggins S. (2005) Sea-surface temperatures around the Australian margin and Indian Ocean during the Last Glacial Maximum. Quaternary Science Reviews,24,1017 – 1047.

Barton N,Stephansson O. (eds)(1990) Rock Joints,A. A. Balkema,Rotterdam,994.

Baskaran M,Krishnamurthy R V. (1993) Speleothems as proxy for the carbon isotope composition of atmospheric CO_2. Geophysical Research Letters,20(24),2 905 – 2 908.

Bastin B. (1979) L'analyse pollinique des stalagmites. Annales de la Societe Geologique de Belgique,101,13 – 19.

Bastin B. (1990) L'analyse pollinique des concretions stalagmitiques:méthodologier et resultants en provenance des grottes belges. Karstologia,Mémoires,2,3 – 10.

Batsche H,Bauer F,Behrens H,et al. (1970) Kombinierte Karstwasser-untersuchungen in Gebiet der Donauversick erung (Baden – Wuttemberg) in den Jahren,1966—1969,1970. Steirische Beitrage zur Hydrogeologie,22(B90),5 – 165.

Bauer F. (1962) NacheiszeitlicheKarstformen in der osterreichischen Kalkalpen,Proceedings of the 2nd International Congress of Speleology,Bari,299 – 328.

Bauer S. (2002) Simulation of the genesis of karst aquifers in carbonate rocks. Tübingen Geowissenschaftliche Arbeiten, C62,143.

Bear J. (1972) Dynamics of Fluids in Porous Media,Elsevier,New York.

Beck B F. (2003) Sinkholes and the Engineering and Environmental Impacts of Karst,Proceedings 9th Multidisciplinary

Conference, Huntsville, Alabama. Geotechnical Special Publication 122, American Society of Civil Engineers, 737.

Beck B F. (ed.)(2005) Sinkholes and the Engineering and Environmental Impacts of Karst, Geotechnical Special Publication No. 144, American Society of Civil Engineers, 677.

Beck B F, Herring J G. (eds)(2001) Geotechnical and Environmental Applications of Karst Geology and Hydrology, Balkema, Lisse, 437.

Beddows P A. (2004) Yucatán phreas, Mexico, in Encyclopedia of Caves and Karst Science(ed. J. Gunn), Fitzroy Dearborn, New York, 786 – 768.

Beddows P A, Smart P L, Whitaker F F, et al. (2002) Density strati? ed groundwater circulation on the Caribbean coast of the Yucatan Peninsula, Mexico, in Hydrogeology and Biology of Post-Paleozoic Carbonate Aquifers(eds J. B. Martin, C. M. Wicks, and I. D. Sasowsky), Special Publication 7, Karst Waters Institute, Charles Town, WV, 129 – 134.

Beede J W. (1911) The cycle of subterranean drainage as illustrated in the Bloomington Quadrangle(Indiana), Proceedings Indiana Academy of Science, 20, 81 – 111.

Behrens H. (1998). Radioactive and activable isotopes, in Tracing Technique in Geohydrology(ed. W. Käss), Rotterdam, Balkema, 167 – 187.

Bell K. (1989) Carbonatites: Genesis and Evolution, Unwin Hyman, London, 618.

Belloni S, Martins B, Orombelli G. (1972) Karst of Italy, in Karst: Important Karst Regions of the Northern Hemisphere (eds M. Herak and V. T. Stringfield), Elsevier, Amsterdam, 85 – 128.

Benderitter Y, Roy B, Tabbagh A. (1993) Flow characterization through heat transfer evidence in a carbonate fractured medium: first approach. Water resources Research, 29(11), 3741 – 3747.

Beniawski Z T. (1976) Rock mass classification in rock engineering, in Z. T. Beniawski(ed.). Exploration for rock engineering. A. A. Balkema, Cape Town, 97 – 106.

Benito G, Perez del Campo P, Gutierrez-Elzora M, et al. (1995) Natural and human-induced sinkholes in gypsum terrain and associated environmental problems in NE Spain. Environmental Geology, 25, 156 – 164.

Benson R C, Yuhr L, Kaufmann R D. (2003) Assessing the risk of karst subsidence and collapse, in Sinkholes and the Engineering and Environmental Impacts of Karst(ed. B. E. Beck), Proceedings of 9th Multidisciplinary Conference, Huntsville, Alabama, Geotechnical Special Publication 122, American Society of Civil Engineers, 31 – 39.

Berger L R. (2001) Viewpoint: is it time to revise the system of scientific naming? National Geographic News, December 4. [http:// news. nationalgeographic. com/news/2001/12/1204_ hominin_id. html]

Berner E K, Berner R A. (1996) Global Environment. Water, Air and Geochemical Cycles, Prentice Hall, Upper Saddle River, NJ.

Berner R A, Morse J W. (1974) Dissolution kinetics of calcium carbonate in seawater. IV. Theory of calcite solution. American Journal of Science, 274, 108 – 134.

Berstad I M, Lundberg J, Lauritzen S E, et al. (2002) Comparison of the climate during marine isotope stage 9 and 11 inferred from a speleothem isotope record from northern Norway. Quaternary Research, 58, 361 – 371.

Betson R P. (1977) The hydrology of karst urban areas, in Hydrologic Problems in Karst Regions(eds R. R. Dilamarter and S. C. Csallany), Western Kentucky University, Bowling Green, 162 – 175.

Bini A. (1978) Appunti di geomorfologia ipogea: le forme parietali, 5th Convention on Regional Speleologia of Trentino – Alto Adige, 19 – 46.

Bini A, Meneghel M, Sauro U. (1998a) Karst geomorphology of the Altopiani Ampezzani. Zeitschrift für Geomorphologie NF, Supplement-Band, 109, 1 – 21.

Bini A, Tognini P, Zuccoli L. (1998b) Rapport entre karst et glaciers durant les glaciations dans les vallées préalpines du Sud des Alpes. Karstologia, 32(2), 7 – 26.

Biondic B, Dukaric F, Biondic R. (1999) Impact of the sea on the Perilo abstraction site in Bakar Bay – Croatia, in Karst hydrogeology and human activities: impacts, consequences and implications(eds D. Drew and H. Hötzl), Balkema, Rotterdam, 244 – 251.

Bird J B. (1967) The Physiography of Arctic Canada with Special Reference to the Area South of Parry Channel, Johns Hopkins University Press, Baltimore, 336.

Birk S, Liedl R, Sauter M. (2000) Characterisation of gypsum aquifers using a coupled continuum-pipe flow model, in Calibration and Reliability in Groundwater Modelling(eds Stauffer, F., Kinzelbach, W., Kovar, K. and Hoehn, E.), Publication 265, International association of Hydrological Sciences, Wallingford, 16 – 21.

Bischof G. (1854) Chemical and Physical Geology(translation), Paul & Drummond, London.

Blanc J J. (1992)Importance geodynamique des surfaces d'aplanissement en Provence, in Karst et Evolutions Climatiques (ed. J.-N. Salomon), Presses Universitaires de Bordeaux, 191 – 207.

Bland W, Rolls D. (1998)Weathering: an Introduction to the scientific Principles, Arnold, London, 271.

Blavoux B, Mudry J, Puig J M. (1992). Water-budget, functioning and protection of the Fontaine – de – Vaucluse karst system(southeastern France). Geodinamica Acta, 5(3), 153 – 172.

Bloom A L. (1974)Geomorphology of reef complexes, in Reefs in Time and Space(ed. L. F. Laporte), Special Publication 18, Society of Economic Palaeontologists and Mineralogists, Tulsa, OK, 1 – 8.

Bocker T. (1977)Economic significance of karst water research in Humgary. Karszt es Barlang, Special Issue, 27 – 30.

Bögli A. (1960)Kalklosung und Karrenbildung. Zeitschrift für Geomorphologie, Supplement-band, 2, 4 – 21.

Bögli A. (1961)Karrentische, ein Beitrag sur Karstmorphologie. Zeitschrift für Geomorphologie, 5, 185 – 193.

Bögli A. (1964)Mischungskorrosion; ein Beitrag zum Verkarstungsproblem. Erdkunde, 18(2), 83 – 92.

Bögli A. (1970)Le Holloch et son Karst, Editions la Baconnière, Neuchatel.

Bögli A. (1980)Karst Hydrology and Physical Speleology, Springer-Verlag, Berlin, 284.

Bolner – Takacs K. (1999)Paleokarst features and other climatic relics in Hungarian caves. Acta Carsologica, 28(1), 27 – 37.

Bonacci O. (1987)Karst Hydrology: with Special Reference to the Dinaric Karst. Springer-Verlag, Berlin, 184.

Bonacci O. (1993)Karst springs hydrographs as indicators of karst aquifers. Hydrological Sciences Journal – Journal Des Sciences Hydrologiques, 38(1), 51 – 62.

Bonacci O. (1995)Ground water behaviour in karst: example of the Ombla Spring(Croatia). Journal of Hydrology, 165, 113 – 134.

Bonacci O. (2001a)Analysis of the maximum discharge of karst springs. Hydrogeology Journal, 9, 328 – 338.

Bonacci O. (2001b)Monthly and annual effective infiltration coefficients in Dinaric karst: example of the Gradole karst spring catchment. Hydrological Sciences Journal, 46(2), 287 – 299.

Bonacci O. (2004)Poljes, in Encyclopedia of Caves and Karst Science(ed. J. Gunn), Fitzroy Dearborn, New York, 599 – 600.

Bonacci O, Bojanic D. (1991)Rhythmic karst springs. Hydrological Sciences Journal, 36(1), 35 – 47.

Bonacci O, Roje – Bonacci T. (2000)Interpretation of groundwater level monitoring results in karst aquifers: examples from the Dinaric karst. Hydrological Processes, 14, 2423 – 2438.

BonacciO, Roje – Bonacci T. (2003)The influence of hydroelectrical development on the flow of the karstic river Cetina. Hydrological Processes, 17, 1 – 15.

Bonacci O, Roje – Bonacci T. (2004)Plitvice Lakes, Croatia, in Encyclopedia of Caves and Karst Science(ed. J. Gunn), Fitzroy Dearborn, New York, 597 – 598.

Bonacci O, Kerovec M, Roje – Bonacci T, et al. (1998) Ecologically acceptable flows de? nition for the Žrnovnica River (Croatia). Regulated Rivers: Research and Management, 14, 245 – 256.

Bosák P. (1989)Problems of the origin and fossilization of karst forms, in Paleokarst – a Systematic and Regional Review (eds P. Bosák, D. C. Ford, J. Glazek and I. Horáček), Academia Praha/Elsevier, Prague/Amsterdam, 577 – 598.

Bosák P, Ford D C, Glazek J, et al. (eds)(1989)Paleokarst – a Systematic and Regional Review, Academia Praha/Elsevier, Prague/Amsterdam.

Bosák P, Pruner P, Zupan Hajna N. (1998)Paleomagnetic research of cave sediments in S. W. Slovenia. Acta Carsologica, 28(2), 151 – 179.

Bosák P, Bruthans J, Filippi M, et al. (1999)Karst and Caves in the Salt Diapirs, SE Zagros Mts. , Iran. Acta Carsologica, 2820, 41 – 75.

Bosák P. (2002)Karst processes from the beginning to the end: how can they be dated?, in Evolution of Karst: from Prekarst to Cessation(ed. F. Gabrovsek), Institut za raziskovanje krasa, ZRC SAZU, Postojna – Ljubljana, 191 – 223.

Bosák P, Bella P, Cilek V, et al. (2003)Ochtina Aragonite Cave, Slovakia: morphology, mineralogy and genesis. Geologica Carpathica, 53(6), 399 – 441.

Bosák P, Mihevc A, Pruner P. (2004)Geomorphological evolution of the Podgorski karst, S. W. Slovenia. Acta Carsologica, 33(1), 175 – 204.

Bosch R F, White W B. (2004)Lithofacies and transport of clastic sediments in karstic aquifers, in Studies of Cave Sediments: Physical and Chemical Records of Paleoclimate(eds I. D. Sasowsky and J. Mylroie), Kluwer Academic, New

York, 1 - 22.

Bottrell S H, Atkinson T C. (1992) Tracer study and storage in the unsaturated zone of a karstic limestone aquifer, in Tracer Hydrology(eds H. Hotzl and A. Werner), Balkema, Rotterdam, 207 - 211.

Bourdon B, Henderson G M, Lundstrom C C, et al. (eds)(2003) Uranium-series Geochemistry. Reviews in Mineralogy and Geochemistry, 52, 656.

Bourrouilh L, Jan F G. (1989) The oceanic karst: modern phosphate and bauxite ore deposits on the high carbonate islands (so-called 'uplifted atolls')of the Pacific Ocean, in Paleokarst - a Systematic and Regional Review(eds P. Bosák, D. C. Ford, J. Glazek and I. Horáček), Academia Praha/Elsevier, Prague/Amsterdam, 443 - 471.

Boussinesq J. (1903) Sur un mode simple d'écoulement des nappes d'eau d'infiltration à lit horizontal, avec rebord vertical tout autour lorsqu'une partie de ce rebord est enlevée depuis la surface jusqu'au fond. Comptes Rendus, Académie des Sciences(Paris), 137, 5 - 11.

Boussinesq J. (1904) Recherches théoretiques sur l'écoulement des nappes d'eau infiltrées dans le sol et sur le débit des sources. Journal de Mathematiques Pures et Appliquees, 10, 5 - 78.

Bowen G J, Wilkinson B. (2002) Spatial distribution of $d^{18}O$ in meteoric precipitation. Geology, 30(4), 315 - 318.

Boyer B W. (1997) Sinkholes, soils, fractures drainage: Interstate 70 near Frederick, Maryland. Environmental and Engineering Geoscience, III (4), 469 - 485.

Boyer D G, Pasquarell G C. (1995) Nitrate concentrations in karst springs in an extensively grazed area. Water Resources Bulletin, 31(4), 729 - 736.

Bozicevic S, Biondic B. (1999) The Plitvice Lakes, in Karst Hydrogeology and Human Activities(eds D. Drew and H. Hötzl), Balkema, Rotterdam, 174 - 178.

Bradley R S. (1999) Paleoclimatology: Reconstructing the Climates of the Quaternary, San Diego, Harcourt Academic Press, 610.

Bradshaw P. (2002) Reclamation of Limestone Quarries by Landform Simulation: Summary of Lessons Learnt from Trial Sites, Department for Transport, Local Government and the Regions, London.

Brady B M G, Brown E T. (1985) Rock Mechanics for Underground Mining, George Allen & Unwin, London, 527.

Breisch R L, Wefer F L. (1981) The shape of 'gypsum bubbles', Proceedings of the 8th International Congress of Speleology, Bowling Green, Kentucky, 2, 757 - 759.

Bretz J H. (1942) Vadose and phreatic features of limestone caves. Journal of Geology, 50(6), 675 - 811.

Briceño H O, Schubert C. (1990) Geomorphology of the Gran Sabana, Guyana Shield, southeastern Venezuela. Geomorphology, 3, 125 - 141.

Bricelj M. (1997) Results with phages, in Kranjc, A. (ed.) Karst Hydrogeological Investigations in South-western Slovenia. Acta Carsologica Krasoslovni Zbornik XXVI/1, Ljubljana, 307 - 314.

Brink A B A. (1984) A brief review of the South African sinkhole problem, in Sinkholes: their Geology, Engineering and Environmental Impact(ed. B. F. Beck), Balkema, Rotterdam, 123 - 127.

British Columbia Ministry of Forest. (1994) Cave/Karst Management Handbook for the Vancouver Forest Region, Province of British Columbia, Victoria, BC.

British Columbia Ministry of Forest. (2003) Karst Management Handbook for British Columbia, Province of British Columbia, Victoria, BC. , 69.

Brod L G. (1964) Artesian origin of fissure caves in Missouri. Bulletin of the National Speleological Society, 26(3), 83 - 112.

Brook G A. (1981) An approach to modelling karst landscapes. South African Geography Journal, 63(1), 60 - 76.

Brook G A, Ford D C. (1978) The origin of labyrinth and tower karst and the climatic conditions necessary for their development. Nature, 275, 493 - 496.

Brook G A, Ford D C. (1980) Hydrology of the Nahanni karst, northern Canada the importance of extreme summer storms. Journal of Hydrology, 46, 103 - 121.

Brook G A, Hanson M. (1991. Double Fourier series analysis of cockpit and doline karst near Browns Town, Jamaica. Physical Geography, 12(1), 37 - 54.

Brook G A, Folkoff M E, Box E O. (1983) A world model of soil carbon dioxide. Earth Surface Processes and Landforms, 8, 79 - 88.

Brook G A, Burney D A, Cowart J B. (1990) Desert paleoenvironmental data from cave speleothems with examples from the

Chihuahuan, Somali-Chalbi Kalahari deserts. Paleogeography, Paleoclimatology, Paleoecology, 76, 311 – 329.

Brook G A, Embabi N S, Ashour M M, et al. (2003) Quaternary environmental change in the western desert of Egypt: evidence from cave speleothems, spring tufas and playa sediments. Zeitschrift für Geomorphologie, Supplment-Band, 131, 59 – 87.

Brooks S, Gebauer D. (2004) Indian subcontinent, in Encyclopedia of Caves and Karst Science (ed. J. Gunn), Fitzroy Dearborn, New York, 442 – 445.

Brown M C. (1972) Karst Hydrology of the Lower Maligne Basin, Jasper, Alberta, Cave Studies 13, Cave Research Association, California, 97.

Brown M C. (1973) Mass balance and spectral analysis applied to karst hydrologic networks. Water Resources Research, 9 (3), 749 – 752.

Brown R H, Konoplyantsev A, Ineson J, et al. (eds) (1972) Groundwater Studies, Studies and Reports in Hydrology 7, Unesco, Paris.

Brush D J, Thomson N R. (2003) Fluid flow in synthetic rough-walled fractures: Navier – Stokes, Stokes, and local cubic law simulations. Water Resources Research, 39, 1085, doi: 10. 1029/2002WR001346.

Bruthans J, Zeman O. (2003) Factors controlling exokarst morphology and transport through caves: comparison of carbonate and salt karst. Acta Carsologica, 32(1), 83 – 99.

Buchtela K von. (1970) Aktivierungsanalyse in der Hydrogeologie. Steirische Beitrage zur Hydrogeologie, 22, 189 – 198.

Buckland W. (1823) Reliquae Diluvianae, Oxford.

Budel J. (1982) Climatic Geomorphology, Princeton University Press, Princeton, NY.

Bull P A. (1977a) Boulder chokes and doline relationships, Proceedings of the 7th International Congress of Speleology, Sheffield, 93 – 96.

Bull P A. (1977b) Laminations or varves? Processes of fine grained sediment deposition in caves, Proceedings of the 7th International Congress of Speleology, Sheffield, 86 – 87.

Bull P A. (1978) Surge mark formation and morphology. Sedimentology, 25, 877 – 886.

Bull P A. (1982) Some fine-grained sedimentation phenomena in caves. Earth Surface Processes and Landforms, 6, 11 – 22.

Bull P A, Laverty M. (1982) Observations on phytokarst. Zeitschrift für Geomorphologie, 26, 437 – 457.

Burdon D J, Papakis N. (1963) Handbook of Karst Hydrogeology, Institute for Geology and Subsurface Research/FAC, Athens.

Burdon D J, Safadi C. (1963) Ras-el-Ain: the great spring of Mesopotamia. Journal of Hydrology, 1, 58 – 95.

Burin K, Spassov K, Kolev D, et al. (1976) Two experiments in tracing karst underground waters with bromine, using neutron activation analysis in Bulgari,, Proceedings of the 3rd International Symposium on Underground Water Tracing, Institute of Karst Research, Postojna, Ljubljana, B159, 35 – 45.

Burney D A, Burney L P. (1993) Modern pollen deposition in cave sites: experimental results from New York State. New Phytology, 124, 523 – 535.

Burri E, Castiglioni B, Sauro U. (1999) Karst and agriculture in the world. International Journal of Speleology, 28B(1/4), theme issue, 5 – 185.

Busche D, Erbe W. (1987) Silicate karst landforms of the southern Sahara. Zeitschrift für Geomorphologie, N. F. Supplement – Band, 64, 55 – 72.

Busche D, Sponholz B. (1992) Morphological and micro – morphological aspects of the sandstone karst of eastern Niger. Zeitschrift für Geomorphologie, N. F. Supplement – Band, 85, 1 – 18.

Busenberg E, Plummer L N. (1982) The kinetics of dissolution of dolomite in $CO_2 - H_2O$ systems at 1.5°to 65°C and 0 to 1 atm P_{CO_2}. American Journal of Science, 282, 45 – 78.

Busenberg E, Plummer L N. (1986) A comparative study of the dissolution kinetics of calcite and aragonite, in Studies in Diagenesis (ed. F. A. Mumton). US Geological Survey Bulletin, 1578, 139 – 168.

Butler J J. (1998) The Design, Performance Analysis of Slug Tests, Lewis, Boca Raton, 252.

Cabrol P. (1978) Contribution á L'étude du concretionnement carbonate des grottes du sud de la France morphologie, genese, diagenese. C. E. R. G. H. , Univ. Montpellier, tome XII, 275.

Cabrol P, Mangin A. (2000) Fleurs de pierre: Les plus belles concretions des grottes de France, Delachaux et Niestlé, Lausanne, 191.

Cai Z, Tang W, Maire R. (1993) Le géographe chinoise Xu Xiake. Karstologia, 21(1), 43 – 50.

Cailleux A, Tricart J. (1963) Initiation a l'etude des sables et des galets, 3 vols, Centre Doc. Universitaire, Paris, 765.

Calaforra J M, Pulido - Bosch A. (1999) Gypsum karst features as evidence of diapiric processes in the Betic Cordillera, Southern Spain. Geomorphology, 19, 251 - 264.

Campy M. (1990) L'enregistrement du temps et climat dans les remplissages karstiques: l'apport de la sédimentologie. Karstologia Mémoires, 2, 11 - 22.

Cardona F, Viver J. (2002) Sota la sal de Cardona, Espeleo Club de Gracia, Barcelona, 128.

Carew J L, Mylroie J, Wehmiller J F, et al. (1984) Estimates of late Pleistocene sea level high stands from San Salvador, Bahamas, Proceedings, 2nd Symposium on the Geology of the Bahamas (ed. J. W. Teeter), 153 - 175.

Carozzi A V, Scholle P A, James N P. (eds) (1996) Carbonate Petrography: Grains, Textures Case Studies, Society of Economic Paleontologists and Mineralogists Publications, Denver, 700.

Carter W L, Dwerryhouse A R. (2004) The underground waters of northwest Yorkshire (Part 2). The underground waters of Ingleborough. Proceedings of the Yorkshire Geological Society 15(2), 248 - 292. [Part 1, 1900.]

Carthew K D, Taylor M P, Drysdale R N. (2006) An environmental model of fluvial tufas in the monsoonal tropics, Barkly karst, northern Australia. Geomorphology, 73, 78 - 100.

Castellani V, Dragoni W. (1986) Evidence for karstic mechanisms involved in the evolution of Moroccan Hamadas. International Journal of Speleology, 15(1 - 4), 57 - 71.

Castany G. (1982) Principes et Methodes de l'Hydrogologie, Dunod, Paris.

Castany G. (1984a) Hydrogeological features of carbonate rocks, in Guide to the Hydrology of Carbonate Rocks (eds P. E. LaMoreaux, B. M. Wilson and B. A. Memon), Studies and Reports in Hydrology 41, UNESCO, Paris, 47 - 67.

Castany G. (1984b) Determination of aquifer characteristics, in Guide to the Hydrology of Carbonate Rocks (eds P. E. LaMoreaux, B. M. Wilson and B. A. Memon), Studies and Reports in Hydrology 41, UNESCO, Paris, 210 - 237.

Castillo A, Lopez Chicano M, Pulido - Bosch A. (1993) Temporal evolution of Riofrio nitrate content (Sierra Gorda, Granada), in Some Spanish Karstic Aquifers (ed. A. Pulido-Bosch), University of Granada Press, Granada, 117 - 126.

Caumartin V. (1963) Review of the microbiology of underground environments. Bulletin of the National Speleological Society, 25, 1 - 14.

Celi M. (1991) The impact of bombs of World War I on limestone slopes of Monte Grappa, Proceedings, International Conference on Environmental Changes in Karst Areas, International Geographical Union/International Speleological Union, 279 - 287.

Celico P, Gonfiantini R, Koizumi M, et al. (1984) Environmental isotope studies of limestone aquifers in central Italy, in Isotope Hydrology 1983, International Atomic Energy Agency, Vienna, 173 - 192.

Cerling T E. (1984) The stable isotopic composition of modern soil carbonate and its relationship to climate. Earth and Planetary Science Letters, 71, 229 - 240.

Chafetz H S, Folk R L. (1984) Travertines: depositional morphology and the bacterially constructed constituents. Journal of Sedimentary Petrology, 54(1), 189 - 316.

Chafetz H S, Srdoč D, Horvatinčič N. (1994) Early diagenesis of Plitviče Lakes waterfall and barrier travertine deposits. Géographie physique et Quaternaire, 43(3), 247 - 255.

Chaix E. (1895) Contribution a l'etude des lapies: la topographie du desert de Plate. Le Globe, XXXIV, 67 - 108.

Chappell J. (1983) A revised sea - level record for the last 300,000 years from Papua, New Guinea. Search, 14, 99 - 101.

Chappell J, Shackleton N J. (1986) Oxygen isotopes and sea level. Nature, 324, 137 - 140.

Chapellier D. (1992) Well Logging in Hydrogeology, Balkema, Rotterdam, 175.

Chapman J B, Ingraham N L, Hess J W. (1992) Isotopic investigation of infiltration and unsaturated zone processes at Carlsbad Cavern, New Mexico. Journal of Hydrology, 133, 343 - 363.

Chardon M. (1992) Evolution actuelle et recent des karsts de la Vanoise orientale. in Karst et Evolutions Climatiques (eds J.-N. Salomon, and R. Maire), Presses Universitaires de Bordeaux, 293 - 308.

Chen X. (1998) South China Karst 1. ZRC SAZU, Ljubljana, 247.

Chen Z, Song L, Sweeting M M. (1986) The pinnacle karst of the Stone Forest on Lunan, Yunnan, China: an example of a subjacent karst, in New Directions in Karst (eds M. M. Sweeting and K. Paterson), Geo Books, Norwich, 587 - 607.

Chenoweth S, Day M, Koenig S, et al. (2001) Conservation issues in the Cockpit Country, Jamaica, Proceedings of the 13th International Congress of Speleology, Brazilia, Vol. 2, 237 - 241.

Chernyshev S N. (1983) Fissures in Rocks. Nauka, Moscow, 240. [In Russian]

Chicocki G, Zojer H. (2005) VURAAS - vulnerability and risk analysis in Alpine aquifer systems, in Water Resources and

Environmental Problems in Karst. Belgrade(eds Z. Stevanović, and P. Milanović), National Committee of the International Association of Hydrogeologists of Serbia and Montenegro, 91 – 96.

Choquette P W, Pray L C. (1970) Geological nomenclature and classification of porosity in sedimentary carbonates. American Association of Petroleum Geologists Bulletin, 54, 207 – 250.

Chorley R J, Kennedy B A. (1971) Physical geography, a Systems Approach. Prentice—Hall, London, 370.

Chou L, Garrels R M, Wollast R. (1989) Comparative study of the kinetics and mechanisms of dissolution of carbonate minerals. Chemical Geology, 78, 269 – 282.

Christiansen E A. (1967) Collapse structures near Saskatchewan, Canada. Canadian Journal of Earth Sciences, 4, 757 – 767.

Christiansen E A, Sauer E K. (2001) Stratigraphy and structure of a Late Wisconsin salt collapse in the Saskatoon Low south of Saskatoon, Saskatchewan, Canada: an update. Canadian Journal of Earth Sciences, 38, 1601 – 1613.

Christopher N S J. (1980) A preliminary flood pulse study of Russett Well, Derbyshire. Transactions of the British Cave Research Association, 7(1), 1 – 12.

Cigna A A. (1986) Some remarks on phase equilibria of evaporites and other karstifiable rocks. Le Grotte d'Italia, 4(XII), 201 – 208.

Cigna A A. (1993) Environmental management of tourist caves: the examples of Grotta di Castellana and Grotta Grande del Vento. Environmental Geology, 21, 173 – 180.

Cigna A A, Burri E. (2000) Development, Management and Economy of Show Caves. International Journal of Speleology, 29B9(1/4), 1 – 27.

Cinq-Mars J, Lauriol B. (1985) Le karst de Tsi-It-Toh-Choh: notes preliminaire sur quelques phenomenes karstiques du Yukon septentrional, Canada. Comptes Rendus du Colloque International de Karstologie Applique, Universite de Liege, 185 – 196.

Ciry R. (1962) Le role du froid dans la speleogenese. Spelunca Memoires, 2(4), 29 – 34.

Civita M, De Maio M. (2000) Valutazione e cartografia automatica della vulnerabilita degli acquiferi all'inquinamento con il sistema parametrico SINTACS R5, Pitagora Editore, Bologna.

Clark I D, Fritz P. (1997) Environmental Isotopes in Hydrogeology. Lewis, New York, 328.

Clark I D, Lauriol B. (1999) Aufeis of the Firth River Basin, Northern Yukon, Canada: Insights into Permafrost Hydrogeology and Karst. Arctic and Alpine Research, 29(2), 240 – 252.

Clark P J, Evans F C. (1954) Distance to nearest neighbour as a measure of spatial relationships in populations. Ecology, 35, 445 – 453.

Clark P U, Mix A C. (2002) Ice sheets and sea level of the Last Glacial Maximum. Quaternary Science Reviews, 21, 1 – 7.

Clarke F W. (1924) The data of geochemistry. US Geological Survey Bulletin, 770, 84.

Clarke J D A. (1994) Evolution of the Lefroy and Cowan palaeodrainage channels, Western Australia. Australian Journal of Earth Sciences, 41, 55 – 68.

Clemens T, Hückinghaus M, Sauter M, et al. (1997) Simulation of the evolution of maze caves. Bulletin d'Hydrogéologie, 16, 201 – 209.

Clemens T, Huckinghaus D, Liedl R, et al. (1999) Simulation of the development of karst aquifers: role of the epikarst. International Journal of Earth Sciences, 88(1), 157 – 162.

Cockburn H A P, Summerfield M A. (2004) Geomorphological applications of cosmogenic isotope analysis. Progress in Physical Geography, 28(1), 1 – 42.

Collins M E, Cum M, Hanninen P. (1994). Using ground-penetrating radar to investigate a subsurface karst landscape in north-central Florida. Geoderma, 61(1 – 2), 1 – 15.

Committee on Fracture Characterization and Fluid Flow. (1996) Rock Fractures and Fluid Flow: Contemporary Understanding and Applications, National Academy Press, Washington, DC, 551.

Condomines M, Brouzes C, Rihs S. (1999) Le radium et ses descendants dans quelques carbonates hydrothermaux d'Auvergne: origin et utilization pour la datation. Comptes Rendus, Académie des Sciences(Paris), 328, 23 – 28.

Conroy G C, Pickford M, Senut B, et al. (1992) Otavipithecus namibiensis, first Miocene hominoid from Southern Africa. Nature, 356, 144 – 148.

Contos A, James J M. (2001) Nullarbor rafts and their paleo-environmental significance, Proceedings of the 13th International Congress of Speleology, Brasilia, V1, 53.

Contos A, James J, Holmes A, et al. (2001) Calcite biomineralisation in the caves of Nullarbor Plains, Australia, Proceedings of the 13th International Congress of Speleology, Brazilia, Vol. 1, 33 – 38.

Cooper A H. (1995) Subsidence hazards due to the dissolution of Permian gypsum in England: Investigation and remediation, in Karst Geohazards(ed. B. F. Beck), Balkema, Rotterdam, 23 - 29.

Cooper A H. (1998) Subsidence hazards caused by the dissolution of Permian gypsum in England: geology, investigation and remediation, in Geohazards in Engineering Geology(eds J. G. Maund, and M. Eddleston), Engineering Geology Special Publications 15, Geological Society Publishing House, Bath, 265 - 275.

Cooper A H. (2001) Natural and induced halite karst geohazards in Great Britain, in Geotechnical and Environmental Applications of Karst Geology and Hydrology(eds B. F. Beck and J. G. Herring), Balkema, Lisse, 119 - 124.

Coplen T B. (1994) Reporting of stable hydrogen, carbon and oxygen abundances. Pure and Applied Chemistry, 66, 2423 - 2444.

Coplen T B, Winograd I J, Landwehr J M, et al. (1994) 500 000 year stable carbon isotopic record from Devils Hole, Nevada. Science, 263, 361 - 365.

Corbel J. (1956) A new method for the study of limestone regions. Revue Canadienne de Geographie, 10, 240 - 242.

Corbel J. (1957) Les Karsts du Nord-Ouest de l'Europe, Institut Etudes Rhodaniennes Univ. Lyon 12 Mms. Docs, 531.

Corbel J. (1959) Erosion en terrain calcaire. Annales de Geographie, 68, 97 - 120.

Correa Neto A V. (2000) Speleogenesis in quartzite in southeastern Minas Gerais, Brazil, in Speleogenesis: Evolution of Karst Aquifers(eds A. V. Klimchouk, D. C. Ford, A. N. Palmer and W. Dreybrodt), National Speleological Society of America, Huntsville, AL, 452 - 457.

COST Action 65. (1995a) Hydrogeological Aspects of Groundwater Protection in Karstic Areas, Final report(COST Action 65), Report EUR 16547, Directorate-General Science, Research and Development, European Commission, Office for Official Publications of the European Communities, Luxembourg, 446.

COST Action 65. (1995b) Hydrogeological Aspects of Groundwater Protection in Karstic Areas - Guidelines, EUR 16526, Directorate-General Science, Research and Development, European Commission, Office for Official Publications of the European Communities, Luxembourg, 15.

COST Action 620. (2004) Vulnerability and Risk Mapping for the Protection of Carbonate(Karst) Aquifers, Final report (COST Action 620), Report EUR 20912. Directorate-General Science, Research and Development, European Commission, Office for Official Publications of the European Communities, Luxembourg, 297.

Courbon P, Chabert C, Bosted P, et al. (1989) Atlas of the Great Caves of the World, Cave Books, St Louis, 369.

Courrèges M, Maire R. (1996) Karsts et vignobles en Bordelais. Rapports de recherches, Institut de Géographie, Université de Fribourg, 8, 9 - 22.

Coward J M H. (1975) Paleohydrology and streamflow simulation of three karst basins in southeastern West Virginia. McMaster Univ. PhD thesis, Canada.

Cowell D W, Ford D C. (1980) Hydrochemistry of a dolomite terrain: the Bruce Peninsula, Ontario. Canadian Journal of Earth Sciences, 17(4), 520 - 526.

Coxon C E. (1987) The spatial distribution of turloughs. Irish Geography, 20, 11 - 23.

Craig D H. (1987) Caves and other features of Permian karst in San Andres dolomites, Yates field reservoir, West Texas, in Paleokarst(eds N. P. James and P. W. Choquette), Springer-Verlag, New York, 342 - 363.

Craig H. (1961) Isotopic variations in meteoric waters. Science, 133, 1702 - 1703.

Cramer H. (1941) Die Systematik der Karstdolinen. Neues Jahrbuch für Mineralogie, Geologie und Palaontogie, 85, 293 - 382.

Crampon N, Roux J C, Bracq P. (1993) France, in The Hydrogeology of the Chalk of North-west Europe(eds R. A. Downing, M. Price and G. P. Jones), Clarendon, Oxford, 113 - 152.

Crawford N C. (1981) Karst flooding in urban areas: Bowling Green, Kentucky, Proceedings of the 8th International Congress of Speleology, Bowling Green, Kentucky, 2, 763 - 765.

Crawford N C. (1984a) Sinkhole flooding associated with urban development upon karst terrain: Bowling Green, Kentucky, in Sinkholes: their Geology, Engineering and Environmental Impact(ed. B. F. Beck), Balkema, Rotterdam, 283 - 292.

Crawford N C. (1984b) Toxic and explosive fumes rising from carbonate aquifers: a hazard for residents of sinkhole plains, in Sinkholes: their Geology, Engineering and Environmental Impact(ed. B. F. Beck), Balkema, Rotterdam, 297 - 304.

Crawford N C. (2001) Field trip guide, Part 1: environmental problems associated with urban development upon karst, Bowling Green, Kentucky, in Geotechnical and Environmental Applications of Karst Geology and Hydrology(eds B. F. Beck and J. G. Herring), Balkema, Lisse, 397 - 424.

Crawford N C, Lewis M A, Winter S A, et al. (1999) Microgravity techniques for subsurface investigations of sinkhole collapses and for detection of groundwater flow paths through karst aquifers, in Hydrology and Engineering Geology of Sinkholes and Karst(eds B. F. Beck, A. J. Pettit and J. G. Herring), Balkema, Rotterdam, 203 – 218.

Crawford S J. (1994) Hydrology and geomorphology of the Paparoa Karst, north Westland, New Zealand. Auckland Univ. Unpublished PhD thesis, New Zealand, 240.

Crowther J. (1983) A comparison of the rock tablet and water hardness methods for determining chemical erosion rates on karst surfaces. Zeitschrift für Geomorphologie NF. ,27(1),55 – 64.

Crowther J. (1989) Groundwater chemistry and cation budgets of tropical karst outcrops, peninsular Malaysia, 1 calcium and magnesium. Journal of Hydrology,107,169 – 192.

Crowther J. (1998) New methodologies for investigating rillenkarren cross-sections: a case study at Lluc, Mallorca. Earth Surface Processes and Landforms,23,333 – 344.

Cruden D M. (1985) Rock slope movements in the Canadian Cordillera. Canadian Geotechnical Journal,22,528 – 540.

Cruden D M. (1989) Limits to common toppling. Canadian Geotechnical Journal,26,737 – 742.

Cruz F W, Burns S J, Karmann I, et al. (2005a) Insolation-driven changes in atmospheric circulation over the past 116 000 years in subtropical Brazil. Nature,434,63 – 66.

Cruz F W, Karmann I, Viana O, et al. (2005b) Stable isotope study of cave percolation waters in subtropical Brazil: Implications for palaeoclimate inferences from speleothems. Chemical Geology,220,245 – 262.

Cser F, Maucha L. (1966) Contribution to the origin of 'excentric' concretions. Karsztes Barlangkutatas,6,83 – 100.

Cucchi F, Forti F. (1994) Degradation by dissolution of carbonate rocks. Acta Carsologica, XXIII,55 – 62.

Cucchi F, Gerdol S. (1985) I marmi del Carso triestino, Camera di Commercio, Trieste,195.

Curl R L. (1966) Scallops and flutes. Transactions of the Cave Research Group of Great Britain,7(2),121 – 160.

Curl R L. (1973) Minimum diameter stalagmites. Bulletin of the National Speleological Society,35(1),1 – 9.

Curl R L. (1974) Deducing flow velocity in cave conduits from scallops. Bulletin of the National Speleological Society,36(2),1 – 5.

Currens J C. (2002) Changes in groundwater quality in a conduitflow-dominated karst aquifer, following BMP implementation. Environmental Geology,42,525 – 531.

Cvijic J. (1893) Das Karstphanomen. Versuch einer morphologischen Monographie, Geographische Abhandlungen herausgegeben von A Pench, Bd. , V. H, 3. Wien,218 – 329. [The section on dolines,225 – 76, is translated into English in Sweeting(1981).]

Cvijic J. (1901) Morphologische und glaciale Studien aus Bosnien, der Hercegovina und Montenegro: die Karst-Poljen. Abhandlungen der Geographie Gesellschaft Wien,3(2),1 – 85.

Cvijic J. (1918) Hydrographie souterraine et evolution morphologique du karst. Hydrographie souterraine et evolution morphologique du karst,6(4),375 – 426.

Cvijic J. (1925) Types morphologiques des terrains calcaires. Comptes Rendus, Académie des Sciences (Paris),180,592,757,1038.

D'Argenio B, Mindszenty A. (1992) Tectonic and climatic control on paleokarst and bauxites. Giornale di Geologia,54(1),207 – 218.

Daly D, Dassargues A, Drew D, et al. (2002) Main concepts of the 'European approach' to karst-groundwater-vulnerability assessment and mapping. Hydrogeology Journal,10,340 – 345.

Damblon F. (1974) Observations palynologiques dans la Grotte de Remouchamps. Bulletin de la Societe Royale Belge de Anthropologie et Prehistorie,85,131 – 155.

Danes J V. (1908) Geomorphologische Studien in Karstgebiete Jamaikas, Proceedings of the 9th International Geological Congress, Vol. 2,178 – 182.

Danes J V. (1910) Die Karstphanomene im Goenoeng Sewoe auf Java. Tijdschrift der Koninklijke Nederlandsche Aardrijkskundig Genootschap,27,247 – 260.

Danin A. (1983) Weathering of limestone in Jerusalem by cyanobacteria. Zeitschrift für Geomorphologie,27(4),413 – 421.

Danin A. (1993) Biogenic weathering of marble monuments in Didim, Turkey in Trajan Column, Rome. Water Science Technology,27,557 – 563.

Danin A, Garty J. (1983) Distribution of cyanobacteria and lichens on hillsides in the Neger Highlands and their impact on biogenic weathering. Zeitschrift für Geomorphologie,27(4),423 – 444.

Darabos G. (2003) Observation of microbial weathering resulting in peculiar 'exfoliation-like' features in limestone from Hirao-dai karst, Japan. Zeitschrift für Geomorphologie, Supplement-Band,131,33 – 42.

Darcy H. (1856) Les fontaines publiques de le ville de Dijon, Dalmont, Paris.
Dassargues A. (2000) Tracers and Modelling in Hydrology, Publication 262, International Association of Hydrological Sciences, Wallingford, 571.
Dassargues A, Derouane J. (1997) A modelling approach as an intermediate step for the study of protection zones in karstified limestones, in Karst Hydrology (eds C. Leibundgut, J. Gunn and A. Dassargues), Publication 247, International Association of Hydrological Sciences, Wallingford, 71-80.
Davies W E, LeGrand H. (1972) Karst of the United States, in Karst: Important Karst Regions of the Northern Hemisphere (eds M. Herak and V. T. Stringfield), Elsevier, Amsterdam, 467-505.
Davis A D, Long A J. (2002) KARSTIC: a sensitivity method for carbonate aquifers in karst terrains. Environmental Geology, 42, 65-72.
Davis S N. (1966) Initiation of groundwater flow in jointed limestone. Bulletin of the National Speleological Society, 28, 111.
Davis W M. (1899) The geographical cycle. Geographical Journal, 14, 481-504.
Davis W M. (1930) Origin of limestone caves. Geological Society of America Bulletin, 41, 475-628.
Davison I, Bosence D, Alsop G I, et al. (1996) Deformation and sedimentation around active Miocene salt diapers on the Tihama Plain, northwest Yemen, in Salt Tectonics (eds G. I. Alsop, D. J. Blundell and I. Davison), Special Publication 100, Geological Society Publishing House, Bath, 23-39.
Day M. (1977) Surface roughness in tropical karst terrain, Proceedings of the 7th International Congress of Speleology, Sheffield, 139-143.
Day M J. (1978) Morphology and distribution of residual limestone hills (mogotes) in the karst of northern Puerto Rico. Geological Society of America Bulletin, 89, 426-432.
Day M J. (1979) Surface roughness as a discriminator of tropical karst styles. Zeitschrift für Geomorphologie, Supplementband, 32, 1-8.
Day M J. (1983) Doline morphology and development in Barbados. Annals of the Association of American Geographers, 73(2), 206-219.
Day M J. (1984) Carbonate erosion rates in southwestern Wisconsin. Physical Geography, 5(2), 142-149.
Day M J. (2001) Sandstone caves in Wisconsin. Brasilia, Proceedings of the 13th International Congress of Speleology, 1, 88-92.
De Bellard-Pietri E. (1981) Stalactite growth in the tropics under artificial conditions, Proceedings of the 8th International Congress of Speleology, 221-222.
De Freitas C R, Schmekal A. (2003) Condensation as a microclimate process: measurement, numerical simulation and prediction in the Glowworm Cave, New Zealand. International Journal of Climatology, 23, 557-575.
De Waele J, Follesa R. (2003) Human impact on karst: the example of Lusaka (Zambia). International Journal of Speleology, 32(1/4), 71-83.
Debenham N C, Aitken M J. (1984) Thermoluminescence dating of stalagmitic calcite. Archaeometry, 26(2), 155-170.
Deike G H, White W B. (1969) Sinuosity in limestone solution conduits. American Journal of Science, 267, 230-241.
Delannoy J J, Caillault S. (1998) Les apports de l'endokarst dans la reconstitution morphogénique d'un karst: exemple de l'Antre de Vénus. Karstologia, 31, 27-41.
Delannoy J J, Guendon J L, Quinif Y, et al. (1997) Les formations travertineuses: Des temoins paleoenvironmentaux et morphogeniques. Exemple du Piemont Mediterraneen de La Serrania de Ronda (Province de Malaga, Espagne). Bulletin de la Societe belge de Geologie, 106, 79-96.
DeMille G, Shouldice J R, Nelson H W. (1964) Collapse structures related to evaporites of the Prairie Formation, Saskatchewan. Geological Society of America Bulletin, 75, 307-316.
Denizman C. (2003) Morphometric and spatial distribution parameters of karstic depressions, lower Suwannee River basin, Florida. Journal of Cave and Karst Studies, 65(1), 29-35.
Dennis P R, Rowe P J, Atkinson T C. (2001) The recovery and isotopic measurement of water from fluid inclusions in spleothems. Geochimica et Cosmochimica Acta, 65, 871-884.
Denniston R F, Gonzalez L A, Baker R, et al. (1999) Speleothem evidence for Holocene fluctuations of the prairie-forest ecotone, north-central USA. The Holocene, 9(6), 671-676.
Denniston R F, Gonzalez L A, Asmerom Y, et al. (2000) Speleothem carbon isotopic records of Holocene environments in the Ozark Highlands, USA. Quaternary International, 67, 21-27.

Dewandel B, Lachassagne P, Bakalowicz M, et al. (2003) Evaluation of aquifer thickness by analysing recession hydrographs. Application to the Oman ophiolite hard-rock aquifer. Journal of Hydrology, 274, 248–269.

Dilsiz C, Günay G. (2004) Pamukkale, Turkey, in Encyclopedia of Caves and Karst Science (ed. J. Gunn), Fitzroy Dearborn, New York, 568–569.

Dincer T, Payne B R, Yen C K, et al. (1972) Das Tote Gebirge als – Entwasserungstypus der Karstmassive der nordostlichen Kalkhochalpen (Ergebnisse von Isotopenmessungen). Steirische Beitrage zur Hydrogeologie, 24, 71–109.

Doerfliger N, Jeannin P Y, Zwahlen F. (1999) Water vulnerability assessment in karst environments: a new method of defining protection areas using a multi-attribute approach and GIS tools (EPIK method). Environmental Geology, 39(2), 165–176.

Dogan U, Yesilyurt S. (2004) Gypsum karst south of Imranli, Sivas, Turkey. Cave and Karst Science, 31(1), 7–14.

Dogwiler T, Wicks C M. (2004) Sediment entrainment and transport in fluviokarst systems. Journal of Hydrology, 295(1–4), 163–172.

Domenico P A, Schwartz F W. (1998) Physical and Chemical Hydrogeology, 2nd edn, John Wiley & Sons, New York, 506.

Dorale J A, Gonzalez L A, Reagan M K, et al. (1992) A high resolution record of Holocene climate change in speleothem calcite from Cold Water Cave, northeast Iowa. Science, 258, 1626–1630.

Dorale J A, Edwards R L, Ito E, et al. (1998) Climate and vegetation history of the mid-continent from 75 to 25 ka: a speleothem record from Crevice Cave, Missouri, USA. Science, 282, 1871–1874.

Dorale J A, Edwards R L, Alexander E C, et al. (2004) Uranium-series dating of speleothems: current techniques, limits applications, in Studies of Cave Sediments: Physical and Chemical Records of Paleoclimate (eds I. D. Sasowsky and J. Mylroie), Kluwer Academic, New York, 177–197.

Dougherty P. (2005) Case Study #7. Sinkhole destruction of Corporate Plaza, Pennsylvania, in Sinkholes and Subsidence: Karst and Cavernous Rocks in Engineering and Construction (eds A. C. Waltham, F. Bell, and M. Culshaw), Praxis Publishing, Chichester, 304–308.

Douglas I. (1968) Some hydrologic factors in the denudation of limestone terrains. Zeitschrift für Geomorphologie, 12(3), 241–255.

Dove P M, Rimstidt J D. (1994) Silica – water interactions, in Silica (eds P. J. Heaney, C. T. Prewitt and G. V. Gibbs). Reviews in Mineralogy, 29, 259–308.

Drake J J. (1984) Theory and model for global carbonate solution by groundwater, in Groundwater as a Geomorphic Agent (ed. R. G. LaFleur), Allen & Unwin, London, 210–226.

Drake J J, Ford D C. (1972) The analysis of growth patterns of two generations: the example of karst sinkholes. Canadian Geographer, 16, 381–384.

Drake J J, Ford D C. (1973) The dissolved solids regime and hydrology of two mountain rivers, Proceedings of the 6th International Congress of Speleology, Olomouc, CSSR, 4, 53–56.

Drake J J, Harmon R S. (1973) Hydrochemical environments of carbonate terrains. Water Resources Research, 9(4), 949–957.

Drake J J, Wigley T M L. (1975) The effect of climate on the chemistry of carbonate groundwater. Water Resources Research, 11, 958–962.

Dreiss S J. (1982) Linear Kernels for karst aquifers. Water Resources Research, 18(4), 865–876.

Dreiss S J. (1989) Regional scale transport in a karst aquifer, 1. Component separation of spring flow hydrographs. Water Resources Research, 25, 117–125.

Drew D P. (1983) Accelerated soil erosion in a karst area: the Burren, western Ireland. Journal of Hydrology, 61, 113–124.

Drew D P, Daly D. (1993) Groundwater and Karstification in mid-Galway, South Mayo and North Clare, Report Series 93/3 (Groundwater), Geological Survey of Ireland, 86.

Drew D, Hötzl H. (eds). (1999) Karst Hydrogeology and Human Activities: Impacts, Consequences and Implications, Rotterdam, Balkema, 322.

Drew D P, Jones G L. (2000) Post-Carboniferous pre-Quaternary karstification in Ireland, Proceedings of the Geologists' Association, 111, 345–353.

Drew D P, Magee E. (1994) Environmental implications of land reclamation in the Burren, Co. Clare: a preliminary analysis. Irish Geography, 27(2), 81–96.

Drew D P, Smith D I. (1969) Techniques for the tracing of subterranean water. British Geomorphological Research Group, Technical Bulletin, 2, 36.

Drew D P, Doerfliger N, Formentin K. (1997) The use of bacteriophages for multi-tracing in a lowland karst aquifer in western Ireland, in Tracer Hydrology 97 (ed. A. Kranjc), Balkema, Rotterdam, 33-37.

Drewry D. (1986) Glacial Geologic Processes, Edward Arnold, London.

Dreybrodt W. (1988) Processes in Karst Systems, Physics, Chemistry and Geology Series, Springer-Verlag, Berlin, 288.

Dreybrodt W. (1990) The role of dissolution kinetics in the development of karst aquifers in limestone: a model simulation of karst evolution. Journal of Geology, 98, 639-655.

Dreybrodt W. (1996a) Principles of early development of karst conduits under natural and man-made conditions revealed by mathematical analysis of numerical models. Water Resources Research, 32, 2923-2935.

Dreybrodt W. (1996b) Chemical kinetics, speleothem growth and climate, in Climate Change: the Karst Record (ed. S.-E. Lauritzen), Special Publication 2, Karst Waters Institute, Charles Town, WV, 23-25.

Dreybrodt W. (2003) Viewpoints and comments on feasibility of condensationprocessesinhypogeniccaves. www.Speleogenesis, 1(2), 2.

Dreybrodt W. (2004) Speleogenesis: computer models, in Encyclopedia of Caves and Karst Science (ed. J. Gunn), Fitzroy Dearborn, New York, 677-681.

Dreybrodt W, Buhmann D. (1991) A mass transfer model for dissolution and precipitation of calcite from solutions in turbulent motion. Chemical Geology, 90, 107-122.

Dreybrodt W, Gabrovšek F. (2000a) influence of fracture roughness on karstification times, in Speleogenesis: Evolution of Karst Aquifers (eds A. V. Klimchouk, D. C. Ford, A. N. Palmer and W. Dreybrodt), National Speleological Society of America, Huntsville, AL, 220-223.

Dreybrodt W, Gabrovsek F. (2000b) Dynamics of the evolution of single karst conduits, in Speleogenesis: Evolution of Karst Aquifers (eds A. V. Klimchouk, D. C. Ford, A. N. Palmer and W. Dreybrodt), National Speleological Society of America, Huntsville, AL, 184-193.

Dreybrodt W, Gabrovšek F. (2002) Basic processes and mechanisms governing the evolution of karst, in Evolution of Karst: from Prekarst to Cessation (ed. F. Gabrovsek), Institut za raziskovanje krasa, ZRC SAZU, Postojna-Ljubljana, 115-154.

Dreybrodt W, Gabrovšek F, Siemers J. (1999) Dynamics of the early evolution of karst, in Karst Modelling (eds A. N. Palmer, M. V. Palmer and I. D. Sasowsky), Special Publication 5, Karst Waters Institute, Charles Town, WV, 106-119.

Dreybrodt W, Romanov D, Gabrovsek F. (2002) Karstification below dam sites: a model of increasing leakage from reservoirs. Environmental Geology, 42, 518-524.

Dreybrodt W, Gabrovšek F, Perne M. (2005a) Condensation corrosion: a theoretical approach. Acta Carsologica, 34(2), 317-348.

Dreybrodt W, Gabrovšek F, Romanov D. (2005b) Processes of Speleogenesis: a Modeling Approach, ZRC Publishing, Lubljana.

Drogue C. (1980) Essai d'identification d'un type de structure de magasins carbonatés fissures. Application á l' interprétation de certains aspects du foncionnement hydrogéologique. Memoire hors série Société géologique de la France, 11, 101-108.

Drogue C. (1989) Continuous inflow of seawater and outflow of brackish water in the substratum of the karstic island of Cephalonia, Greece. Journal of Hydrology, 106, 147-153.

Drogue C. (1993) Absorption massive d'eau de mer par des aquiferes karstiques côtiers, in Hydrogeological Processes in Karst Terranes (eds G. Günay, A. I. Johnson and W. Back), Publication 207, International Association of Hydrological Sciences, Wallingford, 119-128.

Drogue C, Laty A M, Paloc H. (1983) Les eaux souterraines des karsts mediterraneens. Exemple de la region pyreneo-provencale (France meridionale). Bulletin Bureau de Recherches Geologique et Minieres, Hydrogeologiegeologie de l'ingenieur, 4, 293-311.

Droppa A. (1966) The correlation of some horizontal caves with river terraces. Studies in Speleology, 1(4), 186-192.

Drost W, Klotz D. (1983) Aquifer characteristics, in Guidebook on Nuclear Techniques in Hydrology, Technical Reports Series No. 91, International Atomic Energy Agency, Vienna, 223-256.

Drysdale R N, Taylor M P, Ihlenfeld C. (2002) Factors controlling the chemical evolution of travertine-depositing rivers of the Barkly karst, northern Australia. Hydrological Processes, 16, 2941-2962.

Du Chene H, Hill C A. (eds) (2000) The caves of the Guadalupe Mountains. Journal of Cave and Karst Studies, 62(2), 52-158.

Dubljansky V N. (2000a)A giant hydrothermal cavity in the Rhodope Mountains, in Speleogenesis: Evolution of Karst Aquifers(eds A. V. Klimchouk, D. C. Ford, A. N. Palmer and W. Dreybrodt), National Speleological Society of America, Huntsville, AL, 317 – 318.

Dubljansky, V N. (2000b)Fascinating Speleology, Ural Ltd, Perm, 527. [In Russian.]

Dubljansky V N, Dubljansky Y V. (2000)The role of condensation in karst hydrogeology and speleogenesis, in Speleogenesis: Evolution of Karst Aquifers(eds A. V. Klimchouk, D. C. Ford, A. N. Palmer and W. Dreybrodt), National Speleological Society of America, Huntsville, AL, 100 – 112.

Dubljansky Y V, Dubljansky V N. (1997)Hydrothermal cave minerals, in Cave Minerals of the World, 2nd edn(eds C. A. Hill and P. Forti), National Speleological Society of America, Huntsville, AL, 252 – 255.

Dublyansky V N, Kiknadze T Z. (1983)Hydrogeology of Karst of the Alpine Folded Region of the South of the U. S. S. R., Nauka, Moscow, 125. [In Russian.]

Dulinski M, Rosanski K. (1990)Formation of $^{13}C/^{12}C$ isotope ratios in speleothems: a semi – dynamic model. Radiocarbon, 32, 7 – 16.

Dunham R J. (1962)classification of carbonate rocks. Memoirs, American Association of Petroleum Geologists, 1, 108 – 121.

Dunkerley D L. (1983)Lithology and microtopography in the Chillagoe karst, Queensland, Australia. Zeitschrift für Geomorphologie, 27(2), 191 – 204.

Dunne J R. (1957)Stream tracing: mid – Appalachian region. Bulletin of the National Speleological Society, 2, 7.

Dunne T R, Leopold L B. (1978)Water in Environmental Planning, Freeman, San Francisco.

Durán Valsero J J, López Martinez J. (1998)Karst en Andalucia, Instituto Tecnologico GeoMinero de España, Madrid, 192.

Durozoy G, Paloc H. (1973)Le regime des eaux de la fontaine de Vaucluse, Bureau de recherches gol. minières, Min. du Dev. Industriel et Scientifique, 31.

Dykoski C A, Edwards R L, Cheng H, et al. (2005)A high – resolution, absolute – dated Holocene and deglacial Asian monsoon record from Dongge Cave, China. Earth and Planetary Science Letters, 233, 71 – 86.

Dzulynski S, Sass-Gutkiewicz M. (1989)Pb – Zn ores, in Paleokarst – a Systematic and Regional Review(eds P. Bosák, D. C. Ford, J. Glazek and I. Horáček), Academia Praha/Elsevier, Prague/Amsterdam, 377 – 397.

Eagles P F J, McCool S F, Haynes C D. (2002)Sustainable Tourism in Protected Areas: Guidelines for Planning and Management, International Union for the Conservation of Nature and Natural Resources(IUCN), Gland and Cambridge, xv t 183.

Eckert M. (1895)Das Karrenproblem. Die Geschichte seiner Loesung. Zeitschrift für Naturwissenschaften(Leipzig), 68, 321 – 432.

Edgell H S. (1991)Proterozoic salt basins of the Persian Gulf area and their role in hydrocarbon generation. Precambrian Research, 54, 1 – 14.

Edgell H S. (1993)Karst and Water Resources in the Hyper – Arid Areas of Northeastern Saudi Arabia, Proceedings, International Symposium on Water Resources in Karst, with Special Emphasis on Arid and Semi – Arid Zones, Shiraz, 309 – 326.

Edmond J M, Huh Y. (2003)Non – steady – state carbonate recycling and implications for the evolution of atmospheric P_{CO_2}. Earth and Planetary Science Letters, 216, 125 – 139.

Edwards R L, Chen J H, Wasserburg G J. (1986/7)$^{238}U-^{234}U-^{230}Th-^{232}Th$ systematics and the precise measurement of time over the past 500,000 years. Earth and Planetary Science Letters, 81, 175 – 192.

Edwards R L, Cheng H, Murrell M T, et al. (1997)Protactinium – 231 dating of carbonates by thermal ionization mass spectrometry: Implications for Quaternary climate change. Science, 276, 782 – 786.

Egemeier S J. (1981)Cavern development by thermal waters. Bulletin of the National Speleological Society, 43, 31 – 51.

Eggins S M, Grün R, McCulloch M T, et al. (2005)In situ U – series dating by laser – ablation multi – collector ICPMS: new prospects for Quaternary geochronology. Quaternary Science Reviews, 24, 2523 – 2538.

Ehrlich H L. (1981)Geomicrobiology, Marcel Dekker, New York.

Eisenlohr L, Madry B, Dreybrodt W. (1997a)Changes in the dissolution kinetics of limestone by intrinsic inhibitors adsorbing to the surface, Proceedings of the 12th International Congress of Speleology, Vol. 2, 81 – 84.

Eisenlohr L, Bouzelboudjen M, Kiraly L, et al. (1997b)Numerical versus statistical modelling of natural response of a karst hydrogeological system. Journal of Hydrology, 202(1 – 4), 244 – 262.

Eisenlohr L, Kiraly L, Bouzelboudjen M, et al. (1997c) Numerical simulation as a tool for checking the interpretation of karst spring hydrographs. Journal of Hydrology, 193(1-4), 306-315.

Ek C. (1961) Conduits souterrains en relation avec les terrasses fluviales. Annales de la Societe Géologique de Belgique, 84, 313-340.

Ek C. (1973) Analyses d'Eaux des Calcaires Paleozoiques de la Belgique, Professional Paper 13, Service Géologique de Belgique.

Ek C, Gewelt M. (1985) Carbon dioxide in cave atmospheres. New results in Belgium and comparison with some other countries. Earth Surface Processes and Landforms, 10, 173-187.

Ekmekçi M, Günay G. (1997) Role of public awareness in groundwater protection. Environmental Geology, 30(1/2), 81-87.

El Aref M M, Abou Khadrah A M, Lotfy Z H. (1987) Karst topography and karstification processes in the Eocene limestone plateau of El Bahariya Oasis, Western Desert, Egypt. Zeitschrift für Geomorphologie, 31, 45-64.

Elkhatib H, Günay G. (1993) Analysis of sea water intrusion associated with karstic channels beneath Ovacik Plain, southern Turkey, in Hydrogeological Processes in Karst Terranes (eds G. Günay, A. I. Johnson and W. Back), Publication 207, International Association of Hydrological Sciences, Wallingford, 129-132.

Ellaway M, Smith D I, Gillieson D S, et al. (1990) Karst water chemistry - Limestones Ranges, Western Australia. Helictite, 28(2), 25-36.

Embry A F, Klovan J E. (1971) A Late Devonian reef tract in northeastern Banks Island, Northwest Territories. Canadian Petroleum Geologists Bulletin, 19, 730-781.

Emmett A J, Telfer A L. (1994) influence of karst hydrology on water quality management in southeast South Australia. Environmental Geology, 23, 149-155.

Enyedy-Goldner S R. (1994) The karst geomorphology of Manitoulin Island, Ontario. McMaster Univ. MSc thesis, 312.

Ettazarini S, El Mahmouhi N. (2004) Vulnerability mapping of the Turonian limestone aquifer in the Phosphates Plateau (Morocco). Environmental Geology, 46, 113-117.

Eugster H P, Hardie L A. (1978) Saline Lakes. In Lakes - Chemistry, Geology and Physics (ed. A. Lerman), Springer-Verlag, New York, 237-293.

Even H, Carmi I, Magaritz M, et al. (1986) Timing the transport of water through the upper vadose zone in a karstic system above a cave in Isreal. Earth Surface Processes and Landforms, 11, 181-191.

Ewers R O. (1973) A model for the development of subsurface drainage routes along bedding planes, Proceedings of the 6th International Congress of Speleology, Olomouc, Vol. III, 79-82.

Ewers R O. (1978) A model for the development of broadscale networks of groundwater flow insteeply dipping carbonate aquifers. Transactions of the British Cave Research Association, 5, 121-125.

Ewers R O. (1982) Cavern development in the dimensions of length and breadth. McMaster Univ. PhD thesis, 398.

Ewing A. (1885) Attempt to determine the amount and rate of chemical erosion taking place in the limestone valley of Center Co., Pennsylvania. American Journal of Science, 3(29), 29-31.

Eyles N. (1983) Glacial Geology, Pergamon Press, Oxford, 409.

Fabel D, Henricksen D, Finlayson B L. (1996) Nickpoint recession in karst terrains: an example from the Buchan karst, southeastern Australia. Earth Surface Processes and Landforms, 21, 453-466.

Fang L. (1984) Application of distances between nearest neighbours to the study of karst. Carsologica Sinica, 3(1), 97-101.

Fairbanks R G, Matthews R K. (1978) The marine oxygen isotope record in Pleistocene coral, Barbados, West Indies. Quaternary Research, 10, 181-196.

Fairchild I J, Borsato A, Tooth A F, et al. (2000) Controls on trace element (Sr - Mg) compositions of carbonate cave waters: implications for speleothem climate records. Chemical Geology, 166, 255-269.

Fairchild I J, Smith C L, Baker A, et al. (2006) Modification and preservation of environmental signals in speleothems. Earth - Science Reviews, 75, 105-153.

Farnsworth R K, Barrett E C, Dhanju M S. (1984) Application of Remote Sensing to Hydrology including Ground Water. Technical Documents in Hydrology, UNESCO, Paris, 122.

Farrant A R, Ford D C. (2004) Mendip Hills, England, in Encyclopedia of Caves and Karst Science (ed. J. Gunn), Fitzroy Dearborn, New York, 503-505.

Farrant A R, Smart P L, Whitaker F F, et al. (1995) Long - term Quaternary uplift rates inferred from limestone caves in

Sarawak, Malaysia. Geology,23(4),357 - 360.

Faulkner G L. (1976)Flow analysis of karst systems with well developed underground circulation,Proceedings of the Yugoslavian Symposium on Karst Hydrology,June 1975,1,137 - 164.

Fay R O,Hart D L. (1978)Geology and mineral resources(exclusive of petroleum)of Custer County,Oklahoma. Oklahoma Geological Survey Bulletin,114,88.

Felton G K. (1996)Agricultural chemicals at the outlet of a shallow carbonate aquifer. Transactions of the American Society of Agricultural Engineers,39(3),873 - 882.

Feng X,Epstein S. (1995:Carbon isotopes of trees from arid environments and implications for reconstructing atmospheric CO_2 concentration. Geochimica et Cosmochimica Acta,59,2599 - 2608.

Ferrarese F, Sauro U, Tonello C. (1997) The Montello Plateau: evolution of an alpine neotectonic morphostructure. Zeitschrift für Geomorphologie Supplement - band,109,41 - 62.

Field M S. (ed.)(1999)A Lexicon of Cave and Karst Terminology with Special Reference to Environmental Karst Hydrology. Report EPA/600/R - 99/006,US Environmental Protection Agency,Washington,DC,195.

Field M S. (2004)Forecasting versus predicting solute transport in solution conduits for estimating drinking - water risks. Acta Carsologica,33(2),115 - 149.

Field M S,Wilhelm R G,Quinlan J F,et al. (1995)An assessment of the potential adverse properties of fluorescent tracer dyes used for groundwater tracing. Environmental Monitoring and Assessment,38,75 - 96.

Filippov A G. (2000)Speleogenesis of Botovskaya Cave,eastern Siberia,Russia,in Speleogenesis: Evolution of Karst Aquifers(eds A. V. Klimchouk, D. C. Ford, A. N. Palmer and W. Dreybrodt),National Speleological Society of America, Huntsville,AL,282 - 286.

Filippov A G. (2004a)Siberia, Russia, in Encyclopedia of Caves and Karst Science(ed. J. Gunn),Fitzroy Dearborn, New York,645 - 647.

Filippov A G. (2004b)Mineral deposits in karst,in Encyclopedia of Caves and Karst Science(ed. J. Gunn),Fitzroy Dearborn,New York,514 - 515.

Finlayson B,Hamilton-Smith E. (2003)Beneath the Surface:a Natural History of Australian Caves,UNSW Press,Sydney, 182.

Fiol L,Fornos J J,Gines A. (1996)Effects of biokarstic processes on the development of solutional rillenkarren in limestone rocks. Earth Surface Processes and Landforms,21,447 - 452.

Fish J E. (1977)Karst hydrogeology and geomorphology of the Sierra de El Abra and the Valles - San Luis Potosi Region, Mexico. McMaster Univ. PhD thesis,469.

Fleitmann D,Burns S J,Neff U,et al. (2003)Changing moisture sources over the last 330,000 years in Northern Oman from fluid - inclusion evidence in speleothems. Quaternary Research,60,223 - 232.

Fleitmann D,Burns S J,Neff U,et al. (2004)Palaeoclimate interpretation of high - resolution oxygen isotope profiles derived from annually laminated speleothems from Southern Oman. Quaternary Science Reviews,23(7 - 8),935 - 945.

Florea L J,Paylor R L,Simpson L,et al. (2002)Karst GIS advances in Kentucky. Journal of Cave and Karst Studies,64(1),58 - 62.

Folk R L. (1962)Spectral subdivision of limestone types. Memoirs,American Association of Petroleum Geologists,1,62 - 84.

Folk R L,Assereto R. (1976)Comparative fabrics of length - slow and length - fast calcite and calcitized aragonite in a Holocene speleothem,Carlsbad Caverns,New Mexico. Journal of Sedimentary Petrology,46(3),486 - 496.

Folk R L,Roberts H H,Moore C M. (1973)Black phytokarst from Hell,Cayman Islands,West Indies. Geological Society of America Bulletin,84,2351 - 2360.

Fontes J. (1980)Environmental isotopes in groundwater hydrology,in Handbook of Environmental Isotope Geochemistry (eds P. Fritz and J. Fontes),Elsevier,Amsterdam,1,75 - 140.

Fontes J C. (1983)Dating of groundwater,in Guidebook on Nuclear Techniques in Hydrology,Technical Reports Series No. 91,International Atomic Energy Agency,Vienna,285 - 317.

Ford D C. (1965a)The Origin of Limestone Caves:a model from the central Mendip Hills,England. Bulletin of the National Speleogical Society,27(4),107 - 132.

Ford D C. (1965b)Stream potholes as indicators of erosion phases in caves. Bulletin of the National Speleogical Society,27(1),27 - 32.

Ford D C. (1968)Features of cavern development in central Mendip. Transactions of the Cave Research Group of Great

Britain,10,11-25.

Ford D C. (1971a)Characteristics of limestone solution in the southern Rocky Mountains and Selkirk Mountains, Alberta and British Columbia. Canadian Journal of Earth Science,8(6),585-609.

Ford D C. (1971b)Geologic structure and a new explanation of limestone cavern genesis. Transactions of the Cave Research Group of Great Britain,13(2):81-94.

Ford D C. (1973)Development of the canyons of the South Nahanni River,N. W. T. Canadian Journal of Earth Sciences,10(3),366-378.

Ford D C. (1979)A review of alpine karst in the southern Rocky Mountains of Canada. Bulletin of the National Speleological Society,41,53-65.

Ford D C. (1980)Threshold and limit effects in karst geomorphology, in Thresholds in Geomorphology(eds D. L. Coates and J. D. Vitek),George Allen & Unwin,London,345-362.

Ford D C. (1983a)Effects of glaciations upon karst aquifers in Canada. Journal of Hydrology,61,149-158.

Ford D C. (1983b)The Winnipeg Aquifer,Journal of Hydrology,61(1/3),177-180.

Ford D C. (1983c)Alpine karst systems at Crowsnest Pass,Alberta-British Columbia,Journal of Hydrology,61(1/3),187-192.

Ford D C. (1984)Karst groundwater activity and landform genesis in modern permafrost regions of Canada,in Groundwater as a Geomorphic Agent(ed. R. G. LaFleur),Allen & Unwin,London,340-350.

Ford D C. (1987)Effects of glaciations and permafrost upon the development of karst in Canada. Earth Surface Processes and Landforms,12(5),507-521.

Ford D C. (1991)Features of the genesis of Jewel Cave and Wind Cave,Black Hills,South Dakota. Bulletin of the National Speleological Society,51,100-110.

Ford D C. (1996a)Paleokarst phenomena as 'targets' for modern karst groundwaters:the contrasts between thermal water and meteoric water behaviour. Carbonate and Evaporites,10(2),138-147.

Ford D C. (1996b)Karst in a cold climate,in Geomorphology sans Frontières(eds S. B. McCann and D. C. Ford),John Wiley & Sons,Chichester,153-179.

Ford D C. (1997a)Dating and paleo-environmental studies of speleothems,in Cave Minerals of the World,2nd edn(eds C. A. Hill and P. Forti),National Speleological Society ofAmerica Press,Huntsville,AL,271-284.

Ford D C. (1997b)Principal features of evaporite karst in Canada. Carbonates and Evaporites,12(1),15-23.

Ford D C. (1998)Perspectives in karst hydrogeology and cavern genesis. Bulletin d'Hydrogeologie,16,9-29.

Ford D C. (2000a) Speleogenesis Under Unconfined Settings, in Speleogenesis: Evolution of Karst Aquifers(eds A. V. Klimchouk,D. C. Ford,A. N. Palmer and W. Dreybrodt),National Speleological Society of America,Huntsville,AL,319-324.

Ford D C. (2000b)Deep phreatic caves and groundwater systems of the Sierra del Abra,Mexico,in Speleogenesis:Evolution of Karst Aquifers(eds A. V. Klimchouk,D. C. Ford,A. N. Palmer and W. Dreybrodt),National Speleological Society of America,Huntsville,AL,325-331.

Ford D C. (2000c)Caves Branch,Belize the Baradla-Domica System,Hungary and Slovakia,in Speleogenesis:Evolution of Karst Aquifers(eds A. V. Klimchouk,D. C. Ford,A. N. Palmer and W. Dreybrodt),National Speleological Society of America,Huntsville,AL,391-396.

Ford D C. (2002)Depth of conduit flow in unconfined carbonate aquifers:comment. Geology,30(1),93.

Ford D C,Ewers R O. (1978)The development of limestone cave systems in the dimensions of length and breadth. Canadian Journal of Earth Science,15,1783-1798.

Ford D C,Lundberg J A. (1987)A review of dissolutional rills in limestone and other soluble rocks. Catena Supplement,8,119-140.

Ford D C,Stanton W I. (1968)Geomorphology of the south-central Mendip Hills,Proceedings of the Geologists' Association,79(4),401-427.

Ford D C,Williams P W. (1989)Karst Geomorphology and Hydrology,Unwin Hyman,London,601.

Ford D C,Harmon R S,Schwarcz H P,et al. (1976)Geohydrologic and thermometric observations in the vicinity of the Columbia Icefields,Alberta and British Columbia. Journal of Glaciology,16(74),219-230.

Ford D C,Schwarcz H P,Drake J J,et al. (1981)Estimates of the age of the existing relief within the Southern Rocky Mountains of Canada. Arctic and Alpine Research,13(1),1-10.

Ford D C,Lundberg J,Palmer A N,et al. (1993)Uranium-series dating of the draining of an aquifer:the example of Wind

Cave, Black Hills, South Dakota. Geological Society of America Bulletin,105,241 – 250.

Ford D C, Salomon J N, Williams P W. (1996) Les 'Forêts de Pierre' ou 'Stone forests' de Lunan (Yunnan, Chine). Karstologia,28(2),25 – 40.

Ford T D. (1989) Tufa – the Whole Dam Story. Cave Science,16(2),39 – 49.

Ford T D. (1995) Some thoughts on hydrothermal caves. Cave and Karst Science,22,107 – 118.

Ford T D, Pedley H M. (1996) A review of tufa and travertine deposits of the world. Earth Science Reviews,41,117 – 175.

Formentin K, Rossi P, Aragno M, et al. (1997) Determination of bacteriophage migration and survival potential in karstic groundwaters using batch agitated experiments and mineral colloidal particles, in Tracer Hydrology 97 (ed. A. Kranjc), Rotterdam, Balkema,39 – 46.

Fornós J J, Ginés A. (eds.) (1996) Karren Landforms, Universitat de les Illes Balears Press, Palma,450.

Fornós J J, Gelabert B, Ginés A, et al. (2002) Phreatic overgrowths on speleothems: a useful tool in structural geology in littoral karst landscapes. The example of eastern Mallorca (Balearic Islands). Geodinamica Acta,15,113 – 125.

Forti P. (1997) Speleothems and earthquakes, in Cave Minerals of the World,2nd edn (eds C. A. Hill and P. Forti), National Speleological Society of America, Huntsville, AL,284 – 285.

Forti P, Grimandi P. (eds) (1986) Atti del symposio internazionale sul carsismo delle evaporiti. Bologna,1985. Le Grotte d'Italia,4(XII),420.

Forti P, Postpischl D. (1984) Seismotectonic and paleoseismic analyses using karst sediments. Marine Geology,55,145 – 161.

Forti P, Postpischl D. (1985) Relazioni tra terremoti e deviazioni degli assi di accrescimento delle stalagmiti. Le Grotte d'Italia,4(XII),287 – 303.

Fowler A. (2002) Assessment of the validity of using mean potential evaporation in computations of the long – term soil water balance. Journal of Hydrology,256,248 – 263.

Franke M W. (1965) The theory behind stalagmite shapes. Studies in Speleology,1,89 – 95.

Frappier A, Sahagian D, Gonzalez L A, et al. (2002) El Niño events recorded by stalagmite carbon isotopes. Science,298,565.

Freeze R A, Cherry J A. (1979) Groundwater, Prentice – Hall, New Jersey,604.

Freiderich H, Smart P L. (1981) Dye tracer studies of the unsaturated – zone recharge of the Carbonifereous Limestone aquifer of the Mendip Hills, England, Proceedings of the 8th International Congress of Speleology,1,283 – 286.

French H M. (1996) The Periglacial Environment,2nd edn, Harlow, Addison Wesley Longman,341.

Friederich H, Smart P L. (1982) The classification of autogenic percolation waters in karst aquifers: a study in G. B. Cave, Mendip Hills, England, Proceedings of the University of Bristol Speleological Society,16(2),143 – 159.

Frisia S, Borsato A, Fairchild I J, et al. (2000) Calcite fabrics, growth mechanisms environments of formation in speleothems from the Italian Alps and southwestern Ireland. Journal of Sedimentary Research,70(5),1183 – 1196.

Fritz P, Fontes J C. (1980) Handbook of Environmental Isotope Geochemistry, Vol. 1, The Terrestrial Environment, Elsevier, Amsterdam.

Fritz R D, Wilson J L, Yurewicz D A. (1993) Paleokarst Related Hydrocarbon Reservoirs. Core Workshop 18, Society of Ecomic Paleontologists and Mineralogists, New Orleans,275.

Frumkin A. (1992) The karst system of the Mt Sedom salt diapir. Hebrew University PhD thesis, Jerusalem,135.

Frumkin A. (1994) Hydrology and denudation rates of halite karst. Journal of Hydrology,162,171 – 189.

Frumkin A. (1995) Morphology and development of salt caves. Bulletin of the National Speleological Society,56,82 – 95.

Frumkin A. (1996) Uplift rate relative to base – levels of a salt diapir (Dead Sea Basin, Israel) as indicated by cave levels, in Salt Tectonics (eds G. I. Alsop, D. J. Blundell and I. Davison), Special Publication 100, Geological Society Publishing House, Bath,41 – 47.

Frumkin A. (2000a) Dissolution of salt, in Speleogenesis: Evolution of Karst Aquifers (eds A. V. Klimchouk, D. C. Ford, A. N. Palmer and W. Dreybrodt), National Speleological Society of America, Huntsville, AL,169 – 170.

Frumkin A. (2000b) Speleogenesis in salt – the mount Sedom area, Israel, in Speleogenesis: Evolution of Karst Aquifers (eds A. V. Klimchouk, D. C. Ford, A. N. Palmer and W. Dreybrodt), National Speleological Society of America, Huntsville, AL,443 – 451.

Frumkin A, Ford D C. (1995) Rapid entrenchment of stream profiles in the salt caves of Mount Sedom, Israel. Earth Surface Processes and Landforms,20,139 – 152.

Frumkin A, Ford D C, Schwarcz H P. (1999) Continental oxygen isotope record of the last 170,000 years in Jerusalem.

Quaternary Research, 51, 317 – 327.

Furley P A. (1987) Impact of forest clearance on the soils of tropical cone karst. Earth Surface Processes and Landforms, 12, 523 – 529.

Gabrovšek F. (2002) Evolution of Karst: from Prekarst to Cessation, Institut za raziskovanje krasa, ZRC SAZU, Postojna – Ljubljana, 448.

Gabrovsek F, Dreybrodt W. (2000) The role of mixing corrosion in calcite – aggressive $H_2O - CO_2 - CaCO_3$ solutions in the early evolution of karst aquifers. Water Resources Research, 36, 1179 – 1188.

Galan C. (1995) Exploracion y estudio de cavidades en rocas siliceas Precambricas del Grupo Roraima, Guayana Venezolana: una sintesis actual. Karaitza, 4, 1 – 52.

Galan C, Lagarde J. (1988) Morphologie et evolution des caverns et formes superficielles dans les quartzites du Roraima (Venezuela). Karstologia, 11 – 12, 49 – 60.

Galdenzi S, Menichetti M. (1990) Un modello genetico per La Grotta Grande del Vento. Instituto Italiana Speleologica, 4 (Series II), 123 – 142.

Gale S J. (1984) The hydraulics of conduit flow in carbonate aquifers. Journal of Hydrology, 70, 309 – 327.

Gams I. (1962) Measurements of corrosion intensity in Slovenia and their geomorphological significance. Geografski vestnik, 34, 3 – 20.

Gams I. (1972) Effect of runoff on corrosion intensity in the northwest Dinaric karst. Transactions of the Cave Research Group of Great Britain, 14(2), 78 – 83.

Gams I. (1973a) Slovenska kraska terminologija(Slovene karst terminology). Zveza Geografskih Institucij Jugoslavije, Ljubljana.

Gams I. (1973b) The Terminology of the Types of Polje. Slovenska Kraska Terminologija, Zveza Geografskih Institucij Jugoslavije, Ljubljana, 60 – 67.

Gams I. (1976) Hydrogeographic review of the Dinaric and alpine karst in Slovenia with special regard to corrosion, in Problems of Karst Hydrology in Yugoslavia, Memoir 13, Serbia Geographical Society, 41 – 52.

Gams I. (1978) The polje: the problem of its definition. Zeitschrift für Geomorphologie, 22, 170 – 181.

Gams I. (1980) Poplave na Planinskem polju(Inundations in Planina polje). Geografski Zbornik, XX, 4 – 30.

Gams I. (1981) Comparative research of limestone solution by means of standard tablets, Proceedings of the 8th International Congress of Speleology, Bowling Green, Kentucky, Vol. 1, 273 – 275.

Gams I. (1985) International comparative measurement of surface solution by means of standard limestone tablets. Zbornik Ivana Rakovica, Razprave 4, Razreda Sazu 26, 361 – 386.

Gams I. (1991a) The origin of the term karst in the time of transition of karst(kras) from deforestation to forestation, Proceedings of the International Conference on Environmental Changes in Karst Areas(IGU/UIS), Quaderni del Dipartimento di Geografia 13, Universita di Padova, 1 – 8.

Gams I. (1991b) Systems of adapting the littoral Dinaric karst to agrarian land use. Geografski Zbornik, XXXI, 5 – 106.

Gams I. (1993) Origin of the term 'karst' and the transformation of the Classical karst(kras). Environmental Geology, 21, 110 – 114.

Gams I. (1994) Types of contact karst. Geografia Fisica e Dinamica Quateraria, 17, 37 – 46.

Gams I. (2003) Kras v Sloveniji v prostoru inčasu, Zaloz̈ba ZRC, ZRC SAZU, Ljubljana, 516.

Gams I, Kogovšek J. (1998) The dynamics of flowstone deposition in the caves Postojnska, Planinska, Taborska and škocjanske, Slovenia. Acta Carsologica, 38(1), 299 – 324.

Gandino A, Tonelli A M. (1983) Recent remote sensing technique in freshwater marine springs monitoring: qualitative and quantitative approach, in Methods and Instrumentation for the Investigation of Groundwater Systems, Proceedings InternationalSymposium, Noordwijkerhout, Netherlands, UNESCO/ IAHS, 301 – 310.

Gao Y, Alexander E C, Tipping R G. (2005a) Karst database development in Minnesota: design and data assembly. Environmental Geology, 47, 1072 – 1082.

Gao Y, Alexander E C, Tipping R G. (2005b) Karst database development in Minnesota: analysis of sinkhole distribution. Environmental Geology, 47, 1083 – 1098.

Gao Y, Alexander E C, Tipping R G. (2002) The development of a karst feature database for southeastern Minnesota. Journal of Cave and Karst Studies, 64(1), 51 – 57.

Gargani J. (2004) Modelling of the erosion in the Rhone valley during the Messinian crisis(France). Quaternary International,131,13-22.

Garrels R M,Christ C L. (1965)Solutions,Minerals and Equilibria,Harper & Row,New York,450.

Gary M O,Sharp J M,Havens R S,et al. (2002)Sistema Zacatón:identifying the connection between volcanic activity and hypogenic karst in a hydrothermal phreatic cave system. Geol.,29(3-4),1-14.

Gascoyne M. (1977)Trace element geochemistry of speleothems,Proceedings of the 7th International Congress of Speleology,Sheffield,205-208.

Gascoyne M. (1992)Palaeoclimate determination from cave calcite deposits. Quaternary Science Reviews,11,609-632.

Gascoyne M,Benjamin G J,Schwarcz H P,et al. (1979)Sea-level lowering during the Illinoian glaciation:evidence from a Bahama 'blue hole'. Science,205,806-808.

Gascoyne M,Ford D C,Schwarcz H P. (1983)Rate of cave and landform development in the Yorkshire Dales from speleothem age data. Earth Surface Processes and Landforms,8,557-568.

Gaspar E. (1987)Modern Trends in Tracer Hydrology,CRC Press,Boca Raton,145.

Gat J R. (1980)The isotopes of hydrogen and oxygen in precipitation,in Handbook of Environmental Isotope Geochemistry (eds P. Fritz and J. Fontes),Elsevier,Amsterdam,1,21-47.

Gat J R,Carmi I. (1987)Effect of climate changes on the precipitation patterns and isotopic composition of water in a climate transition zone:case of the eastern Mediterranean Sea area,in The influence of Climate Change and Climate Variability on the Hydrologic Regime and Water Resources,Publication 168,International Association of Hydrological Sciences,Wallingford,513-523.

Gavrilovic D. (1970)Intermittierende Quellen in Jugoslawien. Die Erde,101(4),B381 284-298.

Genty D. (1992)Les spéléothemes du tunnel de Godarville(Belgique)- un exemple exceptionnel de concrétionnement moderne. Spéléochronos,4(6),3-29.

Genty D,Deflandre G. (1998)Drip flow variations under a stalactite of the Pere Noel cave(Belgium). Evidence of seasonal variations and air pressure constraints. Journal of Hydrology,211(1-4),208-232.

Genty D,Quinif Y. (1996)Annually laminated sequences in the internal structure of some Belgian stalagmites - importance for paleoclimatology. Journal of Sedimentary Research,66(1),275-288.

Genty D,Bastin B,Ek C. (1995)Nouvel exemple d'alternance delamines annuelles dans une stalagmite(Grotte de Dinant 'La Merveilleuse,' Belgique). Spéléochronos,6,9-22.

Genty D,Baker A R,Massault M,et al. (2001a)Dead carbon in stalagmites:Carbon bedrock paleodissolution vs. ageing of soil organic matter. Implications for ^{13}C variations in speleothems. Geochimica et Cosmochimica Acta,65(20),3443-3457.

Genty D,Baker A,Vokal B. (2001b)Intra-and inter-annual growth rate of modern stalagmites. Chemical Geology,176,191-212.

Genty D,Plagnes V,Causse C,et al. (2002)Fossil water in large stalagmite voids as a tool for paleoprecipitation stable isotope composition reconstitution and paleotemperature calculation. Chemical Geology,184,83-95.

Genty D,Blamart D,Ouahdi R,et al. (2003)Precise dating of Dansgaard-Oeschger climate oscillations in western Europe from stalagmite data. Nature,421,833-837.

Gerba C P,Wallis C,Melnick J L. (1975)Fate of wastewater bacteria and viruses in soil. ASCE Journal of the Irrigation and Drainage Division,101,157-174.

Gerson R. (1976)Karst and fluvial denudation of carbonate terrains under sub-humid Mediterranean and arid climates principles,evaluation and rates(examples from Israel),in Karst Processes and Relevant Landforms(ed. I. Gams),Proceedings of the Karst Denudation Symposium,International Speleology Union,University of Ljubljana,71-79.

Geurts M A. (1976)Genese et stratigraphie des travertins au fond de vallee en Belgique. Acta Geographica Lovaniensa,16,87.

Ghannam J,Ayoub G M,Acra A. (1998)A profile of the submarine springs in Lebanon as a potential water resource. Water International,23,278-286.

Ghazban F,Schwarcz H P,Ford D C. (1992a)Multistage dolomitization in the Society Cliffs Formation,northern Baffin Island,Northwest Territories,Canada. Canadian Journal of Earth Sciences,29,1459-1473.

Ghazban F,Schwarcz H P,Ford D C. (1992b)Correlated strontium,carbon and oxygen isotopes in carbonate gangue at the Nanisivik zinc-lead deposits,northern Baffin Island,Canada. Chemical Geology(Isotope Geoscience Section),87,137-146.

Ghergari L,Onac B P,Vremir M,et al. (1998)La cristallogenèse des spéléothèmes,Monts Pafidurea Crailui,Roumanie.

Karstologia,31,19 – 26.

Ghyben W B. (1889) Nota in verband met de voorgenomen put boring nabij Amsterdam(Notes on the probable results of the proposed well drilling near Amsterdam). Koninski. Instituut Ingenieur Tijdschrift,The Hague,21.

Gilli E. (2002) Les karsts littoraux des Alpes – Maritimes: inventaire des emergences sous – marines et captage expértal de Cabbé. Karstologia,40(2),1 – 12.

Gillieson D. (1986) Cave sedimentation in the New Guinea highlands. Earth Surface Processes and Landforms,11,533 – 543.

Gillieson D. (1993) Environmental change and human impact on karst in arid and semi – arid Australia,in Karst terrains: Environmental Changes and Human Impacts(ed. P. W. Williams). Catena Supplement,25,127 – 146.

Gillieson D. (1996) Caves: Processes,Development and Management,Blackwell,Oxford,324.

Gillieson D. (2004) Nullarbor Plain,Australia,in Encyclopedia of Caves and Karst Science(ed. J. Gunn),Fitzroy Dearborn,New York,544 – 546.

Gillieson D,Household I. (1999) Rehabilitation of the Lune River Quarry,Tasmanian Wilderness World Heritage area, Australia,in Karst Hydrogeology and Human Activities: Impacts,Consequences and Implications(eds D. Drew and H. Hotzl),Rotterdam,Balkema,201 – 205.

Gillieson D,Spate A. (1992) The Nullarbor karst,in Geology,Climate,Hydrology and Karst Formation: Field Symposium in Australia: Guidebook(ed. D. S. Gillieson),Special Publication 4,Department of Geography and Oceanography,University College,Australian Defense Force Academy,Canberra,65 – 99.

Gillieson D,Smith D I,Greenaway M,et al. (1991) Flood history of the limestone ranges in the Kimberley region,Western Australia. Applied Geography,11,105 – 123.

Gladysz K. (1987) Karren on the Quatsino Limestone,Vancouver Island. McMaster Univ. BSc thesis. Glazek,J. ,Rudnicki, J. and Szynkiewicz,A. (1977) Proglacial caves – a special genetic type of cave in glaciated areas,Proceedings of the 7th International Congress of Speleology,Sheffield,215 – 217.

Glennie E A. (1954) Artesian flow and cave formation. Transactions of the Cave Research Group of Great Britain,3,55 – 71.

Glew J R,Ford D C. (1980) A simulation study of the development of rillenkarren. Earth Surface Processes,5(B404),25 – 36.

Glover R R. (1974) Cave development in the Gaping Ghyll System,in Limestones and Caves of Northwest England(ed. A. C. Waltham),David and Charles,Newton Abbot,343 – 384.

Ginés A. (2004) Karren,in Encyclopedia of Caves and Karst Science(ed. J. Gunn),Fitzroy Dearborn,New York,470 – 473.

Goede A,Green D C,Harmon R S. (1982) Isotopic composition of precipitation, cave drips and actively forming speleothems at three Tasmanian cave sites. Helictite,20,17 – 29.

Goede A,Green D C,Harmon R S. (1986) Late Pleistocene paleotemperature record from a Tasmanian speleothem. Australian Journal of Earth Science,33,333 – 342.

Goldie H S. (1993) The legal protection of limestone pavements in Great Britain. Environmental Geology,21,160 – 166.

Goldie H S. (2005) Erratic judgements: reevaluating solutional erosion rates of limestones using erratic – pedestal sites,including Norber,Yorkshire. Area,37(4),433 – 442.

Goldie H S,Cox N J. (2000) Comparative morphometry of limestone pavements in Switzerland, Britain and Ireland. Zeitschrift für Geomorphologie,N. F. Supplement – Band,122,85 – 112.

Goldscheider N,Klute M,Sturm S,et al. (2000) The PI method: a GIS based approach to mapping groundwater vulnerability with special consideration of karst aquifers. Zeitschrift für Angewendte Geologie,463,157 – 166.

Golwer A. (1983) Underground purification capacity,in Ground Water in Water Resources Planning,Publication 42 (UNESCO Koblenz Symposium),International Association of Hydrological Sciences,Wallingford,1063 – 1072.

Goodchild J G. (1875) Glacial erosion. Geological Magazine,Ⅱ,323 – 328,356 – 362.

Goodchild J G. (1890) Notes on some observed rates of weathering of limestone. Geological Magazine,27,463 – 466.

Gorbunova K A. (1977) Exogenetic gypsum tectonics,Proceedings of the 7th International Congress of Speleology,Sheffield,222 – 223.

Gorbunova K A. (1979) Morphology and Hydrogeology of Gypsum Karst. All – Union Karst and Speleology Institute,Perm,93. [In Russian]

Gospodarič R. (1976) The Quaternary caves development between the Pivka basin and Polje of Planina. Acta Carsologica,

7,5-135.

Gospodaric R, Habic P. (1976) Underground Water Tracing. Institute Karst Research, Postojna, Ljubljana.

Gospodarič R, Habic P. (1978) Kraski pojavi Cerkniskega polja (Karst phenomena of Cerknisko polje). Acta Carsologica, 8(1), 6-162.

Goudie A S. (1983) Calcrete, in Chemical Sediments and Geomorphology, (eds A. S. Goudie and K. Pye), Academic Press, London, 93-131.

Goudie A S. (1999) A comparison of the relative resistance of limestones to frost and salt weathering. Permafrost and Periglacial Processes, 10, 309-316.

Goudie A S, Bull P A, Magee A W. (1989) Lithological control of rillenkarren development in the Napier Range, Western Australia. Zeitschrift für Geomorphologie, 75, 95-114.

Goudie A S, Viles H, Allison R, et al. (1990) The geomorphology of the Napier Range, Western Australia. Transactions of the Institute of British Geographers, New Series, 15(3), 308-322.

Grabau A W. (1913) Principles of Stratigraphy. Seiler, New York.

Gracia F J, Gutiérrez F, Gutiérrez M. (2003) The Jiloca karst polje—tectonic graben (Iberian Range, NE Spain). Geomorphology, 52, 215-231.

Gradziński M, Kicinska D. (2002) Morphology of Czarna Cave and its significance for the geomorphic evolution of the Koscielska Valley (Western Tatra Mountains). Annales Societatis Geologorum Poloniae, 72, 255-262.

Gradziński M, Rospondek M, Szulc J. (1997) Paleoenvironmental controls and microfacies variability of the flowstone cover from the Zvonivá Cave in the Slovakian Karst. Slovak Geological Magazine, 3(4), 299-313.

Graf C G. (1999) Hydrogeology of Kartchner Caverns State Park, Arizona. Journal of Cave and Karst Studies, 61(2), 59-67.

Granger D E, Muzikar P F. (2001) Dating sediment burial with in situ produced cosmogenic nuclides: theory, techniques, limitations. Earth and Planetary Science Letters, 188(1-2), 269-281.

Granger D E, Smith A L. (2000) Dating buried sediments using radioactive decay and muogenic production of ^{26}Al and ^{10}Be. Nuclear Instruments and Methods in Physics Research, Series B, 172, 822-826.

Granger D E, Kirchner J, Finkel R. (1997) Quaternary downcutting rate of the New River, Virginia, measured from differential decay of cosmogenic ^{26}Al and ^{10}Be in cave-deposited alluvium. Geology, 25(2), 107-110.

Granger D E, Fabel D, Palmer A N. (2001) Plio-Pleistocene incision of the Green River, KY, from radioactive decay of cosmogenic ^{26}Al and ^{10}Be in Mammoth Cave sediments. Bulletin, Geological Society of America, 113(7), 825-836.

Grasby S E, Chen Z, Betcher R. (2002) Impact of Pleistocene glaciation on the hydrodynamics of the Western Canada Sedimentary Basin. Annual Meeting of the Geological Association of Canada, abstract.

Grigg R W, Grossman E E, Earle S A, et al. (2002) Drowned reefs and antecedent karst topography, Au'au Channel, S. E. Hawaiian Islands. Coral Reefs, 21(1), 73-82.

Grimes K G. (1994) The south-east karst province of South Australia. Environmental Geology, 23, 134-148.

Grimes K G. (2002) Syngenetic and eogenetic karst: an Australian viewpoint, in Evolution of Karst from Prekarst to Cessation (ed. F. Gabrovšek), ZRC SAZU, Postojna, 407-414.

Grimes K G, Mott K, White S. (1999) The Gambier Karst Province, Proceedings of the 13th Australian Conference on Cave and Karst Management, 1-7.

Grindley G W. (1971) Sheet S8 Takaka. Geological Map of New Zealand, 1:63360, Department of scientific and Industrial Research, Wellington.

Groves C, Meiman J. (2005) Weathering, geomorphic work, and karst landscape evolution in the Cave City groundwater basin, Mammoth Cave, Kentucky. Geomorphology, 67, 115-126.

Grün R, Moriarty K, Wells R. (2001) Electron spin resonance dating of the fossil deposits in the Naracoorte Caves, South Australia. Journal of Quaternary Science, 16(1), 49-59.

Grund A. (1903) Die Karsthydrographie: Studien aus Westbosnien. Geographischen Abhandlungen, Band VII, Heft 3, von A. Penck, 7, 103-200.

Grund A. (1914) Der geographische Zyklus im Karst. Gesellschaft für Erdkunde, 52, 621-40.［已翻译成英文,见 Sweeting (1981)］

Günay G. (2002) Gypsum karst, Sivas, Turkey. Environmental Geology, 42, 387-398.

Günay G, Şimşek Ş. (2000) Karst hydrogeology in hydrothermal systems, in Present State and Future Trends of Karst

Studies(eds G. Günay, K. S. Johnson, D. Ford and A. I. Johnson), IHP - V, Technical Documents in Hydrology, 49(II), UNESCO, Paris, 501 - 513.

Gunn J. (1978) Karst hydrology and solution in the Waitomo District, New Zealand. Auckland Univ PhD thesis.

Gunn J. (1981a) Limestone solution rates and processes in the Waitomo district, New Zealand. Earth Surface Processes and Landforms, 6, 427 - 445.

Gunn J. (1981b) Hydrological processes in karst depressions. Zeitschrift für Geomorphologie, NF, 25(3), 313 - 331.

Gunn J. (1982) Magnitude and frequency properties of dissolved solids transport. Zeitschrift für Geomorphologie, 26(4), 505 - 511.

Gunn J. (1983) Point recharge of limestone aquifers - a model from New Zealand karst. Journal of Hydrology, 61, 19 - 29.

Gunn J. (1993) The geomorphological impacts of limestone quarrying, in Karst Terrains: Environmental Changes and Human Impact(ed. P. W. Williams). Catena Supplement, 25, 187 - 197.

Gunn J. (2004a) Encyclopedia of Caves and Karst Science, Fitzroy Dearborn, New York, 902.

Gunn J. (2004b) Limestone as a mineral resource, in Encyclopedia of Caves and Karst Science(ed. J. Gunn), Fitzroy Dearborn, New York, 489 - 490.

Gunn J. (2004c) Radon in caves, in Encyclopedia of Caves and Karst Science(ed. J. Gunn), Fitzroy Dearborn, New York, 617 - 618.

Gunn J, Bailey D. (1993) Limestone quarrying and quarry reclamation in Britain. Environmental Geology, 21(3), 167 - 172.

Gunn J, Lowe D J. (2000) Speleogenesis on tectonically active carbonate islands, in Speleogenesis: Evolution of Karst Aquifers(eds A. V. Klimchouk, D. C. Ford, A. N. Palmer and W. Dreybrodt), National Speleological Society of America, Huntsville, AL, 238 - 243.

Gunn J, Bailey D, Handley J. (1997) The Reclamation of Limestone Quarries using Landform Replication. Department of the Environment, Transport and the Regions, London.

Gutierrez F. (1996) Gypsum karstification - induced subsidence: effects on alluvial systems and derived geohazards(Calatayud Graben, Iberian Range, Spain). Geomorphology, 16, 277 - 293.

Gutierrez F, Cooper A H. (2002) Evaporite dissolution subsidence in the historical city of Calatayud, Spain: Damage Appraisal and Prevention. Natural Hazards, 25, 259 - 288.

Gútierrez M, Gútierrez F. (1998) Geomorphology of the Tertiary gypsum formations in the Ebro Depression(Spain). Geoderma, 87, 1 - 29.

Hagen G. (1839) Uber die Bewegung des Wassers in engen cylindrischen Rohren. Poggendorff Annalen, 46(B444), 423 - 442.

Haid A. (1996) Yonne. Spelunca, 62, 14.

Halihan T, Wicks C M. (1998) Modeling of storm responses in conduit flow aquifers with reservoirs. Journal of Hydrology, 208, 82 - 91.

Halihan T, Wicks C M, Engeln J F. (1998) Physical response of a karst drainage basin to flood pulses: example of the Devil's Icebox cave system(Missouri, USA). Journal of Hydrology, 204, 24 - 36.

Halihan T, Sharp J M, Mace R E. (1999) Interpreting flow using permeability at multiple scales, in Karst Modeling(eds A. N. Palmer, M. V. Palmer and I. D. Sasowsky) (1999), Special Publication 5, Karst Waters Institute, Charles Town, WV, 82 - 96.

Hallet B. (1976) Deposits formed by subglacial precipitation of $CaCO_3$. Bulletin, Geological Society of America, 87, 1003 - 1015.

Hallet B. (1979) Subglacial regelation water film. Journal of Glaciology, 23(89), 321 - 334.

Halliday W R, Anderson C H. (1970) Glacier caves: a new field of speleology. Studies in Speleology, 220, 53 - 59.

Hamilton J, Ford D C. (2002) Karst geomorphology and hydrogeology of the Bear Rock formation - a remarkable dolostone and gypsum megabreccia in the continuous permafrost zone of Northwest Territories, Canada. Carbonates and Evaporites, 17(2), 54 - 56.

Hamilton - Smith E. (2004) The World Heritage Context. IUCN International Workshop on China World Heritage Biodiversity Programme, Kunming, China, 12.

Hanna R B, Rajaram H. (1998) influence of aperture variability on dissolutional growth of fissures in karst formations. Water Resources Research, 34(1), 2843 - 2853.

Hanshaw B B, Back W. (1979) Major geochemical processes in the evolution of carbonate - aquifer systems. Journal of Hydrology, 43, 287 - 312.

Harbaugh A W, McDonald M G. (1996) User's documentation for MODFLOW - 96, an update to the US Geological Survey modular finite-difference ground-water flow model. US Geological Survey, Open-File Report, 96 - 485, 56.

Harbor J. (ed.)(1999) Cosmogenic isotopes in geomorphology. Geomorphology(Special Issue), 27, 1 - 172.

Harding K. (1987) Deforestation of limestone slopes on northern Vancouver Island. McMaster Univ. MSc thesis, 188.

Harding K, Ford D C. (1993) Impacts of primary deforestation on limestone slopes in northern Vancouver Island, British Columbia. Environmental Geology, 21, 137 - 143.

Harmon R S, Ford D C, Schwarcz H P. (1977) Interglacial chronology of the Rocky and Mackenzie Mountains based on $^{230}Th/^{234}U$ dating of calcite speleothems. Canadian Journal of Earth Sciences, 14, 2543 - 2552.

Harmon R S, Thompson P, Schwarcz H P, et al. (1978) Late Pleistocene paleoclimates of North America as inferred from stable isotope studies of speleothems. Quaternary Research, 9, 54 - 70.

Harmon R S, Schwarcz H P, Gascoyne, M, et al. (2004) Paleoclimate information from speleothems: the present as a guide to the past, in Studies of Cave Sediments: Physical and Chemical Records of Paleoclimate(eds I. D. Sasowsky and J. Mylroie), Kluwer Academic, New York, 199 - 226.

Harmon R S, Atkinson T C, Atkinson J J. (1983) The mineralogy of Castleguard Cave, Columbia Icefields, Alberta, Canada. Arctic and Alpine Research, 15(4), 503 - 516.

Haryono E, Day M. (2004) Landform differentiation within the Gunung Kidul kegelkarst, Java, Indonesia. Journal of Cave and Karst Studies, 66(2), 62 - 69.

Hauns M, Jeannin P Y, Atteia O. (2001) Dispersion, retardation and scale effect in tracer breakthrough curves in karst conduits. Journal of Hydrology, 241(3 - 4), 177 - 193.

Häuselmann P, Granger D E. (2004) Dating caves with cosmogenic nuclides: methods, possibilities and the Siebenhengste example, in Dating of Cave Sediments(eds A. Mihevc and N. Zupan Hajna), SAZU, Postojna, 50.

Häuselmann P, Jeannin P Y, Monbaron M. (2003) Role of epiphreatic flow and soutirages in conduit morphogenesis: the Bärenschacht example(BE, Switzerland). Zeitschrift für Geomorphologie, 47(2), 171 - 190.

Hays P D, Grossman E L. (1991) Oxygen isotopes in meteoric calcite cement as indicators of continental paleoclimate. Geology, 19, 441 - 444.

He K, Liu C, Wang S. (2001) Karst collapse mechanism and criterion for its stability. Acta Geologica Sinica, 75(3), 330 - 335.

Heaton T. (1986) Caves: a tremendous range of energy environments on Earth. National Speleological Society News, August, 301 - 304.

Heim A. (1877) Uber die Karrenfelder. Jahrbuch des Schweizer Alpenclub, XIII, 421 - 433.

Hellden U. (1973) Limestone solution intensity in a karst area in Lapland, northern Sweden. Geografiska Annaler, 54A(3/4), 185 - 196.

Hendy C H. (1971) The isotopic geochemistry of speleothems - I. The calculation of the effects of different modes of formation on the isotopic composition of speleothems and their applicability as palaeoclimatic indicators. Geochimica et Cosmochimica Acta, 35, 801 - 824.

Hennig G J, Grün R. (1983) ESR dating in Quaternary geology. Quaternary Science Reviews, 2, 157 - 238.

Herak M. (1972) Karst of Yugoslavia, in Karst: Important Karst Regions of the Northern Hemisphere(eds M. Herak and V. T. Stringfield), Elsevier, Amsterdam, 25 - 83.

Herak M, Stringfield V T. (1972) Historical review of hydrogeologic concepts, in Karst: Important Karst Regions of the Northern Hemisphere(eds M. Herak and V. T. String-field), Elsevier, Amsterdam, 19 - 24.

Hercman H. (2000) Reconstruction of paleoclimatic changes in central Europe between 10 and 200 thousand years BP, based on analysis of growth frequency of speleothems. Studia Quaternaria, 17, 35 - 70.

Herman J S, White W B. (1985) Dissolution kinetics of dolomite: effects of lithology and fluid flow velocity. Geochimica et Cosmochimica Acta, 49, 2017 - 2026.

Herold T, Jordan P, Zwahlen F. (2000) The influence of tectonic structures on karst flow patterns in karstified limestones and aquitards in the Jura Mountains, Switzerland. Eclogae Geologicae Helvetiae, 93(3), 349 - 362.

Hertbert T D, Schuffert J D, Andreasen D, et al. (2001) Collapse of the California Current during glacial maxima linked to climate change on land. Science, 293, 71 - 76.

Herzberg A. (1901) Die Wasserversorgung einiger Nordsee Bader. Journal für Gasbeleuchtung und Verwandte Beleuchtungsarten sowie für Wasserversorgung, 44, 815 - 819, 842 - 844.

Hess J W, Slattery L D. (1999) Extractive industries impact, in Karst Hydrogeology and Human Activities: Impacts, Consequences and Implications(eds D. Drew and H. Hotzl),Rotterdam,Balkema,187 - 201.

Hewlett J D,Hibbert A R. (1967)Factors affecting the response of small watersheds to precipitation in humid areas,in Forest Hydrology(eds W. E. Sopper and H. W. Lull),Pergamon,Oxford,275 - 290.

High C,Hanna G K. (1970)A method for the direct measurement of erosion of rock surfaces. Brititish Geomorphological Research Group Technical Bulletin,5,24.

Hill C A. (1981)Saltpeter:a symposium. Bulletin of the National Speleological Society,43(4),83 - 131.

Hill C A. (1982)Origin of black deposits in caves. Bulletin of the National Speleological Society,44,15 - 19.

Hill C A. (1987)Geology of Carlsbad Caverns and other caves of the Guadalupe Mountains. New Mexico Bureau of Mines and Minerals Bulletin,117,150.

Hill C A. (1995)Sulfur redox reactions:hydrocarbons,native sulfur,Mississippi Valley - type deposits sulfuric acid karst in the Delaware Basin,New Mexico and Texas. Environmental Geology,25,16 - 23.

Hill C A. (2003)Intrastratal Karst at the Waste Isolation Pilot Plant Site,Southeastern New Mexico. Oklahoma Geological Survey Circular,109,197 - 209.

Hill C A,Forti P. (1997)Cave Minerals of the World,2nd edn,National Speleological Society of America,Huntsville,AL, 463.

Hillaire - Marcel C,Soucy J M,Cailleux A. (1979)Analyse isotopique de concretions sous - glaciaires de l'inlandsis laurentidien et teneur en oxygene 18 de la glace. Canadian Journal of Earth Sciences,16,1494 - 1498.

Hillel D. (1982)Introduction to Soil Physics,Academic Press,New York.

Hillner P E,Gratz A J,Manne S,et al. (1992)Atomic - scale imaging of calcite growth and dissolution in real time. Geology,20,359 - 362.

Hiscock K M,Rivett M O,Davison R M. (eds)(2002)Sustainable Groundwater Development,Special Publication 193,Geological Society Publishing House,Bath,352.

Hobbs S L,Gunn J. (1998)The hydrogeological impacts of quarrying karstified limestone,options for prediction and mitigation. Quarterly Journal of Engineering Geology,31,47 - 157.

Hobbs S L,Smart P L. (1986)Characterization of carbonate aquifers:a conceptual base,Proceedings of the 9th International Congress of Speleology,Barcelona,1,43 - 46.

Hoblea F,Jaillet S,Maire R. (2001)E rosion et ruissellém,ent sur karst nu en contexte subpolaire océanique:les îles de Patagonie(Magallanes,Chili). Karstologia,38(2),13 - 18.

Holmgren K,Lee - Thorp J A,Cooper G R J,et al. (2003)Persistent millennial - scale climatic variability over the past 25, 000 years in Southern Africa. Quaternary Science Reviews,22,2311 - 2326.

Homann W. (1969)Experimentelle Ergebnisse zum Wachstum rezenter Hohlenperlen,Proceedings of the 5th International Congress of Speleology,Stuttgart,2,5/1 - 5/19.

Hopley D. (1982)The Geomorphology of the Great Barrier Reef,John Wiley & Sons,New York.

Hose L. (2004)Cueva de Villa Luz,Mexico,in Encyclopedia of Caves and Karst Science(ed. J. Gunn),Fitzroy Dearborn, New York,758 - 759.

Hose L D,Palmer A N,Palmer M V,et al. (2000)Microbiology and geochemistry in a hydrogen - sulphide - rich karst environment. Chemical Geology,169,399 - 423.

Hotzl H,Werner A. (eds)(1992)Tracer Hydrology. Balkema,Rotterdam.

Howard A D. (1963)The development of karst features. Bulletin of the National Speleological Society,25,45 - 65.

Howard A D,Kochel R C,Holt H E. (1988)Sapping Features of the Colorado Plateau:a Comparative Planetary Geology Field Guide,NASA,Washington,DC,108.

Hsü K J,Ryan W B F,Cita M B. (1973)Late Miocene desiccation of the Mediterranean. Nature,242,240 - 244.

Huang Y,Fairchild I J,Borsato A,et al. (2001)Seasonal variations in Sr,Mg and P in modern speleothems(Grotta di Ernesto,Italy). Chemical Geology,175,429 - 448.

Hubbard B,Hubbard A. (1998)Bedrock surface roughness and the distribution of subglacially precipitated carbonate deposits:implications for formation at Glacier de Tsanfleuron,Switzerland. Earth Surface Processes and Landforms,23, 261 - 270.

Hubbert M K. (1940)The theory of groundwater motion. Journal of Geology,48,785 - 944.

Huizing T,Jarnot M,Neumeier G,et al. (eds)(2003)Calcite:the Mineral with the Most Forms,Christian Weise Verlag, Munich,114.

Hunt R E. (1984)Geotechnical Engineering Investigation Manual,McGraw - Hill,New York.

Huntoon P W. (1991)Chairman Mao's Great Leap Forward and the deforestation ecological disaster in the South China Karst Belt, Proceedings, Third Conference on Hydrogeology, Ecology, Monitoring Management of Ground Water in Karst Terranes, Nashville, TN, 149 - 160.

Huppert G, Burri E, Forti P, et al. (1993)Effects of tourist development on caves and karst, in Karst Terrains: Environmental Changes and Human Impact(ed. P. W. Williams). Catena Supplement, 25, 251 - 268.

Hutton J. (1795)Theory of the Earth, with Proofs and Illustrations, Vol. II, Edinburgh.

Hyatt J A, Jacobs P M. (1996)Distribution and morphology of sinkholes triggered by flooding following Tropical Storm Alberto at Albany, Georgia, USA. Geomorphology, 17, 305 - 316.

Hyatt J A, Wilson R, Givens J S, et al. (2001)Topographic, geologic hydrogeologic controls on dimensions and locations of sinkholes in thick covered karst, Lowndes County, Georgia, in Geotechnical and Environmental Applications of Karst Geology and Hydrology(eds B. F. Beck, and J. G. Herring), Balkema, Lisse, 37 - 45.

IAEA. (1983)Guidebook on Nuclear Techniques in Hydrology, Technical Reports Series No. 91, International Atomic Energy Agency, Vienna.

IAEA. (1984)Isotope Hydrology 1983, International Atomic Energy Agency, Vienna.

Indermühle A, Stocker T F, Joos F, et al. (1999)Holocene carbon - cycle dynamics based on CO_2 trapped in ice at Taylor Dome, Antarctica. Nature, 398, 121 - 126.

Ingraham N L. (1998). Isotopic variations in precipitation, in Isotope Tracers in Catchment Hydrology(eds C. Kendall, and J. J. McDonnell), Elsevier, Amsterdam, 87 - 118.

Ireland P. (1979)Geomorphological variations of 'case hardening' in Puerto Rico. Zeitschrift für Geomorphologie, Supplement - Band, 32, 9 - 20.

Issar A. (1983)Emerging groundwater, a triggering factor in the formation of the makhteshim(erosion cirques)in the Negev and Sinai. Israel Journal of Earth Sciences, 32, 53 - 61.

Iurkiewicz A, Mangin A. (1993)Utilisation de l'analyse systemique dans l'étude des aquifères karstiques des Monts Vâlcan(Roumanie). Theoretical and Applied Karstology, 7, 9 - 96.

Ivanovich M, Harmon R S. (1992)Uranium - series Disequilibrium: Applications to Earth, Marine Environmental Sciences, Oxford Geoscience Publications, 910.

Ivanovich M, Ireland P. (1984)Measurements of uranium series disequilibrium in the case - hardened Aymamon limestone in Puerto Rico. Zeitschrift für Geomorphologie, 28, 305 - 319.

Jackson M P A, Roberts D G, Snelson S. (eds)(1995)Salt Tectonics: a Global Perspective, Memoir 65, American Association of Petroleum Geologists, Tulsa, OK.

Jacobson G, Hill P J. (1980)Hydrogeology of a raised coral atoll, Niue Island, South Pacific Ocean. Journal of Australian Geology and Geophyics, 5(4), 271 - 278.

Jacobson G, Hill P L, Ghassemi F. (1997)Geology and hydrogeology of Nauru Island, in Geology and Hydrogeology of Carbonate Islands(eds H. L. Vacher and T. Quinn), Developments in Sedimentology 54, Elsevier, 707 - 742.

Jahn B, Cuvellier H. (1994)Pb - Pb and U - Pb geochronology of carbonate rocks: an assessment. Chemical Geology(Isotope Geoscience Section), 115, 125 - 151.

Jakucs L. (1959)Neue Methoden der Hohlenforschung in Ungarn und ihre Ergebnisse. Hohle, 10(4), 88 - 98.

Jakucs L. (1977)Morphogenetics of Karst Regions: Variants of Karst Evolution, Akademiai Kiado, Budapest, 284.

James A N. (1992)Soluble Materials in Civil Engineering, Ellis Horwood, Chichester, 434.

James A N, Lupton A R R. (1978)Gypsum and anhydrite in foundations of hydraulic structures. Geotechnique, 28, 249 - 272.

James J M. (1992) Corrosion par melange des eaux dans les grottes de la Plaine de Nullarbor, Australie, in Karst et évolutions climatiques(eds J. - N. Salomon and R. Maire), Presses Universitaires, Bordeaux, 333 - 348.

James J M. (1993)Burial and infilling of a karst in Papua New Guinea by road erosion sediments. Environmental Geology, 21, 144 - 151.

James J M. (1994) Microorganisms in Australian caves and their infiuence on speleogenesis, in Breakthroughs in Karst Geomicrobiology and Redox Geochemistry(eds I. D. Sasowsky and M. V. Palmer), Special Publication 1, Karst Waters Institute, 31 - 34.

James J M. (1997)Minor, trace and ultra-trace constituents of speleothems, in Cave Minerals of the World, 2nd edn(eds C. A. Hill and P. Forti), National Speleological Society of America, Huntsville, AL, 236 - 237.

James N P, Choquette P W. (1984)Diagenesis(9). Limestones - the meteoric diagenetic environment. Geoscience Canada,

11,161－194.

James N P,Choquette P W. (1988)Paleokarst,Springer-Verlag,New York,416.

Jarvis R S. (1981)Specific geomorphometry,in Geomorphological Techniques(ed. A. Goudie),Allen & Unwin,London,42－46.

Jeanin P Y,Bitterli T,Häuselmann P. (2000)Genesis of a large cave system:case study of the North of Lake Thun System(Canton Bern,Switzerland),in Speleogenesis:Evolution of Karst Aquifers(eds A. V. Klimchouk,D. C. Ford,A. N. Palmer and W. Dreybrodt),National Speleological Society of America,Huntsville,AL,338－347.

Jeannin P Y,Sauter M. (1998)Analysis of karst hydrodynamic behaviour using global approaches:a review. Bulletin d' Hydrogéologie(Neuchâtel),16,31－48.

Jeannin P Y,Liedl R,Sauter,M. (1997)Some concepts about heat transfer in karstic systems,Proceedings of the 12th International Congress of Speleology,2,195－199.

Jennings J E. (1966)Building on dolomites in the Transvaal. Transactions of the South African Institute of Civil Engineers,8(2),41－62.

Jennings J N. (1968)Syngenetic karst in Australia,in Contributions to the Study of Karst(eds P. W. Williams and J. N. Jennings),Publication G5,Research School for Pacific Studies Australian National University,Canberra,41－110.

Jennings J N. (1972a)The Blue Waterholes,Cooleman Plain,N. S. W. the problem of karst denudation rate determination. Transactions of the Cave Research Group of Great Britain,14,109－117.

Jennings J N. (1972b)Observations at the Blue Waterholes,March 1965 to April 1969 limestone solution on Cooleman Plain,N. S. W. Helictite,10(1－2),1－46.

Jennings J N. (1975)Doline morphometry as a morphogenetic tool:New Zealand examples. New Zealand Geographer,31,6－28.

Jennings J N. (1976)A test of the importance of cliff－foot caves in tower karst development. Zeitschrift für Geomorphologie,Supplement－Band,26,92－97.

Jennings J N. (1982)Karst of Northeastern Queensland Reconsidered. Tower Karst Occasional Paper No. 4,Chillagoe Caving Club,13－52.

Jennings J N. (1983a)The disregarded karst of the arid and semiarid domain. Karstologia,1,61－73.

Jennings J N. (1983b)Sandstone pseudokarst or karst? in Aspects of Australian Sandstone Landscapes(eds R. W. Young, and G. C. Nanson),Special Publication 1,Australian and New Zealand Geomorphology Group,21－30.

Jennings J N. (1985)Karst Geomorphology,Basil Blackwell,Oxford,293.

Jennings J N,Bik M J. (1962)Karst morphology in Australian New Guinea. Nature,194,1036－1038.

Jennings J N,Sweeting M M. (1963)The limestone ranges of the Fitzroy Basin,Western Australia. Bonner Geographische Abhandlungen,32,60.

Jeschke A A,Vosbeck K,Dreybrodt W. (2001)Surface controlled dissolution rates of gypsum in aqueous solutions exhibit nonlinear dissolution kinetics. Geochimica et Cosmochimica Acta,65,13－20.

Johnson K S. (1989)Development of the Wink Sink in west Texas,USA,due to salt dissolution and collapse. Environmental Geology Water Science,14,81－92.

Johnson K S. (1996)Gypsum karst in the United States. International Journal of Speleology,25(3－4),183－193.

Johnson K S,Neal J T. (2003)Evaporite Karst and Engineering/Environmental Problems in the United States,Oklahoma Geological Survey Circular 109,US Geological Survey and National Cave and Karst Research Institute,National Park Service,353.

Jones B. (2001)Microbial activity in caves－a geological perspective. Geomicrobiology Journal,18,345－357.

Jones I C,Banner J L. (2000)Estimating recharge in a tropical karst aquifer. Water Resources Research,36(5),1289－1299.

Jones W K,Culver D C,Herman J S. (eds)(2004)Epikarst,Special Publication 9,Karst Waters Institute,Charles Town,WV,160.

Julian M,Martin J,Nicod J. (1978)Les karsts Mediterraneens. Mediterranee,1－2,115－131.

Kaçaroglu F. (1999)Review of groundwater pollution and protection in karst areas. Water,Air,and Soil Pollution,113,337－356.

Kaddu－Mulindwa D,Filip Z,Milde G. (1983)Survival of some pathogenic and potential pathogenic bacteria in groundwater,in Ground Water in Water Resources Planning,Publication 42(UNESCO Koblenz Symposium),International Association of Hydrological Sciences,Wallingford,1137－1145.

Karanjac J,Gunay G. (1980)Dumanli Spring,Turkey－the largest karstic spring in the world? Journal of Hydrology,45,

219-231.

Karolyi M S, Ford D C. (1983) The Goose Arm Karst, Newfoundland. Journal of. Hydrology, 61(1/3), 181-186.

Karp D. (2002) Land Degradation Associated with Sinkhole Development in the Katherine Region, Technical Report No. 11/2002, Department of Infrastructure, Planning and Development, Northern Territories Government, 80.

Käss W. (1967) Erfahrungen mit Uranin bei Farbversuchen. Steirische Beitrage zur Hydrogeologie, 18/19, 123-134.

Käss W. (1998) Tracing technique in geohydrology. Rotterdam, Balkema, 581.

Kastning E H. (1983) Relict caves as evidence of landscape and aquifer evolution in a deeply dissected carbonate terrain: southwest Edwards Plateau, Texas, U. S. A. Journal of Hydrology, 61, 89-112.

Katz B G. (2004) Sources of nitrate contamination and age of water in large karstic springs of Florida. Environmental Geology, 46, 689-706.

Katz B G, Bohlke J K, Hornsby H D. (2001) Timescales for nitrate contamination of spring waters, northern Florida, USA. Chemical Geology, 179, 167-186.

Katzer E. (1909) Karst und Karsthydrograph. Zur Kunde der Balkan halbinsel(Sarajevo), 8.

Kaufman G. (2002) Ghar Alisadr, Hamadan, Iran: first results on dating calcite shelfstones. Cave and Karst Science, 29(3), 129-133.

Kaufmann G. (2003) Stalagmite growth and paleoclimate: the numerical perspective. Earth and Planetary Letters, 214(1-2), 251-266.

Kaufmann G, Braun J. (2000) Karst aquifer evolution in fractured, porous rocks. Water Resources Research, 36, 1381-1391.

Kaufmann O, Quinif Y. (1999) Cover-collapse sinkholes in the 'Tournaisis' area, southern Belgium. Engineering Geology, 52, 15-22.

Kemmerly P R. (1982) Spatial analysis of a karst depression population: clues to genesis. Geological Society of America Bulletin, 93, 1078-1086.

Kemmerly P R, Towe S K. (1978) Karst depressions in a time context. Earth Surface Processes and Landforms, 35, 355-362.

Kempe S, Spaeth C. (1977) Excentrics: their capillaries and growth rates, Proceedings of the 7th International Congress of Speleology, Sheffield, 259-262.

Kempe S, Brandt A, Seeger M, et al. (1975) 'Facetten' and 'Lungdecken', the typical morphological elements of caves developed in standing water. Annales de Speleologie, 30(4), 705-708.

Kendall C, Caldwell E A. (1998) Fundamentals of isotope geochemistry, in Isotope Tracers in Catchment Hydrology (eds C. Kendall, and J. J. McDonnell), Elsevier, Amsterdam, 51-86.

Kendall C, McDonnell J J. (1998) Isotope Tracers in Catchment Hydrology, Elsevier, Amsterdam, 839.

Khang P. (1991.) Présentation des régions karstiques du Vietnam. Karstologia, 18, 1-12.

Kiernan K. (1984) Towards a Forestry Commission Karst and Karst Catchment Management Policy. Forestry Commission, Tasmania.

Kindinger J L, Davis J B, Flocks J G. (1999) Geology and evolution of lakes in north-central Florida. Environmental Geology, 38(4), 301-321.

Kiraly L. (1975) Rapport sur l'etat actuel des connaissances dans le domaine des caracteres physiques des roches karstiques, in Hydrogeology of Karstic Terrains (eds A. Burger and L. Dubertret), International Union of Geological Sciences, Series B, 3, 53-67.

Kiraly L. (1998) Modelling karst aquifers by the combined discrete channel and continuum approach. Bulletin d'Hydrogeologie(Neuchatel), 16.

Kiraly L. (2002) Karstification and groundwater flow, in Evolution of Karst: from Prekarst to Cessation (ed. F. Gabrovsek), Institut za raziskovanje krasa, ZRC SAZU, Postojna—Ljubljana, 155-190.

Kirkland D W, Evans R. (1980) Origin of castiles on the Gypsum Plain of Texas and New Mexico. New Mexico Geological Society, Guidebook, 31, 173-178.

Klimchouk A B. (1995) Karst morphogenesis in the epikarstic zone. Cave and Karst Science, 21(2), 45-50.

Klimchouk A B. (1996) The dissolution and conversion of gypsum and anhydrite. International Journal of Speleology, 25(3-4), 21-36.

Klimchouk A B. (2000a) The formation of epikarst and its role in vadose speleogenesis, in Speleogenesis: Evolution of Karst Aquifers (eds A. V. Klimchouk, D. C. Ford, A. N. Palmer and W. Dreybrodt), National Speleological Society of

America, Huntsville, AL, 91 - 99.

Klimchouk A B. (2000b) Speleogenesis of the Great Gypsum Mazes in the Western Ukraine, in Speleogenesis: Evolution of Karst Aquifers(eds A. V. Klimchouk, D. C. Ford, A. N. Palmer and W. Dreybrodt), National Speleological Society of America, Huntsville, AL, 261 - 273.

Klimchouk A B. (2003) Conceptualisation of speleogenesis in multi - storey artesian systems: a transverse speleogenesis. www. Speleogenesis, 1(2), 21.

Klimchouk A. (2004) Evaporite karst, in Encyclopedia of Caves and Karst Science(ed. J. Gunn), Fitzroy Dearborn, New York, 343 - 347.

Klimchouk A B, Aksem S D. (2000) Gypsum karst in the western Ukraine, in Present State and Future Trends of Karst Studies(eds G. Günay, K. S. Johnson, D. Ford and A. I. Johnson), IHP - V, Technical Documents in Hydrology, 49 (II), UNESCO, Paris, 67 - 80.

Klimchouk A B, Andrejchouk V N. (1986) Geological and hydrogeological conditions of gypsum karst development in the western Ukraine. Le Grotte d'Italia, 4(XII), 349 - 358.

Klimchouk A B, Andrejchuk V. (1996) Sulphate rocks as an arena for karst development. International Journal of Speleology, 25(3 - 4), 9 - 20.

Klimchouk A B, Andrejchuk V N. (2003) Karst breakdown mechanisms from observations in the gypsum caves of the Western Ukraine: implications for subsidence hazard assessment. www. Speleogenesis, 1(4), 20.

Klimchouk A B, Ford D C. (2000) Types of Karst and Evolution of Hydrogeologic Settings. in Klimchouk, A. B., Ford, D. C., Palmer, A. N. and Dreybrodt, W. (Editors). Speleogenesis: Evolution of Karst Aquifers. Huntsville, Al. National Speleological Society of America, 45 - 53.

Klimchouk A B, Cucchi F, Calaforra J M, et al. (1996a) Dissolution of gypsum from field observations. International Journal of Speleology, 25(3 - 4), 37 - 48.

Klimchouk A B, Sauro U, Lazzarotto M. (1996b) 'Hidden' shafts at the base of the epikarstic zone: a case study from the Sette Communi plateau, Venetian Pre - Alps, Italy. Cave and Karst Science, 23(3), 101 - 107.

Klimchouk A B, Ford D C, Palmer A N, et al. (eds)(1996c) Speleogenesis: Evolution of Karst Aquifers, National Speleological Society Press, Huntsville, AL, 527.

Knez M. (1996) Bedding - plane impact on the development of karst caves. Univ. of Lubljana PhD thesis, 186.

Knez M, Otoničar B, Slabe T. (2003) Subcutaneous stone forest(Trebnje, central Slovenia). Acta Carsological, 32(1), 29 - 38.

Knisel W G. (1972) Response of Karst Aquifers to Recharge, Hydrological Paper 60, Colorado State University, Fort Collins, 48.

Kogovsek J. (1997) Water tracing tests in the vadose zone, in Tracer Hydrology 97(ed. A. Kranjc), Rotterdam, Balkema, 167 - 172.

Kohn M J, Welker J M. (2005) On the temperature correlation of $d^{18}O$ in modern precipitation. Earth and Planetary Science Letters, 231, 87 - 96.

Kolodny Y, Bar - Matthews M, Ayalon A, et al. (2003) High spatial resolution $\delta^{18}O$ profile of a speleothem using an ion - microprobe. Chemical Geology, 197, 21 - 28.

Konzuk J S, Kueper B H. (2004) Evaluation of cubic law based models describing single - phase flow through a rough - walled fracture. Water Resources Research 40, W02402, doi: 10. 1029/2003WR002356.

Korotkov A N. (1974) Caves of the Pinego - Severodvinskaja Karst. Geographical Society of the USSR, Leningrad, 191. [In Russian]

Korpás L, Hofstra A H. (1999) Carlin Gold in Hungary, T. 24, Geologica Hungarica, Budapest, 331.

Korshunov V, Semikolennyh A. (1994) A model of speleogenic processes connected with bacterial redox in sulfur cycles in the caves of Kugitangtau Ridge, Turkmenia, in Breakthroughs in Karst Geomicrobiology and Redox Geochemistry(eds I. D. Sasowsky and M. V. Palmer), Special Publication 1, Karst Waters Institute, 43 - 44.

Kósa A. (1995/6) The Cavers' Living Dictionary, ER - PETRO, Budapest, 157. [Terms in English, French, German and Hungarian. Updates available online at www. uis - speleo. org]

Kósa A. (1981) Bir Al Ghanam Karst Study Project, Jamahiriya, Tripoli, 79.

Kovács A. (2003). Geometry and hydraulic parameters of karst aquifers: a hydrodynamic modeling approach. Faculté des Sciences, Université de Neuchâtel Thesis, 131. [Available in pdf at www. unine. ch/biblio/]

Kowalski K. (1965) Cave studies in China today. Studies in Speleology, 1(2 - 3), 75 - 81.

Kozary M T, Dunlap J C, Humphrey W E. (1968) Incidence of saline deposits in geologic time. Geological Society of America Special Paper, 88, 43 - 57.

Kranjc A. (1981) Sediments from Babja Jama near Most na Soci. Acta Carsologica, X(9), 201 - 211.

Kranjc A. (1982) Prod iz Kacne jame. Nase jame, 23(4), 17 - 23.

Kranjc A. (1985) The lake of Cerknisko and its floods. Geografski Zbornik, 25(2), 71 - 123.

Kranjc A. (1989a) Cave Tourism, Institute of Karst Research, Postojna, 204.

Kranjc A. (1989b) Recent fluvial cave sediments, their origin and role in speleogenesis. Slovenian Academy of Sciences, Lubljana, 167.

Kranjc A. (1997a) Tracer Hydrology 97, Balkema, Rotterdam, 450.

Kranjc A. (1997b) Karst Hydrogeological Investigations in South - western Slovenia. Acta Carsologica Krasoslovni Zbornik (Ljubljana), XXVI(1), 388.

Kranjc A. (2001a) About the name kras(karst) in Slovenia, Proceedings of the 13th International Congress of Speleology, Brazilia, 2, 140 - 142.

Kranjc A. (2001b) Classical Karst - Contact Karst; a Symposium. Acta Carsologica, 30(2), 13 - 164.

Kranjc A. (2002) Monitoring of Karst Caves. Acta Carsologica, 31. 177.

Kranjc A, Lovrencak F. (1981) Poplavni svet na Kocevskem polju(Floods in Kocevsko polje). Geografski zbornik, 21, 1 - 39.

Krawczyk W E. (1996) Manual for Karst Water Analysis, Handbook 1 - Physical Speleology, International Journal of Speleology, 51.

Krawczyk W E, Ford D C. (2006) Correlating specific conductivity with total hardness in limestone and dolomite karst waters. Earth Surface Processes and Landforms, 31, 221 - 234.

Krawczyk W E, Glowacki P, Niedzwiedz T. (2002) Charakterystyka chemiczna opadów atmosferycznych w rejonie Hornsundu(SW Spitsbergen) latem 2000 r. na tle cyrkulacji atmosferycznych, in Funkcjonowanie i monitoring geoekosystemów obszarów polarnych(eds A. Kostrzewski and G. Rachlewicz), Polish Polar Studies, Poznań, 187 - 202. [In Polish]

Kresic N. (1995). Remote sensing of tectonic fabric controlling groundwater flow in Dinaric karst. Remote Sensing of the Environment, 53, 85 - 90.

Kresic N, O'Laskey R, Deeb R, et al. (2005) Technical impracticability of DNAPL remediation in karst, in Water Resources and Environmental Problems in Karst(eds Z. Stevanovic and P. Milanovic), 63 - 66.

Kruse P B. (1980) Karst investigations of Maligne Basin, Jasper National Park, Alberta. Univ. of Alberta MSc thesis, 120.

Kunaver J. (1982) Geomorphology of the Kanin Mountains with special regard to the glaciokarst. Geografsky Zbornik, XXII, 200 - 343.

Kunsky J. (1950) Kras a Jeskyne, Priro, Naklad. Praz, Prague, 263.

Labat D, Ababou R, Mangin A. (2001) Multifractal and wavelet analyses in karstic hydrology; concepts and applications, in Present State and Future Trends of Karst Studies(eds G. Günay, K. S. Johnson, D. Ford and A. I. Johnson), IHP - V, Technical Documents in Hydrology, 49(II), UNESCO, Paris, 441 - 450.

Lageat Y, Sellier D, Twidale C R. (1994) Mégalithes et météorisation des granites en Bretagne littorale, France du nord - ouest. Géographie physique et Quaternaire, 48(1), 107 - 113.

Lakey B, Krothe N C. (1996) Stable isotopic variation of storm discharge from a perennial karst spring, Indiana. Water Resources Research, 32(3), 721 - 731.

Lalkovič M. (1995) On the problem of the ice filling in Dobšina Ice Cave. Acta Carsologica, 24, 314 - 322.

Lallemand-Barres A. (1994) Standardization of Criteria of Establishment of Vulnerability to Pollution Maps. Preliminary Documentary Study, Report R37928, Bureau de Recherche Geologiques et Minieres, 21.

Lambeck K, Chappell J. (2001) Sea level change through the last glacial cycle. Science, 292, 679 - 686.

LaMoreaux P E. (1989) Water development for phosphate mining in a karst setting in Florida - a complex environmental problem. Environmental Geology and Water Science, 14(2), 117 - 153.

LaMoreaux P E, Wilson B M. (1984) Remote sensing, in Guide to the Hydrology of Carbonate Rocks(eds P. E. LaMoreaux, B. M. Wilson and B. A. Memon), Studies and Reports in Hydrology No. 41, UNESCO, Paris, 166 - 171.

Land L A, Paull C K. (2000) Submarine karst belt rimming the continental slope in the Straits of Florida. Geo - Marine

Letters, 20, 123 – 132.

Lange A L. (1968) The changing geometry of cave structures. Cave Notes, 10(1 – 3), 1 – 10, 13 – 19, 26 – 27, 29 – 32.

Lange A L, Barner W L. (1995). Application of the natural electric field for detection of karst conduits on Guam, in Karst Geohazards(ed. B. F. Beck), Balkema, Rotterdam, 425 – 441.

Langmuir D. (1971) The geochemistry of some carbonate groundwaters in central Pennsylvania. Geochim et Cosmochim Acta, 35, 1023 – 1045.

Langmuir D. (1996) Aqueous Environmental Geochemistry, Prentice Hall, New Jersey, 600.

Lascu C. (2004) Movile Cave, Romania, in Encyclopedia of Caves and Karst Science(ed. J. Gunn), Fitzroy Dearborn, New York, 528 – 530.

Lasserre G. (1954) Notes sur le karst de la Guadeloupe. Erdkunde, VIII(1/4), 115 – 117.

Last W M. (1990) Lacustrine dolomite – an overview of modern, Holocene and Pleistocene occurrences. Earth Science Reviews, 27, 221 – 263.

Latham A G, Ford D C. (1993) The paleomagnetism and rock magnetism of cave and karst deposits, in Applications of Paleomagnetism to Sedimentary Geology, Special Publication 49, Society of Economic Paleontologists and Mineralogists, Tulsa, OK, 149 – 155.

Latham A G, Schwarcz H P, Ford D C, et al. (1979) Palaeo – magnetism of stalagmite deposits. Nature, 280(5721), 383 – 385.

Latham A G, Schwarcz H P, Ford D C. (1986) The paleomagnetism and U – Th dating of Mexican stalagmite, DAS 2. Earth and Planetary Science Letters, 79, 195 – 207.

Lattman L H, Parizek R P. (1964) Relationship between fracture traces and the occurrence of groundwater in carbonate rocks. Journal of Hydrology, 2, 73 – 91.

Laudermilk J D, Woodford A O. (1932) Concerning Rillensteine. American Journal of Science, 223, 135 – 154.

Lauriol B, Clark I D. (1993) An approach to determine the origin and age of massive ice blockages in two arctic caves. Permafrost and Periglacial Processes, 4, 77 – 85.

Lauriol B, Clark I D. (1999) Fissure calcretes in the arctic: a paleohydrologic indicator. Applied Geochemistry, 14, 775 – 785.

Lauriol B, Gray J T. (1990) Drainage karstique en Mileu de Pergélisol: le cas de l'ile d'Akpatok, T. N. O. Canada. Permafrost and Perigalcial Processes, 1, 129 – 144.

Lauriol B, Ford D C, Cinq – Mars J, et al. (1997) The chronology of speleothem deposition in Northern Yukon and its relationship to permafrost. Canadian Journal of Earth Sciences, 34(7), 902 – 911.

Lauritzen S E. (1981) Simulation of rock pendants – small scale experiments on plaster models, Proceedingsof the 8th International Congress of Speleology, Kentucky, 407 – 409.

Lauritzen S E. (1982) The paleocurrents and morphology of Pikhaggrottene, Svartisen, North Norway. Norsk Geografisk Tidsskrift, 4, 184 – 209.

Lauritzen S E. (1984a) A symposium: arctic and alpine karst. Norsk Geografisk Tidesskrift, 38, 139 – 214.

Lauritzen S E. (1984b) Evidence of subglacial karstification in Glomdal, Svartisen. Norsk Geografisk Tidesskrift, 38(3 – 4), 169 – 170.

Lauritzen S E. (1986) Kvithola at Fauske, northern Norway: an example of ice – contact speleogenesis. Norsk Geografisk Tidesskrift, 66, 153 – 161.

Lauritzen S E. (1990) Autogenic and allogenic denudation in carbonate karst by the multiple basin method: an example from Svartisen, north Norway. Earth Surface Processes and Landforms, 15, 157 – 167.

Lauritzen S E. (1995) High – resolution paleotemperature proxy record for the Last Interglaciation based on Norwegian speleothems. Quaternary Research, 43, 133 – 146.

Lauritzen S E. (1996a) Interaction between glacier and karst aquifers: Preliminary results from Hilmarfjellet, South Spitsbergen. Kras I Speleologica, XVII, 17 – 28.

Lauritzen S E. (1996b) Karst landforms and caves of Nordland, North Norway, in Climate Change: the Karst Record, Guide to Excursion 2, University of Bergen, 160.

Lauritzen S E, Karp D. (1993) Speleological assessment of Karst Aquifers developed within the Tindall Limestone, Katherine, N. T. Report 63/1993, Power and Water Authority, Darwin, NT, 60.

Lauritzen S E, Lundberg J. (1999a) Speleothems and climate: a special issue of The Holocene. The Holocene, 9(6), 643 – 647.

Lauritzen S E,Lundberg J. (1999b)Calibration of the speleothem delta function:an absolute temperature record for the Holocene in northern Norway. The Holocene,9(6),659-669.

Lauritzen S E,Lundberg J. (2000)Meso - and micromorphology of caves,in Speleogenesis: Evolution of Karst Aquifers (eds A. V. Klimchouk,D. C. Ford,A. N. Palmer and W. Dreybrodt),National Speleological Society of America, Huntsville,AL,407-426.

Lauritzen S E,Abbott J,Arnesen R,et al. (1985)Morphology and hydraulics of an active phreatic conduit. Cave Science,12 (4),139-146.

Lauritzen S E,Haugen J E,Løvlie R,et al. (1994)Geochronological potential of isoleucine epimerization in calcite speleothems. Quaternary Research,41,52-58.

Lea D W,Pak D K,Spero H J. (2000)Climate impact of late Quaternary equatorial Pacific sea surface temperature variations. Science,289,1719-1724.

Lee E S,Krothe N C. (2001)A four-component mixing model for water in a karst terrain in south-central Indiana,USA. Using solute concentration and stable isotopes as tracers. Chemical Geology,179(1-4),129-143.

Lee E S,Krothe N C. (2003)Delineating the karstic flow system in the upper Lost River drainage basin,south central Indiana:using sulphate and delta S-34(SO_4)as tracers. Applied Geochemistry,18(1),145-153.

Lee M R,Bland P A. (2002)Dating climatic change in hot deserts using desert varnish on meteorite finds. Earth and Planetary Science Letters,6487,1-12.

Lehmann H. (1936)Morphologische Studien auf Java. Series 3,No. 9,Geographische. Abhandlungen,Stuttgart,114.

Lehmann H. (1954)Das Karstphanomen in den verschiedenen Klimazonen. Erdkunde,8,112-139.

Lehmann H W,Krommelbein H K,Lotschert W. (1956)Karstmorphologische,geologische und botanische Studien in der Sierra de los Organos auf Cuba. Erdkunde,10,185-204.

Lei M,Jiang X,Li Y. (2001)New advances of karst collapse research in China,in Geotechnical and Environmental Applications of Karst Geology and Hydrology(eds B. F. Beck,and J. G. Herring),Balkema,Lisse,145-151.

Leibundgut Ch,Hadi S. (1997)A contribution to toxicity of fluorescent tracers,in Tracer Hydrology 97(ed. A. Kranjc), Rotterdam,Balkema,69-75.

Leighton M W,Pendexter C. (1962)Carbonate rock types. Memoirs,American Association of Petroleum Geologists,1,33-61.

Leutscher M,Jeannin P Y. (2004)Temperature distribution in karst systems:the role of air and water fluxes. Terra Nova, 16,344-350.

Lewis D C,Kriz G J,Burgy R H. (1966)Tracer dilution sampling technique to determine hydraulic conductivity of fractured rock. Water Resources Research,2(3),533-542.

Lewis I,Stace P. (1980)Cave Diving in Australia,I. Lewis. Adelaide.

Ley R G. (1979)The development of marine karren along the Bristol Channel coastline. Zeitschrift für Geomorphologie, Supplement-Band,32,75-89.

Li W X,Lundberg J,Dickin A P,et al. (1989)High precision mass spectrometric dating of speleothem and implications for paleoclimate studies. Nature,339(6225),534-536.

Liedl R,Sauter M. (1998)Modelling of aqifer genesis and heat transport in karst systems. Bulletin d'Hydrogéologie (Neuchâtel),16,185-200.

Lignier V,Desmets M. (2002)Les archives sedimentaires quaternaries de la grotte sous les Sangles,Bas-Bugey,Jura méridional,France. Karstologia,39(1),27-46.

Linge H,Lauritzen S E,Lundberg J,et al. (2001)Stable isotope stratigraphy of Holocene speleothems:examples from a cave system in Rana,northern Norway. Palaeogeography,Palaeoclimatology,Palaeoecology,167,209-224.

Lismonde B. (2003)Limestone wall retreat in a ceiling cupola controlled by hydrothermal dissolution with wall condensation(Szunyogh model). www. Speleogenesis,1(4),3.

Longley P A,Goodchild M F,Maguire D J,et al. (2005)Geographic Information Systems and Science,2nd edn,J. Wiley & Sons,New York.

Loop C M,White W B. (2001)A conceptual model for DNALP transport in karst ground water basins. Ground Water,39 (1),119-127.

López-Chicano A,Calvache M L,Martn-Rosales W,et al. (2002)Conditioning factors in flooding of karstic poljes-the case of the Zafarraya polje(South Spain). Catena,49(4),331-352.

López-Chicano M,Pulido-Bosch A. (1993)The fracturing in the Sierra Gorda karstic system(Granada),in Some Spanish

Karstic Aquifers(ed. A. Pulido - Bosch), University of Granada, 95 - 116.

Lowe D J. (2000) The speleo - inception concept, in Speleogenesis: Evolution of Karst Aquifers(eds A. V. Klimchouk, D. C. Ford, A. N. Palmer and W. Dreybrodt), National Speleological Society of America, Huntsville, AL, 65 - 75.

Lowe D J, Waltham A. (2002) A Dictionary of Karst and Caves, Cave Studies 10, British Cave Research Association, London.

Lowry D C, Jennings J N. (1974) The Nullarbor karst, Australia. Zeitschrift für Geomorphologie, 18, 35 - 81.

Lu G, Zheng C, Donahoe R J, et al. (2000) Controlling processes in a CaCO3 precipitating stream in Huanglong natural Scenic District, Sichuan, China. Journal of Hydrology, 230, 34 - 54.

Lu Y. (1985) Karst in China: Landscapes, Types, Rules. Geological Publishing House, Beijing, 288.

Lu Y. (1993) Comparative Research on Evolution of Karst Environments in the Main Construction Regions of China, Institute of Hydrogeology and Engineering Geology, Chinese Academy of Geological Sciences, Beijing, 13.

Ludwig K R, Simmons K R, Szabo B J, et al. (1992) Mass - spectrometric ^{230}Th - 2^{34}U - 2^{38}U dating of the Devils Hole Calcite Vein. Science, 258, 284 - 287.

Lundberg J, Ford D C, Hill C A. (2000) A preliminary U - Pb date on cave spar, Big Canyon, Guadalupe Mountains, New Mexico, U. S. A. Journal of Cave and Karst Studies, 62(2), 144 - 148.

Lynch F L, Mahler B J, Hauwert N N. (2004) Provenance of suspended sediment discharged from a karst aquifer determined by clay mineralogy, in Studies of Cave Sediments: Physical and Chemical Records of Paleoclimate(eds I. D. Sasowsky and J. Mylroie), Kluwer Academic, New York, 83 - 94.

Macaluso T, Sauro U. (1996) Weathering crust and karren on exposed gypsum surfaces. International Journal of Speleology, 25(3 - 4), 115 - 126.

Mace C E. (1921) Sewer system more than a million years old. Popular Mechanics Magazine, 35(5), 687.

Machel H G. (2001) Bacterial and thermochemical sulphate reduction in diagenetic settings - old and new insights. Sedimentary Geology, 140, 143 - 175.

Maclay R W, Small T A. (1983) Hydrostratigraphic subdivisions and fault barriers of the Edwards aquifer, south - central Texas, U. S. A. Journal of Hydrology, 61, 127 - 146.

Magdalene S, Alexander E C. (1995) Sinkhole distribution in Winona County, Minnesota revisited, in Karst Geohazards(ed. B. F. Beck), Balkema, Rotterdam, 43 - 51.

Maillet E. (1905) Essais d'Hydraulique souterraine et fluviale, Hermann, Paris.

Mainguet M. (1972) Le Modele des Gres: Problemes Generaux, Institut Geographique National, Paris.

Maire R. (1981a) Giant shafts and underground rivers of the Nakanai Mountains(New Britain). Spelunca, 3(Supplement), 8 - 9.

Maire R. (1981b) Karst and hydrogeology synthesis. Spelunca, 3(Supplement), 23 - 30.

Maire R. (1981c) Inventory and general features of PNG karsts. Spelunca, 3(Supplement), 7 - 8.

Maire R. (1986) A propos des karsts sous - marins. Karstologia, 7, 55.

Maire R. (1990) La Haute Montagne Calcaire. Karstologia Memoire, 3, 731.

Maire R. (1999) Les glaciers de marbre de Patagonie, Chili. Un karst subpolaire oceanique de la zone australe. Karstologia, 33, 25 - 40.

Maire R. et l'equipe Ultima Esperanza(1999) Les 'glaciers de marbre' de Patagonie, Chili. Karstologia, 33, 25 - 40.

Malis C P. (1997) Littoral Karren along the Western Shore of Newfoundland,. MSc thesis, McMaster University. 310.

Mangin A. (1969a) Nouvelle interprtation du mcanisme des sources intermittentes. Comptes Rendus, Académie des Sciences(Paris), 269, 2184 - 2186.

Mangin A. (1969b) Etude hydraulique du mecanisme d'intermittence de Fontestorbes(Blesta - Ariege). Annales et Speleologie, 24(2), 253 - 298.

Mangin A. (1973) Sur la dynamiques des transferts en aquifere karstique, Proceedings of the 6th International Congress of Speleology, Olomouc, CSSR, 6, 157 - 162.

Mangin A. (1975) Contribution a l'etude hydrodynamique des aquiferes karstiques. Univ. Dijon Theses Doct. es. Sci. [Annales et Speleologie, 29(3), 283 - 332; 29(4), 495 - 601, 1974; 30(1), 21 - 124, 1975.]

Mangin A. (1981a) Utilisation des analysis correlatoire et spectrale dans l'approche des systemes hydrologiques. Comptes Rendus, Académie des Sciences(Paris), 293, 401 - 404.

Mangin A. (1981b) Apports des analyses correlatoire et spectrale croisees dans la connaissance des sytsemes hydrologiques. Comptes Rendus, Académie des Sciences(Paris), 293(II), 1011 - 1014.

Mangin A. (1984)Pour une meilleure connaissance des systemes hydrologiques à partir des analyses correlatoire et spectrale. Journal of Hydrology,67,25-43.

Mangin A. (1998)L'approche hydrogéologique des karsts. Spéléochronos,9,3-26.

Mangini A,Spotl C,Verdes P. (2005)Reconstruction of temperature in the Central Alps during the past 2000 yr from a δ^{18}O stalagmite record. Earth and Planetary Science Letters,235,741-751.

Margat J. (1980)Carte hydrogeologique de la France a 1 : 1 500 000. Bureau de Recherches Geologiques et Minieres,Orleans.

Margrita R,Guizerix J,Corompt P,et al. (1984)Reflexions sur la theorie des traceurs:applications en hydrologie isotopique,in Isotope Hydrology 1983,International Atomic Energy Agency,Vienna,653-678.

Marinos P G. (2005)Experiences in tunnelling through karstic rocks,in Water Resources and Environmental Problems in Karst(eds Z. Stevanovič and P. Milanovič),International Association of Hydrogeologists,Belgrade,617-644.

Marker M E. (1976)Cenotes:a class of enclosed karst hollows. Zeitschrift für Geomorphologie Supplement-Band,26,104-123.

Marquette G C,Gray J T,Gosse J C,et al. (2004)Felsenmeer persistence under non-erosive ice in the Torngat and Kaumajet mountains,Quebec and Labrador,as determined by soil weathering and cosmogenic nuclide exposure dating. Canadian Journal of Earth Sciences,41(1),19-38.

Martel E A. (1894)Les Abimes,Delagrave,Paris.

Martel E A. (1921)Nouveau trait des eaux sonterraines,Editions Doin,Paris,840.

Martin J B,Wicks C M,Sasowsky I D. (eds)(2002)Hydrogeology and Biology of Post-Paleozoic Carbonate Aquifers,Special Publication 7,Karst Waters Institute,Charles Town,WV,212.

Martin-Algarra A,Martin M,Andreo B,et al. (2003)Sedimentary patterns in perched spring travertines near Granada (Spain)as indicators of the paleohydrological and paleoclimatological evolution of a karst massif. Sedimentary Geology,161,217-228.

Martini J E J. (2000)Dissolution of quartz and silicate minerals,Speleogenesis:Evolution of Karst Aquifers(eds A. V. Klimchouk,D. C. Ford,A. N. Palmer and W. Dreybrodt),National Speleological Society of America,Huntsville,AL,171-174.

Martini J E J. (2004)Silicate karst,in Encyclopedia of Caves and Karst Science(ed. J. Gunn),Fitzroy Dearborn,New York,649-653.

Martini J E J,Wipplinger P E,Moen H F G,et al. (2003)Contribution to the speleology of Sterkfontein Cave,Gauteng Province,South Africa. International Journal of Speleology,32(1/4),43-69.

Martini P,Brookfield M E,Sadura S. (2001)Principles of Glacial Geomorphology and Geology,New Jersey,Prentice Hall,381.

Matthews M C,Clayton C R I,Rigby-Jones J. (2000)Locating dissolution features in the Chalk. Quarterly Journal of Engineering Geology and Hydrogeology,33,125-140.

Maurin V,Zotl J. (1959)Die Untersuchung der Zusammenhange unterirdischer Wasser mit besonderer Berucksichtigung der Karstvarheltnisse. Steirische Beitrage zur Hydro-geologie(Graz),11,5-184.

Maurin V,Zotl J. (1963)Karsthydrologische Untersuchungen auf Kephallenia. Osterreische Hochschulz,15,6.

Mavlyudov B R. (2005)Glacier Caves and Glacial Karst in High Mountains and Polar Regions,Institute of Geography,Russian Academy of Sciences,Moscow,177.

Maximovich G A,Bykov V N. (1976)Karst of Carbonate Oil-and Gas-bearing Series,Ministry of Higher Education,Perm,96. [In Russian]

Mayr A. (1953)Blutenpollen und pflanzliche Sporen als Mittel zur Untersuchung von Quellen und Karstwassern. Anzeiger der Osterreichischen Akademie der Wissenschaften,Mathimatisch-Naturwissenschaftliche Klasse(Wien).

McConnell H,Horn J M. (1972)Probabilities of surface karst,in Spatial Analysis in Geomorphology(ed. R. J. Chorley),London,Methuen,111-133.

McDermott F. (2004)Palaeo-climate reconstruction from stable isotope variations in speleothems:a review. Quaternary Science Reviews,23,901-918.

McDermott F,Frisia S,Huang Y,et al. (1999)Holocene climate variability in Europe:evidence from d^{18}O,textural and extension-rate variations in three speleothems. Quaternary Science Reviews,18,1021-1038.

McDermott F,Mattey D P,Hawkesworth C. (2001)Centennial-scale Holocene climate variability revealed by a high-resolution speleothem $\delta^{18}O$ record from SW Ireland. Science,294,1328 - 1331.

McDonald B S,Vincent J S. (1972)Fluvial sedimentary structures formed experimentally in a pipe:their implications for interpretation of subglacial sedimentary environments. Geological Survey of Canada Paper,72 - 77.

McDonald J,Drysdale R,Hill D. (2004)The 2002 - 2003 El Niño recorded in Australian cave drip waters:Implications for reconstructing rainfall histories using stalagmites. Geophysical Research Letters,31,L22202.

McDonald R C. (1976)Limestone morphology in south Sulawesi,Indonesia. Zeitschrift für Geomorphologie,Supple - ment - Band,26,79 - 91.

McDonald R C. (1979)Tower karst geomorphology in Belize. Zeitschrift für Geomorphologie,Supplement - Band,32,35 - 45.

McGarry S F,Caseldine C. (2004)Speleothem palynology:an undervalued tool in Quaternary Studies. Quaternary Science Reviews,23,2389 - 2404.

McGarry S,Bar - Matthews B,Matthews A,et al. (2004)Constraints on hydrological and paleotemperature variations in the Eastern Mediterranean region in the last 140 ka given by the δD values of speleothem fluid inclusions. Quaternary Science Reviews,23,919 - 934.

McGrath R J,Styles P,Thomas E,et al. (2002)Integrated high - resolution geophysical investigations as potential tools for water resource investigations in karst terrain. Environmental Geology,42(5),552 - 557.

Mecchia M,Piccini L. (1999)Hydrogeology and SiO_2 geochemistry of the Aonda Cave System,Auyan - Tepui,Bolivar,Venezuela. Bollettino Sociedad Venezolana Espeleologia,33,1 - 18.

Meijerink A M J. (2000). Groundwater,in Remote Sensing in Hydrology and Water Management(eds G. A. Schultz and E. T. Engman),Springer - Verlag,Berlin,305 - 325.

Meiman J,Ryan M T. (1999)The development of basinscale conceptual models of the active - flow conduit system,in Karst Modeling(eds A. N. Palmer,M. V. Palmer and I. D. Sasowsky)(1999),Special Publication 5,Karst Waters Institute,Charles Town,WV,203 - 212.

Mellett J S,Maccarillo B J. (1995). A model for sinkhole formation on interstate and limited access highways,with suggestions on remediation,in Karst Geohazards(ed. B. F. Beck),Balkema,Rotterdam,335 - 339.

Merrill G K. (1960)Additional notes on vertical shafts in limestone caves. Bulletin of the National Speleological Society,22(2),101 - 105.

Meyer-Peter E,Muller R. (1948)Formulas for bedload transport,Proceedings of the 3rd Conference of the International Association for Hydraulic Research,Stockholm,39 - 64.

Miall L C. (1870)On the formation of swallow - holes or pits with vertical sides in mountain limestone. Nature,ii,526(and Geological Magazine,ii,513).

Michie N. (1997)The threat to caves of the human dust sources,Proceedings of the 12th International Congress of Speleology,43 - 46.

Mickler P J,Banner J L,Stern L,et al. (2004a)Stable isotope variations in modern tropical speleothems:evaluating equilibrium vs. kinetic isotope effects. Geochimica et Cosmochimica Acta,68(21),4381 - 4393.

Mickler P J,Ketcham R A,Colbert M W,et al. (2004b)Application of high - resolution X - ray computed tomography in deteremining the suitability of speleothems for use in paleoclimatic,paleohydrologic reconstructions. Journal of Cave and Karst Studies,66(1),4 - 8.

Middleton G V. (2003)Encyclopedia of Sediments and Sedimentary Rocks. Kluwer Academic Publishers,Dordrecht,821.

Middleton G. (2004)Madagascar,in Encyclopedia of Caves and Karst Science(ed. J. Gunn),Fitzroy Dearborn,New York,493 - 495.

Mijatovic B F. (1984a)Problems of sea water intrusion into aquifers of the coastal Dinaric karst,in Hydrogeology of the Dinaric Karst(ed. B. F. Mijatovic),International Contributions to Hydrogeology 4,Heise,Hannover,115 - 142.

Mijatovic B F. (1984b)Karst poljes in Dinarides,in Hydrogeology of the Dinaric Karst(ed. B. F. Mijatovic),International Contributions to Hydrogeology 4,Heise,Hannover,87 - 109.

Milanović P. (1976)Water regime in deep karst. Case study of the Ombla spring drainage area,in Karst Hydrology and Water Resources:Vol. 1 Karst Hydrology(ed. V. Yevjevich),Water Resources Publications,Colorado,165 - 191.

Milanović P T. (1981)Karst Hydrogeology,Water Resources Publication,Colorado,434.

Milanović P T. (1993)The karst environment and some consequences of reclamation projects,in Proceedings of the International Symposium on Water Resources in Karst with Special Emphasis on Arid and Semi Arid Zones(ed. A. Afrasiabian),Shiraz,Iran,409 - 424.

Milanović P T. (2000) Geological Engineering in Karst: Dams, Reservoirs, Grouting, Groundwater Protection, Water Tapping, Tunnelling, Zebra, Belgrade, 347.

Milanović P T. (2002) The environmental impacts of human activities and engineering constructions in karst regions. Episodes, 25(1), 13 – 21.

Milanović P T. (2003) Prevention and remediation in karst engineering, in Sinkholes and the Engineering and Environmental Impacts of Karst (ed. B. F. Beck), Proceedings of the 9th Multidisciplinary Conference, Huntsville, Alabama, Geotechnical Special Publication 122, American Society of Civil Engineers, 3 – 28.

Milanović P T. (2004) Water Resources Engineering in Karst, CRC Press, Boca Raton, 312.

Miller G H. (1980) Amino acid geochronology: integrity of the carbonate matrix and potential of molluscan fossils, in Biogeochemistry of Amino Acids (eds P. E. Hare, T. C. Hoering and J. King), John Wiley & Sons, New York, 415 – 443.

Miller T E. (1982) Hydrochemistry, hydrology and morphology of the Caves Branch karst, Belize. Mcmaster Univ. PhD thesis, 280.

Mills W R P. (1981) Karst development and groundwater flow in the Quatsino Formation, northern Vancouver Island. MSc. thesis, McMaster Univ. 170.

Miotke F D. (1968) Karstmorphologische Studien in der glazialuberformten Hohenstufe der 'Picos de Europa', Nordspanien. Jahrbuch der geographischen Gesellschaft zu Hannover/ Sonderhef, 4, 161.

Miotke F D. (1974) Carbon dioxide and the soil atmosphere. Abhandlungen zur Karst – und Höhlenkunde, Reihe A, Speläologie, 9, 52.

Monroe W H. (1964) The origin and interior structure of mogotes, Proceedings of the 20th International Geographical Congress, Abstracts, 108.

Monroe W H. (1966) Formation of tropical karst topography by limestone solution and reprecipitation. Caribbean Journal of Science, 6, 1 – 7.

Monroe W H. (1968) The karst features of northern Puerto Rico. Bulletin of the National Speleological Society, 30, 75 – 86.

Monroe W H. (1974) Dendritic dry valleys in the cone karst of Puerto Rico. Journal of Research, U. S. Geological Survey, 2(2), 159 – 163.

Moon B P. (1985) Controls on the form and development of rock slopes in fold terrace, in Hillslope Processes (ed. A. D. Abrahams), 16th Annual Binghamton Symposium, Program and Abstracts, 22.

Moore C H. (2001) Carbonate Reservoirs: Porosity, Evolution and Diagenesis in a Sequence Stratigraphic Framework, Developments in Sedimentology 55, Elsevier, Amsterdam, 444.

Moriarty K C, McCulloch M T, Wells R T, et al. (2000) Mid – Pleistocene cave fills, megafaunal remains and climate change at Naracoorte, South Australia: towards a predictive model using U – Th dating of speleothems. Palaeogeography, Palaeoclimatology, Palaeoecology, 159, 113 – 143.

Mörner N A. (2005) Sea level changes and crustal movements with special aspects on the eastern Mediterranean. Zeitschrift für Geomorphologie, 137, 91 – 102.

Morrow D. (1998) Regional subsurface dolomitization: models and constraints. Geoscience Canada, 25(2), 57 – 70.

Morse J W, Arvidson R S. (2002) The dissolution kinetics of major sedimentary carbonate minerals. Earth Science Reviews, 58, 51 – 84.

Morwood M J, Soejono R P, Roberts R G, et al. (2004) Archaeology and age of a new hominin from Flores in eastern Indonesia. Nature, 431, 1087 – 1091.

Moser H. (1998a) Environmental Isotopes, in Tracing Technique in Geohydrology (ed. W. Käss), Balkema, Rotterdam, 279 – 303.

Moser H. (1998b) Radiohydrometrical single – well – methods, in Tracing Technique in Geohydrology (ed. W. Käss), Balkema, Rotterdam, 382 – 396.

Moser H, Rajner V, Rank D, et al. (1976) Results of measurements of the content of deuterium, oxygen – 18 and tritium in water samples from test area taken during 1972 – 1975, in Underground Water Tracing (eds R. Gospodaric and P. Habic), Institute of Karst Research, Postojna, Ljubljana, 93 – 117.

Moser M, Geyer M. (1979) Seismospelaologic – Erdbebenzerstorungen in Hoblen am Beispel des Gaislochs bei Oberfellendorf (Oberfranken, Bayern). Die Hohle, 4, 89 – 102.

Mottershead D N, Moses C A, Lucas G R. (2000) Lithological control of solution flute form: a comparative study. Zeitschrift fur Geomorphologie, 44(4), 491 – 512.

Mueller M. (1987) Takaka Valley Hydrogeology (Preliminary Assessment), Nelson Catchment Board and Regional Water

Board.

Muhs D R. (2002) Evidence for the timing and duration of the last interglacial period from high-precision uranium-series ages of corals on tectonically stable coastlines. Quaternary Research,58,36-40.

Muldoon M A,Simo J A,Bradbury K R. (2001) Correlation of hydraulic conductivity with stratigraphy in a fractured-dolomite aquifer,northeastern Wisconsin,USA. Hydrogeology Journal,9,570-583.

Muller P,Sarvary I. (1977) Some aspects of developments in Hungarian speleology theories during the last ten years. Karsztés Barlang,Special Issue,53-59.

Myers A J. (1962) A fossil sinkhole. Oklahoma Geolological Notes,22(B677),13-15.

Mylroie J E. (1984) Hydrologic classification of caves and karst, in Groundwater as a Geomorphic Agent (ed. R. G. LaFleur),Allen & Unwin,London,157-172.

Mylroie J E,Carew J L. (1990) The flank margin model for dissolution cave development in carbonate platforms. Earth Surface Processes and Landforms,15,413-424.

Mylroie J E,Carew J L. (1995) Karst development on carbonate islands, in Unconformities and Porosity in Carbonate Strata(eds D. A. Budd, P. M. Harris and A. Saller),Memoir 63,American Association of Petroleum Geologists,Tulsa,OK,55-76.

Mylroie J E,Carew J L. (2000) Speleogenesis in Coastal and Oceanic Settings, in Speleogenesis: Evolution of Karst Aquifers(eds A. V. Klimchouk, D. C. Ford, A. N. Palmer and W. Dreybrodt),National Speleological Society of America,Huntsville,AL,226-233.

Mylroie J E,Jenson J W. (2002) Karst flow systems in young carbonate islands, in Hydrogeology and Biology of Post-Paleozoic Carbonate Aquifers(eds J. B. Martin,C. M. Wicks and I. D. Sasowsky),Special Publication 7,Karst Waters Institute,Charles Town,WV,107-110.

Mylroie J E,Vacher H L. (1999) A conceptual view of carbonate island karst, in Karst Modelling(eds A. N. Palmer, M. V. Palmer and I. D. Sasowsky),Special Publication 5,Karst Waters Institute,Charles Town,WV,48-57.

Mylroie J E,Carew J L,Vacher H L. (1995) Karst development in the Bahamas and Bermuda, in Terrestrial and Shallow Marine Geology of the Bahamas and Bermuda(eds H. A. Curran and B. White). Geological Society of America Special Paper,300,251-267.

Nash D J. (2004) Calcrete, in Encyclopedia of Geomorphology(ed. A. S. Goudie),Routledge,London and New York,108-111.

Naylor L A,Viles H A. (2002) A new technique for evaluating short-term rates of coastal bioerosion and bioprotection. Geomorphology,47,31-44.

Neumann A C. (1968) Biological erosion of limestone coasts, in Encyclopedia of Geomorphology(ed. R. W. Fairbridge),Rein-hold,New York,75-81.

Neumeier U. (1999) Experimental modelling of beach rock cementation under microbial influence. Sedimentary Geology,126,35-46.

Neukum C, Hötzl H. (2005) Standardisation of vulnerability map, in Water Resources and Environmental Problems in Karst(eds Z. Stevanović and P. Milanović),National Committee of the International Association of Hydrogeologists of Serbia and Montenegro,Belgrade,11-18.

Newitt D M,Richardson J F,Abbott M,et al. (1955) Hydraulic conveying of solids in horizontal pipes. Transactions Institute of Chemical Engineers,33,93-110.

Nicod J. (1976) Karst des gypses et des evaporites associees. Annales de Geographie,471,513-554.

Nicod J. (1990) Murettes et terrasses de culture dans les regions karstiques méditerranéenes. Méditerrané e,3-4,43-50.

Nicod J. (1992) Barrages en terrains karstiques: problèmes géomorphologiques et géotechniques dans le domaine Méditerranéen,in Géo-Méditer,Géographie physique et Méditerranée(eds M. Tabeau,P. Pech,and L. Simon)(Hommage à G. Beaudet et E. Miossenet),Sorbonne,Paris,185-200.

Nicod J. (1996) Karst et mines en France et en Europe. Karstologia,27(1),1-20.

Nicod J. (1997) Les canyons karstique "nouvelles approaches de problèmes géomorphologiques classigues" (spécialement dans les domaines méditerranéens et tropicau). Quateraire,8(2-3),71-89.

Nicod J. (2002) Pamukkale(Hiéropolis): un site de travertins hydrothermaux exceptionnel de Turquie. Karstologia,39,51-54.

Nicod J,Julian M,Anthony E. (1996) A historical review of man-karst relationships:miscellaneous uses of karst and their impact. Rivista di Geografia Italiana,103,289-338.

Nishiikumi K. (1993) Role of in situ cosmogenic nuclides ^{10}Be and ^{26}Al in the study of diverse geomorphic processes. Earth Surface Processes and Landforms, 18, 407 – 425.

Noel M, Bull P A. (1982) The palaeomagnetism of sediments from Clearwater Cave, Mulu, Sarawak. Cave Science, 9(2), 134 – 141.

Noller J S, Sowers J M, Lettis W R. (2000) Quaternary Geochronology: Methods and Applications, American Geophysical Union, Washington, DC, 582.

Nordstrom D K. (2004) Modeling low – temperature geochemical processes, in Treatise in Geochemistry, 5, Surface and Ground Water, Weathering Soils(ed. I. Drever), Elsevier – Pergamon, Oxford, 626.

Northup, D E, Lavoie K H. (2001) Geomicrobiology of caves: a review. Geomicrobiology Journal, 18, 199 – 222.

Nunn P. (1986) Implications of migrating geoid anomalies for the interpretation of high – level fossil coral reefs. Bulletin, Geological Society of America, 97, 946 – 952.

Olive W W. (1957) Solution subsidence troughs, Castile Formation of gypsum plain, Texas and New Mexico. Geological Society of America Bulletin, 68(B693), 351 – 358.

Ollier C D. (1975) Coral island geomorphology: the Trobriand Islands. Zeitschrift fur Geomorphologie, 19(2), 164 – 190.

Onac B P. (1997) Crystallography of speleothems, in Cave Minerals of the World, 2nd edn(eds C. A. Hill and P. Forti), National Speleological Society of America, Huntsville, AL, 230 – 236.

Onac B P, Vereş D Ş. (2003) Sequence of secondary phosphate deposition in a karst environment: evidence from Măgurici Cave, Romania. European Journal of Mineralogy, 15, 741 – 745.

Onac B P, Viehmann I, Lundberg J, et al. (2005) U – Th ages constraining the Neanderthal footprint at Vârtop Cave, Romania. Quaternary Science Reviews, 24, 1151 – 1157.

Onac B P, Tudor T, Constantin S, et al. (2006) Archives of Climate Change in Karst, Special Publication 10, Karst Waters Institute, Charles Town, WV, 246.

O'Neill J R, Clayton R N, Mayeda T. (1969) Oxygen isotope fractionation in divalent metal carbonates. Journal of Chemistry and Physics, 51, 5547 – 5548.

Ordonez S, Gonzalez Martin J A, Garcia del Cura M A, et al. (2005) Temperate and semi – arid tufas in the Pleistocene to Recent fluvial barrage system in the Mediterranean area: The Ruidera Lakes Natural Park(Central Spain). Geomorphology, 69, 332 – 350.

Osborne R A L. (1999) The origin of the Jenolan Caves: elements of a new synthesis and framework chronology, Proceedings of the Linnean Society of New South Wales, 121, 1 – 27.

Osborne R A L. (2001) Petrography of lithified cave sediments, Proceedings of the 13th International Congress of Speleology, Brasilia, 1, 101 – 104.

Osborne R A L. (2004) The trouble with cupolas. Acta Carsologica, 33(2), 9 – 36.

Osmaston H, Sweeting M M. (1982) Geomorphology(of the Gunung Mulu National Park). Sarawak Museum Journal, 30 (51, new series), 75 – 93.

Ota Y, Chappell J. (1999) Holocene sea – level rise and coral reef growth on a tectonically rising coast, Huon Peninsula, Papua New Guinea. Quaternary International, 55, 51 – 59.

Padilla A, Pulidobosch A, Mangin A. (1994) Relative importance of baseflow and quickflow from hydrographs of karst spring. Ground Water, 32(2), 267 – 277.

Palmer A N. (1975) The origin of maze caves. Bulletin of the National Speleological Society, 37(3), 56 – 76.

Palmer A N. (1984) Geomorphic interpretation of karst features, in Groundwater as a Geomorphic Agent (ed. R. G. LaFleur), Allen & Unwin, London, 173 – 209.

Palmer A N. (1991) Origin and morphology of limestone caves. Geological Society of America Bulletin, 103, 1 – 21.

Palmer A N. (1995) Geochemical models for the origin of macroscopic solution porosity in carbonate rocks. in Unconformities and Porosity in Carbonate Strata(eds D. A. Budd, P. M. Harris and A. Saller), Memoir 63, American Association of Petroleum Geologists, Tulsa, OK, 77 – 101.

Palmer A N. (1999) Anisotropy in carbonate aquifers, in Karst Modeling(eds A. N. Palmer, M. V. Palmer and I. D. Sasowsky)(1999), Special Publication 5, Karst Waters Institute, Charles Town, WV, 223 – 227.

Palmer A N. (2000) Hydrogeologic control of cave patterns, in Speleogenesis: Evolution of Karst Aquifers(eds A. V. Klimchouk, D. C. Ford, A. N. Palmer and W. Dreybrodt), National Speleological Society of America, Huntsville, AL, 77 – 90.

Palmer A N. (2002) Speleogenesis in carbonate rocks, in Evolution of Karst: from Prekarst to Cessation (ed. F.

Gabrovsek), Institut za raziskovanje krasa, ZRC SAZU, Postojna - Ljubljana, 43 - 59.

Palmer A N, Audra P. (2003) Patterns of caves, in Encyclopedia of Caves and Karst Science(ed. J. Gunn), Fitzroy Dearborn, New York, 573 - 575.

Palmer A N, Palmer M V. (1989) Geologic history of the Black Hills Caves, South Dakota. National Speleological Society, Bulletin, 51, 72 - 99.

Palmer A N, Palmer M V. (1995) The Kaskaskia paleokarst of the Northern Rocky Mountains and the Black Hills, northwestern U. S. A. Carbonates and Evaporites, 10, 148 - 160.

Palmer A N, Palmer M V. (2000) Speleogenesis of the Black Hills Maze Caves, South Dakota, U. S. A, in Speleogenesis. Evolution of Karst Aquifers(eds A. V. Klimchouk, D. C. Ford, A. N. Palmer and W. Dreybrodt), National Speleological Society of America, Huntsville, AL, 274 - 281.

Palmer A N, Palmer M V. (2003) Geochemistry of capillary seepage in Mammoth Cave. www. Speleogenesis, 1(4), 10.

Palmer A N, Palmer M V, Sasowsky I D. (eds) (1999) Karst Modeling, Special Publication 5, Karst Waters Institute, Charles Town, WV, 265.

Palmer M V, Palmer A N. (1975) Landform development in the Mitchell Plain of southern Indiana: origin of a partially karsted plain. Zeitschrift für Geomorphologie, N. F. , 19(1), 1 - 39.

Palmer M V, Palmer A N. (1989) Paleokarst of the United States, in Paleokarst. a Systematic and Regional Review(eds P. Bosak, D. C. Ford, J. Glazek and I. Horacek), Academia Praha/Elsevier, Prague, 337 - 363.

Palmer R J, Heath L M. (1985) The effect of anchialine factors and fracture control on cave development below eastern Grand Bahama. Cave Science, 12(3), 93 - 97.

Paloc H, Margat J. (1985) Report on hydrogeological maps of karstic terrains, in Hydrogeological Mapping in Asia and the Pacific Region(eds W. Grimelmann, K. D. Krampe and W. Struckmeier), International Contributions to Hydrogeology, 7, Heise, Hannover, 301 - 315.

Panno S V, Hackley K C, Hwang H H, et al. (2001) Determination of the sources of nitrate contamination in karst springs using isotopic and chemical indicators. Chemical Geology, 179, 113 - 128.

Panoš V. (2001) Karstological and Speleological Terminology. Slovak Caves Administration and Geological Institute of the Czech Academy of Sciences, Zilina, Slovakia, 352. [Definitions in the Slovak language, with the equivalent terms in English, French, German, Italian, Russian and Spanish.]

Panos V, Stelcl O. (1968) Physiographic and geologic control in development of Cuban mogotes. Zeitschrift für Geomorphologie, 12(2), 117 - 173.

Parés J M, Pérez - González A. (1995) Paleomagnetic age for hominid fossils at Atapuerca archaeological site, Spain. Science, 269, 830 - 832.

Parizek R P. (1976) On the nature and significance of fracture traces and lineaments in carbonate and other terranes, in Karst Hydrology and Water Resources: Vol. 1 Karst Hydrology(ed. V. Yevjevich), Water Resources Publications, Colorado, 47 - 108.

Parkhurst D L, Appelo C A J. (1999) User's guide to PHREEQC(Version 2) - a computer program for Speciation, Batch Reaction, One - Dimensional Transport and Inverse Geochemical Calculations, Report 99 - 4259, Water Resources Investigations, US Geological Survey.

Pasini G. (1973) Sull'importanza speleogenetica dell' 'erosione antigravitativa'. Le Grotte d'Italia, 4, 297 - 326.

Paterson K. (1979) Limestone springs in the Oxfordshire Scarplands: the significance of spatial and temporal variations in their chemistry. Zeitschrift für Geomorphologie, N. F. Supplement - Band, 32, 46 - 66.

Patterson D A, Davey J C, Cooper A H, et al. (1995) The investigation of dissolution subsidence incorporating microgravity geophysics at Ripon, Yorkshire. Quaterly Journal of Engineering Geology, 28, 83 - 94.

Paulsen D E, Li H C, Ku T L. (2003) Climate variability in central China over the last 1270 years revealed by highresolution stalagmite records. Quaternary Science Reviews, 22, 691 - 701.

Pease P P, Gomez B. (1997) Landscape development as indicated by basin morphology and the magnetic polarity of cave sediments, Crawford Upland, south - central Indiana. American Journal of Science, 297, 842 - 858.

Pechorkin A N. (1986) On gypsum and anhydrite distribution in zones near to the surface of sulphate massifs. Le Grotte d'Italia, 4(XII), 397 - 406.

Pechorkin A N, Bolotov G V. (1983) Geodynamics of Relief in Karstified Massifs, University of Perm, 83. [In Russian.]

Pechorkin I A. (1986) Engineering geological investigations of gypsum karst. Le Grotte d'Italia, 4(XII), 383 - 388.

Penck A. (1900) Geomorphologische Studien aus der Hercegovina. Zeitschrift der Deutschen Osterreichischer Alpenver,

31,25-41.

Pentecost A. (1992)Carbonate chemistry of surface waters in a temperate karst region:the southern Yorkshire Dales,UK. Journal of Hydrology,139,211-232.

Pentecost A. (1994)Travertine-forming cyanobacteria,in Breakthroughs in Karst Geomicrobiology and Redox Geochemistry(eds I. D. Sasowsky and M. V. Palmer),Special Publication 1,Karst Waters Institute,Charles Town,WV,60.

Pentecost A. (1995)The Quaternary travertine deposits of Europe and Asia Minor. Quaternary Science Reviews,14,1005-1028.

Perna G. (1990)Forme di corrosione carsica superficiale al Lago di Loppio(Trentino). Natura Alpina,XLI(4),17-27.

Perna G,Sauro U. (1978)Atlante delle microforme di dissoluzione carsica superficiale del Trentino e del Veneto,Museo Tridentino,Trento,176.

Perrin J,Pochon A,Jeannin P Y,et al. (2004)Vulnerability mapping in karstic areas:validation by field assessments. Environmental Geology,46,237-245.

Perritaz L. (1996)Le 'karst en vagues' des Ait Abdi(Haut-Atlas central,Maroc). Karstologia,28(1),1-12.

Perry E,Marin L,McClain J,et al. (1996)Ring of Cenotes(sinkholes),northwest Yucatan,Mexico:its hydrogeologic characteristics and possible association with the Chicxulub impact crater. Geology,23,17-20.

Peterson G M. (1976)Pollen analysis and the origin of cave sediments in the Central Kentucky Karst. Bulletin of the National Speleological Society,38(3),53-58.

Peterson J A. (1982)Limestone pedestals and denudation estimates from Mt. Jaya,Irian Jaya. Australian Geographer,15,170-173.

Petit J R,Jouzel J,Raynaud D,et al. (1999)Climate and atmospheric history of the past 420,000 years from the Vostok ice core,Antarctica. Nature,399,429-436.

Pfeffer K H. (1993)Zur Genese tropischer Karstgebiete auf den Westindischen Inseln. Zeitschrift für Geomorphologie,N. F. Supplement-Band,93,137-158.

Pfeiffer D. (1963)Die geschichtliche Entwicklung der Anschauungen uber das karstgrundwasser. Beihefte zum Geologischen Jahrbuch(Hannover),57,111.

Pham K. (1985)The development of karst landscapes in Vietnam. Acta Geologica Polonica,35(3/4),305-319.

Phillips W M. (2004)Cosmogenic dating,in Encyclopedia of Geomorphology(ed. A. S. Goudie),Routledge,London,192-194.

Pielou E C. (1969)An Introduction to Mathematical Ecology,J. Wiley & Sons,New York.

Piccini L,Romeo A,Badino G. (1999)Moulins and marginal contact caves in the Gornergletscher,Switzerland. Nimbus,23/24,94-99.

Piccini L,Drysdale R,Heijnis H. (2003)Karst morphology and cave sediments as indictors of the uplift history in the Alpi Apuane(Tuscany,Italy). Quaternary International,101/102,219-227.

Picknett R G,Bray L G,Stenner R D. (1976)The chemistry of cave waters,in The Science of Speleology(eds T. D. Ford and C. H. D. Cullingford),Academic Press,London,212-266.

Pinault J L,Plagnes V,Aquilina L,et al. (2001)Inverse modeling of the hydrological and the hydrochemical behaviour of hydrosystems:characterization of karst system functioning. Water Resources Research,37(8),2191-2204.

Pinneker E V,Shenkman B M. (1992)Karst hydrology in the zone of sporadic permafrost,taking the southern part of the Siberian Platform as the example,Proceedings,2nd International Symposium of Glacier Caves and Karst in Polar Regions,University of Silesia,105-118.

Pitty A F. (1968a)The scale and significance of solutional loss from the limestone tract of the southern Pennines,Proceedings of the Geologist's Association,79(2),153-177.

Pitty A F. (1968b)Calcium carbonate content of water in relation to flow-through time. Nature,217,939-940.

Plagnes V,Bakalowicz M. (2002)The protection of a karst water resource from the example of the Larzac karst plateau (south of France):a matter of regulation or a matter of process knowledge? Engineering Geology,65,107-116.

Plan L. (2005)Factors controlling carbonate dissolution rates quantified in a field test in the Austrian alps. Geomorphology,68,201-212.

Playford P. (2002)Palaeokarst,pseudokarst sequence stratigraphy in Devonian reef complexes of the Canning Basin,Western Australia,in The Sedimentary Basins of Western Australia 3(eds M. Keep and S. J. Moss),Proceedings of the Petroleum Exploration Society of Australia Symposium,Perth,Western Australia,763-793.

Pluhar A,Ford D C. (1970)Dolomite karren of the Niagara Escarpment,Ontario,Canada. Zeitschrift für Geomorphologie,

14(4),392-410.

Plummer L N. (1975) Mixing of seawater with calcium carbonate ground water: quantitative studies in the geological sciences. Geological Society of America Memoir,142,219-236.

Plummer L N, Busenberg E. (1982) The solubilities of calcite, aragonite and vaterite in solutions between 0° and 90℃ an evaluation of the aqueous model for the system $CaCO_3 - CO_2 - H_2O$. Geochimica et Cosmochimica Acta,46,1011-1040.

Plummer L N, Wigley T M L. (1976) The dissolution of calcite in CO_2 saturated solutions at 25℃ and 1 atmosphere total pressure. Geochimica et Cosmochimica Acta,40,191-202.

Plummer L N, Wigley T M L, Parkhurst D L. (1978) The kinetics of calcite dissolution in CO_2 - water systems at 5° to 60℃ and 0.0 to 1.0 atm CO_2. American Journal of Science,278,179-216.

Plummer L N, Parkhurst D C, Wigley T M L. (1979) Critical review of the kinetics of calcite dissolution and precipitation, in Chemical Modelling in Aqueous Systems (ed. E. A. Jenne), American Chemical Society, Washington, DC, 537-573.

Poiseuille J M L. (1846) Recherches experimentales sur le mouvement des liquides dans les tubes de tres petits diametres. Académie des Sciences, Paris Memoir Sav. Etrang.,9,433-545.

Pollard W, Omelon C, Andersen D, et al. (1999). Perennial spring occurrence in the Expedition Fiord area of western Axel Heiberg Island, Canadian High Arctic. Canadian Journal of Earth Sciences,36,105-120.

Polyak V J, McIntosh W C, Güven N, et al. (1998) Age and origin of Carlsbad Cavern and related caves from $^{40}Ar/^{39}Ar$ of Alunite. Science,279,1919-1922.

Pouyllan M, Seurin M. (1985) Pseudo-karst dans les roches gres quartzitiques de la formation Roraima. Karstologia,5(1),45-52.

Prestor J, Veselic M. (1993). Effects of long term precipitation variability on water balance assessment of a karst basin, in Proceedings of the International Symposium on Water Resources in Karst with Special Emphasis on Arid and Semi Arid Zones, (ed. A. Afrasiabian), Shiraz, Iran,887-899.

Prestwich J. (1854) Swallow holes on the chalk hills near Canterbury. Quarterly Journal of the Geological Society (London),C,222-224.

Price M, Downing R A, Edmunds W M. (1993) The Chalk as an aquifer, in Hydrogeology of the Chalk of North-West Europe (eds R. A. Downing, M. Price and G. P. Jones), Clarendon Press, Oxford,35-38.

Priesnitz K. (1974) Losungsraten und irhe geomorphologische Relevanz. Abhandlungen Akademie der Wissenschaften in Göttingen, Mathematisch - Physikalische Klasse 3, Folge,29,68084.

Pringle J M. (1973) Morphometric analysis of surface depressions in the Mangapu karst. MSc thesis University of Auckland, New Zealand.

Proctor C J, Baker A, Barnes W L. (2002) A three thousand year record of North Atlantic climate. Climate Dynamics,19,449-454.

Pulido-Bosch A. (1986) Le karst dans les gypses de Sorbas (Almeria): aspects morphologiques et hydrogeologiques. Karstologia Memoires,1,27-35.

Pulido-Bosch A, Molina L, Navarrete F, et al. (1993) Nitrate content in the groundwater of the Campo de Dalias (Almeria), in Some Spanish Karstic Aquifers (ed. Pulido - Bosch), University of Granada Press, Granada,183-194.

Pulina M. (1971) Observations on the chemical denudation of some karst areas of Europe and Asia. Studia Geomorphologica Carpatho - Balcanica,5(B752),79-92.

Pulina M. (1992) Glacio-karsts gypseux de la zone polaire et périglaciaire: Exemple du Spitzberg et de Sibérie orientale, in Karsts et Evolutions Climatiques (eds J - N. Salomon and R. Maire), Presses Universitaire de Bordeaux,266-283.

Pulina M. (2005) Le karst et les phenomenes karstiques similaires des regions froides, in Salomon, J. - N et Pulina, M. Les karsts des régions climatiques extrêmes. Karstologia Mémoires,14,11-100.

Pulinowa M Z, Pulina M. (1972) Phnomenes cryogenes dans les grottes et gouffres des Tatras. Biuletyn Peryglacjalny,21,201-235.

Purdy E G. (1974) Reef configurations: cause and effect, in Reefs in Time and Space (ed. L. F. Laporte), Special Publication 18, Society of Economic Palaeontologists and Mineralogists, Tulsa,9-76.

Purdy E G, Winter E L. (2001) Origin of atoll lagoons. Geological Society of America Bulletin,113(7),837-854.

Purser B, Tucker M, Zeuger D. (eds) (1994) Dolomites: a Volume in Honour of Dolomieu, Oxford, Blackwell,451.

Qian W, Zhu Y. (2002) Little Ice Age climate near Beijing, China, inferred from historial and stalagmite records. Quaternary Research,57,109-119.

Quinif Y. (1996) Enregistrement et datation des effets sismotectoniques par l'étude des spéléothemes. Annales de la Société Géologique de Belgique,119(1),1 – 13.

Quinlan J F. (1976) New Fluorescent direct dye suitable for tracing groundwater and detection with cotton,Proceedings of the 3rd International Symposium on Underground Water Tracing,Vol. 1,Institute of Karst Research,Postojna,Ljubljana,257 – 262.

Quinlan J F. (1978) Types of karst,with emphasis on cover beds in their classification and development. Univ. of Texas at Austin PhD thesis,323.

Quinlan J F. (1983) Groundwater pollution by sewage,creamery waste heavy metals in the Horse Cave area,Kentucky,in Environmental Karst(ed. P. H. Dougherty),Geology and Speleology Publications,Cincinnati,52.

Quinlan J F. (1986) Legal aspects of sinkhole development and flooding in karst terranes:1. review and synthesis. Environmental Geology and Water Science,8(1/2),41 – 61.

Quinlan J F,Ewers R O. (1981) Hydrogeology of the Mammoth Cave Region,Kentucky,in Geological Society of America Cincinnati 1981 Field Trip Guidebooks,Vol. 3,(ed. T. G. Roberts),457 – 506.

Quinlan J F,Ewers R O. (1985) Ground water flow in limestone terranes:strategy,rationale and procedure for reliable,efficient monitoring of ground water quality in karst areas,National Symposium and Exposition on Aquifer Restoration and Ground Water Monitoring,Proceedings,National Water Well Association,Worthington,OH,197 – 234.

Quinlan J F,Ewers R O. (1986) Reliable monitoring in karst terranes:it can be done,but not by an EPA – approved method. Ground Water Monitoring Review,6(1),4 – 6.

Quinlan J F,Ray J A. (1991) Ground – water remediation may be achievable in some karst aquifers that are contaminated, but it ranges from unlikely to impossible in most:I. Implications of long – term tracer tests for universal failure by scientists,consultants, and regulators,in Proceedings of the 3rd Conference on Hydrology,Ecology,Monitoring,and Management of Ground Water in Karst Terranes(Nashville,Tennessee)(eds J. F. Quinlan and A. Stanley),National Ground Water Association,Dublin,Ohio,553 – 558.

Quinlan J F,Smith A R,Johnson K S. (1986) Gypsum karst and salt karst of the United States of America. Le Grotte d'Italia,4(13),73 – 92.

Quinlan J F,Smart P L,Schindel G M,et al. (1991) Recommended administrative/regulatory definition of karst aquifer, principles for classification of carbonate aquifers,practical evaluation of vulnerability of karst aquifers,and determination of optimum sampling frequency at springs,in Proceedings of the 3rd Conference on Hydrology,Ecology,Monitoring,and Management of Ground Water in Karst Terranes(Nashville,Tennessee)(eds J. F. Quinlan and A. Stanley), National Ground Water Association,Dublin,Ohio,573 – 635.

Rachlewicz G,Szczuciński W. (2004) Seasonal, annual and decadal ice mass balance changes in Jaskinia Lodowaw Ciemniaku,the Tatra Mountains,Poland. Theoretical and Applied Karstology,17,16 – 21.

Racoviţă G,Onac B P. (2000) Scărişoara Glacier Cave,Editura Carpatica,Cluj – Napoca,139.

Racoviţă G,Moldovan O,Onac B. (eds)(2002) Monografia carstului din Munţii Pădurea Craiului,Institul de Speleologie 'Emil Racoviţă',Cluj – Napoca,264.

Racovitza Gh. (1972) Sur la correlation entre l'evolution du climat et la dynamique des dpots souterrains de glace de la grotte Scarisoara. Travaux de l'Institut de Speologie 'Emile Racovitza,XI,373 – 392.

Ragozin A L,Yolkin V A,Chumachenko S A. (2005) Experience of regional karst hazard and risk assessment in Russia,in Sinkholes and the Engineering and Environmental Impacts of Karst(ed. B. E. Beck),Geotechnical Special Publication No. 144,American Society of Civil Engineers,72 – 81.

Railsback L B. (1999) Patterns in the compositions, properties and geochemistry of carbonate minerals. Carbonates and Evaporites,14,1 – 20.

Railsback L B. (2000) An Atlas of Speleothem Microfabrics,University of Georgia,Athens,GA. http:// www. gly. uga. edu/ railsback/speleoatlas/. html.

Railsback L B,Brook G A,Chen J,et al. (1994) Environmental controls on the petrology of a late Holocene speleothem from Botswana with annual layers of aragonite and calcite. Journal of Sedimentary Research,64,147 – 155.

Rauch H W,White W B. (1970) Lithologic controls on the development of solution porosity in carbonate aquifers. Water Resources Research,6,1175 – 1192.

Ray J A,Currens J C. (1998a) Mapped Karst Ground – water Basins in the Beaver Dam 30×60 Minute Quadrangle,Map and Chart Series 19,Kentucky Geological Survey.

Ray J A, Currens J C. (1998b) Mapped Karst Ground - water Basins in the Campbellsville 30×60 Minute Quadrangle, Map and Chart Series 17, Kentucky Geological Survey.

Ray J A, Webb J S, O'Dell P W. (1994) Groundwater Sensitivity Regions of Kentucky 1:500 000, Groundwater Branch, Division of Water. Kentucky Department for Environmental Protection.

Reams M W. (1968) Cave sediments and the geomorphic history of the Ozarks, Washington Univ. PhD thesis, Missouri.

Reardon E J. (1992) Problems and approaches to the prediction of the chemical composition in cement/water systems. Waste Management, 12, 221 - 239.

Reilly T E, Goodman A S. (1985) Quantitative analysis of saltwater - freshwater relationships in groundwater systems - a historical perspective. Journal of Hydrology, 80, 125 - 160.

Renault P. (1968) Contribution a l'etude des actions mechaniques et sedimentologiques dans la speleogenese. Annales de Speleologie, 22, 5 - 21, 209 - 267; 23, 259 - 307; 529 - 596; 24, 313 - 337.

Renault P. (1970 La formation des caverns. Presses universitaire de France, Paris, 127.

Renault P. (1982) CO_2 atmospherique karstique et speleomorphologie. Revue belge Geographique, 106, 121 - 130.

Renaut R W, Jones B. (2003) Sedimentology of hot spring systems. Canadian Journal of Earth Sciences, 40, 1439 - 1442.

Rhoades R, Sinacori N M. (1941) Patterns of groundwater flow and solution. Journal of Geology, 49, 785 - 794.

Rhodes D, Lantos E A, Lantos J A, et al. (1984) Pine Point orebodies and their relationship to structure, dolomitization and karstification of the Middle Devonian barrier complex. Economic Geology, 70, 91 - 1055.

Rice J E, Hartowicz E. (2003) Biota as water quality indicators in springs at Fort Campbell, Kentucky, in Sinkholes and the Engineering and Environmental Impacts of Karst (ed. B. E. Beck), Proceedings of 9th Multidisciplinary Conference, Huntsville, Alabama, Geotechnical Special Publication 122, American Society of Civil Engineers, 339 - 348.

Richards D A, Dorale J A. (2003) Uranium - series chronology and environmental applications of speleothems, in Uranium - series Geochemistry (eds B. Bourdon, G. M. Henderson, C. C. Lundstrom and S. P. Turner). Reviews in Mineralogy and Geochemistry, 52, 407 - 461.

Richards D A, Smart P L, Edwards R L. (1994) Maximum sea levels for the last glacial period from U - series ages of submerged speleothems. Nature, 367, 357 - 360.

Richards D A, Bottrell S H, Cliff R A, et al. (1996) U - Pb dating of Quaternary age speleothems, in Climate Change: The Karst Record (ed. S. - E. Lauritzen), Special Publication 2, Karst Waters Institute, Charles Town, WV, 136 - 137.

Richardson J J. (2001) Legal impediments to utilizing groundwater as a municipal water supply source in karst terrain in the United States, in Geotechnical and Environmental Applications of Karst Geology and Hydrology (eds B. F. Beck and J. G. Herring), Lisse, Balkema, 253 - 258.

Richter E. (1907) Beitrage zur Landeskunde Bosniens und der Herzegowina. Wissenschaftliche Mitteilungen Bosnien Herzegowina, 10, 383 - 545.

Rickard D T, Sjoberg E L. (1983) Mixed kinetic control of calcite dissolution rates. American Journal of Science, 238, 815 - 830.

Riding R. (2003) Structure and composition of organic reefs and carbonate mud mounds: concepts and categories. Earth Science Reviews, 58(1 - 2), 233 - 241.

Riggs A C, Carr W J, Kolesar P T, et al. (1994) Tectonic speleogenesis of Devil's Hole, Nevada implications for hydrogeology and the development of long, continuous paleoenvironmental records. Quaternary Research, 42, 241 - 254.

Ristic D M. (1976) Water regime of flooded poljes, in Karst Hydrology and Water Resources: Vol. 1 Karst Hydrology (ed. V. Yevjevich), Water Resources Publications, Colorado, 301 - 318.

Roberge J. (1979) Geomorphologie du karst de la Haute - Saumons, Ile d'Anticosti, Quebec. McMaster Univ. MSc thesis, 217.

Roberge J, Caron D. (1983) The occurrence of an unusual type of pisolite: the cubic cave pearls of Castleguard Cave, Columbia Icefields, Alberta, Canada. Arctic and Alpine Research, 15(4), 517 - 522.

Roberts M S, Smart P L, Baker A. (1998) Annual trace element variations in a Holocene speleothem. Earth and Planetary Science Letters, 154, 237 - 246.

Robinson D A, Williams R G B. (1994) Sandstone weathering and landforms in Britain and Europe, in Rock Weathering and Landform Evolution (eds D. A. Robinson and R. G. B. Williams), J. Wiley & Sons, Chichester, 371 - 391.

Robinson V D, Oliver D. (1981) Geophysical logging of water wells, in Case Studies in Groundwater Resources Evaluation (ed. J. W. Lloyd), Clarendon, London, 45 - 64.

Rodet J. (1996) Une nouvelle organisation géométrique du drainage karstique des craies: le labyrinthe d'altération, l'example de la grotte de la Mansonnière(Bellou – sur – Huisene, Orne, France). Comptes Rendus, Académie des Sciences (Paris), 322(série IIa), 1039 – 1045.

Rodriguez R. (1995). Mapping karst solution features by the integrated geophysical method, in Karst Geohazards(ed. B. F. Beck), Balkema, Rotterdam, 443 – 449.

Roehl P O, Choquette P W. (1985)Carbonate Petroleum Reservoirs, Springer – Verlag, New York, 622.

Roglić J. (1960)Das Verhältnis der Flusserosion zum Karstprozess. Zeitschrift für Geomorphologie, 4(2), 116 – 238.

Roglić J. (1972)Historical review of morphological concepts, in Karst: Important Karst Regions of the Northern Hemisphere (eds M. Herak and V. T. Stringfield), Elsevier, Amsterdam, 1 – 18.

Roglić J. (1974)Les caracteres specifiques du karst Dinarique. Centre National de la Recherche Scientifique, Memoirs et Documents, 15, 269 – 278.

Romani L, Vasseur F, Viala C. (1999)Le systeme des Fontanilles. Spelunca, 75, 31 – 38.

Romero J C. (1970)The movement of bacteria and virus through porous media. Ground Water, 8(2), 37 – 48.

Roques H. (1962)Considerations theoriques sur la chimie des carbonates. Annales de Speleologie, 17, 1 – 41, 241 – 284, 463 – 467.

Roques H. (1964)Contribution a l'etude statique et cintique des systemes gaz carbonique – eau – carbonate. Annales de Speleologie, 19, 255 – 484.

Roques H. (1969)Problemes de transfert de masse poss par l'evolution des eaux souterraines. Annales de Speleologie, 24, 455 – 494.

Rose G. (1837)Uber die Buildung des Kalkspaths und Aragonite. Annales de Chimie et de Physique, 2(42), 353 – 367.

Ross J H, Serefiddin F, Hauns M, et al. (2001)24 h tracer tests on diurnal parameter variability in a subglacial karst conduit: Small River valley, Canada. Theoretical and Applied Karstology, 13 – 14, 93 – 99.

Rossi G. (1986)Karst and structure in tropical areas, in New Directions in Karst(eds K. Paterson and M. M. Sweeting), Geo Books, Norwich, 189 – 212.

Rossi C, Munoz A, Cortel A. (1997)Cave development along the water table in the Cobre System(Sierra de Penalabra, Cantabrian Mountains, Spain, Proceedings of the 12th International Congress of Speleology, 1, 179 – 185.

Rothlisberger H. (1998). The physics of englacial and subglacial meltwater drainage, Proceedings, 4th International Symposium on Glacier Caves and Cryokarst in Polar and High Mountain Regions, Salzburg, 13 – 23.

Rozanski K, Florkowski T. (1979)Krypton – 85 dating of groundwater, in Isotope Hydrology 1978, Vol. 2, International Atomic Energy Agency, Vienna, 949.

Rozanski K, Araguas – Araguas L, Gonfiantini R. (1993)Isotopic patterns in modern global precipitation, in Climate Change in Continental Isotopic Records, Geophysical Monograph 78, American Geophysical Union, Washington, DC, 1 – 36.

Salomon J N. (2000)Précis de karstologie, Presses Universitaires, Bordeaux, 250.

Salomon J N. (2003a)Cenotes et trous bleus, sites remarquables menacés par l'écotourisme. Cahiers d'Outres – Mer, 56(223), 327 – 352.

Salomon J N. (2003b)Karst system response in volcanically and tectonically active regions. Zeitschrift für Geomorphologie, N. F. Supplement – Band, 131, 89 – 112.

Salomon J N. (2005)Les karsts des zones arides et semi – arides, in Les karsts des régions climatiques extre? mes(eds J. - N Salomon and M. Pulina). Karstologia Mémoires, 14, 159 – 191.

Salomon J N, Bustos R. (1992)Le karst du gypse des Andes de Mendoza – Neuquen. Karstologia, 20, 11 – 22.

Salomon J N, Maire R. (eds)(1992)Karst et évolutions climatiques, Presses Universitaires, Bordeaux, 520.

Salomon J N, Pulina M. (eds)(2005)Les karsts des régions climatiques extre? mes. Karstologia Mémoires, 14, 220.

Salomon J N, Pomel S, Nicod J. (1995)L'évolution des cryptokarsts: comparaison entre le Périgord – Quercy(France)et le Franken Alb(Allemagne). Zeitschrift für Geomorphologie, 39(4), 381 – 409.

Salomons W, Mook W G. (1980)Isotope geochemistry of carbonates in the weathering zone, in Handbook of Environmental Isotope Geochemistry, Vol. 2(eds P. Fritz and J. Fontes), Elsevier, Amsterdam, 239 – 269.

Salvamoser J. (1984)Krypton – 85 for groundwater dating, in Isotope Hydrology 1983, International Atomic Energy Agency, Vienna, 831 – 832.

Salvigsen O, Elgersma A. (1985)Large – scale karst features and open taliks at Valdeborgsletta, outer Isfjorden, Svalbard. Polar Research, 3(2), 145 – 153.

Sanchez J A, Perez A, Coloma P, et al. (1998)Combined effects of groundwater and aeolian processes in the formation of the northernmost closed saline depressions of Europe: north – east Spain. Hydrological Processes, 12, 813 – 820.

Sandvik P O, Erdosh G. (1977) Geology of the Cargill Phosphate Deposit in Northern Ontario, Bulletin, Canadian Institute of Mining, 90-96.

Sangster D F. (1988) Breccia-hosted lead-zinc deposits in carbonate rocks, in Paleokarst (eds N. P. James and P. W. Choquette), Springer-Verlag, New York, 102-116.

Sarg J F. (2001) The sequence stratigraphy, sedimentology economic importance of evaporite—carbonate transitions: a review. Sedimentary Geology, 140, 9-42.

Sasowsky I D, Mylroie J. (2004) Studies of Cave Sediments: Physical and Chemical Records of Paleoclimate, Kluwer Academic, New York, 329.

Sasowsky I D, Wicks C M. (2000) Groundwater Flow and Contaminant Transport in Carbonate Aquifers, Balkema, Rotterdam, 193.

Sasowsky I D, White W B, Schmidt V A. (1995) Determination of stream-incision rate in the Appalachian plateaus by using cave sediment magnetostratigraphy. Geology, 23(5), 415-418.

Saunderson H C. (1977) The sliding bed facies in sands and gravels: a criterion for full-pipe (tunnel) flow. Sedimentology, 24, 623-638.

Sauro U. (1996) Geomorphological aspects of gypsum karst areas with special emphasis on exposed areas. International Journal of Speleology, 25(3-4), 105-114.

Sauro U, Martello V, Frigo G. (1991) Karst environment and human impact in the Sette Communi Plateau (Venetian Pre-Alps), in Proceedings of the International Conference on Environmental Changes in Karst Areas (eds U. Sauro, A. Bondesan and M. Meneghel), I. C. E. C. K. A., Universita di Padova, 269-278.

Sauter M. (1992) Quantification and forecasting of regional groundwater flow and transport in a karst aquifer. Tübinger Geowissenschaftlichen Abhandlungen, Reihe C, 13, 150.

Sauter M. (1997) Differentiation of flow components in a karst aquifer using the $\delta^{18}O$ signature, in Tracer Hydrology 97 (ed. A. Kranjc), Rotterdam, Balkema, 435-441.

Sawicki L R von (1909) Ein Beitrag zum geographischen Zyklus im Karst. Zeitschrift für Geographie, 15, 185-204, 259-281.

Sawkins J, et al. (1869) Reports on the Geology of Jamaica, Memoir of the Geological Survey, Longman, Green, London (cited in Sweeting, 1972).

Scanlon B R, Mace R E, Barrett M E, et al. (2003) Can we simulate regional groundwater flow in a karst system using equivalent porous media models? Case study, Barton Springs Edwards aquifer, USA. Journal of Hydrology, 276, 137-158.

Schellmann G, Radtke U, Potter E K, et al. (2004) Comparison of ESR and TIMS U/Th dating of marine isotope stage (MIS) 5e, 5c, 5a coral from Barbados-implications for palaeo sea-level changes in the Caribbean. Quaternary International, 120, 41-50.

Schillat B. (1977) Conservation of tectonic waves in the axes of stalagmites over long periods, Proceedings of the 7th International Congress of Speleology, Sheffield, 377-379.

Schmidl A. (1854) Die Grotten und Hohlen von Adelsberg, Lueg, Planina und Laas, Wien, 316.

Schmidt K H. (1979) Karstmorphodynamik und ihre hydrologische Steuerung. Erdkunde, 33(3), 169-178.

Schmidt V A. (1982) Magnetostratigraphy of clastic sediments from caves within the Mammoth Cave National Park, Kentucky. Science, 217, 827.

Schmotzer J K, Jester W A, Parizek R R. (1973) Groundwater tracing with post sampling activation analysis. Journal of Hydrology, 20(B823), 217-236.

Schoeller H. (1962) Les Eaux Souterraines, Masson et Cie, Paris, 642.

Scholle P A, James N P. (1995, 1996) Photo CD-Series 1, 2, 7, 8, Society of Economic Paleontologists and Mineralogists, Denver.

Scholle P A, Bebout D G, Moore C H. (eds) (1983) Carbonate Depositional Environments, Memoir 33, American Association of Petroleum Geologists, Tulsa, OK, 761.

Schott J, Brantley S, Drear D, et al. (1989) Dissolution kinetics of strained calcite. Geochimica et Cosmochimica Acta, 53, 373-382.

Schroeder J. (1979) Le developpement des grottes dans la region du Premier Canyon de la Riviere Nahanni, Sud, T. N. O., Univ. Ottawa PhD thesis, 265.

Schroeder J. (1999) Le drainage latéral d'un glacier subpolaire. Nimbus, 23/24, 100-103.

Schroeder J, Ford D C. (1983) Clastic sediments in Castleguard Cave, Columbia Icefields, Alberta, Canada. Arctic and Alpine Research, 15(4), 451 – 461.

Schroeder J, Beaupré M, Cloutier M. (1990) Substrat glaciotectonisé et till syngénétique a` Pont – Rouge, Québec. Géographie physique et Quaternaire, 44(1), 33 – 42.

Schultz G A, Engman E T. (2000). Remote Sensing in Hydrology and Water Management, Springer – Verlag, Berlin.

Schulz M, Mudelsee M. (2002) REDFIT: estimating red – noise spectra directly from unevenly spaced palaeoclimatic time series. Computers and Geosciences, 28, 421 – 426.

Schulz M, Statteger K. (1997) SPECTRUM: spectral analysis of unevenly spaced paleoclimate time series. Computers and Geosciences, 23(9), 929 – 945.

Schwabe S, Herbert R A. (2004) Black Holes of the Bahamas: what they are and why they are black. Quaternary International, 121, 3 – 11.

Schwarcz H P. (1980) Absolute age determination of archaeological sites by uranium series dating of travertine. Archaeometry, 22, 3 – 25.

Schwarcz H P. (1982) Absolute dating of travertine from archaeological sites, in Nuclear and Chemical Dating Techniques (ed. L. A. Currie), Symposium Series 176, American Chemical Society, 475 – 490.

Schwarcz H P. (1993) Uranium series dating and the origin of modern man, in The Origin of Modern Humans and the Impact of Chronometric Dating (eds M. Aitken, P. A. Mellard, C. B. Stringer and Paul Mellars). Princeton University Press, Princeton, NJ, 12 – 26.

Schwarcz H P. (2000) Dating bones and teeth: the beautiful and the dangerous, in Humanity from African Naissance to Coming Millennia (eds P. V. Tobia, M. A. Raath, J. Moggi – Cecci, and G. A. Doyle), Firenze University Press, Florence, 249 – 256.

Schwarcz H P. (in press) Stable isotopes in speleothems, in Encyclopedia of Quaternary Science (ed. S. Elias), Elsevier, New York.

Schwarcz H P, Lee Hee – Kwon (2000) Electron spin resonance dating of fault rocks, in Quaternary Geochronology: Applications in Quaternary Geology and Paleoseismology (eds J. Sowers, J. Noller and W. J. Lettis), Monograph, American Geophysical Union, Washington, DC, 177 – 186.

Schwarcz H P, Harmon R S, Thompson P, et al. (1976) Stable isotope studies of fluid inclusions in speleothems and their paleoclimatic significance. Geochimica et Cosmochimica Acta, 40, 657 – 665.

Schwartz J H, Vu T L, Nguyen L C, et al. (1995) A Review of the Pleistocene Hominoid Fauna of the Socialist Republic of Vietnam (excluding Hylobatidae). Anthropological Papers 76, American Museum of Natural History, 24.

Šebela S. (2003) The use of structural geological terms and their importance for karst caves. Acta Carsologica, 32(2), 53 – 64.

Selby M J. (1980) A rock mass strength classification for geomorphic purposes: with tests from Antarctica and New Zealand. Zeitschrift für Geomorphologie, 24, 31 – 51.

Selby M J, Hodder A P W. (1993) Hillslope Materials and Processes, 2nd edn, Oxford University Press, Oxford, 451.

Self C A, Hill C A. (2003) How speleothems grow: a guide to the ontogeny of cave minerals. Journal of Cave and Karst Studies, 65(2), 130 – 151.

Senior K. (2004) Di Feng Dong, China, in Encyclopedia of Caves and Karst Science (ed. J. Gunn), Fitzroy Dearborn, New York, 285 – 287.

Serefiddin F, Schwarcz H P, Ford D C, et al. (2004) Late Pleistocene paleoclimate in the Black Hills of South Dakota from isotopic records in speleothems. Palaeogeography, Palaeoclimatology, Palaeoecology, 203, 1 – 17.

Serefiddin F, Schwarcz H P, Ford D C. (2005) Use of hydrogen isotope variations in speleothem fluid inclusions as an independent measure of paleoclimate. Geological Society of America, Special Paper, 395, 43 – 53.

Shackleton N J. (2000) The 100 000 – year Ice – Age cycle identified and found to lag temperature, carbon dioxide orbital eccentricity. Science, 289, 1897 – 1902.

Shaw J. (1988) Subglacial erosional marks, Wilton Creek, Ontario. Canadian Journal of Earth Sciences, 25, 1256 – 1267.

Shaw T R. (1992) History of Cave Science: the Exploration and Study of Limestone Caves to 1900, Sydney Speleological Society, Sydney, 338.

Shen G, Gao X, Zhao J X, et al. (2004) U – series dating of Locality 15 at Zhoukoudian, China implications for hominid evolution. Quaternary Research, 62, 208 – 213.

Shevenell L. (1996) Analysis of well hydrographs in a karst aquifer: estimates of specific yields and continuum transmissivities. Journal of Hydrology,174,331-355.

Shopov Y Y. (1987)Laser luminescent micro-zonal analysis:a new method for investigation of the alterations of the climate and solar activity during the Quaternary, in Problems of Karst Studies of Mountainous Countries(ed. T. Kiknadze), Metsniereba,Tbilisi,Georgia,104-108.

Shopov Y Y. (1997)Luminescence of cave minerals,in Cave Minerals of the World,2nd edn(eds C. A. Hill and P. Forti), National Speleological Society of America,Huntsville,AL,244-248.

Shopov Y Y,Ford D C,Schwarcz H P. (1994)Luminescent microbanding in speleothems:High resolution chronology and paleoclimate. Geology,22(5),407-410.

Shopov Y Y,Tsankov L T,Yonge C J,et al. (1997)Infiuence of the bedrock CO_2 on stable isotope records in cave calcites, Proceedings of the 12th International Congress of Speleology,Switzerland,1,65-68.

Short M B,Baygents J C,Goldstein R E. (2005)Stalactite growth as a free-boundary problem. Physics of Fluids,17, 083101-12.

Siegenthaler U,Schotterer U,Muller I. (1984)Isotopic and chemical investigations of springs from different karst zones in the Swiss Jura,in Isotope Hydrology 1983,International Atmoc Energy Agency,Vienna,153-172.

Siemers J,Dreybrodt W. (1998)Early development of karst aquifers on percolation networks of fractures in limestone. Water Resources Research,34,409-419.

Simms M J. (2003)The origin of enigmatic tubular lake-shore karren:A mechanism for rapid dissolution of limestone in carbonate-saturated waters. Physical Geography,23,1-20.

Simms M J. (2004)Tortoises and hares:dissolution,erosion and isostasy in landscape evolution. Earth Surface Processes and Landforms,29,477-494.

Simsek S. (1999)Pamukkale travertine area,in Karst Hydrogeology and Human Activities(eds D. Drew and H. Hötzl), Balkema,Rotterdam,172-174.

Simsek S,Günay G,Elhatip H,et al. (2000)Environmental protection of geothermal waters and travertines at Pamukkale, Turkey. Geothermics,29,557-572.

Sjoberg E L,Rickard D T. (1983)The influence of experimental design on the rate of calcite dissolution. Geochimica et Cosmochimica Acta,47,2281-2286.

Slabe T. (1995)Cave Rocky Relief and its Speleological significance,Znanstvenoraziskovalni Center SAZU,Lubljana,128.

Sletov V A. (1985)On ontogeny of crystalictite and helictite aggregates of calcite and aragonite from the caves of southern Fergana. Novye Dannye o Mineralogii,32,119-127.[In Russian.]

Sloss L L. (1963)Sequences in the cratonic interior of North America. Geological Society of America,Bulletin,74,93-114.

Smart C C. (1983a)Hydrology of a Glacierised Alpine Karst,McMaster Univ. PhD thesis,343.

Smart C C. (1983b)The hydrology of the Castleguard Karst,Columbia Icefields,Alberta,Canada. Arctic and Alpine Research,15(4),471-486.

Smart C C. (1984)The hydrology of the Inland Blue Holes,Andros Island. Cave Science,11(1),23-29.

Smart C C. (1997)Hydrogeology of glacial and subglacial karst aquifers:Small River,British Columbia,Canada,Proceedings of the 6th Conference on Limestone Hydrology and Fissured Media,315-318.

Smart C C,Brown M C. (1981)Some results and limitations in the application of hydraulic geometry to vadose stream passages,Proceedings of the 8th International Congress of Speleology,Bowling Green,Kentucky,724-725.

Smart C,Simpson B. (2001)An evaluation of the performance of activated charcoal in detection of fluorescent compounds in the environment,in Geotechnical and Environmental Applications of Karst Geology and Hydrology(eds B. F. Beck, and J. G. Herring),Balkema,Lisse,265-270.

Smart C,Worthington S R H. (2004)Springs,in Encyclopedia of Caves and Karst Science(ed. J. Gunn),Fitzroy Dearborn, New York,699-703.

Smart P L. (1986)Origin and development of glacio-karst closed depressions in the Picos de Europa,Spain. Zeitschrift für Geomorphologie,NF,30(4),423-443.

Smart P L,Christopher N S J. (1989)Ogof Ffynon Ddu,in Limestones and Caves of Wales(ed. T. D. Ford),Cambridge University Press,177-189.

Smart P L,Friederich H. (1987)Water movement and storage in the unsaturated zone of a maturely karstified carbonate aquifer,Mendip Hills,England,Proceedings of Conference on Environmental Problems in Karst Terranes and their Solutions. National Water Well Association,Dublin,Ohio,59-87.

Smart P L,Hodge P. (1980)Determination of the character of the Longwood sinks to Cheddar resurgence conduit using an artificial pulse wave. Transactions of the British Cave Research Association,7(4),208-211.

Smart P L,Laidlaw I M S. (1977)An evaluation of some fluorescent dyes for water tracing. Water Resources Research,13, 15-23.

Smart P L,Brown M C. (1973)The use of activated carbon for the detection of the tracer dye Rhodamine WT,Proceedings of the 6th International Congress of Speleology,Olomouc,CSSR,4,285-292.

Smart P L,Richards D A. (1992)Age estimates for the Late Quaternary high sea-stands. Quaternary Science Reviews, 11,687-696.

Smart P L,Smith D I. (1976)Water tracing in tropical regions,the use of fluorometric techniques in Jamaica. Journal of Hydrology,30,179-195.

Smart P L,Waltham T,Yang M,et al. (1986)Karst geomorphology of western Guizhou,China. Transactions of the British Cave Research Association,13(3),89-103.

Smart P L,Smith B W,Chandra H,et al. (1988)An intercomparison of ESR and uranium series ages for Quaternary speleothem deposits. Quaternary Science Reviews,7,411-416.

Šmida B,Audy M,Vlček C. (2003)Roraima 2003 Cueva Ojos de Cristal,Expedition Report,Czech Speleological Society, Slovak Speleological Society,28.

Šmida B,Brewer-Carias C,Audy M. (2005)Cueva Charles Brewer,Vol. 3,Spravodaj,178.

Smith D I. (1972)The solution of limestone in an Arctic environment,in Polar Geomorphology(ed. D. E. Sugden),Special Publication,4,Institute of British Geographers,187-200.

Smith D I,Newson M D. (1974)The dynamics of solutional and mechanical erosion in limestone catchments on the Mendip Hills,Somerset,in Fluvial Processes in Instrumented Watersheds(eds K. J. Gregory and D. E. Walling),Special Publication 6,Institute of British Geographers,155-167.

Smith D I,Atkinson T C. (1976)Process,landforms and climate in limestone regions,in Geomorphology and Climate(ed. E. Derbyshire),John Wiley & Sons,Chichester,369-409.

Smith D I,Atkinson T C,Drew D P. (1976)The hydrology of limestone terrains,in The Science of Speleology(eds T. D. Ford and C. H. D. Cullingford),Academic Press,London,179-212.

Smith M W,Riseborough D W. (2002)Climate and the limits of permafrost:a zonal analysis. Permafrost and Periglacial Processes,13(1),1-15.

Sneed E D,Folk R L. (1958)Pebbles in the Lower Colorado River,Texas. A study of particle morphogenesis. Journal of Geology,66,114-150.

Snow D T. (1968)Rock fracture spacings,openings porosities. Journal of the Soil Mechanics and Foundation Division,American Society of Civil Engineers,94,73-91.

Soderberg A D. (1979)Expect the unexpected:foundations for dams in karst. Bulletin,Association of Engineering Geologists,16(3),409-425.

Solomon D K,Cook P G,Sanford W E. (1998)Dissolved gases in subsurface hydrology,in Isotope Tracers in Catchment Hydrology(eds C. Kendall,and J. J. McDonnell),Elsevier,Amsterdam,291-318.

Sondag F,van Ruymbeke M,Soubiès F,et al. (2003)Monitoring present day climatic conditions in tropical caves using an Environmental Data Acquisition System(EDAS). Journal of Hydrology,273(1-4),103-118.

Song L. (1981)Some characteristics of karst hydrology in Guizhou plateau,China,Proceedings of the 8th International Congress of Speleology,Bowling Green,Kentucky,1,139-142.

Song L. (1986)Karst geomorphology and subterranean drainage in south Dushan,Guizhou Province,China. Transactions of the British Cave Research Association,13(2),49-63.

Song L. (1987)Pumping subsidence of surface in some karst areas of China,Proceedings of the International Symposium on Karst and Man,Lubljana,49-64.

Song L. (1999)Sustainable development of agriculture in karst areas,south China. International Journal of Speleology,28B (1/4),139-148.

Song L,Lin J. (2004)Hongshui River fengcong karst,in Encyclopedia of Caves and Karst Science(ed. J. Gunn),Fitzroy Dearborn,New York,422-423.

Song L,Deng Z,Mangin A,et al. (1993)Structure,Functioning and Evolution of Karst Aquifers and Landforms in Conical Karst,Guizhou,China,Sino-French Karst Hydrogeology Collaboration,Moulis,France,213.

Song L,Waltham T,Cao N,et al. (eds.)(1997)Stone Forest:a Treasure of Natural Heritage,China Environmental Science

Press, 136.

Sorriaux P. (1982) Contribution a l'tude de la sedimentation en milieu karstique: Le systeme de Niaux – Lombrives – Sabart, Pyrenees Arigeoises. Univ. Paul Sabatier Thesis, 3rd cycle, Toulouse, 255.

Soudet H J, Sorriaux P, Rolando J P. (1994) Relationship between Fractures and Karstification – the Oil – Bearing Paleokarst of Rospo Mare(Italy). Bulletin des Centres de Recherches Exploration – Production Elf Aquitaine, 18(1), 257 – 297.

Sowers G F. (1984) Correction and protection in limestone terrace. in Sinkholes: their Geology, Engineering and Environmental Impact(ed. B. F. Beck), Balkema, Boston, 373 – 378.

Sowers G F. (1996) Building on Sinkholes. ASCE Press, American Society of Civil Engineers, New York, 202.

Spate A P, Jennings J N, Smith D I, et al. (1985) The micro – erosion meter: use and limitations. Earth Surface Processes and Landforms, 10, 427 – 440.

Spencer T. (1985) Weathering rates on a Caribbean reef limestone: results and implications. Marine Geology, 69, 195 – 201.

Spencer T, Viles H. (2002) Bioconstruction, bioerosion and disturbance on tropical coasts: coral reefs and rocky limestone shores. Geomorphology, 48, 23 – 50.

Spörli K B, Craddock C, Rutford R H, et al. (1992) Breccia bodies in deformed Cambrian limestones, Heritage Range, Ellsworth Mountains, West Antarctica, in Geology and Paleontology of the Ellsworth Mountains, West Antarctica(eds G. F. Webers, C. Craddock and J. F. Splettstoesser), Memoir 170, Geological Society of America, Boulder, CO, 365 – 374.

Spötl C, Mangini A. (2002) Stalagmite from the Austrian Alps reveals Dansgaard – Oeschger events during isotope stage 3: implications for the absolute chronology of Greenland ice cores. Earth and Plantary Science Letters, 203, 507 – 518.

Spötl C, Fairchild I J, Tooth A F. (2005) Cave air control on dripwater geochemistry, Obir Caves(Austria): Implications for speleothem deposition in dynamically ventilated caves. Geochimica et Cosmochim Acta, 2451 – 2468.

Spring U, Hutter K. (1981a) Conduit flow of a fluid through its solid phase and its application to intraglacial channel flow. International Journal of Engineering Science, 20(2), 327 – 363.

Spring U, Hutter K. (1981b) Numerical studies of Jokulhaups. Cold Regions Science and Technology, 4, 227 – 244.

Spring W, Prost E. (1883) Etude sur les eaux de la Meuse. Annales de la Societe Géologique de Belgique, XI, 123 – 220.

Springer G S, Kite J S. (1997) River – derived slackwater sediments in caves along Cheat River, West Virginia. Geomorphology, 18, 91 – 100.

Stanton R J. (1966) The solution brecciation process. Geological Society of America, Bulletin, 77, 843 – 848.

Stanton W I, Smart P L. (1981) Repeated dye traces of underground streams in the Mendip Hills, Somerset, Proceedings of the University of Bristol Speleological Society, 16(1), 47 – 58.

Stauffer B, Blunier T, Dallenbach A, et al. (1998) Atmospheric CO_2 concentration and millennial – scale climate change during the last glacial period. Nature, 392, 59 – 62.

Stenson R E. (1990) The morphometry and spatial distribution of surface depressions in gypsum, with examples from Nova Scotia, Newfoundland and Manitoba. McMaster Univ. MSc thesis, 134.

Stern L, Engel A S, Bennet P C, et al. (2002) Subaqueous and subaerial speleogenesis in a sulfidic cave, in Hydrogeology and Biology of Post – Paleozoic Carbonate Aquifers(eds J. B. Martin, C. M. Wicks and I. D. Sasowsky), Special Publication 7, Karst Waters Institute, Charles Town, WV, 89 – 91.

Stevanović Z, Dragašić V. (1995) Some cases of Accidental Karst Water Pollution in the Serbian Carpathians. Theoretical and Applied Karstology, 8, 137 – 144.

Stevanović Z, Milanović P. (2005) Water Resources and Environmental Problems in Karst, National Committee of the International Association of Hydrogeologists of Serbia and Montenegro, Belgrade, 888.

Stevanović Z, Mijatović B. (2005) Cvijić and Karst: Cvijić et Karst, Serbian Academy of Science and Arts, Belgrade, 405.

Stewart G R, Turnbull M H, Schmidt S, et al. (1995) ^{13}C natural abundance in plant communities along a rainfall gradient: a biological indicator of water availability. Australian Journal of Plant Physiology, 22, 51 – 55.

Stewart M, Williams P W. (1981) Environmental isotopes in New Zealand hydrology 3: isotope hydrology of the Waikoropupu Springs and Takaka River, Northwest Nelson. New Zealand Journal of Science, 24, 323 – 337.

Stewart M K, Downes C J. (1982) Isotope hydrology of Waikoropupu Springs, New Zealand, in Isotope Studies of Hydrologic Processes(eds E. C. Perry and C. W. Montgomery), Northern Illinois University Press, DeKalb, 15 – 23.

Stichler W, Trimborn P, Maloszewski P, et al. (1997) Isotopic investigations, in Karst Hydrogeological Investigations in South – Western Slovenia(ed. A. Kranjc). Acta Carsologica, XXVI(1), 213 – 259.

Stierman D J. (2004) Geophysical detection of caves and karstic voids, in Encyclopedia of Caves and Karst Science(ed. J.

Gunn), Fitzroy Dearborn, New York, 377 – 380.

Stirling C H, Esat T M, Lambeck K, et al. (1995) High – precision U – series dating of corals from Western Australia and implications for the timing and duration of the Last Interglacial. Earth and Planetary Science Letters, 135, 115 – 130.

Stirling C H, Esat T M, Lambeck K, et al. (1998) Timing and duration of the Last Interglacial: evidence for a restricted interval of widespread coral reef growth. Earth and Planetary Science Letters, 160, 745 – 762.

Stoddart D R, Spencer T, Scoffin T P. (1985) Reef growth and karst erosion on Mangaia, Cook Islands: a reinterpretation. Zeitschrift für Geomorphologie, Supplement – Band, 57, 121 – 140.

Stoddart D R, Woodroffe C D, Spencer T. (1990) Mauke, Mitiaro and Atiu: geomorphology of makatea islands in the southern Cooks. Atoll Research Bulletin, 341, 1 – 65.

Stone J, Allan G L, Fifield L K, et al. (1994) Limestone erosion measurements with cosmogenic chlorine – 36 in calcite – preliminary results from Australia. Nuclear Instruments and Methods in Physics Research, Series B, 92, 311 – 316.

Stone J, Evans J M, Fifield L K, et al. (1998) Cosmogenic chlorine – 36 production in calcite by muons. Geochimica et Cosmochimica Acta, 62(3), 433 – 454.

St-Onge D A, McMartin I(1995) Quaternary Geology of the Inman River Area, Northwest Territories, Bulletin 446, Geological Survey of Canada, 59.

Strecker M R, Bloom A L, Gilpin L M, et al. (1986) Karst morphology of uplifted Quaternary coral limestone terraces: Santo island, Vanuatu. Zeitschrift für Geomorphologie, NF, 30(4), 387 – 405.

Stringfield V T, LeGrand H E. (1971) Effects of karst features on circulation of water in carbonate rocks in coastal areas. Journal of Hydrology, 14, 139 – 157.

Stumm W, Morgan J J. (1996) Aquatic Chemistry, 3rd edn, John Wiley & Sons, New York, 980.

Sunartadirdja M A, Lehmann H. (1960) Der Tropische Karst von Maros und Nord – Bone im SW – Celebes(Sulawesi). Zeitschrift für Geomorphologie, Supplement – Band, 2, 49 – 65.

Sundborg A. (1956) The River Klaralven, a study in fluvial processes. Geografiska Annaler, 38, 125 – 316.

Sundquist E T. (1993) The global carbon dioxide budget. Science, 259, 934 – 941.

Šušteršič F. (1979) Some principles of cave profile simulation. Actes de la Symposium International sur l'erosion karst, Aix en – Provence, 125 – 131.

Šušteršič F. (1994) Classic dolines of classical site. Acta Carsologica, XXIII(10), 123 – 154.

Šušteršič F. (2000) Speleogenesis in the Lubljanica River drainage basin, Slovenia, in Speleogenesis: Evolution of Karst Aquifers(eds A. V. Klimchouk, D. C. Ford, A. N. Palmer and W. Dreybrodt), National Speleological Society of America, Huntsville, AL, 397 – 406.

Šušteršič F. (2006) A power function model for the basic geometry of solution dolines: considerations from the classical karst of south – central Slovenia. Earth Surface Processes and Landforms, 31, 293 – 302.

Šušteršič F, Šušteršič S. (2003) Formation of the Cerkniščica and flooding of Cerkniško Polje. Acta Carsologica, 32(2), 121 – 136.

Svensson U, Dreybrodt W. (1992) Dissolution kinetics of natural calcite minerals in CO_2 — water systems approaching calcite equilibrium. Chemical Geology, 100, 129 – 145.

Swarzenski P W, Reich C D, Spechler R M, et al. (2001) Using multiple geochemical tracers to characterize the hydrogeology of the submarine spring off Crescent Beach, Florida. Chemical Geology, 179(1 – 4), 187 – 202.

Sweeting M M. (1966) The weathering of limestones, with particular reference to the Carboniferous Limestones of northern England, in Essays in Geomorphology(ed. G. H. Dury), Heinemann, London, 177 – 210.

Sweeting M M. (1972) Karst Landforms, Macmillan, London, 362.

Sweeting M M. (1995) Karst in China: its Geomorphology and Environment. Springer – Verlag, Berlin.

Sweeting M M. (1981) Karst Geomorphology, Benchmark Papers in Geology 59, Hutchinson – Ross. Stroudsburg, PA.

Sweeting M M, Sweeting G S. (1969) Some aspects of the Carboniferous limestone in relation to its landforms with particular reference to N. W. Yorkshire and County Clare. Recherche Mediterranee, 7, 201 – 208.

Swinnerton A C. (1932) Origin of limestone caverns. Bulletin, Geological Society of America, 43, 662 – 693.

Szunyogh G. (1989) Theoretical investigation of the development of spheroidal niches of thermal water origin, Proceedings of the 10th International Congress of Speleology, Vol. III, 766 – 768.

Szunyogh G. (2000) The theoretical – physical study of the process of karren development. Karsztfejlödés, IV, 125 – 150.

Taborosi D, Jenson J W, Mylroie J E. (2004) Karren features in island karst: Guam, Mariana Islands. Zeitschrift fur Geomorphologie, N. F. ,48(3) ,369 - 389.

Tam V T, De Smedt F, Batelaan O, et al. (2004) Study on the relationship between lineaments and borehole specific capacity in a fractured and karstified limestone area in Vietnam. Hydrogeology Journal,12,662 - 673.

Tan M. (1992) Mathematical modelling of catchment morphology in the karst of Guizhou, China. Zeitschrift fur Geomorphologie, N. F. ,36(1) ,37 - 51.

Tan M, Tungsheng L, Xiaoguang Q, et al. (1998) Signification chrono - climatique de spéléothèmes laminésde Chine du Nord. Karstologia,32(2) ,1 - 6.

Tan M, Liu T, Hou J, et al. (2003) Cyclic rapid warming on centennial - scale revealed by a 2650 - year stalagmite record of warm season temperature. Geophysical Research Letters,30(12) ,1617.

Tan M, Hou J, Liu T. (2004) Sun - coupled climate connection between eastern Asia and northern Atlantic. Geophysical Research Letters,31,L07207.

Tanahara A, Taira H, Yamakawa K, et al. (1998) Application of excess ^{210}Pb dating method to stalactites. Geochemical Journal,32,183 - 187.

Tang T. (2002) Surface sediment characteristics and tower karst dissolution, Guilin, southern China. Geomorphology,49, 231 - 254.

Tang T, Day M J. (2000) Field survey and analysis of hillslopes on tower karst in Guilin, southern China. Earth Surface Processes and Landforms,25,1221 - 1235.

Tarhule - Lips R, Ford D C. (1998a) Condensation corrosion in caves on Cayman Brac and Isla de Mona, P. R. Journal of Caves and Karst Studies,60(2) ,84 - 95.

Tarhule - Lips R, Ford D C. (1998b) Morphometric studies of bellhole development on Cayman Brac. Cave and Karst Science,25(3) ,119 - 130.

Tate T. (1879) The source of the R. Aire, Proceedings of the Yorkshire Geological Society, VII,177 - 187.

Teal L, Jackson M. (1997) Geologic overview of the Carlin Trend gold deposits and descriptions of recent discoveries. Society of Economic Geologists Newsletter,31,13 - 25.

Telbisz T. (2001. Töbrös felszínfejlödes számítógépes modellezése. Karsztfeljlödés(Szombathely) , VI,27 - 43.

Terjesen S C, Erga O, Ve A. (1961) Phase boundary processes as rate determining steps in reactions between solids and liquids. Chemical Engineering Science,74,277 - 288.

Terry J P, Nunn P D. (2003) Interpreting features of carbonate geomorphology on Niue Island, a raised coral atoll. Zeitschrift für Geomorphologie, Supplment - Band,131,43 - 57.

Teutsch G. (1993) An extended double - porosity concept as a practical modelling approach for a karstified terrain, in Hydrogeological Processes in Karst Terranes(eds G. Günay, A. I. Johnson and W. Back) , Publication 207, International Association of Hydrological Sciences, Wallingford,281 - 292.

Teutsch G, Sauter M. (1998). Distributed parameter modelling approaches in karst - hydrological investigations. Bulletin d'Hydrogéologie(Neuchâtel) ,16,99 - 110.

Tharp T M. (1995) Design against collapse of karst caverns, in Karst Geohazards(ed. B. F. Beck) , Balkema, Rotterdam,397 - 406.

Tharp T M. (2001) Cover - collapse sinkhole formation and piezometric surface drawdown. in Geotechnical and Environmental Applications of Karst Geology and Hydrology(eds B. F. Beck and J. G. Herring). Balkema, Lisse,53 - 58.

Theis C V. (1935) The relation between the lowering of the piezometric surface and the rate and duration of discharge of a well using ground water storage. Transactions, American Geophysical Union,2,519 - 524.

Therond R. (1972) Recherche sur l'etancheite des lacs de barrage en pays karstique, Eyrolles, Paris,443.

Thomas T M. (1974) The South Wales interstratal karst. Transactions of the British Cave Research Association,1,131 - 152.

Thorp J. (1934) The asymmetry of the pepino hills of Puerto Rico in relation to the Trade Winds. Journal of Geology,42, 537 - 545.

Thrailkill J. (1968) Chemical and hydrological factors in the excavation of limestone caves. Bulletin, Geological Society of America,79(B916) ,19 - 46.

Thrailkill J. (1985) Flow in a limestone aquifer as determined from water tracing and water levels in wells. Journal of Hydrology,78,123 - 136.

Tinkler K J, Stenson R E. (1992) Sculpted bedrock forms along the Niagara Escarpment, Niagara Peninsula, Ontario. Géographie physique et Quaternaire,46(2) ,195 - 207.

Tintilozov Z K. (1983) Akhali Atoni Cave System, Metsniereba, Tbilisi, USSR, 150.

Todd D K. (1980) Groundwater Hydrology, John Wiley & Sons, New York.

Tolmachev V V, Troitzky G M, Khomenko V P. (1986) Engineering/Building Development on Karst Terrains, Moscow, Stroyizdat. Moscow, 177. [In Russian.]

Tolmachev V, Maximova O, Mamonova T. (2005) Some new approaches to assessment of collapse risks in covered karsts, in Sinkholes and the Engineering and Environmental Impacts of Karst(ed. B. E. Beck), Geotechnical Special Publication No. 144, American Society of Civil Engineers, 66-71.

Tooth A F, Fairchild I J. (2003) Soil and karst aquifer hydrologic controlson the geochemical evolution of speleothemforming drip waters, Crag Cave, southwest Ireland. Journal of Hydrology, 273, 51-68.

Torbarov K. (1976) Estimation of permeability and effective porosity in karst on the basis of recession curve analysis, in Karst Hydrology and Water Resources: Vol. 1 Karst Hydrology (ed. V. Yevjevich), Water Resources Publications, Colorado, 121-136.

Tranter J, Gunn J, Hunter C, et al. (1997) Bacteria in the Castleton karst, Derbyshire, England. Quarterly Journal of Engineering Geology, 63, 171-178.

Treble P, Shelley J M J, Chappell J. (2003) Comparison of high resolution sub-annual records of trace elements in a modern(1911-1992) speleothem with instrumental climate data from southwest Australia. Earth and Planetary Science Letters, 216, 141-153.

Treble P C, Chappell J, Gagan M K, et al. (2005) In situ measurement of seasonal $\delta^{18}O$ variations and analysis of isotopic trends in a modern speleothem from southwest Australia. Earth and Planetary Science Letters, 233, 17-32.

Tricart J, Cailleux A. (1972) Introduction to Climatic Geomorphology, Longman, London.

Tripathi J K, Rajamani V. (2003) Weathering control over geomorphology of supermature Proterozoic Delhi Quartzites of India. Earth Surface Processes and Landforms, 28, 1379-1387.

Trišič N, Bat M, Polajnar J, et al. (1997). Water balance investigations in the Bohinj region, in Kranjc, A. (ed.), Tracer Hydrology. Balkema, Rotterdam, 295-298.

Trišič N. (1997). Hydrology and Investigations of the Water Balance, in Karst Hydrogeological Investigations in South-Western Slovenia(ed. A. Kranjc). Acta Carsologica, XXVI(1), 19-30, 123-141.

Troester J W, White E L, White W B. (1984) A comparison of sinkhole depth frequency distributions in temperate and tropical karst regions, in Sinkholes: their Geology, Engineering and Environmental Impact(ed. B. F. Beck), Balkema, Rotterdam, 65-73.

Trombe F. (1952) Traité de Spéléologie. Payot, Paris, 376.

Trudgill S. (1985) Limestone Geomorphology. Longman, London.

Trudgill S, High C J, Hanna F K. (1981) Improvements to the micro-erosion meter. British Geomorphological Research Group Technical Bulletin, 29, 3-17.

Trudgill S T. (1976) The marine erosion of limestones on Aldabra Atoll, Indian Ocean. Zeitschrift für Geomorphologie, Supplement-Band, 26, 164-200.

Trudgill S T, Inkpen R. (1993) Impact of acid rain on karst environments, in Karst Terrains: Environmental Changes and Human Impacts(ed. P. W. Williams). Catena Supplement, 25, 199-218.

Tsui P C, Cruden D M. (1984) Deformation associated with gypsum karst in the Salt River Escarpment, northeastern Alberta. Canadian Journal of Earth Science, 21, 949-959.

Tsykin R A. (1990) Karst Sibiri. Krasnoyarsk University Publishing House, Krasnoyarsk(cited by Filippov, 2004).

Tucker M E, Wright V P. (1990) Carbonate Sedimentology, Blackwell Science, Oxford, 482.

Tudhope A W, Risk M J. (1985) Rate of dissolution of carbonate sediments by microboring organisms, Davies Reef, Australia. Journal of Sedimentary Petrology, 55, 440-447.

Tulipano L, Fidelibus M D. (1999) Groundwater salinization in the Apulia region, southern Italy, in Karst hydrogeology and human activities: impacts, consequences and implications(eds D. Drew and H. Hötzl), Balkema, Rotterdam, 251-255.

Turkmen S, Özgüler E, Taga H, et al. (2002) Seepage problems in the karstic limestone foundation of the Kalecik Dam (south Turkey). Engineering Geology, 63, 247-257.

TVA. (1949) Geology and Foundation Treatment, Tennessee Valley Authority Projects, Technical Report No. 22, 550.

Twidale C R. (1976) Analysis of Landforms, John Wiley & Sons, Sydney, 572.

Twidale C R. (1984) The enigma of the Tindal Plain, Northern Territory. Transactions of the Royal Society of South Australia 108(2),95-103.

Twidale C R,Bourne J A. (2000)Dolines of the Pleistocene dune calcarenite terrain of western Eyre Peninsula,South Australia:a reflection of underprinting? Geomorphology,33,89-105.

UNESCO. (1970)International Legend for Hydrogeological Maps,UNESCO,Paris.

UNESCO/IAHS. (1983)Methods and Instrumentation for the Investigation of Groundwater Systems,International Symposium Proceedings,Noordwijkerhout,Netherlands.

Urai J L,Spiers C J,Zwart H J,et al. (1986)Weakening of rock salt by water during long-term creep. Nature,324,554-557.

Urbani F. (1994)Cavidades estudias en la expedicion al Macizo de Chimanta. Bolletino Sociedad Venezolana Espeleologia,28,33-50.

Urbani F. (2005)Quartzite caves:the Venezuelan perspective. National Speleology Society News,63(7),20-21.

Urbani F,Szcerban E. (1974)Venezuelan caves in non-carbonate rocks:a new field in karst research. National Speleological Society News,32,233-235.

Urich P B. (1989)Tropical karst management and agricultural development:example from Bohol,Philippines. Geografiska Annaler,71B(2),95-108.

Urich P B. (1993)Stress on tropical karst cultivated with wet rice:Bohol,Philippines. Environmental Geology,21,129-136.

Urich P B,Reeder P. (1996)Environmental degradation in the Loboc River watershed,Bohol Province,Philippines. Asia Pacific Viewpoint,37(3),283-293.

Urushibara-Yoshino K. (1991)Land use and soils in karst areas of Java,Indonesia,Proceedings,International Conference on Environmental Changes in Karst Areas,International Geographical Union/International Speleological Union,61-67.

Urushibara-Yoshino K. (2003)Karst terrain of raised coral islands,Minamidaito and Kikai in the Nansei Islands of Japan. Zeitschrift für Geomorphologie,Supplement-Band,131,17-31.

Urushibara-Yoshino K,Miotke F D,Kashima N,et al. (1999)Solution rate of limestone in Japan. Physics and Chemistry of the Earth,Series A,24(10),899-903.

US Bureau of Land Management. (1987)Cave Resources Management,US Department of the Interior,Washington,DC,12.

US Department of the Interior. (1981)Ground Water Manual,John Wiley & Sons,New York.

US EPA. (1993)A Review of Methods of Assessing Aquifer Sensitivity and Groundwater Vulnerability to Pesticide Contamination,Environmental Protection Agency,Washington,DC,147.

US EPA. (1997)Guidelines for Wellhead and Springhead Protection Area Delineation in Carbonate Rocks,EPA 904B-97-003,Environmental Protection Agency,Washington,DC,120.

US EPA. (2000)National Primary Drinking Water Regulations:Ground Water Rule. Federal Register,65(91),82.

US EPA. (2002)The QTRACER2 Program for Tracer-Breakthrough Curve Analysis for Tracer Tests in Karst Aquifers and Other Hydrologic Systems,EPA/600/R-02/001,US Environmental Protection Agency,179. plus diskette.

US Forest Service. (1986)Forest Service Manual:Directive 2356,Cave Management,US Forest Service,Washington,DC,6.

Vacher H L. (1988)Dupuit-Ghyben-Herzberg analysis of strip island lenses. Geological Society of America Bulletin,100,580-591.

Vacher H L,Mylroie J E. (2002)Eogenetic karst from the perspective of an equivalent porous medium. Carbonates and Evaporites,17(2),182-196.

Vacher H L,Quinn T M. (eds)(1997)Geology and Hydrogeology of Carbonate Islands,Developments in Sedimentology 54. Elsevier,Amsterdam,948.

Vajoczki S,Ford D C. (2000)Underwater dissolutional pitting on dolostones,Lake Huron-Georgian Bay,Ontario. Physical Geography,21(5),418-432.

Valen V,Lauritzen S E,Løvlie R. (1997)Sedimentation in a high-latitude karst cave:Sirijordgrotta,Nordland,Norway. Norsk Geologisk Tidsskrift,77,233-250.

Valvasor J W. (1687)Die Ehre des Hertzogthums Crain,4 Vols,Endter,Lubljana.

Van Beynen P E,Ford D C,Schwarcz H P. (2000)Seasonal variability in organic substances in surface and cave waters at Marengo Cave,Indiana. Hydrological Processes,14,1177-1197.

Van Beynen P E, Bourbonniere R, Ford D C, et al. (2001) Causes of colour and fluorescence in speleothems. Chemical Geology, 175(3-4), 319-341.

Van Everdingen R O. (1981) Morphology, hydrology and hydro-chemistry of karst in permafrost near Great Bear Lake, Northwest Territories, Paper 11, National Hydrological Research Institute of Canada.

Van Gassen W, Cruden D M. (1989) Momentum transfer and friction in the debris of rock avalanches. Canadian Geotechnical Journal, 26, 623-628.

Vanara N. (2000) Le fonctionnement actuel du réseau Nebele. Spelunca, 77, 35-38.

Vandycke S, Quinif Y. (1998) Live faults in Belgian Ardenne revealed in Rochefort karstic network(Belgium). Terra Nova, 8, 16-19.

Veni G, DuChene H. (2001) Living with Karst: a Fragile Foundation, Environmental Awareness Series 4, American Geological Institute, 64.

Veress M. (2000a) The main types of karren development of limestone surfaces without soil covering. Karsztfejlödés, IV, 7-30.

Veress M. (2000b) The history of the development of a karren trough based on its terraces. Karsztfejlödés, IV, 31-40.

Veress M. (2000c) The morphogenetics of the karren meander and its main types. Karsztfejlödés, IV, 41-76.

Veress M, Toth G. (2004) Types of meandering karren. Zeitschrift fur Geomorphologie NF, 48(1), 53-77.

Veress M, Zentai Z. (2004) Karren development on Triglav. Karsztfejlödés, IX, 177-96. [In Hungarian.]

Veress M, Pèntek K, Horvàth T. (1992) Evolution of Corrosion Caverns: Ördög-lik, Bakony, Hungary. Cave Science, 19(2), 41-50.

Veress M, Toth G, Zentai Z, et al. (2003) Vitesse de recul d'un escarpement lapiazé(Ile Diego de Almagro, Patagonie, Chili. Karstologia, 41(1): 23-26.

Verstappen H. (1964) Karst morphology of the Star Mountains(central New Guinea) and its relation to lithology and climate. Zeitschrift für Geomorphologie, 8, 40-49.

Vesper D J, Loop C M, White W B. (2000) Contaminant transport in karst aquifers. Theoretical and Applied Karstology, 13, 101-111.

Viles H. (1984) Biokarst: review and prospect. Progress in Physical Geography, 8(4), 523-542.

Viles H A. (1987) Blue-green algae and terrestrial limestone weathering on Aldabra Atoll: an S. E. M. and light microscope study. Earth Surface Processes and Landforms, 12, 319-330.

Viles H A. (ed.) (2000) Recent advances in field and laboratory studies of rock weathering. Zeitschrift für Geomorphologie, Supplement-Band, 120, 193.

Viles H A. (2003) Biokarst, in Encyclopedia of Geomorphology(ed. A. S. Goudie), Routledge, London, 86-87.

Viles H A, Pentecost A. (1999). Geomorphological controls on tufa deposition at Nash Brook, South Wales, United Kingdom. Cave and Karst Science, 26, 61-68.

Viles H A, T Spencer. (1986) 'Phytokarst', blue-green algae and limestone weathering, in New Directions in Karst(eds K. Paterson and M. M. Sweeting), Geo Books, Norwich, 115-140.

Villar E, Bonet A, Diaz-Caneja B, et al. (1984) Ambient temperature variations in the hall of the paintings of Altamira cave due to the presence of visitors. Cave Science, 1120, 99-104.

Villar E, Fernandez P L, Gutierrez I, et al. (1986) influence of visitors on carbon concentrations in Altamira Cave. Cave Science, 13(1), 21-23.

Vincent P J. (1987) Spatial dispersion of polygonal karst sinks. Zeitschrift fur Geomorphologie, N. F., 31, 65-72.

Vincent P. (2004) Polygenetic origin of limestone pavements in northern England. Zeitschrift fur Geomorphologie, N. F., 48(4), 481-490.

Wagener F V M, Day P W. (1986) Construction on dolomite in South Africa. Environmental Geology and Water Science, 8(1/2), 83-89.

Waltham A C. (1970) Cave development in the limestone of the Ingleborough district. Geographical Journal, 136, 574-584.

Waltham A C. (1996) Ground subsidence over underground cavities. Journal of the Geological Society of China, 39(4), 605-626.

Waltham A C, Brook D B. (1980) Geomorphological observations in the limestone caves of Gunung Mulu National Park, Sarawak. Transactions of the British Cave Research Association, 7(3), 123-140.

Waltham A C, Fookes P G. (2003) Engineering classification of karst ground conditions. Quaterly Journal of Engineering Geology and Hydrogeology, 36, 101-118.

Waltham A C, Hamilton-Smith E. (2004) Ha Long Bay, Vietnam, in Encyclopedia of Caves and Karst Science(ed. J. Gunn), Fitzroy Dearborn, New York, 413 – 413.

Waltham A C, Vandeven G, Ek C M. (1986) Site investigations on cavernous limestone for the Remouchamps Viaduct, Belgium. Ground Engineering, 19(8), 16 – 18.

Waltham A C, Bell F, Culshaw M. (2005) Sinkholes and Subsidence: Karst and Cavernous Rocks in Engineering and Construction. Praxis Publishing, Chichester, 382.

Wang F, Li H, Zhu R, et al. (2004) Late Quaternary downcutting rates of the Qianyou River from U/Th speleothem dates, Qinling mountains, China. Quaternary Research, 62, 194 – 200.

Wang Y J, Chen H, Edwards R L, et al. (2001) A highresolution absolute – dated late Pleistocene monsoon record from Hulu Cave, China. Science, 294, 2345 – 2348.

Ward R C. (1975) Principles of Hydrology, 2nd edn, McGraw Hill, London, 403.

Ward R C, Robinson M. (2000) Principles of Hydrology, 4th edn, McGraw – Hill, London, 448.

Ward R S, Harrison I, Leader R U, et al. (1997a) Fluorescent polystyrene microspheres as tracers of colloidal and particulate materials: examples of their use and developments in analytical technique, in Tracer Hydrology 97(ed. A. Kranjc), Rotterdam, Balkema, 99 – 103.

Ward R S, Williams A T, Chadha D S. (1997b) The use of groundwater tracers for assessment of protection zones around water supply boreholes – a case study, in Tracer Hydrology 97(ed. A. Kranjc), Rotterdam, Balkema, 369 – 376.

Warren J K. (1989) Evaporite Sedimentology, Prentice Hall. New Jersey, 285.

Warren J K. (2000) Dolomite: occurrence, evolution and economically important associations. Earth Science Reviews, 52, 1 – 81.

Waterhouse J D. (1984) Investigation of pollution of the karstic aquifer of the Mount Gambier area in South Australia, in Hydrogeology of Karstic Terrains, Vol. 1(1)(eds A. Burger and L. Dubertret), International Union of Geological Sciences, Heise, Hannover, 202 – 205.

Waters A, Banks D. (1997) The Chalk as a karstified aquifer: closed circuit television images of macrobiota. Quarterly Journal of Engineering Geology, 30, 143 – 146.

Watson J, Hamilton – Smith E, Gillieson D, et al. (1997) Guidelines for Cave and Karst Protection, International Union for the Conservation of Nature and Natural Resources, Gland, 63.

Webb G E, Jell J S, Baker J C. (1999) Cryptic intertidal microbialites in beach rock, Heron Island, Great Barrier Reef: implications for the origin of microcrystalline beach rock sediment. Sedimentary Geology, 126, 317 – 334.

Webb J A, Fabel D, Finlayson B L, et al. (1992) Denudation chronology from cave and river terrace levels: the case of the Buchan Karst, southeastern Australia. Geological Magazine, 129(3), 307 – 317.

Webb J A, Grimes K, Osborne A. (2003) Black holes: caves in the Australian landscape, in Beneath the Surface: a Natural History of Australian Caves(eds B. Finlayson and E. Hamilton – Smith), UNSW Press, Sydney, 1 – 52.

Werner A, Hotzl H, Maloszewski P, et al. (1998) Interpretation of tracer tests in karst systems with unsteady flow conditions, in Karst Hydrology(eds C. Leibundgut, J. Gunn and A. Dassargues), Publication 247, International Association of Hydrological Sciences, Wallingford, 15 – 26.

Weyl, P. K. (1958) Solution kinetics of calcite. Journal of Geology, 66, 163 – 176.

Wheeler C, Aharon P. (1997) Geology and hydrogeology of Niue, in Geology and Hydrogeology of Carbonate Islands(eds H. L. Vacher and T. Quinn), Developments in Sedimentology 54, Elsevier, 537 – 564.

Whitaker F F, Smart P L. (1994) Bacterially mediation of organic matter: a major control on groundwater geochemistry and porosity generation in oceanic carbonate terrains, in Breakthroughs in Karst Geomicrobiology and Redox Chemistry (eds I. D. Sasowsky and M. V. Palmer), Karst Waters Institute of America, Special Publication 1, 72 – 74.

White E L, White W B. (1969) Processes of cavern breakdown. Bulletin of the National Speleological Society, 31, 83 – 96.

White E L, Aron G, White W B. (1984) The influence of urbanization on sinkhole development in central Pennsylvania, in Sinkholes: their Geology, Engineering and Environmental Impact(ed. B. F. Beck), Balkema, Rotterdam, 275 – 281.

White S. (1994) Speleogenesis in aeolian calcarenites: A case study in western Victoria. Environmental Geology, 23, 248 – 255.

White W B. (1969) Conceptual models for carbonate aquifers. Ground Water, 7(3), B97515 – 21.

White W B. (1976) Cave minerals and speleothems, in The Science of Speleology(eds T. D. Ford and C. H. D. Cullingford), Academic Press, London, 267 – 327.

White W B. (1977a) The role of solution kinetics in the development of karst aquifers, in Karst Hydrogeology(eds J. S.

Tolson and F. L. Doyle),Memoir 12,International Association of Hydrogeologists,503-517.

White W B. (1977b)Conceptual models for carbonate aquifers:revisited,in Hydrologic Problems in Karst Regions(eds R. R. Dilamarter and S. C. Csallany),Western Kentucky University,Bowling Green,176-187.

White W B. (1984)Rate processes:chemical kinetics and karst landform development,in Groundwater as a Geomorphic Agent(ed. R. G. LaFleur),Allen & Unwin,London,227-248.

White W B. (1997a)Thermodynamic equilibrium,kinetics,activation barriers reaction mechanisms for chemical reactions in Karst Terrains. Environmental Geology,30(1/2),46-58.

White W B. (1997b)Color of speleothems,in Cave Minerals of the World,2nd edn(eds C. A. Hill and P. Forti),National Speleological Society of America,Huntsville,AL,239-244.

White W B. (2000)Dissolution of limestone from field observations,in Speleogenesis: Evolution of Karst Aquifers(eds A. V. Klimchouk,D. C. Ford,A. N. Palmer and W. Dreybrodt),National Speleological Society of America,Huntsville,AL,149-155.

White W B. (2002)Karst hydrology:recent developments and open questions. Engineering Geology,65,85-105.

White W B. (2004)Paleoclimate records from speleothems in limestone caves,in Studies of Cave Sediments:Physical and Chemical Records of Paleoclimate(eds I. D. Sasowsky and J. Mylroie),Kluwer Academic,New York,135-176.

White W B,White E L. (eds)(1989)Karst Hydrology:Concepts from the Mammoth Cave Area. Van Nostrand Rein-hold,New York,346.

White W B,White E L. (1995)Correlation of contemporary karst landforms with paleokarst landforms:the problem of scale. Carbonates and Evaporites,10(2),131-137.

White W B,White E L. (2003)Gypsum wedging and cavern breakdown:studies in the Mammoth Cave System,Kentucky. Journal of Cave and Karst Studies,65(1),43-52.

Wicks C,Kelley C,Peterson E. (2004)Estrogen in a karstic aquifer. Groundwater,42(3),384-389.

Wigley T M L. (1971)Ion pairing and water quality measurements. Canadian Journal of Earth Science,8(4),468-476.

Wigley T M L,Brown M C. (1976)The physics of caves,in The Science of Speleology(eds T. D. Ford and C. H. D. Cullingford),Academic Press,London,329-358.

Wilcock J D. (1997)Simulation of cave hydrology using a conventional computer spreadsheet,in Tracer Hydrology 97(ed. A. Kranjc),Rotterdam,Balkema,443-448.

Wilford G E. (1966)'Bell holes' in Sarawak caves. Bulletin of the National Speleological Society,28(4),179-182.

Wilk Z. (1989)Hydrogeological problems of the Cracow-Silesia Zn-Pb ore,in Paleokarst-a Systematic and Regional Review(eds P. Bosák,D. C. Ford,J. Glazek and I. Horáček),Academia Praha/Elsevier,Prague/Amsterdam,513-531.

Williams K M,Smith G G. (1977)A critical evaluation of the application of amino acid racemization to geochronology and geothermometry. Origins of Life,8,1-44.

Williams P W. (1963)An initial estimate of the speed of limestone solution in County Clare. Irish Geography,4,432-441.

Williams P W. (1966)Limestone pavements:with special reference to western Ireland. Transactions of the Institute of British Geographers,40,155-172.

Williams P W. (1968)An evaluation of the rate and distrubution of limestone solution and deposition in the River Fergus basin,western Ireland,in Contributions to the Study of Karst(eds P. W. Williams & J. N. Jennings),Publication G5,Research School for Pacific Studies,Australian National University,1-40.

Williams P W. (1969)The geomorphic effects of groundwater,in Water,Earth and Man(ed. R. J. Chorley),Methuen,London,269-284.

Williams P W. (1970)Limestone morphology in Ireland,in Irish Geographical Studies(eds N. Stephens and R. E. Glasscock),Queens University,Belfast,105-124.

Williams P W. (1971)Illustrating morphometric analysis of karst with examples from New Guinea. Zeitschrift für Geomorphologie,15,40-61.

Williams P W. (1972a)Morphometric analysis of polygonal karst in New Guinea. Geological Society of America Bulletin,83,761-796.

Williams P W. (1972b)The analysis of spatial characteristics of karst terrains,in Spatial Analysis in Geomorphology(ed. R. J. Chorley),Methuen,London,136-163.

Williams P W. (1977)Hydrology of the Waikoropupu Springs:a major tidal karst resurgence in northwest Nelson(New Zealand). Journal of Hydrology,35,73-92.

Williams P W. (1978)Interpretations of Australasian karsts,in Landform Evolution in Australasia(eds J. L. Davies and M. A. J. Williams),ANU Press,Canberra,259 - 286.

Williams P W. (1982a)Karst landforms in New Zealand,in Landforms of New Zealand(eds J. Soons and M. J. Selby), Longman Paul,Auckland,105 - 125.

Williams P W. (1982b)Speleothem dates,Quaternary terraces and uplift rates in New Zealand. Nature,298,257 - 260.

Williams P W. (1983)The role of the subcutaneous zone in karst hydrology. Journal of Hydrology,61,45 - 67.

Williams P W. (1985)Subcutaneous hydrology and the development of doline and cockpit karst. Zeitschrift für Geomorphologie,29(4),463 - 482.

Williams P W. (1987)Geomorphic inheritance and the development of tower karst. Earth Surface Processes and Landforms,12(5),453 - 465.

Williams P W. (1988a)Hydrological control and the development of cockpit and tower karst,Proceedings of the 21 Congress of the International Association of Hydrogeologists,Guilin,China,Vol. XXI(Part 1),281 - 290.

Williams P W. (1988b)Karst water resources,their allocation the determination of ecologically acceptable minimum flows: the case of the Waikoropupu Springs,New Zealand,Proceedings of the 21 Congress of the International Association of Hydrogeologists,Guilin,China,Vol. XXI(Part 2),719 - 723.

Williams P W. (1992)Karst hydrology,in Waters of New Zealand(ed. M. P. Mosley),New Zealand Hydrological Society, Wellington,187 - 206.

Williams P W. (1993)Karst Terrains; Environmental Changes and Human Impacts. Catena Supplement,25,268.

Williams P W. (1996)A 230 ka record of glacial and interglacial events from Aurora Cave,Fiordland,New Zealand. New Zealand Journal of Geology and Geophysics,39,225 - 241.

Williams P W. (2004a)Polygonal karst and palaeokarst of the King Country,North Island,New Zealand. Zeitschrift für Geomorphologie,Suppl. - Vol 136,45 - 67.

Williams P W. (2004b)Karst systems,in Freshwaters of New Zealand(eds J. Harding,P. Mosley,C. Pearson and B. Sorrell),New Zealand Hydrological Society and New Zealand Limnological Society,Christchurch,31. 1 - 31. 20.

Williams P W. (2004c)Dolines,in Encyclopedia of Caves and Karst Science(ed. J. Gunn),Fitzroy Dearborn,New York,304 - 310.

Williams P W,Dowling R K. (1979)Solution of marble in the karst of the Pikikiruna Range,northwest Nelson,New Zealand. Earth Surface Processes,4(B1010),15 - 36.

Williams P W,Fowler A. (2002)Relationship between oxygen isotopes in rainfall,cave percolation waters and speleothem calcite at Waitomo,New Zealand. New Zealand Journal of Hydrology,41(1),53 - 70.

Williams P W,Lyons R G,Wang X,et al. (1986)Interpretation of the paleomagnetism of cave sediments from a karst tower at Guilin. Carsologica Sinica,5(2),113 - 126.

Williams P W,King D N T,Zhao J X,et al. (2004)Speleothem master chronologies:combined Holocene $\delta^{18}O$ and $\delta^{13}C$ records from the North Island of New Zealand and their palaeo - environmental interpretation. The Holocene,14(2),194 - 208.

Williams P W,King D N T,Zhao J X,et al. (2005)Late Pleistocene to Holocene composite speleothem chronologies from South Island,New Zealand - did a global Younger Dryas really exist? Earth and Planetary Science Letters,230(3 - 4),301 - 317.

Williams R G B,Robinson D A. (1994)Weathering flutes on siliceous rocks in Britain and Europe,in(eds Rock Weathering and Landform Evolution D. A. Robinson and R. G. B. Williams),J. Wiley & Sons,Chichester,413 - 432.

Wilson A M,Sanford W E,Whitaker F F,et al. (2001)Spatial patterns of diagenesis during geothermal circulation in carbonate platforms:American Journal of Science,301,727 - 752.

Wilson J F. (1968)Fluorometric procedures for dye tracing,in Techniques of Water Resources Investigations of the United States Geological Survey,Book 3,Chapter A12.

Wilson J L. (1974)Characteristics of carbonate platforms margins. American Association of Petrologists,Bulletin,58,810 - 824.

Wilson W L,Beck B F. (1988)Evaluating Sinkhole Hazards in Mantled Karst Terrane,American Society of Civil Engineers,Nashville,23.

Wilson W L,Morris T L. (1994)Cenote Verde:a meromictic karst pond,Quintana Roo,Mexico. in Breakthroughs in Karst Geomicrobiology and Redox Geochemistry(eds I. D. Sasowsky and M. V. Palmer),Special Publication 1,Karst Waters Institute,77 - 79.

Winograd I J, Coplen T B, Landwehr J M, et al. (1992) Continuous 500 000 - year climate record from vein calcite in Devils Hole, Nevada. Science, 258, 255 - 260.

Witherspoon P A, Amick C H, Gale J, et al. (1979) Observations of a potential size effect in experimental determination of the hydraulic properties of fractures. Water Resources Research, 15, 1142 - 1146.

Wolfe T E. (1973) Sedimentation in karst drainage basins along the Allegheny Escarpment in southeastern West Virginia, U. S. A. McMaster Univ. PhD thesis, 455.

Wolman M G, Miller J P. (1960) Magnitude and frequency of forces in geomorphic processes. Journal of Geology, 68, 54 - 74.

Wong T, Hamilton-Smith E, Chape S, Friederich H. (eds) (2001) Proceedings of the Asia - Pacific Forum on Karst Ecosystems and World Heritage, UNESCO World Heritage Centre, Sarawak, Malaysia.

Woo M K, Marsh P. (1977) Effect of vegetation on limestone solution in a small high Arctic basin. Canadian Journal of Earth Science, 14(4), 571 - 581.

Woodhead J, Hellstrom J, Maas R, et al. (2006) U - Pb geochronology of speleothems by MC - ICPMS, in Archives of Climate Change in Karst(eds B. P. Onac, T. Tudor, S. Constantin and A. Persoiu) Special Publication 10, Karst Waters Institute, Charles Town, WV, 69 - 71.

Worthington S R H. (1984) The paleodrainage of an Appalachian Fluviokarst: Friars Hole, West Virginia. McMaster Univ. MSc. thesis, 218.

Worthington S R H. (1994) Flow velocities in unconfined carbonate aquifers. Cave and Karst Science, 21(1), 21 - 22.

Worthington S R H. (1999) A comprehensive strategy for understanding flow in carbonate aquifers, in Karst Modelling(eds A. N. Palmer, M. V. Palmer and I. D. Sasowsky), Special Publication 5, Karst Waters Institute, Charles Town, WV, 30 - 37.

Worthington S R H. (2001) Depth of conduit flow in unconfined carbonate aquifers. Geology, 29(4), 335 - 338.

Worthington S R H. (2002) Test methods for characterizing contaminant transport in a glaciated carbonate aquifer. Environmental Geology, 42, 546 - 551.

Worthington S R H, Smart C C. (2003) Empirical determination of tracer mass for sink to spring tests in karst. In: Sinkholes and the Engineering and Environmental Impacts of Karst; Proceedings of the ninth multidisciplinary conference, Huntsville, Alabama, Ed. B. F. Beck, Americal Society of Civil Engineers, Geotechnical Special, Publication No. 122, 287 - 295.

Worthington S R H. (2004) Hydraulic and geologic factors influencing conduit flow depth. Caves and Karst Science, 31(3), 123 - 134.

Worthington S R H, Ford D C. (2001) Chemical Hydrogeology of the Carbonate Bedrock at Smithville, Smithville Phase IV Bedrock Remediation Program, Ministry of the Environment, Ontario.

Worthington S R H, Davies G J, Quinlan J F. (1992) Geochemistry of springs in temperate carbonate aquifers: recharge type explains most of the variation. Colloque d'Hydrologie en Pays Calcaire et en Milieu Fissuré(5th, Neuchâtel, Switzerland), Proceedings. Annales Scientifiques de l'Université de Besancon, Géologie - Mémoires Hors Série, 11, 341 - 347.

Worthingtom S R H, Smart C C, Ruland W W. (2003) Assessment of Groundwater Velocities to the Municipal Wells at Walkerton. in Stolle, D., Piggott, A. R. and Crowder, J. J. (eds.) Ground to Water: Theory and Practice; Proceedings of the 55th Canadian Geotechnical Conference, 1081 - 1086.

Worthington S R H, Ford D C, Beddows P A. (2000) Porosity and permeability enhancement in unconfined carbonate aquifers as a result of solution, in Speleogenesis: Evolution of Karst Aquifers(eds A. V. Klimchouk, D. C. Ford, A. N. Palmer and W. Dreybrodt), National Speleological Society of America, Huntsville, AL, 220 - 223.

Worthington S R H, Schindel G M, Alexander E C. (2002) Techniques for investigating the extent of karstification in the Edwards Aquifer, Texas, in Hydrogeology and Biology of Post - Paleozoic Carbonate Aquifers(eds J. B. Martin, C. M. Wicks and I. D. Sasowsky), Special Publication 7, Karst Waters Institute, Charles Town, WV, 173 - 175.

Worthy T H, Holdaway R. (2002) The Lost World of the Moa: Prehistoric Life of New Zealand, Indiana University Press, Bloomington, Indianapolis, 718.

Wray R A L. (1997) A global review of solutional weathering forms on quartz sandstones. Earth - Science Reviews 42, 137 - 160.

Wright V P, Tucker M E. (1991) Calcretes, Blackwell scientific, Oxford, 352.

Wright V P, Esteban M, Smart P L. (1991) Paleokarsts and Paleokarstic Reservoirs, PRIS Contribution 152, University of

Reading,157.

Xia Q K, Zhao J X, Collerson K D. (2001) Early – mid Holocene climatic variations in Tasmania, Australia: multiproxy records in a stalagmite from Lynds Cave. Earth Planetary Science Letters,194:177 – 187.

Xiong K. (1992) Morphometry and evolution of fenglin karst in the Shuicheng area, western Guizhou, China. Zeitschrift fur Geomorphologie, N. F.,36(2),227 – 248.

Yanes C E, Briceno H O. (1993) Chemical weathering and the formation of pseudo – karst topography in the Roraima Group, Gran Sabana, Venezuela. Chemical Geology,107,341 – 343.

Yeap E B. (1987) Engineering geological site investigation of former mining areas for urban development in Peninsular Malaysia in The Role of Geology in Urban Development. Geological Society of Hong Kong Bulletin,3,319 – 334.

Yonge C J. (1982) Stable isotope studies of water extracted from speleothems. McMaster Univ. PhD thesis,298.

Yonge C J, Ford D C, Gray J, et al. (1985) Stable isotope studies of cave seepage water. Chemical Geology,58,97 – 105.

Yoshikawa M, Shokohifard G. (1993) Underground dam: a new technology for groundwater resource development, Proceedings of the International Symposium on Water Resources in Karst with Special Emphasis on Arid and Semiarid Zones, Shiraz, Iran,205 – 227.

Yoshimura K, Liu Z, Cao J, et al. (2004) Deep source CO_2 in natural waters and its role in extensive tufa deposition in the Huanglong Ravines, Sichuan, China. Chemical Geology,205(1 – 2),141 – 153.

Young R W, Young A. (1992) Sandstone Landforms, Springer – Verlag, Berlin,163.

Younger P L, Teutsch G, Custodio E, et al. (2002) Assessments of the sensitivity to climate change of flow and natural water quality in four major carbonate aquifers of Europe, in Sustainable Groundwater Development(eds K. M. Hiscock, M. O. Rivett and R. M. Davison), Special Publication 193, Geological Society Publishing House, Bath,303 – 323.

Yuan D X(1981) A Brief Introduction to China's Research in Karst, Institute of Karst Geology, Guilin, Guangxi, China.

Yuan D X(1983) Problems of Environmental Protection of Karst Areas, Institute Karst Geology, Guilin, Guangxi, China, 15.

Yuan D X. (1986) New observations on tower karst, in International Geomorphology, Part 2,(ed. V. Gardiner), J. Wiley & Sons,1109 – 1123.

Yuan D X. (1996) Rock desertification in the subtropical karst of South China. Zeitschrift für Geomorphologie, Supplement – Band,108,81 – 90.

Yuan D X. (ed.)(2001) Guidebook for Ecosystems of Semiarid Karst in North China and Subtropical Karst in Southwest China, IGCP 448, Karst Dynamics Laboaratory, Guilin,94.

Yuan D X. (2004) Yangshuo karst, China, in Encyclopedia of Caves and Karst Science(ed. J. Gunn), Fitzroy Dearborn, New York,781 – 783.

Yuan D X, Liu Z. (eds)(1998) Global Karst Correlation(IGCP 299), Science Press, Beijing,308.

Yuan D X, nine others(1991) Karst of China, Geological Publishing House, Beijing,224.

Yuan D X, Cheng H, Edwards R L, et al. (2004) Timing, duration transitions of the last interglacial Asian monsoon. Science,304,575 – 578.

Yurtsever Y. (1983) Models for tracer data analysis, in Guidebook on Nuclear Techniques in Hydrology, Technical Report Series No. 91, International Atomic Energy Agency, Vienna,381 – 402.

Zámbó L. (2004) Hyrological and geochemical characteristics of the epikarst based on field monitoring, in Epikarst(eds W. K. Jones, D. C. Culver and J. S. Herman), Special Publication 9, Karst Waters Institute, Charles Town, WV,135 – 139.

Zámbó L, Ford D C. (1997) Limestone dissolution processes in Beke doline, Aggtelek National Park, Hungary. Earth Surface Processes and Landforms,22,531 – 543.

Zenis P, Gaal L. (1986) Magnesite karst in the Slovenske Rudohorie Mts, Czechoslovakia, Comunicacions,$9°$ Congreso Internacional de Espeleologia,2,36 – 39.

Zhang D. (1997) Contemporary karst solution processes on the Tibetan Plateau. Mountain Research and Development,17 (2),135 – 144.

Zhang Z. (1980) Karst types in China. Geological Journal,4(6),541 – 570.

Zhang Z. (1996) Impacts of rice field irrigation on water budget in South China Karst. Quaternary Research,2,10 – 17.[In Chinese, with English abstract.]

Zhao J X, Xia Q K, Collerson K D. (2000) Timing and duration of the Last Interglacial inferred from high resolution U – series chronology of stalagmite growth in Southern Hemisphere. Earth Planetary Science Letters,184,633 – 644.

Zhao J X, Wang Y J, Collerson K D, et al. (2003) Speleothem U – series dating of semi – synchronous climate oscillations during the last deglaciation. Earth Planetary Science Letters,216,155 – 161.

Zhong S,Mucci A. (1993)Calcite precipitation in seawater using a constant addition technique:A new overall reaction kinetic expression. Geochimica et Cosmochimica Acta,57,647 – 659.

Zhu Dehau(1982)Evolution of peak cluster depressions in the Guilin area and morphometric measurement. Carsologica Sinica,10(2),127 – 134.

Zhu R,An Z,Potts R,et al. (2003)Magnetostratigraphic dating of early humans in China. Earth – Science Reviews,61,341 – 359.

Zhu Xuewen. (1988)Guilin Karst,Shanghai scientific and Technical Publishers,188.

Zhu X,Chen W. (2005)Tiankengs in the karst of China. Cave and Karst Science,32(2),55 – 66.

Zibret Z,Simunic Z. (1976)A rapid method for determining water budget of enclosed and flooded karst plains,in Karst Hydrology and Water Resources:Vol. 1 Karst Hydrology(ed. V. Yevjevich),Water Resources Publications,Colorado,319 – 339.

Zisman E D. (2001)Application of a standard method of sinkhole detection in the tampa,Florida,area,in Geotechnical and Environmental Applications of Karst Geology and Hydrology(eds B. F. Beck,and J. G. Herring),Balkema,Lisse,187 – 192.

Zötl J. (1974)Karsthydrogeologie. Springer – Verlag,Vienna.

Zupan Hajna N. (2003)Incomplete Solution:Weathering of Cave Walls and the Production,Transport and Deposition of Carbonate Fines,Carsologica Series,Zalozba ZRC,167.

索 引

A

Aufeis	421
阿尔卑斯山脉	
法国	91
南部地区	102,409
瑞士	92
阿尔卑斯型岩溶	
加拿大型	409
比利牛斯型	409
阿富汗	377
阿曼	176,310
埃及	398
埃及吉萨金字塔	485
埃及狮身人面像	485
埃塞俄比亚 Sof Omar 洞	233(图)
爱尔兰	188(图),338(图),413,418,429
Aran 群岛	89,339
Burren	88,255,322(图),333,367,497
Gort 低地	364(图),429
Leitrim	89
爱尔兰 Caherglassaun 湾	431
爱尔兰 Gort 低地	364(图),429
爱尔兰 Hawkill 港湾	429
爱荷华州 Coldwater 洞	318
氨基酸外消旋作用(AAR)	307
奥地利	87,306,414
奥地利 Eisriesenwelt 洞	414
奥里西纳大理岩	486
澳大利亚	
阿纳姆地	93,386
昆士兰巴克利台地	436,436(图)
弗林德斯山脉	402
大堡礁	431
金伯利地区	407-409,437-438
新南威尔士	91,93
北领地	333,376(图),435-438
纳拉伯平原	94,146,398-405
昆士兰	368,433
南澳大利亚	347(图),453-454
塔斯马尼亚	469,494
西澳大利亚	319,375(图),404-406,428
澳大利亚 Flinders 山脉	402
澳大利亚 Jenolan 洞	78
澳大利亚 Naracoorte 洞	402
澳大利亚凯瑟琳地区	435
澳大利亚纳拉伯 Abrakurrie 溶洞,400	
澳大利亚纳拉伯 Cocklebiddy 洞	225,401
澳大利亚纳拉伯 Mullamullang 洞穴	401
澳大利亚纳拉伯古 Homestead 洞	401
澳大利亚塔斯马尼亚 Lune 河第四纪沉积物,494(图)	
澳大利亚维多利亚洞	305

B

$^{10}Be/^{26}Al$ 测年	300
巴巴多斯岛	156,427
巴布亚新几内亚	94,428(图),470(图)
Kaijende 山	157(图),334
新不列颠	81,212,229
巴布亚新几内亚 Huon 半岛	427,427(图)
巴布亚新几内亚 Manus 岛	428(图)
巴哈马群岛	103,249,430,432
巴哈马群岛圣萨尔瓦多岛	19
巴黎石膏模型	76
巴塔哥尼亚	81,93,331,332(图),427
巴西	230,316,357,376(图),386
巴西 Lapao	230
巴西和委内瑞拉的罗赖马组	27
白垩岩	18-19,116,142
白云岩	9-12,18-22
去白云化	22
溶解	48-49,73-74
退潮模式	19
糖状	12
化学当量计算	12,75

蔗糖	12	分布	298
半溶管	252-253	动态洞穴	296
包气带中的岩溶竖井	256-257(图)	冰川	297
孢粉(洞穴沉积物)	307	霜	296
饱和带	108	针状冰	298
饱和指数	46	季节性	298
方解石	51-52	钟乳石,石笋,流石	294-298
保加利亚	242	静态洞穴	296-298
保加利亚 Madan 洞	242	冰谷	412
北京圆明园	486(图)	冰河下的沉积	275-276
北京猿人	499	冰壶穴	230,407
比利牛斯山	97,158(图),189,329(图),409	冰碛石	
比利时	5,81	冰碛石坝	410
比渗透率	167	终端冰碛	411(图)
边界条件	148(表)	冰前期岩溶	407
变质碳酸盐岩	23	冰原岛	407
表层岩溶(或表皮岩溶带)	119,121(图),135-138,156	波多黎各	103,249,368,373-374
"瞬间岩溶"	472	波多黎各 Lirio 洞	249(图)
表面硬化	103,137,373	波兰	224,298,417,484
表皮岩溶带(见表层岩溶)		波兰 Ciemniak 冰洞	298
冰坝溃曲 Jokulhaup(冰川)	417	波兰 Czarna 洞	224
冰川		波兰 Olkusz 矿	484
高山	409	剥落(应力释放)	269
大陆的	410	剥蚀岩溶地貌	433-434
运动	412	剥蚀作用(地貌)	433-434
N 通道	407	伯利兹	98,270(图),316,358
极地	407	伯利兹 Branch 洞穴	225(图)
高压-融化,冰下	411	伯利兹 Sibun 河	472
R 通道	407	伯利兹 Tun Kul 洞,270(图)	
温带的	407	补给类型	132(图)
冰川-岩溶作用		不透水层,106	
加拿大型	409		
比利牛斯山型	409		
冰川对岩溶的影响		**C**	
深部注入	417	^{14}C 测年法	299-300
分割	397	^{36}Cl 测定方法	408
擦除	414	Carso,Carsus	2
汇集水流	414	Cvijić	7-8,387-390,433
填充	415	采石场恢复	490,495,497(图)
注入	415-416	残积碎屑	421
保存	418	侧面边界扩张型洞穴	431
屏蔽	414	层流	113
上滞冰川含水层	417	层面	31
冰川构造	407	潮上坪(萨巴哈)	19,24
冰川下方解石	411	沉淀物(固体)	24
冰川岩粉	276	碳酸钙的动力学特征	71-73
冰洞	296-297	非均质	24

均质	24	地质公园	499
沉积物测年	299-305	电子自旋共振测年法(ESR)	304-306
沉积物中的孢粉	306	顶蚀作用(崩塌)	269
承压的	103	动力学	
冲击试验	165	溶解	69-76
抽水实验	165,168-169	异相	78
初始水平层	32	同相	69
次生洞穴群	250	析出	77-80
		洞熊	306
		洞穴	

D

		深潜流带	224-225
"达亚"	405	塌陷	212
达西定律	110	断面,潜水带	250-253
应用于岩溶	141-145	渗流	253-258(图)
大理岩	23	下降型包气带	228-229
冰洲石	71(图)	水位变动带	226
大溶沟	403	四态模型	223-226
袋状溶蚀	252(图)-253	热流型	239-243
丹斯加德-奥斯切尔事件	316	深成的	239
单位出水量	117	入侵型包气带洞穴	228-229
单位储水量	117,118(图)	年轻的溶洞	226
蛋白石	10	线形迷宫洞穴	210
稻田(大米)	442	承压型迷宫洞穴	235
德国	105,143(图),155,163,170	多循环	225
等价(化学)	41	多级(或多层)	224,233
等势线	110,111(图)	多排	219-221
低矮植被	470	包气带型	228
迪纳拉岩溶	1,122,127,188,471(图)	滞留型	226(图)
笛状岩溶管(溶笛)	259,331	潜水	212
地表红土	276	原始包气带型	227
地表石灰华	16,19,376	树枝状	211
地壳均衡反弹(冰川)	417	限制性补给	221,222(图)
地理信息系统(GIS)	351,445	单点补给	216
地质灾害(崩塌)勘查	479-482	层	239-240
水平孔电子X射线断层摄影技术	479	不规则通道	218-219
电阻率/导电率	479	主管道	216
地面探测雷达(GPR)	479,480	非承压的	212
地震法	479	潜水面洞穴	224-226
地球潮汐	130	洞穴沉积物(典型)	
地热梯度	57	生物扰动	282
地热条件	129	岩块	275-277
地下水		冲蚀结构	275-276
灾难	459	成岩作用	281
示踪	191-202	混杂陆源沉积物	275
脆弱性和风险映射	459-463	毛细吸力作用	282
地形测量分析	351-352	沉积相	271-279
地震地质学	319	开放洞穴通道	275-279

颗粒形状	279	最长	210-211(表)
满管水流模式	273-276	平面模式	214
原产地	279-280	原始	209
细砂	275-276	石英岩	230
浅滩	275-277	盐类	258-260
粉土与黏土	276-278	共生性	248
分层	272-278(表)	洞穴通道形式	250-257
纹泥	278-279	洞穴土	276
洞穴沉积物	272(表)	洞穴中的褐铁矿沉积物	295
洞穴沉积物	282-296,307-319	洞穴中的碎屑沉积物	273-283
测年	299-307	洞穴中的下垂体	252
分布	293	洞穴中矿物	280(表)
生长	78,292	洞穴中冷凝作用	262-265,398
石膏	294,402	洞穴中锰的氧化物	295
冷光	317-319	断层	
古环境分析	307	平移断层	33
岩盐	402	正断层	33
二氧化硅	295	逆断层	33
洞穴沉积物的古环境分析	307-317	逆冲断层	33
$^{13}C:^{12}C$ 分析法	314	断块	27
$^{18}O:^{16}O$ 分析法	307-316	断裂	104
C_3 和 C_4 植物	313	对流	
洞温效应	311	强制的	240-241(图)
滴水效应	311	自然的	239
均衡分离	309	多期和多成因的岩溶地貌	432-437
动力分离	309		
冰期大气层影响	313		
冰体积效应	311	**E**	
古温度	314		
微量元素	317	俄罗斯	238,383,420-421,478,488
洞穴管理	495	Pinega 峡谷	380(图)
洞穴垮塌	266-270	俄罗斯 Botovskaya 洞	238
块体	269	俄罗斯 Yakutia	424
片状	269	俄罗斯贝加尔湖	23
板状	269	俄罗斯乌拉尔班诺兹尼科夫斯基	477
洞穴矿物沉积	280(表)	俄罗斯西伯利亚安加拉河-勒拿河平原	420
洞穴群,分支		二氧化硅	48
分类	210(表),211(表)	溶解	48
最深	209	蛋白石	48
定义	209	二氧化碳(CO_2)	48
早期成岩	248	分压(P_{CO_2})	48,49(表),50-52,51(表),60,63
侧向	250	土壤	53-55
充水迷宫洞穴	232	溶解度	49(表)
冰川	230		
石膏	239-240	**F**	
可进入	209	Fick 第一定律	70
孤立的	209	法国	125,154,161,191(图),443,472,498-500

艾文阿尔芒	286	冷光（荧光，磷光）	291-292
大科斯地区	158	发光带	318-320
泉水镇	149	$^{18}O/^{16}O$ 古环境分析法	307-317
法国 Grotte Chauvet	498	光学带	318-320
法国 Grotte Cosquer	498	豆石	288
法国 Grotte de Bedeilhac	55	"爆米花"	288
法国 Grotte de L'entre de Vénus 洞	278（图）	生长速率	292-293
法国 Grotte de Rouffignac 洞	238,239（图）	边石坝	288-289
法国 Grottes des Fontanilles	225	鹅管石	285（图）
法国 Lascaux 洞	467	钟乳石	284-285（图）
法国 Réseau Jean Bernard(JB)洞	37	石笋	283-286
法国 Réseau Mirolda(MR)洞	37	微量元素	317-318
法国 Réseau Nèbèlé 洞	235（图）-236	方镁石	23
法国阿尔芒落水洞	286	放射性同位素测年	92,101,302,399
法国阿西河	217（图）	非承压	106
法国和西班牙国界线 Réseau Pierre 圣马丁洞	37	非洲	
法国沃克吕兹高原	422	撒哈拉沙漠	386
法国沃克吕兹泉	225（图）	分解	43
方解石	9,282	分支管道	232（图）
微晶	77	风化穴	325
双棱锥体	9	风积岩	19
冰洲石	70	风险预报	478
轴面体	9	峰丛	367
菱形体	9	峰林	367
菱形六面体（冰洲态，钉头状）	9,71,241	缝合线	22
偏三角面（犬齿状）	9,71,241	佛罗里达落水洞研究委员会	474
螺旋错位	71	佛罗里达州温特帕克落水洞	474-475（图）
溶解	50,72-83	弗洛雷斯人	500
析出	77-80	复活	365,433
冰川下的析出	417		
方解石沉积	284-291	**G**	
长轴-慢生长模式	282-283		
方解石晶体		Ghyben-Herzberg 定律	143-146
风成型	293	Glowworm 洞穴	499
方解石冰	289	钙质层	19,373
方解石筏	289	钙质结砾岩	19,373
洞穴珊瑚	288	干沟	399
洞穴珍珠	288	干旱地区	397
颜色	291-293	干砌石墙	471,486
晶体生长	283-284（图）	冈瓦纳大陆冰川作用	437
分布	292	高程水头	109（图）
石幔	286	高加索山脉	155
洞穴偏心沉积物,287		高岭石	281
流体包裹体	284	格鲁吉亚	228
石坝	288-289	格鲁吉亚 Novaya Afonskaya(Akhali Atoni)洞	56,247
石枝	287-288	各向同性	114
长轴-快生长模式	283	各向异性	117

共生	232	红酒产区	477
共生岩溶	374	壶穴(溪流)	254(图)
古巴	368,373	滑动变形	481(图)
古地磁法	305-306	滑坡	480-481(图)
古土壤	15	滑石	23
古岩溶	3,37-38,151,405,433-437	环形	412
Post-Sauk	38-39	灰岩	9(图),13
Post-Kaskaskia	39	隐晶质	28
骨架岩	14	泥质	28
骨料	9	障积岩	16(图)
鼓丘(形态)	412(图)	黏结岩	16(图)
关岛	154	生物礁	14
管道	107	生物岩	15
管理,可持续	495-498	层状生物礁	15
农业	494	建筑石材	486
CO_2(洞穴中游客)	497(图)	碳酸盐砂岩	15
森林	495-499	碳酸盐泥岩	15
萤火虫	499	碳酸盐砾岩	15
热量(洞穴中的游客)	499	碳酸盐粉砂岩	15
灯光植物	497	钙质结砾岩	19
氡(^{222}Rn)危害	497	钙结层	19
观光洞穴	495-497	成岩	18-19
光卤石	10	扰动泥晶灰岩	15
光释光测年法	304-305	Dunham 分类	15
光学干涉测量法	70	原生成岩作用	18
硅灰石	23	浮石	13(图)
硅酸盐水泥	486	Folk 分类	15
混凝土	487	粒状灰岩	15
硅酸盐水泥	9	硬地	16
硅藻	65	成岩阶段成岩作用	18
国际地貌学家协会	500	泥灰岩	17
国际洞穴协会联盟	500	泥粒灰岩	16
国际水文地质学家协会	500	岩石学分类	15
国家洞穴协会(ISCA)	496	粒状灰岩	16
		地层层序	15
H		叠层石生物灰岩	19
		叠层石	14
Homo antecessor	499	后期成岩作用	18
Horton	220	地下石灰华	16
海底泉	143	地表石灰华	16
海因里克事件	316	粒泥灰岩	15
海藻,红色	65	灰岩路面	322(图),333,410
含水层	106,107(图),108(图)	混合侵蚀	63-64
含水量	117	活度,离子,定义	45
盒子峡谷	403	活度系数,定义	45
黑洞	348	离子活度积,定义	46
亨利定律	48,60	离子对	62

共有离子	62
火成碳酸岩	23

J

基覆面	474
基准面	362
吉布斯自由能	44
吉尔吉斯斯坦 Fersman 洞穴	242
吉尔吉斯斯坦 Tyuya Muyun 铀矿	489
计算机程序	69,192,302
计算机模型	76-77,79,202-208,215-220, 331,393-395,449
季节性湖泊	410,424
继承性	105,396,424
加勒比海	95,374
加拿大	
亚伯达	380(图),417
不列颠哥伦比亚	469,495
卡斯尔格德	203(图),415
玛琳盆地	202
纳汉尼	296(图),298,335(图),425-6(图)
纽芬兰	415
西北地区	380(图)
新斯科舍	381
安大略	116,140,445,470
魁北克	407,416
落基山脉	86,102,409
萨斯喀切温	382-383,417(图)
温哥华岛	317,469-470
加拿大 Akpatok 岛	426(图)
加拿大 Cornwallis 岛	424
加拿大 Grotte Valerie	296-298(图)
加拿大 Kaumajet 山脉	417
加拿大 Ottawa 河流洞穴	217(图)
加拿大 Torngat 山脉	417
加拿大"小河"冰川	407
加拿大阿尔伯达巫药湖	415
加拿大阿克塞尔海伯格岛	420
加拿大埃尔斯米尔岛	429
加拿大巴芬岛纳尼西维克矿	424-425(图)
加拿大哥伦比亚冰原	409
加拿大库尔萨德洞	299
加拿大麦肯齐山脉	411
加拿大纳汉尼岩溶	421-422(图)
加拿大纽芬兰 Goose Arm	415
加拿大派恩波恩特矿	418
加拿大萨斯卡切温 Howe 湖	417(图)
加拿大萨斯卡通洼地	417(图)
加拿大温哥华岛本森河山谷	469
加拿大温尼伯	417
加拿大西北部 Vermillion 溪流	410
加拿大西北地区大熊湖	424
加拿大西北地区大熊岩岩溶	421
加拿大新斯科舍温莎	416
加拿大亚伯达卡斯格德洞	225,407
加拿大亚伯达赛马冰斗	413(图)
加拿大亚伯达省 Frank 滑坡	481
加拿大育空 Tsi-It-Toh-Choh 岩溶地区	421
甲烷	57
钾盐	10
礁	13
点礁	15
尖礁	15
角砾岩	22
裂纹角砾岩	22
漂浮角砾岩	22
碎屑角砾岩	22
角砾岩管	381
角闪岩相	23
节理和断裂	32-36
金	9,490
晶体	77
晶体和晶体生长	11,282-284
静水压力	109
静水压面	108
居间不冻层	107,419
橘红色	12

K

Karra	2
Karrentische	92
Kotlic	410
Kras	1
开曼群岛布拉克岛	264
可持续管理	439,494-497
克罗地亚	178,345,366(图),377,442,472
克罗地亚 Krk 岛	472
克罗地亚 Stari Trg 矿	242
孔隙	32
孔隙率	106,108(图),109(表)
断裂	107
基质孔隙率	107

主孔隙率	107		
次生孔隙率	107		
再生孔隙率	107		
垮塌（崩塌）	266		
垮塌和沉陷	246-251,476-482		
矿产（岩溶中）	484-488		
魁北克安蒂科斯蒂岛	32		
扩散边界层(DBL)	50,69-80		
吸附亚层	50		

L

蓝洞	348,431-432
冷凝侵蚀	262-265(图)
离子强度(I)	
定义	42
作用	64
黎巴嫩	439
利比亚	397
利比亚沙漠干旱平原	397
砾岩	24
粒雪	230
粒状	104
裂缝	
平行板状	76-77
破裂面	31
裂隙密集	214
磷灰石	23
磷酸盐矿	488
洞穴中的磷酸盐矿	294-295
菱镁石	9,10,23
菱铁矿	10
流网	110
硫化氢释放	57-59
硫酸化	62
卤水	25
麓原	403
山麓侵蚀平原	403
铝土矿	9,40
绿泥石	23,281
绿片岩相	23
伦敦圣保罗教堂	485
罗马尼亚	296(图),343
罗马尼亚 Scărişoara 冰洞	296(图)
罗马圣彼得教堂	485
罗斯波湾油田（古岩溶）	432
落水洞	122

M

Makatea 岛	331,431
Meyer-Peter & Muller 公式	273
麻粒岩相	23
马达加斯加	333,334(图)
马来西亚	100,210,472
马来西亚吉隆坡	488-490(图)
马来西亚新 Lahat 矿	490(图)
麦西那海岸盐分危机地质学事件	24,25
盲谷	357
美国	
阿拉斯加州	92
加利福尼亚州	466
佛罗里达州	144(图),348,442,474
印第安纳州	184
爱荷华州	318
肯塔基州	102,115,123,135(图),194,444(图),452
明尼苏达州	349,453
内华达州	397,490
新墨西哥州	161,245-248(图),382,397
俄克拉何马州	385
宾夕法尼亚州	81
南达科他州	102,245,316
田纳西州	465
得克萨斯州	142,170-171(图),382,397,477
西弗吉尼亚州	236,358(图)
威斯康星州	91
美国 Crossroads 洞	237,238(图)
美国 Endless 洞穴群	232
美国 Friar 洞穴	212
美国 Hurricane 河洞穴	256(图)
美国 Jewel 洞	39,240(图),245
美国 Kartchner 洞穴	261
美国 Langtry 洞	225(图)
美国 Lower Kane 洞	59
美国 Ogle 洞	285(图)
美国 Wind 洞	39,60,240(图),245
美国大盐湖	17
美国得克萨斯州 El Paso 油田	487
美国得克萨斯州爱德华高原	397
美国得克萨斯州温科地陷	477-478(图)
美国加利福尼亚州死谷	397
美国卡尔斯巴德洞穴群	56,246-248(图)
美国肯塔基州猛犸洞	32,221(图)
美国龙舌兰洞	56,245-248(图)

美国内华达州卡林山脉	490
美国内华达州沙漠草甸泉	397
美国天堂冰洞	230
美国田纳西州 Blue Spring 洞	221(图)
美国新墨西哥州 Pecos 峡谷	397
美国新墨西哥州 WIPP 危险废弃物处理厂	477
美国印第安纳州 Blue Spring 洞	221(图)
蒙脱石	281
弥散补给	83(图)
糜棱岩	33
密西西比峡谷类型(MVT)	22
明矾石	246,304
模型	202-208
摩擦系数	113
摩尔(化学单位)	41
物质的量浓度	41
摩洛哥	398,418
摩洛哥阿布迪高原	418
摩洛哥基尔河石漠	398
墨西哥	187(表),242,270
尤卡坦岛	64,115,143(图),146,366,431,439
墨西哥 Cueva de Villa Luz	73
墨西哥 El Sotano	270(图)
墨西哥 El Zacaton	242-243(图)
墨西哥 La Hoya de Zimapan 洞	225(图)
墨西哥玛雅帝国	472,486(图)
墨西哥奇琴伊察	486
墨西哥希克苏鲁伯陨石坑	22
墨西哥尤卡坦半岛	33

N

纳拉伯平原	398-405
南方涛动指数(SOI)	316
埃布罗河谷	482
谢拉格达	150
索班斯	94,380(图)
南方古猿	499
南非	107,316,476,499
南非 Pofaddergat 洞	261
南非 Sterkfontein 洞	499
南非 Swartzkrans 洞	499
南非 West Dreifontein 矿	476
南极洲	37
瑙鲁岛	154
内摩擦角	480
能人	499

泥灰岩	17
挪威	97,114,415
挪威 Glomdal 湖的洞	219(图)

O

耦合感应质谱分析法(ICPMS)	301

P

pH 值	43,48,50-53,59,62
现场测定	67
菲律宾	467,472
PWP 方程	72
P 型	410
泡状隆起	27
平流沉积	276
坡立谷	181-182,358-362,411

Q

气候地貌学	396
气孔	309
铅	9
潜流	110(表),223(图)
潜水层	108,132-134
潜水循环	224-225
侵入	266
侵蚀面,侵蚀洞穴	260-262(图)
侵蚀平原	366-371
侵蚀斜面,侵蚀型洞穴	260-262(图)
侵蚀旋回(地貌)	435
倾倒变形	481
泉	123,124(图)
承压泉	125
溢出泉	124
温泉	125
溢出和排泄	174
常年泉/间歇性泉	125
自流泉	125
世界最大	123(表)
群落	472

R

Reynold 数	113
热电离质谱分析法(TIMS)	301

热力学平衡常数，K_{eq}	44	溶跃面	9
热释光测年（TL）	304-305	蠕动形态	276
人类活动对岩溶的影响	445-448,468(图)	瑞士	235
诱发型落水洞	474-476	瑞士 Holloch 洞	32,218(图)
垃圾填埋场	456-458	瑞士 Siebenhengste-Hohgant 洞穴系统	212
石漠化	472-473	瑞士 Tsanfleuron 冰川	411
日本	91,99,431,442		
日本大东村岛	431	**S**	
日本琉球岛	472		
溶缝	326	Schneedolinen	410
溶沟	325	Surprise 冰湖	413
溶沟田	322	S 型	410
溶管	252	《圣经》	470
溶痕	321-335	森林	
分类	322	采伐	468-470(图),473(图)
原生的	331	植树造林	472
滨海	335-336	沙捞越	102,334
微型	321-324	沙捞越好运洞	270(图)
雨蚀	324-330	沙捞越姆鲁洞	212
溶解	40	沙特阿拉伯	398
硬石膏	47	扇形溶蚀	255-259(图)
方解石	48-53	扇形纹	259-260
碳酸盐岩	48	上层滞水	106,110
封闭系统	51,55-58	深根植物	65
计算	66	渗流管道	253-257
谐溶与不谐溶	40-41	渗流区（包气带）	109,110(图),134-138,154
白云岩	48-53	渗流通道	231-232(图),256-260(图)
石膏	47,94	渗透系数	107(图),112,170(图)
H_2S 作用	57-60	渗透系数	110
动力学	69-75	生物层序（洞穴沉积物）	306-307
混合侵蚀	63	生物岩溶	64,98,376
开放系统	55-58	形式	377(表)
反应速率	69-73	植物岩溶	64,98
岩盐	47-48,94	过程	64-65
饱和指数（SI），及定义	46-47,52	施密特锤试验	30
二氧化硅	48	石膏	10,11
空间分布	99	雪花石膏	27
三相	55(图)	脱水	25
两相	55(图)	溶解	46
垂直分布	97	水化	25
溶解采矿	476-478	透石膏	27
溶解性剥蚀	81	石膏沉积物	295
宇宙射线 ^{36}Cl 测定方法	93	石花	294
灰岩标准片测定重量损失	91	针状	294
微侵蚀测定	91	石林（Tsingy）	333-334
灰岩底座测定	92	石林	157,333-335
溶蚀角砾岩	22,243(图)	石榴子	23

石漠	399
石漠化	468-473
石芽	326,331
石盐(盐岩)	10,40
石英	10
石英溶解	74-75
石英岩岩溶	27,385-387
石油	9
世界遗产(遗址)	436,499
树枝状痕迹	277
水	
化学分类	41(表)
电导率	66
原生水	20
硬度	42
英国硬度	42
法国硬度	42
德国硬度	42
硬度测定	66-67
水解	48
水均衡与资源	148-150,440-443
水力势能	109,110
水力梯度	110
水量恢复	491-493
水菱镁矿	284-286
水流流速	110
水钠锰矿	295
水丘(岩溶)	424
水溶液	41
水示踪	191-202
染色剂	191-196
同位素	197-201
微生物	197
微粒	196
脉冲分析	202
盐	196
毒性	194
水头	109,109(图)
水位	106(图),108,109(图),132
水位波动	110(表),134
水位分析	171-180
水文衰退	174-181
水压面	108,188
水质分析	182-187
竖井	33,348
斯洛伐克	297,305
斯洛伐克 Ochtina 洞	261
斯洛伐克 Rudohorie 山脉	23
斯洛伐克 Skalisty Potok 洞	224
斯洛文尼亚	1,97,149,228,305,351
斯洛文尼亚 Martinska 洞	265(图)
斯洛文尼亚 Skocjanske Jama 洞	32
斯洛文尼亚冰穴	297
斯洛文尼亚波斯托伊纳洞	283(图)
斯匹次卑尔根群岛	62,93
斯托克斯定律	273
斯瓦尔巴特群岛 Trollosen 泉	407
锶(Sr)	10
死海	17
苏格兰 Uanh am Tartair 洞	317
酸类	48
脂肪酸	60
碳酸	48-50
富啡酸	64,78
腐殖酸	64,78
盐酸	61
硝酸	62
硅酸	48
硫酸	59
酸雨	62
碎砂砾堆积物	243
碎石	434
隧洞(岩溶地区)	483-484
燧石	23

T

塔状岩溶地貌	368-373
太平洋 Mangaia 岛	431
太平洋 Trobriand 岛	431
太平洋纽埃岛	132,145,154,431
泰国普吉岛	432
滩岩	431-433(图)
碳酸	46
碳酸钙镁石	289
碳酸盐岩	
油气储层	487
分类	10(图),16(图)
成分	14(表)
沉积相及序列	13(图),18(图),24(图)
成岩	19(图)
相	13-15
全球分布	1(图),5
岩性特征	28-30

微晶灰岩	14	微波分析（洞穴沉积物记录）	316
储矿	490-492	微晶灰岩	14
矿物	9	微量元素	64,317
孔隙	29(图)	微侵蚀计(MEM)	91,93,94
地层层序	15	委内瑞拉	91,230,386
强度	30(表),35	委内瑞拉 Aonda 洞	231(图)
陆地	16	委内瑞拉 Cueve Ojos de Cristal	230
切片特征	17(图)	文石	9,10,44,282
碳酸盐岩矿产	488-490	文石沉积物	282-287
铝土矿	488-489(图)	晶针	282
锡矿	488	卷发状	287
青铜	488	月奶石	289
萤石	489	紊流	113
深层	488	乌克兰	66,94,211,240(图),247(图),379
铁矿	489	乌克兰 Ozernaya 洞	240(图)
铅矿/锌矿	489-497	乌克兰 Yalta	489
冲积矿	488	乌克兰 Zoloushka 洞	66
铀矿	489	乌克兰奥普蒂米斯特洞	240(图)
碳酸盐岩台地	13(图)	乌克兰亚特兰蒂达	247(图)
镶边陆架	13	无定形硅	27
对冲断层	13	物探技术	151-157,476-481
内陆	13		
淘蚀溶洞	261-262(图)		
特定电导率(SpC)	66-68	**X**	
天坑	345,346(图)	西澳大利亚 Mimbi 洞穴	438
天然卤水	477	西澳大利亚 Windjana 峡谷	403
天然气(岩溶地区)	9,487	西澳大利亚金伯利地区	397
天生桥	357(图)	西班牙	235-236(图),258,397,463,464(图)
田间持水量(土壤)	53	西班牙 Altamira 洞	498
铁	9	西班牙 Cobre 洞	235-236(图)
铁白云石	10	西班牙 Cueva del Agua	234-235(图)
透光区域	14	西班牙 Forat Mico 盐类洞穴	258
突岩	434	西班牙 Montserrat 岛	27
土耳其	158(图),377,439,465	西班牙半干旱丘陵	397
		西班牙马洛卡	22
U		希腊	418
		希腊阿尔戈斯托利岛的海上落水洞	432
U 系测年法	300-303	矽卡岩	23
RUBE 测年	302	烯酮古温度测定	314
U/Pb 测年法	302	细菌	53
		化学自养型	65
W		化学无机营养型	65
Whitings	14	蓝细菌	65
弯曲渠道(洞)	255-256(图)	脱硫弧菌	58
网格状岩溶	219,349-351	异养型	65
威尔士 Ogof Ffynon Ddu 洞	226	硫杆菌	56
		峡谷	356

下切侵蚀速率	102	地形测量	351-354
下切速率		术语	338(表)
洞穴	102	类型	340(图)
峡谷	356	岩洞	271
下切作用	234-235(图)	岩溶	
下渗漏斗(schodol)	420	高山地区	410
显微镜		含水层	137
原子力学显微镜(AFM)	70	孤立的	3
透射电子显微镜(TEM)	72	埋藏	38
线状构造	33	沿海	426
硝石	294	接触	3
锌	9	覆盖	3,331
新不列颠 Nare 洞	212	定义	1
新几内亚(见巴布亚新几内亚和伊利亚贾雅)		剥蚀	81
新生变形作用	18	分析实验	173-174
新西兰 82,90(表),95,99,102,114,136(图),146,409,432		淹没	366
洞溪/公牛溪	114(图),203(图),233	地下	3
洞穴沉积物	315(图)	蒸发岩	379-387
欧文山	92,329,348(图)	剥蚀出露	3
怀科鲁普普泉	189,198,432,442	地上	3
怀托莫	98,164(图),255,339(图)	冲蚀	4,6
新西兰亚瑟山	415	冰前期	407
新月沃地	470	全岩溶	5
形成过程	209-270	大气降水岩溶	3
硬件模型	215-216(图)	原生水岩溶	3
电流模型	215	继承性	105,396,424
沙滩模型	215	半岩溶	5
计算机模拟	215-216(图),220-221(图)	雪地	418
匈牙利	99-100,150,238,238(图),243-246,439	古岩溶	3,37-39,151
匈牙利 Bátori 洞	245	中等规模	219
匈牙利 Czerszegtomaj Well 洞	238,238(图)	假岩溶	4
匈牙利 Rószadomb 洞	243-244(图)	石英岩	385-387
匈牙利 Sátorköpuszta 洞	246(图)	残余	3
匈牙利和斯洛伐克边界的 Baradla—Domica 洞穴群	217	岩石	9-11
徐霞客	5	条带状	3
悬臂梁(破坏)	267	共生	374
悬岩	271	系统	2-3
雪地岩溶	418	热"岩溶"	3
		塔状	367-376
Y		火山	3,359
		岩溶地貌上的大坝	461
压力水头	109(图)	岩溶地貌上的建筑物	483-485(图)
雅典帕台农神庙	485(图)	损害规模	483,485(图)
淹没岩溶	366	岩溶地形模型	394
岩溶漏斗	338-351	岩溶地修复	491
溶蚀	338	岩溶分析实验	173-174
崩塌和沉陷	340-345,474-479	岩溶盆地	345,396,472

岩石强度分类	35-36	英国 Swildon-伍基洞穴	224(图),234(图)
岩盐沉积物	402	硬石膏	10,25-27
岩质滑坡	480-481(图)	溶解	47
沿海岩溶	426	永久冻土	419-421
盐岩(见石盐)	26-27	融冻层	419
溶解	46	连续性	419
氧化还原反应	43	冰川	418
遥测水准仪监测网	476	岩溶模型	419(图)
也门	95	零星的	419
一般性系统理论	222	传热层	420
串联系统	222	广泛分布的	419
伊拉克 Sulaimaniya 城	481	涌泉	123
伊朗	261,378,384,465	油田(岩溶地区)	487-488
伊朗 Agha Jari 油井	487	油页矿	242
伊朗 Gahr Alisadr 洞	262(图)	油页岩	57
伊里安贾雅	92	铀	10
伊利石	281	有机石灰华	16,376
以色列-巴勒斯坦犹太山	397	雨水曲线	200(图)
以色列	95	原子弹试验场(冲击)	491
以色列 Jericho	470	圆穹顶洞穴	253
以色列 Mishqafaim 盐洞	258(图)	圆形坑	257
以色列 Soreq 洞	314	圆锥状岩溶	396
以色列瑟丹山盐丘	75	越南	337(图),366,367(图),432
异源补给	83(图),120,122(图)	越南下龙湾	337,367(图),432
意大利	1,102,134,242,319	运移	117
意大利 Grotta del Frassino	34(图)		
意大利 Grotte Castellana	497(图)	**Z**	
意大利 Montello 堆积扇	24		
意大利 Pozzo de Merro	242	Zipf 分析图	212(图)
意大利 Vajont 大坝	481	杂卤石	10
意大利弗拉萨斯洞穴	56,59	乍得湖	17
银	9	蒸发岩	
印度尼西亚 Gunung Sewu	34(图)	反应动力学特征	71
印度尼西亚 Liang Bua 洞	500	全球分布	3(图)
印度泰姬陵	486	岩溶	378-386
英格兰 Gaping Ghyll 洞	28	岩石	23-26
英格兰 Peak 地区	422	植物岩溶作用	64,98
英格兰和威尔士之间的 Severn 铁路隧道	484	质量作用定律	43
英格兰门迪普丘陵	422	滞水层	106
英格兰切达洞穴	235(图)	中国	59,433,496
英国		重庆	345,346
Cheddar	234-235(图)	广西	345,369(图),474(图)
门迪普丘陵	134,136,159-163,227	桂林	349,355,367-374
Pennine 山	159	贵州	354,367
苏格兰	317,319	湖南	475,476(表)
Swildon-伍基洞穴	134,224(图),234(图)	秦岭山脉	102
约克郡	91,102	山东	441(图)

四川	377	周期性地貌侵蚀	223
洞穴沉积物	316,319	侏罗山	115,125,191
石林	157,157(图),333(图)	注水实验	165
三峡大坝	481	爪哇	339,396,467
云南	333	自流	106
中国白云洞	59	自然和自然资源保护国际联盟(IUCN)	468
中国渤海油田	60	自然硫	59
中国长江三峡大坝	481	自源补给	82,83(图),120,154
中国广西壮族自治区武宣县	473	钻孔	
中国湖南恩口煤矿	475,476(表)	编录	170-172
中国黄龙泉华	78	水位分析	172
中国芦笛洞	286	多钻孔试验	188
中国南海流花油田	487	抽水试验	165
中国南圩河洞穴	213(图)	注水试验	165
钟乳石,石笋等(见洞穴沉积物)		示踪试验	171
钟形凹面	265	钻石	9
钟形洞	265	最佳管理实践	469